POLYMER SCIENCE & TECHNOLOGY

THIRD EDITION

제3판

고분자공학개론

김대수 · 노인섭 · 박문수 · 이명천 · 장정식 옮김

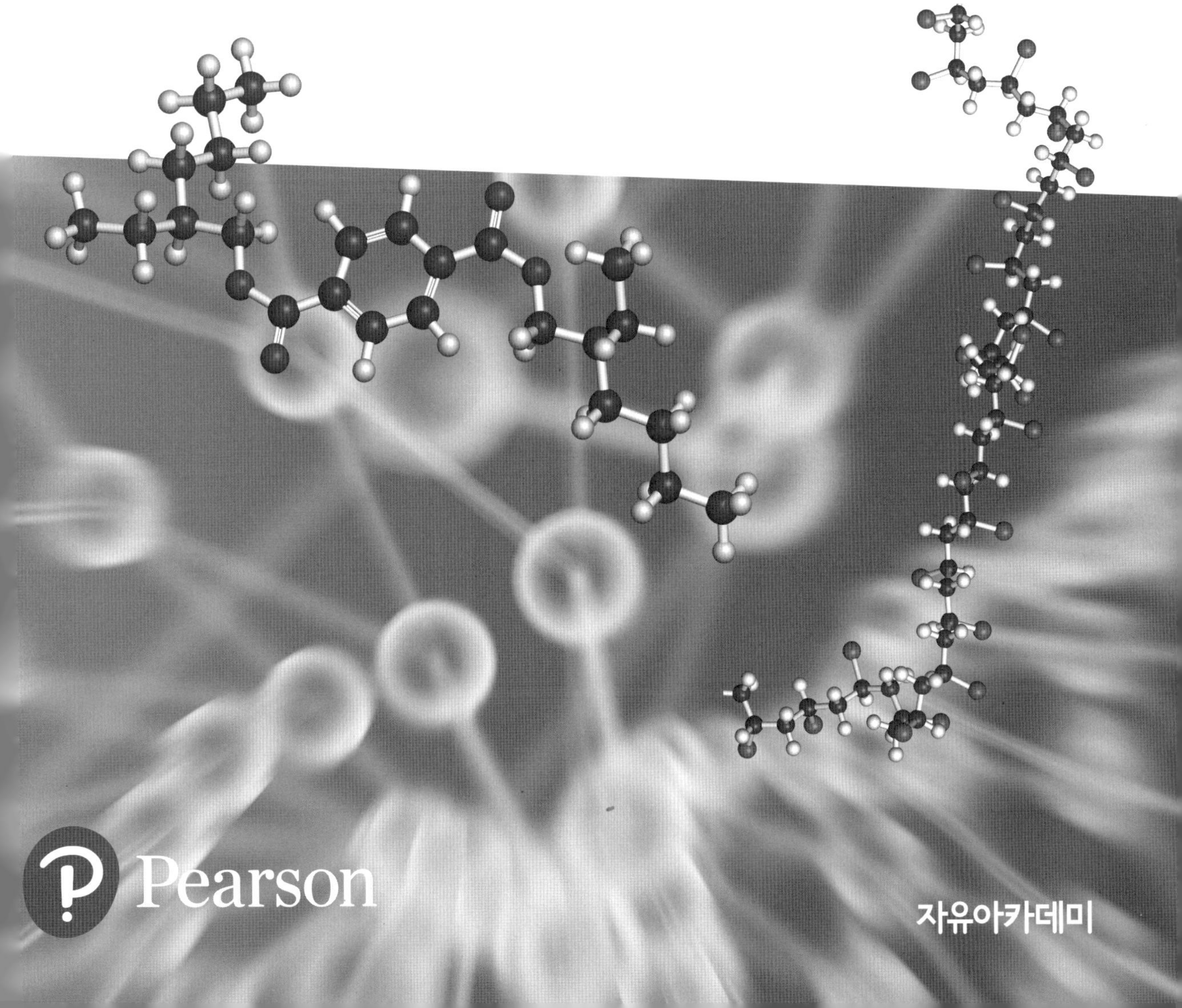

Pearson

자유아카데미

| 저자 서문 |

Polymer Science Technology, 3판은 고분자 과학과 기술에서 최근의 수많은 새로운 관심 분야를 광범위하게 다루고 있다. 특히, 고분자 합성에 관한 2장은 조절된 라디칼 중합, 이온 액체에서의 중합, 클릭 화학(click chemistry) 및 녹색 화학(green chemistry)을 새롭게 소개하고 있다. 고체 상태 물성에 관한 4장은 고체 상태 특성 평가에서의 현미경법과 산란방법의 사용에 대하여 추가적인 내용을 포함하고 있다. 첨가제, 블렌드 및 복합재료에 관한 7장에서는 버키볼, 탄소 나노튜브, 그래핀 및 POSS의 나노 충전제로서의 사용을 포함하는 나노 복합 재료의 폭넓은 응용뿐만 아니라 블록 공중합체에 대하여서도 새로운 장을 할애하고 있다. 8장에서는 섬유 방사(fiber-spinning) 공정에 관한 논의에 전자 방사(electrospinning)를 추가하였다. 첨단 기술 고분자에 관한 12장에서는 생의학 공학 및 약물 전달, 태양 전지 및 센서에 대한 내용을 포함시켰다. 나아가서, 고분자 화학에서의 상호관계 및 시뮬레이션 방법에 대한 완전히 새로운 장이 신설되었다. 이 새 장은 2판의 초기 몇몇 장들에서 이전에 접한 고분자 물성을 예측하는 그룹-상호관계 방법에 대하여 폭넓게 논하고 있다. 완전히 새로운 내용은 물성 예측을 위한 위상기하학 지수(topological indecies) 및 인공 신경 조직의 도입이다. 고분자공학개론 책으로서는 처음으로 분자 역학 및 Monte Carlo 시뮬레이션 방법의 이용을 포함하는 전산 고분자 과학의 기초 및 응용을 수많은 예와 예제로 소개하였다.

Joel R. Fried
Tallahassee, Florida

| 감사의 글 |

세 번의 판을 거치는 동안 많은 동료들이 제공하여 준 그림, 사진, 준비 과정 중의 조언과 같은 도움이 없었다면 아마도 이 책은 완성하지 못하였을 것이다. 특히 초판의 전체나 일부 절을 읽고 유익한 조언을 해 준 분들에게 깊은 감사를 전한다. 이들로는 Cincinnati 대학교 James E. Mark 교수, Polytechnic 대학교의 Otto Vogl 교수, Virginia Polytechnic 대학교의 Erdogan Kiran 교수, Akron 대학교의 Paul Han 교수, Texas 대학교의 Donald R. Paul 교수 그리고 Penn State의 R. P. Danner 교수를 들 수 있다. 또한, 초판의 발행 후 지난 수년에 걸쳐 중요한 의견을 개진하여 준 Cincinnati 대학교의 많은 학생 및 동료들에게도 감사의 마음을 전한다. 이들은 Rhode Island 대학교의 Michael Greenfield 교수, Technion 대학교의 Zvi Rigbi 교수, Alberta 대학교의 U. Sundararaj 교수 및 Philip Choi 교수, 포항공과대학교의 Jin Chuk Zjung 교수, Cincinnati 대학교의 Carlos Co 교수이다. 나아가서, 3판의 검토에 도움을 주신 분들께도 감사한다. 이들로는 Staten Island(City University of New York) 대학의 George Odian 교수 및 Alan Lyons 교수, Dayton 대학 Research Institute의 Donald Klosterman 박사, Texas 대학교의 Pengyu Ren 교수 그리고 Florida 주립대학의 Rufina Alamo 교수, Daniel Hallinan 교수 및 Biwu Ma 교수가 있다.

또한 몇 가지 핵심적인 삽화 및 사진을 제공해 주신 동료들에게도 감사의 마음을 전하고 싶다. 이들로는 General Electric의 Roger Kambour 박사, Georgia Institute of Technology의 Bill Koros 교수, Tennessee 대학교의 Paul Philips 교수, Nippon Zeon(일본)의 Marty Matsuo 박사, Dow Chemical Company의 Robert Cieslinski 박사, Membrane Technology and Research Inc.의 Richard Baker 박사, Pechiney Centre de Recherches de Voreppe(프랑스)의 Mostafa Aboulfaraj 박사, New York 시립대학의 Morton Denn 교수, California 공과대학의 David Tirrell 교수, CSIRO(오스트레일리아)의 Graeme Moad 박사, California 대학교, Santa Barbara의 Craig Hawker 씨 그리고 Florida 주립대학의 Rufina Alamo 교수가 있다.

Joel R. Fried
Tallahassee, Florida

| 역자 서문 |

고분자공학개론은 고분자 과학의 다양한 분야에 대하여 각 해당 분야를 포괄적으로 소개하고 있는 고분자 입문서이다. 저자는 본 저서에서 이들 각 분야들을 균등한 비율로 다루고 있으며, 나아가 제3판에서는 환경, 태양전지 및 전도성 고분자와 같이 활발한 연구가 이루어지고 있는 최근의 관심 분야에 대한 내용을 추가하여 관심과 흥미를 갖기 시작한 독자들이 시작 단계에서 편리하게 접근할 수 있도록 구성하였다. 보다 구체적인 내용을 필요로 하는 독자는 각 장의 마지막 부분에 있는 추천 문헌과 참고 문헌을, 새로 추가된 내용에 대하여서는 저자의 서론을 참조하기를 바란다. 이렇게 이론과 경험을 바탕으로 고분자 과학의 보다 실질적이고 광범위한 분야를 다루고 있는 관계로 역자들은 본 역서의 제목을 Fried 박사의 'Polymer Science and Technology(고분자 과학과 기술)' 대신에 지금까지와 동일하게 '고분자공학개론'으로 유지하기로 결정하였다.

분야별로 5명의 역자들은 각자의 전공에 맞는 장을 확인하고, 합성, 물성, 가공, 소재 및 환경으로 나누어 번역 작업을 진행하였다. 3판에서 완전히 새로 추가된 13장의 경우, 이 분야에 대한 전공자가 없어 컴퓨터 시뮬레이션 분야에 경험이 있는 교수가 번역을 맡았다. 번역 과정에서 역자들은 고분자 과학의 눈부신 발전을 학생들에게 소개하고 전달하는 기회라는 점을 인지하며, 국제화 과정에서 학생들이 영어의 중요성을 다시 한 번 인식하고 연구 및 산업 현장에서 활용할 수 있기를 기원하는 마음으로 번역에 매진하였다.

이 책을 접할 독자들을 위해 역자들은 용어의 통일 및 문장의 흐름을 자연스럽게 하는데 최대한의 노력을 기울였음을 밝히고자 한다. 용어는 고분자 용어집에 기준한 용어의 사용을 최대화하였다. 화학명은 영어 발음을 기준으로 하였으며, 명칭이 지나치게 복잡하거나 긴 경우 영어명을 그대로 사용하였다. 표 및 그림에서도 영어 명칭이 이해에 도움이 된다고 판단한 경우 영어를 그대로 사용하였음을 참고하기 바란다. 문장의 흐름은 역자들이 특히 집중한 부분이다. 한편으로, 일부 용어 및 단어의 경우 우리말로 옮기는 과정에서 정확히 일치되지 않는 표현이 있었던 점에 대하여서는 독자 여러분의 이해를 구하고자 한다. 본 책을 이용하며 발견되는 이러한 부분에 대하여서는 독자 여러분들의 아낌없는 조언을 기다린다. 출간 후에라도 수정 사항이 있을 경우에는 자유아카데미 홈페이지(www.freeaca.com) 자료실에 제공할 예정이다.

마지막으로 본 역서가 완성되기까지 원서와의 호환성을 점검한 윤홍은, 김현지 학생, 용어 및 문장에서 내용까지 빈틈없이 챙겨 준 자유아카데미 편집부, 그리고 지원을 아끼지 않으신 자유아카데미에 감사의 마음을 담아 전하고자 한다.

2015년 역자 대표 박문수

(amparks@suwon.ac.kr, 031-220-2132)

| 차 례 |

제4장 고분자의 고체 상태의 성질

제5장 점탄성과 고무 탄성

제6장 고분자 분해와 환경

제7장 첨가제, 블렌드, 블록 공중합체 및 복합 재료

제8장 생체 고분자, 천연 고분자 및 섬유

제9장 열가소성 플라스틱, 탄성체 및 열경화성 수지

제10장 엔지니어링 및 특수 고분자

제11장 고분자 가공과 유변학

제12장 첨단기술용 고분자

제13장 고분자 과학의 상관 및 시뮬레이션

부록

제 1 장

고분자 과학의 서론

고분자(polymer)란 용어는 그리스어에서 “많다”를 의미하는 *poly*와 “부분”을 의미하는 *meres*에 그 기원을 두고 있다. 간단히 말하여 고분자는 동일한 구조를 갖는 수많은 **반복 단위**(repeating unit)로 이루어지는 긴 사슬 분자이다. 단백질, 셀룰로스 및 명주실과 같은 고분자는 자연에서 형성되며, 폴리스타이렌, 폴리에틸렌 및 나일론과 같은 다수의 고분자는 합성 경로를 통해서만 생성된다. 어떤 경우에는 자연에서 만들어지는 고분자를 합성을 통하여 생성할 수도 있다. 구조적으로 폴리아이소프렌으로 알려진 천연 고무(natural (Hevea) rubber)는 중요한 한 예이다.

상온에서 높은 신장률(high extension)을 나타내는 고분자는 탄성체(elastomer)로서의 응용이 중요하다. 천연 고무에 덧붙여 중요한 합성 고무로는 나이트릴(nitrile), 뷰틸 고무(butyl rubber)를 들 수 있다. 다른 종류의 고분자는 의복 용도의 긴 섬유로의 가공이 가능한 특징을 나타내기도 한다. 합성 섬유, 특히 나일론 및 폴리에스터는 면, 울, 비단과 같이 자연에서 형성되는 섬유를 훌륭히 대체하고 있다.

고분자라는 용어의 용법에 대하여, 합성 고분자에서 유래하는 탄성체와 섬유를 제외한 상업적 재료는 **플라스틱**(plastics)으로 불린다. 전형적인 상업용 플라스틱 수지(plastic resin)는 다양한 첨가제(additive) 및 충전제(filler)에 덧붙여 둘 또는 그 이상의 고분자를 함유하기도 한다. 이들은 가공성, 열적 혹은 환경적 안정성, 또는 기계적 물성과 같은 특정한 물성(particular property)을 향상시키기 위하여 첨가한다.

고분자 과학의 탄생은 19세기 중반까지 거슬러 올라갈 수 있다. 1830년대에 Charles Goodyear는 끈적끈적한 천연 고무 라텍스(latex)를 타이어용으로 사용 가능한 탄성체로 변환시키는 가황(vulcanization) 공정을 개발하였다. 1847년에 Christian F. Schönbein은 셀룰로스를 질산과 반응시켜 셀룰로스 나이트레이트(cellulose nitrate)를 합성하였다. 이 재료는 1860년대에 인간이 제조한 최초의 열가소성 수지(thermoplastic)인 셀룰로이드(celluloid)로 사용되었다. 1907년 Leo Hendrik Baekeland [1]는 Bakelite(phenol-formaldehyde

수지)를 제조하였다. Glyptal(불포화 폴리에스터 수지)은 General Electric 사가 보호 코팅 수지로 1912년에 개발한 재료이다.

1930년대에 이르면서 미국 DuPont 사의 과학자들은 합성 고무 그리고 나일론, 테플론과 같은 '색다른' 재료를 포함하는 다양한 새로운 고분자를 선보인다. 1938년 Dow는 상업적인 규모로는 최초로 폴리스타이렌을 생산하였으며, 1939년에는 영국의 ICI가 저밀도 폴리에틸렌을 만들었다. 제2차 세계대전 중에는 Hevea 고무와 같은 천연 재료의 공급이 감소하면서 새로운 고분자 재료, 그 중에서도 특히 합성 고무의 개발을 위한 노력이 더욱 속도를 내었다. 1950년대에 Karl Ziegler와 Giulio Natta는 독자적으로 입체 특이성(stereospecific) 전이 금속 촉매 계열을 개발하였으며, 이들 촉매들은 주요 범용 고분자인 폴리프로필렌의 상업화를 가능하게 하였다. 1960년대와 1970년대에는 수많은 엔지니어링 플라스틱(engineering plastics) 고분자들이 출현하였으며 이들은 자동차와 항공 산업용으로 그 때까지 사용하여 온 전통 재료인 금속과 서로 경쟁하였다. 이러한 예로는 폴리카보네이트(polycarbonate), 폴리(페닐렌 옥사이드)[poly(phenylene oxide)], 폴리설폰(polysulfone), 폴리이미드(polyimide), 케블라(Kevlar)와 같은 방향족 폴리아마이드(aromatic polyamide) 및 그 외의 고온, 강직 사슬(rigid-chain) 고분자를 들 수 있다. 보다 최근에는 전도성, 광

표 1-1 2012년 미국의 주요 플라스틱 및 합성 섬유 생산량[a]

	천 톤[b]	2002~2012년간 증감률(%)
플라스틱		
폴리에틸렌		
저밀도	3123	-1.5
선형 저밀도	8098	1.7
고밀도	8046	1.1
폴리프로필렌	7405	-0.4
폴리스타이렌	2473	-2.0
PVC 및 공중합체	6944	0.0
합성 섬유		
비셀룰로스계		
나일론	562	-6.6
올레핀	1021	-3.1
폴리에스터	1203	-2.2
셀룰로스계		
아세테이트 및 레이온	27	-10.3

[a] 자료 출처: *Chemical and Enginnering News*, July 1, 2013, p.44.

[b] 단위 환산: 1톤 = 2,206.6 lbs.

전도성, 액정 물성을 갖는 특수 고분자들이 출현하며 다양하게 응용되고 있다.

오늘날 고분자 재료들은 일상생활의 거의 모든 분야에서 사용되고 있으며, 이들의 생산 및 가공은 세계적으로 주요한 산업이다. 미국에서 플라스틱과 합성 섬유의 2012년 생산 및 2002년에서 2012년까지의 10년에 이르는 기간 동안의 평균 증감률은 표 1-1에서 보는 바와 같다. 2012년에 미국의 합성 섬유 및 플라스틱의 총 생산량은 각각 281만 톤과 3410만 톤이다. 플라스틱 중에서는 폴리에틸렌이 가장 큰 부분을 점하고 그 뒤를 폴리프로필렌, 폴리(바이닐 클로라이드)(PVC) 및 폴리스타이렌이 차지하고 있다. 표 1-1에 명시하지는 않았지만 열경화성 수지(thermosetting resin) (주로, 페놀릭(phenolic), 우레아(urea) 및 멜라민(melamine) 수지)는 일반적으로 총 플라스틱 생산량의 약 10%를 차지하며, 스타이렌-뷰타다이엔 고무(SBR) 및 폴리뷰타다이엔 고무와 같은 합성 고무는 약 6%에 이르고 있다.

1.1 고분자의 분류

지금까지 수천 종류의 고분자들이 합성되었고 이는 앞으로도 계속될 것이다. 편의상 모든 고분자는 가공 특성이나 중합 메커니즘(polymerization mechanism)의 유형에 따라 두 부류 중 하나에 속하게 된다. 고분자 구조를 바탕으로 보다 더 구체적인 분류가 가능한데 이러한 분류는 물성에 대한 논의를 보다 용이하게 하는 면에서 유용하다.

1.1.1 열가소성 수지와 열경화성 수지

모든 고분자는 열적 가공 거동에 따라 크게 두 그룹으로 나눌 수 있다. 원하는 형태로의 가공을 위하여 열을 가하면 연화되는 고분자는 **열가소성 수지**(thermoplastics)로 불린다. 폐(waste) 열가소성 수지는 회수하여 열과 압력에 의하여 재가공할 수 있다. 폴리스타이렌은 상업용 열가소성 수지의 중요한 예이다. 다른 중요한 예로는 폴리올레핀(polyolefin)(예를 들면 폴리에틸렌과 폴리프로필렌)과 폴리(바이닐 클로라이드)를 들 수 있다. 한편으로 **열경화성 수지**(thermoset)는 중합 반응 과정에서의 공유 결합이나 가공 과정에서 차후의 화학 처리 혹은 열처리에 의하여 개개의 사슬들이 화학적으로 연결된 고분자이다. 일단 형성되면 이들이 갖는 가교 망상 구조(crosslinked network)는 열에 의한 연화, 기계적 변형 그리고 용매의 공격에 저항하는 특성을 나타내며 열에 의한 가공이 불가능하게 된다. 이러한 물성으로 열경화성 수지는 복합 재료(composite), 코팅제 및 접착제로의 응용에 적합하다. 열경화성 수지의 주요한 예로는 에폭시, 페놀-폼알데하이드 수지 그리고 Fiberglas와 같은 유리 강화 복합 재료의 제조에 사용되는 불포화 폴리에스터가 있다(7.4절 참조).

1.1.2 중합 메커니즘에 의한 분류

가공 특성에 의한 고분자의 분류뿐 아니라 중합 메커니즘에 의해서도 고분자를 분류할 수 있다. 초기의 개요는 고분자 산업의 선구자로 알려진 Wallace Carothers [2]에 의한 **부가**(addition) 또는 **축합**(condensation)의 두 종류이다. Carothers는 1928년부터 DuPont 사에서 활동하다 1937년에 때 아닌 죽음을 맞이한다. 스타이렌 단량체의 연속 부가에 의해 중합되는 폴리스타이렌(그림 1-1 참조)은 부가 고분자의 한 예이다. 중요한 부가 고분자의 대부분은 올레핀과 바이닐기를 기본으로 하는 단량체로부터 합성한다. 한편으로, 관례상 부가 계열에 속하는 몇 종류의 고분자는 에틸렌 이중 결합이 아니라 입체 장애를 나타내는 고리형 단량체의 개환(ring-opening) 중합에 의해 합성한다. 트라이옥세인(trioxane)으로부터 합성하는 폴리옥시메틸렌(polyoxymethylene) (엔지니어링 열가소성 고분자)은 개환 중합의 한 예이다(그림 1-2). 표 1-2는 반복 단위의 화학 구조와 치환 에틸렌으로부터 구하여지는 중요한 몇 종류의 부가형 고분자의 일반적으로 사용하는 명칭을 보여 주고 있다.

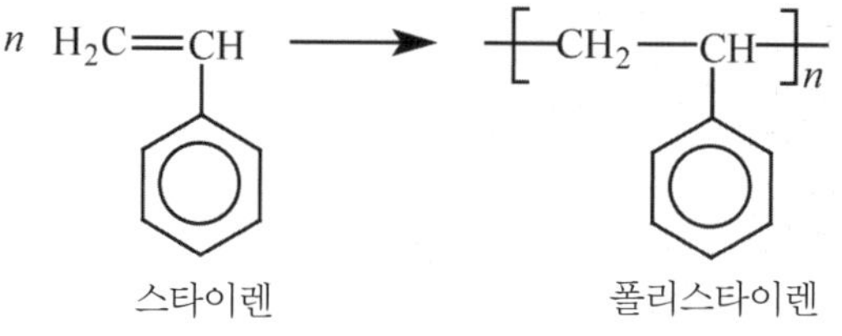

그림 1-1 스타이렌의 중합

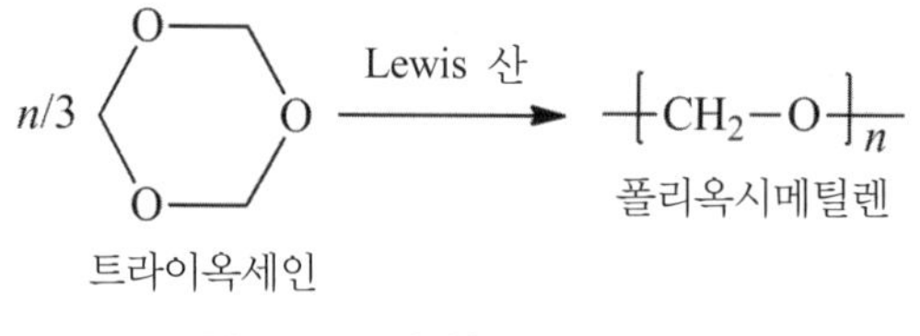

그림 1-2 트라이옥세인의 개환 중합

표 1-2 에틸렌 유도체로부터 이루어지는 몇 가지 중요한 부가 고분자의 예

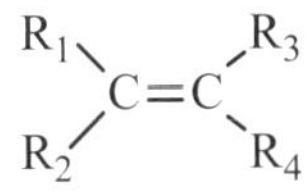

고분자	R_1	R_2	R_3	R_4	반복 단위
폴리에틸렌	H	H	H	H	$-[CH_2-CH_2]-$
폴리프로필렌	H	H	H	CH_3	$-[CH_2-CH(CH_3)]-$
폴리(바이닐 클로라이드)	H	H	H	Cl	$-[CH_2-CH(Cl)]-$
폴리아크릴로나이트릴	H	H	H	$C\equiv N$	$-[CH_2-CH(C\equiv N)]-$
폴리(바이닐 아세테이트)	H	H	H	$-O-C(=O)-CH_3$	$-[CH_2-CH(O-C(=O)-CH_3)]-$
폴리스타이렌	H	H	H		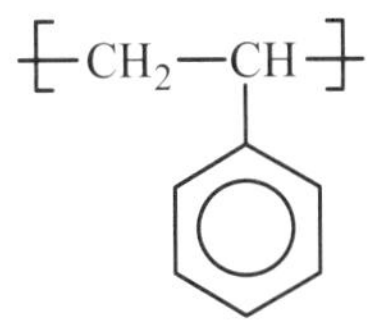
폴리(메틸 메타크릴레이트)	H	H	CH_3	$-C(=O)-O-CH_3$	$-[CH_2-C(CH_3)(C(=O)-O-CH_3)]-$
폴리(바이닐리덴 클로라이드)	H	H	Cl	Cl	$-[CH_2-C(Cl)(Cl)]-$

축합(condensation) 고분자는 두 분자의 불규칙한 반응에 의해 구하여진다. 축합 중합 반응에 참여하는 분자는 단량체, 소중합체 또는 카복실산이나 하이드록실기와 같은 상보적(complementary) 기능성 말단기를 갖는 고분자량의 중간체이다. 일반적으로 축합 중합은

기체, 물 또는 염 형태의 저분자의 방출을 동반한다. 고분자량의 고분자를 구하기 위하여 에스터화 반응(esterification)이나 아미드화 반응(amidation)과 같은 고수율(high-yield) 축합 반응을 이용할 수 있다. 그림 1-3A에서와 같이 아디프산(adipic acid)과 헥사메틸렌다이아민(hexamethylenediamine)의 축합 중합 반응에 의한 나일론 6,6(nylon-6,6)의 합성은 축합 중합의 예이다. 이 중합은 각 반복 단위당 두 분자의 물이 방출되며 진행한다. 또 다른 축합 중합의 중요한 예는 그림 1-3B에서 볼 수 있는 비스페놀-A(bisphenol-A)와 포스젠(phosgene)으로부터 형성되는 폴리카보네이트의 합성 반응이다. 이 경우 각 반복 단위당 두 분자의 염화 수소가 형성된다. 만일 비스페놀-A를 **소듐염**(sodium salt)으로 대체하면 축합의 부산물은 염화 수소가 아니라 염화 소듐(sodium chloride)이 될 것이다. 이 염은 중합에 사용하는 유기 용매에서 침전하므로 쉽고 안전하게 제거할 수 있다. 표 1-3은 몇 종류의 축합 고분자를 추가로 보여 주고 있다.

보다 최근에는 부가와 축합의 범주로 나누는 전통적인 방법뿐만 아니라 중합 반응 속도론에 근거하는 또 다른 분류 방법이 적용되고 있다. 이 개요에 의하면 모든 중합 메커니즘은 **단계**(step) 성장 혹은 **사슬**(chain) 성장으로 분류된다. 대부분의 축합 고분자는 단계 성장인 반면, 대부분의 부가 고분자는 사슬 성장이다. 그러나 몇 가지 중요한 예외가 존재하며 이에 대한 내용은 2장에서 다루기로 한다. 사슬 성장 중합에서 고분자량의 고분자는 중합의 초기에 형성되며, 중합 수율, 즉 고분자로 전환하는 단량체의 백분율은 시

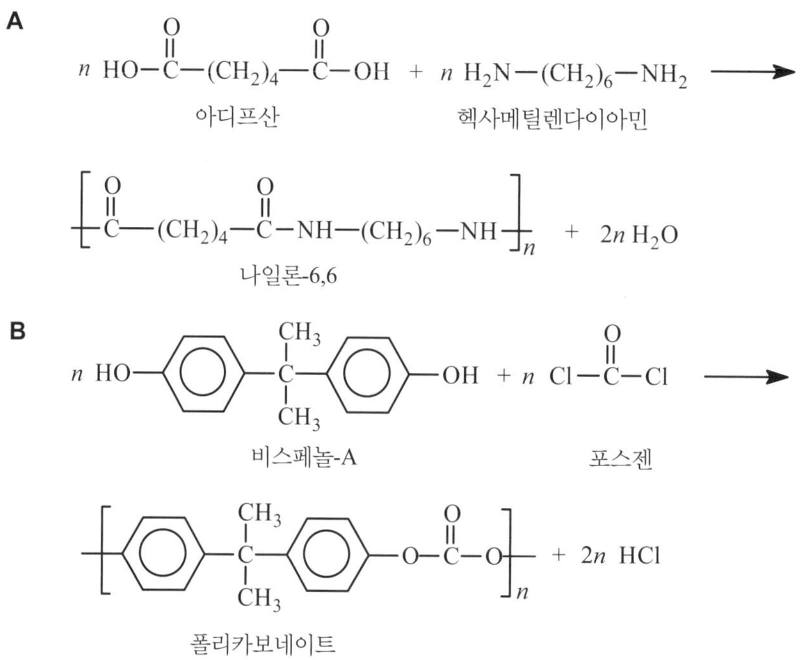

그림 1-3 축합 중합의 두 가지 예. **A**. 나일론-6,6의 폴리아미드화. **B**. 비스페놀-A 폴리카보네이트의 중합

표 1-3 축합 열가소성 고분자의 몇 가지 예

고분자	반복 단위
폴리설폰	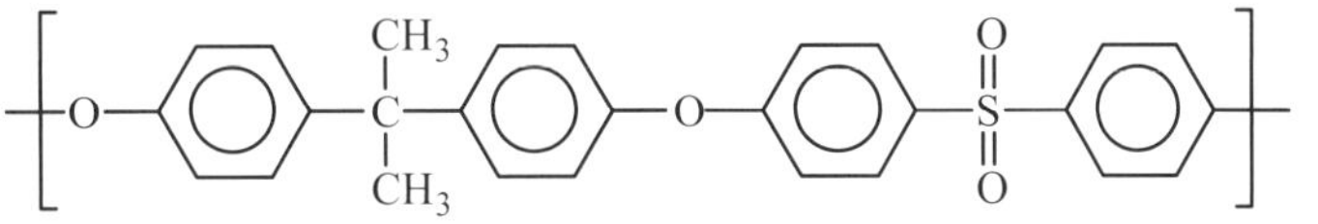
폴리(에틸렌 테레프탈레이트)	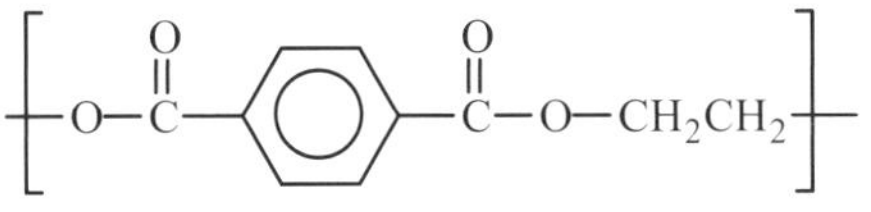
폴리(헥사메틸렌 세바크아마이드) (나일론-6,10)	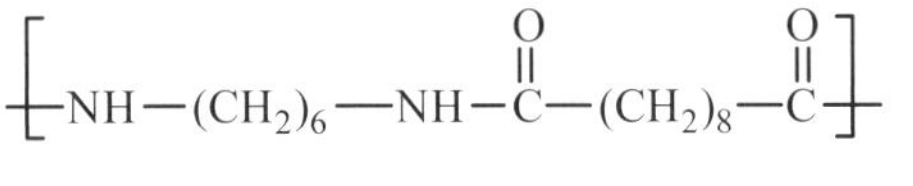
폴리(에틸렌 파이로멜리트이미드)	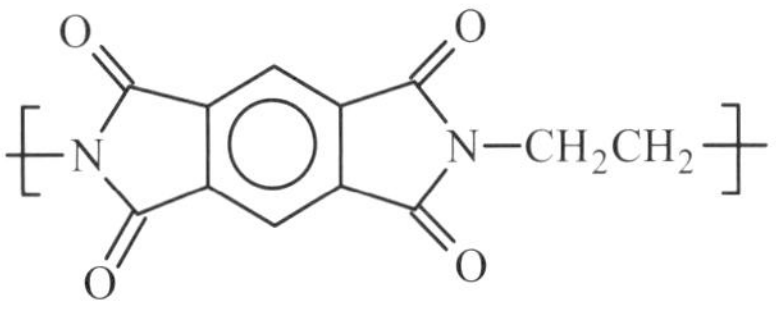

간이 경과하며 증가한다. 단계 성장 중합에서 고분자량의 고분자는 중합의 거의 말기(즉, 일반적으로 98% 이상의 단량체 전환율)에 형성된다. 사슬 성장 및 단계 성장 중합의 상세한 메커니즘은 2장에서 다룰 것이다.

1.1.3 고분자 구조에 의한 분류

고분자는 가공 및 중합 특성에 의한 분류뿐 아니라 주골격의 화학적 구조에 의해서도 분류할 수 있다. 예를 들어, 주골격을 따라 탄소 원자만을 갖는 고분자는 **동종 사슬**(homochain) 고분자의 중요한 예이다. 이들 동종 사슬 고분자는 주골격을 따라 단일 결합이나 이중 결합의 유무에 따라 더 분류된다. 주골격을 따라 단일 결합만을 갖는 탄소-사슬 고분자는 **폴리알킬렌**(polyalkylene)(또는 polyalkylidene)으로 불린다. 폴리알킬렌의 예로는 폴리스타이렌, 폴리올레핀(예, 폴리에틸렌 및 폴리프로필렌), 폴리(바이닐 클로라이드)가 있다. 다이엔 탄성체(diene elastomer)-폴리아이소프렌 및 폴리뷰타다이엔-와 같이 주골격을 따라 이중 결합을 갖는 탄소-사슬 고분자는 **폴리알케닐렌**(polyalkenylene)이라고 한다. 폴리알케닐렌의 다른 예인 폴리아세틸렌(polyacetylene)은 전도성 고분자이다(10.2.7절 참조).

주골격에 하나 이상의 원자 형태를 갖는 이종 사슬(heterochain) 고분자는 원자의 종류와 주골격을 따라 위치하는 화학기(chemical group) (예를 들어, 카보닐, 아마이드, 에스터)에 따라 나누어진다. 표 1-4는 가장 중요한 유기 이종 사슬 고분자를 보여 주고 있다.

표 1-4 몇 가지 주요 유기 이종 사슬 고분자의 주골격 구조

고분자의 분류	주골격 그룹
탄소-산소 고분자	
폴리에테르	—C—O—
카복실산의 폴리에스터	—C(=O)—O—
카복실산의 폴리안하이드라이드(polyanhydride)	—C(=O)—O—C(=O)—
폴리카보네이트	—O—C(=O)—O—
탄소-황 고분자	
폴리싸이오에테르	—S—C—
폴리설폰	—S(=O)$_2$—C—
탄소-질소 고분자	
폴리아민	—C—N—
폴리이민	—C=N—
폴리아마이드	—C(=O)—N—
폴리우레아	—N—C(=O)—N—

또 다른 중요한 이종 사슬 고분자로는 폴리실록세인(polysiloxane)을 들 수 있다. 이들은 -Si-O- 주골격에 메틸이나 다른 치환기가 Si에 결합된 구조이다.

1.2 고분자 구조

사슬 구조의 세부 내용은 고분자의 물성에 큰 영향을 미친다. 공중합체에서의 전체적인 화학 조성과 단량체 단위의 배열, 사슬의 입체 화학 또는 입체 규칙성(tacticity) 그리고 몇 종류의 가능한 합성 경로를 갖는 다이엔형(diene-type) 고분자의 경우에 기하 이성질화(geometric isomerization)가 여기에 포함된다.

1.2.1 공중합체

중합 시에 둘 또는 세 종류의 단량체나 반복 단위를 연결하여 새롭고 바람직한 물성을 갖는 고분자를 종종 구할 수 있다. 사슬에 두 종류의 반복 단위를 갖는 고분자를 **공중합체**(copolymer)라고 한다. 세 종류의 다른 반복 단위를 가지면 **삼원 공중합체**(terpolymer)라고 한다. 상업적으로 매우 중요한 공중합체는 스타이렌, 에틸렌, 아크릴로나이트릴 및 바이닐 클로라이드와 같은 바이닐계 단량체로부터 유도된다.

사슬에 따른 단량체 단위의 정확한 배열은 공중합 과정에서 각 단량체의 상대 반응성에 따라 크게 변한다. 극단적인 경우 그림 1-4에서와 같이 완전한 불규칙(random) 형태 또는 완전한 교대(alternating) 형태로 배열될 수 있다. 단량체 단위의 실제 배열은 2.2.1절의 자유 라디칼 공중합에서 다루고 있는 단량체의 상대 반응성에 따라 이루어진다. 특별한 조건 하에서 하나의 단량체(A)의 긴 블록에 이어 다른 단량체(B)의 긴 블록으로 이루어지는 공중합체를 합성할 수 있다. 이를 AB-블록 공중합체라고 한다. ABA-삼블록 공중

불규칙 공중합체

—A—A—B—A—B—A—B—B—A—B—A—A—A—B—A—B—

교대 공중합체

—B—A—B—A—B—A—B—A—B—A—B—A—B—A—B—A—

ABA-삼블록 공중합체

—A—A—A—A—B—B—B—B—B—B—B—B—A—A—A—A—

그래프트 공중합체

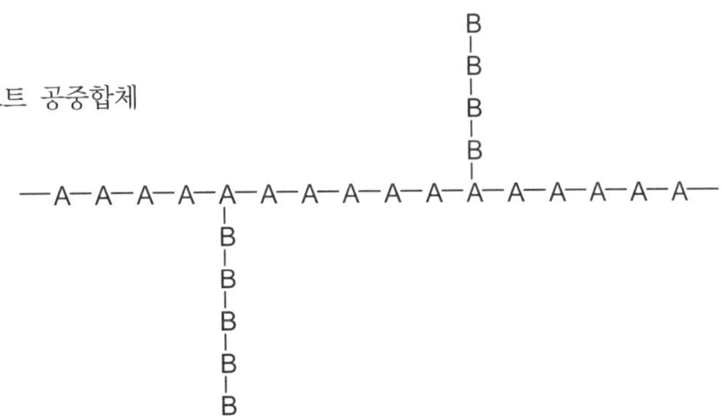

그림 1-4 반복 단위 A와 B를 가지는 공중합체의 가능한 구조

합체(triblock copolymer)는 양말단의 A 블록이 중간의 B 블록으로 연결된 구조이다. 상업적으로 중요한 ABA-삼블록 공중합체로는 열가소성 탄성체인 폴리스타이렌-*block*-폴리뷰타다이엔-*block*-폴리스타이렌 또는 SBS(9.2.3절 참조)를 들 수 있다. 이러한 공중합체 구조와는 별도로 **그래프트**(graft) 공중합체는 하나의 단량체로 이루어진 고분자의 존재하에 다른 종류의 단량체를 중합시켜 합성할 수 있다. 그래프트 공중합체는 탄성체(예를 들어, SBR)와 내충격성(high impact) 고분자(예를 들어, 내충격성 폴리스타이렌 및 아크릴로나이트릴-뷰타다이엔-스타이렌 또는 ABS 수지)로서 중요하다.

1.2.2 입체 규칙도

사슬을 구성하는 단량체의 형태, 수 및 순차적 배열에 덧붙여 치환기의 **공간**(spatial) 배열도 물성을 결정하는 중요한 변수이다. 비대칭 바이닐계에 가능한 입체 배열은 그림 1-5에서와 같이 펼쳐진 사슬(extended-chain) 혹은 Z자 형태(zigzag conformation)로 가장 적절하게 나타낼 수 있다. **형태**(conformation)는 고분자 사슬에서의 원자의 **기하학적**(geometrical) 배치인 반면에 **배열**(configuration)은 원자들의 **입체 화학적**(stereochemical) 배치를 표시한다. 고분자 사슬의 배열은 형태와 달리 화학 결합을 깨지 않고는 바꿀 수 없다. 길고 유연한 고분자 사슬에서 형태의 총수는 거의 무한대이다. 바이닐 고분자의 펼쳐진 사슬 형태는 종종 최저 에너지 형태이다.

그림 1-5에 나타낸 바와 같이 비대칭 치환기 R의 몇 가지 다른 조합이 가능하다. 예를 들면 폴리프로필렌에서처럼 치환기가 메틸기일 수도 있고, 폴리(바이닐 클로라이드)에서처럼 염소 원자, 폴리스타이렌에서처럼 벤젠 고리(phenyl ring)일 수도 있다. 어떤 배열에서는 모든 R기가 펼쳐진 주골격에 의하여 형성된 평면의 한쪽 방향에 위치할 수 있다.

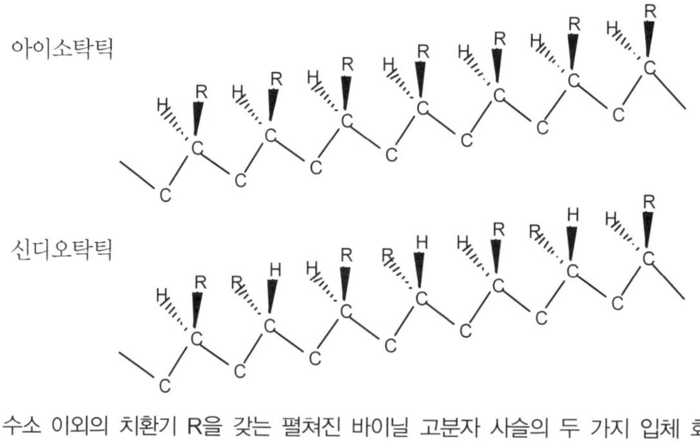

그림 1-5 수소 이외의 치환기 R을 갖는 펼쳐진 바이닐 고분자 사슬의 두 가지 입체 화학적 배열

이를 **아이소탁틱**(isotactic) 고분자라고 한다. 만일에 치환기가 한쪽에서 다른 쪽으로 교대로 방향을 취하면 **신디오탁틱**(syndiotactic) 고분자라고 한다. 치환기의 위치가 규칙을 나타내지 않는 경우 **아탁틱**(atactic) 고분자이다. 1,2-이치환 고분자의 경우, 보다 복잡한 치환기의 배치가 가능하나 이들은 상업적으로 중요하지 않으며 여기에서는 논의하지 않는다.

일반적으로 입체 규칙성 고분자(즉 아이소탁틱이나 신디오탁틱)는 부분적으로 결정성(crystalline)이나 아탁틱 고분자는 결정 배열을 갖지 않는 **무정형**(amorphous)이다. 입체 규칙성은 뒤에서 보듯이, 결정도(crystallinity)와 함께 열적, 기계적 물성과 같은 고분자의 물성에 크게 영향을 미칠 수 있다. 어떠한 고분자가 아탁틱, 아이소탁틱 또는 신디오탁틱을 나타내는가의 여부는 2장에서 논의하겠지만, 온도와 용매의 선택과 같은 특정한 중합 조건에 따른다. 상업용 폴리프로필렌은 아이소탁틱 고분자의 중요한 예이다. 이 고분자의 중합 조건을 변화시키면 아탁틱 및 신디오탁틱 고분자도 합성할 수 있다. 아탁틱 폴리프로필렌은 상업적으로 중요하지 않는 무정형의 끈적한(tacky) 고분자이다. 상업용 폴리(바이닐 클로라이드) (PVC)는 불완전한 입체 규칙성 구조를 갖는 고분자의 예이다. 상업용 등급의 PVC의 전체적인 구조는 아탁틱으로 특징지을 수 있으나, 도처에서 나타나는 높은 신디오탁틱 순서를 갖는 반복 단위들은 상업용 수지에 낮은 정도의 결정성을 부여한다. 그림 1-6은 염소 원자가 전부 아이소탁틱, 그리고 전부 신디오탁틱 배치로 이루어지는 8개의 반복 단위를 갖는 짧은 PVC 사슬의 공간 충전 모델(space-filling (CPK) model)을 보여 주고 있다. 특수한 중합 방법을 이용하면 높은 신디오탁틱 또는 아이소탁틱을 갖는 PVC를 제조할 수 있다(9.1.2절 참조); 그러나 이러한 PVC의 결정성 입체 이성질체는 상

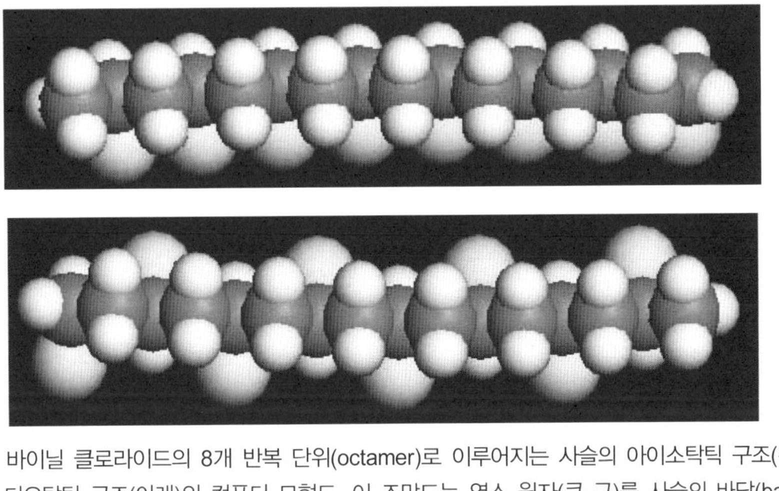

그림 1-6 바이닐 클로라이드의 8개 반복 단위(octamer)로 이루어지는 사슬의 아이소탁틱 구조(위) 및 신디오탁틱 구조(아래)의 컴퓨터 모형도. 이 조망도는 염소 원자(큰 구)를 사슬의 바닥(base)에 두고 내려다 본 모형도이다. 작은 밝은 회색 구는 수소 원자이며 보다 큰 어두운 회색 구는 탄소 원자이다.

업용 플라스틱에 비하여 별다른 이점을 나타내지 않는다. 폴리스타이렌의 경우 메탈로센(metallocene) 중합을 이용하여 신디오탁틱 폴리스타이렌을 합성하였으며(2.2.3절 참조) 일부 응용 분야에서 아탁틱 "결정성 등급" 플라스틱의 대체 재료로 연구되고 있다(9.1.2절 참조).

1.2.3 기하 이성질 현상

고분자 사슬을 따라 불포화 부분이 있는 경우 몇 개의 서로 다른 이성질 형태가 가능하다. 그림 1-7에서와 같이 1,3-뷰타다이엔(구조 A)은 1,2-폴리(1,3-뷰타다이엔) (B) 또는 두 종류의 **기하 이성질체**(geometric isomer)인 1,4-폴리(1,3-뷰타다이엔) (C와 D)로 합성할 수 있다. **폴리**(poly) 접두사 앞의 숫자는 주골격 반복 단위의 처음과 마지막 탄소 원자를 나타낸다. 1,2-폴리(1,3-뷰타다이엔)은 바이닐 형의 구조로서, 치환기(에텐, ethene)가 불포화 부분이다; 따라서 이 기하 이성질체는 아탁틱, 신디오탁틱 또는 아이소탁틱일 수 있다. 상업적으로 더 중요한 1,4-폴리(1,3-뷰타다이엔)의 경우, 반복 단위에서의 네 탄소는 모두 주골격을 따라 위치한다. 탄소 1과 4는 중간의 이중 결합과 같은 쪽(즉 **시스**(*cis*)-배열, C) 또는 반대쪽(즉, **트랜스**(*trans*-)-배열, D)으로 놓일 수 있다. SBR 고무에 사용되는 폴리뷰타다이엔(즉, 스타이렌과 뷰타다이엔의 공중합체)의 구조는 주로 트랜스-1,4-이성질체로서 약간의 시스-1,4- 및 1,2-폴리(1,3-뷰타다이엔)도 함유한다.

1.2.4 명명법

앞의 예에서 보았듯이 다른 구조를 갖는 많은 수의 고분자가 가능하다. 이들 고분자들을 가능한 한 분명하게 구분하기 위하여서는 확고한 명명법의 체계를 가질 필요가 있다. 앞서 이미 접한 바와 같이 간단한 바이닐 고분자는 단량체 이름에 접두사 **폴리**를 붙여서 명명한다(폴리스타이렌, 폴리에틸렌, 폴리프로필렌); 한편, 단량체 이름이 한 단어 이상으로 이루어지거나 문자 혹은 숫자로 시작하는 경우 **폴리** 다음에 괄호를 열고 그 안에 단량체 이름을 넣는다. 예를 들어, 4-클로로스타이렌을 중합하여 얻는 고분자는 폴리(4-클로로스타이렌), poly(4-chlorostyrene)이며 바이닐 아세테이트의 경우 폴리(바이닐 아세테이트), poly(vinyl acetate)로 명명한다. 입체 규칙성은 *i*-폴리스타이렌에서처럼 **폴리** 앞에 문자 *i*(아이소탁틱) 혹은 *s*(신디오탁틱)를 접두사로 붙여 표시한다. 기하 이성질체 및 구조 이성질체는 트랜스-1,4-폴리(1,3-뷰타다이엔)에서처럼 적절한 접두사인 **시스**나 **트랜스** 그리고 1,2-나 1,4-를 **폴리** 앞에 붙인다.

축합 고분자와 같은 비바이닐(non-vinyl)계 고분자의 명명법은 바이닐계에 비해 일반적

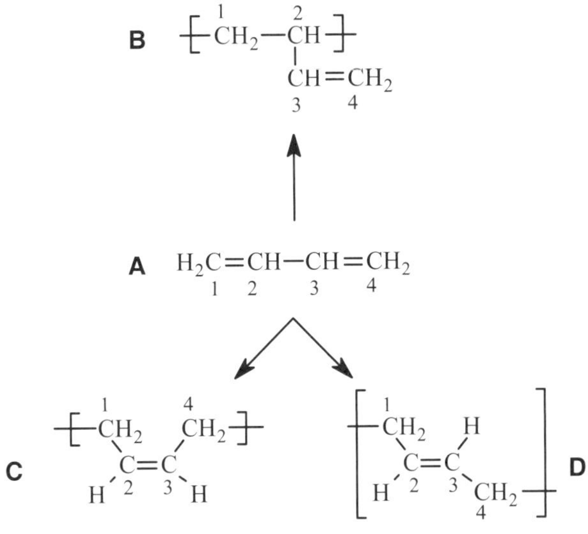

그림 1-7 1,3-뷰타다이엔 (**A**) 중합의 몇 가지 경로: 1,2-폴리(1,3-뷰타다이엔) (**B**), 시스-1,4-폴리(1,3-뷰타다이엔) (**C**), 트랜스-1,4-폴리(1,3-뷰타다이엔) (**D**).

으로 더 복잡하다. 이들 고분자는 초기 단량체나 반복 단위의 작용기에 따라 명명한다. 예를 들어, 일반적으로 나일론-6,6(66 혹은 6/6)으로 불리는 상업적으로 가장 중요한 나일론은 폴리(헥사메틸렌 아디프아마이드), poly(hexamethylene adipamide)로서 헥사메틸렌다이아민(1,6-헥세인다이아민(1,6-hexanediamine)으로도 불린다)과 아디프산의 폴리아미드화 반응으로부터 얻어짐을 알 수 있다(그림 1-3A 참조). 마찬가지로 헥사메틸렌다이아민과 10개의 탄소를 갖는 다이카복실산(dicarboxylic acid)인 세바식산(sebacic acid)의 폴리아미드화로부터 구해지는 지방족 나일론은 나일론-6,10 또는 폴리(헥사메틸렌 세바크아마이드), poly(hexamethylene sebacamide)이다(표 1-3의 구조 참조).

어떤 경우에는 "관용명"이 화학적으로 보다 더 올바른 이름을 대신하여 거의 유일하게 사용되기도 한다. 예를 들어, 포스젠(phosgene)과 비스페놀-A(bisphenol-A)-2,2-bis(4-hydroxyphenyl) propane의 관용명-을 중축합하면 엔지니어링 플라스틱인 폴리카보네이트(polycarbonate)를 구할 수 있다(그림 1-3B). 한편, 테트라메틸비스페놀-A와 같은 비스페놀-A 이외의 비스페놀 단량체로 중합한 폴리카보네이트를 구별하기 위하여 종종 접두사 비스페놀-A를 폴리카보네이트 앞에 위치시키기도 한다.

수년 동안 순수응용화학국제협회(International Union of Pure and Applied Chemistry, IUPAC)와 미국 화학회(American Chemical Society, ACS)는 자세하며 구조에 근거한 고분자 명명법을 개발하였다. 또한, 미국 시험 및 재료협회(American Society for Testing and Materials, ASTM)는 강화 및 비강화 플라스틱의 상업적 등급을 규정하기 위하여 산업 규

격(ASTM D-4000)을 제시하였다.

유기, 무기 및 배위 고분자를 명명하기 위하여 구조에 근거한 IUPAC 규정은 문헌에 정리되어 있다[3-8]. 이러한 명명법은 알려진 수많은 고분자의 확인을 위한 분명한 방법이지만(60,000 종류 이상의 고분자가 Chemical Abstracts Service(CAS) Registry System에 등재되어 있다), 반체계적 또는 통속명(trivial names), 때로는 상품명(제조업체의 불만은 있지만)이 다루기 거북한 IUPAC명을 대신하여 사용되고 있다. 예로서 폴리스타이렌의 IUPAC명은 폴리(1-페닐에틸렌)이며, 상품명으로 더 잘 알려진 테플론(Teflon)인 폴리테트라플루오로에틸렌은 폴리(다이플루오로메틸렌), poly(difluoromethylene)이다.

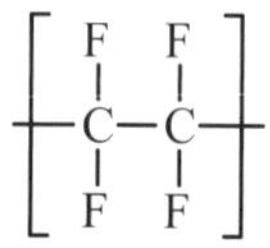

앞서 언급한 비스페놀-A의 폴리카보네이트의 IUPAC명은 poly(oxycarbonyloxy-1,4-phenyleneisopropylidene-1,4-phenylene)이다.

편의상 몇몇 협회에서는 열가소성 플라스틱, 열경화성 플라스틱, 섬유, 탄성체 및 첨가제의 이름을 둘, 셋 및 네 글자로 줄인 약어를 개발하였다. 동일한 고분자라도 협회에 따라 다를 수 있으나 많은 종류의 중요한 고분자에 대해서는 전반적으로 약어에 대하여 보편적으로 일치하고 있다. 이들 약어들은 편리하며 널리 사용되고 있다. 예를 들어, 폴리스타이렌은 PS, 폴리(바이닐 클로라이드)는 PVC, 폴리(메틸 메타크릴레이트)는 PMMA, 폴리테트라플루오로에틸렌은 PTFE, 그리고 비스페놀-A 폴리카보네이트는 PC이다. 널리 사용하는 약어의 목록은 이 책 끝의 부록 A에 수록되어 있다.

IUPAC의 권고를 받아들여 공중합체는 괄호나 각괄호 내부에 들어가는 단량체나 둘 또는 그 이상의 고분자명 사이에 이탤릭체 연결 용어를 도입하여 명명한다. 연결 용어는 표

표 1-5 공중합체의 명명 개요

종류	연결어	예
비특성(unspecified)	*-co-*	폴리[스타이렌-*co*-(메틸 메타크릴레이트)]
통계(statistical[a])	*-stat-*	폴리(스타이렌-*stat*-뷰타다이엔)
불규칙(random)	*-ran-*	폴리[에틸렌-*ran*-(바이닐 아세테이트)]
교대(alternating)	*-alt-*	폴리[스타이렌-*alt*-(말레익 안하이드라이드)]
블록(block)	*-block-*	폴리스타이렌-*block*-폴리뷰타다이엔
그래프트(graft)	*-graft-*	폴리뷰타다이엔-*graft*-폴리스타이렌

[a] 통계 고분자는 단량체 단위의 연속 분포가 통계 법칙을 준수하는 고분자이다. 불규칙 공중합체의 경우 사슬의 어떤 위치에서 주어진 단량체를 찾을 확률은 그 위치에 이웃한 단위에 무관하다.

1-5에 나열한 여섯 종류의 공중합체에 명시한 바와 같이 공중합체의 종류를 나타낸다.

1.3 분자량

1.3.1 분자량 분포

일반적인 합성 고분자 시료의 경우 넓은 분포의 사슬 길이를 갖는 사슬들로 이루어진다. 분포가 대칭인 경우는 드물며 일부 분자는 매우 높은 분자량을 갖는다. 그림 1-8은 대표적인 분포를 보여 주고 있다. 분자량 분포의 정확한 폭은 2장에서 기술하는 바와 같이 주어진 중합 조건에 따라 변한다. 예를 들어, 어떤 올레핀들의 중합은 매우 넓은 분자량 분포를 보인다. 다른 중합에서는 매우 좁은 분자량 분포를 갖는 고분자를 구할 수 있다. 이어지는 장들에서 기술하는 바와 같이 용융 점도와 같은 고분자의 여러 물성은 분자량과 분자량 분포에 따라 변한다. 따라서 이 절에서 논하는 바와 같이, 평균 분자량을 주어진 분자량 분포와 연결시켜 정의하는 방법이 실용적이다.

그림 1-8 분자량 M을 갖는 사슬의 몰수 N을 M에 대하여 도식화한 분자량의 연속 분포를 보여 주는 전형적인 곡선

1.3.2 평균 분자량

일정한 분자량 분포를 나타내는 고분자의 평균 분자량, $\bar{M}$은 다음과 같이 정의될 수 있다.

$$\bar{M} = \frac{\sum_i N_i M_i^{\alpha}}{\sum_i N_i M_i^{\alpha-1}} \tag{1.1}$$

여기에서 N_i는 분자량 M_i를 갖는 분자의 몰수, 인자 α는 분자량 분포의 특정 평균치를 정의하는 계량 요소(weighting factor)이다. 분자량 M_i를 갖는 분자의 무게 W_i는

$$W_i = N_i M_i \tag{1.2}$$

이다. 고분자의 물성 결정에 중요한 분자량은 수평균 분자량 $\bar{M}_\mathrm{n}(\alpha=1)$, 중량 평균 분자량 $\bar{M}_\mathrm{w}(\alpha=2)$, 그리고 z-평균 분자량 $\bar{M}_z(\alpha=3)$이다.

상업용 고분자의 분자량 분포는 일반적으로 연속함수이므로, 분자량 분포를 나타내는 적절한 수학식(즉, 그림 1-8에서 나타낸 바와 같이 N은 M의 함수)을 알거나 대략적으로 나타낸다면 적분으로 값을 계산할 수 있다. 이러한 수식으로는 Flory, Schultz, Tung 및 Pearson 분포와 같이 이상형 중합(idealized polymerization)의 통계학적인 요소를 기초로 하여 유도한 이론 분포함수[9] (예제 1.1과 문제 1.3 참조) 그리고 Poisson 및 대수정규(logarithmic-normal) 분포와 같은 표준 확률함수가 있다.

식 (1.1)로부터 일정한 분자량 분포에 대한 **수평균 분자량**(number-average molecular weight)은 다음 식과 같으며

$$\bar{M}_\mathrm{n} = \frac{\sum_{i=1}^{N} N_i M_i}{\sum_{i=1}^{N} N_i} = \frac{\sum_{i=1}^{N} W_i}{\sum_{i=1}^{N} (W_i / M_i)} \tag{1.3}$$

여기에서 N은 분포에서 동일한 분자량을 갖는 각 사슬의 총수이다. 연속 분포함수의 수평균 분자량은 다음 식과 같다.

$$\bar{M}_\mathrm{n} = \frac{\int_0^\infty NM\,dM}{\int_0^\infty N\,dM} \tag{1.4}$$

연속하며 일정한 분포에 대한 **중량 평균 분자량**(weight-average molecular weight)의 각각의 관계식은 다음과 같다.

$$\bar{M}_\mathrm{w} = \frac{\sum_{i=1}^{N} N_i M_i^2}{\sum_{i=1}^{N} N_i M_i} = \frac{\sum_{i=1}^{N} W_i M_i}{\sum_{i=1}^{N} W_i} \tag{1.5}$$

및

$$\bar{M}_w = \frac{\int_0^\infty NM^2 dM}{\int_0^\infty NMdM} \tag{1.6}$$

고분자량 고분자의 경우 수평균 분자량은 막삼투압법(membrane osmometry)을 이용하여 직접 구할 수 있다. 한편으로, 3장에서 기술한 바와 같이, 중량 평균 분자량은 광산란(light-scattering) 및 다른 산란 기법으로 구한다. 앞서 논한 바와 같이 α=3인 Z-평균 분자량($\bar{M}_z$)은 분자량 분포 곡선에서 보다 높은 곳에 위치한다. 3장에서 논하는 바와 같이 점도 평균(viscosity-average) 분자량, $\bar{M}_v$는 묽은 용액 점도법(dilute-solution viscometry)으로부터 구할 수 있다. 점도 평균 분자량은 고분자에 대한 용매의 종류가 선용매(good solvent)인가 빈용매(poor solvent)인가에 따라 $\bar{M}_n$과 $\bar{M}_w$의 사이에 위치한다. 선용매이면 $\bar{M}_v = \bar{M}_w$이다.

분자량 분포의 폭은 평균 분자량의 비로 측정한다. 가장 일반적으로 사용하는 비는 $\bar{M}_w/\bar{M}_n$으로 **다분산성 지수**(polydispersity index, PDI)라고 한다[9]. 최근에 IUPAC은 이 비를 **몰질량 분산성**(molar-mass dispersity, D_M)으로 사용할 것을 제안하고 있다[10]. 상업용 고분자의 PDI는 크게 변한다. 예를 들어, $\bar{M}_n$이 100,000 이상인 상업용 등급의 폴리스타이렌은 다분산성 지수가 2와 5 사이의 값이나 입체 특이성 촉매로 합성한 폴리에틸렌은 PDI가 30에 이르기도 한다.* 이와는 대조적으로 "리빙(living)" 중합법으로 합성한 일부 바이닐 고분자의 경우(2장 참조) 1.06 정도로 낮아지기도 한다. 이렇게 거의 **단분산**(monodisperse) 분자량 분포를 갖는 고분자는 상업용 고분자의 분자량 및 분자량 분포를 구하는 분자량 표준 시료로 사용한다(3.3.4절 참조).

예제 1.1

세 종류의 **단분산** 시료를 다음과 같은 비율로 혼합하여 다분산성 폴리스타이렌을 만들었다:

1 g 10,000 분자량

2 g 50,000 분자량

2 g 100,000 분자량

이 정보를 이용하여 혼합물의 수평균 분자량, 중량 평균 분자량 및 PDI를 계산하시오.

* 새로운 메탈로센 촉매 중합으로 보다 규칙적인 구조와 좁은 분자량 분포를 갖는 폴리올레핀과 다른 종류의 고분자를 합성할 수 있다(2.2.3절 참조).

풀이

식 (1.3)과 식 (1.5)로부터 다음의 값을 구한다.

$$\overline{M}_{\mathrm{n}} = \frac{\sum_{i=1}^{3} N_i M_i}{\sum_{i=1}^{3} N_i} = \frac{\sum_{i=1}^{3} W_i}{\sum_{i=1}^{3} \left(W_i / M_i\right)} = \frac{1+2+2}{\frac{1}{10,000} + \frac{2}{50,000} + \frac{2}{100,000}} = 31,250$$

$$\overline{M}_{\mathrm{w}} = \frac{\sum_{i=1}^{3} N_i M_i^2}{\sum_{i=1}^{3} N_i M_i} = \frac{\sum_{i=1}^{3} W_i M_i}{\sum_{i=1}^{3} W_i} = \frac{10,000 + 2(50,000) + 2(100,000)}{5} = 62,000$$

$$\mathrm{PDI} = \frac{\overline{M}_{\mathrm{w}}}{\overline{M}_{\mathrm{n}}} = \frac{62,000}{31,250} = 1.98$$

예제 1.2

어떤 고분자를 분별하여 분자량 M을 갖는 분자의 중량 W를 분자량 M에 대하여 도식화한 결과 다음의 그래프와 같은 연속 분자량 분포를 나타내었다. 이 그래프로부터 $\overline{M}_{\mathrm{n}}$과 $\overline{M}_{\mathrm{w}}$를 계산하시오.

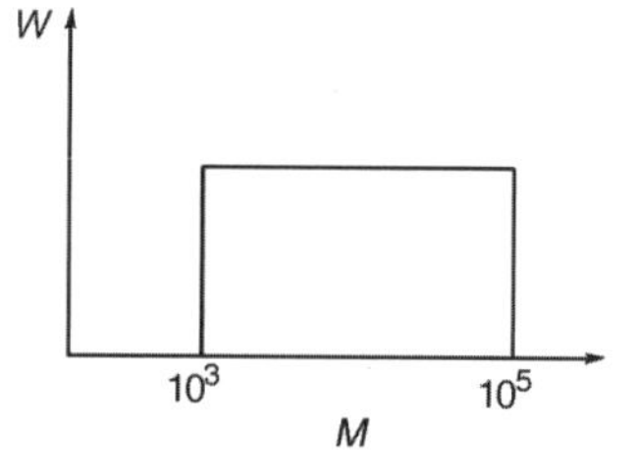

풀이

식 (1.4)와 식 (1.6)으로부터 다음의 값을 구한다.

$$\overline{M}_{\mathrm{n}} = \frac{\int_{10^3}^{10^5} dM}{\int_{10^3}^{10^5} (1/M)\, dM} = \frac{10^5 - 10^3}{\ln\left(10^5/10^3\right)} = 21,498$$

$$\overline{M}_{\mathrm{w}} = \frac{\int_{10^3}^{10^5} M\, dM}{\int_{10^3}^{10^5} dM} = \frac{\left(M^2/2\right)_{10^3}^{10^5}}{9.9 \times 10^4} = 50,500$$

예제 1.3

다음 식은 단일 인자를 갖는 Flory 분포식이다.

$$W(X) = X(\ln p)^2\, p^X$$

여기에서 X는 중합도이며 p는 단계 성장 중합에서 단량체의 분별 전환율(fractional conversion)이다. 이 식을 이용하여 수평균 및 중량 평균 중합도(degree of polymerization)* 를 X와 p의 식으로 구하시오.†

풀이

다음의 등비 급수를 이용하여

$$\sum_{X=1}^{\infty} p^{X-1} = 1 + p + p^2 + p^3 + \cdots = \frac{1}{1-p} \qquad (-1 < p < 1)$$

$$A = \sum_{X=1}^{\infty} Xp^{X-1} = 1 + 2p + 3p^2 + \cdots = \frac{1}{(1-p)^2}$$

$$B = \sum_{X=1}^{\infty} X^2 p^{X-1} = 1 + 2^2 p + 3^2 p^2 + \cdots = \frac{1+p}{(1-p)^3}$$

를 구하고 이로부터 $B(1\text{-}p) = A(1+p)$가 된다. 이로부터

$\dfrac{B}{A} = \dfrac{1+p}{1-p}$ 이고,

$$\bar{X}_{\mathrm{n}} = \frac{\sum_{X=1}^{\infty} W(X)}{\sum_{X=1}^{\infty} W(X)/X} = \frac{(\ln p)^2\, p \sum_{X=1}^{\infty} Xp^{X-1}}{(\ln p)^2\, p \sum_{X=1}^{\infty} p^{X-1}} = \frac{\sum_{X=1}^{\infty} Xp^{X-1}}{\sum_{X=1}^{\infty} p^{X-1}} = \frac{1/(1-p)^2}{1/(1-p)} = \frac{1}{1-p}$$

$$\bar{X}_{\mathrm{w}} = \frac{\sum_{0}^{\infty} XW(X)}{\sum_{0}^{\infty} W(X)} = \frac{(\ln p)^2\, p \sum_{X=1}^{\infty} X^2 p^{X-1}}{(\ln p)^2\, p \sum_{X=1}^{\infty} Xp^{X-1}} = \frac{\sum_{X=1}^{\infty} X^2 p^{X-1}}{\sum_{X=1}^{\infty} Xp^{X-1}} = \frac{(1+p)/(1-p)^3}{1/(1-p)^2} = \frac{1+p}{1-p}$$

---

* $\bar{M}_o$는 반복 단위 하나의 분자량이며 $\bar{M}_n = M_o \bar{X}_n$, $\bar{M}_w = M_o \bar{X}_w$ 이다.

† 분자량 분포의 포괄적인 개요에 대하여서는 Paul J. Flory의 *Principles of Polymer Chemistry* 8장을 참조하라.

1.4 화학 구조와 열전이

앞서 논한 바와 같이 폴리스타이렌이나 폴리(메틸 메타크릴레이트)와 같은 많은 종류의 합성 고분자는 고분자량의 길고 유연한 사슬로 이루어져 있다. 많은 경우에 각각의 사슬들은 어떠한 분자 질서 혹은 구조를 갖지 않고 불규칙한 코일 형태로 서로 얽혀 있다. 이러한 물리적 상태를 **무정형**(amorphous)이라고 한다. 상업용 등급의 (아탁틱) 폴리스타이렌과 폴리(메틸 메타크릴레이트)는 고체 상태에서 무정형 고분자의 예이다. 유리 전이 온도(glass transition temperature, T_g)로 불리는 온도 이하에서는 각각의 사슬의 장거리 상호연관 거동은 일어날 수 없다; 그러나 주골격을 따라 인접한 그룹이나 치환기가 관여하는 단거리 거동은 가능하다. 이러한 거동을 **이차 완화**(secondary-relaxation) 과정이라고 부르며 낮게는 70 K의 저온에서도 일어날 수 있다. 이와 비교하여, 유리 전이 온도는 폴리다이메틸실록세인

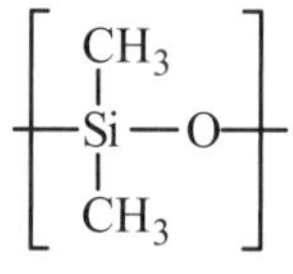

과 같이 매우 유연한 사슬을 갖는 고분자의 150 K로부터 매우 경직된 방향족 주골격을 갖는 고탄성률 섬유인 poly[2,2′-(*m*-methylene)-5,5′-bibenzimidazole] (PBI)의 700 K-773 K의 범위로 보고된 바와 같이 600 K를 훨씬 상회하는 범위까지 크게 변화한다(10.2.1절 참조).

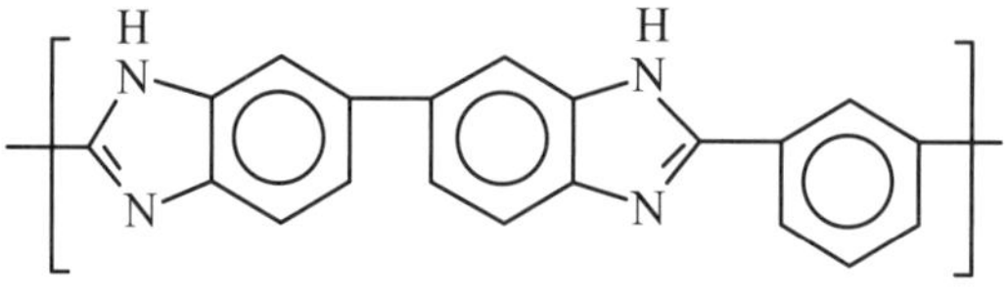

선형 폴리에틸렌 및 아이소탁틱 폴리프로필렌과 같이 매우 규칙적인 구조를 갖는 고분자 사슬은 미세 결정(crystallite)으로 불리는 매우 규칙적인 구조로 배열되어 있다. 각 미세 결정은 접힌 사슬의 열(row)로 이루어진다. 사슬 접힘 과정에 필요한 분자 이동도는 충분한 열에너지를 필요로 하므로 결정화는 T_g 이상의 온도에서만 일어날 수 있다. 한편으로 온도가 너무 높으면 접힌 사슬들은 불안정해지고 높은 열에너지는 미세 결정을 무질서하게 만들어 결정성-무정형 전이가 일어나게 된다. 이러한 전이를 나타내는 온도를 **결정-용융 온도**(crystalline-melting temperature) 또는 T_m이라고 한다. 결정 용융 온도는 폴리카프로락톤(polycaprlactone)

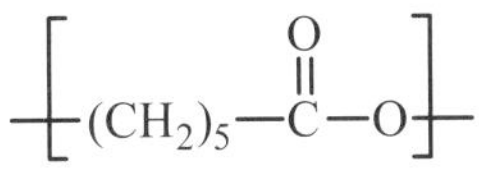

과 같은 단순하고 유연한 사슬 폴리에스터의 334 K로부터 poly(*m*-phenylene isophthalamide) (Nomex)

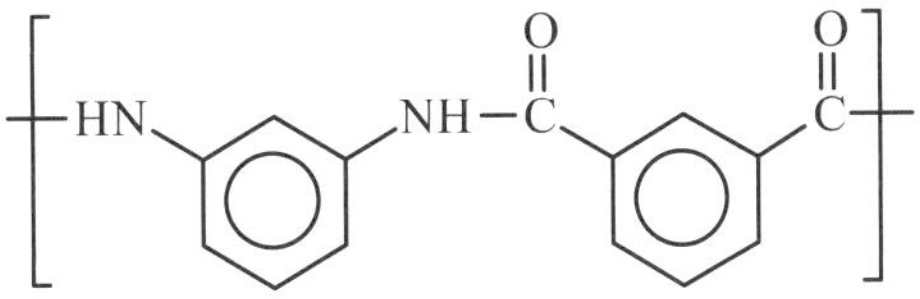

와 같은 방향족 폴리아마이드의 675 K까지 변할 수 있다. 대략적인 경험적 근사치로서 T_g는 절대 온도로 T_m의 1/2에서 2/3의 값을 갖는다. 유리 전이 및 결정-용융 온도는 4장에서 논의하듯이, 부피(팽창법), 비열(열량 측정법) 및 기계적 물성, 특히 탄성률(예를 들어, 동적 기계적 분석)과 같은 다양한 기법을 이용하여 구할 수 있다.

추천 문헌

Furukawa, F., *Inventing Polymer Science: Staudinger, Carothers, and the Emergence of Macromolecular Chemistry*. 1998, Philadelphia: University of Pennsylvania Press.

Harris, F. W., *Introduction to Polymer Chemistry*. Journal of Chemical Engineering, 1981. **58**: p. 837.

Hermes, M. E., *Enough for One Lifetime: Wallace Carothers, Inventor of Nylon*. 1996, Washington, DC, and Philadelphia: American Chemical Society and Chemical Heritage Foundation.

Mandelkern, L., *An Introduction to Macromolecules*. 1983, New York: Springer-Verlag.

Mark, H. F., *Polymer Chemistry: The Past 100 Years*. Chemical Engineering News, April 6, 1976, p. 176.

Morawetz, H., *Polymers: The Origins and Growth of a Science*. 1985, New York: John Wiley & Sons.

Ober, C. K., S. Z. D. Cheng, P. T. Hammond, M. Muthukumar, E. Reichmanic, K. L. Wooley, and T. P. Lodge, *Research in Macromolecular Science: Challenges and Opportunities for the Next Decade*. Macromolecules, 2009. **42**(2): p. 465.

Rogošic, M., H. J. Mencer, and Z. Gomzi, *Polydispersity Index and Molecular Weight Distributions of Polymers*. European Polymer Journal, 1996. **31**(11): p. 1337.

Schnöll-Bitai, I., *A Comparative Study of the Properties of Different Distribution Curves*. Macromolecular Chemistry and Physics, 2002. **203**: p. 1754.

Seymour, R. B., *Polymer Science Before and After 1899: Notable Developments During the Lifetime of Maurits Dekker*. Journal of Macromolecular Science—Chemistry, 1989. **A26**(8): p. 1023.

Seymour, R. B., and C. E. Carraher, *Giant Molecules*. 1990, New York: John Wiley & Sons.

Stepto, R., K. Horie, T. Kitayama, and A. Abe, *Mission and Challenges of Polymer Science and Technology*. Pure and Applied Chemistry, 2003. **75**(10): p. 1359.

Tonelli, A. E., and M. Srinivasarao, *Polymers from the Inside Out*. 2001, New York: John Wiley & Sons.

Ward, T. C., *Molecular Weight Distributions in Synthetic Polymers*. Journal of Chemical Education. 1981. **58**(11): p. 867.

문제

1.1 다른 분자량을 갖는 다섯 종류의 단편(fraction)을 동일한 질량으로 혼합하여 고분자 시료를 만들었다. 이들 각 단편의 분자량은 20,000에서 100,000까지 20,000씩 증가한다. 이 시료의 $\bar{M}_n$, $\bar{M}_w$ 및 $\bar{M}_z$를 계산하시오. 이 값에 근거하여 이 시료가 일반적인 상업용 고분자에 비하여 넓은 분자량 분포를 갖는지 좁은 분자량 분포를 갖는지를 논하시오.

1.2 다음 표에서와 같이 50 g의 고분자 시료를 여섯 종류의 다른 분자량을 갖는 시료로 분별하였다. 각각의 점도 평균 분자량을 계산하여 아래의 표에 포함시켰다. 원(original) 시료의 수평균 및 중량 평균 분자량을 구하시오. 이 계산에서 각 단편의 분자량 분포는 매우 좁으며 **단분산성**으로 여길 수 있다고 가정하시오. 원 시료의 분자량 분포는 좁은 분포인가, 넓은 분포인가?

단편	분자량(g)	$\bar{M}_v$
1	1.0	1500
2	5.0	35,000
3	21.0	75,000
4	15.0	150,000
5	6.5	400,000
6	1.5	850,000

1.3 Schultz-Zimm[11] 분자량 분포함수는 다음과 같이 나타낼 수 있다.

$$W(M) = \frac{a^{b+1}}{\Gamma(b+1)} M^b \exp(-aM)$$

여기에서 a와 b는 조절 가능한 인자이며 (b는 양의 실수) Γ는 무게 단편의 표준화에 사용하는 gamma 함수이다(부록 E 참조).

(a) 이 관계를 이용하여 $\bar{M}_n$과 $\bar{M}_w$를 a와 b 항으로 표시하고, $W(M)$ 곡선의 정점에서의 분자량인 M_{max}를 $\bar{M}_n$의 함수로 나타내시오.

(b) $\bar{M}_n$ 항으로 $W(M)$ 곡선의 정점에서 분자량 M_{max}를 구하기 위한 식을 유도하시오.

(c) $\bar{M}_n = 10{,}000$이라 하고 $b = 0.1$, 1, 10의 세 가지 분포를 같은 도식면 위에 M에 대한 $W(M)$을 그래프로 나타내어 b의 값이 분자량 분포에 어떻게 영향을 미치는가를 보이시오.

힌트: $\int_0^\infty x^n \exp(-ax)\,dx = \Gamma(n+1)/a^{n+1} = n!/a^{n+1}$ **(n이 양의 정수일 때)**

1.4 다음의 계산을 위하여 예제 1.1, 1.2, 및 1.3을 참고하시오.

(a) 예제 1.1에서 기술한 일정한 분자량 분포의 z-평균 분자량, $\bar{M}_z$를 계산하시오.

(b) 예제 1.2에서 보인 연속 분자량 분포의 z-평균 분자량, $\bar{M}_z$를 계산하시오.

(c) 예제 1.3에서 기술한 Flory 분포에 대하여 z-평균 중합도, $\bar{X}_z$의 식을 구하시오.

참고 문헌

1. Baekeland, L. H., *The Synthesis, Constitution, and Uses of Bakelite.* Journal of Industrial and Engineering Chemistry, 1909. **1**: p. 149–161.
2. Carothers, W. H., *Polymerization.* Chemical Reviews, 1931. **8**: p. 353–426.
3. Platé, N. A., and I. M. Papisov, *A Classification of Linear Single-Strand Polymers.* Pure and Applied Chemistry, 1989. **61**(2): p. 243–254.
4. Metanomski, W. V., *Compendium of Macromolecular Nomenclature*. 1991, Oxford: Blackwell Scientific Publications.
5. Mita, I., R. F. T. Stepto, and U. W. Suter, *Basic Classification and Definitions of Polymerization Reactors.* Pure and Applied Chemistry, 1994. **66**(12): p. 2483–2486.
6. Hatada, K., et al., *Definitions of Terms Relating to Degradation, Aging, and Related Chemical Transformations of Polymers.* Pure and Applied Chemistry, 1996. **68**(12): p. 2313–2323.
7. Jenkins, A. D., et al., *Glossary of Basic Terms in Polymer Science.* Pure and Applied Chemistry, 1996. **68**(12): p. 2287–2311.
8. Kahovec, J., et al., *Source-Based Nomenclature for Non-Linear Macromolecules and Macromolecular Assemblies.* Pure and Applied Chemistry, 1997. **69**(12): p. 2511–2521.
9. Rogošic, M., H. J. Mencer, and Z. Gomzi, *Polydispersity Index and Molecular Weight Distributions of Polymers.* European Polymer Journal, 1996. **32**(11): p. 1337–1344.
10. Stepto, R. F. T., *Dispersity in Polymer Science (IUPAC Recommendation 2009).* Pure and Applied Chemistry, 2009. **81**(2): p. 351–353.
11. Zimm, B. H., *The Scattering of Light and the Radial Distribution Function of High Polymer Solutions.* Journal of Chemical Physics, 1948. **16**: p. 1093–1099.

제2장

고분자 합성

1장에서 논한 바와 같이 모든 고분자의 실용적인 분류는 중합 반응 속도론에 바탕을 두고 있다. 이 분류 개요에 의하면 **단계 성장**(step-growth) 중합은 단량체, 소중합체 또는 긴 사슬 분자의 어떠한 조합과 같이 두 분자 사이의 **불규칙**(random) 반응으로 정의한다. 고분자량의 고분자는 대부분의 단량체가 소모된 중합의 거의 마지막 단계에서 형성된다. **사슬 성장**(chain-growth) 중합에서의 사슬 연장(chain extension) 반응은 하나의 단량체가 하나의 '활성(active)' 사슬에 결합함으로써만 이루어진다. 활성 말단은 자유 라디칼 또는 이온(즉, 음이온 혹은 양이온)이다. 단계 성장 중합과는 대조적으로 사슬 성장 중합은 반응 초기에 고분자량의 고분자를 형성한다.

2.1 단계 성장 중합

표 2-1은 단계 성장 고분자의 주된 분류를 보여 주고 있다. 이 중 시장 규모면에서 가장 중요한 고분자는 지방족 폴리아마이드 혹은 나일론(예를 들어, 나일론-6, 나일론-6,6 및 나일론-6,10) 그리고 폴리에스터(예를 들어, 폴리(에틸렌 테레프탈레이트)(PET))이다. 특수 용도 혹은 엔지니어링 플라스틱 급의 단계 성장 고분자로는 폴리카보네이트(예를 들어, Lexan), 방향족 폴리이미드(예를 들어, Nomex 및 Kevlar), 폴리이미드(예를 들어, Kapton), 폴리설폰(예를 들어, Udel), 폴리유레테인, 그리고 poly(2,6-dimethyl-1,4-phenylene oxide)(PPO)가 있으며 이에 대해서는 10장에서 다루기로 한다.

그림 2-1은 상업적으로 중요한 단계 성장 중합의 몇 가지 예를 보여 주고 있다. 대부분의 단계 성장 중합은 고전적인 축합 반응인 에스터화(esterification)(그림 2-1A), 에스터

표 2-1 단계 성장 고분자의 분류

분류	단량체 1	단량체 2
축합		
폴리아마이드	다이카복실산	다이아민
폴리카보네이트	비스페놀	포스젠
폴리에스터	다이카복실산	다이올 또는 폴리올
폴리이미드	테트라카복실산	다이아민
폴리실록세인	다이클로로실레인	물
폴리설폰	비스페놀	다이클로로페닐설폰
비축합		
폴리유레테인	다이아이소사이아네이트	다이올 또는 폴리올
폴리(페닐렌 옥사이드)	2,6-이치환 페놀	산소

교환(ester interchange)(그림 2-1B) 또는 아미드화 반응(amidation)(그림 2-1C)을 포함한다. 방향족 폴리에스터인 폴리(에틸렌 테레프탈레이트)의 합성에는 두 가지 경로가 있음은 주목할 만하다. 하나는 테레프탈산(terephthalic acid)과 에틸렌 글라이콜(ethylene glycol)의 폴리에스터화 반응(그림 2-1A)이며 다른 하나는 다이메틸 테레프탈레이트(dimethyl terephthalate)와 에틸렌 글라이콜의 에스터 교환 반응(그림 2-1B)이다. 이들 중합과 지방족 폴리아마이드인 폴리(헥사메틸렌 아디프아마이드), poly(hexamethylene adipamide) 또는 나일론-6,6의 합성(그림 2-1C)은 A~A, B~B의 단계 성장 축합 중합의 예이다. 두 단량체는 모두 이작용기성(bifunctional)이며 동일한 작용성을 각 말단에 갖는다(즉, A 또는 B 작용기). 예를 들어, PET는 다이카복실산(dicarboxylic acid)(테레프탈산)과 다이올(에틸렌 글라이콜)의 축중합으로 합성한다(그림 2-1A). 한편, 지방족 폴리에스터인 폴리(ω-하이드록시카프로산), poly(ω-hydroxycaproic acid)는 ω-하이드록시카프로산의 **자기 축합**(self-condensation)으로 형성된다(그림 2-1D). 이 산은 말단 작용기들이 서로 다르므로(즉, 각 말단에 카복실기 및 하이드록시기) 이 폴리에스터화 반응은 A~B 단계 성장 축중합의 예이다.

그림 2-2는 **비축합형**(non-condensation type) 단계 성장 중합을 보여 주고 있다. 그림 2-2A는 다이올(1,4-뷰테인다이올(1,4-butanediol))과 다이아이소사이아네이트(1,6-헥세인 다이아이소사이아네이트(1,6-hexane diisocyanate))의 **이온 부가**(ionic addition)에 의한 폴리유레테인의 중합을 보여 주고 있다. 여기에서 축합 중합과는 달리 저분자량의 부산물이 유리되지 않는 점은 주목할 만하다. 그림 2-2B는 2,6-자이레놀(2,6-xylenol)의 산화 짝지음(oxidative coupling) 중합에 의한 고온 열가소성 고분자인 poly(2,6-dimethyl-1,4-phenylene oxide)의 중합을 보여 주고 있다. 이 반응의 중합 메커니즘은 **자유 라디칼**(free radical)이

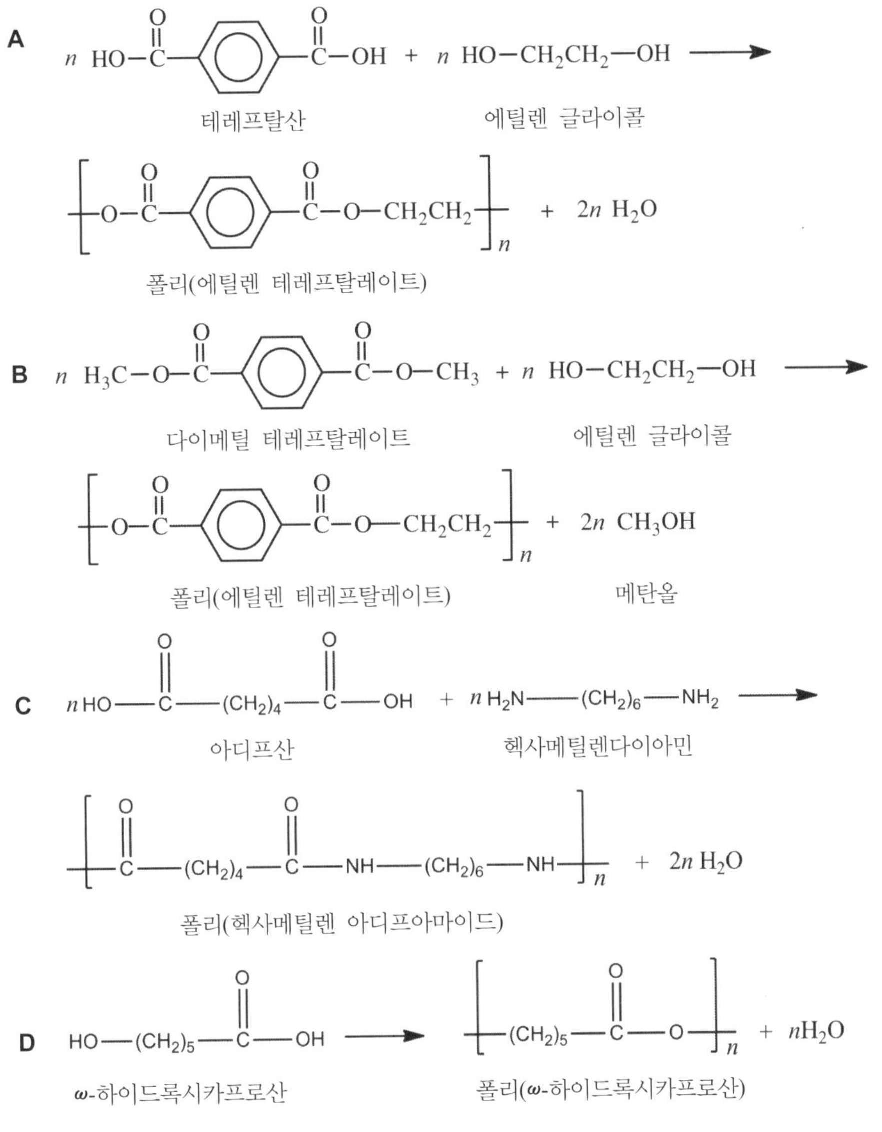

그림 2-1 단계 성장 메커니즘을 갖는 중요한 축중합의 예. **A**. 폴리에스터화 반응. **B**. 에스터 교환 반응. **C**. 폴리아미드화 반응. **D**. A-B 단량체의 자기 축합.

나 이 반응과 이전의 중합의 동역학(kinetics)은 분명히 단계 성장으로, 이는 고분자량의 고분자는 중합 반응의 말기에 이르러서만 형성됨을 의미한다. 일반적으로 자유 라디칼 중합의 역학은 2.2.1절에서 논하는 바와 같이 사슬 성장이다.

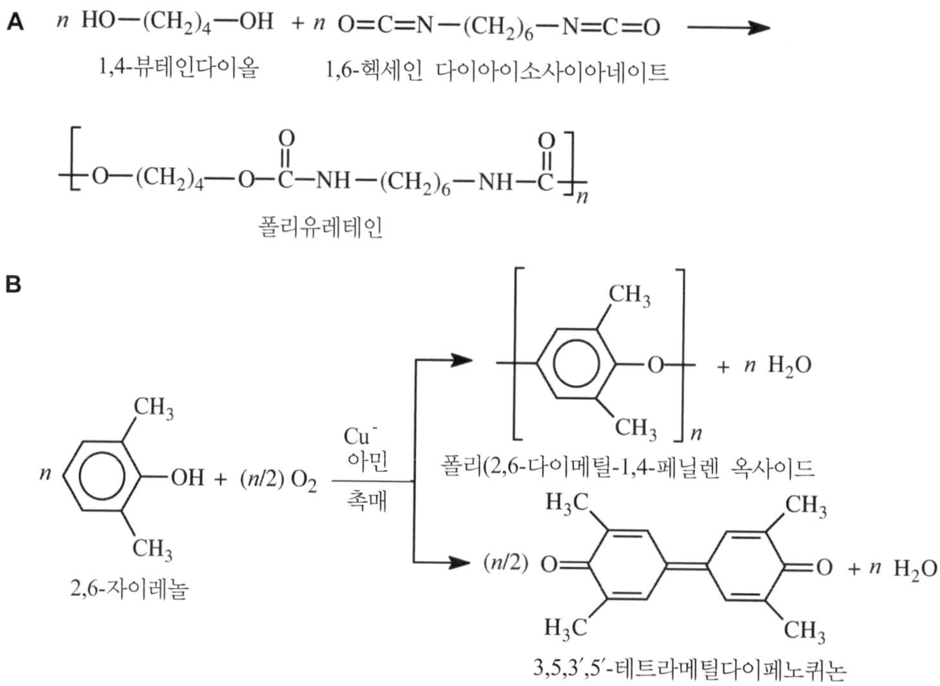

그림 2-2 두 종류의 비축합 단계 성장 중합. **A.** 폴리유레테인의 부가 중합. **B.** 2,6-자이레놀의 산화 짝지음 중합에 의한 고분자량의 고분자 혹은 부산물인 저분자량의 퀴논.

2.1.1 단계 성장 중합의 분자량

단계 성장 중합에서의 고분자의 분자량은 중합 반응 동안의 단량체의 부분 전환율(fractional conversion), p로 결정한다. 분자량을 표현하는 방법의 하나는 **중합도**(degree of polymerization)이며 이는 일반적으로 고분자 사슬에서의 반복 단위의 수를 의미한다. 어떠한 중합 메커니즘도 분자량 분포를 나타내므로 앞서 정의한 평균 분자량(1.3.2절 참조)과 같은 방법으로 평균 중합도를 정의하면 실용적이다. 평균 중합도는 $\bar{X}$(혹은 $(\overline{DP})$)로 나타낸다. 가장 중요한 평균값은 수평균 중합도($\bar{X}_n$)와 중량 평균 중합도($\bar{X}_w$)이다. Carothers[1]는 단계 성장 중합에서의 수평균 중합도를 부분 단량체 전환율, p에 연결시키는 다음의 식을 제안하였다*(1장 예제 1.3 참조).

---

* 수평균 분자량은

$$\bar{M}_n = \bar{X}_n M_o = \frac{M_o}{1-p}$$

로 주어진다. 여기에서 M_o는 반복 단위의 분자량이다.

$$\boxed{\bar{X}_n = \frac{1}{1-p}} \qquad (2.1)$$

중량 평균 중합도는 다음의 식으로 주어진다.

$$\bar{X}_w = \frac{1+p}{1-p} \qquad (2.2)$$

이들 식들은 계면 축중합 또는 둘 이상의 작용기를 갖는 단량체의 단계 성장 중합에는 적용하지 못한다. 식 (2.1)은 전형적인 상업용 $\bar{X}_n$인 50을 구하기 위해서는 98%의 단량체 전환율($p = 0.98$); $\bar{X}_n$이 100인 경우 99%의 단량체 전환율($p = 0.99$)에 이르러야만 한다!는 사실을 보여 주고 있다. A~A/B~B의 축중합에서 높은 단량체 전환율을 구하기 위하여 단량체들이 거의 정확한 화학량론적 등가(stoichiometric equivalence)를 반드시 유지해야 함은 높은 전환율의 필수 조건이다. 이는 분리 가능한 중간체인 저분자량의 염을 형성하고 이 중간체를 높은 전환율, 따라서 고분자량까지 중합시키는 방법으로 실현할 수 있다. 반면에, 축중합 반응에서는 의도적으로 분자량을 낮추기 위하여 한 종류의 단량체를 약간 과량으로 사용하기도 한다.

단계 성장 중합은 높은 전환율뿐 아니라 높은 **수율**(yield)을 필요로 한다. 높은 수율이란 중합 과정을 비활성화시킬 수 있는 어떠한 부반응(side reaction)도 없는 상태를 의미한다. 예를 들어, 저분자량의 퀴논 유도체에 이르는 탄소-탄소 짝지음은 그림 2-2B에서 볼 수 있는 바와 같이 2,6-자이레놀의 탄소-산소 짝지음 중합과 서로 경쟁적으로 진행된다. 이 경우 고분자량 고분자의 수율은 촉매의 형태와 중합 조건에 따라 결정된다.

단량체의 높은 **순도**(purity) 역시 고분자량의 고분자를 얻기 위해서는 매우 중요하다. A~A/B~B의 축중합에서 성장 고분자 사슬에 일작용기성(monofunctional)(하나의 A 또는 B를 갖는) 단량체를 투입하면 중합 반응은 정지하게 될 것이다. 나일론-6,6 합성 시 다이아민 대신에 일작용기성 아민을 사용하는 반응이 그 예이다(그림 2-1C 참조). 때로는 일작용기성 단량체를 중합 과정에 부가하여 분자량을 조절하기도 한다. 삼작용기성 단량체는 9.3절에서 논하는 바와 같이 가교 고분자(즉, 열경화성 고분자)를 생성하기 위하여 사용한다.

요약하면 단계 성장 중합에서 고분자량의 고분자는 다음의 조건을 만족하는 경우에 한해서만 구할 수 있다:

- 높은 단량체 전환율
- 높은 단량체 순도

- 높은 반응 수율
- 작용기(A~A/B~B의 중합 반응에서)들의 등가의 당량비

2.1.2 단계 성장 중합의 반응 속도론

단계 성장 중합은 A~B 또는 A~A/B~B 형 그리고 촉매의 사용 여부에 따라 2차 또는 3차 반응으로 될 수 있다. 중합 속도, R_o는 단량체 농도의 시간에 따른 변화로 표시할 수 있다. A~A/B~B의 비촉매 중합에서 단량체의 소멸(disappearance) 속도로 정의되는 중합 속도는 단량체 농도에 대하여 2차 반응이며 다음과 같이 주어진다.

$$R_o = -\frac{d[\text{A\textasciitilde A}]}{dt} = k[\text{A\textasciitilde A}][\text{B\textasciitilde B}] \tag{2.3}$$

여기에서 k는 중합 반응 속도 상수이며 각괄호(bracket)는 단량체(예를 들어, A~A 또는 B~B)의 농도를 나타낸다. 단량체의 농도가 화학량론적 균형을 갖는다고 가정하면 식 (2.3)은 다음과 같이 단순화할 수 있다.

$$-\frac{d[\text{A\textasciitilde A}]}{dt} = k[\text{A\textasciitilde A}]^2 \tag{2.4}$$

식 (2.4)를 적분하면

$$\frac{1}{[\text{A\textasciitilde A}]} - \frac{1}{[\text{A\textasciitilde A}]_o} = kt \tag{2.5}$$

로 된다. 여기에서 $[\text{A\textasciitilde A}]_o$는 초기 단량체의 농도(즉, $t=0$에서)를 의미한다. 어떤 시간 t에서 미반응 단량체의 농도는 부분 전환율과 초기 단량체 농도에 다음과 같이 연관된다.

$$[\text{A\textasciitilde A}] = (1-p)[\text{A\textasciitilde A}]_o \tag{2.6}$$

식 (2.6)을 (1-p)에 대하여 재배열하고 Carothers 식(식 (2.1))에 대입하면

$$\bar{X}_n = \frac{[\text{A\textasciitilde A}]_o}{[\text{A\textasciitilde A}]} \tag{2.7}$$

또는

$$[A\sim A]=\frac{[A\sim A]_o}{\bar{X}_n} \tag{2.8}$$

로 된다. 식 (2.8)을 식 (2.5)에 대입한 후 정리하면 최종 식인 식 (2.9)가 구해진다.

$$\bar{X}_n=[A\sim A]_o kt+1 \tag{2.9}$$

식 (2.9)에서 수평균 중합도는 2차 단계 성장 반응에서 시간에 대하여 선형함수(linear function)의 관계임을 나타낸다.

2.2 사슬 성장 중합

사슬 성장 중합은 중합 반응의 초기에 단량체 분자와 반응할 수 있는 개시 분자의 존재를 필요로 한다. 개시 종(initiating species)은 다음 장에서 논하듯이 라디칼, 음이온 또는 양이온일 수 있다. 자유 라디칼, 음이온 및 양이온 사슬 성장 중합은 일반적으로 **개시**(initiation), **성장**(propagation), **정지**(termination)의 세 단계를 거친다. 바이닐계 단량체의 중합 시(1장 표 1-2 참조) 중합 메커니즘(즉, 자유 라디칼, 음이온 또는 양이온)은 부분적으로 치환기의 화학적 특성(예를 들어, 표 1-2의 R_1, R_2, R_3, R_4)에 의존한다. 일반 지침으로서 **전자 끄는**(electron-withdrawing) 기를 갖는 단량체의 경우 음이온 경로로 중합할 수 있는 반면, **전자 주는**(electron-donating) 기를 갖는 단량체의 경우 양이온 경로로 중합할 수 있다. 메틸 메타크릴레이트와 스타이렌과 같은 일부 중요한 단량체는 한 가지 이상의 경로로 중합할 수 있다(즉, 자유 라디칼 또는 음이온).

2.2.1 자유 라디칼 중합 및 공중합

다른 사슬 성장 중합과 마찬가지로 자유 라디칼 중합은 세 가지 주요 단계를 가진다:

- 활성 단량체의 개시
- 단량체의 연속 부가를 통한 활성(즉, 자유 라디칼) 사슬의 증식 또는 성장
- 활성 사슬의 정지로 최종 고분자 생성물 형성

이들 단계와 관련된 반응 속도론을 자유 라디칼 중합 반응에서 폴리스타이렌을 예로 들어 전개하고자 한다.

개시 단계 자유 라디칼 중합에서 개시는–개시제가 **해리**(dissociation)하여 두 라디칼 종(radical species)을 생성하고 이어서 개시 라디칼에 하나의 단량체 분자가 부가되는(**회합**(association) 단계)–두 단계로 이루어진다. 개시제(I~I)가 해리하여 두 개의 자유 라디칼 개시 종(I•)을 형성하는 반응은 다음과 같이 나타낼 수 있다.

$$\mathrm{I\sim I} \xrightarrow{k_d} 2\mathrm{I}\bullet \tag{2.10}$$

여기에서 k_d는 **해리 속도 상수**(dissociation rate constant)이다. 해리 속도 상수는 온도의 함수인 Arrhenius 식에서

$$k_d = A\exp\left(-E_a/RT\right) \tag{2.11}$$

로 주어진다. 여기에서 식 (2.11)은 속도 인자이며 E_a는 해리의 **활성화 에너지**(activation energy)이다. 개시제의 해리 속도 상수는 표 2-2에 주어진 자료와 같이 온도에 따라 변하며 나아가서 용액 중합에서 사용하는 용매의 특성에 따라서도 변한다.

자유 라디칼 중합의 개시제로는 아조(−N=N−), 다이설파이드(−S−S−) 또는 페록사이드(−O−O−)와 같이 균형 분해(homolytic cleavage)가 가능한 화학기를 갖는 어떠한 유기 화합물도 여기에 포함된다. 개시제의 약한 결합은 열이나 자외선(UV) 또는 γ선 조사(γ-irradiation)와 같은 방사에 의해 깨어질 수 있다. 자유 라디칼 개시제의 중요한 예는 두 개의 동일한 라디칼 종으로 해리되는 벤조일 페록사이드(benzoyl peroxide)이다.

또 다른 자유 라디칼 개시제로는 열에 의해 질소 기체와 두 개의 사이아노아이소프로

표 2-2 두 종류의 일반적인 개시제에 대한 용액에서의 해리 속도 상수

개시제	용매	T(℃)	k_d(s^{-1})	E_a(kJ mol^{-1})
벤조일 페록사이드	벤젠	30	4.80×10^{-8}	116
		70	1.38×10^{-5}	
	톨루엔	30	4.94×10^{-8}	121
		70	1.10×10^{-5}	
AIBN	벤젠	40	5.44×10^{-7}	128
		70	3.17×10^{-5}	
	톨루엔	70	4.00×10^{-5}	121

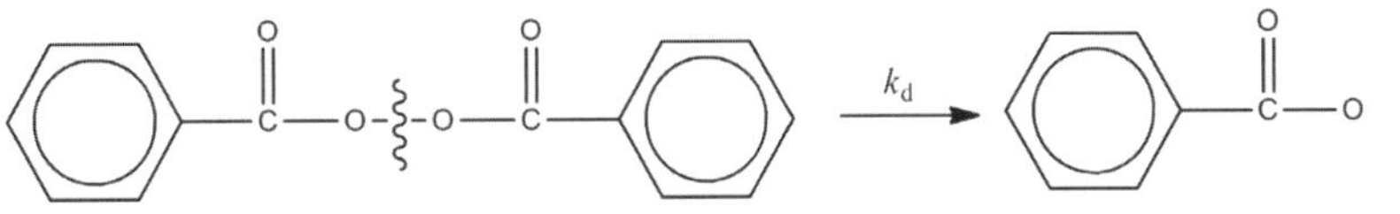

필 라디칼(R•)로 분해되는 2,2-아조비스(아이소뷰티로나이트릴), 2,2-azo(bisisobutyronitrile)(AIBN)과 같은 아조 화합물(R−N=N−R) 계열이 있다.

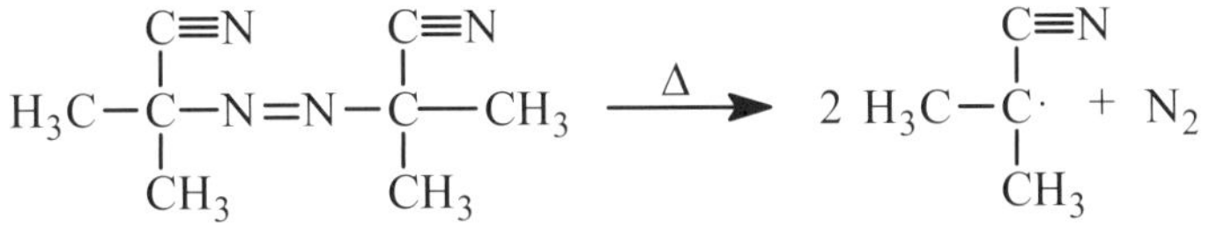

개시의 두 번째 단계(즉, 회합(association))에서 단량체 분자(M)는 개시제 라디칼에 부착한다. 이 부가 단계는 다음과 같다.

$$\mathrm{I}\bullet + \mathrm{M} \xrightarrow{k_a} \mathrm{IM}\bullet \tag{2.12}$$

여기에서 k_a는 단량체 회합의 속도 상수이다. 벤조일 페록사이드에 의하여 개시되는 스타이렌 중합을 예로 들면 부가는 다음과 같이 일어난다.

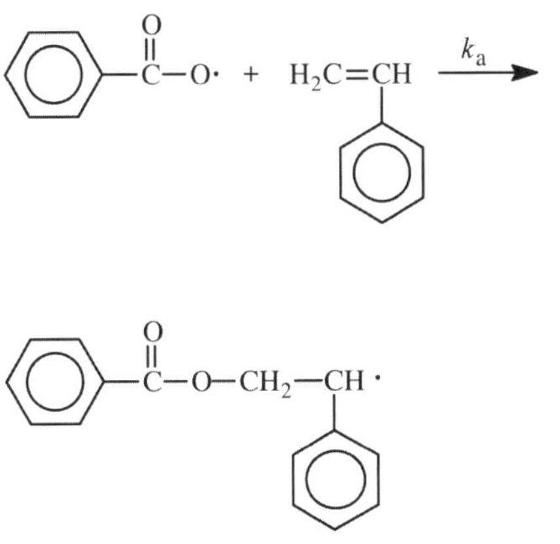

성장 단계 성장(propagation)으로 불리는 다음 단계에서 단량체 단위들은 개시된 단량체 종에 다음과 같이 부가된다.

$$\mathrm{IM}\bullet + \mathrm{M} \xrightarrow{k_p} \mathrm{IMM}\bullet \tag{2.13}$$

여기에서 k_p는 **성장 속도 상수**(propagation rate constant)이다. 벤조일 페록사이드 개시제와 스타이렌의 부가 반응에서 첫 번째 성장 단계는 다음과 같이 나타낼 수 있다.

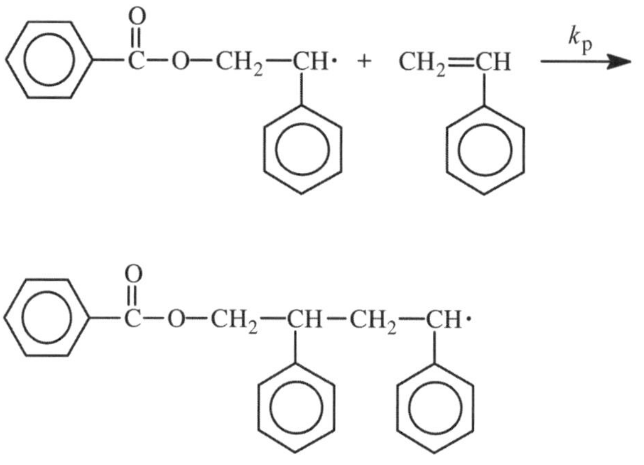

이어지는 성장 단계에서 단량체들은 추가적으로 부가하며 이는 다음의 일반식으로 나타낸다.

$$IM_x\bullet + M \xrightarrow{k_p} IM_xM\bullet \tag{2.14}$$

바이닐 중합의 성장 단계에서 에너지적인 측면에서 우선하는 배열은 머리-꼬리(head-to-tail)이며 여기에서 "머리"는 더 큰 치환기를 갖는 탄소 원자를 이른다. 머리-머리(head-to-head) 배열은 결합에 의한 정지 단계에서 일어날 수 있으며 이는 다음 절에서 논하고 있다.

정지 성장은 실질적인 정지 반응이 일어나기 전까지 계속된다. 정지 메커니즘은 임의의 중합도(x 및 y)를 갖는 두 개의 성장 라디칼 사슬이 각각의 자유 라디칼 말단에서 만나는 과정이다. 두 개의 라디칼 사슬의 연결로 하나의 공유 결합이 이루어지는 과정을 통하여 중합도 $x+y$의 정지 사슬을 생성하는 이러한 방식의 정지를 결합(combination)이라고 한다. 다음의 반응식은 결합에 의한 정지 반응을 보여 주고 있다.

$$IM_{x-1}M\bullet + \bullet MM_{y-1}I \xrightarrow{k_{tc}} IM_{x-1}M-MM_{y-1}I \tag{2.15}$$

여기에서 k_{tc}는 정지 반응 상수이다. 스타이렌 중합 반응에서 결합에 의한 정지는 다음의 반응식에서 보는 바와 같다.

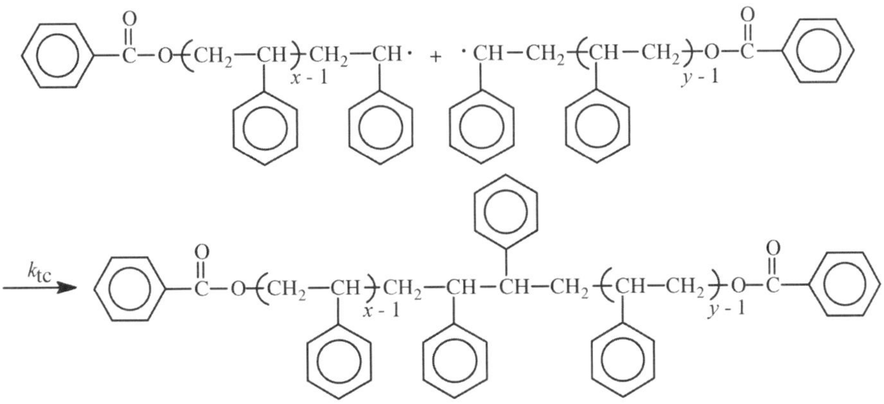

결합에 의한 정지 반응으로부터 생성되는 구조는 연결 장소에서 머리-머리 배열을 갖는다.

정지 반응은 아래 반응에서 볼 수 있듯이 두 개의 정지 사슬을 생성하는 **불균등화**(disproportionation) 반응에 의해서도 일어날 수 있다. 이 경우 하나의 정지 사슬은 불포화 탄소기를, 다른 하나의 정지 사슬은 완전히 포화된 탄소기를 갖는다. 두 정지 반응의 경우 각 고분자 사슬의 한쪽 말단(즉, 불균등화에 의한 정지에서) 또는 양쪽 말단(즉, 결합에 의한 정지에서)은 개시제 분자의 개시 자유 라디칼 기를 갖는다. 결합에 의한 정지에서 벤조일 페록사이드 기는 사슬의 **양**(both) 말단을 차지한다. 이 점은 개시제와 중합 촉매와의 중요한 차이를 보여 준다. 즉, 개시제는 정지 사슬의 일부분으로 되고, 한편으로 **촉매**(catalyst)는 중합 반응을 촉진시키지만 중합 반응의 마지막에 완전히 회수된다. 양이온 및 배위 중합에서 사용하는 촉매는 2.2.2절과 2.2.3절에서 다루고 있다. 불균등에 의한 정지 반응은 다음 식으로 나타내어진다(속도 상수, k_{td}):

$$\mathrm{IM}_{x-1}\mathrm{M}\bullet + \bullet\mathrm{MM}_{y-1}\mathrm{I} \xrightarrow{k_{td}} \mathrm{IM}_x + \mathrm{IM}_y \tag{2.16}$$

다음 반응식은 스타이렌의 중합 반응에서 불균등에 의한 정지 반응을 보여 주고 있다.

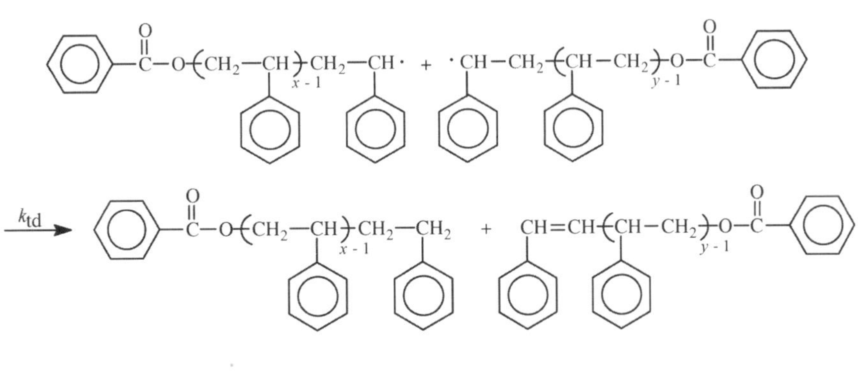

결합과 불균등화에 의한 정지 반응 외에 또 하나의 정지 반응 메커니즘으로는 개시제, 단량체 또는 용매 분자로부터 수소 추출(hydrogen abstraction)에 의한 **사슬 이동**(chain transfer)이 있다. 이 반응은 일반식으로 다음과 같이 나타낼 수 있다.

$$IM_{x-1}M\bullet + SH \xrightarrow{k_{tr}} IM_{x-1}MH + S\bullet \qquad (2.17)$$

여기에서 k_{tr}은 사슬 이동 반응의 속도 상수이며 SH는 추출 가능한 수소 원자와 용매 또는 다른 분자를 나타낸다. 스타이렌과 벤조일 페록사이드의 반응을 예로 들면 사슬 이동에 의한 정지 반응은 다음과 같이 진행된다.

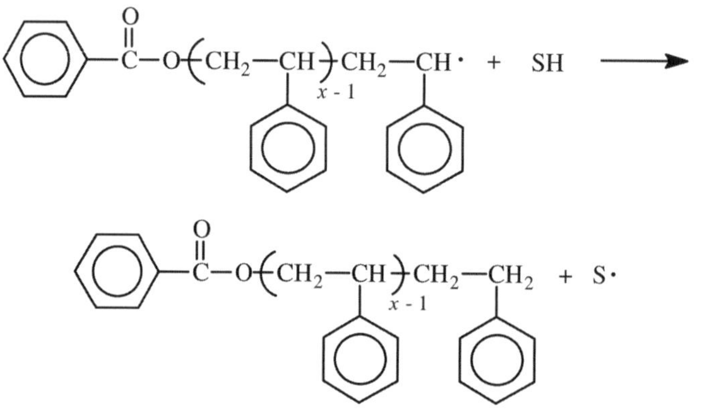

여기에서 보는 바와 같이 라디칼의 위치가 성장 사슬에서 사슬 이동제(S•)로 이동하고 이 사슬 이동제는 단량체 단위와 결합하며 중합 과정이 계속된다. 성장 사슬 이동 라디칼 사슬($SM_x\bullet$)의 이어지는 정지 반응으로 정지 사슬은 고분자 사슬의 말단에 하나(즉, 불균

표 2-3 대표적인 성장 및 정지 반응 속도 상수값

단량체	T(℃)	k_p(L mol^{-1} s^{-1})	k_t(L mol^{-1} s^{-1})×10^{-6}
스타이렌	25	44	48
	30	55	51
	60	176	72
바이닐 아세테이트	25	1012	59
바이닐 클로라이드	25	3130	2300
바이닐리덴 클로라이드	25	6.6	0.175
아크릴로나이트릴	25	52	5
에틸렌[a]	83	470	1050
메틸 메타크릴레이트	40	513	47

[a] 벤젠에서의 중합

등화에 의한 정지) 또는 둘(즉, 결합에 의한 정지)의 사슬 이동(S) 기를 갖게 된다.

표 2-3은 몇 종류의 단량체의 성장 및 정지 반응 속도 상수를 보여 주고 있다. 스타이렌의 온도에 따른 값의 변화에서 보듯이 k_p와 k_t는 둘 다 강한(Arrhenius) 온도 의존성을 보인다. 속도 상수는 단량체의 종류에 따라(즉, 바이닐 중합에서 치환기의 화학적 특성에 따라 변한다) 수십에서 수백 배의 자릿수로 크기를 달리한다.

자유 라디칼 중합 반응 속도론 자유 라디칼 중합에서 전체적인 중합 속도(R_o)는 단순히 사슬 성장의 속도(R_p)로서 식 (2.14)로부터 다음과 같이 구하여진다.

$$R_o \equiv R_p = k_p[\mathrm{IM}_x\bullet][\mathrm{M}] \tag{2.18}$$

이러한 논리의 전개는 성장 단계에서 첫 번째를 포함한 모든 단계들이 동일한 반응성을 갖는다는 가정을 하고 있다. 단계 성장 중합과는 대조적으로 자유 라디칼, 사슬 성장 중합의 성장 속도는 매우 빠르다. 동일한 시료의 모든 사슬이 동일한 순간에 형성되는 것은 아니지만 고분자량의 고분자 사슬이 1초가 지나기도 전에 형성될 수 있다.

중합 속도를 결정하기 위하여 식 (2.18)의 사용 시 하나의 문제점은 라디칼 농도 $[\mathrm{IM}_x\bullet]$가 보통의 경우 알려져 있지 않다는 점이다. 이러한 어려움을 극복하기 위하여 총 라디칼 수는 중합 반응의 전반에 걸쳐 **정상 상태**(steady-state)를 유지한다는 가정을 하면 보다 쉽게 측정할 수 있는 농도(즉, 단량체 및 개시제 농도)와 연관지을 수 있다. 라디칼은 개시 단계에서 형성되며 정지 단계에서 소멸되므로 정상 상태 조건은 다음과 같이 나타낼 수 있다.

$$\boxed{R_i \equiv R_t} \tag{2.19}$$

전에 언급한 바와 같이 개시 과정은 별개의 두 단계인 개시제 해리 및 단량체 회합을 포함한다. **개시의 전체 속도는 보다 느린 단계인 개시제 해리에 의해 조절된다.** 개시 속도는 라디칼-개시제 농도의 시간에 따른 증가 속도로 나타내며 식 (2.10)의 해리 식으로부터 다음과 같이 구하여진다.

$$R_i = \frac{d[\mathrm{I}\bullet]}{dt} = 2k_d[\mathrm{I}] \tag{2.20}$$

여기에서 [I]는 개시제 (I~I)의 농도를 의미한다. 식 (2.20)의 오른쪽(RHS, right-hand side)의 2라는 인자는 각 해리 단계에서 **두** 개의 라디칼이 생성됨을 표시한다. 중합 속도식을 구하기 위해서는 단량체와 결합하여 사슬 성장에 기여하는 개시제 라디칼만을 고려할 필요가 있다. 일부 개시제 라디칼은 다른 라디칼(예를 들어, 개시제 및 단량체 라디칼기)과 재결합하거나 비개시 생성물로 분해되기도 한다. 이러한 이유로 초기 개시제 농도의 일정 분율, f 만이 효과적으로 중합 과정에 기여하게 된다. 일반적인 개시제 효율은 0.3에서 0.8의 범주 내에 속한다(예를 들어, 넓은 범위의 단량체 농도에 대하여 AIBN은 f~0.6). 개시제 라디칼의 효율을 속도식(식 (2.20))에 도입하면 다음과 같이 된다.

$$R_{\mathrm{i}} = \frac{d[\mathrm{I}\bullet]}{dt} = 2fk_{\mathrm{d}}[\mathrm{I}] \tag{2.21}$$

동일한 방법으로 정지 속도는 모든 작용 정지 단계–결합(식 (2.15)), 해리(식 (2.16)) 및 또는 사슬 이동(식 (2.17))–로부터 발생하는 라디칼 농도(즉, 성장 라디칼 사슬)의 시간에 따른 감소 속도이다. 여기에서는 편의상 결합과 불균등화에 의한 정지 반응만을 고려하고 사슬 이동에 의한 정지 반응은 추후에 다루기로 한다. 추가적인 단순화로 결합 및 불균등화 둘 다에 의한 정지 반응은 다음과 같이 나타낼 수 있다.

$$\mathrm{IM}_x\bullet + \mathrm{IM}_x\bullet \xrightarrow{k_{\mathrm{t}}} \mathrm{P} \tag{2.22}$$

여기에서 P는 비활성(deactivated) 고분자를 의미하고 정지 속도 상수, k_{t}는 결합과 불균등화(즉, $k_{\mathrm{t}} = k_{\mathrm{tc}} + k_{\mathrm{td}}$)의 각각의 정지 속도 상수의 합이다. 따라서 정지 속도식은 식 (2.22)에서 주어진 반응식에 대하여 다음의 식으로 나타낼 수 있다.

$$R_{\mathrm{t}} = -\frac{d[\mathrm{IM}_x\bullet]}{dt} = 2k_{\mathrm{t}}[\mathrm{IM}_x\bullet]^2 \tag{2.23}$$

각 정지 단계에서 두 개의 라디칼이 소모되므로 2라는 인자가 발생한다.

식 (2.21)과 식 (2.23)을 같다고 하고 정상 상태 가정 식 (2.19)를 적용하면 라디칼 농도는 다음 식으로 나타내어진다.

$$[\mathrm{IM}_x\bullet] = \left(\frac{fk_{\mathrm{d}}}{k_{\mathrm{t}}}\right)^{1/2}[\mathrm{I}]^{1/2} \tag{2.24}$$

마지막으로 식 (2.24)를 중합 속도식 식 (2.18)에 대입하면 중요한 다음 식을 구하게 된다:

$$\boxed{R_{\mathrm{o}} = k_{\mathrm{p}}\left(\frac{fk_{\mathrm{d}}}{k_{\mathrm{t}}}\right)^{1/2}[\mathrm{I}]^{1/2}[\mathrm{M}]} \tag{2.25}$$

식 (2.25)는 자유 라디칼 중합에서의 중합 속도가 단량체의 농도와 개시제 농도의 제곱근에 비례함을 보여 준다.*

어떤 시간에서의 수평균 중합도는 정지 속도에 대한 성장 속도의 비로 구할 수 있다.†

$$\overline{X}_n = \frac{R_p}{R_t} \tag{2.26}$$

정상 상태(식 (2.18), (2.23)과 (2.24)로부터)에서 이 식은 식 (2.27)로 나타내어진다.

$$\overline{X}_n = \frac{k_p[M]}{2(k_t f k_d[I])^{1/2}} \tag{2.27}$$

지금까지 유도한 식들은 결합과 불균등화에 의한 정지만을 고려하였다. 만일 정지 반응이 사슬 이동에 의해서도 일어난다면 중합도(식 (2.26))는 이를 정지 속도에 감안하고 수정되어야 할 것이다. 사슬 이동은 전체적인 정지 속도를 증가시키므로 식 (2.26)으로부터 중합도는 분명히 감소할 것이다. 따라서 세 종류의 정지 메커니즘에 의한 정지 반응의 경우 수평균 중합도는

---

* 개시제와 단량체의 농도를 각각 [I]와 [M]이라고 할 때 식 (2.25)로부터 임의의 시간 t에서의 중합 속도를 계산할 수 있다. 이들 농도는 중합 초기 농도인 [I]o 및 [M]o와 다르다. [I]와 [I]o 그리고 [M]과 [M]o의 관계는 상응하는 속도 식으로부터 구해진다. 예를 들어, 개시제의 농도는 식 (2.10)에서 얻어지는 해리 속도로부터

$$-\frac{d[I]}{dt} = k_d[I]$$

로 된다. 위의 식을 재배열하고 $t = 0$에서 t까지 적분하면 다음 식이 구해진다.

$$[I] = [I]_o \exp(-k_d t)$$

마찬가지로 성장 단계 식 (2.14)로부터 단량체 농도는 다음과 같이 얻어진다.

$$-\frac{d[M]}{dt} = k_p[IM_X\bullet][M]$$

이를 적분하면

$$[M] = [M]_o \exp(-k_p[IM_x\bullet]t)$$

로 되며, 여기에서 [IMx•]는 식 (2.24)에서 [I]를 알면 구할 수 있다.

† **반응 속도론적 사슬 길이**(*kinetic chain length*), ν는 효과적인 라디칼 한 개당의 평균 성장 단계수로 정의하고 개시 속도에 대한 성장 속도의 비($\nu = R_p/R_i$)로 표시한다.

$$\bar{X}_n = \frac{R_p}{R_{tc} + R_{td} + R_{tr}} \tag{2.28}$$

로 되며 여기에서 R_{tr}은 사슬 이동 식 (2.17)에 의한 정지 속도이다.

$$R_{tr} = k_{tr}[\text{IM}_x\bullet][\text{SH}] \tag{2.29}$$

식 (2.28)의 양변에 역수를 취한 후 R_{tr}(식 (2.29))과 R_p(식 (2.18))을 속도식으로 치환하면 다음 식이 된다.

$$\frac{1}{\bar{X}_n} = \frac{1}{(\bar{X}_n)_o} + C\left(\frac{[\text{SH}]}{[\text{M}]}\right) \tag{2.30}$$

여기에서 $(\bar{X}_n)_o$는 사슬 이동(즉, 식 (2.26))이 없는 경우의 수평균 중합도이며 C는 **사슬 이동 상수**(chain-transfer coefficient)로 다음과 같이 주어진다.

$$C = \frac{k_{tr}}{k_p} \tag{2.31}$$

표 2-4는 몇 종류의 일반적인 단량체와 사슬 이동제(즉, 개시제, 단량체, 용매 또는 첨가제)에 대한 사슬 이동 상수를 보여 주고 있다. 식 (2.30)에서 사슬 이동제(SH)의 농도가 증가할수록 분자량은 감소할 것이다.

표 2-4 사슬 이동 상수의 대표적인 값

단량체	사슬 이동제	T(℃)	$C\times10^4$
스타이렌	스타이렌	25	0.279
		50	0.35~0.78
	폴리스타이렌	50	1.9~16.6
	벤조일 페록사이드	50	0.13
	톨루엔	60	0.125
메틸 메타크릴레이트	메틸 메타크릴레이트	30	0.117
		70	0.2
	폴리(메틸 메타크릴레이트)	50	0.22~1000
	벤조일 페록사이드	50	0.01
	톨루엔	40	0.170

자유 라디칼 중합의 열역학 그림 2-3에 도식화한 바와 같이 대부분의 사슬 성장 중합은 천정 온도(ceiling temperature), T_c로 불리는 온도에서 가역 반응이 된다. 천정 온도는 아래에서 논하는 바와 같이 단량체의 농도에 의존한다.

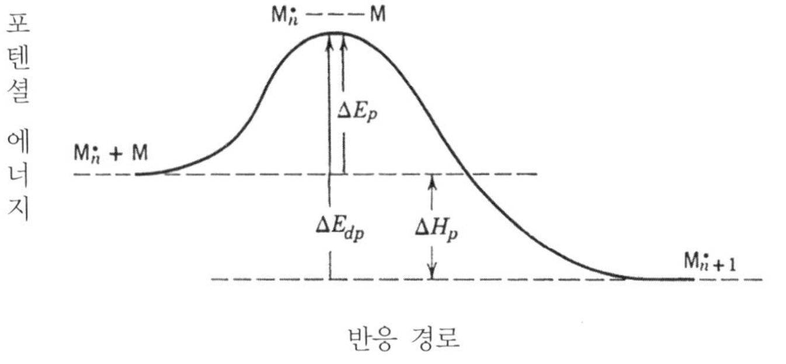

그림 2-3 중합과 해중합 반응의 좌표식 묘사. Adapted from R. W. Lenz, *Organic Chemistry of Synthetic High Polymers*, 1967, NewYork: Interscience Publishers (John Wiley & Sons). Diagram 11-53, p. 326.

가역 반응은 다음과 같이 나타낼 수 있다.

$$\mathrm{M}_x\bullet + \mathrm{M} \underset{k_{\mathrm{dp}}}{\overset{k_{\mathrm{p}}}{\rightleftharpoons}} \mathrm{M}_{x+1}\bullet$$

여기에서 k_p와 k_{dp}는 각각 중합과 해중합(depolymerization) 반응의 반응 속도 상수이다. 화학 평형 상수, K는 다음 식으로 주어진다.

$$K = \frac{k_{\mathrm{p}}}{k_{\mathrm{dp}}} = \frac{[\mathrm{M}_{x+1}\bullet]}{[\mathrm{M}_x\bullet][\mathrm{M}]} \approx \frac{1}{[\mathrm{M}]} \tag{2.32}$$

가역 공정에 대한 열역학 제1, 제2 법칙과 식 (2.32)로부터 중합과 해중합 반응의 반응 속도가 동일하게 되는 천정 온도, T_c에서 중합의 표준 상태 Gibbs 자유 에너지는 다음과 같이 나타낼 수 있다.

$$\Delta G_{\mathrm{p}}^{\circ} = 0 = \Delta H_{\mathrm{p}}^{\circ} + T_{\mathrm{c}}\Delta S_{\mathrm{p}}^{\circ} = -RT_{\mathrm{c}} \ln K = RT_{\mathrm{c}} \ln[\mathrm{M}]_{\mathrm{c}} \tag{2.33}$$

여기에서 단량체의 표준 상태는 25°C에서 순수 단량체 또는 1 M 용액으로 간주한다. 고분자의 표준 상태는 25°C에서 고체 고분자이다. 중합으로 인한 단량체의 병진 엔트로피(translational entropy) 손실에서 기인하는 엔트로피 변화는 단량체 형태에 비교적 무관하다. 중합열(heat of polymerization), ΔH_p은 다음과 같이 정의된다.

$$\Delta H_{\mathrm{p}} = E_{\mathrm{dp}} - E_{\mathrm{p}} \tag{2.34}$$

여기에서 E_{dp}와 E_p는 각각 해중합*과 성장 반응의 활성화 에너지†이다. 식 (2.33)을 재배열하면 천정 온도에 대한 다음 식을 얻는다.

$$\boxed{T_{\mathrm{c}} = \frac{\Delta H_{\mathrm{p}}^{\mathrm{o}}}{\Delta S_{\mathrm{p}}^{\mathrm{o}} + R\ln[\mathrm{M}]_{\mathrm{c}}}} \tag{2.35}$$

식 (2.35)를 재배열하면 단량체 농도를 온도의 함수로 나타낼 수 있다.

$$\ln[\mathrm{M}]_{\mathrm{c}} = \frac{\Delta H_{\mathrm{p}}}{RT_{\mathrm{c}}} - \frac{\Delta S_{\mathrm{p}}^{\mathrm{o}}}{R} \tag{2.36}$$

여기에서 엔탈피 변화는 단량체 농도에 무관하므로 $\Delta H_{\mathrm{p}}^{\mathrm{o}} \approx \Delta H_{\mathrm{p}}$이다. 표 2-5는 몇 종류의 일반적인 단량체에 대한 H_p와 T_c(순수한 단량체의 경우 [M] = 1)의 값을 보여 주고 있다.

표 2-5 중합열과 천정 온도의 대표적인 값

단량체	ΔH_p (kJ mol^{-1})	T_c (℃)
α-메틸스타이렌	-35	61
메틸 메타크릴레이트	-55	220
프로필렌	-69	300
스타이렌	-69	310
에틸렌	-64	400
테트라플루오로에틸렌	-192	580

자유 라디칼 공중합 그림 2-4에서 나타낸 바와 같이 자유 라디칼 공중합은 4개의 분리된 성장 단계로 구분할 수 있다. 각 성장 단계는 각각의 반응 상수 k_{ij}를 가지며 여기에서 첫 번째 아래 첨자 i는 단량체 j가 부가되기 전의 성장 사슬 말단(즉, $\sim\sim M_i\bullet$)의 단량체를 나타낸다. 공단량체(comonomer) M_1과 M_2의 소멸 속도는 M_1의 소모(성장 단계 A와 C 참조) 및 M_2의 소모(성장 단계 B와 D 참조)의 각 단계로부터 구할 수 있다. 따라서 속도식

* $k_{\mathrm{dp}} = A_{\mathrm{dp}} \exp\left(-E_{\mathrm{dp}}/RT\right)$

† $k_{\mathrm{p}} = A_{\mathrm{p}} \exp\left(-E_{\mathrm{p}}/RT\right)$

은 다음과 같이 주어진다.

$$\frac{-d[M_1]}{dt} = k_{11}[\sim\sim M_1\cdot][M_1] + k_{21}[\sim\sim M_2\cdot][M_1] \tag{2.37}$$

그리고

$$\frac{-d[M_2]}{dt} = k_{12}[\sim\sim M_1\cdot][M_2] + k_{22}[\sim\sim M_2\cdot][M_2] \tag{2.38}$$

삼원 공중합(terpolymerization)의 경우(세 개의 단량체) 성장 단계는 4가지에서 9가지로 증가할 것이며 세 개의 독립된 반응식을 필요로 할 것이다.

A $\sim\sim M_1\cdot + M_1 \xrightarrow{k_{11}} \sim\sim M_1M_1\cdot$

B $\sim\sim M_1\cdot + M_2 \xrightarrow{k_{12}} \sim\sim M_1M_2\cdot$

C $\sim\sim M_2\cdot + M_1 \xrightarrow{k_{21}} \sim\sim M_2M_1\cdot$

D $\sim\sim M_2\cdot + M_2 \xrightarrow{k_{22}} \sim\sim M_2M_2\cdot$

그림 2-4 자유 라디칼 공중합에서 일어날 수 있는 4가지 성장 반응

공중합이 진행하는 동안 어느 시점에서 공중합체의 조성을 공단량체의 반응성과 농도의 함수로 예측할 수 있는 것은 의미가 있다. 사용하는 접근법은 공중합 반응 동안에 소모되는 단량체는 공중합체의 구조에 유입된다는 인식에 근거하며 따라서 공단량체 혼합물의 조성의 상대적인 변화는 어느 순간에 형성되는 공중합체의 조성을 반영한다. 공단량체 조성의 상대적인 변화는 식 (2.37)을 식 (2.38)로 나눈 **순간 공중합 식**(instantaneous copolymerization equation)으로 주어진다.

$$\frac{d[M_1]}{d[M_2]} = \frac{[M_1]}{[M_2]}\,\frac{k_{11}[\sim\sim M_1\cdot] + k_{21}[\sim\sim M_2\cdot]}{k_{12}[\sim\sim M_1\cdot] + k_{22}[\sim\sim M_2\cdot]} \tag{2.39}$$

식 (2.39)는 단량체 **반응성비**(reactivity ratio)를 사용하면 보다 더 간단히 나타낼 수 있다. 단량체 1과 2의 반응성비는 다음과 같이 정의된다.

$$r_1 = \frac{k_{11}}{k_{12}} \tag{2.40}$$

및

$$r_2 = \frac{k_{22}}{k_{21}} \tag{2.41}$$

이 두 식으로부터 단량체 1의 반응성비, r_1은 단량체 1을 라디칼 말단에 갖는 성장 라디칼 사슬(~M_1•)에 M_2가 부가되는 반응(즉, 공중합)의 성장 속도 상수에 대하여 M_1이 부가되는 반응(즉, 단일중합)의 성장 속도 상수의 비이다. 마찬가지로, 단량체 2의 반응성비, r_2는 단량체 2를 라디칼 말단에 갖는 성장 라디칼 사슬(~M_2•)에 M_1이 부가되는 반응(즉, 공중합)의 성장 속도 상수에 대하여 M_2가 부가되는 반응(즉, 단일중합)의 성장 속도 상수의 비이다. 반응성비의 정의(식 (2.40) 및 식 (2.41))는 두 반응성비가 둘 다 1인 경우 성장 사슬에 유입되는 단량체는 우선도가 없음을 나타낸다(즉, $k_{11} = k_{12}$ 그리고 $k_{22} = k_{21}$). 이는 생성 고분자의 단량체의 순서가 완전히 **불규칙함**(random)을 의미한다. 거의 불규칙 또는 "이상적인(ideal)" 공중합의 예로는 스타이렌과 4-클로로스타이렌(4-chlorostyrene)이 있다(문제 2.4 참조). 두 반응성비가 둘 다 0인 경우(즉, $k_{11} = k_{22} = 0$), 단량체의 순서는 **교대**(alternating)일 것이며 스타이렌과 말레산 무수물(maleic anhydride)의 공중합이 유사한 예이다. 두 반응성비가 작지만 0이 아닌 경우, 공단량체의 순서는 완전한 교대가 아니라 교대 순서를 갖는 분절(segment)을 보일 것이다. 상업적으로 중요한 스타이렌과 아크릴로나이트릴의 공중합체가 그 예이다. 한편으로 두 반응성비가 1보다 매우 큰 경우(즉, $k_{ii} \gg k_{ij}$), 블록 공중합체 또는 두 단일 고분자의 혼합물이 형성될 것이다.

여러 중요한 단량체 조합에 대한 반응성비를 파악하였고 이들은 *Polymer Handbook* [2]과 같은 몇몇 참고 문헌에 수록되어 있다. 대표적인 값들은 표 2-6에서 보는 바와 같다. 흔치 않은 단량체 쌍에 대한 반응성비는 1946년에 Alfrey와 Price [3]가 제안한 *Q-e* 개요를 이용하면 계산할 수 있다. 이 접근법에서 성장 속도 상수, k_{ij}는 다음 관계로부터 구한다.

$$\boxed{k_{ij} = P_i Q_j \exp\left(-e_i e_j\right)} \tag{2.42}$$

여기에서 P_i는 비례 상수이며, Q_j는 단량체의 반응성의 척도이고, 그리고 e는 라디칼 M_1•(즉, e_1) 또는 M_2•(즉, e_2)의 극성을 나타낸다. 이들과 반응식 (2.40) 및 (2.41)의 정의로부터

$$r_1 = \frac{k_{11}}{k_{12}} = \left(\frac{Q_1}{Q_2}\right)\exp\left[-e_1\left(e_1 - e_2\right)\right] \tag{2.43}$$

표 2-6 자유 라디칼 공중합의 반응성비

단량체 1	단량체 2	r_1	r_2
에틸렌	바이닐 아세테이트	0.13	1.23
	일산화 탄소	0.025	0.004
	프로필렌	3.2	0.62
	테트라플루오로에틸렌	0.575	0.065
	바이닐리덴 클로라이드	0.018	0.005
스타이렌	아크릴로나이트릴	0.29	0.02
	뷰타다이엔	0.82	1.38
	p-다이바이닐벤젠	0.26	1.18
	메틸 아크릴레이트	0.53	0.46
	말레산 무수물	0.97	0.001
	메타크릴로나이트릴	0.38	0.42
	메틸 메타크릴레이트	0.585	0.478
	4-클로로스타이렌	0.816	1.062
	바이닐 아세테이트	60	0.16
	바이닐리덴 클로라이드	1.7	0.11
바이닐 클로라이드	바이닐리덴 클로라이드	0.205	3.068
메틸 메타크릴레이트	메타크릴산	0.77	1.84
	말레산 무수물	3.85	0.01

및

$$r_2 = \frac{k_{22}}{k_{21}} = \left(\frac{Q_2}{Q_1}\right)\exp\left[-e_2\left(e_2 - e_1\right)\right] \tag{2.44}$$

이 구해진다.

Q와 e의 값 또한 많은 단량체에 대하여 도표화되어 있으며[2] 양자화학 계산식[4]으로부터 계산할 수 있다. 표 2-7은 상업적으로 중요한 단량체에 대한 값을 보여 주고 있다. Q와 e의 값은 가장 일반적인 공단량체인 스타이렌의 Q 값인 1.0을 기준으로 한다. 일반적으로 반응성비의 값은 자유 라디칼 중합에서 개시제와 용매의 특성에 무관하나 온도에 약하게 의존한다.

식 (2.39)의 공중합식의 한계는 일반적으로 알려진 값이 아닌 라디칼 사슬 농도를 사용하고 있는 점이다. 성장 반응 동안의 반응성비의 정의 그리고 $\sim\sim M_1\bullet$ 또는 $\sim\sim M_2\bullet$의 정상 상태 라디칼 농도를 가정함으로써 순간 공중합 식은 Mayo와 Lewis[5]가 유도한 다음 식

표 2-7 자유 라디칼 공중합에서의 Q-e 값

단량체	Q	e
아크릴아마이드	0.23	0.54
아크릴로나이트릴	0.48	1.23
뷰타다이엔	1.70	-0.50
4-클로로스타이렌	1.33	-0.64
에틸렌	0.016	0.05
아이소뷰틸렌	0.023	-1.20
아이소프렌	1.99	-0.55
말레산 무수물	0.86	3.69
메타크릴산	0.98	0.62
메틸 메타크릴레이트	0.78	0.40
N-바이닐 피롤리돈	0.088	-1.62
스타이렌	1.00	-0.80
바이닐 아세테이트	0.026	-0.88
바이닐 클로라이드	0.056	0.16
바이닐리덴 클로라이드	0.31	0.34

으로 된다.

$$\boxed{\frac{d[\mathrm{M}_1]}{d[\mathrm{M}_2]}=\frac{[\mathrm{M}_1]}{[\mathrm{M}_2]}\left(\frac{r_1[\mathrm{M}_1]+[\mathrm{M}_2]}{[\mathrm{M}_1]+r_2[\mathrm{M}_2]}\right)} \tag{2.45}$$

단량체가 소멸하는 상대 속도는 단량체 유입의 상대 속도와 일치해야 하므로 식 (2.45)는 반응성비를 알 때 공중합의 조성을 추정하는 데 사용할 수 있다. 역으로, 단량체 농도를 알고 공중합체의 조성을 파악하면 반응성비의 실험치를 구할 수 있다.

공중합 식(식 (2.45))은 주어진 단량체 농도에 대하여 순간 공중합체의 조성을 계산하는 데 유용한 다른 형태로 표현할 수 있다. 이를 위하여, 단량체 혼합물 내의 단량체 1의 몰분율을 다음과 같이 정의한다.

$$f_1=\frac{[\mathrm{M}_1]}{[\mathrm{M}_1]+[\mathrm{M}_2]} \tag{2.46}$$

여기에서 $f_1+f_2=1$이다. 비슷한 방식으로 공중합체 내의 단량체 1의 몰분율, F_1은 단량체 농도의 상대 시차 변화(relative differential change)로 주어진다.

$$F_1 = \frac{d[M_1]}{d[M_1]+d[M_2]} \tag{2.47}$$

여기에서 $F_1 + F_2 = 1$이다. 식 (2.47)의 분자와 분모를 각각 $d[M_2]$로 나누고 식 (2.45)와 식 (2.46)을 사용하면 다음의 유용한 식을 구할 수 있다.

$$\boxed{F_1 = \frac{r_1 f_1^2 + f_1 f_2}{r_1 f_1^2 + 2 f_1 f_2 + r_2 f_2^2}} \tag{2.48}$$

그림 2-5는 f_1과 F_1 사이의 몇 가지 가능한 경우를 도식화하고 있다. 식 (2.48)에서 $r_1 = r_2 = 1$이면 $F_1 = f_1$임을 알 수 있다. 이는 **이상적**(ideal) 또는 불규칙 공중합에 한정된 경우로서 그림 2-5에서의 (원점에서 시작하는) 점선이다. 또한 식 (2.48)에서 $r_1 = r_2 = 0$이면 $F_1 = 0.5$로 된다. 이 경우 공중합체의 순서는 항상 **교대**(alternating)이고 따라서 그림 2-5의 수평 점선으로 명시된 바와 같이 **공급물**(feed)**의 공단량체 농도에 무관하다**. 그림 2-5의 곡선은 이상적 공중합 및 교대 공중합이란 두 극단의 공중합 사이에 속하는 공중합을 나타내며 예로서 스타이렌과 메틸 메타크릴레이트를 들 수 있다. 이상적(즉, 불규칙) 공중합도 아니고 완전한 교대 공중합도 아닌 공중합의 경우 가장 반응성이 강한 단량체가 우선적으로 소모될 것이다. 이는 단량체의 공급물 조성이 시간에 따라 변화함(즉, 이동(drift))을 의미한다. 이 이동이 심한 경우 높은 단량체 전환율에서 구해지는 생성 공중합

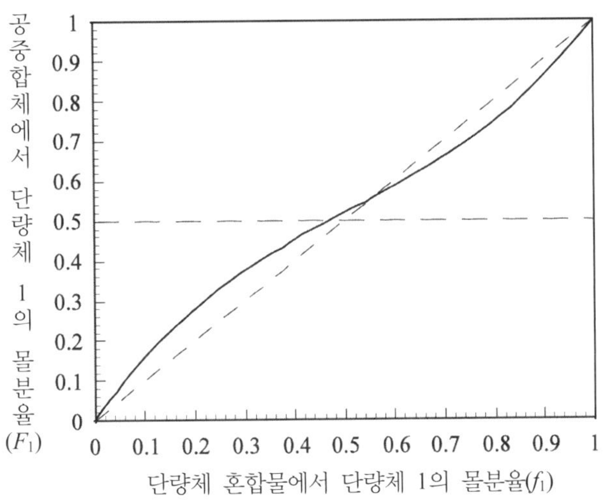

그림 2-5 공급물의 단량체 1의 몰분율, f_1에 대한 공중합체의 단량체 1의 몰분율, F_1의 도식: 이상적(- - -) ($r_1 = r_2 = 1$), 교대(— —)($r_1 = r_2 = 0$) 및 부분 교대 공중합(—)(스타이렌과 메틸 메타크릴레이트, $r_1 = 0.585$ 그리고 $r_2 = 0.478$).

체는 다른 조성을 갖는 개개의 공중합체로 이루어지는 불균일 혼합물일 것이다. 이러한 불균일성은 고체 상태에서의 상 분리로 인하여 낮은 기계적 강도와 같은 원하지 않는 물성을 낳을 수 있다. 지나친 이동을 피하기 위하여 공중합의 전환율을 낮게 유지할 수 있다. 하지만, 낮은 전환율은 공중합체의 회수에 높은 경비를 요구한다. 실제로는, 균일한 공급 조성을 유지하기 위하여 보다 빨리 소모되는 단량체를 공중합 혼합체에 지속적으로 부가할 수 있다. 그림 2-5에서와 같이, 공중합 곡선이 이상적인 공중합(즉, 대각선) 선을 가로지르는 조성이 있으며 이때 공중합체는 공급물 단량체와 동일한 조성을 갖게 될 것이다. 이 점을 **공비 공중합**(azeotropic copolymerization)이라고 부른다.

예제 2.1

표 2-7에 주어진 *Q-e* 값으로부터 계산한 스타이렌 (1)과 4-클로로스타이렌 (2)의 반응성비를 이용하여 스타이렌과 4-클로로스타이렌의 등몰 혼합물의 자유 라디칼 공중합 반응에서 구해지는 순간 공중합체의 조성(즉, 스타이렌의 몰분율)을 구하시오.

풀이

식 (2.43)으로부터

$$r_1 = \left(\frac{1.0}{1.33}\right)\exp\left[0.80\left(-0.80+0.64\right)\right] = 0.752\exp\left(-0.128\right) = 0.662$$

그리고 식 (2.44)로부터

$$r_2 = \left(\frac{1.33}{1.0}\right)\exp\left[0.64\left(-0.64+0.80\right)\right] = 1.33\exp\left(0.102\right) = 1.47$$

를 구한다. 이들 값은 표 2-6의 값과 다르다; 실험에서 얻은 보고된 반응성비와는 상당한 차이를 보임에 주목할 필요가 있다. 예를 들어, 스타이렌/4-클로로스타이렌 공중합체에서 4-클로로스타이렌의 반응성비는 0.76~1.76으로 보고되고 있다[2]. r_1 및 r_2에 대한 *Q-e* 값을 이용하여 계산한 공중합체에서의 스타이렌의 순간 몰분율은 다음과 같다.

$$F_1 = \frac{r_1 f_1^2 + f_1 f_2}{r_1 f_1^2 + 2 f_1 f_2 + r_2 f_2^2} = \frac{0.662\left(0.5\right)^2 + 0.5^2}{0.662\left(0.5\right)^2 + 2\left(0.5\right)^2 + 1.47\left(0.5\right)^2} = \frac{0.166+0.25}{0.166+0.5+0.368}$$

$$= \frac{0.416}{1.03} = 0.404$$

이 결과는 실험적으로 관찰된 바와 같이 공중합체는 단량체 2 (즉, 4-클로로스타이렌)가 풍부한 구조일 것으로 예상되어짐을 의미한다.

2.2.2 이온 중합 및 공중합

이온 중합은 자유 라디칼 사슬 성장 중합과 동일한 기본 단계(즉, 개시, 성장 및 정지)를 따른다; 하지만, 다음 절에서 논하는 바와 같이 몇 가지 중요한 차이점이 있다. 탄소 음이온(carbanion, $C^{\ominus}$) 또는 탄소 양이온(carbonium, $C^{\oplus}$)의 이온 자리는 개시 단계에서 생성될 수 있다. 전자 끄는 기를 갖는 바이닐 단량체의 중합은 음이온 경로로 진행하는 반면, 전자 주는 기(예를 들어, 메틸기)를 갖는 단량체는 양이온 메커니즘으로 중합한다.

음이온 중합 음이온 중합의 개시제는 Grignard 시약*과 *n*-뷰틸(*n*-C_4H_9) 리튬과 같은 유기금속 화합물을 포함하는 강한 친핵체이다. 예로서, 스타이렌의 음이온 개시는 다음과 같이 나타내어진다:

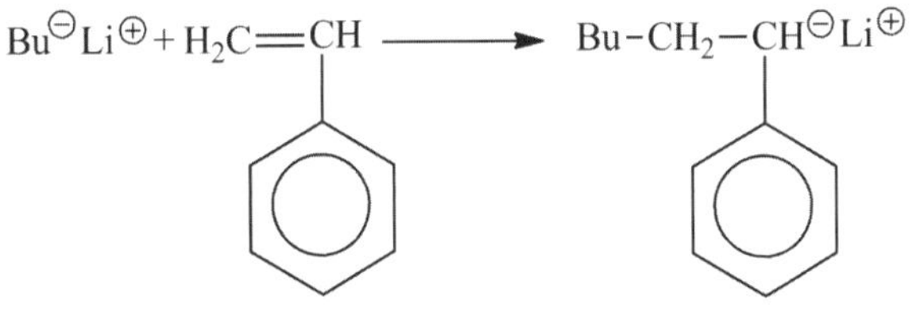

개시 과정에서 스타이렌에 뷰틸 음이온이 부가되면 양전하의 리튬 **반대 이온**(counterion)과 연결된 머리 말단(head end)에 탄소 음이온이 형성된다. 사슬은 추가로 유입되는 스타이렌 단량체에 의하여 탄소 음이온과 반대 이온 사이에서 성장한다.

만일에 초기 시약이 순수하고 또한 중합 반응기에서 모든 산소와 소량의 물까지 완전히 제거한다면 성장은 무한정으로 혹은 모든 단량체가 소진될 때까지 진행된다. 이러한 이유로 음이온 중합은 때때로 "리빙(living)" 중합으로 불린다[6]. 이 경우 정지 반응은 다음과 같이 산소, 이산화 탄소, 메탄올 또는 물을 인위적으로 유입하면 일어난다: 이 예에서 개시 종(*n*-C_4H_9)은 정지 고분자 사슬의 말단기에 위치하고 있음에 주목할 필요가 있다. 이로부터 뷰틸리튬의 역할이 촉매라기보다는 스타이렌의 자유 라디칼 중합에서의 벤조일 페록사이드의 경우와 같은 개시제임을 알 수 있다.

---

* Grignard 시약의 화학식은 RMgX로 표시할 수 있으며, 여기에서 R은 알킬, 아릴(aryl) 또는 다른 유기 작용기이고 X는 일반적으로 Cl, Br, I와 같은 할로젠이다.

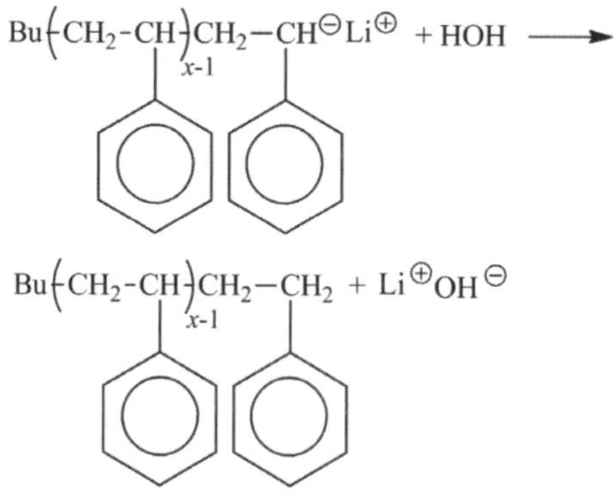

정지 메커니즘이 없는 경우 음이온 중합에서 각 단량체는 음이온 자리에 동일한 확률로 붙을 것이다. 따라서 수평균 중합도, $\bar{X}_n$는 예제 2.2에서 보듯이 개시제 농도에 대한 초기 단량체 농도의 비이다.

$$\boxed{\bar{X}_n = \frac{[M]_o}{[I]_o}} \tag{2.49}$$

리빙 중합(living polymerization)에서의 정지 반응의 결여는 1.04 정도로 낮은 다분산성 지수(1.3.2절 참조)를 갖는 매우 좁은 분자량 분포를 형성한다.

예제 2.2

0.01 g의 *n*-뷰틸리튬과 10 g의 스타이렌을 이용하여 음이온(즉, "리빙") 중합 반응의 진행 완료 후 형성된 폴리스타이렌의 수평균 분자량을 구하시오. 뷰틸리튬과 스타이렌의 분자량은 각각 64.06과 104.12이다.

풀이

$$\bar{X}_n = \frac{[M]_o}{[I]_o} = \frac{10/104.2}{0.01/64.06} = 615.2$$

$$\bar{M}_n = \bar{X}_n M_o = 615.2(104.12) = 64,055$$

다음 절에서 논하듯이 테트라하이드로퓨란(tetrahydrofuran)[7]의 양이온 개환 중합(cationic ring-opening polymerization, CROP)과 같은 일부 양이온 중합도 조절된 분자량 및 좁은 분자량 분포를 갖는 고분자의 합성에 이용할 수 있다. 전형적인 자유 라디칼 중합에서는 20 정도의 높은 다분산도를 구할 수 있는 한편으로 일부 라디칼 중합은 조절하면 리빙 중합에 필적하는 좁은 분자량 분포를 형성할 수 있다. 이 영역의 조절/리빙(controlled/living) 라디칼 중합(CRP)으로는 나이트록사이드-매개(nitroxide-mediated) 중합(NMP), 원자 전이(atom transfer) 라디칼 중합(ATRP) 및 가역 부가-분별 증식 사슬 이동 중합(reversible addition-fragmentation chain transfer, RAFT)이 있으며 이들은 2.2.4절에서 다루고 있다.

양이온 중합 자유 라디칼 중합 및 음이온 중합과 달리 양이온 중합(cationic polymerization)에서 개시는 중합 종료 시 복원되며 정지 고분자 사슬에 유입되지 않는 "촉매"를 적용한다. 트라이플루오린화 붕소(boron trifluoride)와 같은 강한 Lewis 산*을 촉매로 사용할 수 있다. 이 경우 **공촉매**(co-catalyst)(예를 들어, 물)를 실제 양성자 원(proton source)으로 요구한다. 다음 식은 상업적으로 중요한 아이소뷰틸렌 중합의 양이온 개시 반응의 예를 보여 주고 있다.

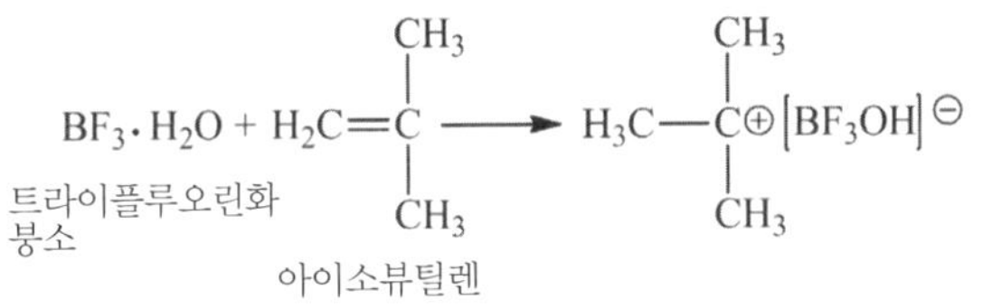

위의 경우, 양성자를 부가하면 $BF_3 \cdot OH$ 반대 이온 또는 **상대 이온**(gegen ion)과 연결된 형태의 탄소 양이온을 형성한다. 탄소 양이온은 이어지는 성장 과정에서 다음과 같이 다른 아이소뷰틸렌 분자의 이중 결합과 결합한다:

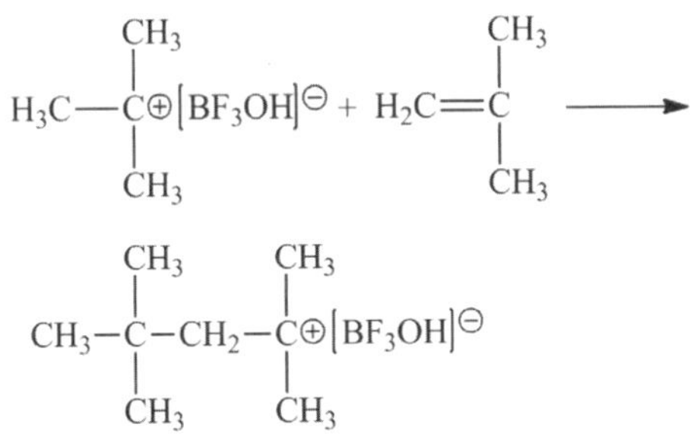

자유 라디칼 중합과는 달리 두 양이온 고분자 사슬에 의한 정지 반응은 일어날 수 없다. 어떤 양이온 중합에서는 분명한 정지 반응이 일어나지 않을 수 있다(즉, "리빙" 양이온 중합); 하지만, 단량체, 고분자, 용매 또는 반대 이온으로의 **사슬 이동**(chain transfer)은 일반적으로 일어난다. 반대 이온으로의 사슬 이동 과정은 다음과 같다.

---

* Lewis 산은 H^+, BF_3, $AlCl_3$와 같은 **전자 받개**(electron acceptor)이다.

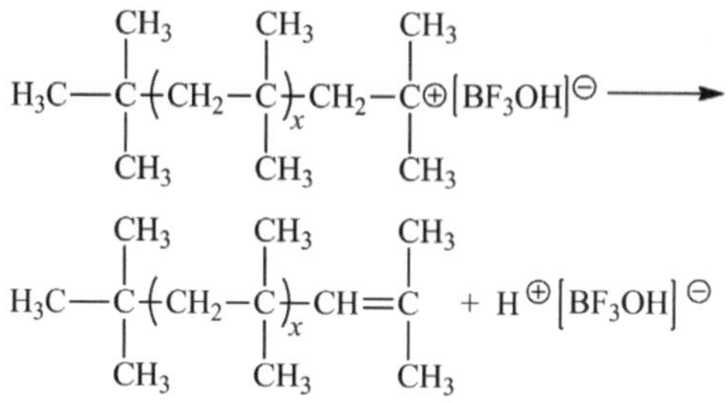

폴리아이소뷰틸렌

이 정지 반응이 보여 주듯이 촉매와 공촉매는 중합 반응의 마지막에 복원된다.

양이온 중합은 일반적으로 용액에서 그리고 만족할 만한 중합 속도를 나타내는 -80°C에서 -100°C의 저온에서 진행된다. 양이온 중합에서 용매는 양이온과 반대 이온과의 회합을 조절하는 역할을 하므로 용매의 선택은 중요하다. "치밀한(tight)" 회합은 성장 단계에서 단량체의 삽입을 방지한다. 일반적으로, 용매의 유전 강도(dielectric strength)가 증가할수록 고분자 사슬 길이는 선형 관계로, 중합 속도는 지수 관계로 증가한다.

1974년에 Matyjaszewski와 공동연구자들은[7] 그림 2-6에서와 같이 triflate 음이온을 이용하여 사염화 탄소(carbon tetrachloride)에서 테트라하이드로퓨란(tetrahydrofuran, THF)의 양이온 개환 중합(CROP)을 "리빙" 중합으로 진행할 수 있음을 보였다. 이 경우에 triflate 음이온, $CF_3SO_3^-$은 매우 약한 친핵체이므로 훌륭한 이탈기로서의 역할을 한다. 리빙 CROP는 다른 이종 원자 고리 단량체(heterocyclic monomer)로 확대되어 좁은 분자량 분포를 갖는 고분자 및 공중합체를 형성한다.

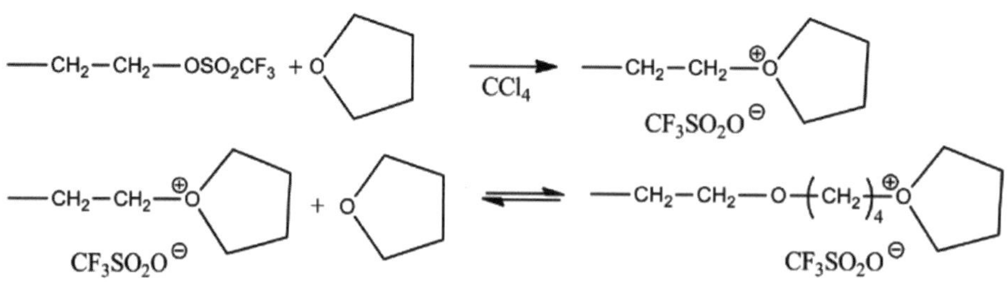

그림 2-6 사염화 탄소 [7]에 있는 THF의 양이온 개환 중합(CROP)

이온 공중합 자유 라디칼 공중합에서와 같이 둘 혹은 그 이상의 단량체를 이용하여 이온 메커니즘으로 공중합시킬 수 있다. 예를 들어, 상업용 탄성체인 폴리아이소뷰틸렌(뷰틸 고무)은 0.5%~2%의 아이소프렌(isoprene)*(아래의 구조)과 양이온 공중합 반응으

* 2-methy1-1,3-butadiene

로 얻는다.

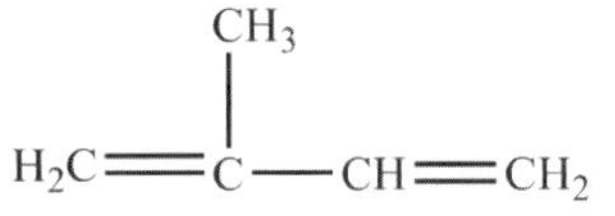

이 공단량체, 아이소프렌은 이어지는 가황 반응에 불포화 자리를 제공한다(9.2.1절 참조).

또 다른 중요한 이온 공중합 반응의 예로는 삼블록 공중합체(triblock copolymer)인 SBS를 들 수 있다. 이 삼블록 공중합체는 중간에 뷰타다이엔 블록을 중심으로 사슬의 양 말단에 스타이렌 블록을 갖는 구조로서, 상온에서는 탄성, 높은 온도에서는 다른 열가소성 고분자처럼 성형이 가능한 열가소성 탄성체의 예이다. 이는 양 말단에 음이온 자리를 갖는(즉, 뷰타다이엔 이중음이온(dianion)) 활성 뷰타다이엔 사슬에 스타이렌 단량체를 부가하여 합성할 수 있다. 이중음이온은 그림 2-7A에서와 같이 나프탈렌과 소듐을 반응시켜 얻어지는 소듐 나프탈레나이드(sodium naphthalenide)와 같은 전자-전이 개시제를 사

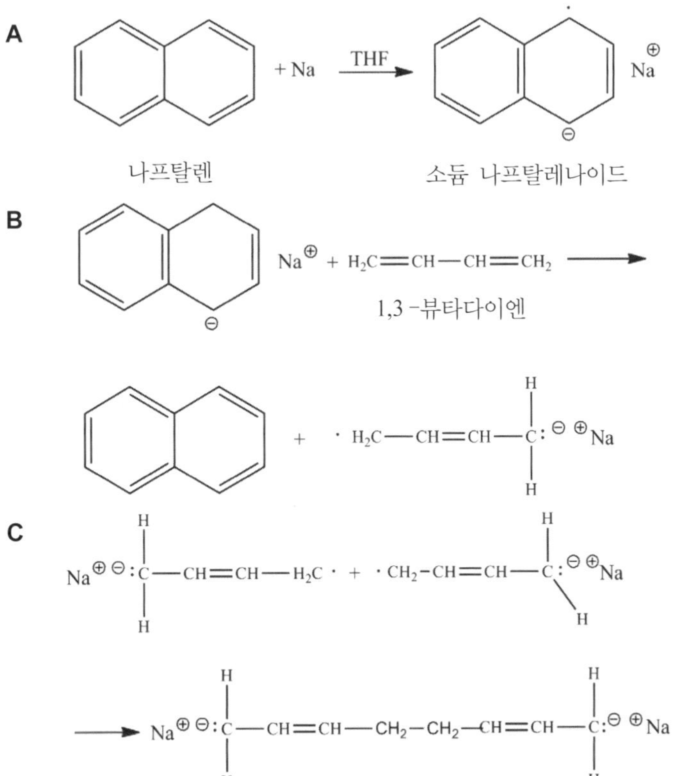

그림 2-7 SBS 삼블록 공중합체의 합성에서 소듐 나프탈레나이드의 적용. A. 나프탈렌과 소듐으로부터의 소듐 나프탈레나이드 형성. B. 소듐 나프탈레나이드와 뷰타다이엔의 반응. C. 라디칼 결합으로 양쪽 말단에 음이온 중합을 할 수 있는 이중음이온 생성.

용하여 얻어진다. 나프탈렌 라디칼 음이온은 그림 2-7B에서와 같이 전자를 단량체(뷰타다이엔)로 이동시켜 단량체 라디칼 음이온을 형성할 수 있다. 이 라디칼 음이온 두 개는 그림 2-7C에 나타낸 바와 같이 결합하여 반대편 양쪽 말단에 탄소 음이온을 이량체(dimer)로 형성할 수 있다. 탄소 음이온 자리는 보다 많은 뷰타다이엔 단량체의 부가 장소가 주어지면서 목표로 하는 중합도를 구하게 된다. 이 시점에 스타이렌 단량체를 부가하여 SBS 삼블록 공중합체를 형성한다.

2.2.3 배위 중합

열가소성 고분자 중에서 가장 오래되고 중요한 그룹은 폴리올레핀–폴리에틸렌 및 폴리프로필렌(9.1.1절 참조)이다. 1939년에 영국의 ICI는 고압의 자유 라디칼 중합법을 이용하여 폴리에틸렌을 개발하였다. 이 고분자는 $-CH_2-CH_2-$ 주골격에 일부 짧고 긴 사슬의 알케인 가지로 구성된다. 중간 정도의 결정성과 열적, 기계적 물성은 필름 및 용기 응용에 적합하였다. 오늘날 이러한 등급의 폴리에틸렌을 저밀도(low-density) 폴리에틸렌(LDPE)이라고 부르며, 가장 중요한 범용 열가소성 고분자에 속한다. 대조적으로, 프로필렌을 자유 라디칼 중합을 하면 상온에서 끈적한 점성 고무 상태의 상업적인 가치가 없는 무정형 고분자를 형성한다. 1954년에 이르러 이탈리아의 Giulio Natta [8]의 연구로 입체화학적인 공정이 개발되면서 **아이소탁틱**(isotactic) 폴리프로필렌(*i*-PP)을 합성하게 된다. 이 형태의 폴리프로필렌은 LDPE에 필적하는 결정도를 가졌으며 넓은 온도 범위에 걸쳐 우수한 기계적 물성을 나타내었다. 독일의 Karl Ziegler[9]는 *i*-PP의 생산에 적용한 공정과 유사한 공정을 개발하여 에틸렌의 자유 라디칼 중합에서 발생하는 가지의 정도를 감소시키는 데 필요한 조건에 비해 훨씬 낮은 온도와 압력에서 에틸렌을 중합하였다. 이 폴리에틸렌은 고밀도(high-density) 폴리에틸렌(HDPE)으로 가짓수가 적으며 따라서 LDPE보다 결정도가 높다. 이러한 공정을 개발한 업적으로 Ziegler와 Natta는 1963년에 노벨 화학상을 수상하였다.

i-PP와 HDPE의 중합에 적용한 공정은 Ziegler-Natta(Z-N) 촉매로 불리는 전이 금속 촉매로서 중합 반응 과정에서 배위 또는 삽입 형태의 메커니즘을 이용한다. 일반적으로, Ziegler-Natta 촉매는 트라이에틸 알루미늄, $Al(C_2H_5)_3$과 같은 주기율표 I~III족에 속하는 금속 양이온의 이금속 배위 착화합물(bimetallic coordination complex)과 사염화 타이타늄($TiCl_4$)과 같은 IV~VIII족에 속하는 전이 금속 화합물이다. 예로서, 선형(즉, 고밀도) 폴리에틸렌은 상온에서 헥세인과 $Al(C_2H_5)_3$와 $TiCl_4$의 현탁액에 에틸렌을 불어 넣어 합성할 수 있다. 거의 90%의 아이소탁틱성을 갖는 폴리프로필렌은 50°C에서 삼염화 타이타늄

($TiCl_3$)과 염화 다이에틸알루미늄($Al(C_2H_5)_2Cl$)의 존재 하에 프로필렌을 중합시켜 구할 수 있다. 유사한 촉매 시스템을 이용하여 1-뷰텐($H_2C=CH-CH_2-CH_3$)과 같은 다른 종류의 α-올레핀, 다이올레핀(diolefin)의 기하 이성질체들(예를 들어, 아이소프렌) 그리고 아세틸렌조차도 합성할 수 있다.

배위 중합의 정확한 메커니즘은 아직 불분명하지만, 성장 고분자 사슬이 촉매의 금속 원자에 결합하고 단량체 삽입은 단량체와 금속 이온의 배위에 의한다고 믿어진다. 이러한 단량체의 배위가 중합 반응의 입체 특이성을 낳는다. 그림 2-8은 Cossee [10]가 제안한 프로필렌의 Z-N 중합 메커니즘을 보여 주고 있다. 배위 중합은 물, 수소, 방향족 알코올 또는 아연과 같은 금속의 접촉에 의하여 반응이 정지(오염)될 수 있다.

프로필렌 중합에 사용한 1세대 불균일계 Z-N 촉매(예를 들어, $TiCl_3/Al(C_2H_5)_2Cl$)는 높은 아이소탁틱성(약 90%)임에도 낮은 수율(예를 들어, 5 kg *i*-PP/g Ti)을 나타낸다. Lewis 염기를 유입하는 2세대 촉매는 촉매의 활성과 입체 특이성을 향상시켰다. 하지만, 이 촉매 계열의 문제점은 불활성의 Ti 염으로 인한 *i*-PP의 오염이다. 보다 최근의 Z-N 촉매는 $MgCl_2$ 지지 하의 $TiCl_4$, 트라이알킬 알루미늄 공촉매와 하나 또는 둘의 Lewis 염기의 전자 주개(electron donors)로 이루어진다. 이 3세대 촉매는 98%의 아이소탁틱성과 촉매 제거 공정을 필요로 하지 않는 높은 촉매 효율(>2400 kg PP/g Ti)을 나타낸다.

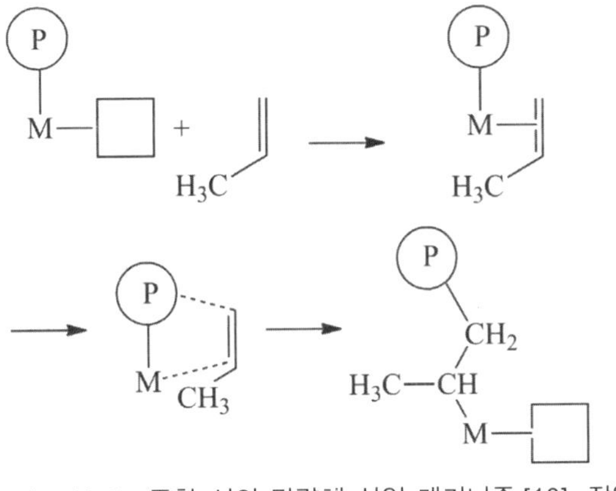

그림 2-8 프로필렌의 Ziegler-Natta 중합 시의 단량체 삽입 메커니즘 [10]. 작은 상자는 프로필렌의 π-결합과 배위할 수 있는 팔각형 배위 전이 금속 이온(M) 위의 빈 배위 자리이다. 기호 P는 성장하는 폴리프로필렌 사슬을 의미한다.

메탈로센 중합 1980년에 Sinn과 Kaminsky[11]는 에틸렌, 프로필렌을 포함하는 α-올레핀 및 스타이렌과 메틸 메타크릴레이트를 포함하는 상업적으로 중요한 단량체의 입체 규칙성 균일 중합에서 상당한 진전을 이루었다고 보고하였다. 이 새로운 형태의 배위 중합은 메탈로센(metallocene) 촉매를 사용한다.* Zirconium(즉, zirconocene), titanium(즉, titanocene)

및 hafnium(즉, hafnocene)을 포함하는 몇 가지의 다른 전이 금속들(일반적으로 IVb족)이 메탈로센 촉매의 합성에 사용되었다. 메탈로센 활성도의 순서는 Zr > Hf > Ti이다. 메탈로센은 좁은 분자량 분포를 갖는 매우 균일한 고분자를 구하는 데 사용된다. 에틸렌은 메탈로센 촉매를 이용하여 합성한 첫 번째 올레핀이다. 메탈로센은 또한 에틸렌의 프로필렌, 뷰텐, 헥센 및 옥텐과의 공중합 반응에도 사용할 수 있다. Z−N 촉매와 비교하여 메탈로센은 보다 고가이나 양적인 측면에서 단위 촉매 양에 대하여 생성되는 고분자의 생산성이 높다.

결정성에서 탄성체까지의 다양한 물성을 나타내는 상업적인 메탈로센 고분자들은 1991년에 처음 소개된 후 빠르게 폴리올레핀 시장을 점유하여 왔다. 향상된 물성을 갖는 몇 가지 메탈로센 촉매 고분자들은 전통적인 상업용 열가소성 고분자들에 새로운 기회를 부여하고 있다. 예를 들어, 뛰어난 광학 투명성, 저온 연성(ductility) 및 불순물 양의 감소(예를 들어, 촉매 금속 찌꺼기)는 메탈로센 고분자들의 생의학 분야로의 응용을 가능하게 한다. 거의 100%의 신디오탁틱 폴리프로필렌(*s*-PP)(9.1.1절 참조)과 신디오탁틱 폴리스타이렌(*s*-PS)(9.1.2절 참조)은 메탈로센 중합을 이용하여 처음으로 상업적으로 생산되었다.

메탈로센 촉매는 일반적으로 methylaluminum oxide 저분자 중합체(oligomer)($-CH_2AlO-$)의 착혼합물(complex mixture)인 methylaluminoxane(MAO)과 같은 공촉매와 함께 사용한다. MAO는 trimethylaluminum의 제어된 가수 분해 반응에 의하여 형성된다. 메탈로센 촉매의 촉매 활성도는 aluminoxane의 소중합체화의 정도에 비례한다. Tetraphenylborate와 같은 다른 Lewis 공촉매는 메틸 메타크릴레이트와 같은 치환기를 갖는 단량체의 중합에 사용된다.

Ziegler-Natta 중합 반응의 대부분의 반응기는 불균일 촉매와의 사용을 위하여 설계되었다. 기존의 설비를 활용하기 위하여 메탈로센을, MAO와 함께 또는 없이, SiO_2(실리카 젤), Al_2O_3 및 $MgCl_2$와 같은 몇몇 무기 산화물로 지지될 수 있다. 예를 들어, 실리카 지지하의 메탈로센은 Unipol 기상 공정(gas-phase process)을 이용하여 선형 저밀도 폴리에틸렌을 구하는 데 사용될 수 있다(2.3.5절 참조).

가장 널리 사용되는 메탈로센 촉매는 그림 2-9A에서 보듯이 두 개의(휘어진) cyclopentadienyl 리간드(Cp_2MX_2)로 구성된다. *s*-PS 중합에 사용되는 한 개의 cyclopentadienyl 고리(그림 2-9B)를 포함하는 다른 많은 메탈로센 구조가 가능하다. 메탈로센의 cyclopentadienyl 고리는 π-결합에 의하여 중간의 금속 원자에 단독으로 결합되어 있다. 그림 2-10은 용매에서 과량의 MAO와 휘어진 메탈로센의 혼합에 의한 활성 자리 생성의 메커니즘을 보여주고 있다.

---

* 메탈로센은 1950년대 초기에 dicyclopentadienyliron(Cp_2Fe) ferrocene을 기술하기 위하여 신조된 용어이다.

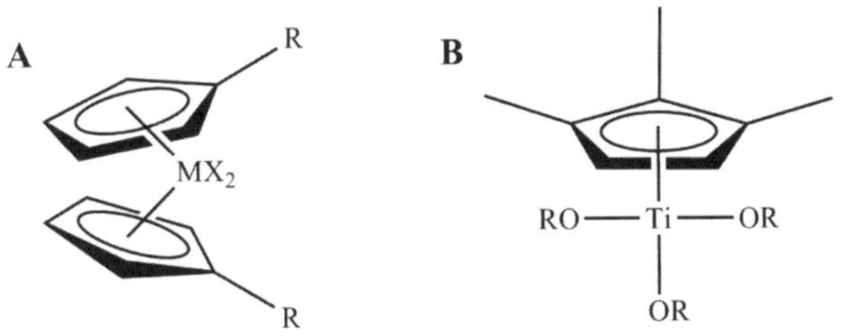

그림 2-9 A. 올레핀 중합(예를 들어, LLDPE, HDPE, a-PP 및 에틸렌-사이클로알켄 공중합체)의 일반적인 메탈로센 촉매. M은 전이 금속(예를 들어, Ti, Hf 또는 Zr)을, R은 수소 또는 알킬기를, X는 할로젠(일반적으로 Cl 또는 Br)을 나타낸다. B. s-PS의 메탈로센 중합에 사용되는 cyclopentadienyl 리간드.

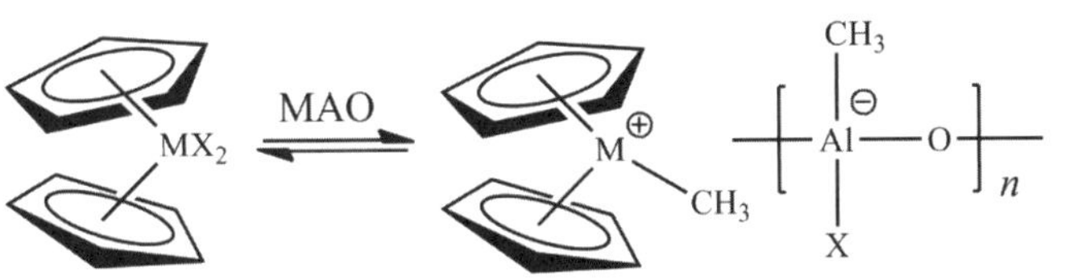

그림 2-10 메탈로센 중합에서 제안된 활성 자리 생성 메커니즘

2.2.4 제어된 라디칼 중합

앞 장에서 논한 바와 같이 리빙 중합은 음이온 또는 일부 양이온 중합의 경우에서처럼 정지 또는 사슬 이동의 경우가 발생하지 않는 사슬 성장 반응이다(2.2.2절 참조). 사슬 정지 반응이 우선하는 전형적인 자유 라디칼 중합에서 고분자량의 고분자는 반응의 초기에 형성되는 한편, 개시 반응은 느리다. 이러한 일련의 상황은 중합이 진행되면서 다분산도를 증가시키고 분자량은 감소한다. 최근의 몇 가지 중합 개요는 자유 라디칼 메커니즘을 따르지만 분자량, 분자량 분포 및 고분자의 구조를 조절할 수 있다. 이들 기술들은 성장 라디칼과 휴면 종(dormant species) 사이에 동적 평형의 형태를 갖춘다. 이 과정은 비활성 활성 과정에서 라디칼의 가역 포집 또는 가역 전이를 포함하기도 한다. 이들은 제어된 "리빙" 라디칼 중합(CRP)*이라고 불리며 여기에는 개시 이동 종결제(iniferter)로 불리는 특수 개시제[12], 나이트록사이드-매개(nitroxide-mediated) 중합(NMP), 원자 전이 라디칼 중합(ATRP) 및 가역 부가-분별 증식 사슬 이동(RAFT) 중합이 포함된다. 코발트 매개 중합은 RAFT 관련 기술이다. 다른 방법으로는 아이오딘-전이(iodine-transfer) 중합 및 텔루륨-매개(tellurium-mediated) 중합이 있다. 이 절에서는 자주 사용하는 제어된 라디칼 중합

* IUPAC은 가역 비활성화 라디칼 중합(reversible deactivation radical polymerization, RDRP)을 권장한다; 그러나 대체 용어인 리빙 라디칼, 제어된 라디칼 및 제어/리빙 라디칼 중합이 일반적으로 사용된다.

개요인 NMP, ATRP 및 RAFT에 대하여 개발된 순서로 논하고자 한다.

나이트록사이드-매개 중합(NMP) 몇 가지 고분자, 특히 폴리스타이렌은 1980년대에 개발된 **나이트록사이드-매개 중합**(nitroxide-mediated polymerization, NMP)[13, 14]이라고 불리는 제어된 라디칼 중합 기술을 이용하면 좁은 분자량 분포를 갖는 고분자를 합성할 수 있다. NMP로 합성한 스타이렌 이외의 단량체로는 아크릴로나이트릴, 아크릴아마이드, 아크릴레이트 및 1,3-다이엔을 들 수 있다. NMP는 또한 ABA 삼블록 공중합체, 고밀도의 고분자 솔(polymer brushes)의 합성과 나노 입자의 기능화에도 이용할 수 있다. 스타이렌의 나이트록사이드-매개 중합[15]은 그림 2-11에서 보는 바와 같다. 여기에서 볼 수 있는 바와 같이 중합 반응은 성장 라디칼(성장 속도 상수, k_p)과 나이트록사이드 라디칼 종의 가역 결합과 함께 활성화/비활성화로 진행된다.

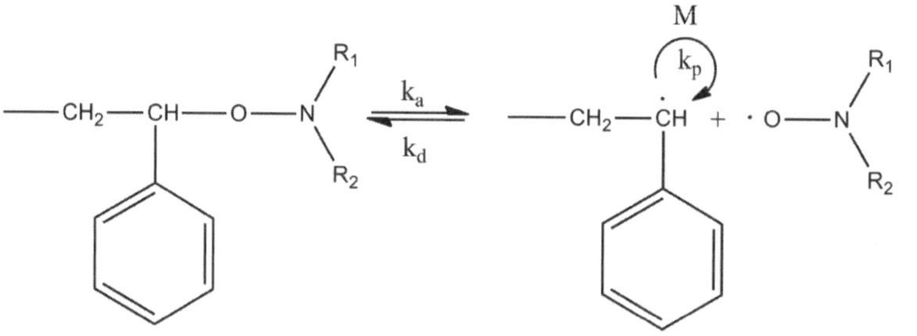

그림 2-11 스타이렌의 나이트록사이드-매개 중합. 속도 상수 k_a와 k_d는 각각 활성화(정반응) 및 비활성화(역반응) 반응을 나타낸다.

초기의 나이트록사이드-매개 중합은 2,2,6,6-tetramethyl-piperidinyloxy(TEMPO)를 매개 나이트록사이드로 이용하였다. 두 번째 세대 나이트록사이드로는 2,2,5-trimethyl-4-phenyl-3-azahexane-3-nitroxide(TIPNO)와 *N-tert*-butyl-*N*-(1-diethylphosphono-2,2-dimethyl-propyl) nitroxide (DEPN)가 있다. TEMPO, TIPNO 및 DEPN의 화학적 구조는 그림 2-12에서 보는 바와 같다. SG1은 TEMPO보다 **더 높은** 활성화/비활성화 에너지를 보이며, 아크릴아마이드와 같은 수용성 단량체의 진한 용액에 용해된다.

원자 전이 라디칼 중합(ATRP) 원자 전이 라디칼 부가(atom transfer radical addition, ATRA)는 유기 합성에서 탄소-탄소 결합의 형성에 사용되는 도구이다. 1995년에 Matyjaszewski[16,17]는 이 접근법으로 스타이렌과 (메타)아크릴레이트, (meth)acrylates를 합성하였다. ATRA를 자유 라디칼 중합에 확대한 것을 **원자 전이 라디칼 중합**(atom transfer radical polymerization), 또는 간단히 ATRP라고 한다. ATRP를 이용하면 고분자량의 고분자(약 10^5)와 낮은 다분

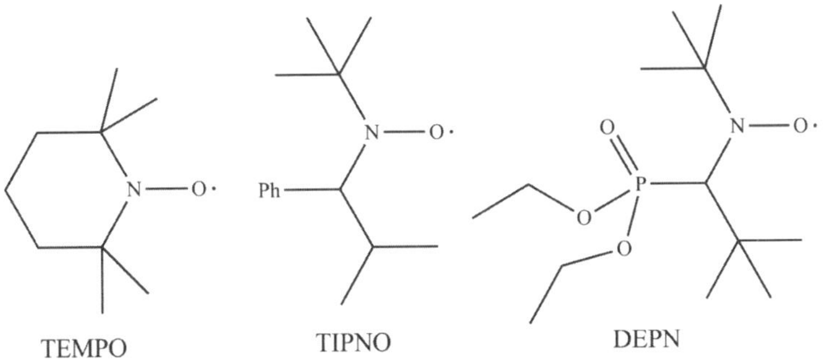

그림 2-12 3개의 매개 나이트록사이드: TEMPO(2,2,6,6-tetramethyl-piperidinyloxy), TIPNO(2,2,5 trimethyl -4-phenyl-3-azahexane-3-nitroxide), 및 DEPN(*N-tert*-butyl-*N*-(1-diethylphosphono-2,2-dimethylpropyl) nitroxide).

산성($\bar{M}_w/\bar{M}_n$<1.3−1.5)을 구할 수 있다. ATRP는 아크릴로나이트릴과 아크릴아마이드 및 다양한 블록 공중합체, 별모양 고분자 및 다가지 고분자(hyperbranched polymers)의 중합에 사용될 수 있다.

ATRP의 일반적인 성분은 할로젠 원자 전이 촉진제로 작용하는 리간드(L)와 자유 라디칼 개시제로 작용하는 유기 할로젠화물, R−X(X=Br, Cl)에 의하여 착화합물화된 전이 금속 촉매, M_t^n(Cu 또는 Fe)*를 포함한다. ATRP로 특수한 개시제를 이용하면 바이닐, 하이드록실 및 사이아노(cyano) 기와 같은 특정 말단 작용기를 갖는 고분자를 구할 수 있다[18]. Cu(I)Cl은 ATRP에 주로 사용하는 전이 금속 할로젠화물이다. 전형적인 리간드로는 2,2′-bipyridine(bpy), 4,4′-di(5-nonyl)-2,2′-bipyridine(dnbpy) 및 1,10-phenanthroline(phen)과 같은 여러 자리 질소 화합물이 있다. 스타이렌 ATRP의 초기 배합은 전이 금속 촉매 Cu(I)Cl, 리간드 bpy 및 자유 라디칼 개시제인 1-phenylethyl chloride(1-PECl)를 포함하였다. 보다 최근에는 Fe(II), Fe(III)와 착화합물을 형성하는 iminodiacetic acid(IDA)와 같이 낮은 독성과 보다 저렴한 리간드의 ATRP 사용이 검토되고 있다[19, 20].

ATRP의 초기 단계에서 전이 금속 착화합물, M_t^n/L은 유기 할로젠화물로부터 수소를 추출하여 산화된 종(oxidized species) X−M_t^{n+1}/L과 유기 라디칼 R•을 형성한다. 이어서 성장 단계에서 라디칼은 연속적으로 단량체 분자, M을 부가할 수 있다. 라디칼은 산화된 전이 금속 할로젠화물 착화합물과 반응하여 급속히 비활성화하여, 아래의 Cu(I)Cl 산화-

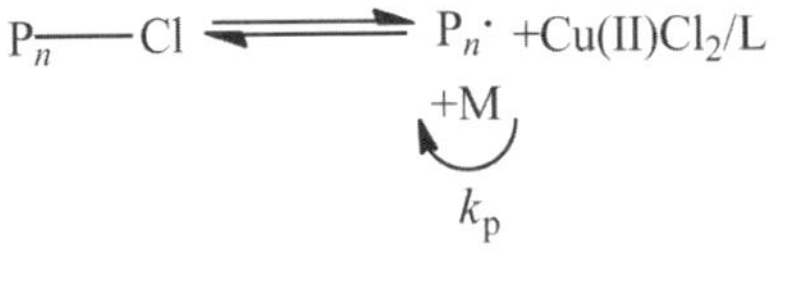

* M_t^n의 위 첨자는 전이 금속의 산화 상태를 나타낸다.

환원 평형에서 보듯이, 초기 전이 금속 착화합물과 할로젠-말단의 사슬, P_n-X을 재형성한다: ATRP의 리빙 특성은 P_n•과 비성장의 할로젠 말단 고분자(P_n-X)의 균형에 기인한다. 구리 할로젠화물을 사용하는 ATRP에서 평형 상수는 다음과 같다.

$$K_e = \frac{k_{act}}{k_{deact}} = \frac{[P_n \bullet][Cu(II)X_2]}{[P_n - X][Cu(I)X]} \tag{2.50}$$

정지 반응의 가능성을 줄이게 되는, 낮은 라디칼 농도를 유지하기 위해서는 작은 평형 상수가 필요하다. ATRP의 수평균 중합도는 초기 단량체와 유기 할로젠 개시제(organic halide initiator)의 비로 다음과 같이 정의된다.

$$\bar{X}_n = \frac{[M]_o}{[RX]_o} \times \text{monomer conversion} \tag{2.51}$$

ATRP의 돋보이는 점은 자유 라디칼 중합의 용이함이 가미된 음이온 리빙 중합(2.2.2절 참조)이 제공하는 제어된 분자량과 낮은 다분산성의 결합이다. 음이온 중합의 일반적인 응용에 걸림돌인 매우 순수한 중합 조건을 구하기 위한 조건은 ATRP에서는 논점이 아니다. 이온 용매(2.3.7절 참조)는 촉매를 용매화할 수 있고 그 결과 고분자는 유기 용매를 사용하는 경우보다 더 쉽게 분리될 수 있다.

ATRP의 흥미로운 응용으로는 그림 2-13에서 보는 바와 같이 셀룰로스[21]에서 하이드록시기를 기능화하기 위하여 2-bromopropionyl bromide를 이용하여 이온 용매에서 셀룰로스를 스타이렌 또는 메타크릴레이트와 그래프트 공중합시키는 반응이다. 이 기능화된 셀룰로스는 스타이렌 또는 메타크릴레이트와 원자 전이 라디칼 공중합에 사용한다.

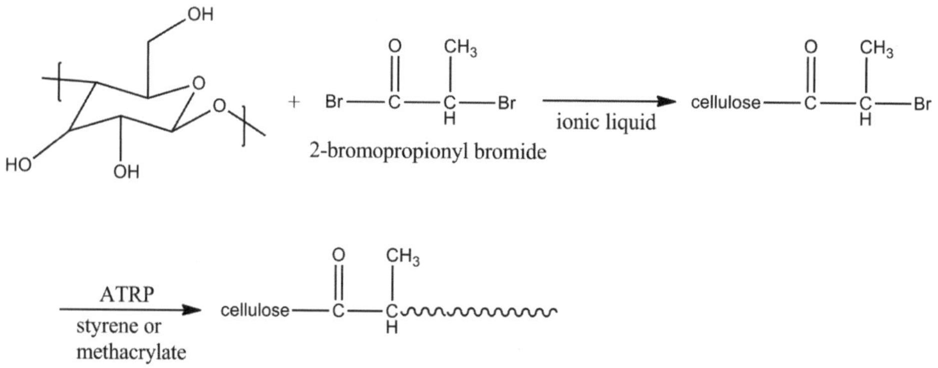

그림 2-13 ATRP 화학을 이용한 셀룰로스의 그래프트 중합

RAFT 중합 제어된 자유 라디칼 중합의 또 다른 예로는 1990년대에 개발된 **가역 부가-분별 증식 사슬 이동**(reversible addition-fragmentation chain transfer, RAFT) 중합이 있다. RAFT 중합은 다양한 종류의 단량체를 이용하여 좁은 다분산도를 갖는(즉, < 1.1 또는 < 1.2) 고분자 및 제어된 조성 및 구조를 갖는 블록 공중합체의 합성에 사용될 수 있다[14, 22]. 이블록(diblock) 공중합체에 덧붙여 구배 공중합체(gradient copolymer), 별모양 고분자, 마이크로젤(microgel) 및 고분자 솔(polymer brush)을 RAFT 중합으로 합성하였다. RAFT 중합은 용액, 유화 및 현탁을 포함하는 다양한 중합 조건에서 진행할 수 있다. 일반적인 사슬 이동 또는 RAFT 시약으로는 다음 구조를 기본으로 하는 di- 또는 tri-thiocarbonythio 화합물이 있다:

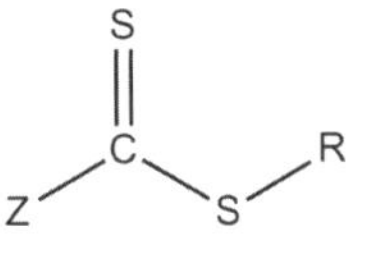

여기에서 Z와 R은 메틸, 페닐기 또는 수많은 선형 지방족 사슬과 같은 다양한 유기 작용기를 나타낸다. RAFT 중합에서는 그림 2-14에서와 같이 가역 부가-분별 증식 단계에 의하여 활성 사슬과 휴면 사슬의 S=C(Z)S− 일부분의 전이가 리빙 중합 개요를 유지하기 위하여 작용한다. RAFT 중합의 결과 S=C(Z)S− 말단기는 고분자 생성물에서 상태를 유지한다.

Z와 R 그룹의 신중한 선택은 성공적인 RAFT 중합에 매우 중요하다. 높은 전이 상수를 구하기 위해서는 적절한 Z 그룹(예를 들어, 알킬 또는 아릴기)이 라디칼 부가를 향한 C=S 이중 결합을 활성화해야 하고, 한편으로 R 그룹은 cumyl 또는 cyanoisopropyl 그룹과 같은 훌륭한 자유 라디칼 이탈기가 되어야 한다. 떨어져 나온 라디칼(R•)은 자유 라디칼 중합을 재개시하는 데 효과적이어야 한다. 다음의 구조는 2-cyanoprop-2-yl dithiobenzoate (CPDB)로서 RAFT 시약의 한 예이다:

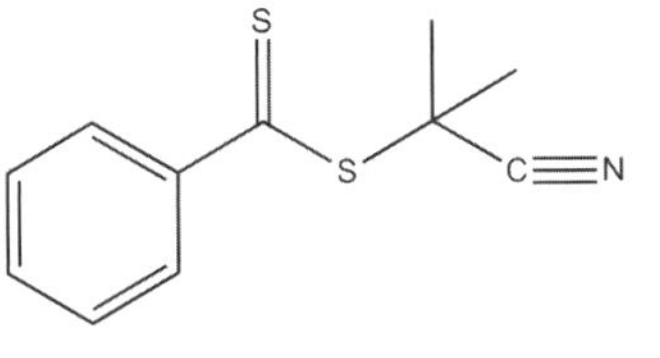

CPDB는 dimethylaminoethyl methacrylate[23] 및 triazole[24] 단량체의 RAFT 중합에 사용되어 왔다. 일반적으로 AIBN 개시제와의 반응은 성장 사슬을 만든다. RAFT 공정은 활성 사슬과 휴면 사슬 사이에 S=C(Z)S− 일부분의 전이가 일어나는 가역 부가-분별 증식 과정을 포함한다. RAFT 중합으로 중합된 단량체로는 메틸 메타크릴레이트, 뷰틸 메

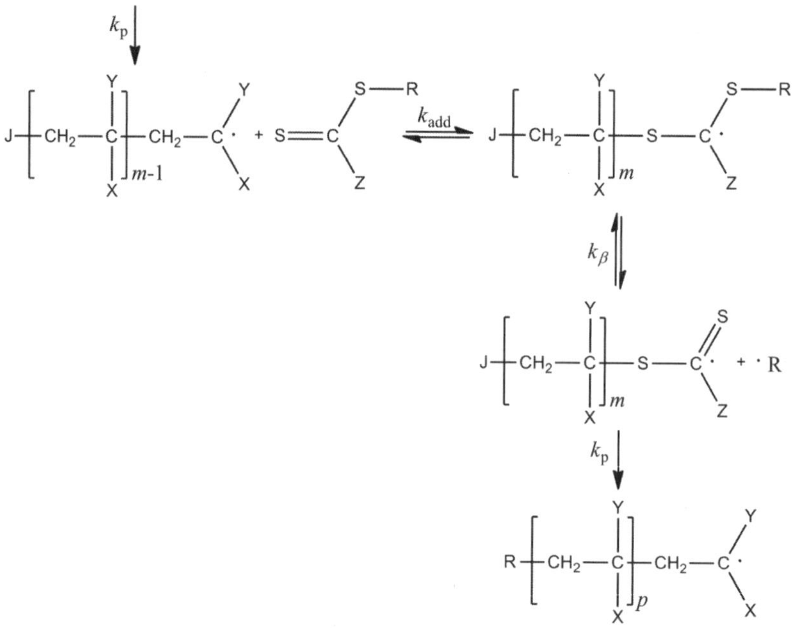

그림 2-14 RAFT 중합의 개요[22]. J와 R은 dithio 화합물과 같은 자유 라디칼 중합을 개시할 수 있는 분자 그룹을 의미한다.

타크릴레이트, 스타이렌 및 아크릴산이 있다. 산, 산 염(acid salt) 또는 3가 아미노 부분을 갖는 기능성 단량체도 RAFT 중합으로 중합할 수 있다. 단량체로부터 두 RAFT 시약 중 어느 것을 사용하는가의 여부를 결정한다. 일반적으로 tertiary cyanoalkyl trithiocarbonate는 (meth)acrylamate, (meth)acrylamide 및 스타이렌계 단량체에 적합하다. 바이닐 아세테이트 또는 *N*-vinylpyrrolidone의 RAFT 중합의 경우, O-ethyl S-cyanomethyl xanthate가 적절한 RAFT 시약이다.

RAFT 중합의 수평균 중합도는 RAFT 시약의 초기 농도, $[R]_o$로부터 다음과 같이 계산할 수 있다.

$$\bar{X}_n \approx \frac{[M]_o - [M]_t}{[R]_o} \tag{2.52}$$

여기에서 $[M]_o - [M]_t$는 시간 t에서 소모된 단량체의 양을 의미한다. 다음 예제는 메틸 메타크릴레이트의 RAFT 중합에서의 분자량 계산에 대한 예를 보여 준다. RAFT 중합의 다분산성은 그림 2-15에서 보는 바와 같이 스타이렌의 전통적인 중합 반응(열중합) 및 RAFT 자유 라디칼 중합 반응에서처럼 1.4로 좁아질 수 있다.

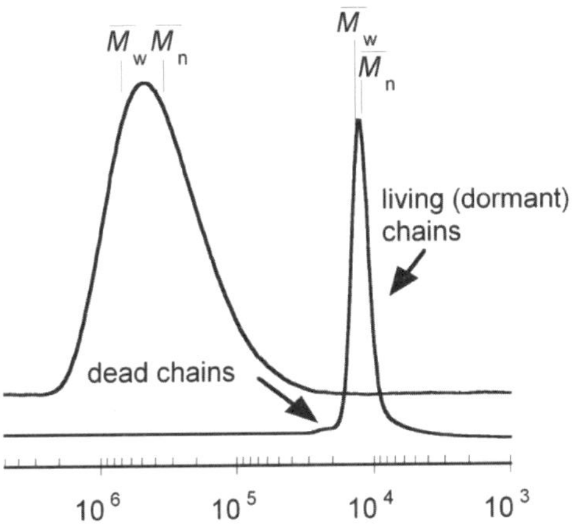

그림 2-15 열중합으로 합성한 폴리스타이렌의 분자량 분포($\bar{M}_n$ = 324,000; $\bar{M}_w/\bar{M}_n$ = 1.74)(왼쪽)에 대한 cumyl dithiobenzoate를 이용하여 RAFT 중합으로 구한 분자량 분포의 비교($\bar{M}_n$ = 14,400; $\bar{M}_w/\bar{M}_n$ = 1.04)(오른쪽). Reprinted with permission from G. Moad, R. Rizzardo and S. H. Thang, Toward *Living Radical Polymerization*. Accounts of Chemical Research, 2008, **41**(9):p. 1123-1143.

예제 2.3

90°C에서 1,1′-azobis(1-cyclohexanenitrile)(0.0018 M) 개시제와 2.48×10^{-2} M의 RAFT 시약 *S*-dodecyl *S*-(2-cyano-4-carboxy)but-2-yl trithiocarbonate를 이용하여 벤젠에서 6.55 M 메틸 메타크릴레이트(100.12 분자량)의 RAFT 중합을 진행한다. 92%의 단량체 반응 전환율에서 수평균 분자량을 계산하시오.

풀이

수평균 중합도는 다음과 같이 계산한다.

$$\bar{X}_n \approx \frac{[\mathrm{M}]_o - [\mathrm{M}]_t}{[\mathrm{R}]_o} = \frac{0.92(6.55)\ \mathrm{M}}{2.48\times10^{-2}\ \mathrm{M}} = \frac{6.03}{2.48\times10^{-2}} = 243$$

따라서 수평균 분자량은

$$\bar{M}_n = 243\times100.1 = 24,324$$

이 값은 실험치인 21,800에 상당히 근접한다[25].

2.3 중합 기술

2.3.1 벌크 중합

벌크 중합(bulk polymerization)은 매우 높은 순도의 고분자를 구할 수 있는 가장 간단한 기술이다. 단량체와 단량체에 용해하는 개시제, 그리고 경우에 따라서는 분자량 조절을 위한 사슬 이동제만을 이용한다. 이 방법의 장점은 반응기 부피당 높은 수율(yield), 용이한 고분자 회수 및 중합 혼합물을 최종 제품 형태로 주형할(즉, cast polymerization) 수 있는 선택이 있다는 점이다. 한계점으로는 잔류 단량체 제거의 어려움과 중합 반응 동안의 열 분산의 문제를 들 수 있다. 자유 라디칼 중합은 심한 발열 반응(일반적으로 42에서 88 kJ/mol; 몇 가지 예는 표 2-5 참조)인 한편으로 유기 단량체와 고분자의 열전도도는 표 2-8에서 보는 바와 같이 낮다. 온도를 높이면 반응 속도가 증가하고 따라서 추가로 열이 발생한다. 열 제거는 특히 중합 반응의 말기에 이르러 점도가 증가하면서 더욱 어려워진다. 이는 높은 점도가 정지에 필요한 긴 사슬 라디칼의 확산을 어렵게 하기 때문이다. 이것은 라디칼 농도가 증가하고 그 결과, 식 (2.18)에서 명시한 바와 같이, 중합 속도 역시 증가함을 의미한다. 작은 단량체 분자의 성장 자리로의 확산은 비교적 제한을 덜 받는다. 이는 성장 속도보다 정지 속도가 더 급격하게 감소하고 따라서 전체적인 반응 속도는 부가적으로 발생하는 열과 함께 증가함을 의미한다. 이러한 자체 촉진 반응(autoacceleration) 과정은 Norrish-Smith[26], Trommsdorff[27] 또는 gel effect라고 불린다. 실제로, 벌크 중합에서의 열 분산은 향상된 열 전이를 위한 특수한 열 조절 장치의 제공 또는 벌크 중합을 낮은 전환율에서 중간 정도의 전환율까지 단계별로 분리하여 실시함으로써 향상시킬 수 있다.

표 2-8 298 K에서의 열용량과 열전도도

물질	C_p(kJ mol^{-1} K^{-1})	k^a(J m^{-1} s^{-1} K^{-1})
물	0.075	0.607
벤젠	0.136	0.141
톨루엔	0.157	0.131
스타이렌	0.182	0.137
폴리스타이렌	0.127	0.142
폴리(메틸 메타크릴레이트)	0.137	0.193
폴리(바이닐 클로라이드)	0.059	0.168

[a] *k*, 열전도도

벌크 중합은 많은 자유 라디칼 중합과 일부 단계 성장(축합) 중합에 이용될 수 있다. 자유 라디칼 벌크 중합으로 합성하는 중요한 예로는 폴리스타이렌과 폴리(메틸 메타크릴레이트)가 있으며, 이 중 주형 중합이 총 생산량의 반을 차지한다. 때로는 저밀도(즉, 고압) 폴리에틸렌 및 일부 에틸렌 공중합체도 벌크 자유 라디칼 중합으로 제조한다.

2.3.2 용액 중합

유기 용매 또는 바람직하게는, 높은 열전도도뿐만 아니라 가격과 처리면에서도 이점을 나타내는, 물에서 반응을 진행하면 중합하는 동안 열 제거를 용이하게 할 수 있다(표 2-8). 용매의 선택에 필요한 조건은 개시제와 단량체가 동시에 용매에 용해되고, 용매는 허용 범위 내의 사슬 이동 특징을 나타내며 중합 조건과 용매 제거에 적절한 녹는점과 끓는점을 가져야 한다는 점이다. 용매 선택에 영향을 미치는 또 다른 요소로는 인화점, 가격, 독성을 들 수 있다. 적절한 유기 용매의 예로서는 지방족 및 방향족 탄화수소, 에스터, 에테르, 알코올이 있다. 중합 반응은 열 제거를 최대화하기 위하여 용매를 환류(reflux)하며 중합할 수 있다. 반응기는 일반적으로 스테인리스강이나 유리로 내장된다. 용액 중합(solution polymerization)의 단점은 반응기당 낮은 수율과 용매 회수를 위한 별도의 단계가 필요하다는 점이다.

2.3.3. 현탁 중합

현탁 중합(suspension polymerization) 또는 유화 중합(emulsion polymerization)은 물의 높은 열전도도를 활용하여 열 전이를 한층 더 개선한 중합법이다. 현탁("구슬(bead)" 또는 "진주(pearl)") 중합에서는 기계식 교반기가 부착된 회분식 반응기(batch reactor)에 물에 **불용성**인 단량체와 개시제를 투입한다. 때로 자유 라디칼 중합에서는 분자량 조절을 위하여 사슬 이동제를 투입하기도 한다. 개시제와 사슬 이동제를 함유한 단량체 방울들이 형성된다. 이들은 일반적으로 직경 50~200 ㎛로서 중합 반응에서 소형 반응기로 작용한다. 일반적으로 폴리(바이닐 알코올)과 같은 보호 콜로이드의 투입과 중합 혼합물의 연속 교반으로 이들 "점착성(sticky)" 방울들의 응집을 방지한다. 중합 반응의 거의 마지막 시점에 이르면 입자들은 단단해지고 여과 과정을 통하여 회수할 수 있으며 이어 최종적으로 세척을 실시한다. 용액 중합에 비해 용매 가격과 회수 작업은 최소화되지만 완전히 제거하기 어려운 현탁제와 다른 안정제로 인하여 고분자의 순도가 저하된다. 또한, 일반적으로 반응기의 기본 가격이 용액 중합보다 높다. 자유 라디칼 현탁 중합으로 생산하는 고분자로는 스타이렌계 이온 교환 수지(2.4.1절 참조), 압출(extrusion) 및 사출(injection) 성형용 폴리(바이닐 클로라이드), 폴리(스타이렌-*co*-아크릴로나이트릴)(SAN) 및 압출 성형용 폴리(바이닐리덴-*co*-바이닐 클로라이드)가 있다.

2.3.4. 유화 중합

열 전이제로 물을 활용하는 또 다른 중합법은 유화 중합(emulsion polymerization)이다. 물과 단량체에 추가하여 유화 중합의 일반적인 반응물은 **수용성** 개시제, 사슬 이동제 및 긴 사슬 지방산의 소듐염과 같은 계면 활성제로 이루어진다. (소수성의) 단량체 분자들은 큰 방울을 형성한다. 이들은 계면 활성제 분자로 안정되며 그림 2-16에서와 같이 친수성 말단은 바깥쪽을 향하고 소수성(지방족) 말단은 단량체 방울을 향하여 안쪽으로 향한다. 단량체 방울의 크기는 중합 온도와 교반 속도에 따라 변한다. 계면 활성제의 농도가 **임계 미셀 농도**(critical micelle concentration)라고 불리는 값을 초과하면 잔여 계면 활성제 분자들은 배열하여 **미셀**(micelle)을 형성한다. 계면 활성제의 특성에 따라 미셀은 50에서 100개의 계면 활성제 분자들로 이루어지는 작은 막대 또는 구형(길이 ~50 Å)의 구조를 형성한다. 긴 사슬 지방산으로부터 만들어지는 계면 활성제는 막대 모양 미셀을 주로 형성한다.

위에서 명시한 바와 같이 현탁 중합과 유화 중합의 큰 차이는 유화 중합에서의 개시제가 반드시 수용성이어야 한다는 점이다. 흔히 사용하는 수용성 개시제로는 persulfate-ferrous (K_2SO_4) **산화-환원**(redox) 개시제가 있으며, 이는 반응에서 sulfate 음이온을 생성한다.

$$^{-}O_3S{-}O{-}O{-}SO_3^{-} + Fe^{+2} \longrightarrow Fe^{+3} + SO_4^{-2} + SO_4^{-}$$

상온 근처의 온도와 중성 pH는 일반적으로 K_2SO_4로 개시되는 유화 중합 반응을 선호한다.

유화 중합 과정에서 작지만 유효한 수용도(water solubility)를 나타내는 단량체 분자들은 단량체 방울로부터 매개물인 물을 통하여 미셀의 내부로 이동할 수 있다. 중합은 수용성 개시제 라디칼이 단량체를 함유하는 미셀 안으로 들어가면서 시작된다. 단량체 방울의 농도(10^{10}~10^{11}/mL)에 비하여 상대적으로 매우 높은 미셀의 농도, 일반적으로 10^{18}/mL, 로 인하여 개시제는 단량체 방울보다는 미셀 안으로 들어갈 확률이 높을 것이다. 중합의 진행과 함께 단량체는 계속하여 단량체 방울로부터 성장하는 미셀로 이동한다. 단량체 전환율이 50%에서 80%에 이르면 단량체 방울들은 소진되고 팽윤된 미셀은 비교적 큰 (일반적으로 직경 0.05 μm ~ 0.2 μm) 고분자 입자로 변한다. 고분자 입자가 물속에 부유

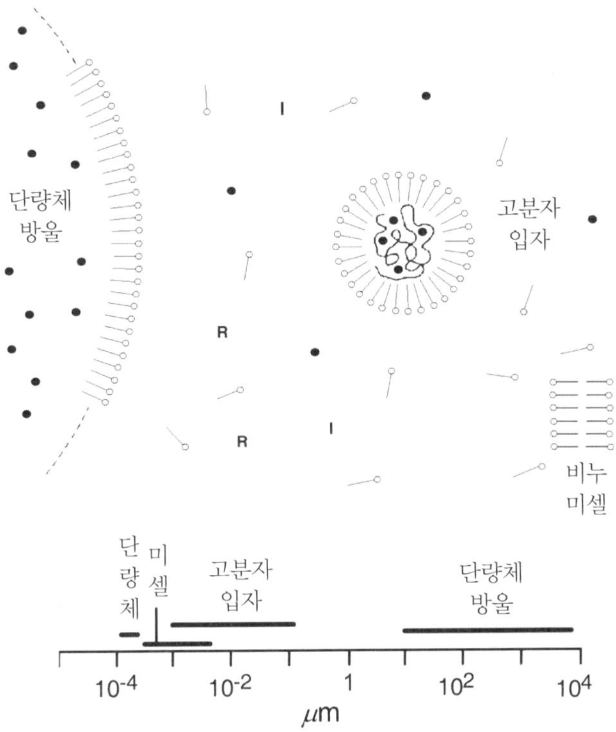

그림 2-16 유화 중합의 구성과 상대 크기를 나타내는 그림. 부호: • 단량체 분자; I, 개시제 분자; R, 1차 라디칼. Adapted from P. Rempp and E. W. Merrill, Polymer Synthesis, 1986. Basel: Hüthig & Wepf Verlag, Wiley-VCH. Fig. 12.2, p. 247.

한 상태를 **라텍스**(latex)라고 부른다. 이 라텍스는 매우 안정하며 그 자체로 사용하거나 (예를 들어, 라텍스 페인트) 또는 산이나 염으로 응집시켜 회수할 수 있다.

유화 중합의 자유 라디칼 반응 속도론은 2.2.1절에서 논한 바와 같이 벌크, 용액, 현탁 중합의 일반적인 반응 속도론과는 다르다. Smith 및 Ewart[29]는 자유 라디칼 유화 중합의 동역학을 분석하였다. 이들은 단량체로 팽윤된 미셀이 상당히 작으며 임의 시간에 입자 내부에는 평균적으로 **하나의** 성장 사슬이나 정지 사슬만이 존재할 수 있다고 가정하였다. 이는 라디칼 농도, $[IM_x\bullet]$는 단순히 입자 농도, N(mL당 단위 입자수)의 반에 해당하며, 여러 요소들 중에서 계면 활성제와 개시제 농도로 결정된다. 따라서 중합 속도(식 (2.18) 참조)는 다음과 같이 주어진다.

$$R_o = k_p(N/2)[M] \tag{2.53}$$

여기에서 [M]은 팽윤된 고분자 입자 내에서의 단량체 농도이다. 이 식을 식 (2.25)에 주어진 자유 라디칼 중합의 정상 상태 속도식과 비교해 보자. 두 속도식 모두 단량체 농도에 비례하나 유화 중합의 반응 속도는 개시제의 제곱근에 더 이상 비례하지 않고 N에 좌우되는 개시제 농도에 보다 복잡한 형태로 연관된다.

역유화 중합 단량체가 친수성일 때 유화 중합은 역유화(inverse emulsion) 중합 과정으로 진행할 수 있다. 이 경우에 단량체(일반적으로 수용액)를 유중수형(water-in-oil) 유화제를 이용하여 유기 용매에 분산시킨다. 개시제는 수용성이나 지용성일 수 있다. 이 중합 반응에서의 최종 생성물은 유기 용매 내에서 물로 팽윤된 고분자의 콜로이드 분산이다.

미니유화 중합 미니유화(miniemulsion) 중합은 유화 중합의 또 다른 형태이다[30]. 전형적인 유화 중합에서의 단량체로 팽윤된 미셀(10~20 nm)에 비하여 단량체 방울은 비교적 크며(1~20 μm), 한편 미니 유화 중합에서의 단량체 방울은 미셀의 크기와 유사하고 따라서 개시될 확률이 상당히 높다. 이는 수중유화(oil-in-water) 유화액을 안정시키기 위하여 계면 활성제의 용량을 증가시키는 긴 사슬 지방 알코올을 사용하면 가능하다. 전형적인 유화 중합에서의 단량체 방울의 물을 통한 미셀로의 확산을 제거하면 보다 소수성의 단량체를 사용할 수 있다. 이러한 미니 유화액은 몇 달 동안 안정한 상태를 나타낼 수 있다. 미니 유화 중합법을 활용한 제어된 라디칼 중합(2.2.4절 참조)으로 많은 독특한 라텍스 재료를 합성할 수 있다.

2.3.5 고상, 기상 및 플라스마 중합

벌크와 용액과 같은 일반적인 중합법 외에도 고분자는 기체나 증기상에서 합성할 수 있다. 이는 특히 에틸렌과 같은 올레핀의 중합에 적용된다. 그림 2-17에 명시한 Unipol의 PE 공정에서 기체 에틸렌과 고체 촉매(크로뮴 또는 다른 착화합물)는 연속 유동층 반응기 내에서 합쳐진다. 중합 반응은 강한 발열 반응이므로 적절한 열처리는 입자들의 응집 방지와 공정의 마무리에 매우 중요하다. 세계 PE 생산 특허의 50%를 점하는 이 공정을 이용하여 폴리프로필렌과 에틸렌 및 프로필렌으로 이루어지는 공중합체를 합성하고 있다. Unipol II 공정은 필름 용도의 선형 저밀도 폴리에틸렌(LLDPE)의 합성에 이용된다.

고상 중합 기상 중합(gas-phase polymerization)과 더불어 고상 중합(solid-state polymerization)도 특별한 용도의 일부 고분자의 합성에 때때로 이용된다. 예를 들어, 결정 상태에서의 일부 단량체들은 열이나 광조사(가시광선, X-선 또는 γ-선)로 합성하면 확장 사슬 고분자가 결정의 배향 방향을 따라 배열할 수 있다. 그 결과 흥미로운 광학적 특성을 갖는 고분

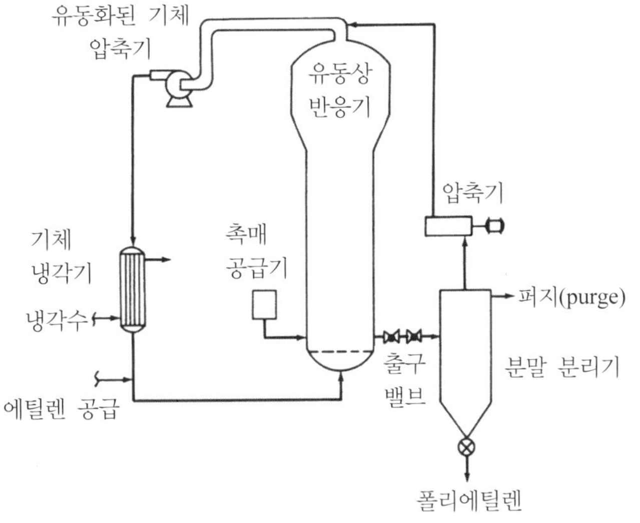

그림 2-17 에틸렌 중합을 위한 Unipol 공정. Adapted from N. F. Brockmeier, in *The Concise Encyclopedia of Polymer Science and Engineering*, J. I. Kroschwitz, ed. Fig. 1, p. 427. Copyright ⓒ1990 by John Wiley & Sons. This material is used by permission of John Wiley & Sons, Inc.

자 단결정(polymer single crystal)이 구해진다. 예로서, trioxane 또는 tetraoxane 결정의 γ-광조사로부터 결정성 폴리옥시메틸렌(polyoxymethylene)을 구할 수 있다.

플라스마 중합 다양한 종류의 단량체들은 양전하 및 음전하 종(species), 전자, 여기된 종(excited species), 중성의 종, 전자기 방사(electromagnetic radiation)의 저압 백열방전(glow discharge)으로 구성되는 플라스마 환경에서도 중합할 수 있다. 플라스마 중합(plasma polymerization)은 그래프트 공중합체 또는 금속이나 다른 기질(예를 들어, 실리콘 위의 포토레지스트(photoresist) 또는 금속 위의 부식 방지용 코팅) 위에 얇은 고분자 필름을 침전시키는 데 사용될 수 있다. 플라스마 중합을 이용하여 고분자 도파관(waveguide) 용의 폴리퓨란(polyfuran) 및 폴리싸이오펜(polythiophene)의 조밀하고 균일한 필름을 합성할 수 있다. 플라스마 활성을 이용하여 젖음성, 접착 및 생체 적합성과 같은 표면 물성을 개질할 수 있다. 예를 들어, 헤파린으로 도뇨관(catheters)을 플라스마 개질하여 혈액 응고를 방지할 수 있다. 플라스마 처리는 모체(matrix)에 접착을 증가시키기 위하여 섬유 복합재의 표면으로부터 오염을 제거하는 용도로도 사용될 수 있다. 플라스마 중합 필름은 매우 균일하지만 일반적으로 높은 가교도를 나타낸다. 이러한 이유로 화학분석용 전자 분광법(electron spectroscopy for chemical analysis, ESCA) 및 정적 2차 이온 질량 분광법(static secondary ion mass spectroscopy, SIMS)은 플라스마로 개질된 표면을 분석하는 주된 방법이다. 이들 기술로부터 표면 위의 작용기의 존재를 포함하여 필름의 원소 및 화학 구성에 대한 상당한 정보를 구할 수 있다.

플라스마 중합에서는 그림 2-18에서와 같이 유기 선구 물질(precursor)을 흐름 잔광(flowing afterglow) 플라스마 반응기 내로 주사(injection)하는 방법을 선호한다. 여기에서 다량의 아르곤 기체가 두 개의 알루미늄 전극 사이를 통과한다. 아르곤은 전극 사이의 라디오 주파수(radio frequency, RF) 에너지를 발생하며 여기된다. RF 에너지는 기체를 전자, 이온, 자유 라디칼 및 준안정 여기된 종으로 분리시킨다. 유기 선구 물질은 작은 직경의 관을 통하여 부가한다. 선구 물질이 유입되는 잔광에서 형성된 여기된 종은 기질의 표면과 반응한다.

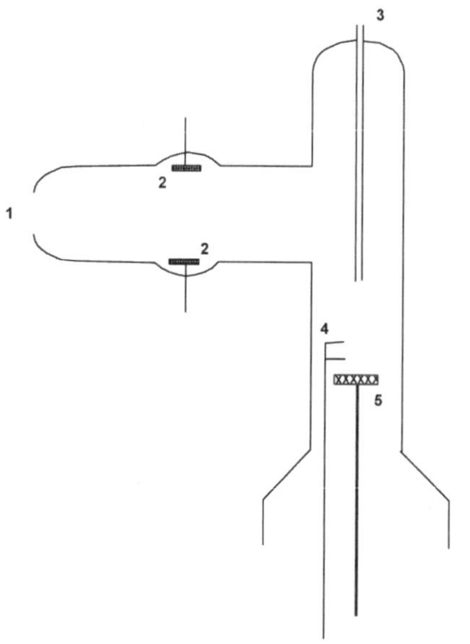

그림 2-18 흐름 잔광 플라스마 반응기의 개요.
1. 아르곤 주입구
2. Al 전극
3. 유기 선구 물질 재도입관
4. 플라스마 밀도 측정용 Langmuir 탐침
5. Quartz microbalance 또는 기질
Adapted from P. D. Haaland and S. J. Carlson, *Plasma and Polymers: Synthesis under Extreme Conditions*, Trends in Polymer Science, 1993, vol. 1. Fig. 3, p. 43. Copyright 1993, with permission from Elsevier Science.

2.3.6 초임계 유체 중합

초임계 유체(supercritical fluid, SCF)는 임계 온도(T_c)와 임계 압력(p_c) 이상의 상태에 있는 유체로 정의한다. 초임계 유체는 높은 확산도, 낮은 점도 및 액체와 유사한 밀도와 같은 기체와 액체의 물성을 동시에 보인다. 초임계 유체는 또한 뛰어난 용해력을 나타낸다(예를 들어, 초임계 물은 기름을 용해할 수 있다). 용매의 세기는 압력, 온도 또는 둘을 함께 제어하여 조절할 수 있다. 초임계 유체의 분석적인 면에서의 응용으로는 커피 속의 카페인 제거, 석탄의 황 제거, 펄프 공정 및 화학적 추출이 있다. 다른 잠재적인 응용으로는 플라스틱 재활용, 섬유방사 및 약물 주입이 있다.

물, 이산화 탄소 및 몇 종류의 유기 화합물의 임계 물성은 표 2-9에 나와 있다. 여기에서 보는 바와 같이 임계 물성은 크게 변화한다. 분석적이며 상업적인 추출 공정에는 낮은 임계 온도(31°C)와 임계 압력(73 atm), 낮은 가격, 낮은 독성 및 처리의 용이성으로 이산화 탄소가 가장 널리 사용된다. 예를 들어, 초임계 이산화 탄소는 커피의 카페인 제거에서 염소화 용매(chlorinated solvent)를 대신하여 사용된다. 대조적으로 물은 매우 높은 임계 물성($T_c = 374$°C, $p_c = 218$ atm)을 보인다; 그러나, 초임계 물의 물성은 위험성 폐기물을 파괴하는 한 방법으로 관심을 받고 있다.

표 2-9 중요한 초임계 유체의 임계 물성

화합물	T_c (°C)	p_c (atm)
메테인	-82.1	45.8
이산화 탄소	31.0	72.9
에테인	32.2	48.2
프로페인	96.7	41.9
n-뷰테인	152.0	38.2
톨루엔	320.8	41.6
물	374.1	218.3

최근에, 많은 종류의 단량체를 SCF에서 중합하였다. 자유 라디칼 중합에서의 성장 속도는 온도의 증가와 함께 증가하므로 SCF를 이용하면 고분자량의 고분자를 구할 수 있다. 초임계 유체의 장점으로는 침전 한계의 조정과 침전물의 팽윤을 최소화하는 점이다. SCF를 이용하는 예로는 스타이렌, 바이닐 아세테이트, 아크릴로나이트릴 및 메틸 메타크릴레이트의 자유 라디칼 중합을 들 수 있다. 개시제는 AIBN과 *t*-뷰틸 페록사이드를 포함하는 자유 라디칼 개시제로 구성된다(2.2.1절 참조). 초임계 유체의 현저한 이점은 클로로플루오로탄소 대신에 초임계 CO_2를 사용할 수 있는 플루오로 고분자(fluoropolymer)의 합성에 있다. 초임계 CO_2는 또한 양이온 및 개환 상호 교환(metathesis) 반응에도 사용할 수 있다(2.5.1절 참조). 플루오로 고분자뿐 아니라 초임계 유체 중합으로 합성된 고분자로는 폴리이미드(polyimide)와 폴리(메틸 메타크릴레이트)(PMMA)가 있다. 최근에 초임계 이산화 탄소는 분자적으로 소인된(imprinted) 약물 전달용 poly(diethylene glycol dimethacrylate) 합성에 사용되고 있다.

2.3.7 이온 액체 중합

이온 액체(ionic liquid)는 일반적으로 100°C 이하의 낮은 녹는점을 갖는 염이다. 예로서 염화 소듐은 800°C를 초과하는 녹는점을 나타낸다. 낮은 녹는점은 염의 정상적인 상태에서의 높은 결정적 특성을 방해하는 음이온과 양이온을 선택함으로써 구해진다. 양이온은 일반적으로 질소를 함유하는 유기 양이온인 반면에 음이온은 무기물이다. 예로서 시작품 상태의(prototypical) 이온 액체인 imidazolium chloride의 녹는점은 겨우 80°C이다. 이 경우 이렇게 낮은 녹는점은 아래 구조의 벌키한 imidazolium sodium을 양이온으로 대체하면 구해진다.

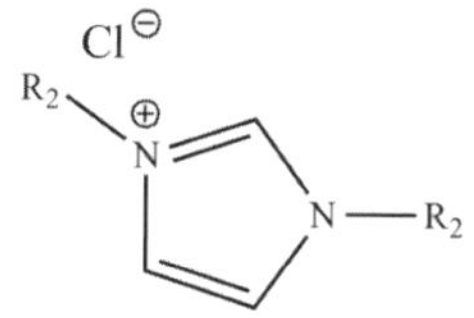

양이온과 음이온의 특별한 결합은 점도와 밀도 같은 물성에 영향을 미친다. Imidazolium을 제외한 일반 양이온은 tetraalkylammonium, tetraalkylphosphonium 및 1,4-disubstituted pyridinium을 포함한다. 음이온으로는 tetrafluoroborate(BF_4), hexafluorophosphate(PF_6), alkylsulfate 그리고 몇 종류의 보다 복잡한 구조가 있다. 그림 2-19는 1-butyl-3-methylimidazolium hexafluorophosphate(bmim)[PF_6]의 합성을 보여 준다.

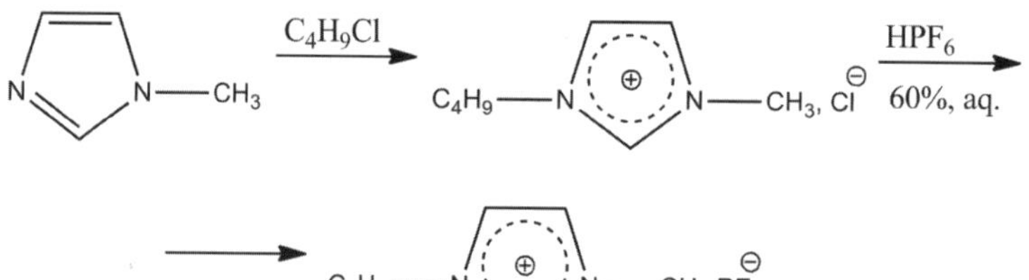

그림 2-19 1-butyl-3-methylimidazolium hexafluorophosphate [PF_6]의 합성

이온 액체의 비휘발성과 독특한 이온 특성은 중합 반응에서 용매로서의 이점을 가질 수 있음을 시사한다. 자유 라디칼 중합의 경우, 정지 반응 속도 상수에 대한 중합 반응 속도 상수의 비는 일반적으로 전형적인 유기 용매에 비해 높다. 이온 액체는 또한 2.2.4절에서 논한 바와 같이 이온 중합과 나이트록사이드 매개 중합(NMP), 원자 전이 라디칼 중합(ATRP) 및 역 부가-분별 증식(RAFT) 중합과 같은 조절된 리빙 중합을 포함하는 많은 최신 중합 기술에서 용매로 사용할 수 있다.

2.4 고분자의 반응성

많은 경우에 고분자는 생체 적합성, 내연성(fire retardancy), 또는 접착과 같은 물성을 향상시키거나 이온 교환 또는 다른 응용에 적합한 작용기를 제공하기 위하여 화학적으로 개질한다. 예를 들어, 브로민화 반응(bromination)은 일부 고분자에 내연성을 부가하기 위하여 사용한다. 또 다른 예로서, 폴리(바이닐 클로라이드)는 연화점을 향상시키기 위해 또는 다른 고분자와의 블렌드 성능을 향상시키기 위하여 중합 후에 염소화(chlorination)할 수 있다. 어떤 경우에는 선구 물질 고분자의 화학적 개질을 통해서만 중요한 상업용 고분자를 생산할 수 있다. 이러한 예로는 폴리(바이닐 알코올), 폴리(바이닐 뷰티랄)(poly(vinyl butyral)), 셀룰로스 아세테이트 및 셀룰로스 나이트레이트와 같은 셀룰로스 유도체 그리고 흥미로운 무기 고분자의 하나인 폴리포스파진(polyphosphazene)이 있다. 최근에는 표면 개질과 고분자의 기능화뿐만 아니라 제어된 분자량과 좁은 분자량 분포를 갖는 블록 공중합체를 포함하는 새로운 고분자를 합성하기 위한 고효율, 저온 화학 반응에 대하여 많은 관심이 모아지고 있다. 이렇게 활발하게 성장하는 분야를 “클릭 화학(click chemistry)” 이라고 부르며 2.4.3절에서 다루고 있다.

2.4.1 화학 개질

클로로메틸화 폴리스타이렌을 염화 알루미늄($AlCl_3$)과 같은 Friedel-Crafts 촉매와 반응시키는 클로로메틸화 반응(chloromethylation)을 이용하면 폴리스타이렌에 알데하이드나 카복실산과 같은 작용기를 도입할 수 있다(그림 2-20 참조). 알데하이드는 단백질 아민과 Schiff 염기를 형성한다. 단백질의 Merrifield 합성에서[32] 약하게 클로로메틸화된 폴리스타이렌(PS) 입자는 아미노산의 순차적인 부가에 고착 자리(anchoring sites)를 제공한다. 높게 클로로메틸화된 PS는 다음 절에서 기술하는 바와 같이 3차 아민과 4차화(quaternize)하여 수용성 고분자, 이오노머(ionomer) 및 이온 교환 수지를 제조할 수 있다. 클로로메틸화된 PS는 고분자 결합 촉매의 합성에서 금속 배위 복합체의 결합을 위한 포스피닉 리간드(phosphinic ligand)를 도입하기 위하여 포스파이드(phosphide)와 반응할 수 있다.

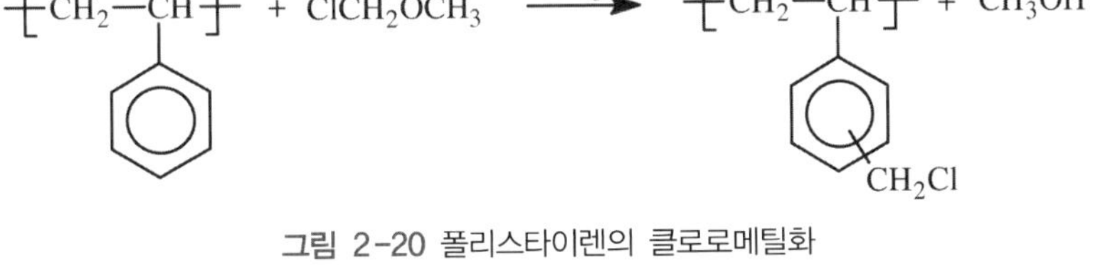

그림 2-20 폴리스타이렌의 클로로메틸화

표면 개질 많은 경우 효소 또는 다른 생체 고분자의 고정화 자리를 제공하거나 고분자의 용매 저항성 또는 생체 적합성을 향상시키기 위한 고분자의 표면 개질(surface modification)은 바람직하다. 앞에서(2.3.5절) 논한 바와 같이 플라스마 활성화는 표면 개질의 한 방법이다. 또 다른 방법으로는 직접적인 플루오린화(fluorination), 산화, 나이트로화(nitration) 및 설폰화(sulfonation)가 있다. 예를 들어, 폴리에틸렌이나 폴리프로필렌과 같은 탄화수소 고분자의 표면은 질소로 희석한 5~10% 플루오린 기체에 1~15분 동안 노출시키면 플루오린화 반응이 일어난다. 플루오린화된 표면은 플라스틱 연료탱크 및 고무장갑과 같은 응용 분야에서 소수성, 내산화성 및 내용제성(solvent resistance)을 부여한다.

이온 교환 수지 표면 개질은 이온 교환 수지(ion-exchage resin)의 합성에도 필요하다. 양이온 교환 수지는 고정된 음이온을 가지며 Ca^{2+}, Na^{+}, H^{+}와 같은 양이온을 교환한다. 음이온 교환 수지는 작용기에 양이온을 가지거나 HCO_3^-, SO_4^{2-}, OH^-와 같은 음이온이 교환되는 이온 교환 반응에서 양이온화한다. 대부분의 이온 교환 수지는 스타이렌과 같은 단량체를 현탁 중합하여 합성하는데 이때 다작용기를 갖는 divinylbenzene과 같은 공단량체를 소량 유입하여 가교 반응시킨다. 생성되는 입자는 다공성으로 컬럼 충전용으로 사용할 수 있다. 이온 교환 수지는 설폰화, 포스폰화(phosphonation), 포스핀화(phosphination), 클로로메틸화, 아미노-메틸화, 가아미노화(aminolysis) 및 가수 분해와 같은 다른 화학 경로를 통하여 기능화할 수 있다. 예를 들어, 양이온 교환 수지는 진한 황산에서 가교된 폴리스타이렌 입자 또는 다이옥세인(dioxane)과 같은 유기 용매와 SO_3의 분자 복합체의 설폰화로 합성할 수 있다. 설폰화는 일부 *ortho*-치환도 있으나 주로 *para*- 위치에서 일어난다. 스타이렌 음이온 교환 수지는 클로로메틸화된 폴리스타이렌의 염화 벤질(benzyl chloride)을 삼차 아민, $N(CH_3)_3$과 반응시켜 합성할 수 있다(그림 2-20 참조). 그림 2-21은 스타이렌 이온 교환 수지의 예를 보여 주고 있다.

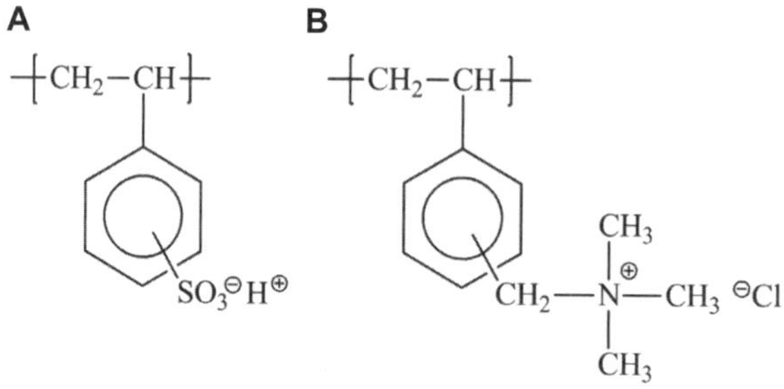

그림 2-21 폴리스타이렌으로부터 합성하는 강산성 양이온 교환 수지(A) 및 강염기 음이온 교환 수지(B)의 예

2.4.2 고분자 유도체의 합성

셀룰로스 나무 펄프와 면(cotton)을 회수한 후 남은 단섬유로부터 얻어지는 셀룰로스(cellulose)는 자연에서 가장 풍부한 생체 고분자이다. 일반적으로 사슬은 2000에서 6000개의 무수 글루코스(anhydroglucose) 단위로 이루어지며(일반적인 분자량은 300,000~1,000,000), 그림 2-22에서와 같이, 각각의 단위는 세 개의 하이드록시기를 갖고 아세탈 다리(acetal bridge)로 연결된다. 셀룰로스의 경질 사슬은 강한 수소 결합과 높은 결정성을 나타낸다. 이러한 이유로 셀룰로스는 기본적으로 용매와 열에 불용성이며, 그 결과 섬유와 필름은 셀룰로스를 화학적으로 개질하여 얻을 수 있다. 셀룰로스 섬유(레이온)와 필름(셀로판)은 셀룰로스를 이황화 탄소(carbon disulfide)와 반응시켜 가성 용액(caustic solution)에 용해되는 셀룰로스 잔테이트(cellulose xanthate)를 형성하는 비스코스(viscose) 공정을 통하여 얻을 수 있다. 셀룰로스 잔테이트를 황산 용액과 처리하면 셀룰로스로 되돌아간다.

다양한 용해성 셀룰로스 유도체를 하이드록시기의 화학 개질을 통하여 얻을 수 있다. 중요한 예로는 셀룰로스 아세테이트(CA)가 있으며 이는 셀룰로스를 무수 아세트산(acetic anhydride)과 소량의 황산 하에 메틸렌 클로라이드를 환류하며 빙초산(glacial acetic acid)과 반응시켜 얻는다(그림 2-22). 만일 모든 하이드록시기가 반응하면 셀룰로스 트라이아세테이트(cellulose triacetate, CTA)로 알려진 고분자가 형성되며 이는 메틸렌 클로라이드-알코올 혼합 용매로부터 섬유(아세테이트)로 습식 방사할 수 있다. 부분 가수 분해는 각 무수 글루코스 단위의 세 하이드록시기 중 두 개가 아세틸화된 셀룰로스 다이아세테이트

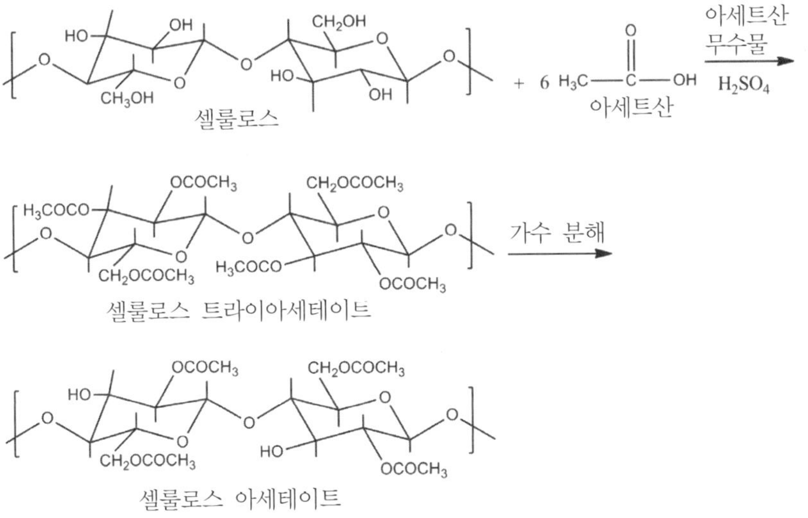

그림 2-22 셀룰로스로부터 셀룰로스 아세테이트의 합성

를 형성한다. 상업용 등급의 셀룰로스 아세테이트는 하이드록시기의 약 65~75% 정도가 아세틸화되어 있다. 이 고분자는 무정형으로 아세톤을 비롯한 많은 용매에 용해되며, 이로부터 건식 방사할 수 있다(8.2.4절 참조).

최근에는 DP가 290에서 1200에 이르는 비개질 셀룰로스가 이온 액체 [bmim][PF_6]에서 약 20%의 농도로 용해할 수 있다고 보고되고 있다(그림 2-19의 구조)[21]. 이온 액체는 또한 셀룰로스의 그래프트 공중합체의 합성에도 이용할 수 있다.

폴리(바이닐 알코올)과 폴리(바이닐 뷰티랄) 폴리(바이닐 알코올), PVAL은 다음 그림에서와 같이 폴리(바이닐 아세테이트)의 직접 가수 분해(또는 촉매 가알코올 분해)로 얻을 수 있다.

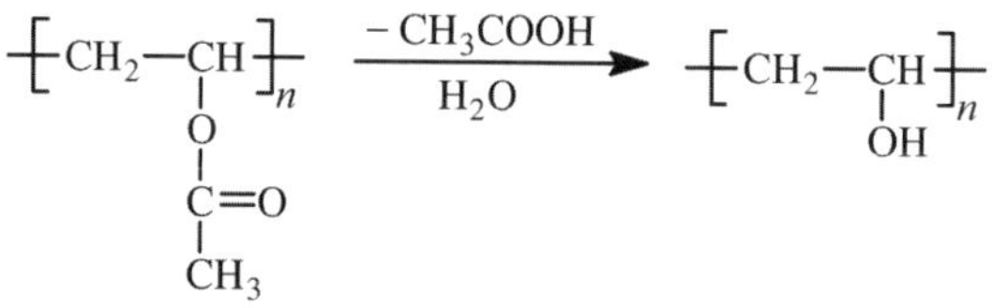

폴리(바이닐 아세테이트)는 자유 라디칼 유화 중합 또는 현탁 중합으로 생산된다. 이 고분자는 낮은 유리 전이 온도(약 29°C)를 나타내며 접착제로 사용된다. 유화 중합에서의 안정제 그리고 점성 부여제와 젤화제(gelling agent)로 사용되는 폴리(바이닐 알코올)은 단량체인 바이닐 알코올이 다음과 같이 아세트알데하이드와 이성질체 관계로 직접 합성할 수 없다.

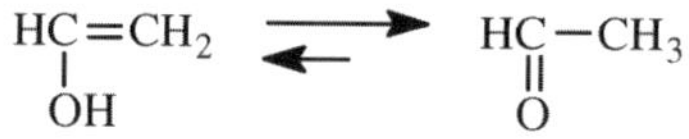

이 이성질화(isomerization)에서 평형은 케톤 구조로 치우친다.

또 다른 중요한 고분자인 폴리(바이닐 뷰티랄)(PVB)은 안전 바람막이 유리의 유리층 사이의 필름으로 사용하며 이는 그림 2-23에서와 같이 PVAL을 butyraldehyde와 부분적

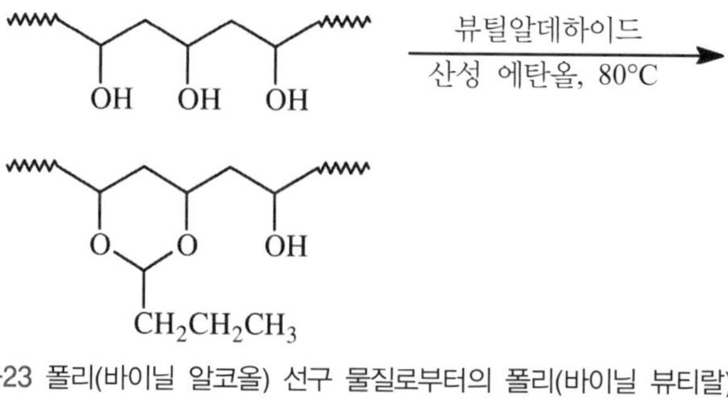

그림 2-23 폴리(바이닐 알코올) 선구 물질로부터의 폴리(바이닐 뷰티랄)의 합성

으로 반응시켜 구한다. 안전유리용 응용의 경우 하이드록시기와 유리 표면(즉, silanol) 기와의 상호작용으로 유리와의 접착을 향상시키기 위하여 PVAL의 반복 단위의 약 25%는 미반응 상태로 둔다.

폴리(오르가노포스파진) 선구 물질 고분자의 표면 개질로 얻어지는 또 다른 고분자로는 폴리(오르가노포스파진), poly(organophosphazene)이 있다[33]. 이 고분자는 다음과 같이 질소−인이 교대로 배열하는 구조이다:

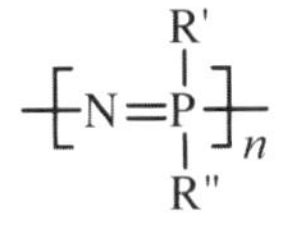

매우 많은 수의 치환기(R′, R″)가 인 원자에 결합할 수 있다. 이들은 알콕시(alkoxy), 아릴옥시(aryloxy), 아미노, 알킬, 아릴 또는 무기 및 유기금속 단위도 포함된다. 물성은 탄성체(T_g ~80°C)부터 미세 결정에 이르기까지 다양하다. 폴리(오르가노포스파진)의 잠재적인 응용으로는 O-rings, 개스킷(gaskets) 및 연료관과 같은 우수한 화학적 안정성을 필요로 하는 분야 그리고 우수한 생체 안정성 및 생체 적합성을 필요로 하는 분야를 들 수 있다. 폴리(오르가노포스파진)은 또한 일정 기체(fixed gases)나 유기 액체에 대하여 높은 투과율을 나타내므로 막(membrane)으로도 사용할 수 있다(12.1절 참조).

모든 폴리(오르가노포스파진)의 선구 물질 고분자는 헥사클로로사이클로트라이포스파

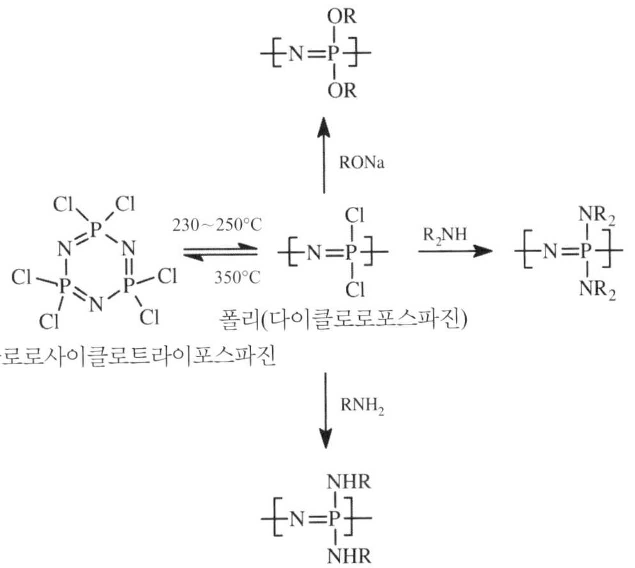

그림 2-24 헥사클로로사이클로트라이포스파진의 개환 중합에 의한 폴리(다이클로로포스파진)의 합성 및 대표적인 치환 반응

진(hexachlorocyclotriphosphazene)의 광중합 또는 플라스마 중합으로 구해지는 폴리(다이클로로포스파진), poly(dichlorophosphazene)이다(2.3.5절). 폴리(다이클로로포스파진), poly(dichlorophosphazene)은 가수 분해에 매우 취약하므로 불안정하다; 그러나, 활성 염소 자리는 그림 2-24에서와 같이 알콕사이드, 아릴옥사이드, 아민으로 쉽게 치환되어 화학적, 열적으로 안정한 유도체를 형성한다.

2.4.3 클릭 화학

클릭 화학(click chemistry)은 정량적이며 높은 효율, 빠른 속도, 광범위한 응용, 다양한 작용기 및 용매에 내성을 나타내는 반응을 이른다. 클릭 반응은 부산물 또는 부반응이 없어야 하며 저온에서 중온을 포함하는(즉, 25°C에서 70°C) 온화한 반응 조건에서 사용할 수 있다. 이 반응은 작은 조립 단위들의 연결에 사용할 수 있으며 최근에는 새로운 고분자와 중합후(postpolymerization) 결작용기 및 말단 작용기의 기능화에도 사용하고 있다. 중요한 클릭 반응으로는 그림 2-25A에서 볼 수 있는 전형적인 Diels-Alder 다이엔+올레핀 고리 부가 반응(cycloaddition reaction)이 있다. 또 다른 특히 중요한 클릭 반응은 1,2,3-triazole 유도체를 합성하기 위한 말단 알카인과 아자이드의 구리를 촉매로 하는 Huisgen Cu(I) 1,3-dipolar 고리화 부가 반응(그림 2-25B)으로, 여기에서 R_1과 R_2는 작용기를 나타낸다. 알카인-아자이드 클릭 반응의 높은 반응성을 이용하여 풀러렌(fullerene), 탄소 나노튜브(carbon nanotube)의 표면, 그리고 수지(resin) 재료들을 기능화할 수 있다. 클

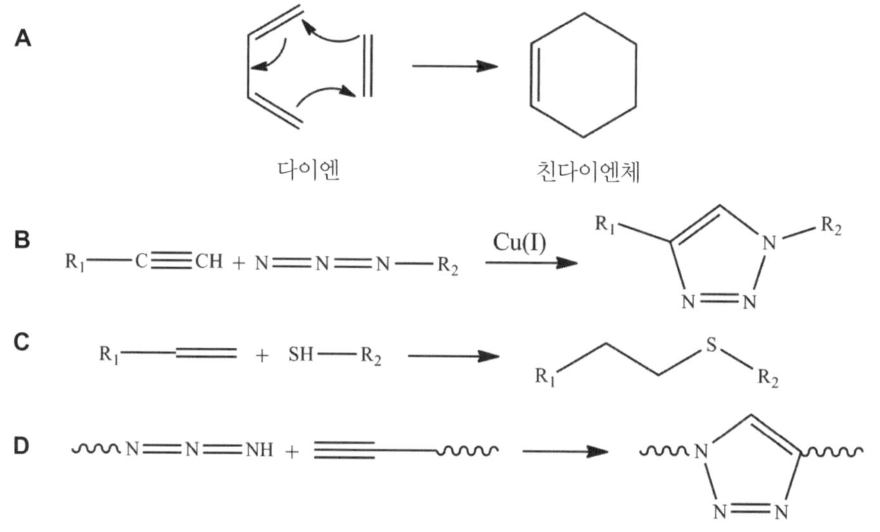

그림 2-25 중요한 클릭 화학 반응의 예. **A**. Diels-Alder 다이엔 + 올레핀 고리 첨가 반응. **B**. 구리-촉매 Huisgen Cu(I) 1,3-dipolar cycloaddition. **C**. 싸이올-엔 반응. **D**. 아자이드-알카인 짝지음 반응.

릭 화학을 이용하는 세 번째 선택으로는 그림 2-25C에서 볼 수 있는 싸이올-엔(thiol-ene) 반응이다. 클릭 반응은 그림 2-25D의 아자이드-알카인(azide-alkyne) 짝지음 반응에서 볼 수 있는 블록 고분자의 합성에도 이용할 수 있다.

가지 고분자 및 덴드리머 또한 클릭 화학으로 합성할 수 있다. 뿐만 아니라 아래의 그림에서 보듯이 말단 결합의 형광 꼬리(타원 구조)의 삽입에 아자이드-알카인 짝지음 반응(그림 2-25D)에 의한 곁사슬 또는 말단기의 유입을 통하여 고분자를 기능화할 수 있다.

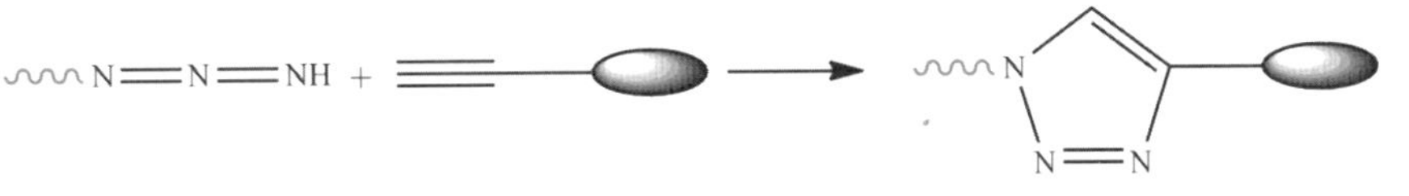

클릭 화학은 또한 그림 2-26에서 볼 수 있듯이 폴리(에틸렌 옥사이드)의 빌딩 블록의 아자이드-알카인 짝지음에 의하여 가교된 수화젤(hydrogel)의 합성에도 이용되고 있다.

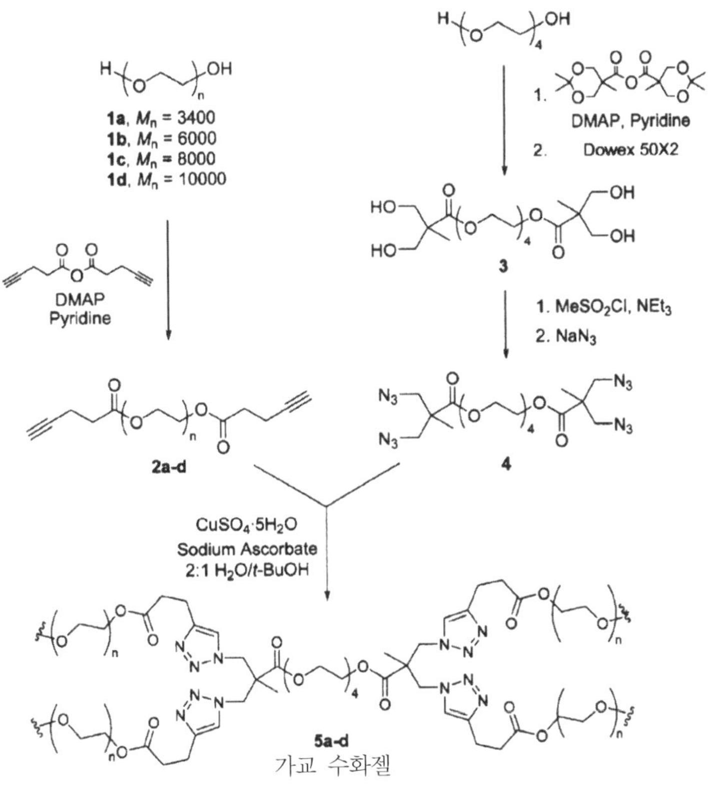

그림 2-26 아자이드와 아세틸렌의 말단 단위 짝지음에 의한 가교 수화젤의 형성. Reprinted from M. Malkoch et al., *Synthesis of Well-Defined Hydrogel Networks Using Click Chemistry.* Chemical Communications, 2006, p.2774-2776.

2.5 고분자 과학의 특별 주제

2.1절과 2.2절에서는 지난 75년 동안에 발전을 거듭하며 현재의 상업용 플라스틱 생산에 널리 적용되고 있는 단계 성장 및 사슬 성장 중합법에 대하여 기술하였다. 여기에는 제어된 구성, 정의된 구조 및 좁은 분자량 분포를 갖는 고분자 및 공중합체를 합성하기 위한 제어된 라디칼 방법의 최근 기술 발전도 포함하였다(2.2.4절). 응용에는 약간의 제한이 있으나 중요한 몇 가지 특화된 중합법이 최근 수년 동안 개발되고 있다. 이러한 기술의 예로는 1960년대 초에 처음으로 개발된 상호 교환(metathesis) 개환 중합, 그래프트 공중합체의 합성에 거대 단량체(macromers)의 사용, 기이동 중합(group-transfer polymerization) 및 유전 공학을 들 수 있다.

2.5.1 상호 교환

상호 교환 반응(metathesis reaction)은 그림 2-27에서 보듯이 교차 상호 교환(cross-metathesis), 개환 및 폐환(ring-closing) 상호 교환과 같은 작은 분자 화학을 다룬다. 여기에서 개환 상호 교환 중합(ROMP)에서 상호 교환 반응의 사용은 특히 흥미롭다.*

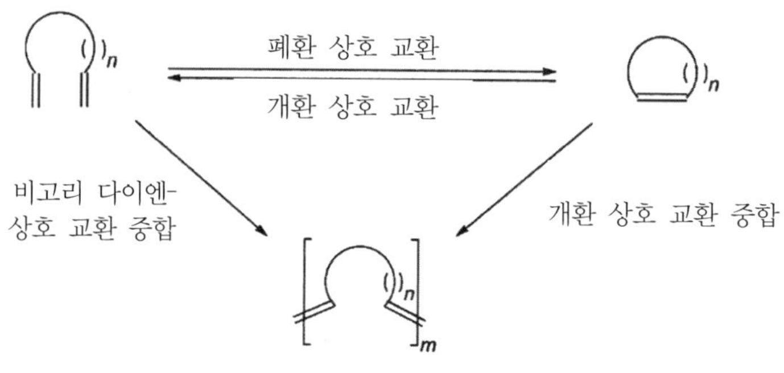

그림 2-27 알켄-상호 교환 반응. Reproduced from K. C. Nicolaou, P. G. Burger and D. Sariah, *Metathesis Reactions in Total Synthesis*. Angewandte Chemie, International Edition, 2005. **44**(29): p.4490-4577.

사이클로뷰텐(cyclobutene), 사이클로펜텐(cyclopentene)과 같은 고리형 올레핀은 상호 교환(metathesis)이라는 개환 중합 반응을 진행하여 탄성체(폴리알케나머(polyalkenamer))를

* 올레핀 상호 교환 및 녹색 화학에서의 잠재적 응용에 대한 업적으로 Richard R. Shrock, Robert H. Grubbs 및 Yves Chauvin은 2005년에 노벨 화학상을 수상하였다.

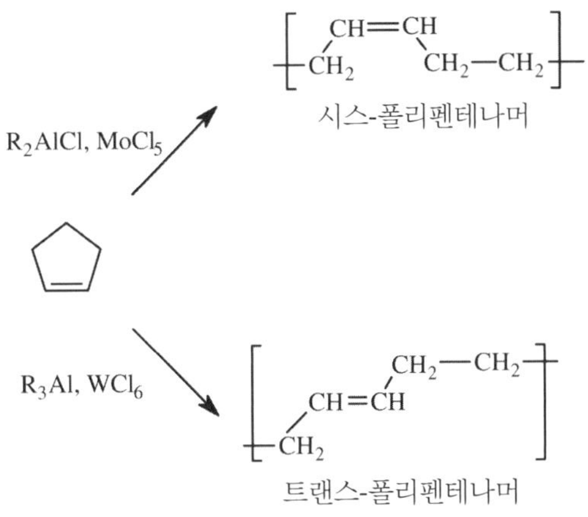

그림 2-28 사이클로펜텐 개환 상호 교환 반응

만들 수 있다. 사이클로옥텐과 노보넨(norbornene)(bicyclo[2.2.1]hept-2-ene)의 상호 교환 중합으로 구해지는 폴리알케나머는 특수 탄성체이다. 중합은 상온에서 빠른 속도로 진행한다. 촉매의 선택으로 입체 화학을 조절할 수 있다. 올레핀 상호 교환의 일반적인 촉매로는 육염화 텅스텐과 에탄올 및 ethylaluminum dichloride, $WCl_6/(C_2H_5)_3Al$ 형의 반응 생성물로부터 만들어지는 Ziegler 형이 있다. 다른 형태의 중요한 촉매의 예로는 MoO_3/Al_2O_3 및 $TiCl_4/LiAlR_4$를 들 수 있다. 그림 2-28은 사이클로펜텐의 상호 교환 중합에 의한 폴리펜테나머(polypentenamer)의 *cis*- 및 *trans*- 이성질체에 이르는 반응 과정을 보여 주고 있다. 폴리펜테나머의 불포화 자리는 추후의 기능화 반응에 유용하다.

상호 교환 중합의 메커니즘은 그림 2-29에서 보는 바와 같이 metallacyclobutane 중간체를 통한 금속-카벤(carbene) 복합체의 성장을 포함하는 일반적인 배위 형태이다. 입체 장애가 매우 심한 노보넨, 사이클로뷰텐과 같은 사이클로알켄의 상호 교환 중합은 사이클로펜텐(그림 2-28)과 같이 입체 장애가 낮은 구조에 비하여 반응 속도가 훨씬 더 빠르다.

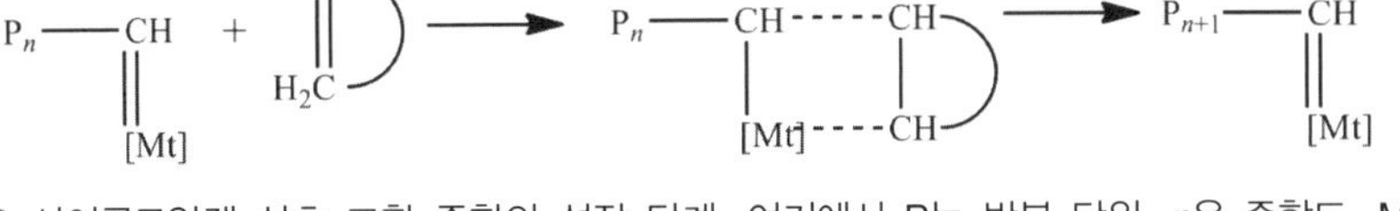

그림 2-29 사이클로알켄 상호 교환 중합의 성장 단계. 여기에서 P는 반복 단위, *n*은 중합도, Mt는 금속 복합체를 의미한다.

2.5.2 기전달 중합

1983년 Du Pont 사의 Owen Webster와 공동 연구자들이 개발한 기전달 중합(GTP)은

α,β-불포화 에스터(주로 아크릴레이트, 메타크릴레이트), 케톤, 나이트릴 또는 아마이드와 실릴 케텐 아세탈(silyl ketene acetal) 개시제에 의한 "리빙" 중합이다. 이 방법으로 합성될 수 있는 단량체로는 메틸 메타크릴레이트, 에틸 아크릴레이트, 뷰틸 아크릴레이트, 2-methacryl-oxyethyl acrylate 및 methacrylonitrile을 들 수 있다. 일반적인 개시제는 메틸 메타크릴레이트의 중합에 사용되는 1-methoxy-1-(tri-methylsiloxy)-2-methyl-1-propene과 같은 1-alkoxy-1-(trimethylsiloxy)-2-methyl-1-alkene이다. 개시제는 가용성 fluorides, bifluorides(예를 들어, tris(dimethylamino)sulfonium bifluoride), 아자이드(azides) 및 사이아나이드(cyanides)와 같은 친핵성 촉매로 활성화시킨다. 폴리(메틸 메타크릴레이트)-*b*-폴리(에틸 아크릴레이트)와 같은 블록 공중합체는 순차 GTP로 합성할 수 있다.

중합 과정에서 반응성 있는 케텐 실릴 아세탈기는 사슬에 부가되면서 각각의 새로운 단량체 분자의 머리(head)로 전이되고, 이런 이유로 기전달 중합이라고 한다. 음이온 중합에서와 마찬가지로 개시제 대비 단량체 농도의 비가 분자량을 결정한다. 그림 2-30은 메틸 메타크릴레이트의 GTP의 중요한 예를 보여 주고 있다.

기전달 중합은 일반적으로 저온(약 0°C~50°C)에서 톨루엔이나 THF와 같은 유기 용매를 사용하여 진행한다. 양성자 용매와 같은 활성 수소 화합물은 중합을 중지시킨다. 이러한 이유로 중합에서 수분은 완전히 제거해야 한다. 이 조건하에서 중합은 다른 리빙 중합에서 모든 단량체들이 완전히 소진될 때까지 진행할 것이다; 그러나 단량체, 용매, 개시제 및 촉매의 순도가 매우 높지 않으면 분자량이 100,000을 초과하는 고분자량의 고분자는 구하기 어렵다. 보다 전형적인 자유 라디칼 중합에 비해 고가의 GTP 그리고 아자이

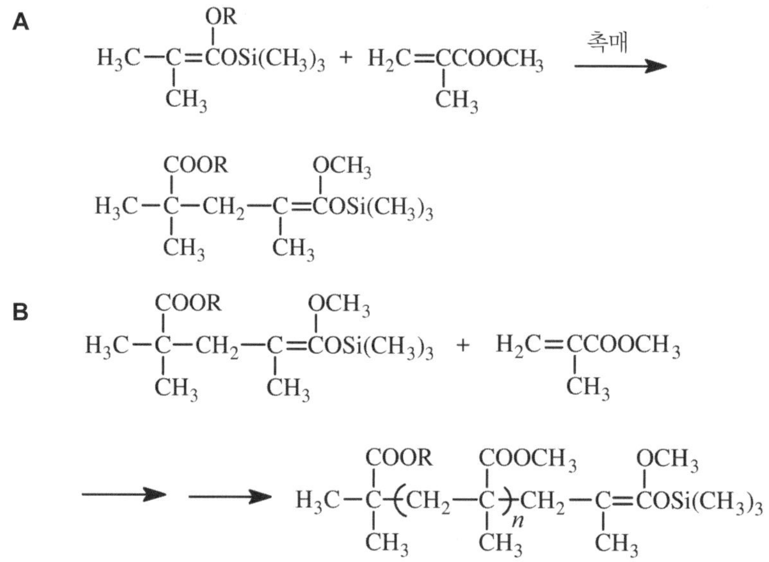

그림 2-30 메틸 메타크릴레이트의 기전달 중합. **A**. 단량체 개시. **B**. 성장.

드(azide)와 사이아나이드(cyanide)와 같은 독성 촉매의 사용은 광범위한 상업적 활용에 걸림돌이 되고 있다. 잠재적인 응용 분야로는 고성능 자동차 처리제, 실리콘 칩의 제조 및 광섬유의 코팅이 있다.

2.5.3 고분자 합성에서의 거대 단량체

거대 단량체(macromer 또는 macromonomer)는 거대 분자 단량체(macromolecular monomer)의 준말이다. 이름에서 말하듯이 거대 단량체는 사슬 말단에 작용기(F)를 갖는 저분자량 소중합체 또는 고분자이다. 이 작용기는 중합을 진행하여 더 높은 분자량의 고분자를 생성한다. 작용 부분의 예로는 단계 성장(또는 축합) 중합 단계에서 사용할 수 있는 다이카복실산, 다이올 또는 다이아민과 같은 다양한 이작용 화학기뿐만 아니라 바이닐기도 있다. 거대 단량체의 용도로는 그래프트 공중합의 제어가 있다. 이 경우 F_1 작용기를 갖는 알맞은 공단량체 단위가 예비중합체 내에 담겨진다. 이어서 상보(complementary) F_2 기를 갖는 거대 단량체는 그림 2-31에서와 같이 쓸만한 F_1 자리에 자리잡고 가지를 형성한다. 이들 그래프트 공중합체는 고분자 블렌드의 상용화제(compatibilizer)(7.2절) 및 표면 개질제로 사용될 수 있다.

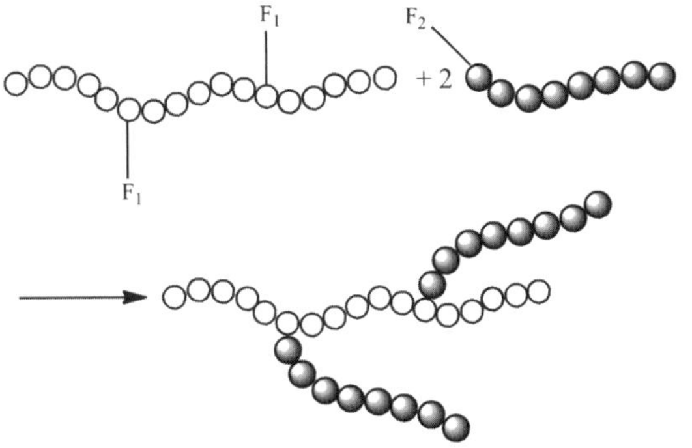

그림 2-31 두 개의 상보적 작용기 F_1을 갖는 예비중합체에 작용기 F_2를 갖는 거대 단량체의 결합에 의한 그래프트 중합

2.5.4 유전 공학

콜라젠, 실크, 엘라스틴(elastin)(8.1.1절 참조)과 같은 자연에서 생성되는 구조 고분자들은 높은 인장 강도(tensile strength)와 복원력(resilience)에 기여하는 아미노산의 짧은 나열이 반복되는 형태를 취한다. 유전자 합성과 박테리아 발현으로 이 고분자의 합성 유사체를

구할 수 있다[36, 37]. 이와 같은 재조합형 DNA 법은 분자량, 입체 화학 및 단량체 순서가 정밀하게 조절된 고분자를 합성할 수 있는 기회를 제공한다. 그림 2-32에 도식한 바와 같이 첫 단계에서는 희망하는 아미노산 배열을 고상 유기 합성에 의해 구해지는 이중 나선 DNA의 상보 분절(complementary segment) 안으로 기호화한다. 다음으로, 합성 유전자는 박테리아 *Escherichia coli*로부터 구해진 플라스미드(plasmid)(이중 나선 DNA의 원형 부분) 내로 유입된다. 다음으로 재조합형 플라스미드를 표적 단백질을 발현할 수 있는 *E. Coli* 기질 속으로 삽입한다.

유전적으로 설계한 유사 단백질 고분자의 예로는 온도 또는 pH에 따라 차원을 달리하는 엘라스틴 유사체가 있다. 예를 들어, γ-조사에 의하여 가교된 poly(valine-proline-glycine-valine-glycine)은 온도가 증가함에 따라 수축할 것이다. 다른 예로는 접착 단백질, 단분산 액정 poly(γ-benzyl-L-glutamate), 광학적으로 활성인 poly(α, L-glutamic acid) 및 거미줄, 콜라젠과 같은 합성 구조 단백질이 있다. 유전 공학은 20종류의 천연 α-아미노산(8.1.1절 참조)의 어느 하나를 구체적인 작용성을 위하여 화학적으로 개질된 상응하는 아미노산으로 치환하여 새로운 물질의 분자 설계를 이룰 수 있는 기회를 제공한다. 예를 들어, methionine 대신에 selenomethionine을 도입하여 흥미로운 selenium 배열을 만들었다[37].

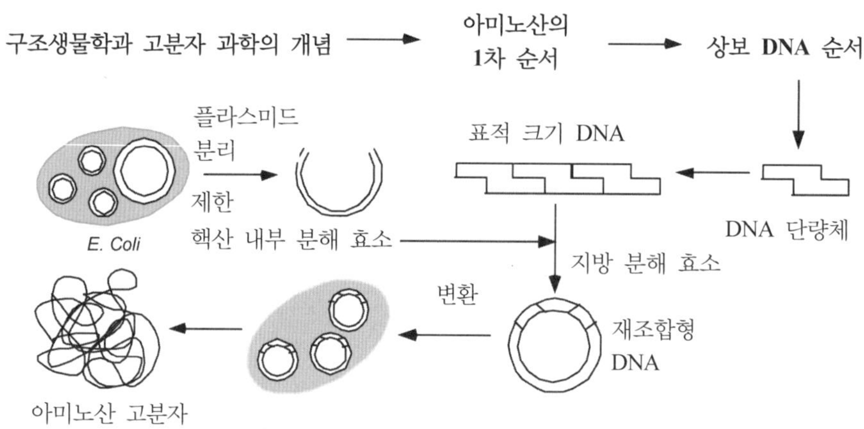

그림 2-32 새로운 단백질 유사 고분자의 유전자적 합성 단계. Courtesy of D. Tirrell.

2.5.5 녹색 화학

미국 환경보호국(Environmental Protection Agency)은 녹색 화학(green chemistry)을 "위험물질의 사용과 생성을 감소하거나 제거하는 화학 생성물 및 공정의 설계"로 정의한다. 녹색 화학을 활용하면 단량체, 용매 및 촉매의 잠재적 위험 요소를 감소시켜 환경에 악영향을 미치는 화학 물질로 인한 위험성이 최소화된다[38]. 녹색 화학의 범주에 속하는 예로는 앞선 절에서 논한 바와 같이 박테리아를 원료로 하여 고분자를 생성하는 유전 공학의 이용이 있다. 다른 응용으로는 식물 지방 및 기름을 이용한 단량체와 고분자의 합성이다[39]. 식물 기름은 글리세롤의 에스터와 긴 사슬 지방산의 에스터화 반응에 의하여 형성된 트라이글리세라이드(triglyceride)이다. 에폭시, 폴리유레테인 및 나일론-11의 생성은 고분자 합성에서 식물 기름을 사용하는 예이다. 어떤 경우에 천연이나 합성 고분자는 전형적인 화학 촉매 대신에 효소를 사용하여 기능화시킬 수 있다. 키토산(chitosan)을 페놀기로 기능화시키는 데 mushroom tyrosinase를 사용하는 반응이 한 예이다[40]. 또 다른 예로는 *Candida antarctiva* 지방 분해 효소(lipase) B를 이용하여 바이닐 메타크릴레이트를 에스터 교환 반응(transesterification)으로 텔레킬릭(telechelic) 폴리(에틸렌 글라이콜)을 합성하는 반응이다[41].

2.6 화학 구조의 규명

지금까지 이 장에서는 고분자 및 공중합체의 합성을 위하여 적용하는 기술에 대하여 언급하였다. 일단 고분자를 합성하면 만들어진 고분자가 원하던 고분자인가를 확인하고 고분자의 공단량체 조성 및 순서, 입체 규칙성, 가지, 결정성, 배향, 열산화 분해(thermooxidative degradation)(6장 참조)가 진행되었다면 산화 자리와 같은 미세 구조의 다양한 특징을 확인하는 여러 분석 방법이 가능하다. 덧붙여, 안정제, 윤활제와 같은 다양한 첨가제, 혹은 중합 또는 가공 공정 동안 유입될 수도 있는 불순물의 존재를 쉽게 확인할 수 있다. 이들 중 가장 중요한 기술로는 적외선, 핵자기 공명(nuclear magnetic resonance, NMR) 및 Raman 분광법과 같은 일반적인 분광법을 들 수 있다. 이 절에서는 고분자 분석을 위한 분광법의 응용에 대하여 간단하게 논하고자 한다. 여기에서의 논의는 분광법의 기본 원리에 대한 전반적인 이해를 바탕으로 한다.

2.6.1 진동 분광법

고분자 분석에 아마도 가장 널리 사용되는 기술은 적외선, 특히 Fourier 변환(Fourier transform) 적외선(FTIR) 분광법[42]일 것이다. IR 분석용 고분자 시료는 박막 필름, 용액 또는 펠렛형의 고분자와 브로민화 포타슘(potassium bromide)과 같은 투명 가루의 혼합물을 함유하는 고체 펠렛(pellet)과 같은 다양한 형태를 가질 수 있다. 벌크 시료는 반사 또는 희석 총 반사율(attenuated total reflectance, ATR)로 분석할 수 있다.

고분자의 IR 스펙트럼은 독특하며 확인을 보조하여 주는 수많은 스펙트럼 자료를 찾을 수 있다[43]. $-CH$, $-CO$, $-CH_3$와 같은 일부 원자단은 하나의 흡수띠(absorption band)로 쉽게 확인된다. 예를 들어, $-CH-$ 신축 진동(stretching vibration)은 2880~2900 cm^{-1}의 좁은 진동수 영역에서 찾을 수 있다. 주요한 흡수띠 또는 다른 화학기 띠의 정확한 위치는, 특히 분자내 또는 분자 간 수소 결합의 발생 여부와 같은, 국부적인 화학적 환경에 따라 변한다. 수소와 쉽게 결합할 수 있는 카보닐기의 경우 흡수는 1700~1900 cm^{-1}의 넓은 영역에서 나타난다. 입체 이성질체(즉, 입체 규칙성과 기하 이성질체)의 존재는 적외선 스펙트럼에서의 새로운 흡수 진동수, 절대 진동수의 이동 및 띠넓어짐(band broadening)으로 확인할 수 있다.

그림 2-33은 아래의 구조를 갖는 엔지니어링 열가소성 플라스틱인 폴리카보네이트의 전형적인 FTIR 스펙트럼의 좋은 예를 보여 주고 있다:

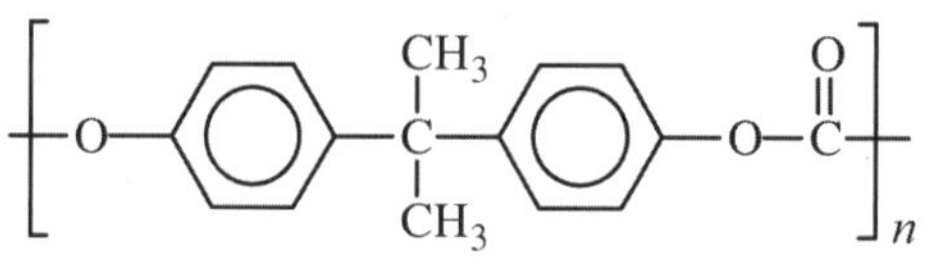

이 고분자의 IR 스펙트럼은 매우 특이하다. 주된 흡수띠로는 823 cm^{-1}(고리 C$-$H 굽힘 진동), 1164 및 1231 cm^{-1}(C$-$O 신축 진동), 1506 cm^{-1}(고리 골격 진동) 및 1776 cm^{-1}(C$=$O 신축 진동)이 있다.

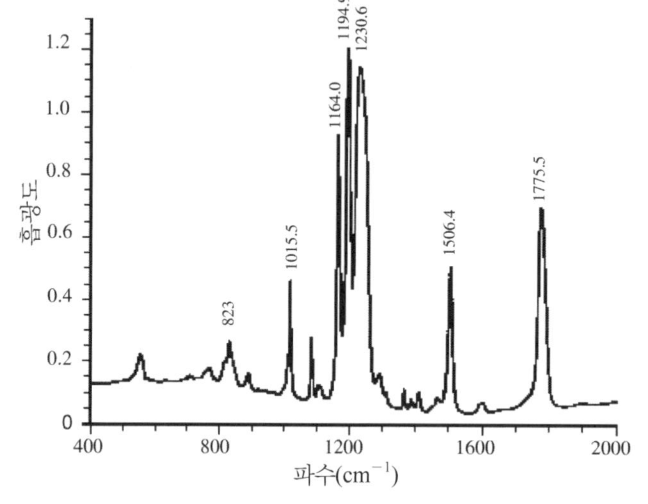

그림 2-33 폴리카보네이트 필름의 FTIR 스펙트럼

최대 흡수 피크의 위치는 화학기가 결정성 라멜라(4장 참조) 영역 또는 무정형 영역에 있는가에 예민할 수 있으므로 FTIR 측정은 시료의 결정화도를 결정하는 한 방법으로 사용할 수 있다. 예를 들어, FTIR 측정은 폴리(바이닐 클로라이드) 시료의 결정화 진행을 열처리의 함수로서 추적하는 데 사용할 수 있다. 상업용 PVC는 결정화도가 낮은 고분자이다(약 7~10% 결정성). 유리 전이 온도(87°C) 이상으로 가열하거나 결정 용융 온도(212°C) 이하의 온도에서는 결정화도가 증가할 수 있다. 결정화도를 측정하는 방법 중의 하나는 밀도 측정이다(4.2.4절 참조). 또 다른 방법으로는 특정한 IR-흡수 피크의 강도를 측정하는 방법이 있다.

PVC의 경우, C−Cl의 신축 진동에 기인하는 두 개의 주요한 흡수 피크가 550~665 cm^{-1} 사이에서 나타난다. 결정성에 예민한 피크는 635 cm^{-1}에서 나타나고 결정성에 예민하지 않은 피크는 615 cm^{-1}에서 나타난다. 따라서 635 cm^{-1}와 615 cm^{-1}에서의 피크의 진폭의 비를 정량적인 결정화도의 척도로 사용할 수 있다. 그림 2-34는 결정화 시간의 함수로 보여 주고 있다. 여기에서 볼 수 있듯이 흡수비의 증가는 시료의 밀도 측정에 의한 결정화도의 증가와 매우 유사한 경향을 보인다.

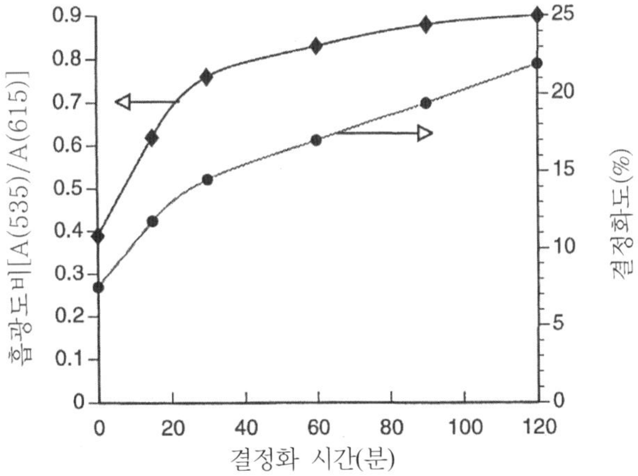

그림 2-34 110~115°C에서 635 cm^{-1} 및 615 cm^{-1}에서의 PVC의 FTIR 흡수 피크(◆)의 진폭의 비를 결정화 시간의 함수로 플롯함[44]. 밀도 측정으로부터 구한 % 결정화도(•)와 유사하다.

Raman 분광법 적외선 분광법과 관련있는 기술은 조사된(irradiation) 분자의 유발 쌍극자 모멘트의 변화 또는 편극의 변화에 기인하는 Raman 산란이다. Rayleigh 산란의 경우, 입사광과 분자 사이의 에너지에 변화가 없으므로 산란광의 진동수, υ_R은 입사광의 진동수, υ_o와 동일하다. Raman 산란에서 분자는 최초 상태와 다른 에너지 수준으로 비탄성적으로 돌아오므로 산란광의 진동수는 다를 것이다(즉, $\upsilon_R = \upsilon_o + \Delta\upsilon$). 가장 강한 띠는 낮은 진동수에서 나타나고(즉, Stokes 띠) 일반적으로 기록되는 값이다. 고분자 분석에서 Raman 분광법의 가장 큰 장점은 아마도 어떠한 특별한 시료 준비가 필요하지 않으며 따라서 액체와 고체를 원형의 손상 없이 조사할 수 있다는 점이다. 이러한 이유로 Raman 분광법은 고분자 형태학 조사, 특히 결정 구조와 배향 영향의 연구에 활용된다.

2.6.2 핵자기 공명 분광법

핵자기 공명(NMR) 분광법은 고분자 분석에서 매우 유용한 기술로서 입체 규칙성, 가지, 바이닐 고분자에서의 단량체의 머리-머리 배치와 같은 구조적 결함, 공중합 사슬에서의 공단량체 단위의 순서 그리고 산화 상태—500 반복 단위 중 한 자리 정도의 정밀한 수준까지 탐지—와 같은 화학 변화의 규명에 사용할 수 있다. 고분자 분석에서는 일반적으로 ^{13}C NMR을 사용하지만, 자기 모멘트를 갖는 ^{1}H, ^{13}C, ^{17}O, ^{19}F와 같이 다른 종류의 NMR-활성 핵(active nuclei)을 적용하는 NMR 측정이 일부 고분자의 연구에서는 이점을 가질 수도 있다.* 예를 들어, ^{29}Si NMR은 폴리실록세인(polysiloxane), ^{19}F NMR은 플루오로 고분자(fluoropolymer), ^{15}N NMR은 폴리아마이드, ^{31}P NMR은 폴리포스파진(polyphosphazene)

표 2-10 고분자 NMR에 사용되는 핵

핵	스핀	자연계 존재량(%)	이동 범위(ppm)
^{1}H	1/2	99.985	15
^{2}H	1	0.0156	15
^{13}C	1/2	1.108	220
^{14}N	1	9.634	900
^{15}N	1/2	0.365	900
^{17}O	5/2	0.037	800
^{19}F	1/2	100	800
^{29}Si	1/2	4.70	250
^{31}P	1/2	100	700

* 영(zero)이 아닌 스핀 양자수, I를 갖는 어떠한 원자핵이라도 자기 모멘트를 가진다. 자기장 속에 위치하게 되면 이들 핵들은 Zeeman 준위라는 2I+1 양자화 자기 에너지 준위를 점하게 된다. 진동수 υ_o(Larmo procession frequency와 일치)의 공명 RF 장을 가하면 에너지 준위 사이에 전이(공명)가 일어난다. 특정한 핵의 공명은 Larmor 진동수를 감소시키는 핵에 대한 전자 구름의 차폐 효과로 인하여 화학적 환경(즉, 분자 내에서의 화학 결합 및 위치)에 따라 약간 다른 진동수에서 일어날 것이다. 이 진동수 변화를 화학적 이동(chemical shift)이라고 하고 표준 물질로서 테트라메틸실레인(tetramethylsilane, TMS)에 대비하여 주어진다. 화학적 이동의 범위는 ^{1}H의 경우 100 ppm이나 ^{13}C 및 다른 핵의 경우 200 ppm 이상이다.

에 사용될 수 있다. NMR 분광법에서 특정 핵의 상대적인 민감도와 활용도에 기여하는 두 요소는 자연에서의 존재량과 자기 회전 비율(gyromagnetic ratio, γ)이다. 거의 100%의 존재량과 높은 자기 회전 비율을 갖는 ^{1}H 동위 원소는 NMR 연구에서 가장 높은 감도를 나타내는 핵이다. 표 2-10은 중요한 NMR-활성 핵과 자연계에서의 존재량을 보여 주고 있다.

고분자 연구에서는 두 종류의 NMR 측정 기술을 사용하고 있다. 일반적으로 양성자 완화법인 Broad-line NMR 방법은 반결정성 고분자에서 무정형 함유량과 사슬 배향을 밝히는 데 사용한다. 고해상도 NMR 측정은 사슬에서의 반복 단위의 순서에 관한 정보를 제공한다; 다음에서 논하듯이 이 방법으로 입체 규칙성과 공단량체 분포를 규명할 수 있다.

NMR 측정에 의한 화학적 구조 결정 NMR 측정은 특정한 핵의 국부적인 환경(전자 차폐)에 예민한 화학적 이동을 측정함으로써 가지, 머리-머리 또는 머리-꼬리 부가, 공단량체의 배열 순서 및 입체 규칙성과 같은 고분자 사슬의 화학적 미세 구조를 상세하게 알려준다. 예를 들어, NMR 측정은 특정한 고분자의 아이소탁틱 함유량을 밝히는 데 사용할 수 있다. 입체 규칙성에 관한 NMR 분석을 이해하기 위하여서는 비대칭 치환기 R를 갖는 몇 종류의 단량체 단위의 공간 배열을 볼 필요가 있다. 연속된 다섯 개의 단량체 단위를 갖는 pentad의 경우, 1장에서 논한 바와 같이, 두 종류의 극단적인 경우가 가능하다. 아이소탁틱 순서의 경우 모든 R 기는 아래에서 보는 바와 같이 사슬의 같은 방향에 위치한다.

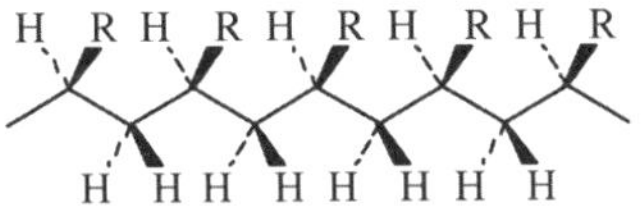

이 경우, 단량체 단위의 네 개의 연속쌍(diad)을 meso(m)라고 하고, 따라서 이 pentad는 mmmm으로 표현할 수 있다. 네 개의 반복 단위(quartet)의 경우, 배열은 mmm으로, 세 개의 반복 단위(triad)의 경우 배열은 mm으로 나타낸다. 신디오탁틱 사슬 구조의 경우 치환기 R은 다음에서 보듯이 한 방향에서 다른 방향으로 교대로 배열된다.

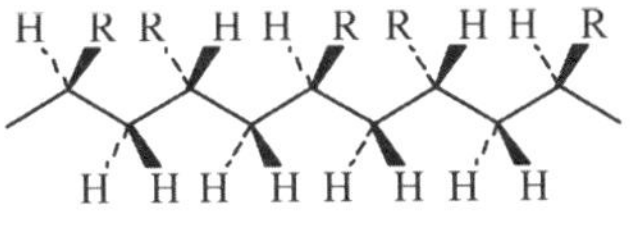

배열은 모두 racemic(r)이며 pentad는 rrrr로 표현한다. 따라서 quartet는 rrr, triad는 rr이다. 주위의 분자 환경은 β-메틸렌(CH_2) 기의 양성자 또는 α-탄소 치환기의 양성자의 화학적 이동에 영향을 미칠 수 있다. 해상도가 triad, quartet 또는 pentad 배열까지 연장될 수 있는가의 여부는 가해지는 자기장의 강도에 따라 달라진다.

고분자 구조의 규명에 사용하는 NMR 측정의 좋은 예는 PMMA의 입체 규칙성 조사를 위한 NMR 이용이다. PMMA의 아이소탁틱 시료의 두 개의 반복 단위(diad)는 다음 그림과 같다.

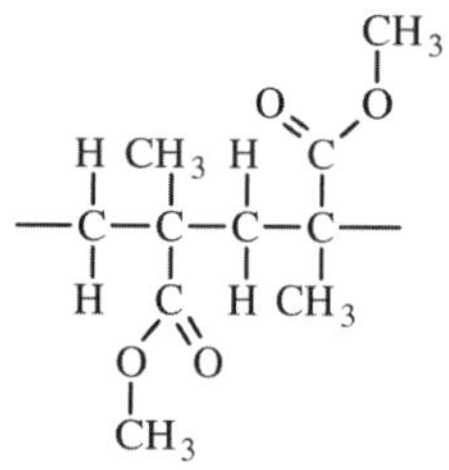

만일 고분자 사슬이 신디오탁틱이면 β-메틸렌기에서의 두 양성자는 동일하고 따라서 단일 공명(single resonance)을 하게 될 것이다; 그러나 사슬이 아이소탁틱이면 두 양성자의 국부적인 환경은 전자 구름의 차폐로 인해 달라지며 네 개의 주된 공명(spin-spin 상호작용으로 인하여)이 발생한다. 그림 2-35는 135°C, 10% 클로로벤젠 그리고 높은 진동수(220 MHz)에서 관찰한 주로 신디오탁틱인 PMMA와 주로 아이소탁틱인 PMMA 시료의

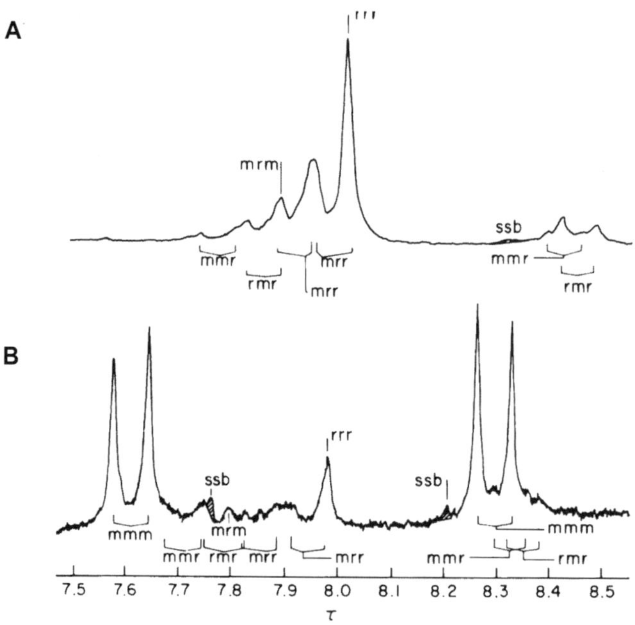

그림 2-35 220 MHz의 용액에서 구한 폴리(메틸 메타크릴레이트)(PMMA) 두 종류의 시료에 대한 β-메틸렌 양성자의 NMR 스펙트럼. A. 신디오탁틱이 우세한 PMMA. B. 아이소탁틱이 우세한 PMMA. Reprinted from H. L. Frisch et al., *On the Stereoregularity of Vinyl Polymer Chains. II.* Macromolecules, 1968, **1**(6): p.533-537.

NMR 스펙트럼을 보여 주고 있다. 그림 2-35A에서의 가장 큰 피크의 강도는 주로 신디오탁틱인 시료의 rrr quartet에 기인하고 그림 2-35B에서의 네 개의 큰 피크의 강도는 주로 아이소탁틱인 시료의 mmm quartet에 기인한다.

고상 NMR 고체 시료에 의한 스펙트럼 선의 폭은 액체 시료에 비해 넓다(0.2~5.0 Hz). 이는 고상(solid state)에서의 분자의 상대적인 이동성 저하는 액체 상태에서의 높은 유동성 분자−이로 인한 분자 내 상호작용의 차이가 미미하여진다−에 비하여 보다 강한 상호작용을 낳기 때문이다. 고상에서 고분자의 고해상도 NMR 측정을 가능하게 하는 기술은 magic-angle spinning(MAS) NMR로 불린다[45]. 이 방법에서는 원통형 시료를 static field에 비해 높은 속도(>2 kHz)와 각(54.7°)으로 회전시킨다. 이 환경에서 용액 시료에 비해 선의 폭은 감소한다(~1 ppm). 고상 NMR은 고분자 사슬의 분절 유동성, 고분자 내의 작은 분자의 확산, 고분자 열처리 및 노화 과정의 조사에 사용할 수 있다.

추천 문헌

General

Ebdon, J. R., ed., *New Methods of Polymer Synthesis*. 1991, New York: Chapman and Hall.

Lenz, R. W, *Organic Chemistry of Synthetic High Polymers*. 1967, New York: Interscience Publishers.

McGrath, J. E., *Chain Reaction Polymerization*. Journal of Chemical Education, 1981. **58**: p. 844.

Rempp, P., and E. W. Merrill, *Polymer Synthesis*. 1981, Heidelberg: Hüthig & Wepf Verlag.

Schildknecht, C. E., ed., *Polymerization Processes*. 1977, New York: John Wiley & Sons.

Stille, J. K., *Step-Growth Polymerization*. Journal of Chemical Education, 1981. **58**: p. 862.

Block Copolymers

Allport, D. C., and W. H. Janes, eds., *Block Copolymers*. 1973, New York: Halsted Press.

McGrath, J. E., *Block and Graft Copolymers*. Journal of Chemical Engineering, 1981. **58**: p. 914.

Noshey, A., and J. E. McGrath, *Block Copolymers*. 1977, New York: Academic Press.

Click Chemistry

Binder, W. H., and R. Sachsenhofer, *Click Chemistry in Polymer Science and Materials Science*. Macromolecular Rapid Communication, 2007. **58**: p. 15.

Evans, R. A., *The Rise of Azide-Alkyne 1,3-Dipolar Click Cycloaddition and Its Application to Polymer Science and Surface Modification*. Austrian Journal of Chemistry, 2007. **60**: p. 384.

Kolb, H. C., M. G. Finn, and K. B. Sharpless, *Click Chemistry: Diverse Chemical Function from a Few Good Reactions*. Angewandte Chemie International Edition, 2001. **40**: p. 2004.

Controlled/Living Radical Polymerization

Braunecker, W. A., and K. Matyjaszewski, *Controlled/Living Radical Polymerization: Features, Developments, and Perspectives*. Progress in Polymer Science, 2007. **32**: p. 93.

Goto, G., and T. Fukuda, *Kinetics of Living Radical Polymerization*. Progress in Polymer Science, 2004. **29**: p. 329.

Hawker, C. J., A. W. Bosman, and E. Harth, *New Polymer Synthesis by Nitroxide Mediated Living Radical Polymerization*. Chemical Reviews, 2001. **101**: p. 3661.

Meijs, F. C., L. Moad, E. Rizzardo, and S. H. Thang, *Living Free-Radical Polymerization by Reversible Addition-Fragmentation Chain Transfer: The RAFT Process*. Macromolecules, 1998. **31**: p. 5559.

Moade, G., *Toward Living Radical Polymerization*. Accounts of Chemical Research, 2008. **41**: p. 1133.

Solomon, D. H., *Genesis of the CSIRO Polymer Groups and the Discovery and Significance of Nitroxide-Mediated Living Radical Polymerization*. Journal of Polymer Science: Part A, 2005. **43**: p. 5748.

COORDINATION POLYMERIZATION

Boor, J., *Ziegler–Natta Catalysts and Polymerization*. 1979, New York: Academic Press.

Breslow, D. S., *Metathesis Polymerization*. Progress in Polymer Science, 1993. **18**: p. 1141.

Hamielec, A. E., and J. B. P. Soares, *Polymerization Reaction Engineering—Metallocene Catalysts*. Progress in Polymer Science, 1996. **21**: p. 651.

Imanishi, Y., and N. Naga, *Recent Developments in Olefin Polymerizations with Transition Metal Catalysts*. Progress in Polymer Science, 2001. **26**: p. 1147.

Kaminsky, W., *New Polymers by Metallocene Catalysis*. Macromolecular Chemistry and Physics, 1996. **197**: p. 3907.

Kaminsky, W., and M. Arndt, *Metallocenes for Polymer Catalysis*. Advances in Polymer Science, 1997. **127**: p. 143.

Kaminsky, W., and R. Steiger, *Polymerization of Olefins with Homogeneous Zirconocene/Alumoxane Catalysts*. Polyhedron, 1988. **7**: p. 2375.

Price, C. C., and E. J. Vandenberg, eds., *Coordination Polymerization*. 1983, New York: Plenum.

Qiu, J., B. Charleux, and K. Matyjaszewski, *Controlled/Living Radical Polymerization in Aqueous Media: Homogeneous and Heterogeneous Systems*. Progress in Polymer Science, 2001. **26**: p. 2083.

Soga, K., and T. Shiono, *Ziegler–Natta Catalysts for Olefin Polymerizations*. Progress in Polymer Science, 1997. **22**: p. 1503.

Zakharov, V. A., G. D. Bukatov, and Y. I. Yermakov, *On the Mechanism of Olefin Polymerization by Ziegler–Natta Catalysts*. Advances in Polymer Science, 1983. **52/53**: p. 61.

EMULSION POLYMERIZATION

Asua, J. M., *Miniemulsion Polymerization*. Progress in Polymer Science, 2002. **27**: p. 1283.

Chern, C.S., *Emulsion Polymerization Mechanisms and Kinetics*. Progress in Polymer Science, 2006. **31**: p. 443.

Thickett, S. C., and R. Gilbert, *Emulsion Polymerization: State of the Art in Kinetics and Mechanisms*. Polymer, 2007. **48**: p. 6965.

FREE-RADICAL POLYMERIZATION

Bisht, H. S., and A. K. Chatterjee, *Living Free-Radical Polymerization—A Review*. Journal of Macromolecular Science—Polymer Reviews, 2001. **C41**: p. 139.

Haaland, P. D., and S. J. Clarson, *Plasma and Polymers: Synthesis under Extreme Conditions*. Trends in Polymer Science, 1993. **1**: p. 40.

Kiran, E., and V. P. Saraf, *Polymerization of Styrene in Supercritical* n-*Butane*. Journal of Supercritical Fluids, 1990. **3**: p. 198.

Matyjaszewski, K., and T. P. Davis, *Handbook of Radical Polymers*. 2002, Hoboken: John Wiley & Sons.

O'Neil, G. A., M. B. Wisnudel, and J. M. Torkelson, *A Critical Experimental Examination of the Gel Effect in Free-Radical Polymerization: Do Entanglements Cause Autoacceleration?* Macromolecules, 1996. **29**: p. 7477.

Vogl, O., *Head-to-Head Polymers*. Journal of Polymer Science, Polymer Chemistry Edition, 2000. **38**: p. 4013.

FUNCTIONAL POLYMERS

Akelah, A., and A. Moet, *Functionalized Polymers and Their Applications*. 1990, London: Chapman and Hall.

Klemm, D., T. Heinze, and W. Wagenknecht, *New Approaches to Advanced Polymers by Selective Cellulose Functionalization*. Acta Polymerica, 1997. **48**: p. 277.

IONIC LIQUIDS

Baśko, M., T. Biedroń, and P. Kubisa, *Polymer Processes in Ionic Liquids. Cationic Polymerization of Styrene,* Macromolecular Symposium, 2006. **240**: p. 107.

Kubisa, P., *Ionic Liquids in the Synthesis and Modification of Polymers*. Journal of Polymer Science: Part A: Polymer Chemistry, 2005. **43**: p. 4675.

Lu, J., F. Yan, and J. Texter, *Advanced Applications of Ionic Liquids in Polymer Science*. Progress in Polymer Science, 2009. **34**: p. 431.

IONIC POLYMERIZATION

Altares, T., Jr., and E. L. Clark, *Pilot Plant Preparation of Polystyrene of Very Narrow Molecular Weight Distribution*. Industrial and Engineering Chemistry, 1970. **9**: p. 168.

Bywater, S., *Structure and Mechanism in Anionic Polymerization*. Progress in Polymer Science, 1994. **19**: p. 287.

Kennedy, J. P., *Cationic Polymerization: Past—Present—Future*. Trends in Polymer Science, 1995. **3**: p. 386.

Kubisa, P., *Ionic Liquids as Solvents for Polymerization Processes–Progress and Challenges*, Progress in Polymer Science, 2009. **34**: p. 1333.

Sarac, A. S., *Redox Polymers*. Progress in Polymer Science, 1999. **24**: p. 1149.

Szwarc, M., *Living Polymers and Mechanisms of Anionic Polymerization*. Advances in Polymer Science, 1983. **52/53**: p. 1.

LIVING POLYMERIZATION

Franta, E., T. Hogen-Esch, M. Van Beylen, and J. Smid, *Fifty Years of Living Polymers*. Journal of Polymer Science: Part A: Polymer Chemistry, 2007. **45**: p. 2576.

Levy, M., *The Impact of the Concept of "Living Polymer" on Materials Science*. Polymers for Advanced Technology, 2007. **18**: p. 681.

STRUCTURAL CHARACTERIZATION

Barth, H. G., and J. W. Mays, *Modern Methods of Polymer Characterization*. 1991, New York: John Wiley & Sons.

Bodor, G., *Structural Investigation of Polymers*. 1991, London: Ellis Horwood.

Bovey, F. A., *High Resolution NMR of Macromolecules*. 1972, New York: Academic Press.

Koenig, J. L., *Chemical Microstructure of Polymer Chains*. 1980, New York: John Wiley & Sons.

Koenig, J. L., "Molecular Spectroscopy," in *Physical Properties of Polymers*. 2nd ed. J. E. Mark, A. Eisenberg, W. W. Graessley, L. Mandelkern, E. T. Samulski, J. L. Koenig, and G. D. Wignal, eds. 1993, Washington, DC: American Chemical Society, p. 263–312.

Koenig, J. L., *Spectroscopy of Polymers*. 2nd ed. 1999, Amsterdam: Elsevier.

문제

2.1 60°C에서 어떤 용매에서의 AIBN의 반감기, $t_{1/2}$ 가 22.6시간이라고 할 때 해리 속도 상수, k_d를 sec^{-1}의 단위로 계산하시오.

2.2 자유 라디칼 메커니즘으로 스타이렌을 용액에서 중합한다. 초기 단량체와 개시제의 농도는 각각 1 M 및 0.001 M이다. 60°C의 중합 온도에서 개시제 효율은 0.30이다. 이 온도에서 속도 상수는 다음과 같다:

$k_d = 1.2 \times 10^{-5}\ s^{-1}$

$k_p = 176\ M^{-1}\ s^{-1}$

$k_t = 7.2 \times 10^{7}\ M^{-1}\ s^{-1}$

이들을 이용하여 다음을 계산하시오.

(a) 1분 및 16.6시간에서의 개시 속도

(b) 1분에서의 정상 상태 자유 라디칼의 농도

(c) 1분에서의 중합 속도

(d) 1분에서의 평균 자유 라디칼 수명, τ, 여기에서 τ는 라디칼 농도를 정지 속도로 나눈 값으로 정의한다.

(e) 1분에서의 수평균 중합도

2.3 감광성 염료를 사용하는 아크릴아마이드 수용액의 **광중합**(photopolymerization)은 단량체 농도의 제곱, $[M]^2$과 흡수되는 빛의 강도의 제곱근, $I^{1/2}$에 비례한다고 보고되어 있다. 이 반응이 자유 라디칼 반응임에도 불구하고 표면적인 중합 속도가 단량체 농도의 1차 및 개시제 농도의 제곱근에 비례하는 전형적인 자유 라디칼 중합(식 (2.25))과는 다른 점에 주목한다. 다음 식들은 관찰된 반응 속도론을 설명하기 위한 중합 메커니즘이다:

개시

$$M + D \xrightarrow{k_1, h\nu} R\cdot$$

$$R\cdot + M \xrightarrow{k_2} RM_1\cdot$$

성장

$$RM_1\cdot + M \xrightarrow{k_3} RM_2\cdot$$

…

…

…

$$RM_n\cdot + M \xrightarrow{k_3} RM_{n+1}\cdot$$

정지

$$RM_n\cdot + RM_n\cdot \xrightarrow{k_4} P$$

$$R\cdot \xrightarrow{k_5} S$$

여기에서 M은 단량체; D는 염료; P는 정지 중합체; S는 비활성화된 개시제이다.

다음의 가정 하에서 [M], I 및 적절한 속도 상수로 성장 속도식을 유도하여 이 메커니즘이 바르다는 사실을 보이시오.

1. 성장 단계에서의 동일한 반응성
2. 정상 상태 농도 R• 및 RM_n•
3. $k_2 << k_5$
4. 빛에 의하여 활성화되어 첫 개시 단계에 기여하는 염료의 농도, [D]는 흡수광의 강도에 비례한다.

2.4 표 2-6은 스타이렌과 4-클로로스타이렌(4-chlorostyrene)의 반응성비를 보여 주고 있다.

(a) 이 값들을 이용하여 공중합체 혼합물에서 poly(styrene-*co*-4-chlorostyrene)의 순간 공중합비를 공단량체 농도의 함수로 나타내시오.

(b) 생성되는 공중합체의 예상되는 단량체 배열 분포에 대하여 논하시오.

2.5 만일 60°C에서 스타이렌을 벌크 중합하여 구한 고분자의 수평균 중합도가 1000이라면 다른 조건을 동일하게 하고 10% 톨루엔 용액(스타이렌 100 g당 톨루엔 900 g)에서 중합을 진행하는 경우의 수평균 중합도를 계산하시오. 스타이렌과 톨루엔의 분자량은 각각 104.12와 92.15이다. 필요한 가정에 대하여 논하시오.

2.6 용매나 촉매를 사용하지 않고 동일한 당량비의 단량체를 이용하여 폴리에스터화 반응을 진행한다고 가정한다. 초기의 다이카복실산(dicarboxylic acid)의 농도가 3 mol L^{-1}이고 중합 속도 상수가 10^{-2} L mol^{-1} s^{-1}이라고 할 때 수평균 중합도 50을 얻는 데 필요한 시간(분)을 계산하시오.

2.7 식 (2.39)로 시작하여 식 (2.45)의 형태로 순간 공중합체 식을 구하기 위하여 정상 상태 자유 라디칼 농도, $\sim\sim M_1\bullet$ 또는 $\sim\sim M_2\bullet$의 가정을 어떻게 사용할 수 있는지를 보이시오.

2.8 자유 라디칼 중합에서 천정 온도는 다음과 같이 나타낼 수 있음을 보이시오.

$$T_c = \frac{-\Delta H_p}{R\ln\left(A_p[M]/A_{dp}\right)}$$

2.9 스타이렌과 아크릴로나이트릴의 자유 라디칼 공중합 반응에서의 공비 조성(azeotropic composition)을 구하시오.

2.10 스타이렌과 바이닐 아세테이트의 자유 라디칼 공중합 반응에서 예상되는 공중합체의 조성에 대하여 논하시오.

2.11 자유 라디칼 중합에서 높은 압력이 성장 반응에 유리한 이유를 설명하시오. 정지 반응에 미치는 압력에 대하여 논하시오.

2.12 2.2.1절에서 볼 수 있는 데이터로부터 스타이렌의 자유 라디칼 중합의 성장 활성화 에너지를 계산하시오. 용액 중합에서 활성화 에너지는 용매에 의존할 것으로 예상하는가?

2.13 1-phenylethyl chloride(1-PECl)를 개시제로, CuCl을 촉매로, 2,2′-bipyridine을 복합제(complexing agent)로 이용하여 스타이렌을 원자 이동 라디칼 중합하여 얻어진 정지된 폴리스타이렌 사슬의 양쪽 말단의 화학 구조를 그리시오.

2.14 원자 이동 라디칼 중합에서 중합 속도는 식 (2.50)에서 정의된 평형 상수에 비례함을 보이시오.

2.15 공급 조성이 다음과 같이 주어질 때 공비 공중합이 일어남을 보이시오.

$$f_1 = \frac{1-r_1}{2-r_1-r_2}$$

2.16 자유 라디칼 개시제 AIBN을 사용하여 60°C의 1,4-dioxane에서 메틸 메타크릴레이트를 2-메틸벤질 메타크릴레이트(2-methylbenzyl methacrylate)(M_1)와 공중합시켰다.

(a) 폴리(2-메틸벤질 메타크릴레이트)의 반복 단위를 그리시오.

(b) 아래 표의 데이터로부터 두 단량체의 반응성비를 계산하시오.

f_1	F_1[a]
0.10	0.14
0.25	0.33
0.50	0.52
0.75	0.70
0.90	0.87

[a] ^{1}H-NMR 측정으로부터

참고 문헌

1. Carothers, W. H., *Polymerization.* Chemical Reviews, 1931. **8**(3): p. 353–426.
2. Brandrup, J., E. H. Immergut, and E.A. Grulke, eds., *Polymer Handbook.* 4th ed. 1999, New York: John Wiley & Sons.
3. Alfrey, T., Jr., and C. C. Price, *Relative Reactivities in Vinyl Copolymerization.* Journal of Polymer Science, 1946. **2**(1): p. 101–106.
4. Yu, X., X. Wang, and N. Li, *Prediction of the Q-e Parameters from Radical Structures.* Colloid and Polymer Science, 2010. **288**: p. 951–958.
5. Mayo, F. R., and F. M. Lewis, *Copolymerization. I. A Basis for Comparing the Behavior of Monomers in Copolymerization; The Copolymerization of Styrene and Methyl Methacrylate.* Journal of the American Chemical Society, 1944. **66**: p. 1594–1601.
6. Szwarc, M., *Electron Transfer Reactions and Living Polymers.* Proceedings of the Royal Society of London. Series A, Mathematical and Physical Science, 1964. **279**(1377): p. 260–290.
7. Matyjaszewski, K., P. Kubisa, and S. Penczek, *Ion-Ester Equilibria in the Living Cationic Polymerization of Tetrahydrofuran.* Journal of Polymer Science: Polymer Chemistry Edition, 1974. **12**: p. 1333–1336.
8. Natta, G., *Stereopezifische Katalysen und Isotaktische Polymere.* Angewandte Chemie, 1956. **68**(12): p. 393–403.
9. Ziegler, K., et al., *Das Mulheimer Normaldruck-Polyathylene-Verfahren.* Angewandte Chemie, 1955. **67**(19,20): p. 541–547.
10. Cossee, P., *Ziegler-Natta Catalysis I. Mechanism of Polymerization of α-Olefins with Ziegler-Natta Catalysts.* Journal of Catalysis, 1964. **3**: p. 80–88.
11. Sinn, H., and W. Kaminsky, *Ziegler-Natta Catalysts.* Advances in Organometallic Chemistry, 1980. **18**: p. 99–149.
12. Otsu, T., *Iniferter Concept and Living Radical Polymerization.* Journal of Polymer Science: Part A: Polymer Chemistry, 2000. **38**: p. 2121–2136.
13. Hawker, C. J., A. W. Bosman, and E. Harth, *New Polymer Synthesis by Nitroxide Mediated Living Radical Polymerizations.* Chemical Reviews, 2001. **101**: p. 3661–3688.
14. Moad, G., E. Rizzardo, and S. H. Thang, *Toward Living Radical Polymerization.* Accounts of Chemical Research, 2008. **41**(9): p. 1133–1142.
15. Bartholome, C., et al., *Nitroxide-Mediated Polymerization of Styrene Initiated from the Surface of Silica Nanoparticles. In Situ Generation and Grafting of Alkoxy Initiators.* Macromolecules, 2005. **38**: p. 1099–1106.
16. Wang, J.-S., and K. Matyjaszewski, *Controlled/"Living" Radical Polymerization. Halogen Atom Transfer Radical Polymerization Promoted by a Cu(I)/Cu(II) Redox Process.* Macromolecules, 1995. **28**: p. 7901–7910.
17. Wang, J.-S., and K. Matyjaszewski, *Controlled/"Living" Radical Polymerization. Atom Transfer Radical Polymerization in the Presence of Transition-Metal Complexes.* Journal of the American Chemical Society, 1995. **117**: p. 5614–5615.
18. Kato, M., et al., *Polymerization of Methyl Methacrylate with the Carbon Tetrachloride/Dichlorotris(triphenylphosphine)ruthenium(II)/Methylaluminum Bis(2,6-di-tert-butylphenoxide) Initiating Systems: Possibility of Living Radical Polymerization.* Macromolecules, 1995. **28**: p. 1721–1723.
19. Zhu, S., and D. Yan, *Atom Transfer Radical Polymerization of Styrene and Methyl Methacrylate Catalyzed by $FeCl_2$/Iminodiacetic Acid.* Journal of Polymer Science: Part A: Polymer Chemistry, 2000. **38**: p. 4308–4314.
20. Coessens, V., T. Pintauer, and K. Matyjaszewski, *Functional Polymers by Atom Transfer Radical Polymerization.* Progress in Polymer Science, 2001. **26**: p. 337–377.

21. Kubisa, P., *Ionic Liquids as Solvents for Polymerization Processes—Progress and Challenges.* Progress in Polymer Science, 2009. **34**: p. 1333–1347.
22. Chiefari, J., et al., *Living Free Radical Polymerization by Reversible Addition-Fragmentation Chain Transfer: The RAFT Process.* Macromolecules, 1998. **31**: p. 5559–5562.
23. Sahnoun, M., et al., *Synthesis and Characterization Aspects of Dimethylaminoethyl Methacrylate Reversible Addition Fragmentation Chain Transfer (RAFT) Polymerization.* Journal of Polymer Science: Part A: Polymer Chemistry, 2005. **43**: p. 3551–3565.
24. Jin, Y., et al., *Synthesis and Characterizations of 1,2,3-Triazole Containing Polymers via Reversible Addition-Fragmentation Chain Transfer (RAFT) Polymerization.* European Polymer Journal, 2008. **44**: p. 1743–1751.
25. Moad, G., E. Rizzardo, and S. H. Thang, *Living Radical Polymerization by the RAFT Process.* Australian Journal of Chemistry, 2005. **58**: p. 379–410.
26. Norrish, R. G. W., and R. R. Smith, *Catalyzed Polymerization of Methyl Methacrylate in the Liquid Phase.* Nature, 1942. **150**: p. 336–337.
27. von Trommsdorff, E., H. Kohle, and P. Lagally, *Zur Polymerisation des Methacrylsaure-methylesters.* Makromolekulaire Chemie, 1947. **1**: p. 169–198.
28. Sarac, A. S., *Redox Polymerization.* Progress in Polymer Science, 1999. **24**: p. 1149–1204.
29. Smith, W. V., and R. H. Ewart, *Kinetics of Emulsion Polymerization.* Journal of Chemical Physics, 1948. **16**(6): p. 592-599.
30. Asua, J. M., *Miniemulsion Polymerization.* Progress in Polymer Science, 2002. **27**: p. 1283–1346.
31. Chiu, D. Y., et al., *Unipol II LLDPE—Gas Phase LLDPE for the Shrink Market.* Journal of Plastic Film and Sheeting, 1999. **15**: p. 153–178.
32. Merrifield, R. B., *Solid Phase Peptide Synthesis. I. The Synthesis of a Tetrapeptide.* Journal of the American Chemical Society, 1963. **85**: p. 2149–2154.
33. Allcock, H. R., *Polyphosphazenes.* Journal of Inorganic and Organometallic Polymers, 1992. **2**(2): p. 197–211.
34. Webster, O. W., et al., *Group-Transfer Polymerization. 1. A New Concept for Addition Polymerization with Organosilicon Initiators.* Journal of the American Chemical Society, 1983. **105**: p. 5706–5708.
35. Webster, O. W., *The Discovery and Commercialization of Group Transfer Polymerization.* Journal of Polymer Science: Part A: Polymer Chemistry, 2000. **38**: p. 2855–2860.
36. Tirrell, D. A., M. J. Fournier, and T. L. Mason, *Genetic Engineering of Polymeric Materials*, MRS Bulletin, 1991, p. 23–28.
37. Krejchi, M. T., et al., *Chemical Sequence Control of β-Sheet Assembly in Macromolecular Crystals of Periodic Polypeptides.* Science, 1994. **265**: p. 1427–1432.
38. Poliakoff, M., et al., *Green Chemistry: Science and Politics of Change.* Science, 2002. **297**: p. 807–810.
39. Meier, M. A. R., J. O. Metzer, and U. S. Schubert, *Plant Oil Renewable Resources as Green Alternatives in Polymer Science.* Chemical Society Review, 2007. **36**: p. 1788–1802.
40. Puskas, J. E., M. Y. Sen, and J. P. Kasper, *Green Polymer Chemistry: Telechelic Poly(ethylene Glycol)s via Enzymatic Catalysis.* Journal of Polymer Science: Part A: Polymer Chemistry, 2008. **46**: p. 3024–3028.
41. Puskas, J. E., M. Y. Sen, and K. S. Seo, *Green Chemistry Using Nature's Catalysts, Enzymes.* Journal of Polymer Science: Part A: Polymer Chemistry, 2009. **47**: p. 2959–2976.
42. Koenig, J. L., *Fourier Transform Infrared Spectroscopy of Polymers.* Advances in Polymer Science, 1983. **54**: p. 89–154.
43. Hummel, D. O., *Atlas of Polymer and Plastics Analysis*. 1978, Munich: Carl Hanser Verlag.
44. Ballard, R. L., *The Sorption and Transport of Carbon Dioxide and Methane in Plasticized Poly(vinyl chloride)*, PhD Dissertation, Department of Chemical Engineering, University of Cincinnati, 1992.
45. Schaefer, J., E. O. Stejskal, and R. Buchdahl, *High-Resolution Carbon-13 Nuclear Magnetic Resonace Study of Some Solid, Glassy Polymers.* Macromolecules, 1975. **8**(3): p. 291–296.

제3장
형태, 용액 및 분자량

용매는 주로 중합 공정(2장)이나 가공 공정(예를 들어, 필름 주형, 섬유 성형, 도포 등), 그리고 분자량(molecular weight) 및 분자량 분포 결정에 사용된다. 고분자와 용매의 상호 작용은 분자 사슬의 크기(즉, 형태)에 영향을 주며, 나아가서는 용매의 활동도를 결정한다. 묽은 고분자 용액으로부터 삼투압 및 산란 강도의 측정은 고분자-용액 열역학의 원리에 바탕을 둔 기법으로서 각각 수평균(number average) 및 중량 평균 분자량(weight average molecular weights)을 결정하는 중요한 방법이다. 고유 점도의 결정이나 겔투과 크로마토그래피(gel-permeation chromatography, GPC)와 같은 또 다른 용액-물성 기법들은 이 장에서 논하는 바와 같이 고분자의 분자량, 그리고 GPC의 경우에는 분자량 분포의 결정을 위한 신속하고 편리한 방법으로서 널리 이용되고 있다.

3.1 고분자의 형태 및 사슬 크기

1장에서 간단하게 기술하였듯이, 한 고분자 사슬의 배열(configuration)은 그 사슬에 붙어 있는 원자들의 입체 화학적 배치를 말한다. 예를 들어, 입체 규칙성(tacticity) 및 기하 이성질체(geometric isomer)는 분자의 배열에 관련된 것으로서 중합 반응 메커니즘에 의해 결정되므로 1차 원자가 결합(primary valence bond)을 깨뜨리지 않고서는 변형될 수 없다. 반대로 용액 중의 고분자 사슬은 개개의 결합 주위로 회전이 자유로워서 길고 유연한 고분자의 경우에는 거의 셀 수 없을 정도의 형태(conformation)나 3차원 공간의 사슬 배향이 가능하다.

고분자들의 형태를 기술하기 위하여 임의운동(radom-flight) 또는 자유로이 연결된 부피가 없는 사슬(freely jointed and volumeless chain) 모형이 이론의 출발점으로 종종 사용된다. 이와 같은 1개의 가상적 사슬은 같은 길이 ℓ을 가진 n개의 자유롭게 연결된 고리로 되어 있다고 가정한다. 만약 이와 같은 가상적 사슬의 한끝이 Cartesian 좌표의 원점에 고정되어 있다면 사슬의 다른 끝은 그림 3-1에 나타낸 바와 같이 임의의 다른 좌표 위치에 있을 어떤 유한의 확률을 가진다. 이와 같은 이상적인 사슬에 대하여 많은 가능한 형태 중에서 가장 간단한 것은 완전히 펼쳐진, 즉 선형(linear) 사슬로서, 이 경우 사슬 말단거리(end-to-end distance) r은 다음과 같다.

$$r = n\ell \tag{3.1}$$

Flory[1]는, 그림 3-1에 플롯한 바와 같이, 자유로이 연결된 고분자 사슬의 한끝이 Cartesian 좌표계의 원점에 고정되어 있을 때 다른 한끝을 어떤 좌표점(x, y, z) 주위의 미소 부피($dV = dx \cdot dy \cdot dz$)에서 발견할 확률에 대한 식을 처음으로 유도하였다. 그 확률은 식 (3.2)에서와 같이 **가우스 분포**(Gaussian distribution)로 주어진다.

$$\omega(x,y,z)\,dxdydz = \left(\frac{b}{\pi^{1/2}}\right)^3 \exp\left(-b^2r^2\right)dxdydz \tag{3.2}$$

여기에서 $\omega(x, y, z)$는 가우스 분포함수이며, r은 원점에 중심을 가진 구상 껍질(spherical shell)의 반경

$$r^2 = x^2 + y^2 + z^2 \tag{3.3}$$

이고

$$b^2 = \frac{3}{2nl^2} \tag{3.4}$$

또한, 사슬 이동 길이(chain displacement length)가 r에서 $r+dr$ 사이의 범위의 값을 가질 확률은 다음과 같다.

$$\omega(r)\,dr = \left(\frac{b}{\pi^{1/2}}\right)^3 \exp\left(-b^2r^2\right)4\pi r^2dr \tag{3.5}$$

여기에서 $\omega(r)$은 **반경 분포함수**(radial distribution function)이다. 그림 3-2는 각 고리 사이의 길이 2.5Å에 10^4개의 자유로이 연결된 고리로 이루어지는 1개의 자유 연결 고분자

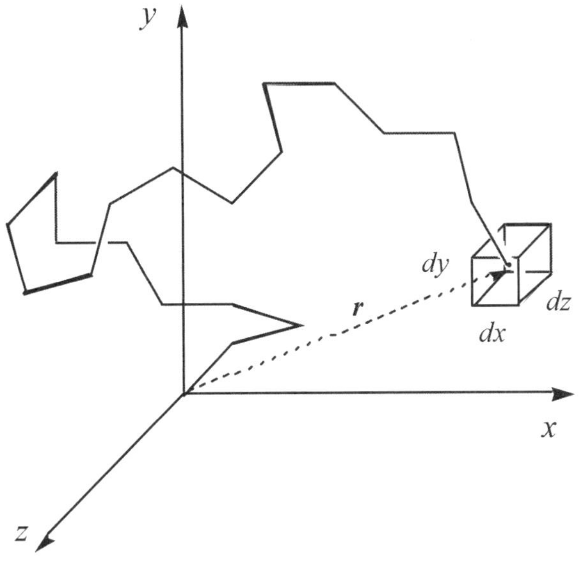

그림 3-1 같은 길이의 20개의 분절을 가진 1개의 이상적인 자유롭게 연결된 고분자 사슬의 불규칙 형태를 나타내는 그림. 이 형태의 사슬 말단 거리는 r로 나타낸다. 분자 사슬의 한끝은 Cartesian 좌표계의 원점에 고정시키고 다른 한끝을 임의의 미소 부피 요소($dV = dx \cdot dy \cdot dz$)에서 발견할 확률은 가우스 분포함수로 나타내어진다(식 (3.2)).

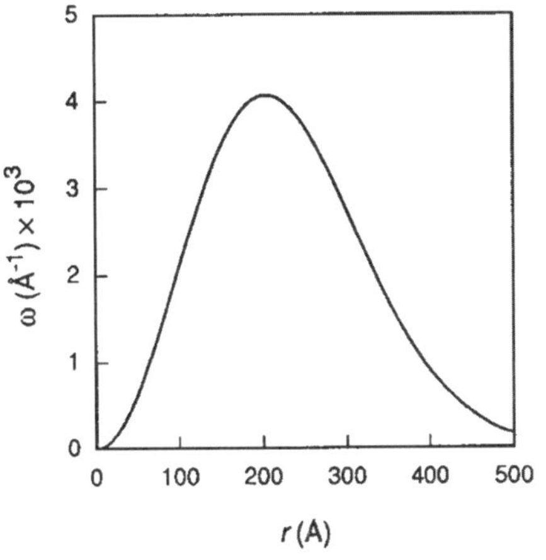

그림 3-2 길이 2.5 Å을 가진 10^4개의 자유로이 연결된 분절로 구성된 1개의 가상적인 고분자 사슬에 대하여 계산(식 (3.5))한 반경 분포함수

사슬에 대한 반경 분포함수를 반경 거리 r의 함수로 플롯하고 있다.

평균 제곱 말단 거리(mean square end-to-end distance)는 다음과 같이 반경 분포함수의 2차 모멘트로부터 얻어진다.

$$\langle r^2 \rangle = \frac{\int_0^\infty r^2 \omega(r) dr}{\int_0^\infty \omega(r) dr} \tag{3.6}$$

반경 분포함수(식 (3.5))를 식 (3.6)에 대입하여 적분하면 자유로이 연결된 부피가 없는 사슬의 평균 제곱 말단 거리는 다음과 같이 얻어진다.

$$\boxed{\langle r^2 \rangle = n\ell^2} \tag{3.7}$$

또한 자유로이 회전하는 분자 사슬의 **근 평균 제곱 말단 거리**(root-mean-square end-to-end distance), $\langle r^2 \rangle^{1/2}$은 다음과 같이 주어진다.

$$\langle r^2 \rangle^{1/2} = n^{1/2}\ell \tag{3.8}$$

실제의 고분자 사슬은 아래와 같은 3가지 중요한 점에 있어서 위에서 언급한 이상화된 자유로이 연결된 모형과는 다르다.

• **실제 결합의 원자가각(valence angle)은 고정되어 있다.** 예를 들어, 정사면체적으로 결합된 C—C 결합각은 109.5°이다. 이와 같이 고정된 결합각을 도입하면 (큰 n에 대하여) 사슬의 팽창이 일어나고 평균 제곱 말단 거리는 다음과 같이 나타내어진다.

$$\langle r^2 \rangle = n\ell^2 \frac{1-\cos\theta}{1+\cos\theta} \tag{3.9}$$

여기에서 θ는 그림 3-3에서 1개의 펼쳐진 분자 사슬에 대하여 예시한 바와 같이 원자가 결합각(valence bond angle)이다. 정사면체 원자가각의 경우, θ = 109.5°, cos $\theta \approx$-1/3이므로

$$\langle r^2 \rangle = 2n\ell^2 \tag{3.10}$$

로 된다. 이 결과와 식 (3.7)의 경우를 비교하면 원자가각을 109.5°로 제한하는 경우 자유

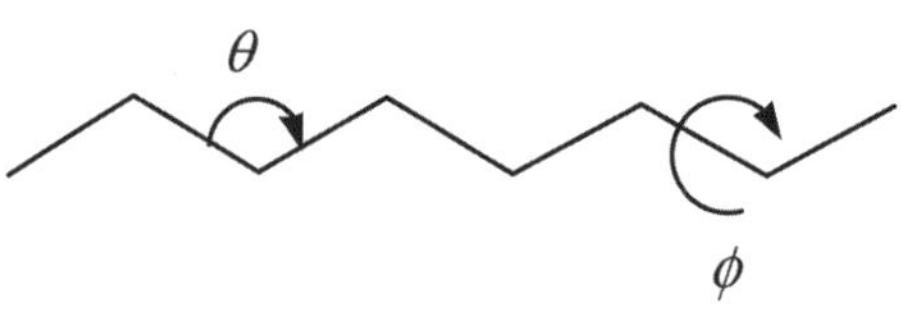

그림 3-3 1개의 펼쳐진 고분자 사슬에 있어서 결합각 θ 및 사슬의 회전각 ϕ를 보여 주는 모식도

회전 모델에 비하여 평균 제곱 말단 거리는 2배가 된다.

• **고분자 사슬의 회전은 벌키한 치환기의 간섭 때문에 제한될 수 있다.** 그림 3-4에 플롯되어 있는 포텐셜-에너지 그림에서처럼 인접한 탄소 원자들의 벌키한 치환기들의 겹침으로 인해 높은 에너지의 선호하지 않는 입체 형태를 가지게 된다. 이러한 입체 간섭의 결과는 임의 운동 모델에 비해 사슬의 크기를 더욱 팽창시킨 것이다. 식 (3.7)은 고정된 결합각과 회전 장애(hindered rotation)의 두 영향을 감안하면 다음과 같이 나타낼 수 있다.

$$\langle r^2 \rangle = n\ell \frac{1-\cos\theta}{1+\cos\theta}\frac{1+\langle\cos\phi\rangle}{1-\langle\cos\phi\rangle} \tag{3.11}$$

여기에서 $\langle\cos\phi\rangle$는 그림 3-3에 나타낸 결합 회전각 ϕ의 평균 코사인을 나타낸다. 추가된 두 번째 부분은 그 값을 구하기가 어렵지만 Flory[2]에 의하여 논하여진 통계적 중량 방법(statistical weighting method)에 의해 구할 수 있다.

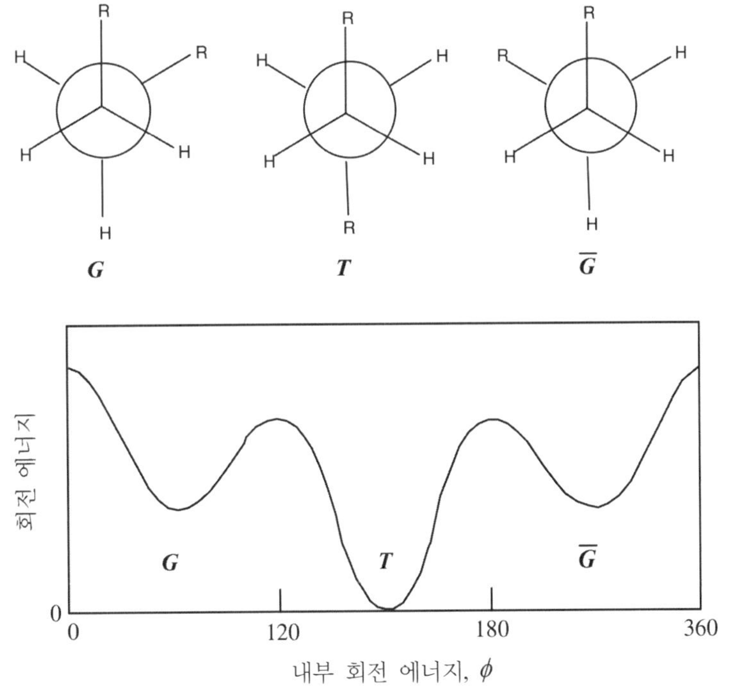

그림 3-4 치환기 R를 가진 2개의 인접한 결합 원자의 3개의 최저 에너지의 Newman 투영도(위). 고분자 사슬의 경우 R은 대상(in question) 결합 전후의 모든 사슬 분절을 의미한다. 포텐셜-에너지 그림(아래)은 3개의 최저 에너지 회전 상태, 즉 트랜스(trans, T) 및 2개의 고우시(gauche) 형태, G와 $\bar{G}$를 나타낸다.

• **실제 분자 사슬 결합은 한정된(van der Waals) 부피를 가지고 있으므로 약간의 부피가 배제된다.** 이것은 1개의 실제 결합이 다른 결합과 같은 공간을 차지할 수 없다는 것을 의미하며, 이 조건은 불규칙 비행 모형(random-flight model)에서는 고려되지 않는다. 제한된 회전의 경우 배제 부피 효과는 불규칙 비행 모형의 경우에 비해 고분자 사슬의 공간 크기(spatial dimension)를 증가시킨다.

평균 제곱 말단 거리의 계산 이외에도 실제 고분자 모형의 형태를 컴퓨터에 의해 시뮬레이션할 수 있다. 예를 들어, 그림 3-5는 200개의 골격 결합을 가진 1개의 작은 폴리에틸렌 사슬의 형태에 대하여 실제의 결합 길이, 결합각 및 기지(known preference)의 트랜스 회전 상태의 선택을 사용하여 Monte Carlo 시뮬레이션의 결과를 보여 준다[3].

하나의 실제 고분자 사슬의 크기를 쉽게 측정할 수 있는 인자(parameter)의 항으로 표현하는 편리한 방법으로서, 자유로이 연결된 사슬 모형(식 (3.7))을 근 평균 제곱(root-mean-square)

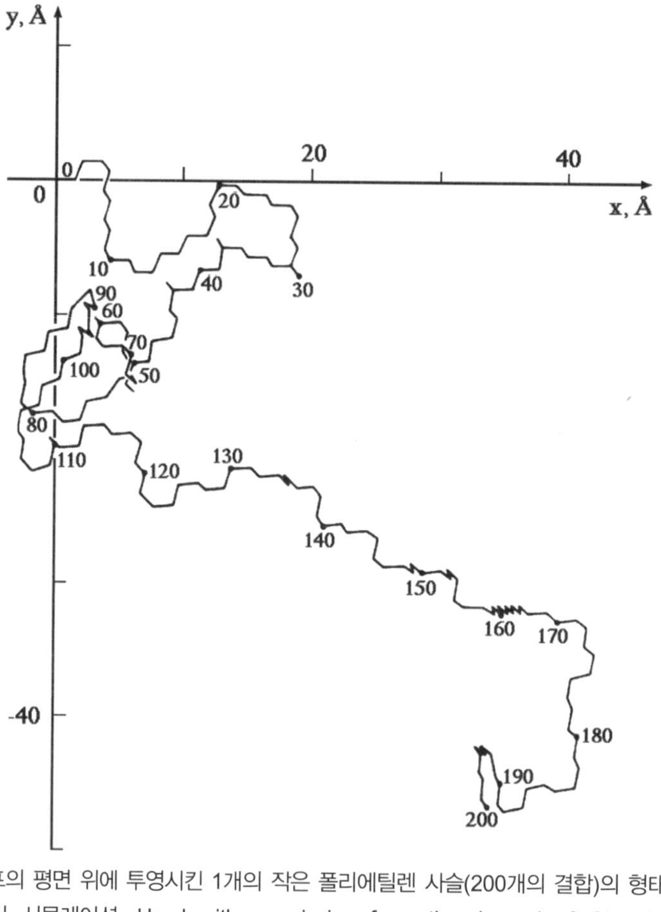

그림 3-5 그래프의 평면 위에 투영시킨 1개의 작은 폴리에틸렌 사슬(200개의 결합)의 형태에 대한 3차원 컴퓨터 시뮬레이션. Used with permission from the Journal of Chemical Education, 1981. **58**(11): pp. 898-903; Copyright © 1981, Division of Chemical Education, Inc.

말단 거리에 대한 고정된 결합각, 제한된 회전 및 배제 부피의 효과를 포함하여 다음과 같이 수정할 수 있다.

$$\left\langle r^2 \right\rangle^{1/2} = \alpha \left(nC_\infty \right)^{1/2} \ell \tag{3.12}$$

이 표현에서 α는 배제 부피 효과의 척도인 **사슬 팽창 인자**(chain expansion factor)라고 불리며, C_∞은 **특성비**(characteristic ratio)로서 고정된 결합각과 제한된 사슬 회전으로부터의 기여를 포함한다. 큰 고분자 사슬의 경우, C_∞의 전형적인 값은 표 3-1의 몇몇 대표적인 값들에서 볼 수 있는 바와 같이 약 5~10 사이에 위치한다. 식 (3.12)를 나타내는 다른 방법은 다음과 같이 **무동요**(unperturbed) 근 평균 제곱 말단 거리, 즉 $\left\langle r^2 \right\rangle_o^{1/2}$을 사용하는 것이다.

$$\left\langle r^2 \right\rangle^{1/2} = \alpha \left\langle r^2 \right\rangle_o^{1/2} \tag{3.13}$$

식 (3.12)와 식 (3.13)을 비교하면 **무동요 크기**(unperturbed dimension)는 배제 부피의 효과가 없을 경우(즉, α=1)에 실제 고분자 사슬의 크기임을 알 수 있다. 또한 식 (3.12)와 식 (3.13)을 같다고 두면 특성비*는 무동요 평균 제곱 말단 거리와 자유 연결 모델(식 (3.7))의 평균 제곱 말단 거리의 비로 얻어진다.

표 3-1 특성비 값의 예[4]

고분자	C_∞
폴리에틸렌	6.7
폴리스타이렌	10.
폴리프로필렌	5.8
폴리(바이닐 알코올)	8.3
폴리(바이닐 아세테이트)	9.4
폴리(바이닐 클로라이드)	7.6
폴이(메틸 메타크릴레이트)	8.2
폴리(에틸렌 옥사이드)	4.2
폴리카보네이트	2.4

* 특성비는 실제 결합각 θ 및 회전각 ϕ의 통계적 중량에 관한 정보(식 (3.11) 참조)로부터 다음과 같이 계산될 수 있다.

$$C_\infty = \frac{1-\cos\theta}{1+\cos\theta} \frac{1+\langle\cos\phi\rangle}{1-\langle\cos\phi\rangle}$$

$$C_\infty = \frac{\langle r^2 \rangle_o}{nl^2} \tag{3.14}$$

무동요 크기는 초기 침전 근방의 온도에서 열역학적으로 나쁜 용매(poor solvent)로 된 용액 속의 고분자의 경우에 측정된다. 이 온도를 theta(θ) 온도라고 한다. 소각 중성자 산란(small angle neutroscattering)을 이용한 실험에 의하면 무정형성 고상(amorphous solid state)에서의 고분자 사슬의 크기도 역시 무동요 상태라는 것이 밝혀졌다[5]. 좋은 용매(good solvent)(즉, $\alpha>1$)로 된 용액에서는 고분자-용매 상호간 작용이 고분자-고분자 또는 용매-용매 간의 상호작용보다 강하므로 고분자 사슬의 크기는 무동요 상태($\alpha=1$)에서의 크기보다 팽창된다.

3.2 고분자 용액의 열역학

1940년대에 이르러 고분자 시스템의 열역학이 특별히 다루어질 필요가 있음을 인지하게 된다. 1942년에 Gee와 Treloar [6]는 비록 묽은 고분자 용액이라도 이상 용액의 거동으로부터 크게 벗어난다고 보고하였다. 이와 같은 초창기의 실험에서는 고분자량의 고무를 밀폐계 내에서 벤젠 증기로 처리하여 평형 상태에 도달시킨 후 벤젠(용매)의 분압(partial pressure) p_1을 측정하였다. 용매의 활동도, a_1은 그 계의 온도에서 순수한 벤젠의 포화 증기압, p_1°에 대한 p_1의 비로서 다음과 같다.*

---

* 정의에 의하면 혼합물 속의 i 성분의 활동도는 다음과 같이 정의된다.

$$a_i = \frac{\hat{f}_i}{f_i^{\circ}}$$

여기에서 $\hat{f}_i$는 혼합물 속에 있는 그 성분의 퓨가시티(fugacity)이고, f_i°은 표준 상태의 퓨가시티로서 일반적으로 그 계의 온도에서 순수한 액체 성분의 퓨가시티와 같다. 기상 혼합물이 이상성이 되는 낮은 압력 한도 내에서 2개의 퓨가시티는 다음의 압력항으로 대체될 수 있다(즉, $\hat{f}_i = p_i = x_i p$ 및 $f_i^{\circ} = p_i^{\circ}$). 만약 기상(vapor phase)이 비이상성이라면 용매의 활동도는 다음과 같은 관계로부터 얻을 수 있다.

$$a_1 = \frac{p_1}{p_1^{\circ}} \exp\left[-\frac{B}{RT}\left(p_1^{\circ} - p_1\right)\right]$$

여기에서 B는 시스템의 온도에서 순수한 증기의 제2 비리알 계수(second virial coefficient)이다.

$$a_1 = \frac{p_1}{p_1^o} \tag{3.15}$$

그림 3-6에 실험으로부터 얻어진 벤젠의 활동도를 고무의 **부피 분율**(volume fraction), ϕ_2의 함수로 나타내었다. 이들 데이터는 다음과 같은 이상 용액에 대한 Raoult의 법칙(Raoult's law)에 의한 예측과 비교된다.

$$p_1 = x_1 p_1^o \tag{3.16}$$

여기에서 x_1는 용매의 몰분율(mole fraction)이다. 식 (3.16)을 식 (3.15)에 대입하면 이상 용액에 있어서 $a_1 \equiv x_1$ 관계가 얻어진다. 실험 데이터(그림 3-6)에 의하면 고분자 용액의 거동은 Raoult의 이상 용액의 법칙으로부터 강한 **음의 편차**(negative deviation)를 나타냄을 알 수 있다.

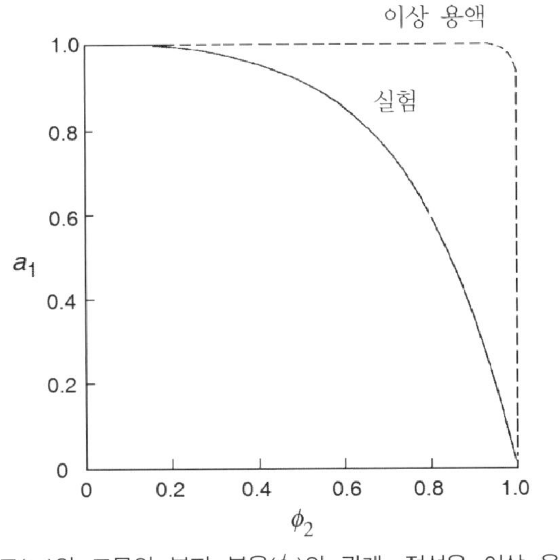

그림 3-6 벤젠의 활동도(a_1)와 고무의 부피 분율(ϕ_2)의 관계. 점선은 이상 용액의 거동을 나타낸다. Reprinted from Paul J. Flory, *Principles of Polymer Chemistry*. Fig. 108, p. 496. Copyright © 1953 Cornell University and copyright © 1981 Paul J. Flory. Used by permission of the publisher, Cornell University Press.

3.2.1 Flory-Huggins 이론

1940년도 초기에 Paul Flory[7, 8]와 Maurice Huggins[9, 10]는 고분자 용액의 비이상적인 거동을 이해하는 데 사용할 수 있는 간단한 격자 모델에 근거한 이론을 각각 독립적으로 제안하였다. Flory[11]는 격자 모형의 전개에 대한 총설을 뛰어난 방법으로 전개하였다.

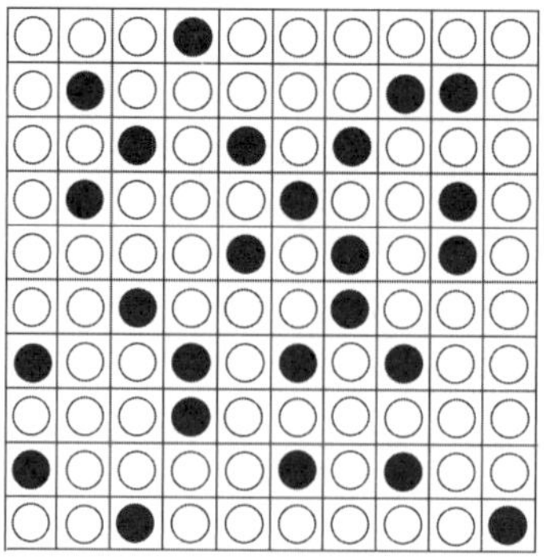

그림 3-7 용매 분자(o)와 저분자량의 용질(•) 분자를 포함하는 2차원 Flory-Huggins의 격자 모델

Flory-Huggins 모델(Flory-Huggins model)에서는 격자 자리 또는 공간(hole)이 용매 분자의 크기로 선택된다. 가장 간단한 예로 저분자량의 용매(성분 1)와 저분자량의 용질(성분 2)을 혼합하는 경우를 고려하여 보자. 용질 분자가 용매 분자와 같은 크기를 가진다고 가정하고, 따라서 단지 한 개의 용질 또는 한 개의 용매 분자만이 주어진 시간에 한 개의 격자 자리를 차지할 수 있다. 이 경우의 격자 모델에 대한 도식을 그림 3-7에 나타내었다.

용매와 용질의 혼합에 의한 엔트로피 ΔS_m 증가는 Boltzmann 관계식(Boltzmann relation)으로부터 얻어질 수 있다.

$$\Delta S_{\mathrm{m}} = k \ln \Omega \tag{3.17}$$

여기에서 k는 Boltzmann 상수(1.38×10^{-23} J K^{-1})이고, Ω는 n_1개의 용매 분자와 n_2개의 용질 분자를 배열하는 방법의 총 수이며, $N = n_1 + n_2$는 전체 격자의 자릿수이다. 확률함수는 다음과 같이 주어진다.

$$\Omega = \frac{N!}{n_1! n_2!} \tag{3.18}$$

Stirling 근사식을 사용하면

$$\ln n! = n \ln n - n \tag{3.19}$$

다음과 같이 분자당 혼합 엔트로피에 관한 식을 얻을 수 있다.

$$\Delta S_{\mathrm{m}} = -k\left(n_1 \ln x_1 + n_2 \ln x_2\right) \tag{3.20}$$

또는 다음과 같이 혼합 몰 엔트로피를 나타낼 수 있다.

$$\boxed{\Delta S_{\mathrm{m}} = -R\left(x_1 \ln x_1 + x_2 \ln x_2\right)} \tag{3.21}$$

여기에서 R은 이상 기체 상수이고*, x_1은 다음과 같이 주어지는 용매의 몰분율이다.

$$x_1 = \frac{n_1}{n_1 + n_2} \tag{3.22}$$

식 (3.21)은 이상(ideal) 혼합물의 혼합으로 인한 엔트로피 변화로 잘 알려진 관계식으로서, Lewis-Randall 법칙**을 따르는 이상 용액에 관한 고전 열역학으로부터도 구할 수 있다. 식 (3.20)은 다음과 같이 N개의 성분을 가진 다성분계에 대하여 다음과 같이 나타낼

---

* $R = N_{\mathrm{A}}k$. 여기서 N_{A}는 Avogadro 수이다.

** 분몰 Gibbs 자유 에너지(partial-molar Gibbs free energy)와 퓨가시티와의 관계는 다음과 같다.

$$d\overline{G}_i \equiv d\mu_i = RTd\ln \hat{f}_i$$

표준 상태로부터 어떤 임의의 상태까지 적분을 하면,

$$\overline{G}_i - G_i^{\mathrm{o}} \equiv \overline{\Delta G_i} = RT\ln\frac{\hat{f}_i}{f_i^{\mathrm{o}}}$$

여기에서 $\hat{f}_i$ 는 혼합물 속에 있는 성분 i의 퓨가시티이고, f_i^{o} 은 표준 상태의 퓨가시티이다. 아래의 Lewis-Randall 법칙

$$\hat{f}_i^{\mathrm{id}} = x_i f_i^{\mathrm{o}}$$

을 치환하면 다음과 같이 된다.

$$\overline{\Delta G_i}^{\mathrm{id}} = RT\ln x_i$$

한 용액의 열역학적 성질은 그 혼합물 속에 있는 m 성분 각각의 몰분율과 분몰 물성(partial molar property)의 곱의 합과 같으므로 이상 용액에서 Gibbs 자유 에너지의 몰 변화는 다음과 같이 나타내어진다.

$$\boxed{\Delta G^{\mathrm{id}} = \sum_{i=1}^{m} x_i\left(\overline{\Delta G_i}^{\mathrm{id}}\right) = RT\sum_{i=1}^{m} x_i \ln x_i}$$

여기에서 아래의 관계식

$$\overline{\Delta G_i}^{\mathrm{id}} = \overline{\Delta H_i}^{\mathrm{id}} - T\overline{\Delta S_i}^{\mathrm{id}}$$

와 이상 용액인 경우에 $\overline{\Delta H_i}^{\mathrm{id}} = 0$ 이 성립하므로 다음과 같은 관계식을 얻을 수 있다.

$$\overline{\Delta S_i}^{\mathrm{id}} = -\frac{1}{T}\overline{\Delta G_i}^{\mathrm{id}} = -R\ln x_i$$

그리고

수 있다.

$$\Delta S_{\mathrm{m}}^{\mathrm{id}} = -R\sum_{i=1}^{N} x_i \ln x_i \tag{3.23}$$

저분자량 용매와 **고분자량 고분자** 간의 혼합에 의한 엔트로피는 저분자량 혼합물에 대한 식 (3.20)에서 주어진 값보다 작다. 이것은 저분자량 용매에 분산되어 있는 회합되지 않은(unassociated) 저분자량 용질 분자와 같이 비교적 질서가 낮은 경우에 비하여 하나의 고분자 사슬을 따라 개개의 반복 단위들의 결합의 결과 발생하는 형태 엔트로피(conformational entropy)의 감소에 기인한다. 용매 내에서 고분자량 고분자의 ΔS_{m}에 대한 표현식의 전개에 있어서 격자는 고분자 사슬을 각각 1개의 용매 분자와 크기가 같은 r개의 분절로 나누는데, 여기에서 r은 용매의 부피(즉, 격자 자리)에 대한 고분자의 부피의 비이다. n_2개의 고분자 분자의 경우, 전체 격자 자릿수는 $N = n_1 + rn_2$이다. 그림 3-8은 저분자량 용매 분자와 하나의 고분자 사슬을 포함하는 격자를 보여 주고 있다.

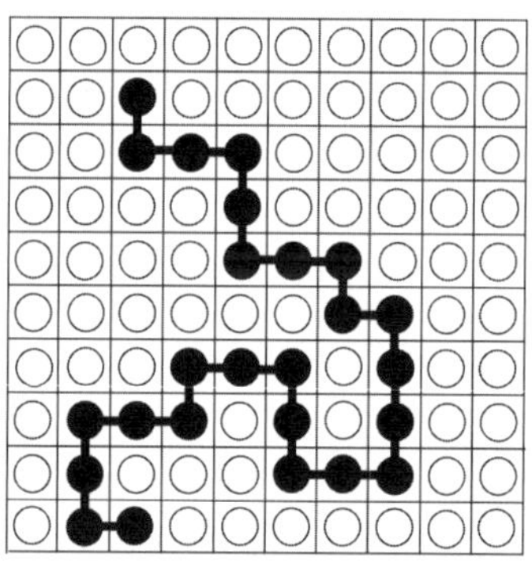

그림 3-8 용액 내의 하나의 고분자 사슬에 대한 격자 모델. 용매 분자(○) 및 고분자 사슬 분절(●)

Flory와 Huggins가 구한 혼합에 의한 엔트로피 변화에 관한 식은 다음과 같이 주어진다.

$$\Delta S_{\mathrm{m}} = -k\left(n_1 \ln\phi_1 + n_2 \ln\phi_2\right) \tag{3.24}$$

여기에서 ϕ_1 및 ϕ_2는 각각 용질(성분 1) 또는 고분자(성분 2)의 **격자 부피 분율**(lattice volume fraction)이다. 이들은 다음과 같다.

$$\Delta S^{\mathrm{id}} = \sum_{i=1}^{m} x_i\left(\overline{\Delta S}^{\mathrm{id}}\right) = -R\sum_{i=1}^{m} x_i \ln x_i$$

으로 된다.

$$\phi_1 = \frac{n_1}{n_1 + rn_2} \tag{3.25}$$

그리고

$$\phi_2 = \frac{rn_2}{n_1 + rn_2} \tag{3.26}$$

다분산성 고분자(polydisperse polymer)의 경우, 식 (3.24)는 다음과 같이 수정될 수 있다.

$$\Delta S_{\mathrm{m}} = -k\left(n_1 \ln \phi_1 + \sum_{i=2}^{N} n_i \ln \phi_i\right) \tag{3.27}$$

여기에서 합은 분자량 분포에 있어서 모든 고분자의 사슬(N)에 대하여 행해진다. 편의상, 가장 널리 사용되는 혼합에 의한 엔트로피 표현식인 식 (3.24)가 이 이후의 토론에서 주로 사용될 것이다. 식 (3.24)는 고분자 용액의 혼합 Gibbs 자유 에너지($\overline{\Delta G_{\mathrm{m}}}$)에 관한 엔트로피 항을 보여 주고 있다.

$$\Delta G_{\mathrm{m}} = \Delta H_{\mathrm{m}} - T\Delta S_{\mathrm{m}} \tag{3.28}$$

여기에서 혼합 엔탈피 ΔH_{m}에 관한 식을 알고 있으면 용매의 화학 포텐셜과 활동도에 관한 식을 다음과 같이 얻을 수 있다.

$$\Delta\mu_1 = \mu_1 - \mu_1^{\mathrm{o}} = \overline{\Delta G_{\mathrm{m}}} = \left(\frac{\partial \Delta G_{\mathrm{m}}}{\partial n_1}\right)_{T,p} \tag{3.29}$$

여기에서 $\overline{\Delta G_{\mathrm{m}}}$은 혼합에 의한 분몰(partial-molar) Gibbs 자유 에너지 변화이며 용매의 활동도는 화학 포텐셜과 다음과 같은 관계를 갖는다.

$$\ln a_1 = \frac{\Delta\mu_1}{kT} \tag{3.30}$$

이상 용액(ideal solution)의 경우에는 $\Delta H_{\mathrm{m}} = 0$이다. $\Delta H_{\mathrm{m}} \neq 0$이고, ΔS_{m}은 식 (3.20)에서처럼 주어지는 용액을 **정규** 용액(regular solution)이라고 하며, 이것은 고분자 혼합물에 대한 대부분의 열역학 모델의 대상(subject)이다. Flory와 Huggins가 혼합 엔탈피에 대하여 나타낸 식은

$$\Delta H_{\mathrm{m}} = zn_1 r_1 \phi_2 \Delta\omega_{12} \tag{3.31}$$

이다. 여기에서 z는 격자 배위수 또는 주어진 셀(cell)에 바로 이웃한 셀의 수이고, r_1은 가장 일반적인 경우를 고려할 때 한 용매 분자 내에서의 분절의 수를 의미하며, 그리고 $\Delta\omega_{12}$는 **평균장 표현**(mean field expression)으로 주어지는 서로 다른 분자쌍(용매-고분자 또는 1-2)의 형성에 대한 내부 에너지 변화이다.

$$\Delta\omega_{12} = \omega_{12} - \frac{1}{2}\left(\omega_{11} + \omega_{22}\right) \tag{3.32}$$

여기에서 ω_{ij}는 $i-j$ 접촉 에너지이다. 식 (3.31)과 식 (3.32)로부터 이상 용액의 경우 ($\Delta H_m = 0$)에는 1-1, 1-2 및 2-2 분자 간 상호작용 에너지가 동일함을 알 수 있다.

z와 ω_{12}는 실험 인자(empirical parameter)의 특성을 가지므로, 다음과 같은 Flory **상호작용 인자**(interaction parameter) χ_{12}라고 불리는 1개의 에너지 인자를 정의하는 데 유리하다.

$$\chi_{12} = \frac{zr_1\Delta\omega_{12}}{kT} \ \chi_{12} \tag{3.33}$$

상호작용 인자는 (r_1개의 분절을 갖는) 용매 분자당 상호작용 에너지를 kT로 나눈 무차원 값이다. 식 (3.33)에 나타난 바와 같이 Flory-Huggins 모델에서 χ_{12}는 온도에 반비례하며 농도에는 무관하다.

혼합 엔탈피에 관한 식은 식 (3.31)과 식 (3.33)을 결합함으로써 다음과 같이 나타낼 수 있다.

$$\Delta H_m = kT\chi_{12}n_1\phi_2 \tag{3.34}$$

혼합 엔트로피(식 (3.24)) 및 엔탈피(식 (3.34))에 관한 표현식을 조합하면 혼합 Gibbs 자유 에너지에 관한 Flory-Huggins 식이 된다.

$$\boxed{\Delta G_m = kT\left(n_1 \ln\phi_1 + n_2 \ln\phi_2 + \chi_{12}n_1\phi_2\right)} \tag{3.35}$$

이 관계식으로부터, 용매의 활동도(식 (3.30))는 식 (3.35)로부터 다음과 같이 얻을 수 있다.

$$\ln a_1 = \ln\left(1-\phi_2\right) + \left(1 - \frac{1}{r}\right)\phi_2 + \chi_{12}\phi_2^2 \tag{3.36}$$

용매에 대응하는 분절의 수, r^*가 큰 고분자량 고분자의 경우, 식 (3.36)의 오른편에 있는 괄호 내의 $1/r$ 항은 다음과 같이 무시될 수 있다.

$$\boxed{\ln a_1 = \ln(1-\phi_2) + \phi_2 + \chi_{12}\phi_2^2} \tag{3.37}$$

Flory-Huggins 식은 여전히 널리 사용되고 있으며 고분자 용액의 열역학을 기술함에 있어서 크게 성공적이었다; 그러나, 원래의 표현 중에 강조하여야 할 다수의 한계점들이 있다. 그 중에서 가장 중요한 점은 다음과 같다.

- 충분히 농도가 진하여 균일한 분절 밀도를 갖는다.
- 혼합에 의한 부피 변화가 없다. (반면에 고분자와 용매 분자 간의 상호작용이 양호한 경우에는 부피의 감소를 초래한다.)
- 격자 내에서 고분자 분절과 용매 분자는 에너지적으로 우선적인 배치가 없다.
- Flory 상호작용 인자, χ_{12}는 조성에 무관하다.

원래의 Flory-Huggins 이론의 응용성을 확장하고 이론과 실험 결과의 일치를 향상시키기 위하여 그동안 많은 진보가 이루어져 왔다. 예를 들어, Flory의 원문[1]에 설명된 바와 같이 Flory와 Krigbaum[12]은 묽은 고분자 용액에 있어서의 열역학 이론을 개발하였다. Koningsveld[13]와 몇몇 사람들은 χ_{12} 인자가 성분 의존성을 포함하고, 고분자 다분산성을 설명할 수 있도록 실험적으로 수정함으로써 원래의 Flory-Huggins 이론과 실험 데이터와의 일치를 향상시켰다. 이들 두 접근법에 대하여서는 다음 절에서 간단하게 소개하기로 한다. Flory[11]와 몇몇 사람들이 개발한 보다 최근의 접근법에서는 혼합에 의한 부피 변화를 도입할 수 있도록 상태 방정식 이론을 적용하고 있다. 이들에 대해서는 3.2.3 절에서 논하고 있다.

3.2.2 Flory-Krigbaum과 수정된 Flory-Huggins 이론

Flory-Krigbaum 이론 Flory와 Krigbaum [12]은 개개의 고분자 사슬이 고립되어 용매 분자들의 지역으로 둘러싸여 있는 묽은 고분자 용액의 열역학을 기술하기 위한 모델을 제시하였다. Flory-Huggins 이론에서 다룬 준희석(semidilute) 용액의 경우와는 달리, 분절의 밀도는 균일하다고 더 이상 간주할 수 없다. Flory와 Krigbaum은 이 과정에서 묽은 수용액을 순수한 용매 지역으로 둘러싸인 고분자 분절로 구성된 집단의 분산(dispersion

---

* 분자량 분포를 가진 고분자 시료에서 r은 수평균 중합도, $\bar{X}_n$으로 간주할 수 있다.

of clouds)으로 보았다. 묽은 고분자 용액의 경우 용매 활동도에 관한 식은 다음과 같이 주어진다.

$$\ln a_1 = (\kappa_1 - \psi_1)\phi_2^2 \tag{3.38}$$

여기에서 κ_1과 ψ_1은 각각 열 및 엔트로피 인자*이다. 그리고 그들은 "이상(ideal)" 또는 theta(θ) 온도를 다음과 같이 정의하였다.

$$\theta = \frac{\kappa_1 T}{\psi_1} \tag{3.39}$$

이로부터 식 (3.38)은 다음과 같이 나타낼 수 있다.

$$\ln a_1 = -\psi_1\left(1 - \frac{\theta}{T}\right)\phi_2^2 \tag{3.40}$$

식 (3.40)으로부터 용매의 활동도는 온도가 θ 온도에 가까워짐에 따라 1에 접근함을 알 수 있다. 3.1절에서 논한 바와 같이, θ 온도에서 고분자 사슬의 크기는 무동요 크기(즉, 배제 부피 효과가 없는 경우)로 수축된다.

수정된 Flory-Huggins 이론 원래의 격자 이론에서 χ_{12}는 온도에 반비례(식 (3.33))하였으나, 실험을 통한 연구로 중요성이 나타난 농도 의존성에 대해서는 아무런 조항(provision)이 없었다. Koningsveld[13]와 몇몇 사람들은 실험 데이터와 일치시키기 위해 Flory-Huggins 식을 다음과 같이 일반적인 형태로 나타내었다.

$$\Delta G_m = RT(\phi_1 \ln \phi_1 + \phi_2 \ln \phi_2 + g\phi_1\phi_2) \tag{3.41}$$

식 (3.41)에서 g는 다음과 같이 ϕ_2의 멱급수(power series)로 나타내어지는 농도 의존성을 가진 상호작용 에너지항이다.

$$g = g_0 + g_1\phi_2 + g_2\phi_2^2 + \cdots \tag{3.42}$$

여기에서 각각의 g항인 g_k ($k = 0, 1, 2, \cdots$)는 다음과 같은 형태의 온도 의존성을 갖는다.

$$g_k = g_{k,1} + \frac{g_{k,2}}{T} \tag{3.43}$$

---

* $\overline{\Delta H_1} = RT\kappa_1\phi_2^2$; $\overline{\Delta S_1} = R\psi_1\phi_2^2$

3.2.3 상태 방정식 이론

Flory-Huggins 이론은 고분자 용액의 열역학을 기술하기 위한 출발점으로서는 여전히 유용하지만 많은 약점이 있다. 예를 들어, 간단한 격자 모델은 열역학적으로 좋은 용액의 경우에 중요할 수 있는 혼합에 의한 부피 변화는 설명할 수 없다. 이와 같은 사실은 특히 상평형 예측에 있어서 두드러진 약점으로 작용한다. 고분자 용액 열역학의 이론에 있어서 상당한 발전은 Flory[14]에 의하여 가장 먼저 제안된 상태 방정식(equation of state, EOS)에 기초를 둔 통계 열역학적 접근법을 채택함으로써 이루어졌다. 다른 성공적인 EOS 이론들은 Sanchez[15]와 Simha[16]에 의하여 제안되었다. 고분자의 열역학을 다루는 데 있어서 EOS 이론의 사용에 대해 소개하고자 하는 취지에서, 가장 먼저 제안되었고 아직도 널리 사용되고 있는 Flory EOS만을 이 절에서 기술하고자 한다.

Flory 상태 방정식 통계 열역학에 있어서 열역학적 변수는 관련된 분자의 크기 및 물리적인 상태에 의존하는 간단한 또는 복잡한 함수일 수 있는 적절한 분배함수로부터 얻어진다. 가장 간단한 분배함수는 헬륨과 질소와 같은 1원자 및 2원자 기체로부터 얻어진다. 고분자의 경우 Flory에 의하여 선택된 분배함수는 내부(즉, 분자내 화학 결합력), 및 외부(즉, 분자간 힘)의 자유도에 의한 기여로부터 얻어진다. 내부 기여는 온도에만 의존하나, 반면에 외부 기여는 온도와 부피 둘 다에 의존한다. Flory 분배함수는 다음과 같이 환산 형태로 나타내어질 수 있다[11].

$$Z = Z_{\text{comb}}\left(g\upsilon^*\right)^{rnc}\left(\tilde{\upsilon}^{1/3}-1\right)^{3rnc}\exp\left(rnc/\tilde{\upsilon}\tilde{T}\right) \tag{3.44}$$

여기에서 Z_{comb}은 조합 인자(combinatory factor)이고, g는 사소한 기하 인자, υ^*은 일반적으로 "hard-core" 또는 "closed packed" 부피라고 불리는 분절당 특성(비)체적(characteristic(specific) volume)이며, $\tilde{\upsilon}$는 특성 부피항으로 정의된 분절당 환산 부피이다. r은 분자당 평균 분절수, n은 분자수이며, c는 분절당 외부 자유도의 평균수*, 그리고 $\tilde{T}$는 나중에 정의하는 환산 온도이다. 식 (3.44)의 지수항은 배열, 또는 평균 포텐셜 에너지(van der Waals 식 형태)와 관계가 있고, 부피에 반비례한다.

통계 열역학은 분배함수로부터 EOS를 구하기 위하여 다음과 같은 관계식을 제공한다.

$$p = kT\left(\frac{\partial \ln Z}{\partial V}\right)_T \tag{3.45}$$

---

* 계에 있는 전체 자유도 수는 $3rnc$이다.

식 (3.44)에서 주어진 분배함수로부터 얻어지는 EOS는 다음과 같이 환산 형태로 나타낼 수 있다.

$$\boxed{\frac{\tilde{p}\tilde{\upsilon}}{\tilde{T}}=\frac{\tilde{\upsilon}^{1/3}}{\tilde{\upsilon}^{1/3}-1}-\frac{1}{\tilde{T}\tilde{\upsilon}}} \tag{3.46}$$

여기에서 $\tilde{p}$ 는 환산 압력이다. 환산 인자들은 다음과 같이 특성 인자들(각각의 순수 성분에 대한 3개의 EOS 인자인 υ^*, T^* 및 p^*)의 항으로 정의된다.

$$\tilde{\upsilon}=\frac{\upsilon}{\upsilon^*} \tag{3.47}$$

$$\tilde{T}=\frac{T}{T^*}=\frac{2\upsilon^* cRT}{s\eta} \tag{3.48}$$

그리고

$$\tilde{p}=\frac{p}{p^*}=\frac{2p\upsilon^{*2}}{s\eta} \tag{3.49}$$

여기에서 c는 분절당 평균 외부 자유도수를 나타내며, s는 분절당 접촉 자릿수이고, η는 접촉시 한 쌍의 자리를 특징짓는 에너지 인자이다. 특성 인자들은 실험적인 PVT 데이터로부터 얻어질 수 있다.* 4종의 저분자량 유기 화합물과 4종의 고분자에 대하여 25°C에서

---

* EOS(식 (3.46))를 일정한 압력에서 온도에 관해 미분하면 제로 압력에서 1개 분절당 "특정 hard-core" 부피를 다음과 같이 얻을 수 있다.

$$\upsilon^*=\upsilon\left[\frac{3+3\alpha T}{3+4\alpha T}\right]^3$$

EOS를 일정한 부피에서 온도에 관하여 미분하면 제로 압력에서 특성 압력을 얻는다.

$$p^*=\gamma T\tilde{\upsilon}^2=(\alpha/\beta)\tilde{T}^2$$

여기에서 α는 열팽창 계수(thermal-expansion coefficient),

$$\alpha=\frac{1}{V}\left(\frac{\partial V}{\partial T}\right)_p$$

β는 압축 계수(compressibility coefficient),

$$\beta=-\frac{1}{V}\left(\frac{\partial V}{\partial p}\right)_T$$

산출한 Flory-EOS 인자들에 대한 대표적인 값들은 표 3-2에서 보는 바와 같다. 일반적으로, υ^*와 T^*는 온도가 증가함에 따라 증가하나, p^*는 감소한다.

표 3-2 25℃에서 Flory 상태 방정식(EOS) 인자

고분자	v^* ($cm^3\ g^{-1}$)	T^* (K)	p^* ($J\ cm^{-3}$)
벤젠	0.8860	4709	628
사이클로헥세인	1.0012	4721	530
메틸 에틸 케톤	0.9561	4555	582
톨루엔	0.9275	5197	547
천연 고무	0.9432	6775	519
폴리다이메틸실록세인	0.8395	5530	241
폴리아이소뷰틸렌	0.9493	7580	448
폴리스타이렌	0.8098	7420	547

Flory의 EOS 이론을 **혼합물**(mixture)에 적용하기 위해서는 다음과 같은 두 가지 전제가 요구된다.

1. 용액 중의 두 성분의 "core" 부피는 가감성이다. 예를 들어, 이성분계의 hard-core 부피는 다음과 같다.

$$\upsilon^* = \frac{n_1\upsilon_1^* + n_2\upsilon_2^*}{n_1 + n_2} \tag{3.50}$$

2. 분자 간 상호작용 에너지는 분자 및/또는 분절 간의 **접촉 표면적**(surface area of contact)에 의존한다.

한 개의 분절은 임의의 단위이므로 분절의 크기는 $\upsilon_1^* = \upsilon_2^* = \upsilon^*$가 되도록 선택할 수 있다. 이는 이성분계 혼합물(binary mixture)에 대하여 다음과 같은 혼합 법칙을 나타낸다.

그리고 γ는 **열압력 계수**(thermal-pressure coefficient)이다.

$$\gamma = \left(\frac{\partial p}{\partial T}\right)_V$$

마지막으로 특정 온도는 EOS로부터 $\tilde{p} = 0$으로 하여 구한다.

$$T^* = \frac{T\tilde{\upsilon}^{4/3}}{\tilde{\upsilon}^{1/3} - 1}$$

$$\frac{1}{r} = \frac{\phi_1}{r_1} + \frac{\phi_2}{r_2} \tag{3.51}$$

여기에서 ϕ_1과 ϕ_2는 각각 성분 1 및 2의 **분절**(또는 core volume) **분율**(fraction)이다:

$$\phi_1 = 1 - \phi_2 = \frac{n_1 \upsilon_1^*}{n_1 \upsilon_1^* + n_2 \upsilon_2^*} \tag{3.52}$$

혼합물에 관한 **접촉 자릿수**(number of contact site), s는

$$s = \phi_1 s_1 + \phi_2 s_2 \tag{3.53}$$

여기에서 s_i는 성분 i의 분절의 **표면적**이다. 이와 유사하게 혼합물의 평균 외부 자유도수는 다음과 같이 표현될 수 있다.

$$c = \phi_1 c_1 + \phi_2 c_2 \tag{3.54}$$

각 성분의 **점유율**(site fraction)은 다음과 같이 정의된다.

$$\theta_2 = 1 - \theta_1 = \frac{\phi_2 s_2}{s} \tag{3.55}$$

혼합물의 **특성 압력**(characteristic pressure)은 다음과 같다.

$$p^* = \phi_1 p_1^* + \phi_2 p_2^* = \phi_1 \theta_2 X_{12} \tag{3.56}$$

여기에서 X_{12}는 아래 식과 같이 정의된 **교환 상호작용 인자**(exchange interaction parameter)이다.

$$X_{12} = \frac{s_1 \left(\eta_{11} + \eta_{22} - 2\eta_{12} \right)}{2\upsilon^{*2}} = \frac{s_1 \Delta \eta}{2\upsilon^{*2}} \tag{3.57}$$

여기에서 η_{ij}항은 $i-j$ 분절 쌍에 대한 에너지 인자이며, $\Delta\eta = \eta_{11} + \eta_{22} - 2\eta_{12}$이다. 교환 상호작용 인자는 Flory-Huggins 이론(즉, 식 (3.32))에서 $\Delta\omega_{12}$와 유사하나, 에너지 밀도의 차원을 가진다. 마지막으로 혼합물의 **특성 온도**(characteristic temperature)는 다음과 같다.

$$T^* = \frac{\phi_1 p_1^* + \phi_2 p_2^* - \phi_1 \theta_2 X_{12}}{\dfrac{\phi_1 p_1^*}{T_1^*} + \dfrac{\phi_2 p_2^*}{T_2^*}} \tag{3.58}$$

혼합물의 EOS는 환원 인자가 혼합물의 값을 나타낸다는 점을 제외하면 순수 성분의 EOS(식 (3.46))와 같은 형태로 주어진다. 혼합물의 환산 부피, $\tilde{\upsilon}$는 EOS로부터 저압에서 $\tilde{p}=0$으로 둠으로써 얻어질 수 있으며, 혼합물의 환산 온도인 $\tilde{T}$는 식 (3.58)에 의해 주어진 용액의 특성 온도를 사용하여 정의된다. 이어서 다른 중요한 값(quantity)들도 다음의 혼합 몰 엔탈피와 같이 계산할 수 있다.

$$\Delta H_{\mathrm{m}} = \frac{\theta_2 x_1 \upsilon_1^* X_{12}}{\tilde{\upsilon}} + x_1 \upsilon_1^* p_1^* \left(\frac{1}{\tilde{\upsilon}_1} - \frac{1}{\tilde{\upsilon}} \right) + x_2 \upsilon_2^* p_2^* \left(\frac{1}{\tilde{\upsilon}_2} - \frac{1}{\tilde{\upsilon}} \right) \tag{3.59}$$

여기에서

$$x_1 = \frac{n_1}{n_1 + n_2} \tag{3.60}$$

$\Delta\mu_1$에 대한 Flory EOS 식에서 중요한 관계식은 다음과 같이 주어진다.

$$\Delta\mu_1 = RT\left[\ln\phi_1 + \left(1 - \frac{\upsilon_1^*}{\upsilon_2^*}\right)\phi_2 \right] + \frac{\theta_2^2 \upsilon_1^* X_{12}}{\tilde{\upsilon}} + \upsilon_1^* p_1^* \left[3\tilde{T}_1 \ln\left(\frac{\tilde{\upsilon}_1^{1/3} - 1}{\tilde{\upsilon}^{1/3} - 1} \right) + \frac{1}{\tilde{\upsilon}_1} - \frac{1}{\tilde{\upsilon}} \right] \tag{3.61}$$

또는, 식 (3.61)은 다음과 같이 나타낼 수 있다.

$$\begin{aligned} \Delta\mu_1 = RT\left(\ln\phi_1 + \frac{1 - r_1}{r_2}\phi_2 \right) + p_1^* v_1^* \left[3\tilde{T}_1 \ln\left(\frac{\tilde{\upsilon}_1^{1/3} - 1}{\tilde{\upsilon}^{1/3} - 1} \right) + \tilde{\upsilon}_1^{-1} - \tilde{\upsilon}^{-1} + \tilde{p}_1\left(\tilde{\upsilon} - \tilde{\upsilon}_1\right) \right] \\ + \left(X_{12} - TQ_{12}\tilde{\upsilon}\right) v_1^* \frac{\theta_2^2}{\tilde{\upsilon}} \end{aligned} \tag{3.62}$$

식 (3.61)과 식 (3.62)의 중요한 차이점은 식 (3.62)의 마지막 항에서 Q_{12}가 포함된 것이다. 이 인자를 **비조합 엔트로피 보정**(non-combinational entropy correction) 항이라 부르며, 일반적으로 조정 가능한 인자로 사용된다. 표준 Flory-Huggins 관계식(식 (3.36), 여기에서 $\Delta\mu_1 = RT\ln a_1$ 및 $\phi_1 = 1 - \phi_2$)과 Flory EOS(식 (3.61))를 비교하여 보면 식 (3.61)의 괄호 안에 있는 첫 번째 항은 단순히 조합항인 것을 알 수 있다. Flory EOS 이론은 번거로운(cumbersome) 형태에도 불구하고 초기의 격자 이론에 비하여 상당한 진보를 나타내고 있다. 예를 들어, 이 이론은 혼합에 의한 과잉 부피를 다음과 같이 합리적으로 예측한다.

$$\frac{V^{\mathrm{E}}}{V} = \frac{\upsilon^{\mathrm{E}}}{\tilde{\upsilon}} = 1 - \frac{\phi_1\tilde{\upsilon}_1 + \phi_2\tilde{\upsilon}_2}{\tilde{\upsilon}} \tag{3.63}$$

나아가서, 이 이론은 다음 절에서 논의되는 바와 같이 전 영역에 걸친 고분자 용액에서 측정된 상분리 거동(observed phase-behavior)을 모델링할 수 있다.

3.2.4 상평형

고분자나 용매가 서로 잘 녹는가 또는 **섞이는가**(miscible)는 식 (3.28)에 나타낸 바와 같이 혼합물의 엔탈피와 엔트로피에 관련된 혼합 Gibbs 자유 에너지, ΔG_m의 부호에 의해 결정된다. 일정한 온도에서 용액의 조성(즉, 고분자의 부피 분율)에 대한 ΔG_m의 3가지 서로 다른 의존성이 그림 3-9에 도식되어 있다. 만약 ΔG_m이 곡선 I로 나타난 바와 같이 전 조성에서 양(+)이면 고분자와 용매는 전 조성에 걸쳐 완전히 섞이지 않으며 평형에서 공존하는 두 상으로 완전히 상분리가 된다. 또 다른 두 가지 가능성은 각각 곡선 II, III에서 나타난 바와 같이 부분 상용성과 완전 상용성(partial and total miscible)이다. 이성분계 혼합물이 전 조성에 걸쳐 완전 상용성이 되기 위해서는

$$\Delta G_{\mathrm{m}} < 0 \tag{3.64}$$

및 ΔG_m의 용매(성분 1) 또는 고분자(성분 2)의 부피 분율에 관한 2차 도함수가 전체 조성에서 양인 다음의 조건이 성립할 필요가 있다.

$$\left(\frac{\partial^2 \Delta G_{\mathrm{m}}}{\partial \phi_2^2}\right)_{p,T} > 0 \tag{3.65}$$

이와 같은 완전 상용성에 관한 2가지 조건은 곡선 III의 경우에는 만족되나 ΔG_m의 값에서 2개의 극소점을 나타내는 곡선 II의 경우에는 만족되지 않는다. 따라서 이 경우에 식 (3.65)에서 나타낸 미분 판정 기준은 ΔG_m－조성 곡선에 따른 모든 점에서는 만족되지 않는다. 이와 같은 2개의 ΔG_m의 극소점을 나타내는 용액은 양쪽 성분에 대해 각자 다른 조성을 포함하는 평형 공존하는 두 상으로 상분리된다. 두 평형 공존상의 조성(고분자의 부피 분율)은 그림 3-9에서와 같이 Gibbs 자유 에너지 곡선에 대한 공통 접선의 접점으로 주어지며, 용매가 풍부한 상의 조성은 ϕ_2^A로 나타내며 고분자가 많은 상은 ϕ_2^B로 나타낸다.

상평형은 용액의 온도에 의하여 크게 영향을 받는다. 실제로, 그림 3-9에 도식된 세 종류의 상거동 중에 어느 것도 계의 온도(또는 압력)를 바꿈으로써 생길 수 있다. 저분자량 화합물 용액에 대한 우리의 경험에 의하면 용질의 용해도는 그림 3-10에 주어진 상평형 그림에 도식된 바와 같이 온도가 상승하면 증가한다. 이 예에서, 아래에서 기술하는 바와 같이 **임계 상한 용액 온도**(upper critical solution temperature)를 나타내는 UCST로 정의

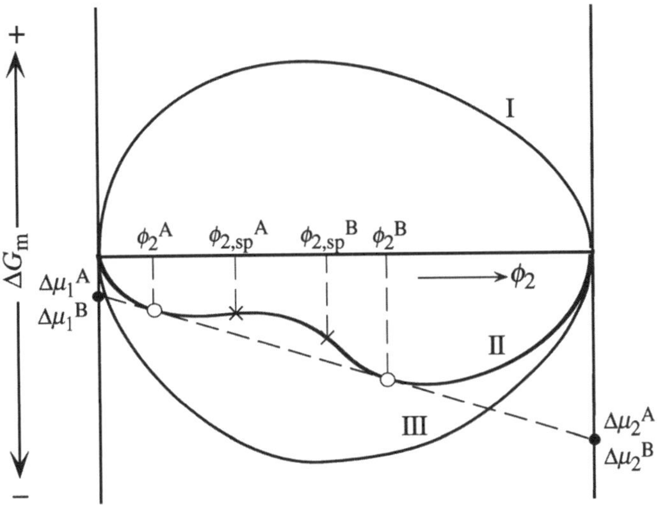

그림 3-9 등온, 등압에서 이성분계 혼합물의 혼합 Gibbs 자유 에너지, ΔG_m의 고분자의 부피 분율, ϕ_2에 대한 의존성. I. 전체 조성에서 불상용, II. 부분 상용성, III. 전체 조성에서 상용성. 부분 상용성(curve II)의 경우, 혼합물은 Gibbs 자유 에너지 곡선의 공통 접점에 해당되는 부피 분율 ϕ_2^A와 ϕ_2^B인 조성(o)을 가진 두 상으로 분리된다. 조성이 $\phi_{2,sp}^A$와 $\phi_{2,sp}^B$인 스피노달 점은 변곡점(×)에서 일어난다.

되는 점 이상의 온도에서는 용액이 균일하다(즉, 두 성분은 완전히 섞인다). 더 낮은 온도(즉, UCST 이하)에서 상분리는 혼합물의 전체 조성에 의존한다. UCST보다 낮은 주어진 온도(예를 들어, T_1)에서는 곡선의 바깥에 있는 조성은 균일한 상을 형성하는 한편으로 곡선 안의 조성에서는 열역학적으로 불안정하여 용액은 평형에서 두 상으로 상분리된다. 각각 A상 및 B상으로 나타낸 두 평형 공존상의 조성은 **바이노달**(binodal)이라 불리는 곡선상의 점으로 주어진다. 바이노달은 다음과 같이 주어진 이성분계 혼합물의 열역학적 평형의 조건을 만족시키는 점들의 궤적이다.

$$\mu_1^A = \mu_1^B \tag{3.66}$$

그리고

$$\mu_2^A = \mu_2^B \tag{3.67}$$

각 성분의 화학 포텐셜은 조성에 관한 혼합물의 Gibbs 자유 에너지의 도함수(식 (3.29))로 주어지므로, 각 평형 공존상의 화학 포텐셜은 그림 3-9에 나타낸 바와 같이 곡선 II에 그려진 공통접접선과 Gibbs 자유 에너지 축과의 절편으로부터 도식적으로 구하여진다.

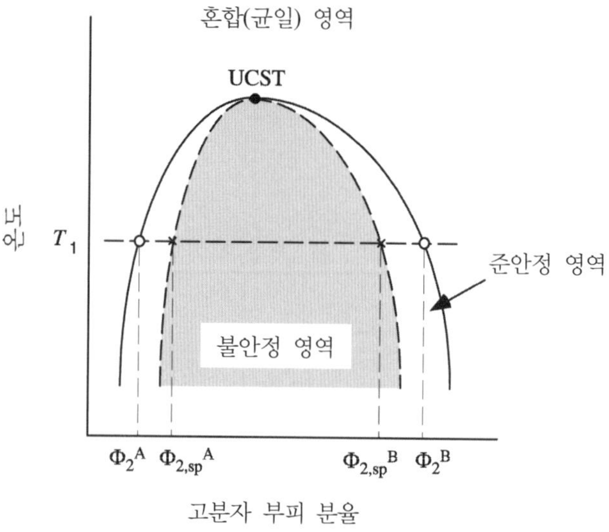

그림 3-10 임계 상한 용액 온도(UCST)를 나타내는 고분자 용액의 전형적인 상평형 그림 UCST(o), 스피노달 곡선(− −) 및 바이노달 곡선(—)

바이노달 영역과 불안정 영역 사이에는 **스피노달**(spinodal) 곡선으로 경계 지어진 **준안정**(metastable) 영역이 있다. 준안정 영역에서 시스템은 작은 농도 요동에는 견디나 결국에는 바이노달에 의해서 안정한 두 평형 공존상으로 분리될 것이다. 스피노달 곡선상의 점은 Gibbs 자유 에너지 그림(그림 3-9)의 곡선 II에 나타나 있는 변곡점에 해당되며, 다음과 같은 관계식을 만족한다.

$$\left(\frac{\partial^2 \Delta G_{\rm m}}{\partial \phi_2^2}\right)_{p,T} = 0 \tag{3.68}$$

바이노달 곡선과 스피노달 곡선은 **임계점**(critical point)에서 일치하고, 이 점에서 조성에 관한 혼합 Gibbs 자유 에너지의 3차 도함수는 다음 관계식을 만족시킨다.

$$\left(\frac{\partial^3 \Delta G_{\rm m}}{\partial \phi_2^3}\right)_{p,T} = 0 \tag{3.69}$$

임계 상한 용액 온도(UCST)의 경우, 임계점은 그림 3-10에서 볼 수 있는 바와 같이 상평형 그림의 정점(top)에 위치한다.

묽은 고분자 용액의 UCST 거동은 오래 전부터 관측되어 왔으나, 온도의 증가와 함께 고분자 용액의 상분리가 발생하는 현상이 처음 보고된 것은 1961년 이후이다[17]. 이 경우 바이노달 곡선과 스피노달 곡선은 **임계 하한 용액 온도**(lower critical solution tempearture,

LCST)라 불리는 온도 및 조성에서 일치한다. Flory-Huggins 이론(3.2.1절)의 중요한 결점은 고분자 용액의 LCST 거동을 예측할 수 없다는 점이다. 7.2절에서 논의하는 바와 같이, 최근의 상태 방정식 이론들(3.2.3절)은 용액의 전 조성에 걸친 상거동을 훨씬 더 성공적으로 예측할 수 있다.

3.2.5 상호작용 인자의 결정

Flory EOS 이론에서의 교환 상호작용 인자 X_{12}뿐만 아니라 χ_{12} 인자는 다음 절에서 소개하는 산란 방법이나 준결정성 고분자의 경우의 융점 강하(melting-point depression) 측정(4.2.2절) 등과 같은 다양한 기법을 이용하여 실험적으로 결정할 수 있다. 고분자-고분자 상호작용 인자와 고분자-용매 상호작용 인자를 결정함에 있어서 널리 사용되어 온 방법은 다음 절에서 논하는 역상 기체 크로마토그래피(inverse gas-chromatography, IGC)[18]이다.

역상 기체 크로마토그래피 역상(inverse phase)이란 용어는 특성을 파악하고자 하는 물질이 보통 기체 크로마토그래피에서와 같이 이동상(mobile phase)이 아닌 정지상(즉, bed packing)을 형성할 때 사용된다. 정지상(stationary phase)은 작은 구슬의 형태로 된 상업용 충전 물질 위에 고분자 또는 고분자 혼합물의 묽은 용액을 얇게 도포함으로써 만들어진다. 가끔 유동상이 코팅 공정에 사용된다. 이렇게 도포된 충전 물질은 잔류 용매를 제거하기 위하여 진공 건조시킨 후 고분자의 유리 전이 온도(T_g)보다 50°C 이상으로 가열된 GC 컬럼 속으로 패킹된다. 그런 다음 탐침용 용매(solvent probe)를 운반 기체(He 또는 H_2) 속으로 주입시킨 후 그것이 GC 컬럼으로부터 유출되는 데 걸리는 시간을 측정한다. 탐침은 컬럼을 통과하는 도중에 조밀 충전된 유동상의 액상 고분자 코팅 속으로 자연히(freely) 흡수된다. 용해도의 정도(즉, 활동도)는 **비머무름 부피**(specific retention volume), V_g가 계산될 수 있는 컬럼 내에 머무름 시간(retention time)과 직접 관련되어 있다. 이 값으로부터 용매의 무한 희석 상태에서의 부피 분율 활동도 계수는 다음과 같이 구하여진다[19].

$$\ln \gamma_1^{\infty} = \ln\left(\frac{a_1}{\phi_1}\right)^{\infty} = \lim_{\phi_1 \to 0}\left(\frac{a_1}{\phi_1}\right) = \ln\left(\frac{273.16 R v_2}{V_g p_1^{\circ}}\right) - \frac{p_1^{\circ}\left(B_{11} - V_1\right)}{RT} \tag{3.70}$$

여기에서 ϕ_1은 용매(탐침)의 부피 분율, $p_1°$은 운반 기체 속에 있는 용매의 증기압, v_2는 고분자의 비부피(specific volume), V_1은 용매의 몰부피, 그리고 B_{11}은 측정 온도에서의 순수한 용매 증기의 제2 비리알 계수이다. 여러 온도에서 γ_1^{∞}를 측정함으로써 다음과 같이 혼합열을 결정할 수 있다.

$$\Delta H_{\text{m}} = R\left[\frac{\partial \ln \gamma_1^{\infty}}{\partial(1/T)}\right] \tag{3.71}$$

식 (3.70)과 Flory-Huggins 식(식 (3.37))으로부터, Flory 상호작용 인자는 다음과 같이 직접 구하여진다.

$$\chi_{12} = \ln\left(\frac{273.16Rv_2}{V_{\text{g}}p_1^{\text{o}}V_1}\right) - \frac{p_1^{\text{o}}(B_{11} - V_1)}{RT} - 1 \tag{3.72}$$

유사한 방식으로 Flory 상태 방정식 중의 상호작용 에너지, X_{12}도 구할 수 있다.

3.2.6 용해도의 예측

용해도 인자 앞 절에서 논의한 바와 같이 많은 실험 방법에 의해 상호작용 인자 χ_{12}의 대략적인 값을 구할 수 있다; 그러나, 현 시점에서 χ_{12} 값을 정확하게 예측할 수 있는 이론은 없다. χ_{12}를 추정하고 용해도를 예측하는 데 사용할 수 있는 한 접근 방법은 일반적으로 **용해도 인자**(solubility parameter), δ의 개념에 바탕을 둔 것으로서 이는 원래 페인트와 코팅 산업에서 용매를 선택하는 지침으로 개발되었다. 용해도 인자는 응집 에너지 밀도(cohesive energy-density), E^{coh}, 또는 순수 액체의 몰 증발 에너지(molar energy of vaporization), ΔE^{V}와 다음과 같은 관계가 있다.

$$\boxed{\delta_i = \sqrt{E_i^{\text{coh}}} = \sqrt{\frac{\Delta E_i^{\text{v}}}{V_i}}} \tag{3.73}$$

여기에서 ΔE^{V}는 무한 희석 상태에서 포화 액체가 이상 기체 상태로의 등온 증발 시의 에너지 변화로 정의되며* V_i는 액체의 몰부피이다. δ의 단위는 $(\text{cal/cm}^{-3})^{1/2}$ 또는 $(\text{MPa})^{1/2}$이다.† 식 (3.73)은 어떤 용매의 ΔE^{V}와 V_i의 값을 알고 있을 경우에 용해도 상수를 계산하는 데 사용될 수 있다. 고상 고분자의 경우에는 증발열에 관하여 논하는 것이 부적절하므로 고분자의 용해도 상수는 간접적으로 결정하거나 원자단 기여 방법에 의하여 계산할

---

* 증발 에너지는 증발 엔탈피와 다음과 같은 관계가 있다.

$$\Delta E_i^{\text{v}} = \Delta H_i^{\text{v}} - RT$$

† 1 $(\text{cal cm}^{-3})^{1/2}$ = 2.045 $(\text{MPa})^{1/2}$

수 있다. 실험적으로는 주어진 고분자의 용해도 상수는 그것을 적당히 가교시켜 여러 다른 용매에서의 팽윤도(degree of swelling)를 상호비교함으로써 추정될 수 있다. 즉 고분자의 용해도 인자는 최대 팽윤을 일으키는 용매의 용해도 상수값으로 취한다. 다른 한편으로는 고분자의 용해도 상수는 13.1.4절에서 논하는 그룹 기여 방법을 사용하여 계산할 수도 있다. 고분자의 용해도 상수 δ를 계산하는 데 사용할 수 있는 또 다른 방법은 상태 방정식 $V(p, T)$에 관한 지식에 바탕을 두고 있다[20].

$$\delta \cong \sqrt{\frac{T\alpha}{\beta}} \tag{3.74}$$

여기에서 α는 (등압) 열팽창 계수이며,

$$\alpha = \left(\frac{1}{V}\right)\left(\frac{\partial V}{\partial T}\right)_p \tag{3.75}$$

그리고 β는 (등온) 압축 계수이다.*

$$\beta = -\left(\frac{1}{V}\right)\left(\frac{\partial V}{\partial P}\right)_T \tag{3.76}$$

상태 방정식은 대부분의 상업용 고분자에 대하여 구할 수 있다[21, 22].

용매와 고분자의 용해도 인자 값으로부터 혼합열은 Scatchard[23]-Hildebrand[24] 식에 의하여 추정할 수 있다.

$$\Delta H_{\mathrm{m}} = V\left(\delta_1 - \delta_2\right)^2 \phi_1\phi_2 \tag{3.77}$$

여기에서 V는 혼합물의 부피이다. 식 (3.34)를 사용하면 Flory 상호작용 인자 χ_{12}는 이 ΔH_{m}의 값으로부터 다음과 같이 산출할 수 있다.†

$$\boxed{\chi_{12} \cong \frac{V_1}{RT}\left(\delta_1 - \delta_2\right)^2} \tag{3.78}$$

---

* 일반적으로 부피는 압력의 증가와 함께 감소하므로 식 (3.76)에 있는 음(−) 부호는 β가 양(+)의 값을 갖게 한다.

† 때때로, Flory 상호작용 인자는 아래에서와 같이 엔탈피 성분(χ_{H}), 엔트로피(또는 residual) 성분(χ_{S})의 두 성분으로 되어 있다고 생각된다. 이 경우에는 다음과 같이 식을 쓸 수 있다.

$$\chi_{12} = \chi_{\mathrm{S}} + \chi_{\mathrm{H}} = \chi_{\mathrm{S}} + \frac{V_1}{RT}\left(\delta_1 - \delta_2\right)^2 \approx 0.34 + \frac{V_1}{RT}\left(\delta_1 - \delta_2\right)^2$$

표 3-3 몇 종류의 범용 용매와 고분자의 용해도 인자

	용해도 인자, δ^a	
	$(MPa)^{1/2}$	$(cal\ cm^{-3})^{1/2}$
용매		
n-헥세인	14.9	7.28
사염화 탄소	17.8	8.70
톨루엔	18.2	8.90
벤젠	18.6	9.09
클로로폼	19.0	9.29
테트라하이드로퓨란	19.4	9.48
클로로벤젠	19.6	9.58
염화 메틸렌	20.3	9.92
1,4-다이옥세인	20.5	10.0
N-메틸-2-피롤리돈	22.9	11.2
다이메틸폼아마이드	24.8	12.1
메탄올	29.7	14.5
물	47.9	23.4
고분자		
폴리아이소뷰틸렌	15.5	7.58
폴리설폰	20.3	9.92
폴리(바이닐 클로라이드)	21.5	10.5
폴리스타이렌	22.5	11.0
폴리(메틸 메타크릴레이트)	22.7	11.1
셀룰로스 아세테이트	25.1	12.3
폴리아크릴로나이트릴	25.3	12.4
폴리(바이닐 아세테이트)	25.7	12.7

[a] 25°C에서 Hansen 용해도 인자(식 (3.79))로부터 계산된 값; 환산 단위: 1 $MPa^{1/2}$= 0.489 $(cal\ cm^{-3})^{1/2}$

여기에서 V_1은 성분 1의 몰부피이다. 식 (3.77)의 형태에서 알 수 있듯이, 용해도 인자 접근법은 $\Delta H_m \geq 0$일 때 혼합열을 추정하는 데 사용할 수 있으나, $\Delta H_m < 0$(즉, 혼합열이 발열일 경우)일 때는 사용할 수 없다.

많은 경우 ΔH_m을 최소화하기 위하여 고분자의 용해도 상수와 용매의 용해도 상수값을 일치시키는 것은 주어진 고분자에 대한 용매를 선택하기 위한 유용한 접근 방법이지만, 수소 결합과 같은 특수한 상호작용이 존재하는 경우에는 맞지 않는다. 용해도에 대한 예측을 향상시키기 위하여 분산성(즉, van der Waals) 상호작용, 극성 상호작용 및 수소 결합 상호작용에 대한 각각의 기여를 포함하는 2차원 또는 3차원 용해도 인자가 때때로

이용된다. 특히, Hansen[25]에 의하여 제안된 3차원 모형의 경우, 전체 용해도 상수는 다음과 같이 구할 수 있다.

$$\delta = \sqrt{\delta_d^2 + \delta_p^2 + \delta_h^2} \tag{3.79}$$

여기에서 δ_d, δ_p 및 δ_h는 각각 분산성(dispersive), 극성(polar) 및 수소 결합(hydrogen bonding) 상호작용 인자이다. 표 3-3은 범용 용매 및 고분자에 대하여 식 (3.79)로부터 계산된 δ의 값을 보여 주고 있다.

3.3 분자량 측정

1.3절에서 논한 바와 같이, 상업용 고분자는 넓은 분자량 분포를 가지며, 따라서 그 시료의 특성 평가 시에 평균 분자량을 기록할 필요가 있다. 일반적으로 세 종류의 중요한 평균 분자량, 즉 수평균($\bar{M}_n$), 중량 평균($\bar{M}_w$) 및 *z*-평균($\bar{M}_z$)이 있다. $\bar{M}_n$, $\bar{M}_w$, $\bar{M}_z$의 절댓값은 각각 삼투압 측정(osmometry), 광산란(light scattering) 및 침전법(sedimentation)과 같은 **1차** 특성 결정(primary characterization) 법에 의하여 결정될 수 있다. 정확하지만 시간이 걸리는 이들 기법 이외에도 기준(reference)과 보정(calibration)용으로 사용할 수 있는 좁은 분자량 분포를 가진 고분자 시료를 이용하면 쉽게 고분자의 평균 분자량을 결정할 수 있는 다수의 **2차**(secondary) 방법이 있다. 이들 2차 방법 중에 가장 중요한 것은 가끔 크기 배제 크로마토그래피(size-exclusion chromatography, SEC)라고 불리는 젤투과 크로마토그래피(gel-permeation chromatography, GPC)이다. 이 방법은 고분자 시료의 전체 분자량 분포를 결정할 수 있으므로 모든 종류의 평균 분자량이 얻어질 수 있다. 또 다른 널리 사용되는 2차 방법은 점도 평균(viscosity average) 분자량($\bar{M}_v$)을 구할 수 있는 고유 점도의 결정이다. 일반적으로 $\bar{M}_v$는 $\bar{M}_n$과 $\bar{M}_w$의 사이에 위치한다. 고분자의 평균 분자량을 결정하기 위한 1차 방법과 2차 방법에 대하여 아래 절에서 논하고자 한다.

3.3.1 삼투압법

막삼투압 고분자 용액의 삼투압(osmotic pressure), Π는 용매의 화학 포텐셜($\Delta\mu_1$) 또는 용매의 활동도(a_1)로부터 다음과 같은 관계식을 통하여 구하여진다.

$$\Delta\mu_1 = RT\ln a_1 = -\Pi V_1 \tag{3.80}$$

여기에서 V_1은 용매의 몰부피이다. 용매의 활동도에 대한 Flory-Huggins 식(식 (3.37))을 식 (3.80)에 대입하고 재정리하면 다음과 같이 된다.

$$\Pi = -\frac{RT}{V_1}\left[\ln\left(1-\phi_2\right) + \phi_2 + \chi_{12}\phi_2^2\right] \tag{3.81}$$

이 관계식은 로그항을 Taylor 급수로 전개(부록 E 참조)하고, 아래의 관계식을 이용하여 고분자의 부피 분율(ϕ_2)을 고분자의 농도(c)로 치환함으로써 간단히 될 수 있다.

$$\phi_2 = cv \tag{3.82}$$

여기에서 v는 고분자의 비부피이다. 치환과 재정리를 통해 다음 식이 구하여진다.

$$\frac{\Pi}{c} = \frac{RT}{M}\left[1 + \left(\frac{Mv^2}{V_1}\right)\left(\frac{1}{2} - \chi_{12}\right)c + \frac{1}{3}\left(\frac{Mv^3}{V_1}\right)c^2 + \ldots\right] \tag{3.83}$$

이상 용액의 삼투압에 대한 van't Hoff 식

$$\frac{\Pi}{c} = \frac{RT}{M} \tag{3.84}$$

은 $\chi_{12} = 1/2$을 대입하고 c에 대한 2차 및 고차항을 무시하면(즉, 묽은 용액의 경우) 얻어질 수 있는 식 (3.83)의 특수한 혹은 제한된 경우로 간주될 수 있다. 다분산성 고분자량 고분자의 경우에는 식 (3.83)에서 사용할 적합한 분자량은 수평균 분자량인 $\bar{M}_{\mathrm{n}}$이다. 그러면 식 (3.83)은 재정리되어 다음과 같이 널리 사용되는 관계식이 된다.

$$\boxed{\Pi = RTc\left(\frac{1}{\bar{M}_{\mathrm{n}}} + A_2 c + A_3 c^2 + \ldots\right)} \tag{3.85}$$

여기에서 A_2와 A_3는 제2 및 제3 비리알 계수이다. 식 (3.83)과 식 (3.85)를 비교하면 비리알 계수에 대한 다음과 같은 관계식을 얻을 수 있다.

$$A_2 = \frac{v^2}{V_1}\left(\frac{1}{2} - \chi_{12}\right) \tag{3.86}$$

$$A_3 = \frac{1}{3}\left(\frac{\nu^3}{V_1}\right) \tag{3.87}$$

한계 묽은 용액(일반적으로 $c \leq 1$ g dL^{-1})에서, c의 2차 및 고차항을 포함하는 항은 무시할 수 있고, 따라서 c에 대하여 Π/RT_c를 플롯하면 절편 $1/\overline{M}_n$과 기울기 A_2를 가진 직선이 된다. 그림 3-11은 좋은 용매(사이클로헥세인)와 나쁜 용매(벤젠)에서 폴리아이소뷰틸렌의 다른 분자량 분율에 대한 삼투압 데이터를 비교한 것이다.

식 (3.86)에 주어진 A_2와 χ_{12} 사이의 관계식에서 나타난 바와 같이 제2 비리알 계수인 A_2는 고분자 용매 상호작용의 질(quality)의 편리한 척도이다. 고분자 사슬이 팽창하는 좋은 용매의 경우(즉, α>1, 식 (3.13)) A_2는 큰 값을 가지며, 따라서 χ_{12}는 작은 값을 갖게 된다(즉, <0.5). θ 조건(즉, α=1)에서는 $A_2 = 0$ 그리고 $\chi_{12} = 0.5$이다.

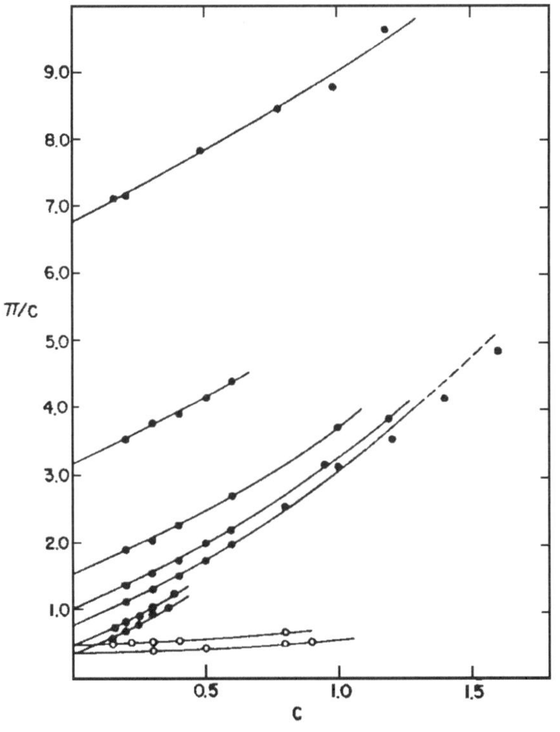

그림 3-11 벤젠(○)과 사이클로헥세인(•)에서 폴리아이소뷰틸렌의 분율(분자량 범위: 38,000~720,000)에 대한 Ⅱ/c와 c(g cm^{-3})의 플롯. Adapted with permission from W. R. Krigbaum and P. J. Flory, *Statistical Mechanics of Dilute Polymer Solutions. IV. Variation of the Osmotic Second Coefficient with Molecular Weight.* Journal of the American Chemical Society, 1953. **75**(8): p. 1775-1784.

삼투압을 결정하기 위한 실험 과정은 종종 많은 시간이 소모되기는 하나 비교적 간단하다. 막삼투압 측정계의 기본 설계는 그림 3-12에서 보는 바와 같다. 작동 시에는 순수한 용매와 그 용매 속에 분자량을 측정할 고분자 시료의 묽은 용액을 보통 셀룰로스 또는 셀룰로스 유도체로 된 반투막의 맞은 편에 놓는다. 재생 셀룰로스는 대부분의 유기 용매에 녹지 않으므로 고분자 반투막 재료로 가장 널리 사용된다. 보통, 반투막은 삼투압 측정에 사용되는 용매 속에서 일정 시간 동안 미리 조정된다. 이상적인 반투막의 경우 용매는 막을 통과하지만 용액 속의 고분자 분자는 통과하지 못한다. 순수한 용매와 고분자 용액 사이의 화학 포텐셜의 차이로 인하여 용매가 반투막을 통과하여 고분자 용액 속으로 들어가게 되어 고분자 용액이 담긴 용기의 용액 높이를 상승시킨다. 삼투압은 순수한 용매 모세관 속에 있는 용매의 높이와 평형 상태에 있는 반대편 모세관 속의 고분자 용액의 높이 차이를 나타내는 평형 용액의 높이(h)로부터 다음과 같이 계산된다.

$$\Pi = \rho g h \tag{3.88}$$

여기에서 ρ는 용매의 밀도이며 g는 중력 가속도(9.8066 m s^{-2})이다.

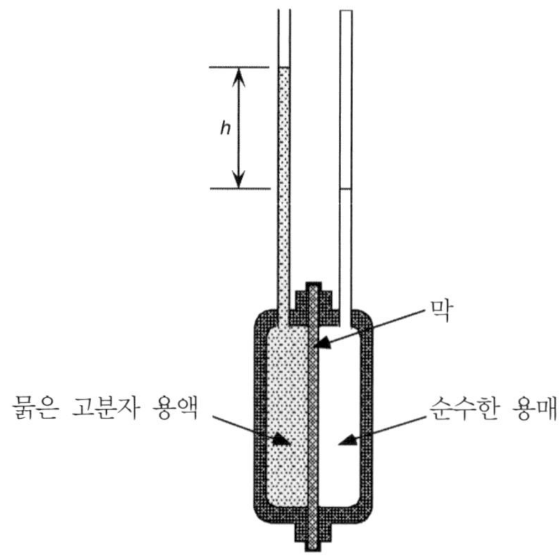

그림 3-12 간단한 막삼투압 측정계의 모식도

막삼투압 측정에 있어서 한 가지 본질적인 문제는 반투막의 성능이다. 어떠한 작은 분자라도 완전한 불투과성 막은 없으며, 따라서 삼투압 측정 도중 만약 막을 통하여 분자량이 작은 고분자가 용매 쪽으로 이동해 들어간다면 삼투압을 저해하게 되어 실제보다 높은 수평균 분자량($\bar{M}_n$)이 얻어지게 될 것이다. 이와 같은 이유로 막삼투압 측정은 약 20,000 이상의 분자량을 가진 고분자의 시료의 경우에 한하여 정확하다. 한편 막삼투압 측정법으로 고분자의 수평균 분자량을 결정하는 경우, 분자량이 큰 고분자 시료인 경우 발생하는 작은 삼투압을 측정하는 비정확성으로 인해 분자량의 상한은 약 500,000이다. 저분자량(즉, $< 20{,}000$) 소중합체 및 저분자량 고분자의 분자량 결정에는 증기압 삼투압 측정법(vapor-pressure osmometry, VPO)이라는 또 다른 기법이 선호되며, 특히 분자량이 약 10,000 이하의 경우에 잘 사용된다. 이 기법의 원리에 대하여 다음에 논하고자 한다.

증기압 삼투압 고분자를 용매에 넣으면 용매의 증기압은 용매의 활동도 감소로 인하여 순수한 용매의 경우보다 낮아질 것이다. 용매와 용액의 증기압의 차이 $\Delta p\left(= p_1 - p_1^{\circ}\right)$와 고분자의 수평균 분자량 $\bar{M}_{\mathrm{n}}$은 다음과 같은 관계로 주어진다.

$$\lim_{c\to 0}\left(\frac{\Delta p}{c}\right) = -\frac{p_1^{\circ}V_1^{\circ}}{\bar{M}_{\mathrm{n}}} \tag{3.89}$$

여기에서 p_1°과 V_1°은 각각 순수한 용매의 증기압 및 몰부피이다. 식 (3.89)에서의 Δp의 $\bar{M}_{\mathrm{n}}$에 대한 역의존성으로 인하여 작은 분자량의 고분자라 할지라도 용매의 증기압 강하에 대한 효과는 매우 작고, 따라서 용매 증기압의 직접 측정에 의한 용질의 분자량 결정은 오차를 많이 수반하게 되는 부정확한 방법이다. 이러한 이유로 아래에 기술하는 바와 같은 열전기(thermoelectric) 측정에 바탕을 둔 간접적인 방법이 상업 장치로 이용되고 있다.

그림 3-13에서와 같이 상업용 증기압 삼투압계는 포화 용매 증기를 포함하는 밀폐된 항온실(± 0.001°C)에 놓인 두 개의 조화된 서미스터(thermistor)를 이용한다. 주사기를 사용하여, 한 서미스터 위에는 한 방울의 용매를, 그리고 다른 서미스터 위에는 묽은 고분자 용액 한 방울을 떨어뜨린다. 용매 증기가 용액 속으로 응축되어 용액의 증기압이 용매의 증기압과 같게 될 때까지 용액 서미스터의 온도는 증가한다. 두 서미스터 간의 온도 차이는 저항의 차이(ΔR)로 기록되고 이것은 표준 저분자량 시료를 사용하여 보정된다. 묽은 용액의 농도 범위에 걸쳐 $\Delta R/c$의 값을 농도 0까지 외삽하면 다음 관계식을 통하여 $\bar{M}_{\mathrm{n}}$ 값을 구할 수 있다.

$$\left(\frac{\Delta R}{c}\right)_{c\to 0} = \frac{K_{\mathrm{VPO}}}{\bar{M}_{\mathrm{n}}} \tag{3.90}$$

여기에서 K_{VPO}는 분자량을 정확하게 알고 있는 저분자량 표준 물질에 대한 ΔR을 측정함으로써 얻어지는 보정 상수(calibration constant)이다. 막삼투압 측정의 경우와 마찬가지로 $\Delta R/c$와 c의 플롯의 기울기는 제2 비리알 계수와 관계가 있다. VPO에 대한 보정제의 선택 기준은 고순도(> 99.9%)와 저증기압($p_1°$의 < 0.1%)을 포함한다. 보정제로서는 수용액 중에서 측정하는 경우 만니톨(mannitol)과 수크로스(sucrose) 등이 있으며, 유기 용액 중에서 측정하는 경우에는 pentaerythrityl tetrastearate, 낮은 다분산 지수와 저분자량의 폴리스타이렌과 폴리아이소뷰틸렌 표준 물질이 있다. K_{VPO}를 구하기 위해서는 저분자량 표준 물질에 의한 보정이 필요하므로, VPO는 보정제가 필요 없는 막삼투압 측정과는 대조적으로, 2차 분자량 결정 방법으로 간주된다.

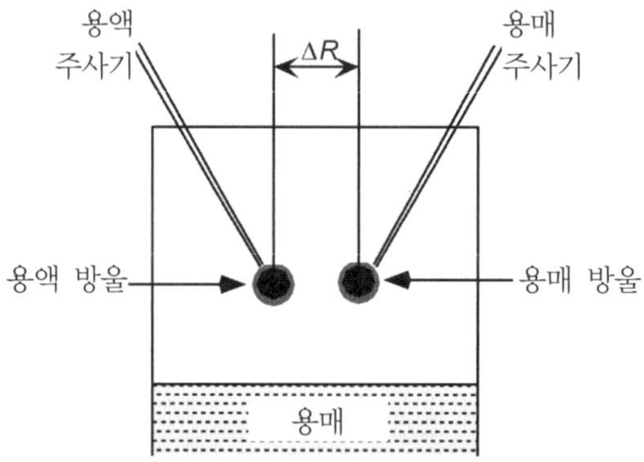

그림 3-13 증기압 삼투압 측정을 위한 기본 장치

3.3.2 광산란법

고분자의 중량 평균 분자량은 산란 방법에 의해서만 직접 결정될 수 있다. 가장 널리 사용되는 산란 기법은 묽은 고분자 용액으로부터의 광산란(light scattering)이다. 특별히 제조된 고상 시료의 경우에는 소각 중성자 산란(small-angle neutron scattering)에 의해서도 $\bar{M}_w$를 결정할 수 있다. 이 방법은 현재 고분자 연구에 있어서 큰 중요성을 갖지만, 시료 제조상의 어려움과 비용 및 특수 시설이 요구되는 관계로 고분자의 분자량 결정에 정기적으로 사용되지 않는다. 묽은 고분자 용액에 대한 광산란 측정의 기본 원리는 다음과 같다.

묽은 고분자 용액의 광산란에 대한 기본 관계식은 다음과 같이 주어진다.*

---

* 용액의 농도 요동(fluctuation)에 관한 열역학적 이론으로부터 산란광의 강도(intensity)와 용매의 화학 포텐셜 사이에는 다음과 같은 관계식이 주어진다.

$$R(\theta) = \frac{KcRTV_1\left(1+\cos^2\theta\right)}{-\partial\mu/\partial c} = \frac{KcRTV_1\left(1+\cos^2\theta\right)}{\partial\Pi/\partial c}$$

$$\boxed{\frac{Kc}{R(\theta)} = \frac{1}{\bar{M}_w P(\theta)} + 2A_2 c + \ldots} \tag{3.91}$$

이 식에서, K는 다음과 같이 순수한 용매의 굴절률 n_o, 묽은 고분자 용액의 비굴절률 증가 dn/dc, 및 입사광의 파장 λ의 함수이다.

$$K = \frac{2\pi^2 n_o^2}{N_A \lambda^4}\left(\frac{dn}{dc}\right)^2 \tag{3.92}$$

여기에서 N_A는 Avogadro 수(6.023×10^{23} molecules mol^{-1})이다. 비굴절률 증가, dn/dc는 고분자 농도의 증가에 따른 묽은 고분자 용액의 굴절률, n의 변화이다. 식 (3.91)에서 나타나는 $R(\theta)$ 항은 다음과 같이 정의되는 Rayleigh 비(Rayleigh ratio)라고 불린다.

$$R(\theta) = \frac{i(\theta) r^2}{I_o V} \tag{3.93}$$

이 식에서 I_o는 입사광의 강도이며, $i(\theta)$는 산란체의 부피 V로부터 r의 거리에서 입사광에 대하여 산란각 θ로 측정된 **산란광**의 강도이다. 식 (3.91)에 나타나는 $P(\theta)$ 인자는, 그림 3-15에 나타낸 바와 같이, 산란광 강도의 각도 의존성에 대한 분자 사슬의 크기 및 형태의 효과를 포함하는 **입자 산란함수**(particle-scattering function)라고 불린다. 입사광의 파장보다 더욱 작은 크기를 갖는 구형 입자는 대칭 모양의 산란광 강도를 생성시키는 독립 산란 중심(independent scattering center)으로 작용한다. 작은 입자의 경우 $P(\theta)$는 1이다. $\lambda/20$보다 큰 크기를 갖는 고분자 사슬의 경우에 광산란은 같은 고분자 사슬을 따라 여러 다른 지점에서 일어날 수 있고, $P(\theta) < 1$이다. 이 이유로 산란광 강도의 감소가 간섭(interference) 효과로 인하여 야기될 수 있으며, 따라서 그림 3-14에서와 같이 산란광 강도의 모양은 더 이상 구형 대칭이 아니다. 이 경우 산란광 강도의 각 의존성은 입자 산란함수에 의해 주어지며, 이것은 묽은 용액에서 랜덤 코일형의 **단분산**(monodisperse) 고분자 시스템의 경우에는 다음과 같이 나타내어진다.

$$P(\theta) = \frac{2}{\upsilon^2}\left[e^{-\upsilon} - (1-\upsilon)\right] \tag{3.94}$$

여기에서

$$\upsilon = 16\left(\frac{\pi n}{\lambda}\right)^2 \langle s^2 \rangle \sin^2\left(\frac{\theta}{2}\right) \tag{3.95}$$

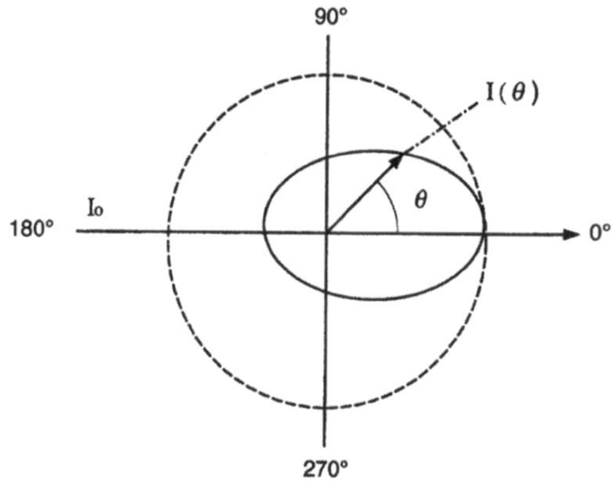

그림 3-14 작은 입자(점선의 원)와 큰 고분자 분자(실선의 타원)에 대하여 여러 산란 각도에서 광산란의 강도 분포

그리고 $\langle s^2 \rangle$은 평균 제곱 회전 반경(mean-square radius of gyration)이다. 선형 고분자의 경우에 $\langle s^2 \rangle$는 평균 제곱 말단 거리와 다음과 같은 관계를 갖는다.

$$\left\langle s^2 \right\rangle = \frac{\left\langle r^2 \right\rangle}{6} \tag{3.96}$$

그림 3-15는 광산란 측정에 대한 기본 장치를 보여 주고 있다. 고강도의 수은 등(mercury lamp)으로부터의 빛은 여과된 묽은 고분자 용액을 포함하는 유리로 된 시료 용기(sample cell)를 통과하기 전에 편광되며, 주어진 파장으로 여과된다. 각도 θ에서 산란된 빛의 강도는 이동성의 고전압 광배수관(photomultiplier tube)으로부터 신호로 기록된다.

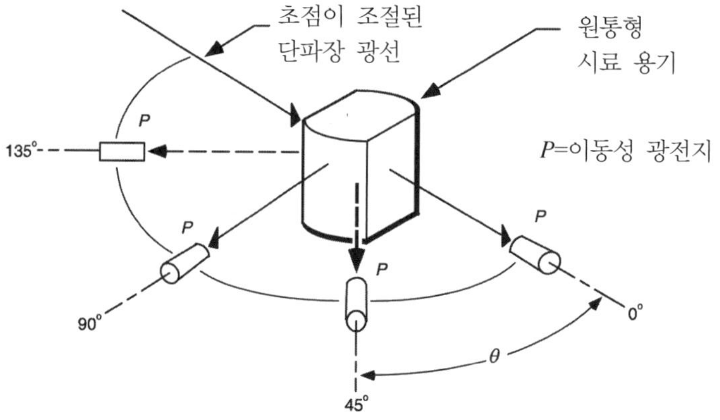

그림 3-15 전형적인 광산란 장치. From F. Rodriguez, *Principles of Polymer Systems.* 2003. Reproduced with permission of Routledge Publishing, Inc., in book format via Copyright Clearance Center.

식 (3.91)로부터 $\bar{M}_w$를 결정하기 위하여 $R(\theta)$가 측정된 각각의 산란 각도에서의 $P(\theta)$의 값을 알 필요가 있다. 일반적으로 그렇듯이 고분자의 분자량 분포가 다분산성일 경우, $P(\theta)$는 식 (3.94)로는 정확하게 주어지지 않고, 대신 고분자 시료 내의 다양한 크기의 사슬들의 양으로 분류된 여러 다른 크기의 고분자 사슬에 대한 비슷한 식들의 합(즉, 분자량 분포에 대하여 평균적인 값)으로서 주어진다. 이 정보는 일반적으로 알려져 있지 않으므로 $P(\theta)$에 대한 정확한 지식을 요구하지 않는 방법으로 실험 데이터를 처리하는 것이 관례이다. 실제로 다음 절에서 소개하는 Zimm 법(Zimm method)과 비대칭법(dissymmetry method)으로 불리는 두 접근 방법이 사용된다.

Zimm 법 광산란 데이터로부터 $\bar{M}_w$를 결정하는 가장 정확한 방법은 Zimm 플롯(Zimm plot)이다. 이 과정은 용액 속의 고분자 사슬의 입체 형태를 미리 알 필요가 없다는 장점을 갖고 있는 한편으로 상기의 비대칭법에 비하여 훨씬 더 많은 각도에서의 산란광 강도의 측정을 필요로 한다. 제로 농도(zero concentration)와 제로 각도(zero angle)에로의 이중 외삽은 다음에 논하는 바와 같이 분자량, 제2 비리알 계수 및 사슬의 크기에 관한 정보를 얻는 데 사용된다.

$P(\theta)$의 값이 1에 접근하는 작은 산란각의 한계에서 $1/P(\theta)$의 급수 전개에 의하여 식 (3.91)은 다음과 같이 된다.*

$$\frac{Kc}{R(\theta)}=\frac{1}{\bar{M}_w}\left[1+\frac{16}{3}\left(\frac{\pi n}{\lambda}\right)^2\langle s^2\rangle\left(\frac{\theta}{2}\right)\right]+2A_2c \tag{3.97}$$

그림 3-16에 여러 다른 산란각과 농도에서의 $Kc/R(\theta)$와 $\sin^2(\theta/2)+kc$의 그림이 도식되어 있다(k는 각 곡선 사이에 공간을 제공하기 위하여 부가한 임의의 상수이다). $\theta=0°$와 $c=0$으로의 이중 외삽, 여기에서 식 (3.97)의 오른쪽에 있는 제2와 제3항이 0이 되며, $\bar{M}_w$는 절편의 역수로 구해진다. 식 (3.97)로부터 알 수 있듯이 A_2는 $\theta=0$에서 외삽된 직선의 기울기의 1/2로 얻어지고, 평균 제곱 관성 반경은 다음과 같이 $c=0$에서의 외삽된 직선의 초기 기울기로 얻어진다.

$$\langle s^2\rangle=\frac{3\bar{M}_w}{16}\left(\frac{\lambda}{\pi n}\right)^2\times \text{slope}\ \ (\text{c = 0에서}) \tag{3.98}$$

---

* 묽은 고분자 용액의 산란에 사용되는 Rayleigh 비는 과잉 또는 환산 Rayleigh 비이다.

$$\Delta R_\theta = R_\theta(\text{용액}) - R_\theta(\text{용매})$$

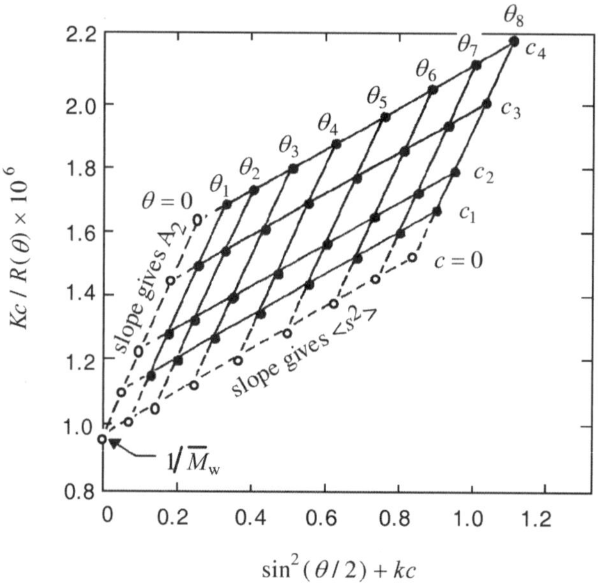

그림 3-16 여러 다른 산란각(θ)과 용액의 농도(c)에서 취하여진 광산란 데이터(•)에 대한 이상적인 Zimm 플롯. 제로 농도와 제로 산란각으로의 이중 외삽은 점선으로 나타나 있다.

Zimm 법의 한 가지 어려운 점은 측정에 많은 시간을 요한다는 점이다; 그러나, Zimm 법을 통해서 $\bar{M}_w$, A_2, $\langle s^2 \rangle$와 같은 많은 정보를 알 수 있다. 다음에 논하는 비대칭법을 이용하면 실험 수는 크게 감소하나, 사슬의 크기는 덜 확실하다.

비대칭법 비대칭법(dissymmetry method)에 의한 분자량 결정은 세 산란각-일반적으로 45°, 90°, 135°(그림 3-14 참조) - 과 여러 다른(묽은) 고분자 농도에서의 산란 강도의 측정을 요구한다. 비대칭비(dissymmetry ratio), z는 다음과 같이 정의된다.

$$z = \frac{i(45°)}{i(135°)} \tag{3.99}$$

z는 보통 농도에 의존하므로, 제로 농도에서의 값은 농도에 대하여 $(z-1)^{-1}$을 플롯함으로써 얻어진다. 이렇게 구해진 z의 값은 $P(90°)$를 구하는 데 사용될 뿐만 아니라 만약 용액 중에 있는 고분자의 입체 형태(예를 들어, 막대, 원판, 구 또는 랜덤 코일)를 알고 있으면 문헌치로부터 $\langle r^2 \rangle^{1/2}$의 값도 구할 수 있다. 만약 고분자의 입체 형태에 관한 특별한 정보가 없을 경우에는 전형적인 유연한 사슬 고분자의 경우에 해당하는 랜덤 코일 형태가 가정된다. 일단 이렇게 $P(90°)$의 값이 구하여지면 $\bar{M}_w$는 고분자의 농도에 대한 $Kc / R(90°)$의 플롯에서 절편(즉, 농도 0으로 외삽하였을 때 얻어지는 값)으로부터, 그리고 A_2는 기

울기로부터 구할 수 있다.

소각 레이저 광산란(LALLS) 최근에 헬륨-네온(He-Ne) 레이저(λ=6328Å)가 일부 상업용 광산란 장치에 이용되는 기존 광원(light-source)을 대체하고 있다. 이 레이저 광원이 갖는 높은 강도로 인하여 기존의 광원 경우보다 훨씬 더 작은 각도(2°에서 10°)에서의 산란 측정이 가능할 뿐 아니라 농도가 훨씬 낮고 크기가 작은 시료의 경우에도 적용이 가능하다. 낮은 산란각에서는 입자 산란함수 $P(\theta)$가 1에 접근하므로 식 (3.91)은 사실상 다음과 같이 작은 구상 입자에 의한 산란에 대한 종래의 Debye 식(Debye equation)으로 압축된다.

$$\boxed{\frac{Kc}{R(\theta)} = \frac{1}{\bar{M}_w} + 2A_2c} \tag{3.100}$$

따라서, 주어진 산란 각도에서 농도 c에 대한 $Kc/R(\theta)$ 플롯에서 절편의 역수로부터는 $\bar{M}_w$가, 그리고 기울기의 1/2로서 A_2가 얻어진다.

25°C에서 셀룰로스 아세테이트(CA)의 아세톤 용액에 대한 $Kc/R(\theta)$와 c의 대표적인 LALLS의 플롯이 그림 3-18에 나타나 있다. 이 플롯의 절편으로부터 CA 시료의 $\bar{M}_w$ 값은 150,000, 그리고 기울기로부터 제2 비리알 계수 A_2의 값은 7.53×10^{-3} mL mol g^{-2}로 얻어진다. LALLS 방법의 한계점 중의 하나는 산란이 오직 한 각도에서만 측정되므로 용액 속에 있는 고분자 사슬의 크기를 구할 수 없다는 점이다.

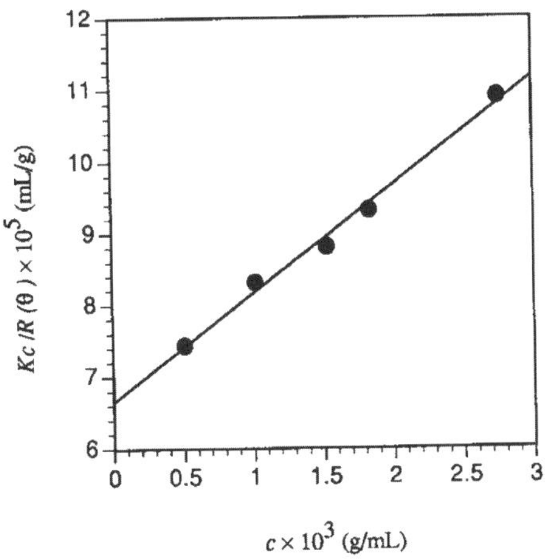

그림 3-17 아세톤에서 셀룰로스 아세테이트에 대한 소각 레이저 광산란 플롯[26]

3.3.3 고유 점도 측정

일반적으로 분자량 결정에 널리 사용되고 있는 방법은 용액 점도의 측정을 통하여 용액 속에 있는 고분자의 고유 점도(intinsic viscosity), $[\eta]$ 측정에 바탕을 둔 것이다. 분자량은 Mark-Houwink-Sakurada 식에 의하여 다음과 같이 $[\eta]$와 함수관계를 갖는다.

$$\boxed{[\eta] = K\bar{M}_{\mathrm{v}}^{a}} \tag{3.101}$$

여기에서 $\bar{M}_{\mathrm{v}}$는 분자량의 이산 분포(discrete distribution)에 대하여 다음과 같이 정의된 점도 평균 분자량이다(1.3절 참조).

$$\bar{M}_{\mathrm{v}} = \left[\sum_{i=1}^{N} N_i M_i^{1+a} \Big/ \sum_{i=1}^{N} N_i M_i\right]^{1/a} \tag{3.102}$$

K와 a는 주어진 고분자, 용매 및 온도에 따라 정해지는 실험(Mark-Houwink) 상수이다. 일반적으로 지수 a의 값은 θ 용매에 대한 값인 0.5와 열역학적으로 좋은 용매에 대한 값인 1.0 사이에 있다. 대부분의 상업적으로 중요한 고분자에 대하여 Mark-Houwink 인자의 값이 광범위하게 도표화되어 있으며[21], 여기에서는 그 중 몇몇 대표적인 중합체에 대한 전형적인 상수값을 표 3-4에 나타내었다. 보통 $\bar{M}_{\mathrm{v}}$의 값은 각각 삼투압 측정 및 광산란 측정으로부터 얻어지는 $\bar{M}_{\mathrm{n}}$과 $\bar{M}_{\mathrm{w}}$ 값 사이에 있다. 식 (3.102)로부터 $a = 1$을 가진 열역학적으로 좋은 용매일 경우에는 $\bar{M}_{\mathrm{v}} \equiv \bar{M}_{\mathrm{w}}$ 임을 알 수 있다. Flory[1]가 제안한 **최적 분포**(most probable distribution)의 분자량들 사이의 관계는 다음 식에서 보는 바와 같다.

$$\bar{M}_{\mathrm{n}} : \bar{M}_{\mathrm{v}} : \bar{M}_{\mathrm{w}} :: 1 : \left[(1+a)\Gamma(1+a)\right]^{1/a} : 2$$

여기에서 Γ는 감마함수이다(부록 E 참조).

고유 점도는 아래의 Huggins 식[27]에 의하여 함축적으로 나타내어진다.

$$\boxed{\frac{\eta_i}{c} = [\eta] + k_{\mathrm{H}}[\eta]^2 c} \tag{3.103}$$

여기에서 k_{H}은 특정 고분자/용매 조합뿐만 아니라 온도에 의존하는 무차원 인자(Huggins 계수)이다. 인자 η_i는 다음과 같이 정의되는 **상대 점도 증가**(relative viscosity increment)이다.

표 3-4 25℃에서 몇 종류의 고분자에 대한 Mark-Houwink 상수[a], K와 a

고분자	용매	$K\times10^3$ (mL g^{-1})	a
셀룰로스 아세테이트[b]	테트라하이드로퓨란	51.3	0.69
폴리카보네이트	테트라하이드로퓨란	38.9	0.70
폴리다이메틸실록세인	톨루엔	2.4	0.84
Poly(2,6-dimethyl-1,4-phenylene oxide)	톨루엔	28.5	0.68
폴리(메틸 메타크릴레이트)	벤젠	5.5	0.76
폴리스타이렌	테트라하이드로퓨란	14	0.70
	톨루엔	7.5	0.75
	벤젠	9.2	0.74
폴리(바이닐 아세테이트)	뷰탄온	42.0	0.62
폴리(바이닐 클로라이드)	테트라하이드로퓨란	16.0	0.77

[a] 광산란 데이터에서 얻은 값

[b] 55.5ωt% 아세탈 함량

$$\eta_i = \frac{\eta - \eta_s}{\eta_s} \tag{3.104}$$

여기에서 η 및 η_s는 각각 묽은 고분자 용액의 점도 및 순수한 용매의 점도이다. η_i/c는 일반적으로 환산 점도(reduced viscosity), η_{red} 또는 IUPAC* 명명법에 의하면 점도 수라고 불린다.

식 (3.103)의 형태로부터 알 수 있듯이 $[\eta]$는 그림 3-18에서 25°C에서 셀룰로스 아세테이트의 아세톤 용액에 대하여 나타낸 바와 같이 농도 c에 대한 환산 점도의 플롯의 절편으로부터 얻어질 수 있다. 실제로 환산 점도는 여러 농도에서 용액의 점도와 용매의 점도를 직접 측정하는 것이 아니라, 묽은 용액과 순수한 용매가 작은 유리 모세관 속에 있는 한 기준점으로부터 다른 기준점까지 내려가는 데 걸리는 각각의 시간 t와 t_s를 측정함으로써 얻어진다. 만약 이들 유출 시간이 충분히 길다면(예를 들어, >100 s) 상대 점도 증가는 다음과 같이 구할 수 있다.

$$\eta_i = \frac{t - t_s}{t_s} \tag{3.105}$$

유출 시간은 보통 시각적으로 측정하거나 시판용 광전지(photo cell) 장치를 이용하여 보

* International Union of Pure and Applied Chemistry.

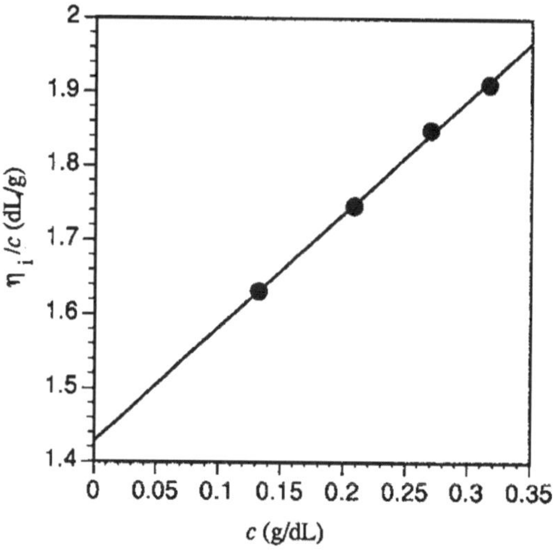

그림 3-18 25℃에서 아세톤에서 셀룰로스 아세테이트(고유 점도 1.43 dL g^{-1})의 농도에 대한 환산 점도의 플롯[26].

다 정확하게 측정할 수 있다.

모세관 점도계(capillary viscometer)로는 그림 3-19에서와 같이 Ostwald-Fenske 형태 또는 Ubbelohde 형태가 있다. Ubbelohde 형태의 점도계는 측정에 이용하는 초기 용액을 모세관 점도계 내에서 순수한 용매로 연속적으로 희석시킴으로써 여러 농도의 용액을 직접 만들 수 있는 장점이 있다. 측정 도중 점도계는 일정 온도(통상 25°C 또는 30°C)에서 ±0.02°C로 조절 가능한 항온조 속에 담겨져 있다.

고유 점도의 측정은, 점도 평균 분자량의 결정 외에도, 용액 속에 있는 고분자 사슬의 크기를 측정하는 데에도 이용할 수 있다. 평균 제곱 말단 거리와 고유 점도는 다음과 같

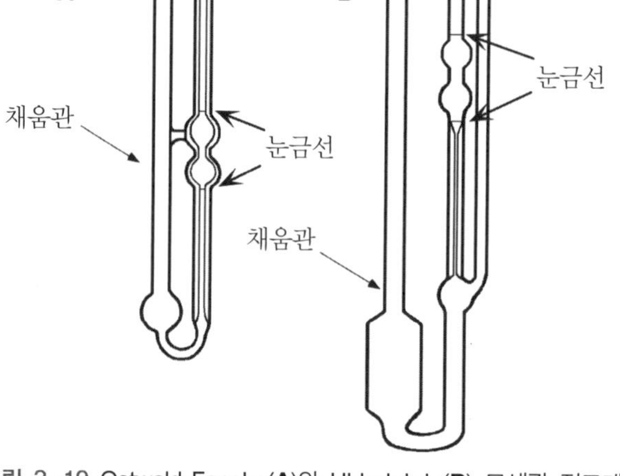

그림 3-19 Ostwald-Fenske(**A**)와 Ubbelohde(**B**) 모세관 점도계

은 관계가 있다[27].

$$\langle r^2 \rangle = \left(\frac{M[\eta]}{\Phi} \right)^{2/3} \tag{3.106}$$

여기에서 Φ는 Flory 상수(Flory constant)로 알려져 있는 범용 상수($\Phi \approx 2.1 \pm 0.2 \times 10^{21}$ dL mol^{-1} cm^{-3})로 간주된다.

3.3.4 젤투과 크로마토그래피

합성 고분자의 분자량 및 분자량 분포의 결정을 위하여 가장 널리 사용되는 방법 중의 하나는 젤투과 크로마토그래피(gel-permeation chromatography, GPC)로서 이것은 다분산성 고분자의 시료를 좁은 분자량 분포를 가진 다수의 성분으로 세분화하는 크기 배제 크로마토그래피(size-exclusion chromatography, 때로는 SEC로 불린다.)의 원리를 이용한다. GPC 분석의 기본 장치는 그림 3-20에서 보는 바와 같다. 일반적으로 30~50 cm의 길이를 갖는 여러 개의 작은 직경을 가진 컬럼들은 다공성의 미세한 입자들로 충전되어 있다. 이들은 보통(소량의 다이바이닐 벤젠(divinyl benzene)을 공단량체(comonomer)로 사용하여 가교된) 폴리스타이렌으로 만들어지거나 또는 에터르 결합이나 다이올(diol) 결합 등을 사용하여 개질된 다공성의 유리 구슬로 이루어진다. 입자의 기공 직경은 $10 \sim 10^7$ Å 의 범위이며, 이 크기는 용액 속에 있는 고분자 분자의 크기와 유사하다. GPC 작동 중에는 미리 여과된 순수한 용매가 일정 유속(보통 1~2 mL min^{-1})으로 컬럼을 통하여 연속적으로 순환된다. 여기에 소량(1~5 mL)의 묽은 고분자 용액(< 0.2 g dL^{-1})을 주사기로 주입하면 용매의 흐름을 따라 컬럼 속으로 운반된다. 이렇게 하여 고분자들은 이동상으로부터 기공의 부피를 채우고 있는 용매 분자로 구성된 정지상 속으로 확산될 수 있다. 분자량이 가장 작은 고분자는 구슬 기공의 내부에 깊이 침투할 수 있지만, 분자량이 매우 큰 고분자는 보다 작은 기공에 의해 완전 배제되거나 혹은 보다 큰 기공 속으로 일부만 침투할 수 있다. 순수한 용매를 주입한 후 용매가 컬럼 속으로 계속 흐르게 되면 용액 속에 녹아 있는 분자량이 가장 큰 고분자들이 먼저 컬럼 바깥으로 빠져나오게 된다. 그런 다음 이보다 바로 아래의 분자량을 가진 고분자가 유출되고, 이어서 이보다 바로 아래의 분자량을 가진 고분자가 유출되면서 이 과정은 주입된 용액 속에 있는 모든 고분자들이 분자량이 감소하는 순으로 컬럼 밖으로 나오게 될 때까지 반복된다. 고분리(high-resolution) 컬럼 속으로 전체 시료가 유출되는 데에는 여러 시간이 소요될 수 있다.

컬럼을 통하여 용출되는 각 분율 속에 있는 고분자의 농도는 적외선 또는 자외선 같은 고분자에 민감한 검출기를 이용하여 측정될 수 있다. 일반적으로 GPC의 검출기는 순수한 용매와 고분자 용액의 작은 굴절률의 차이를 감지할 수 있는 시차 굴절계(differential refractometer)이다. 검출기로부터의 신호는 시간의 함수로 기록되며, 여기에서 고정된 유속의 경우 시간은 용출 부피(elution volume, V_r)에 직접 비례한다. 상용 폴리스타이렌 시료에 대한 전형적인 GPC 크로마토그램이 그림 3-21에 나타나 있다.

주어진 고분자, 용매, 온도, 펌핑 속도 및 충전 컬럼에 대하여 용출 부피 V_r은 고분자의 분자량과 관계가 있다. 이 관계식의 형태는 시료의 용출 부피와 동일 조건하에서의 분자량을 알고 있는 좁은 분자량 분포를 가진 표준 시료의 용출 부피를 비교함으로써만 얻어

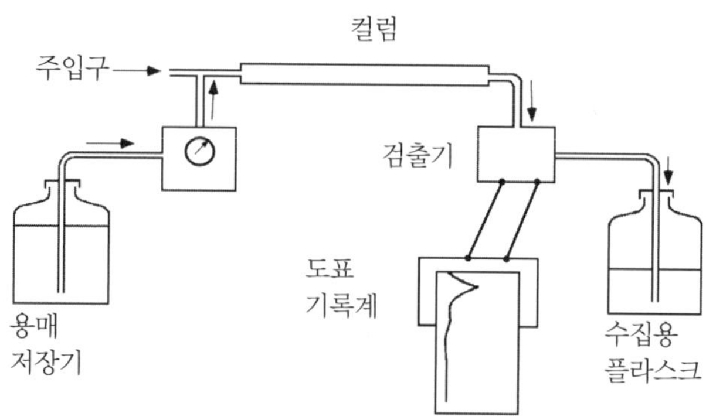

그림 3-20 젤투과 크로마토그래피(GPC). Harry Allcock and Frederick W. Lampe, *Contemporary Polymer Chemistry*, 2nd ed., ©1990, p. 396. Reprinted by permission of Prentice Hall, Englewood Cliffs, NJ.

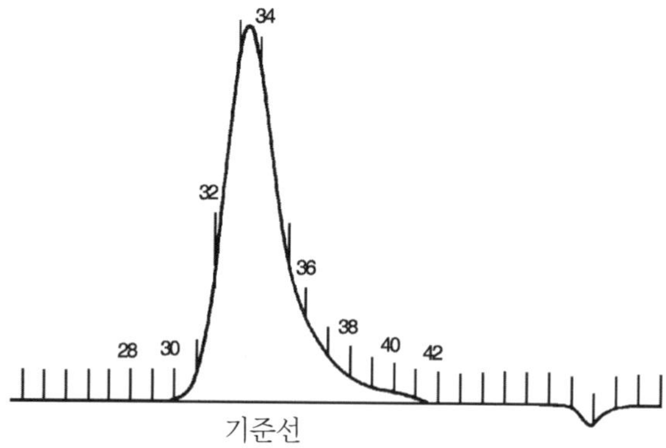

그림 3-21 테트라하이드로퓨란(THF)을 용매로 하고 2.0 mL min^{-1} 유속에서 측정된 폴리스타이렌 시료의 GPC 크로마토그램. 높은 용출 부피에 있는 음의 피크는 보통 안정화제, 물 또는 용존 공기와 같은 저분자량의 불순물에 기인한다. Adapted from L. H. Sperling, *Introduction to Physical Polymer Science*, Fig. 319, p. 88 Copyright ©1986 John Wiley & Sons. Used by permission of John Wiley & Sons, Inc.

질 수 있다. GPC용 고분자 표준 물질로서는 대부분의 경우 음이온 리빙(living) 중합(2.2.2절 참조)에 의하여 생성될 수 있는 폴리스타이렌과 폴리(메틸 메타크릴레이트)와 같은 소수의 고분자만이 상업적으로 구하여진다. 이와 같은 고분자 표준 물질은 분자량이 약 500~200만 이상까지 유효하며, 1.06 정도의 낮은 다분산성 지수를 갖고 있다. 동일한 용매 속에서 서로 다른 고분자들은 다른 크기를 가질 수 있으므로 폴리스타이렌 표준 물질을 사용하여 표준 물질을 구할 수 없는 다른 고분자의 용출 부피를 보정할 경우에는 특별한 주의가 요구된다. 이 목적에 이용될 수 있는 가장 정확한 절차는 그림 3-22에 플롯된 바와 같은 만능보정 곡선(universal calibration curve)을 이용하는 것이다.

만능 보정 방법은 고유 점도와 분자량의 곱인 $[\eta]M$이 용액 속에 있는 고분자 사슬의 유체역학적 부피(hydrodynamic volume)에 비례한다는 사실에 바탕을 두고 있다(식 (3.106) 참조). 이 유체역학적 부피는 GPC 컬럼 속 기공의 크기에 의하여 결정되는 유효한 분자의 부피(effective molecular volume)이다. 범용 보정 원리는 만약 동일한 용매와 온도에서 표준 고분자 물질과 미지의 고분자 시료에 대하여 각각 Mark-Houwink 상수(식 (3.101) 참조) 값을 알고 있을 경우에는 사용할 수 있다. 고분자의 평균 분자량을 계산함에 있어서 GPC의 신호 강도(즉, 그림 3-21에서 피크의 높이)는 W_i(식 (1.2))에 비례한다. 보정용 표준 시료에 대하여 V_r과 분자량(M_i)을 관련짓는 적당한 보정 곡선이 일단 구해지면 모든 종류의 평균 분자량 – $\bar{M}_n$, $\bar{M}_w$, $\bar{M}_z$ 및 $\bar{M}_{z+1}$ – 을 시판용 소프트웨어를 이용하여 계산할 수 있다. GPC와 소각 광산란 장치(3.3.2절)를 연결한 online coupling을 이용하면 용출 곡선을 별도로 보정할 필요 없이 분자량의 신속한 온라인 계산이 가능하다.

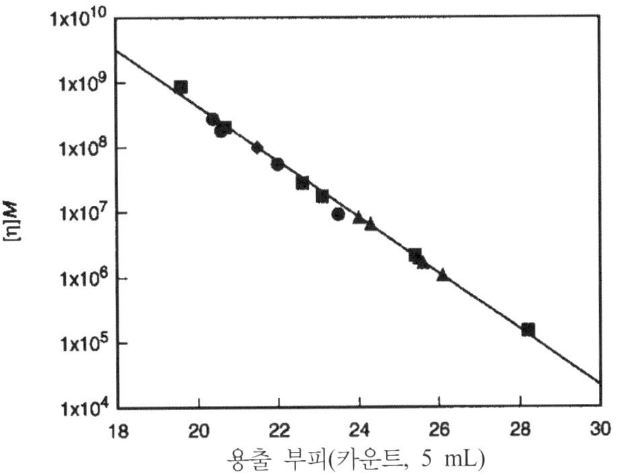

그림 3-22 테트라하이드로퓨란 용매 속에서 폴리스타이렌(■), 폴리(바이닐 클로라이드)(▲), 폴리뷰타다이엔(◆), 폴리(메틸 메타크릴레이트)(●)의 표준 시료를 사용하여 얻어진 만능 GPC 보정 곡선. 직선은 데이터에 맞추어 얻어졌다[28].

추천 문헌

Al-Saigh, Z. Y., *Recent Advances in the Characterization of Polymers and Polymer Blends Using the Inverse Gas Chromatography Method*. Polymer News, 1994. **19**: p. 269.

Barth, H. G., B. E. Boyes, and C. Jackson, *Size Exclusion Chromatography*. Analytical Chemistry, 1996. **68**: p. 445R.

Barth, H. G., and J. W. Mays, *Modern Methods of Polymer Characterization*. 1991, New York: John Wiley & Sons.

Cantow, M. J. R., ed., *Polymer Fractionation*. 1967, New York: Academic Press.

Danner, R. P., and M. S. High, *Handbook of Polymer Solution Thermodynamics*. 1993, New York: American Institute of Chemical Engineers.

Einaga, Y., *Thermodynamics of Polymer Solutions and Mixtures*. Progress in Polymer Science, 1994. **19**: p. 1.

Evans, J., *Gel Permeation Chromatography: A Guide to Data Interpretation*. Polymer Engineering and Science, 1973. **13**: p. 401.

Forsman, W. C., ed., *Polymers in Solution: Theoretical Considerations and Newer Methods of Characterization*. 1986, New York: Plenum.

Hansen, C., *Hansen Solubility Parameters: A User's Handbook*. 1999, Boca Raton: CRC Press.

Hunt, B. J., and S. R. Holding, eds., *Size Exclusion Chromatography*. 1989, New York: Chapman and Hall.

Morawetz, H., *Macromolecules in Solution*. 1975, New York: John Wiley & Sons.

Ward, T. C., *Molecular Weight and Molecular Weight Distributions in Synthetic Polymers*. Journal of Chemical Education, 1981. **58**: p. 867.

Yau, W. W., J. J. Kirkland, and D. D. Bly, *Modern Size-Exclusion Chromatography*. 1979, New York: John Wiley & Sons.

문제

3.1 폴리아이소뷰틸렌(PIB)은 35°C의 프로페인 증기 하에서 평형을 이룬다. 이 온도에서 프로페인의 포화 증기압($p_1°$)은 9050 mm Hg이며, 밀도는 0.490 g cm^{-3}이다. PIB의 분자량은 약 백만이고, 밀도는 0.915 g cm^{-3}이다. 각각 다른 프로페인의 부분압(p_1)에서 PIB에 흡착된 프로페인의 농도, c는 아래의 표와 같다. 이를 이용하여 PIB-프로페인 시스템에서 평균 Flory 상호작용 계수, χ_{12}의 평균값을 구하시오.

p_1 (mm Hg)	c(g propane/g PIB)
496	0.0061
941	0.0116
1446	0.0185
1452	0.0183

3.2 다음 표는 어떤 고분자 용액의 삼투압에 관한 데이터를 보여 주고 있다: 용매의 밀도가 0.85 g cm^{-3}이고, 온도가 25°C일 때 아래 질문에 대하여 답하시오.

c (g dL^{-1})	h (cm of solvent)
0.32	0.70
0.66	1.82
1.00	3.10
1.40	5.44
1.90	9.30

(a) Π/RTc를 농도 c에 대하여 플롯하시오.

(b) 분자량을 계산하고, 주어진 고분자 용액에 대한 제2 비리알 계수 A_2를 구하시오.

3.3 **(a)** $[\eta] = 4.8 \times 10^{-3}\ M^{0.5}$이고 45°C에서 acetonitrile(밀도, 0.7857 g cm^{-3})에 대한 폴리(메틸 메타크릴레이트)($\bar{M}_n$ = 100,000)의 0.5 wt% 용액의 삼투압을 atm 단위로 구하시오.

(b) 삼투압에 의한 모세관 상승 높이는 몇 cm인가?

(c) 염화 메틸렌에 대한 폴리설폰의 Flory 상호작용 인자를 구하시오.

(d) 위의 답에 근거하여, 폴리설폰에 대하여 염화 메틸렌이 좋은 용매인지 나쁜 용매인지를 설명하시오.

3.4 다음 표에 나타나 있는 두 종류의 용매에서 poly(vinyl pyridinium chloride)의 두 시료인 A와 B의 삼투압을 측정하였다. 결과에 대하여 논하고 이례적이라고 생각되는 부분에 대하여 설명하시오.

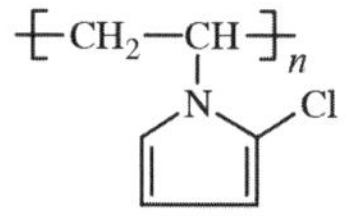

증류수에서 삼투압 자료

시료	c (g mL^{-1})	Π(atm × 10^3)
A	0.002	29
A	0.005	50
B	0.002	31
B	0.005	52

0.01N NaCl 수용액에서 삼투압 자료

시료	c (g mL^{-1})	Π(atm × 10^3)
A	0.002	5
A	0.005	13
B	0.002	2
B	0.005	5.5

3.5 30°C의 톨루엔 용액에서 폴리스타이렌(PS) 용액의 점도값들을 구하였다.

c (g dL^{-1})	t (s)
0	65.8
0.54	101.2
1.08	144.3
1.62	194.6
2.16	257.0

(a) 환원 점도를 농도의 함수로 플롯하시오.

(b) 이 PS의 고유 점도와 Huggins 상수, k_H를 계산하시오.

(c) Mark-Houwink 상수 $a = 0.725$, $K = 1.1 \times 10^{-4}$ dL g^{-1}을 이용하여 PS의 분자량을 계산하시오.

3.6 폴리스타이렌(PS)의 반복 단위의 분자량은 104이고, 탄소-탄소 사이의 거리는 1.54 Å 일 때 다음을 계산하시오.

(a) 분자가 자유롭게 회전하고 자유롭게 연결된 부피가 없는 사슬처럼 거동함을 가정할 때 분자량 백만의 폴리스타이렌에 대한 PS의 제곱 평균 말단 거리를 구하시오. 각각의 연결 고리는 폴리스타이렌 1개의 반복 단위와 동일하다고 가정한다.

(b) 35°C의 θ-용매에서의 고유 점도 [η]와의 관계식에서 PS의 무동요(unperturbed) 근 평균 제곱 말단 거리 $\langle r^2 \rangle_o^{1/2}$ 을 구하시오.

$$[\eta] = 8 \times 10^{-4} M^{0.5}$$

여기에서 [η]의 단위는 dL g^{-1}이다.

(c) PS에 대한 특성비 C_N은?

3.7 GPC에서 만능 보정 곡선의 이용은 [η]M, 즉 유체역학적 부피의 값이 모든 고분자에 대해 같은 용출 부피일 경우 같다는 점에 근거하고 있다. 만약 분자량이 50,000인 단분산 폴리스타이렌(PS)의 보존 부피가 25°C의 톨루엔에서 100 mL라면, 25°C의 톨루엔에서 같은 용출 부피를 가진 폴리(메틸 메타크릴이트)의 분율의 분자량은 얼마인가? PS에 대한 Mark-Houwink 상수 K와 a는 각각 7.54 × 10^{-3} mL g^{-1} 및 0.783이며, PMMA의 경우 각각 8.12 × 10^{-3} mL g^{-1} 및 0.71이다.

3.8 자유로이 연결된 고분자 사슬의 최적 말단 거리가 $(2nl^2/3)^{1/2}$로 주어짐을 보이시오.

3.9 소각 레이저 광산란에 의해 다이옥세인 중에서 측정된 셀룰로스 아세테이트(CA)의(환산 또는 과잉) Rayleigh 비(R_θ)가 아래와 같이 농도의 함수로 주어질 때, 굴절률(n_o)이 1.4199인 다이옥세인 중의 CA의 굴절률의 증가 (dn/dc)가 6.297×10^{-2} cm^3 g^{-1}이고, 빛의 파장(λ)이 6328 Å 이라면 CA의 중량 평균 분자량과 제2 비리알 계수(A_2)는 얼마인가?

$c \times 10^3$ (g mL^{-1})	$R(\theta) \times 10^5$ (cm^{-1})
0.5034	0.239
1.0068	0.440
1.5102	0.606
2.0136	0.790
2.517	0.902

3.10 Chromosorb P를 클로로폼에 대한 폴리스타이렌의 묽은 용액으로 코팅하고 전체적으로 건조시킨 후 GC 컬럼에 충전시킨다. 그런 후 GC 오븐에서 컬럼에 열을 가하여 200~270°C 범위의 여러 온도에서 유지시킨다. 각 온도에서 작은 양의 톨루엔을 주입하면서 컬럼 속을 빠져나오는 용질의 시간을 기록하고 공기로 측정하였을 때의 값과 비교한다. 이 정보로부터 비보존 부피(specific retention volume)는 아래의 표와 같이 계산된다. 이 데이터를 사용하여 Flory 상호작용 인자를 온도의 함수로 나타내시오.

T (°C)	V_g (mL/g-coating)
200	6.55
210	5.58
220	4.66
230	4.07
240	3.38
250	2.87
260	2.88
270	2.38

3.11 **(a)** 식 (3.72)를 유도하고, **(b)** 역상 기체 크로마토그래피 측정으로부터 얻어지는 Flory 상태 방정식에 나타나는 교환 상호작용 인자(X_{12})를 구하는 데 사용할 수 있는 식을 전개하시오.

3.12 식 (3.83)으로 주어진 삼투압에 대한 식을 유도하시오.

3.13 Flory-Huggins 상호작용 인자와 고분자와 용매의 용해도 상수 사이의 관계식인 식 (3.78)이 어떻게 유도되었는지 보이시오.

참고 문헌

1. Flory, P. J., *Principles of Polymer Chemistry*. 1953, Ithaca: Cornell University Press.
2. Flory, P. J., *Statistical Mechanics of Chain Molecules*. 1989, New York: Oxford University Press.
3. Mark, J. E., *Rubber Elasticity*. Journal of Chemical Engineering, 1981. **58**(11): p. 898-903.
4. Wool, R. P., *Polymer Entanglements*. Macromolecules, 1993. **26**: p. 1564–1569.
5. Flory, P. J., *Conformations of Macromolecules in Condensed Phases*. Pure and Applied Chemistry, 1984. **56**(3): p. 305–312.
6. Gee, G., and L. R. G. Treloar, *The Interaction between Rubber and Liquids. 1. A Thermodynamical Study of the System Rubber–Benzene*. Transactions of the Faraday Society, 1942. **38**: p. 147–165.
7. Flory, P. J., *Thermodynamics of High Polymer Solutions*. Journal of Chemical Physics, 1941. **9**: p. 660–661.
8. Flory, P. J., *Thermodynamics of High Polymer Solutions*. Journal of Chemical Physics, 1942. **10**: p. 51–61.
9. Huggins, M. L., *Solutions of Long Chain Compounds*. Journal of Chemical Physics, 1941. **9**: p. 440.
10. Huggins, M. L., *Theory of Solutions of High Polymers*. Journal of the American Chemical Society, 1942. **64**: p. 1712–1719.
11. Flory, P. J., *Thermodynamics of Polymer Solutions*. Discussions of the Faraday Society, 1970. **49**: p. 7–29.
12. Flory, P. J.. and W. R. Krigbaum, *Statistical Mechanics of Dilute Polymer Solutions. II*. Journal of Chemical Physics, 1950. **18**(8): p. 1086–1094.
13. Koningsveld, R., L. A. Kleintjens, and H. M. Schoffeleers, *Thermodynamic Aspects of Polymer Compatibility*. Pure and Applied Chemistry, 1974. **39**: p. 1–31.
14. Flory, P. J., *Statistical Thermodynamics of Liquid Mixtures*. Journal of the American Chemical Society, 1965. **87**: p. 1833–1838.
15. Sanchez, I. C., and R. H. Lacombe, *Statistical Thermodynamics of Polymer Solutions*. Macromolecules, 1978. **11**: p. 1145–1156.
16. Jain, R. K., and R. Simha, *On the Statistical Thermodynamics of Multicomponent Fluids: Equation of State*. Macromolecules, 1980. **13**: p. 1501–1508.
17. Freeman, P. I., and J. S. Rowlinson, *Lower Critical Points in Polymer Solutions*. Polymer, 1961. **1**: p. 20–26
18. Lipson, J. E. G., and J. E. Guillet, *Study of Structure and Interactions in Polymers by Inverse Gas Chromatography*, in *Developments in Polymer Characterisation*, J. V. Dawkins, ed. 1982, London: Applied Science Publishers, p. 33–74.
19. Everett, D. H., *Effect of Gas Imperfection on G.L.C. Measurements: A Refined Method for Determining Activity Coefficients and Second Virial Coefficients*. Transactions of the Faraday Society, 1965. **61**: p. 1637–1645.
20. Biros, J., L. Zeman, and D. Patterson, *Prediction of the χ Parameter by the Solubility Parameter and Corresponding States Theory*. Macromolecules, 1971. **4**: p. 30–35.
21. Brandrup, J., E. H. Immergut, and E. A. Grulke, eds., *Polymer Handbook*. 4th ed. 1999, New York: John Wiley & Sons.
22. Zoller, P., and D. J. Walsh, *Standard Pressure-Volume-Temperature Data for Polymers*. 1995, Lancaster: Technomic.
23. Scatchard, G., *Equilibria in Non-electrolyte Solutions in Relation to the Vapor Pressures and Densities of the Components*. Chemical Reviews, 1931. **8**: p. 321–333.

24. Hildebrand, J. H., and R. L. Scott, *The Solubility of Non-electrolytes*. 1959, New York: Reinhold.
25. Hansen, C. M., *The Three Dimensional Solubility Parameter—Key to Paint Component Affinities: I. Solvents, Plasticizers, Polymers, and Resins.* Journal of Paint Technology, 1967. **39**: p. 104–117.
26. Wang, C.-S., *The Effect of Solvent Quality on the Viscoelastic Properties of Concentrated Cellulose Acetate Solutions*, PhD Dissertation, Chemical Engineering, University of Cinicinnati, 1983.
27. Flory, P. J., and T. G. Fox, *Molecular Configuration and Thermodynamic Parameters from Intrinsic Viscosities.* Journal of Polymer Science, 1950. **5**: p. 745–747.
28. Grubisic, Z., P. Rempp, and H. Benoit, *A Universal Calibration for Gel Permeation Chromatography.* Journal of Polymer Science, Polymer Letters Edition, 1967. **5**: p. 753–759.

제4장 고분자의 고체 상태의 성질

일부 상업용 고분자, 특히 폴리올레핀은 구정(spherulite)이라는 초분자 구조(supramolecular) 내에서 사슬이 접힌 라멜라(lamella)가 연결되어 이루어지는 명확한(well-defined) 모폴로지(morphology)를 갖는 높은 결정성의 물질이다. 폴리에틸렌과 같은 일부 고분자의 단결정은 실험실적 조건하에서도 성장할 수 있지만, 완전한 결정성을 나타내는 벌크 고분자(bulk polymer)는 존재하지 않는다. 반결정 고분자의 경우에 규칙적인 결정 단위는 미배향된, 즉 무정형 영역을 구성하고 있는 무작위로 배열된 사슬(random-conformation chains)에 의하여 연결된다. 다른 고분자들은 무정형 매트릭스 내에서 불명확한(poorly defined) 결정 미세 구조로 이루어지는 매우 낮은 결정성을 가질 수 있다. 결정성이 낮은 상업용 고분자 중 중요한 물질은 폴리(바이닐 클로라이드)이다. 아탁틱 폴리스타이렌과 폴리(메틸 메타크릴레이트)와 같은 다른 많은 고분자들은 완전한 무정형(amorphous)이다. 모든 경우, 결정 구조의 존재와 같은 형태학적 측면은 고분자의 물리적, 열적, 기계적 특성에 큰 영향을 미친다. 본 장에서는 고분자 사슬의 미세 구조, 형태학, 벌크 물성, 사슬 형태와의 관계 및 사슬간(interchain) 효과 등과 관련된 주제, 나아가서 벌크 특성을 측정할 수 있는 방법에 대하여 논하고자 한다.

4.1 무정형 상태

아탁틱 폴리스타이렌과 같은 완전한 무정형 고분자들은 매우 높은 분자량에서 안정하고 유동을 제한하는 **얽힘**(entanglement)을 형성할 수 있는 길고 무작위로 감긴, 상호 침투 사슬로 존재한다. 무정형 고체 상태에서 사슬은 θ의 조건 하의 용액 속에서와 같이(3.1절 참조) 무동요 차원(unperturbed dimension)을 취한다. 용융 상태에서는 각각의 고분자 사슬의 긴 분절이 무작위의 micro-Brownian 운동을 할 수 있을 만큼 열에너지가 충분히 높다. 용융물이 식으면서 모든 긴 분절의 운동이 중단되는 온도에 이르게 된다. 이 특정 온도를 **유리 전이 온도**(glass transition temperature) 또는 T_g라고 하며, 이는 고분자의 구조에 따라 매우 폭넓게 변화한다. T_g 이하의 온도에서, 즉 유리 상태에서, 분자 운동은 몇몇 인접한 사슬 분절의 단거리 운동과 치환체의 운동만이 일어날 수 있다. 이러한 과정들을 **2차** 완화(secondary relaxation)라고 부른다. 사슬 얽힘, 유리 전이, 2차 완화 과정의 개념은 다음 절에서 논의하기로 한다.

4.1.1 사슬 얽힘과 사행운동

그림 4-1에 나타난 바와 같이 충분히 긴 고분자 사슬은 안정하며, 유동을 제한하는 얽힘을 형성할 수 있다. 적절한 비유는 그릇 속에 담긴 스파게티이다. 스파게티 가락 하나하나가 매우 길면 포크로 스파게티를 하나하나 분리한다는 것은 매우 어렵다. 그러나 스파게티 가락이 짧을 때는 쉽게 분리할 수 있다. 이 장에서 논하겠지만, 얽힘은 점탄성적 물성(5장 참조), 용융 점도(11장 참조), 그리고 응력 완화, 크리프, 크레이즈 형성과 같은 기계적 물성과의 관계에 있어서 매우 중요하다.

임계 분자량 안정된 얽힘을 형성하기 위한 고분자 사슬의 최소 길이, 즉 **임계 분자량**(critical molecular weight, M_c)은 고분자 사슬의 유연성에 의존하며 분자내 입체 장애(intramolecular steric hindrance)(3.1절 참조)의 척도인 특성비(characteristic ratio)에 직접

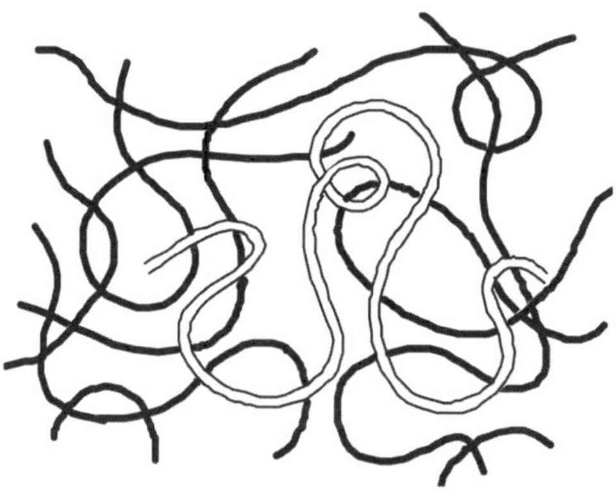

그림 4-1 얽힌 사슬 구조 내에서 고분자 사슬이 서로 얽혀 있는 모습. Reprinted from Pierre-Gilles de Gennes, *Scaling Concepts in Polymer Physics*. Fig. 11.1, p. 55. Copyright © 1979 by Cornell University. Used by permission of the publisher, Cornell University Press.

적으로 관련될 수 있다[1]. 폴리스타이렌과 같이 상대적으로 유연한 고분자 사슬은 높은 M_c를 갖는 반면, 폴리카보네이트와 같이 방향족 주사슬을 갖고 있는 보다 경직된 사슬을 갖는 고분자들은 상대적으로 M_c가 낮다. 관련 인자는 **얽힘간 분자량**(molecular weight between entanglements, M_e)이다. 대표적인 M_c 및 M_e의 값은 표 4-1에서 보는 바와 같다. 경험적으로 어림잡아, $M_c \approx 2M_e$이다. 일반적으로 대부분의 시판 고분자의 분자량은 최대의 열적, 기계적 물성을 갖기 위하여 M_c보다 상당히 크다. 예를 들어, 상업용 시판 폴리스타이렌의 분자량은 100,000~400,000 사이인 반면, M_c는 표 4-1에서 보는 바와 같이 약 31,200이다.

표 4-1 선형 고분자의 얽힘 분자량[a]

고분자	M_c	M_e
폴리카보네이트	4,800[b]	2,490[c]
시스-폴리아이소프렌	10,000	5,800
폴리아이소뷰틸렌	15,200	8,900
폴리다이메틸실록세인	24,400	8,100
폴리(바이닐 아세테이트)	24,500	12,000
폴리(메틸 메타크릴레이트)	27,500	5,900
폴리(α-메틸스타이렌)	28,000	13,500
폴리스타이렌	31,200	18,100

[a] From ref.[2] unless otherwise indicated.
[b] From ref.[1].
[c] From ref.[3].

사행운동 만일 각각의 사슬이 고체 상태에서 엉켜 있다면, 고분자가 T_g를 거쳐 가열되면서 고체 상태로부터 용융 상태로 될 때, 사슬의 장거리 운동이 어떻게 일어나게 되는가에 관해 의문이 제기된다. 이에 대한 합리적인 설명은 원래 노벨 수상자*인 Pierre-Gilles de Gennes[4]이 사행운동 이론을 기초로 하여 고분자 젤과 같은 고정된 망상 구조에 대하여 그 개념을 전개하였으며, 이어 용융물[5]과 농축 고분자 용액에도 그 개념을 확장하였다. 용융 상태에서 각각의 고분자 사슬은 이웃한 사슬의 위상적인 속박에 제한받는 국부적 Brownian 운동에 의하여 움직일 수 있다. 이 운동은 가상 관(virtual tube) 안에서 사슬이 마치 뱀이 움식이는 것과 같은 사행운동(reptation)을 한다고 하면 이는 그림 4-2의 위쪽 그림과 같이 이웃한 분자들과 엉켜 있는 위치에 의하여 정의된다. 사행운동 이론은

* 1991년 노벨 물리학상.

그림 4-2 얽힘 구조에서 속박 받는 고분자 사슬의 사행운동 모델. 이웃한 얽힘 위치에 의해 정의되는 가상적인 관 내에서 하나의 사슬이 제한된 움직임을 보인다. 아래 그림에 그려진 원은 움직임이 제한된 관(tube constraints)을 구성하는 사슬의 단면적을 나타낸다. Adapted from J. Klein, *Evidence for Reptation in an Entangled Melt*, Nature, 1978. **271**(5641): p. 143, with permission of the Nature Publishing Group.

엉켜 있는 고분자의 동력학적 및 점탄성적 물성에 관한 정성적이며 정량적인 분자 이론의 전개에 매우 성공적이었다.

4.1.2 유리 전이

앞서 언급한 바와 같이 무정형 고체 상태에서 용융 상태로 전이되는 온도가 유리 전이 온도 T_g이다. 몇몇 현상학적인 모델이 유리 전이에 대한 이해를 돕기 위하여 사용되었는데, 그 중 하나는 유리 전이가 **등점도**(isoviscous) 상태를 나타낸다는 것이다. 이는 고분자가 용융 상태로부터 냉각될 때, 저분자량이든 고분자이든 모든 유리 물질에 있어서 점도는 T_g에서 일반적인(최대) 값인 약 10^{12} Pa-s(10^{13} poise)까지 급격하게 증가함을 의미한다 [6].

두 번째는 유리 전이가 **등자유 부피**(isofree volume) 상태를 나타낸다는 것이다. 자유 부피, V_f는 주어진 온도에서 고분자의 실제 부피(또는 비부피), V와 절대 영도에서의 평형 부피, V_o의 차이로 정의된다.

$$\boxed{V_f = V - V_o} \tag{4.1}$$

절대 영도(absolute zero)에서 부피는 원자단 기여 방법에 의하여 쉽게 얻어지는 각각의 사슬 분절의 van der Waals 부피(van der Waals volume)의 합에 의하여 쉽게 구할 수 있다[7]. 자유 부피의 개념은 점탄성(viscoelastic) 성질의 시간-온도 중첩(5장), 용융 점도(11장) 및 투과성(12장)을 포함하는 고분자 과학의 다른 수많은 관련 주제에 매우 중요한 의미를 갖는다.

세 번째는 **등엔트로피**(isoentropic) 상태이다. 이는 Gibbs-Dimarzio 이론을 근거로 하고 있는데[8], Gibbs와 Dimarzio는 형태 엔트로피 S_c(고분자 분자나 사슬 집합을 배열하는 총 방법의 개수)가 영으로 되는 온도 T_2가 존재한다는 점을 제안하였다. 이러한 평형 상태의 온도는 실험적으로 측정된 T_g보다 약 52°C 정도 낮은 온도에 위치함을 보여 줄 수 있으며, T_g는 고분자 시료의 측정 과정에서 가열되고 냉각되는 속도에 의존한다(5.1.6절 참조). 3장에서 논의한 바와 같이, 고분자 사슬은 용액이나 용융 상태에서 수많은 공간적 형태(spatial conformations)를 취할 수 있다. 이들 각각의 형태는 에너지 상태를 달리 한다. 용융물이 식으면서 높은 에너지 형태로의 접근은 줄어든다. 만일 용융물을 평형 상태에 도달할 수 있을 정도로 무한히 느린 속도로 냉각하면 결과적으로 **가장 낮은 에너지**(lowest-energy)의 형태만이 가능한 온도(즉, T_2)에 이르게 될 것이다. 이 점에서 형태 엔트로피는 영이 될 것이다.

무정형 고분자의 유리 전이 온도는 고분자 사슬의 화학 구조에 따라 매우 광범위하게 변화한다. 표 4-2에 나타낸 몇몇 중요한 고분자들의 T_g 값에서 볼 수 있는 바와 같이 T_g는 300°C 또는 그 이상의 범위에 이를 만큼 다양하게 변화한다. 일반적으로 유연한 주사슬을 갖는 고분자나 작은 치환기를 지니는 고분자들(예를 들어, 폴리에틸렌, 폴리다이메틸실록세인)은 T_g가 낮은 반면에, 주사슬에 방향족 그룹을 갖는 고분자(예를 들어, 폴리설폰)와 같이 강직한(rigid) 주사슬을 지니는 고분자들은 T_g가 높다. 고분자의 열적 전이에서 구조-물성 관계에 대한 보다 더 상세한 내용은 4.3.3절에서 논하고 있다.

표 4-2 몇 종류의 무정형 고분자들의 유리 전이 온도

고분자	T_g(°C)
폴리다이메틸실록세인	-123
폴리(바이닐 아세테이트)	28
폴리스타이렌	100
폴리(메틸 메타크릴레이트)	105
폴리카보네이트	150
폴리설폰	190
Poly(2,6-dimethyl-1,4-phenylene oxide)	220

4.1.3 2차 완화 과정

앞서 논한 바와 같이, 2차 완화 과정은 무정형 유리(glassy) 상태에서 발생할 수 있는 미세 단위의 분자 운동이다. 이런 운동은 제한된 주사슬의 운동과 회전, 진동 또는 치환기의 가벼운 튐(flip)을 포함할 수 있다. 주사슬의 2차 완화로서 제안된 한 예는 그림 4-3에서 예시된 바와 같은 Schatzki **크랭크축**(crankshaft) 회전 모델이다. 이 모델에 따르면 5개의 인접한 결합들은 C−C 결합으로 구성되는 주사슬 주위를 회전하며 결합한다. Boyer가 제안한 보다 간단한 크랭크축 모델은 3개의 이웃한 결합의 회전을 포함한다. 이러한 제한적인, 또는 비협동적인 운동은 매우 낮은 온도(예를 들어, 약 -120°C)에서 일어날 수 있다. Boyd와 Breitling은 폴리에틸렌의 γ-완화에 영향을 주는 가능한 분자 운동을 형태 에너지 계산을 근거로 하여 설명하였다[9]. 주요 2차 그룹 기여는 다양한 자료에서 주어진다[10].

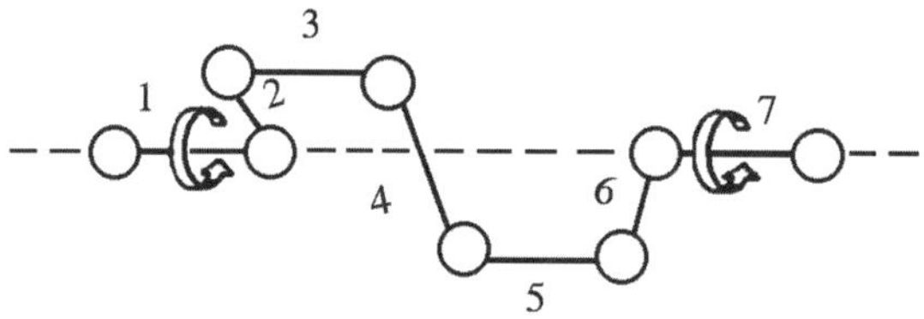

그림 4-3 탄소-탄소 주사슬의 크랭크축 운동을 나타내는 Schatzki 모델. 그림에서 점선은 2~6까지의 결합이 회전할 수 있는 가상적인 축을 나타낸다.

주사슬 2차 완화에 대한 또 다른 예는 폴리설폰이나 폴리카보네이트와 같은 고내열성 고분자의 주사슬에 있는 방향족 고리의 회전이다. 이들 주사슬의 2차 완화 운동 이외에 **치환기**(substituent group)는 유리 상태에서 매우 극단적으로 낮은 온도에서 회전하거나 전후좌우로 흔들릴 수 있다. 예를 들어, 폴리스타이렌의 벤젠 고리는 70 K 정도의 낮은 온도에서 회전할 수 있다. 이러한 모든 운동은 유리 상태를 나타내는 장거리의 주사슬의 협력적인 운동의 시작을 알리는 전조(precursor)로서 T_g 아래 유리 상태에서 일어날 수 있다. 2차 완화 과정의 크기나 온도의 지정은 유리 상태의 성질에 상당한 영향을 미친다. 예를 들어, 주사슬의 2차 완화 과정의 존재는 무정형 고분자의 충격 강도와 나아가서 기체 투과성(12장 참조)과도 관련된다.

4.2 결정 상태

4.2.1 고분자 사슬의 규칙성

용융 상태로부터 냉각된 일부 고분자들은 바람직한 조건하에서 규칙적인 결정 구조를 형성할 수 있다. 이런 결정성 고분자는 저분자량 화합물의 결정 또는 용액으로부터 결정화된 저분자량 고분자들의 결정에 비해 완전하지 못한 조직을 갖는다. 결정성 고분자 형태의 기본 단위는 일련의 접힌 사슬이 배열되어 이루어진 결정성 **라멜라**(lamella)이다. 접힌 구조에서 사슬의 재진입은 그림 4-4에서 예시된 것처럼 이웃하거나 이웃하지 않을 수 있다. 이웃하여 재진입하지 않는 모습은 그림 4-4A에 나타나 있다. 이웃하여 재진입하는 사슬은 촘촘한(또는 규칙적인) loop(그림 4-4B)를, 또는 느슨한(또는 불규칙적인) loop(그림 4-4C)를 형성할 수 있다. 전형적인 미세 결정의 두께는 100~200 Å 정도이다(10~20 nm). 이는 전체 사슬의 단지 일부분(예를 들어, 폴리에틸렌의 경우 40~80의 반복 단위)만이 각각의 접힘(fold)에 연루됨을 의미한다.

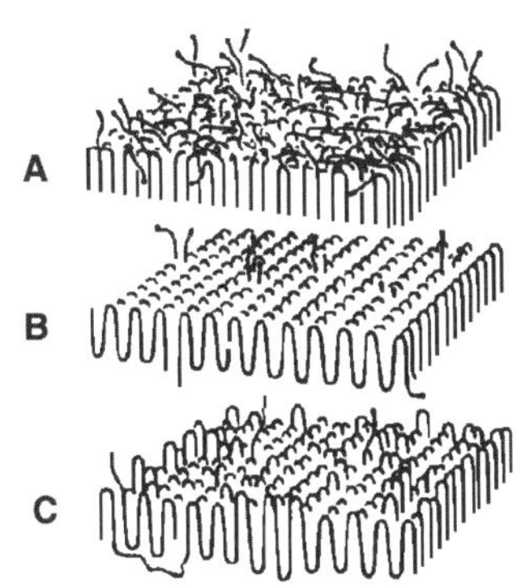

그림 4-4 고분자 결정에서의 세 가지 이상적인 사슬 접힘 모델. A. 고분자 사슬이 결정 내로 인접하지 않고 재진입하는 경우, B. 고분자 사슬이 규칙적으로 결정 내로 인접하여 재진입하는 경우, C. 고분자 사슬이 불규칙적으로 인접하여 결정 내로 재진입하는 경우. Reprinted from J. R. Fried, *Polymer Technology–Part 1: The Polymers of Commercial Plastics*, Plastics Engineering, June 1982. Fig. 7, **38**(7), p. 52. Reproduced with permission of Wiley, Inc.

앞서 논한 바와 같이, 높은 열에너지는 용융 상태에서 많은 수의 형태를 갖게 한다. 용융물이 냉각되면 보다 낮은 에너지 배위를 취하게 되며, 따라서 사슬들은 자유롭게 라멜라 구조를 형성할 수 있다. 많은 고분자에 있어서 가장 낮은 에너지 형태는 펼쳐진 사슬 또는 평면 지그재그 배위 상태이다. 이런 고분자들은 폴리에틸렌, 신디오탁틱 바이닐 고분자들과 사슬 사이에서 수소 결합을 할 수 있는, 예를 들어, 폴리(바이닐 알코올)과 나일론과 같은 고분자를 포함한다. 폴리프로필렌의 메틸기와 같이 보다 더 큰 치환기를 갖는 고분자, 대부분의 아이소탁틱 고분자, 폴리아이소뷰틸렌과 같은 일부 1,1-이치환 에틸렌 고분자의 경우에 있어서의 최저 에너지 형태는 나선 구조이다[11]. 폴리프로필렌의 경우는 3개의 단량체 단위가 나선 내에서 일회전한 형태이며(즉, 3_1 또는 3/1 나선), 폴리옥시에틸렌은 2회전당 7개의 반복 단위(7_2 또는 7/2 나선)를 이룬다. 사슬의 형태와 크기의 개념은 3장에서 다루고 있다.

용융 상태나 농축 용액으로부터 결정화된 일부 고분자에서 미세 결정은 그림 4-5에서 볼 수 있는 바와 같이, **구정**(spherulite)이라 불리는 보다 큰 구형 구조를 형성할 수 있다. 각각의 구정은 구정의 반경(성장) 방향에 수직인 사슬 축으로 배향되는 라멜라 미세 결정의 배열을 갖고 있다. 폴리프로필렌의 결정화에서와 같은 일부 경우, 사슬 접합이 반경 방향을 따라 배향되는 사슬과 함께 일어날 것이다. 편광 하에서 본다면 구정의 비등방성 모폴로지는 소광 십자(extinction cross), 몰타십자(Maltese cross)의 모습으로 나타나게 된다. 결정화의 초기 단계에서 이들 초분자 구조(supramolecular structure)는 구형이지만, 결정화도가 증가하면서 성장 구정은 결국 만나게 된다. 충돌에 의하여 일차 결정 성장이 멈추고 구정의 경계가 사라진다.

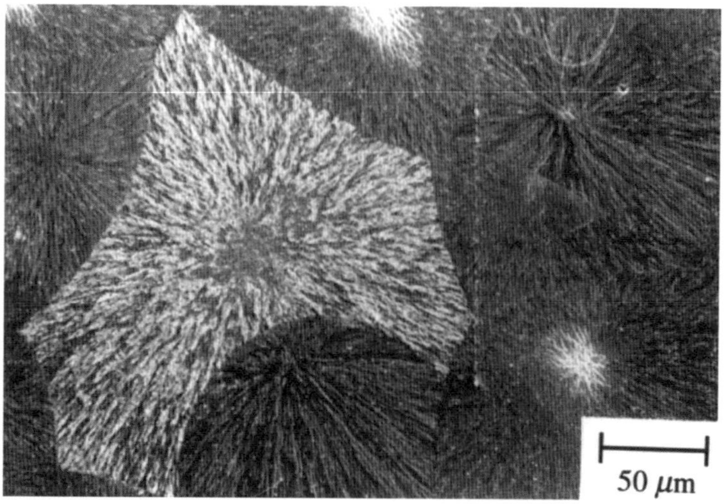

그림 4-5 폴리프로필렌 구정 구조의 주사 전자 현미경 사진. Carborundum-impregnated wire로 시료를 절단한 후 아주 고운 알루미나 가루(0.1μm)를 사용하여 표면을 광택을 낸다. Permanganic acid 용액으로 에칭을 하여 무정형 영역을 제거하고 라멜라의 구조를 관찰한다. 폴리프로필렌은 단사정 α-형태(어두운 부분)와 육방정 β-형태(밝은 부분)를 포함하여 몇 가지 결정 형태를 갖는다. 구정의 반경 구조와 이웃한 구정과의 충돌이 분명하게 나타나 있다. Courtesy of M. Aboulfaraj, Pechiney Centre de Recherches de Voreppe, France.

어떠한 고분자도 완전한 결정성이 아니며 심지어 고밀도 폴리에틸렌과 같이 결정성이 큰 고분자조차도 무질서한 무정형 물질을 갖는 격자 결점 영역을 갖는다. 따라서 반결정성 고분자는 무정형 영역에서 장거리 분절 운동에 상응하는 T_g와, 결정이 파괴되어 무정형이며 무질서한 용융물이 형성되는 **결정 용융 온도**(crystalline melting temperature), T_m 둘 다를 나타낸다. 대부분의 고분자에 있어서 T_g는 T_m의 대략 1/2 또는 2/3이다(Kelvin 온도에서). 일부 반결정 고분자의 대표적인 T_g와 T_m 값은 표 4-3에서 보는 바와 같다.

표 4-3 몇 종류의 반결정성 고분자의 열전이 온도

고분자	T_g(°C)	T_m(°C)
폴리카프로락톤	-60	61
폴리에틸렌(고밀도)	-120	135
폴리(바이닐리덴 플루오라이드)	-45	172
폴리옥시메틸렌	-85	195
폴리(바이닐 알코올)	85	258
폴리(헥사메틸렌 아디프아마이드)(나일론-6,6)	49	265
폴리(에틸렌 테레프탈레이트)	69	265

고분자의 화학 구조로부터 고체 상태에서 결정인지 무정형인지를 결정할 수 있다. 일반적으로, 고분자 분자가 치밀한 충전으로 결정 라멜라로 되고 분자 배향을 선호하는 사슬 사이에 특유의 상호작용을 갖는 경우에 결정화는 대칭 사슬 구조에서 우선적으로 일어난다. 예를 들어, 대칭적으로 치환된 반복 단위를 갖는 선형 폴리에틸렌과 폴리테트라플루오로에틸렌은 매우 높은 결정성이다. 아탁틱 폴리(바이닐 클로라이드)(PVC)는 비대칭적으로 위치한 염소를 가지고 있어 높은 무정형성이다. 폴리(바이닐리덴 클로라이드)에서처럼 2개의 염소 원자가 대칭적으로 동일한 탄소 원자에 존재하면 결정성은 다시 나아진다.

아탁틱 PVC는 무정형이지만, 아탁틱 폴리(바이닐 알코올)은 수소 결합과 같이 사슬간의 상호작용이 형성되어 부분적으로 결정성을 나타낸다. 나일론의 경우에는 결정화도를 향상시키는데 있어 특유의 상호작용들이 특히 중요한 역할을 하는데, 여기에서 하나의 사슬의 아마이드 카보닐기와 이웃한 사슬에 있는 아마이드기의 수소 원자 사이에 수소 결합을 형성할 수 있다. 그림 4-6은 나일론-6,6, 폴리(헥사메틸렌 아디프아마이드)에 있어서의 수소 결합을 보여 주고 있다. 나일론-6,6의 T_m은 265°C인데 비하여, 폴리에틸렌의 T_m은 135°C인데, 이는 폴리에틸렌에 극성기가 없어 사슬 간에 상호작용을 할 수 없기 때문이다.

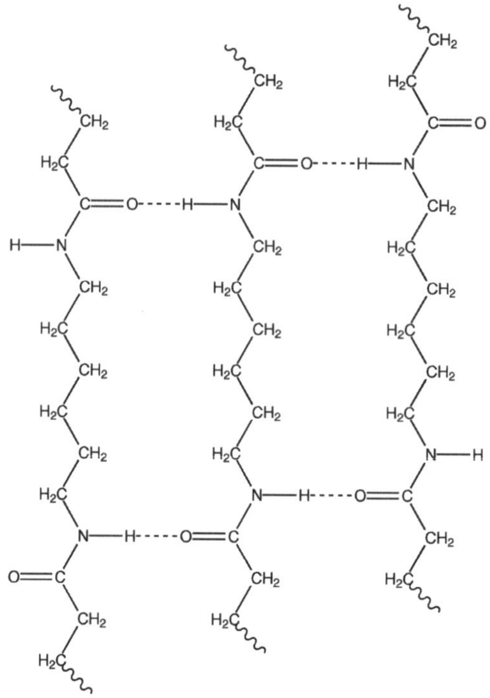

그림 4-6 나일론-6,6에서의 아마이드기 간의 수소 결합의 도식

입체 규칙성과 기하 이성질 현상(즉, 트랜스 배열)은 둘다 결정성을 선호한다. 예를 들어, 시스-폴리아이소프렌은 무정형인데 비해 보다 쉽게 충전되는 트랜스-폴리아이소프렌은 결정성을 나타낸다. 비록 시스-1,4-폴리(1,3-뷰타다이엔)은 부분적으로는 결정성이지만, 이것의 결정 형태는 트랜스 배열에 비해 불안정한데 이는 트랜스-1,4-폴리(1,3-뷰타다이엔)의 T_m(145°C)에 비하여 T_m이 2°C 정도 낮다는 사실로 나타난다. 일반적으로 보다 많은 입체 규칙성의 사슬 구조를 갖는 탁틱 고분자(tactic polymer)들은 아탁틱 고분자보다 결정성을 보다 더 나타내기 쉽다. 예를 들어, 아이소탁틱 폴리스타이렌은 결정성인 반면에 상품화된 아탁틱 폴리스타이렌은 무정형이다. 현탁 중합에 의하여 만들어진 상업용 PVC는 반복 단위의 일부가 신디오탁틱을 나타내어 약간의 결정성(약 11%)을 갖는다. PVC의 중합 온도를 낮추면 신디오탁틱 배치가 향상되고(favored) 결정 부분의 함량이 증가할 것이다.

4.2.2 결정-용융 온도

열역학 제1법칙으로부터, 고분자의 반복 단위당 융해(fusion) 자유 에너지, ΔG_u는 다음과 같이 나타낼 수 있다.

$$\Delta G_u = \Delta H_u - T\Delta S_u \tag{4.2}$$

여기에서 ΔH_u와 ΔS_u는 각각 반복 단위당 융해 엔탈피와 융해 엔트로피를 나타낸다. 평형 용융 온도($T=T_m^o$)에서, $\Delta G_u=0$이며, 따라서

$$T_m^o = \frac{\Delta H_u}{\Delta S_u} \tag{4.3}$$

로 된다. 표 4-4는 T_m^o, ΔH_u, 그리고 ΔS_u의 몇 가지 대표적인 값들을 보여 주고 있다.

표 4-4 결정성 및 결정화가 가능한 고분자의 열역학적 인자

고분자	T_m^o(°C)	ΔH_u(cal mol^{-1})	ΔS_u(cal^{-1} K^{-1} mol^{-1})
폴리에틸렌	146	960	2.3
폴리옥시메틸렌	180	590	3.5
폴리프로필렌	200	1386	2.9
폴리(에틸렌 테레프탈레이트)	280	6431	11.6
폴리카보네이트[a]	335	6348	10.4

[a] 용매-유도 결정(solvent-induced crystallization)

일반적으로, 측정한 결정-용융 온도(T_m)는 항상 평형값(T_m^o)보다 낮다. 여러 가지 인자에 의하여 이러한 융점 강하 현상(melting point depression)이 발생한다. 첫째는 한정된 가열 또는 냉각 속도의 속도론적 효과 때문이다. 다른 하나는 결정의 크기 때문인데, 이것은 결정화 과정의 조건 또는 불순물들에 의해서 영향을 받는다. 표면 자유 에너지는 미세 결정의 크기가 감소하면 증가하고, 따라서 T_m은 크기가 감소하면 낮아진다. 또한, 잔류 용매 또는 가소제와 같은 희석제에 의하여 T_m은 열역학적으로 감소하게 된다. Flory-Huggins 이론(3.2.1절 참조)을 이용하면, 희석제에 의한 고분자량 고분자의 융점 강하의 대략적인 관계는 다음과 같다.

$$\boxed{\frac{1}{T_m} - \frac{1}{T_m^o} = \left(\frac{R}{\Delta H_u}\right)\left(\frac{V_u}{V_1}\right)\left(\phi_1 - \chi_{12}\phi_1^2\right)} \tag{4.4}$$

여기에서 R은 이상 기체 상수, V_u는 고분자의 반복 단위당 몰부피, V_1은 희석제의 몰부피, ϕ_1은 희석제의 부피 분율, 그리고 χ_{12}는 희석제(성분 1)와 고분자(성분 2) 사이의 Flory 상호작용 인자(interaction parameter)이다. 식 (4.4)는 용매, 가소제, 또는 이차 고분자(second polymer)와 균일하게 혼합할 때 결정화할 수 있는 고분자의 상호작용 인자를

구할 수 있는 하나의 방법이 융점 강하임을 보여 준다. 희석제를 사용하면 결정의 크기가 줄어들어 T_m이 감소하기 때문에, 열역학적 효과로부터 결정 크기의 효과를 분리해야 한다[12].

4.2.3 결정화 동력학

주어진 고분자에서, 용융 과정에서 이루어진 결정화도는 결정화 속도 및 용융 온도를 유지하는 데 걸리는 시간에 따라 달라진다. 폴리(에틸렌 테레프탈레이트)와 폴리카프로락톤, 나일론-6,6과 같이 결정화 속도가 느린 몇몇 고분자들은 T_m 이상에서 빠르게 급랭하여 무정형 상태를 이룰 수 있다. 폴리에틸렌과 같이 결정화 속도가 훨씬 빠른 고분자들은 아무리 빠르게 냉각시켜도 결정화를 막을 수 없다. 고분자의 결정화 속도는 그림 4-7에서와 같이 결정화 온도에 따라 달라지는데, 이 그림은 폴리(에틸렌 테레프탈레이트)(PET)의 구정의 성장 속도에 미치는 온도의 영향을 보여 준다.

T_m에서는 결정성 라멜라가 용융체로부터 형성되자마자 빠르게 소멸되기 때문에 결정화 속도는 영(zero)이 된다. T_g에서는 사슬이 접히는 데 필요한 대규모 분절 이동성이 멈

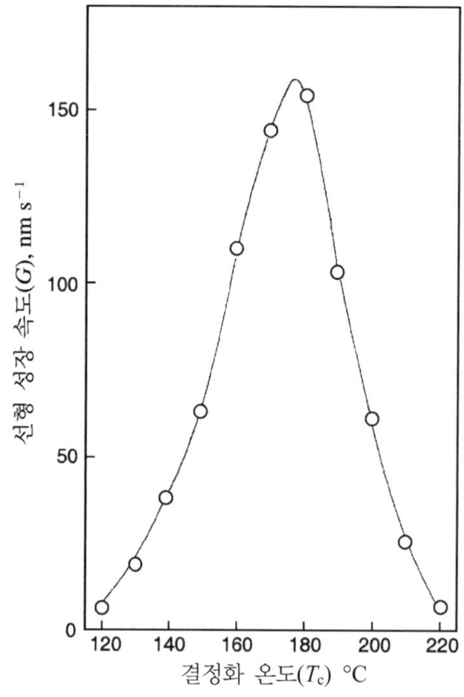

그림 4-7 압력 1 bar에서 결정화 온도에 따른 PET 구정의 선형 성장 속도[15]. 178℃ 근처에서 최대 성장 속도를 나타내고 있다. PET의 T_g는 69℃, T_m은 265℃ 정도이다.

춰지기 때문에, 마찬가지로 결정화 속도가 영이 된다. 어떤 중간 온도, T_{max}에서는 사슬 이동성과 라멜라 성장 사이에 최적의 균형이 성립된다. 결정화 속도가 최대가 되는 온도와 분자량은 무관하지만, 분자량이 증가함에 따라 최대 결정화 속도는 감소한다.

결정화 속도는 팽창법(dilatometric measurement)에 의한 부피 변화 측정, IR 분석, 그리고 광학 현미경을 이용한 시간에 대한 구정 반경 성장의 측정(예를 들어, 그림 4-7)과 같은 여러 가지 측정 방법으로 구할 수 있다. 결정화 과정 동안에 시간 t에서의 결정화도 분율, ϕ는 Avrami 식(Avrami equation)으로 나타낼 수 있다[13,14].

$$\boxed{\phi = 1 - \exp\left(-kt^n\right)} \tag{4.5}$$

여기에서 k는 온도에 의존하는 성장 속도 인자이고, n은 온도와는 무관한 핵형성 지수(nucleation index)를 나타낸다. 일반적으로, n은 핵형성과 성장 조건에 따라 1부터 4까지 변화한다. 예를 들어, T_m 근처에서 용융 결정화하는 동안 발생하는 산발적 기핵 구정(sporadically nucleating spherulite)의 경우에 핵형성 지수는 4 정도를 나타낸다. 고분자의 결정화도 분율은 2.6.1절에서 다룬 IR 분석, 본 장의 다음 절에서 논하고 있는 X-선 분석과 밀도 측정, 4.3.2절에서 설명할 열량 측정법 등을 포함한 여러 가지 기술에 의해 측정될 수 있다.

4.2.4 결정화도 측정법

밀도 측정 밀도는 보정된 밀도 구배 관(ASTM* D792)을 이용하여 표준 온도(예를 들어, 23°C)에서 쉽게 측정할 수 있다. 일단 반결정성 시료의 밀도(ρ)를 측정하고, 완전 무정형 상태의 밀도(ρ_a)와 완전 결정 상태의 밀도(ρ_c)를 알거나 추정이 가능하면 결정화도 분율, ϕ는 다음과 같이 구할 수 있다.

$$\boxed{\phi = \frac{\rho - \rho_a}{\rho_c - \rho_a}} \tag{4.6}$$

일반적으로 무정형 밀도 값은 용융 상태에서 완전한 무정형 상태로 급랭할 수 있는 낮은 결정화 속도를 갖는 반결정성 고분자에 대하여서만 구할 수 있다. 고분자의 결정 밀도는 단결정 또는 결정성 저분자량체의 밀도를 측정하여 얻을 수 있거나, X-선을 이용하여 결정 밀도를 구하여 측정할 수 있다. 표 4-5는 몇 종류의 반결정성 고분자의 밀도를 보여

* 다른 중요한 표준은 부록 C를 참조

주고 있다.

표 4-5 무정형 영역과 결정 영역의 밀도

고분자	ρ_a (g cm^{-3})	ρ_c (g cm^{-3})
나일론-6	1.09	1.12-1.14
나일론-6,6	1.09	1.13-1.145
Poly(aryl ether ether ketone)(PEEK)	1.263	1.400
폴리(뷰틸렌 테레프탈레이트)	1.280	1.396
폴리(바이닐 클로라이드)	1.385	1.44-1.53
폴리카보네이트	1.196	1.316
폴리(*p*-페닐렌 설파이드)	1.32	1.43
Poly(2,6-dimethyl-1,4-phenylene oxide)	1.06	1.31

X-선 회절 X-선 회절은 고분자 특성 평가에 널리 사용되는 기법으로 결정과 무정형 상태에 관한 정보를 동시에 구할 수 있다. X-선은 전자와 상호작용을 일으키는 단파장($\lambda \approx 0.5 \sim 2.5$ Å)의 높은 에너지의 광자(photon)이다. X-선이 시료에 조사되면 어떤 전자들은 흡수되고, 어떤 전자들은 변화 없이 투과되지만, 전자와 상호작용을 하게 되면 산란하게 될 것이다. 이러한 상호작용에 의하여 보통 편리하게 2θ로 표시되는 산란각을 함수로 하는 산란 패턴이 나타나게 된다. 산란 패턴을 통하여 전자 밀도 분포에 대한 정보를 얻게 되고, 이로부터 고분자 내의 원자 위치들을 알 수 있게 된다. 편광되지 않는 X-선의 강도(I_o)와 산란 강도(I), 그리고 산란각 사이의 관계식은 Thomson 공식(Thomson formula)에 의해 주어진다.

$$I = I_o \frac{K}{r^2} \frac{1 + \cos^2 2\theta}{2} \tag{4.7}$$

식 (4.7)에서 r은 전자와 산란 강도를 측정하는 탐지기 사이의 거리를 나타내며, K는 상수로 다음과 같이 주어진다.

$$K = \frac{e^4}{m^2 c^4} \tag{4.8}$$

여기에서 $e(\approx 1.6022 \times 10^{-19}$ C), $m(\approx 9.1095 \times 10^{-35}$ kg)은 각각 전자의 전하와 질량이고, c는 광속도($\approx 3.00 \times 10^8$ m s^{-1})이다.

X-선 산란 시 주로 사용하는 용어는 광각 X-선 산란(wide-angle X-ray scattering, WAXS)

과 소각 X-선 산란(small-angle X-ray scattering, SAXS)이다. WAXS는 작은 규모(<10 Å)의 구조를 조사할 때 사용하며 SAXS는 비교적 큰 형태학적 특징(10~10^4 Å)을 연구할 때 사용한다. SAXS의 경우 매우 작은 각(예를 들어, 0.022°에서 2.2°)에서 투과 전자선에 대한 산란 전자선의 강도를 측정하기 위하여서는 입사 X-선을 정확하게 초점을 맞출 수 있는 평행화기(collimator) 장치가 필요하며, WAXS에서 사용하는 것보다 더 특수화된 탐지장치를 필요로 한다.

WAXS는 결정 크기는 물론 결정화도 분율을 측정하는 데에도 사용한다[16]. 그림 4-8은 고결정성 고분자에 대한 WAXS 회절 패턴을 보여 주고 있다. 그림에서 볼 수 있듯이 넓은 배경을 이루는 패턴 위에 몇 개의 크고 작은 피크들이 자리 잡고 있다. 배경 패턴은 무정형 영역(amorphous halo)의 산란에 의한 것이며, **Bragg 피크**(Bragg peak)로 불리는 피크들은 규칙적인 공간 배치를 하고 있는 잘 발달된 결정 영역의 산란 상태를 나타낸다. 대부분의 경우에, 결정화도 분율은 아래와 같이 결정 시료의 강도 또는 무정형 영역(I_{am})의 높이를 용융 상태에서 급냉각시킴으로써 얻어지는 완전 무정형 고분자의 강도(I_{am}^{o})와 비교하여 추정할 수 있다.

$$w_c = 1 - \frac{I_{am}}{I_{am}^{o}} \tag{4.9}$$

여기에서 w_c는 결정상의 **무게 분율**(weight fraction)이다.

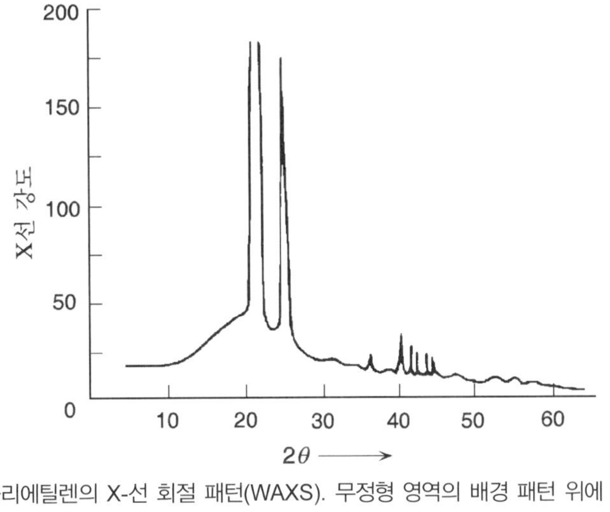

그림 4-8 고밀도 폴리에틸렌의 X-선 회절 패턴(WAXS). 무정형 영역의 배경 패턴 위에 결정 영역의 Bragg 피크가 중첩되어 나타나 있음을 볼 수 있다. Adapted from R.-J. Roe, in *The Concise Encyclopedia of Polymer Science and Engineering*, J. L. Kroschwitz, ed. Copyright © 1990 by John Wiley & Sons. This material is used by permission of John Wiley & Sons, Inc.

4.3 열전이와 물성

4.3.1 기본적인 열역학적 관계

T_g, T_m의 결정에 흔히 사용되는 방법들은 1933년 Paul Ehrenfest[17]에 의해 제안된 상전이에 대한 열역학적 정의에 근거하여 설명할 수 있다. **1차 전이**(first-order transition)는 Gibbs 자유 에너지(G)의 1차 도함수에서 불연속이 생기는 전이로 정의된다. 가역적인 닫힌 계에서 열역학 제1법칙에 따르면, Gibbs 자유 에너지는 다음과 같이 온도와 압력의 함수, $G(T, p)$의 미분 형태로 표현될 수 있다.

$$dG = -SdT + Vdp \tag{4.10}$$

여기에서 S는 엔트로피이고, V는 계의 부피이다.

자유 에너지를 온도에 대하여(일정 압력에서) 미분하면 식 (4.11)로 되고

$$\left(\frac{\partial G}{\partial T}\right)_p = -S \tag{4.11}$$

압력에 대해(일정 온도에서) 미분하면 식 (4.12)와 같이 된다.

$$\left(\frac{\partial G}{\partial p}\right)_T = V \tag{4.12}$$

고분자 계에서의 전이를 설명하는 데 있어, 위의 관계들 중 가장 유용한 것은 p에 관한 일차 도함수(식 (4.12))로서, 이는 그림 4-9에서와 같이 1차 전이는 부피 변화에서 불연속

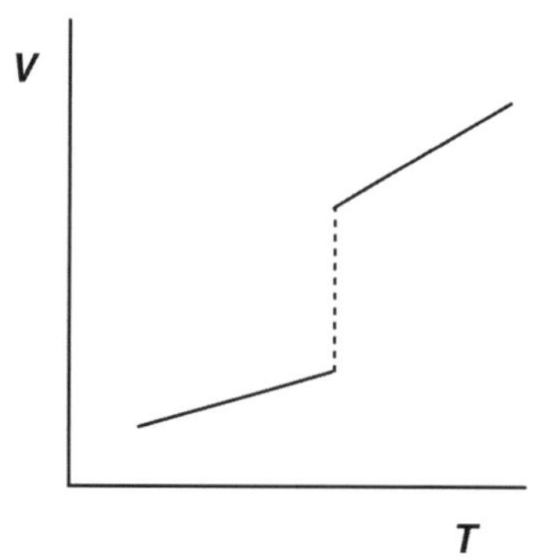

그림 4-9 일정 압력에서 부피의 열역학적 1차 전이

을 나타내는 점을 의미한다. 부피는 **팽창법**(dilatometry)이라는 방법에 의하여 온도의 함수로서 쉽게 측정할 수 있으며, 이는 다음 절에서 논하기로 한다. 결정-용융 온도 부근에서 부피의 온도 의존성은 그림 4-12에서와 같은 전이를 보인다.

2차 전이 유리 전이는 Ehrenfest **2차 전이**(second-order transition)와 유사하다. 이는 Gibbs 자유 에너지의 **2차 도함수**(second derivative)에서 불연속점이 관찰되어야 함을 의미한다. T_g를 실험적으로 측정함에 있어서 다음 3가지의 2차 도함수를 이론적 근거로 이용할 수 있다. 식 (4.11)과 식 (4.12)로부터, 상응하는 2차 도함수는 다음과 같다.

$$-\left(\frac{\partial^2 G}{\partial T^2}\right)_p = \left(\frac{\partial S}{\partial T}\right)_p \tag{4.13}$$

$$\left(\frac{\partial^2 G}{\partial p^2}\right)_T = \left(\frac{\partial V}{\partial p}\right)_T \tag{4.14}$$

및

$$\left[\frac{\partial}{\partial T}\left(\frac{\partial G}{\partial p}\right)_T\right]_P = \left(\frac{\partial V}{\partial T}\right)_P \tag{4.15}$$

엔트로피는 실험적으로 구할 수 있는 양이 아니므로, 식 (4.13)은 일정 압력에서 비열, C_p에 대하여 보다 유용한 형태로 변화시킬 수 있다.

$$C_p = \left(\frac{\partial H}{\partial T}\right)_P \tag{4.16}$$

열역학 제1법칙으로부터 C_p와 엔트로피의 관계는 다음과 같이 구할 수 있다.*

---

* 가역적인 닫힌 시스템에서 열역학 제1법칙은 다음과 같이 나타낼 수 있다.

$$dH = TdS + Vdp$$

여기에서 Legendre 변환을 하면 다음과 같이 된다.

$$\left(\frac{\partial H}{\partial T}\right)_P = T\left(\frac{\partial S}{\partial T}\right)_P$$

$$C_p = T\left(\frac{\partial S}{\partial T}\right)_P \tag{4.17}$$

식 (4.17)을 식 (4.13)에 대입하면 그림 4-10에서와 같이 **2차 전이는 비열이 불연속**이 됨을 나타낸다. 비열은 다음 절에서 설명할 시차 주사 열계량법(differential scanning calorimetry)과 같은 열량 분석법으로 쉽게 측정된다.

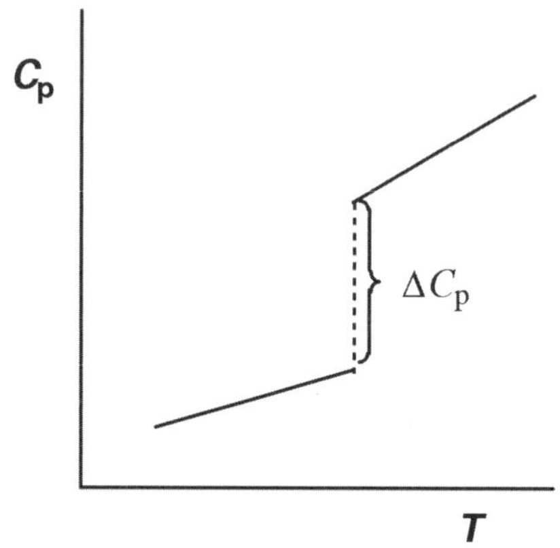

그림 4-10 일정 압력에서 열역학적 2차 전이의 비열 변화

나머지 두 가지 2차 도함수들은 식 (4.14)와 같은 부피-압력 함수 또는 식 (4.15)와 같은 부피-온도 함수의 기울기가 불연속인 점에서 2차 전이가 일어남을 나타낸다. 이들 기울기들은 두 가지의 유용한 인자를 정의할 수 있는데 – 등온 **압축 계수**(compressibility coefficient), β와 등압 **열팽창 계수**(thermal-expansion coefficient), α이다. 앞의 식 (3.73)과 식 (3.74)에서 정의한 바와 같이 이들은 다음과 같다.

$$\beta = -\left(\frac{1}{V}\right)\left(\frac{\partial V}{\partial p}\right)_T \tag{4.18}$$

및

$$\alpha = \left(\frac{1}{V}\right)\left(\frac{\partial V}{\partial T}\right)_p \tag{4.19}$$

그림 4-11A와 4-11B에서 나타낸 바와 같이, 온도에 대하여 α나 β를 플롯하였을 때의 불연속, 또는(일정 압력에서) 온도에 대하여 부피를 플롯하였을 때, 또는(일정 온도에서) 압력에 대하여 부피를 플롯하였을 때의 기울기의 변화는 각각 2차 전이가 발생함을 나타낸

다. 이 두 계수는 모두 일정 압력 하에서의 실험이 더 용이하여 보다 널리 이용되나, 팽창법 측정으로도 구할 수 있다.

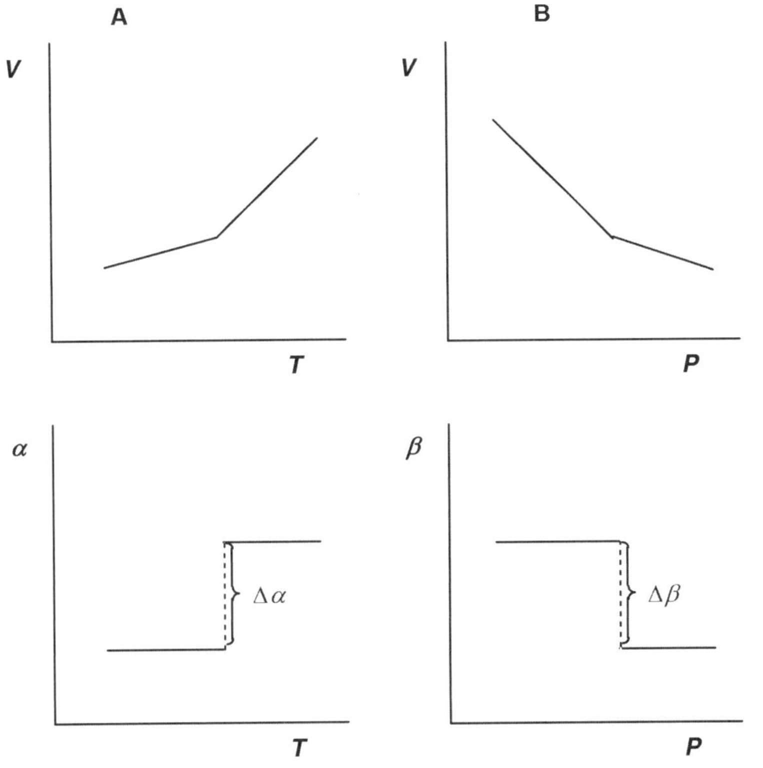

그림 4-11 **A**. 일정 압력에서 온도에 따른 열역학적 2차 전이의 부피 변화. **B**. 일정 온도에서의 압력에 따른 열역학적 2차 전이의 부피 변화.

2차 전이에서 C_p, α 및 β의 불연속의 크기는 다음과 같이 나타낼 수 있다.

$$\Delta C_p = C_{p,2} - C_{p,1} \tag{4.20}$$

$$\Delta\alpha = \alpha_2 - \alpha_1 \tag{4.21}$$

및

$$\Delta\beta = \beta_2 - \beta_1 \tag{4.22}$$

여기에서 아래 첨자 1과 2는 각각 전이 온도 이하 또는 이상에서의 온도 값을 나타낸다. 그림 4-10과 4-11은 이러한 불연속성을 보여 주고 있다.

다음 절에서 보여 주는 바와 같이, 유리 전이 온도는 진정한 열역학적인 전이라기보다는 유리 형성 속도(즉, 가열 또는 냉각 속도)에 영향을 받는 **유사** 2차 전이 현상(*pseudo*-second-order transition)이라고 할 수 있다. 고분자의 부피와 비열 데이터는 모두 2차 전이 거동과 유사하지만, 불연속성이나 기울기 변화는 보다 점진적이며 가열 속도의 영향을 받는다.

4.3.2 측정법

다양한 실험 방법을 이용하여 고분자의 유리 전이 온도와 결정의 용융 온도를 측정할 수 있다. 예를 들어, 열전이는 굴절률, NMR 선너비(line width), 온도의 함수로서의 복굴절의 변화로 측정할 수 있다. 그러나 팽창법, 특히 본 절에서 설명하는 시차 주사 열계량법(differential scanning calorimetry, DSC)이 가장 널리 사용된다. 열전이 현상을 측정하는 또 다른 주요 방법으로는 5장에서 설명할 주기적인 변형(동적 기계적 분석) 또는 전압(유전 분광법(dielectrical spectroscopy))에 대한 응답 신호를 기록함으로써 측정하는 방법이 있다. 동적 기계적 분석과 유전 측정의 추가적인 이점은 저온 2차 완화 현상들을 측정할 수 있다는 점이다. 대조적으로, 팽창법 또는 열량계를 이용하는 측정 방법은 2차 완화 과정의 영향을 받지 않는다(insenstive). 4.4.2절에서 논하는 바와 같이, 인장, 응력 완

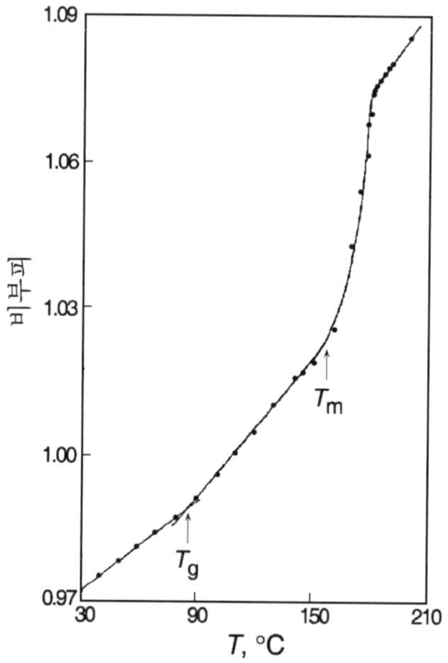

그림 4-12 반결정성 고분자 poly(*N,N'*-sebacoyl piperazine)의 온도에 대하여 플롯한 비부피의 팽창법 데이터[18]. 유리 전이는 90℃ 부근에서, 결정 융융 전이는 160℃ 이상임을 나타내고 있다.

화, 기타 기계적 물성을 온도의 함수로서 탄성률을 측정하여 유리 전이와 용융 전이를 측정할 수도 있다.

팽창법 팽창법(dilatometry)은 열전이 현상을 측정하는 데 사용된 가장 초기 방법 중의 하나이다. 이 방법에서는 작은 양의 고분자 시료를 정밀한 눈금과 유리 모세관이 부착되어 있는 유리 전구에 넣고 봉한다. 열팽창 계수가 정확히 알려진 수은을 전구와 모세관 일부분에 채워 넣는다. 그런 다음 온도 조절이 가능한 욕조에 팽창계를 넣고 서로 다른 온도에서 모세관 내의 수은의 높이를 기록한다. 일반적으로 가열 속도는, 특히 T_g 근처에서 열평형을 보장하기 위하여 매우 낮게 유지한다($1°\sim2°\ min^{-1}$). 이로부터 고분자 시료의 비부피를 온도의 함수로 구할 수 있다. 그림 4-12에 나타낸 바와 같이, 유리 전이 온도는 부피-온도 곡선의 기울기가 변하는 온도(즉, α에서 불연속)로 측정되는 한편으로 결정 용융 온도(1차 전이 온도)에서는 비부피의 불연속성, 또는 단계 변화(step change)가 발생한다. 표 4-6은 T_g와 열팽창 계수에 대하여 몇 종류의 대표적인 팽창법 데이터를 보여주고 있다.

표 4-6 몇 종류의 대표적인 고분자의 팽창법 데이터

고분자	T_g (K)	$\alpha^{\ell}\times10^4$ (K^{-1})	$\Delta\alpha\times10^4$ (K^{-1})
폴리다이메틸실록세인	150	8.12–12	5.4–9.3
폴리(바이닐 아세테이트)	302	5.98	3.9
폴리(바이닐 클로라이드)	355	5.2	3.1
폴리스타이렌	373	5.5	3.0
폴리(메틸 메타크릴레이트)	378	4.6–5.0	2.45–3.05

액체 상태(즉, $T > T_g$)에서 유리 상태(즉, $T < T_g$)로 변화하는 과정에서 열팽창 계수의 변화는 대략적으로 다음과 같으며,

$$\Delta\alpha = \alpha^{\ell} - \alpha^{g} \tag{4.23}$$

때로는 $4.8\times10^{-4}\ K^{-1}$의 값을 갖는다; 그러나 광범위한 데이터 값들은 온도가 감소하면 표 4-6의 데이터가 나타내듯이 $\Delta\alpha$ 값이 증가함을 보인다. Simha와 Boyer[19]는 보다 나은 근사치로서 다음의 식을 제시하였다.

$$\Delta\alpha \approx \frac{0.113}{T_g} \tag{4.24}$$

여기에서 T_g는 절대 온도이다.

열계량법 T_g와 T_m을 측정하는 데 가장 널리 사용하는 장치 중의 하나가 시차 주사 열계량법(DSC)이다. 이 방법은 두 개의 작은 백금 지지대의 온도를 동일하게 유지시키기 위하여 각각의 가열기를 사용한다 – 그림 4-13과 같이 하나의 지지대에는 작은 알루미늄 팬에 소량(10~30 mg)의 고분자 시료를 봉해 놓고, 다른 하나에는 비어 있는 (기준) 팬을 놓는다. 동일한 백금-저항 서미스터(thermistor)를 사용하여 온도를 측정한다. 프로그램된 대로(0.3125~320°C min^{-1} 범위) 주기적으로 가열하는 동안 기준 팬과 샘플 팬의 온도는 동일하게 유지해야 하는데, 이때 필요한 미세 전력(differential power)을 온도의 함수로서 기록한다.

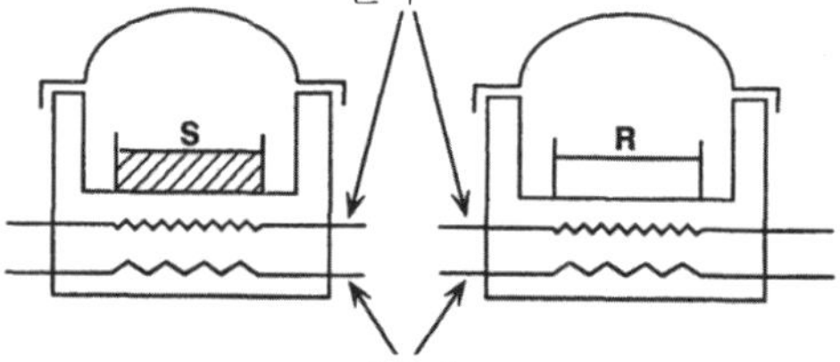

그림 4-13 가열 및 온도 감지 요소와 함께 시료 팬(S)과 기준 팬(R)을 보여 주는 전형적인 DSC 시료 용기의 도식

미세 전력 대신에, 만약 열량계의 서로 다른 온도에서 C_p 값이 정확하게 측정되어 있는 청옥(sapphire)과 같은 순수한 화합물로 보정 계산하여 열흐름 속도를 측정하면 비열값, C_p를 구할 수 있다. 그림 4-14에 나타낸 바와 같이, 2차 전이(이전 설명 참조)의 특징인 C_p(즉, $\Delta C_p = C_p^{\ell} - C_p^{g}$)의 불연속성이 고분자의 T_g에서 관찰되며, T_g는 C_p가 단계적으로 변화하는 중간점(즉, $\Delta C_p / 2$에서)의 온도로 정의한다. 많은 무정형 고분자에 있어서, T_g(K)와 ΔC_p(J g^{-1} K^{-1})는 $\Delta C_p \times T_g \approx 115$ J g^{-1}(27.5 cal g^{-1})와 같은 근사적인 관계를 보인다[19].

그림 4-14에서 보인 폴리(에틸렌 테레프탈레이트)의 결정화 발열 피크와 같이 반결정성 고분자를 가열하는 동안에 T_g와 T_m 사이의 온도에서 추가적으로 결정화가 일어난다. 용융 흡열 곡선의 초기 기울기의 외삽한 온도로 정의되는 T_m에서는, 결정들이 넓은 온도 범위에 걸쳐 녹기 시작한다. 고분자 결정의 흡열 곡선의 폭은 고분자 결정의 완성도가 낮기 때문에 순수한 저분자량 화합물의 흡열 곡선 폭보다 넓은 것이 일반적이다. 반결정성

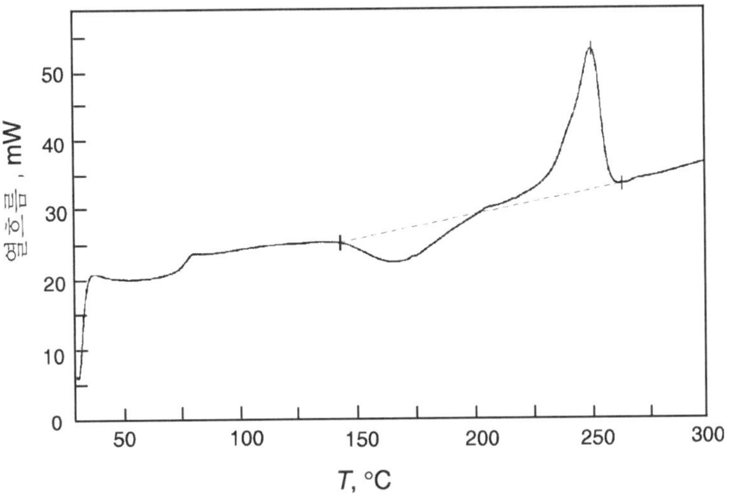

그림 4-14 200℃에서 90초간 결정화한 폴리(에틸렌 테레프탈레이트)의 DSC 열곡선으로, 유리 전이는 75℃ 부근이며, 143℃ 이상에서 과잉 결정화 피크가 관찰된다. 결정의 융해 흡열 피크는 250℃에서 최댓값을 나타내고 있다.

고분자의 융해열(ΔQ)은 벤조산과 같은 저분자량 표준 시료로 보정함으로써 DSC로 기록된 용융 흡열의 면적을 측정하여 결정할 수 있다. 100% 결정성 고분자의 융해열(ΔH_f)은 동일 계열의 저분자량 결정들의 융해열을 비교하거나 희석제에 의한 반결정성 고분자의 융점 강하를 측정함으로써 계산할 수 있다(식 (4.4) 참조). 이들 정보를 이용하여, 고분자 시료의 결정화도 분율(ϕ)을 다음 식으로 구할 수 있다.

$$\phi = \frac{\Delta Q}{\Delta H_{\mathrm{f}}} \tag{4.25}$$

높은 결정성을 갖는 아이소탁틱 폴리스타이렌과 같은 몇몇 고분자들의 경우에는 T_g에서의 반결정성 고분자의 비열 증가와 T_m 이상의 온도에서 급랭시켜 얻은 무정형 상태의 고분자의 비열, $(\Delta C_p)_{am}$을 측정하여, ϕ 값을 구할 수 있다. 여기에서

$$\phi = 1 - \frac{\Delta C_{\mathrm{p}}}{\left(\Delta C_{\mathrm{p}}\right)_{\mathrm{am}}} \tag{4.26}$$

폴리카프로락톤(polycaprolactone)과 같이 결정화 속도가 느린 고분자들의 결정화 분율도 같은 방식으로 구할 수 있다. 결정화도가 낮은 많은 고분자들의 경우, 식 (4.26)을 이용하면 ϕ 값이 과대하게 나오는데, 이는 무정형 매트릭스에 분산되어 있는 불규칙적인 작은 결정들의 존재로 인하여 반결정성 상태에서 무정형상(amorphous phase)의 비열 증가가

약화되기 때문일 것이다.

최근에는 열적 경과를 조사하는 능력을 보다 확대한 많은 종류의 변형 DSC들이 있다. 그 중 하나가 750°C/min의 주사 속도(scan rate)를 갖는 fast scanning calorimetry(FSC)이다. 이러한 높은 속도는 극단적으로 빠른 공정의 동력학의 조사를 가능하게 한다. 다른 변형은 temperature-modulated DSC(TMDSC)이다. TMDSC의 원리는 온도의 주기적인 변조(periodic modulation)를 일정한 가열(또는 냉각) 위로 중첩을 시키는 점이다. TMDSC는 다음 장에서 논하는 바와 같이 유리 전이와 같은 열적 과정(thermal event)을 엔탈피 완화 또는 결정화로부터의 분리를 가능하게 한다(5.1.5절 참조).

열변형 온도 T_g 또는 T_m보다 더 응용 지향적인 대체 척도로서 열변형 온도(heat-distortion temperature)(또는 열편향 온도(heat-deflection temperature, (HDT))가 있다. HDT는 ASTM Standard D 648*에 따라 표준 크기(127×13×3 mm)를 갖는 시료 막대기의 중앙에 455 kPa(66 psi)[†]인 표준 굽힘 하중을 가하였을 때 0.25 mm(0.01 in) 변형되는 온도로 정의된다. 시료는 담금조(immersion bath)에 넣어 2°C/min의 속도로 가열한다. 무정형 고분자의 경우 HDT는 열분석으로 측정한 T_g보다 10°C에서 20°C 정도로 약간 낮아지나, 반결정성 고분자의 경우 HDT는 표 4-7에 주어진 바와 같이 T_m에 비교적 근사한 값을 나타낸다. 따라서 열변형 온도는 고분자(또는 상용급 플라스틱)가 하중을 지탱하는 구조 용도로 사용할 수 있는 온도 한계를 나타내는 데 유용한 지표로 삼을 수 있다. HDT는 강화 및 충전 수지를 포함한 다양한 상용 플라스틱의 열적 물성을 보고하는 데 널리 이용되고 있다. 이 책의 끝에 있는 부록 C에 다른 중요한 ASTM 표준들의 목록이 나와 있다.

표 4-7 열 전이 온도

고분자	HDT[a] (°C)	T_g (°C)	T_m (°C)
폴리에틸렌	29 ~ 126	-120 ~ -125	137
폴리프로필렌	40 ~ 152	-10 ~ -18	176
나일론-6,6	62 ~ 261	49	265
폴리(바이닐 클로라이드)	60 ~ 76	87	낮은 결정성
폴리카보네이트	39 ~ 148	150	무정형
폴리스타이렌	63 ~ 112	100	무정형
폴리설폰	146 ~ 273	190	무정형

[a] 1.82 MPa(264 psi); HDT 범위는 충전제 및 첨가제를 포함한 모든 상업용 등급에서 보고된 값을 나타낸다.

* 0.025~1.5 mm의 두께를 갖는 플라스틱 시트의 인장(tensile) 열변형 온도의 규정은 ASTM D 1637에 주어져 있다.

† 보다 두꺼운 시료에는 1820 kPa(264 psi)의 하중이 가하여진다.

4.3.3 구조-물성 관계

표 4-2와 4-3에 제시된 자료에 의하면 T_g와 T_m 모두 반복 단위의 화학 구조에 크게 영향을 받는다. 일반적으로 T_g와 T_m은 모두 고분자 사슬의 유연성이 감소함에 따라 증가한다. 주사슬에 방향족의 함량이 증가하거나 또는 부피가 큰 치환기나 비회전체기(non-rotational groups)가 주사슬 내에 존재하면 유연성이 감소한다. 표 4-8은 이러한 유사 계열의 폴리에스터에 대한 T_m과 반복 단위 구조와의 관계를 보여 주고 있다. 화합물 A의 지방족 단위 $(CH_2)_4$를 방향족 고리(화합물 B)로 대체하면 T_m이 220°C 증가한다. 방향족 고리가 두 개로 연결된 물질(화합물 C)로 대체하면 T_m이 85°C만큼 더 증가하지만, 방향족 고리 사이에 유연한 $-CH_2-CH_2-$ 기가 그룹이 유입되면 T_m은 135°C만큼 더 낮아진다(화합물 D). 이와는 대조적으로, 방향족 고리 사이에 비회전, 불포화 연결체(화합물 E)를 도입하면 가장 높은 T_m을 나타낸다.

사슬의 유연성은 T_g를 결정하는 데 특히 중요하다. 주사슬에 산소 원자를 도입함으로써 얻을 수 있는(예, 폴리다이메틸실록세인) 유연한 사슬은 매우 낮은 온도에서도 규모가 큰 분자 운동을 할 수 있어 낮은 T_g 값을 갖는다. 표 4-9에 몇 가지 바이닐계 고분자에 대한 구조-T_g 관계에서 볼 수 있듯이 치환체의 부피가 크면 사슬의 회전을 방해하여 T_g를 상승시킨다. 분자 간 상호작용을 증가시킬 수 있는, 즉 극성을 증가시키는 적당한 크기의 치환체 그룹들은 T_g를 상승시킬 수 있다. 이는 표 4-9에 제시한 바이닐계 고분자들–폴리

표 4-8 에틸렌 글라이콜($HOCH_2CH_2OH$)로부터 유도되는 폴리에스터의 결정 용융 온도에 미치는 주사슬의 영향

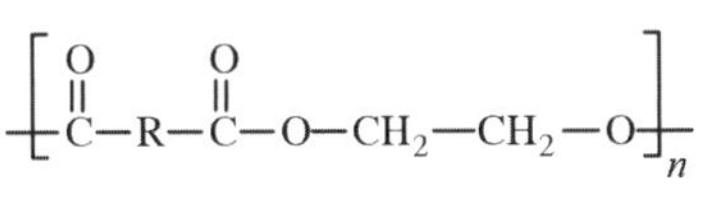

화합물	주사슬 단위, R	T_m (°C)
A	$—(CH_2)_4—$	50
B	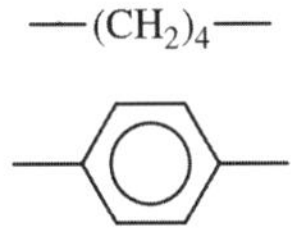	270
C	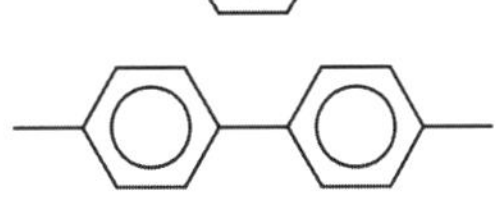	355
D	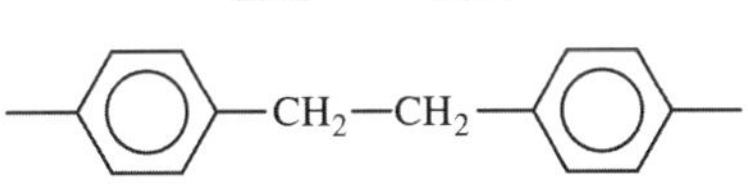	220
E	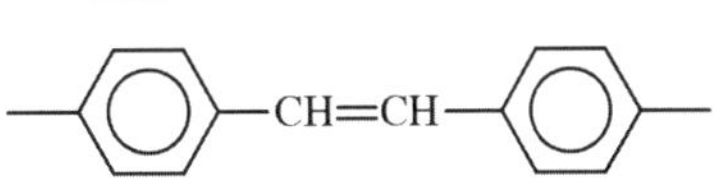	420

표 4-9 몇 종류의 바이닐계 고분자들의 유리 전이 온도

$$\left[CH_2 - \underset{\displaystyle R}{\underset{|}{CH}} \right]_n$$

고분자	치환체 그룹, R	T_g (°C)
폴리에틸렌	H	-125
폴리프로필렌(아탁틱)	CH_3	-20
폴리(바이닐 클로라이드)	Cl	89
폴리아크릴로나이트릴	C≡N	100
폴리스타이렌		100
poly(α-vinyl naphthalene)	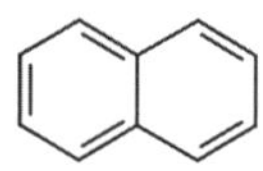	135

프로필렌(T_g = -20°C), 폴리(바이닐 클로라이드)(T_g = 89°C), 그리고 폴리아크릴로나이트릴(T_g = 100°C) −의 T_g 데이터를 통하여 알 수 있다. 표 4-10에 나타낸 바와 같이, 가지 그룹의 유연성이 증가하면 T_g가 낮아지는데, 폴리(메틸 메타크릴레이트), 폴리(에틸 메타크릴레이트), 폴리(프로필 메타크릴레이트)의 화학 구조들을 비교하여 알 수 있다. 서로 다른 입체 규칙성을 갖는 *i*-PMMA(T_g = 45°C), *a*-PMMA(T_g = 105°C), *s*-PMMA(T_g = 115°C)와 같은 폴리(메틸 메타크릴레이트)에 대한 데이터에서 알려진 바와 같이 신디오탁틱은 T_g를 증가시켜 준다. 트랜스 기하 이성질체는 시스-이성질체보다 T_g가 높은데, 예를 들어 트랜스-폴리뷰타다이엔(T_g = -18°C)에 대한 시스-폴리뷰타다이엔(T_g = -108°C) 또는 트랜스-폴리아이소프렌(T_g = -53°C)에 대한 시스-폴리아이소프렌(T_g = -73°C)을 비교함으로써 알 수 있다.

4.3.4 분자량, 조성, 압력이 T_g에 미치는 영향

분자량 의존성 유리 전이 온도는 저분자량에서는 분자량에 따라 증가하지만, 적절한 분자량에 이르게 되면 분자량이 더 증가하여도 T_g에 거의 영향을 미치지 않게 되는 점에 이르게 된다. 이것이 **한계-물성 관계**(limiting-property relationship)의 한 예이다. 결정-용융 온도, T_m의 분자량 의존성도 이와 유사하다. T_g와 가장 밀접한 연관성을 갖는 평균 분자량은 수평균 분자량, $\bar{M}_n$ 이다(1.3.2절 참조). 이러한 관계는 유리 전이 온도의 자유 부피 이론을 근거로 하여 합리화할 수 있다. 보다 큰 자유 부피는 다른 사슬의 분절 간보다 긴 고분자 사슬의 말단과 관련되므로, 사슬 말단 **개수**가 증가하면(즉, 분자량 감소) 자유

부피는 증가한다.

T_g가 분자량에 의존하는 형태는 Fox-Flory 방정식[20]의 근삿값으로 계산된다.

$$\boxed{T_g = T_g^{\infty} - \frac{K}{\overline{M}_n}} \tag{4.27}$$

여기에서 T_g^{∞}는 고분자량(T_g를 수평균 분자량의 역수값에 대하여 플롯하여 만나는 절편에서 구함)에서 T_g의 극한값을 나타내며, K는 주어진 고분자의 상수이다. 식 (4.27)은 많은 고분자들의 실험치와 잘 일치하는 것으로 관찰되었다; 그러나 분자량이 약 10,000 이하에서는 K 값은 상수가 아닐 수 있는 증거가 있다[21]. 표 4-11은 몇 종류의 특성이 잘 알려진 고분자들에 대한 Fox-Flory 인자들, T_g^{∞}와 K의 대표적인 값들을 보여 주고 있다.

표 4-11 Fox-Flory 인자

고분자	T_g^{∞} (K)	K(K)
폴리다이메틸실록세인	148	5.9×10^3
폴리(바이닐 클로라이드)	351	8.1×10^4
폴리스타이렌	373	1.2×10^5
폴리(메틸 메타크릴레이트)	387	2.1×10^5
폴리(α-메틸스타이렌)	446	3.6×10^5

조성 의존성 제2의 성분, 즉 저분자량의 첨가물이나 다른 제2의 고분자와 블렌드하여 균일한(homogeneous) 혼합물을 형성하면, 혼합물의 T_g는 각 성분의 양과 제2 성분의 T_g에 따라 달라진다. T_g-조성의 의존 형태는 몇몇 이론적인 또는 반경험적인 모델을 이용하여 근사적으로 계산할 수 있다.

표 4-10 폴리메타크릴레이트에서 치환기의 크기가 유리 전이 온도에 미치는 영향

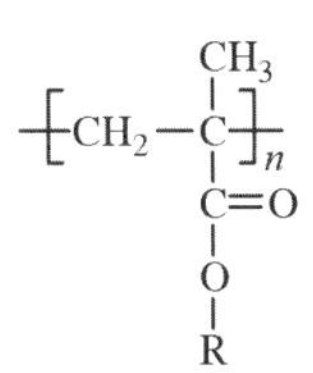

폴리메타크릴레이트	치환체 그룹, R	T_g (°C)
폴리(메틸 메타크릴레이트)	CH_3	105
폴리(에틸 메타크릴레이트)	CH_2CH_3	65
폴리(프로필 메타크릴레이트)	$CH_2CH_2CH_3$	35

상용성이 있는 혼합물의 T_g와 조성 사이의 관계는 간단한 **혼합물의 법칙**(rule of mixture)에 따르며, 특히 2성분 혼합물인 경우 아래와 같은 간단한 식으로 주어진다.

$$\boxed{T_g = W_1 T_{g,1} + W_2 T_{g,2}} \tag{4.28}$$

여기에서 W_1은 무게 분율이고, $T_{g,i}$ (Kelvins 값)는 i번째 성분(즉, 2성분 혼합물에서의 1 또는 2성분)의 유리 전이 온도이다. 여러 성분으로 이루어진 혼합물에 대하여 다음과 같이 나타낼 수 있다.

$$T_g = \sum_{i=1}^{N} W_i T_{g,i} \tag{4.29}$$

둘 또는 그 이상의 고분자들의 블렌드에 있어서 단순 혼합 법칙은 근사적으로 잘 맞지만, 에스터 또는 프탈레이트와 같은 저분자량의 유기 화합물로 가소화된 고분자들의 T_g 값은 크게 나온다(7.1.1절 참조).

여러 가지 다른 경험적 혹은 이론적인 관계식을 통하여 혼합물의 T_g에 관하여 좀 더 나은 예측이 가능하다. 초기의 이론적인 관계식들 중의 하나는 **Kelley-Bueche 식**(Kelley-Bueche equation)[22]인데, 이는 유리 전이의 등자유 부피 모델로부터 유도되었다. 일정한 압력과 유리 전이 온도 이상의 온도, T에서 자유 부피 분율, f는

$$f = f_g + \alpha_{f,1}\left(T - T_{g,1}\right)\phi_1 + \alpha_{f,2}\left(T - T_{g,2}\right)\phi_2 \tag{4.30}$$

으로 주어진다. 여기에서 f_g는 T_g ($f_g \approx 0.025$)에서의 자유 부피 분율이고, α_f는 용융체(등압)의 **자유 부피**(free volume)의 열팽창 계수(식 (4.19))이며, ϕ는 희석제(1)와 고분자(2)의 부피 분율로서, $\phi_1 + \phi_2 = 1$이다. 자유 부피의 열팽창 계수는 어떤 시간에서 주어지는 인자가 아니므로,* 팽창법(4.3.2절)으로 결정하거나 확실하게 산출할 수 있다(예를 들어, 식 (4.24)). T와 혼합물의 T_g가 같다고 하면($f = f_g$에 의하면) 식 (4.29)는

$$\alpha_1\left(T_g - T_{g,1}\right)\phi_1 + \alpha_2\left(T_g - T_{g,2}\right)\phi_2 = 0 \tag{4.31}$$

로 된다. 이들을 재배열하면 흔히 사용하는 Kelley-Bueche 식이 된다.

---

* 양전자 소멸 시간 분광법(positron annililation lifetime spectroscopy)을 이용하여 자유 부피의 열팽창 계수를 결정할 수 있다.

$$T_g = \frac{\alpha_1(1-\phi_2)T_{g,1} + \alpha_2\phi_2 T_{g,2}}{\alpha_1(1-\phi_2) + \alpha_2\phi_2} \tag{4.32}$$

보다 최근의 관계[23]는 유리 상태와 액상의 엔트로피가 같게 되는 유리 전이 온도의 고전적인 열역학 관계식에 기본을 두고 있다. 이성분 계에 대한 관계식은

$$\ln\left(\frac{T_g}{T_{g,1}}\right) = \frac{W_2 \Delta C_{p,2} \ln\left(T_{g,2}/T_{g,1}\right)}{W_1 \Delta C_{p,1} + W_2 \Delta C_{p,2}} \tag{4.33}$$

로 주어진다. 여기에서 ΔC_p는 T_g에서 비열의 변화이다(식 (4.20) 참조). $T_g\Delta C_p$가 모든 고분자들에서 동일하다고 가정하면[24] 식 (4.33)은 보다 간단한 식으로 표현된다[23].

$$\ln\left(\frac{T_g}{T_{g,1}}\right) = \frac{W_2 \ln\left(T_{g,2}/T_{g,1}\right)}{W_1\left(T_{g,2}/T_{g,1}\right) + W_2} \tag{4.34}$$

만일 고분자와 희석제의 T_g가 큰 차이가 나지 않는다면, 대수(log) 항의 Taylor 급수 전개에 있어서 제 2항 이하를 생략하고 재정리하면 흔히 사용하는 **혼합물의 역혼합 법칙**(inverse rule of mixture)이 구해진다.

$$\boxed{\frac{1}{T_g} = \frac{W_1}{T_{g,1}} + \frac{W_2}{T_{g,2}}} \tag{4.35}$$

이 식은 T_g에 적용하는 경우 **Fox 식**(Fox equation)으로 알려져 있다. Fox 식은 실험식으로 생각되어 왔다; 그러나 유도 과정은 Fox 식이 보다 일반적인 이론적 관계식의 극한 경우를 의미하는 점을 보여 주고 있다. 사용되는 식 (4.32)로부터 유도된 흔히 사용되는 다른 경험식은 **대수 혼합 법칙**(logarithmic rule of mixture)이다.

$$\boxed{\ln T_g = W_1 \ln T_{g,1} + W_2 \ln T_{g,2}} \tag{4.36}$$

압력 의존성 분자량과 가소화의 영향에 비해 T_g는 압력에는 비교적 덜 예민하다. 유리 전이 온도는 압력을 높일수록 kbar의 압력당 약 25 K의 비율로 증가한다. 이러한 압력에 의한 영향은 압축률과 열팽창 계수로부터 산출할 수 있다.

$$\frac{dT_g}{dp} = \frac{\Delta\beta}{\Delta\alpha} \tag{4.37}$$

가열 속도의 영향 T_g는 DSC와 다른 열적 특성 평가에 있어서 가열이나 냉각 속도에 대한 의존성은 낮다. 유리 전이를 지나 천천히 가열된 시료는 유리의 비평형 상태로 인해 빨리 가열된 시료보다 낮은 T_g를 나타낸다(4.1.2절 참조). T_g(K)와 가열 속도, q (K min^{-1})와의 관계는 다음의 형태로 주어진다[25, 26].

$$T_g = a + b \ln q \tag{4.38}$$

여기에서 a와 b는 고분자 특성 인자이다(예를 들어, PS의 경우 $a = 372.5$ K, $b = 4.02$ K; PMMA의 경우 $a = 383$ K, $b = 4.23$ K).

가교의 영향 장거리 분절 운동이 제한받는 결과, 가교는 T_g를 상승시킨다. T_g와 가교 밀도 사이의 관계식은 Fox-Loshaek 식[27]에 의하여 종종 주어진다.

$$T_g^c = T_g^o + k_c \rho_c \tag{4.39}$$

여기에서 T_g^c는 가교된 고분자의 유리 전이 온도, T_g^o는 비가교 고분자의 유리 전이 온도, k_c는 고분자 특유의 상수이고, 그리고 ρ_c는 그램당의 가교수를 의미한다.

4.4 기계적 성질

4.4.1 변형의 메커니즘

낮은 변형률(<1%)에서 대부분 고분자들의 변형이 탄성적이라는 것은 변형이 균일하고, 한정된 시간대에서 완전한 회복이 일어날 수 있음을 의미한다. 보다 큰 변형에서 유리상 고분자의 변형은 취약성 고분자의 특징인 **크레이징**(crazing)이나 혹은 연성 고분자들에서 지배적인 메커니즘인 **전단 밴딩**(shear banding)이라 불리는 과정에 의해 일어난다. 이러한 변형들은 그 고분자가 유리 전이 온도 이상으로 가열되지 않으면 회복되지 않는다.

크레이징 크레이징(crazing)이라는 단어는 그 어원이 중세시대 영어인 *crasen*이라는 말로 "부러지다(to break)"는 의미이다. 크레이징이란 원래 세라믹이나 유리의 표면에 나타나는 미세한 균열의 망상 구조를 묘사하는 데 사용되었다. 폴리스타이렌과 같은 고분자들이 일정 수준까지 변형될 때, 임계 변형(ε_c)은 변형의 주방향에 **수직**(perpendicular) 방

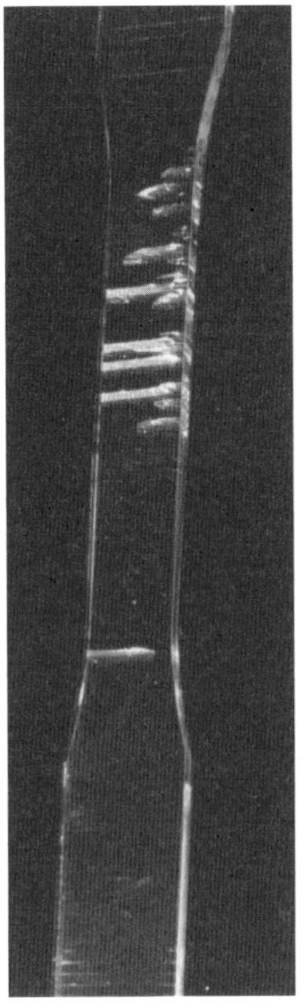

그림 4-15 폴리카보네이트 개 뼈(dogbone)에서 인장 방향에 수직하게 발달된 크레이즈들의 거시적인 모습. Courtesy of R. P. Kambour.

향으로 진행하는 자그마한 균열처럼 보인다. 표 4-12는 몇 종류의 고분자들의 전형적인 임계 변형률의 값을 보여 주고 있다. 이러한 크레이즈들이 빛을 반사해서 시료를 탁하게 보이게 하거나 백화현상(whitening)을 나타나게 한다. 폴리카보네이트의 인장 막대(tensile bar)에서 진행된 크레이즈들은 그림 4-15에서 보는 바와 같다.

표 4-12 유리 고분자들에서 크레이즈 개시에 대한 임계 변형률

고분자	임계 변형률(%)
폴리스타이렌	0.35
스타이렌-아크릴로나이트릴 공중합체(SAN)	0.49
폴리(메틸 메타크릴레이트)	0.8~1.30
Poly(2,6-dimethyl-1,4-phenylene oxide)	1.5
폴리카보네이트	1.8
폴리설폰	2.5

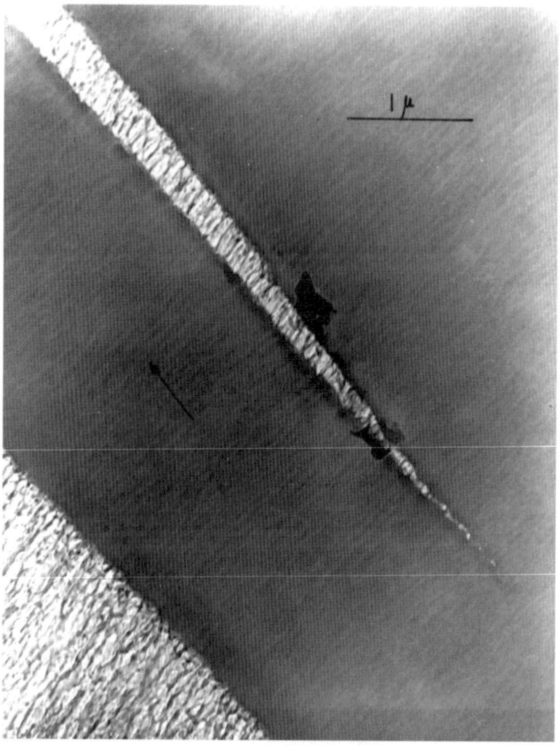

그림 4-16 Poly(2,6-dimethyl-1,4-phenylene oxide)의 크레이즈 구조[28]의 주사 전자 현미경 사진. 크레이즈 구조는 액체 황의 주입에 의한 마이크로토밍 전에 보존되었다. Courtesy of R. P. Kambour.

크레이즈란 한 고분자들의 독특한 형태학적 특징이고, 실제 균열과는 형태학적으로 다르다. 두께가 수 나노미터에서 수 마이크로미터에 이를 수 있는 크레이즈는 인장 변형 방향으로 잡아당겨진 고분자의 미세 섬유소(직경 0.6~30 nm)로 구성되어 있다. 미세 섬유소들은 빈 공간에 의해 둘러싸여 있으며, 빈 공간은 크레이즈 전체 부피의 최고 90%까지 이를 수 있다. 이러한 크레이즈의 비등방성인 형태학으로 인해 빛이 산란된다. 그림 4-16은 전형적인 크레이즈 구조의 전자 현미경 사진을 보여 주고 있다.

크레이즈가 개시되는 시간은 많은 요소들의 함수로서, 이들로는 부가되는 응력의 크기, 온도 및 크레이즈의 발달을 증진시키는 작용을 할 수 있는 저분자량 액체들의 존재를 들 수 있다(6.1.3절 참조). 비록 크레이즈 개시의 이유들은 아직까지 불확실하고 몇 가지 다른 이론들이 제안되었지만, 크레이즈는 취약한 균열이 시작되는 결함 부분으로 이루어져 있는 것으로 인식되고 있다. 크레이징이 시작된 시료의 기계적 파괴는 임계 크기에 도달할 때까지 서서히 성장하여 추가적인 틈새를 형성하는 섬유소의 미세 구조의 파괴에 의해 개시된다. 이 점을 넘어서면 크레이즈는 균열로 급속히 성장할 것이다. 균열이 성장하면 크레이즈는 균열의 끝부분에서 형성되어 진행을 늦추게 하는 역할을 한다.

전단 밴딩 폴리스타이렌과 같은 일부 고분자들은 인장 변형 시에 쉽게 크레이즈되는 반면, 동일한 조건하에서 폴리카보네이트와 같은 고분자들에서는 크레이즈가 발생하지 않는다. 대신에, 이러한 고분자들은 국부적인 전단 변형 부분 영역을 형성한다. 이러한 부분들을 전단 밴드(shear band)라고 칭하며, 신장 방향(stretch direction)에 대하여 45° 각도로 진행한다. SAN과 같은 다른 고분자들은 위의 두 종류의 변형을 모두 일으킨다. 일반적으로, 전단 밴드 변형은 연성 고분자들의 인장 항복 시 지배적인 변형 양식이다.

4.4.2 측정법

HDT는 플라스틱이 사용될 수 있는 온도 한계 범위를 나타내므로, 다양한 하중 조건에서 기계적 거동을 결정하기 위해 다양한 방법들이 사용된다. 이들은 정적(즉, 인장과 전단), 과도(즉, 크리프와 응력 완화), 충격(Izod와 Charpy) 그리고 주기적(즉, 피로 시험) 등으로 구분될 수 있다. 정적 시험(static test)은 시료가 일정한 속도로 인장, 압축 혹은 전단력을 받을 시 힘의 응답을 측정하는 데 사용된다. 정적 시험은 고분자들의 탄성률, 강도, 파괴 신장율 등의 기계적 성질들을 평가하기 위한 방법을 제공한다. 과도 시험은 고분자 시료가 일정한 길이로 빠르게 신장되었을 때(응력-완화(stress-relaxation)) 힘(또는 응력)의 시간 응답을 측정하거나, 하중이 급격하게 부가될 때 변형에 대한 시간의 응답을 측정한다(크리프(creep)). 충격 시험은 여러 다른 하중 내력(loading histories)에서 시료가 파단되는 데 필요한 에너지를 측정하며, 피로 시험은 파단에 필요한 부가된 응력의 반복 횟수를 결정한다.

정적 시험 정적 시험은 변형 속도가 시간에 대해 일정한 경우를 의미한다. 인장, 압축, 또는 전단 양식을 적용할 수 있지만, 인장 시험이 가장 보편적인 방법이다. 전형적인 인장 시험은 개 뼈 형태(예를 들어, 그림 4-17)의 고분자 시료의 한쪽 끝을 고정시키고, 다른 고정된 끝을 일정한 신장 속도로 잡아당긴다.* 인장 시편에서, 응력이 집중된 고정시킨 물림 부분에서 조기에 파괴를 일으키게 하지 않고, 응력이 가장 높은 막대의 중간 부분을 시편의 중앙에서 끊어지도록 한다.

그림 4-17에서 볼 수 있는 바와 같이, 인장 시편의 폭이 좁은 영역에 들어가 있는 중간 부분의 초기 길이를 초기 게이지 길이(Lo)라고 부른다. 변형 중에, 힘 F는 변환기에 의하여 고정된 끝에서 신장률의 함수로 측정한다. 대개 인장 응답은 **엔지니어링**(명목상의) 응

* 인장 시험의 조건과 시료 크기는 ASTM D 638 "Tensile Properties of Plastics"에 의하여 규정한다. 3.2 mm(1/8 in.)까지의 두께를 갖는 시편에 있어서 조건과 시료 크기는 ASTM D 1708 "Tensile properties of Plastics by Use of Microtensile Specimens."

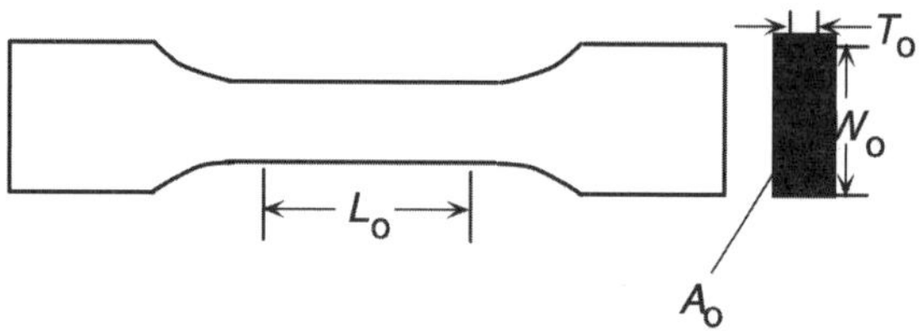

그림 4-17 전형적인 인장 개 뼈형 시편의 모습. 시편의 전체 길이는 63.5에서 246 mm까지 변화시킬 수 있고, 인장 실험 시 시편의 양쪽 넓은 끝은 물리게 되어 있다. 시편의 인자로는 게이지 길이 L_o (테스트 마크 혹은 인장 변위계 사이의 거리, 약 50 mm); 초기 폭 W_o(19 혹은 29 mm); 초기 두께(4~14 mm) T_o; 초기 단면적 A_o가 있다.

력(stress), σ에 대한 **엔지니어링(명목상의) 변형**(strain), ε의 비로 플롯된다.

$$\sigma = \frac{F}{A_o} \tag{4.40}$$

및

$$\varepsilon = \frac{\Delta L}{L_o} \tag{4.41}$$

식 (4.40)에서 A_o는 게이지 영역의 초기(변형되지 않은) 단면적이고 식 (4.41)의 ΔL은 변형에 의한 시편 게이지 길이($L-L_o$)의 변화이다. 시편 길이는 기계적 측정 기구의 기계적 세팅으로부터 결정되거나 인장 시편의 게이지 길이 영역에 붙어 있는 변형 게이지인 **인장 변위계**(extensometer)에 의해 결정된다.

또는, 시편의 응력-변형 응답은 참응력과 참변형의 항으로 기록될 수 있다. **참응력**(true stress)이란 일정한 신장률에서 **실제** 단면적, A에 대하여 측정된 하중의 비로서 정의된다.

$$\sigma^{T} = \frac{F}{A} \tag{4.42}$$

시편이 신장됨에 따라 실제 단면적이 줄어들기 때문에 참응력은 엔지니어링 응력에 비해 항상 클 것이다. 시편의 부피가 변형 도중 일정하게 유지된다고 가정하면(문제 4-1 참조) 참응력은 단순히 다음과 같이 엔지니어링 응력과 관련된다.

$$\sigma^{T} = \sigma\frac{L}{L_o} \tag{4.43}$$

참변형(true strain), εT는 다음과 같이 정의된다.

$$\varepsilon^{\mathrm{T}} = \int_{L_{o}}^{L} \left(\frac{1}{\ell}\right) d\ell = \ln\left(\frac{L}{L_{o}}\right) \tag{4.44}$$

탄성체를 제외하면 변형 중에 일정한 부피를 가진다는 가정은 유리상 고분자 부피가 신장 중에 증가하거나 팽창되기 때문에 엄밀하게는 옳지 않다. 이러한 부피 변화 ΔV는 주어진 변형에서 다음 식으로부터 구할 수 있다.

$$\Delta V = V - V_{o} = (1 - 2\upsilon)\varepsilon V_{o} \tag{4.45}$$

여기에서 V_o는 초기(미변형) 부피이고, ε은 참변형이며, υ는 세로방향의 참변형, ε_L에 대한 가로방향의 참변형, ε_T의 비로 정의되는 Poisson 비(Poissons ratio)이며, 다음과 같이 계산한다.

$$\boxed{\upsilon = -\frac{\varepsilon_{\mathrm{T}}}{\varepsilon_{\mathrm{L}}} = \frac{1}{2}\left[1 - \frac{1}{V}\left(\frac{\partial V}{\partial \varepsilon}\right)\right]} \tag{4.46}$$

대부분의 유리상 고분자들의 경우, 표 4-13의 폴리스타이렌, 폴리(메틸 메타크릴레이트), 폴리(바이닐 클로라이드)의 데이터에서 볼 수 있듯이 $\upsilon \approx 0.4$이다. 완전히 비압축성 재료의 경우에는 식 (4.46)의 괄호 안의 $(\partial V/\partial \varepsilon)$ 항이 0이 되어 υ는 천연 고무와 저밀도 폴리에틸렌($\upsilon = 0.49$)에 근접하는 0.5의 최댓값이 구하여진다.

이상 탄성 고체에 대한 Hooke의 법칙(Hooke's law)은 인장 변형에 있어서 응력과 변형 사이의 관계를 다음과 같이 보여 준다.

$$\boxed{\sigma = E\varepsilon} \tag{4.47}$$

여기에서 비례 상수 E는 인장(혹은 Young's) 탄성률이라고 한다. 역으로 변형과 응력은 다음과 같이 인장 순응률(compliance), D로 정의된다.

$$\varepsilon = D\sigma \tag{4.48}$$

인장 변형의 경우, 순응률은 탄성률의 역수이다.

$$D = \frac{1}{E} \tag{4.49}$$

표 4-13 몇 종류의 일반 고분자들의 Poisson 비

고분자	Poisson 비
천연 고무	0.49
폴리카보네이트	0.40[a]
폴리에틸렌(LD)	0.49
폴리(에틸렌 테레프탈레이트)	0.43[a]
폴리(메틸 메타크릴레이트)	0.37[a]
폴리스타이렌	0.35[a]
폴리(바이닐 클로라이드)	0.39[a]

* From Seitz[29]

그림 4-18의 전형적인 취약한 고분자의 대표적인 응력-변형 플롯에서 보듯이, 플롯의 초기 부분만이 Hookean 거동을 나타낸다. 응력이 선형적 응력-변형 거동으로부터 벗어나기 시작하는 점을 **비례 한계**(proportional limit)라고 부른다. 비례 한계는 대개 변형률의 1% 미만에서 발생한다. 따라서 탄성률 값을 지정하기 위해서는 전형적인 절차상의 정의가 채택되어져야 한다. 결과적으로, 응력-변형 곡선의 초기 기울기를 **초기 탄성률**(initial modulus)이라고 부른다. 또한, 원점에서 응력-변형 곡선을 따라 임의의 점, 예를 들어, 1% 변형까지 직선을 그을 수 있다. 이 직선은 할선을 나타내고, 그 기울기는 **할선 탄성률**(secant modulus)을 나타내며, 이 경우에는 1% 할선 탄성률이다. 탄성률이나 순응률은 온도와 변형의 시간 크기(time scale)의 함수인 **물질 물성**(material property)이다.

그림 4-19는 온도에 대한 탄성률의 전형적인 관계를 보여 준다. T_g 이하의 온도에서 모든 유리상 물질은, 즉 저분자량 물질뿐만 아니라 고분자까지도 거의 같은 탄성률 값을 가진다(약 10^9 Pa 또는 1 GPa). 처음에는, 탄성률은 온도가 증가함에 따라 서서히 감소하다가 T_g 부근에서는 급격히 감소한다. 저분자량 물질들의 경우 탄성률은 온도가 올라감에 따라 급격히 감소한다. 고분자량의 무정형 고분자들의 경우에 탄성률은 **고무상 평탄 영역**(rubbery plateau)으로 불리는 이차 평탄 영역(약 10^6 Pa 또는 1 MPa)까지 떨어진다. 온도가 더욱 증가하면 탄성률은 다시 급격히 감소한다. 이 점은 **점성 흐름 영역**(viscous flow region)을 나타낸다. 일반적으로 고분자들은 점도 역시 낮아지는 이 온도 영역에서 용융 가공된다.

고분자량의 고분자에서 고무상 평탄 영역이 나타나는 것은 4.1.1절에서 서술한 바와 같이 얽힘이 형성된 결과이다. T_g 바로 위의 온도에서 얽힘은 미끄러짐을 억제하여 탄성률은 비교적 높게 유지된다. T_g 이상에서 얽힘은 높은 동력학 에너지로 인하여 쉽게 풀리게 되어 탄성률은 저하한다. 고무상 평탄 영역 탄성률, E_p는 얽힘 사이의 분자량

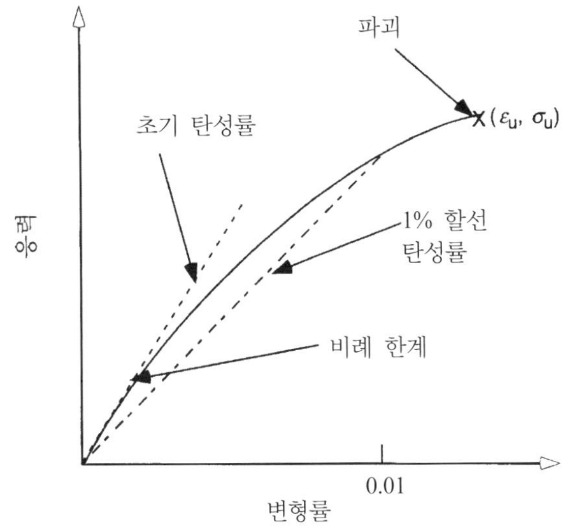

그림 4-18 취성 파괴를 진행하는 고분자의 이상적인 응력-변형 곡선

(M_e)(4.1.1절 참조)에 다음과 같이 역비례한다.

$$E_p \propto \frac{\rho RT}{M_e} \tag{4.50}$$

여기에서 ρ는 밀도이다.

반결정성 고분자의 탄성률의 온도 거동은 탄성률이 2차 평탄 영역에서 대단히 높다는 것을 제외하고는 고분자량의 무정형 고분자의 경우와 정량적으로 동일한데, 이렇게 2차

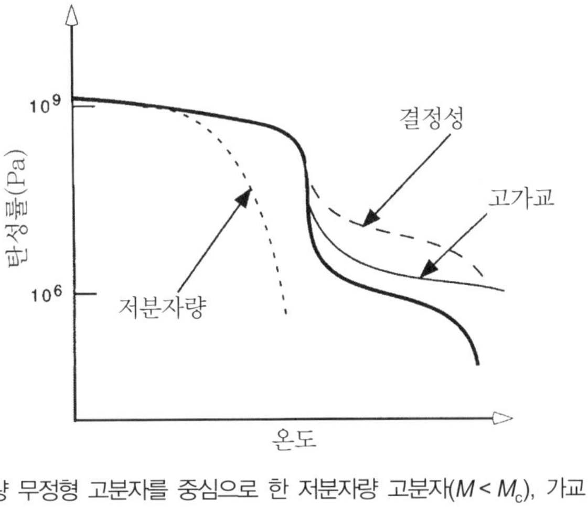

그림 4-19 고분자량 무정형 고분자를 중심으로 한 저분자량 고분자($M < M_c$), 가교 고분자 및 반결정성 고분자의 온도에 대한 탄성률의 플롯

평탄 영역(그림 4-19 참조)에서 탄성률이 높은 것은 T_g 이상, T_m 이하의 온도에서서는 무정형 고무상에 분산되어 있는 결정의 강화 효과 때문이다. T_m에서는 결정이 녹고, 탄성률은 점성 흐름 영역에서 저하한다.

인장 변형의 한편으로 시료는 **압축**(ASTM D 695)되거나 **전단될** 수 있다. 압축의 경우에 시료는 대개 원판(disk) 형태를 취한다. 측정 인자들은 벌크 탄성률 K와 순응률 B이다. 고체의 단순 전단 변형은 그림 4-20에서 보는 바와 같다. 엔지니어링 **전단**(shear) 응력, τ는

$$\tau = \frac{F}{A_o} \tag{4.51}$$

로 정의된다. 여기에서 A_o는 전단력이 작용하는 **표면적**이다. 전단 변형, γ는 변형의 각도, θ로 다음과 같이 주어진다.

$$\gamma = \tan\theta = \frac{\Delta X}{C} \tag{4.52}$$

전단 변형에 대한 Hooke의 법칙은

$$\tau = G\gamma \tag{4.53}$$

으로 주어진다. 여기에서 G는 전단 탄성률이며, 전단 순응률은 일반적으로 $J(\equiv 1/G)$로 나타낸다.

서로 다른 변형(인장, 압축, 전단)으로부터 얻어지는 탄성률은 Poisson 비, υ와 상호관계를 갖는다. **등방성**(isotropic) 물질의 경우, 다음과 같은 관계가 성립한다:

$$E = 2(1+\upsilon)G \tag{4.54}$$

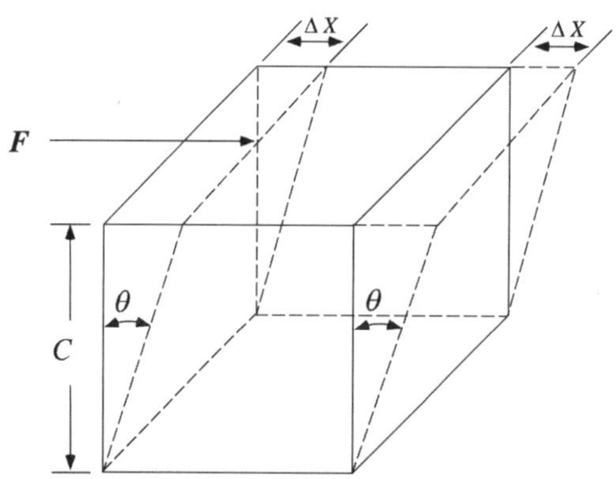

그림 4-20 입방체의 윗면에 작용하는 전단력(F)에 의한 고체 전단 변형의 도식

$$J = 2(1+\upsilon)D \tag{4.55}$$

및

$$K = \frac{E}{3(1-2\upsilon)} \tag{4.56}$$

비압축성의 한계(즉, $\upsilon = 0.5$)인 경우, 식 (4.54), (4.55), (4.56)은 각각 다음과 같이 줄어든다.

$$E = 3G \tag{4.57}$$

$$J = 3D \tag{4.58}$$

및

$$K \to \infty \tag{4.59}$$

식 (4.59)로 표현되는 벌크 탄성률의 한계 거동은 **비압축성**(incompressible) 물질은 압축할 수 없다는 점을 단순히 의미한다.

고분자는 온도와 변형 속도에 따라 넓은 범위의 역학적 거동을 보인다. 이런 범위의 거동을 설명하기 위한 전형적인 응력-변형률 곡선을 그림 4-21에 나타내었다. 취약성 고분자(예를 들어, 폴리스타이렌)는 상용 온도에서 시료의 파괴점까지 변형률의 증가에 따라 응력이 빠르게 증가함(즉, 고탄성률)을 보여 준다(곡선 1). 파괴점에서의 응력을 **극한 응력**(ultimate stress)(σ_u) 또는 파단 응력(stress-at-break)(σ_b)이라고 부른다. 탄성률과는 달리 큰 변형이나 비가역적 변형에 의해 얻어지는 극한 응력은 물질 자체의 특성이라기보다는 시료의 특성이며, 시료의 결함이나 가공 내력에 크게 영향을 받는다. 따라서 충분히 많은 양의 시료를 측정해야 하며, 통계적으로 의미 있는 값을 취하기 위해서는 그 값들의 평균값을 취하여야 한다.

엔지니어링 열가소성 플라스틱이나 폴리아마이드를 포함하는 연성(ductile)의 고분자와 강인화 플라스틱(고무로 개질된)은 그림 4-21의 곡선 2 및 3과 같은 응력-변형 거동을 나타낸다. 그림에서 보는 바와 같이 응력은 최댓값에 도달하며, 그 값을 특정 변형률(ε_y)에서 **항복 응력**(yield stress, σ_y)이라고 한다. 변형률이 더 증가하면서 처음에는 응력이 감소한다. 이러한 과정을 **변형 연화**(strain softening)라고 하며, 일반적으로 변형률 5~50% 사이에서 발생한다. 변형 연화하는 동안 최저 응력에 도달하며, 이를 **연신 응력**(draw stress)이라고 한다. 이 점에서 시료는 파괴되거나(곡선 2) 또는 파괴에 앞서 **배향경화**(orientation hardening)될 수도 있다(곡선 3). 배향 경화하는 동안 고분자 사슬은 인장 방향을 따라 국부적으로 늘어난다. 늘어난 사슬은 부가적으로 변형에 대하여 저항을 하게 되며, 따라서 응력은 증가하게 된다. 배향 중에 발생하는 분자 거동은 인장 시편의 모양에 거시적인 변화를 수반한다. 항복점 이상에서 개 뼈 모양의 인장 시편이 게이지 영역 내에서 국부적으로 폭 방향의 감소가 시작되거나, 넥(neck)이 발생하기 시작한다. 만일 시료가 파단되기 전에 배향 경화가 발생한다면, 넥은 안정화되었다고 할 수 있다. 이는 단면적의 감소가 더 이상 없으며, 시편이 최종적으로 끊어질 때까지 게이지 영역의 길이를 따라 넥이 성장해 감을 의미한다. 이러한 넥(neck) 성장의 과정을 **냉연신**(cold drawing)이라고 한다.

연성 고분자(그림 4-21의 곡선 2와 3)의 응력-변형 곡선의 초기 기울기는 취약한 양식으로 파괴되는 고분자(곡선 1)에서 발생하는 것보다 더 작다. 다시 말하면, 연성 고분자의 탄성률이 더 낮은 반면에 파괴점까지의 변형에 필요한 에너지는 취성 고분자(곡선 1)와 연성 고분자(곡선 3)의 응력-변형률 곡선의 면적을 비교함으로써 알 수 있는 것과 같이 연성 고분자 쪽이 더 높다. 이는 연성 고분자가 충격에 대해 더 많은 에너지를 흡수할 수 있다는 사실을 의미한다.

고무상 고분자는 곡선 4와 유사한 응력-변형률 곡선을 나타낸다. 탄성률은 낮지만 극한 신장률은 수백 퍼센트 이상으로 매우 높게 나타날 수 있다. 고무는 5장에서 논하는 바와 같이 연신 방향으로의 분자 배향으로 인하여 발생하는 변형-유도 결정화의 결과로 인해 파괴될 때까지 응력 증가가 계속된다.

여러 가지 중요한 열가소성 플라스틱의 전형적인 탄성률, 항복 강도(항복에서의 응력),

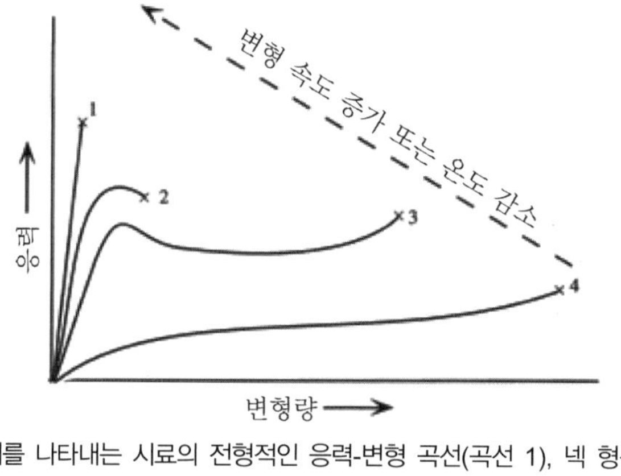

그림 4-21 취약성 파괴를 나타내는 시료의 전형적인 응력-변형 곡선(곡선 1), 넥 형성을 수반하는 연성 파괴(곡선 2), 냉연신 및 배향성 경화를 갖는 연성 파괴(곡선 3), 변형-유도 결정화의 증거를 나타내는 고무 거동(곡선 4), 파괴점은 x로 나타내고 있다.

표 4-14 대표적인 고분자들의 기계적 물성

고분자	탄성률(GPa)[a]	항목강도(MPa)	극한강도(MPa)	파단신도(%)
폴리카보네이트	2.4	55–69	55–69	60–120
폴리에틸렌(저밀도)	0.14–0.28	6.9–14	10–17	400–700
폴리(메틸 메타크릴레이트)	2.4–2.8	48–62	48–69	2–10
폴리프로필렌	1.0-1.6	23	24–38	200-600
폴리스타이렌	2.8-3.5	—	38–55	1–2.5
폴리테트라플루오로에틸렌	0.41	10–14	14–28	100–350
경질 폴리(바이닐 클로라이드)(rigid)	2.1–4.1	55–69	41–76	5–60

[a] GPa를 psi로 고칠 때 1.45×10^5를 곱한다; MPa를 psi로 고칠 때 145를 곱한다.

극한 강도(파괴에서의 응력), 파괴점 신장률(elongation-to-break)을 표 4-14에 나타내었다. 고분자 재료의 인장 시험에 있어서 정확한 특성은 고분자의 화학적 구조, 시료 제조 조건, 분자량, 분자량 분포, 결정도와 가교도 또는 가지 구조의 정도에 의존한다. 기계적 반응은 또한 온도와 변형 속도에도 크게 의존한다. 그림 4-21에서와 같이, 무정형 고분자는 시험 온도를 실온에서 고분자의 T_g 이상까지 증가시키거나 또는 (정도는 덜하지만) 변형 속도를 감소시킴으로써 취약한 특성에서부터 고무와 같은 특성에 이르기까지 전범위에 걸친 인장 특성을 나타낼 수 있다.*

탄성체의 응력-변형에 대한 온도와 변형 속도를 합친 영향은, 그림 4-22에서 볼 수 있는 바와 같이, failure envelope으로 나타낼 수 있다. 세로축은 임의의 기준 온도에 대하여 표준화된 명목상의 파괴 응력(stress-to-break)이다. 넓은 범위의 온도와 변형 속도에서 구해진 모든 극한 강도값은 failure envelope 상의 점들로 이루어진다. 원점에서의 곡선들은 각각 다른 온도와 변형 속도에서 선택된 변형-응력 곡선이다. Failure envelope에서 보여 주는 것과 같이 변형 속도가 증가하고, 시험 온도가 감소할수록 시료의 극한 강도는 감소하는 사실을 알 수 있다.

과도 시험 앞서 언급한 바와 같이, 과도 기계적 시험(transient mechanical test)에는 크리프와 응력 완화 측정이 있는데, 이는 재료의 치수 안정성을 특성 평가하는 데 사용된다. 크리프 시험은 일정 온도에서, 일정 하중, σ_o을 순간적으로 부가함으로써 나타나는 시료의 신장률을 측정하는 것이다. 이와는 대조적으로 응력-완화 시험은 일정 온도에서 고정된 신장율, ε_o에서의 시료를 유지하는 데 필요한 응력을 기록한다.

* 인장 실험에서 취약성을 보이는 고분자는 같은 온도에서 압축 시험을 할 때 항복을 나타내는 듯이 보이는 점에 주목해야 한다.

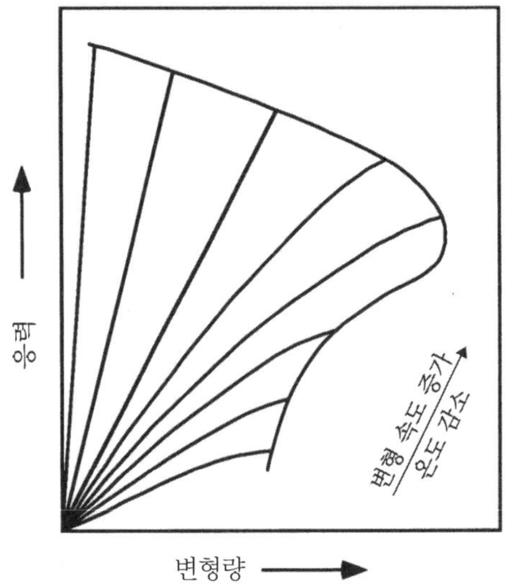

그림 4-22 온도와 변형 속도가 응력-변형 곡선에 미치는 영향

크리프 시험(Creep test)은 장력(tension)뿐만 아니라, 전단, 굴곡 또는 압축 양식에 의해 진행할 수 있다. 이러한 시험의 결과는 장기간 하중을 지탱해야 하는 고분자의 선택에 특히 중요하다. 일반적으로, 중요한 인자는 응력에 대한 변형의 비로 표현되는 **인장 순응률**(tensible compliance), D이다. 응력, σ_o가 크리프 시험 동안 일정하면 변형은 하중이 가해지는 동안의 시간에 의존하며, 따라서 순응률은 다음과 같이 시간의 함수로 구해진다.

$$D(t) = \frac{\varepsilon(t)}{\sigma_o} \tag{4.60}$$

각각 다른 재료 – 이상 탄성체, 이상 점성체 및 점탄성체 – 의 응력(또는 하중)의 단계적인 변화에 대한 응답을 그림 4-23에 표시하였다. 이상(Hookean) 탄성 재료의 경우 응력이 가해지는 동안 발생하는 변형은 순간적이며 일정하다. 하중이 시간 $t = t'$에서 제거되면 변형은 즉시 영(zero)으로 떨어진다(그림 4-23A). 이것은 일정 응력의 경우에 적용되는 Hooke 법칙에 따른다.

$$\varepsilon = D\sigma_o = \varepsilon_o \tag{4.61}$$

이상적인(Newtonian) 점성 유체의 경우, 변형 반응은 Newton의 점성 법칙($\sigma = \eta\dot{\varepsilon}$)을 적분하여 다음과 같이 구해진다.

$$\varepsilon = \int_0^t (\sigma_o/\eta)\,dt = (\sigma_o/\eta)t \tag{4.62}$$

여기에서 변형은 시간 $t = t'$에서 하중이 제거될 때까지 시간이 증가함에 따라 선형적으로 증가하며, 추가적으로 하중이 부가되지 않는 한 변형은 $(\sigma_0 t'/\eta)$로 일정하게 된다(그림 4-23B). 탄성 회복은 불가능하므로 변형은 영구하다고 한다.

점탄성체의 경우 회복은 재료의 탄성 특성에 기인하여 발생한다. 점탄성체에서의 변형 반응은 그림 4-23C에서와 같이 탄성체와 점성체의 특성을 함께 갖는다. 변형 회복의 초기 부분은 탄성적이고(즉, 순간적), 완전 회복은 점성 특성에 기인하므로 장시간이 걸린다. 실제 점탄성체의 반응은 5.1.2절에서 논하는 바와 같이 이상적인 탄성 스프링과 이상적인 점성 대시포트(dashpot)(완충기)의 직렬 또는 병렬 조합으로 이루어지는 변형량을 분석함으로써 합리적으로 모델화할 수 있다.

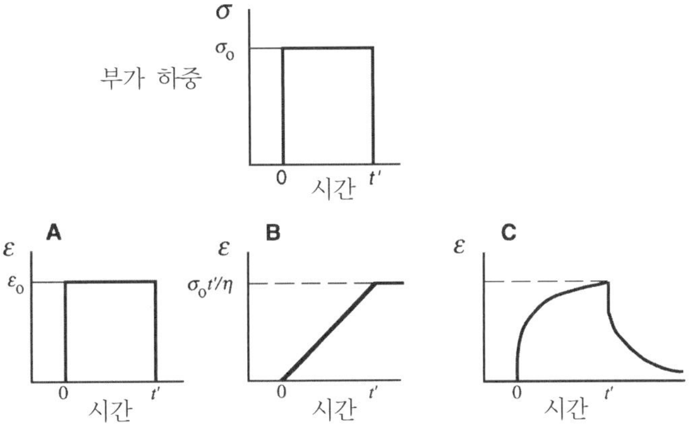

그림 4-23 시간 $t = 0$에서의 순간적인 응력에 대한 다른 이상적인 재료의 응답. **A**. 탄성체, **B**. 점성체, **C**. 점탄성체.

크리프 시험 장치는 고정된 지지대의 한쪽 끝에 플라스틱 필름 또는 봉을 끼어 넣고 (온도 조절 장치가 있는 챔버), 다른 한쪽 끝에 하중을 가하는 단순한 실험 장치로 가능하다. 하중이 가해진 시료의 변형은 시료에 표시된 두 점의 상대적인 이동을 캐시토미터 (cathetometer) 또는 이동 현미경(traveling microscope)을 통해 측정한다.

낮은 T_g를 갖는 고분자의 전형적인 크리프 곡선을 몇 종류의 온도와 10^4까지의 시간대에 걸쳐 측정한 결과는 그림 4-24A에서와 같다. 여기에서 볼 수 있듯이 크리프 순응률은 온도가 증가함에 따라 증가한다. 이는 시료가 온도가 증가함에 따라 연화된다는 사실을 의미한다. 다음 5장(5.1.6절)에서 논하는 바와 같이 짧은 시간 주기에 걸쳐 서로 다른 온도에서 얻어진 각각의 크리프 곡선(그림 4-24A)은 수평으로 이동하여, 주어진 온도에서 합성 곡선(master curve)을 구할 수 있으며, 넓은 온도 영역을 포함한다. 점탄성 거동을

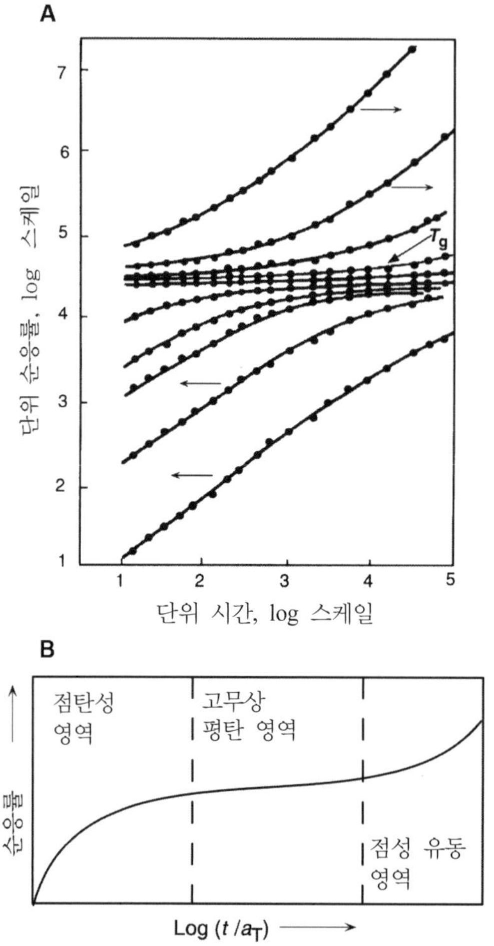

그림 4-24 **A.** 여러 온도에서의 시간의 함수로서 나타낸 크리프 순응력 곡선. 화살표는 표준 온도로 설정한 고분자의 T_g에서 합성 곡선을 구하기 위해 그림상의 데이터를 수평 이동해야 할 방향을 나타낸다. **B.** 시간 온도 중첩 원리에 의해 얻어진 크리프 합성 곡선.

나타내는 3개의 영역을 보이는 크리프 합성 곡선을 그림 4-24B에 도식화하였다.

응력-완화(stress-relaxation) 실험은 인장 시험에서 사용하는 동일한 기기로 편리하게 진행할 수 있다. 변형은 가능한 한 짧은 시간 안에 일어나야 하므로 스크루(screw) 형식보다는 유압식(hydraulical) 인장 기기를 사용하는 편이 낫다. 시료를 빠르게 인장시킨 후 시료가 받는 응력을 힘 변환기를 사용하여 시간의 함수로 측정한다. 응력-완화 실험에서 응력은 시간의 함수이며, 따라서 응력-완화 탄성률, E_r 역시 시간의 함수이다.

$$E_r(t) = \frac{\sigma(t)}{\varepsilon_o} \tag{4.63}$$

전형적인 응력-완화 곡선은 그림 4-25에서 보는 바와 같다. 주어진 온도에서 전체 범위에서의 응력-완화(또는 크리프-순응력) 거동의 측정은 수년이 걸릴 수 있다. 다행히, 여러 온도에서 단시간에 걸쳐 취한 데이터를 이동시켜 매우 긴 시간에 이르는 값을 예측할 수 있는 합성 곡선을 구할 수 있다. 데이터를 수평방향으로 이동할 수 있게 하는 원리를 **시간-온도 중첩**(time-temperature superposition)이라고 하고, 이는 5.1.6절에서 논하고 있다. 합성 곡선을 형성하기 위해 제한된 시간 범위 안에서의 이러한 데이터 이동의 결과를 그림 4-24는 크리프 순응률을, 그리고 그림 4-25는 응력-완화 탄성률을 보여 주고 있다.

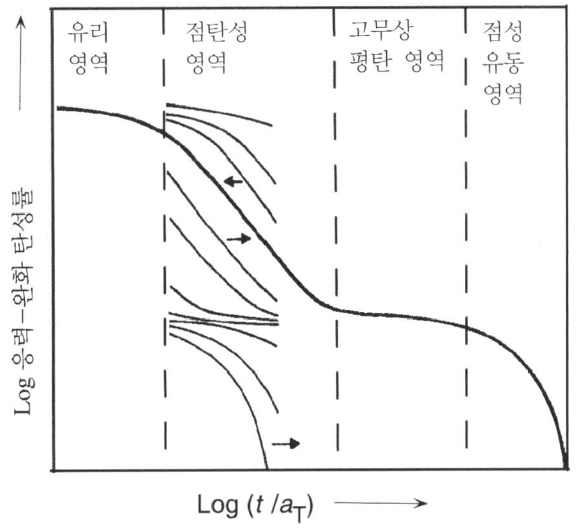

그림 4-25 시간의 함수로서의 응력-완화 탄성률. 화살표는 기준 온도에서의 합성 곡선을 구하기 위하여 이동하는 방향을 나타낸다.

충격 강도 시험 충격 강도 시험((impact test)이란 순간적인 하중을 가하는 조건하에서 파괴될 때까지 소모된 에너지를 측정한다. 충격 강도 시험의 종류에는 여러 가지가 있으며, 이들 중에서 망치와 같은 하중으로 시료를 때리는 일반적으로 잘 알려진 Izod와 Charpy 시험이 있다. 이때 망치의 동역학적 에너지의 손실로부터 파괴 에너지를 결정한다. 또 다른 시험 방법으로는 공을 떨어뜨리거나 혹은 다트를 이용한 시험이 있는데, 이 실험들의 파괴 에너지 측정 방법은 공의 무게와 그 공을 떨어뜨린 높이로부터 측정한다. 또한 충격 강도 값은 고속 인장 강도 시험을 통하여 얻어지는 변형-응력 곡선의 아래 면적을 계산하여 구할 수도 있다. 이러한 충격 강도 시험은 전체 충격 시험 동안 시료에 가해진 힘에 관한 전반적인 정보와 함께 변형, 파괴 과정에 관한 정보를 제공해 준다[30].

충격 강도 실험에서 얻어진 결과는 주어진 플라스틱이 충분한 에너지 흡수 특성을 가져 특수한 용도, 즉 음료수 병이나 유리창의 대체물로서 적당한지 아닌지를 분별하는 데 종종 사용된다. 이러한 경우 시료를 테스트할 때의 온도와 충격 조건이 그 물질이 실제 사용될 때의 조건들과 유사한지의 여부가 중요한데, 이는 충격 강도는 온도가 감소하고 변형 속도가 증가할수록 감소하기 때문이다. 또한 응력을 집중시키는 역할을 하는 결점이 존재하면 충격 강도를 감소시킨다. 충격 강도 시험 결과를 표준화시키거나 또는 균열과 다른 결점들이 충격 강도에 미치는 영향을 연구하기 위하여 종종 특정 크기의 노치(notch)를 새긴 시료를 사용하기도 한다. 몇몇 중요한 고분자에 대한 노치를 넣은 시료의 Izod 충격 강도의 전형적인 값을 표 4-15에 나타내었다. 폴리스타이렌과 같이 취약성 고분자는 매우 낮은 충격 강도를 갖는 반면, 엔지니어링 열가소성 수지(예를 들어, 폴리카보네이트)는 매우 큰 값을 나타낸다.

표 4-15 몇 종류의 대표적인 열가소성 고분자의 Notched-Izod 충격 강도 값

고분자	충격 강도[a]($J\ m^{-1}$)
폴리스타이렌	13-21
폴리(바이닐 클로라이드)	21-160
폴리프로필렌	27-107
폴리스타이렌(고내충격)	27-427
폴리에틸렌(고밀도)	27-1068
ABS	53-534
폴리설폰	69-267
폴리카보네이트	641-961
폴리에틸렌(저밀도)	854

[a] $J\ m^{-1}$을 53.38로 나누면 ft-lb_f $in.^{-1}$로 전환된다.

일반적으로 매우 큰 치환기를 갖거나 비선형의 주사슬을 가지고 있는 무정형 고분자는 잘 부서진다. T_g가 시험 온도보다 높은 고분자에 있어서 무배향된 결정 구조 또한 고분자가 잘 부서지게 하는 데 기여한다. 대부분의 연성 고분자의 주사슬의 소범위 운동(small scale motion)에 대응하는 저온 2차 완화 거동의 존재와 충격 특성 사이에는 몇몇 상관관계가 존재한다. 고충격 폴리스타이렌(high-impact poly styrene, HIPS)과 ABS 수지(7.2.2절 참조)의 경우에서와 같이, 취약성 고분자는 고분자 매트릭스 내에 작은 고무 입자(<0.1-μm 직경)를 분산시킴으로써 충격 저항성을 증진시킬 수 있다. 고무상 충전제와 취약성 고분자 매트릭스 사이의 우수한 접착성은 고내충격 저항성에 있어서 중요하며, 일반적으로 고무와 매트릭스(유리상) 고분자를 그래프트시켜 이루어진다.

피로 시험 피로 시험(fatigue test)이란 시료가 완전히 파괴되기 전까지 견딜 수 있는 응력의 수준에서 이때 가해진 변형의 사이클수(*N*)를 구하기 위하여 사용된다. 파괴되기까지의 사이클 수를 **피로 수명**(fatigue life)이라고 한다. **저항 한계**(endurance limit)란 응력을 많은 사이클로 부가한다고 하더라도 파괴가 일어나지 않을 때에 부가된 최댓값이다. 정해진 사이클 수 *N*에서 파괴를 일으키게 하는 응력 값은 보통 정적 인장 강도의 20~40% 수준이다. 피로 수명은 진동 주파수가 증가하고, 온도가 낮아지면 감소한다. 피로 시험에 의해 얻어지는 결과들은 하중을 지지하는 용도로 사용되는 엔지니어링 재료나 복합 재료를 평가하거나, 또는 예를 들어, 플라스틱 경첩 접합부와 같은, 빈번한 주기적 응력 하중이 요구될 때 매우 중요하다. 그림 4-26은 대표적인 피로 곡선을 보여 주고 있다.

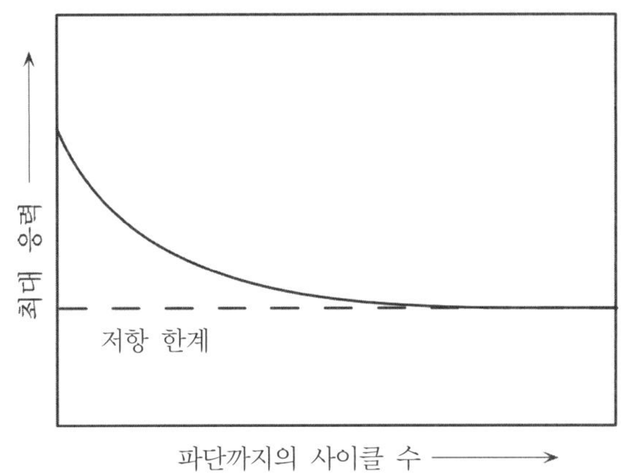

그림 4-26 대표적인 피로 곡선

4.5 고상 특성 평가 방법

4.5.1 현미경

광학 현미경과 전자 현미경을 포함한 모든 종류의 현미경들이 고분자의 형상을 조사하기 위해 사용되고 있다. 고분자의 형상들은 결정성 고분자, 블록 공중합체, 고분자 블렌드, 섬유, 복합 재료들을 포함한다. 이 장의 그림 4-5는 주사 전자 현미경(SEM)으로 찍은 폴리프로필렌의 구정의 모습을 보여 주었다. 그림 4-16은 poly(2,6-dimethyl phenylene oxide)의 크레이즈 구조에 대한 주사 전자 현미경 사진을 보여 주고 있다. 다른 모습들은 이 책의 여러 장들에서 찾을 수 있다.

고분자 표면의 형태학은 SEM이나 투과 전자 현미경(TEM)과 같은 전자 현미경을 이용하여 높은 배율과 해상도에서 측정할 수 있다. 1980년대에는 두 종류의 연관된 방법 - 주사 터널링 현미경(scanning tunneling microscopy, STM)과 원자간력 현미경(atomic force microscopy, AFM)[31] - 이 소개되었다. 특히 AFM과 같은 새로운 급의 현미경은 SEM이나 TEM 촬영 시에 요구되는 미세절제(microtomy), 식각(etching), 착색(staining) 또는 금 코팅과 같은 특수한 시료 준비가 거의 없어도 뛰어난 해상도를 제공하였다. AFM은 고분자의 결정 조사에 사용할 수 있으며[32, 33] 고분자 필름, 섬유, 코팅 및 사출 성형된 부품들의 표면을 고배율과 0.1 nm까지의 해상도까지 분석할 수 있다. STM은 여러 상으로 이루어지는 고분자 시스템의 특성 평가에 사용된다. 그림 4-27A에서 볼 수 있는 바와 같이, AFM과 STM은 둘 다 표면의 형상을 조사하고 작성하기 위하여 매우 날카로운 탐침을 사용한다; 그러나 STM 측정의 경우 탐침과 고분자가 모두 전도성을 가져야 하므로 고분자로의 응용에는 한계를 갖는다. AFM의 탐침은 일반적으로 직사각형 실리콘 캔틸레버(cantilever) 위에 꼭지 직경이 ~10-20 nm로 이루어지는 실리콘(또는 silicone nitride)이다. 탐침-표면의 상호작용은 van der Waals, 전기적 또는 자기적 힘에 의하여 발생하며[34] 캔틸레버의 휨으로 측정한다. 그림 4-27B는 프로필렌-에틸렌 공중합체의 상세한 라멜라 구조를 보여 주는 원자간력 현미경이다.

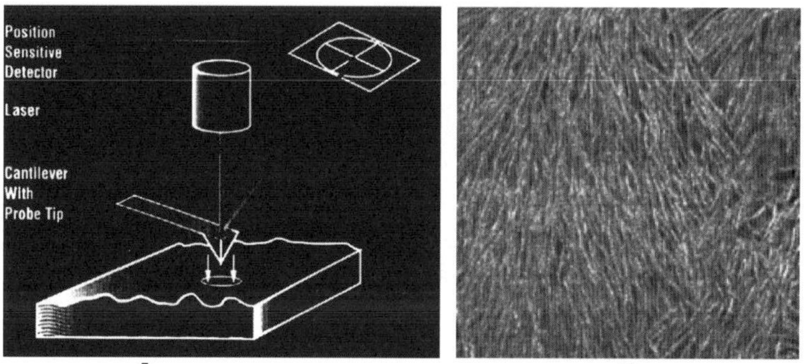

그림 4-27 **A**. 원자간력 현미경의 기본 설계[33]. Annual Review of Materials Science by Annual Reviews. Reproduced with permission of Annual Reviews in the format. Reproduced in a book via Copyright Clearance Center. **B**. 45℃에서 결정화된 프로필렌-에틸렌 랜덤 공중합체(15 mole% 에틸렌)의 필름에 있는 방사방향의 라멜라 결정 구조에 대한 AFM 이미지. Courtesy of R. Alamo.

4.5.2 산란 방법

고분자 특성 평가를 위하여 다양한 산란 방법들이 사용되고 있다. 중량 평균 분자량과 사슬 형태를 결정하기 위하여 묽은 고분자 용액에서의 광산란은 3.3.2절에서 논의하고 있다. 4.2.4절에서 논하였듯이, 광각 X-선 산란(wide-angle X-ray scattering, WAXS)은 반결정성 고분자의 결정화도와 Bragg 간격을 결정하는 데 사용될 수 있다[16]. 고분자는 또한 소각 중성자(small-angle neutron), X-선 및 광산란으로 특성을 평가할 수도 있다[35]. 광산란의 경우 산란의 대조(scattering contrast)는 고분자와 주위 사이의 굴절률 차이에 의존한다. 광산란은 산란자의 특성 크기(D)가 $\lambda/4\pi$보다 클 때 유용한데 여기에서 λ는 빛의 파장이다. 중성자 산란은 고분자 시스템의 구조와 역학에 대한 정보를 제공할 수 있다. 열적 중성자는 2-25 Å 영역의 파장을 갖는다. 소각 중성자 산란(SANS)이 구조 연구에 사용되는 예로는 고분자 용액, 블렌드, 젤, 나노재료, 막, 미셀(micelle) 그리고 그래프트되거나 가지형 고분자를 들 수 있다[36].

추천 문헌

ENTANGLEMENTS

de Gennes, P.-G., *Entangled Polymer.* Physics Today, June 1983, p. 33.

Porter, R. S., and J. F. Johnson, *The Entanglement Concept in Polymer Systems.* Chemical Reviews, 1966. **66**: p. 1.

Porter, R. S., W. J. MacKnight, and J. F. Johnson, *Viscous and Elastic Behavior Attributed to Polymer Entanglements.* Rubber Chemistry and Technology, 1967. **40**: p. 1.

THE GLASSY STATE

Eisenberg, A., *The Glassy State and the Glass Transition*, in *Physical Properties of Polymers.* 2nd ed. J. E. Mark, A. Eisenberg, W. W. Graessley, L. Mandelkern, E. T. Samulski, J. L. Koenig, and G. D. Wignall, eds. 1993, Washington, DC: American Chemical Society, p. 61.

Goldstein, M. and R. Simha, eds., *The Glass Transition and the Nature of the Glassy State.* Annals of the New York Academy of Sciences, 1976. **279**: p. 68.

Haward, R. N., ed., *The Physics of Glassy Polymers.* 1973, New York: John Wiley & Sons.

Hutchinson, J., *Physical Aging of Polymers.* Progress in Polymer Science, 1995. **20**: p. 703.

CRYSTALLINITY

Long, Y., R. A. Shanks, and Z. H. Stachurski, *Kinetics of Polymer Crystallisation.* Progress in Polymer Science, 1995. **20:** p. 651.

Mandelkern, L., *The Crystallization of Flexible Polymer Molecules.* Chemical Reviews, 1956. **56**: p. 903.

Mandelkern, L., *The Crystalline State*, in *Physical Properties of Polymers.* 2nd ed. J. E. Mark, A. Eisenberg, W. W. Graessley, L. Mandelkern, E. T. Samulski, J. L. Koenig, and G. D. Wignall, eds. 1993, Washington, DC: American Chemical Society, 1993, p. 145–200.

Philips, P. J., *Polymer Crystals.* Reports on Progress in Physics, 1990. **53**: p. 549.

Samuels, R. J., *Structured Polymer Properties.* 1974, New York: John Wiley & Sons.

Sanchez, I. C., *Modern Theories of Polymer Crystallization.* Journal of Macromolecular Science—Reviews in Macromolecular Chemistry, 1974. **C10**: p. 113.

Sanchez, I. C., and E. A. DiMarzio, *Dilute Solution Theory of Polymer Crystal Growth: A Kinetic Theory of Chain Folding.* Journal of Chemical Physics, 1971. **55:** p. 893.

Sanchez, I. C., and R. K. Eby, *Crystallization of Random Copolymers.* Journal of Research National Bureau of Standards, 1973. **77A**: p. 353.

Schultz, J. M., *Polymer Crystallization.* 2001, Washington DC: American Chemical Society.

MECHANICAL PROPERTIES

Aklonis, J. J., *Mechanical Properties of Polymers.* Journal of Chemical Education, 1981. **58**: p. 892.

Boyd. R. H., *The Conformational Analysis of Crankshaft Motions in Polyethylene.* Macromolecules, 1974. **7**: p. 855.

Hutchinson, J. H., *Physical Aging of Polymers*. Progress in Polymer Science, 1995. **20:** p. 703.

Nielsen, L. E., *Cross-Linking Effect on Physical Properties of Polymers*. Journal of Macromolecular Science—Review in Macromoleular Chemistry, 1969. **C3**: p. 69.

Savadori, A., *Impact Testing of Plastics: Present Knowledge*. Polymer Testing, 1985. **5**: p. 209.

Stachurski, Z. H., *Deformation Mechanisms and Yield Strength in Amorphous Polymers*. Progress in Polymer Science, 1997. **22**: p. 407.

Ward, I. M., and D. W. Hadley, *An Introduction to the Mechanical Properties of Solid Polymers*. Chichester: John Wiley & Sons, 1993.

CHARACTERIZATION METHODS

Bershtein, V. A., and V. M. Egorov, *Differential Scanning Calorimetry of Polymers*. Chichester: Ellis Horwood, 1994.

Roe, R.-J., *Methods of X-Ray and Neutron Scattering in Polymer Science*. New York: Oxford University Press, 2000.

Sawyer, L. C., and D. T. Grubb, *Polymer Microscopy*. 1987, London: Chapman and Hall.

Stein, R. S., and M. Srinivasarao, *Fifty Years of Light Scattering: A Perspective*. Journal of Polymer Science: Part B: Polymer Physics, 1993. **31**: p. 2003.

Turi, E. A., ed., *Thermal Characterization of Polymeric Materials*. 1981, New York: Academic Press.

Wunderlich, B., *Thermal Analysis of Macromolecules*. Journal of Thermal Analysis, 1996. **46**: p. 643.

Zoller, P., and D. Walsh, *Standard Pressure–Volume–Temperature Data for Polymers*. 1995, Lancaster, PA: Technomic.

문제

4.1 비압축성 물질에 있어서 $\sigma^{\mathrm{T}} = \sigma(1+\varepsilon)$임을 보이시오.

4.2 길이 10 cm, 폭 5 cm, 두께 2 cm인 폴리스타이렌의 인장 시편이 10.5 cm 길이로 연신되었다. 시료가 등방성이고 균일하게 변형한다고 가정할 때, 변형 후의 폭과 % 부피 변화를 계산하시오.

4.3 100°C에서 결정 성장 인자(n)가 2이고 속도 상수(k)가 10^{-2} s^{-2}인 고분자를 용융한 후 100°C로 급랭하여 등온 결정화시켰다. 10초 후의 시료의 결정화도는 얼마인가?

4.4 천연 고무가 변형되는 동안 결정화가 일어나지 않는다고 가정하여, 100% 신장하였을 때 예상되는 % 부피 변화는 얼마인가?

4.5 폴리(바이닐 클로라이드)(PVC)의 T_g를 30°C까지 낮추는 데 필요한 가소제의 무게 분율을 계산하시오. PVC의 T_g는 356 K이고, 가소제의 T_g는 188 K로 가정한다.

4.6 $T_{g,1} \approx T_{g,2}$일 때 식 (4.33)에서 주어진 보편화된 관계식으로부터 식 (4.35)의 역혼합 법칙이 구해질 수 있음을 보이시오.

4.7 폴리테트라플루오로에틸렌은 음의 Poisson 비를 나타내는 것으로 알려져 있다. 왜 이 고분자는 이러한 특이한 거동을 나타내는지에 대하여 설명하시오.

4.8 폴리(에틸렌 테레프탈레이트) 시료는 20%의 결정성을 가지는 것으로 알려져 있다.
(a) 이 시료의 예상되는 밀도는 얼마인가?
(b) 이 반결정성 시료의 예상되는 비열 증가는 얼마인가?
(c) 이 시료의 예상되는 용융열은 얼마인가?

4.9 수평균 중합도가 7인 스타이렌 올리고마의 20 wt%가 수평균 분자량 100,000인 상업용 폴리스타이렌과 혼합되어 있다.

(a) 스타이렌 올리고마의 T_g (K)는 얼마인가?

(b) 폴리스타이렌 혼합물의 T_g (K)는 얼마인가?

4.10 폴리스타이렌 시료의 1% secant 탄성률은 3 GPa이다.

(a) 0.01 명목상의 변형(nominal strain)에서 이 시료의 명목상의 응력(nominal stress)(MPa)은 얼마인가?

(b) 0.01 명목상의 변형에서 이 시료의 참응력(MPa)은 얼마인가?

(c) 0.01 명목상의 변형에서 이 시료의 % 변형은 얼마인가?

4.11 실온에서 폴리스타이렌 시료의 Young 탄성률이 3 GPa일 때, 전단 탄성률을 계산하시오.

4.12 아이소탁틱 폴리(메틸 메타크릴레이트)가 상응하는 신디오탁틱 고분자에 비해 더 낮은 T_g를 가진다. 아이소탁틱 및 신디오탁틱 PMMA를 어떻게 합성할 수 있는가? 왜 아이소탁틱 고분자가 더 낮은 T_g를 갖는가에 대하여 설명하시오.

참고 문헌

1. Wool, R. P., *Polymer Entanglements*. Macromolecules, 1993. **26**: p. 1564–1569.
2. Graessley, W. W., *The Entanglement Concept in Polymer Rheology*. Advances in Polymer Science, 1974. **16**: p. 1–179.
3. Heymans, N., *Diffuse versus Point Entanglements—Homopolymers and Blends*. Journal of Materials Science, 1986. **21**: p. 1919–1926.
4. de Gennes, P. G., *Reptation of a Polymer Chain in the Presence of Fixed Obstacles*. Journal of Chemical Physics, 1971. **55**(2): p. 572–579.
5. Klein, J., *Evidence for Reptation in an Entangled Melt*. Nature, 1978. **271**(5641): p. 143–145.
6. Cohen, M. H., and D. Turnbull, *Molecular Transport in Liquids and Glasses*. Journal of Chemical Physics, 1959. **31**(5): p. 1164–1169.
7. van Krevelen, D. W., *Properties of Polymers*. 3rd ed. 1990, Amsterdam: Elsevier.
8. Gibbs, J. H., and E. A. DiMarzio, *Nature of the Glass Transition and the Glassy State*. Journal of Chemical Physics, 1958. **28**(3): p. 373–383.
9. Boyd, R. H., and S. M. Breitling, *The Conformational Analysis of Crankshaft Motions in Polyethylene*. Macromolecules, 1974. **7**(6): p. 855–862.
10. Fried, J. R., *Sub-T_g Transitions*, in *Physical Properties of Polymers Handbook*, J. E. Mark, ed. 2007, New York: Springer, p. 217–232.
11. Tanaka, T., Y. Chatani, and H. Tadokoro, *Crystal Structure of Polyisobutylene*. Journal of Polymer Science: Polymer Physics Edition, 1974. **12**: p. 515–531.
12. Stein, R. S., *A Comment on "Incompatible Blends: Thermal Effects in a Model System"*. Journal of Polymer Science: Polymer Physics Edition, 1981. **19**: p. 1281.
13. Avrami, M., *Kinetics of Phase Change. I. General Theory*. Journal of Chemical Physics, 1939. **7**: p. 1103–1112.
14. Avrami, M., *Kinetics of Phase Change. II. Transformation-Time Relations for Random Distribution of Nuclei*. Journal of Chemical Physics, 1940. **8**: p. 212–224.
15. Phillips, P. J., and H. T. Tseng, *Influence of Pressure on Crystallization in Poly(ethylene terephthalate)*. Macromolecules, 1989. **22**: p. 1649–1655.
16. Mo, Z., and H. Zhang, *The Degree of Crystallinity in Polymers by Wide-Angle X-Ray Diffraction (WAXD)*. Journal of Macromolecular Science—Reviews in Macromolecular Chemistry and Physics, 1995. **35**: p. 555–580.
17. Ehrenfest, P., Leiden Comm. Suppl., 1933. **76b**.
18. Flory, P. J., L. Mandelkern, and H. K. Hall, *Crystallization in High Polymers. VII. Heat of Fusion of Poly(N,N-sebacoylpiperazine) and Its Interaction with Diluents*. Journal of the American Chemical Society, 1951. **73**: p. 2532–2538.
19. Simha, R., and R. F. Boyer *On a General Relation Involving the Glass Temperature and Coefficients of Expansion of Polymers*. Journal of Chemical Physics, 1962. **37**(5): p. 1003–1007.
20. Fox, T. G., and P. J. Flory, *Second-Order Transition Temperatures and Related Properties of Polystyrene. I. Influence of Molecular Weight*. Journal of Applied Physics, 1950. **21**: p. 581–591.
21. Boyer, R. F., *Variation of Polymer Glass Transition Temperatures with Molecular Weight*. Macromolecules, 1974. **7**(1): p. 142–143.
22. Kelley, F. N., and F. Bueche, *Viscosity and Glass Temperature Relations for Polymer-Diluent Systems*. Journal of Polymer Science, 1961. **50**: p. 549–556.
23. Couchman, P. R., and F. E. Karasz, *A Classical Thermodynamic Discussion of the Effect of Composition on Glass-Transition Temperatures*. Macromolecules, 1978. **11**(1): p. 117–119.
24. Fried, J. R., and S.-Y. Lai, *Experimental Assessment of the Thermodynamic Theory of the Composition Variation of T_g: PVC Systems*. Journal of Applied Polymer Science, 1982. **27**: p. 2869–2883.

25. Judovits, L. H., et al., *The Heat Capacity of Solid and Liquid Polystyrene, p-Substituted Polystyrenes, and Crosslinked Polystyrenes.* Journal of Polymer Science: Part B: Polymer Physics, 1986. **24**: p. 2725–2741.
26. Moynihan, C. T., et al., *Dependence of the Glass Transition Temperature on Heating and Cooling Rate.* Journal of Physical Chemistry, 1974. **78**: p. 2673–2677.
27. Fox, T. G,. and S. Loshack, *Influence of Molecular Weight and Degree of Crosslinking on the Specific Volume and Glass Temperature of Polymers.* Journal of Polymer Science, 1955. **15**: p. 371–390.
28. Kambour, R. P., and A. S. Holik, *Electron Microscopy of Crazes in Glassy Polymers: Use of Reinforcing Impregnants during Microtomy.* Journal of Polymer Science: Part A-2, 1969. **7**: p. 1393–1403.
29. Seitz, J. T., *The Estimation of Mechanical Properties of Polymers from Molecular Structure.* Journal of Applied Polymer Science, 1993. 1331-1351.
30. Radon, J. C., *Application of Instrumented Impact Test in Polymer Testing.* Journal of Applied Polymer Science, 1978. **22**: p. 1569-1581.
31. Binnig, G., C. F. Quate, and C. Gerber, *Atomic Force Microscope.* Physical Review Letters, 1986. **56**(9): p. 930-933.
32. Hobbs, J. K., O. E. Farrance, and L. Kailas, *How Atomic Force Microscopy Has Contributed to Our Understanding of Polymer Crystallization.* Polymer, 2009. **50**: p. 4281-4292.
33. Magonov, S. N., and D. H. Reneker, *Characterization of Polymer Surfaces with Atomic Force Microscopy.* Annual Review of Materials Science, 1997. **27**: p. 175-222.
34. Meyer, E., *Atomic Force Microscopy.* Progress in Surface Science, 1992. **41**: p. 3-49.
35. Higgins, J. S., and R. S. Stein, *Recent Developments in Polymer Applications of Small-Angle Neutron, X-ray and Light Scattering.* Journal of Applied Crystallography, 1978. **11**: p. 346-375.
36. Hammouda, B., *SANS from Polymers—Review of the Recent Literature.* Journal of Macromolecular Science—Polymer Reviews, 2010. **C50**: p. 14–29.

제5장 점탄성과 고무 탄성

극단적인 상황에서 고분자는 탄성 고체 혹은 점성 액체 중 어느 하나의 특징을 갖는 기계적 거동을 나타낼 수 있다. 실제 응답(response)은 온도에 의존하며, 이는 고분자의 유리 전이 온도(T_g) 및 변형 시간 크기(time scale)와 관련된다. 보통의 상황에서는 고분자 물질의 기계적 응답은 이상적인 탄성 고체와 이상적인 점성 액체 응답의 사이에 위치하고 있다. 다른 말로 하면, 고분자는 **점탄성체**(viscolelastic)이다. 이 거동은 낮은 T_g를 갖는 실리콘 고무의 일종인 "Silly Putty"에 의하여 잘 설명된다. 이것을 공으로 말아서 마루에 떨어뜨리면 고무공의 반발탄성(resilience)으로 튀어오를 것이다. 이는 빠른 변형으로부터 일어나는 탄성 거동의 한 예이다. 만약 며칠 동안 책상 위에 둔다면 공은 평평해질 것이다 — 오랜 시간을 거쳐 점성 액체처럼 흐르게 될 것이다. 만일 적당한 변형 속도로 잡아당기면 공은 많이 늘어나게 되고 결국 끊어지게 될 것이다. 이 장에서는 고분자 점탄성과 고무 탄성의 기본 개념을 전개하고, 이들 물성을 측정하는 데 사용되는 기본 실험 방법에 대해서 설명하고자 한다.

5.1 점탄성 서론

점탄성 거동은 사인 형태의 변형이나 전압의 적용과 같은 주기적인 동요에 대한 한 고분자의 고체, 용융물 또는 용액의 시간 의존성 응답을 기록하는 다양한 기법에 의하여 특성이 결정된다. 점탄성 물성을 온도와 시간(진동수)의 함수로서 측정하는 가장 널리 사용되는 방법은 사인 형태의 변형의 작용에 대한 응력 응답을 기록하는 동적-기계적 분석(dynamic-mechanical analysis)이다. 한편, 유전적(dielectric) 방법은 두 전극 사이에 압착된 시료에 가해지는 진동전압(oscillatory voltage)에 대한 유전 상수(dielectric constant)의 온도 및 진동수 의존성을 기록한다. 동적-기계적 분석과 유전 분석의 기본 원리와 고분자의 동적-기계적 및 유전 물성을 측정하는 데 사용되는 실험 방법을 다음 절에서 소개한다.

5.1.1 동적-기계적 분석

동적 실험에서, 응력은 시간의 어떤 주기함수, 일반적으로 사인함수인 변형의 함수로 측정된다. 피로 시험(4.4.2절 참조)과는 달리 동적-기계적 물성은 변형이 영구적이 아닌 정도의 낮은 변형에서 측정한다. 상업적인 동적 실험 기기는 여러 변형 양식(예를 들어, 인장, 비틀림, 압축, 휨 및 전단 변형)의 작동과 다양한 진동수 영역까지 포함할 수 있다. 다음에는 동적-기계적 분석의 원리에 대해서 논하고자 한다.

이론 시간 t의 사인 형태의 함수인 인장 변형의 경우 변형함수는 다음과 같이 나타내어진다.

$$\varepsilon = \varepsilon^{\circ}\sin\left(\omega t\right) \tag{5.1}$$

이 식에서 ε°은 가해진 변형의 진폭이며, ω는 각진동수(angular frequency of oscillation; rad/s)이다. 각진동수는 cycle/s(Hz)로 측정되는 진동수(f)와 $\omega = 2\pi f$의 관계가 있다. 동적-기계적 실험에 사용되는 진동수의 범위는 보통 0.1～100 Hz(0.628～691 rad s^{-1})이다.

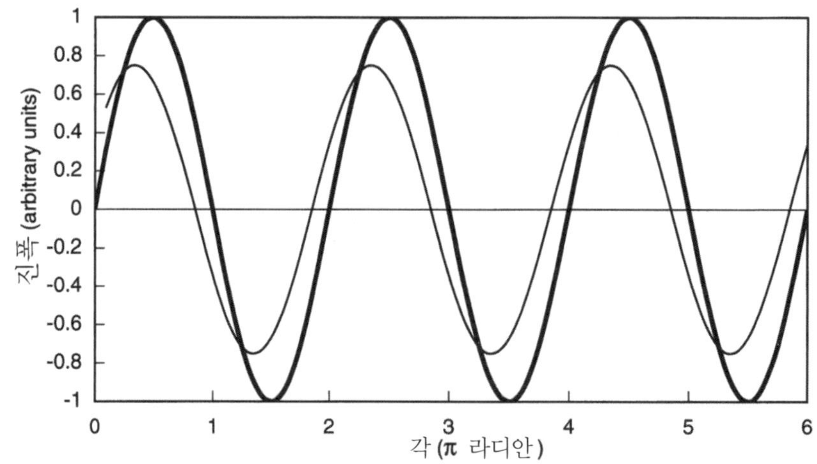

그림 5-1 한 점탄성 물질의 임의의 변형 함수(굵은 선)와 그로부터 생기는 응력 응답(가는 선)의 도식. 이 예에서 응력은 변형과 45° 위치상(즉, $\delta = \pi/4$ rad)에 있으며, 그 진폭은 임의로 변형 진폭의 75%(즉, $\sigma/\varepsilon^{\circ} = 0.75$)에 고정되어 있다.

가해진 사인 형태의 변형으로부터 생기는 응력은 역시 사인 형태의 함수로서 대부분의 경우 다음과 같이 나타내진다.

$$\sigma = \sigma^{\circ} \sin(\omega t + \delta) \tag{5.2}$$

여기에서 σ°은 응력 응답의 진폭이며, δ는 응력 변형의 **위상 각**(phase angle)이다(그림 5-1). 위상 각은 나중에 언급하는 물질의 동적 변형에 대한 점성 응답의 척도이다.

이상 탄성 고체의 경우, 응력은 변형과 항상 동일상(in phase)에 있다(즉, 식 (5.2)에서 $\delta = 0$). 이는 Hooke의 법칙(식 (4.46))에 식 (5.1)을 치환하여 표현할 수 있다.

$$\sigma = E\varepsilon = E\varepsilon^{\circ} \sin(\omega t) = \sigma^{\circ} \sin(\omega t) \tag{5.3}$$

여기에서 σ°은 결과로서 생기는 응력 함수의 크기(즉, $\sigma^{\circ} = E\varepsilon^{\circ}$)이다.

대조적으로, 이상적인 점성 유체의 응력은 변형과 항상 90° 위상차(즉, $\delta = \pi/2$)에 있다. 이는 다음과 같은 Newton의 점성 법칙으로부터 야기된다.

$$\boxed{\sigma = \eta\left(\frac{d\varepsilon}{dt}\right)} \tag{5.4}$$

식 (5.1)로 주어진 ε의 시간에 관한 미분은 다음과 같이 주어진다.

$$\frac{d\varepsilon}{dt} = \omega\varepsilon^{\circ} \cos(\omega t) \tag{5.5}$$

이 식을 식 (5.4)에 대입하고, 코사인함수는 사인함수와 90° 위상차인 것을 감안하면 아래와 같이 된다.

$$\sigma = \eta\omega\varepsilon^{\circ} \cos(\omega t) = \sigma^{\circ} \sin\left(\omega t + \frac{\pi}{2}\right) \tag{5.6}$$

여기에서

$$\sigma^{\circ} = \eta\omega\varepsilon^{\circ} \tag{5.7}$$

작은 변형의 경우 고분자 물질은 T_g보다 낮은 온도에서 Hooke의 탄성 고체처럼 거동하나, 높은 온도(즉, T_g 근방)에서는 뚜렷한 점탄성 거동을 나타낸다. 이 온도 범위에서 δ는 0°(완전 탄성)와 90°(완전 점성) 사이의 어떤(온도 의존성) 값을 가질 것이다.

점탄성 물체에 가해진 주기성을 갖는 변형에 대한 동적 응답을 논하기 위한 또 하나의 더욱 유용한 접근 방법은 복소수 개념을 이용하는 것으로서 이 경우 복소 변형(complex strain), ε^*는 다음과 같이 나타내어질 수 있다.

$$\varepsilon^* = \varepsilon^{\circ}\exp(i\omega t) \tag{5.8}$$

여기에서 $i = \sqrt{-1}$ 이다. 식 (5.2)의 형태를 따르면 결과로서 생기는 복소 응력(complex stress) σ^*는 다음과 같다.

$$\sigma^* = \sigma^{\circ}\exp\left[i(\omega t + \delta)\right] \tag{5.9}$$

Hooke의 법칙에 따라 **복소 탄성률**(complex modulus), E^*은 다음과 같이 복소 응력과 복소 변형의 비로서 정의된다.

$$E^* = \frac{\sigma^*}{\varepsilon^*} = \left(\frac{\sigma^{\circ}}{\varepsilon^{\circ}}\right)\exp(i\delta) \tag{5.10}$$

이 복소 탄성률은 두 성분으로 분해되는데－하나는 가해진 변형과 같은 위상(즉, E')이며, 다른 하나는 다른 위상(즉, E'')이다. **Euler의 관계식**(Euler's identity)

$$\exp(i\delta) = \cos\delta + i\sin\delta \tag{5.11}$$

을 식 (5.10)에 대입하면

$$E^* = \left(\frac{\sigma^{\circ}}{\varepsilon^{\circ}}\right)\cos\delta + i\left(\frac{\sigma^{\circ}}{\varepsilon^{\circ}}\right)\sin\delta \tag{5.12}$$

으로 된다. 식 (5.12)는 다음과 같은 형태로 나타낼 수 있다.

$$\boxed{E^* = E' + iE''} \tag{5.13}$$

여기에서 E'는 (인장) **저장 탄성률**(storage modulus)로 불리며 다음과 같다.

$$E' = \left(\frac{\sigma^{\circ}}{\varepsilon^{\circ}}\right)\cos\delta \tag{5.14}$$

그리고 E''는 (인장) **손실 탄성률**(loss modulus)이라고 부른다.

$$E'' = \left(\frac{\sigma^{o}}{\varepsilon^{o}}\right)\sin\delta \tag{5.15}$$

손실 탄성률과 저장 탄성률의 비는 tanδ라고 불리는 동적-기계적 분석에 있어서 또 하나의 유용한 인자를 정의한다.

$$\boxed{\tan\delta = \frac{\sin\delta}{\cos\delta} = \frac{E''}{E'}} \tag{5.16}$$

인장 탄성률이 순응률(compliance)의 역수가 되는 정적 실험법(4.4.2절 참조)에서와 같이, 동적 인장 탄성률(dynamic tensile modulus)은 다음과 같이 동적 인장 순응률(dynamic tensile compliance) D^*와 역관계에 있다.

$$D^* = \frac{1}{E^*} = \frac{\varepsilon^*}{\sigma^*} = \frac{\varepsilon^{o}\exp(i\omega t)}{\sigma^{o}\exp\left[i(\omega t+\delta)\right]} = \left(\frac{\varepsilon^{o}}{\sigma^{o}}\right)\exp(-i\delta) \tag{5.17}$$

$\exp(-i\delta) = \cos\delta - i\sin\delta$의 형태로 표시된 Euler 관계식을 식 (5.17)에 대입하면 다음과 같다.

$$D^* = \left(\frac{\varepsilon^{o}}{\sigma^{o}}\right)\cos\delta - i\left(\frac{\varepsilon^{o}}{\sigma^{o}}\right)\sin\delta \tag{5.18}$$

식 (5.18)은 다음 형태로 나타낼 수 있다.

$$D^* = D' = -iD'' \tag{5.19}$$

여기에서 D'는 **저장 순응률**(storage compliance)이라고 한다.

$$D' = \left(\frac{\varepsilon^{o}}{\sigma^{o}}\right)\cos\delta \tag{5.20}$$

그리고 D''는 (인장) **손실 순응률**(loss compliance)이라고 한다.

$$D'' = \left(\frac{\varepsilon^{o}}{\sigma^{o}}\right)\sin\delta \tag{5.21}$$

식 (5.19)의 오른편에 있는 두 번째 항의 음(-)의 부호(즉, $-iD''$)는 식 (5.13)에서 대응하는 양(+)의 항(+iE'')과 대조가 된다. 동적 탄성률(식 (5.16))의 경우에서와 같이 tanδ는 다음과 같이 복소 동적 순응률의 성분과 관계가 있다.

$$\tan\delta = \frac{D''}{D'} \tag{5.22}$$

상응하는 순응률의 값으로부터 그들의 켤레 복소수(complex conjugate)를 취함으로써 동적 저장 및 손실 탄성률의 값을 구할 수 있으며, 또한 역도 가능하다. 동적 탄성률(식 (5.13))의 켤레 복소수는 다음 식과 같이 주어진다.

$$\overline{E^*} = E' - iE'' \tag{5.23}$$

동적 탄성률의 크기(magnitude), $|E^*|$는 다음과 같이 이 켤레 복소수로부터 얻어진다.

$$E^* \times \overline{E^*} = |E^*|^2 = (E')^2 + (E'')^2 \tag{5.24}$$

그러면, (식 (5.17), (5.23) 및 (5.24)로부터) 다음과 같이 나타낼 수 있다.

$$D^* = \frac{1}{E^*} = \frac{\overline{E^*}}{(E')^2 + (E'')^2} = \frac{E'}{(E')^2 + (E'')^2} - i\left[\frac{E''}{(E')^2 + (E'')^2}\right] \tag{5.25}$$

식 (5.25)의 형태를 D^*에 관한 표현식(식 (5.19))과 비교하면 다음과 같이 동적 탄성률과 동적 순응률의 성분 간의 관계식을 얻을 수 있다.

$$D' = \frac{E'}{(E')^2 + (E'')^2} \tag{5.26}$$

및

$$D'' = \frac{E''}{(E')^2 + (E'')^2} \tag{5.27}$$

마찬가지로 E'과 E''도 D'과 D''의 함수로 나타낼 수 있다.

동적 변형에 있어서의 일 다른 형태의 기계적 변형의 경우와 마찬가지로 동적-기계적 실험 중에도 일(work)을 수행한다. 수행한 일(또는 동력)의 양은 고분자의 점탄성 물성에 의존한다. 시료의 **단위 체적당** 일(work per unit sample volume), W는 다음과 같이 응력과 변형의 항으로 나타내어질 수 있다.

$$W = \int\left(\frac{f}{V}\right)d\ell = \int\left(\frac{f}{A}\right)\frac{d\ell}{\ell} = \int\sigma d\varepsilon \tag{5.28}$$

여기에서 f는 힘, $d\ell$은 시료의 미세 신장(differential extension), 그리고 V는 시료의 부피이다. 진동의 한 사이클(즉, 2π 라디안)당 **동적** 일(dynamic work)은 다음과 같이 나타내어진다.

$$W = \int_0^{2\pi}\sigma^* d\varepsilon^* \tag{5.29}$$

σ^*(식 (5.2)로부터)와 $d\varepsilon^*$(식 (5.5))에 대한 적당한 표현식을 치환하고, 식 (5.29)를 적분하면 다음과 같이 점탄성 고체의 동적 진동에 대한 단위 체적당 한 사이클당 일(문제 5.2 참조)을 구할 수 있다.

$$W = \pi\sigma^{\circ}\varepsilon^{\circ}\sin\delta \tag{5.30}$$

식 (5.15)를 재정리하면

$$\sin\delta = \left(\frac{\varepsilon^{\circ}}{\sigma^{\circ}}\right)E''$$

가 되며, 이것을 식 (5.30)에 대입하면 다음과 같이 된다.

$$W = \pi\left(\varepsilon^{\circ}\right)^2 E'' \tag{5.31}$$

식 (5.30)에 있는 W에 대한 $\sin\delta$의 기여를 조사해 보면 한 개의 이상적인 탄성 고체(즉, $\delta=0$ 그리고 $\sin\delta=0$)의 경우 진동 일은 0이며, 반면에 최대 일은 이상적인 점성 물질(즉, $\delta=\pi/2$, $\sin\delta=1$, 그리고 $\omega=\pi\sigma^{\circ}\varepsilon^{\circ}$)의 변형 도중에는 최대 일이 소비된다. 단위 체적당 소비된 **동력**(power)은 식 (5.30) 또는 (5.31)로 주어진 단위 사이클당 일(단위 체적당)에 단위 시간당 사이클의 수(즉, 진동수 $f=\omega/2\pi$)를 곱함으로써 다음과 같이 구하여진다.

$$P = \left(\frac{\omega}{2}\right)\sigma^{\circ}\varepsilon^{\circ}\sin\delta = \left(\frac{\omega}{2}\right)\left(\varepsilon^{\circ}\right)^2 E'' \tag{5.32}$$

실험 기법 고분자의 점탄성 응답을 나타내는 일반적인 방법은 한 개 또는 그 이상의 진동수에서 온도의 함수로서 저장 탄성률 및 손실 탄성률(또는 tanδ)의 세미로그(semilog) 플롯을 이용하는 것이다. 온도 범위는 매우 넓어 가끔 액체 질소 온도(약 -150°C)로 부터 200°C 또는 그 이상이 될 수 있는 T_g 부근의 온도까지 변할 수 있다. 동적 저장 탄성률은 온도의 함수로서 인장(또는 전단) 탄성률의 거동과 매우 유사하다(그림 4-19 참조). 손실 탄성률(또는 tanδ)의 최댓값은 일반적으로 T_g에서 일어나며, 작은 규모의 분자 운동이 일어나는 경우에는(즉, 2차 완화) 그보다 더 저온에서도 일어난다. 반결정성(semicrystalline) 고분자의 경우에는 T_m에 대응하는 tanδ의 또 다른 피크가 T_g 이상에서 일어난다. 통상, 가장 고온의 피크를 α 완화(즉, 무정형 고분자의 경우 유리 전이와 반결정성 고분자의 경우 결정-용융 전이)라고 지정하며, 그 바로 다음에 가장 높은 피크를 β 완화, 그 다음 높은 피크를 γ 완화 등으로 지정한다.

많은 종류의 기기가 동적-기계적 데이터를 얻는 데 이용되어 왔다. 가장 초기의 설계에서는 **자유 진동**(free-vibration) 방법(비틀림 진자와 비틀림 진동법)을 사용하였는데, 여기에서는 막대 또는 원통 형태의 고분자 시료가 진동하고, 그 진동의 감쇄가 임의의 고정된 온도에서 시간의 함수로 기록되도록 설계되어 있다. 보다 최신의 기기는 **강제 진동**(forced-oscillation) 방법을 사용하는데, 여기에서는 사인 형태의 변형(인장, 휨, 압축, 전단, 비틀림)이 시료에 가해지고, 결과로서 생기는 응력 응답이 여러 다른 진동수에서 온도의 함수로 기록된다. 이 방법은 다음 절에서 논하고 있다.

자유 진동 방법 가장 간단하면서도 가장 초기의 동적-기계적 기법인 **비틀림 진자**(torsion pendulum)는 자유 진동 방법이다[1]. 이 실험에서는 고분자 필름의 한 끝이 단단하게 고정되어 있고, 다른 한 끝은 자유롭게 진동하는 관성 원판(inertia disk)에 붙어 있다. 일단 원판에 진동이 걸리면 고분자 시료의 점성 거동 때문에 그림 5-2에 나타낸 바와 같이 진동의 진폭의 크기가 차차 줄어들게 된다. 하나의 완전한 진동에 필요한 시간을 **진동 주기**(period of oscillation) P라고 한다.

tanδ의 값은 다음 식과 같이 어떤 두 개의 연속된 피크의 진폭(A)의 비로 결정할 수 있다.

$$\Delta = \pi \tan \delta = \ln \frac{A_1}{A_2} \tag{5.33}$$

여기에서 δ는 **로그 감소**(log decrement)라고 한다. 원판의 진동수는 시료 특성에 따라 결정되지만, 보통 0.01에서 50 Hz까지의 범위를 갖고 있다. 일반적으로, 진동수는 대략 1

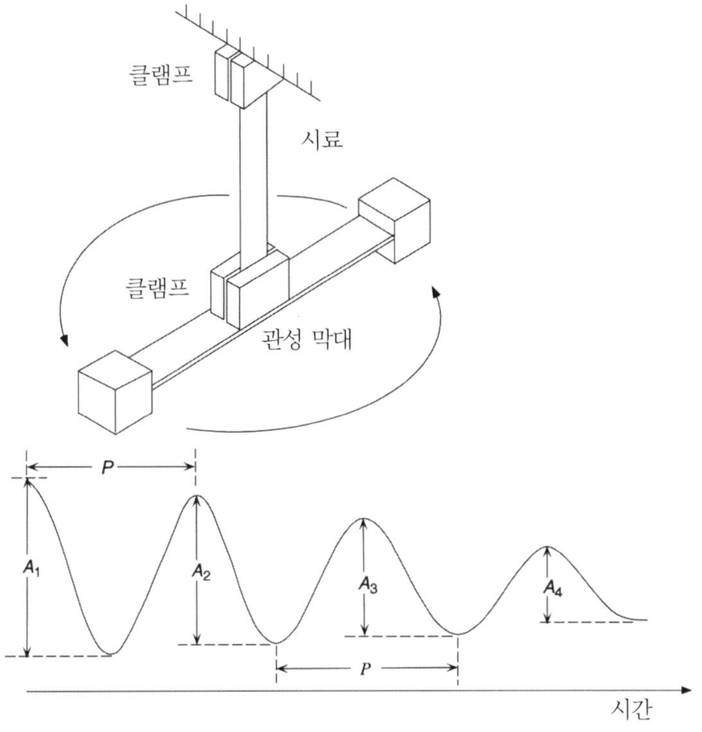

그림 5-2 비틀림 진자 장치(위) 및 진동 크기의 플롯(아래). Adapted from L. Nielsen, *Dynamic Mechanical properties of High Polymers*, SEP Journal, 1960. **16**: p. 525-532.

Hz이며, 실험 도중에 온도에 따라 약간만 변한다.

변형 양식은 사실상 비틀림(torsion)이므로 응답을 동적 **전단**(shear) 탄성률 G'와 G''(여기서 $G^* = G' + iG''$)로 나타내는 것이 보통이다. 전단 **저장**(storage) 탄성률 G'는 시료의 기하(F_s) 관성 모멘트(moment of inertia)(I) 및 진동 주기(P)로부터 다음과 같이 구하여진다.

$$G' = F_s I \left(\frac{1}{P^2} \right) \tag{5.34}$$

기하 인자(geometry factor)를 계산할 수 있는 관계식은 시료가 원통형인지 직사각형인지에 의존한다[2]. 직사각형 시료의 경우, 기하 인자는 다음과 같이 주어진다.

$$F_s = \frac{64\pi^2 L}{uWt^3} \tag{5.35}$$

여기서 L은 시료의 길이, W는 폭, t는 두께, 그리고 u는 시료의 종횡비(W/t)(aspect ratio)에 의존하는 형상 인자(shape factor)이다. 일단, G'와 Log Δ가 측정된 다음에 전단 손실 탄성률 G''은 다음과 같이 계산할 수 있다.

$$G'' = G' \tan \delta = \frac{G'\Delta}{\pi} \tag{5.36}$$

동적-기계적 데이터의 한 예로서 폴리(메틸 메타크릴레이트)(PMMA)에 대한 초기의 비틀림 진자 측정[1]으로부터 얻어진 저장 탄성률과 로그 감소의 값이 그림 5-3에서 온도에 대하여 플롯되어 있다. 그림 5-3의 데이터는 130°C 근방에서 T_g에 대응하는 α 완화(즉, log Δ는 최대이고 G' 값은 급격하게 감소)를 나타내고, 40°C 근방에서는 2차 완화(β) 피크(4.1.3절 참조)를 나타낸다. β 완화의 경우 온도에 따른 G'의 작은 감소는 log Δ의 폭이 넓은 피크에 수반되어 일어난다. 이 연구에서의 β 완화는 아래의 구조를 가진 PMMA의 큰 (−COOCH3) 펜던트기(pendant group) 때문이다. PMMA의 구조는 아래와 같다.

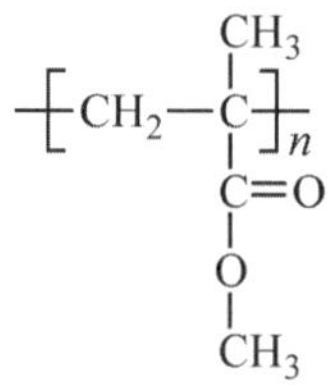

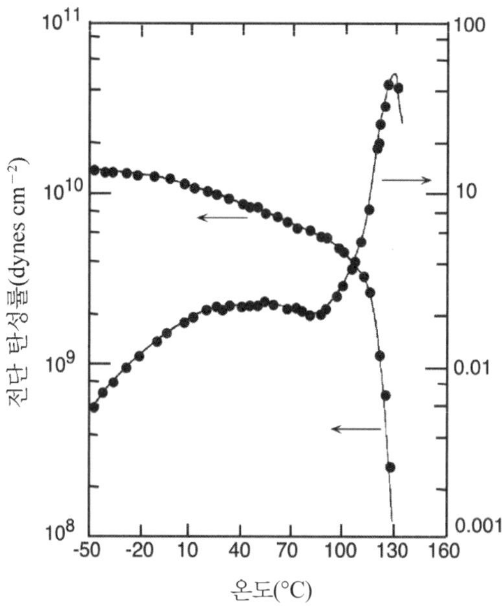

그림 5-3 PMMA의 경우 전단 탄성률(G')과 로그 감소(Δ)의 값과 온도의 관계. 데이터는 비틀림 진자 측정으로부터 얻어졌다[1].

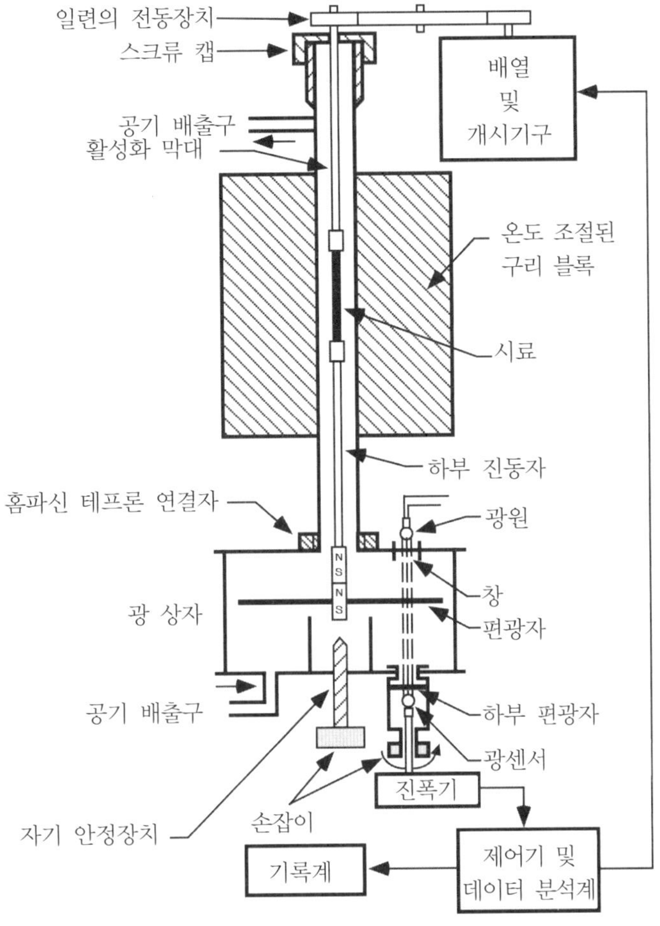

그림 5-4 상업용 비틀림 진자 장치의 모식도. Courtesy of J. K. Gillham.

비틀림 진자는 현재까지 아직도 널리 사용되고 있으며, 완전 자동 장치를 갖추어 시판되고 있다. 현대적인 비틀림 진자 장치의 모식도는 그림 5-4에서 보는 바와 같다. 온도는 25°C에서 400°C까지 ±0.05°C 내로 등온 조절될 수 있으며, -180°C에서 400°C까지 0.1°C h^{-1}~5°C min^{-1}의 속도로 가열 또는 냉각될 수 있다. 진동수와 감쇠(damping)는 데이터를 얻기 위해서 광학적으로 추적된다. 그림 5-4에서 볼 수 있듯이 광선은 광상자(optical cage) 속에 설치된 한 쌍의 편광자(polarizaer)를 통과한다. 상부의 편광자는 시료와 같이 진동하며, 비항력 광변화기(nondrag optical transducer)에 의해 측정되는 빛의 강도는 진자의 각 번위(angular displacement)의 선형함수이다.

비틀림 진자 기법의 중요한 또 다른 형태로서 비틀림 진동법(torsional braid analysis, TBA)[3]이라 불리는 것이 있다. TBA의 장치는 필름, 막대형 시료에 대한 비틀림 진자 분석에 사용되는 것과 동일하다. 보통 TBA 시료는 유리 섬유로 만들어진 비틀림 진동법

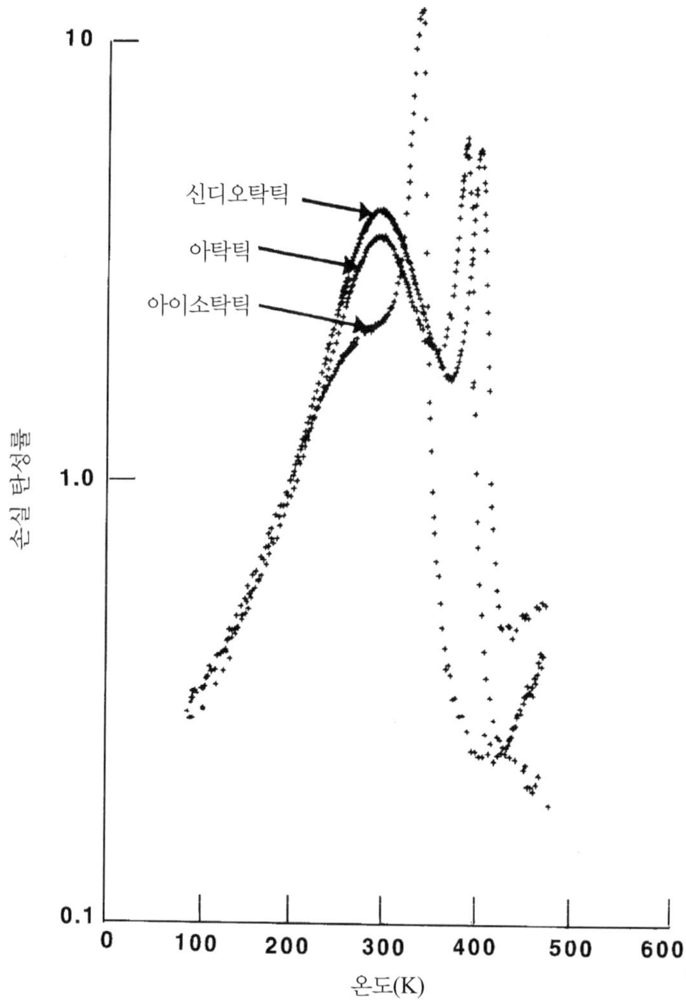

그림 5-5 2℃ min^{-1}의 승온 속도에서 행해진 비틀림 진동법에 의하여 얻어진 입체 규칙성이 다른 PMMA 시료에 대한 손실 탄성률 데이터. From J. K. Gillham, S. J. Stadnicki, and Y. Hazony, Journal of Applied Polymer Science, 1977. 21: P. 401. Copyright ⓒ 1977 John Wiley & Sons. Reprinted by permission of John Wiley & Sons, Inc.

상에 **지지되어**(supported) 있다. 브레이드(braid)는 측정할 시료의 묽은 용액으로 도포시킨 후 진공 건조에 의하여 모든 용매를 제거시킨다. 이렇게 만들어진 고분자 시료에 대하여 동적 탄성률의 정량적인 값은 원래 시료의 값과 완전히 같지는 않을지라도 tanδ의 온도에 대한 **정성적**(qualitative) 의존성은 실제 고분자 응답을 잘 나타내고 있다. 이 기법의 장점은 비틀림 진동법에 의해 제공된 지지가, 연화 현상 때문에 비지지 시료(unsupported sample)의 기법을 사용할 수 없는 온도 범위인 T_g 근방 또는 그 이상의 온도에서 분자량이 높은 고분자 시료뿐만이 아니라 저분자량 **액체** 시료에 대한 동적-기계적 특성 결정을 가능하게 한다는 점이다. 예를 들어, 일정 온도에서 시간에 따른 G'의 증가를 기록하여 에폭시 수지의 경화 과정을 추적할 수 있다.

TBA 데이터의 한 예로서 입체 규칙성(tacticity)이 다른 PMMA 시료[4]에 대한 손실 탄성률이 그림 5-5에서 온도에 대하여 플롯되어 있다. 결과를 보면 가장 낮은 T_g(고온 α 피크에 해당하는 온도)가 아이소탁틱(isotactic) PMMA(*i*-PMMA)에서 관측되며(T_g=334 K), 반면에 아탁틱(atactic) PMMA(*a*-PMMA)와 신디오탁틱(syndiotactic) PMMA(*s*-PMMA)의 T_g는 이보다 높아서 *a*-PMMA의 경우에는 384 K, *s*-PMMA의 경우에는 399 K이다. 이들 값들은 열량 측정에 의해 결정된 T_g 값인 *i*-PMMA(318 K), *a*-PMMA(378 K) 및 *s*-PMMA (388 K)와 잘 일치한다[5]. 대조적으로 β 피크에 해당하는 온도는 입체 규칙성에 따라 거의 변하지 않고 단지 아이소탁틱(isotactic) 함량이 증가함에 따라 β 피크 크기만이 감소한다. PMMA의 아이소탁틱 형태에 있어서 β 완화 피크의 감소는 이 결정성 이성체(*i*-PMMA)의 5/1 나선형 입체 형태*에서의 에스터 치환기의 고정(immobilization)에 기인한다고 믿어진다.

강제 진동 방법 오늘날 동적-기계적 분석에 가장 널리 사용하는 기기는 강제 진동(forced-vibration) 방법을 사용하는데, 이 방법에서는 동적 인장, 압축, 비틀림, 또는 휨 변형이 얇은 필름이나 막대의 형태로 만들어진 시료에 가하여진다. 강제 진동 양식의 한 가지 중요한 장점은 자유 진동 방법의 경우보다 넓은 진동수의 범위(0.001~100 rad s^{-1})에서 정확하게 진동수를 조절할 수 있다는 점이다. 다음에 논의하는 바와 같이 여러 진동수에서 구하여진 동적-기계적 스펙트럼의 비교는 고분자의 점탄성 성질에 유용한 또 다른 정보를 제공해 준다. 5.1.4절은 훨씬 더 넓은 진동수 범위(10^{10} Hz까지)에서의 점탄성 정보를 제공해 주는 유전 분광학(dielectric spectroscopy)의 원리에 대하여 논하고 있다.

아래의 화학 구조식을 가진 엔지니어링 열가소성 수지의 하나인 폴리설폰(polysulfone)

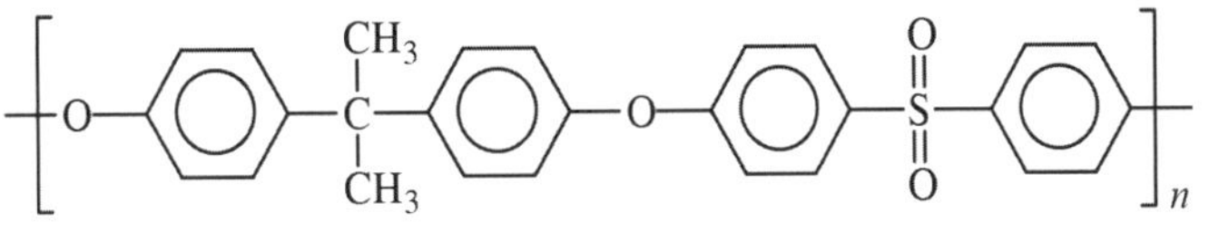

에 대한 대표적 동적-기계적 스펙트럼이 그림 5-6에 나타나 있다. 이 예에서 동적-기계적 데이터는 인장 양식[6]으로 10 rad s^{-1}(약 1.6 Hz)에서 강제 진동 장치를 사용하여 구하였다. 약 481 K(188°C)에서 일어나는 유리 전이(α 피크) 외에도 166 K(-107°C) 근방에서

* 한 나선의 입체 형태를 나타내는 첫 번째 숫자는 주어진 수에 나선의 회전에 참가하는 반복 단위의 수를 나타낸다. 5/1 또는 5_1, 나선의 경우 다섯 개의 반복 단위가 나선의 완전한 한 회전을 형성한다.

넓은 최댓값을 보이는 중요한 2차 완화 과정(γ 피크)이 있다. 이 저온 전이 현상은 페닐렌 고리의 회전(flip)과 메틸기의 가능한 쌍 회전(coupled rotation)을 포함하는 주사슬의 단거리 운동성을 반영하는 것으로 믿어진다. 또한 340 K 근처의 중간 온도에서 작고 매우 넓은 전이(β 피크)가 미세하게 나타난다. 이 피크는 시료의 열이력(thermal history)에 민감하게 나타나며, 유리 전이에서 발생하는 장거리 운동에 대한 선구체(precursor)로서 나타나는 제한된 분절 운동과 관련된 것으로 믿어진다.

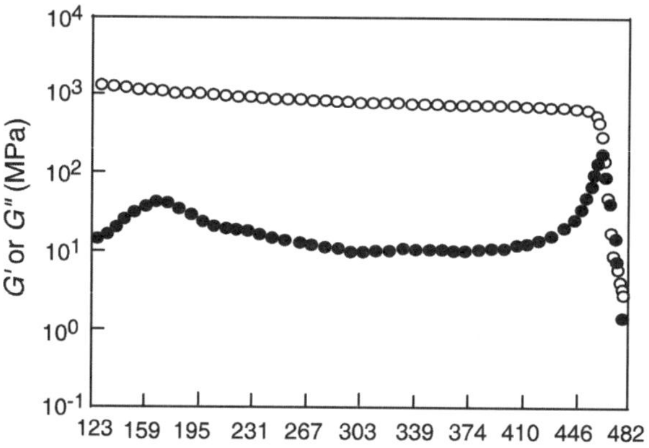

그림 5-6 10 rad s^{-1}(~1.6 Hz)을 이용한 강제 비틀림 실험으로부터 구하는 폴리설폰의 동적-기계적 스펙트럼[6].(○): 전단 저장 탄성률(G');(●): 전단 손실 탄성률(G''). 166 K(-107℃) 근방에서 넓은 최대치를 갖는 2차 와화(γ 피크)는 손실 탄성률 플롯에서 나타난다. 유리 전이(즉, α 피크)는 481 K(188℃)에서 일어난다.

활성화 에너지 주사슬 및 곁사슬기의 움직임(motion)에 요구되는 에너지는 손실 피크 또는 tanδ 피크의 최대 온도에 대한 진동수의 영향을 파악함으로써 구할 수 있다. 이 연구에 강제 진동 기법을 선택하는 이유는 진동수를 임의로 변화시킬 수 있기 때문이다. 최대 피크에서의 온도(T_{max})는 진동수와 함께 증가하며, 완화 과정의 활성화 에너지(E_a)는 다음 식이 나타내는 바와 같이 진동수(f 또는 ω)와 피크 온도의 역수($1/T_{max}$)의 세미로그 플롯의 기울기로부터 결정된다.

$$\ln f = -\left(\frac{E_a}{R}\right)\frac{1}{T_{max}} + \ln f_o \tag{5.37}$$

여기에서 f_o는 절편으로부터 구해지는 상수이다. 보통 저온(즉, 2차) 완화 과정에 대한 활성화 에너지는 낮다(약 10~20 kcal/mol). 그림 5-3에 나타낸 PMMA의 동적-기계적 스펙트럼의 예에서는 β 피크 활성화 에너지는 약 17 kcal/mol로 보고되고 있다. 폴리설폰의

γ 완화(그림 5-6)에 대한 활성화 에너지는 10.7 kcal/mol로 보고되고 있는데, 이 값은 폴리설폰 사슬의 주사슬에 있는 페닐렌 고리에 대한 회전 에너지 장벽에 대한 반실험적 분자 오비탈 계산에 의한 예측과 일치하고 있다[6]. 장거리 협동 운동(longer-range cooperative motions)을 반영하는 유리 전이에 대응하는 활성화 에너지는 2차 완화 현상에 대한 값보다 일반적으로 한 차수(an order of magnitude) 더 크다. 예를 들어 폴리설폰의 α(유리) 완화에 대한 활성화 에너지는 약 220 kcal/mol이다. 높은 활성화 에너지 값은 α 완화의 온도 위치가 2차 완화 과정에 비하여 상대적으로 진동수의 변화에 덜 민감함을 의미한다. 많은 고분자들에 대한 주완화 및 활성화 에너지들은 몇몇 자료들에 나타나 있다[7, 8].

5.1.2 점탄성 거동의 기계적 모델

고분자 점탄성 물성의 본질은 선형 탄성 요소(Hookean element)로서 스프링을, 선형 점성 요소(Newtonian element)로서 대시 포트(dash pot)를 이용하는 기계적 모델에서 응력 응답 또는 변형 응답을 분석하여 구할 수 있다. 대시 포트는 점도(viscosity) η를 가진 Newton 유체로 채워진 원통 안에서 피스톤으로 구성되어 있는 충격 흡수제로 간주할 수 있다. 그림 5-7에서 보는 바와 같이 스프링과 대시 포트의 직렬 연결로 된 기본 모델을 Maxwell 모델(Maxwell element)이라 하고, 병렬 연결로 된 기본 모델을 Voigt 모델(Voigt element)이라고 한다. 다음 절에서는 Maxwell 모델과 Voigt 모델의 일시적 응답 및 동적 응답에 대한 관계식에 대하여 논하고자 한다.

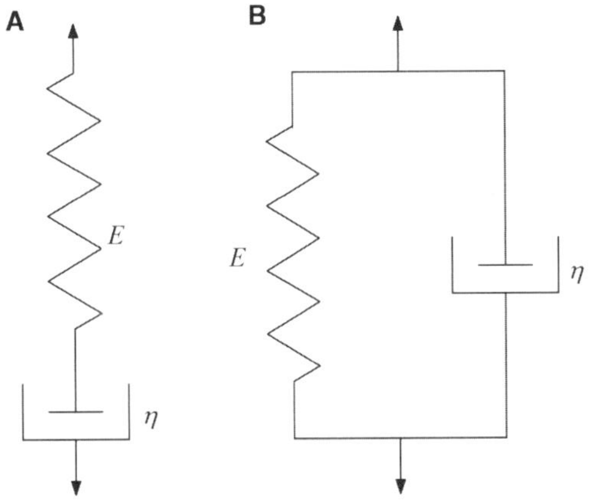

그림 5-7 Maxwell(**A**) 및 Voigt(**B**) elements

Maxwell 모델 스프링과 대시 포트가 직렬 연결인 경우 전체 변형(또는 변형 속도)은 스프링 또는 대시 포트의 개개의 변형(또는 변형 속도)의 합이다. Hooke의 법칙($\sigma = E\varepsilon$)

으로부터 한 개의 이상적인 탄성 스프링의 변형 속도는 다음과 같이 쓸 수 있다.

$$\frac{d\varepsilon}{dt}=\left(\frac{1}{E}\right)\frac{d\sigma}{dt} \tag{5.38}$$

한편으로 대시 포트에 대한 변형 속도는 Newton의 점성 법칙(식 (5.4))을 재정리함으로써 다음과 같이 구하여진다.

$$\frac{d\varepsilon}{dt}=\frac{\sigma}{\eta} \tag{5.39}$$

따라서 Maxwell 모델에서 변형 속도에 대한 기초 방정식은 다음과 같이 스프링과 대시 포트의 변형 속도(식 (5.38)과 (5.39))의 합이다.

$$\boxed{\frac{d\varepsilon}{dt}=\left(\frac{1}{E}\right)\frac{d\sigma}{dt}+\frac{\sigma}{\eta}} \tag{5.40}$$

이 미분방정식은 적당한 응력 또는 변형 함수를 적용함으로써 크리프(creep), 응력 완화(stress relaxation), 그리고 동적 응답에 대해 풀 수 있다.

크리프 실험(4.4.2절 참조)에서, **일정** 응력 σ_{o}는 순간적으로 가해진다. 이 경우 식 (5.40)은 다음과 같이 된다.

$$\frac{d\varepsilon}{dt}=\frac{\sigma_{\text{o}}}{\eta} \tag{5.41}$$

식 (5.41)을 재정리하고 적분하면 아래와 같다.

$$\varepsilon(t)=\left(\frac{\sigma_{\text{o}}}{\eta}\right)t+\varepsilon_{\text{o}} \tag{5.42}$$

여기에서 ε_{o}는 스프링 요소의 **순간적인**(즉, $t=0$) 변형 응답을 나타낸다. 크리프 순응률 $D(t)$는 다음과 같이 구하여진다.

$$D(t)=\frac{\varepsilon(t)}{\sigma_{\text{o}}}=\frac{t}{\eta}+\frac{\varepsilon_{\text{o}}}{\sigma_{\text{o}}}=\frac{t}{\eta}+D \tag{5.43}$$

여기에서 $D(=\varepsilon_{\text{o}}/\sigma_{\text{o}})$는 (스프링의) 순간 순응률이다. 식 (5.43)의 또 다른 표현은 다음과

같이 완화 시간(relaxation time) τ를 정의함으로써 구할 수 있다.

$$\boxed{\tau = \frac{\eta}{E} = \eta D} \tag{5.44}$$

즉, 식 (5.43)은 τ를 사용하여 다음과 같이 표준화된 형태로 나타낼 수 있다.

$$\frac{D(t)}{D} = \frac{t}{\tau} + 1 \tag{5.45}$$

응력-완화(stress-relaxation) 실험(4.4.2절 참조)에서는 변형(ε_o)이 일정하고, 따라서 변형 속도는 영(zero)이다. 이 경우 식 (5.40)은 다음과 같은 1차 미분방정식(ordinary differential equation)이 된다.

$$\left(\frac{1}{E}\right)\frac{d\sigma}{dt} + \frac{\sigma}{\eta} = 0 \tag{5.46}$$

식 (5.46)을 재정리하고 τ를 도입하면 다음과 같이 주어진다.

$$\frac{d\sigma}{\sigma} = -\left(\frac{1}{\tau}\right)dt \tag{5.47}$$

이 식을 다시 적분하면 다음과 같이 응력 응답에 관한 표현식을 얻을 수 있다.

$$\sigma = \sigma_o \exp\left(\frac{-t}{\tau}\right) \tag{5.48}$$

여기에서 σ_o는 스프링 요소의 (Young) 순간적인 응력 반응이다. 응력 완화 탄성률, $E_r(t)$는 다음과 같이 구해진다.

$$E_r(t) = \frac{\sigma}{\varepsilon_o} = \left(\frac{\sigma_o}{\varepsilon_o}\right)\exp\left(\frac{-t}{\tau}\right) = E\exp\left(\frac{-t}{\tau}\right) \tag{5.49}$$

여기에서 $E(=\sigma_o/\varepsilon_o)$는 스프링 요소의 (Young's) 탄성률이다.

동적-기계적 응답(즉, 복소 순응률 또는 탄성률)에 대한 표현식을 얻기 위하여 복소 응력에 대한 표현식 $\sigma = \sigma^\circ \exp(i\omega t)$를 Maxwell 식(식 (5.40))에 대입하면 다음과 같이 된다.

$$\frac{d\varepsilon(t)}{dt} = \left(\frac{\sigma^{\circ}}{E}\right) i\omega \exp(i\omega t) + \left(\frac{\sigma^{\circ}}{\eta}\right) \exp(i\omega t) \tag{5.50}$$

시간 t_1에서 t_2까지 적분하면 다음과 같다.

$$\varepsilon(t_2) - \varepsilon(t_1) = \left(\frac{\sigma^{\circ}}{E}\right)\left[\exp(i\omega t_2) - \exp(i\omega t_1)\right] + \left(\frac{\sigma^{\circ}}{\eta i\omega}\right)\left[\exp(i\omega t_2) - \exp(i\omega t_1)\right] \tag{5.51}$$

대응하는 응력 증분(increment)은 다음과 같이 표현할 수 있으므로

$$\sigma(t_2) - \sigma(t_1) = \sigma^{\circ}\left[\exp(i\omega t_2) - \exp(i\omega t_1)\right] \tag{5.52}$$

식 (5.51)의 양변을 이 식으로 나누고 완화 시간 τ를 이용하면 다음과 같은 복소 순응률을 구할 수 있다.

$$D^* = D - i\left(\frac{D}{\omega\tau}\right) \tag{5.53}$$

따라서 Maxwell 모델에서 얻어진 저장 순응률은 단순히 스프링의 순응률과 같다.

$$D' = D \tag{5.54}$$

이것은 시간 또는 진동수에 무관하다. 한편으로 손실 순응률은 다음과 같다.

$$D'' = \frac{D}{\omega\tau} \tag{5.55}$$

복소 탄성률(E^*)에 상응하는 표현식은 E^*가 D^*의 역수인 것을 감안하고 D^*의 켤레 복소수를 이용하면 다음과 같이 얻어진다.

$$E^* = \frac{1}{D^*} = \frac{1}{D - i\dfrac{D}{\omega\tau}} \times \frac{D + i\dfrac{D}{\omega\tau}}{D + i\dfrac{D}{\omega\tau}} \tag{5.56}$$

이 식을 재정리하고 $E = 1/D$ 관계를 이용하면 다음과 같이 쓸 수 있다.

$$E^* = E' + iE'' = \frac{E(\omega\tau)^2}{1 + (\omega\tau)^2} + i\left[\frac{E\omega\tau}{1 + (\omega\tau)^2}\right] \tag{5.57}$$

여기에서

$$E' = \frac{E(\omega\tau)^2}{1+(\omega\tau)^2} \tag{5.58}$$

및

$$E'' = \frac{E\omega\tau}{1+(\omega\tau)^2} \tag{5.59}$$

식 (5.58) 및 식 (5.59)로부터 Maxwell 모델에 대한 tanδ는 다음과 같다.

$$\tan\delta = \frac{E''}{E'} = \frac{1}{\omega\tau} \tag{5.60}$$

Voigt 모델 그림 5-7B에서 보는 바와 같이 스프링과 대시 포트의 병렬 연결인 Voigt 모델의 경우에는 각 요소에 대한 변형은 같으나 **응력은 합**으로 나타내어진다. 따라서 Voigt 모델에 대한 기본식은 다음과 같다.

$$\boxed{\sigma = E\varepsilon + \eta\frac{d\varepsilon}{dt}} \tag{5.61}$$

완화 시간(식 (5.44))을 이용하면, **크리프** 변형에 관한 Voigt 식은 다음과 같은 선형 미분방정식이 된다.

$$\frac{\sigma_0}{\eta} = \frac{\varepsilon(t)}{\tau} + \frac{d\varepsilon(t)}{dt} \tag{5.62}$$

이 식은 적분인자 exp(t/τ)를 사용하여 풀 수 있다. $\varepsilon(t)$에 대해 풀면 다음과 같이 순응률 함수를 구할 수 있다.

$$D(t) = D\left[1 - \exp\left(\frac{-t}{\tau}\right)\right] \tag{5.63}$$

여기에서 $D=1/E$이다. Maxwell 모델의 경우와는 달리, Voigt 식의 경우에는 대시 포트 요소가 순간적으로 변형될 수 없기 때문에 응력 완화에 대해서는 별 의미 있는 해가 얻어질 수 없다.

동적 변형에 관한 Voigt 모델의 응답은 다음과 같이 저장 순응률과 손실 순응률의 관계식을 준다.

$$D' = \frac{D}{1+(\omega\tau)^2} \tag{5.64}$$

및

$$D'' = \frac{D\omega\tau}{1+(\omega\tau)^2} \tag{5.65}$$

순응률에 대한 이들 관계식의 형태는 Maxwell과 모델에서 주어진 동적 **탄성률**(식 (5.58)과 (5.59))과 동일하다.

간단한 모델의 비교 2-요소 모델은 실제 고분자의 점탄성 물성에 근접한다. 표 5-1은 요약한 결과를 보여 주고 있다. 일반적으로 탄성률(응력 완화와 동적-기계적)은 Maxwell 모델에 의해 잘 묘사되지만 반면에 순응률(크리프와 동적-기계적)은 Voigt 모델에 의해 더 잘 나타낼 수 있다. 이 두 모델의 가장 큰 결점은 오직 한 개의 완화 시간(식 (5.44))을 이용한다는 점이다. 이는 탄성률이나 순응률에 있어서 **단일 전이**(single transition)만을 예

표 5-1 Maxwell 모델과 Voigt 모델에 의한 점탄성 물성의 예측

실험	Maxwell 모델	Voigt 모델
크리프	$\frac{D(t)}{D} = 1 + \frac{t}{\tau}$	$\frac{D(t)}{D} = 1 - \exp\left(\frac{-t}{\tau}\right)$
응력 완화	$\frac{E(t)}{E} = \exp\left(\frac{-t}{t}\right)$	$\frac{E(t)}{E} = 1$
동적 기계적	$\frac{D'}{D} = 1$	$\frac{D'}{D} = \frac{1}{1+(wt)^2}$
	$\frac{D''}{D} = \frac{1}{\omega\tau}$	$\frac{D''}{D} = \frac{\omega\tau}{1+(\omega\tau)^2}$
	$\frac{E'}{E} = \frac{(\omega\tau)^2}{1+(\omega\tau)^2}$	$E' = E$
	$\frac{E''}{E} = \frac{\omega\tau}{1+(\omega\tau)^2}$	$E'' = \omega\eta$

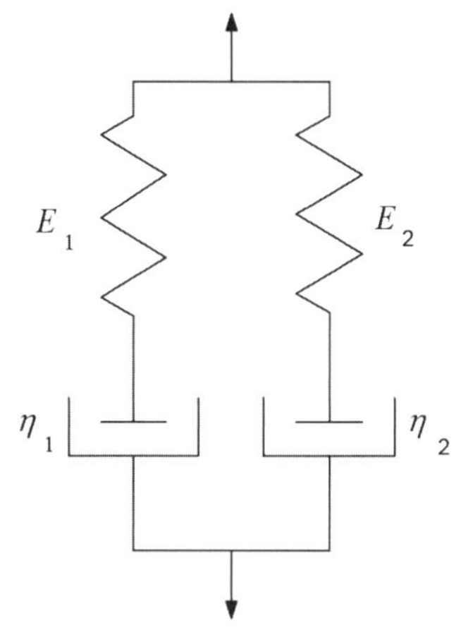

그림 5-8 2-요소 Maxwell-Wiechert 모델

측하나, 반면에 실제 분자량이 큰 고분자는 유리-고무 전이 및 고무-액체 전이와 같은 두 전이를 나타낸다. 다음 절에서 논하는 바와 같이 보다 많은 요소를 추가하면 개선이 이루어질 것으로 예상된다.

다요소 모델 특히 탄성률에 적합한 다요소 모델(multi-element model)을 **Maxwell-Wiechert 모델**(Maxwell-Wiechert model)이라고 하며, 이것은 다수의 Maxwell 모델을 병렬 연결한 것이다. 이 모델에서는 한 개의 스프링과 대시 포트로 된 Voigt 모델과 마찬가지로 각 Maxwell 요소에 대한 변형은 동일하나, 각 Maxwell 요소가 받는 응력은 합으로 나타내어진다. 그림 5-8에 나타낸 2-요소 Maxwell-Wiechert 모델의 경우에 대한 응력 완화 탄성률은 다음과 같다.

$$E(t) = E_1 \exp\left(\frac{-t}{\tau_1}\right) + E_2 \exp\left(\frac{-t}{\tau_2}\right) \tag{5.66}$$

여기에서 $\tau_1 = \eta/E_1$과 $\tau_2 = \eta_2/E_2$이다. E_i와 τ_i의 값을 적절히 선택하면 그림 5-9에서 보는 바와 같이 유리상 영역 및 고무 평탄 영역에서의 응력 완화 탄성률이 합리적으로 구현된다.

상기의 2요소 Maxwell-Wiechert 모델에 Maxwell 요소를 더 추가하면 전이 영역에서의 기울기가 실제에 더욱 가까워지고, 따라서 분자량 분포 폭이 넓은 고분자량 고분자의 경우에 예상되는 완화 시간 분포의 전이 영역에서 보다 향상된 실제 기울기가 구하여진다. 일반적으로 N개의 Maxwell 요소로 구성된 Maxwell-Wiechert 모델의 응력 완화 탄성률은 합으로 나타낼 수 있다.

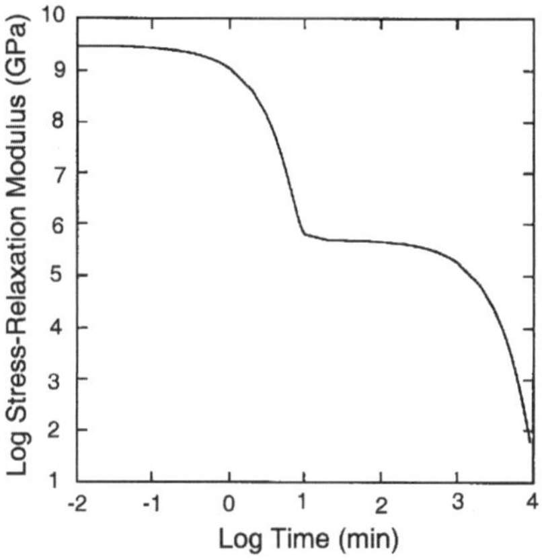

그림 5-9 그림 5-8에 나타낸 2-요소 Maxwell-Wiechert 모델에 의하여 무차원 시간(t/τ)의 함수로서 응력 완화 탄성률 $E(t)$의 예측 모델 상수(식 (5.66))의 값은 $E_1 = 3\times10^9$ Pa, $E_2 = 5\times10^5$ Pa, $\tau_i = 1$ min, 그리고 $\tau_2 = 10^3$ min이다.

$$E(t) = \sum_{i=0}^{N} E_i \exp\left(\frac{-t}{\tau_i}\right) \tag{5.67}$$

동적 탄성률에 대하여 상응하는 식은 표 5-2에서 보는 바와 같다.

다요소 모델의 대체 접근법은 **Voigt-Kelvin 모델**(Voigt-Kelvin model)로서, 이는 Voigt 요소들의 직렬 배열로 구성된다. 그림 5-10은 2-요소 Voigt-Kelvin 모델을 보여 주고 있다. N 요소의 경우, 크리프 순응률은 합으로 나타내어질 수 있다.

$$D(t) = \sum_{i=0}^{N} D_i \left[1 - \exp\left(\frac{-t}{\tau_i}\right)\right] \tag{5.68}$$

동적 순응률에 상응하는 식은 표 5-2에 주어져 있다.

완화 스펙트럼과 지연 스펙트럼 Maxwell-Wiechert 모델에서 Maxwell 요소의 수를 무한히 증가하면 식 (5.67)의 합이 다음과 같이 적분으로 대체될 수 있다.

$$E(t) = \int_0^{\infty} E(\tau) \exp\left(\frac{-t}{\tau}\right) d\tau \tag{5.69}$$

이 식에서 $E(\tau)$는 완화 시간의 연속 함수이다. 또 다른 표현식은 다음과 같다.

$$H(\tau) = \tau E(\tau) \tag{5.70}$$

표 5-2 두 개의 다요소 모델인 Maxwell-Wiechert와 Voigt-Kelvin에 의한 점탄성 물성의 예측

실험	Maxwell-Wiechert 모델	Voigt-Kelvin 모델
크리프		$D(t)=\sum_{i=1}^{N} D_i\left[1-\exp\left(\frac{-t}{\tau_i}\right)\right]$
응력 완화	$E(t)=\sum_{i=1}^{N} E_i\exp\left(\frac{-t}{\tau_i}\right)$	
동적 기계적	$E'=\sum_{i=1}^{N}\frac{E_i(\omega\tau_i)^2}{1+(\omega\tau_i)^2}$	$D'=\sum_{i=1}^{N}\frac{D_i}{1+(\omega\tau_i)^2}$
	$E''=\sum_{i=1}^{N}\frac{E_i\omega\tau_i}{1+(\omega\tau_i)^2}$	$D''=\sum_{i=1}^{N}\frac{D_i\omega\tau_i}{1+(\omega\tau_i)^2}$

여기에서 $H(\tau)$는 **완화 시간 분포함수**(relaxation time distribution function)라고 한다. 이 관계식을 적분에 대입하고 τ 대신 $\ln\tau$를 사용하면 다음과 같이 된다.

$$E(t)=\int_{\ln\tau=-\infty}^{\ln\tau=+\infty} H(\tau)\exp\left(\frac{-t}{\tau}\right)d\ln\tau \qquad (5.71)$$

동적 탄성률의 경우에도 상응하는 식을 쓸 수가 있다.

순응률에 대한 표현식은 직렬로 연결된 Voigt 요소의 수를 무한대로 간주하면 구하여진다(Voigt-Kelvin 모델).

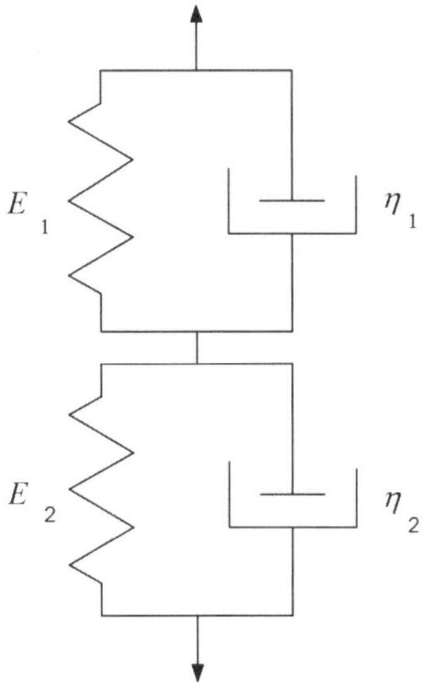

그림 5-10 2-요소 Voigt-Kelvin 모델

$$D(t)=\int_{\ln\tau=-\infty}^{\ln\tau=+\infty} L(\tau)\left[1-\exp\left(\frac{-t}{\tau}\right)\right]d\ln\tau \tag{5.72}$$

여기서 L(τ)는 **지연**(retardation) 스펙트럼 함수라고 한다. 동적 탄성률에 대해서도 상응하는 표현식을 쓸 수 있다.

완화 및 지연 스펙트럼은 어떤 특정 온도에서 고분자의 점탄성 물성을 특징짓는다. 이들은 한 세트의 실험 데이터로부터 계산될 수 있으며, 이 결과는 다른 실험 조건하에서 점탄성 응답을 예측하는 데 사용될 수 있다. 예를 들어, 완화 시간 스펙트럼은 동적 손실 탄성률의 온도 의존성에서 계산될 수 있으며, 이들은 다시 응력 완화 탄성률의 온도 의존성을 계산하는 데 사용될 수 있다. 이와 같은 상관관계는 실험적 노력을 최소화하며 실험 데이터의 일관성을 점검하는 기초 자료가 된다.

5.1.3 고분자의 용액과 용융물의 점탄성 물성

농도가 진한 고분자 용액과 용융물(melt) 역시 점탄성 응답을 보인다. 이 응답을 복소 점도(complex voscosity) η^*항으로 나타내는 것이 편리하다. 복소 점도는 Newton의 점성 법칙(식 (5.4))을 동적으로 가해진 **전단** 변형 $\gamma^*(=\gamma_0 e^{i\omega t})$의 경우에 적용함으로써 정의된다. 대응하는 동적 전단 응력(τ^*)은 다음과 같이 나타내어진다.

$$\tau^*=\eta^*\frac{d\gamma^*}{dt}=i\omega\eta^*\gamma^* \tag{5.73}$$

이 복소 점도는 동적 순응률에 유사한 양식으로 나타낼 수 있다.

$$\boxed{\eta^*=\eta'-i\eta''} \tag{5.74}$$

여기에서 η'는 **동적 점도**(dynamic viscosity)라고 하며, 전단 손실 탄성률(G'')과 각진동수(ω)의 값으로부터 다음과 같이 구하여진다.*

$$\eta'=\frac{G''}{\omega} \tag{5.75}$$

점도의 허수 성분(η'')은 전단 저장 탄성률(G')로부터 다음과 같이 구하여진다.

---

* 식 (5.73)으로부터 다음과 같이 식 (5.75)와 (5.76)이 구하여진다.

$$G^*=G'+iG''=\frac{\tau^*}{\gamma^*}=i\omega\eta^*=i\omega(\eta'-i\eta'')=\omega(\eta''+i\eta')$$

$$\eta'' = \frac{G'}{\omega} \tag{5.76}$$

Cox-Merz 법칙(Cox-Merz rule)은 전단 속도를 영으로 외삽하였을 때의 **정상-전단 점도**(steady-shear viscosity) η_o(11.2.1절 참조)와 복소 점도의 크기 사이의 대략적인 관계를 다음과 같이 제시한다.

$$\eta_o = |\eta^*| = \left[(\eta')^2 + (\eta'')^2\right]^{1/2} \tag{5.77}$$

실험적인 기법 작은 동적 또는 정적 선형 점탄성 전단 변형(linear viscoelastic shear strain)에 대한 고분자의 용액과 용융물에 대한 응력 응답을 결정하기 위한 상업적 기기는 원추평판(cone-and-plate), 동심원형(Couette) 원통, 회전 평행 평판(parallel plate)과 같은 간단한 전단 기하(shear-geometry)에 기초를 두고 있다. 이 장치에 대한 적용 변형 속도는 일반적으로 낮다($10^{-4} \sim 10^3$ s^{-1}). 이들 두 레오미터(rheometer), 원추 평판(cone-and-plate)과 동심원형 원통에 대해서는 낮은 전단 속도에서 고분자 용융물과 진한 용액의 **겉보기 점도**(apparent viscosity)를 진동수 또는 전단 변형 속도(shear strain rate)의 함수로서 결정함에 있어서 그들의 중요성과 연관시켜 11.4절에 자세하게 기술하고 있다. 레오미터의 기본 원리에 대해서는 여러 다른 책에 기술되어 있다[9, 10].

Newton의 점성 법칙(식 (5.4))에서 정의된 바와 같이 겉보기 점도는 다음과 같이 정상 전단 측정으로부터 구하여진다.

$$\eta = \frac{\tau}{\dot{\gamma}} \tag{5.78}$$

복소 점도 또는 전단 탄성률의 실수 성분(G')과 허수 성분(G'')은 원추-평판 레오미터에서는 원추에, 또는 Couette 레오미터의 경우에는 원통에 정상 전단 **대신**에 **진동**(oscillatory) 전단을 가하여 구하여진다.

다른 한편으로는 고분자 용액과 용융물의 동적 물성(즉, G'과 G'')은 그림 5-11에 나타난 바와 같은 중심이 어긋난 회전 원판(ERD; eccentric rotating-disk) 기하를 사용한 레오미터로 **정상 전단 흐름**(steady-shear flow)을 사용하여 직접 얻을 수 있다. 이 레오미터 설계에서 두 개의 판은 서로 평행하나 이들 두 판에 수직인 축들은 일정 거리 a만큼 상쇄된다. 위 판이 일정한 각속도 ω로 회전하는데도 불구하고 두 판에 평행한 흐름이 시간에 주기적(즉, 동적 흐름)이 되는 것은 이 어긋난 거리 a 때문이다. 이 경우의 전단 속도는 다음과 같이 주어진다.

$$\dot{\gamma}=\left(\frac{a}{h}\right)\omega \tag{5.79}$$

동적 탄성률은 기하 인자들-상쇄된 축(a), 판의 반경(R) 및 판 사이의 간격(h)-과 직각 방향으로(orthogonal) 측정된 힘(F_x와 F_y)으로부터 다음과 같이 결정된다.

$$G'=\frac{F_y h}{a\pi R^2} \tag{5.80}$$

및

$$G''=\frac{F_x h}{a\pi R^2} \tag{5.81}$$

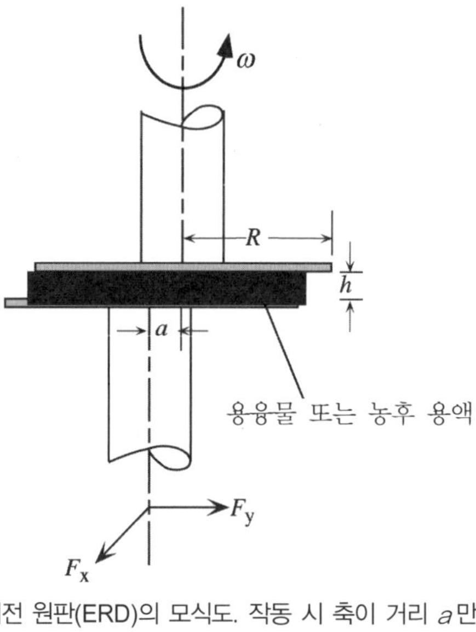

그림 5-11 중심이 어긋난 회전 원판(ERD)의 모식도. 작동 시 축이 거리 a만큼 어긋난 반경이 R(가령 2.5 cm)인 두 평행 평판 사이의 간격 h 안에서 진한 농도 용액이나 용융물은 전단 변형을 받는다. 상판은 각진동수 ω(rad/s)로 회전된다. 이때 가해진 힘(전단력)은 하판에 설치된 변환기에 의하여 직각 방향으로 측정된다.

5.1.4 유전 분석

고분자 물질의 점탄성 응답은 기계적 변형 대신에 시료에 시간-의존성 전압을 가하여 규명할 수 있다. 전압은 시료에 전기장을 형성하고, 이는 전기적으로 분극된다. 이는 시료

중에 있는 임의의 유도 및 영구 쌍극자가 전기장에서 배향됨을 의미한다. 이온 전도에 기인한 분극과 개개의 원자의 전자운의 변형으로부터 생기는 분극은 거의 순간적인 한편으로 전기장 내 분자의 운동과 영구 쌍극자의 배열에 기인한 분극은 시간을 요한다. 이 분극과 이온 전도는 진폭이 진동수, 온도 및 물질의 유전(dielectric) 성질에 의존하는 전류를 생성한다. 동적-기계적 분석에서의 응력 응답에서와 마찬가지로 전류 진동수는 가해진 전기장의 진동수와 같으나 위상 각 δ만큼 이동한다. 유전 분석(dielectrical analysis)에 있어서 시료를 특징짓는 중요한 인자는 다음에서 정의하는 **유전 상수**(dielectric constant), ε이다.

이론 전압(V)이 유전 물질이 놓인 두 전극 사이에 가해지면 전하가 축전기(capacitor) 사이에 생성된다. 이 전하량 Q(단위는 coulomb)는 V와 재료의 정전용량 C(단위는 farads)와 다음과 같은 관계가 있다.

$$Q = CV \tag{5.82}$$

정전용량 C는 진공의 정전용량, C_o를 사용하여 다음과 같이 나타낼 수 있다.

$$C = \varepsilon C_o \tag{5.83}$$

여기에서 ε(무차원)은 온도와 시간(또는 진동수)의 함수인 유전 상수이다. 진공의 유전 상수는 1로 정의된다. 공기의 유전 상수는 약간 높은 1.0006이나 강한 분극을 일으킬 수 있는 물의 경우에는 상온과 낮은 진동수에서 81의 값을 가진다. 분극은 시간에 의존하므로 이온 이동(migration)과 유전 분극으로부터 일어나는 **짧은 시간 또는 순간적인 유전 응답**(short-time 또는 instantaneous dielectrical response), ε_U(또는 ε_o)이 있다. **긴 시간 응답**(long-time response), ε_R(또는 ε_∞)은 순간적인 응답과 전기장 내에서의 영구 쌍극자의 완전한 배열이 기여하는 합을 나타낸다.

전하 밀도(charge density), σ는 다음과 같이 정의된다.

$$\sigma = \frac{Q}{A} \tag{5.84}$$

여기에서 A는 평판 전극(plate electrode)의 면적이다. 두 전극 사이에 유전체가 없을 경우(즉, 진공)의 전하 밀도는 σ_o이다. 이 전하 밀도는 다음과 같이 축전기를 통한 전압(V)과 두 전극 간의 거리(d)의 비로서 정의되는 **전기장**(electric field) E와 관계가 있다.

$$E = \frac{V}{d} \tag{5.85}$$

전기장과 전하 밀도 사이의 관계는 다음의 Gauss의 자속 정리(Gauss's flux theorem)로 주어진다:

$$E = 4\pi\sigma_o \tag{5.86}$$

앞서 논한 바와 같이 시간 의존성인 분극, $P(t)$는 쌍극자 유도에 의한 순간적인 성분 P_U를 포함한다.

$$\lim_{t \to 0} P(t) = P_U \tag{5.87}$$

분극에 대한 별도의 시간 의존성(쌍극자 배향) 기여를 $P_D(t)$로 하면 전체 분극은 다음과 같이 표시된다.

$$P(t) = P_D(t) + P_U \tag{5.88}$$

긴 시간에서의 극한 조건으로부터

$$\lim_{t \to \infty} P(t) = P_R \tag{5.89}$$

그리고

$$\lim_{t \to \infty} P_D(t) = P_D \tag{5.90}$$

이므로 다음과 같이 된다.

$$P_R = P_D + P_U \tag{5.91}$$

무한 시간대에서의 분극, P_R은 다음과 같이 전하 밀도와 관련지어진다.

$$\sigma = \sigma_o + P_R \tag{5.92}$$

여기에서

$$\sigma = \varepsilon_R \sigma_o \tag{5.93}$$

그리고 (식 (5.86)으로부터)

$$\sigma_o = \frac{E}{4\pi} \tag{5.94}$$

이므로, 이들 식을 식 (5.92)에 대입하면

$$\varepsilon_R - 1 = \left(\frac{4\pi}{E}\right) P_R \tag{5.95}$$

식 (5.91)을 식 (5.95)에 대입하면

$$\varepsilon_R - 1 = \left(\frac{4\pi}{E}\right)\left(P_D + P_U\right) \tag{5.96}$$

분극에 대한 식(식 (5.91))과 유사하게 다음과 같이 쓸 수 있다.

$$\varepsilon_R = \varepsilon_D + \varepsilon_U \tag{5.97}$$

그리고 (식 (5.95)로부터)

$$\varepsilon_U - 1 = \left(\frac{4\pi}{E}\right) P_U \tag{5.98}$$

지금까지 식을 전개한 목적은 전극에 가해지는 정상(steady) 상태의 전압[즉, $E(t)$] 또는 진동(oscillatory) 전압[즉, $E^*(\omega, t)$]에 응하여 생기는 일시적인 유전 상수[즉, $\varepsilon(t)$] 또는 동적 유전 상수[즉, $\varepsilon(\omega, t)$]의 시간 의존성에 대한 표현식을 구하는 것이다. 접근 방법은 분극의 시간 변화 속도가 다음과 같이 평형값(P_R)으로부터 변위의 크기에 비례한다고 가정하는 것이다.

$$\frac{dP(t)}{dt} = -\frac{P(t) - P_R}{\tau} \tag{5.99}$$

여기에서 τ는 시간 상수 또는 완화 시간이다. 식 (5.88)로부터 다음과 같이 쓸 수 있다.

$$\frac{dP(t)}{dt} = \frac{dP_D}{dt} \tag{5.100}$$

$P(t)$에 대한 식 (5.100), (5.88)과 P_R에 대한 식 (5.91)을 식 (5.99)에 대입하면

$$\frac{dP_{\mathrm{D}}(t)}{dt} = -\frac{P_{\mathrm{D}}(t) - P_{\mathrm{D}}}{\tau} \tag{5.101}$$

식 (5.91), 식 (5.95) 및 식 (5.98)로부터,

$$P_{\mathrm{D}} = \frac{E}{4\pi}(\varepsilon_{\mathrm{R}} - \varepsilon_{\mathrm{U}}) \tag{5.102}$$

로 된다. 여기에서 $(\varepsilon_{\mathrm{R}} - \varepsilon_{\mathrm{U}})$는 **유전 완화 강도**(dielectric relaxation strength)라고 한다. 식 (5.102)를 식 (5.101)에 대입하고 재정리하면 다음과 같이 시간 의존성 전기장에 대한 미분방정식을 얻을 수 있다.

$$\tau\frac{dP_{\mathrm{D}}(t)}{dt} + P_{\mathrm{D}}(t) = \frac{E(t)}{4\pi}(\varepsilon_{\mathrm{R}} - \varepsilon_{\mathrm{U}}) \tag{5.103}$$

진동수 의존(즉, 사인 형태의) 전압의 경우에는

$$E^*(\omega, t) = E_{\mathrm{o}} \exp(i\omega t) \tag{5.104}$$

식 (5.103)의 미분방정식은 $t >> \tau$을 가정하여 풀 수 있으며, 이는 정상 상태의 조건이 적용됨을 의미한다. 그 해는 다음과 같다.

$$P_{\mathrm{D}}^*(\omega) = \frac{(\varepsilon_{\mathrm{R}} - \varepsilon_{\mathrm{U}})}{1 + i\omega\tau}\frac{E^*(\omega)}{4\pi} \tag{5.105}$$

복소 유전 상수는 동적 순응률과 유사하게 다음과 같이 실수 및 허수 성분의 항으로 정의될 수 있다.

$$\varepsilon^* = \varepsilon' - i\varepsilon'' \tag{5.106}$$

여기에서

$$\tan\delta_{\mathrm{e}} = \frac{\varepsilon''}{\varepsilon'} \tag{5.107}$$

식 (5.102)와 유사하게 그리고 ε_{R}이 단지 유전 상수의 진동수-의존성 성분임을 인지하면 다음과 같이 쓸 수 있다.

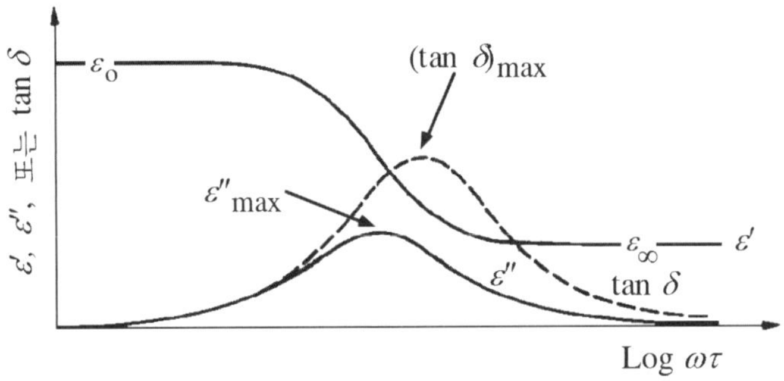

그림 5-12 유전 상수의 진동수 의존성 도해

$$\varepsilon^*(\omega) = \frac{4\pi P_D^*(\omega)}{E^*(\omega)} + \varepsilon_U \tag{5.108}$$

$P_D^*(\omega)$에 대한 이 식을 재정리하고, 이를 식 (5.105)에 대입하면

$$\varepsilon^*(\omega) = \varepsilon_U + \frac{\varepsilon_R - \varepsilon_U}{1 + i\omega\tau} \tag{5.109}$$

식 (5.109)의 오른편에 있는 두 번째 항의 분자 및 분모를 그의 켤레 복소수로 곱하면 ε^*의 실수 및 허수 성분이 다음과 같이 구하여진다.

$$\varepsilon^*(\omega) = \varepsilon_U + \left(\frac{\varepsilon_R - \varepsilon_U}{1 + i\omega\tau}\right) \times \left(\frac{1 - i\omega\tau}{1 + i\omega\tau}\right) = \varepsilon_U + \frac{\varepsilon_R - \varepsilon_U}{1 + \omega^2\tau^2} - i\frac{\omega\tau(\varepsilon_R - \varepsilon_U)}{1 + \omega^2\tau^2} \tag{5.110}$$

이 식을 식 (5.106)과 비교하면 다음 관계식을 얻을 수 있다.

$$\varepsilon' = \varepsilon_U + \frac{\varepsilon_R - \varepsilon_U}{1 + \omega^2\tau^2} \tag{5.111}$$

및

$$\varepsilon'' = \frac{\omega\tau(\varepsilon_R - \varepsilon_U)}{1 + \omega^2\tau^2} \tag{5.112}$$

Maxwell 모델과 동적-기계적 진동(문제 5.4b 참조)의 경우에는 그림 5-12에 나타낸 ε'(식 (5.111)), ε''(식 (5.112)) 및 진동수에 대한 $\tan\delta_e$의 플롯에서 보는 바와 같이 ε''는 완화 시간(τ)의 역수와 동일한 진동수에서 최댓값을 나타낸다.

식 (5.111)과 식 (5.112)는 현상적인 모델이 한 개의 완화 시간, τ를 이용한다는 한계점에도 실험적인 ε'와 ε''의 정성적인 거동을 합리적으로 묘사하는 반면에 분자량이 높은 고분자에 대하여서는 완화 시간의 분포가 예상될 것이다. Peter Debye의 업적 이후 ε과 P와 같은 유전체의 거시적인 물성을 쌍극자 모멘트 또는 분자 분극률과 같은 분자 물성과 관련지으려는 많은 시도가 있었다. 이에 관한 자세한 기술은 이 책의 범위를 벗어나므로 관심 있는 독자들은 이 장 끝의 추천 문헌에 실린 Daniels의 책과 같은 다른 참고 서적을 참조하기 바란다.

실험적 방법 고분자 용액, 용융물 및 필름에 대한 ε'와 ε''의 값은 다양한 기법에 의하여 넓은 진동수의 범위(10^{-4}~10^{10} Hz)에서 쉽게 측정될 수 있다. 이 넓은 진동수 범위의 결과로 물질의 유전 상수 데이터는, 동적-기계적 측정에 대한 온도-평면 플롯에 대비하여 일정 온도에서 진동수에 대하여 플롯(즉, 진동수-평면 측정)될 수 있다.

고상 시료의 경우에는 전극과의 접촉을 향상시킬 목적으로 고분자 필름에 전도성을 띤 금 또는 다른 금속의 얇은 층을 입힌다. 이렇게 처리한 고분자 필름을 항온조 속에 있는 전지(electrode cell)에 설치한다. 이 전지는 고분자 시료의 전기 임피던스(impedance)를 측정하기 위하여 진동수 발성기 및 특히 전기 브리지(bridge)에 연결되어 있다. 종종 그림 5-13에 플롯된 바와 같은 Schering 임피던스 브리지가 약 1 Hz에서 10 MHz의 진동수 범위에서 사용된다. 전기 저항(resistance) 대신 임피던스의 측정을 제외하고는 Schering 브리지는 Wheatstone 브리지와 유사하다. 브리지를 밸런싱(balancing)하여 시료의 정전용량(C_x)과 전기 저항(R_x)을 구한다. 그러면, $\tan\delta_e$, ε' 및 ε''은 다음과 같이 결정될 수 있다.

$$\tan\delta = R_x C_x \omega \tag{5.113}$$

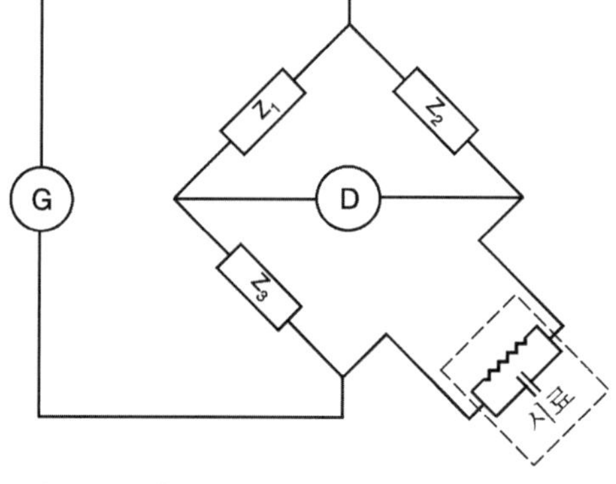

그림 5-13 진동수 발생기(G)와 제로 검출기(D)를 포함한 물질의 유전성 시험 장치, Schering 브리지의 모식도. 한 개 또는 여러 개의 브리지 임피던스는 Z_1과 Z_2를 지난 사이의 전위차의 크기와 위상이 영(0)이 되도록 조정된다.

$$\varepsilon' = \frac{C_x}{C_o\left(1 + \tan^2 \delta_e\right)} \tag{5.114}$$

그리고

$$\varepsilon'' = \varepsilon' \tan \delta_e \tag{5.115}$$

넓은 온도 범위에서 진동수의 함수로서의 폴리카보네이트(polycarbonate) 시료에 대한 유전 손실(ε″) 데이터는 그림 5-14A와 B에서 보는 바와 같다. 일반적으로 고분자 시료의 곁사슬기 또는 주사슬 반복 단위의 화학 구조에 분극성이 있는 경우 고분자의 유리 전이 및 2차 완화 과정은 유전 측정에 의해서도 조사할 수 있다. 또한 유전 측정은 고정된 진동수와 온도에서 시간의 함수로서 유전 상수를 측정함으로써 열경화성 복합 재료에서 경화 과정을 연구하는 데 이용되고 있다.

열자극 전류 분석 열자극 전류(thermally stimulated current; TSC) 분석은 고분자의 무정형 영역의 전이를 연구하는 데 이용되는 유전 분광법에 관련된 방법이다. 이 기법에서 고분자 쌍극자는 높은 온도(일반적으로 T_g 이상)로 가열된 시료에 높은 전압을 가함으로써 배향된다. 일정한 전압에서 예상되는 전이점 이하로 온도를 낮추어서 배향을 동결시킨다. 이 다음에, 전기장을 제거하고 시료를 가열한다. 그러면 고분자 쌍극자가 재배향하

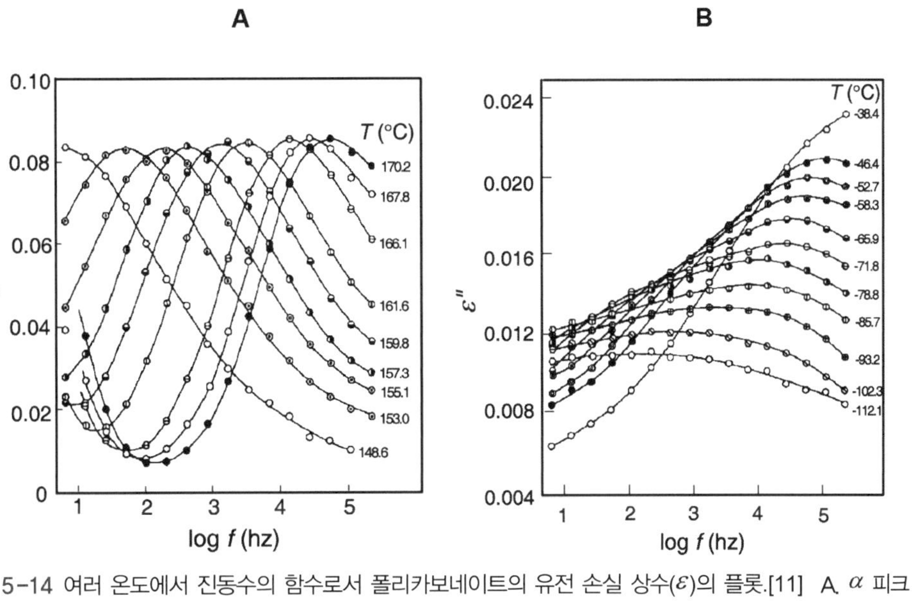

그림 5-14 여러 온도에서 진동수의 함수로서 폴리카보네이트의 유전 손실 상수(ε)의 플롯.[11] A. α 피크(즉, 유리 전이)를 나타내는 고온 데이터. B. 2차 γ 완화를 나타내는 저온 데이터. 최대 피크는 온도의 증가와 함께 진동수가 증가함을 보여 준다.

면서 분극 해소로 인해 생기는 전류가 온도의 함수로 측정된다. 온도가 증가함에 따라 분자의 이동성(mobility)이 증가하게 되어 각 전이에 해당되는 온도에서 최대치가 나타난다. 결과로서 생기는 온도에 대한 역자극 전류의 플롯은 동적-기계적 손실 데이터의 경우에 매우 유사하며, 2차 완화와 유리 전이 현상을 확인하는 데 사용할 수 있다.

5.1.5 동적 열량 측정

전통적인 시차 주사 열량계법(differential scanning calorimetry, 4.3.2절)을 변화한 방법이 온도 변조 시차 주사 열량계법(temperature modulated DSC, TMDSC)이다[12, 13]. TMDSC의 원리는 전형적인 DSC 작동의 일정 가열 또는 냉각 속도에 온도의 사인파 변조를 첨가한 것이다. 시료 온도, T는 다음과 같이 구하여진다.

$$T = T_o + q_o t + A_T \sin(\omega t) \tag{5.116}$$

여기에서 T_o는 변조된 주사(modulated scan)에 대한 초기 온도, q_o는 평균 가열 속도, A_T는 온도 변조의 크기, 그리고 ω는 변조의 각진동수(rad/min^{-1})이다. 식 (5.116)을 시간으로 미분하면 가열 속도 변조에 대한 다음 식이 얻어진다.

$$q = q_o + A_T \omega \cos(\omega t) \tag{5.117}$$

변조된 가열 속도(q)와 열흐름(heat-flow, HF) 신호의 Fourier 변환으로 평균값 <q> 및 <HF>, 가열 속도와 열흐름 신호의 진폭 A_q 및 A_{HF}, 그리고 신호 사이의 위상 각 φ를 얻는다. 이 값들로부터 평균 열용량과 복소 열용량은 다음과 같이 구하여진다.

$$\langle C_p \rangle = \frac{\langle HF \rangle}{\langle q \rangle} \tag{5.118}$$

및

$$C_p^* = C_p' - iC_p'' \tag{5.119}$$

복소 열용량의 크기는 신호 진폭으로부터 다음과 같이 구하여진다.

$$|C_p^*| = \frac{A_{HF}}{A_q} \tag{5.120}$$

복소 열용량의 실수(즉, in-phase) 성분, C_P'와 허수(즉, out-of-phase) 성분, C_P''은 크기와 위상 각에서 다음과 같은 관계를 갖는다.

$$C_p' = |C_p *| \cos\phi \tag{5.121}$$

및

$$C_p'' = |C_p *| \sin\phi \tag{5.122}$$

그림 5-15는 일반적인 DSC와 비교한 열용량의 동적 성분을 보여 주고 있다. TMDSC 주사에서 유리 전이는 유전 분광법과 유사한 방법으로 C_P'에서는 불연속 변화(step change), C_P''에서는 피크로 확인된다. 전형적인 DSC scan에서 T_g는 비열 또는 열흐름 신호에서 변곡점으로 확인되고, 이것은 가열 (또는 냉각) 속도에 의존한다(4.3.4절 참조). 대조적으로 다른 동적 기법으로 파악한 T_g와 같이 TMDSC로 결정된 T_g는 변조 진동수에 의존한다.

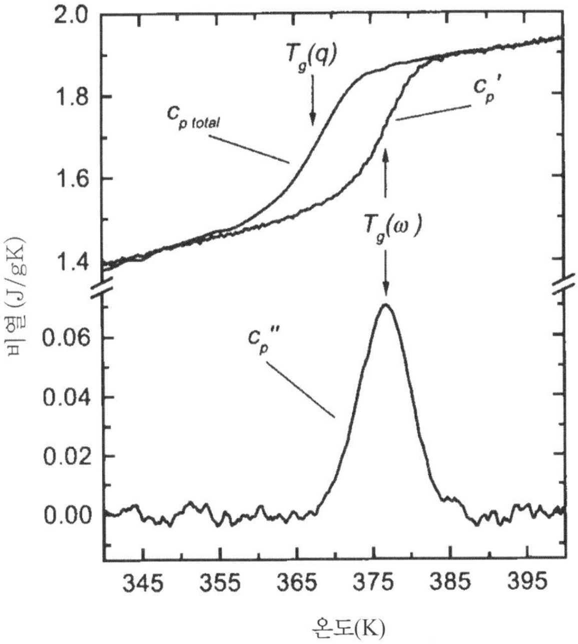

그림 5-15 폴리스타이렌 시료의 TMDSC scan(q_0=-0.25 K min^{-1}; A_T=0.5 K, 주기 t_p=60 s). 그래프 맨 위의 $C_{p,total}$ 곡선은 전형적인 DSC scan이다. Reprinted from S. Weyer, M. Merzlyakov, and C. Schick, *Application of an Extended Tool-Narayanaswamy-Moynihan Model. Part 1. Description of Vitrification and Complex Heat Capacity Measured by Temperature-Modulated DSC.* Thermochimica Acta, 2001. **377**: p. 85-96. Copyright 2001, with permission from Elsevier Science.

또한 TMDSC의 응답은 역전(reversing) 열흐름과 비역전(non-reversing) 열흐름으로 다음과 같이 나타낼 수 있다.

$$\langle HF \rangle_{\mathrm{rev}} = \left| C_{\mathrm{p}} * \right| q_{\mathrm{o}} \tag{5.123}$$

그리고

$$\langle HF \rangle_{\text{non-rev}} = \langle HF \rangle - \langle HF \rangle_{\mathrm{rev}} \tag{5.124}$$

열경화성 경화의 연구에 이용될 수 있는 등온 조작($q_{\mathrm{o}}=0$)에서 역전 열흐름은 0이고(식 (5.123)), 비역전 열흐름은 전체 열흐름과 같다. TMDSC의 이점 중의 하나는 비역전 현상(예를 들어, 엔탈피 회복, 재결정, 경화 중에 일어나는 화학 반응)으로부터 유사(pseudo) 이차-유리 전이와 같은 가역 공정들을 분리하는 잠재력이다. 발열 현상은 비역전 신호에서만 탐지된다.

5.1.6 시간-온도 중첩

물질이 일정 온도에서, 하지만 실질적으로 이루기에는 긴 시간(아마 수 년)에 걸쳐 기계적으로 어떻게 거동(예를 들어, 크리프 또는 응력 완화)하는가를 아는 것은 종종 중요하다. 다행히 긴 시간 거동은 여러 다른 온도에서 짧은 시간 동안의 응력 완화 또는 크리프 데이터를 측정함으로써 파악할 수 있다. 이들 각각 다른 온도 곡선으로부터의 정보는 각 곡선을 대수시간 크기(long-time scale)에 따라 수평으로 이동시켜 조합하면 한 기준 온도에서의 **종합 곡선**(master curve)을 구할 수 있다. 이 기법을 **시간-온도 중첩 원리**(time-temperature superposition)라고 하며, 고분자의 선형 점탄성(linear viscoelasticity) 이론의 기초가 된다. 이 과정에서, 종합 곡선은 환원 시간(reduced time) t/a_{T}에 대한 응력 완화 탄성률 또는 크리프 순응률로서 플롯된다. **이동 계수**(shift factor) a_{T}는 기준 온도(reference temperature), T_{r}에서 종합 곡선에서의 동일한 탄성률에 해당하는 기준-시간 좌표, t_{r}에 대한 어떤 온도(T)에서 탄성률의 특정값에 도달하는 데 걸리는 (실제) 시간의 비로 정의된다.

$$\boxed{a_{\mathrm{T}} = \frac{t}{t_{\mathrm{r}}}} \tag{5.125}$$

좀 더 간단하게 말하면 시간-온도 중첩 원리는 다음을 의미한다.

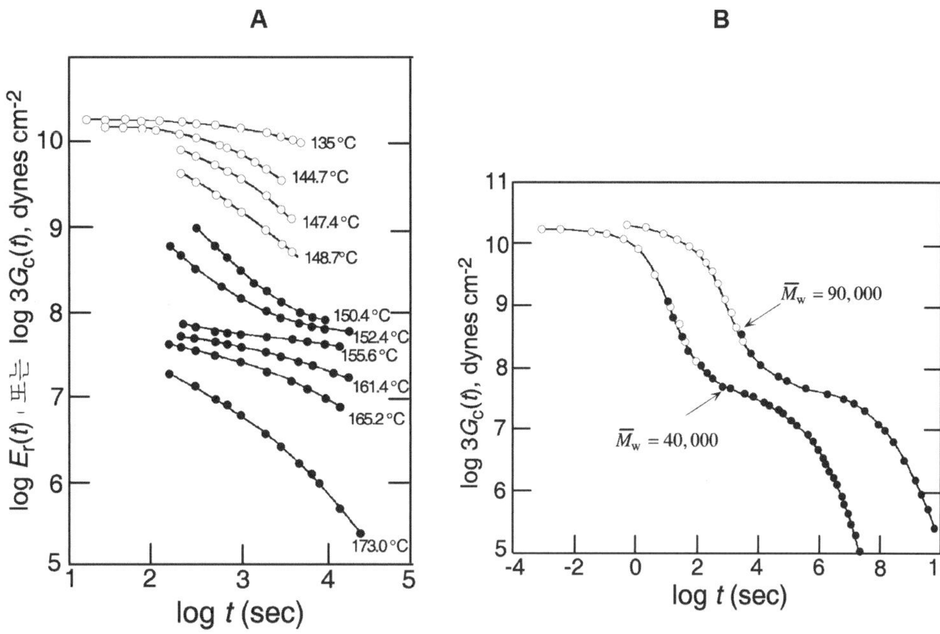

그림 5-16 **A**. 응력-완화(●)와 비틀림-크리프(○) 측정으로부터 시간과 온도 함수로서의 폴리카보네이트 ($\bar{M}_w$ = 90,000)의 탄성률. **B**. 두 개의 다른 분자량($\bar{M}_w$ = 90,000 = 40,000과 90,000)을 갖는 폴리카보네이트 시료에 대하여 150℃의 기준 온도에서 두 종류의 실험 데이터를 이동시켜 얻어진 종합 곡선. 종합 곡선은 분자량이 클수록 긴 시간 쪽으로 이동되고 있다. J. P. Mercer, et al., *Viscoelastic Behavior of the Polycarbonate of Bisphenol A*. Journal of Applied Polymer Science, 1965. **9**: p. 447-459.

$$E(T,t) = E(T_r, t_r) \tag{5.126}$$

그림 5-16은 폴리카보네이트에 대하여 응력-완화 데이터와 비틀림-크리프 데이터에 대한 수평 이동의 절차를 보여 주고 있다.

이동 인자 a_T의 온도에 대한 의존성은 다음과 같은 Williams-Landel-Ferry(WLF) 관계식(Williams-Landel-Ferry relationship)으로 주어진다.

$$\boxed{\log a_T = \frac{-C_1(T-T_r)}{C_2+T-T_r}} \tag{5.127}$$

여기에서 C_1과 C_2는 주어진 고분자에 대한 상수이며, T_r은 기준 온도이다. 종종 그렇듯이, T_r을 고분자의 T_g로 취하면 C_1과 C_2는 각각 "범용(universal)" 값인 17.44와 51.6에 접근한다; 그러나, 표 5-3의 범용 고분자에 주어진 값에서 보듯이 일부 고분자의 경우(문제 5.7 참조) 이 값에서 크게 벗어난다.

표 5-3 몇몇 범용 고분자의 WLF 인자

고분자	T_g (K)	C_1	C_2
천연 고무	200	16.7	53.6
폴리아이소뷰틸렌	202	16.6	104
폴리유레테인	238	15.6	32.6
폴리(바이닐 아세테이트)	304	17.4	43.4
폴리(에틸 메타크릴레이트)	335	17.6	65.5
폴리(에틸렌 테레프탈레이트), 무정형성	343	17.1	31.7
폴리(에틸렌 테레프탈레이트), 결정성	353	30.4	106.6
폴리(바이닐 클로라이드)	353	16.2	49.7
폴리스타이렌	373	13.7	50.0

만약 C_1와 C_2 값을 모른다면, 각 곡선은 이동되는 곡선상의 탄성률의 값이 기준 곡선상의 탄성률과 일치할 때까지 기준 온도 곡선까지 수평 이동시킬 수 있다.*
이동 인자는 식 (5.125)에서 주어진 a_T에 대하여 정의한 식을 사용하여 계산할 수 있다. WLF 인자인 C_1과 C_2는 식 (5.127)을 재정리함으로써 얻어지는 아래의 식에서 알 수 있듯이 $(T-T_r)$에 대하여 $(T-T_r)/\log a_T$를 플롯함으로써 결정할 수 있으며, 여기에서 식 (5.127)을 재배열하면

$$\frac{T-T_r}{\log a_T} = -\frac{1}{C_1}\left(T-T_r\right) - \frac{C_2}{C_1} \tag{5.128}$$

이 절차를 따르면 C_1은 기울기의 역으로부터 직접 구하여지며, C_2는 C_1과 절편(C_2/C_1) 값으로부터 계산할 수 있다. C_1과 C_2는 T_g에서의 자유 부피 분율(f_g)과 자유 부피에 대한 열팽창 계수와 관련지을 수 있다(11장 부록 A.1 참조).

4.1.2절에서 언급한 바와 같이 Gibbs와 DiMarzio는 실제 2차 전이는 입체 형태 엔트로피가 영의 값을 갖게 되는 온도(T_2)에서 일어난다고 제안하였다. 이것은 개념적으로는 고분자의 용융 상태로부터 엄청나게(infinitely) 느린 속도로 냉각함으로써 도달할 수 있는 **평형 유리 상태**(equilibrium glass state)에서 일어날 것이다. 따라서 WLF 식은 유한의 시간 크기로부터 무한의 시간 크기로 이동하는 것은 이동 인자가 무한대에 접근함을 요구

* 그물구조에 있는 탄성 사슬의 경우에 전단 탄성률은 온도와 밀도(즉, 사슬 농도)에 비례한다. 따라서 탄성률의 온도 및 밀도(ρ)에 대한 의존성을 고려하도록 약간의 수직 이동을 도입할 필요가 있다. 이 보정은 다음과 같이 나타낼 수 있다.

$$E(T_r,t_r) = \frac{\rho(T_r)T_r}{\rho(T)T}E(T,t)$$

하며, 식 (5.127)의 분모가 $T_r = T_g$와 $T = T_2$의 경우에 0에 접근함을 인지함으로써 열역학적 전이 온도와 동력학적 T_g와의 관계식을 결정하는 데 이용될 수 있다. 이는 C_2에 범용값을 사용하면 다음과 같이 됨을 의미한다.

$$T_2 = T_g - C_2 \approx T_g - 52 \tag{5.129}$$

다시 말하면, 실제 2차 전이 온도는 실험적으로 측정된 T_g보다 대략 52°C 낮은 온도에 위치하여야 한다.

그림 5-16B에 보여 준 응력 완화 탄성률에 대한 종합 곡선은 고분자량 고분자의 4개의 특징적인 점탄성 영역을 나타낸다. 짧은 시간에서는 고분자가 유리상 물질(유리상 평탄 영역)로서 거동하며, 한편으로 긴 시간에서는 탄성률은 고무상 평탄 영역으로 급격하게 떨어진다. 충분히 긴 시간에서는 응력 완화 탄성률은 다시 급격하게 떨어진다. 개념적으로 초기에는 고분자 사슬이 서로 얽혀 시료에 가하여진 변형을 충분히 수용할 수 없다. 그 결과 겉보기 상의 높은 탄성률을 나타내게 된다. 실험 온도에서 충분한 시간이 경과하면서 결국 사슬이 미끄러지게 되고, 시료는 하중에 적응하게 된다. 응력 완화에 대한 종합 곡선의 형태는 그림 4-19의 Young 탄성률의 경우와 정성적으로 유사하고, 여기에서 가로축의 단위는 시간이 아니라 온도이다. 시간과 온도가 중첩될 수 있다는 사실은 일정 온도에서 시간의 증가에 따른 물질의 탄성률의 변화는 동일한 시간에서 온도의 증가에 따른 탄성률의 변화와 동일하다.

5.1.7 Boltzmann 중첩 원리

인장(또는 전단) 탄성률과 인장(또는 전단) 순응률은 역관계에 있다(식 (4.46) 참조). 복소 탄성률과 복소 순응률의 경우에도 마찬가지이나(식 (5.17) 참조), 크리프 순응률과 응력-완화 탄성률은 단순히 다음과 같이 역관계가 아니다; 즉,

$$D(t) \neq \frac{1}{E_r(t)}$$

이는 크리프-순응률과 응력-완화 탄성률이 분명하게 다른 실험 절차에 의해 얻어지기 때문이다. 4장에서 언급한 바와 같이, 크리프 실험에서는 일정 **하중**(fixed load)이 $t=0$에서 순간적으로 가해지며, 반면에 응력 완화 실험의 경우에는 일정 **변형**(fixed strain)이 $t=0$에서 순간적으로 가해진다.

크리프-순응률과 응력-완화 탄성률의 관계는 선형 점탄성 이론의 또 다른 기본적인 표

현(statement)인 **Boltzmann 중첩 원리**(Boltzmann superposition principle)를 적용하여 확립할 수 있다. 이 Boltzmann 중첩 원리는 **전체 변형은 가하여진 전체 응력의 선형함수이**다라고 명시하고 있다. 크리프 실험의 경우, 변형은 각 하중이 크리프에 대하여 독립적으로 기여하는 전체 하중(응력) 이력(stress history)의 함수이다. 그림 5-17에 나타낸 바와 같이 만일 하중, σ_o이 $t=0$에서 순간적으로 가해지고, 두 번째 하중, σ_1이 $t=u_1$에서 가해진다면, $t' > u_1$인 어떤 시간 t'에서의 변형은 Boltzmann 중첩 원리에 의해 다음과 같이 주어진다.

$$\varepsilon(t') = \sigma_o D(t') + \sigma_1 D(t' - u_1) \tag{5.130}$$

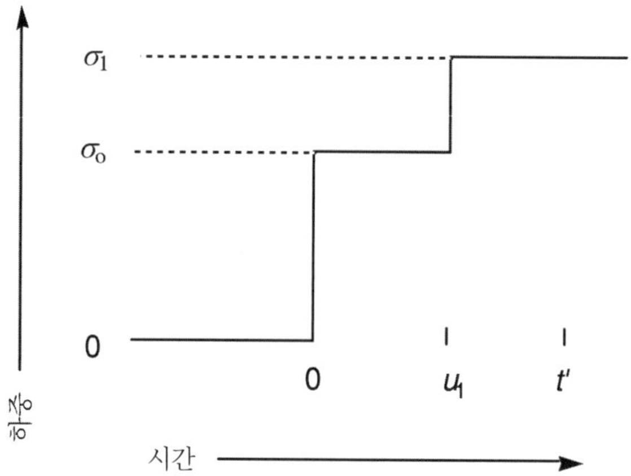

그림 5-17 식 (5.130)으로 주어지는 변형 응답에 상응하는 응력 이력

시간 $t = u_1, u_2, \cdots u_n$에서 가하여지는 일련의 별개의 하중 $\sigma_1, \sigma_2, \cdots \sigma_n$을 적용한 일반적인 경우, 결과로서 발생하는 전체 크리프 변형(creep deformation)에서의 전체 변형(strain) 응답은 인장 순응률 함수 $D(t)$로부터 다음과 같이 계산된다.

$$\varepsilon(t) = \sum_{i=1}^{n} \sigma_i D(t - u_i) \tag{5.131}$$

만일 가한 응력이 시간의 어떤 **연속함수**, $\sigma(t)$라면 Boltzmann 중첩 원리의 적용에 의하여 크리프 응답을 다음과 같이 적분 형태로 나타낼 수 있다.

$$\varepsilon(t) = \int_{-\infty}^{t} \left[\frac{\partial \sigma(u)}{\partial u} \right] D(t - u)\, du \tag{5.132}$$

여기에서 u는 시간 변수이며, 시료의 전 응력 이력($-\infty < u \le t$)에 대하여 적분을 실시한다. 편의상 변수 변환, $a=t-u$를 이용하여, 식 (5.132)를 부분적으로 적분하면(책 끝의 부록 E 참조)

$$\varepsilon(t)=D(0)\sigma(t)+\int_0^{\infty}\sigma(t-a)\left[\frac{\partial D(a)}{\partial a}\right]da \tag{5.133}$$

응력-완화에 상응하는 식은 다음과 같다.

$$\sigma(t)=\int_{-\infty}^{t}\left[\frac{\partial \varepsilon(u)}{\partial u}\right]E(t-u)\,du \tag{5.134}$$

및

$$\sigma(t)=E(0)\varepsilon(t)+\int_0^{\infty}\varepsilon(t-a)\left[\frac{\partial E(a)}{\partial a}\right]da \tag{5.135}$$

5.1.8 일시적인 물성과 동적인 물성의 상호관계

크리프-순응률과 응력-완화 탄성률을 관련짓는 기초는 식 (5.132)와 식 (5.134)의 Laplace 변환을 취함으로써 구하여진다. Laplace 변환의 원리와 기본 관계식은 부록 E에 요약되어 있다. 식 (5.132)와 식 (5.134)의 Laplace 변환은 다음과 같다.

$$\mathcal{L}[\varepsilon(t)]=p\mathcal{L}[\sigma(t)]\mathcal{L}[D(t)] \tag{5.136}$$

및

$$\mathcal{L}[\sigma(t)]=p\mathcal{L}[\varepsilon(t)]\mathcal{L}[E(t)] \tag{5.137}$$

여기에서 p는 Laplace 변수이다. 식 (5.136)을 식 (5.137)의 오른편에 대입하면 다음과 같이 Laplace 변형 공간(transform space)에서의 크리프-순응률과 응력-완화 탄성률 사이의 관계식이 생긴다(문제 5.3 참조).

$$\frac{1}{p^2}=\mathcal{L}[D(t)]\mathcal{L}[E(t)] \tag{5.138}$$

또한 Boltzmann 중첩 원리는 동적(탄성률) 데이터와 일시적(응력-완화) 데이터를 상호 관련짓는 수단을 제공한다. 식 (5.134)를 이용하고 $s=t-u$ 형태의 변수 치환을 행하면

$$\sigma(t) = -\int_0^{\infty}\left[\frac{\partial\varepsilon(t-s)}{\partial}\right]E(s)ds \tag{5.139}$$

동적 진동에서는

$$\varepsilon(t-s) = \varepsilon^{\circ}\exp\left[i\omega(t-s)\right] \tag{5.140}$$

및

$$\frac{\partial\varepsilon(t-s)}{\partial s} = \varepsilon(t)(-i\omega)\exp(-i\omega s) \tag{5.141}$$

이 식들을 식 (5.139)의 적분에 대입하고, $\varepsilon(t)$가 s의 함수가 아니므로, 따라서 적분 기호 밖으로 빼낼 수 있음을 감안하면, 다음 식을 얻는다.

$$\sigma(t) = i\varepsilon(t)\int_0^{\infty}\omega\exp(-i\omega s)E(s)ds \tag{5.142}$$

이 식의 양변을 $\varepsilon(t)$로 나누고 복소수 항을 Euler의 관계식[$\exp(-i\omega s) = \cos\omega s - i\sin\omega s$]으로 치환하면 복합 탄성률은

$$E^* = \frac{\sigma(t)}{\varepsilon(t)} = \int_0^{\infty}\omega\sin(\omega s)E(s)ds + i\int_0^{\infty}\omega\cos(\omega s)E(s)ds \tag{5.143}$$

이 식을 일반 형태인 $E^*(=E'+iE'')$에 관련시키면 응력-완화 탄성률 $E(s)$와 저장 및 손실 탄성률(E'와 E'') 사이에는 다음과 같은 관계식이 성립한다.

$$\boxed{E' = \omega\int_0^{\infty}\sin(\omega s)E(s)ds} \tag{5.144}$$

및

$$\boxed{E'' = \omega\int_0^{\infty}\cos(\omega s)E(s)ds} \tag{5.145}$$

위의 식들은 응력-완화 탄성률 함수의 Fourier 사인(sine) 및 코사인(cosine) 변환에 해당

된다. 이는 만일 응력-완화 함수의 형태가 알려지면 동적 탄성률은 이 함수의 Fourier 사인 또는 코사인 변환을 행함으로써 결정될 수 있음을 의미한다. 이들 변환에 관해서는 대부분의 수식표 편람(handbook) 공식집에 잘 정리되어 있다. 편의상, 몇 가지 중요한 Fourier 변환 공식을 부록 E에 수록하고 있다.

5.2 고무 탄성 서론

1805년에 John Gough는 고무띠(rubber band)가 단열적으로 신장하면 온도가 상승하는 것으로 관찰하였다. 또한, 만약 고무띠의 한 끝에 추를 매달고 열을 가하면 고무띠는, 그림 5-18에 나타낸 바와 같이 일반적인 금속과 기체와 같은 다른 물질에서 관찰되듯이, 길이가 늘어나는 대신에 오히려 길이가 감소할 것이다. Gough-Joule 효과(Gough–Joule effect)라고 알려진 이와 같은 고무띠의 거동에 대하여서는, 다음 절에서 논하는 바와 같이, 1930년대가 되어서야 비로소 고전 열역학에 의하여 설명이 주어졌다.

5.2.1 열역학

가역, 평형 과정에 적용되는 열역학 제1 및 제2법칙은 내부 에너지(U)와 엔트로피(S), 일(W) 사이의 관계식을 제공한다.

$$dU = TdS - dW \tag{5.146}$$

고무띠의 변형에서, 일은 압력-부피 팽창과 고무띠에 가해진(인장) 힘(f)에 의한 일의 조합으로서 다음과 같이 주어진다.

$$dW = pdV - fd\ell \tag{5.147}$$

여기에서 관례는 계가 일을 하는 경우(즉, p-V 일) 일의 부호는 양(+)이며, 계가 일을 받는 경우(즉, 힘-변위 일) 일의 부호는 음(−)이다. 엔탈피는 다음과 같이 내부 에너지와 관계가 있다.

$$dH = dU + pdV \tag{5.148}$$

식 (5.146)과 식 (5.147)($pdV = dW + dH = TdS + fd\ell$ 의 형태)을 식 (5.148)에 대입하면

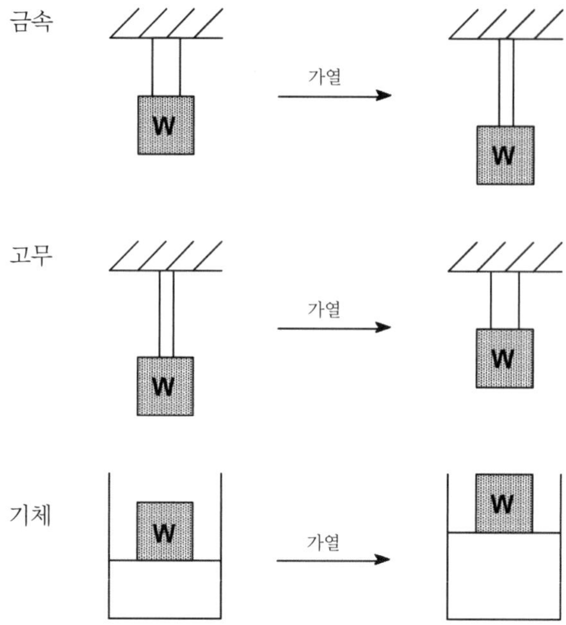

그림 5-18 금속, 고무, 기체에 대한 열 효과의 도식. 어두운 부분은 하중을 나타낸다. Used with permission from J. E. Mark, *Rubber Elasticity*. The Journal of Chemical Education. **58**(11): 1981, p. 898-903. Copyright © 1981, Division of Chemical Education, Inc., American Chemical Society.

$$dH = TdS + fd\ell \tag{5.149}$$

일정한 온도와 압력에서 식 (5.149)를 힘의 항으로 재정리하고, 길이에 관하여 (편)미분을 취하면

$$f = \left(\frac{\partial H}{\partial \ell}\right)_{T,p} - T\left(\frac{\partial S}{\partial \ell}\right)_{T,p} \tag{5.150}$$

식 (5.150)은 탄성력이 엔탈피와 엔트로피의 두 성분($f = f_e + f_s$)으로 되어 있음을 보여 준다.

힘의 온도 의존성에 관한 식을 구하기 위하여서는 다음 관계식을 이용한다.*

$$\left(\frac{\partial S}{\partial \ell}\right)_{T,p} = -\left(\frac{\partial f}{\partial T}\right)_{p,\ell} \tag{5.151}$$

---

* 아래의 Gibbs 자유 에너지에 대한 완전 미분방정식의 역(reciprocity) 관계는 다음과 같이 주어진다.

$$dG = -SdT + Vdp + fd\ell$$

식 (5.151)을 식 (5.150)에 대입하면

$$f = \left(\frac{\partial H}{\partial \ell}\right)_{T,p} + T\left(\frac{\partial f}{\partial T}\right)_{p,\ell} \tag{5.152}$$

식 (5.152)를 재정리하면

$$\left(\frac{\partial f}{\partial T}\right)_{p,\ell} = \frac{f - (\partial H/\partial \ell)_{T,p}}{T} \tag{5.153}$$

식 (5.153)으로부터, 만약 중간 또는 보다 높은 신장 상태에 있는 탄성체에서 보통 관측되는 바와 같이 아래의 식이 만족된다면 힘-온도 플롯의 기울기가 양(+)이 될 것이다.

$$f > \left(\frac{\partial H}{\partial \ell}\right)_{T,p}$$

이 조건은 그림 5-19에서 볼 수 있는 바와 같이 매우 작은 신장의 경우를 제외하고는 만족된다. 일정 온도와 압력에서 변형에 기인한 엔탈피 변화는 다음 식에서 나타낸 바와 같이 내부 에너지(U)와 부피의 두 기여를 포함함을 알 수 있다.

$$\left(\frac{\partial H}{\partial \ell}\right)_{T,p} = \left(\frac{\partial U}{\partial \ell}\right)_{T,V} + T\left(\frac{\alpha}{\beta}\right)\left(\frac{\partial V}{\partial \ell}\right)_{T,p} \tag{5.154}$$

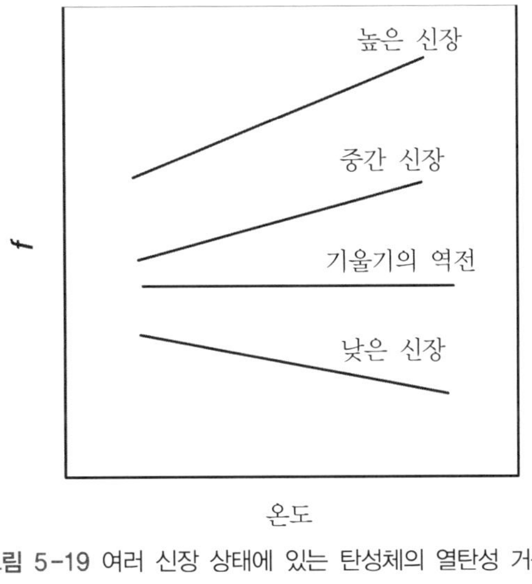

그림 5-19 여러 신장 상태에 있는 탄성체의 열탄성 거동

탄성체는 거의 비압축성이므로 식 (5.154)의 오른쪽의 두 번째 항은 확실히 매우 작다. 나아가서, 변형 동안의 형태의 변화에 기인하는 내부 에너지 변화도 역시 작다. 이와 같은 이유로 고무 탄성에서 엔탈피 기여는 일반적으로 중요하지 않으며, 고무와 같은 거동은 엔트로피만의 고찰에 의해서도 만족스럽게 설명될 수 있다. 개념적으로, 미변형 상태에 있는 고분자 사슬은 엔트로피적으로 유리하고, 무질서한 상태에 있다고 간주할 수 있다. 변형 동안에, 사슬은 규칙적으로 배열되고, 따라서 보다 선호하는 무질서한 배열 상태를 복원하려는 엔트로피적 추진력이 발생하게 된다.

이상 탄성체(ideal elastomer)의 변형에 대한 엔트로피의 중요성은 이상 기체의 엔트로피와 비교될 수 있다. 기체를 가열하면 최대 엔트로피 상태에 대한 추진력을 증가시킨다. 이는 그림 5-18에 나타낸 바와 같이 일정 압력에서 기체 온도가 증가함에 따라 부피가 증가하게 됨을 의미한다. 압축 기체의 변형은 부피의 역수($1/V$)로서 표시될 수 있으므로 일정 압력에서 기체의 온도 증가는 압축 변형의 감소를 초래하게 된다. 이는 온도의 증가와 함께 감소하는 길이(l)를 변형 척도로 갖는 탄성체의 경우와 유사하다.

5.2.2 통계적 이론

1920년대에, Staudinger는 고분자-사슬 통계학(polymer-chain statistics)에 근거하여 탄성력에 대한 열역학적 표현식을 전개하였다. 탄성력은 Helmholtz 자유 에너지, A에 다음과 같이 관련된다.

$$f = \left(\frac{\partial \Delta A}{\partial \ell}\right)_{T,V} \tag{5.155}$$

여기에서 $A = U - TS$이고, ΔA는 변형된 네트워크와 미변형 네트워크 사이의 Helmholtz 자유 에너지 차를 나타낸다($\Delta A = A_d - A_u$). 엔트로피 기여는 Boltzmann 관계식인 $S = k \ln \Omega$를 통하여 고무 망상 구조에 가능한 전체 형태의 수(Ω)에 연결된다. Ω에 대한 표현식은 다음과 같이 N개의 사슬로 된 고분자 망상 구조 속의 i번째 사슬에 대한 Gauss 라디칼 분포함수 $\omega(r)$로부터 구하여진다(3.1절, 식 (3.5), 그림 3-2 참조).

$$\Omega = \prod_{i=1}^{N} \omega(r_i) \tag{5.156}$$

결과로서 생기는 힘에 대한 표현식은 보통 다음의 형태로 주어진다.

$$f^* = G_o\left(\lambda - \frac{1}{\lambda^2}\right) \tag{5.157}$$

여기에서 f^*는 (명목상의) 응력, G_o은 전단 탄성률(비압축성 물질에 대한 인장 탄성률의 1/3), λ는 아래와 같이 정의되는 주된 **신장비**(extension ratio)이다.

$$\lambda = \frac{L}{L_o} = 1 + \varepsilon \tag{5.158}$$

여기에서 L_o은 탄성체의 원래(미변형 상태)의 길이이고, ε은 공칭 변형(engineering or nominal strain)이다.

전단 탄성률, G_o는 온도와 탄성 망상 구조 속에 있는 사슬의 수에 비례한다(식 (4.49) 참조). 높은 가교 밀도(crosslink density)는 망상 구조 속의 단위 부피당 사슬의 수를 증가시키고, 따라서 탄성률도 증가할 것이다. 이것은 약하게 가교된 고무띠의 강성도(stiffness)와 높은 가교도의 에보나이트 볼링 공 강성도를 비교하면 명백해진다.

그림 5-20에서 보는 바와 같이 통계적 이론은 변형의 크기가 그다지 크지 않을 경우(λ = 1.5)에만 실험으로부터 얻어진 응력-변형 곡선을 잘 묘사하고 있다. 변형이 보다 더 큰

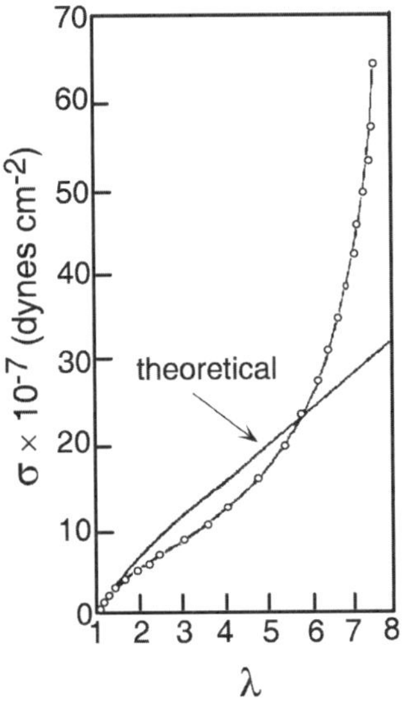

그림 5-20 천연 고무에서의 응력-변형에 관한 실험 데이터(o)와 통계 열역학적으로 추정되는 값(식(5.157)에서 $G_o = 4 \times 10^6$ dyne/cm^{2}를 사용하여 계산된 값)의 비교. Adapted from L. R. G. Treloar, *Stress-Strain Data for Vulcanized Rubber under Various Types of Deformation.* Transactions of the Faraday Society, 1944. **40**: p. 59.

경우, 변형된 형태 상태는 유도에 사용된 Gauss 분포 모델(식 (5.156))로는 이를 더 이상 적절하게 예측할 수 없으므로 이론은 응력을 과대평가하게 된다. 변형의 크기가 더욱 커진 경우($\lambda > 6$), 관찰된 응력은 변형 야기 결정화(strain-induced crystallization)의 발생으로 인하여 급격하게 상승한다. 탄성률의 증가는 생성된 미세 결정의 물리적인 강화 효과에 기인한다. 일반적으로, 미세 결정의 존재 또는 카본 블랙과 같은 충전제의 도입으로 인한 탄성체의 탄성률 증가는 Guth-Smallwood 식(Guth-Smallwood equation)으로 대략적으로 나타낼 수 있다.

$$\boxed{\frac{E_{\mathrm{f}}}{E_{\mathrm{o}}} = 1 + 2.5\phi_{\mathrm{f}} + 14.1\phi_{\mathrm{f}}^{2}} \tag{5.159}$$

여기에서 E_{f}는 충전된 탄성체의 인장(Young) 탄성률, E_{o}는 미강화 탄성체의 탄성률, 그리고 ϕ_{f}는 충전제의 부피 분율이다.

5.2.3 현상론적 모델

또 하나의 널리 사용되는 고무 탄성 모델은 연속체 메커니즘에 근거한다. Mooney-Rivlin 식(Mooney-Rivlin equation)으로 알려진 식은

$$\boxed{f^{*} = 2\left(\mathrm{C}_{1} + \frac{\mathrm{C}_{2}}{\lambda}\right)\left(\lambda - \frac{1}{\lambda^{2}}\right)} \tag{5.160}$$

여기에서 C_1과 C_2는 실험 상수(WLF 상수와 구별)이며 f^*는 다음과 같다.

$$f^{*} = \frac{f}{A_{\mathrm{d}}} \tag{5.161}$$

여기에서 A_{d}는 미변형 탄성체의 단면적이다. 상수 C_1과 C_2의 값은, 각각 실험 응력-변형 데이터를 $\frac{1}{\lambda}$에 대하여 다음과 같이 정의되는 감소 응력(reduced stress)$[f^*]$에 대하여 플롯함으로써 구하여진다.

$$[f^{*}] = \frac{f^{*}}{\lambda - \lambda^{-2}} \tag{5.162}$$

절편은 C_1 그리고 기울기는 C_2를 의미한다. 식 (5.160)은 넓은 신장 범위에 걸쳐 탄성체

의 응력-변형 곡선을 나타냄에 매우 유용하다.

5.2.4 최근의 발전

고무 탄성에 대한 통계적 이론은 아래와 같이 몇 가지 중요한 가정에 바탕을 두고 있다.

- 가교로 인한 분자 사슬의 크기는 무동요 상태의 경우에 비해 별로 달라지지 않는다.
- 망상 구조 사슬의 사슬간 말단 거리는 Gauss 분포를 따른다.
- 가교점들은 각각의 평균 위치에 고정되고, 이들 가교점은 시료의 거시적인 변형과 동일한 비로 변형한다(즉, **유사 변형**(affine deformation)).

고무 탄성의 통계적 이론에 있어서 유사 모델을 대체하는 사슬이 제로(zero) 단면적을 갖는 것처럼 서로 통과가 허용되는 '**유령 사슬**'(phantom chain) 근사(approximation)가 있다. 가교점의 평균 위치의 변형은 유사한 한편으로 가교점들은 그들의 평균 위치를 중심으로 요동함이 허용된다. 이 이론에 의하여 예측된 탄성률은 유사 모델에 의하여 예측된 값보다 낮다. 두 모델은 모두 고무 망상 구조의 탄성률이 변형에 무관한 것으로 예측한다; 그러나, 실험에 의하면, 연속체 역학에 바탕을 둔 Mooney-Rivlin(식 (5.160))에 의하여 정확하게 묘사되는 바와 같이 실제의 탄성률은 λ가 증가하면 감소한다. 식 (5.160)과 통계적 이론의 결과인 식 (5.157)을 비교하면 탄성률의 λ 의존성은 다음과 같이 주어진다.

$$[f^*] = 2C_1 + 2C_2\lambda^{-1} \tag{5.163}$$

여기에서 Monney-Rivlin 상수는 λ에 무관하다. 이 책의 범주를 벗어나지만, 최근에 개발된 이론적인 모델은 $[f^*]$의 λ에 대한 의존성에서 향상된 모델을 보여 주고 고무 탄성의 분자 이론에 보다 나은 통찰력을 가능하게 한다[14]. 이들 중에는 제한된-가교점 모델과 그리고 후의 제한된-사슬(constrained-chain) 모델이 있는데, 후자의 경우 작은 변형의 극한 경우로서 유령-모델의 예측에 근접한다.

추천 문헌

DIELECTRIC SPECTROSCOPY

Daniels, V. V., *Dielectric Relaxation*. 1967, London: Academic Press.

Runt, J. P., and J. J. Fitzgerald, *Dielectric Spectroscopy of Polymeric Materials: Fundamentals and Applications*. 1997, Washington DC: American Chemical Society.

DYNAMIC MECHANICAL SPECTROSCOPY

Boyer, R. F., *Dependence of Mechanical Properties on Molecular Motion in Polymers*. Polymer Engineering and Science, 1968. **8**(3): p. 161.

Gillham, J. K., *Characterization of Thermosetting Materials by Torsional Braid Analysis*. Polymer Engineering and Science, 1976. **16**(5): p. 353.

Gillham, J. K., *The TBA Torsion Pendulum: A Technique for Characterizing the Cure and Properties of Thermosetting Systems*. Polymer International, 1997. **44**: p. 262.

Gillham, J. K., and J. B. Enns, *On the Cure and Properties of Thermosetting Polymers Using Torsional Braid Analysis*. Trends in Polymer Science, 1994. **2**(12): p. 406.

Heijboer, J., *The Torsion Pendulum in the Investigation of Polymers*. Polymer Engineering and Science, 1979. **19**(10): p. 664.

RUBBER ELASTICITY

Boyce, M. C., and E. M. Arruda, *Constitutive Models of Rubber Elasticity: A Review*. Rubber Chemistry and Technology, 2000. **73**: p. 504.

Erman, B., and J. E. Mark, *Rubber-Like Elasticity*. Annual Review of Physical Chemistry, 1989. **40**: p. 351.

Flory, P. J., *Molecular Theory of Rubber Elasticity*. Polymer Journal, 1985. **17**(12): p. 1.

James, H. M., and E. Guth, *Simple Presentation of Network Theory of Rubber, with a Discussion of Other Theories*. Journal of Polymer Science, 1949. **4**: p. 153.

Kloczkowski, A., *Application of Statistical Mechanics to the Analysis of Various Physical Properties of Elastomeric Networks—a Review*. Polymer, 2002. **43**: p. 1503.

Mark, J. E., *Rubber Elasticity*. Journal of Chemical Education, 1981. **58**(11): p. 898.

Mark, J. E., *Experimental Determinations of Crosslink Densities*. Rubber and Chemistry Technology, 1982. **55**(13): p. 762.

Mark, J. E., and B. Erman, *Rubberlike Elasticity*. 1988, New York: John Wiley & Sons.

Mark, J. E., and B. Erman, *Elastomeric Polymer Networks*. 1992, Englewood Cliffs: Prentice Hall.

Nielsen, L. E., *Cross-Linking Effect on Physical Properties of Polymers*. Journal of Macromolecular Science—Reviews in Macromolecular Chemistry, 1969. **C3**(1): p. 69.

Treloar, L. R. G., *Stress-Strain Data for Vulcanised Rubber under Various Types of Deformation*. Transactions of the Faraday Society, 1944. **40**: p. 59.

Treloar, L. R. G., *The Physics of Rubber Elasticity*. 1958, Oxford University Press.

Temperature-Modulated DSC

Hutchinson, J. M., and S. Montserrat, *The Application of Temperature-Modulated DSC to the Glass Transition Region. II. Effect of a Distribution of Relaxation Times*. Thermochimica Acta, 2001. **377**: p. 63–84.

Montserrat, S., and I. Cima, *Isothermal Curing of an Epoxy Resin by Alternating Differential Scanning Calorimetry*. Thermochimica Acta, 1999. **330**: p. 189–200.

Ribeiro, M., and J.-P. E. Grolier, *Temperature Modulated DSC for the Investigation of Polymer Materials*. Journal of Thermal Analysis and Calorimetry, 1999. **57**: p. 253–263.

Scherrenberg, R., V. Mathot, and P. Steeman, *The Applicability of TMDSC to Polymeric Systems. General Theoretical Description Based on the Full Heat Capacity Formulation*. Journal of Thermal Analysis, 1998. **54**: p. 477–499.

Scherrenberg, R., V. Mathot, and A. Van Hemelrijck, *The Practical Applicability of TMDSC to Polymeric Systems*. Thermochimica Acta, 1999. **330**: p. 3–19.

Viscoelasticity

Aklonis, A. A., and W. J. MacKnight, *Introduction to Polymer Viscoelasticity*. 2nd ed. 1983, New York: John Wiley & Sons.

Ferry, J. D., *Viscoelastic Properties of Polymers*. 3rd ed. 1980, New York: John Wiley & Sons.

Ferry, J. D., *Some Reflections on the Early Development of Polymer Dynamics: Viscoelasticity, Dielectric Dispersion, and Self-Diffusion*. Macromolecules, 1991. **24**(19): p. 5237–5245.

McCrum, N. G., B. E. Read, and G. Williams, *Anelastic and Dielectric Effects in Polymeric Solids*, 1967, New York: John Wiley & Sons.

Pearson, D. S., *Recent Advances in the Molecular Aspects of Polymer Viscoelasticity*. Rubber Chemistry and Technology, 1967. **40**: p. 439.

Tschoegl, N. W., *The Phenomenological Theory of Linear Viscoelastic Behavior: An Introduction*, 1989, Berlin: Springer-Verlag.

문제

5.1 $|E^*| = \sigma^o/\varepsilon^o$와 $|D^*| = 1/|E^*|$임을 보이시오.

5.2 점탄성 고체의 동적 인장 진동 동안에 수행된 단위 부피당 주기당 일이 $\pi\sigma^o\varepsilon^o \sin\delta$(식 (5.30))임을 보이시오.

5.3 $G(t) = G_o \exp(-t/\tau) + G_1$이 주어지면 순응률 함수 $J(t)$는 A, B, C가 상수일 때, $J(t) = A - B \exp(-Ct/\tau)$ 형태로 나타낼 수 있음을 보이시오.

5.4 Maxwell 모델에서 다음을 보이시오.

(a) 복합 탄성률 식 E^*(식 (5.57))는 응력 완화 탄성률 E_r(식 (5.49))의 Fourier 변형으로부터 구할 수 있다.

(b) 진동수의 함수로서 플롯한 손실 탄성률은 $\omega = 1/\tau$에서 최댓값을 나타낸다.

5.5 그림과 같이 4-요소 모델이 주어질 때, 변형 거동에 대한 해석 해(analytical solution)를 유도하고, 다음의 응력 조건하에서 시간에 대한 $\varepsilon(t)$를 플롯하시오.

$t < 0$	$\sigma = 0$	
$0 \le t < t_1$	$\sigma = \sigma_o$	(creep)
$t_1 \le t < t_2$	$\sigma = 0$	(creep recovery)

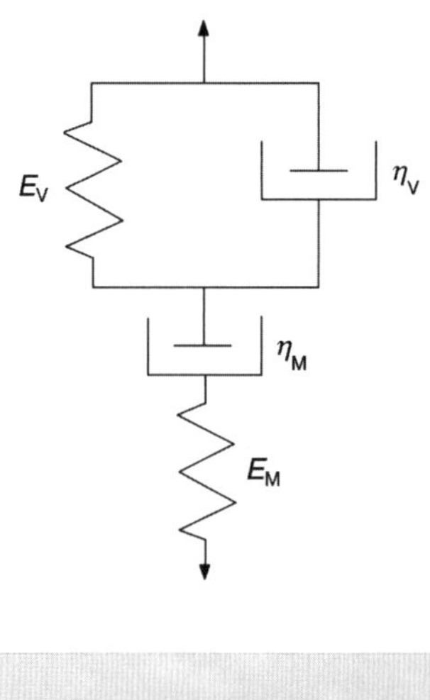

5.6 식 (5.112)로 주어진 유전 손실 상수에 대한 표현에서 완화 시간은 온도의 함수로 다음과 같이 주어진다.

$$\tau = \tau_o \exp\left(H/RT\right)$$

여기에서 H는 활성화 에너지이다. 만일 ε''가 $\omega = 1/\tau$가 되는 온도(T_{max})에서 최댓값을 가진다면 여러 다른 진동수 f에서 ε''와 T의 플롯 형태로 데이터가 주어질 경우 H 값을 어떻게 구할 수 있는가?

5.7 기준 온도로서 폴리스타이렌(PS)의 T_g인 100°C로 취하고, **(a)** WLF 상수 C_1, C_2에 대하여 범용값을 사용하며, 또한 **(b)** PS에 대한 문헌치인 $C_1 = 13.7$과 $C_2 = 50.0$ K를 사용할 경우 PS의 150°C에서의 WLF 이동 인자(a_T)를 계산하시오.

5.8 1 Hz에서 폴리스타이렌의 α-손실 탄성률의 최대치가 373 K에서 나타난다고 하고, 이 완화의 활성화 에너지가 840 kJ mol^{-1}이라면, 110 Hz에서 최대치를 나타내는 온도를 구하시오.

5.9 **(a)** 다음 모델 인자를 이용하여 병렬로 연결된 세 가지 Maxwell 모델에 응력이 가하여진 10초 후의 완화 탄성률을 GPa의 SI 단위로 계산하시오.

$$E_1 = 0.1\ \text{GPa} \qquad \tau_1 = 10\ \text{s}$$
$$E_2 = 1.0\ \text{GPa} \qquad \tau_2 = 20\ \text{s}$$
$$E_3 = 10\ \text{GPa} \qquad \tau_3 = 30\ \text{s}$$

(b) 이 모델이 실제 고분자의 응력 완화 거동을 실질적으로 나타내는가? 설명하시오.

5.10 모서리가 2 cm인 탄성체 입방체에 5 kg의 질량을 가하여 초기 길이의 95%로 압축하였다. 같은 탄성체 시편(strip)을 50% 연신하는 데 필요한 힘은? 시편의 초기 길이는 2 cm이고 초기 단면적은 1 cm^{2}이다.

5.11 23°C에서 이상 고무를 초기 길이의 2배로 연신할 때 응력이 100 psi라면, 50% 신장에서의 응력은 얼마인가?

5.12 23°C에서 이상 고무띠의 길이를 12.0 cm로 100% 증가시켰다. 이 고무띠의 응력은 100% 신장에서 30°C로 가열될 때 0.2 MPa만큼 증가한다. 2% 연신될 때 23°C에서 인장 탄성률을 MPa로 계산하시오.

5.13 1.0초의 주기를 가지는 비틀림 진자에서 고분자 시료의 전단 탄성률(GPa)을 계산하시오. 시료는 길이가 10 cm, 너비가 2 cm, 두께가 7.5 mm이고, 관성 모멘트는 5000 g cm^2이다.

5.14 복합 전단 탄성률이 대수혼합 법칙을 따르는 2상계(two-phase system)에 대하여 다음 식을 유도하시오.

$$\frac{G''}{G'} \cong \frac{G_1''}{G_1'}\phi_1 + \frac{G_2''}{G_2'}\phi_2$$

참고 문헌

1. Nielsen, L. E., *Dynamic Mechanical Properties of High Polymers.* SPE Journal, 1960. **16**: p. 525–532.
2. Murayama, T., *Dynamic Mechanical Analysis of Polymeric Material.* 1978, Amsterdam: Elsevier.
3. Gillham, J. K., *Torsional Braid Analysis (TBA) of Polymers*, in *Development in Polymer Characterisation-3*, J. V. Dawkins, ed. 1982, Applied Science Publishers Ltd: London. p. 159–227.
4. Gillham, J. K., S. J. Stadnicki, and Y. Hazony, *Low-Frequency Thermomechanical Spectroscopy of Polymeric Materials: Tactic Poly(methyl methacrylate).* Journal of Applied Polymer Science, 1977. **21**: p. 401–424.
5. O'Reilly, J. M., H. E. Bair, and F. E. Karasz, *Thermodynamic Properties of Stereoregular Poly(methyl methacrylate).* Macromolecules, 1982. **15**: p. 1083–1088.
6. Fried, J. R., A. Letton, and W. J. Welsh, *Secondary Relaxation Processes in Bisphenol-A Polysulphone.* Polymer, 1990. **31**: p. 1032–1037.
7. McCrum, N. G., B. E. Read, and H. G. Williams, *Anelastic and Dielectric Effects in Polymeric Solids*. 1967, New York: John Wiley & Sons.
8. Fried, J. R., *Sub-T_g Transitions*, in *Physical Properties of Polymers Handbook*, J.E. Mark, ed. 2007, Springer: New York. p. 217–232.
9. Walters, K., *Rheometry*. 1975, London: Chapman and Hall.
10. Middleman, S., *The Flow of High Polymers*. 1968, New York: Interscience.
11. Matsuoka, S. and Y. Ishida, *Multiple Transitions in Polycarbonate.* Journal of Polymer Science: Part C, 1966. **14**: p. 247–259.
12. Reading, M., *Modulated Differential Scanning Calorimetry—A New Way Forward in Materials Characterization.* Trends in Polymer Science, 1993. **1**(8): p. 248–253.
13. Hutchinson, J. M., *Characterising the Glass Transition and Relaxation Kinetics by Conventional and Temperature-Modulated Differential Scanning Calorimetry.* Thermochimica Acta, 1998. **324**: p. 165–174.
14. Mark, J. E., *Molecular Theories of Rubberlike Elasticity and Some Recent Results on Model Networks and Unusual Fillers.* Kautschuk Gummi Kunststoffe, 1989. **42**(3): p. 191–193.

제6장

고분자 분해와 환경

고분자는 자연적으로 생성되거나 인공적으로 만들어진 수많은 작용제(agent)에 의한 공격을 받기가 쉽다. 환경적인 작용제와 그들의 작용을 받기 쉬운 고분자들을 표 6-1에 나타내었다. 대부분의 경우에 이와 같은 환경작용은 고분자에 유해하다. 예를 들면, 자외선과 오존은 고무 타이어에 사용되는 불포화 탄성체를 심하게 분해시킬 수 있다. 이러한 분해는 타이어 수명을 단축시키고, 치명적인 파괴를 야기할 수 있다. 따라서 실용적인 측면에서 타이어 제조 시 여러 종류의 충전제와 안정제를 첨가함으로써, 자외선과 오존에 대한 저항성을 부여하기도 한다(7장 참조).

표 6-1 환경 요소들이 고분자에 미치는 영향

작용제	대상 고분자	예
생분해	단사슬 고분자, 질소 함유 고분자, 폴리에스터	폴리유레테인 폴리에테르-폴리유레테인
이온화 방사선	4차 탄소 원자 함유 지방족 고분자	폴리(메틸 메타크릴레이트) 폴리아이소뷰틸렌 폴리프로필렌
습기	헤테로 사슬 고분자	폴리에스터 폴리아마이드 폴리유레테인
유기 액체와 증기	무정형 고분자	폴리스타이렌 폴리(메틸 메타크릴레이트)
오존	불포화 탄성체	폴리아이소프렌 폴리뷰타다이엔
태양광	광감성 고분자	폴리아세탈 폴리카보네이트

어떤 경우에는 분해가 요구하는 목적이 될 수도 있다. 예를 들면, 환경적으로 안전한 분해 산물(예를 들어, 이산화 탄소, 물, 바이오매스)로 급격히 분해할 수 있는 플라스틱 병과 포장 재료를 디자인하면, 쓰레기 매립장에서 부피 감소를 유발하기 때문에 고분자 분해는 큰 장점이 될 수 있다. 여기에서의 도전은 플라스틱의 저장 수명 동안에는 분해가 일어나지 않도록 해야 하며, 또한 생분해성을 부여하기 위해서 고분자 가격, 기계적 성질 및 그 밖의 다른 여러 가지 물성들이 지나치게 손상되지 않도록 주의를 기울여야 하는 점이다.

6.1 고분자의 분해와 안정성

고분자는 높은 온도(열분해), 전단 작용(기계적 분해), 산소와 오존, 전자기파(γ, 자외선)와 초음파 방사선, 습기(가수 분해), 그리고 화학약품에 노출되면 분해될 수 있다. 종종, 습기와 열, 또는 산소와 빛(광산화)의 조합과 같은 다중 노출은 고분자 분해의 가속화를 유도할 수 있다. 정상적인 환경에서의 플라스틱 분해는 **내후성**(weathering)이라고 한다. 내후성을 결정하는 인자는 방사선(자외선, 가시광선 및 근적외선), 습기, 온도 변화, 바람이다. 이 절에서, 플라스틱의 분해에 대한 온도, 산소, 습기, 방사선과 화학 약품의 영향을 조절하는 인자들을 다루고자 한다.

6.1.1 열분해

일반적으로, 바이닐계 고분자들은 특히 열분해를 받기 쉬운데, 열분해는 자유 라디칼 분절로 생성되는 주골격 결합의 절단을 포함하는 사슬 절단(chain scission)이나 치환기로부터의 작은 분자의 제거와 이에 따른 이중 결합 형성을 포함하는 비사슬 절단(non-chain scission)에 의해서 발생된다. 바이닐계 고분자의 열분해에 대한 2가지 반응 경로는 그림 6-1에서 보는 바와 같다.

사슬 절단 사슬 절단은 세 가지 메커니즘 중 한 가지에 의해 일어난다. 세 가지 메커니즘은 (1) 임의의 지점에서 고분자 사슬이 절단되는 **랜덤 분해**(random degradation), (2) 활성을 갖는 사슬 말단에서 단량체가 방출되는 **해중합**(depolymerization), (3) 가장 낮은 에너지를 갖는 결합에서 사슬이 절단되는 **약한 결합 분해**(weak-link degradation)를 포함한다. 열에너지 이외에도, 광화학 작용, 방사선, 또는 기계적인 작용에 의해서도 분해가 개시될 수 있다.

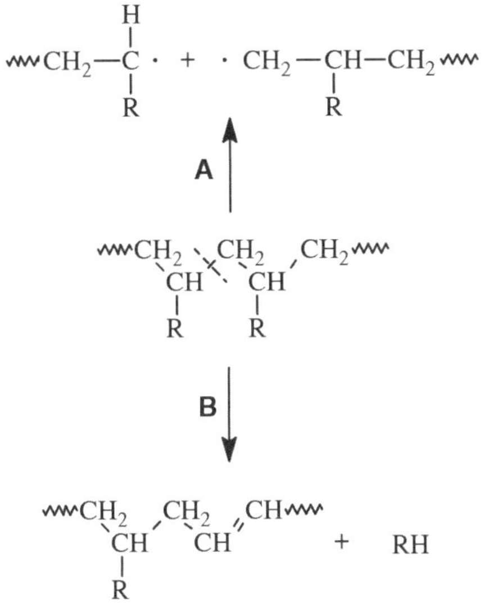

그림 6-1 바이닐계 고분자의 (**A**) 랜덤 사슬 절단에 의한 열분해와 (**B**) 비사슬 절단 열분해 메커니즘

고분자 사슬의 **랜덤 균형 분해**(random homolytic cleavage)는 저분자량의 분해산물로 이루어진 복잡한 혼합물을 생성한다. 폴리에틸렌과 폴리프로필렌은 이와 같은 방식으로 분해된다. 1,1-이치환 바이닐계 고분자의 경우에는, 초기의 절단 반응으로부터 형성된 라디칼 분절들이 해중합(depolymerize)한다. 그 결과 점진적으로 분자량이 감소되고 단량체를 형성한다. 또한 폴리(메틸 메타크릴레이트) 경우에는 사슬 말단에서 초기 절단이 진행된 이후에 해중합이 진행될 수 있다.

해중합의 반응 메커니즘은 다음과 같이 나타낼 수 있다.

$$\mathrm{M}_n{}^* \underset{k_\mathrm{p}}{\overset{k_\mathrm{d}}{\rightleftharpoons}} \mathrm{M}_{n\text{-}1}{}^* + \mathrm{M}$$

여기서 k_d와 k_p는 각각 해성장(depropagation) 상수 및 성장(propagation) 상수이며, M*는 활성 사슬을 나타낸다. **천정 온도**(ceiling temperature), T_c(2.2.1절 참조)에서의 성장 속도와 해중합 속도는 같다. 그러므로

$$k_\mathrm{d}\left[\mathrm{M}_n{}^*\right] = k_\mathrm{p}\left[\mathrm{M}_{n-1}{}^*\right]\left[\mathrm{M}\right] \qquad (6.1)$$

로 된다. 만약 분자량이 높다면(i.e., $n >> 1$), M_{n-1}와 M_n은 구별되지 않으므로

$$k_d = k_p[M] \tag{6.2}$$

로 된다. 속도 상수를 Arrhenius 식으로 나타내면 다음과 같다.

$$A_d \exp\left(\frac{-E_d}{RT_c}\right) = A_p \exp\left(\frac{-E_p}{RT_c}\right)[M] \tag{6.3}$$

여기에서, A_d와 A_p는 충돌 빈도 인자(collision frequency factor), E_d와 E_p는 각각 해중합 활성화 에너지와 중합 활성화 에너지이다. 천정 온도에 대하여 위 식을 재정리하면 다음 식으로 된다.

$$T_c = \left(\frac{E_p - E_d}{R\ln\left(A_p[M]/A_d\right)}\right) \tag{6.4}$$

표 6-2의 몇 종류의 바이닐 고분자의 천정 온도 값에서 보듯이, 고분자 구조에 따라 천정 온도가 크게 변하는 것을 알 수 있다. 예를 들면, 폴리스타이렌의 천정 온도는 310°C이

표 6-2 일반적인 바이닐계 고분자의 천정 온도

고분자	구조	T_c (°C)
폴리(α-메틸스타이렌)	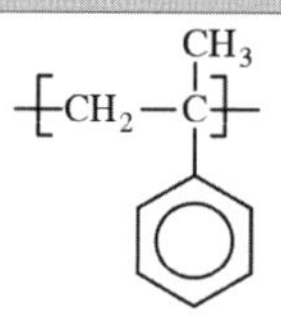	61
폴리(메틸 메타크릴레이트)	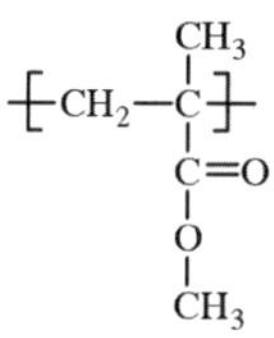	220
폴리프로필렌	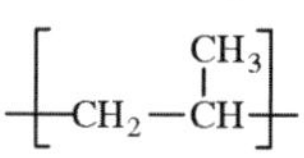	300
폴리스타이렌	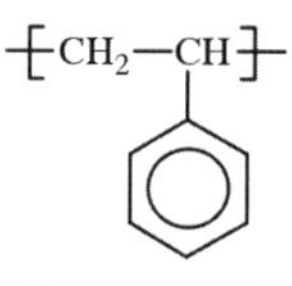	310
폴리에틸렌	$-[CH_2-CH_2]-$	400
폴리테트라플루오로에틸렌	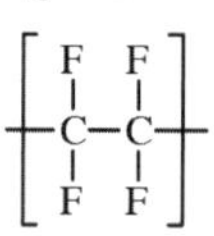	580

고, 1,1-이치환 바이닐계 고분자인 폴리(α-메틸스타이렌)의 경우는 61°C인데, 이는 α 탄소 자리에서의 메틸 치환체의 존재로 인하여 라디칼 자리에서 입체 장애를 더 많이 받기 때문이다.

고분자가 열적으로 해중합되어 단량체로 생성되는가의 여부는 부분적으로 고분자의 천정 온도와 관계가 있다. 해중합에 영향을 미치는 2개의 또 다른 요소는 사슬 이동 반응(chain-transfer reaction)에서의 고분자 사슬 라디칼들의 반응성과 고분자 내에서의 유용한 사슬 이동 지점에서의 활동도(activity)이다. 예를 들어, 높은 T_c(500°C)를 갖는 폴리테트라플루오로에틸렌(polytetrafluoroethylene, PTFE)은 T_c보다 훨씬 낮은 온도에서 열분해되는 동안 거의 정량적으로 단량체가 생성된다. 이러한 거동은 PTFE의 C−F 결합이 자유 라디칼 사슬 이동 반응에 매우 낮은 반응성을 나타내고 그 결과 고분자는 활성을 갖는 사슬 이동 지점을 제공하지 못하게 되어, 해중합이 진행하게 된다.

비사슬 절단 반응 일반적인 비사슬 절단 반응(non-chain scission reaction)의 하나의 예는 **할로젠화 수소 이탈 반응**(dehydrohalogenation)이다. 이는 탄소-할로젠 결합의 절단과 할로젠화 수소(hydrogen halide)의 이어지는 유리(liberation)이다. 할로젠화 수소 이탈 반응에 의해 분해되는 고분자의 가장 중요한 예는 폴리(바이닐 클로라이드)(PVC)이다. 그림 6-2에서와 같이 PVC는 T_g(87°C) 근처와 T_g보다 높은 온도에서 염화 수소 이탈 반응(dehydrochlrorination)을 진행하여 염산을 생성하고, 나아가서는 **폴리엔**(polyene)(즉, 공액 이중 결합)을 생성하며 짙은 색을 띠게 된다. 염산의 존재는 염화 수소 이탈 반응 공정을 촉진시키고, 더 나아가서는 물성 노화를 발생시킨다. 분해 반응을 방해하고, 형성되는 염산을 중성화시키고, 자유 라디칼을 잡아주거나 사슬 절단을 막을 수 있는 이중 결합과 반응할 수 있는 화합물을 첨가함으로써 PVC는 안정화될 수 있다. 상용화된 PVC 수지는 보통 유기주석(organo-tin) 또는 그와 비슷한 열안정제를 포함하고 있다(7.1.3절 참조). 고온에서 비사슬 절단 반응을 겪는 상업용 고분자의 다른 예는 폴리(바이닐 알코올) (PVA)이다. PVC와 마찬가지로, 열분해는 아세트산(acetic acid)을 유리시키고 그 결과 폴리엔을 생성한다.

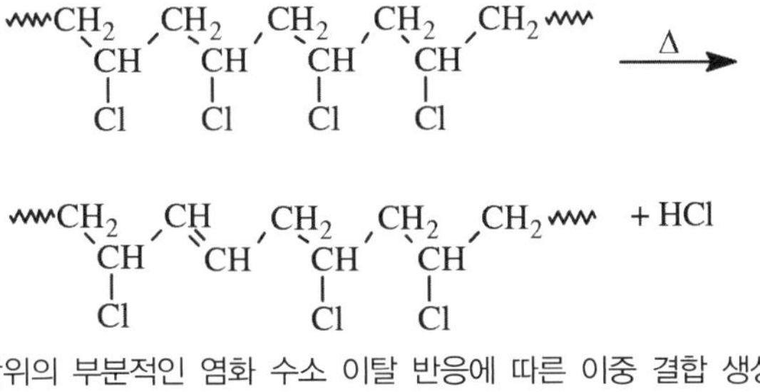

그림 6-2 PVC 반복 단위의 부분적인 염화 수소 이탈 반응에 따른 이중 결합 생성과 염화 수소의 유리

폴리아크릴로나이트릴(PAN)은 포장 재료로서 적합한 가스 차단 성질을 갖는 흥미로운 고분자이다(12장 참조). PAN은 다이메틸폼아마이드(dimethylformamide)와 같은 유기 용제를 이용하여 필름 상태로 용액 주조하거나, (아크릴) 섬유상으로 용액 방사를 할 수 있지만(8.2.4절 참조), 다른 열가소성 플라스틱처럼 용융 가공을 할 수는 없다. 그림 6-3에 나타낸 바와 같이, PAN에서의 나이트릴(−C≡N)기는 온도가 상승함에 따라 고리화 반응을 통하여 사다리 모양(ladder-type) 고분자가 생성되기 때문이다. 이렇게 열적으로 변형된 형태는 짙은 색깔을 띠고 녹지 않으나, 탄소나 흑연 섬유를 제조할 때 출발 물질로서 중요하다(7.1.2절 참조). 아크릴로나이트릴은 스타이렌과 뷰타다이엔과 같은 다른 단량체와 공중합체로 제조하였을 때에만 열가소성 및 탄성체 응용에 이용된다(예를 들어, ABS, SAN, NBR).

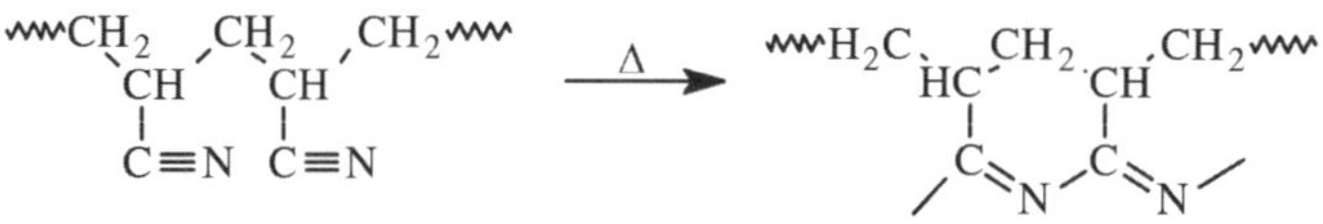

그림 6-3 용융 온도에서의 폴리아크릴로나이트릴의 고리화 반응

열안정성 고분자를 얻기 위한 전략 고분자의 내화성을 향상시키기 위해 설계된 공단량체뿐만 아니라, 많은 난연 첨가제는 열적으로 불안정하다. 따라서 고분자의 열안정성 또한 감소하게 된다. 높은 온도에서 오랜 시간 동안 사용에 가장 성공적인 고분자는 많은 방향족 구조, 특히 이종 원자 고리(heterocyclic ring)를 갖는 고분자이다. 공명 안정성(resonance stabilization)(16.7 kJ mol^{-1} 정도의 에너지)은 높은 주사슬 결합력을 가지며, 그에 따라 높은 열안정성을 갖게 된다. 고내열성 고분자의 예와 열분해 온도는 표 6-3에서 보는 바와 같다.

고온에서의 열안정성뿐만 아니라 기타 다른 고성능을 가진 고분자는 우주선, 전자 및 다른 분야에서 한정되게 사용하는 고분자의 예로서 10.2절에서 다루고 있다. 불행하게도, 이들 고분자의 고온 열안정성에 기여하는 요소들인 높은 T_g, 높은 용융 점도, 일반 유기 용매에서의 불용성으로 인해 사출과 압출 성형과 같은 방법으로는 고분자의 가공이 어렵거나 불가능하다. 따라서 성공적인 상업화를 위해서는 언제나 열적 물성과 가공성의 절충이 필요하다.

표 6-3 열안정성이 좋은 고분자와 그 구조

고분자	구조	T_d (°C)[a]
방향족 폴리에스터	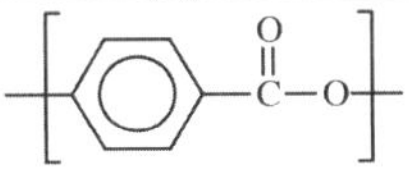	480
폴리벤즈아마이드	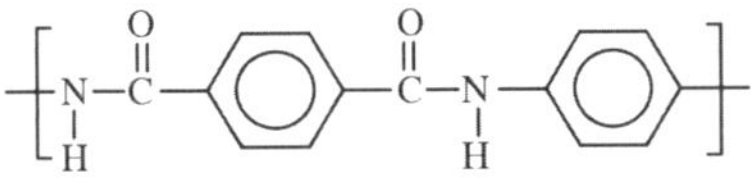	500
폴리벤즈이미다졸	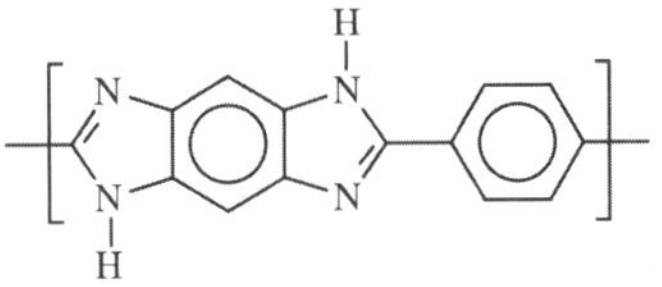	650
폴리피롤	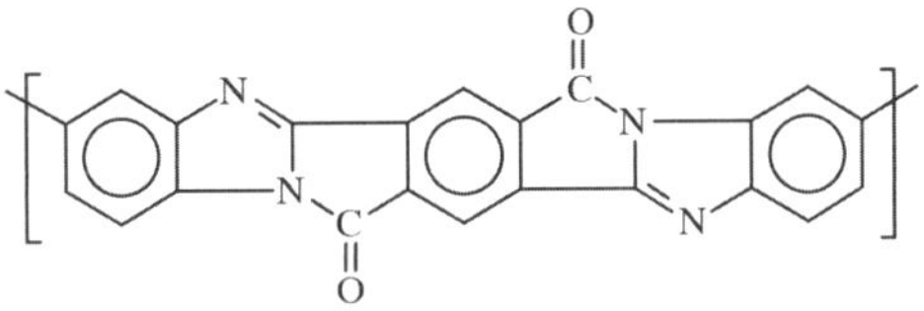	660
폴리(*p*-페닐렌)		660

[a] 열무게 분석(TGA)에 의해 결정된 불활성 분위기에서 중량 감소가 일어나기 시작하는 온도

6.1.2 산화와 UV 안정성

플루오로 고분자를 제외한 나머지 대부분의 고분자들은 높은 온도 또는 자외선에 노출되면 산화되기 쉽다. 산화는 보통 취약성을 증가시키고, 강도를 저하시킨다. 일반적으로 산화 분해 메커니즘은 자유 라디칼 반응이고, 열적 또는 광화학적 결합은 절단으로부터 시작된다. 자유 라디칼은 산소와 결합하여 과산화물 또는 과산화 수소를 생성한다.

일반적으로 불포화 폴리올레핀(polyolefin)은 특히 산소와 오존에 의한 공격을 받기 쉽다. 폴리아이소프렌(polyisoprene)과 같은 일반적인 탄성체의 분해는 빛과 산소의 복합적인 영향(광산화(photooxidation))과 오존의 작용(가오존 분해(ozonolysis))으로 일어나게 되는데, 이를 그림 6-4A 및 6-4B에 각각 나타내었다. 두 경우 모두, 중간체인 고리 형태의 오조나이드 구조가 생성된다. 불안정한 O—O 결합의 연속적인 절단은 사슬 절단과 카보닐기를 말단기로 갖는 저분자량의 고분자를 생성시킨다. 가오존 분해(그림 6-4B)의 경우에는 연속적인 가수 분해의 결과로 사슬 절단과 과산화 수소의 유리가 나타난다.

포화 고분자의 산화 분해 반응은 페록시(peroxy) 라디칼과 같은 중간체를 형성하는 등의 일련의 복잡한 반응으로 일어난다. 특히 폴리스타이렌은 광산화 분해 반응을 받기 쉽다. 이 경우에, 자외선 조사(UV radiation)는 페닐기에 의해 흡수되어 고분자 사슬을 따라

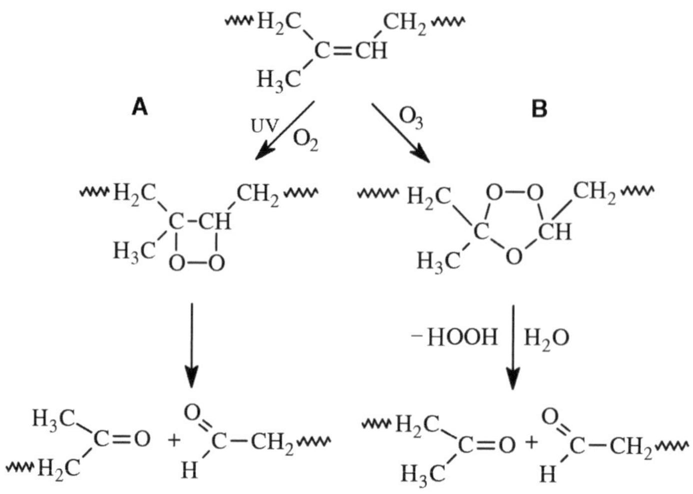

그림 6-4 (A) 광산화와 (B) 가오존 분해에 의한 폴리아이소프렌의 분해

인접한 반복 단위에 전달된다. 주사슬의 절단은 카보닐기를 형성하게 되고, 그 결과 플라스틱의 황화 현상(yellowing)과 취화 현상(embrittlement)이 일어난다.

상업적인 산화 방지제는 지연(hindered) 페놀이나 방향족 아민과 같은 유기 화합물을 함유한다. 이러한 유기 화합물은 유기 아인산염(organic phosphite)처럼 균형 파괴를 억누르는 작용을 하는 역할뿐만 아니라, 자유 라디칼 제거제로서의 역할도 한다. 자외선 조사에 의해 나타나는 효과는 타이어 제조에 널리 사용되어 300에서 400 nm 파장 영역의 자외선을 차단하여 주는 카본 블랙과 같은 내부 첨가제에 의해 억제될 수 있다. 벤조페논 유도체와 같은 화합물은 폴리카보네이트와 같이 투명한 열가소성 고분자가 자외선에 의해서 황색으로 변질되거나 취화되는 것을 막아준다. 벤조페논 유도체는 자외선 영역 안에서 높은 소멸 계수(extinction coefficient)를 나타내어 흡수된 방사선을 화학적인 변화 없이 열로 전환시킨다.

6.1.3 화학 및 수분 안정성

용매에 의한 잔금과 균열 실제적으로 유기 액체나 증기와 접하고 있는 모든 열가소성 플라스틱은 강도와 변형률이 떨어지게 된다. 이러한 현상은 그 유기 액체가 고분자의 일반적인 용매가 아니라 하더라도 동일한 현상을 보인다. 이러한 화학 약품의 영향은 고분자 내에서 국부적인 가소화(plasticization) 작용을 하여 잔금(crazing)과 균열(cracking)(4.4.1절 참조)을 형성하고, 결과적으로 고분자의 강도를 요구되는 수준 이하로 떨어뜨리는 역할을 한다.

4장에서 논의한 바와 같이, 잔금은 저분자량 응력 균열제나 응력 잔금제를 흡수할 수 있는 빈 공간으로 대부분 이루어져 있다. 가소화는 잔금 영역에서의 효과적인 T_g를 감소시키고, 따라서 고분자 사슬의 국부적인 움직임을 증가시키며, 잔금과 균열의 형성을 촉진시킨다. 결국 용매에 의하여 잔금이 개시되는 임계 변형률, ε_c는 고분자의 용해도 인자에 대한 용매의 용해도 인자와 밀접한 관계를 갖는다고 할 수 있다(3.2.6절 참조). 최소 임계 변형은 고분자의 용해도 인자와 근사한 값을 갖는 용매의 경우에 관찰된다. 이러한 조건하에서 균열은 빠르게 진행될 것이다. 잔금의 개시 시간은 흡수 속도에 의존한다. 즉, 가장 높은 점도의 액체의 경우, 임계 응력 또는 변형에 도달하는 시간은 길게 된다. 용매의 존재 하에서 잔금의 진행은 용매가 없을 때보다 빠르고, 잔금 크기도 커진다.

그림 6-5는 두 종류의 엔지니어링 열가소성 플라스틱에 대한 용해도 인자와 ε_c의 관계를 보여 주고 있다. 두 종류의 고분자는 (비스페놀-A) 폴리설폰과 poly(2,6-dimethyl-1,4-phenylene oxide)로서 용해도 인자는 각각 10.7(cal/cm^3)$^{1/2}$과 8.6(cal/cm^3)$^{1/2}$으로 보고

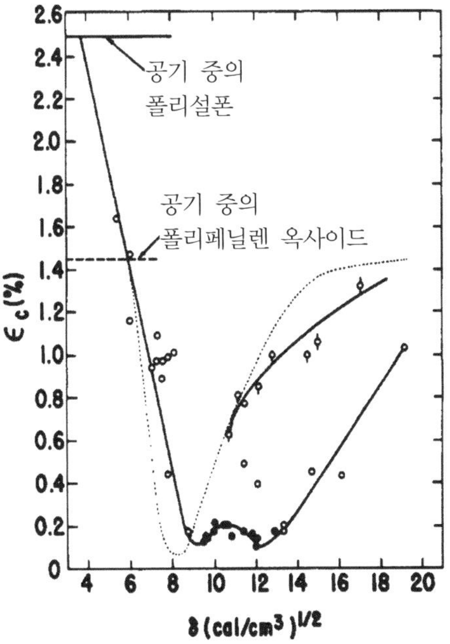

그림 6-5 폴리설폰과 poly(2,6-dimethyl-1,4-phenylene oxide)의 잔금과 균열에 대한 임계 변형율 ε_c을 균열/잔금제의 용해도 인자 δ에 대한 함수로 나타내었다. 빈 원은 잔금을, 검은 원은 균열제를 나타낸다. 한쪽 방향의 선이 붙은 빈 원은 하나의 하이드록시기를 가지는 알코올을 나타내며, 위아래 두 개의 선이 붙은 빈 원은 두 개의 하이드록시기를 가지는 알코올을 나타낸다. 실선은 폴리설폰의 결과이며, 점선은 poly(2,6-dimethyl-1,4-phenylene oxide)에 대한 결과를 나타낸다. Reprinted with permission from R. P. Kambour, E. E. Romagosa, and C. L. Gruner, Swelling, Crazing, and Cracking of an Aromatic Sulfone in Organic Media. Macromolecules, 1972. **5**: p. 335. Copyright 1972 American Chemical Society.

되고 있다[1]. 여기에서 볼 수 있는 바와 같이, ε_c의 최솟값은 두 고분자의 용해도 인자와 거의 유사한 용해도 인자 값을 갖는 유기 액체의 경우에 관찰된다(즉, 균열제). 그러나 ε_c의 현저한 감소는 두 고분자의 극소값에 위치하는 용해도 인자를 갖는 유기 용매에서 나타난다. δ_d, δ_p, δ_h의 3차원 플롯으로 나타내어지는 Hansen의 용해도 인자(3.2.6절)는 환경 응력 균열을 연관시키는 데도 사용될 수 있다. 용해도와 함께 균열/잔금 작용제의 확산도(diffusivity)는 흡수 속도를 결정짓는 중요한 인자가 된다. 확산도는 12.1.2절에서 논하는 바와 같이 흡수된 분자의 크기와 형태에 크게 의존한다.

가수 분해 많은 고분자들이 수분의 영향에 의해, 특히 산성 조건하에서 쉽게 분해가 가능하다. 이러한 고분자에는 다당류와 단백질과 같은 일련의 천연 고분자가 포함될 뿐만 아니라, 원칙적으로 폴리에스터와 폴리아마이드 등의 축합 고분자와 같은 일련의 합성 고분자도 포함된다. 일반적으로 바이닐계 고분자는 가수 분해가 되지 않는 것으로 알려져 있다. 이러한 고분자들의 가수 분해에 영향을 미치는 인자는 수분 투과도와 용해도 등이 있으며, 이러한 인자들은 고분자의 화학 구조와 물리적 상태(예를 들어, 결정화도, 유리 전이 온도 등)의 영향을 받는다. 폴리에스터의 경우처럼, 고분자 파괴로 인하여 산이나 염기 그룹이 생성된다면 가수 분해의 자기 촉매 작용이 가능해진다. 폴리에스터는 가수 분해되어 다음과 같이 하이드록시기와 카복실기로 끝나는 사슬 분절을 생성한다.

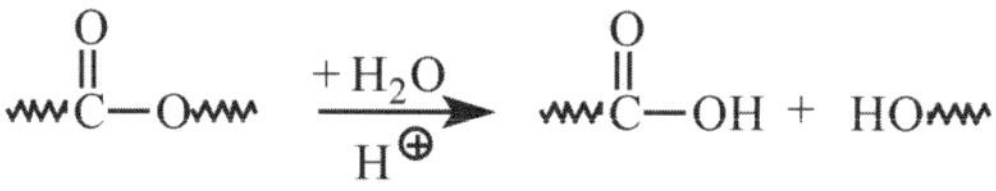

폴리(바이닐 에스터)와 폴리(바이닐 아마이드)는 염기성 조건하에서 가수 분해되어 폴리(바이닐 카복실산)이 된다. 이러한 경우에 폴리(카복실산)의 음으로 하전된 작용기가 폴리메타크릴아마이드에서와 같이 이웃한 에스터나 아마이드기에 시약(OH^-)이 접근하는 것을 지연시키기 때문에 가수 분해는 완전하지 않을 것이다.

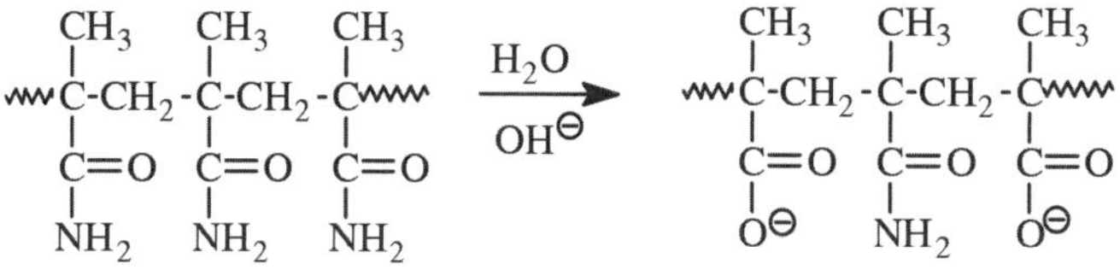

6.1.4 방사선 효과

대부분의 고분자들은 γ-선, 전자선과 X-선과 같은 고에너지의 이온화 방사선(방사선 분해)에 노출되었을 때에 가교나 분해가 일어나기 쉽다. 때때로 이러한 효과를 유용하게 이용할 수도 있다. 예를 들어, 전자선 조사를 이용하여 고분자로 코팅한 실리콘 칩을 마이크로에칭(microetching)하여 집적회로를 제조한다. 노출된 실리콘은 도핑될 수 있다. 특히 γ-선과 전자선의 조사에 의하여 그래프트 공중합물을 제조할 수 있다. 방사선은 또한 고체 상태에서 단량체를 중합하거나 접착 효과를 위하여 표면을 개질하는 데 이용된다. 다른 경우, 즉 우주선 운반체나, 핵발전소 그리고 γ-살균 의료용 일회용품에 플라스틱을 이용하는 경우에 있어서, 이러한 응용에 사용되는 고분자나 복합 재료들은 방사선에 대해 뛰어난 저항성을 가져야만 한다. 예를 들어, 우주 공간 궤도에서 30년간 사용된 물질에 조사된 방사선의 전체량은 10 mrad 정도로 추정된다. 의료용 일회용품(예를 들어, 주사기, 수술가운, 실험실 의류)의 γ-선 조사에 의한 멸균은 이외의 다른 방법들이 갖는 한계성, 즉 스팀멸균의 효율성과 냉멸균("cold" sterilization)에 사용되는 에틸렌 옥사이드에 의한 발암 가능성 때문에, 중요성이 점점 더 커지고 있다.

폴리스타이렌과 폴리설폰과 같은 일련의 고분자들은 방사선에 대한 저항성이 매우 크나, 폴리프로필렌과 같은 고분자는 방사선의 조사에 의해 쉽게 분해된다. 폴리스타이렌, 방향족 폴리아마이드, 폴리설폰과 같이 방향족 고리를 갖는 고분자는 에폭시, 페놀계 및 유레테인과 같은 열경화성 고분자와 마찬가지로 방사선 저항성(radiation resistance)이 극히 높다. 방사선 저항성을 갖는 섬유에는 폴리(에틸렌 테레프탈레이트)와 방향족 폴리아마이드가 포함된다. 탄성체 가운데는 폴리유레테인이 특히 방사선 저항성이 높다.

방사선에 의한 손상에 있어 우선적으로 일어나는 현상은 고에너지 전자의 방출이다.

$$R \longrightarrow R^{\oplus} + e^{\ominus}$$

이러한 일차 전자는 연쇄 반응에 있어서 또 다른 분자를 이온화시켜 새로운 전자를 방출하게 된다. 양으로 하전된 분자가 이용 가능한 전자와 재결합할 때 전자적으로 들뜬 상태(excited state)가 될 수 있다.

$$R^{\oplus} + e^{\ominus} \longrightarrow R^*$$

또한 방사선과 물질과의 상호작용에 의하여 일어나는 에너지의 전달이 이온화를 하기에 불충분할 때에도 들뜬 상태가 형성될 수 있다. 고분자에 있어 들뜬 상태는 이온종을 발생하게 하는 이종 결합 절단이 포함된 화학 반응에 의해 붕괴되거나, 라디칼종(radical species)의 형성 중에 나타나는 주사슬 또는 치환기의 동종 결합 절단에 의하여 붕괴된다. 라디칼의 수명은 상온에서 수 시간이 될 수도 있고, 수 주일이 될 수도 있다. 이렇게 긴 수명은 라디칼이 가교를 형성하거나 대기 중에서 산소와 반응하는 데 충분한 기회를 제공한다. 사슬의 절단이 일어나는가, 혹은 가교가 일어나는가는 분자 사슬의 화학적 구조에 따라 달라진다. 일반적으로 폴리아이소뷰틸렌 또는 폴리(메틸 메타크릴레이트)와 같이 4차 탄소를 갖는 고분자는 비활성 대기 하에서 사슬 절단을 겪는 반면에, 폴리에틸렌과 폴리스타이렌과 같이 4차 탄소가 없는 고분자는 가교를 일으킬 가능성이 더 크다. 방사선의 조사에 의하여 생성되는 자유 라디칼과 반응할 수 있는 산소가 존재할 때에는 사슬 절단이 주로 일어나게 된다. 라디칼을 없애는 역할을 하는 산화 방지제는 방사선-산화 분해를 방지하는 효과적인 안정제이다.

6.1.5 기계적 분해

고분자의 분해는 고분자 용액과 용융물에 높은 전단 변형과 같은 응력을 부가함으로써 일어날 수도 있다. 고체의 경우에 응력에 의한 분해는 분쇄(연마(grinding), 갈기(milling), 압착(crushing)), 기계가공, 스트레칭, 피로, 인열(tearing), 마멸, 또는 마모로부터 발생할 수 있다. 기계적 분해는 특히 고도의 얽힘 상태가 존재하는 고분자량의 고분자인 경우에는 심각하다. 응력에 의한 분해의 결과로 랜덤 사슬 파열(chain rupture)에 기인하는 거대 라디칼이 생성된다. 천연 고무는 내림(mastication)이라는 과정 중에 스파이크가 달린 롤러 사이를 통과하면서 연화되고, 이때 동시에 촉진제, 가황제, 산화 방지제와 같은 첨가제와 충전제가 분산된다.

6.2 환경을 위한 플라스틱 관리

현재 미국 쓰레기 매립지에 버려지는 고체 상태의 쓰레기 중 부피로 환산하면 약 25%가 플라스틱이 차지하며, 약 40%는 종이가 차지하고 있다. 현재의 추세대로라면 10년 또는 20년 내에 미국 쓰레기 매립지의 수용 능력은 초과될 수 있다. 쓰레기 매립지로 가는 플라스틱의 부피를 줄이기 위해서는 다음 세 가지 방법 중 하나를 택하여야 한다. 즉, 재활용법(recycling), 소각법(incineration), 생분해법(biodegradation)이다.

6.2.1 재활용

상업용 플라스틱의 재활용(recycling)은 쓰레기 매립지로 가는 플라스틱 폐기물의 부피를 줄이고 재생가능한 석유자원을 보존할 필요성 등의 많은 관점에서 현재 당면하고 있는 중요한 문제이다. 종이와 판지(cardboard)와 더불어 플라스틱은 대부분 쓰레기의 큰 부분을 차지한다. 현재 미국과 유럽에서는 많은 플라스틱 상품들이 재활용되고 있다. 이러한 플라스틱으로는 음료용기로 사용되는 폴리(에틸렌 테레프탈레이트)(PET) 뿐만 아니라, 포장 재료로 사용되는 폴리(바이닐 클로라이드)(PVC), 폴리스타이렌, 폴리올레핀(예를 들어, 폴리에틸렌과 폴리프로필렌)을 들 수 있다.

재활용에는 두 가지의 접근 방법이 있다. 확실한 방법은 단순히 폐기된 플라스틱을 재가공하는 것으로, 다른 형태로 전환하거나 다른 용도로 사용할 수 있다. 예를 들어, 최근에는 발포 폴리스타이렌의 용도와 경쟁하며 폐기된 PET를 단열판 제조에 사용하고 있다. 이 과정에서 폐기된 PET 용기는 세척하여 잘게 자른 후 5 mm의 작은 조각으로 파쇄한다. 그리고 공정 중에 가수 분해를 일으킬 수 있는 수분을 제거하기 위하여 건조시킨다. 그런 후에 파쇄된 작은 조각들을 용융 점도를 증가시키기 위한 조핵제(nucleating agent)와 첨가제를 혼합시켜 표준발포 판(slab) 압출 공정으로 가공한다. 이때 재생 PET가 압출기를 통하여 나오기 직전에 팽창 가스가 용융된 재생 PET 내부로 주입된다. 폐기된 PET를 이용하여 제조한 단열판은 발포 폴리스타이렌에 비하여 몇 가지 이점이 있다. 연소 시 폴리스타이렌보다 연기가 나지 않으며, PET의 용융 온도가 ($T_m = 260°C$) 높기 때문에 라미네이트 제조에서 용융 접착제(hot-melt adhesive)로 사용하기에 적합하다.

재활용하는 다른 방법은 **3차 재활용***(tertiary recycling)이라고 불리는 것으로, 더 많은 잠재적인 가능성을 가지고 있다. 3차 재활용이란 폐기된 플라스틱을 화학적 또는 열적으로 처리하여 원래의 수지로 중합하는 데 이용할 수 있는 단량체로 변화시키는 것을 말한다. 폴리에스터나 나일론, 폴리유레테인과 같은 축합 고분자들은 당분해(glycolysis), 가메탄올 분해(methanolysis), 그리고 가수 분해 등과 같은 화학적 과정에 의하여 해중합될 수 있다. 폴리올레핀이나 아크릴계, 그리고 플루오로 플라스틱(fluoroplastics) 등과 같은 부가 고분자는 열적 또는 촉매에 의한 크래킹이 필요하다. 미국에서는 3차 재활용법을 우선적으로 PET에 적용하는 데 초점을 두고 있다. 병이나 섬유, 그리고 필름 등으로부터 수거된 폐기 폴리에스터 수지는 압력 하에서 메탄올 및 촉매와 함께 가열하여 단량체인 에틸렌 글라이콜과 다이메틸 테레프탈레이트(DMT)로 분해시킨다. DMT는 PET의 합성에서 파

---

* 플라스틱의 "1차" 재활용은 분쇄에 의한 재활용을 의미한다. 한편으로 "2차" 재활용은 물리적 및 열적 재처리를 통하여 재활용 제품을 생산하는 과정을 의미한다.

라-자일렌(*p*-xylene)의 대용으로 사용할 수 있다(PET의 상업적 생산에 대한 자세한 설명은 9장 참조). 유럽에서는 낡은 카펫으로부터 회수로 나일론 6을 536°F~752°F에서 카프로락탐(caprolactam)으로 바꿀 수 있는 산-촉매 공정에 관심이 집중되고 있다.

타이어의 재활용은 해결해야 할 또 하나의 중요한 문제이다. 미국 내에서만 매년 2억 3,400만 개 이상의 타이어가 버려지고 있다. 이 타이어들의 대부분은 결국 쓰레기 매립장으로 보내지지만, 적절히 계획된 매립지도 고갈되어가기 때문에 다른 해결책을 찾아야만 한다. 하나의 방법이 타이어의 수명을 연장시키는 것이다(즉, 원인의 축소). 타이어를 재활용하는 방법으로는 재생타이어로 사용하는 것과 잘게 갈아서 패드, 매트, 카펫배지, 수분 차단제, 고무-개질 아스팔트, 운동장 트랙 등에 사용하는 것이다. 폐기된 모든 타이어는 수송용이 아닌 여러 가지 다양한 응용에 사용될 수 있다. 예를 들어, 침식에 대한 조절이나 운동장 그리고 인공장애물과 같은 곳에 사용할 수 있다. 최근에는 전기를 생산하고 암모니아의 메탄올 생산에 이용되는 합성 가스(H_2와 CO)를 생산하기 위해 폐타이어가 갖는 상당한 에너지(1파운드당 15,000 Btu 이상)를 이용하는 공정이 개발되었다. 이 공정에서 타이어는 우선 700°F에서 폐모터 오일과 같은 폐기된 기름과 액화 반응기에서 섞여지게 된다. 회전 스크류는 용융체로부터 금속 벨트를 제거하는 데 사용된다. 액화 과정 중에는 가황 공정에서 형성된 이황화물의 가교뿐만 아니라 고분자량의 사슬이 절단되어 액체 탄화수소 혼합물이 생성된다. 이 액체 혼합물은 2500°F의 온도와 500에서 900 psia의 압력에서 산소와 혼합되어 기화 반응기에서 합성 가스를 생성하고 불활성 재를 남긴다.

재활용되는 플라스틱의 양이 매년 빠르게 증가하고 있으나, 현재 종이, 알루미늄의 재활용 비율에 비해서 플라스틱의 재활용률은 전체적으로 여전히 낮다. 이렇게 재활용률이 낮은 이유 중 하나는 폐플라스틱의 수거 및 재활용 비용을 포함한 재활용 플라스틱 생산에 필요한 전체 비용이 원래 수지를 생산하는 비용보다 20% 정도 높기 때문이다. 더구나, 전체 플라스틱 부피의 큰 부분을 차지하는 열경화성 수지는 재활용할 수 없다; 그러나 유리 강화 열경화성 수지는 2-cm 내지 3-cm의 입자로 잘게 만들어서 섬유 강화 복합재료에 충전제로 사용하기도 한다.

6.2.2 소각

많은 플라스틱이 천연가스처럼 깨끗하게 연소하면서 이산화 탄소나 산화 질소, 그리고 수증기를 배출한다. 1파운드의 플라스틱이 연소할 때(같은 양의 석탄이 낼 수 있는 에너지의 두 배보다도 많은) 16,000 Btu의 에너지를 생산하기 때문에, 소각은 에너지를 생산하는 방법으로 이용될 수도 있다. 그러나 건강문제에 대한 심각한 주의가 요구된다. 예를 들어, 카드뮴 및 다른 중금속과 같은 상당한 양의 독성 화합물이 소각된 재에 남아 있거나 또는 연소 중에 독성물질이 방출될 수 있다. 다른 문제점은 많은 플라스틱 폐기물 중의 상당한 양을 차지하는 PVC의 소각이 충분히 높은 온도에서 이루어지지 않으면 발암성의 다이옥신(dioxin)을 생산할 수 있다는 점이다.

6.2.3 생분해

생분해성 고분자 완전하게 생분해되는 고분자는 실제로 없다. 사실 폴리아마이드나 폴리플루오로카본, 폴리에틸렌, 폴리프로필렌, 폴리카보네이트와 같은 대부분의 고분자들은 미생물의 공격에 대해 저항성이 매우 높다. 합성 고분자 중에는 폴리유레테인, 특히 폴리에테르–폴리유레테인이 생화학적으로 분해가 가능하다. 일반적으로 자연적으로 생성되는 고분자가 합성 고분자보다 더 생분해성이 좋다. 보다 자세히 말해서 에스터기를 가진 고분자 특히 지방족 폴리에스터는 생분해될 수 있다. 이러한 고분자들의 생분해 과정은 가수 분해에 의한 공격과 더불어 토양의 미생물에 의해 생산되는 불특정한 에스터 가수분해 효소(esterase)에 의해 에스터기가 공격을 받아 진행된다고 알려져 있다. 분해의 산물은 미생물에 의해 빠르게 신진대사 된다. 완전한 생분해나 광물화 작용(mineralization)은 모든 고분자가 가스 상의 생성물이나 바이오매스(biomass)로 변환될 때 일어나게 된다. 산소 존재하의 호기성(aerobic)과 산소가 존재하지 않는 혐기성(anaerobic) 분해도 유사한 분해 산물을 얻게 되지만, 혐기성 분해 동안에는 물과 CO_2 이외에 메테인도 얻어진다.

생분해성 고분자 중에 상업적으로 중요한 작용기의 하나가 천연적으로 생성된 폴리에스터[4]인 poly(β-hydroxyalkonates)이다. 이 고분자의 일반적인 구조는 다음과 같다.

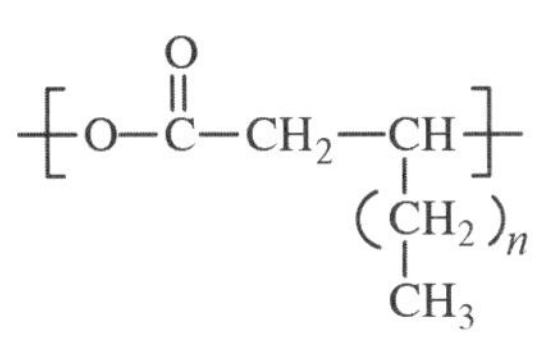

Polyhydroxyalkanoates는 생분해성을 나타내므로, 사용 후 생분해 가능한 플라스틱 포장재료뿐만 아니라 생체재료로서도 상업적인 잠재가능성을 가지고 있다. 1925년에 처음 확인된 poly(β-hydroxybutyrates)(PHB)(n = 0)는 박테리아인 *Alcaligenes eutrophus*에 의해 합성된다. 이 박테리아는 PHB의 작은 알갱이를 식물의 전분이나 동물의 지방과 같이 에너지 저장 매체로서 사용한다. 고분자는 박테리아의 세포질 내에 분리된 막으로 둘러싸인 작은 알갱이 내에 축적된다. PHB는 100% 아이소탁틱 취성(brittle) 고분자로서 고결정성이다(65%에서 85%). PHB의 유리 전이 온도는 5°C에서 10°C이며, 결정의 용융 온도는 175°C로서 열분해 온도인 200°C에 가깝다. Poly(β-hydroxy-valerate)(PHV)(n=1)와 같이 긴 n-알킬기를 갖는 poly(β-hydroxyalkanoates)는 발효 과정 중에 이용 가능한 탄소 기질의 형태에 의존하여 다른 박테리아인 *Pseudomonas oleovorans* 뿐만 아니라 *A. eutrophus* 에 의해서도 생산될 수 있다.

표 6-4에 주어진 자료에서 볼 수 있듯이, PHB와 폴리프로필렌과 같은 범용 열가소성 수지의 기계적 성질과의 중요한 차이점은 PHB가 낮은 신장-파괴성(extension-to-break)을 갖는다는 점이다. PHB는 hydroxyvalerate와 공중합을 시킴으로써 강인성을 개선할 수 있으며, PHB의 열분해 온도와 T_m은 낮아진다. 이 공중합체는 글루코스와 함께 프로피온산(propionic acid) 또는 발레르산(valeric acid)이 존재할 때 박테리아 *A. eutrophus*에 의해 생산된다. 최근에 작은 규모로 상업화된 HB-HV 공중합체는 매립지에서 토양 미생물로 완전히 분해하거나, 또는 쓰레기 오물과 함께 퇴비화하면 이산화 탄소와 물만을 생성한다. 현 단계에서 이러한 플라스틱은 가격이 비싸고, 긴 재고기간을 요구하는 제품이나, 박테리아 성장에 적합한 PHB의 특성 때문에 음식용 포장 재료로 사용하는 것은 부적합하다고 할 수 있다. PHB는 최근 상업적으로 샴푸 통의 제조에 이용된다. HB-HV 공중합체는 이들의 적절한 생체적 합성과 생분해 성질 때문에 약물 방출 조절용 매트릭스(matrix)로 적합하다. 이러한 생분해성 고분자의 비교적 높은 생산 가격은 앞으로 대규모의 생산과 생물공학의 발전에 힘입어 낮추어질 수 있을 것이다. 예를 들어, 최근에 PHB를 합성하는 유전 인자가 확인되었고, 따라서 *E.coli*와 같은 고생산성 박테리아에서 이 폴리에스터를 생산할 수 있을 것이며, 심지어 감자, 순무와 같은 농작물에서도 전분 대신

표 6-4 폴리프로필렌(PP)과 polyhydroxybutyrate(PHB)의 일반적인 물성

성질	PHB	PP
T_g(°C)	15	-10
T_m(°C)	175	176
결정화도(%)	80	70
밀도(g cm^{-3})	125	0.905
굴곡 탄성률(GPa)	4.0	1.7
인장 강도(MPa)	40	38
파단 연신율(%)	6	400
자외선 저항성	좋음	나쁨
용매 저항성	나쁨	좋음

에 PHB를 만들게 될 것이다.

또 하나의 중요한 생분해성 폴리에스터는 poly(lactic acid)(PLA)이다.

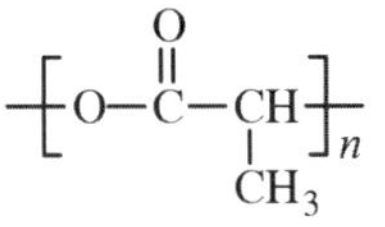

PLA는 감자 껍질과 같은 음식물 폐기물을 박테리아를 이용하여 발효시켜 얻어진 전분이나 옥수수 또는 쌀에서 유도된 덱스트로스(dextrose)로 제조되는 젖산(lactic acid)으로부터 중합된다. 젖산은 고리 화합물인 락타이드(lactide)로 변환되고, 이를 개환하여 PLA를 얻는다.

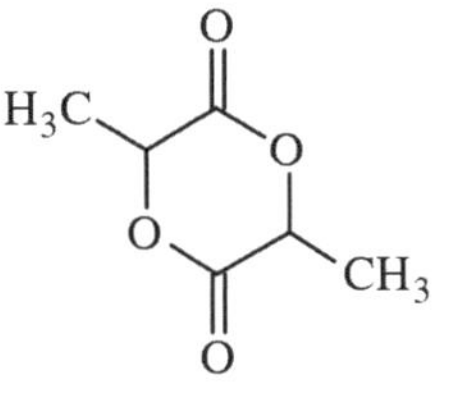

PLA 시장은 섬유(의복 및 카펫)와 포장용기이다. PLA 시장이 의류용과 카펫용의 섬유와 포장재 용도가 거의 같은 정도로 형성되어 있다. PLA는 열성형이 가능할 정도로 좋은 가공성을 나타내며, 높은 인장 강도와 섬유 용도의 적절한 특성을 지니고 있고, 음식물 포장재로서 높은 냄새 차단성, 그리스(grease), 지방질 및 기름에 대한 저항성이 있다. PLA는 인체 내에서는 젖산으로 분해되기 때문에 봉합사나 약물전달 시스템, 그리고 상처 클립(wound clips)과 같은 의료기기로 상품화할 수 있다. PLA는 또한 비료나 살충제의 시간 지연 코팅제나, 수분이나 열의 유지를 위한 그리고 농작물 가운데서 잡초군을 감소시키기 위한 농작물 열(rows of crops) 사이의 제초 필름과 같은 농업용 제품에도 응용될 수 있다. PLA가 재생 가능한 농업 자원으로부터 얻어진다는 사실에 덧붙여 PLA는 퇴비화될 수 있어 환경 친화적이다.

중요한 생분해성 공중합체로는 poly(lactide-*co*-glycolide)(PLGA)가 있다.

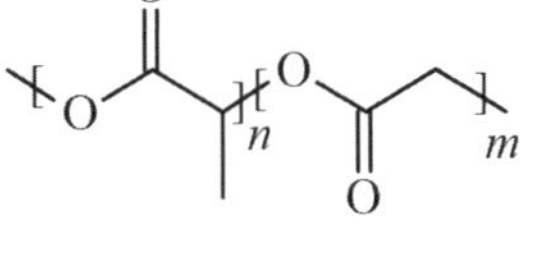

PLGA는 락타이드(lactide)와 글리콜라이드(glycolide)의 공중합으로 얻을 수 있다.

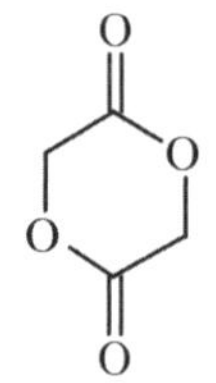

25%에서 75%까지의 글라이콜산(GA) 조성에서 PLGA는 무정형으로 약물전달계 용도에 적합하다(12.2.1절 참조). PLGA는 뼈의 천연 석화재인 hydroxyapatite(calcium phosphate hydroxide)를 도입하여 인공뼈를 개발하는 과정에서의 기질(substrate)로 고려되고 있다.

생분해될 수 있는(종종 특정한 미생물에 의하거나 또는 화학적 분해를 촉진시키기 위한 촉진제 등을 첨가) 다른 합성 고분자로는 폴리에스터인 polycaprolactone(PCL),

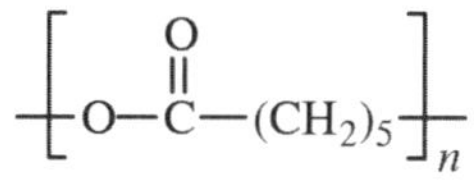

폴리(바이닐 알코올)

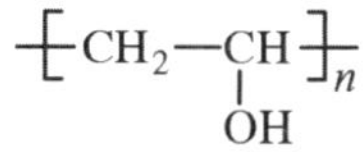

그리고 셀룰로스와 그 유도체 등이 있다(8.2.2절 참조).

생분해성은 원하지 않는 단량체를 처분하는 데에도 사용할 수 있다. 예를 들어, 스타이렌은 *P. aeruginosa*에 의하여 300 mg 스타이렌/g 박테리아/h의 속도로 소멸된다[5]. 생분해 산물은 바이오매스(콜로니(colony) 성장 동안 형성된 박테리아 세포질 물질), CO_2, 그리고 물이다.

전분 첨가제 생분해성을 부여하는 다른 방법은 상업적인 열가소성 수지와 천연적으로 분해할 수 있는 전분과 같은 물질을 섞어주거나 그래프트 공중합시키는 것이다[6]. 예를 들어, 전분을 폴리에틸렌과 혼합하여 중공 성형(blow molding)하여 플라스틱 봉지용 필름을 제조할 수 있다. 매립지의 토양 미생물이 전분을 파고 들어가고, 따라서 플라스틱 매트릭스가 보다 작은 입자로 부서지게 될 것이다. 옥수수 전분은 선형 아밀로스와 고도로 가지화된 고분자량의 아밀로펙틴으로 구성된 글루코스형 생체 고분자이다(8.1.3절 참조). 전분의 장점은 가격이 저렴하고, 완전히 분해가 된다는 점이다. 옥수수 전분 과립은 약 6%에서 20%의 수분을 함유하지만, 공기 중에서 250°C 이상까지 열에 대해 안정하다. 압출된 전분은 10%에서 15%의 신장률에서 20에서 30 Mpa의 인장 강도를 갖는다. 아크릴산, 스타이렌과 같은 아크릴계와 바이닐계 단량체들을 세륨 이온 Ce(IV)의 개시에 의해 전분에 그래프트시킬 수 있다.

전분을 이용하는 경우의 문제점은 전분이 충전된 플라스틱은 약하며, 따라서 쇼핑 봉지 등과 같은 소비자용 제품으로서 요구되는 적절한 강도를 가지기 위하여서는 석유화학 제품이 더 많이 함유된 제품이 필요하다는 것이다. 전분과 혼합된 플라스틱으로 만들어진 일회용 기저귀나 쓰레기 봉투들은 5% 정도의 작은 양의 전분이 함유되어 있기 때문에 전체적인 결과로 볼 때 자연환경에 더 많은 플라스틱이 버려지게 된다고 할 수 있다.

생분해성의 실질적인 문제점 비록 생분해가 플라스틱 폐기물에 연관된 문제들의 심각성을 경감시키는 중요한 잠재능력을 가지고 있음에도 불구하고, 현대적이고, 적절하게 고안된 매립지에서 생분해가 실제적으로 충분하게 일어날 수 있을 것인가에 대한 일부의 논쟁은 여전히 남아 있다. 잠재적으로 위험성 있는 물질을 저장하기 위하여서는 매립지는 수분이 없고 공기가 통하지 않도록 건설되어야 한다. 이러한 매립지로부터 인체에 해로운 화학 물질이 방출되지 않도록 보안하기 위한 혐기성의 조건은 역시 생분해성을 지연시킨다. 또 다른 문제는 플라스틱 폐기물 관리에 관한 두 가지 중요한 해결 방법-생분해와 재활용-의 조화에 관한 문제이다. 즉, 생분해성 고분자는 다양한 종류의 플라스틱이 섞여 있는 플라스틱 폐기물 재활용에 사용하기에는 적합하지 않다는 점이다.

추천 문헌

Albertsson, A.-C., ed., *Degradable Aliphatic Polyesters*. Advances in Polymer Science, 2002. **157**: p. 1.

Andrady, A. L., *Assessment of Environmental Biodegradation of Synthetic Polymers*. Journal of Macromolecular Science—Reviews in Macromolecular Chemistry and Physics, 1994. **C34**(1): p. 25.

Garlotta, D., *A Literature Review of Poly(lactic acid)*. Journal of Polymers and the Environment, 2002. **9**: p. 63–84.

Lenz, R. W., *Biodegradable Polymers*. Advances in Polymer Science, 1993. **107**: p. 1.

Maharama, T., Y. S. Negi, and B. Mohanty, *Review Article: Recycling of Polystyrene*. Polymer—Plastics Technology and Engineering, 2007. **46**: p. 729.

Nayak, P. L., *Biodegradable Polymers: Opportunities and Challenges*. Journal of Macromolecular Science—Reviews in Macromolecular Chemistry and Physics, 1999. **C39**(3): p. 481.

Nelson, G. L., ed., *Fire and Polymers II: Materials and Tests for Hazard Prevention*. 1995, ACS Symposium Series, vol. 599: Washington, DC: American Chemical Society.

Nguyen, T. Q., *Kinetics of Mechanochemical Degradation by Gel Permeation Chromatography*. Polymer Degradation and Stability, 1994. **46**: p. 99.

Nir, M. M., J. Miltz, and A. Ram, *Update on Plastics and the Environment: Progress and Trends*. Plastics Engineering, March 1993, p. 73.

Rader, C. P., S. D. Baldwin, D. D. Cornell, G.D. Sadler, and R. F. Stockel, eds., *Plastics, Rubber, and Paper Recycling*. 1995, ACS Symposium Series, vol. 609: Washington, DC: American Chemical Society.

Rånby, B., *Basic Reactions in the Photodegradation of Some Important Polymers*. Journal of Macromolecular Science—Pure and Applied Chemistry, 1993. **A30**(9&10): p. 583.

Sharma, R. R., and A. R. Ray, *Polyhydroxybutyrate, Its Copolymers and Blends*. Journal of Macromolecular Science—Reviews in Macromolecular Chemistry and Physics, 1995. **C35**(2): p. 327.

Stein, R. S., *Polymer Recycling: Thermodynamics and Economics*. Macromolecular Symposium, 1998. **135**: p. 295.

Swanson, C. L., R. L. Shogren, G. F. Fanta, and S. H. Imam, *Starch—Plastic Materials—Preparation, Physical Properties, and Biodegradability (A Review of Recent USDA Research)*. Journal of Environmental Polymer Degradation, 1993. **1**(2): p. 155.

참고 문헌

1. Kambour, R. P., E. E. Romagosa, and C. L. Gruner, *Swelling, Crazing, and Cracking of an Aromatic Copolyether-Sulfone in Organic Media.* Macromolecules, 1972. **5**: p. 335–340.
2. Hansen, C. M., and L. Just, *Prediction of Environmental Stress Cracking in Plastics with Hansen Solubility Parameters.* Industrial and Engineering Chemistry and Research, 2001. **40**: p. 21–25.
3. Bernier, G. A., and R. P. Kambour, *The Role of Organic Agents in the Stress Crazing and Cracking of Poly(2,6-dimethyl-1,4-phenylene oxide).* Macromolecules, 1968. **1**: p. 393–400.
4. Lenz, R. W., Y. B. Kim, and R. C. Fuller, *Polyesters Produced by Microorganisms.* Journal of Bioactive and Compatible Polymers, 1991. **6**: p. 382–392.
5. Aalam, S., A. Pauss, and J.-M. Lebeault, *High Efficiency Styrene Biodegradation in a Biphasic Organic/Water Continuous Reactor.* Applied Microbiology and Biotechnology, 1993. **39**: p. 696–699.
6. Inoue, Y., and N. Yoshie, *Structure and Physical Properties of Bacterially Synthesized Polyesters.* Progress in Polymer Science, 1992. **17**: p. 571–619.

제7장

첨가제, 블렌드, 블록 공중합체 및 복합 재료

일반적으로, 상업적인 플라스틱들은 가소제, 내연제, 윤활제, 안정제 그리고 충전제와 같은 여러 가지 **첨가제**들과 하나 혹은 둘 이상의 고분자들의 복합체로 이루어져 있다. 각 성분들의 정확한 조성은 용도와 가공 조건에 따라 다를 것이다. 예를 들어, 폴리(바이닐 클로라이드)(PVC)는 상온에서 다른 유리 고분자처럼 높은 탄성률 또는 강성도(stiffness)를 갖는 열적으로 불안정한 고분자(6.1.1절 참조)이다. 포장용 필름이나 전선용 절연체로 사용되는 유연한 등급의 PVC를 얻기 위해서는 T_g를 낮추어 줄 수 있는 가소제와 가공 온도에서 열안정성을 개선시켜 줄 수 있는 소량의 첨가제와 블렌드되어야 한다.

많은 경우에 있어서, 고분자의 어떤 물성은 다른 고분자와의 블렌드를 통해 개선될 수 있다. 예를 들어, 엔지니어링 열가소성 플라스틱인 폴리(2,6-다이메틸-1,4-페닐렌 옥사이드)(PPO)는 고온에서 열에 의해 쉽게 산화되므로 가공하기 어려운 높은 T_g의 고분자이다. 이 고분자 재료의 상업용 수지(Noryl)는 PPO와 내충격성 폴리스타이렌(HIPS)의 블렌드로 되어 있으며, 윤활제, 열안정제, 내연제 또는 충전제와 같은 다른 첨가제들이 들어있는 경우도 있다. 폴리스타이렌(PS)의 T_g(약 100°C)는 PPO(약 214°C)보다 낮으므로 PPO/HIPS 블렌드의 T_g는 PPO만의 경우보다 낮고, 따라서 산화 불안정성이 전혀 문제되지 않는 낮은 온도에서 PPO의 용융 가공이 가능하다. HIPS의 도입은 이러한 엔지니어링 수지의 단가를 낮추어 주고, 블렌드의 내충격성을 개선시켜 준다.

고분자 복합 재료는 고분자(매트릭스)와 탄성률이나 내마모성과 같은 기계적 물성을 향상시키기 위해 사용하는 강화 충전제(분산상)의 물리적인 복합체이다. 충전제는 무기물질(예를 들어, 탄산 칼슘) 또는 유기 물질(흑연 섬유, 케블라(Kevlar)와 같은 방향족 폴리아마이드)일 수 있다. 사실상 세라믹, 탄소 및 고분자 재료를 포함한 모든 재료들이 복합체 매트릭스로 사용될 수 있다. 대체로, 고분자 복합 재료의 매트릭스로는 에폭시나 (불포화) 폴리에스터 수지와 같은 열경화성 수지가 많이 사용되나 열가소성 폴리설폰계와 같이 높은 T_g와 우수한 내충격성을 갖는 일부 엔지니어링 열가소성 플라스틱도 복합체에 사용되고 있다. 복합 재료의 주요 응용은 건축과 수송 분야이다.

7.1 첨가제

첨가제는 열가소성 수지, 열경화성 수지, 그리고 탄성체에 널리 사용된다. 2011년 세계 플라스틱 첨가제 시장은 거의 400억 달러로서, 2016년 480억 달러까지 성장할 것으로 예상된다. 첨가제는 때때로 기능에 따라 크게 물성 개질제(property modifier), 물성 증가제(property extender), 안정제(stabilizer) 및 가공조제(processing aid)의 4가지 범주로 분류할 수 있다. 물성 개질제는 첨가제 시장에서 가장 큰 부분을 차지하며, 이는 내연제, 항산화제, 항균제, 가소제, 발포제 및 충격 개질제를 포함한다. 이 중, 가소제와 내연제 분야가 이 시장에서 가장 빠르게 성장하고 있다. 가소제 시장은 2016년까지 3.2% 성장할 것으로 예상되며 모든 첨가제 시장에서 총 50%의 비율을 차지하고 있다. 실제로 이러한 첨가제들은 드라이 블렌딩, 압출, 컴파운딩 및 나중에 11장에서 논의되는 다양한 방법들을 이용하여 가공 전에 고분자와 섞는다.

7.1.1 가소제

특히 PVC의 경우, 가소제는 첨가제 수요의 가장 큰 부분을 차지한다. 가소제의 일차적인 기능은 T_g를 낮춤으로써 사용 온도에서 고분자의 탄성률을 낮추는 것이다. 탄성률에 대한 가소제의 영향은 그림 7-1에 나타나 있다. 가소제의 농도가 증가할수록 고탄성률 영역(유리상 평탄 영역)에서 저탄성률 영역(고무상 평탄 영역)으로의 전이가 점진적으로 보다 낮은 온도에서 진행하게 된다. 또한, 가소화된 고분자의 전이는 가소화되지 않은 고분자의 전이에 비해 보다 더 넓은 온도 범위에서 진행한다. 일반적으로, 가소제는 -50°C 정도의 T_g를 갖는 저분자량의 화합물이다. 일부 경우에는, 낮은 T_g를 갖고 상용성이 좋은 고분자(예를 들어, 폴리카프로락톤 혹은 에틸렌과 바이닐 아세테이트의 공중합체)가 가소제로 사용되기도 한다.

효과적인 가소제의 요구 조건은 주고분자(host polymer)와의 부분적 혹은 완전한 상용성과 낮은 T_g이다. 가소화된 고분자의 T_g는 가소제의 농도와 4.3.4절에 제시된 Kelley-Bueche 식[1]과 같은 많은 이론식이나 실험식에서 주어진 바와 같이 각 구성 성분의 T_g에 의존한다. 불규칙 공중합체의 T_g를 예측하기 위한 또다른 관계식은 Wood에 의해 제안

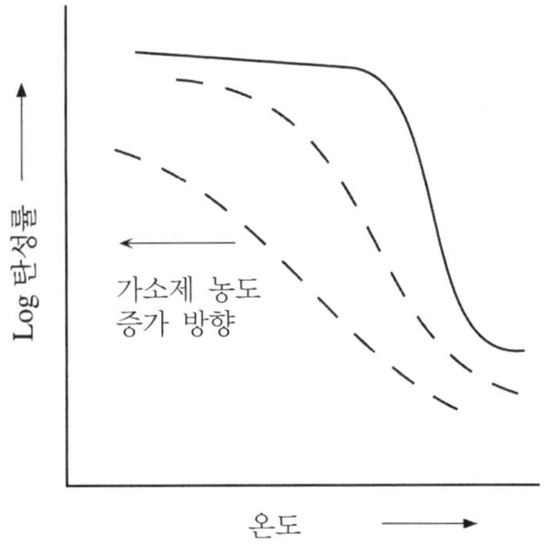

그림 7-1 탄성률-온도 곡선에서 가소제 농도의 영향

되었으며, 이 식은 가소화된 고분자의 T_g를 예측하기 위해 사용되고 있다. Wood의 식(Wood equation)[2]은 다음과 같은 형태를 갖는다.

$$T_g = \frac{T_{g,1} + \left(kT_{g,2} - T_{g,1}\right)W_2}{1 - \left(1 - k\right)W_2} \tag{7.1}$$

이 식에서 k는 가변 인자(adjustable parameter)이고, W_i는 성분 i의 무게 분율로서, 여기에서 성분 1은 일반적으로 희석제(diluent)이다. 관련된 식은 Gordon-Taylor 식(Gordon-Taylor equation)[3]이다.

$$T_g = \frac{T_{g,1}W_1 + KT_{g,2}W_2}{W_1 + KW_2} \tag{7.2}$$

여기에서 K는 조정 인자(fitting parameter)이다. Gordon-Taylor 식은 불규칙 공중합체[4]의 T_g를 조정하는 데 매우 성공적이었으며[4], 고분자 혼합물이나 고분자 블렌드물의 조성 의존도를 모델링하는 데 널리 쓰이고 있다.

알려진 인자(조성과 개개의 고분자의 T_g)로부터 고분자 혼합물의 조성을 T_g와 관련시키는 매우 편리한 식은 4장에 다음과 같이 주어졌다(식 (4.34)).

$$\ln\left(\frac{T_g}{T_{g,1}}\right) = \frac{W_2 \ln\left(T_{g,2}/T_{g,1}\right)}{W_1\left(T_{g,2}/T_{g,1}\right) + W_2} \tag{7.3}$$

식 (7.3)은 각 성분의 T_g가 대체로 근접하는(comparable) 고분자 블렌드물 그리고 고분자와 가소제의 T_g 차이가 큰 PVC와 같은 가소화된 고분자를 포함한 광범위한 종류의 고분자 혼합물의 T_g 예측에 유용하다. 그림 7-2는 두 개의 고분자 블렌드와 가소화된 PVC의 실험으로 구한 T_g와 예측된 T_g의 비교를 보여 주고 있다.

가소화의 경우, 가소제의 단위 질량당 고분자 T_g의 실제 감소를 가소화 **효율**이라 부른다. 가소화 효율이 높다는 것은 가소제가 넓은 온도 범위에 걸쳐 유리상에서 고무상으로 전이를 야기시킴을 의미한다. 고효율 가소제의 문제점은 가소제가 고분자와의 낮은 상용성으로 인해 고분자 내부로부터 표면으로 확산되어 나올 수 있다는 점이다. 고분자 내부로부터 표면으로의 이동이 용이한 가소제들은 낮은 **영구성**(permanence)을 가진다고 말한다. 가소제의 손실로 고분자 혼합물의 취성은 점차로 증가할 것이며, 가소화된 고분자의 T_g(그리고, 따라서, 탄성률)는 느리게 증가하여 가소화되지 않은(즉, 유리) 고분자의 T_g에 점차로 접근하게 된다. PVC용의 높은 영구성(즉, 저효율) 가소제는 때때로 trioctyl trimellitate(TOTM)(표 7-1 참조)로 불리는 tris(2-ethylhexyl)trimellitate이다. 그림 7-2는 TOTM으로 가소화된 PVC의 T_g 데이터의 플롯이다.

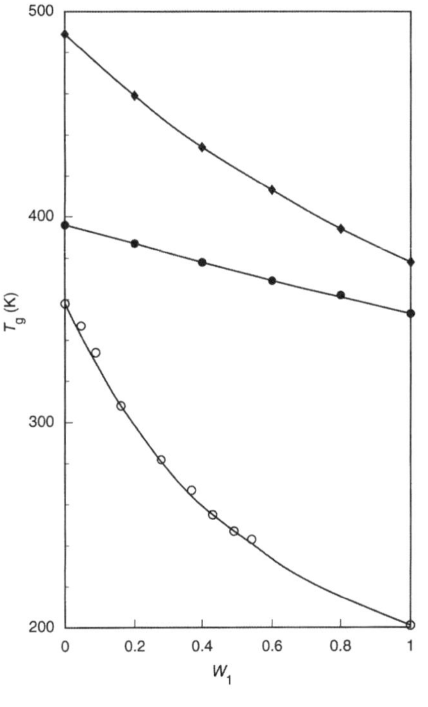

그림 7-2

낮은 T_g의 성분(성분 1) [5]의 무게 분율(W_1)에 따른 두 종류의 고분자 블렌드와 가소화된 PVC를 DSC를 이용하여 측정한 유리 전이 온도(T_g) 변화[s]. 실험 데이터들은 다음과 같은 물질들을 포함한다: (◆) 폴리(2,6-다이메틸-1.4-페닐린 옥사이드)/폴리스타이렌(1); (●) 폴리(바이닐 클로라이드)/α-메틸스타이렌-아크릴로나이트릴-스타이렌(66/31/3) 삼원 공중합체 (1); (○) 폴리(바이닐 클로라이드)/tris-(2-ethylhexyl)trimellitate(TOTM) 가소제 (1). 실선은 식 (7.3)에 의해서 예측된 T_g 값들을 나타낸다.

고분자를 낮은 T_g를 가지는 물질과 혼합하였을 때 나타나는 T_g의 감소를 **외부 가소화**(external plasticization)라고 한다. 어떤 경우에는 고분자를 폴리(바이닐 아세테이트)와 같은 낮은 T_g를 가진 단량체와 공중합시켜 제조하였을 때 가소화 효과를 얻을 수도 있다.

이 과정은 **내부 가소화**(internal plasticization)로 불린다.

PVC의 전형적인 외부 가소제로는 다이알킬 프탈레이트와 같은 보통 유기산의 에스터를 들 수 있다. 예를 들어, diisooctyl phthalate(DIOP) 및 di-2-ethylhexyl phthalate, dioctyl phthalate(DOP)는 고성능 가소제로서 널리 사용된다:

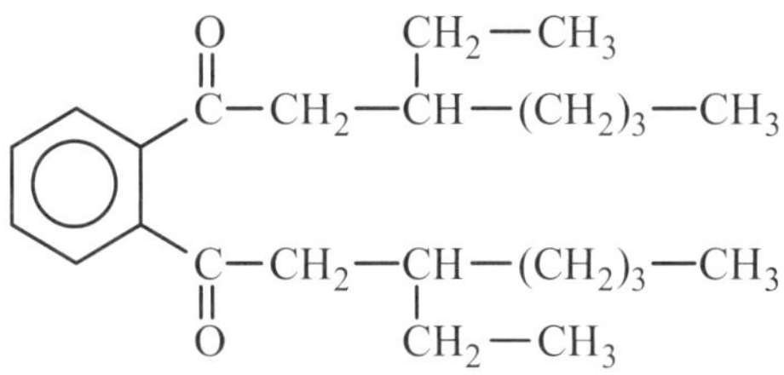

그 외 PVC 가소제로 에폭시화된 콩기름과 같은 에폭시 화합물을 들 수 있다: 다이-2-에틸헥실 아디페이트 또는 다이옥틸 아디페이트(DOA) 등의 지방족 다이에스터, tricresyl phosphate(TCP)와 같은 포스페이트, tris(2-ethylhexyl trimellitate) 또는 trioctyl trimellitate

표 7-1 PVC에 사용되는 가소제들

가소제 종류	화학 구조	예[a]
지방족 다이에스터	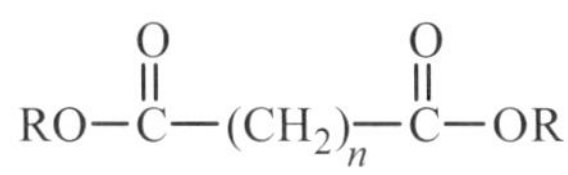	DOA
다이알킬 프탈레이트	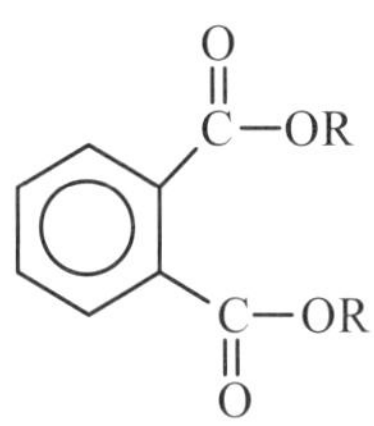	DOP, DIOP
트라이알킬 포스페이트	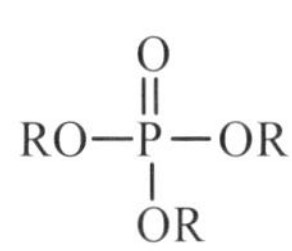	TCP
트라이알킬 트라이멜리테이트	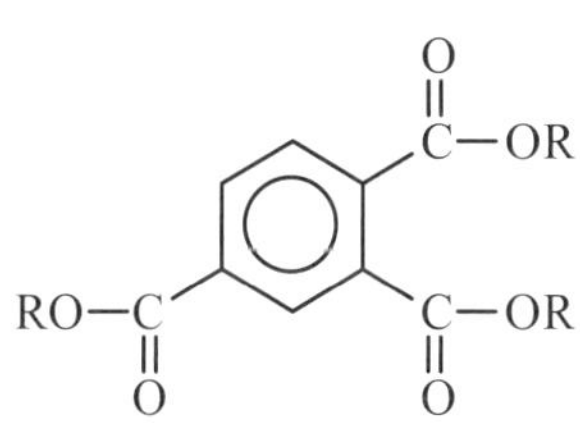	TOTM

[a] 가소제에 대한 관용명: DOP, 다이옥틸 프탈레이트; DIOP, 다이아이소옥틸 프탈레이트; DOA, 다이옥틸 아디페이트; TCP, 트라이크레실 포스페이트; TOTM, 트라이옥틸 트라이멜리테이트.

(TOTM)와 같은 트라이알킬 트라이멜리테이트. 이러한 종류의 PVC 가소제의 일반적인 구조는 표 7-1에서 보는 바와 같다.

고분자 가소제의 예로는 T_g가 -60°C인 폴리카프로락톤(PCL), 바이닐 아세테이트와 에틸렌의 공중합체(그리고 삼원고분자), 일산화 탄소 및 이산화 황을 들 수 있다. 고분자 가소제는 높은 T_g와 낮은 효율로 인하여 저온에서의 유연성이 나쁜 대신 높은 영구성을 보인다.

가소제의 농도가 낮은 경우(예를 들어, 5%~10%) 가소화되지 않은 고분자에 비해 충격 강도와 액체와 기체에 대한 투과율은 낮은 한편으로, 탄성률과 인장 강도는 높은 경우가 있다. 이러한 현상은 일반적인 가소제의 영향과 반대되는 거동으로 **반가소화 현상**(antiplasticization)이라고 알려져 있다. 반가소화 영역을 넘어서는 가소제 농도에서는 탄성률과 인장 강도는 떨어지는 반면, 충격 강도와 투과율은 올라가게 될 것이다(즉, 가소화 시작).

7.1.2 충전제와 강화제

열경화성 수지와 열가소성 수지에 사용되는 충전제는 수지의 가격을 낮추고 가공성을 향상시키거나 열경화 반응에서 발생하는 열을 흡수하는 작용을 하는 비활성 재료일 수 있다. 이러한 충전제의 예로는 톱밥, 진흙, 활석(talc), 비산재(fly ash), 모래, 운모(mica) 및 유리 구슬을 들 수 있다. 운모는 고분자의 전기 및 열 절연성을 개질시키는 데 사용될 수도 있다. 다른 미립자 충전제(particulate filler)는 성형 수축을 감소시키거나 정전기를 최소화하는 데 사용될 수 있다. 이들에는 흑연, 카본 블랙, 알루미늄 박편, 금속류, 또는 금속으로 코팅된 섬유 등이 있다. 예를 들어, 탄소 섬유를 많이 함유시키면 컴퓨터 응용에서의 정전기적 간섭(EMI)을 막을 수 있다.

강화 충전제는 탄성률, 인장 강도, 마모 강도 및 피로 강도 등과 같은 기계적 물성을 향상시키는 데 사용된다. 예를 들어, 카본 블랙이나 실리카와 같이 미립자 충전제는 상업적 탄성체의 강도나 마모 저항성 등을 높이기 위해 사용된다. 섬유는 연속 가닥(continuous strand), 직조된 편물(woven fabric) 및 절단(또는 비연속적) 섬유(chopped fiber) 등의 형태로 열경화성 수지와 열가소성 수지의 강화에 사용된다.

고분자 복합 재료의 전형적인 섬유 함량은 전체 중량의 약 20%에서 80% 정도이다. 가장 널리 쓰이는 섬유 충전제의 형태는 E-유리 섬유로서, 특히 (불포화) 폴리에스터와 에폭시 수지 등의 열경화성 수지의 강화에 주로 사용된다. E-유리 섬유는 알칼리 금속 함유량이 낮고 calcia(CaO) 및 magnesia(MgO)를 소량 함유하는 보로알루미노실리케이트(boroaluminosilicate) 유리이다. 항공기 제조 등의 특수 응용에는 보론 섬유, 케블라(방향족 폴리아마이드 또는

표 7-2 복합 재료 응용에 사용되는 섬유의 물성

섬유	인장 탄성률(GPa[a])	인장 강도(GPa[a])	밀도(g cm^{-3})
Boron	386	3.4～3.7	2.38～2.66
E-유리	72.4	3.45	2.55
S-유리	85.5	4.83	2.49
흑연			
고탄성	483～517	1.86	1.97
고강도	234～255	2.83	1.77
케블라-49	138	2.76	1.44
강철	407	4.14	7.81

[a] GPa 단위를 psi 단위로 전환하려면 145,000을 곱한다.

아라미드) 및 탄소나 흑연 섬유 등이 사용된다. 탄소 섬유나 흑연 섬유는 폴리아크릴로나이트릴(PAN), 레이온 또는 피치(pitch)와 같은 유기물을 열분해하여 얻을 수 있다. 가장 높은 기계적 물성은 3000°C의 고온에서 섬유를 정렬시킴으로써 얻을 수 있다(흑연 섬유). 이러한 특수 섬유들은 높아진 가격과 취성만큼 유리 강화 복합 재료에 비해 높은 복합 재료 강도와 탄성률을 나타낸다. 최근에는 아라미드(aramid) 섬유와 유사한 강도를 가지는 초고분자량 폴리에틸렌(10장 참조)이 에폭시와 다른 매트릭스의 섬유 강화제로서 주목받고 있다.

기계적 물성의 향상뿐만 아니라 복합 재료는 탄소나 흑연 섬유가 나타내는 바와 같이 중량 감소 및 전도성을 향상시킬 수도 있다. 전형적인 섬유 재료의 물성이 표 7-2에 주어져 있다. 보다 높은 물성이 요구되는 응용의 경우, 마이크로 섬유나 알루미나 또는 실리콘 카바이드의 단결정(whiskers) (합성으로 성장된 단결정)이 사용되기도 한다. 이러한 단결정은 인장 강도 약 27.6 GPa(4백만 psi), 인장 탄성률 약 690 GPa(1억 psi)을 가진다. 최근에 주목 받기 시작한 충전제인 풀러렌(buckminsterfullerene, C_{60})은 열적 안정성과 T_g 모두를 증가시키는 것으로 확인되었다. 탄소 나노튜브는 매우 높은 탄성률(최고 1.8 TPa)을 가지며, 탄소 섬유보다 덜 취약하다. 이러한 충전제들은 정전기 페인트에 적합한 전도성 복합체를 만드는 데에 쓰일 수 있다.

7.1.3 그 밖의 주요 첨가제들

가소제와 충전제 이외에도 상업용 플라스틱의 다른 중요한 첨가제로는 가공 온도나 환경 공격에 의한 분해에 대항하여 고분자를 보호하기 위한 열안정제, 산화 방지제 및 자외선 안정제를 들 수 있다. 그 밖의 첨가제는 내연성을 향상시키기 위하여, 가공상의 요구 조건을 만족시키기 위하여(윤활제, 경화제 및 발포제 그리고 반응 동반 사출 성형으로 합성하는 고분자의 촉매), 충격 강도를 향상시키기 위하여 박테리아 및 균류의 공격으로부터 보호하기 위하여, 그리고 색을 부여하기 위하여 사용된다. 플라스틱 수지의 특정 배합(specific formulation)은 수지의 최종 용도에 맞추어 미세하게 조정된다. 플라스틱 수지의 배합은 일반적으로 100 단위 무게의 수지당 비율(phr)로 표시하며, 여기에서 수지는 조성에서의 기본 고분자(base polymer)를 일컫는다. 이들 중요한 첨가제들의 작용 방식과 일부 예들은 다음 절에서 다루고 있다.

플라스틱 첨가제의 사용에 관한 중요한 예는 식수 파이프 압출을 위해 디자인된 PVC 수지이다. 표 7-3에 주어진 데이터에서 보는 바와 같이 특별한 응용을 위해 고안된 PVC 수지는 8개 이상의 다른 첨가제를 함유하고 있다. 특별히 고안된 혼합기 속에서 건조 블렌드 방법으로 모든 구성 요소를 블렌드시킨 후 계속하여 원형 다이(die)를 통해 압출시킨다. 표 7-3에 주어진 대표적인 배합에서 아크릴-형식 가공 조제는 매끈한 압출물을 얻기 위해 사용되며, 칼슘 스테아레이트(calcium stearate)와 파라핀 왁스는 윤활제로 사용된다. 파이프로 사용하기 위해서는 경도가 요구되므로 가소제가 사용되지 않는다. 초미세 칼슘 카보네이트는 높은 폭발 저항력을 부여하는 강화 충전제로 사용된다. 열안정제의 선택은 가소제가 파이프로부터 물로 확산될 수 있으므로 유독성의 정도를 감안하여 결정한다. 미국의 경우 PVC 파이프용으로는 알킬틴(alkyltin)이나 antimony mercaptide가 안정제로 널리 사용되고 있다.

안정제 단기 안정제는 고분자를 가공 중의 온도나 산소의 영향으로부터 보호하기 위해 사용된다. 일반적으로 입체 구조상 hindered 페놀이나 방향족 아민 등 저분자량의 화

표 7-3 물-음료 파이프 압출에 사용되는 PVC 수지의 전형적인 조성

성분	농도(phr)
PVC(0.9～1.0 IV[a])	100
가공 보조제	1～5
안료	1～2
칼슘 스테아레이트	0.5～1.5
파라핀 왁스	0.5～1
알킬틴 또는 antimony mercaptide	0.3～2.0
충격 개질제	0～10
칼슘 카보네이트	0～10

[a] 고유 점도

합물로서, 고분자 용융 상태에서 높은 확산 속도를 가져 자유 라디칼 제거제로 작용한다. 그 밖의 산화 방지제는 유기아인산염(organic phosphites)과 같이 균일 분열을 억제시킨다. 자유 라디칼 제거제로 작용하는 산화 방지제로는 4-메틸-2,6-다이-*tert*-뷰틸페놀이 있으며, 이는 천연 고무의 열산화 방지에 사용된다. 열적 산화(6.1.1절 참조)의 결과 형성된 자유 라디칼 위치를 두 가지 경로에 의하여 정지시키는 작용을 한다: (1) 하이드록시기의 수소 추출:

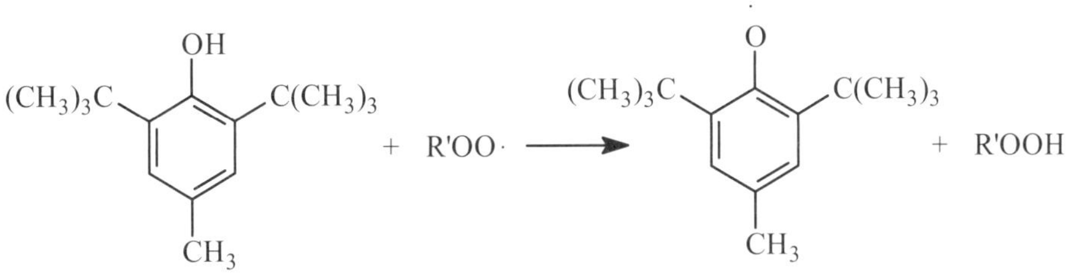

4-메틸-2,6-*tert*-뷰틸페놀

또는 (2) 방향족 고리의 **파라**-위치에 부가:

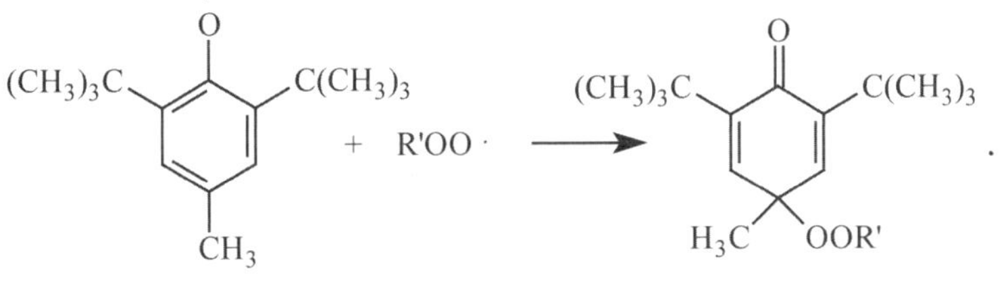

많은 고분자는 290에서 400 nm의 파장에서 UV을 방사선을 흡수한다. 이렇게 흡수된 에너지는 결합을 깨뜨리고 자유 라디칼 사슬 반응을 일으켜 탈색이나 높은 취성 및 최종적인 분해를 일으킬 수 있다. UV 안정제는 UV 방사선을 흡수하거나 또는 형성되는 자유 라디칼 또는 하이드로퍼옥사이드(hydroperoxide)의 과산화물의 활성을 감소시킨다. 예를 들어, 타이어 제조에 널리 사용되는 카본 블랙은 UV 영역에서의 흡수 능력이 우수하며, 동시에 마모 저항성이 우수한 저렴한 충전제로 사용된다. 폴리카보네이트와 같은 투명한 열가소성 수지는 *o*-하이드록시벤조페논과 같은 벤조페논 유도체를 도입하여, UV 조사에 의한 황화(yellowing)나 취성의 증가를 막을 수 있다:

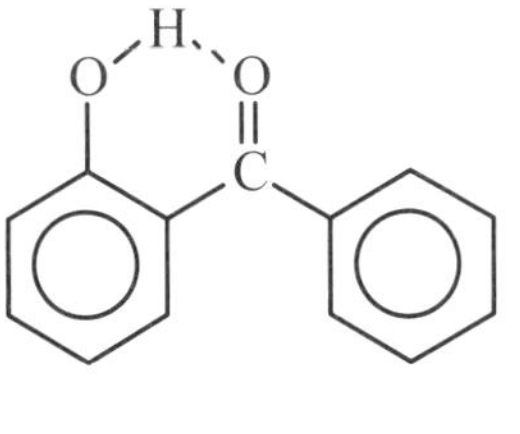

이러한 벤조페논은 UV 영역에서 높은 흡광 계수(extinction coefficient)를 가지며, 흡수된 방사 에너지를 화학적인 변화없이 열로 전환시킬 수 있다. 2-(*o*-hydroxyphenyl)benzotriazole과 같은 benzotriazole도 UV 흡수제로 널리 사용된다.

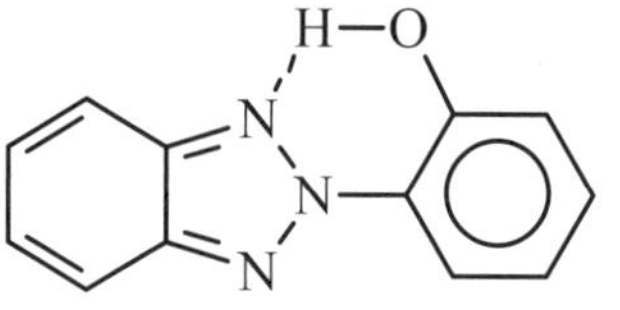

내연제 모든 유기 고분자는 충분한 열선속에 충분히 긴 시간 동안 노출될 경우 열적 분해할 것이다. 최소 방사 선속(flux)은 폴리유레테인 발포체의 경우 16 ~ 34 kW m^{-2}로부터 폴리테트라플루오로에틸렌의 경우 43 kW m^{-2}까지 변화한다. 산소가 없는 경우의 열적 분해(thermal degradation)를 **열분해**(pyrolysis)라고 한다. 산소가 존재하는 경우의 열적 분해를 **산화성 열분해**(oxidative pyrolysis) 또는 **열산화 분해**(thermal oxidative degradation)라고 한다.

내연제는 연소 공정을 변화시키기 위해 첨가된다. 효과적인 내연제가 되기 위한 조건은 다음과 같다:

- 연료 기체의 기체상 연소 금지
- 탄화(carbonization)에 이르는 고체상 반응을 촉진시키는 저에너지 공정을 제공하여 열분해 경로를 변화
- 열적 에너지에 대하여 절연성인 보호 코팅의 형성

내연제의 종류로는 유기 염화물, 유기 브로민 화합물, 유기 인산(organophosphorus), 안티모니 산화물, 보론(boron) 화합물 및 alumina trihydrate(ATH)를 들 수 있다.

살생물제 일반적으로 폴리올레핀이나 바이닐 고분자들은 박테리아의 공격에 상당히 강하나(6.2.3절 참조), 자연 고무나 셀룰로스, 셀룰로스 유도체 및 일부 폴리에스터는 미생물의 공격에 취약하다. **살생물제**(biocide)는 박테리아의 생장을 조절하거나 파괴하는 화합물이다. 이는 박테리사이드(bactericide), 박테리스탯(bacteristat), 밀드사이드(mildecide), 살곰팡이제(fungicides), 펀지스탯(fungistat), 살균제(germicide), 살조류제(algicide)로도 불린다. 중요한 응용으로는 라텍스 페인트나 직물이 있다. 이상적인 살생물제는 목표 미생물에는 유독하나 인체나 동물에는 안전해야 한다. 음식 포장에의 응용을 위해서는 미국의 식약청(Food and Drug Administration)의 승인을 얻어야 한다. 미국의 경우 모든 살생물제

는 환경보호국(Environmental Protection Agency)에 등록을 하여야만 한다. 산업용 살생물제의 예로는 라텍스 페인트, 직물, 플라스틱에 사용되는 트라이뷰틸틴 옥사이드(tributyltin oxide) 그리고 바이닐 및 유레테인-폴리올레핀 배합에 사용되는 10,10′-옥시비스페녹시아르신(10,10′-oxybisphenoxyarsine, OBPA)이 있다.

가공 첨가제 윤활제는 용융 점도를 낮추거나(내부 윤활제) 가공 장치와 고분자 용융물 사이의 접착력을 감소시켜(외부 윤활제) 가공 중의 흐름을 향상시키기 위하여 첨가한다. 윤활제는 아마이드, 에스터, 금속 스테아르산염, 왁스 및 산으로 크게 분류된다. 공정 윤활제의 주된 시장은 PVC 시장이며, 종종 스테아르산염(stearate)이 사용된다. 그 밖의 윤활제로는 미네랄 오일 및 저분자량 폴리올레핀이 있다. 폴리유레테인의 반응 사출 성형(RIM)에는 내부 몰드 이형제로서 유기 작용기 실리콘 유체를 사용할 수 있다(11.1.2절 참조).

경화제 경화(curing)는 일반적으로 열(및 압력)을 가하여 고무나 열경화성 수지의 물성을 변화시키는 공정이다. 경화 공정에 있어서 황 함유 화합물 등 다양한 첨가제(즉, 경화제)는 고무의 가교(가황, vulcanization), 또는 열경화 망상 구조의 형성을 촉진시키기 위하여(에폭시 경화에서의 아민) 사용된다. 망상 구조 생성의 과정은 9장에 상세히 논하고 있다.

색소제 플라스틱은 가공 중에 용해성 염료와 무기 및 유기 안료를 부가하고 분산시켜 색깔을 띠게 할 수 있다. 열경화성 수지 염색에서 염료의 용해 또는 안료의 분산은 수지가 완전히 경화되기 이전에 이루어져야 한다. 플라스틱에 사용되는 염료의 종류에는 아조 화합물, 안트라퀴논(anthraquinone), 잔텐(xanthene) 및 아진(azine)이 있다. 가장 중요한 무기 안료로는 산화 철, 카드뮴, 크롬 옐로우(chrome yellow) 및 특히 이산화 타이타늄(titanium dioxide, white)을 들 수 있다.

열변형과 충격 개질제 어떤 고분자를 높거나 낮은 T_g를 갖는 다른 고분자와 블렌드시킴으로써 T_g나 열변형 온도(HDT)를 변화시킬 수 있다(7.2.2절 참조). 충격 개질제에는 내충격성 폴리스타이렌(HIPS), 염소화 폴리에틸렌(CPE) 그리고 SAN(스타이렌-아크릴로나이트릴), ABS(아크릴로나이트릴-뷰타다이엔-스타이렌), EVA(에틸렌-바이닐 아세테이트), MBS(메틸 메타크릴레이트-뷰타다이엔 스타이렌) 및 MABS(메틸 메타크릴레이트-아크릴로나이트릴-뷰타다이엔-스타이렌)와 같은 공중합체 및 삼원 공중합체가 포함된다. 강화 메커니즘에 대해서는 7.2.2절에서 논하기로 한다.

정전기 방지제 대부분의 고분자들은 전기 전도성이 떨어지기 때문에(12.3.1절 참조) 정전기는 고분자의 표면에 형성되기 쉽다. 이와 같은 정전기 축적(buildup)은 먼지의 침착 및 스파크(sparking)와 같은 문제점을 유발시킬 수 있다. 다행히, **정전기 방지제**(antistats)로 불리는 흡습성(hygroscopic) 첨가제들은 정전하를 소실시키는 데 효과적이다. 정전기 방지제는 외부용 또는 내부용의 두 가지로 분류할 수 있다. 외부용 또는 국부적인 (topical) 정전기 방지제는 플라스틱 표면에 스프레이, 도포, 또는 함침 등으로 적용하는 한편으로, 내부용 정전기 방지제는 플라스틱 가공 중에 혼합한다. 내부용 정전기 방지제의 경우 첨가제는 고분자의 표면으로 확산하며, 여기에서 흡습성 첨가제들은 습기를 흡수하여 전도성을 띠는 수분막을 형성한다. 정전기 방지제의 예로서는 포스페이트, 지방산 에스터, 폴리하이드릭 알코올 유도체, 황화 왁스, 에톡시화(ethoxylated) 및 프록폭시화 (propoxylated) 지방족과 방향족, 그리고 특히 4차 암모늄 화합물 및 아민을 들 수 있다.

발포제 폴리스타이렌(expanded polystyrene)과 폴리유레테인과 같은 많은 고분자들에 기포를 형성시키게 되면 경질 발포체(rigid foam)의 경우에는 절연 물성을 나타내고, 연질 발포체(flexible foam)의 경우에는 유연성을 첨가할 수 있어 쿠션이나 다른 용도로 사용할 수 있다. 기체 발생은 **발포제**(blowing agent) 또는 거품 발생제(foaming agent)라는 기체 생성 화합물을 첨가함으로써 이루어진다. **물리적** 발포제는 단사슬 탄화수소(예를 들어, pentane, hexane 및 heptane) 및 플루오로탄소(fluorocarbon)(예를 들어, trichloromethane, tetrachloromethane 및 trichlorofluoromethane)와 같은 휘발성 액체 그리고 질소, 이산화 탄소 및 공기와 같은 기체가 가공 과정에서 유입된다. 높은 압력의 가공 조건 하에서 고분자 내에 녹아 있던 기체들이 가공 압력이 사라졌을 때 기화하면서 발포된 구조를 형성한다. 하이드라진(hydrazine) 유도체와 같은 **화학적** 발포제(CBA)는 고체 첨가제로, 가공 온도에서 분해되면서 기체를 발생시킨다. 불포화 폴리에스터는 CBA에 의하여 발포된다. 어떤 경우에 있어서는 CBA가 고분자의 다른 성분과 화학적 반응을 일으켜 기체를 발생시키기도 한다. 가공 중에 발생하는 휘발성 유기 화합물(VOCs), 특히 chlorohydrocarbons에 대한 우려는 현재 사용되는 물리적 발포제에 대한 안전한 대체 물질의 개발을 촉진하고 있다.

폴리유레테인의 경우에는 아이소사이아네이트(isocyanate)와 물의 반응에 의해 생성된 이산화 탄소에 의하여 연질 발포체가 형성된다.

$$R{-}N{=}C{=}O + H_2O \longrightarrow RNH_2 + CO_2$$

아이소사이아네이트가 과량일 경우 결과적으로 발생하는 아민은 다른 아이소사이아네이트 분자와 반응을 하여 우레아를 형성한다.

$$R'-N=C=O + RNH_2 \longrightarrow R'-NH-\overset{\overset{\displaystyle O}{\|}}{C}-NH-R$$

경질 발포체는 트라이클로로플루오로메테인(냉각제 11) 또는 펜테인과 같은 물리적 발포제에 의해 형성된다. 경질 발포체의 중요한 예는 일회용 컵, 포장재, 단열재로 사용되는 발포 폴리스타이렌(expandable polystyrene, EPS)이다. EPS에 사용되는 물리적인 발포제는 일반적으로 펜테인이다.

상용화제 다음 절에서 논하듯이, 많은 고분자들은 서로 섞이지 않기 때문에 가공 중에 상분리를 일으킨다. 이러한 불용성 블렌드의 기계적 물성은 분산상과 매트릭스 사이의 취약한 계면 결합력으로 인해 종종 낮아진다. 계면 장력을 낮추어 상용성을 향상시키기 위하여 다양한 첨가제가 사용될 수 있다. 반응성 상용화제(compatibilizer)는 블렌드 성분과 화학적으로 반응하고 따라서, 많은 블렌드 조성에서 효과적이다. 비반응성 상용화제는 일반적으로 블렌드 단일 고분자의 블록 또는 그래프트 공중합체들이다.

7.2 ▶ 고분자 블렌드와 상호침투 망상 구조

7.2.1 고분자 블렌드

두 가지 또는 그 이상의 고분자 사이의 블렌드는 상업적 고분자의 가격대 성능비를 향상시키는 중요한 기술이 되어 왔다. 예를 들어, 블렌드화함으로써 비싼 엔지니어링 열가소성 수지의 가격을 낮출 수 있고, 고온용 또는 열에 민감한 열가소성 수지의 가공성을 향상시킬 수 있으며, 또는 내충격성을 향상시킬 수 있다. 상업적인 블렌드는 균일하거나 상분리가 되었거나 또는 그 중간인 상태일 수 있다.

열역학 어떤 고분자 블렌드가 균일한가 또는 상분리가 일어나는가는 혼합 공정의 반응론, 가공 온도 및 용매 또는 다른 첨가제의 존재 등과 같은 여러 가지 요인들에 의해 결정된다; 그러나, 두 가지 고분자 사이의 상용성(miscibility)을 결정하는 가장 중요한 고려 사항은 고분자-용매 혼합물을 다룬 3장에서 언급한, 동일한 (Gibbs) 자유 에너지에 의해 지배되는 열역학적 관점이다. 열역학적인 가역적 계에서의 혼합에 의한 Gibbs 자유 에너지(ΔG_m)와 엔탈피(ΔH_m) 및 엔트로피(ΔS_m) 사이에는 다음과 같은 관계가 성립한다.

$$\Delta S_{\mathrm{m}} = \Delta H_{\mathrm{m}} - T\Delta S_{\mathrm{m}} \tag{7.4}$$

만약 ΔG_m이 주어진 온도에서 모든 영역의 조성에 걸쳐 양의 값을 가지면, 블렌드에서의 두 고분자는 평형 상태에서 상들로 분리될 것이다. 완전한 상용성을 위해서는 두 가지 조건이 필요하다: ΔG_m은 반드시 음의 값을 가져야 하며 그리고 전 조성 영역에 걸쳐 성분 2의 부피 분율(ϕ_2)에 대한 ΔG_m의 2차 도함수는 반드시 0보다 커야 한다.

$$\left(\frac{\partial^2 \Delta G_{\mathrm{m}}}{\partial \phi_2^2}\right)_{T,p} > 0 \tag{7.5}$$

만약 ΔG_m이 0보다 작지만 식 (7.5)가 만족되지 않으면(즉, 그림 3-9에서 보는 바와 같이 자유 에너지 곡선에서 부분적인 최솟값을 보이면), 블렌드는 평형 상태에서 두 개의 혼합 조성을 가지는 상으로 분리된다. 이는 각 상(즉, 분산상과 연속상)이 각 고분자의 일부를 포함한다는 것을 의미한다. 주어진 온도에서, 평형 농도는 그림 7-3의 상평형 그림

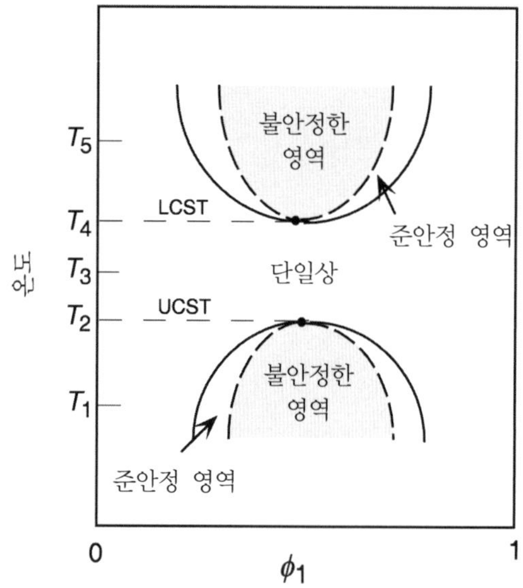

그림 7-3 고분자 블렌드에 대한 이상적인 액체-액체 상평형 그림. 실선은 바이노달을 가리키고 점선은 불안정 영역과 준안정 영역을 구분하는 스피노달을 가리킨다. 점선은 불안정 영역과 준안정 영역을 구분하는 스피노달을 가리킨다. 상한 임계 온도(UCST)와 하한 임계 온도(LCST)는 각각 T_2와 T_4에 위치해 있다.

(phase diagram)에서 보는 바와 같이, 바이노달(binodal)($\mu_i^A = \mu_i^B$) 위의 한 쌍의 등온점으로 주어진다.

일반적으로 고분자 블렌드는 그림 7-3에 주어진 액체-액체 상평형 그림에서 나타난 것과 같이 상한 임계 온도(UCST) 또는 하한 임계 온도(LCST)(3.2.4절 참조)를 포함하여 넓은 영역의 상 변화를 보인다. T_2에서 발생하는 상분리의 경우 상한 임계 온도(UCST) 아래의 온도 T_1에서 평형 혼합물은 두 상으로 분리되며, 각 상의 조성은 T_1에서 **바이노달**(binodal) 곡선의 반대쪽에 위치한다. 바이노달은 안정한 상(단일상)을 준안정 상태로부터 구분하며, **스피노달**(spinodal)은 불안정한 영역을 준안정한 영역으로부터 구분한다. UCST와 LCST 사이의 온도 T_3에서 블렌드는 모든 조성에서 상용성을 나타낸다(miscible). LCST 위의 온도(즉, T_5)에서는 두 상이 다시 존재하며, 조성은 위에 바이노달에 의해 결정된다.

고체 상태에서의 고분자 블렌드에 대하여 최근 연구들은 LCST 현상이 보다 일반적이

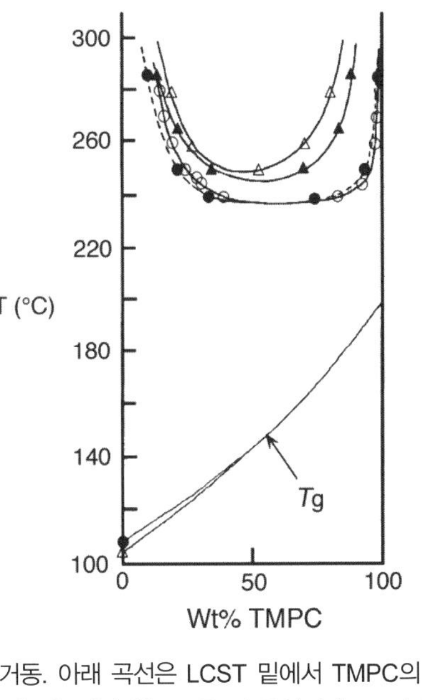

그림 7-4 TMPC/PS 블렌드의 상거동. 아래 곡선은 LCST 밑에서 TMPC의 wt%에 따른 T_g의 변화를 보여준다. 위 곡선은 LCST 거동을 나타내는 구름-점 곡선이다. PS 분자량이 감소할수록 LCST의 온도는 위 방향으로 이동하며, 구름-점 곡선은 저분자량 성분, TMPC($\bar{M}_w$ = 41,000)로 기울어진다. PS의 분자량($\bar{M}_w$): (△), 42,000; (▲), 59,000; (o), 180,000; (●), 320,000. Adapted with permission from K. H. Illers, W. Heckmann, and J. Hambrecht, *Untersuchung des Mischungsgleich-gewichts binärer Polymermischungen. I. Mischungen aus Polystyrol und Tetramethyl-bisphenol A-Polycarbonat*. Colloid and Polymer Science, 1984, **262**: p.557-565. Copyright 1984 Spring-Verlag.

며, 용융 가공 중에 상승된 온도가 상분리를 일으켜, 블렌드의 물성에 해로운 변화를 미칠 수 있는 점을 감안할 필요가 있음을 보여 주고 있다. LCST의 예로는 폴리스타이렌과 tetramethylbisphenol-A의 폴리카보네이트의 블렌드를 들 수 있다[6]. 이 경우에 상평형 그림은 특정 블렌드 조성이 초기의 상분리로 인해 처음으로 빛을 산란시키는 온도를 측정하여 구하였다. 모든 조성에 걸쳐서 얻어진 자료는 **구름-점 곡선**(cloud point curve)을 형성하는 데 사용된다. 그림 7-4에 플롯한 자료에서 볼 수 있는 바와 같이 이 블렌드의 경우 약 240°C에서 LCST(구름-점 곡선에서 최솟값의 온도) 현상이 일어난다. 이는 만약 이 블렌드를 240°C보다 높은 온도에서 용융-가공하는 경우 상분리가 일어날 것임을 의미한다. 만일 이 블렌드를 LCST 위에서 가열하고 급속히 냉각시키면, 두 상의 형태가 고체 상에서 유지될 것이다. 곧 논의하는 바와 같이 열적, 기계적 물성은 블렌드가 균일한 혼합물인가 또는 두 상의 구조를 가졌는가에 따라 크게 달라질 것이다.

LCST 상거동과 비교하여, UCST 거동은 모든 원거리(cooperative) 분절 운동이 멈추는 온도인 T_g 이하로 UCST가 떨어지기 때문에 관찰하기 어렵다. 그러한 사슬의 이동성(mobility)은 상분리를 형성하는 데 필요하다. 이러한 이유로 인하여 UCST 거동은 낮은 분자량을 가진 용매 또는 다른 특별한 환경하에서의 블렌드 용액에서만 관찰할 수 있다.

많은 실험적인 증거들에 의하면 대부분의 고분자 쌍은 불용성이다. 불용성은 두 개의 고분자량의 고분자가 섞였을 때 발생하는 매우 작은 결합 엔트로피(combinatorial entropy) 변화의 결과이다. Scott[7]는 Flory-Huggins(F-H) 격자 모델(3.2.1절)을 확장하여 고분자 블렌드에 대한 ΔS_m의 식을 다음과 같이 구하였다.

$$\Delta S_{\mathrm{m}} = \left(\frac{RV}{V_{\mathrm{r}}}\right)\left[\left(\frac{\phi_1}{x_1}\right)\ln\phi_1 + \left(\frac{\phi_2}{x_2}\right)\ln\phi_2\right] \tag{7.6}$$

여기에서 R은 이상 기체 상수, V는 블렌드의 부피, V_r은 기준 부피(종종 가장 작은 고분자 반복 단위의 몰부피), ϕ_i는 고분자 1 또는 2의 부피 분율 그리고 x_i는 기준 부피에 대한 고분자 1 또는 2의 중합도이다. 혼합에 대한 Gibbs 자유 에너지의 결과 식은 다음과 같다.

$$\Delta G_{\mathrm{m}} = \left(\frac{RTV}{V_{\mathrm{r}}}\right)\left[\left(\frac{\phi_1}{x_1}\right)\ln\phi_1 + \left(\frac{\phi_2}{x_2}\right)\ln\phi_2 + \chi_{12}\phi_1\phi_2\right] \tag{7.7}$$

여기에서 χ_{12}는 고분자 1,2 블렌드의 (Flory) 작용 인자(interaction parameter)이다.

분자량이 큰 고분자는 중합도(식 (7.6)의 우변에 있는 분모의 x_1과 x_2)가 크기 때문에

ΔS_m은 작다. 상용성의 필수 조건으로서 ΔG_m(식 (7.4))이 음의 값을 갖기 위해서는 혼합 엔탈피 ΔH_m이 음 또는 영(zero), 또는 아주 작은 양의 값을 가져야만 한다. 이는 블렌드의 상용성이 두 블렌드 고분자 사이의 친화적인 상호작용을 필요로 함을 암시한다. 친화적인 상호작용의 예로는 분산 상호작용, 쌍극자 상호작용, 수소 결합 또는 전하 이동 착물 형성이 있다.

3장에서 논하였듯이 Flory-Huggins 이론은 의미 있는 논의의 대상이지만 고분자-블렌드 거동의 모든 면을 정확히 예측하지는 못한다. 예를 들어, F-H 이론은 LCST 거동을 예

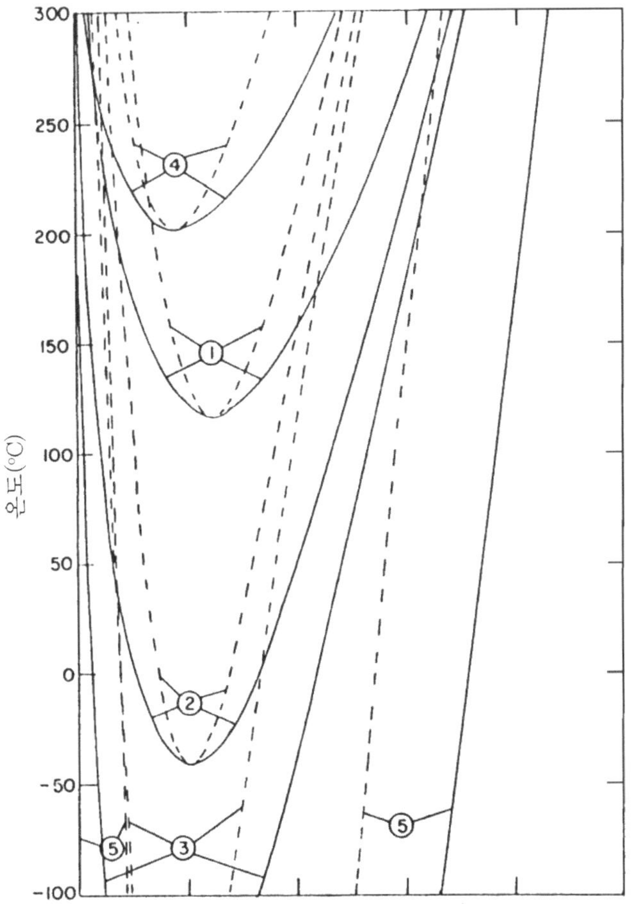

그림 7-5 고분자 1(곡선 1, 분자량 30,000; 곡선 2, 분자량 50,000; 곡선 3, 분자량 80,000)과 고분자 2 (곡선 4, 분자량 3000; 곡선 5, 분자량 6000)의 분자량이 변형된 Flory의 EOS 이론에 의해 예측된 바이노달(실선)과 스피노달(점선)에 미치는 영향. Adapted with permission from L. P. McMaster, *Aspects of Polymer-Polymer Thermodynamics*. Macromolecules, 1973. **6**: p. 760-773. Copyright 1973, American Chemical Society.

측하지 못한다. 그러나, 고분자상(polymer phase) 거동의 질적으로 우수한 예측은 Flory의 상태 방정식(EOS)이나 다른 EOS 모델을 통해 주어진다. 예를 들어, 이원 고분자 블렌드의 상거동에 대한 고분자 분자량의 영향은 McMaster에 의해 제안된 Flory EOS 이론의 변형식을 사용하여 질적으로 잘 표현된다[8]. 그림 7-5에서 보는 바와 같이, 블렌드에서의 각 고분자의 분자량이 감소함에 따라 LCST의 온도는 내려간다. 이는 분자량이 감소함에 따라 상용성의 영역이 증가함을 의미하며, 이는 분자량의 감소가 블렌드의 혼합 엔트로피를 증가시키는 데 친화적인 영향을 미치는 것으로부터 예측할 수 있는 현상이다. 또한 사슬의 길이가 상당히 다를 때 바이노달과 스피노달 곡선의 기울어짐은 분명하다. 구체적으로, 사슬 길이의 비 r_1/r_2가 감소함에 따라 임계 조성은 왼쪽으로 이동한다. 그림 7-6은 상평형 그림에서 작용 인자 값의 변화의 영향을 보여 준다. 보는 바와 같이, LCST가 높은 온도로 이동하고 용해도 창(miscibility window)(바이노달 밖의 영역)은 상호작용

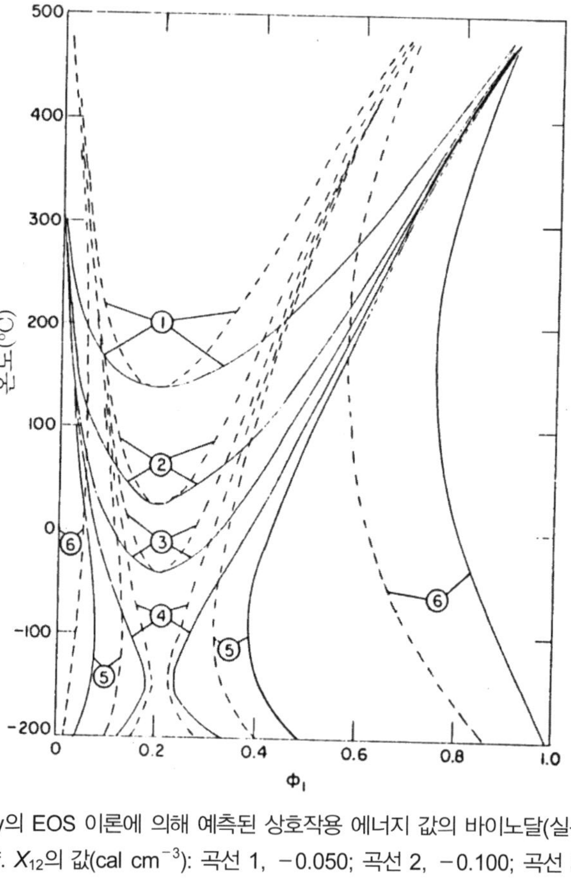

그림 7-6 변형된 Flory의 EOS 이론에 의해 예측된 상호작용 에너지 값의 바이노달(실선)과 스피노달(점선)에 대한 영향. X_{12}의 값(cal cm^{-3}): 곡선 1, −0.050; 곡선 2, −0.100; 곡선 3, 0; 곡선 4, 0.005; 곡선 5, 0.010; 곡선 6, 0.100. Adapted with permission from L. P. McMaster, *Aspects of Polymer-Polymer Thermodynamics*. Macromolecules, 1973. **6**: p. 760-773. Copyright 1973, American Chemical Society.

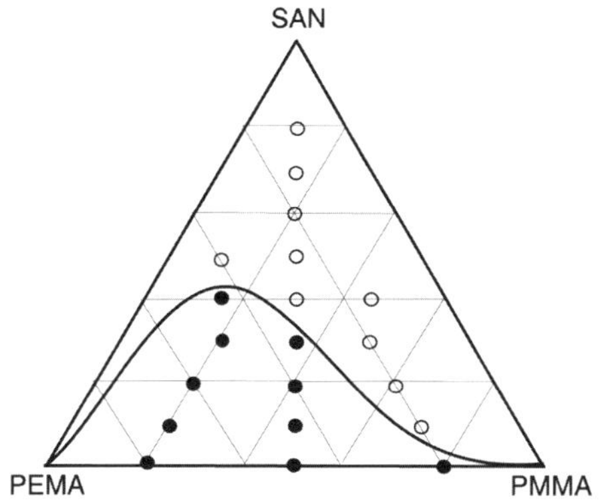

그림 7-7 폴리(메틸 메타크릴레이트)(PMMA), 폴리(에틸 메타크릴레이트)(PEMA), 폴리(스타이렌-*co*-아크릴로나이트릴)(SAN)의 삼원 블렌드에 있어서 삼각형 상평형 그림. 검은 원(●)은 여러 개의 T_g가 측정된 상분리가 일어난 조성이며, 흰 원(○)은 균일한 조성을 나타낸다. Adapted from S. H. Goh and K. S. Siow, *Calorimetric Study of the Miscibility of Poly(styrene-co-acrylonitrile)/ Poly(methyl methacrylate)/ Poly(ethyl methacrylate) Ternary Blends*, Thermochimica Acta, 1985. **105**: p. 191-195, Copyright 1986, with permission from Elsevier Science.

에너지가 감소함에 따라 넓어진다.

최근에 세 가지 성분의 고분자를 함유하는 블렌드에 대하여 관심이 주어지고 있다. 이 삼원 블렌드의 상거동은 이론적으로 예측하거나 가시화시키기 어려울 뿐만 아니라 실험적으로 결정하기도 힘들다. 이 경우 상거동을 나타내는 방법 중의 하나가 액체-액체 상평형을 공부한 화학공학도에게 친숙한 삼각형 도표를 사용하는 것이다. 그림 7-7은 PMMA, 폴리(에틸 메타크릴레이트)(PEMA)와 폴리(스타이렌-*co*-아크릴로나이트릴)(SAN)의 삼원 블렌드에 대해 실험적으로 결정된 상평형 그림이 그림을 보여 주고 있다[9]. 이 예에서 SAN(30 wt% 아크릴로나이트릴)은 PMMA, PEMA와 상용성(compatible(miscible))이다; 그러나 PMMA와 PEMA는 비상용성(immiscible)이다. 다시 말해서, 세 가지 고분자 쌍 중

표 7-4 상용성이 있는 고분자 블렌드의 예

고분자 1	고분자 2
폴리스타이렌	Poly(2,6-dimethyl-1,4-phenylene oxide)
	Poly(methyl vinyl ether)
	Tetramethylbisphenol-A polycarbonate
폴리(바이닐 클로라이드)	Polycaprolactone
	Nitrile rubber[a]
폴리(바이닐리덴 플루오라이드)	폴리(에틸 메타크릴레이트)
	폴리(메틸 메타크릴레이트)

[a] 제한된 함량의 아크릴로나이트릴을 함유하는 공중합체

에서 두 가지는 불용성이다. 그림에서 보듯이, 한 가지 고분자 쌍(PMMA/PEMA)이 비상용성일지라도 세 고분자들이 균일상으로 존재할 수 있는 비교적 넓은 조성 영역(상경계(phase envelope) 밖의 흰 원으로 표시)이 있다. 이 연구에서 균일상에 대한 증거는 블렌드에 대한 단일 T_g의 측정(DSC 측정)으로부터 유추되었다.

상업용 고분자 블렌드 자주 인용되는 상용성 고분자 블렌드의 예는 표 7-4에서 보는 바와 같다. 이 중에서 폴리(2,6-다이메틸-1,4-페닐렌 옥사이드)/PS와 PVC/나이트릴 고무(뷰타다이엔과 아크릴로나이트릴의 공중합체) 블렌드는 상업적으로 중요하다. 폴리(메틸 바이닐 에테르)/PS와 테트라메틸비스페놀-A 폴리카보네이트/PS 블렌드는 앞서 언급했듯이, 용융 온도에서 LCST를 나타내는 것으로 보고되었으며, 고분자 블렌드의 거동을 연구하는 데 널리 사용되고 있다. 이 모든 블렌드들은 약간의 결정성을 보이는 PVC(9.1.2절 참조)를 제외하고는 모두 무정형 고분자들로만 이루어진다.

폴리(바이닐리덴 플루오라이드)(PVDF) 블렌드의 경우, PVDF는 블렌드 조성과 결정화 온도에 따라 열적 결정화가 일어날 수 있다. 블렌드에서는 제2(무정형)의 고분자(즉, PEMA 또는 PMMA)가 희석제로 작용해서 블렌드의 결정 용융 온도, T_m을 낮춘다. 이 사실로부터 4장(식 (4.4))에서 언급한 바와 같이 Flory 상호작용 계수를 구할 수 있다. 상용

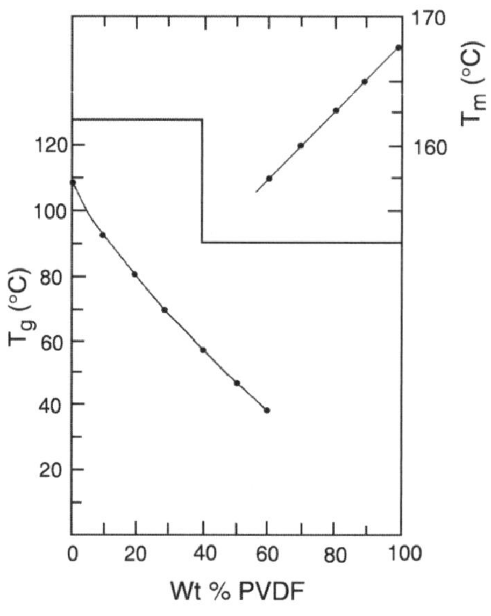

그림 7-8 PVDF/PMMA 블렌드에서 폴리(바이닐리덴 플루오라이드)(PVDF)의 wt%에 따른 T_g와 T_m의 실험치(DTA). Adapted with permission from D. R. Paul and J. O. Altamirano, in *Copolymers, Polyblends, and Composites*, N. A. J. Platzer, ed., Advances in Chemistry Series No. 142. 1975, Washington, DC: American Chemical Society p. 371-385. Copyright 1975, American Chemical Society.

성 블렌드[10]의 T_g의 플롯은 그림 7-8에서 보는 바와 같다.

블렌드의 물성 상용성 고분자 블렌드의 물성들은, 일반적으로 T_g의 경우처럼, 각 성분의 물성의 중간값을 보인다(즉, 첨가 거동(additive behavior))(그림 7-2 참조). 다른 경우, 그림 7-9에 나타낸 바와 같이, 블렌드의 물성은 첨가 거동에서 양이나 음의 편차를 나타낼 수 있다. 예를 들어, 상용성 고분자 블렌드의 탄성률과 인장 강도는 어느 중간 조성에서 약간의 최고값을 보이며, 충격 강도와 투과율은(12장 참조) 보통 넓은 영역에서 최솟값을 보인다. 후자의 경우는 블렌드 고분자 간의 친화적인 상호작용으로 인한 음의 부피 변화(ΔV_m)에 상응하는 자유 부피의 감소에 기인하고 있다.

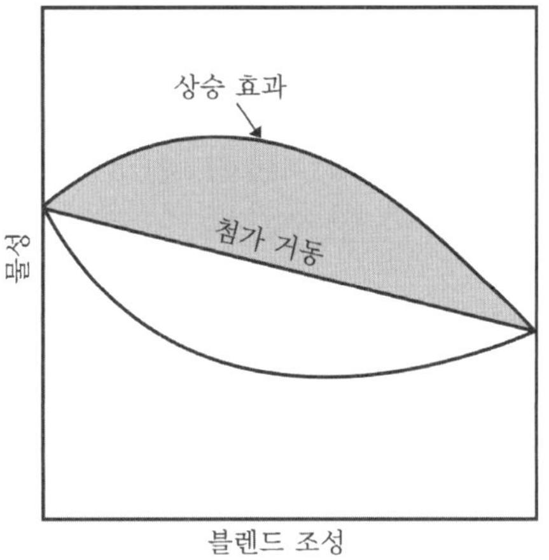

그림 7-9 상용성 고분자 블렌드의 조성에 따른 물성의 세 가지 거동

7.2.2 강인화된 플라스틱과 상분리된 블렌드

PS와 같은 취약성 고분자의 충격 강도는 작은 분산 입자(직경 0.01 μm 이하)의 형태로 고무상(예를 들어, 폴리뷰타다이엔)을 충전시킴으로써 크게 개선할 수 있다. 분산상과 매트릭스 고분자 사이의 결합이 좋으면 고무 입자는 광범위한 전단 항복(shear yielding)의 촉진 또는 크레이즈(craze) 형성(4.4.1절 참조) 또는 이 두 가지의 조합에 의해 기계적 변형 과정을 변화시킴으로써 에너지 흡수 능력을 향상시킬 수 있다. 내충격성 폴리스타이렌(HIPS)의 경우 뷰타다이엔을 폴리스타이렌 매트릭스에 그래프트 중합시킴으로써 계면 결합을 향상시킨다.

그림 7-10은 인장 변형을 일으킨 전형적인 HIPS 시료의 복잡한 형태학적 구조와 광범위한 크레이즈 구조를 보여 준다[11]. 상구조(phase structure)는 그림 7-10A에서 명확히

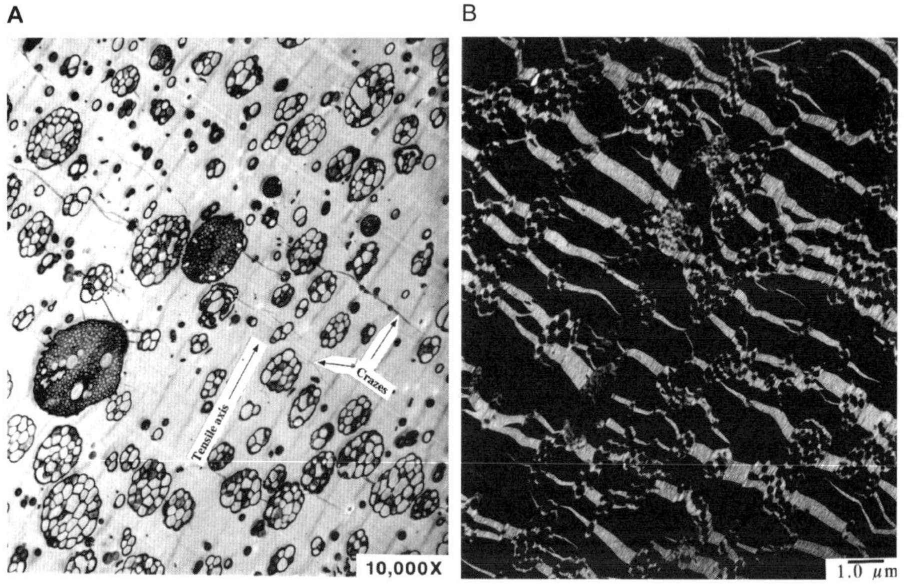

그림 7-10 내충격성 폴리스타이렌(HIPS)의 투과전자현미경 사진. A. 착색된 초미세박편, B. 시편의 변형 카트리지를 사용한 insitu 크레이징. Courtesy of R. C. Cieslinski, The Dow Chemical Company.

보이는데, 이는 변형 후 시편을 제조해서 오스뮴 사산화물*(osmium tetroxide)로 착색시켜 촬영한 투과전자현미경 사진이다. 밝게 보이는 영역은 착색되지 않은 HIPS 성분을 나타내며, 착색된 폴리뷰타다이엔(PBD) 영역은 어둡게 나타난다. 분산된 PBD 입자는 약 0.1에서 1.0 μm의 직경 범위에서 상당량의 흡수된 PS를 함유하고 있음에 주목한다. 이 입자들은 변형의 결과 타원형으로 되어 보인다. 가는 어두운 선들(인장 방향에 수직으로 위치하고 있다)은 초미세박편(microtoming)과 착색 과정을 견뎌낸 크레이즈이다. 시편 제조에 앞서 변형을 제거하였기 때문에 크레이즈는 완화 또는 "heal"이 일어나며, 그 결과 얇고 뚜렷하지 않은 구조로 보이게 된다. 광범위한 크레이징(crazing)은 그림 7-10B에서 더욱 명확히 보이는데, 여기에서 이는 전자현미경의 구리 카트리지에 붙었던 착색되지 않은 얇은 부분(0.1 μm)을 변형시킴으로써 구한 동일한 시편을 찍은 것이다. 이 경우 착색을 시키지 않았으므로 분산상은 덜 명확하다. 그러나 분산되어 있는 PBD 입자들을 상호연

---

* 오스뮴 사산화물(OsO_4)은 투과전자현미경에서 불포화 고분자들을 돋보이게 하기 위한 전자를 제공하기 위해 사용되는 착색제(stain)이다. 아래에서 보는 바와 같이 탄소 이중 결합과 이 착색제가 반응하여 더 증가된 전자 밀도를 제공함과 동시에, 고무 영역을 강화시켜 주고(예를 들어, HIPS와 ABS에서의 폴리뷰타다이엔), 따라서 이는 저온용 마이크로톰(microtome)에 의한 분할(sectioning)을 용이하게 한다.

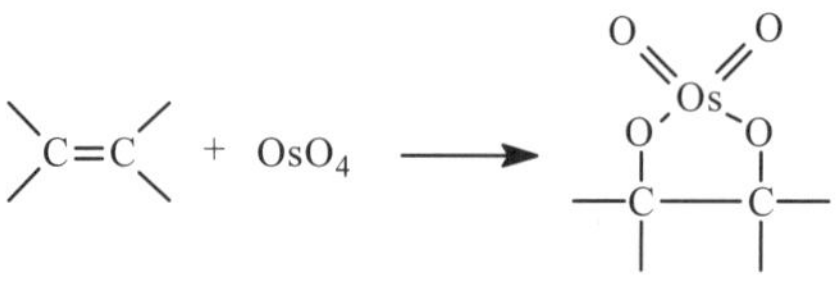

결해 주는 크레이즈 미세 구조는 명확히 드러난다. 앞에서와 같이 크레이즈는 인장 방향에 수직으로 향해 있으나, 이완되지 않은 크레이즈 내의 미세 섬유(fibrils)들은 인장 방향으로 정렬되어 있음을 알 수 있다. 이런 종류의 크레이즈 확산(proliferation)과 분기(bifurcation)는 취약성 PS 매트릭스에 에너지 소실(즉, 강화)의 수단을 제공한다.

HIPS의 보다 높은 열변형성을 개선한 것이 ABS인데, 이는 충격 개질된 스타이렌-아크릴로나이트릴 공중합체이다. HIPS와 ABS는 모두 충격 강도를 향상시키기 위해 다른 고분자들과 블렌드를 형성시키는데, 상업적으로 사용되는 수지들은 폴리카보네이트(ABS 개질), PVC(ABS 개질), 폴리(2,6-다이메틸-1,4-페닐렌 옥사이드)(HIPS 개질)이다. 다른 고분자 내충격성 개질제로는 염소화 폴리에틸렌(CPE)과 에틸렌-바이닐 아세테이트(EVA), 메틸 메타크릴레이트-뷰타다이엔-스타이렌(MBS) 및 메틸 메타크릴레이트-아크릴로나이트릴-뷰타다이엔-스타이렌(MABS)을 포함하는 여러 가지 중요한 공중합체가 있다.

어떤 주어진 고분자의 열변형 온도(HDT)는 때때로 높은 열변형 온도를 가진 고분자와 블렌드함으로써 향상시킬 수도 있다. 예를 들어, PVC($T_g \approx 85°C$) 및 스타이렌과 말레산 무수물($T_g \approx 116 \sim 123°C$)의 공중합체이다. 불균일계(즉, 상분리된) 고분자 블렌드의 추가적 응용 분야로는 염색성, 자기 주름(self-crimping) 거동 또는 정전기 특성과 같은 섬유 물성을 개질시키기 위한 목적에서의 공압출 섬유용 고분자(coextruded textile polymers)를 들 수 있다. 이 모든 경우에 우수한 기계적 물성을 위한 전제 조건은 연속상과 분산상 간의 우수한 계면 접착력이다. 거시적 상분리가 일어난 극단적인 경우 필름의 선명도(즉, 투명도)뿐만 아니라 기계적 물성도 불량하다. 이런 경우, 한두 개의 블렌드 고분자를 포함하는 블록 공중합체와 같은 **상용화제**(compatibilizing agent)가 계면 결합을 향상시키는 데 도움이 될 수 있다.

7.2.3 상호침투 망상 구조

상호침투 고분자 망상 구조 또는 IPN은 망상 구조 형태의 두 개 이상의 고분자 복합체이다. 그 고분자 중 적어도 하나는 다른 고분자의 존재하에 가교 결합으로 합성된다. 그만큼 IPN은 고분자 블렌드와 망상 구조 고분자의 장점을 공유한다. IPN에서 두 개의 고분자가 열역학적 상용성을 가지지 않는다면 단량체가 중합될 때 상분리가 일어난다; 그러나 분산상의 크기는 물리적으로 혼합된 블렌드 또는 두 성분의 블록 공중합체, 그리고 그래프트 공중합체보다 매우 작다(10～100 nm). 통제된 상분리는 IPN의 사슬 운동을 제한하는 가교에 기인한다. 성분의 부피 분율, 상의 점도, 가교 결합과 상분리의 상대 속도에 따라 다양한 범위의 형태가 가능하다.

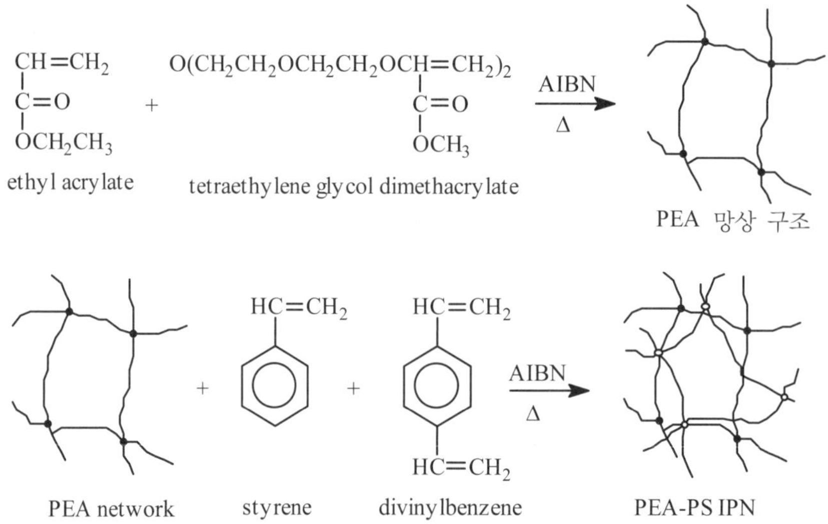

그림 7-11 에틸 아크릴레이트와 이작용기 단량체인 테트라에틸렌 글라이콜 다이메타크릴레이트를 중합하여 형성된 연속적 상호침투(IPN) 망상 구조. PEA 망상 구조는 폴리스타이렌 망상 구조를 형성하기 위해 중합되는 스타이렌과 다이바이닐벤젠(divinylbenzene)에 의해 부풀게 된다. 형성된 IPN은 *cross*-poly(ethylacrylate)-*inter*-*cross*-polystyrene으로 명명된다. 여기서 *cross*와 *inter*는 각각 crosslinked와 interpenetrating을 의미한다. Adapted from L. W. Barrett and L. H. Sperling, *Today's Interpenetrating Polymer Networks*, Trends in Polymer Science, 1993. **1**: p 45-49.Copyright 1993, with permission from Elsevier Science.

IPN을 형성할 수 있는 고분자로는 폴리유레테인, 폴리스타이렌, 폴리(에틸 아크릴레이트) 및 폴리(메틸 메타크릴레이트)를 들 수 있다. 자동차에 사용되고 있는 상업화된 IPN은 폴리프로필렌과 에틸렌-프로필렌-다이엔 삼원 공중합체(EPDM)로 구성되어 있다. EPDM의 에틸렌 분절이 결정화될 정도로 충분히 길다면 구성 성분들은 가교 결합의 필요없이 양쪽 고분자 결정화 영역들에 의해 뭉쳐진다(즉 열가소성 IPN).

IPN은 여러 가지 방법에 의하여 형성될 수 있다. 예를 들어 **연속적**(sequential) IPN은 우선 하나의 고분자가 가교 결합함으로써 형성된다. 형성된 망상 구조는 두 번째 고분자와 적절한 가교제의 혼합물에 의해 부풀어지게 된다. 중합을 개시하고 두 번째 (상호침투) 망상 구조를 가교 결합시키기 위하여 부풀어진 필름에 열을 가한다. 이런 식으로 형성된 폴리(에틸 아크릴레이트)(PEA)와 폴리스타이렌의 IPN의 예가 그림 7-11에 나타나 있다.

가교제가 연속적 IPN 형성에서 두 번째 고분자에 사용되지 않는다면, 단지 초기 고분자의 단일 구조만이 형성된다. 이 경우에 상호침투 망상 구조는 semi-IPN으로 불린다. **경사**(gradient) IPN은 평형 흡입이 일어나기 전에 두 번째 고분자를 중합함으로써 형성된다. **동시 상호침투 망상 구조**(simultaneous interpenetrating network)(SINs)는 양쪽 고분자가 동시에 합성되고 가교될 때 형성된다. 일반적으로 SINs에서는 두 단량체의 공중합 가능성을 제거하기 위하여 다른 중합 메커니즘(즉, 단계 및 사슬 성장)을 갖는 고분자를 이용한다. IPNs의 잠재적 응용 분야로는 플라스틱 강인화, 이온 교환 수지, 압력에 민감한 접착제, 소프트 콘택트렌즈, 약물 조절 방출(controlled-release of drugs), 박막(novel membrane systems) 시스템 그리고, 소음 및 진동 완충제 재료를 들 수 있다.

7.3 블록 공중합체

앞서 2장(2.2절, 2.4절, 2.5절)에서는, 음이온 중합, RAFT 중합, 원자단 전이 중합 및 클릭 화학(click chemistry)을 포함한 다양한 방법의 고분자 중합 방식을 통한 블록-삼중블록 공중합체의 중합법을 논하였다. 폴리스타이렌-*b*-폴리뷰타다이엔-*b*-폴리스타이렌(SBS)과 같은 삼중블록 공중합체의 열가소성 탄성 고분자로서의 응용은 9.2.3절에서 논하고 있다. 폴리(에틸렌 옥사이드) 또는 poly(2-alkyl-oxazoline)과 같은 친수성 고분자를 말단에 가지거나 또는 폴리다이메틸실록세인이나 폴리(에틸 에틸렌)과 같은 소수성 고분자를 중간 블록으로 갖는 양쪽성 삼중블록 공중합체는 다양한 종류의 단백질들이 기능성 막 구조로 자기 조립(self-assemble)되는 생체모방의 이중층 구조(biomimetic bilayers)를 만드는 데 이용될 수 있다[12]. 이러한 이유로, AB, ABA, ABC*의 블록 공중합체가 어떻게 자기 조립하여 용액 상태나 용융 상태에서 특정한 구조를 형성하며 그리고 서로 다른 구조들이 고분자의 물성과 기능에 어떤 영향을 주는가에 대한 이해는 매우 중요하다. 2.2.1절과 2.2.2절에서 논한 바와 같이, 비상용성 고분자들의 물리적 혼합물은 평형 상태에서 상분리한다. 이중블록과 삼중블록 공중합체의 경우, 각각의 고분자 블록들은 서로간의 물리적 결합으로 인하여 거시적으로 완벽하게 분리되지는 않는다. 그 결과로 생성된 구조물의 크기는 관성 반지름(radius of gyration) 수준으로 작다. 에너지의 관점에서 볼 때, 상분리는 서로 섞이지 않는 고분자 간의 표면 장력을 최소화하려는 힘과 사슬이 연장될수록 감소하는 분절 엔트로피의 최대화 사이의 경쟁에 의해 조절된다.

자기 조립 폴리스타이렌-*b*-폴리아이소프렌과 폴리스타이렌-*b*-폴리뷰타다이엔과 같은 이중블록 공중합체의 경우, 상구조는 전체 중합도(N), 전체 부피 분율(f), 그리고 A와 B 블록 사이의 Flory-Huggins 상호작용 매개변수(χ_{AB})에 의해 조절된다(3.2.1절 참조). 균일한 용융 상태에서 미세 상분리 구조로의 변화는 **질서-무질서 전이**(order-disorder transition)

* ABC 블록 공중합체는 개별적인 A, B, C의 고분자 블록으로 이루어져 있음.

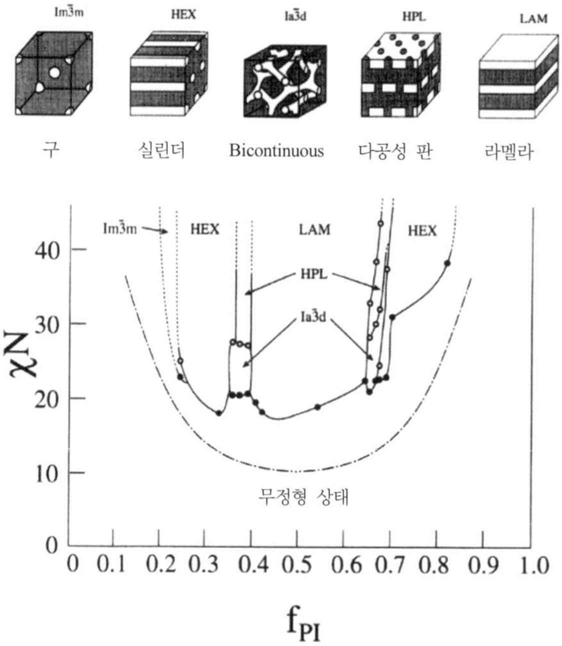

그림 7-12 폴리아이소프렌-*b*-폴리스타이렌의 구 형태의 체심 입방 구조(Im3m)와 실린더 형태의 육방 밀집 구조(HEX) 그리고 이중 연속상의 자이로이드(bicontinuous gyroid)(Ia3d) 형태와 판상 구조(LAM)로 다른 형태를 보이는 구역을 나타낸 실험적 상평형 그림. Reproduced with permission from A. K. Khandpur, et al., *Polyisoprene-Polystyrene Diblock Copolymer Phase Diagram near the Order-Disorder Transition*. Macromolecules, 1995. **28**: p. 8796-8806. Copyright 1995, American Chemical Society.

로 정의되고 χN 값의 임계값에서 일어난다. $f_A = f_B = 0.5$인 대칭적인 이중블록 공중합체의 임계값은 10.5이다. χ가 온도에 반비례하기 때문에 (3.2.1절의 식 (3.31) 참조), 온도의 감소는 χ와 χN을 증가시킬 것이고 최종적으로 그림 7-12의 실험 자료에서 확인할 수 있듯이 고분자 구조의 국부적인 배열이 일어난다. 자기 부합적 평균장 이론(self-consistent mean-field theory)[13]을 이용한 상평형 그림의 계산은 실험 결과 값과 잘 일치함을 보여 준다[14].

작은 크기로 인하여, TEM, SAXS 및 중성자 소각 산란(SANS)과 같은 기법은 블록 공중합체의 구조 분석에 널리 이용되고 있다. 그림 7-13은 서로 다른 폴리아이소프렌(PI) 함량과 서로 조금 다른 분자량을 갖는 두 종류의 폴리아이소프렌-*b*-폴리스타이렌(PI-PS)의 구조적 형태를 TEM 사진으로 보여 주고 있다. 적은 PI 함량을 갖는 공중합체는 판상 구조(lamellar microstructure)를 보여 주는(그림 7-13a) 한편으로 높은 PI 함량을 갖는 공중합체는 육방 밀집 구조 실린더를 나타내는데(그림 7-13b), 이는 앞 문단에서 논한 자기 부합적 평균 이론을 이용한 계산 값과 잘 일치한다.

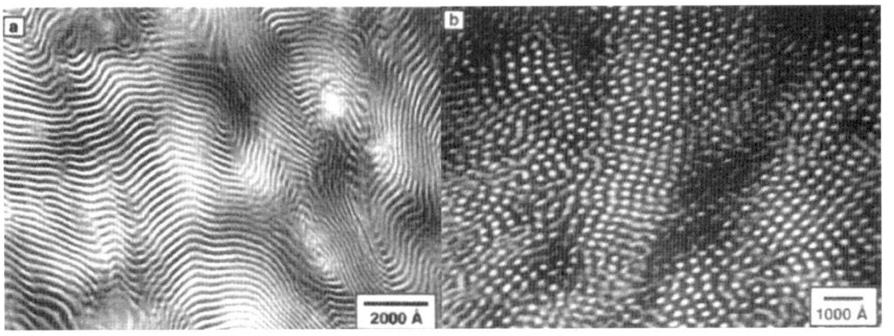

그림 7-13 폴리아이소프렌-*b*-폴리스타이렌 (PI-PS)의 TEM. a) 판상 구조, $f_{PI} = 0.64(\overline{Mn} = 3.98\times10^4)$; (b) 실린더 형태의 육방 밀집 구조, $f_{PI} = 0.82(\overline{Mn} = 7.01\times10^4)$. 시편은 진공상태에서 150℃로 가열되었다. Reproduced with permission from A. K. Khandpur et al., *Polyisoprene-Polystyrene Diblock Copolymer Phase Diagram near the Order-Disorder Transition.* Macromolecules, 1995. **28**: p. 8796-8806. Copyright 1995, American Chemical Society.

한쪽은 물이나 다른 용매에 녹고 다른 한쪽은 녹지 않는 고분자를 가지고 있는 이중블록의 경우, 그림 7-14처럼 다양한 모습으로 상분리가 일어난다[15]. 이렇게 생성된 기하학적 구조는 용해되는 블록과 용해되지 않는 블록(ISR) 사이의 농도와 부피비의 함수이다. 임계 응집 농도(CAC)에서 블록 공중합체는 분산된 등방성 구조로 자기 조립하기 시작한다. CAC는 분자량과 ISR 농도가 증가하면 감소한다. 조립된 구조는 고분자 마이셀 구조부터 이중층 구조까지 다양하게 형성된다(그림 7-14). 중요한 인자는

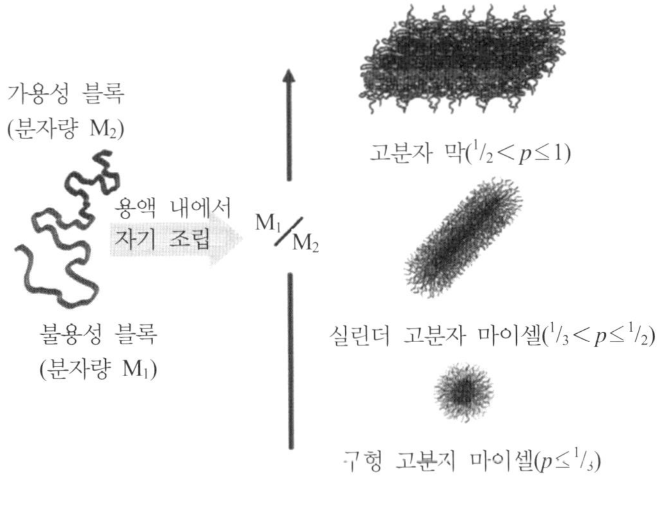

그림 7-14 다른 조건 하에서 용매 내에서 양친성 삼중블록 공중합체가 형성하는 형태 구조. T. Smart et al., *Block Copolymer Nanostructures*, Nano Today, 2008. **3**(3–4): p. 38–46.

$$p = \frac{v}{a_0 d} \tag{7.8}$$

로 정의된 충전 인자(packing parameter)이다. 여기에서 ν는 불용매(non-soluble) 블록의 부피이고, a_0는 소용매성(solvent-phobic) 블록의 표면적 그리고 d는 소용매성 블록의 길이이다. Poly(2-alkyl-2-oxazoline)의 친수성 말단 블록과 소수성의 폴리다이메틸실록세인의 중간(B) 블록으로 이루어진 친양쪽성 ABA 삼중블록 공중합체는 고분자 소포체(polymeric vesicle)나 고분자솜(polymersome) 또는 생체 지질이중층 구조(biological lipid bilayer)와 유사한 평면 이중층 구조(planar bilayer structure)를 형성할 수 있다[12]. 이러한 막 구조 내부에 많은 수의 단백질 채널을 제조하여 센서 등 여러 분야에 응용할 수 있다.

7.4 복합 재료

최초의 복합 재료는 이집트인들이 진흙과 풀로 만든 벽돌일 것이다. 복합 재료의 상업화는 셀룰로스 섬유가 페놀, 우레아 및 멜라민 수지를 보강하기 위하여 사용되었던 20세기 초로 거슬러 올라간다. 아마도 가장 친숙한 복합 재료는 1940년대에 처음으로 소개된 유리 섬유 강화 복합 재료(Fiberglas)일 것이다. 유리 섬유 강화 복합 재료는 불포화 폴리에스터 매트릭스에 유리 섬유 강화제로 구성된 복합 재료의 상표이다. 유리 섬유 강화 복합 재료는 코벳 자동차 본체 또는 선박 뼈대 또는 목욕통에서 사용되는 무거운 자기 대체품과 같은 크고 가벼운 강화 구조에 사용된다.

복합 재료는 높은 무게 대비 강도가 요구되는 다양한 응용 분야에서 사용되고 있다. 주요한 사용 용도는 자동차, 선박 및 건설 산업이다. 특히 고성능을 요구하는 자동차와 항공산업을 비롯한 대부분의 경우, 불연속상이나 충전제는 섬유 형태이다. 복합 재료에 사용되는 대표적 섬유로는 탄소 또는 흑연, 유리, 방향족 폴리아마이드(예를 들어, 케블라) 및 표 7-2에 나열한 재료를 들 수 있다. 어떤 경우의 충전제는 초미세 입자 또는 박편(flake) 형태의 입자이다.

대부분의 경우, 복합 재료의 매트릭스는 열경화성이지만, 최근 들어 열가소성 복합 재료와 고온용 탄소, 세라믹 및 금속 매트릭스를 갖는 복합 재료가 주목을 받고 있다. 복합 재료에 사용되는 가장 중요한 열경화성 수지는 에폭시 수지이다(9.3.1절 참조). 에폭시는 값이 싸고 다루기 쉽지만, 잘 깨지고 비교적 흡습성이 높아 충전제와 매트릭스 계면의 강도에 영향을 미친다. 다음 절에서 논하듯이, 충전제와 매트릭스 사이의 접착을 증진시키

표 7-5 복합 재료 매트릭스의 물성

물성	열경화성 수지	열가소성 수지		
	에폭시	PI[a]	PSF[b]	PEEK[c]
압축 강도, MPa	140	187	96	—
밀도, g cm^{-3}	1.15~1.2	1.43	1.24	1.32
탄성률, GPa	2.8~4.2	3.2	2.5	3.9
인장 강도, MPa	55~130	56	70	91
열팽창 계수, 10^{-6}/℃	45~65	50	—	47
열전도도, $W(m\ K)^{-1}$	0.17~0.21	0.36	—	0.25
T_g, ℃	130~250	370	185	143

[a] PI, 열경화성 폴리이미드

[b] PSF, 비스페놀-A 폴리설폰(Udel P1700)

[c] PEEK, polyetheretherketone: T_m 334℃의 약 35% 결정성

는 무기-유기 저분자 복합체인 커플링제를 사용함으로써 계면 강도를 향상시킬 수 있다. 일반적으로 폴리설폰과 같은 열가소성 수지는 열경화성 수지에 비해 높은 충격 강도를 나타내지만 용매의 공격에 취약하고, 높은 크리프 순응도(creep compliance)를 가지며, 그 결과 부하 시 치수 안정성이 떨어진다. 최근에 polyetheretherketone(PEEK)과 같은 고충격 반결정성 열가소성 수지가 우수한 내용제성과 충격 강도로 인하여 복합 재료용으로 평가되고 있다. 열가소성 또는 열경화성일 수 있는 폴리이미드(polyimide)는 항공 분야에서 널리 사용되고 있다. 열경화성 폴리이미드는 우수한 가공성과 높은 열안정성을 제공하는 한편으로, 열가소성 폴리이미드는 우수한 강인성을 나타낸다. 표 7-5는 몇 종류의 열경화성과 열가소성 매트릭스들의 대표적 물성을 비교하고 있다.

복합 재료는 11장에서 논할 압축, 이송 성형 등의 다양한 방법에 의해 가공된다. 복합 재료 제조의 전문화된 공정으로는 7.4.2절에 논하는 필라멘트 와인딩(filament winding)과 인발 성형(pultrusion)이 있다. 이 방법들은 섬유 방향이 조절된 연속적 섬유 강화 복합 재료의 제조에 사용된다.

복합 재료의 기계적 물성은 충전제와 매트릭스(즉, 연속성)의 계면 결합 정도와 매트릭스 물성뿐만 아니라 충전제의 크기, 형태, 농도 및 분산 정도에 의하여서도 크게 영향을 받는다. 이러한 변수들의 상호 연관성은 매우 복잡하며 이들 인자의 기계적 물성과 복합 재료의 최종 물성에 관계되는 기본적 원리들만 다음 절에서 다루어진다.

7.4.1 기계적 물성

탄성률 강화 충전제의 주요 기능은 복합 재료의 탄성률을 높이는 것이다. 이 기능은 일반적으로 열변형 온도의 증가를 동반한다. 경질의(rigid) 입자(particulate) 충전제를 포함하는 유리 고분자의 탄성률은 변형 Halpin-Tsai 식(Halpin-Tsai equation)을 사용하여 산출할 수 있다.

$$\boxed{\frac{M}{M_{\mathrm{m}}}=\frac{1+AB\phi_{\mathrm{f}}}{1-B\psi\phi_{\mathrm{f}}}} \tag{7.9}$$

여기에서 M은 복합 재료의 탄성률(인장, 전단, 벌크)이며, M_{m}은 매트릭스의 탄성률이고, A는 충전제의 모양과 매트릭스의 포아송비(Poisson's ratio)에 의존하는 상수이며, ϕ_{f}는 충전제의 부피 분율이고, ϕ는 충전제가 가장 밀집되게 쌓인 부피 분율(구형이 임의로 쌓인 경우 0.601)이며 그리고 B는 A 및 충전제(M_{f})와 매트릭스의 상대 탄성률의 함수이다.

$$B=\frac{\left(M_{\mathrm{f}}/M_{\mathrm{m}}\right)-1}{\left(M_{\mathrm{f}}/M_{\mathrm{m}}\right)+A} \tag{7.10}$$

입자형 충전제가 균일하게 분산된다면, 구형 충전제 강화 복합 재료의 기계적 물성은 측정 방향에 무관하게 된다(즉, 등방성). 이에 반해 섬유 강화 복합 재료의 물성은 측정 방향의 영향을 받게 된다–**비등방성**. 이는 섬유가 일반적으로 축방향으로 배향되거나 가공 도중 평면에 임의로 배향되기 때문이다. 탄성률의 최대치는 배향 방향일 경우 얻어진다. 일축 배향 섬유(uniaxially oriented fibers)의 경우, 배향 방향으로 측정된 인장 (Young's) 탄성률(길이 방향 탄성률, E_{L})은 다음 식에 의해 주어진다.

$$E_{\mathrm{L}}=\left(1-\phi_{\mathrm{f}}\right)E_{\mathrm{m}}+\phi_{\mathrm{f}}E_{\mathrm{f}} \tag{7.11}$$

여기서 E_{m}은 매트릭스의 인장 탄성률 그리고 E_{f}는 섬유의 인장 탄성률이다(표 7-3 참조). 배향 방향에 수직하게 측정된 탄성률(지름 방향 탄성률, E_{T})은 일반적으로 E_{L}에 비해 매우 작다. 이 탄성률은 변형 Halpin-Tsai 식(식 (7.9))의 형태로 표현된다.

$$\frac{E_{\mathrm{T}}}{E_{\mathrm{m}}}=\frac{1+AB\phi_{\mathrm{f}}}{1-B\psi\phi_{\mathrm{f}}} \tag{7.12}$$

여기서 A는 일축 배향 섬유의 경우 종횡비(L/D)의 두 배에 해당된다.

강도 일반적으로, 최종적 물성인 복합 재료의 강도는 매트릭스-충전제 계면의 접착 강도 등과 같은 많은 인자의 영향을 받으므로 탄성률의 경우처럼 쉽게 모델링되지 않는다. 계면 강도는 충전제 표면에 흡착된 물 또는 충전제와 매트릭스 사이의 열적 팽창 계수들의 불일치(mismatch)의 결과 발생하는 열적 응력에 의해 감소할 수 있다. 고분자는 실리카 유리(0.6×10^{-6}/°C) 또는 흑연(7.8×10^{-6}/°C)과 같은 충전제와 비교하여 상대적으로 높은 선팽창 계수(PS의 경우 $60 \sim 80 \times 10^{-6}$/°C)를 가진다.

입자로 충전된 복합 재료의 최종 강도(σ_u)와 비충전 매트릭스의 최종 강도(σ_m)를 관련짓는 여러 관계식들이 제안되어 왔다. 그 중 Schrager[16]에 의해 제안된 식은 다음과 같이 주어진다.

$$\sigma_{\mathrm{u}} = \sigma_{\mathrm{m}} \exp\left(-r\phi_{\mathrm{f}}\right) \tag{7.13}$$

여기에서 r은 계면 상수(많은 복합 재료에서 일반적으로 2.66)이다. 이는 복합 재료 강도의 최댓값(충전제의 부피 함량이 35~40%일 때까지)을 제공하고, 분산된 충전제와 매트릭스 사이에 우수한 결합력을 가정한다. 복합 재료의 강도는 계면간 강도가 감소할수록 감소하게 된다.

섬유 강화 복합 재료의 경우, 강도는 탄성률과 같이 응력 방향에 대한 섬유의 배향에 의존한다. 일축 방향으로 배향된 섬유의 경우에 최대 강도, σ_L는 섬유가 인장 방향(또는 길이 방향)으로 배향될 때 나타난다. 이 경우에, 강도는 탄성률에서와 같은 형태(식 (7.11))로 혼합물의 간단한 식으로 주어진다.

$$\sigma_{\mathrm{L}} = \left(1-\phi_{\mathrm{f}}\right)\sigma_{\mathrm{m}} + \phi_{\mathrm{f}}\sigma_{\mathrm{f}} \tag{7.14}$$

대조적으로, 일축 방향으로 배향된 섬유 강화 복합 재료의 최소 강도, σ_T는 섬유 배향 방향에 수직으로(transverse) 측정될 때 나타난다. 이 강도는 계면 결합 강도의 영향을 크게 받으며, 길이 방향의 강도보다 훨씬 작을 것이다. σ_T는 대략 매트릭스의 강도, σ_m의 절반으로 추정된다.

복합 재료의 물성에 미치는 섬유 강화의 효과로서 엔지니어링 열가소성 고분자인

표 7-6 PEEK 복합 재료의 물성

물성	PEEK	30% 탄소 섬유	30% 유리 섬유
23℃에서의 굴곡 탄성률(GPa)	3.89	15.5	8.0
1.82 MPa(264 psi)에서의 열변형 온도	148	300	300
23℃에서의 인장 강도(MPa)	91.0	146.0	140.0

polyetheretherketone(PEEK)에 탄소 섬유와 유리 섬유가 강화되는 경우의 열변형 온도와 몇 가지 기계적 물성을 표 7-6에 나타내고 있다. 30% 섬유 강화의 경우, PEEK의 열변형 온도는 148°C에서 300°C로 증가하였다. 나아가서 인장 강도와 특히 (굴곡) 탄성률은 탄소 섬유와 유리 섬유의 높은 탄성률 및 강도로 인하여 비강화 수지 또는 "순수(neat)" 수지의 경우보다 상당히 증가한다(표 7-8 참조). 탄소 섬유 강화 복합 재료의 탄성률은 유리 섬유 복합 재료의 경우보다 더 높은 값을 나타내는데, 이는 탄소와 흑연 섬유의 탄성률이 유리 섬유의 경우보다 거의 5배 더 큰 값을 나타내기 때문이다.

계면 결합력과 커플링제 실제적으로, 계면 강도는 표 7-7에서 보는 바와 같이 수지와 충전제의 경계를 연결하는 **커플링제(coupling agent)** 역할을 하는 저분자량의 유기 작용기 실레인(또는 타이타네이트(titanate))의 사용에 의해 향상된다. 전형적으로 이러한 무기-유기 첨가제들은 미네랄 표면과 결합하는 데 필요한 실란올기를 형성할 수 있는 하나 또는 그 이상의 가수 분해가 가능한 기(즉, 하이드록실 또는 알콕시)를 가지고 있다. 또한

표 7-7 보편적인 커플링제

종류	대표적인 구조
에폭시 실레인	$H_2C\overset{O}{-}CHCH_2OCH_2CH_2CH_2CH_2-Si(OCH_3)_3$ (epoxide ring)
메타크릴레이트	$H_2C{=}C(CH_3)-C({=}O)-O-CH_2CH_2CH_2-Si(OCH_3)_3$
1차 아민 실레인	$H_2NCH_2CH_2CH_2-Si(OC_2H_5)_3$
타이타네이트	$(H_2C{=}C(CH_3)-C({=}O)-O)_3TiOCH(CH_3)_2$
바이닐 실레인	$CH_2{=}CH-Si(OCH_3)_3$

표 7-8 유리 섬유 강화 폴리에스터의 굴곡 강도

커플링제	굴곡 강도(GPa)[a] Dry	2-Hour Boil
없을 때	0.38	0.23
바이닐 실레인	0.46	0.41
메타크릴레이트 실레인	0.62	0.59

[a] GPa 단위를 psi 단위로 전환하려면, 145,000을 곱한다.

커플링제의 에폭시 관능기와 같은 유기 작용기들은 매트릭스 수지와 반응하거나 반응을 촉진시키는 역할을 한다. 커플링제에서 가장 중요한 것은 유리 섬유나 입자들을 처리하기 위해 수용액 분산 상태로 널리 사용되는 실레인이다.

표 7-8은 유리 섬유 강화 폴리에스터의 건조 굴곡 강도와 습윤 굴곡 강도에 미치는 커플링제의 효과를 보여 주고 있다. 이 예에서 실레인 작용기(functional) 커플링제는 건조 상태와 습윤 상태 모두에 있어서 굴곡 강도를 크게 향상시킨다. 계면 접착력(adhesion)은 섬유 표면의 개질 또는 작용기화(functionalization)를 통해 향상시킬 수 있다. 예를 들어, 고분자량 폴리에틸렌 섬유의 계면 접착력은 순수 산소에서 플라스마 처리에 의해 향상될 수 있다.

동적-기계적 물성 Takayanagi[17]가 제안한 "당량 모델(equivalent model)"로 복합 재료와 상분리된 고분자 블렌드의 형태를 조사하기 위해 동적-기계적 측정(5.1.1절 참조)을 사용할 수 있다. 그림 7-15에서 볼 수 있는 바와 같이, 비상용(immiscible) 블렌드, 복합 재료, 라미네이트 또는 반결정성 고분자와 같은 두 상의 형태에 대한 동적-기계적 물성들은 각 성분(매트릭스와 분산된 상)의 직렬과 병렬 조합으로 모델화할 수 있다.

복합 재료의 동적 탄성률은 그림 7-16에서 보는 바와 같이 그림 7-15의 오른쪽에 묘사한 당량 모델을 직렬과 병렬의 요소가 기여하여 이루어지는 것으로 모델화할 수 있다. 요소 A와 B는 직렬로 연결되어 있으므로, 이 요소에서 변형률 또는 순응률은 부가적이고, 따라서 다음과 같이 나타낼 수 있다.

$$D^* = \frac{1}{E^*} = (1-\phi)D_A{}^* + \phi D_B{}^* \tag{7.15}$$

요소 A는 순수 성분 2(매트릭스 성분)이므로,

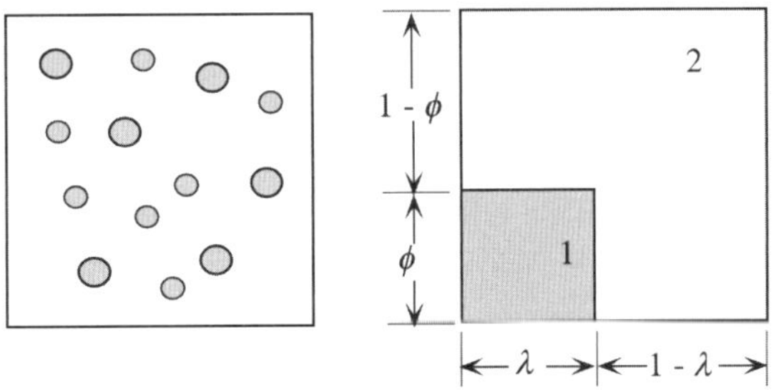

그림 7-15 Takayanagi [17]의 당량 모델. 왼쪽 그림은 성분 1의 매트릭스에 분산되어 있는 분산상(그림자 영역)으로 구성된 두 개의 상을 보여 준다. 이 복합 재료 구조는 분산상(성분 1)의 부피가 $\phi \times \lambda \times 1$(즉, 부피 분율은 $\phi\lambda$)을 갖는 단위 입방체(1×1×1)의 모델(오른쪽 그림)로 모델화할 수 있다.

$$D_A^* = \frac{1}{E_A^*} = \frac{1}{E_2^*} \tag{7.16}$$

요소 B는 성분 1(분산된 성분)과 성분 2(매트릭스)의 병렬조합이므로, 따라서 응력 또는 탄성률은 첨가적이다:

$$E_B^* = \frac{1}{D_B^*} = \lambda E_1^* + (1-\lambda) E_2^* \tag{7.17}$$

식 (7.16)과 (7.17)을 식 (7.15)에 대입하면, 당량 모델의 동적 순응률 또는 탄성률의 최종적인 관계는 다음과 같다.

$$D^* = \frac{1}{E^*} = \frac{1-\phi}{E_2^*} + \frac{\phi}{\lambda E_1^* + (1-\lambda) E_2^*} \tag{7.18}$$

식 (7.18)에서, ($\phi\lambda$)는 분산상의 **부피 분율**과 동일하지만, ϕ와 λ는 적합 인자의 중요성을 갖는다. 실제 동적-기계적 데이터를 fitting하여 구한 이들 적합 인자들은 복합 재료의 형태에 대한 정량적인 이해를 가능하게 한다. 예를 들어, $\lambda = \phi$는 균일하게 분산된 상을 나타내며, $\lambda < \phi$는 분산상의 응집을 나타낸다.

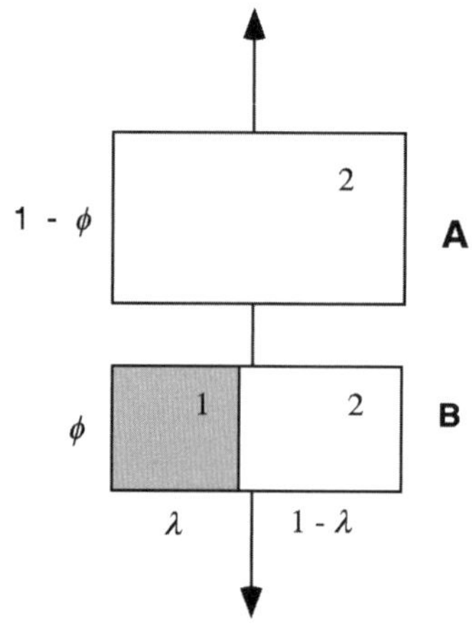

그림 7-16 그림 7-15에 도식한 당량 모델의 병렬과 직렬 요소. 요소 A와 B는 가하여지는 변형률에 직렬(화살표)로 조합된다. 요소 B는 두 개의 요소(분산상과 매트릭스)가 병렬로 구성된다.

7.4.2. 복합 재료의 제조

앞서 언급하였듯이 복합 재료는 11장에서 논하는 압축 성형과 수지-이송 성형을 포함한

다양한 기술에 의해 제조된다. 비구조(즉, non-load-bearing) 용도로 사용되는 복합 재료는 sheet-molding compound(SMC), bulk-molding compound(BMC), 프리폼(preform) 성형, 사출 성형, 그리고 스프레이-업을 이용하여 생산된다. 구조 적용을 위한 복합 재료의 제조의 경우, 두 종류의 중요한 가공 방법은 필라멘트 와인딩(filament winding)과 인발 성형(pultrusion)으로, 여기에서 논하고자 한다.

일반적으로, BMC는 스타이렌이 함유되어 있는 불포화 폴리에스터 수지(최종 경화 단계에서 중합되는 스타이렌 단량체를 함유하는 불포화 폴리에스터), 저수축(low-profile) 열가소성 고분자, 칼슘 카보네이트와 같은 비활성 충전제, 유리 섬유, 중합 개시제, 윤활제(예를 들어, 스테아르산 아연(zinc stearate))와 같은 다른 첨가제, 그리고 고점도화제(maturation agent)(예를 들어, MgO)로 이루어져 있다. BMC는 흙손으로 다룰 수 있는 접합제(putty)의 균일성을 갖는다. 이와 관련된 복합 재료 배합은 1%의 산화 칼슘 또는 산화 마그네슘, 충전제, 과산화물, 그리고 잘게 자른 유리 섬유에 의해 점도가 높아진 스타이렌화 폴리에스터 수지를 조합하여 형성되는 SMC이다. SMC는 성형 시 제거되는 두 층의 폴리에틸렌 필름 사이에 들어간다. 스프레이-업(spray-up)에서 유리 섬유와 수지는 몰드에 동시에 유입된다. 이 과정에서, 로빙(roving)(유리 섬유의 8~120가닥)이 절단기로 유입되어 수지 흐름으로 배출된다. 프리폼은 미리 형성된 화면의 표면 위에 공기, 물, 부양, 또는 진공에 의해 잘게 자른 섬유를 분포시켜 형성되는 이미 형태가 잡힌 복합 재료를 의미한다. 예비성형물은 만드렐(mandrel)이나 모형(mock-up)에서 특정한 용도로 예비형성된 매트 또는 천을 의미할 수도 있다.

필라멘트 와인딩 간단한 필라멘트 와인딩 장치는 그림 7-17에 나타나 있다. 섬유는 보빈(bobbin)으로부터 에폭시 또는 (불포화) 폴리에스터와 같은 복합 재료 수지를 담은 용기를 통하여 당겨지며, 함침된 섬유는 미리 결정된 형태로 만드렐(mandrel)에 감긴다. 보통 사용되는 섬유는 E- 또는 S- 유리 섬유이다(표 7-3 참조). 만드렐은 균일한 두께와 섬유 배향으로 덮이고, 복합 재료는 높아진 온도에서 경화되며, 만드렐은 제거되거나 복합 재료의 내부 성분으로 남겨질 수 있다. 필라멘트 와인딩은 부식 방지용(섬유-유리) 탱크와 파이프에 사용할 수 있다. 고성능 수지 재료를 사용하여, 필라멘트 와인딩은 자동차나 항공산업 분야에서 고성능 복합 재료로 사용된다. 필라멘트 와인딩에 의해 이룰 수 있는 연속적인 강화와 조절된 섬유 배향은 비연속적인 섬유를 사용한 경우보다 더 높은 강화 효과를 나타낸다.

인발 성형 인발 성형(pultrusion) 장치의 간단한 모식도는 그림 7-18에서 보는 바와 같다. 필라멘트 와인딩과 비교하면, 경화 과정이 직결(on-line)되어 있는 인발 성형은 연속적인 과정이다. 이는 인발 성형이 여러 형태의 복합 재료를 제조하는 데 있어서 매우 효율적으로 사용되도록 한다. 연속 섬유(즉, E-유리)의 로빙*(roving)과 연속적인 스트랜드 매트(strand mat)가(일반적으로 유리/폴리에스터) 수지 용기에서 함침된 다음, 포밍가이드(forming guide)와 경화 오븐을 연속적으로 지나면서 복합 재료가 제조된다. 인발 성형에 의해 생산된 복합 재료의 대부분은 유리 섬유와 불포화 폴리에스터로 수지와 E-glass로부터 합성한다. 인발 성형에서의 섬유 농도(loading)는 20%~80%의 범위에서 조절한다.

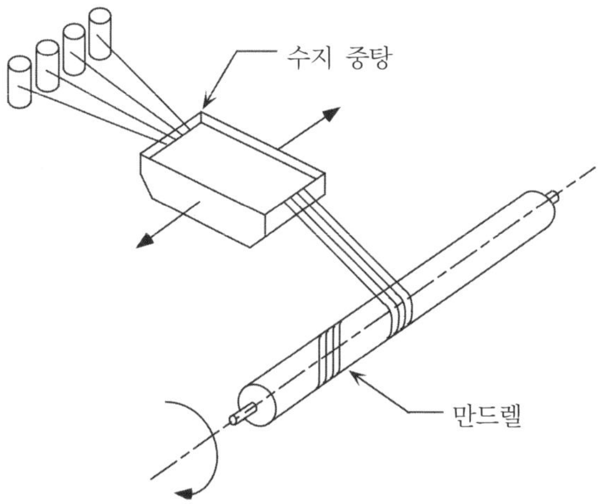

그림 7-17 필라멘트 와인딩 장치. Adapted from R. C. Hayes in *The Concise Encyclopedia of Polymer Science and Engineering*, J. I. Kroschwitz, ed. Copyright © 1990 by John Wiley & Sons. This material is used by permission of John Wiley & Sons, Inc.

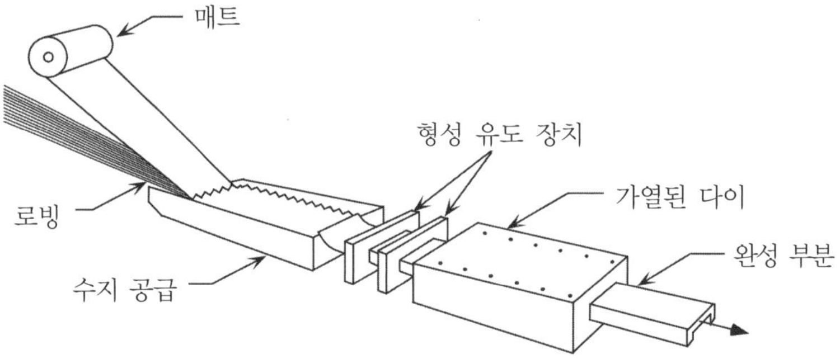

그림 7-18 인발 성형 장치. Adapted from D. Evans in *The Concise Encyclopedia of Polymer Science and Engineering*, J. I. Kroschwitz, ed. Copyright © 1990 by John Wiley & Sons. This material is used by permission of John Wiley & Sons, Inc.

* 유리 섬유 대신에 탄소나 보론 섬유를 사용할 때는 로빙(roving)이라는 용어 대신에 타우(tow)라는 용어를 사용한다.

7.5 나노 복합 재료

고분자 기술 중에서 가장 빠른 성장을 보이는 영역 중에 하나는 나노 복합 재료 분야이다. 이전 절에서 논한 전통적인 복합 재료와 비교할 때 두드러지는 나노 복합 재료의 특성은 강화 충전제의 크기이다. 나노 복합 재료에서, 이 강화 충전제(나노 충전제)는 1에서 100 nm(10에서 1000 Å)의 범위에서 일차원 이상의 차원을 가지며, 전형적으로 탄소 또는 실리콘을 기반으로 하는 높은 종횡비(10:1에서 1000:1)의 강화제이다. 7.5.1절에서 더 자세히 설명하겠지만, 나노 충전제는 유기적으로 변형된 점토(몬모릴로나이트 또는 MMT), 유기적으로 변형된 규소-산소 나노케이지(POSS*), 단일벽, 다중벽 탄소 나노튜브(CNTs), 탄소 나노섬유(CNF), 그래핀(단일 시트 흑연), 나노실리카(예를 들어, 에어로실), 산화 인듐-주석((indium tin oxide, ITO) 같은 다양한 금속 산화물, 그리고 흑연 나노 입자들을 포함한다. 나노 복합 재료의 매력적인 물성은 향상된 전기적, 기계적 물성(예를 들어, 충격 물성에 손실이 없는 증가된 강도와 탄성), 차단 응용(예를 들어, 포장 및 연료 봉쇄)을 위한 감소된 기체 및 물 투과성, 증가된 열 안정성, 내연성, 내마모성, 증가된 가열-변형 온도, 재활용성, 표면, 계면 변형의 가능성, 강화된 이온 전도도 그리고 향상된 공정성(압출과 조형)에 있다. 다른 장점들은 상승된 온도에서 증가된 치수 안정성, 우수한 표면 광택, 탄성 고분자의 증가된 인열 저항, 광학적 투명도, 탄성 고분자의 가속화된 치유력 및 수축의 감소이다. 아마도 가장 초기의 상업용 나노 복합 재료는 1980년대에 도요타의 연구진들이 나일론-6과 MMT로부터 제조한 복합 재료일 것이다. 도요타의 초기 업적 이후로 나노 복합 재료 시장은 빠르게 성장하고 있고, 2020년에는 미국만의 시장의 규모가 110억 파운드에 이를 것으로 기대되고 있다. 나일론-6 이외에도, 나노 복합 재료는 나일론-11, 폴리실록세인, 폴리(에틸렌 옥사이드), 폴리에테르이미드, 약간의 열가소성 탄성 고분자를 포함하는 많은 상용 및 엔지니어링 열가소성 플라스틱, 에폭시, 페놀 수지 및 사이아네이트 에스터(cyanate ester)를 포함하는 여러 가지의 열경화성 플라스틱으로부터 제조된다. 다음 절에서는 MMT와 MMT 기반 나노 복합 재료의 물성에 대하여 논한다. 7.5.2절은 다른 중요한 나노 충전제와 각 나노 충전제에 상응하는 나노 복합 재료에 대해 설명한다.

7.5.1 몬모릴로나이트 나노 복합 재료

몬모릴로나이트 가장 흔한 나노-강화제의 형태는 몬모릴로나이트(montmorillonite(MMT))로부터 유래된 유기점토(organoclay)이다. MMT는 자연적으로 발생하는 활석과 운모와 같은 2:1 구조의 엽상(phyllosilicate)이지만, 층 전하를 달리한다. 유기적 처리에 의한 MMT의 무기물 표면 개질은 고분자 매트릭스 안에서 분산성을 증가시키는 데 사용된다. MMT의 결정 구조는 외부의 두 실리카 사면체 층 사이에 융해된 알루미나 중앙의 8면체 층을 가지는 1-nm의 얇은 층으로 되어 있다. 이런 작은 층들은 10:1부터 1000:1의 종횡비(직경 : 두께)를 가지는 ~1 nm의 두께를 가지고 복합 재료 제조 동안 분리(또는 박리)될 수 있는 층으로 정렬되어 있다. 전하-치환 능력을 변형시키기 위해 층 안에 동일구조 치환(예를 들어, Mg^{2+}에 의해 Al^{3+}로 대체)을 할 수 있다. MMT의 규산염 층은 그림 7-19에 나타낸 것처럼 전형적으로 소듐과 같은 양이온에 의해 분리되어 있다. 이 양이온은 전체적인 전하의 균형을 맞춘다. 층간에 소듐 양이온은 리튬, 포타슘 및 칼슘과 같은 다른 양이온으로 교환될 수 있다. 물에서, 알킬 암모늄 양이온 같은 큰 유기 양이온은 부풀어 오른 층으로 된 규산염에서 소듐 양이온을 대체할 수 있다. 이러한 특정 예로서는 dimethyl distearyl ammonium chloride와 dimethyl stearyl benzyl ammonium chloride를 들 수 있다. 특정 고분자 매트릭스에서 MMT의 상용성을 향상시키기 위해 그에 맞는 알킬기를 선택할 수 있다. 예를 들어, 실리콘 고무 나노 복합 재료는 Na^+/MMT를 dimethyl ditallow ammonium bromide 또는 hexadecyltrimethyl ammonium bromide와 이온-교환하여 제조할 수 있다. 또한 이온-교환 공정의 결과로 유기 양이온의 분자 크기에 따라 층간 높이가 증가한다.

나노 복합 재료로 사용하기 위해, 일반적으로 알킬 암모늄 이온 같은 유기 양이온으로 물에 부풀어 오른 층으로 구성된 규산염 속 Na^+를 교환하여 MMT의 규산염 층의 유기 친화성을 획득할 수 있다. 이 이온-교환 공정에서 유기 양이온의 분자 크기에 따라 층간

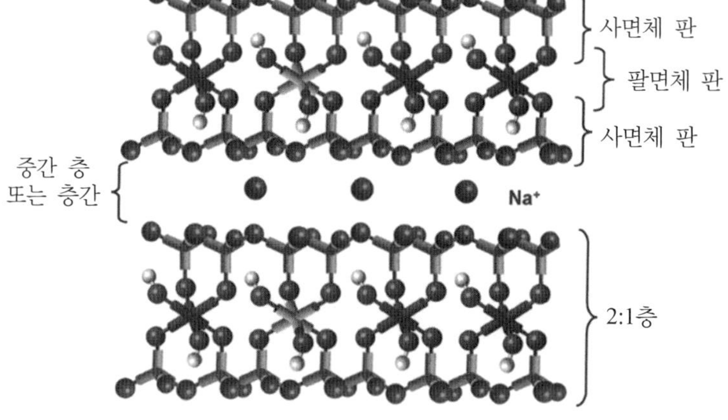

그림 7-19 소듐 몬모릴로나이트의 구조. Courtesy of Southern Clay Product, Incorporated.

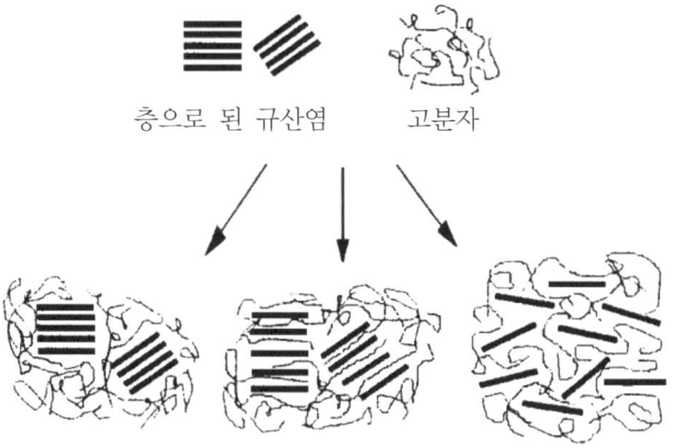

그림 7-20 고분자-규산염 구조 형성의 3가지 방법. From Günter Beyer, *Nanocomposites: a New Class of Flame Retardants for Polymers*, Polymer News. 2001, 25: p. 370. Copyright 2001. Reproduced with permission of Taylor & Francis, Inc., http://www.routledge-ny.com.

높이가 증가한다. 암모늄 이온의 선택은 복합 재료 내 매트릭스와의 화학적 적합성에 따라 달라진다. 이러한 예로 dimethyl distearyl ammonium chloride와 dimethyl stearyl benzyl ammonium chloride가 있다. 실리콘 고무의 유기-MMT 나노 복합체는 dimethyl ditallow ammonium bromide 또는 hexadecyl trimethyl ammonium bromide를 사용해 Na^+/MMT와 이온-교환하여 제조할 수 있다.

공정 고분자 사슬이 용해 공정 동안 유기 친화성의 층으로 된 규산염에 포함될 수 있는 다양한 방법이 그림 7-20에 나타나 있다. 마이크로 복합체를 형성하기 위해 고분자 사슬과 층으로 된 규산염을 단순히 섞는 방법 외에도, 개개의 고분자 사슬은 각각의 규산염 층에 삽입될 수 있다. 이렇게 되면 이온-교환된 규산염보다 각 층간의 거리를 증가시킨다. 그 대신 개개의 규산염 층은 분리(박리)될 수 있다. 나노 복합 재료는 또한 이온-교환된 층으로 된 규산염과 고분자 단량체의 혼합 후 중합에 의해서도 제조될 수 있다.

물성 일반적으로, 나노 복합 재료의 특별한 장점 중 하나는 유리나 탄소 섬유 같은 큰 강화제로 만들어진 전형적인 복합체보다 훨씬 적은 양의 강화제를 넣어도 큰 물성 향상을 이룰 수 있다는 것이다. 이것은 나일론-6의 경우 유리-섬유 복합 재료의 상대적인 Young 탄성률(Young's modulus) (복합 재료 탄성률과 매트릭스 탄성률의 비율)이 MMT 나노 복합 재료의 상대적인 Young 탄성률과 비교되는 그림 7-21에서 명확하게 드러난다. 그림에서 보는 바와 같이, 8 wt%로 MMT를 함유했을 때 나일론-6의 탄성률은 기존 매트릭스의 탄성률보다 2배 더 강하며, 같은 성능을 위해서는 유리 섬유를 20 wt%로 함유해야 한다. 나일론/MMT 나노 복합 재료의 다른 물성은 표 7-9에 나타나 있다. 탄성률의 큰 증가 이외에도, 가열-변형 온도(HDT)는 기대되었던 바와 같이 강화제에 의해 상당히 증가한다. 물 흡수와 충격 강도가 MMT 강화제에 의해 많은 영향을 받지 않는 한편으로, 열팽창 계수는 인장 강도가 증가되는 동안 많이 감소한다. 다른 연구에서, MMT를 3 wt% 함유한 비스페놀-A 폴리설폰/MMT 나노 복합 재료의 신장률 또는 충격 강도는 작은 손실을 보이나 HDT 온도, 탄성률과 강도는 상당히 증가되었음이 보고되었다[18]. MMT를 더 많이 함유할수록, 박리는 감소하고 기계적 물성은 감소한다. 폴리이미드/MMT 나노 복합 재료의 경우 대략 50%의 탄성률 증가를 보이며[19] 단 1%의 MMT가 함유된 폴리다이메틸실록세인(polydimethylsiloxane) 나노 복합 재료는 대략 100%의 탄성률 증가를 보이고 있다.

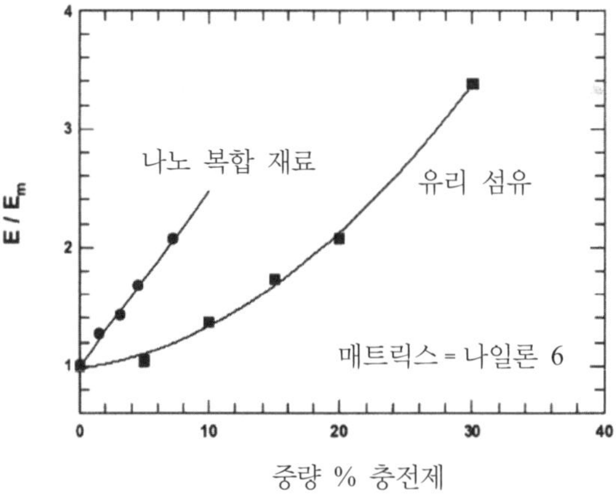

그림 7-21 유리 섬유와 MMT가 다른 농도로 포함된 나일론-6의 상대적인 탄성률 비교. Reproduced with permission from T. D. Fornes and D. R. Paul, *Modeling Properties of Nylon 6/Clay Nanocomposite Using Composite Theories*. Polymer, 2003. **4**: p. 4993-5013.

표 7-9 나일론-6 나노 복합 재료의 대표적인 물성

물성	나일론-6	나노 복합 재료
열 팽창 계수($\times 10^5$)	13	6.3
가열-변형 온도(°C)	65	145
인장 탄성률(GPa)	1.1	2.1
인장 강도(MPa)	69	107
충격 강도(kJ m^{-2})	2.3	2.8
물 흡수(%)	0.87	0.51

7.5.2 버키볼, 탄소 나노튜브, 그래핀 및 POSS

MMT 이외에도, 나노 복합 재료는 주로 풀러렌, 나노튜브 및 그래핀과 같은 여러 종류의 탄소 기반 나노 충전제로부터 만들어질 수 있다. 또 다른 흔한 나노 충전제는 할로젠 원소와 메틸, 에틸, 에틸렌 및 페닐 같은 수많은 유기물 작용기와 같은 치환기로 개질화될 수 있는 규소-산소 나노케이지(nanocage)가 있다.

버키볼 나노 기술의 발전은 흑연이 레이저 조사에 의해 기화되었을 때 60개의 탄소 원자 다발이 형성되는 현상을 1985년도에 발견함으로써 급격히 가속화되었다. 이 발견은 Richard Smalley와 공동 발견자인 Robert Curl과 Harold Kroto에 의해 보고되었다[20]*. 이 업적은 성간(interstellar) 공간에서 긴 사슬의 탄소 분자가 어떻게 형성되는가를 조사하기 위한 연구의 결과였다. Smalley는 이후 **버키볼**(buckyball) 또는 버크민스터풀러렌(buckminsterfullerene, C_{60})으로 명명된 이 구조가 그림 7-22A에서 보이는 축구공과 그림 7-22B의 모의 실험 모델에서 보이는 것처럼 60개의 점들과 12개의 오각형과 20개의 육각형의 32개면으로 이루어진 다각형일 것으로 추측하였다.

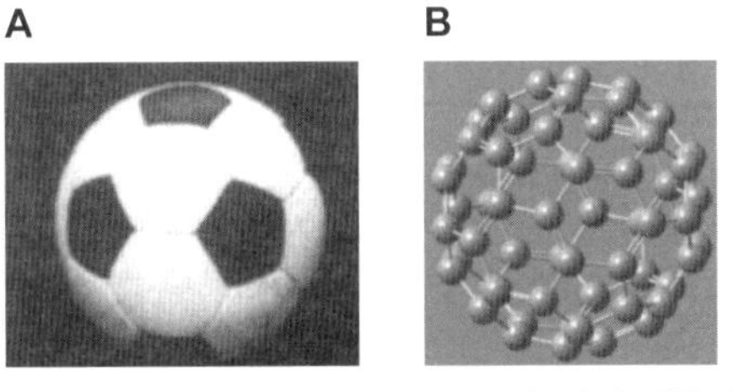

그림 7-22 **A**. Smalley의 1985년 모델을 묘사하기 위해 인용된 축구공
B. 공과 막대를 사용한 버키볼의 컴퓨터 묘사

탄소 나노튜브 탄소 나노튜브(CNTs)는 버키볼과 유사한 속이 빈 섬유 구조이다. 첫 번째 단일벽 탄소 나노튜브(SWNT)는 일본의 NEC에서 일하는 Sumio Iijima[21]에 의해 1991년에 생산되었다. 1993년에 SWNT의 분리가 발표된 후, Smalley는 레이저 기화를 사용하여 버키볼을 제조하는 데 사용하였던 흑연 막대에 철, 코발트 또는 니켈 촉매를 함입시키자 SWNT가 생산됨을 발견하였다. 1993년부터 그가 이른 죽음을 맞은 2005년까지, Smalley는 용액상에서의 CNT 제조와 작용기를 붙이기 위한 CNT의 화학 반응 등 더 좋은 CNT를 만들기 위한 기술 개발을 지속하였다. 일반적으로, CNT는 높은 강성도와 낮은 밀도와 함께, 높은 유연성과 강도를 동시에 가지고 있다. SWNT는 대략 0.4~3 nm

* Smalley, Curl 및 Kroto는 이 업적으로 1996년 노벨 화학상을 수상하였다.

의 직경으로 우수한 전기적 물성을 나타내나 상대적으로 제조 공정이 고가이다.

전형적인 CNT의 인장 강도는 전형적인 탄소 섬유(CF)보다 대략 2배 이상 좋은 100~600 GPa의 값을 가진다. 밀도는 CF의 1.8~1.9 g cm^{-3}과 비교했을 때 대략 1.3 g cm^{-3}이다. Young 탄성률(Young's modulus)은 CF의 750 GPa과 비교하였을 때 1~5 TPa의 값이다. CNT는 대략 200 W/(mK)의 열전도도를 가지며 큰 전류 밀도를 운반할 수 있다. 고분자 매트릭스와의 좋은 상호작용을 위해, CNT는 화학적으로 개질되며 또한 그 자리에서의(in situ) 매트릭스 중합, 전단 혼합, 계면 활성제의 사용 및 용액 공정의 방법을 통해 이룰 수 있는 우수한 분산을 요구한다.

SWNTs에 덧붙여, 다중벽 탄소 나노튜브(MWNTs)를 제조할 수 있다. 컴퓨터로 생성된 SWNT와 이중벽 탄소 나노튜브의 컴퓨터 시뮬레이션 비교는 그림 7-23에서 보는 바와 같다. 표 7-10에 주어진 2014년도의 예상되는 탄소 나노튜브 시장은 SWNTs와 MWNTs가 비슷한 규모로, 주로 전자 및 자동차 산업용으로 사용된다. 현재, MWNTs는 SWNTs보다 더 큰 규모로 쉽게 생산할 수 있고, 따라서 저렴하다. MWNTs의 외경은 SWNTs보다 상당히 큰 2~25 nm이고, 0.2~2 mm의 길이를 가진다. MWNTs의 전형적인 탄성률은 흑연의 0.517 TPa과 비교하였을 때 1.8 TPa의 값이다. MWNTs는 흑연보다 덜 취약하고 (강철의 1.2 GPa과 비교하여) 63 GPa의 인장 강도를 가진다.

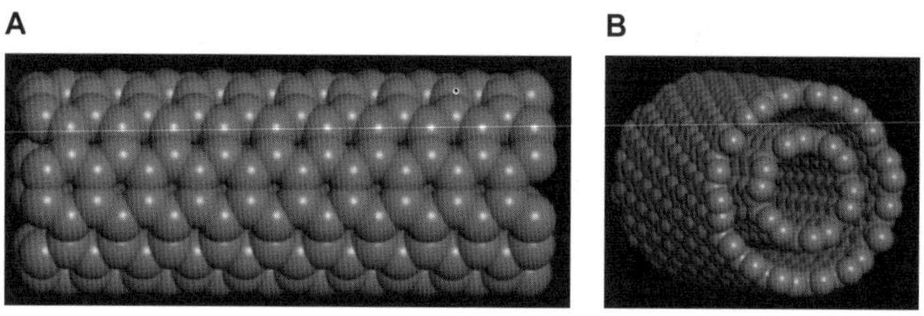

그림 7-23 (A) 단일벽 탄소 나노튜브(측면), (B) 이중벽 탄소 나노튜브(단면)의 CPK 묘사의 컴퓨터 시뮬레이션 결과

그래핀 최근 중요한 나노 충전제 중 하나로 그래핀이 등장하였다. 그래핀은 벌집 구조로 짜여진 sp^2 결합된 탄소 원자들로 이루어진 이차원적이며 원자 1개 두께의 동소체이다. 2~4층 두께의 그래핀 시료들은 아크-방전 공정을 통해 합성할 수 있다. 그래핀은 높은 전자 이동(구리에 비해 25%의 무게이지만 높은 전도도와 열전도도를 보인다), 우월한 열전도도, 좋은 기계적 강도, 그리고 놀라운 유연성을 포함하는 많은 특이한 물성을 가지며 절대적인 차단 재료(barrier material)이기도 하다. 그림 7-24에서 보는 바와 같이, 1 wt%의 그래핀 판상(GPL)을 포함하는 에폭시 나노 복합 재료의 인장 강도는 1 wt%의 SWNT 또는 1 wt%의 MWNT를 포함하는 같은 에폭시 나노 복합 재료를 능가한다.

표 7-10 탄소 나노튜브의 2014년 예상 시장 규모 (총: 10.7억 달러)

총 요구량	10억 달러
종류	
단일벽 나노튜브	600
다중벽 나노튜브	479
최종 용도	
전자장비	394
자동차	165
대기우주/방어	65
기타	445

그래핀의 매우 높은 전기 이동도와 상온 양자 Hall 효과는 전자 분야의 응용, 특히 실리콘을 기반으로 하는 장치의 미래 대체재로 사용할 수 있는 특별한 가능성를 열어준다. 가능한 응용으로는 높은 성능의 전자 장비, 센서, 컴퓨터 칩 및 에너지 저장이 있다. 그래핀은 흑연의 기계적 박리에 의해 최초로 제조되었다. 다른 방법들은 용액상 박리, 탄소 나노튜브의 unzipping, 화학적 기상 증착, 전기적인 단열매체 위에서의 결정축에 따른 성장, 벌크 흑연으로부터 그래핀의 기계적 박리 및 그래핀 유사체의 환원(예를 들어, 산화 그래핀)이 있다. 주요한 기술적 도전 과제는 대형 시트의 조절된 생산이다. 그래핀과 관련된 연구로, Andre Geim과 Konstantin Novoselov는 2010년도에 노벨 물리학상을 공동 수상하였다.

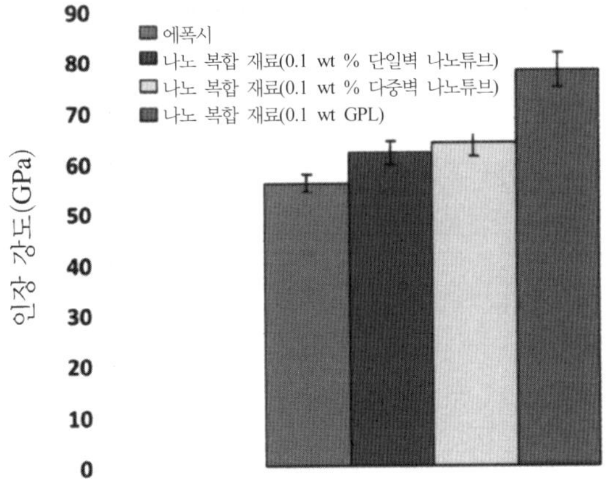

그림 7-24 에폭시와 0.1%의 다른 나노 충전제를 포함하는 에폭시 나노 복합 재료의 일축 인장 시험. Reproduced from M. A. Rafiee et al., *Enhanced Mechanical Properties of Nanocomposites at Low Graphene Content*. ACS Nano, 2009. **3**(12): p. 3884-3890.

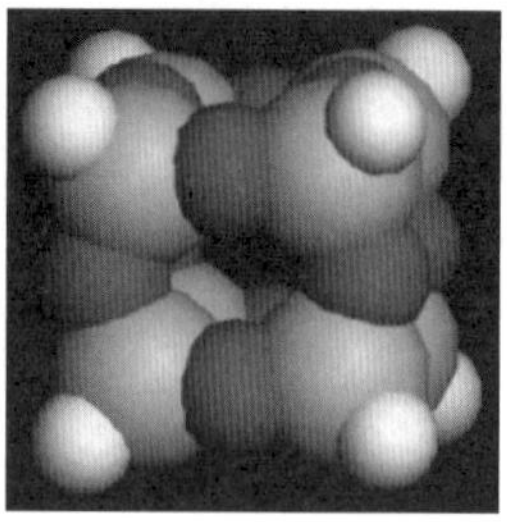

그림 7-25 Octahydrosilsesquioxane($H_8Si_8O_{12}$)의 컴퓨터 묘사(CPK 모델). 고분자 매트릭스 안에서 POSS 충전제의 양립성을 향상시키기 위해 다수의 다른 작용기로 수소 원자를 대체할 수 있다.

POSS Polyhedral oligomeric silsesquioxane(POSS)는 분자 단위에서 강화제 역할을 하는 다기능성 첨가제이면서 가공조제, 그리고 내연제의 역할을 한다[22]. POSS는 1~3 nm 범위의 크기이며 꼭짓점에 8개의 유기 작용기를 가지는 실리카의 입방체 형태를 지닌다. 모두 수소로 치환된 (T8) 나노케이지가 그림 7-25에 그려져 있다. 10개(T10)와 12개(T12) 규소 원자들을 가지는 큰 나노케이지 또한 이용 가능하다. T8 POSS는 $(SiO_{1.5})_8R_8$의 식을 가지며, 여기서 R은 할로젠 원소 또는 알킬, 알릴, 지방족 고리, 바이닐, 나이트릴, 알코올, 아이소사이아네이트, 글리시딜, 또는 바이닐과 같은 유기 작용기를 나타낸다. 바이닐기는 다른 단량체 또는 소고분자와 공중합을 할 수 있는 한편으로, 다른 작용기들은 매트릭스와의 양립성을 촉진한다. POSS 나노 복합 재료는 상승된 T_g와 분해 온도, 증가된 열안정성, 높은 탄성률과 용해 강도, 향상된 산화 저항성 그리고 열-방출 속도의 큰 감소에 의한 가연성의 감소를 나타낸다. 다른 장점으로는 증가된 사용 온도(service temperature), 낮은 밀도, 낮은 열전도도, 열 산화 저항 및 내노화성을 들 수 있다. POSS의 나노 복합 재료에 사용되는 고분자 재료들은 에폭시, 페놀 수지, 폴리실록세인, 폴리이미드, 폴리(프로필렌 옥사이드), 폴리카보네이트, 폴리에틸렌, 폴리유레테인, 에틸렌-프로필렌 공중합체, poly(3-hydroxy alkenoates) 및 폴리프로필렌이다.

추천 문헌

Blends

Bucknall, C. B., *Toughened Plastics*. 1977, London: Applied Science Publishers Ltd.

Olabisi, O., *Interpretations of Polymer-Polymer Miscibility*. Journal of Chemical Education, 1981. **68**: p. 944.

Olabisi, O., L. M. Robeson, and M. T. Shaw, *Polymer-Polymer Miscibility*. 1979, New York: Academic Press.

Paul, D. R., and S. Newman, *Polymer Blends*. 1978, New York: Academic Press.

Takayanagi, M., H. Harima, and Y. Iwata, *Viscoelastic Behavior of Polymer Blends and Its Comparison with Model Experiments*. 1963, Memoirs of the Faculty of Engineering Kyushi University, p. 1.

Weber, M., *Polymer Blends: Materials with Versatile Properties*. Macromolecular Symposium, 2001. **163**: p. 235–250.

Interpenetrating Networks

Barrett, L. W., and L. H. Sperling, *Today's Interpenetrating Polymer Networks*. Trends in Polymer Science, 1993. **1**(2): p. 45.

Sperling, L. H., *Interpenetrating Polymer Networks and Related Materials*. 1981, New York: Plenum Press.

Sperling, L. H., *Interpenetrating Polymer Networks: An Overview*, in *Interpenetrating Polymer Networks*, D. Klempner, L. H. Sperling, and L. A. Utracki, eds., Advances in Chemistry Series. 1984, Washington, DC: American Chemical Society. **239:** p. 3–38.

Block Copolymers

Darling, S. B., *Directing the Self-Assembly of Block Copolymers.* Progress in Polymer Science, 1996. **32**: p. 1152.

Malinova, V., S. Belegrinou, D. de Bruyen Ouboter, and W. Meier, *Biomimetic Block Copolymer Membranes*. Advances in Polymer Science, 2010. **224**: p. 113.

Composites

Delmonte, J., *Technology of Carbon and Graphite Fiber Composites*. 1981, New York: Van Nostrand Reinhold.

Diefendorf, R. J., and E. Tokarsky, *High-Performance Carbon Fibers*. 1975, Polymer Engineering and Science. 1975, **15**: p. 150.

Lubin, G., ed., *Handbook of Composites*. 1982, New York: Van Nostrand Reinhold.

Nicolais, L., *Mechanics of Composites*. Polymer Engineering and Science, 1975. **15**: p. 137.

Nielsen, L. E., *Mechanical Properties of Polymers and Composites*. 1977, New York: Marcel Dekker, Inc.

Tsai, S. W., and H. T. Hahn, *Introduction to Composite Materials*. 1980, Westport: Technomic Publishing Company.

NANOCOMPOSITES

Brune, D. A., and J. Bicerano, *Micromechanics of Nanocomposites: Comparison of Tensile and Compressive Elastic Moduli, and Prediction of Effects of Incomplete Exfoliation and Imperfect Alignment on Modulus*. Polymer, 2002. **43**: p. 369.

Krishnamoorti, R., and R. Vaia, eds., *Polymer Composites: Synthesis, Characterization, and Modeling*. 2002, Washington, DC: American Chemical Society.

Paul, D. R., and L .M. Robeson, *Polymer Nanotechnology: Nanocomposites*. Polymer, 2008. **49**: p. 3187.

Slia, D., C. T. Hui, S. D. Burnside, and E. P. Giannelis, *An Interface Model for the Prediction of Young's Modulus of Layered Silicate-Elastomer Nanocomposites*. Polymer Composites, 1998. **19**: p. 608.

Vaia, R. A., and E. P. Giannelis, *Polymer Nanocomposites: Status and Opportunities*, MRS Bulletin, May 2001, p. 394.

문제

7.1 Poly(2,6-dimethyl-1,4-phenylene oxide)을 폴리스타이렌과 블렌드하였다. PS의 무게 분율에 대해서 계산된 블렌드의 T_g를 그래프로 플롯하여 역혼합 법칙에 의한 결과와 로그 혼합 법칙(logarithmic rule of mixture)에 의한 결과(4.3.4절 참조)를 비교하시오. DSC 측정으로 구한 T_g 값은 아래의 표에서 보는 바와 같다.

Wt% PPO	T_g (°C)
0	105
20	121
40	140
60	158
80	185
100	216

7.2 40 vol%의 충전제를 포함하고 있는 탄소-섬유 강화 폴리설폰 복합 재료에 대하여 예상할 수 있는 최대 탄성률과 최대 힘(strength)은 얼마인가?

7.3 다음의 가소제들의 화학 구조를 그리시오:

(a) TCP

(b) TOTM

(c) DOA

(d) DIOP

7.4 30 phr의 TOTM(T_g = -72°C)으로 가소화시킨 PVC의 T_g를 예측하시오.

7.5 그림 7-4에 나타난 상용성 TMPC/PS 블렌드의 T_g를 나타내는 곡선이 낮은 TMPC 조성에서 분기하는(diverge) 듯이 보이는 이유에 대해 설명하시오.

7.6 Haplin-Tsai 인자 A가 무한대로 접근할 때 Halpin-Tsai 식(식 (7.9))이 다음과 같이 간단한 혼합물의 식으로 단순화될 수 있음을 보이시오.

$$M = \phi_1 M_1 + \phi_2 M_2$$

그리고 A가 0으로 접근할 때에 혼합물의 역규칙(inverse rule)으로 됨을 보이시오.

$$\frac{1}{M} = \frac{\phi_1}{M_1} + \frac{\phi_2}{M_2}$$

7.7 역기체 크로마토그래피(3.2.5절 참조)는 관련식[23]과 용매 탐침(solvent probe)을 이용하여 Flory 상호작용, $\chi_{23,app}'$를 구하는 데 사용할 수 있다.

$$\chi_{23,app}'\phi_2\phi_3 = \ln\left(\frac{V_{g,blend}}{w_2 v_2 + w_3 v_3}\right) - \phi_2 \ln\left(\frac{V_{g,2}}{v_2}\right) - \phi_3 \ln\left(\frac{V_{g,3}}{v_3}\right)$$

여기에서 w와 v는 각각 부피 분율과 비부피이다. 270°C에서 톨루엔을 탐침(probe)으로 이용한 폴리스타이렌 (2), poly(2,6-dimethyl-1,4-phenylene oxide) (PPO) (3), 그리고 50/50 PPO 및 폴리스타이렌의 블렌드의 비보존 부피(specific retention volume)는 아래의 표와 같다. 이 데이터로부터 PPO/PS 블렌드의 χ_{23}를 구하시오. 이 값이 이 블렌드에서 알려진 상용성과 일치하는가?

Coating	V_g (mL/g-coating)
PS	2.38
PPO	2.96
PPO/PS	2.42

7.8 단일벽 탄소 나노튜브 및 다중벽 탄소 나노튜브의 현재의 시장 및 생산 방법에 대하여 논하시오.

참고 문헌

1. Kelley, F. N., and F. Bueche, *Viscosity and Glass Temperature Relations for Polymer–Diluent Systems.* Journal of Polymer Science, 1961. **50**: p. 549–556.
2. Wood, L. A., *Glass Transition Temperatures of Copolymers.* Journal of Polymer Science, 1958. **28**: p. 319–330.
3. Gordon, M., and S. J. Taylor, *Ideal Copolymers and the Second-Order Transitions of Synthetic Rubbers. I. Non-Crystalline Copolymers.* Journal of Applied Chemistry, 1952. **2**: p. 493-500.
4. Penzel, E., J. Rieger, and H. A. Schneider, *The Glass Transition Temperature of Random Copolymers. 1. Experimental Data and the Gordon-Taylor Equation.* Polymer, 1997. **38**(2): p. 325–337.
5. Fried, J. R., G. A. Hanna, and H. Kalkanoglu, *Compatibility Studies of PPO Blends*, in *Polymer Compatibility and Incompatibility—-Principles and Practice*, K. Solc, ed. 1982, New York: Harwood Academic Publishers, p. 237–248.
6. Illers, K.-H., W. Heckmann, and J. Hambrecht, *Untersuchung des Mischungsgleichgewichts binarer Polymermischungen. I. Mischungen aus Polystyrol und Tetarmethyl-bisphenol A-Polycarbonat.* Colloid and Polymer Science, 1982. **262**: p. 557–565.
7. Scott, R. L., *The Thermodynamics of High Polymer Solutions. V. Phase Equilibria in the Ternary System: Polymer 1-Polymer 2-Solvent.* Journal of Chemical Physics, 1949. **17**: p. 279–284.
8. McMaster, L. P., *Aspects of Polymer-Polymer Thermodynamics.* Macromolecules, 1973. **6**: p. 760–773.
9. Goh, S. H., and K. S. Siow, *Calorithmic Study of the Miscibility of Poly(Styrene-co-Acrylonitrile)/Poly(Methyl Methacrylate)/Poly(Ethyl Methacrylate) Ternary Blends.* Thermochimica Acta, 1986. **105**: p. 191–195.
10. Paul, D. R., and J. O. Altamirano, in *Copolymers, Polyblends, and Composites*, N. A. J. Platzer, ed., 1975, Washington DC: American Chemical Society. p. 371–385.
11. Cieslinski, R. C., *Real-Time Deformation of Polymers in the Transmission Electron Microscope.* Journal of Materials Science Letters, 1992. **11**: p. 813–816.
12. Kita-Tokarczyk, K., et al., *Block Copolymer Vesicles—Using Concepts from Polymer Chemistry to Mimic Biomembranes.* Polymer, 2005. **46**: p. 3540–3563.
13. Matsen, M. W., and F. S. Bates, *Unifying Weak- and Strong-Segregation Block Copolymer Theories.* Macromolecules, 1996. **29**(4): p. 1091–1098.
14. Bates, F. S., and G. H. Fredrickson, *Block Copolymers—Designer Soft Materials.* Physics Today, February 1999. p. 32–38.
15. Smart, T., et al., *Block Copolymer Nanostructures.* Nanotoday, 2008. **3**(3–4): p. 38–46.
16. Schrager, M., *The Effect of Spherical Inclusions on the Ultimate Strength of Polymer Composites.* Journal of Applied Polymer Science, 1978. **22**: p. 2379–2381.
17. Takayanagi, M., H. Harima, and Y. Iwata, *Viscoelastic Behavior of Polymer Blends and Its Comparison with Model Experiments.* Memoirs of the Faculty of Engineering, Kyushi University, 1963. **23**: p. 113.
18. Sur, G. S., et al., *Synthesis, Structure, Mechanical Properties, and Thermal Stability of Some Polysulfone/Organoclay Nanocomposites.* Polymer, 2001. **42**: p. 9783–9789.
19. Tyan, H.-L., K.-H. Wei, and T.-E. Hsieh, *Mechanical Properties of Clay-Polyimide (BTDA-ODA) Nanocomposite via ODA-Modified Organoclay.* Journal of Polymer Science: Part B: Polymer Physics, 2000. **38**: p. 2873–2878.
20. Kroto, H. W., et al., *C_{60}: Buckminsterfullerene.* Nature, 1985. **318**: p. 162–163.
21. Iijima, S., *Helical Microtubules of Graphitic Carbon.* Nature, 1991. **354**: p. 56–58.
22. Koo, J. H., and L. A. Pilato, *Polymer Nanostructured Materials for High Temperature Applications.* SAMPE Journal, 2005. **41**(2): p. 7–19.
23. Al-Saigh, Z. Y., and P. Munk, *Study of Polymer-Polymer Interaction Coefficients in Polymer Blends Using Inverse Gas Chromatography.* Macromolecules, 1984: p. 803–809.

제8장

생체 고분자, 천연 고분자 및 섬유

플라스틱 산업이 성장하던 초기에는 천연 고분자와 유사하거나 보다 우수한 성질을 갖는 합성 고분자의 개발에 중점을 두고 노력을 기울여 왔다. 첫 번째 중요한 발전은 1938년에 DuPont 사의 Wallace Carothers에 의한 나일론(합성 실크)의 개발을 들 수 있다. 상업용 섬유산업에서는 면이나 실크와 같은 천연 고분자, 화학적으로 변성시킨 천연 고분자인 재생 셀룰로스(예를 들어, 비스코스(viscose))와 아세테이트 및 나일론과 같은 합성 고분자들이 모두 중요하다. 인간 게놈 지도, 수천 개의 세포 단백질의 기능 연구, 단백질과 폴리뉴클레오타이드(polynucleotide)의 구조와 기능의 이해 등에 관한 최근의 진보는 점차 생명과학 외의 학문 영역에서도 중요하게 되었다. 이러한 학문 영역에는 재료공학, 화학공학, 컴퓨터 과학 등이 포함된다. 또한 다른 범용 열가소성 고분자와 경쟁하기 위하여 아미노 다당류인 키틴(chitin)과 같은 재생자원의 사용에 관해 많은 관심을 갖게 되었다. 이 장에서는 먼저 생체 고분자와 기타 천연 유래 고분자들인 단백질, 폴리뉴클레오타이드 및 다당류에 관해 초점을 맞추고자 한다. 이어서 천연 섬유와 합성 섬유에 대해 다루기로 한다.

8.1 생체 고분자와 천연 고분자

생체 고분자에는 다음과 같은 세 가지 부류가 있다. 단백질과 폴리펩타이드(polypeptide), 폴리뉴클레오타이드, 그리고 다당류가 있다. 생체 시스템에서 단백질은 동물의 체내에서 보호 분자 또는 지지체 분자로 사용되기도 하고, 혹은 촉매 기질, 산소 이동 분자와 그리고 세포 내 화학 반응 조절제로 사용되는 등 중요한 역할을 한다. 폴리뉴클레오타이드는 생체 활성계에서 정보 저장 및 이동, 세포 분열, 단백질 합성과 같은 중요한 기능을 제어

한다. 다당류는 주로 식물의 골격 보강 역할을 하고, 식물과 동물 모두에게는 에너지 저장소 역할을 한다.

실크나 면과 같은 많은 천연 유래 고분자들은 원래 형태로 섬유로 이용된다. 재생 셀룰로스와 셀룰로스 유도체들은 8.2.2절에서 논하듯이 섬유와 필름으로 사용된다. 기타 천연 유래 고분자들로는 케라틴, 콜라젠, 엘라스틴, 피브로넥틴(fibronectin) 및 심지어는 폴리아이소프렌(예를 들어, 천연 고무)도 있다. 다른 두 가지 천연 유래 고분자는 중요한 재생자원이자 많은 영역에서 상업화 응용 가능성을 보여 준다. 이들은 해조류로부터 아가로스(agarose)와 새우나 게로부터 얻어지는 키틴과 그 유도체인 키토산(chitosan)이다.

8.1.1 단백질

단백질은 다음과 같은 일반 구조*를 갖는 20여 개까지의 다른 아미노산을 함유하는 이종 고분자(heteropolymer)이다.

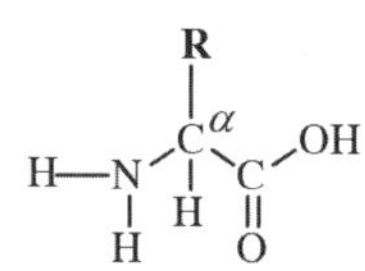

여기에서, R은 가장 단순한 아미노산인 글리신(glycine)의 경우에는 수소 원자 또는 CH_3(alanine), 또는 루신(leucine)의 경우에서의 알킬기와 같은 다양한 치환기이다. 표 8-1은 일반적인 약어, 화학 구조 그리고 특성을 포함한 모든 20종 아미노산의 이름을 보여 주고 있다. 글리신은 유일한 예외이지만, 아미노산은 위에 확인한 것과 같이 비대칭 C^{α}이기 때문에 광학성 카이랄(chiral) 분자이다. 자연계에 존재하는 모든 단백질은 L-아미노산을 함유한다.

표 8-1 천연 유래 아미노산

아미노산	기호	구조	특성
알라닌	Ala	$H_2N-CH(CH_3)-COOH$	비극성, 소수성
아지닌	Arg	$H_2N-CH(CH_2(CH_2)_2NHC(NH)NH_2)-COOH$	염기성

* 폴리펩타이드라는 용어는 하나의 아미노산으로 구성된 것을 나타낸다. 반면 단백질은 포유류 세포의 경우 유전적으로 기호화된 20여 종의 아미노산 중 둘 이상을 포함한다. 몇몇 유기물은 21종의 아미노산을 사용한다.

표 8-1 천연 유래 아미노산 (계속)

아미노산	기호	구조	특성
아스파라진	Asn	CH_2CONH_2 $H_2N-CH-COOH$	극성, 친수성
아스파트산	Asp	CH_2COOH $H_2N-CH-COOH$	산성
시스테인	Cys	CH_2SH $H_2N-CH-COOH$	극성, 친수성
글루탐산	Glu	CH_2CH_2COOH $H_2N-CH-COOH$	산성
글루타민	Gln	$CH_2CH_2CONH_2$ $H_2N-CH-COOH$	극성, 친수성
글리신	Gly	H $H_2N-CH-COOH$	극성, 친수성
히스티딘	His	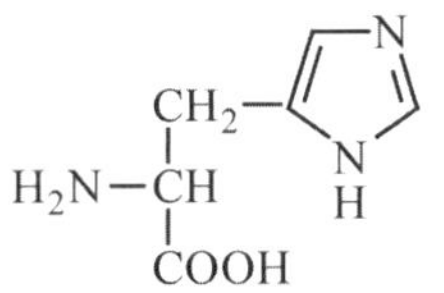	극성, 친수성
아이소루신	Ile	$CH(CH_3)CH_2CH_3$ $H_2N-CH-COOH$	비극성, 소수성
루신	Leu	$CH_2CH(CH_3)_2$ $H_2N-CH-COOH$	비극성, 소수성
라이신	Lys	$CH_2(CH_2)_3NH_2$ $H_2N-CH-COOH$	염기성
메싸이오닌	Met	$CH_2CH_2SCH_3$ $H_2N-CH-COOH$	비극성, 소수성
페닐알라닌	Phe	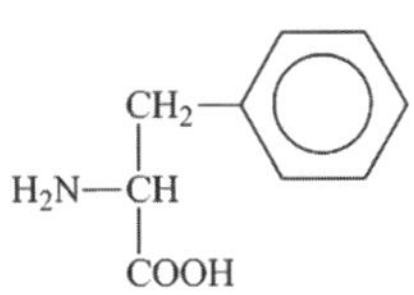	비극성, 소수성
프롤린	Pro	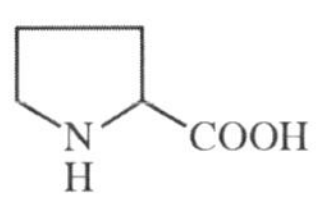	비극성, 소수성
세린	Ser	CH_2OH $H_2N-CH-COOH$	극성, 친수성

표 8-1 천연 유래 아미노산 (계속)

아미노산	기호	구조	특성
트레오닌	Thr	$H_2N-CH(CH(CH_3)OH)-COOH$	극성, 친수성
트립토판	Trp	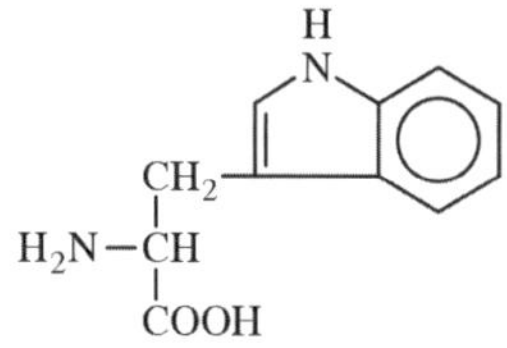	극성, 친수성
타이로신	Tyr	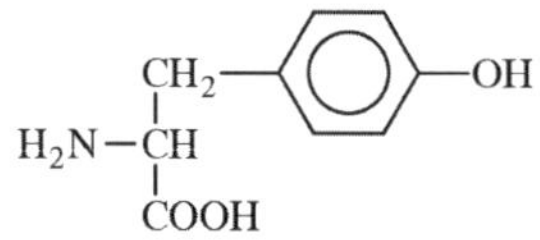	극성, 친수성
발린	Val	$H_2N-CH(CH(CH_3)_2)-COOH$	비극성, 소수성

고유 구조(native structure)라고 불리는 독특한 조밀 상태로 접혀진 단백질은 다양한 생물학적 기능을 수행한다. 단백질의 분자량은 작게는 6000, 많게는 백만을 가질 수 있다. 단백질의 가능한 형태의 수는 거의 천문학적이다−단지 100개의 아미노산 잔기(residues)로 구성된 단백질의 경우 10^{100}개 이상이다.

세포 안에서, 단백질은 리보솜(ribosome) 내의 아미노산의 액상 축중합(aqueous-phase polycondensation)에 의하여 생성된다. 사슬 내 아미노산의 서열(sequence)은 단백질의 1차(primary) 구조를 정의한다. 이 서열은 단백질 내 2차(secondary) 구조인 형태를 결정한다. 내부 가교와 상호 인력을 갖는 잔기에 의해 결정되는 단백질의 모양은 3차 구조를 형성한다. 예를 들어, 시스테인(cysteine) 잔기는 내부 이황화(disulfide)(S−S) 가교를 형성할 수 있다. 초분자 구조 내 각각의 폴리펩타이드 집합(aggregation)은 최종 또는 4차(quaternary) 구조를 정의한다. 어떤 아미노산은 비단백질 또는 철 포피린(porphyrin)(예를 들어, 헤모글로빈과 마이오글로빈에서 발견되는)과 같은 보결체(prosthetic group)에 산소와 결합할 수 있는 결합 장소를 제공한다. 이 중요한 그룹은 히스티딘(histidine)의 이미다졸(imidazole) 성분과 복합체를 형성한다.

섬유상 단백질은 포유류, 조류, 파충류의 보호 조직과 연결 조직에서 발견되는 강인하고, 불용성인 물질이다. 섬유상 단백질은 머리카락, 양털, 뿔, 손톱, 깃털, 가죽에서 발견되는 α-나선 단백질인 α-케라틴을 포함한다. 시스테인 잔기 사이의 수소 결합과 이황화 다리(bridge)는 강도와 강인성을 제공한다. β-케라틴 콜라젠(collagen)은 동물의 연결조직과 건(tendon)에서 발견된다. 각각의 폴리펩타이드 사슬은 3중으로 꼬인 로프를 만들기 위해서 2개의 사슬과 수소 결합할 수 있는 느슨한 나선을 형성한다.

모든 단백질은 섬유와 구형의 두 가지 범주로 분류할 수 있다. 구형 단백질은 체내 화학 반응을 조절하는 중요한 생체 단백질들을 포함한다. 수용성인 구형 단백질로는 효소, 항체, 마이오글로빈, 사이토크롬(cytochrome) C, 혈청 알부민 그리고 일부 호르몬 등을 들 수 있다. 이러한 단백질들은 α-나선과 비나선 분절을 모두 함유하고 있다. 위에서 언급하였듯이, 마이오글로빈(myoglobin)은 철분을 함유하는 단백질이다. 마이오글로빈은 단지 153개의 아미노산(17,000 분자량)으로 구성되어 있고, 모든 동물의 조직에 존재하는, 특히 고래, 바다표범에서 산소 저장 단백질로서 중요하다. 이는 하나의 철(II)-포피린(헴(heme)) 단위체가 부착된 단일 폴리펩타이드 사슬로 이루어져 있다. 철(II)-포피린의 간단한 구조와 생물학적 중요성으로 인하여, 마이오글로빈은 22년 동안의 노력의 결과, 1957년에 John Kendrew에 의해 구조가 완벽하게 밝혀진 첫 번째 단백질이다[1]. 다른 중요한 단백질은 헤모글로빈(hemoglobin)으로서, 이는 초분자 구조로 배열된 네 개의 마이오글로빈과 같은 분자들을 함유한다. 라이소자임(lysozyme)은 점액이나 달걀 흰자에 존재하는 효소로서, 세포의 벽을 공격하여 박테리아를 죽인다. 라이소자임은 129개의 아미노산 잔기의 단일 폴리펩타이드 사슬로 이루어져 있다. 사슬은 네 개의 분자 내 시스테인 가교와 세 개의 α-나선 구조를 가지고 있다. 오늘날, 수천 개의 중요 단백질의 구조가 알려져 있으며, 단백질 자료은행[2]과 같은 출처로부터 쉽게 구할 수 있다.

인간의 질병에 대한 이해와 치료에서 단백질의 중요성은 새롭게 정의되는 연구 영역인 단백질체학(proteomics)의 성장을 견인하여 오고 있다. 단백질체학은 단백질의 기능 및 단백질과 작은 분자 그리고 단백질과 다른 단백질들과의 상호작용에 대하여 연구하는 분야이다. 2000년 인간 게놈 프로젝트가 완성됨에 따라, 단백질체학은 새로운 최첨단의 학문이 되었다. 인간의 유전자에는 200,000개의 단백질이 존재한다고 한다. 인간 유전자의 전체적인 해석은 인간의 유전자의 지도화(mapping)보다 더 많은 강도를 요하는 작업일 것이다. 단백질체학은 세포 내에서 단백질의 위치가 어디인지, 세포가 살아 있는 동안 언제 존재하는지, 어느 농도에서, 얼마 동안 그리고 어떤 다른 단백질과 기능적으로 상호작용하는지 등에 대하여 이해하는 데 주력할 것이다. 대부분의 질병이 단백질의 오작동의 결과이기 때문에, 단백질체학은 의료과학의 새로운 발전을 이끌 것이다.

단백질 합성 단백질은 1960년대 실험실에서 Bruce Merrifield에 의해 개발된 과정[3]에 의하여 가교 결합되고, 클로로메틸화된 폴리스타이렌 입자(2.4.1절 참조)에 아미노산들을 연속적으로 부가하는 방법으로 합성할 수 있다[3]. 2.5.4절에서 논한 바와 같이, 단백질은 박테리아의 DNA 유전자 조합을 포함하는 과정을 통해서도 합성할 수 있다. 합성 인슐린도 이 방법으로 만들 수 있다. 몇 종류의 합성 폴리펩타이드는 글리신, 알라닌, 페닐알라닌과 같은 간단한 아미노산의 축합 반응으로 합성할 수 있다. 살아 있는 세포에서, 단백질은 다음 절에서 논하는 RNA-개시 반응에 의해 리보솜 자리에서 합성된다.

8.1.2 폴리뉴클레오타이드

자연계에서 나타나는 폴리뉴클레오타이드, 또는 핵산(nucleic acid)의 두 가지 형태는 데옥시리보핵산(deoxyribonucleic acid, DNA)과 리보핵산(ribonucleic acid, RNA)이다. DNA는 세포핵의 염색체 내에 유전 정보 저장 공간을 제공한다. RNA 분자들은 그들의 구조를 담은 유전 정보를 리보솜에 전달하고, 단백질 합성을 지시한다. 폴리뉴클레오타이드를 형성하는 뉴클레오타이드 단량체는 다음 그림과 같이 세 부분으로 이루어져 있다−인산 잔기, 다섯 개의 탄소로 구성된 고리 모양의 당(5탄당(pentose)) 그리고 퓨린(purine) 또는 피리미딘(pyrimidine) 중 하나의 헤테로 고리의 유기 염기.

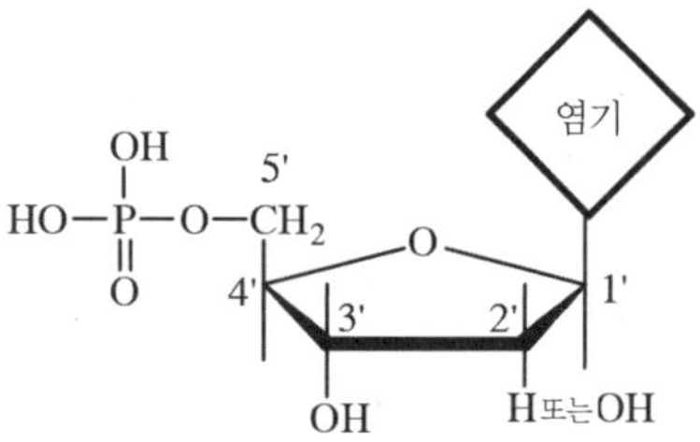

당 분자의 두 가지 유형 중 하나, 리보스(ribose) 또는 데옥시리보스(deoxyribose)는 폴리뉴클레오타이드에서 발견된다. 리보스와 데옥시리보스 사이의 중요한 차이는 2′ 탄소 위치에서의 치환기 유형이다. 다음에서 보는 바와 같이, 리보스는 2′ 탄소에 하이드록시기(−OH)를 가진다; 데옥시리보스의 2′ 탄소 위치의 두 치환기는 수소 원자이다.*

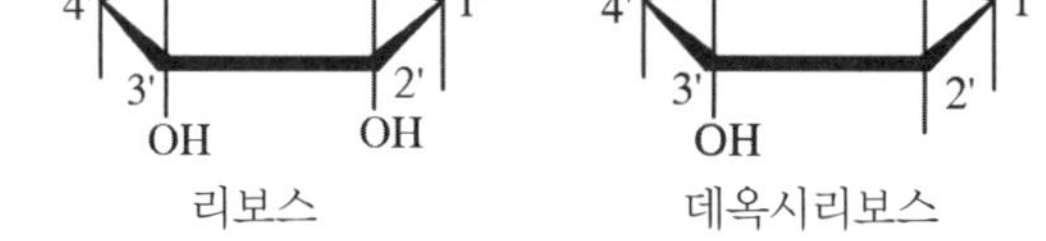

D-리보스만 RNA에서 발견되는 한편으로 데옥시-D-리보스는 DNA에서 유일하게 존재한다.

헤테로 고리(heterocyclic) 염기는 두 가지 퓨린−아데닌(adenine)(A), 구아닌(guanine)

* 간단하게, 수소 원자는 명백하게 나타나지 않는다. 그러나 모든 열린 위치에 존재할 수 있는 것으로 여겨진다.

(G)−과 세 가지 피리미딘−타이민(thymine)(T), 사이토신(cytosine)(C), 유라실(uracil)(U)−을 포함한다. 이 다섯 가지의 염기의 구조는 표 8-2에서 보는 바와 같다. 타이민, 아데닌, 구아닌, 사이토신은 DNA에서 발견된다; 아데닌, 구아닌, 사이토신, 유라실은 RNA에 존재한다. 따라서 타이민은 DNA에 유일하게 존재하며, 유라실은 RNA에 유일하게 존재한다. 다른 뉴클레오타이드의 당 단량체는 폴리뉴클레오타이드를 형성하는 3′과 5′ 탄소 사이의 인산염-하이드록시기 연결로 결합되어 있다. 그림 8-1은 RNA와 DNA의 대표적인 골격 사슬들을 보여 주고 있다.

표 8-2 핵산에서 발견되는 퓨린과 피리미딘 염기

DNA에만	DNA와 RNA			RNA에만
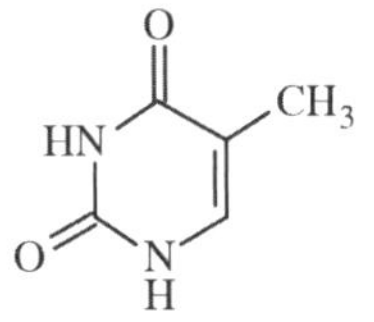	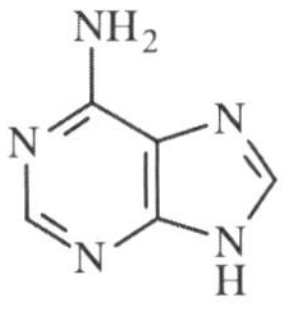	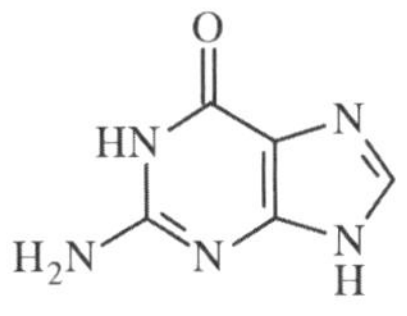	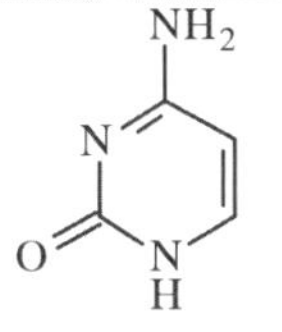	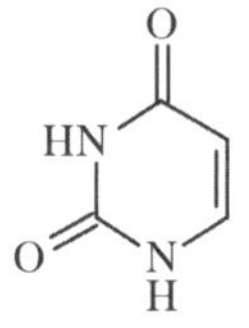
타이민	아데닌	구아닌	사이토신	유라실

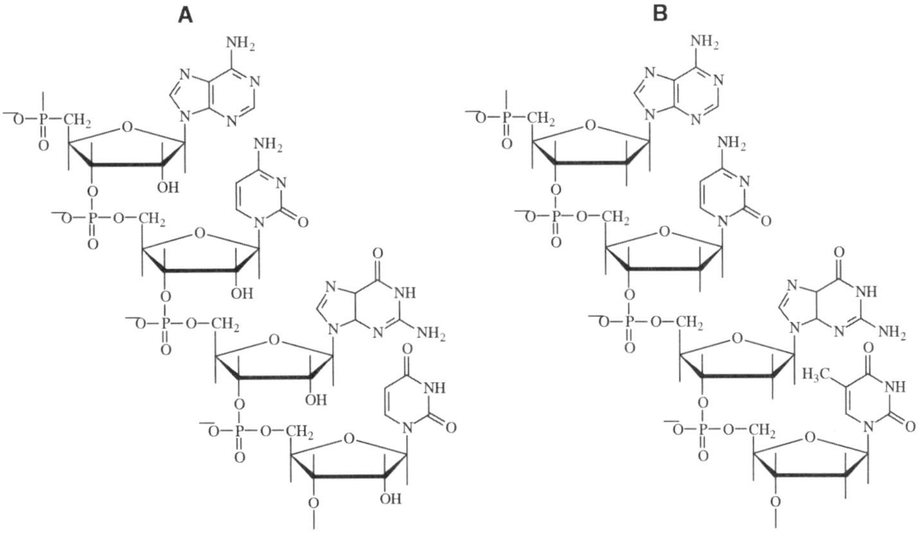

그림 8-1 (**A**) A-C-G-U 염기의 순서를 갖는 RNA의 대표적인 네 가지 뉴클레오타이드 분절.
(**B**) A-C-G-T 순서 분절을 갖는 DNA의 네 가지 뉴클레오타이드 물질.

전형적인 DNA 분자는 매우 크다. 분자량은 수백만에서 수억에 이르며 이는 수천에서 수십만의 뉴클레오타이드에 상응한다. 세포 내에서 DNA 분자는 매우 조밀한 형태로 존재하지만, 길게 펼쳤을 때 전형적인 DNA 분자는 수십 cm의 실을 형성할 수 있다. 1953

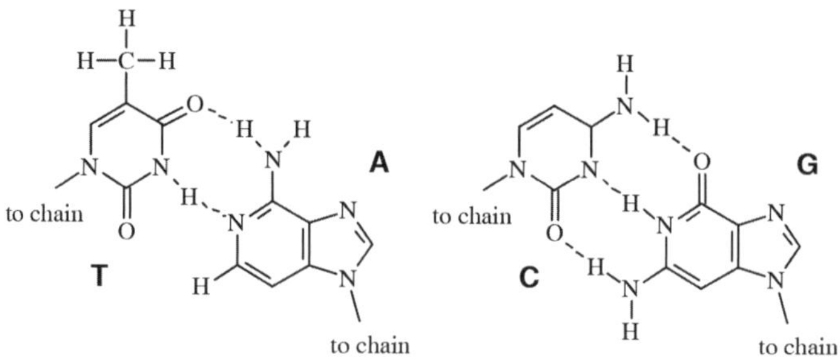

그림 8-2 DNA 내 상호 보완성 염기쌍 사이의 수소 결합

년 Maurice Wilkins[4, 5]가 구한 DNA 섬유의 X-선 회절 모양의 분석으로부터 Watson과 Crick은 DNA는 반대 방향으로 나아가는 상호 보완성을 갖는 두 사슬이 오른쪽으로 도는 나선(right-handed helix)의 형태로 존재한다고 추론하였다. 나선은 34 Å 마다 한번 회전한다. 나선형 구조는 그림 8-2에 도식된 바와 같이, A-T 또는 C-G 조합의 사슬을 따라 상호 보완성을 지닌 염기쌍 사이에 수소 결합을 형성함으로써 안정화된다. 보는 바와 같이, 두 개의 수소 결합은 아데닌을 타이민에 연결하는 한편으로, 세 개의 수소 결합은 구아닌

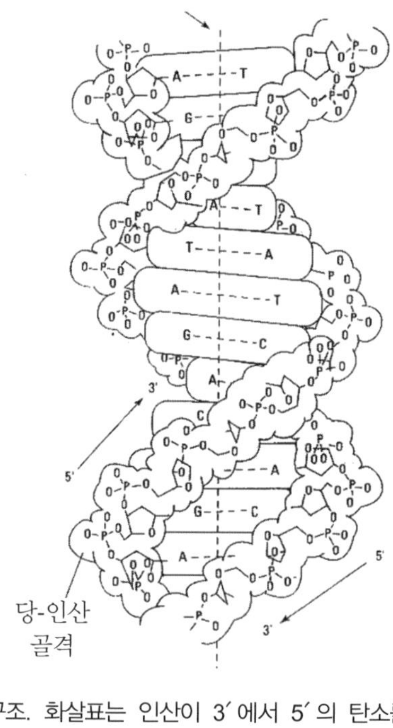

그림 8-3 DNA 이중 나선의 구조. 화살표는 인산이 3′에서 5′의 탄소를 인접한 데옥시리보스 당 잔기(residue)에 연결하는 방향을 보여 준다. 아데닌, 타이민, 구아닌, 사이토신은 상호 보완적인 염기쌍과 수소 결합을 형성하며(그림 8-2 참조) 나선축에 직각으로 겹쳐진다(위쪽 화살표).
Reproduced from J. Yin, *Chemical Engineering Progress*, November 1999, p. 65-74, with permission from the American Institute of Chemical Engineers.

을 사이토신에 연결한다. DNA 이중 나선의 도식은 그림 8-3에서 보는 바와 같다.

논한 바와 같이, RNA와 DNA는 당(sugar)의 유형(즉, RNA의 리보스와 DNA의 데옥시리보스)과 피리미딘 염기의 유일함(즉, RNA의 타이민과 DNA의 유라실)에서 다르다. DNA와 달리 RNA는 단일 나선으로 존재하며, DNA와 같은 상호 보완적인 염기-쌍 특성을 갖지 않는다. RNA 분자는 또한 분자량이 아주 낮다. 세 가지 형태의 RNA는 단백질 합성에 포함된다. 이들은 운반 RNA(t-RNA), 전령 RNA(m-RNA) 및 리보솜 RNA(r-RNA)이다. m-RNA는 전체 RNA의 약 5~10%를 차지한다. m-RNA의 기능은 유전자의 DNA로부터 유전학적인 신호를 받는 것(전사 과정(transcription process))과 단백질 합성이 일어나는 곳의 리보솜에게 정보를 전달하는 것이다.* m-RNA 염기 서열은 세포핵의 DNA 쌍으로부터 풀어진 한 DNA 가닥의 일부분과 상보적이다. 예를 들어, DNA의 A-T-C-G-T 서열은 m-RNA의 U-A-G-C-U 서열로 유전 정보가 전사될 것이다. t-RNA 분자는 길이 방향으로 70~80개의 순환 개체로 이루어진 상대적으로 작은 분자이다.

리보솜에서 단백질 합성은 150여 개의 아미노산 잔기들이 수초 내로 조립될 수 있는 빠른 과정이다. 리보솜들은 직경 약 200Å의 거의 구형의 입자이고, 세포 원형질(protoplasm) 내에 흩어져 있다. 이들은 특정 단백질과 높은 분자량의 리보솜-RNA(r-RNA)로 형성된다. 합성은 4단계로 이루어진다. 처음에, 아미노산 단량체는 에스터화 반응에 의하여 효소로 t-RNA에 결합된다. 적어도 각 아미노산에 대하여 적어도 하나의 t-RNA가 존재하지만, 여러 가지 다른 t-RNA도 동일한 아미노산에 붙을 수 있다. 시작 복합체(intiation complex)는 t-RNA 에스터와 리보솜에서 아미노산의 순차 연결을 지시하는 신호를 가진 m-RNA 사이에서 형성된다. 단백질은 첫 아미노산의 카복실산 말단과 m-RNA로부터 지정받은 두 번째 아미노산의 아미노 잔기를 갖는 물질의 반응으로부터 만들어지기 시작한다. m-RNA와 t-RNA-펩타이드 사슬은 리보솜을 따라 이동하여 다음 지정된 위치에 자리를 취한다. 마지막으로, m-RNA로부터 마지막 지정된 지시에 따르면 완성된 단백질은 리보솜에서 분리된다.

네 가지 염기–아데닌, 유라실, 구아닌, 사이토신–는 적어도 20개의 다른 아미노산들을 지정해야 하는 것이 분명하다(8.1.1절 참조). 이것은 적어도 세 개의 뉴클레오타이드의 코돈(codon)은 단일 아미노산에 최소한의 신호를 지정해야 한다는 것을 의미한다. 세 개의 염기나 세 개가 하나의 조를 이루는 트리플렛 서열(triplet sequence)은 64(=4^3)개의 조합을 이룰 수 있다. 단지 20개의 유전학적으로 지정된 아미노산이 존재하기 때문에, 지정 과정 내에서의 일부 중복은 불가피하다. 이는 해로운 변종에 대해 이로운 보호 장치이다.

* 유전자는 단백질을 코딩하는 DNA 서열이다. 인간의 경우 100,000~150,000 정도의 유전자가 있다.

표 8-3에서 보듯이, 몇몇 아미노산(아지닌, 루신, 세린)은 6개까지의 다른 트리플렛 조합에 대하여 지정되는 반면에 트립토판과 메싸이오닌은 단일 트리플렛(각각 A-U-G, U-G-G)으로부터 각각 지정된다. 또한 표 8-3에 나타낸 바와 같이, 몇몇 코돈들은 단백질 합성 과정의 시작이나 끝의 지시를 내린다.

표 8-3 단백질 합성에서 각각의 아미노산에 대한 코돈 지정

첫 번째 위치	두 번째 위치 U	두 번째 위치 C	두 번째 위치 A	두 번째 위치 G	세 번째 위치
U	페닐알라닌 루신	세린	타이로신 종결 종결	시스테인 종결 트립토판	U C A G
C	루신	프롤린	히스티딘 글루타민	아지닌	U C A G
A	아이소루신 메싸이오닌[a]	트레오닌	아스파라진 라이신	세린 아지닌	U C A G
G	발린	알라닌	아스파트산 글루탐산	글리신	U C A G

[a] 개시

8.1.3 다당류

다당류(polysaccharides)인 셀룰로스, 녹말, 글리코젠은 당 분자들의 집합에 의해 이루어진 고리 선형 폴리에테르(polyethers)이다. 중합도는 30~100,000의 범위가 가능하다. 보통 셀룰로스나 녹말에서 발견되는 당 분자의 형태로는 글루코스나 포도당(glucopyranose)의 고리 형태를 들 수 있다. 이들은 α-D-glucose(α-D-glucopyranose)와 β-D-glucose(β-D-glucopyranose)로, 화학 구조는 그림 8-4에서 보는 바와 같다. 셀룰로스, 녹말, 글리코젠에서, 글루코스 잔기는 인접한 분자의 1과 4 위치의 하이드록시기를 따라 응축된다(condensed). 그 외 중요한 다당류는 곤충이나 몇몇 갑각류의 외골격(exoskeleton)에서 발견되는 아미노기의 다당류인 키틴으로, 2-acetamido-2-deoxy-D-glucose(*N*-acetyl-D-glucosamine)로 구성된다. 키틴은 *N*-아세틸기를 갖는 2-탄소에 하이드록시기를 치환한 점에서만 셀룰로스와 다르다.

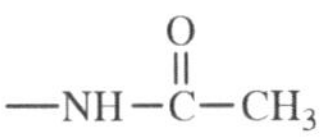

셀룰로스와 키틴은 풍부함, 접근성, 저렴한 가격, 무독성 그리고 생분해성과 생물학적 적합성을 포함한 매력적인 특성들로 인하여 가장 중요한 천연 고분자 물질이다.

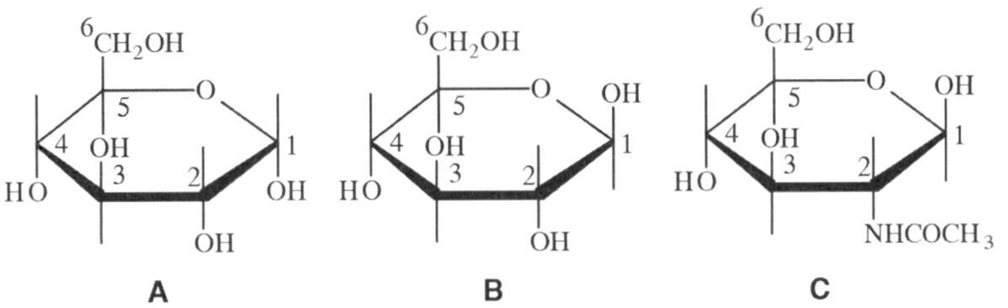

그림 8-4 일반적인 다당류에서 발견되는 당류. **A**. α-D-glucose; **B**. β-D-glucose; **C**. 2-acetamido-2-deoxy-D-glucose.

셀룰로스 셀룰로스는 자연에서 발견되는 가장 풍부한 유기 물질의 하나이다. 정제된 면(cotton)은 94%의 셀룰로스와 아주 적은 양의 관련된 생성물로 되어 있다(예를 들어, hemicellulose와 pectin). 목재는 약 50%의 셀룰로스를 함유한다. 식물 세포벽과 섬유질은 모두 셀룰로스로 만들어진다. 셀룰로스는 글루코스의 1,4-β 결합을 통하여 형성된다. 셀룰로스의 전형적인 고리 구조는 200~6,000의 무수 글루코스(anhydroglucose) 단위로 이루어지고, 여기에는 세 개의 하이드록시기가 있으며, 아세탈 다리 결합으로 연결된다(그림 8-5 참조). 분자량은 300,000에서 1,000,000이다. 셀룰로스는 높은 결정성의 매트릭스를 가진 판(sheet) 사이에 수소 결합으로 강하게 이어진(bonded) 완전히 펼쳐진 사슬로 구성된다. 따라서 셀룰로스는 불용성이고, 비용해성(즉, 녹기 전에 분해한다) 고분자이며, 섬유와 필름들은 8.2.2절에서 논하듯이 화학적으로 개질한 셀룰로스에 의해서만 구하여진다.

녹말 녹말은 광합성 식물의 주요 에너지 저장 다당류이다. 대부분의 녹말은 구조상 두 개의 다른 형태를 취한다–중합도 100에서 6,000의 선형 고분자인 아밀로스와 높은 가지상 부분인 아밀로펙틴(amylopectin)의 고농축물. 아밀로펙틴의 가지는 길이 방향으로 12에서 15의 글루코스 잔기이고, 매 6~12번째 주골격 잔기에서 발생한다. 셀룰로스에서의 1,4-β 결합 글루코스에 비해, 아밀로스는 1,4-α 결합 글루코스로 구성된다. 물에서 아밀로스는 나선 형태를 취한다. 아밀로스보다 더 많은 가지를 지닌 글리코젠은 동물조직에서 에너지 저장 메커니즘으로 사용된다.

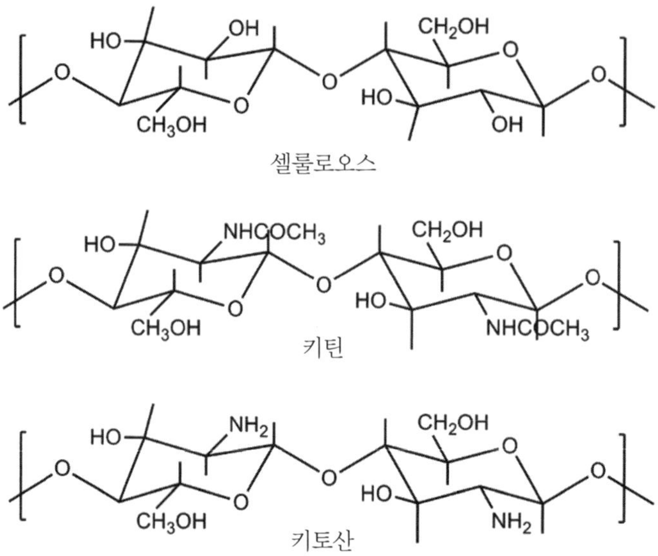

그림 8-5 셀룰로스, 키틴, 키토산, 아밀로스의 화학적 구조

키틴 앞에서 언급하였듯이, 키틴(chitin) 분자는 그림 8-5에서 보는 바와 같이 β(1-4) 결합을 통해 2-acetamido-2-deoxy-D-glucose 단위로 구성된다.* 키틴은 두 개의 구조적 형태로 생성된다. β-키틴은 더 적게 형성되는 구조로서, 키틴 분자의 평행한 배열로 인한 약한 분자간 힘이 특징이다; α-키틴은 비평행 배열로 더 강한 상호작용을 갖는다. 키틴의 높은 질소 함유량은 킬레이트제로 유용하게 사용된다. 키틴은 해산물의 가공에서 폐기물로 얻어진다.

셀룰로스의 경우(2.4.2절 참조)와 마찬가지로 키틴의 화학적 개질은 용해도의 한계로 인하여 어렵다. 키틴은 탈아세틸화 키틴(deacetylating chitin)에 의하여 아미노기가 제거된 키토산† 으로 변형될 수 있다. 탈아세틸화의 정도는 일반적으로 70~95% 범위이다. 키틴의 탈아세틸화에 대해서는 농축된 수산화물 용액에서 키틴을 끓였던 Rouget에 의해서 1859년에 이미 보고되었다. 키토산 생산과 키토산으로 이루어지는 필름과 섬유 제조에 관한 첫 번째 미국 특허가 1934년에 발행되었다.

그림 8-5는 셀룰로스, 키틴, 키토산과 아밀로스의 화학 구조의 비교를 보여 주고 있다. 키토산의 가장 유용한 특성의 하나는 구리, 납, 수은, 우라늄과 같이 폐수의 해로운 금속 이온과 킬레이트 화합물을 만들 수 있는 능력이다. 키토산으로 제조된 막은 물의 정수, 여과 및 조정된 배출(controlled release)에 사용될 수 있다. 키토산은 물이나 알칼리, 유기 용제에 녹지 않으나, pH 6 이하에서 아세트산이나 폼산(formic acid)과 같은 대부분의 유

* Poly-β(1→4)-2-acetamide-2-deoxy-D-glucopyranose

† Poly-β(1→4)-2-amino-2-deoxy-D-glucopyranose

기산 용액에 녹는다.

다당류의 반응 다당류는 올리고당과 글루코스로 가수 분해될 수 있다. 가수 분해는 녹말의 아밀로스 부분에 대한 아밀레이스의 작용과 같은 효소 반응으로 일어난다. 다당류는 또한 수용액 산에서의 가수 분해를 포함하여, 효소 없이도 가수 분해 작용이 가능하다.

셀룰로스가 갖는 하이드록시기는 에스터화나 에테르화를 포함한 화학적 개질의 장소를 제공한다. 이런 반응은 셀룰로스의 물성과 유용성에 충분한 영향을 미친다. 예를 들어, 셀룰로스 나이트레이트는 질산과 황산의 혼합에 셀룰로스를 반응시켜 얻는다. 셀룰로스 아세테이트는 셀룰로스를 아세트산이나 무수 아세트산과 반응시켜 얻는다(2.4.2절 참조). 셀룰로스 에테르는 염화 메틸(methyl chloride)과 같은 알킬 할로젠화물(alkyl halide)과 알칼리 셀룰로스를 반응시켜 합성할 수 있다.* 메틸셀룰로스는 물에 녹으며, 접착제, 안정화제 및 잉크의 결합제로 사용된다. 카복시메틸셀룰로스는 그림 8-6에서 보는 바와 같이 알칼리 셀룰로스와 클로로아세트산이나 클로로아세트산염과 반응시켜 얻는다. 카복시메틸셀룰로스의 소듐 형태는 셀룰로스 껌(cellulose gum)이라고 부른다. 이 역시 물에 용해하며, 음식물이나 다른 응용 분야에서 증점제, 결합제 그리고 안정제로 사용된다.

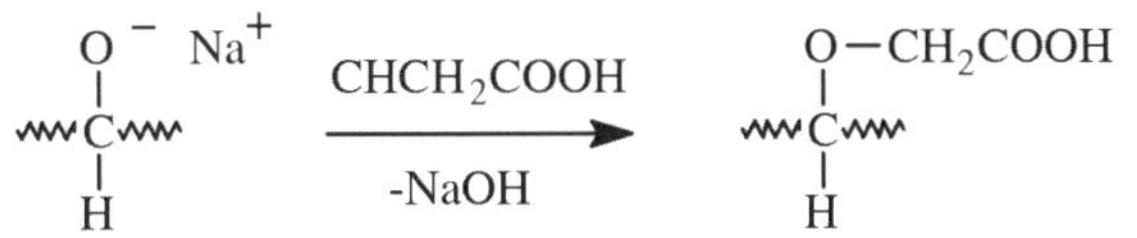

그림 8-6 소듐 셀룰로스와 클로로아세트산의 반응에 의한 카복시메틸셀룰로스의 합성

재생 셀룰로스인 레이온은 두 가지 공정에 의해 만들 수 있다. 이들은 수산화 소듐 수용액과 이황화 탄소(carbon disulfide)를 이용한 에스터화 반응인 잔테이트(xanthate) 공정 및 8.2.2절에서 논한 바와 같이 셀룰로스를 용해하기 위하여 수산화 암모늄과 산화 구리를 이용한 구리암모늄(cuprammonium) 공정이다.

8.1.4 천연 유래 탄성체

엘라스틴 엘라스틴(elastin)은 글리신, 알라닌 그리고 발린이 풍부한 단백질이다. 분자량은 일반적으로 70,000 이상이다. 구조는 일부 α-나선 구조를 갖는 무작위 코일로 대부분 이루어진다. 고무와 유사한 물성을 나타내며, 동맥 혈관벽이나 인대에 탄성을 부여한다. 엘라스틴의 가교 결합은, 그림 8-7에서 보는 바와 같이, 네 개의 라이신 곁사슬에 의한

* 소듐 셀룰로스는 셀룰로스와 수산화 소듐 수용액과의 반응에 의해 만들어진다.

데스모신(desmosine) 구조의 형성을 통해 이루어진다.

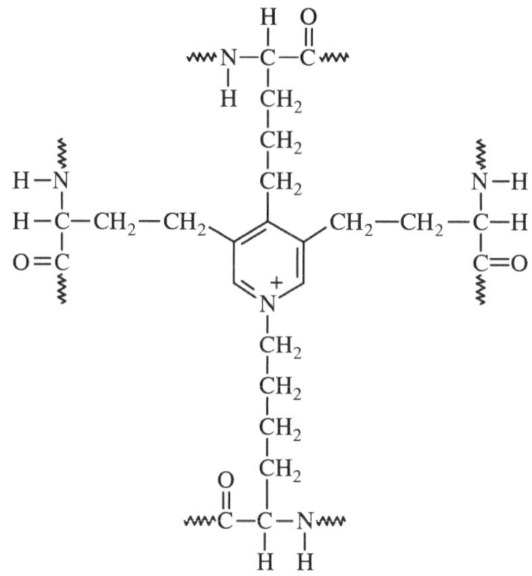

그림 8-7 엘라스틴 망상 구조(network)의 중심 데스모신 구조

폴리아이소프렌 폴리아이소프렌(polyisoprene)의 몇 가지 기하 이성질체(1.2.3절 참조)는 나무나 식물에 의해 만들어진다.

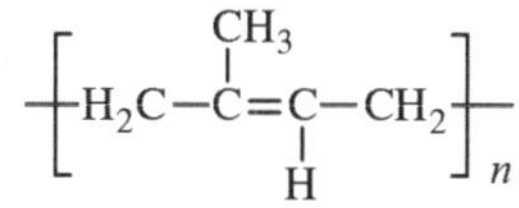

9.2.1절에서 논하는 바와 같이 이들은 표준 고분자 합성 기술을 이용하여 상업적으로 구할 수 있다. 입체 화학에 따라 일부 천연 폴리아이소프렌은 단단한 플라스틱 물질(예를 들어, 거터 퍼쳐(gutta percha)와 발라타(balata))이나 탄성체(*Hevea brasiliensis* 또는 천연 고무)로 사용하기에 적합하다. 거터 퍼쳐(*Palaquium oblongifolium*)와 발라타(*Mimusops globosa*)는 비록 지역은 다르지만, 둘 다 나무에서 얻어진다. 이러한 폴리아이소프렌의 경도는 사슬의 밀집을 촉진시키고 사슬의 유연성을 감소시키는 트랜스-배열에 의하여 결정된다.

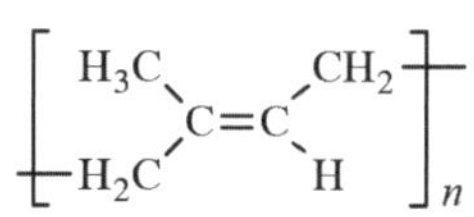

거터 퍼쳐는 1850년대 초에 전선 절연체로 사용되었다. 거터 퍼쳐와 발라타는 골프공의

포장재로 제한적으로 사용되기도 하나, 최근에는 정형외과에서 부목(orthopedic splints)의 재료로 더 많이 쓰이고 있다. Chicle(*Achras sapota*)에서 발견되는 시스-1,4-폴리아이소프렌과 트랜스-1,4-폴리아이소프렌은 껌(chewing gum)의 원료로 사용되고 있다.

시스-1,4-폴리아이소프렌은 Hevea brasiliensis(Hevea 고무) 나무에서 추출되는 유연성과 고무 탄성을 나타내는 고분자이다. 자연에서, Hevea나 천연 고무(NR)는 isopentylpyrophosphate의 효소 중합으로 얻어진다.

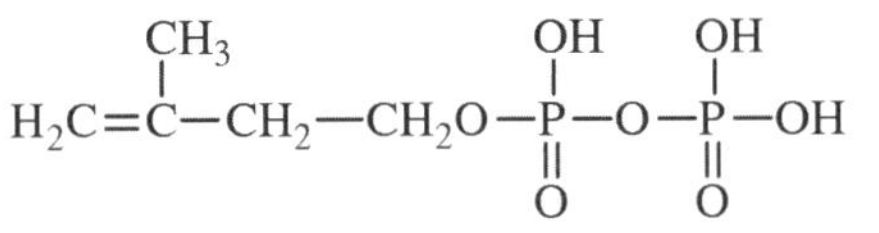

이는 35% 고무와 5% 고체(예를 들어, 단백질, 설탕, 수지 및 소금)로 구성된 라텍스로서 수확된다. 고무는 라텍스를 응고시켜 얻는다. 천연 고무는 비록 수율이 떨어지기는 하지만, 미국 남서부와 멕시코 북부에서 서식하고 있는 guayule을 함유하고 있는 다양한 식물로부터 얻는다. 1844년 Charles Goodyear의 특허 공정인 가황에 의하여(9.2.1절 참조) 시스-1,4-폴리아이소프렌의 각 사슬들은 이황화 결합에 의해 가교되고, 이는 타이어 및 다른 응용에 적합한 탄성을 부여한다.

8.2 섬유

섬유는 일반적으로 반결정성 고분자로서, 복합체 적용뿐만 아니라 섬유로서 질량대비 높은 강도를 갖는 긴 실로 방사될 수 있다(7.4절 참조). 섬유는 합성 고분자(예를 들어, 폴리에스터, 나일론, 폴리올레핀, 폴리아크릴로나이트릴계의 아크릴 고분자)와 기본적으로, 레이온(재생 셀룰로스)이나 셀룰로스 아세테이트의 형태를 갖는 천연 유래 고분자의 용융 방사(melt spinning) 또는 용액 방사(solution spinning)에 의해 만들어진다.

8.2.1 천연 섬유와 합성 섬유

천연 유래 섬유 자연에서 얻어지는 섬유는 첫 고분자 실험실에서 합성되기 시작하기 오래 전부터 직물로서의 응용에 사용하였다. 이러한 섬유로는 면 및 황마와 같이 채소나 식물로부터 유도되거나 동물의 산물(animal products), 특히 양털이나 실크를 들 수 있다. 채소나 식물 섬유의 주성분은 그림 8-5에 나타낸 구조를 가진 셀룰로스이다. 실크를 제외하면, 동물성 섬유의 주성분은 척추동물의 보호 외부벽(즉, 피부, 머리카락, 껍질)을 이루는 섬유상 단백질의 천연 세포질 조직인 **케라틴**(keratin)이다. 실크 단섬유(filament)의 단백질은 누에(*Bombyx mory*에 속하는 작은 나방의 쐐기벌레)로부터 생산되며, 케라틴보다 더 간단한 구조를 갖는 **피브로인**(fibroin)이다.

몇 종류의 주요한 천연 섬유의 대표적인 물성은 표 8-4에서 보는 바와 같다. 섬유의 인장 강도는 주로 섬유 밀도 단위당 응력(stress)인 **비장력**(tenacity)으로 표현한다. 비장력의 SI 단위는 뉴톤(N)/텍스(tex)이고, 텍스는 섬유의 1000 m당 g 무게이다.*

표 8-4 몇 종류의 천연 섬유와 합성 섬유의 대표적인 물성(65% 상대 습도에서)

섬유	파단 시 비장력 (N/tex)[a]	파단 시 신장 (%)	탄성률 (N/tex)[a]	비중력
천연 섬유				
양모	0.09 − 0.15	25 − 35	2.2 − 3.1	1.30
면	0.26 − 0.44	4 − 10	9 − 30	1.54
셀룰로스계				
셀룰로스[b]	0.12 − 0.33	10 − 30	3.7 − 5.8	1.50 − 1.54
셀룰로스 아세테이트[c]	0.09 − 0.13	25 − 40	2.2 − 3.5	1.30 − 1.35
비셀룰로스계				
폴리에스터[d]	0.35 − 0.53	15 − 30	7.9	1.38
나일론[d]	0.40 − 0.71	15 − 30	3.5	1.14
아크릴[d]	0.40 − 0.44	15 − 20	5.3 − 6.2	1.17
올레핀(PP)	0.44 − 0.79	15 − 30	2.6 − 4.0	0.90

[a] N/tex를 g/den으로 환산하려면 11.3을 곱함
[b] 비스코스 공정으로부터
[c] 2차 아세테이트(DS < 2.4)
[d] 연속 섬유

합성 섬유 합성 섬유는 일반적으로 반결정성 고분자로서, 길이 대 직경 비가 100이 넘는 단섬유로 방사될 수 있다. 일반적으로, 섬유는 방사 공정(용융, 건식 또는 습식 방사)에서 한 방향으로 배향되어 높은 비장력을 갖는 물질로 된다. 섬유는 8.2.4절에서 논한 바와 같이 용융 상태 또는 고농도 상태(즉, 건식 또는 습식 방사)에서 방사될 수 있다. 합성 고분자의 섬유 **실**(yarn)은 연속 섬유 몇 가닥들을 꼬아서 실축에 따라 배열된 모든 단섬유로 균일한 구조를 형성시켜 생산한다.

---

* 더 오래된 용어는 데니어(denier, d)이다. 데니어는 9000 m당 그램을 의미한다.

표 8-5 2012년에 미국에서 생산된 합성 섬유[a]

섬유	생산량(천 톤)[b]	(2002–2012) 연 변화율(%)
셀룰로스계(아세테이트와 레이온)	27	-10.3
비셀룰로스계		
나일론	562	-6.6
올레핀	1021	-3.1
폴리에스터	1203	-2.2

[a] Adapted from Chemical and Engineering News, July 1, 2013, p.44
[b] 환산: 2206.6 파운드/톤

상업용 섬유는 셀룰로스계와 비셀룰로스계로 나뉜다. **셀룰로스계**(cellulosic)는 재생 셀룰로스(레이온)와 셀룰로스 아세테이트(아세테이트)가 있으며 천연의 셀룰로스를 화학반응 혹은 개질시켜 만든다. **비셀룰로스계**(non-cellulosic)(폴리에스터, 나일론, 폴리올레핀 및 아크릴)는 모두 합성 고분자이다. 이들은 표 8-5에 나온 생산 자료에서 보는 바와 같이 상업용 시장의 대부분을 차지하고 있다. 최근에 들어 셀룰로스는 지난 10년간 미국 섬유 시장에서의 점유율이 점차 감소하는 추세이다; 전체적으로, 합성 섬유 시장의 크기는 감소하고 있다. 합성 섬유의 제조에 사용되는 합성법 및 방사법에 대해서는 다음 절에서 논하고 있다.

8.2.2 셀룰로스계

셀룰로스 섬유에 사용되는 셀룰로스는 나무 펄프나 면 회수 시 남겨진 단섬유(short fibers)로부터 얻어진다. 셀룰로스 강직한 사슬은 강하게 수소 결합하고, 결정성이 매우 높다. 이러한 이유로 인해, 셀룰로스는 기본적으로 용매에 불용성이며 용융되지 않고(즉, 녹기 전에 분해됨), 따라서, 섬유와 필름은 다음에 논하는 바와 같이 셀룰로스를 화학적으로 개질시켜야만 얻어진다. 셀룰로스 섬유(레이온)나 필름(셀로판) 형태는 1920년대까지 거슬러 올라가는 비스코스 공정으로 구하여진다.* 접근법은 **셀룰로스 잔테이트**(cellulose xanthate)라고 불리는 중간 용액 형태로부터 셀룰로스를 재생한다. 높은 자본 및 에너지 집약형인 이 공정에서 셀룰로스 펄프(목재 펄프 또는 면 솜털)를 실온에서 농축 가성소다(sodium hydroxide) 용액(18%)으로 처리한다. 이 처리 과정에서 셀룰로스는 분자량이 낮은 물질

* 구리암모늄 공정에서 셀룰로스는 수산화 암모늄과 산화 구리 용액에 녹인다. 재생된 섬유는 이후 물에서 추출에 의해 얻어진다. 비록 구리암모늄 공정은 잔테이트 공정보다 단순하지만, 공정 과정에서 결손되는 구리의 비용 때문에 덜 선호된다.

로 산화 분해되고 부분적으로 녹는다. 숙성(aging period) 후, 슬러리(slurry)를 이황화 탄소(CS_2)와 반응시켜 그림 8-8에 나타낸 구조의 셀룰로스 잔테이트를 만든다. 일반적으로, 이 과정에서는 여섯 개의 하이드록시기 중 하나가 반응한다. 셀룰로스 잔테이트의 노란색 콜로이드형 분산체(비스코스)는 황산 수용액과 염($NaHSO_4$)이 있는 욕조에 방사되고 이는 잔테이트를 섬유 형태의 셀룰로스로 다시 환원시킨다. 방사 과정에서 섬유를 연신시켜 섬유나 타이어 코드 응용에 필요한 보다 높은 강도를 부여할 수 있다. 재생 셀룰로스로부터 얻어진 섬유는 친수성이고, 천연 셀룰로스보다 덜 발달된 결정 구조를 나타낸다. 전형적인 셀룰로스 섬유의 물성을 표 8-4에 나타내었다. 레이온과 그 유도체들의 하나의 문제점은 가연성으로, 이는 내연제(flame retardant)의 첨가를 필요로 한다.

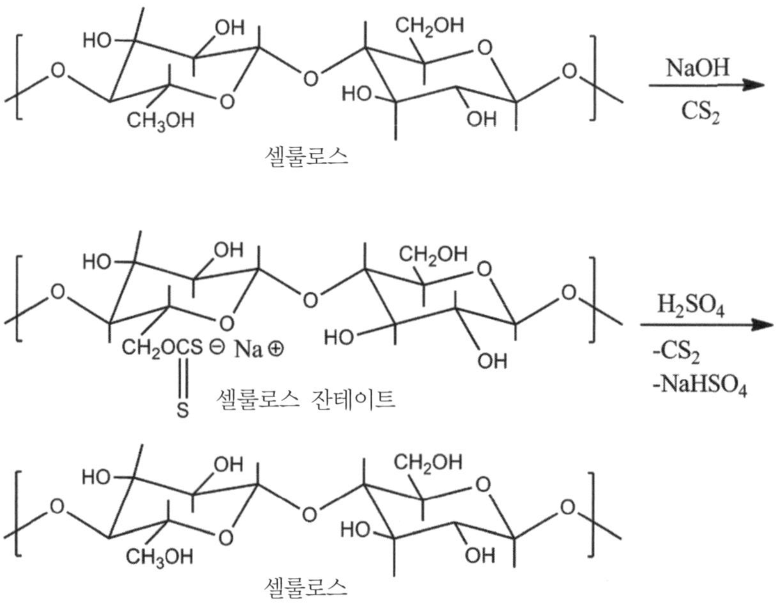

그림 8-8 재생 셀룰로스 제조용 비스코스 공정

셀룰로스 유도체 그림 8-9에서 볼 수 있는 바와 같이, 셀룰로스 아세테이트는 매우 중요한 섬유와 필름 성능을 갖춘 셀룰로스 유도체로서, 셀룰로스를 아세트산 무수물과 미량의 황산 존재 하에서 메틸렌 클로라이드(methylene chloride)를 환류시키면서(refluxing) 영하의 아세트산과 반응시켜 얻는다. CTA(cellulose triacetate)는 중간 정도의(moderately) 결정성이지만, 셀룰로스 자체보다는 용매 용해성이 좋고, 톨루엔 내에서 메틸렌 클로라이드-알코올 혼합물로부터 습식 방사될 수 있다. 이 유도체를 부분적으로 가수 분해시켜 셀룰로스 다이아세테이트(diacetate)(CA)를 만들 수 있고, 이는 아세톤으로부터 건식 방사될 수 있다. CTA의 2차 아세테이트기는 가장 덜 안정하며, 따라서 먼저 가수 분해할 것이

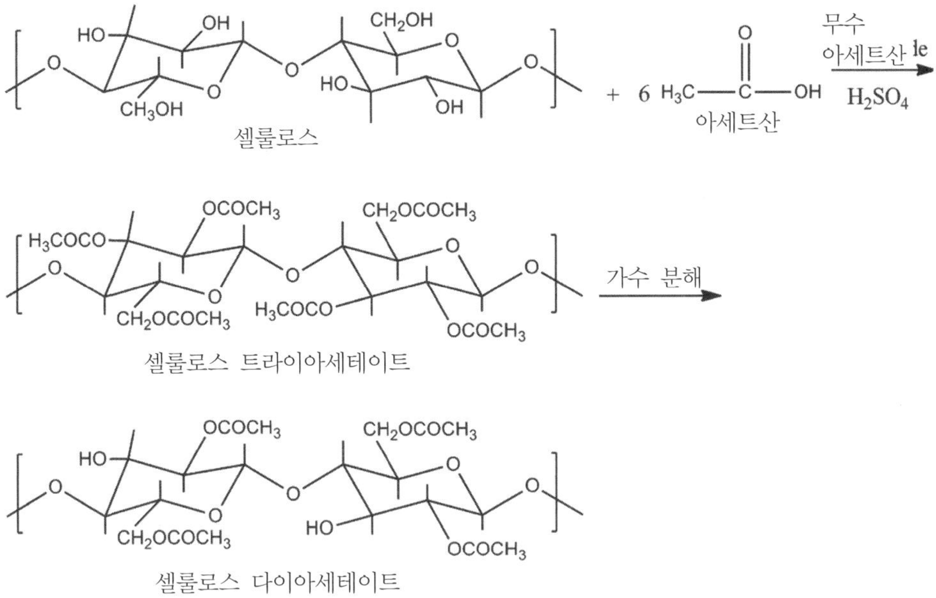

그림 8-9 셀룰로스 아세틸화 및 셀룰로스 트라이아세테이트의 부분적 가수 분해로 인한 셀룰로스 다이아세테이트 생성

다. 상업용 셀룰로스 아세테이트 중 약 65%~75%의 아세테이트기는 가수 분해되지 않고 남아 있다. 셀룰로스 아세테이트는 1865년 처음 생산되어 좀 더 휘발성이 있는 동종의(relative) 셀룰로스 나이트레이트(cellulose nitrate)를 급속히 대체하였다. 대단위 셀룰로스 아세테이트 생산은 제1차 세계대전 동안 시작하였다.

8.2.3 비셀룰로스계

폴리에스터 폴리에스터 섬유는 이수소의(dihydric) 알코올(HOROH; 다이올)과 아래 구조의 테레프탈산(terephthalic acid)을 적어도 85 wt% 함유하는 폴리에스터로 정의된다.

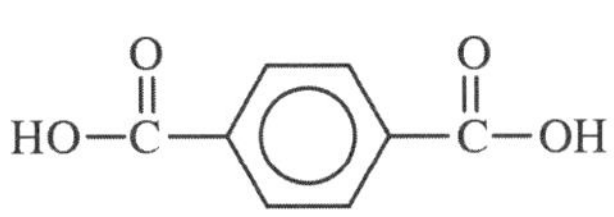

모든 가능한 폴리에스터 조합에서 폴리(에틸렌 테레프탈레이트) poly(ethylene terephthalate) (PET)는 가장 중요하며 그리고 가장 큰 생산량의 합성 섬유(표 8-5 참조)이지만 필름(Mylar)과 음료수병 용도 역시 중요하다(9.1.3절에서 논하는 바와 같이). 첫 번째 폴리에스터 섬유는 1953년 미국에서 상업적으로 유통되었다(DuPont Dacron). 섬유용으로 생산되는 PET의 약 61%는 의류용이다. 폴리에스터와 면을 블렌드하여 영구적으로 주름이 없

는 의류용으로 사용한다. 나머지 생산량은 타이어 코드 및 가정용 장식재용으로 사용된다.

폴리(에틸렌 테레프탈레이트)는 비교적 낮은 T_g(약 69°C)와 높은 T_m(265°C) 및 중간 정도의 결정성을 나타낸다. 폴리에스터 섬유의 기계적 물성을 표 8-4에 다른 상업용 섬유와 함께 비교하였다. 섬유용으로의 전형적인 분자량 범위는 10,000~15,000 정도이다. 보다 높은 분자량은 산업용의 고강도 섬유로 사용한다. 폴리에스터는 많은 용매와 무기 약산에 저항성을 나타낸다. 또한 폴리에스터 섬유는 내마모성과 내산화성이 있으며, 내광성(lightfastness)을 나타낸다.

폴리에스터 섬유의 물성은 공중합법 또는 다양한 첨가제와 블렌드하여 개질할 수 있다. 예를 들어, 아디프산과 아이소프탈산(isophthalic acid)과 같은 공단량체를 소량 첨가하여 공중합시키면 염색성을 향상시킬 수 있는데, 이 경우 공단량체들은 염료 침투가 용이한 무정형 분량을 증가시킨다. 첨가제들은 난연성(예를 들어, 브로민 또는 인 화합물)과 대전 방지성(antistatic properties)(예를 들어, 탄소 및 PEG)과 같은 물성을 향상시키는데 널리 사용된다.

차세대 폴리에스터는 테레프탈산과 1,3-propane diol(PET의 제조에 사용되는 에틸렌 글라이콜 대신에)을 중축합하여 얻어지는 poly(trimethylene terephthalate)(PTT)이다.

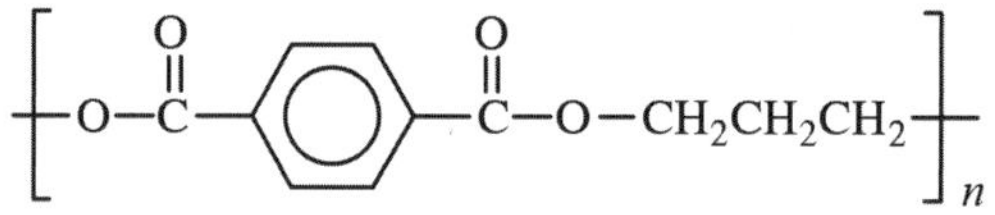

이 폴리에스터는 PET에 비하여 의류용으로는 뛰어난 염색성, 향상된 신축성 및 연성(softness)을, 카펫용으로는 향상된 마모 및 변형 저항을 나타낸다. PTT는 또한 엔지니어링 합성 수지와 필름 분야에서도 작은 시장을 찾을 수 있을 것이다.

폴리아마이드 다음으로 큰 판매량을 갖는 섬유는 폴리아마이드로서 카펫, 의류, 타이어 강화제 및 다양한 산업용으로 사용하고 있다. 이는 다이아민과 다이카복실산으로부터 제조되는 A–A/B–B 축합 고분자이거나 락탐(lactam)으로부터 제조되는 A–B 축합 고분자이다(2.1절 참조). 지방족 폴리아마이드를 **나일론**(nylon)이라고 한다. 적어도 85%의 아마이드기(amide group)가 방향족기에 붙어 있으면, 폴리아마이드는 **아라미드**(aramid)라 불린다. 아라미드(예를 들어, 노멕스와 케블라)는 가격이 높고, 고성능 섬유로서, 소비자용 섬유로는 사용되지 않는다. 대신에, 이들은 복합 재료 강화섬유, 석면 대체용 및 타이어 코드용 재료로 중요하게 사용되고 있다(7장 및 10장 참조). 섬유용 외에도, 나일론은 엔지니어링 열가소성 플라스틱으로도 이용되며, 이는 기어 휠(gear wheels), 전기 스위치 및 연결 부위, 스키 신발 및 자동차 냉각 탱크 등 다양한 제품으로 사출 성형될 수 있다.

A–A/B–B 지방족 폴리아마이드 중에서 주종(principal)은 나일론-6,6(또는 PA 66)*으로서 풀어 쓰면 폴리(헥사메틸렌 아디프아마이드)이다. 나일론-6,6은 헥사메틸렌다이아민과 아디프산의 단계 성장 중합으로 합성한다. 그림 8-10에서 나타낸 바와 같이 작용기들의 정확한 당량 대 당량 반응으로 중간체 헥사메틸렌 다이암모늄 아디프산염을 형성한다. 재결정화된 염의 60%에서 80%의 슬러리는 급격히 가열하면 증기(steam)을 배출하고, 이는 반응기로부터 공기 정화(air-purge)된다. 이어, 온도를 220°C까지 올리고, 단량체 전환율의 마지막에 이르면(80%에서 90%) 최종적으로 280°C까지 올린다. 중합 시 발생되는 수증기 압력은 1.38~1.72 MPa(200~250 psi)로 유지시킨다. 이때 압력을 대기압으로 낮추고 가열을 계속하여 중합을 완료시킨다. 0.5 mol %의 aluric acid 또는 아세트산과 같은 단일 작용기(monofunctional) 산을 소량 가하여 분자량을 조절한다. 상업적으로 덜 중요한 다른 나일론들은 더 길거나 짧은 사슬을 갖는 이작용기(difunctional) 산을 이용하여 만들 수 있다.

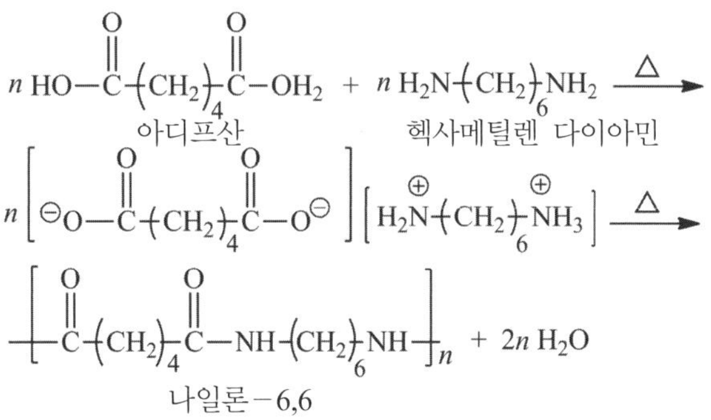

그림 8-10 아디프산과 헥사메틸렌다이아민의 A-A/B-B 단계 성장 중축합 반응과 중간염 형성에 의한 나일론 6,6의 합성

다른 중요한 폴리아마이드는 락탐을 개환 중합하여 얻는다. 폴리(ε-카프로락탐) 또는 나일론-6(PA 6)은 전체 나일론 생산량의 25%를 차지한다. 고분자량의 나일론-6은 수소화 소듐(sodium hydride)과 같은 강염기를 이용하여 ε-카프로락탐을 음이온 중합하거나 또는 상업적으로는, 그림 8-11에서 보는 바와 같이, ε-카프로락탐을 수화 중합(hydrolytic polymerization)하여 얻는다. 비록 후자의 실제 메커니즘은 정확히 알려져 있지 않지만, 카프로락탐의 개환으로 구해지는 아미노산의 중간체를 형성하는 과정을 포함하는 사슬과 단계 중합 메커니즘의 혼합형으로 이루어지는 것으로 믿어진다.

---

* 나일론은 사슬 내의 탄소수로 명시한다. 나일론-6,6과 같은 A–A/B–B 폴리아마이드 명명의 첫 숫자나 두 번째 숫자는 각각 다이아민과 다이카복실산의 탄소수를 의미한다. 예를 들어, 헥사메틸렌다이아민(탄소수 6)과 세바신산(sebacic acid)(탄소수 10)으로부터의 나일론은 나일론-6,10이다.

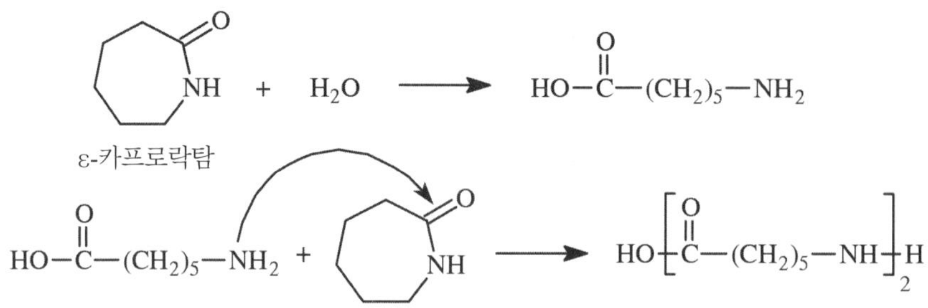

그림 8-11 ε-카프로락탐의 수화 중합에 의한 이량체 형성. 고분자량 나일론-6은 카프로락탐을 계속 부가하여 얻어진다.

아크릴 아크릴 섬유는 의류용(70%)과 가정용(30%)으로 나누어지는데, 주로 아크릴로나이트릴(acrylonitrile, AN) 공중합체이다. 폴리아크릴로나이트릴(polyacrylonitrile, PAN) 단독으로는 열가소성 플라스틱용으로 사용할 수 없는데, 그 이유는 6.1.1절에서 토의한 바와 같이 공정 온도에서 고리화가 일어나기 때문이다. 발생되는 "사다리형" 고분자는 탄소 단섬유(graphite filament) 제조 시 출발 물질로서 사용될 수 있고, 온도를 계속 올려 열처리하면 탄소 단섬유 제조가 가능하다(7.1.2절 참조). 아크릴로나이트릴(AN)은 열가소성 플라스틱 및 탄성체용으로 사용될 때, 스타이렌과 같은 다른 단량체들과의 공중합체가 되어야 한다(예를 들어, ABS, SAN 및 NBR). PVC와 같이 PAN은 자신의 단량체에는 불용성이며, 이는 벌크 중합 동안에 고분자가 침전됨을 의미한다. PAN은 또한 물이나 다이메틸 폼아마이드(dimethyl formamide, DMF) 내에서 과황산 암모늄(ammonium persulfate)을 개시제로 하여 자유 라디칼 메커니즘으로 용액 중합할 수도 있다. 단일 중합체는 중합 반응기로부터 직접 DMF에서 건식 방사할 수 있다(또는 DMF로부터 물로 습식 방사). 스타이렌, 바이닐 아세테이트, 바이닐 클로라이드, 바이닐 피리딘, 아크릴 에스터, 아크릴아마이드 등과의 공중합체로부터도 섬유를 만들 수 있다. 85% 이상의 AN 함량을 갖는 섬유를 **아크릴**(acrylic)이라고 하는 한편으로, 보다 적은 양의 AN 함량을 갖는 섬유(35~85%)를 **모다크릴**(modacrylic)이라고 한다. 아크릴 섬유 중 나이트릴기(—C≡N)는 강한 분자간 수소 결합을 나타내므로, 높은 섬유 강도를 구현한다.

올레핀류 올레핀계 섬유들은 에틸렌이나 프로필렌과 같은 올레핀을 적어도 85% 함유한 것으로서 프로필렌을 함유한 섬유가 더 일반적이다. 올레핀계 섬유는 카펫이나 가구와 같은 가정용뿐만 아니라, 로프와 지질섬유(geotextile; 토양공학에서 분리, 강화 및 분별용으로 쓰임)와 같은 산업용으로 사용된다. 폴리프로필렌 섬유의 기계적 물성을 다른 범용 섬유와 비교하여 표 8-4에 나타내었다. 일반적으로 올레핀 섬유의 장점은 싸고 경량이라는 점이며, 단점은 압축 크리프(compressive creep)와 UV 분해에 약하다는 점이다.

올레핀 섬유는 소수성이며, 대부분의 용매에 저항성을 나타낸다. 유감스럽게도 이러한 물성들로 인해 염색 저항성을 갖는다. 산 염료로 염색 가능한 올레핀 섬유는 폴리올레핀을 poly(vinyltoluene-*co*-α-methylstyrene)과 같은 적당한 염색 부위를 제공하는 공중합체와 블렌드함으로써 제조할 수 있으나, 이는 상당한 가격 상승의 요인이 된다. 보통, 올레핀 섬유는 방사 전에 폴리올레핀을 안료와 블렌딩하여 색상을 낸다.

8.2.4. 섬유 방사 공정

고분자 섬유 형성에는 일반적으로 세 가지 공정이 사용된다. 이들은 용융 방사로 불리는 고분자 용융 및 농축 고분자 용액으로부터 섬유를 방사하는 건식 및 습식의 두 공정이다. 폴리아마이드, 폴리에스터, 폴리올레핀 섬유는 전형적으로 용융 방사법으로 얻어진다. 용액 방사는 셀룰로스계나 아크릴계 섬유에 이용된다.

용융 방사 가장 직접적인 공정으로 여겨지는 것이 용융 방사(melt spinning)로서, 1930년대 말에 개발되었다. 그림 8-12에 표시한 용융 방사법에서는 고분자를 용융 또는 압출시켜 필터로 여과시킨 다음, 기어 펌프를 이용하여 하나 또는 그 이상의 작은 구멍을 갖는 다이(die)로 밀어 넣는다. 이 다이를 소위 **방사구**(spinneret)라고 부른다. 방사구를 떠나 압출될 섬유는 냉각되고, **고데트**(godets)라고 부르는 다른 속도로 움직이는 또는 회전하는 감김 롤러(take-up roller)에 의해 일축 방향으로 연신된다. 섬유를 연신하면 섬유 사슬이나 결정체들이 배향되어 길이 방향으로의 탄성률 및 강도가 증가하게 된다. 마지막으로 냉각된 배향섬유를 보빈(bobbin)에 감은 다음, 가공(texturing)* 및 염색과 같은 이어지는 섬유 처리 공정을 거쳐 직물로 직조된다. 용융 방사되는 가장 중요한 고분자들은 폴리올레핀(예를 들어, 폴리에틸렌 및 폴리프로필렌), 폴리아마이드(예를 들어, 나일론-6 및 나일론-6,6)와 폴리에스터(PET)이다. 폴리올레핀들의 상대적으로 높은 용융 점도는 나일론에서 사용될 수 있는 기어 펌프 대신에 압출기의 사용을 필요로 한다. 일반적으로, PET는 약 0.5 mm 직경을 갖는 24개의 오리피스(orifice)를 갖는 방사구를 통해 286°C에서 용융 방사된다. 평균 압출 속도는 1~20 m min^{-1}이다.

* 후가공 공정에서는 직선상의 섬유 필라멘트를 꼬아서 크림프(crimp)라는 성질을 내어 직물의 감(touch)을 모와 같은 천연 섬유와 유사하게 만든다.

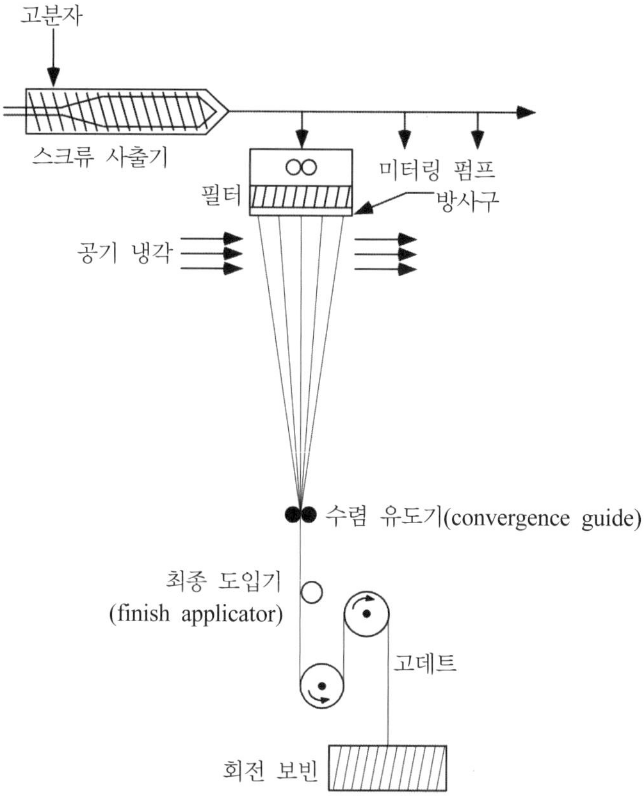

그림 8-12 합성 고분자의 용융 방사. Adapted from J. E. McIntyre and M. J. Denton, Fibers, Manufacture, in *The Concise Encyclopedia of Polymer Science and Engineering*, J. I. Kroschwitz, ed. 1990. New York: John Wiley & Sons. Copyright © 1990 John Wiley & Sons. This material is used by permission of John Wiley & Sons, Inc.

건식 및 습식 방사 건식 및 습식 방사에 사용되는 고분자 용액의 농도는 일반적으로 20~40 wt% 범위이다. 그림 8-13에 나타낸 바와 같은 **건식 방사**(dry-spinning) 공정에서는 용액을 여과하고, 가열 공기가 통하는(최대 25 피트 길이) 방사 캐비닛으로 방사구를 통해 펌프한다. 섬유에 있는 용매는 공기 중으로 매우 빨리 증발하고 이어 추후 용매 회수를 위하여 방사 캐비닛 밖으로 배출된다. 이와 같은 목적으로, 아세톤이나 이황화 탄소(carbon disulfide)와 같은 휘발성 용매들을 때때로 사용한다. 폴리(바이닐 알코올)(PVA)로부터 섬유를 건식 방사할 때는 물을 용매로 사용하여 왔다. 건조된 섬유를 배향시키고 보빈에 감는다. 건식 방사의 속도는 용융 방사나 습식 방사보다 매우 높다 — 약 1000 m min^{-1}. 건식 방사된 범용 섬유들에는 셀룰로스 아세테이트와 아크릴계 섬유들이 있다.

습식 방사(wet spinning)는 가장 오래된 섬유 제조법 중 하나로서, 건식 방사와 다른 점은 고분자 용액을 물과 같은 비용매에 담가 응고시켜 섬유를 형성하는 것이다. 그림 8-14

에 나타낸 바와 같이 방사구를 직접 비용매 욕조에 담근다. 응고 공정은 느리기 때문에, 습식 방사 공정의 선형 속도는 용융 또는 건식 방사 공정보다 매우 느리다; 그러나, 하나의 방사구로부터 많은 섬유들을 방사하여 생산성을 높일 수 있다. 재생 셀룰로스(레이온) 섬유(8.2.2절 참조)를 제조할 때 사용되는 비스코스 공정은 습식 방사 공정으로, 용해성을 조절하기 위해 용액 및 응고 단계에서 셀룰로스 곁사슬기들(side groups)을 화학 개질시킨다.

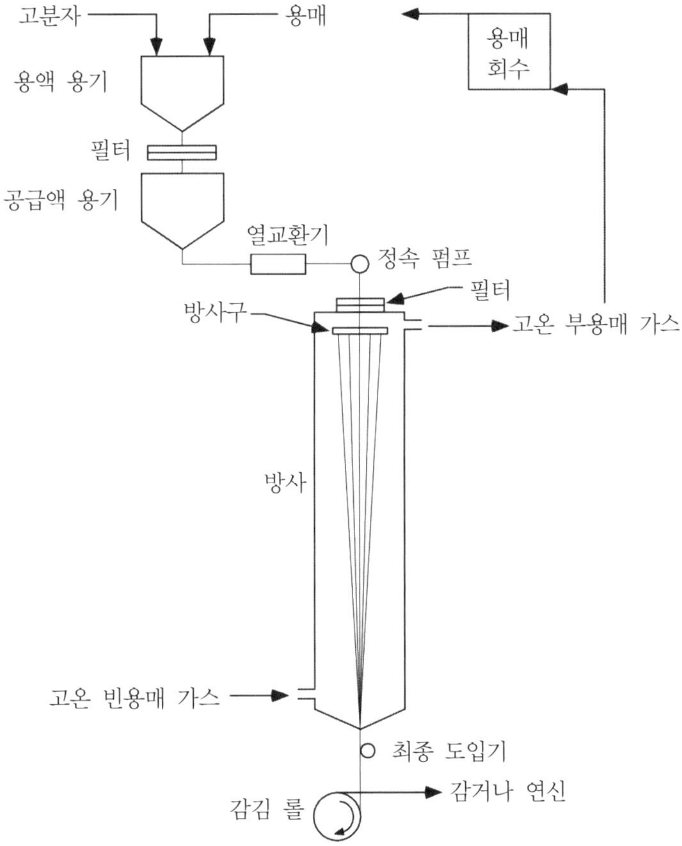

그림 8-13 합성 섬유의 건식 방사 공정. Adapted from J. E. McIntyre and M. J. Denton, Fibers, Manufacture, in *The Concise Encyclopedia of Polymer Science and Engineering*, J. I. Kroschwitz, ed. 1990. New York: John Wiley & Sons. Copyright ⓒ 1990 John Wiley & Sons. This material is used by permission of John Wiley & Sons, Inc.

습식 방사 공정은 PVA, PVC 및 PAN으로부터 섬유를 얻기 위하여 사용되어 왔다. PAN의 경우에는 섬유들이 다이메틸폼아마이드(DMF) 용액으로부터 다이메틸아세트아마이드(DMAC)로 습식 방사되거나 또는 50% 소듐 싸이오사이아네이트(sodium thiocyanate)로부

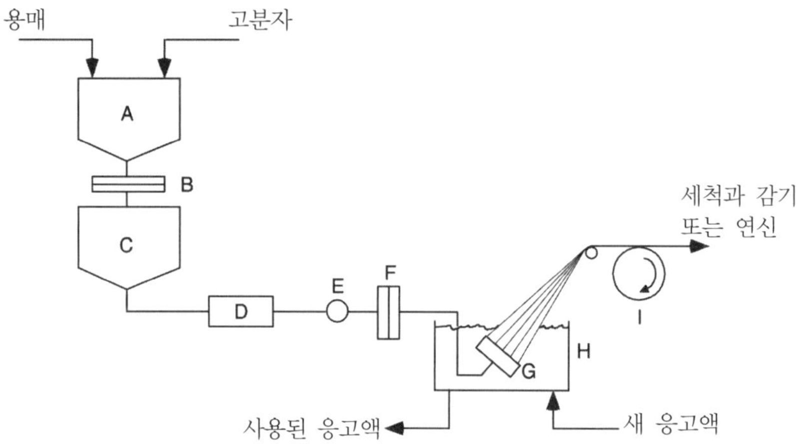

그림 8-14 습식 방사 공정. A, 용액 용기; B와 F, 필터; C, 공급액 용기; D, 열교환기; E, 미터링 펌프; G, 방사구; H, 응고 욕조; I, haul-off roll. Adapted from J. E. McIntyre and M. J. Denton, in *The Concise Encyclopedia of Polymer Science and Engineering,* 1990. J.I. Kroschwitz, ed, 1990, New York: John Wiley & Son. Copyright © 1990 John Wiley & Sons. This material is used by permission of John Wiley & Sons, Inc.

터 10% 수용액으로 습식 방사된다. Spandex와 같은 폴리유레테인(polyurethane) 탄성체들(9.2.2절 참조)은 DMF 용액에서 물로 습식 방사될 수 있다.

기체 또는 액체 분리의 중공사막 방사와 같은 특별한 용도의 경우에는(12.1.4절 참조) 압출 섬유인 욕조에 들어가기 전에 공기를 통과하게 된다. 방사 용액의 농도, 온도, 공기 건조 정도 등과 같은 방사 공정 인자를 적절히 선택하면 두꺼운 미세 다공성 지지층 위에 조밀한 얇은 표면층을 갖는 비대칭 섬유를 방사할 수 있다. 얇은 표면층은 높은 선속(flux)과 우수한 선택성을 제공한다.

전기 방사 나노와 마이크로 크기의 직경을 가진 고분자 섬유들은 전기 방사(electrospinning)에 의해 제조될 수 있다. 이러한 기술은 전기 방사 제트(electrospinning jet)로부터 약 5~30 cm 떨어진 곳에 위치하고 있는 접지된 회수 판(grounded collecting plate)을 향한 작은 구멍을 통하여 하전을 띠고 있는 고분자 용액 또는 용융액을 유입(feed)함으로써 달성될 수 있다. 100 nm 직경을 이 공정으로 제조할 수 있다. 용매는 전기 방사 공정에서 휘발하며, 섬유상의 잔존 하전은 시간이 경과하여 사라진다. 결정 형상과 분자 배향은 회전하고 있는 디스크 회수 장치에 의해 조절될 수 있다. 전기 방사 고분자로는 폴리옥시메틸렌, 폴리(에틸렌 옥사이드), 폴리스타이렌, 나일론-6, 폴리아크릴로나이트릴, SBS, 폴리(에틸렌 테레프탈레이트)(PET)를 들 수 있다. 전기 방사된 PET 섬유 매트의 전자현미경 사진은 그림 8-15에서 보는 바와 같다. 나노 방사 섬유의 응용으로는 조직공학용 지지체,

상처 드레싱 및 서방형 약물 방출 지지체를 들 수 있다.

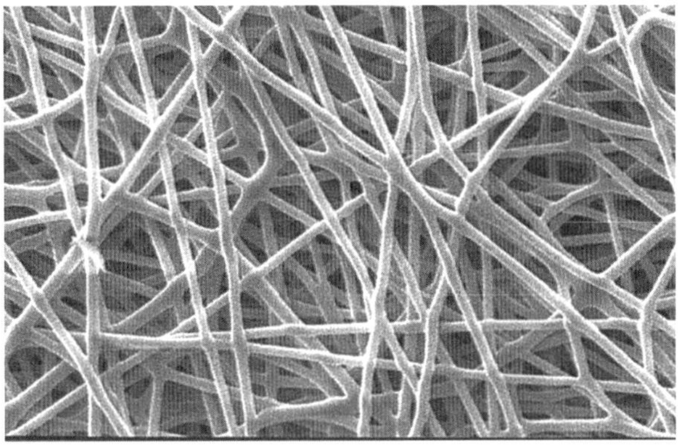

그림 8-15 용융 전기 방사 폴리(에틸렌 테레프탈레이트)의 전자현미경 사진. Reproduced from J. Lyons and F. Ko, *Melt Spinning of Polymers: A Review*. Polymer News, 2005. **30**: p.1-9. Reproduced by permission of Taylor and Francis, Inc., http.www.routledgeny.com.

추천 문헌

BIOPOLYMERS

Klug, A.,*The Discovery of the DNA Double Helix*.Journal of Molecular Biology, 2004.**335**: p. 3.

Skolnick, J., and A. Kolinski, *Computer Simulations of Globular Protein Folding and Tertiary Structure*. Annual Review of Physical Chemistry, 1989.**40**: p. 207.

Watson, J.D.,*The Double Helix*.1968, New York:Atheneum,

NATURALLY OCCURRING POLYMERS

Doelker, E., *Cellulose Derivatives*. Advances in Polymer Science, 1993.**107**: p. 199.

Li, Q., E.T. Dunn, E. W. Grandmaison, and M. F. A. Goosen, *Applications and Properties of Chitosan*. Journal of Bioactive and Compatible Polymers, 1992.**7**:p. 370.

Ravi Kumar, M.N.V,*A Review of Chitin and Chitosan Applications*. Reactive and Functional Polymers, 2000. **46**:p. 1.

Roberts, G.A.F.,*Chitin Chemistry*. 1992, London: Macmillan.

FIBERS

Grayson, M., ed., *Encyclopedia of Textiles, Fibers and Nonwoven Fabrics*.1984, New York: Wiley-Interscience.

Lewin, M., and E.M. Pearce, eds., *Handbook of Fiber Science and Technology*, vol. IV: Fiber Chemistry. 1985, New York: Marcel Dekker.

Lyons, J., and F. Ko, *Melt Spinning of Polymers: A Review*. Polymer News. 2005. 30: p. 170.

문제

8.1 셀룰로스와 아밀로스의 특성비는 각각 36대 5로 알려져 있다. 이러한 정보에 근거하여 아밀로스와 셀룰로스의 상대적 유연성에 대해 말하시오. 어떤 구조상의 특성이 형태의 차이에 기여하는가? 셀룰로스는 물에 녹지 않는 반면, 아밀로스는 물에 녹는 이유를 설명하시오.

8.2 카펫 제조에 있어서 올레핀, 나일론 및 폴리에스터 섬유 대신에 어떤 특정 고분자 또는 고분자 블렌드를 사용하는가? 각각의 장점과 단점을 설명하시오.

8.3 노멕스와 케블라의 열적, 기계적 성질을 비교하고, 이러한 차이점들이 화학적 구조와는 어떻게 관련되는가? 어느 고분자가 보다 큰 특성비(characteristic ratio)를 나타낼 것으로 예상되는가? 이 고분자들의 분자량은 어떻게 결정될 수 있는가?

8.4 인간은 녹말을 소화시킬 수 있는 반면 셀룰로스는 왜 소화시킬 수 없는가? 소는 어떻게 셀룰로스를 소화시킬 수 있는가?

8.5 가장 흥미로운 컴퓨터 계산의 도전 중의 하나가 단백질 접힘(protein folding)에 관한 분자 시뮬레이션이다. 이루어진 부분과 가장 큰 장애는 무엇인지에 대하여 논하시오.

참고 문헌

1. Kendrew, J.C., et al., *A Three-Dimensional Model of the Myoglobin Molecules Obtained by X-Ray Analysis.* Nature, 1958. **81**: p. 662–666.
2. Berman, H.M., D.S. Goodell, and P.E. Bourne, *Protein Structures: From Famine to Feast.* American Scientist, 2002. **90**: p. 350–359.
3. Merrifield, R.B., *Solid Phase Peptide Synthesis. I. The Synthesis of a Tetrapeptide.* Journal of the American Chemical Society, 1963. **85**: p. 2149–2154.
4. Wilkins, M.H.F., et al., *Helical Structure of Crystalline Deoxypentene Nucleic Acid.* Nature, 1953. **172**: p. 750–762.
5. Wilkins, M.H.F., et al., *Helical Structure of Crystalline Deoxypentose Nucleic Acid.* Nature, 1953. **172**: p. 759–763.

제9장

열가소성 플라스틱, 탄성체 및 열경화성 수지

1장에서 논한 바와 같이, 고분자들은 플라스틱(열가소성, 열경화성), 섬유 또는 합성 고무로 분류될 수 있다. 범용 열가소성 플라스틱은 미국 시장에서 가장 큰 몫을 차지하고 있다. 이어서 섬유(8.2절 참조), 합성 고무 및 열경화성 수지 순이다. 상업적으로 중요한 대부분의 열가소성 플라스틱은 폴리올레핀(예를 들어, 폴리에틸렌 및 폴리프로필렌), PVC, 스타이렌류(예를 들어, PS, HIPS, SAN, ABS)이다. 탄성체와 열경화성 수지가 열가소성 플라스틱과 구별되는 주요한 특징은 가공시 망상 구조의 형성이다. 이러한 망상 구조는 공유 결합 또는 각 분자를 연결하는 물리적 결합에 의해 형성될 수 있다. 이 결합이 형성되어 있는 재료에 결합을 깰 수 있는 힘보다 약한 힘을 가하면 변형은 일어나지만 힘을 제거하였을 경우 원상태로 돌아간다. 결정성이 거의 없는 고분자는 낮은 유리 전이 온도(-50°C에서 -70°C 범위에서의 T_g)를 가지며, 위와 같은 방법에 의해 가교되면 탄성체 용도로 이용될 수 있다. 열경화성 수지는 높은 가교 밀도를 나타내며, 따라서 불용성이고 하중 하(under load)에서 입체 구조적으로 안정한 고분자 재료이다.

9.1 범용 열가소성 플라스틱

열가소성 플라스틱은 압출과 성형을 포함한 다양한 방법에 의해 용융 가공될 수 있는 고분자이다. 열가소성 플라스틱은 포장용 필름, 사진 및 자기 테이프, 음료수병, 쓰레기 용기, 실내 장식 재료 및 자동차 부품과 같은 다양한 용도로 사용되고 있다. 표 9-1에서 볼 수 있는 바와 같이 가장 큰 판매량의 플라스틱은 폴리에틸렌, 폴리프로필렌, 폴리(바이닐 클로라이드) 및 바이닐 클로라이드의 공중합체 순이다. 다른 중요한 열가소성 플라스틱은 폴리(에틸렌 테레프탈레이트)로서 8.2.3절에서 논하는 바와 같이 플라스틱병과 같은 포장용(예를 들어, 플라스틱 병) 및 중요한 섬유(폴리에스터 섬유) 등에 사용된다. 보다 특수화된 용도의 엔지니어링급 폴리에스터는 10.1.8절에서 논하고 있다. 중요한 상업용 열가소성 플라스틱들의 합성 및 물성에 대해서는 다음 절에서 논하고자 한다.

표 9-1 2012년 미국 내 열가소성 플라스틱 생산량[a]

열가소성 플라스틱	생산량(1,000톤)[ba]	연간 변화율(%), 2002–12
폴리에틸렌		
LDPE	3123	-1.5
LLDPE	6098	1.7
HDPE	8046	1.1
폴리프로필렌	7405	-0.4
폴리스타이렌	2473	-2.0
PVC와 공중합체	6944	0.0

[a] Adapted from Chemical and Engineering News, July 12, 2013, p. 65-66.
[b] 환산: 1톤당 2206.6 lbs

9.1.1 폴리올레핀

폴리올레핀(polyolefin)에는 결정화도(즉, 밀도)에 근거하여 차별화된 다양한 등급의 폴리에틸렌 및 폴리프로필렌이 있다. 표 9-2는 폴리프로필렌 및 두 종류의 극단적인 폴리에틸렌 등급−저밀도(LDPE) 및 고밀도 폴리에틸렌(HDPE)−의 물성 비교를 보여 주고 있다.

표 9-2 범용 폴리올레핀의 물성

물성	ASTM	LDPE	HDPE	PP
비중	D792	0.91−0.93	0.94−0.97	0.90−0.91
결정화도(%)	—	50−70	80−95	82
용융점(°C)	—	98−120	127−135	165−171
인장 강도(MPa[a])	D638	4.1−16	21−38	31−41
인장 탄성률(GPa[b])	D638	0.10−0.26	0.41−1.24	1.10−1.55
파단신장도(%)	D638	90−800	20−130	100−600
내충격 강도 노치드 이조드법($J\ m^{-1}$[c])	D256	No break	27−1068	21−53
열변형 온도 °C, at 455 kPa (66 psi)	D648	38−49	60−88	225−250

[a] MPa를 psi로 환산하려면 145를 곱함.
[b] GPa를 psi로 환산하려면 1.45×10^5를 곱함.
[c] $J\ m^{-1}$을 $lb_f\ in^{-1}$로 환산하려면 53.38로 나눔.

폴리에틸렌 가장 중요한 석유화학제품의 하나인 에틸렌은 여러 가지 다양한 방법으로 중합되어 저분자량 왁스에서부터 결정화도가 큰 고분자량의 폴리에틸렌(HDPE)들을 생산할 수 있다. 최초로 상업화된 폴리에틸렌은 저결정화도 저밀도 폴리에틸렌(LDPE)으로서 영국의 ICI에서 1939년도에 생산되었다. 미국 내에서 생산되는 LDPE의 가장 큰 용도는 포장용 필름으로 사용되고 있고, 나머지들은 전선 절연용, 코팅제 및 사출 성형 제품들로 사용되고 있다.

저밀도 폴리에틸렌은 미량의 산소 또는 과산화물을 개시제로 사용하여 자유 라디칼 벌크 중합으로 제조된다. 중합은 고압 반응기나 250°C 및 3000기압의 높은 압력에서 연속식 관형 반응기 내에서 행해진다. 에틸렌은 중합열이 높으므로(105 kJ mol^{-1}), 발열을 조심스럽게 조절해야 한다. 이러한 이유로 각 단계는 낮은 전환율을 적용하여 다단계로 중합을 진행한다.

아크릴레이트, 바이닐 에스터 및 바이닐 에테르 등과 같은 소량의 극성 공단량체들은 중합 공정에 유입되면 생성물의 물성을 변화시키는데, 특히 결정성 감소를 통한 저온 유연성을 부여한다. 예를 들어, 에틸렌과 바이닐 아세테이트(EVA)의 저분자량 공중합체는 PVC의 고분자 가소제로 사용되어 왔다(7.1.1절 참조). 소량의(< 7%) 바이닐 아세테이트를 유입하면 보나 나은 강인성, 투명성 및 광택성이 있는 폴리에틸렌 필름(개질 LDPE)이 된다. 에틸렌과 바이닐 알코올(EVOH) 공중합체들은 포장용으로서 향상된 가공성, 내수분성 및 포장용으로 우수한 내통기성을 나타낸다. 에틸렌과 에틸 아크릴레이트 공중합체 필름들은 우수한 인장 강도, 파단신율, 투명성, 응력 균열 저항성, 저온 유연성 등을 나타낸다. 특히 소듐이나 아연염으로 중화된 에틸렌과 메타크릴산과의 공중합체는 이오노머(ionomer)로 불린다. 이오노머는 뛰어난 강인성과 내마모성을 나타낸다(10.2.2절 참조).

LDPE의 분자량은 일반적으로 6,000에서 40,000 범위에 속한다. 여러 등급의 분자량은 **용융 지수**(melt index)(ASTM D1238)에 근거하여 판매된다. 용융 지수는 표준 중량(standard dead-weight) 피스톤과 실린더가 장착된 plastometer에서 압출 다이(extrusion die)*를 통하여 일정한 시간 간격과 온도에서 압출되는 고분자의 중량(gram 단위)으로 나타낸다. 190°C에서 10분간의 압출 시 전형적인 LDPE 용융 지수는 0.1에서 109 사이에서 변한다. 산소 개시(oxygen-initiated) 중합에서, 산소 농도를 증가시키면 분자량을 감소시킬 수 있다.

에틸렌 자유 라디칼 중합은 가지가 많은 분자를 생산한다. 분자들의 수는 단량체 500개당 30개까지 이를 수 있다. 대부분은 에틸이나 뷰틸과 같은 짧은 사슬 알킬기로서 그림 9-1A에 나타낸 분자내 “뒤물기(back-biting)” 메커니즘으로 만들어진다. 보다 높은 전환율과 보다 낮은 압력에서는 그림 9-1B에 나타낸 바와 같이 사슬 이동 메커니즘을 통해

---

* ASTM D1238은 직경 2.0955 mm와 길이 8.0 mm를 갖는 모세관 다이(capillary die)를 지정한다.

긴 사슬 가지(즉, 헥실 또는 더 긴)가 생성될 수 있다. HDPE에 비한 LDPE의 낮은 밀도와 낮은 결정 용융 온도(T_m)에서 입증되듯이, 가지는 결정성을 저하시키는 하자(defect)로 작용한다(표 9-2 참조). 중합 압력을 증가시키면 가지 생성을 낮출 수 있다. 예를 들어, 거의 선형인 폴리에틸렌은 5000기압 가까운 압력에서 자유 라디칼 중합으로 만들어질 수 있다.

또한, 많은 배위 촉매 존재하에서 에틸렌을 중합시켜 만들 수 있다(2.2.3절 참조). 첫 번째 촉매(Philips 형)는 Al_2O_3 또는 실리카-알루미나 기반(base)에 적은 가지의 폴리에틸렌을 지지한(supported) CrO_3로 이루어진다. 중합 반응은 100기압, 200°C에서 불용 촉매를 함유한 탄화수소 용매(즉, 불균일계 용액 중합) 내에서 이루어진다. 다른 방법으로는 Ziegler 촉매를 이용하며, 이는 트라이알킬 알루미늄(aluminum trialkyls) 및 타이타늄(titanium) 또는 할로젠 전이 금속, 원래 triethyl aluminum and titanium tetrachloride의 복합체이다[1-3]. Philips 형 촉매에 비해, Ziegler 촉매는 일반적으로 고분자량 선형 고분자를 얻는데 보다 낮은 온도 및 압력(즉, 60~75°C 및 1~10기압)을 요구한다.

에틸렌 역시 메탈로센(metallocene) 중합으로 제조할 수 있다(2.2.3절 참조)[4-7]. 메탈로센 촉매는 Ziegler-Natta 촉매보다 훨씬 더 비싸지만 그만큼 매우 높은 활성도를 나타낸다. 에틸렌 중합에서 높은 활성도를 가지는 최초의 메탈로센 촉매인 bis(cyclopenta-dienyl)zirconium dichloride(Cp_2ZrCl_2)−MAO는 Sinn과 Kaminsky에 의해 1980년에 보고되었다[8]. 이 공정은 좁은 분자량 분포를 가지는 선형 고밀도 폴리에틸렌을 생산하였으며, 올레핀 중합을 위한 다른 메탈로센 촉매와 비메탈로센계 전이 금속 촉매 사용의 길을 열었다[3]. 메탈로센 촉매는 또한 뷰텐-1, 헥센-1 및 옥텐-1과 같은 공단량체를 다른 촉매에 비하여 훨씬 더 효율적으로 유입할 수 있다[4].

HDPE의 전형적인 물성들을 표 9-2에 나타내었다. HDPE의 주된 상업적 응용으로는 발포성형된 저장 용기, 나무상자, 들통(pail), 드럼, 가스통 및 필름이 있다. 5백만 이상(즉, 매우 높은 분자량의 폴리에틸렌, UHMW)의 높은 분자량을 갖는 폴리에틸렌은 특수 용도, 특히 인공 둔부 대체재(artificial hip replacement)와 같은 의료용 등으로 사용되고 있다(10.2.3절 참조).

약 30년 전에 또 다른 저압 공정(Unipol)을 이용한 에틸렌 중합법이 개발되었다. 이 공정은 3세대 복합 폴리에틸렌(2.3.5절 참조)으로 간주될 수 있는 – 저압에서 선형 저밀도 폴리에틸렌(LLDPE)을 생성한다. 가지들은 선형 알케인으로서, LDPE의 가지들보다 짧다. LDPE에 비한 LLDPE의 장점은 저장 용기나 뚜껑의 몰딩 시 회전 시간(cycling time)이 빠르다는 점이다. LLDPE는 종종 필름이나 시트용으로 LDPE와 블렌드된다. 최근 LLDPE는 LDPE와 LLDPE를 합친 전 세계 생산량의 1/3을 차지한다. 메탈로센 중합(2.2.3

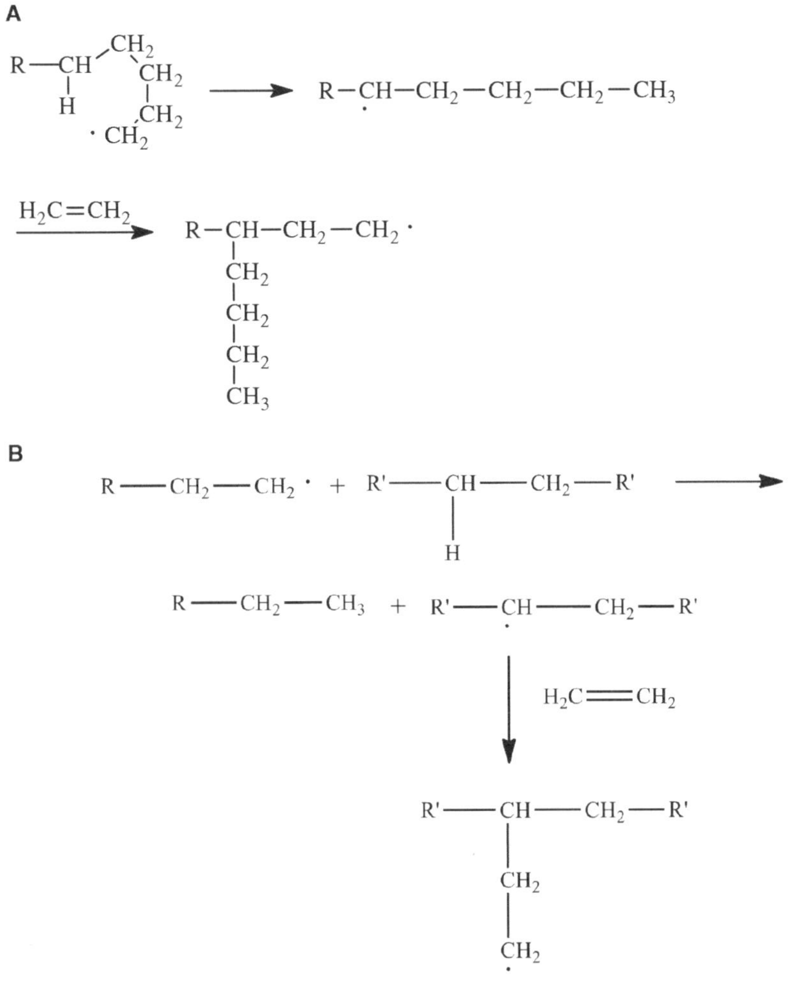

그림 9-1 저밀도 폴리에틸렌의 자유 라디칼 중합 시 가지 생성 메커니즘. A. 분자내 "뒤물기" 메커니즘에 의한 *n*-뷰틸(C_4H_9) 가지 생성. B. 분자간 사슬 이동 메커니즘에 의한 긴 사슬 가지 형성. 긴 알킬 말단 사슬들은 R와 R′으로 표시되어 있다.

절 참조)으로 생산하는 LLDPE는 통상적으로 제조하는 LLDPE에 비해 기계적, 열밀봉(heat-sealing) 물성이 우수하다[5]. LDPE, LLDPE와 HDPE 외의 다른 상업용 등급의 폴리에틸렌으로는 중밀도 폴리에틸렌(medium-density polyethylene, MDPE) 및 초저밀도 폴리에틸렌(very-low-density polyethylene, VLDPE)($\rho < 0.915$ g cm^{-3})이 있다.

폴리프로필렌 폴리프로필렌(PP)은 중 가장 큰 판매량을 나타내는 폴리올레핀으로, 물성은 표 9-2에서 보는 바와 같다. 폴리프로필렌은 경량이고 대체적으로 높은 T_m을 갖는 플라스틱으로 파이프, 시트, 발포 성형 저장 용기 및 섬유(8.2.3절 참조)로 사용된다. 일반적으로 PP와 같은 α-올레핀은 라디칼 또는 이온성 촉매들로 중합할 수 없다. 아탁틱 PP는 Lewis 산 또는 유기금속 화합물을 사용하여 생성될 수 있는 한편으로, 생성물은 실온에서 가지상의 고무상 고분자(T_g = -20°C)로서 상업적 가치가 없다. 1950년대 Natta는 Ziegler 형 촉매를 사용하여 고결정성을 갖는 입체 규칙성 PP를 생산할 수 있음을 보였다; 그러나 HDPE 중합과는 대조적으로, α-올레핀의 배위 중합은 속도가 낮고 촉매 특성에 더 결정적으로 의존한다. 1957년 처음 소개된 플라스틱은 높은 아이소탁틱 PP(*i*-PP)이다. 고분자량(150,000~1,500,000) *i*-PP는 개질 염화 타이타늄(III)과 다이에틸알루미늄 클로라이드(diethylaluminum chloride)와 같은 유기알루미늄 화합물을 공촉매 또는 활성화제로 하는 불균일 촉매를 이용하여 만들어진다. 촉매들은 탄화수소 혼합물 내에서 슬러리 형태로 이루어져 50~80°C, 5~25기압에서 작동하는 배치식(batch) 또는 연속식 반응기 내에서 열전달을 용이하게 한다. 사슬 이동제 역할을 하는 수소는 중분자량을 원할 때 사용한다. 신디오탁틱 PP(*s*-PP)는 저온에서 균일 Ziegler-Natta 촉매를 사용하여 제조할 수 있다; 그러나 최근 메탈로센 촉매의 개발로 *s*-PP에 대한 관심이 증가하고 있다(2.2.3절 참조)[3-6]. Isopropyl(Cp)(fluorenyl)$ZrCl_2$-MAO[9]와 같은 촉매를 사용하는 폴리프로필렌의 메탈로센 중합은 매우 높은 신디오탁틱성([rrrr] > 90%)과 150°C에 가까운 T_m을 가지는 PP를 형성한다. *i*-PP에 비해 *s*-PP는 약간 낮은 T_m을 나타내며, 용매의 공격에 더 취약하다.

HDPE에 비하여 상업용 등급의 *i*-PP는 더 높은 T_m, 약간 낮은 결정성 그리고 향상된 내균열성을 갖는다. 최저 에너지 입체 형태가 펼쳐진 평면 Z자(1장 참조)인 폴리에틸렌과는 달리 PP의 메틸기는 더 복잡한 입체 형태를 요구하는데, 여기에서 세 단량체 단위는 나선(helix)에서 한 회전을 한다. 높은 T_m은 고온 수증기 소독용 제품에도 PP를 사용할 수 있게 한다. PP의 한 가지 단점은 메틸기가 열산화 분해 반응(thermooxidative degradation)에 취약하다는 점이다.

9.1.2 바이닐 고분자

폴리스타이렌 폴리스타이렌(PS)은 1938년 Dow 사에 의해 처음으로 대량 생산되었다. 오늘날 주로 범용(GP-PS) 및 내충격용 폴리스타이렌(HIPS)으로 대표되는 스타이렌 고분자들은 전체 열가소성 플라스틱 시장의 약 14%를 차지한다(표 9-1 참조). 표 9-3에 다양한 등급의 PS들의 물성을 나타내었다. 상업용(아탁틱) PS는 과산화물이나 미량의 산소를 개시제로 사용하여 벌크 또는 현탁 자유 라디칼 중합으로 제조한다. 벌크 중합에서의 발열 조절은 다단계 중합법을 사용하여 구현할 수 있다—우선 교반 탱크 반응기(stirred-tank reactor)에서 낮은 전환율로 반응을 진행한 후 이어서 온도를 증가시키면서 관형 반응기(tubular reactor)에서 높은 전환율에 이르게 한다.

표 9-3 스타이렌계 고분자들의 물성

물성	ASTM	GP-PS	HIPS	ABS
비중	D792	1.04 − 1.05	1.03 − 1.06	1.03 − 1.58
인장 강도(MPa[a])	D638	36.6 − 54.5	22.1 − 33.8	41.4 − 51.7
인장 탄성률(GPa[b])	D638	2.41 − 3.38	1.79 − 3.24	2.07 − 2.76
파단 신장도(%)	D638	1 − 2	13 − 50	5 − 25
내충격 강도 노치드 이조드법(J m^{-1}[c])	D256	13.3 − 21.4	26.7 − 587	160 − 320
열변형 온도 °C at 455 kPa(66 psi)	D648	75 − 100	75 − 95	102 − 107

[a] MPa를 psi로 환산하려면 145를 곱함.
[b] GPa를 psi로 환산하려면 1.45×10^5을 곱함.
[c] J m^{-1}를 lb_f in^{-1}로 환산하려면 53.38로 나눔.

PS의 주된 용도는 포장용으로, PP와의 경쟁이 심화되고 있다. 스타이렌계 고분자들의 특히 주된 용도는 발포체 제조와 절연 및 포장 재료용 입자(bead)이다. 발포성 PS(EPS)는 1943년 영국에서 생산되었다. 오늘날 세계 EPS 소모량은 약 160만 톤으로 추산된다. EPS는 PS 입자를 탄화수소계 추진제(propellant)나 아이소펜테인과 뷰테인과 같은 발포제를 사용하여 제조한 닫힌 기포(closed-cell) 구조이다(7.1.3절 참조). 건축 용도의 내연제급의 EPS는 hexabromocyclododecane(HBCD)과 같은 브로민화 지방족 화합물을 1% 미만으로 가하여 생산할 수 있다.

포장용 및 관련 용도에 PS를 이용할 때의 장점은 꽤 쉽게 재가공할 수 있다는 점이다. 예를 들어, 30~50%의 깨끗한 조각(scrap)을 열성형 포장 용기 제조에 사용하는 것은 일반적이며, 사용한 커피 컵들을 다시 갈아 재활용하여 새 컵 제조 시의 삼층 시트의 중심(core)으로 사용할 수 있다.

폴리스타이렌은 특히 광산화 분해 반응에 취약하여(susceptible)(6.1.2절 참조) 취약성(brittleness)과 황화 현상(yellowing)을 나타낸다. 분해 반응은 페닐기가 태양광으로부터 UV 방사선을 흡수하여 개시된다. 이 에너지는 고분자 사슬을 통해 다른 부위로 이동하여 결합 절단, 라디칼 형성 그리고 산소와 반응하여 하이드로페록사이드 및 카보닐기를 형성한다.

입체 특이성 폴리스타이렌 위에서 언급한 상업용 폴리스타이렌은 아탁틱 고분자(*a*-PS)이며 자유 라디칼 중합으로 만들어진다. 아이소탁틱 PS(*i*-PS)는 titanium tetrachloride와 triethylaluminum으로 이루어지는 Z-N 촉매를 이용하여 Natta에 의해 1955년에 처음 합성되었다[10]. 아이소탁틱 PS는 230°C 정도의 T_m을 나타내는 중간 정도의 결정체이나 *a*-PS보다 취약하며 비싸다. 이러한 이유로 *i*-PS는 상업화되지 못하였다. 1986년에 신디오탁틱 PS(*s*-PS)를 메탈로센 중합으로 구하였다(2.2.3절 참조)[11]. *i*-PS와 달리 *s*-PS는 물성 면에서 상업용 *a*-PS보다 우수하다. 즉, 향상된 고온 기능성($T_m \approx 277°C$), 향상된 강인성, 낮은 투과성(즉, 차단성의 개선) 및 우수한 화학약품 저항성을 나타낸다. 이러한 장점은 범용 PS에 비한 높은 단가로 상쇄된다. 현재 *s*-PS의 잠재 시장은 *s*-PS가 폴리(뷰틸렌 테레프탈레이트)(PBT)(10.1.8절 참조)와 경쟁할 수 있는 전기 및 전자 응용 부분을 포함한다. 다른 영역으로는 사출 성형 시에 얇은 벽과 길고 까다로운 흐름 설계를 요구하는 특수제품을 들 수 있다.

스타이렌 공중합체 GP-PS의 단점은 잘 부서지는 성질과 낮은 T_g이다. 이러한 한계점들은 어느 정도까지는 공중합으로 해결할 수 있다. 예를 들어, 스타이렌과 말레산 무수물

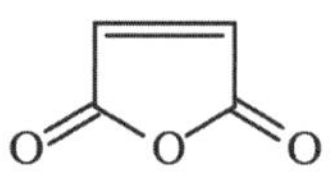

을 공중합하면 약간 높은 열변형 온도를 갖게 되는 반면 스타이렌과 아크릴로나이트릴(즉, SAN 공중합체)을 공중합하면 높은 강도와 내화학성을 갖는다. PS의 충격 개질은 폴리뷰타다이엔을 도입하여 이룰 수 있다. 예를 들어, 고내충격성 PS(HIPS)는 폴리뷰타다이엔 또는 스타이렌-뷰타다이엔(SBR) 라텍스 내에서 스타이렌을 유화 중합하여 합성할 수 있다. 얻어진 강화 PS는 폴리뷰타다이엔이 분산된 작은 도메인(domain)(~0.005 cm 직경)을 갖는 유리상 PS 매트릭스로 이루어진다. 고강도에 중요한 높은 계면 접착성은 HIPS 제조 과정에서 스타이렌의 그래프트 중합을 통해 구하여진다. ABS 수지(10.1.2절 참조)는 SAN과 NBR 라텍스 유제(emulsion)를 블렌드하거나 스타이렌과 아크릴로나이트릴을 라텍스 형태로 폴리뷰타다이엔에 그래프트시켜 가능하다. SBR과 NBR 탄성체들의 물성에 대해서는 다음 절에서 논하고 있다. 스타이렌과 제한된 양의 다이바이닐벤젠을 공중합하여 폴리스타이렌을 가교시킬 수 있다. 가교된 PS 입자의 용도로는 젤투과 크로마토그래피(3.3.4절 참조)와 이온 교환 수지(2.4.1절 참조)를 들 수 있다.

다른 스타이렌류 고분자 제올라이트(zeolite) 공정을 이용하여 톨루엔과 에틸렌으로부터 *p*-메틸스타이렌(*p*-methylstyrene, PMS)

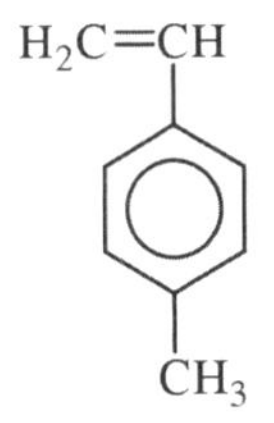

단량체를 높은 수율로 합성할 수 있다. 이 단량체는 PS 제조법과 유사한 방법으로 중합하여 폴리(*p*-메틸스타이렌)을 제조하는데, 이 고분자는 전형적인 GP-PS에 비하여 저밀도, 약간 높은 열변형 온도, 향상된 내연성과 보다 빠른 몰딩 사이클을 갖는다. 입체 특이성 폴리(*p*-메틸스타이렌)은 메탈로센 촉매로 중합할 수 있다[4].

폴리(바이닐 클로라이드) 표 9-1에 나타낸 것처럼 PVC와 바이닐 클로라이드의 공중합체는 범용 열가소성 고분자의 가장 큰 부분을 차지하는 것 중 하나이다. 미국의 연간 생산량은 약 6,900만 톤으로 추정된다. 폴리(바이닐 클로라이드)(PVC)는 강한 것과 유연한 것의 두 등급이 있다. 강한 PVC는 시트, 파이프, 창문틀 및 기타 몰딩 부품으로 사용된다. 유연한 급의 PVC는 7.1.1절에서 논한 바와 같이 PVC를 낮은 T_g를 갖는 가소제와 블렌드하여 제조한다. 가소화된 PVC의 용도로는 전선코팅, 가구, 장판, 필름 및 튜브를 들 수 있다. 상업용 PVC는 투명하고, 중간 정도의 강인성의 낮은 결정성(T_g=87°C; T_m=212°C)을 갖는 물질로 저분자량에서 중분자량(25,000~150,000)의 재료이다. 강한 PVC와 유연한 PVC의 물성을 표 9-4에 요약하였다.

상업용 PVC는 주로 현탁 중합 방법에 의한 자유 라디칼 중합으로 합성하나, 유화 중

표 9-4 상업용 등급의 PVC의 대표적인 물성

물성	ASTM	강한 PVC	유연한 PVC
비중	D792	1.03−1.58	1.16−1.35
인장 강도(MPa[a])	D638	41.4−51.7	22.1−33.8
인장 탄성률(GPa[b])	D638	2.41−4.14	1.79−3.24
파단 신장도(%)	D638	2−80	13−50
내충격 강도 노치드 이조드법(J m^{-1}[c])	D256	21.4−1068	26.7−587
열변형 온도 °C at 455 kPa(66 psi)	D648	57−82	75−95

[a] MPa를 psi로 환산하려면 145를 곱함.
[b] GPa를 psi로 환산하려면 1.45×10^5을 곱함.
[c] J m^{-1}를 lb$_f$ in^{-1}로 환산하려면 53.38로 나눔.

합법과 더욱 최근에는 벌크 중합법도 사용한다. PVC는 단량체에는 용해되지 않으므로 고분자는 벌크 중합 시 침전하거나 현탁 중합 시에는 단량체 방울 내에 있다. 현탁 중합 반응을 적정한 압력에서 진행한 후 높은 단량체 전환율 단계에서 통기(vent)시키면 다공성인 건식 블렌드 수지가 생성된다. 이러한 수지들은 끈적해지기 전에 다량의 가소제를 흡수할 수 있으므로 유연한 등급의 PVC 배합에 사용된다.

상업용 등급 PVC 수지의 중합 온도는 일반적으로 50°C 부근으로 이는 높은 온도에서는 소량의 가지와 탈염화수소 반응(dehydrochlorination)에 의한 과대한 염산이 생성되는 한편으로, 낮은 온도에서는 신디오탁틱 함량이 높아지기 때문이다. 약 100°C에서 시작하는 탈염화수소 반응은 용융 가공 시와 같이 불안정한 PVC가 T_g 이상으로 가열될 때 발생하는 심각한 문제이다(6.1.1절 참조). 열에 의하여 개시되는 탈염화수소 반응은 염산을 생성하고 이는 탈염화수소 반응을 가속화시켜 강한 색을 형성하고 궁극적으로 고분자의 물성을 저하시킨다. 이러한 이유로 인하여 1928~1930년 사이에 생산된 최초의 상업적 바이닐 수지는 바이닐 클로라이드와 바이닐 아세테이트, 바이닐 에테르, 그리고 아크릴릭 에스터의 공중합체였다. 오늘날, 단일 고분자의 열적 안정성은 유기주석(organotin) 및 다른 화합물을 첨가하여 개선시킨다.

PVC의 물성은 화학 변성, 공중합 또는 블렌딩으로 개질할 수 있다. 예를 들어, PVC는 온수용 파이프와 같은 용도를 위하여 염소화하여(즉, CPVC) 열변형 온도를 증가시킨다. 유연한 필름은 바이닐 클로라이드와 바이닐리덴 클로라이드(Saran) 또는 바이닐아세테이트와의 공중합으로 얻어질 수 있다. 바이닐 아세테이트는 또한 PVC 사슬에 그래프트될 수 있다. PVC의 강인성은 ABS(acrylonitrile-butadiene-styrene)나 MBS(methyl methacrylate-butadiene-styrene)와 같은 고내충격성 수지와 블렌딩하여 개선할 수 있다(7.2.2절 참조).

폴리(메틸 메타크릴레이트) 다른 상업적으로 중요한 바이닐 고분자로는 폴리(메틸 메타크릴레이트)(PMMA)를 들 수 있으며, 그 다음으로 폴리(바이닐 아세테이트) 및 그 유도체들이 있다. 상업용 PMMA

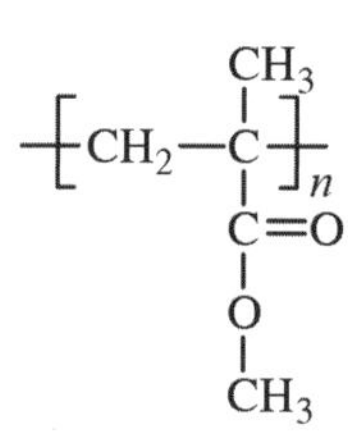

는 중간 정도의 T_g(105°C)와, 높은 광투과성 및 산 및 환경 노화에 대한 우수한 저항성을 나타내는 무정형 고분자이다. 과산화물이나 아조 화합물과 같은 자유 라디칼 개시제로 사

용하여 현탁 또는 벌크 중합(즉, 주형 중합)하여 시트나 몰딩 배합물 또는 경질(hard) 콘택트렌즈와 같은 보다 특수화된 용도에 사용된다. PMMA는 저온에서 음이온 중합(2.2.2절 참조)하여 높은 아이소탁틱($T_g=45°C$, $T_m=160°C$) 또는 높은 신디오탁틱($T_g=115°C$, $T_m=200°C$) 고분자를 제조한다. PMMA의 주된 용도는 자동차산업(예를 들어, 후진등, 전광판), 욕조, 광고사인 및 조명 설치물의 아크릴 시트 그리고 부엌 싱크대, 세면기 및 욕조 설치물용 복합 재료이다.

폴리(바이닐 아세테이트) 폴리(바이닐 아세테이트)(PVAC)($T_g=29°C$)는 자유 라디칼 유화 또는 현탁 중합법으로 합성하며, 2.4.2절에서 논한 바와 같이, 제한된 용도로서의 접착제 및 폴리(바이닐 알코올)(PVAL), 폴리(바이닐 뷰티랄)(PVB)의 시재료(starting material)로 이용된다. 유화 중합 시 안정제로 사용되거나 증점제(thickening agent) 및 젤화제로서 사용되는 PVAL은 바이닐 알코올로부터 직접 중합할 수 없는데, 이는 다음과 같이 아세트알데하이드와 이성질체를 이루기 때문이다.

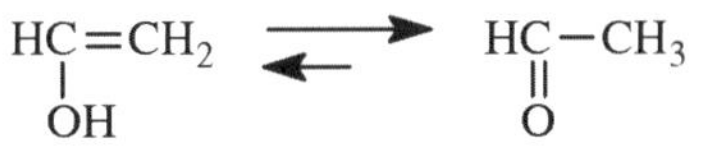

상업적으로, PVAL은 농축 메탄올에서 PVAC를 가수 분해시켜 생산한다. PVAL은 뷰티르알데하이드와 부분적으로 반응하여 PVB를 형성하며, 이를 가소화시켜 안전유리(windshield)의 내부층으로 사용한다. PVAL 반복 단위의 약 25%는 미반응 상태로 남겨 유리와 강력한 접착이 이루어지도록 한다.

Poly(*N*-vinyl-2-pyrrolidinone) 흥미로운 바이닐계 고분자 중 하나가 폴리바이닐아마이드(polyvinylamide)이다. 이중 높은 극성과 양쪽성을 지닌 상업적으로 중요한 고분자가 poly(*N*-vinyl-2-pyrrolidinone)(PVP)이다.

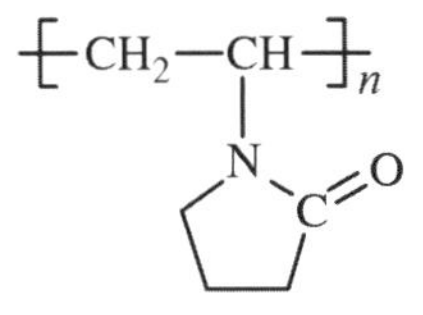

상업용 등급의 PVP는 무정형 고분자로 유리 전이 온도는 126~174°C의 범위를 나타낸다. 이는 매우 낮은 독성, 우수한 필름 형성, 접착성 그리고 물, 알코올 및 다수의 유기 용매와 같은 광범위한 용매에서의 용해성 등의 매우 유용한 물성을 갖는다. 나아가서, PVP는 물, 알코올 및 하이드록시기를 포함하는 폴리(바이닐 알코올)과 같은 고분자와 카보닐기 및 하이드록시기 사이의 수소 결합 형성으로 광범위한 화합물과 복합체를 형성할 수 있다. 제2차 세계대전 시 PVP는 플라스마 증량제(extender)로 이용되었고, 오늘날 vinyl pyrrolidinone과 hydroxyethyl methacrylate의 공중합체는 소프트 콘택트렌즈 제조에 이용된다.

PVP의 응용은 다양하여 접착제, 코팅, 약물 방출 재료 그리고 식품산업에서 맥주와 포도주의 정화에 사용된다. PVP는 또한 유화 및 현탁 중합의 보호 콜로이드나 섬유재료의 염색능을 향상시키는 용도로도 사용된다. 보통 과산화물이나 아조 화합물을 개시제로 하여 자유 라디칼 메커니즘으로 벌크 중합하거나, 말레산 무수물, 메틸 메타크릴레이트, 아크릴산 및 아크릴로나이트릴과 같은 다수의 다른 단량체와 그래프트 중합 또는 공중합할 수 있다. PVP는 강알칼리, 무기 과황산류(예를 들어, 과황산 포타슘) 및 과산화물에서 가교되거나 또는 UV 혹은 γ-선으로 조사하여 가교시킬 수 있다.

9.1.3 열가소성 폴리에스터

공업적으로 가장 중요한 폴리에스터는 폴리(에틸렌 테레프탈레이트)(PET)로서 1953년부터 소비자용 섬유로서 주로 인식되고 있다.

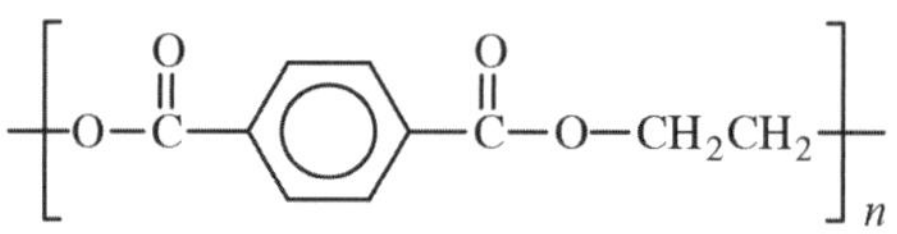

1960년대 중반에 이르러 사출 성형용 PET 제조 시도가 성공하지 못하였는데, 이는 결정화 속도가 낮고, 그 결과 성형 속도가 너무 느렸기 때문이다. 그 당시 성형용 PET의 유망한 대체품은 기존의 PET에 비하여서는 결정화 속도가 빠른 폴리(뷰틸렌 테레프탈레이트)(PBT)로 보였다.

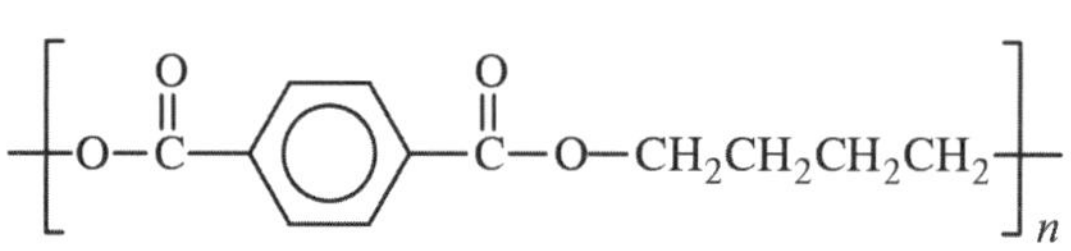

PBT는 1970년대 성형용(또한 섬유)으로 개발을 강도 높게 진행하였으나, 성형 가능한 PBT 시장은 성형 후의 뒤틀림과 같은 몇 가지 문제로 초기에 기대한 만큼 확장되지 않았다. 1970년대 후반에는 포장(음료수 및 주문용 병 및 열성형 쟁반)과 같은 성형용에 적합한 보다 빠르게 결정하는 등급의 PET 개발에 관심이 모아졌다. 현재 PBT는 특수 용도의 폴리아릴레이트(polyarylate) 및 액정 폴리에스터(10.2.6절)와 같은 특수 용도의 엔지니어링 열가소성 수지(10.1.8절 참조)를 대신한다.

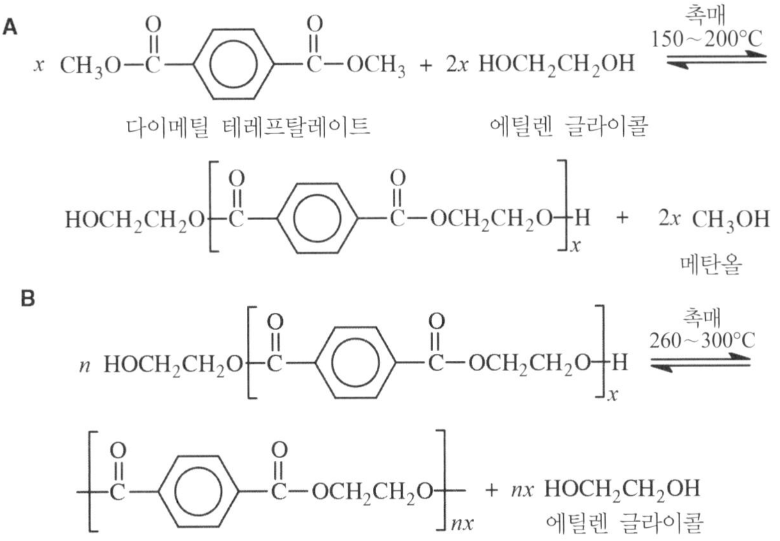

그림 9-2 폴리(에틸렌 테레프탈레이트)의 2단계 중합 과정. A. 다이메틸 테레프탈레이트와 에틸렌 글라이콜의 에스터 교환 반응. B. 고분자량 중합물과 부산물로서 에틸렌 글라이콜 형성을 보여 주는 고온 에스터화 반응.

전형적인 상업용 PET 제조법은 그림 9-2에 나타낸 바와 같이 2단계 연속 에스터 교환 반응을 거친다. 첫 번째 단계에서는(그림 9-2A) 다이메틸 테레프탈산(DMT)과 에틸렌 글라이콜을 200°C 부근에서 에스터 교환 반응시켜 메탄올을 제거하고 저분자 중합체($n=1$~4)를 형성한다. 두 번째 에스터화 반응 단계(그림 9-2B)에서는 온도의 증가와 함께 에틸렌 글라이콜이 증류하면서 고분자량 PET를 형성하게 된다.

PET의 전 세계 생산량은 2010년에 약 230억 달러였고, 2016년까지 약 480억 달러로 증가할 것으로 예상된다. 이 중 섬유, 플라스틱 병 및 필름(자기 테이프, 사진 필름)이 PET 시장에서 가장 큰 부분을 차지하고 있다. 성형용 등급의 PET 시장은 재활용이 상대적으로 용이하여 특히 강하게 형성되어 있다[12]. 재활용된 PET가 바로 음료수병으로 사용될 수는 없지만, 절연보드와 같은 다른 제품으로 사용가능하며, 열 또는 화학적으로 단량체로 분해시켜 처녀 수지의 합성에 이용할 수 있다(6.2.1절 참조).

9.2 탄성체

탄성체는 크게 다음의 세 그룹 중 하나에 속하는 것으로 분류할 수 있다: 다이엔 탄성체, 비다이엔 탄성체 및 열가소성 탄성체. 폴리뷰타다이엔, 폴리아이소프렌 및 폴리클로로프렌 등 다이엔 탄성체는 다음 구조와 같은 두 개의 순차적인 이중 결합(다이엔)을 가진 단량체로부터 중합된다.

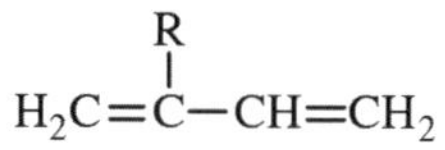

여기에서, R은 치환기로 수소 원자(폴리뷰타다이엔의 경우에), 염소 원자(폴리클로로프렌의 경우에) 또는 메틸기(폴리아이소프렌의 경우에)를 나타낸다. 다음 절에서 논하는 바와 같이, 중합은 이어지는 가교(즉, 가황)의 장소를 제공하는 한 개의 이중 결합을 갖는 반복 단위를 낳는다. 일반적으로, 합성 고무의 미국 내 시장은 스타이렌-뷰타다이엔 고무(SBR)가 가장 큰 비중을 차지하고 있으며, 그 뒤를 폴리뷰타다이엔과 EP 고무가 차지하고 있다.

비다이엔(non-diene) 탄성체에는 폴리아이소뷰틸렌, 폴리실록세인(실리콘 고무)과 폴리유레테인(Spandex)과 같은 다수의 특수 고무 그리고 Viton과 같은 플루오로 고무가 있다. 비다이엔 탄성체는 불포화기가 없으므로 가교는 축중합(예를 들어, 폴리실록세인)의 경우 삼작용기 단량체, 자유 라디칼 개시제 또는 소량의 다이엔 단량체(예를 들어, 뷰타다이엔)와의 공중합과 같은 대체방법을 필요로 한다.

SBS 삼원 공중합체와 같은 열가소성 탄성체는 화학적으로 가교된 탄성체와는 달리 단단한(유리상) 영역과 유연한(고무상) 영역을 갖는 열적으로 가공 가능한 열가소성 수지이다. 냉각 과정에서 단단한 영역과 유연한 영역은 물리적으로 뚜렷하게 분리되며, 여기에서 단단한 영역은 고무상 영역에 대해 물리적 고착(physical anchor) 역할을 하여, 열가소성 탄성체가 인장되면 회복력을 제공한다. 다음 절에서는 이들 탄성체의 합성 방법과 물성에 대해 논하고 있다. 고무 탄성의 원리는 5.2절에서 다루었다.

9.2.1 다이엔 탄성체

탄성 망상 구조를 형성하는 하나의 방법은 이웃한 고분자의 분자에 두 개의 불포화 탄소를 화학 결합하는 것이다. 불포화 탄소를 갖는 중요한 합성 고무로는 폴리뷰타다이엔, 폴리아이소프렌 및 폴리클로로프렌을 들 수 있다. 그림 9-3에서 보는 바와 같이, 아이소프렌과 클로로프렌과 같은 공액 다이엔은 1,2-, 3,4- 또는 1,4- 고분자를 합성할 수 있다. 1,4-고분자의 경우 **시스**(cis)형과 **트랜스**(trans)형이 둘 다 가능하다. 비대칭 치환기가 존재하지 않는 1,3-뷰타다이엔 중합의 경우 및 1,2-와 3,4- 구조는 동일하다. 고분자 사슬에 유입되는 각 구조 형의 비율은 고분자의 열적 및 물리적 물성에 영향을 주며, 중합 조건과 중합 방법에 의해 조절된다. 예를 들어, 뷰타다이엔을 자유 라디칼 부가 반응(2장 참

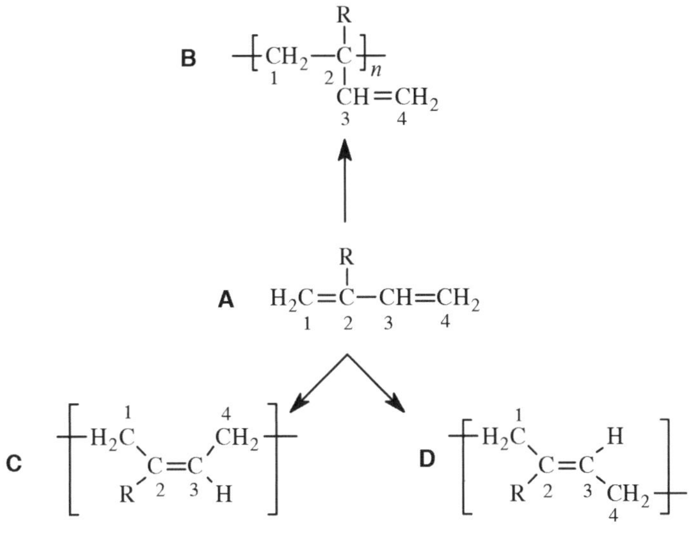

치환기, R	단량체	탄성체
H	1,3-뷰타다이엔	폴리뷰타다이엔
Cl	2-클로로-1,3-뷰타다이엔	폴리클로로프렌
CH_3	2-메틸-1,3-뷰타다이엔	폴리아이소프렌

그림 9-3 다이엔 단량체(**A**)의 중합: 1,2-(B), *cis*-1,4-(C) 및 *trans*-1,4- 구조(D). 치환기, R에 따라 다른 탄성체가 얻어진다.

조)으로 낮은 온도에서 중합하면 약 20% 정도의 1,2- 구조를 함유하는 대부분 *trans*-1,4- 구조를 나타낸다. 중합 온도가 증가할수록 *cis*-1,4- 구조의 양이 증가하는 한편으로 1,2- 구조의 비는 거의 동일하다.

다이엔을 펜테인 혹은 헥세인과 같은 비극성 용매에서 리튬 또는 *n*-뷰틸리튬과 같은 유기리튬을 이용하여 음이온 중합을 하면 높은 함량의 *cis*-1,4 구조 고분자를 얻을 수 있다. 극성이 강한 용매 또는 강한 알칼리 금속(alkali-metal) 개시제를 이용하는 경우 *cis*-1,4 구조의 비는 감소한다. 입체 규칙성은 Ziegler-Natta 촉매(2.2.3절 참조)와 같은 선택 배합 촉매(selective coordination catalyst) 또는 알케닐 소듐(alkenyl sodium) 화합물, 할로젠화 알칼리 금속 및 알콕사이드(alkoxide)의 결합으로 이루어진 비균일계 알핀(heterogeneous Alfin) 촉매를 이용하여 조절할 수 있다. 후자 시스템을 이용하는 경우 고분자량의 *trans*-1,4- 함유 고분사를 구하게 된다.

뷰타다이엔-기본 탄성체 모든 합성 고무 중에서 뷰타다이엔 공중합체와 폴리뷰타다이엔(BR)의 판매량이 가장 큰 부분을 차지한다. 특히 스타이렌-뷰타다이엔 공중합체(SBR)

는 현재 미국의 합성 탄성체 시장에서 가장 큰 몫을 차지하고 있다. BR과 SBR은 타이어 및 타이어용 제품 생산에 주로 이용되는데, 이는 일반적으로 천연 고무와 합성 고무의 블렌드이다. 폴리뷰타다이엔은 타이어용 재료의 중요 물성인 우수한 복원력 및 내마모성 그리고 낮은 열축적을 나타낸다.

SBR은 뷰타다이엔과 10~25%의 스타이렌 간의 매우 불규칙한 공중합체이다. 스타이렌의 첨가는 가격을 낮추고, SBR의 내마모성과 결합 특성을 향상시켜 준다. 또한 BR을 단독으로 사용할 때보다 강도, 내마모성 및 블렌드의 상용성을 향상시켜 준다. BR과 마찬가지로, SBR은 유화 상태에서 자유 라디칼 반응에 의해 30~60°C(고온 고무) 혹은 0°C 부근(저온 고무)에서 중합될 수 있다. SBR 중 뷰타다이엔 영역의 전형적인 조성은 약 70%의 *trans*-1,4-폴리뷰타다이엔 그리고 15~20%의 *cis*-1,4-폴리뷰타다이엔, 15~20%의 1,2-폴리뷰타다이엔이다. 용액 중합에 의한 SBR 생성물(stereo SBR)은 유화 중합으로 합성한 SBR보다 높은 분자량, 좁은 분자량 분포 그리고 높은 함량의 *cis*-1,4-구조를 보인다.

뷰타다이엔은 15~40%의 아크릴로나이트릴과 고온 또는 저온 자유 라디칼 유화 중합으로도 공중합할 수 있다. 생성되는 NBR 또는 **나이트릴 고무**(nitrile rubber)는 내유성과 내방향족 용매성이 우수하여 개스킷(gasket), 튜브, 오링(O-rings) 및 가솔린 호스의 재료로 사용될 수 있다. 2001년 한해 동안 미국에서의 생산량이 1억 8000만 파운드에 달한 NBR은 타이어 제조 시 블렌드 성분으로서도 이용될 수 있다.

폴리아이소프렌 8.1.4절에서 논한 바와 같이 폴리아이소프렌은 자연에 존재하지만 합성적으로도 생산할 수도 있다. 타이어 제조에 사용되는 천연 고무(NR) 또는 Hevea 고무는 거의 *cis*-1,4-폴리아이소프렌이다. 2-메틸-1,3-뷰타다이엔(그림 9-3)을 Ziegler-Natta와 알핀(Alfin) 촉매를 이용하여 중합하면 *cis*-1,4-폴리아이소프렌(IR)과 동일한 합성체를 얻을 수 있다. 적당한 촉매를 선택하면 높은 **트랜스** 함량을 갖는 폴리아이소프렌을 얻을 수 있다. IR은 자연에서 생성되는 재료가 나타내는 높은 복원력, 강도 및 내마모성을 포함한 우수한 물성을 나타낸다. 다이엔을 기본으로 하는 탄성체의 경우에서 보듯이, IR은 오존, 가솔린, 기름 및 유기 용매에 대한 저항성은 약하다.

폴리클로로프렌 또 다른 중요한 다이엔-기본 탄성체로 폴리클로로프렌(네오프렌) 또는 CR이 있다. CR의 경우 여기에 수록된 다른 탄성체보다 산소, 오존, 기름 및 가스 등에 강한 저항성을 나타낸다. 이러한 성질로 인해 CR은 개스킷, 튜브, 오링, 밀봉재(seal) 및 가솔린 호스 등의 재료로 사용된다. *trans*-1,4-폴리클로로프렌이 대부분인 상업적 재료는 2-클로로-1,3-뷰타다이엔(그림 9-3)을 자유 라디칼 유화 중합으로 제조한다.

상호 교환 탄성체 현재, 두 종류의 상업적 탄성체인 polynorbornene과 polyoctenamer는 개환 상호 교환 중합으로 형성한다(2.5.1절 참조). 이러한 특수 탄성체는 높은 오일 흡수성(polynorbornene)과 고강도(polyoctenamer)를 나타낸다. 최근에는 뷰타다이엔뿐만 아니라 블록과 그래프트 공중합체를 포함한 다른 탄성체를 상호 교환을 이용하여 제조하고 있다[13, 14].

가황 공정 *Hevea brasiliensis* 나무에서 라텍스상으로 얻어지는 천연 고무와 같은 비가교 고무는 끈적하며 껌과 같은 점착성의 재료로서 고무 밴드, 고무 호스, 타이어와 같이 일상생활에서 접하는 상업적 고무 제품과는 달리 복원력 및 고정 형상(permanent set)을 나타내지 않는다. 다이엔 탄성체가 망상 구조를 가지기 위해서는 과산화물, 이온화 방사(ionizing radiation), 그리고 황 또는 황화물을 이용하여 가교시킨다. 그림 9-4는 가교된 탄성체의 망상 구조를 보여 주고 있다.

1839년의 전형적인 가황 방법은 황과 고무 화합물에 열을 가하는 방법이었다. 각각의 고무 분자 사이에 형성되는 황 다리(sulfur bridge)는 이중 결합에 부가되어 일어나는 이온 메커니즘으로 이해되어 왔다. 황이 약 30 pph(part per hundered)가 첨가되어 가교도가 높고 딱딱한 고무인 에보나이트와는 달리 가황 제품은 3 pph의 황이 첨가된다. 전형적인 가황 공정은 긴 황 다리와 고리형 황 구조가 형성되는 등, 비효율적이고 반응 속도가 느리다. 그래서 이 공정을 thiuram disulfide, dithiocarbamate 및 benzothiazole과 같은 촉진제를 첨가하여 개선시킨다. 산화 아연과 스테아르산과 같은 활성제는 고리형 황의 농도를 줄이고, 황 다리의 길이가 짧게 형성하는 것을 도와주는 역할을 한다. 이러한 첨가제와 함께, 일반적인 상업용 고무 배합도 산화 방지제와 강화 충전제를 함유한다(7.1절 참조).

일반적인 다이엔 탄성체의 가황 배합은 표 9-5에서 보는 바와 같다. 이 배합표에서 지

그림 9-4 가교 탄성 그물 구조의 이상적인 도식. 검은 점은 가교점(예를 들어, 폴리설파이드 다리)를 나타낸다. Reproduced from J. E. Mark and B. Erman, *Rubberlike Elasticity—A Molecular Primer*. 1988, New York: John Wiley & Sons, with permission of James E. Mark.

방산(예를 들어, 스테아르산)과 산화 아연은 가황 활성화제의 역할을 한다. 이때 활성화제는 촉진제와 결합하여 염을 생성한다고 여겨진다. 이 공정에서 촉진제는 그림 9-5에서 보듯이 단량체의 폴리설파이드를 형성한다. 그림 9-5에서 Ac 기는 촉진제로부터 유도된 유기 라디칼이다. 예로서 benzothiazolyl 기가 있다.

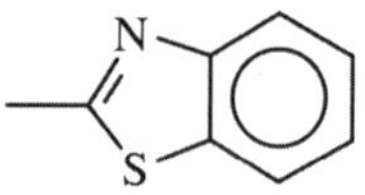

이 단량체의 폴리설파이드는 탄성체 사슬 중의 불포화기와 반응하여 고무 폴리설파이드를 생성하고 최종적으로 또 다른 사슬과 반응하여 폴리설파이드 다리를 형성한다. 가교점 사이의 분자량은 대략 4,000~10,000 정도이며, 각각 하나의 사슬의 분자량은 약 100,000~500,000 단위이다.

표 9-5 폴리다이엔의 일반적인 가황 구성 재료

성분	Phr
촉진제	0.5-2
황	0.5-4
지방산	1-4
산화 아연	2-10

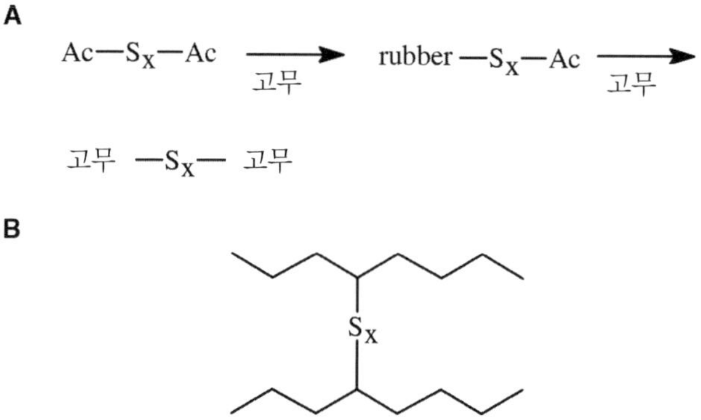

그림 9-5 가황 공정. A. 황 원소와 촉진제의 반응으로 형성된 단량체의 폴리설파이드가 고무 사슬과 반응하여 폴리설파이드 다리를 형성. B. 두 고무 사슬 간의 폴리설파이드 다리.

9.2.2 비다이엔 탄성체

다수의 중요한 탄성체는 다이엔 탄성체의 특성인 불포화 사슬 구조를 갖지 않는다. 이러한 비다이엔 탄성체로는 폴리아이소뷰틸렌(뷰틸 고무), 폴리실록세인(실리콘 고무), Viton과 같은 플루오로 탄성체, 스판덱스와 같은 폴리유레테인 탄성체 그리고 에틸렌과 프로필렌으로부터 유도된 탄성체(EP, EPDM 탄성체)가 있다. 이 둘−뷰틸 고무와 EPDM−의 경우 가황 장소를 제공하는 소량의 다이엔 단량체를 공중합을 이용하여 도입한다. 다른 비다이엔 탄성체의 경우, 자유 라디칼 개시제 또는 다작용기 단량체를 이용하여 망상 구조를 형성한다. 비다이엔 탄성체는 주사슬에 이중 결합이 없거나 소량 존재하므로 다이엔 탄성체에 비하여 산소 및 오존에 대한 저항성과 뛰어난 내화학성을 나타낸다.

폴리아이소뷰틸렌 폴리아이소뷰틸렌이나 뷰틸 고무는 가황의 불포화 장소를 제공하는 약 0.5~2%의 아이소프렌을 함유하는 공중합체(IIR 고무)로 만들어진다. 뷰틸 고무는 산소와 오존에 대한 저항성이 뛰어나고 낮은 가스 투과율을 나타낸다. 이러한 이유로, 주용도는 틈마개 재료(weather stripping) 및 내부관에 사용된다. 고분자량의 뷰틸 고무는 클로로메테인(chloromethane)과 같은 클로로카본 용매에서 염화 알루미늄과 같은 Lewis 산을 이용한 저온 양이온 중합으로 합성한다.

폴리실록세인 실리콘 탄성체는 고온 안정성, 산화 안정성, 저온 유연성과 우수한 전기적 물성 그리고 내유성 및 내후성을 보인다. 일반적인 용도로는 전선과 전선피복제의 절연체, 수술용 의치(surgical implant), 개스킷, 밀봉재 및 항공기용 튜브를 들 수 있다. 그림 9-6에서 보는 바와 같이, 다이메틸다이클로로실레인(dimethyldichlorosilane)과 같은 다이클로로실레인을 가수 분해하여 폴리실록세인을 제조할 수 있다. 이 공정은 삼량체(trimer)와 사량체(tetramer)에 의한 고리형 실록세인이 형성되므로 고분자량의 고분자를 만들기에는 적절하지 않다. 탄성체의 응용에 적합한 고분자량의 고분자는 염기 촉매하에 고리형 생산물의 개환 중합으로 구할 수 있다. 가교된 실록세인 탄성체는 중합에 추가적인 반응기를 제공하는 다이클로로실레인과 알킬-트라이클로로실레인의 공가수 분해(cohydrolysis)

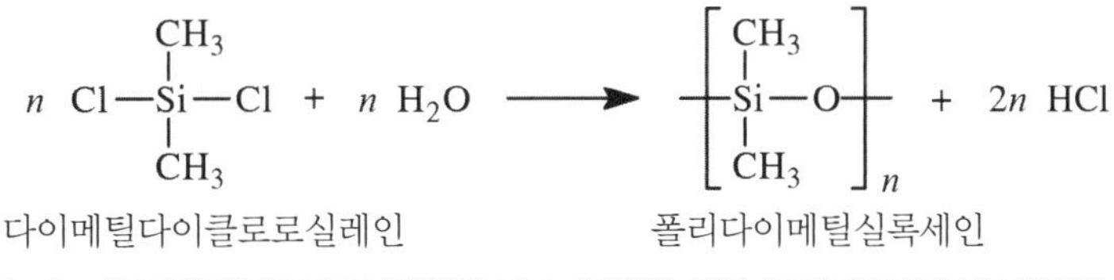

다이메틸다이클로로실레인　　　　폴리다이메틸실록세인

그림 9-6 다이메틸다이클로로실레인의 가수 분해에 의한 폴리다이메틸실록세인의 중합

로 제조된다. 또한, 폴리다이메틸실록세인은 과산화물을 사용하여 가교할 수도 있다. 가황 단계의 효율은 바이닐메틸실라놀(vinylmethylsilanol)과 같은 실록세인을 함유한 바이닐기와의 공중합을 통하여 불포화 장소를 도입하면 크게 향상된다.

플루오로 탄성체 대부분의 플루오로 탄성체는 유기 개시제 또는 무기 개시제를 이용하여 고압, 자유 라디칼 유화 중합으로 구하여진다. 대부분의 플루오로 탄성체는 vinylidene fluoride를 가진 플루오린화 폴리올레핀(tetrafluoroethylene과 hexafluoropropylene)의 공중합체이다. 표 9-6은 일반적인 플루오로 탄성체의 예를 보여 주고 있다. 플루오로탄소 탄성체는 넓은 온도와 다양한 화학약품 및 석유제품에 노출되는 작업을 포함하는 까다로운 서비스 용도에 이용할 수 있다. 용도로는 자동차, 석유화학분야, 석유 및 유압용의 호스, 튜브, 오링 및 개스킷을 들 수 있다. 플루오로 탄성체는 여러 종류의 충전제, 가공조제, 촉진제 및 후처리제(curative)와 혼합한 후 튜브나 오링과 같은 원하는 형태로 압출한다. 압출품은 최대 기계적 물성을 갖기 위하여 200~260°C에서 최대 24시간 후경화(postcure)시킨다.

표 9-6 플루오로 탄성체의 예

플루오로 탄성체	상품명
Poly(vinylidene fluoride-*co*-hexafluoropropylene)	Viton, Fluorel
Poly(vinylidene fluoride-*co*-hexafluoropropylene-*co*-tetrafluoroethylene)	Viton, Fluorel
Poly[vinylidene fluoride-*co*-tetrafluoroethylene-*co*-perfluoro(methyl vinyl ether)]	Viton
Poly[tetrafluoroethylene-*co*-perfluoro(methyl vinyl ether)]	Kalrez
Poly(tetrafluoroethylene-*co*-propylene)	Aflas
Poly(vinylidene fluoride-*co*-chlorotrifluoroethylene)	Kel-F

폴리유레테인 폴리유레테인(PUR)은 1937년 I. G. Farbenindustrie에서 Otta Baver 및 그의 동료들에 의해 개발되었다. 폴리유레테인은 높은 강도, 가스, 오일 및 방향족 탄화수소에 대한 우수한 저항성, 우수한 내마모성 및 산소와 오존에 대한 뛰어난 저항성을 나타내지만, 세균 공격에 취약하다. 용도로는 구두 밑창, 고형 타이어 및 임펠러(impeller)를 들 수 있다. 폴리유레테인의 가장 주요한 사용 형태는 1950년대에 개발된 단단하고 유연한 발포체이지만, 생산량의 약 15%는 탄성체에 이용된다. 유레테인 화학의 기본과 폴리유레테인 탄성체의 제조에 대하여 이 절에서 논하고자 한다.

일반적으로 폴리유레테인은 다이아이소사이아네이트(diisocyanate)와 다이하이드록실(다이올) 화합물의 단계 성장 중합으로 합성하거나, 또는 덜 일반적이지만, 비스클로로포메이트(bischloroformate)와 다이아민의 반응으로 합성한다. 그림 9-7은 이 두 방법을 보여 주고 있다. 여기에서 보는 바와 같이 다이아이소사이아네이트와 다이올의 단계 성장 중합은 bischloroformate 반응과는 달리 저분자의 부산물 없이 일어난다. 11.1.2절에서 논한 바와 같이 아이소사이아네이트기의 높은 반응성은 반응 사출 성형(RIM)에 의한 폴리유레테인의 가공을 가능하게 한다.

아이소사이안산(isocyanic acid, HNCO)의 에스터인 아이소사이아네이트는 지방족, 고리형 지방족 또는 다고리형(polycyclic)일 수 있다. 표 9-7은 전형적인 다이아이소사이아네이트인 methylene-4,4'-diphenyldiisocyanate(MDI), toluene-2,4-diphenyldiisocyanate(TDI)[*] 및 헥사메틸렌 다이아이소사이아네이트(HMI)의 구조를 보여 주고 있다. 다이올은 말단에 하이드록시기를 갖는 저분자량(예를 들어, 2,000~3,000) 폴리에스터 또는 폴리데트라하이드로퓨란(polytetrahydrofuran, PTHF)과 같은 폴리에테르이다. 작용기가 2개 이상인 아이소사이아네이트 또는 하이드록실 화합물을 이용하여 가지 그룹 또는 가교점을 형성할 수 있다. 고분자 주사슬에 카바메이트기(carbamate group)[†]

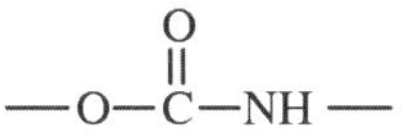

의 존재는 모든 폴리유레테인의 특징이다. 반응물(즉 R, R′)의 화학적 조성에 따라서 폴리유레테인 사슬은 에스터, 에테르, 아마이드 또는 우레아(urea) 기를 함유할 수 있다.

폴리유레테인 탄성체는 "유연한" 영역과 "단단한" 분절이 교차하며 이루어지는 $(AB)_n$-블록 공중합체의 형태로 구하여진다. 일반적으로 폴리유레테인 탄성체는 말단에 아이소사이아네이트가 존재하는 예비중합체를 만들기 위하여 과량의 방향족 다이아이소사이아네이트(예를 들어, MDI 또는 TDI)와 말단에 하이드록시기가 존재하는 폴리에테르 또는

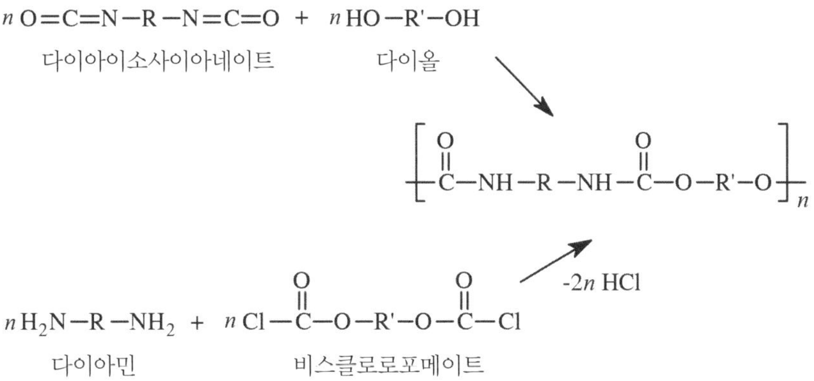

그림 9-7 다이아이소사이아네이트(위)와 비스클로로포메이트(아래)로부터 생성되는 폴리유레테인의 합성 경로

---

[*] 종종 TDI의 2,6-이성질체와 혼합하여 사용한다.

[†] 카밤산($RNHCO_2H$)으로부터 합성된 폴리카바메이트(polycarbamate)는 폴리유레테인의 초기 용어이다.

폴리에스터(분자량 2,000~3,000)를 반응시켜 합성한다. 주로 사용되는 폴리에테르의 한 예는 폴리(프로필렌 글라이콜)이며,

$$\left[CH_2 - \overset{\overset{\displaystyle CH_3}{|}}{C}H - O \right]$$

폴리에스터는 폴리다이에틸렌글라이콜 아디페이트, poly(diethyleneglycol adipate)이다.

$$\left[\overset{\overset{\displaystyle O}{\|}}{C} - (CH_2)_4 - \overset{\overset{\displaystyle O}{\|}}{C} - O - CH_2CH_2 - O - CH_2CH_2 - O \right]$$

폴리에스터계 폴리유레테인은 폴리에테르계보다 저렴하고, 산화 안정성과 고온 열안정성이 우수하지만, 수분 안정성과 낮은 온도에서의 유연성은 떨어진다. 그림 9-8에서 보는 바와 같이 예비중합체는 사슬 연장제로 작용하는 에틸렌다이아민과 같은 다이아민과 반응하여 아래의 우레아 결합(urea linkage)을 통하여 고분자량의 탄성체를 제조할 수 있다.

$$-NH - \overset{\overset{\displaystyle O}{\|}}{C} - NH -$$

공중합체의 유연한 블록은 폴리에테르/폴리에스터 분절로서 탄성체의 대부분을 이루며, T_g가 일반 사용 온도보다 낮은 무정형 연속상을 형성한다. 유레테인 결합 사이의 분

표 9-7 일반적인 다이아이소사이아네이트의 예

다이아이소사이아네이트	약어	구조
Hexamethylenediisocyanate	HMI	$O{=}C{=}N-(CH_2)_6-N{=}C{=}O$
4,4'-Methylene-bis(cyclohexylisocyanate)	$H_{12}MDI$	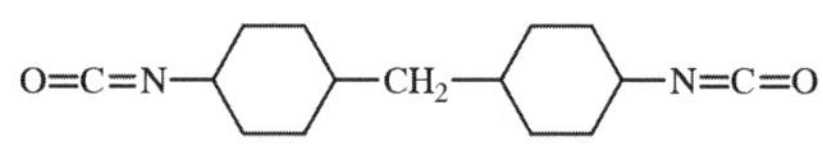
Methylene-4,4'-diphenyldiisocyanate	MDI	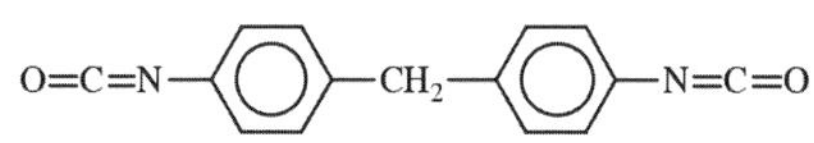
Naphthalene-1,5-diisocyanate	NDI	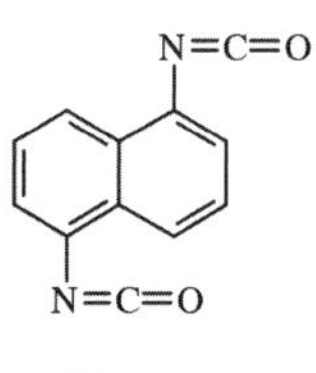
Toluene-2,4-diisocyanate	TDI	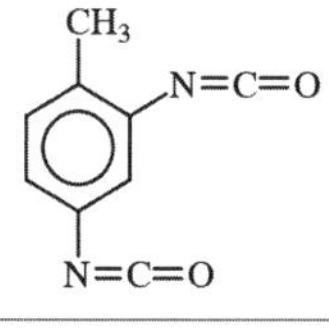

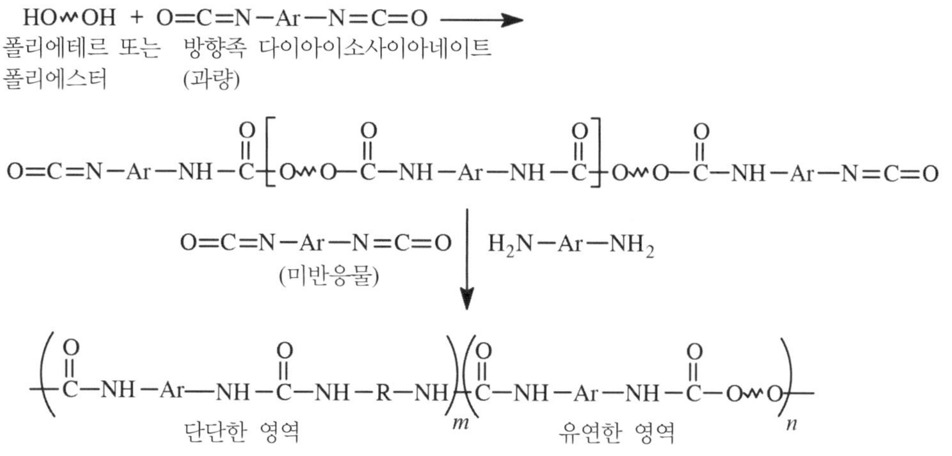

그림 9-8 섬유용 탄성 폴리우레테인의 합성

자간 수소 결합은 단단한 블록의 도메인 화합을 생성하고, 이 영역($T_g > T_{use}$)은 탄성체가 인장되었을 때 회복력을 제공해 주는 물리적 고착점 또는 가교점의 역할을 한다. 폴리우레테인 탄성체를 인장시키면 유연한 영역은 장력이 제거될 때까지 신장하고 결정화가 이루어진다. 폴리우레테인 탄성체는 쉽게 염색이 되며, 높은 강도와 우수한 내화학성, 내마모성, 내흠집성(abrasion and mar resistance) 및 탄성 회복력을 가진다. 또한 케톤과 같이 산소가 포함된 용매와 강산에는 취약함에도 불구하고 탄화수소와 산소의 공격에는 안정하다. 폴리우레테인 탄성체의 용도로는 여성용 속옷, 수술용 호스 및 수영복의 제조를 들 수 있다.

폴리올레핀계 탄성체 에틸렌과 프로필렌의 불규칙 공중합체(EPM 고무)는 조절된 에틸렌-프로필렌 단량체의 농도에서 가용성 Ziegler-Natta 촉매(2.2.3절 참조)를 이용하여 제조할 수 있다. 단량체의 불규칙적인 배치는 결정성을 저하시키고 결과적으로 고무상 재료가 되는데 이는 수소 추출과 이어지는 라디칼 결합을 통하여 과산화물과 가교할 수 있는 고무상의 재료에 이르게 된다. 또한, 불포화 삼원 공중합체(EPDM 고무)의 에틸렌, 프로필렌과 dicyclopentadiene, cyclooctadiene, 1,4-hexadiene 및 ethylidiene norbornene과 같은 비공액 다이엔을 이용하여 합성할 수 있다.

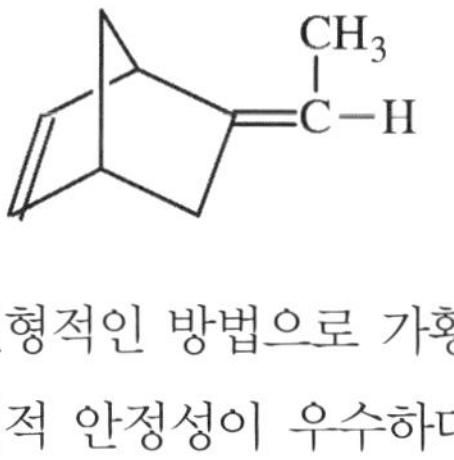

이러한 불포화 삼원 공중합체는 전형적인 방법으로 가황할 수 있다. EPM과 EPDM은 내산성, 내후성 및 색 안정성과 전기적 안정성이 우수하다. 이들은 타이어, 라디에이터 호스, 개스킷 및 밀봉재와 같은 자동차용의 SBR과 네오프렌의 대체 재료로 사용할 수 있다. EPM과 EPDM은 또한 전선과 케이블 절연, 틈마개 재료(weather stripping) 및 신발에도 이용된다. 폴리프로필렌과 EPDM의 블렌드는 자동차 범퍼 제조의 재료로 이용된다.

9.2.3 열가소성 탄성체

가황을 통한 영구적인 가교를 형성하지 않고 상업용 탄성체를 제조할 수 있다. 그림 9-9에서 보는 바와 같이, 공유 결합 자리에 망상 구조를 형성하기 위하여 단단한 영역 구조를 사용한다. 이들은 일반적으로 블록 공중합체의 결정 블록이나 유리상 블록과 연관되는 결정상 또는 유리상이거나, 다른 분자에서의 화학 그룹 간의 수소 결합과 같은 2차 결합을 통하여 형성되는 화합의 결과이다. 이러한 영역(domain)은 특성상 물리적이므로 보통 가역성이며, 따라서 이 급에 속하는 탄성체는 열가소성으로 전형적인 성형 기술로 제조할 수 있다. 열가소성 탄성체는 폴리우레테인(9.2.1절 참조), 폴리에스터, 폴리올레핀 및 스타이렌계와의 블록 공중합체로부터 제조할 수 있다. 이들 재료는 별도의 가황 공정이 없고, 재활용이 용이하여 지난 30여 년 동안 열가소성 탄성체의 빠른 상업화를 이루었다.

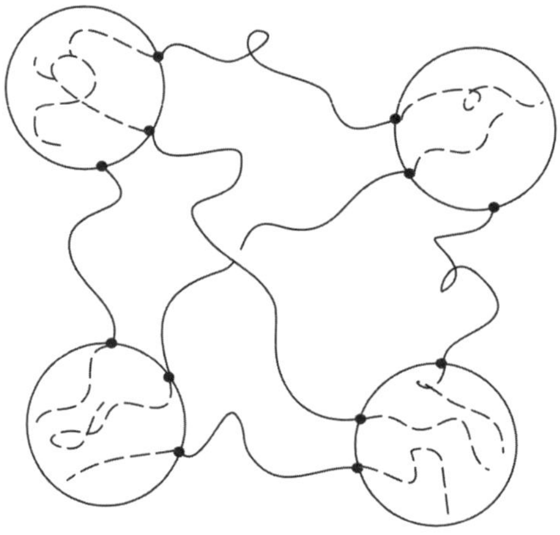

그림 9-9 SBS(폴리스타이렌-*block*-폴리뷰타다이엔-*block*-폴리스타이렌)와 같은 열가소성 탄성체의 유리상 영역의 모습. 원형 부분은 물리적으로 분리된 유리상 고분자 영역(예를 들어, 폴리스타이렌)을 나타낸다. 유리상 영역은 탄성체(즉, 폴리뷰타다이엔) 분절로 연결되어 있다. Adapted from L. H. Sperling, *Introduction to Physical Polymer Science*. Copyright © 1986 John Wiley & Sons. This material is used by permission of John Wiley & Sons, Inc.

SBS 탄성체 상업적으로 중요한 열가소성 탄성체인 ABA형 블록 공중합체는 양 말단에 고분자량(50,000~100,000)의 폴리스타이렌과 중간 블록으로 저분자량(10,000~20,000)의 폴리뷰타다이엔(YSBR) 또는 아이소프렌과 에틸렌-뷰틸렌과 같은 다른 올레핀으로 구성되어 있다. 용융 상태에서 유리 전이 온도 이하까지 냉각될 때, 폴리스타이렌 블록은 탄성체 올레핀 블록에서 물리적 가교점 역할을 하는 단단한 유리상 영역을 형성한다. 이러한 블록 공중합체는 2.2.2절에서 논한 바와 같이 음이온 "리빙(living)" 중합으로 합성한다. 등급상 SBS 탄성체는 SBR 고무보다 인장 강도가 크지만 제한적인 열안정성을 나타낸다. YSBR을 수소 처리하여 내후성과 열안정성을 개선시킬 수 있다. 스타이렌계 열가소성 탄성체의 블렌드는 고무 밴드, 장난감, 구두 밑창 및 개스킷 재료로 이용된다. 뷰타다이엔 함량이 30%인 YSBR과 PS를 블렌드한 수지는 열성형 음료수용 플라스틱 컵 제조에 적당하다. PS 단독으로는 너무 취약하여(brittle) 열성형으로부터 발생하는 높은 신율을 견디지 못한다(11.1.2절 참조).

올레핀 탄성체 Ziegler-Natta 촉매(2.2.3절 참조)를 이용하여 합성하는 올레핀 열가소성 탄성체로는 polyallomers를 들 수 있으며, 이는 폴리프로필렌(단단하고, 결정상 블록)과 일반적으로 에틸렌 또는 에틸렌과 다이엔(EPDM)인 두 번째 올레핀계 블록의 블록 공중합체이다. EPDM 블록 공중합체는 우수한 가공성과 착색 물성으로 인하여 내유성 전선과 케이블 절연체에서 네오프렌의 대체 재료로 주목받고 있다.

공폴리에스터 열가소성 폴리에스터 공중합체는 테레프탈산과 뷰테인다이올과 같은 반응으로 형성된 단단한(결정성) 폴리에스터 블록과 무정형의 긴 사슬 폴리에스터(예를 들어, polytetramethylene ether glycol)의 유연한 영역으로 구성되어 있다. 열가소성 폴리유레테인과 같이, 열가소성 공폴리에스터는 탄화수소에 안정하고, 내마모성이 우수하다. 용도로는 전선과 케이블 절연, 개스킷, 밀봉재, 호스 및 자동차 부품을 들 수 있다.

9.3 열경화성 수지

상업적으로 주요한 열경화성 수지로는 에폭시 수지, 폴리에스터와 폼알데하이드 수지(예를 들어, 페놀-폼알데하이드, 우레아-폼알데하이드, 멜라민-폼알데하이드) 등이 있다. 일반적으로, 페놀 수지는 열경화성 수지 시장에서 가장 큰 부분을 차지하며, 그 뒤를 우레아 수지, 불포화 폴리에스터 및 멜라민 수지가 따르고 있다.

9.3.1 에폭시

에폭시 수지는 2단계 공정에 의해 형성된다. 그림 9-10에서 보는 바와 같이, 저분자량의 염기 촉매하에서 비스페놀-A와 같은 다이하이드록시 화합물과 에피클로로하이드린(epichlorohydrin)과 같은 에폭사이드의 단계 성장 반응으로 예비중합체를 합성한다. 그림 9-11과 그림 9-12에서 보듯이, 예비중합체의 분자량이 증가하고 별도의 경화 단계에서 망상 구조를 형성한다. 보통 방향족의 아민을 사용하여 친핵성 부가 반응(그림 9-11)으로 에폭사이드 말단기를 개환 반응시킬 수 있다. 무수 프탈산과 같은 무수 카복실산은 가지(pendant) 하이드록시와 반응하여 에스터산을 형성하고, 이 에스터산은 에폭사이드나 다른 하이드록시기와 반응하여 추가적으로 에스터를 형성한다(그림 9-12). 에폭시 수지는 우수한 약품 및 부식 저항성, 뛰어난 접착 특성, 경화 시의 낮은 수축 및 우수한 전기적 물성을 나타낸다. 이들 수지의 주된 용도로는 보호코팅, 복합체 매트릭스 및 접착제를 들 수 있다.

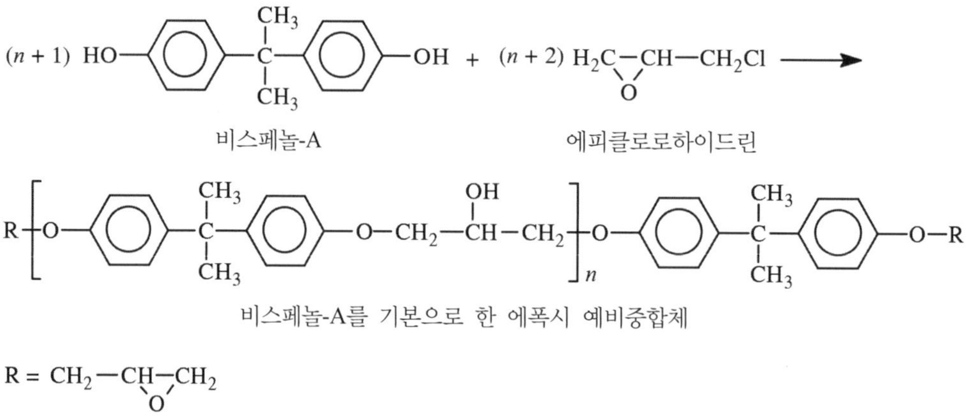

그림 9-10 비스페놀-A와 에피클로로하이드린으로부터 형성되는 에폭시 예비중합체

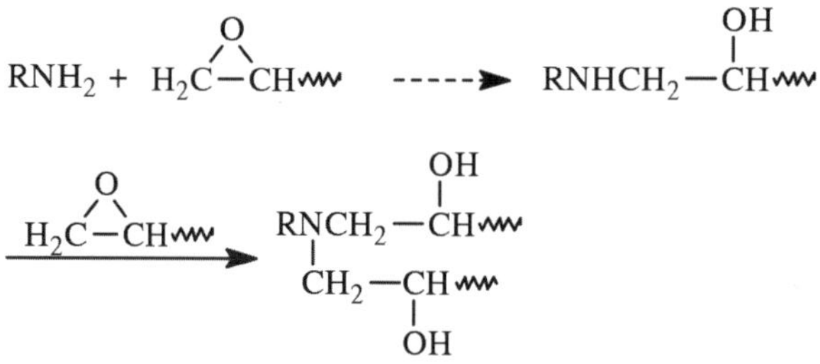

그림 9-11 예비중합체와 아민의 반응에 의한 에폭시 수지의 경화

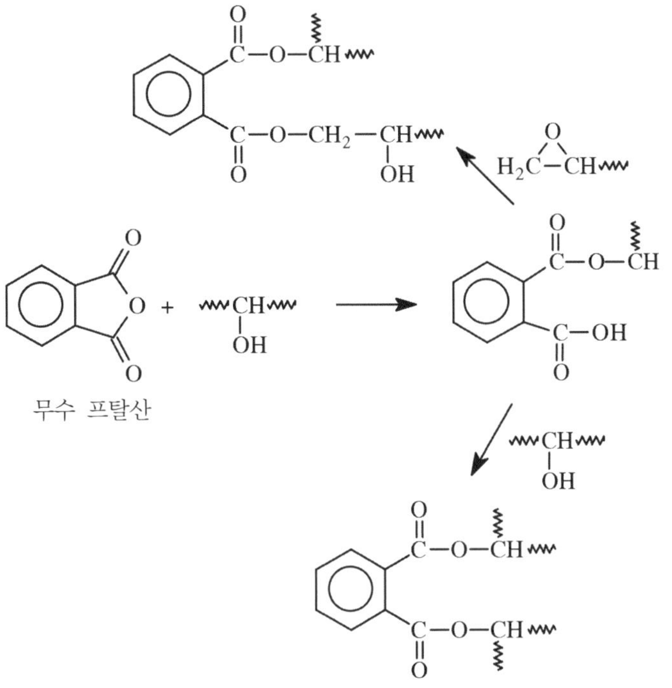

그림 9-12 예비중합체와 무수물과의 반응에 의한 에폭시 수지의 경화

9.3.2 불포화 폴리에스터

폴리에스터 수지는 건축 재료와 선박 재료로 널리 사용된다. 폴리에스터 수지는 PET와 같은 선형(열가소성) 폴리에스터와는 망상 구조에 의해 구별된다. 가교는 두 가지 방법에 의해 이루어지는데, 포화 폴리에스터(glyptal)의 경우는 글리세롤과 같은 폴리올을 사용하며, 불포화 폴리에스터 수지의 경우는 무수 말레산과 같은 불포화 다이카복실산을 이용한다.

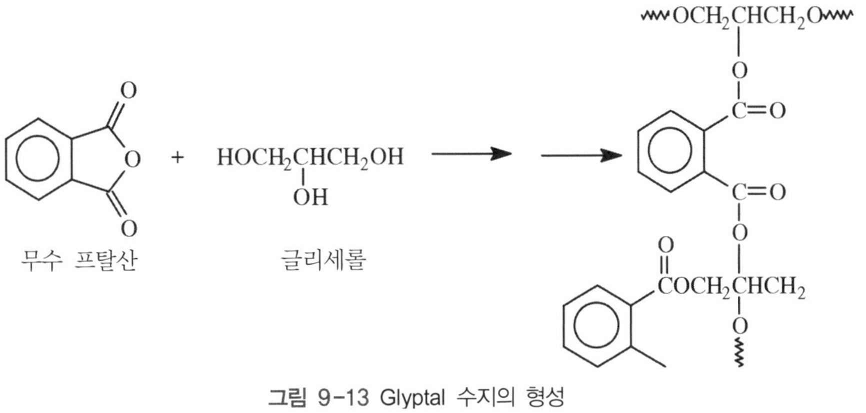

그림 9-13 Glyptal 수지의 형성

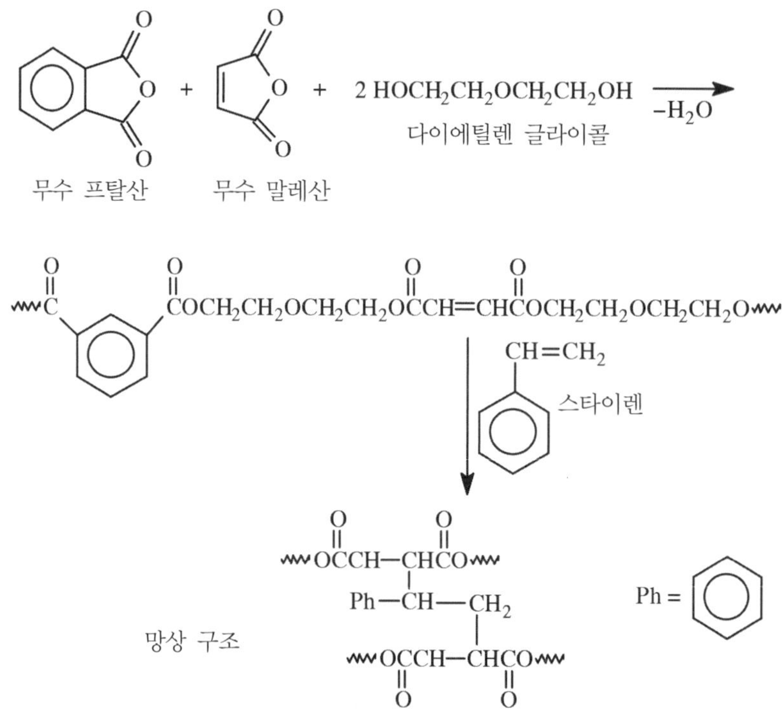

그림 9-14 불포화 폴리에스터 수지의 형성

그림 9-13에서 보는 바와 같이, 코팅용 접착제 또는 천연 혹은 합성 기름(oil-modified alkyls)으로 주로 사용하는 glyptal은 글리세롤과 무수 프탈산의 반응에 의해 만들어진다. 이 반응은 점액질 액체로 얻어질 때까지 계속한다. 이 액체를 망상 구조 진행을 위하여 몰드로 이동시킬 수 있다.

유리 섬유 복합체의 매트릭스로 이용되는 불포화 폴리에스터 수지는 그림 9-14에서 보듯이, 포화산(무수 프탈산)과 불포화산(무수 말레산)을 프로필렌 글라이콜 또는 다이에틸렌 글라이콜과 같은 다이올과 공중합시켜 제조한다. 포화산의 첨가는 가교 밀도를 줄이고, 결과적으로 수지를 깨지기 쉬운 상태로 만든다. 충격 강도를 증가시키기 위해 말레산 대신에 퓨마르산을 이용하기도 한다. 이때 스타이렌에 녹은 예비중합체의 이중 결합이 과산화물에 의해 개시되어 중합이 일어날 수 있다.

9.3.3 폼알데하이드 수지

폼알데하이드는 다르나 관련있는 두 종류(페놀 수지, 아미노 수지)의 열경화성 수지의 제조에 이용된다-페놀 수지(phenoplast) 및 아미노 수지(aminoplast). 페놀 수지 또는

phenolic(PF) 수지는 페놀(또는 resorcinol)과 폼알데하이드의 축합으로 합성한다. 이들은 최초의 합성 경화성 수지이다. PF 수지의 약 41%는 합판제조에, 그리고 약 14%는 절연체로 이용된다. 다른 용도로는 래커와 니스, 주형물 및 적층재(laminates)(예를 들어, 벽판 및 테이블 윗면)를 들 수 있다.

아미노 수지(aminoplasts)는 폼알데하이드를 우레아(UF 수지) 또는 멜라민(MF 수지)과 축합시켜서 제조한다. 아미노 수지의 용도는 페놀 수지와 유사하다; 섬유의 수축과 구김에 대한 저항성을 개선시키기 위해 섬유 처리에 이용되며, 종이의 습윤강도(wet strength) 증가에 이용된다. 판매량의 측면에서 UF 수지는 가장 중요하다. UF 수지는 페놀 수지처럼 주형, 적층 및 접착재용으로 이용될 수 있으나, 특히 페놀 수지의 어두운 색은 내부 장식재 합판용으로는 부적절할 수 있다. 또한, 전기 스위치, 전기 플러그 및 절연 발포재로도 이용한다. MF 수지는 UF 수지보다 단단하며, 내화학성, 내열성 및 내습성이 우수하지만 보다 고가이다. MF 수지의 전형적인 용도는 장식용 플라스틱 식기류, 적층 조리대(laminated worktop) 및 전기용품이다. 폼알데하이드 수지는 비개질된 화합물로 사용하거나 또는 강화충전제의 역할을 하는 톱밥(wood flour) 또는 유리 섬유와 같은 첨가제와 혼합할 수 있다.

페놀 수지 페놀 수지는 최초의 합성 코팅 재료였다. 1909년 셀룰로스 나이트레이트의 대체 물질인 Bakelite로 상업화되었다[15, 16]. 페놀 수지는 아래와 같이 염기 촉매(레졸(resole) 형성)하에서 폼알데하이드가 페놀에 첨가되는 반응으로 제조되며, 산 촉매(노볼락(novolac) 형성) 하에서도 제조한다. 레졸 형성의 첫 단계는 염기 하에서 페놀과 과량의 폼알데하이드가 반응하여 모노-, 다이-, 트라이메틸올페놀을 형성한다. 그림 9-15는 모노에틸올페놀의 생성 반응을 나타내고 있다. 이 조건하에서 페놀은 공명 안정화한 음이온으로 존재하며 치환은 **오쏘**와 **파라** 위치에서만 일어난다. 메틸올페놀은 가열하면 축합반응하여 저분자량의 예비중합체인 **레졸**(그림 9-16 참조)을 형성하며, 이 레졸은 많은 수의 자유 메틸올기를 가지며, 염기에 녹는다. 온도를 보다 상승시켜 이 레졸을 염기성, 중

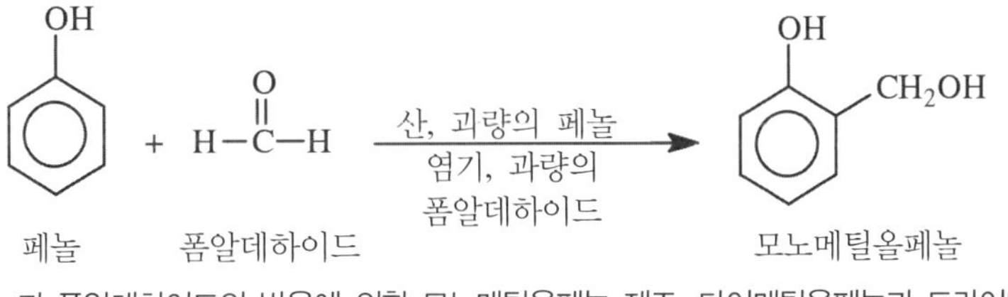

그림 9-15 페놀과 폼알데하이드의 반응에 의한 모노메틸올페놀 제조. 다이메틸올페놀과 트라이메틸올페놀의 형성도 가능하다.

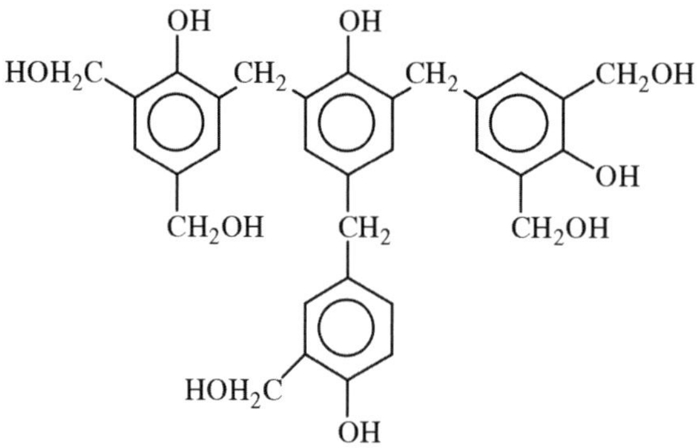

그림 9-16 레졸의 구조

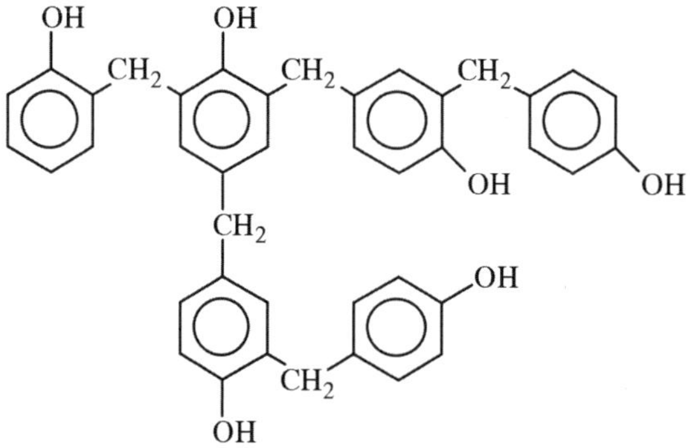

그림 9-17 노볼락의 구조

성, 약산성에서 가열하면 최종적으로 고분자량의 망상 구조인 **레지트**(resite)를 형성한다.

레졸 형성은 폼알데하이드와 과량의 페놀을 초기 산 촉매 반응으로도 구할 수 있다. 메커니즘은 폼알데하이드의 카보닐기의 양성자 첨가 반응에 이어 페놀의 **오쏘**와 **파라** 위치에서의 친전자성 방향족 치환 반응이다. 산성 조건 하에서 더 반응시키면 용융은 되지만 불용성(fusible but insoluble)의 저분자량의 예비중합체인 **노볼락**(그림 9-17)을 형성한다. **레졸**(그림 9-16)과 달리 노볼락은 잔류 하이드록시메틸기를 갖지 않는다. 고분자량의 망상 구조인 레지트는 노볼락과 폼알데하이드, 파라폼알데하이드 또는 헥사메틸렌테트라아민을 가열하여 구하여진다.

아미노 수지 UF 수지 생성의 첫 단계에서는, 그림 9-18에서 보듯이, 페놀 수지 제조의 개시 단계와 유사하게 우레아 폼알데하이드와 친핵성 부가 반응하여 메틸올 유도체를 형성한다. 이 유도체가 연속적으로 축합되어 높은 분자량의 수지를 형성한다. UF 수지는 그림 9-19A에서 보는 바와 같이 순수한(true) 망상 구조 또는 과량의 폼알데하이드와의 회합으로 안정화된 UF 축합물의 콜로이드상 분산체(그림 9-19B)일 수 있다.

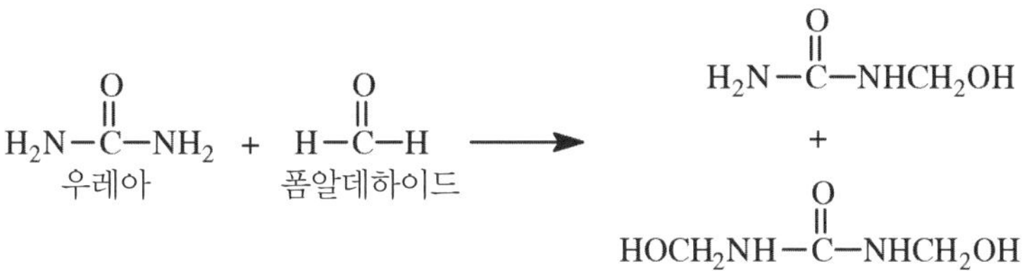

그림 9-18 UF 수지 합성의 첫 단계로서 우레아와 폼알데하이드의 반응에 의한 메틸올 유도체의 제조

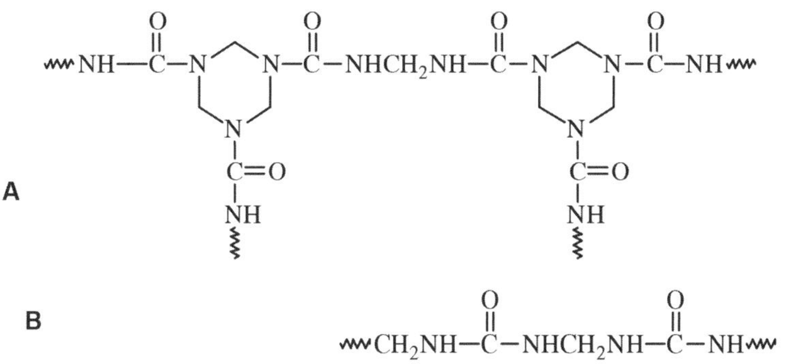

그림 9-19 완전히 경화된 UF 수지의 제안된 구조. **A**. 망상 구조 모델. **B**. 콜로이드 분산상의 올리고머 UF 축합체

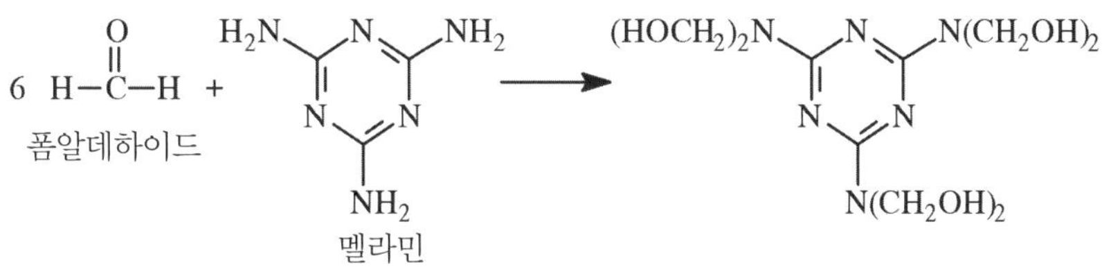

그림 9-20 멜라민과 폼알데하이드의 축합 반응에 의한 멜라민의 다이메틸올 유도체의 합성

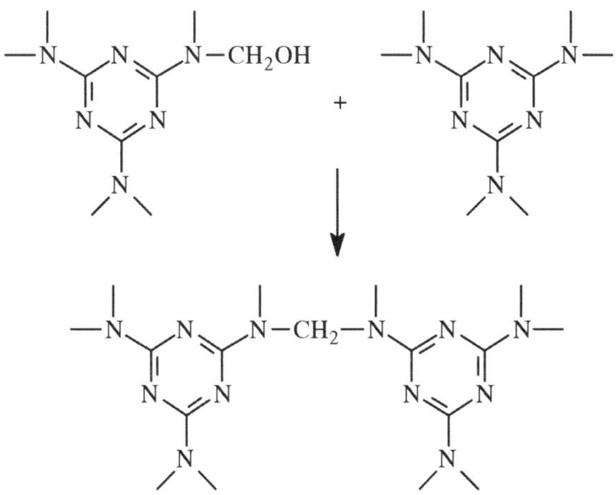

그림 9-21 MF 수지의 망상 구조 형성

그림 9-20에서 보는 바와 같이 MF 수지 합성의 첫 단계는 폼알데하이드와 멜라민이 축합 반응하는데, 이는 우레아와 폼알데하이드의 축합(그림 9-18) 반응과 유사하다. 반응의 차이는 대부분의 멜라민의 아미노기가 UF 수지의 경우에서처럼 모노메틸올 유도체를 형성하지 않고 **다이메틸올**(dimethyol) 유도체를 형성한다는 점이다. 수지 제조의 마지막 단계에서는, 그림 9-21에 나타낸 바와 같이, 메틸올기가 아미노기와 축합하여 메틸렌 다리를 형성하며, 이 다리는 단단한 망상 구조 내에서 예비중합체 사슬을 연결한다.

추천 문헌

THERMOPLASTICS

Braun, D., *PVC—Origin, Growth, and Future*. Journal of Vinyl and Additives Technology, 2001. **7**: p. 168.

Endo, K., *Synthesis and Structure of Poly(vinyl chloride)*, Progress in Polymer Science, 2002. 7: p. 202.

Gilbert, M., *Crystallinity in Poly(vinyl chloride)*. Journal of Macromolecular Science—Review in Macromolecular Chemistry and Physics, 1994. **C34**: p. 77.

Imanishi, Y., and N. Naga, *Recent Developments in Olefin Polymerizations with Transition Metal Catalysts*. Progress in Polymer Science, 2001. **26**: p. 1147.

Jog, J. P., *Crystallization of Polyethylene Terephthalate*. Journal of Macromolecular Science, Chemistry and Physics, 1995. **C35**: p. 531.

Makino, T., *Poly(vinyl chloride) and Environmental Issues*. Polymer Recycling, 2000. **5**: p. 223.

Nass, L. I., and C. A. Heiberger, eds., *Encyclopedia of PVC*. 2nd ed. 1986, New York: Marcel Dekker.

Prasad, A. V., and R. P. Singh, *Recent Developments in the Degradation and Stabilization of High-Impact Polystyrene*. Journal of Macromolecular Science, Reviews in Macromolecular Chemistry and Physics, 1997. **C37**: p. 581.

Vogl, O., *Polyolefins: Synthesis and Structure*. Journal of Macromolecular Science—Pure and Applied Chemistry, 1998. **A35**: p. 1017.

Vogl, O. *Polypropylene: An Introduction*. Journal of Macromolecular Science—Pure and Applied Chemistry, 1999. **A36**: p. 1547.

Xie, T., K. B. McAuley, J. C. C. Hsu, and D. W. Bacon, *Gas Phase Ethylene Polymerization: Production Processes, Polymer Properties, and Reactor Modeling*, Industrial and Engineering Chemistry Research, 1994. **33**: p. 449.

ELASTOMERS

Améduri, B., B. Boutevin, and G. Kostov, *Fluoroelastomers: Synthesis, Properties and Applications*, Progress in Polymer Science, 2001. **26**: p. 105.

Clarson, S. J, and J. A. Semlyen, eds., *Siloxane Polymers*. 2003, Englewood Cliffs: Prentice Hall.

Hamed, G. R., *Reinforcement of Rubber*. Rubber Chemistry and Technology, 2000. **73**: p. 524.

Mark, J. E., *Silicon-Containing Polymers*. Advances in Chemistry Series, 1990. **224**; p. 47.

Morawetz, H., *History of Rubber Research*. Rubber and Chemical Technology, 2000. **73**: p. 405.

Wirpsza, Z., *Polyurethanes: Chemistry, Technology and Applications*. 1993, London: Ellis Horwood.

문제

9.1 건축 산업에서의 열경화성 수지의 용도에 대해 논하시오.

9.2 천연 고무는 때때로 에폭시 반응을 한다. 에폭시화 고무(epoxidized rubber) 반응과 용도에 대해 설명하시오.

9.3 PET와 poly(trimethylene terephthalate)(PTT)*의 기계적, 열적 물성 및 가격을 비교하시오. 엔지니어링 열가소성 수지 응용에서 PTT를 PET의 대체재로 이용할 수 있는가?

9.4 아래 단량체들을 구하기 위한 화학적 경로를 보이시오:

(a) 다이하이드록시 화합물로부터 비스클로로포메이트(bischloroformate)

(b) 헥사메틸렌다이아민으로부터 헥사메틸렌 다이아이소사이아네이트 (hexamethylene diisocyanate)

(c) 나프탈렌으로부터 나프탈렌 다이아이소사이아네이트 (naphthalene diisocyanate)

참고 문헌

1. Ziegler, K., et al., *Das Mulheimer Normaldruck-Polyathylene-Verfahren.* Angewandte Chemie, 1955. **67**(19,20): p. 541–547.
2. Soga, K., and T. Shiono, *Ziegler–Natta Catalysts for Olefin Polymerizations.* Progress in Polymer Science, 1997. **22**: p. 1503–1546.
3. Sinn, H., and W. Kaminsky, *Ziegler–Natta Catalysts.* Advances in Organometallic Chemistry, 1980. **18**: p. 99–149.
4. Imanishi, Y., and N. Naga, *Recent Developments in Olefin Polymerizations with Transition Metal Catalysts.* Progress in Polymer Science, 2001. **26**: p. 1147–1198.
5. Hamielec, A. E., and J. B. P. Soares, *Polymerization Reaction Engineering—Metallocene Catalysts.* Progress in Polymer Science, 1996. **21**: p. 651–706.
6. Kaminsky, W., *New Polymer by Metallocene Catalysis.* Macromolecular Chemistry and Physics, 1996. **197**: p. 3907–3945.
7. Kaminsky, W., and M. Arndt, *Metallocenes for Polymer Catalysis.* Advances in Polymer Science, 1997. **127**: p. 144–187.
8. Sinn, H., et al., *Ziegler-Natta Catalysts.* Angewandte Chemie, International Edition in English, 1980. **19**: p. 369.
9. Ewen, J. A., et al., *Syndiotactic Propylene Polymerization with Group 4 Metallocenes.* Journal of the American Chemical Society, 1988. **110**: p. 6255–6256.
10. Natta, G., and D. Corradini, *Kristallstruker des isotaktischen Polystyrols.* Makromolekulaire Chemie, 1955. **16**: p. 77–80.
11. Ishihara, N., M. Kuranoto, and M. Uoi, *Stereospecific Polymerization of Styrene Giving the Syndiotactic Polymers.* Macromolecules, 1988. **21**: p. 3356–3360.
12. Awaja, F., and D. Pavel, *Recyling of PET.* European Polymer Journal, 2005. **41**: p. 1453–1477.
13. Stinson, S. C., *Olefin Polymerization by Metathesis Expanding in Many New Directions.* Chemical & Engineering News, 1987. **65**(17): p. 41–43.
14. Brandrup, J., E. H. Immergut, and E. A. Grulke, eds. *Polymer Handbook.* 4th ed. 1999, New York: John Wiley & Sons.
15. Baekeland, L. H., *The Synthesis, Constitution, and Uses of Bakelite.* Journal of Industrial and Engineering Chemistry, 1909. **1**: p. 149–161.
16. Baekeland, L. H., and H. L. Bender, *Phenol Resins and Resinoids.* Industrial and Engineering Chemistry, 1925. **17**(3): p. 225–237.

제10장

엔지니어링 및 특수 고분자

엔지니어링 플라스틱과 특수 열가소성 플라스틱은 폴리스타이렌과 폴리올레핀 계열과 같은 일상적인 열가소성 고분자와 비교할 때 한 가지 또는 그 이상의 우수한 물성을 부여한다(9장 참조). 이러한 우수한 물성에는 높은 열안정성, 뛰어난 내화학성, 낮은 크리프 순응도 그리고 높은 인장, 굴곡 및 충격 강도가 포함된다. 당연히 이러한 물성들은 액면 가격 이상으로 가치를 갖는다. 많은 경우에 이러한 고분자들은 금속의 대체제로, 특히 자동차 및 항공분야처럼 높은 비강도가 요구되는 분야에 이용될 수 있다.

엔지니어링 플라스틱과 특수 플라스틱 사이의 구분은 다소 임의적이다. 논의의 편의상, 용어 **엔지니어링 플라스틱**(engineering plastic)은 고온저항성, 내충격성, 내화학성 또는 다른 특수한 물성이 요구되는 고급 플라스틱 제품의 제조에 사용되는 고분자를 일컫는다. 중요한 엔지니어링 플라스틱으로 일반적으로 지방족 폴리아마이드(나일론 6과 나일론 6,6), ABS 수지, 폴리카보네이트, 폴리(페닐옥사이드) 수지, 아세탈, 폴리설폰, 폴리(페닐렌 설파이드), 엔지니어링 폴리에스터와 플루오로 플라스틱을 들 수 있다. 표 10-1은 일부 엔지니어링 열가소성 플라스틱의 물성을 보여 주고 있다. 이에 비해 **특수 플라스틱**(specialty plastics)은 매우 비싸지만 몇몇 분야에서 매우 우수한 성능을 보인다. 이러한 플라스틱은 항공분야 복합 재료에서 제한적이지만 중요한 용도로, 기체 또는 액체 분리용 분리막(12.1절 참조)으로, 소방요원용 및 자동차경주 선수용 방염직물로, 그리고 봉합사 및 외과용 이식물로 사용된다. 이러한 특수 플라스틱 중 가장 중요한 것이 폴리이미드이다. 다른 특수 플라스틱으로는 폴리에테르이미드, 폴리(아마이드-이미드), 폴리비스말레이미드, 폴리벤즈이미다졸, 이온성 고분자, 폴리(아릴 에테르 케톤), 폴리포스파진, 폴리아릴레이트, 방향족 폴리에스터계, 초고분자량 폴리에틸렌, 다른 특수 폴리올레핀 및 덴드리머형 고분자가 있다.

표 10-1 주요 엔지니어링 열가소성 수지의 대표적인 물성

물성	PA-6[a]	PA-6,6[a]	ABS[b]	PC	PPO	Acetal	PSF	PPS
비중(D 792)	1.12−1.14	1.13−1.15	1.03−1.06	1.20	1.06	1.42	1.24	1.34
인장 강도, MP[c](D 638)	69	76	41−52	66	66	66−83	70	74
인장 탄성률, GPa[d](D 638)	0.69	NA	2.1−2.8	2.4	2.4	3.6	2.6	3.3
파단 연신율, %(D 638)	300	300	5−25	110	20−60	25−75	50−100	3
굴곡 강도, MPa[d](D 790)	34	42	76−90	93	93	97	106	138
굴곡 탄성률, GPa[d](D 790)	9.7	12-28	26−28	23	25−28	26−30	27	41
충격 강도 (notched Izod) m^{-1}[e](D 265)	160	112	160−320	854	96−267	69−123	160−320	11
455 kPa(66psi)에서 열변형 온도(D 648)	150−185	180−240	102−107	138	137	124	150−175	137

[a] 습한 조건
[b] 중간 내충격 등급
[c] MPa 단위를 psi 단위로 전환하려면, 145를 곱함.
[d] GPa 단위를 psi 단위로 전환하려면, 1.45×10^5을 곱함.
[e] J m^{-1} 단위를 lb$_f$ in.$^{-1}$ 단위로 전환하려면 53.38로 나눔.

10.1 엔지니어링 플라스틱

10.1.1 폴리아마이드

폴리아마이드는 모든 지방족 또는 방향족 주사슬 구조를 가질 수 있다. 지방족 폴리아마이드, 특히 나일론-6과 나일론-6,6은 가장 널리 사용되는 엔지니어링 열가소성 플라스틱이다. 이들은 중요한 섬유 응용 분야에 사용되며(8.2.3절 참조), 지방족 폴리아마이드는 자동차 분야 및 다른 분야의 성형부분에 사용될 수 있다. 성형 분야에 사용되는 상업용 나일론 수지는 향상된 난연성과 충격 강도를 갖도록 변형될 수 있으며, 가격을 낮추기 위

표 10-2 주요 폴리아마이드의 화학 구조

단량체	고분자	구조
카프로락탐	폴리(ε -카프로락탐) (나일론-6)	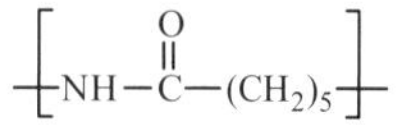
헥사메틸렌다이아민 아디프산	폴리(헥사메틸렌아디프아마이드) (나일론-6,6)	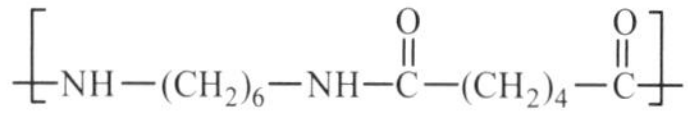
헥사메틸렌다이아민 세박산	폴리(헥사메틸렌세박아마이드) (나일론-6,10)	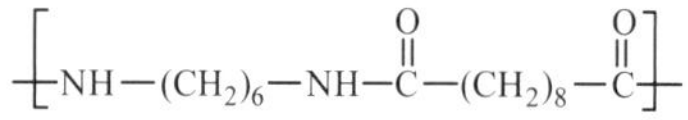
아이소프탈로일 클로라이드 *m*-페닐렌다이아민	폴리(*m*-페닐렌아이소프탈 아마이드) (Nomex)	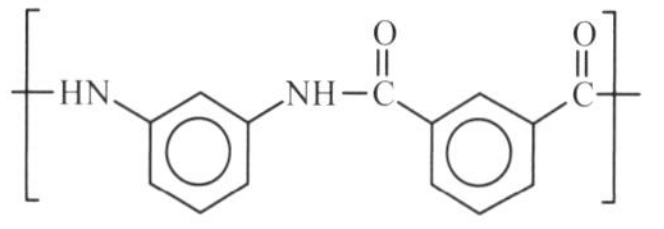
테레프탈로일 클로라이드 *p*-페닐렌다이아민	폴리(*p*-페닐렌테레프탈아마이드) (Kevlar)	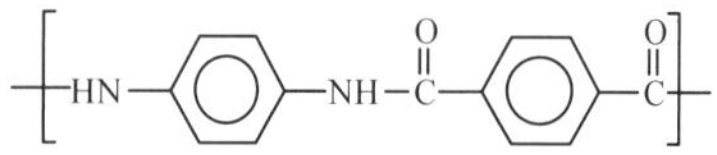

해서 뿐만 아니라 탄성률을 증가시키기 위해 광물 또는 유리 섬유로 강화될 수도 있다. 노멕스(Nomex), 케블라(Kevlar)와 같은 상품명을 갖는 방향족 폴리아마이드로 제조된 섬유는 내연성 섬유직물 및 타이어 코드로 사용될 수 있는 뛰어난 고온 저항성과 높은 인장 강도를 부여한다. 폴리아마이드 계열은 우수한 내마찰 및 내마모성, 낮은 마찰 계수, 우수한 탄력성 및 높은 충격 강도를 나타낸다. 표 10-1은 나일론-6과 나일론-6,6의 물성들을 보여 주고 있다. 가장 중요한 지방족과 방향족 폴리아마이드 반복 단위 및 중합에 사용하는 단량체의 화학 구조는 표 10-2에 나타나 있다.

모든 나일론은 아마이드기의 수소 결합 특성으로 인해 수분에 민감하다. 예를 들어, 나일론-6,6은 실온, 100% 상대 습도에서 약 9% 수분을 흡수하여 평형을 이룬다. 흡수성은 11-아미노운데칸산(11-aminoundecanoic acid)의 개환 중합으로 얻어지는 나일론-11(1.9% 흡수율)의 경우에서와 같이 고분자 주사슬의 아마이드기의 농도가 감소함에 따라 감소한다. 수분은 가소제 역할을 하며, 파쇄까지의 신장 및 강인성을 증가시키는 반면에, 인장 강도 및 탄성률(따라서 치수 안정성)을 감소시킨다. 따라서 가수 분해에 의한 변성으로 취성을 보이는 것을 피하기 위해 용융공정 전에 나일론 수지의 수분 함량을 0.3% 이하로 낮추도록 주의를 기울여야 한다.

나일론-6,6과 나일론-6은 비섬유상 폴리아마이드 시장을 지배한다. 나일론-6,6은 더 높은 강성을 보이지만, 나일론-6은 내후성과 내열성이 우수하다. 훌륭한 차단 효과로 인해 나일론-6 필름은 산소에 민감한 음식물의 포장재로 사용된다. 특별한 시장을 갖고 있는 다른 지방족 나일론으로는 나일론-11, 나일론-12 및 나일론-4,6이 있다. 예를 들어, 나일론-11 및 나일론-12는 연료라인과 압축 공기 브레이크 관의 제조에 사용되고 있다.

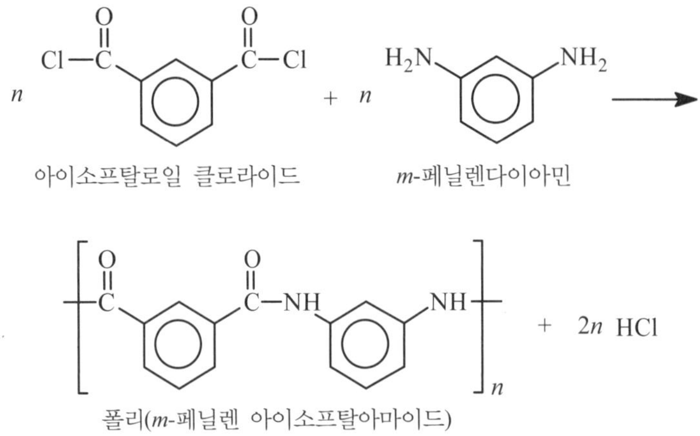

그림 10-1 방향족 폴리아마이드인 폴리(메타-페닐렌 아이소프탈아마이드)(Nomex)의 합성

방향족 폴리아마이드 1960년대, 종종 아라마이드(aramide)라고 불리는 방향족 폴리아마이드가 나일론의 열저항성 및 내연성을 개선시키기 위해 개발되었다. 폴리(*m*-페닐렌 아이소프탈아마이드)(Nomex)는 그림 10-1에 제시된 것처럼 메타 치환된 방향족 이가산 클로라이드(diacid chloride)와 다이아민의 용액 또는 계면 중합을 통해 얻어진 매우 높은 열저항성을 가진 나일론(약 370°C에서 열분해)이다. 노멕스는 내화성 보호복과 고온 기체 여과 장치와 같은 많은 분야에서 석면의 대체품으로 사용될 수 있다. 얇은 패드 형태의 노멕스는 우주왕복선의 깨지기 쉬운 소결된(sintered) 실리카 섬유매트를 비행 중 응력과 진동으로부터 격리시키기 위해 사용되었다.

상응하는 선형 방향족 폴리아마이드인 폴리(*p*-페닐렌 테레프탈아마이드)(PPT)(Kevlar)(표 10-2 참조)는 500°C 이상에서만 열분해한다. 케블라 섬유는 동일 무게 기준으로 강철보다 높은 강도와 탄성률을 갖는다. 이것은 방탄조끼 용도와 다른 보호의류에 사용될 뿐만 아니라 벨티드 라디알(belted radial) 타이어(예를 들어, 아라마이드 섬유) 및 정박용 라인 제조에서 강철에 대한 대체용으로 사용되어 왔다. 케블라 섬유는 또한 섬유 강화 플라스틱 제조에 사용된다(7장 참조). 케블라로 제조된 직물은 영국해협을 횡단비행한 최초의 인간동력 비행기인 Gossamer Albatross의 외부 장막(skin covering)으로 사용되었다.

10.1.2 ABS

상업적으로 비중이 큰 또 다른 중요한 열가소성 수지는 ABS이다. 이는 아크릴로나이트릴, 뷰타다이엔 및 스타이렌을 함유하는 수지를 나타낸다. ABS는 높은 충격 강도를 가지고, 높은 열변형 온도(HDT)를 가지는 폴리스타이렌(표 10-1 참조)이며, 열가소성 나일론과 함께 가격과 성능면에서 범용 열가소성 수지와 엔지니어링 열가소성 수지의 경계에 있다고 볼 수 있다. ABS는 자동차 산업, 크고 작은 소비재, 사업장비 그리고 적은 비용으로 좋은 충격 강도가 요구되는 원거리 통신 장비에 이용된다.

ABS는 1950년대에 폴리뷰타다이엔(PBD)의 반가교 상태에 있는 입자 위에 스타이렌-아크릴로나이트릴의 공중합체(SAN)를 접목(grafting)시키면서 처음 발견되었다. ABS의 PBD 요소는 SAN만으로 이루어진 것에 비해 충격 강도를 높이는 역할을 한다. 1960년대에는 ABS를 얻는 방법으로 벌크, 유화(emulsion) 및 현탁(suspension) 중합을 포함하는 다양한 방법이 개발되었다. 그러나 이 중 현재까지도 유화 공정(PBD나 뷰타다이엔 공중합체의 존재하에 스타이렌과 아크릴로나이트릴의 자유 라디칼 중합)이 가장 널리 사용된다. 전형적인 ABS의 조성은 15% 미만의 뷰타다이엔과 20% 미만의 아크릴로나이트릴이다. ABS 수지의 형태는 뷰타다이엔 부분의 불포화기를 착색함(staining)으로써 주사전자현미경으로 볼 수 있으며, 이는 생산공정에 따라 변화한다. 일반적으로, PBD와 SAN의 불용성은 그림 10-2에서 보는 바와 같이 SAN 매트릭스에 PBD가 작은 입자로 분산되는 형태의 상분리를 일으킨다. 벌크나 현탁 공정으로 만들어진 고무 입자(0.5~5 μm)는 유화 방법으로 얻어진 입자(0.1~1 μm)보다 크다. SAN과 PBD의 그래프트 중합은 매트릭스상과 분산상 간의 좋은 계면 결합을 만든다. ABS가 기계적으로 변형되었을 때 PBD 입자는 작은 균열(그림 10-2 참조)을 형성하거나 전단 밴딩(shear banding)을 통해서 변형 과정을 개질시키는 역할을 한다. 결과적으로 ABS의 전체 파괴 에너지(energy-to-fail)

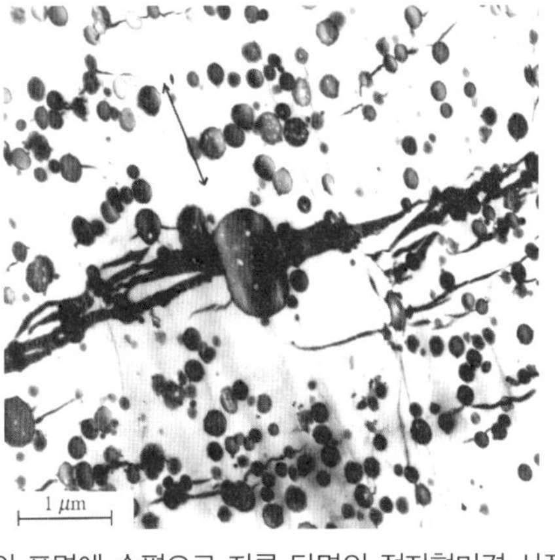

그림 10-2 변형된 ABS 시료의 표면에 수평으로 자른 단면의 전자현미경 사진. 화살표는 변형이 가해진 방향을 나타낸다. 분산상(검은 영역)은 PBD 입자이다. 검은 선으로 나타나는 균열이 사진을 가르고 있다. 이러한 균열의 구조는 변형이 가해진 방향에 수직이며, 여러 PBD 입자를 가로지른다. Reproduced from M. Matsuo, Polymer Engineering & Science, 1969. 9, p. 206 (1969). © 1969 Society of Plastics Engineering, Inc. Reprinted by permission of John Wiley & Sons, Inc.

(즉, 충격 강도)는 수정되지 않은 PS나 SAN보다 증가된다.

10.1.3 폴리카보네이트

비스페놀-A로부터 얻어지는 폴리카보네이트는 두 번째로 판매량이 많은 엔지니어링 열가소성 수지이다. 폴리카보네이트(PC)는 높은 충격 강도와 낮은 흡습성, 낮은 연소성, 좋은 치수 안정성 및 높은 광투과성(88%까지)을 포함한 매력적인 물성을 갖는(표 10-1 참조) 무정형 고분자이다. 후자의 물성으로 인하여 PC는 유리창의 내충격성 대체물질로 이용된다. PC의 다른 응용 분야로는 콤팩트 디스크를 들 수 있다. PC의 단점으로는 한정적인 화학적 안정성과 스크래치에 약하다는 점, 그리고 자외선에 오래 노출되면 노란색으로 변하는 경향을 들 수 있다. 이러한 문제점들은 실리콘 코팅과 자유 라디칼로 안정화된 폴리카보네이트 수지에 의하여 개선되었다.

폴리카보네이트는 그림 10-3에서 보는 바와 같이 비스페놀-A와 포스젠(phosgene)을 축중합하여 합성할 수 있다. 각 반복 단위가 형성될 때마다 두 개의 염화 수소 분자가 방출된다. 대체 방법으로 만약 중합에서 비스페놀-A의 **소듐염**이 사용된다면 부산물로서 염화 수소가 아닌 염화 소듐이 생성된다. 이 방법을 사용하면 염이 중합에 사용되는 유기 용매로부터 침전되어 쉽고 안전하게 제거될 수 있으므로 확실한 이점이 된다. 대조적으로, 강한 산성인 염화 수소의 생성은 처리가 까다롭고 중합 반응 용기의 재질 선택에도 어려움을 준다.

다른 폴리카보네이트는 수정된 계면 축중합이나 사치환(tetrasubstituted) 비스페놀의 용융 에스터 교환 반응(melt transesterification)으로 중합될 수 있다. 이러한 폴리카보네이트들의 일반적인 구조는 다음과 같다.

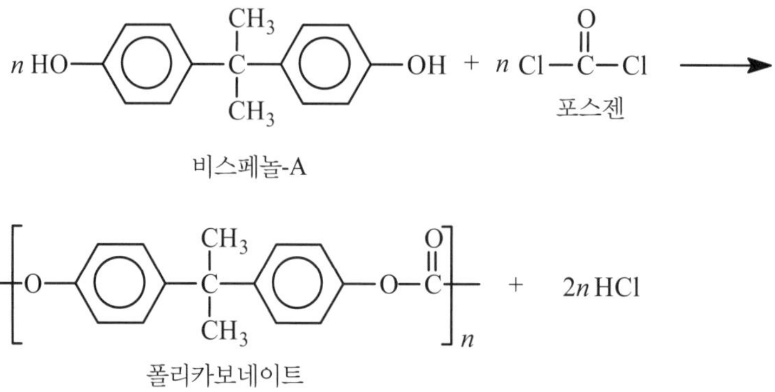

그림 10-3 비스페놀-A와 포스젠의 축중합에 의한 비스페놀-A 폴리카보네이트의 합성

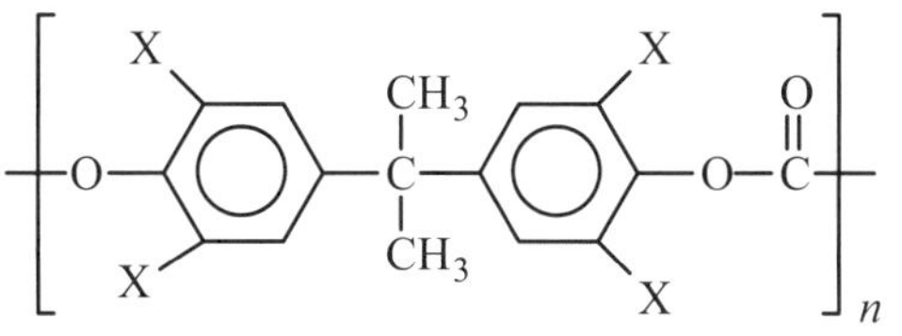

여기에서 X는 할로젠(특히 브로민기)이나 메틸기를 나타낸다. 한 가지 예는 테트라메틸 비스페놀-A 폴리카보네이트(TMPC)이며, 여기에서 X=CH_3, 이는 PC에 비해 높은 열변형 온도(heat-distortion temperature, HDT)와 가수 분해에 대한 안정성을 나타낸다. 이러한 HDT나 T_g는 치환 메틸기의 입체 장애로 인한 TMPC 사슬의 경직도 증가에 기인한다. TMPC의 한 가지 단점은 내충격성이 좋지 않다는 점이다; 그러나, 이러한 단점은 HIPS나 ABS, MBS(7.2.2절 참조) 등의 내충격성이 좋은 수지와 블렌딩함으로써 개선할 수 있다. 이러한 충격 개질제들의 스타이렌 성분은 TMPC와 균일한 상을 형성한다. 충격 개질화된 TMPC는 PVC의 HDT를 높이는 데 사용되기도 한다. Tetrabromobisphenol-A 폴리카보네이트(TMBPC, X=Br)는 HDT를 증가시키기 위해 PC와 블렌드할 수 있다. 비스페놀-A와 tetrabromobisphenol-A 또는 tetrachlorobisphenol-A의 공중합체는 난연성이 우수하다. Cyclohexanonebisphenol로부터 얻어지는 폴리카보네이트는 HDT를 160°C에서 205°C로 높이기 위해 PC와 블렌드할 수 있다.

10.1.4 개질 폴리(페닐렌 옥사이드)

판매량이 많은 또 다른 엔지니어링 열가소성 수지로서, 근본적으로 PC보다 높은 HDT를 가지고 있는 폴리(2,6-다이메틸-1,4-페닐렌 옥사이드) 또는 PPO가 있다. 이는 라디칼 중합이나 단계 중합, 또는 그림 10-4에서와 같이 2,6-자이레놀[1]의 산화성 짝지음(oxidative-coupling) 중합에 의해서 얻어진다.

관련된 고분자로서, 폴리(2,6-다이페닐-1,4-페닐렌 옥사이드)는 처음에 섬유 응용 쪽으로 고려되었으며, 상업적으로는 GC 컬럼의 충전에만 제한적으로 사용되고 있다. 산화 짝지음 중합법과 PPO의 상업화에 관련된 좋은 리뷰가 Hay[2]에 의해서 제시되었다. PPO는 높은 충격 강도와 광물성 산과 유기산에 대한 화학적 안정성, 낮은 흡습성 등을 포함한 관심을 끌만한 많은 물성(표 10-1)을 가지고 있다. PPO의 상업화를 제한하는 한계점은 메틸기의 열적 산화의 용이성과 관련된 높은 유리 전이 온도(T_g≒214°C)이며, 이것이 용융 공정에 문제를 야기한다. 이러한 이유로, 상업용 수지(Noryl)는 PPO와, 비록 HDT도 낮아지긴 하지만, 가공 온도를 낮추는 역할을 하는 고충격성 폴리스타이렌(HIPS)을 블렌딩하여 만든다. 충격 개질화된 TMPC처럼 HIPS의 스타이렌 성분은 PPO와 균일한

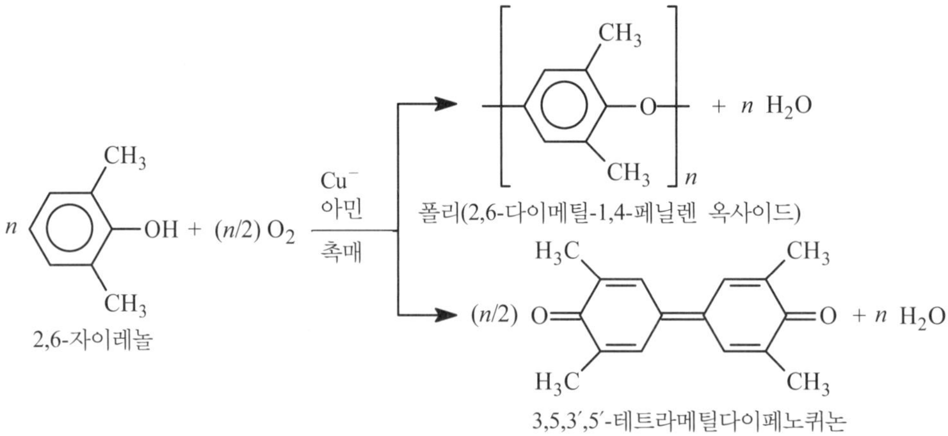

그림 10-4 2,6-자이레놀의 산화성 짝지음 중합. 부산물로 3,5,3′,5′-테트라메틸다이페노퀴논(DPQ)이 생성된다. 불순물 DPQ의 농도는 촉매의 선정과 중합 조건에 따라 결정된다. 예를 들어, 큐프릭 폼메이트(cupric formate)와 피리딘(pyridine) 촉매를 쓸 경우 DPQ의 수율은 약 3wt%이다.

상을 이룬다. Noryl 수지는 난연제와 첨가제 수준으로도 이용이 가능하며, 전기나 자동차 분야에 많이 사용된다.

PPO/HIPS 블렌드에 추가로, PPO와 폴리아마이드(PA)의 상업화된 수지도 일부 전기나 전자 분야에서 요구되는 향상된 열적 안정성을 위해 사용될 수 있다. 이러한 경우에는 PA-grafted styrene–maleic anhydride 공중합체와 같은 상용화제가 혼합 물성을 향상시킨다. PPO와 폴리에스터, 또는 폴리올레핀의 블렌드는 PPO/PA 수지보다 열적 안정성은 좋지 않으나 더 우수한 수치 안정성을 나타낸다.

10.1.5 아세탈

종종 간단하게 아세탈 또는 폴리폼알데하이드 및 폴리옥시메틸렌(POM)으로도 불리는 폴리아세탈은 아마도 첫 번째 보편적인 고분자일 것이다. 1987년, 질량 분석 자료(mass spectral data)로부터 헬리혜성의 기체 구름에 POM이 존재한다는 사실을 알게 되었다. 지구상에서 POM은 그림 10-5에서 볼 수 있는 바와 같이 폼알데하이드의 음이온 중합과 양이온 중합을 통해서 얻거나, 트라이옥세인의 양이온 개환 반응을 통해서 얻을 수 있다. 폴리아세탈의 높은 규칙성을 갖는 사슬 구조는 높은 결정성과 우수한 내화학성에 기여한다. 전형적인 아세탈 수지의 물성은 표 10-1에서 보는 바와 같다.

아세탈은 자외선에 노출되면 분해가 일어나며, 색이 변하고 그리고 강인성과 인장 강도가 감소한다; 그러나, UV 흡수제나 아민 광안정제(hindered-amine light stabilizer)(HALS)로 UV 분해 반응에 대하여 안정화될 수 있다. 또한 카본 블랙과 타이타늄 이산화물 충전

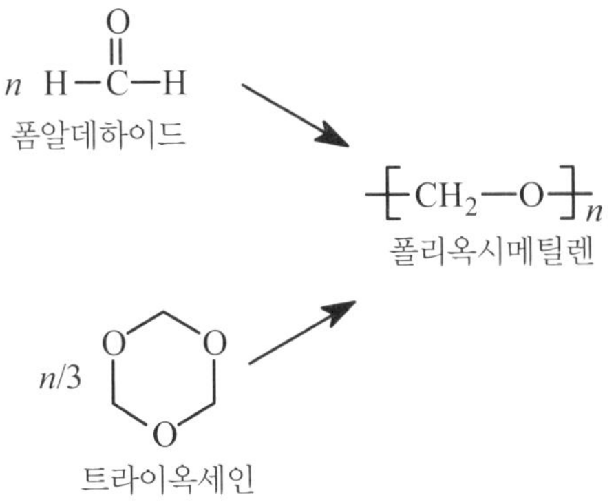

그림 10-5 폴리옥시메틸렌을 합성하는 두 가지 방법

제도 효과적으로 빛과 자외선을 차단할 수 있다. 아세탈의 특히 매력적인 물성은 높은 치수 안정성(dimensional stability)(크리프 저항성(creep resistance))으로, 이는 아세탈을 기계의 부분이나 금속 기어의 대체물질로 사용 가능하도록 해준다. 고무로 강인성을 증진시킨 폴리아세탈은 높은 충격 강도와 굴곡 강도 및 높은 내인장 파괴도가 요구되는 응용 분야에 적용될 수 있다. 자동차 산업과 전기·전자 산업에서 사용되는 양은 전 세계 아세탈 생산량의 3분의 2를 차지한다. 아세탈의 생산량이 증가하는 이유 중 또 하나의 중요한 점은 아세탈 수지는 화학적으로 단량체로 재생(recycle)이 가능하다는 점이다.

10.1.6 폴리설폰

폴리설폰은 높은 내열성과 산화성, 가수 분해에 대한 안정성 그리고 수용성 광물성 산, 알칼리, 염 용액, 오일 및 그리스(grease) 등에 대한 저항력이 강한 엔지니어링 열가소성 수지의 영역을 이룬다. 이것은 우수한 생체 적합성을 가지고 다양한 기술들에 의한 소독

표 10-3 상업용 폴리설폰의 화학적 구조

폴리설폰	반복 단위의 구조
폴리설폰	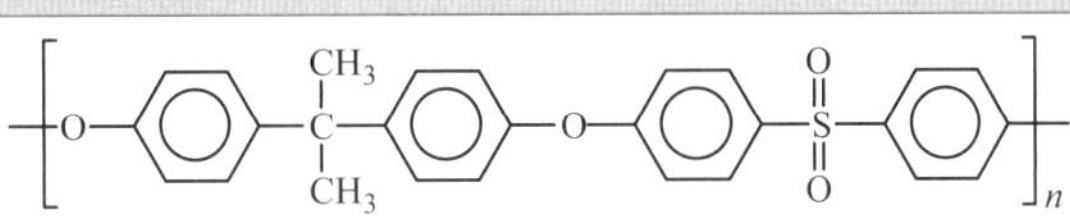
폴리에테르설폰	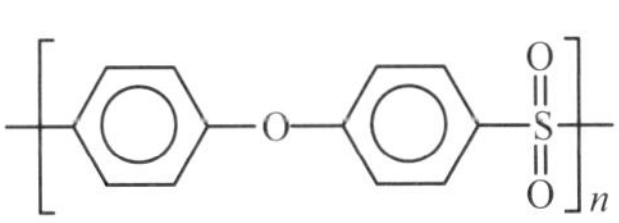
폴리페닐설폰	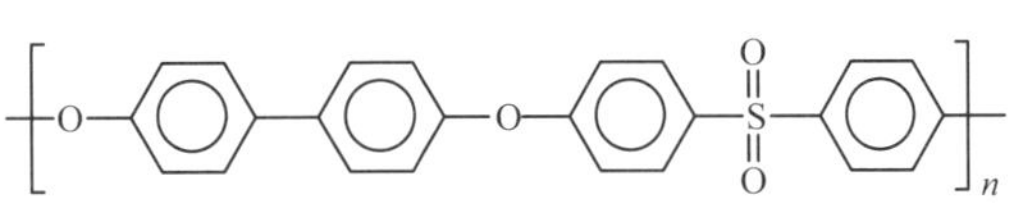

표 10-4 상업용 폴리설폰의 대표적 물성

성질	PSF	PES	PPS
비중(D 1505)	1.25	1.37	1.29
항복점에서의 인장 강도, MPa[a](D 638)	70.3	84.1	71.7
인장 탄성률, GPa[b](D 638)	2.48	2.70	2.14
파단 연신율, %(D 638)	50−100	40−80	60
굴곡 강도, MPa[a](D 790)	106	129	85.5
굴곡 탄성률, GPA[b](D 790)	2.69	2.57	2.30
충격 강도(notched Izod), J m^{-1}(D 256)[c]	69	85	641
455 kPa(66 psi)에서의 열변형 온도, °C(D 648)	174	203[d]	200−204

[a] MPa 단위를 psi 단위로 전환하려면, 145를 곱함.
[b] GPa 단위를 psi 단위로 전환하려면, 1.45×10^5을 곱함.
[c] J m^{-1} 단위를 lb_f in^{-1} 단위로 전환하려면, 53.38로 나눔.
[d] 1.82 MPa(264 psi)에서 보고됨.

이 쉽기 때문에 의료 분야에 아주 적합하다[3]. 또한 폴리설폰은 높은 투과도와 투과 선택성을 가지기 때문에 기체 분리에서 막 고분자로 사용이 용이하다(12.1.2절 참조). 세 가지 방향족 폴리설폰의 화학적 구조와 대표적인 성질이 표 10-3과 표 10-4에 각각 나타나 있다.

폴리설폰은 활성화된 방향성 이할로젠화물(dihalide)에 대한 비스페네이트(bisphenate)의 알칼리염의 친핵성 치환 반응이 관여하는 축중합으로부터 합성될 수 있다. 비스페놀-A 폴리설폰(PSF)의 합성 과정이 그림 10-6에 나와 있다. 그림에서 보는 바와 같이, 비스페놀

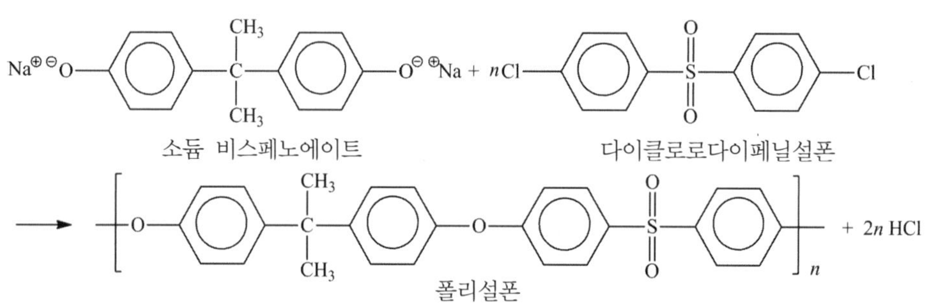

그림 10-6 비스페놀-A 폴리설폰의 축중합

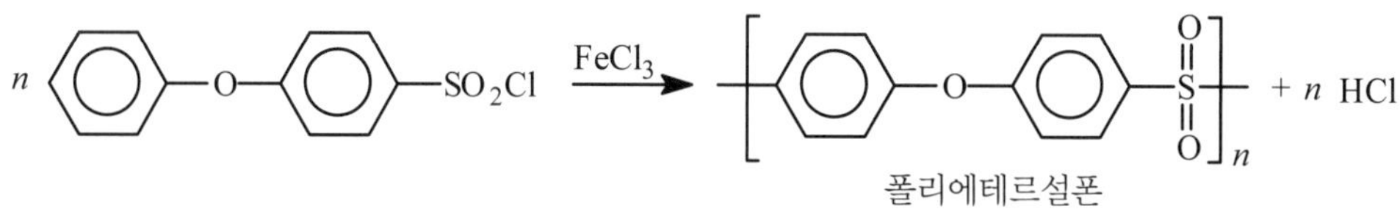

그림 10-7 폴리에테르설폰의 축중합

그림 10-8 UDEL 폴리설폰은 철도산업 응용을 위한 니켈 카드뮴 전지 속 수산화 포타슘 전해질의 전기적 지원을 위한 투명한 저장소로 사용된다. 폴리설폰 저장소는 알칼리 전해질의 영향을 받지 않고 충격, 진동 및 수분에 저항성이 있다. Courtesy of Salvay Advanced Polymers, L.L.C.

-A의 소듐염 사용은 개질되지 않은 비스페놀-A 단량체의 축중합으로 인해 발생할 수도 있는 부식성 염산보다는 유기 용액에서 침전할 수 있는 염화 소듐의 축합을 야기한다. 또한 폴리설폰은 그림 10-7에 나와 있는 폴리에테르설폰(PES)의 중합과 같이 Lewis 산 촉매에 의한 설포닐 클로라이드(sulfonyl chloride)의 친전자성 치환 반응(Friedel-Crafts)에 의해서도 합성이 가능하다. 폴리설폰은 자동차산업, 우주항공산업, 의료 분야에 널리 사용되며, 자동차의 수정-아이오딘(quartz-iodine) 전조등 반사경, 소독 가능한 의료기구, 비행기의 승객용 모듈(module) 그리고 그림 10-8에 나와 있듯이 특수 배터리 케이스에 사용된다.

10.1.7 폴리(*p*-페닐렌 설파이드)

폴리(*p*-페닐렌 설파이드)(PPS), 또는 poly(thio-1,4-phenylene)은 뛰어난 내화학성, 우수한 전기적 성질, 뛰어난 난연성, 낮은 마찰 계수 및 마이크로파에 대한 높은 투과성과 같은 매력적인 물성(표 10-1)을 갖는 또 하나의 중요한 엔지니어링 열가소성 수지이다. 그림 10-9에 나타난 바와 같이 PPS는 *p*-다이클로로벤젠과 황화 소듐(sodium sulfide)의 축중합에 의해 만들어질 수 있다.

PPS는 상대적으로 높은 용융 온도(285°C)를 갖는 높은 결정성 재료로서, 200°C 이하에서는 유기 용매에 녹지 않는다. 이러한 사실은 이 수지를 가공하여 제품을 만들기 위해서는 특별한 가공 기술이 필요하다는 것을 의미한다. 예를 들어, PPS로 코팅을 하기 위해서는 PPS 입자의 수용 상태의 슬러리(slurry)를 분사하고, 코팅한 물체를 370°C 이상으로 가열해야 한다. PPS는 300°C에서 370°C 정도의 높은 온도에서 사출 및 압출 성형이 가능한데, 이 온도에서 PPS 입자는 부드러워지면서 외관상으로 가교 반응이 진행되어 결

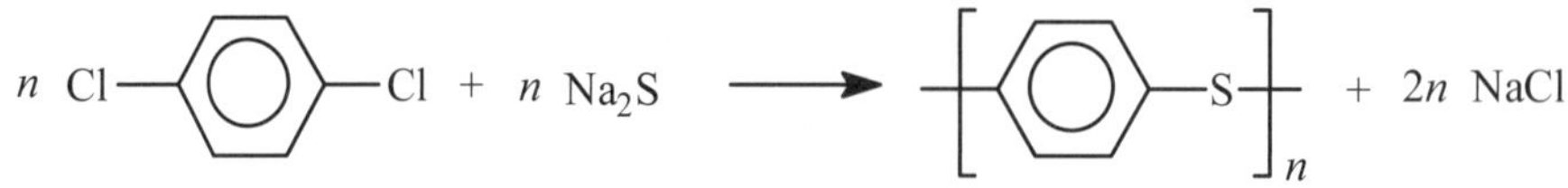

p-다이클로로벤젠　　황화 소듐　　폴리(*p*-페닐렌 설파이드)

그림 10-9 폴리(*p*-페닐렌 설파이드)의 합성

국 완전한 불용성 물질이 된다. PPS는 주로 요리기구, 베어링 그리고 여러 가지 부식이 일어날 수 있는 환경에서의 펌프의 부품으로 적용된다. PPS는 흔히 더 높은 강도와 HDT를 가지는 강화제(일반적으로 유리 섬유나 활석, 초크(chalk) 등의 광물의 혼합물이 충전된 형태)로 제조된다.

10.1.8 엔지니어링 폴리에스터

직물로 많이 사용되는 폴리(에틸렌 테레프탈레이트)(PET)의 느린 결정화 속도는 일반적으로 주조된 부분의 방출 특성을 초래하거나 표면의 질을 떨어뜨린다(8.2.3절 참조). 개량된 PET는 음료수병 시장의 공략을 가능하게 하였으며, 다른 몰딩(molding) 분야에도 사용된다(9.1.3절 참조). 병 외의 시장에서 PET는 1970년대 초에 여러 회사에 의해 도입된 유사한 엔지니어링 폴리에스터인 폴리(뷰틸렌 테레프탈레이트)(PBT)와 경쟁관계에 있다.

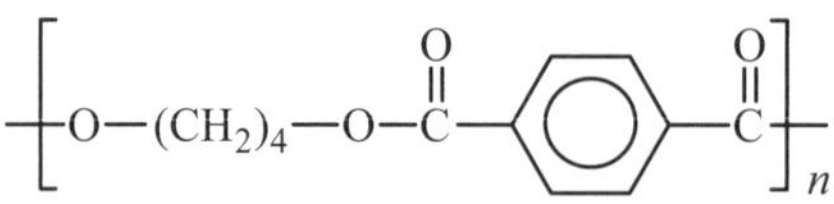

PBT의 주요한 적용 분야는 전기전자와 자동차 산업의 사출 성형 부분이다. 두 가지 폴리에스터 모두 폴리카보네이트처럼 습기에 민감하지만(가수 분해에 불안정하지만), 강도, 경도 및 강인성이 우수하며, 뛰어난 치수 안정성, 낮은 마찰 계수와 내마모성, 내화학성과 그리스(grease)에 대한 안정성을 가지고 있다.

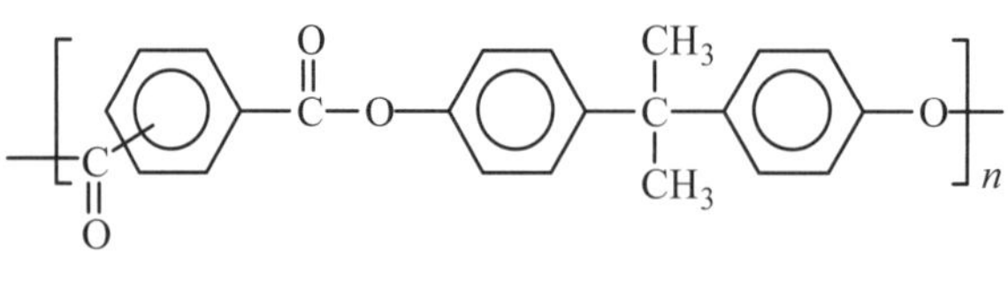

1970년대 후반에 비스페놀-A와 혼합 프탈산(phtalic acid)의 축중합에 의해 생산된 방향성 폴리에스터(폴리아릴레이트, PAR)가 미국에서 상품화되었다. PET 및 PBT와는 달리, 폴리아릴레이트는 무정형이고, 자외선 안정성, 고유의 난연성, 좋은 전기적 성질, 높

은 열변형 온도(150~200°C 범위에서 T_g) 뿐만 아니라 높은 투명성을 나타낸다. 폴리아릴레이트의 전형적인 옥외 용도로는 태양광 집열성, 안전장치, 건설 및 수송을 들 수 있다. 다른 용도로는 조명장치와 같은 전자 및 전기 장치의 플라스틱 부품의 제조가 있다. 아쉽게도, 폴리설폰과 폴리카보네이트와의 경쟁과 낮은 가공성을 포함한 여러 요인이 사실상 PAR의 시장을 없애고 있다.

최근에 각광을 받는 다른 엔지니어링 폴리에스터는 높은 열안정성을 가지고 여러 전자제품에 응용되고 있는 poly(dimethylene cyclohexane terephthalate)(PCT)이다.

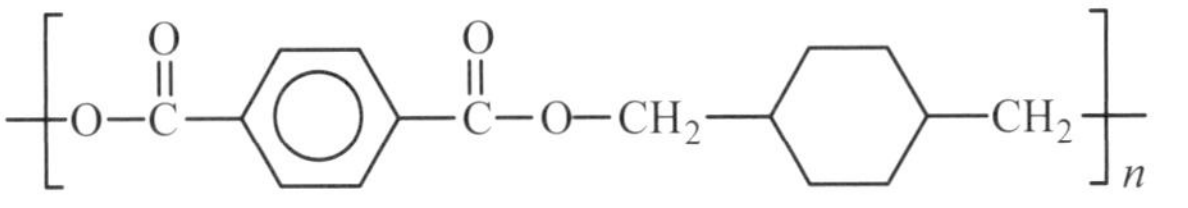

PET처럼 PCT의 결정화 속도는 느리기 때문에 적당한 가공 시간을 얻기 위해서는 조핵제와 "고온" 오일-냉각 몰드가 필요하다.

최근에는 병이나 포장용으로 사용될 수 있도록 차단성과 열저항성이 보다 나은 공폴리에스터(copolyester)를 생산하기 위해 DMT와 공중합될 수 있는 naphthalene dicarboxylate(NDC) 단량체에 관심이 모아지고 있다.

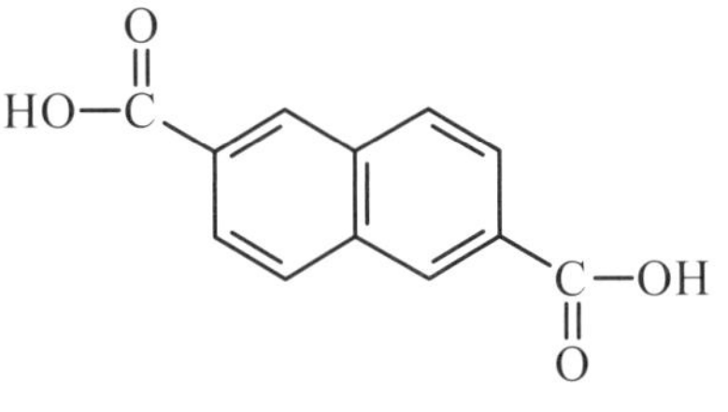

NDC는 또한 (에틸렌 글라이콜과) 중합하여 폴리(에틸렌 나프탈레이트)(PEN)를 합성할 수 있으며, 이는 물성을 향상시키기 위하여 PET와 블렌드될 수 있다.

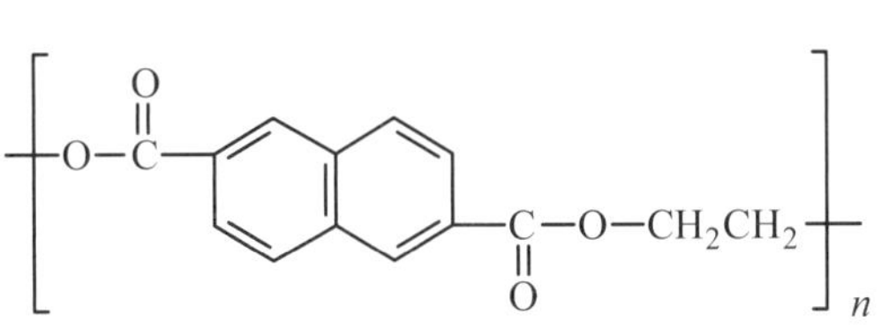

PEN은 사출 성형과 블로우(blow) 성형이 가능하며, PET에 비하여 보다 나은 기계적 강도, 높은 열적 화학적 저항성, 보다 우수한 치수, 열, 자외선 및 가수 분해 안정성 그리고 향상된 차단성을 가지고 있다. PEN(T_g 120°C; PET의 경우 대략 78°C)은 보다 높은 열저항성으로 증기 멸균이 필요한 아이들의 음식물 용기와 같은 폴리에스터 병에 대한 잠재

적 시장성을 넓혀가고 있다. PEN의 최근 응용으로는 고무 강화를 위한 산업섬유 코드, 진공 혈액관 및 내구성이 긴 비디오 녹음 테이프와 같은 전자 필름 등이 있다. 다른 잠재적 시장으로는 전기전자 부문(예를 들어, 모터 절연, 자기 테이프 및 축전기(capacitor))과 의료용이나 다른 응용을 위한 전자파 포장이 있다.

10.1.9 플루오로 고분자

플루오로 고분자 중에서 가장 중요한 것은 폴리테트라플루오로에틸렌(PTFE 또는 테플론(Teflon))이며, 이는 테트라플루오로에틸렌(TFE)의 에멀션 자유 라디칼 중합으로 얻어진다. 테플론은 1938년 DuPont 사에서 새로운 냉각제를 개발하고 있던 Roy J. Plunket과 Jack Rebok에 의해 우연히 발견되었다. 4월 6일 아침, Plunket과 Rebok은 드라이아이스(dry ice) 안의 고압 용기에 저장된 TFE 가스가 일반적인 조건 아래에서 녹거나 재가 되지 않고, 액체가 스며들지 않는 부드럽고 연한 흰색 파우더로 고체화된다는 것을 알아냈다. 1950년에 상업적으로 제조된 높은 열적 안정성, 낮은 온도 유연성, 극히 낮은 마찰계수, 낮은 유전 상수와 손실 상수 및 화학적 비활성을 지닌 PTFE는 밀도(2.1~2.3 g/cm^3)가 높다. 이 성질들 중 대부분은 앞에서 언급했던 PPS의 성질과 유사하다. 또 PPS처럼 PTFE는 일반적인 기술로는 가공되지 않는다. 제한된 가공성은 폴리테트라플루오로에틸렌의 극히 규칙적인 구조와 특히 높은 분자량에 기인하는 매우 높은 결정성과 높은 결정-용융 온도(T_m=327°C)를 가지기 때문이다. 코팅제로 쓰일 때는 PTFE를 고온·고압에서 소결하는(sinter) 방법을 쓴다. 최근 Zurich에서 ETH의 연구자들은 γ- 또는 전자빔 조사(electron-beam irradiation)에 의해 중간 정도의 점성과 분자량을 갖는 마이크로파우더로부터 PTFE를 우수한 기계적 물성을 가진 제품으로 용융-공정할 수 있음을 보여 주고 있다[4].

용융 가공성은 헥사플루오로프로필렌(테플론 FEP), 에틸렌(ETFE), 또는 더 많은 양의 perfluoroalkoxy(PFA) 플루오로카본 수지와 같은 공단량체를 적은 농도로 유입함으로써 개선할 수 있다. 이 경우, 공중합은 결정성을 감소시킨다. 중요한 TFE 공중합체의 보다 최근의 예로는 "무정형" 테플론(TEFLON-AF)이 있다.

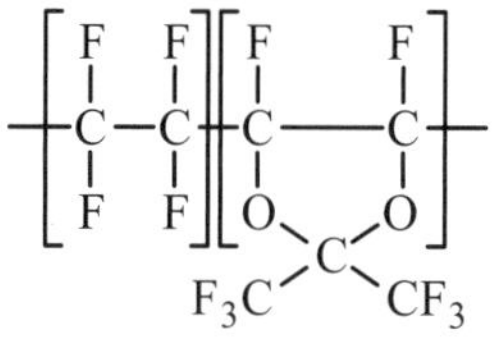

이 플루오로 중합체는 플루오린화 고리형 에테르, perfluoro-(2,2-dimethyl-1,3-dioxole)을

갖는 TFE의 통계적 공중합(statistical copolymerization)에 의해 만들 수 있다. 고리형 에테르의 유입은, 일부 물성의 후퇴(sacrifice)에도 불구하고, 결정화를 방지하고 보다 나은 가공성에 기여한다.

PTFE 이외에도 표 10-5에 나와 있는 몇몇의 부분적으로 플루오린화된 고분자들은 상업적으로 중요하다. 이들 중에는 에틸렌이나 바이닐리덴 플루오라이드와의 공중합체로도 구별할 수 있는 polychlorotrifluoroethylene(CTFE 또는 Kel)이 있다. 이의 용도로는 전기절연, 개스킷 및 봉인제 그리고 펌프 부품을 들 수 있다. Hexafluoroisobutylene(HFIB)과의 공중합체로서도 구할 수 있는 폴리(바이닐리덴 플루오라이드)(PVDF 또는 Kynar)는 결정성 고분자(T_m = 170°C)로서 주로 코팅제나, 개스킷의 재료, 철사 및 전선절연 그리고 가옥용 바이닐 벽널(siding) 압출 제품으로 사용된다. 폴리(바이닐 플루오라이드)(PVF 또는 Tedlar)는 뛰어난 내후성과 우수한 내마모성 및 내오염성을 갖는 질기고 유연한 필름을 만들 수 있는 또 다른 높은 결정성 고분자(T_m = 197°C)이다. 이는 건물 자재의 보호용 코팅제로 쓰인다.

또한 플루오린화 고분자는, 9.2.2절에서 논의했듯이, 높은 열적, 화학적 저항을 가지는 탄성체로서 중요한 용도에 쓰인다. 이들은 바이닐리덴 플루오라이드와 헥사플루오로프로필렌의 무정형 공중합체를 포함하며, 이는 아민 첨가 후 플루오린화수소 이탈 반응을 통한 다이아민과 염기성 산화물하에서 가교화가 가능하다. 탄성체는 perfluoroalkyl vinyl ether와 같은 perfluoroalkyl vinyl ether와 TFE의 공중합이나 바이닐리덴 플루오라이드와

표 10-5 몇몇 중요한 플루오로 고분자의 화학적 구조

플루오로 고분자	반복 단위
폴리테트라플루오로에틸렌	$-[CF_2-CF_2]-$
플루오린화 에틸렌-프로필렌 공중합체(FEP)	$-[CF_2-CF_2]_m-[CF_2-CF(CF_3)]_n-$
폴리클로로트라이플루오로에틸렌(CTFE)	$-[CF_2-CClF]-$
폴리(바이닐리덴 플루오라이드)(PVDF)	$-[CH_2-CF_2]-$
폴리(바이닐 플루오라이드)(PVF)	$-[CH_2-CHF]-$

헥사플루오로아이소뷰틸렌의 공중합으로 만들어질 수도 있다. 그물 구조의 형성은 가열될 때 트라이아진(triazine) 구조를 형성하는 나이트릴 가지기를 갖는 공단량체를 유입하여 이루어질 수 있다.

10.2 특수 고분자

특수 고분자는 항공소재 및 전기산업 그리고 생체의료 분야에서 작지만 중요한 시장을 가지고 있다. 이들 중 중요한 것들로는 폴리이미드, 이온성 고분자, 폴리아릴에테르케톤, 폴리오가노포스파진, 몇몇 방향족 폴리에스터 및 고성능 섬유, 폴리아세틸렌 및 전도성 고분자 그리고 덴드리머가 있다.

10.2.1 폴리이미드와 관련된 특수 고분자

폴리이미드(polyimide)는 고온 용제 저항을 갖는 중요한 고분자이다. 이는 전자재료, 슬리브 베어링 및 밸브 좌석(valve seating), 제트 엔진의 압축 풍신기(vane)를 위한 흑연 복합제의 수지와 다른 항공재로 쓰인다. 종종, 폴리이미드는 두 단계로 제조된다. 첫 번째 단계는 방향족 다이안하이드라이드(dianhydride)와 방향족 다이아민의 축중합으로 중간 단계의 폴리(아민산)을 생성하는 것이다. 온도를 올려 폴리(아민산) poly(amic acid)을 탈수시키면 폴리이미드(PI) 구조가 생긴다. 폴리이미드의 대표적인 중합 과정은 그림 10-10에서 보는 바와 같다. 중간체인 폴리(아민산)과 다르게 경화된(완전히 이민화된) PI는 용해성과 용융성이 없고, 고온과 산화에 잘 견디며 그리고 우수한 전기 절연성과 복사광 저항을 갖는다.

매우 다양한 PI 구조의 개수는 단지 다이안하이드라이드와 다이아민의 수로만 조절 가능하다. 상업적으로 중요한 PI의 예로는, 필름으로 쓰이는 Kapton(DuPont)으로 불리는 polypyromellitimide가 있다. 이것의 이민화 구조는 다음과 같다.

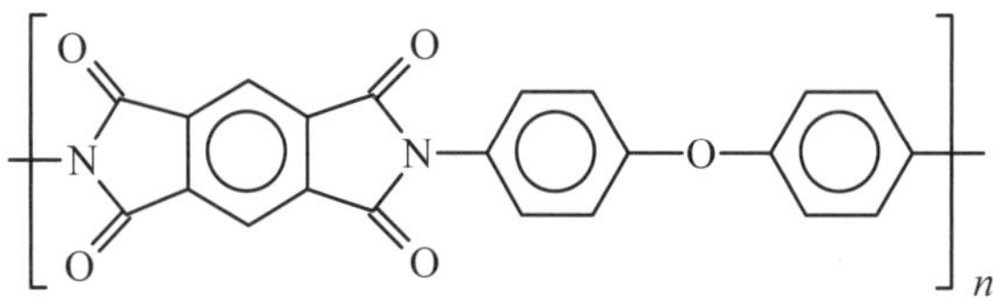

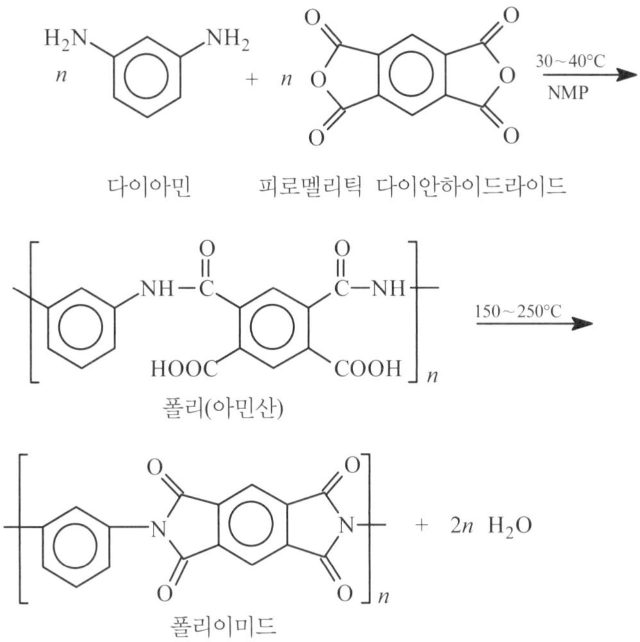

그림 10-10 폴리이미드의 중합

Kapton은 피로멜리틱 무수물

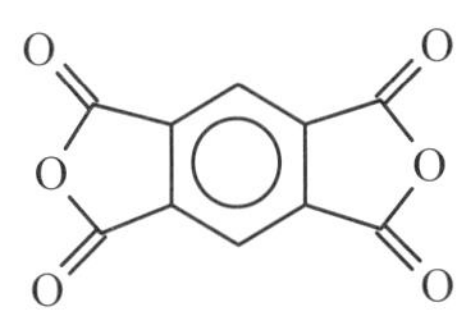

과 4,4-다이아미노 다이페닐 에테르의 축중합으로 얻어진다.

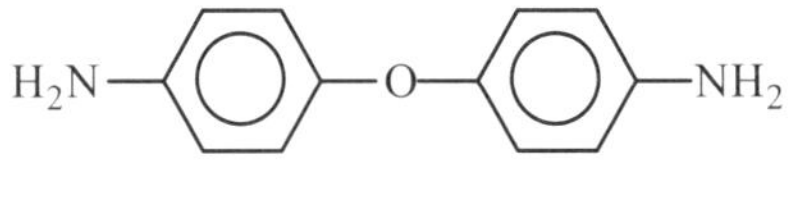

Kapton의 물성은 표 10-6에 나와 있다.

이러한 "이민화 가능(imidizable)" 폴리이미드의 단점은 선구물질(precursor)인 폴리(아민산)의 제한된 보관 시간(shelf life)과 경화 과정에서 발생하는 물의 기포 생성으로 인한 구조적 약함이다. 또한, 일부 폴리이미드는 열가소성이다. 이러한 폴리이미드는 완전히 이민화되었지만 고온에서 용융 가공이 가능하고, 용해 성형이 가능하다. 상대적으로 비극성 액체에서의 용해도는 주사슬에 방향족 폴리에테르 연결기를 유입하거나 또는 적절한 방향족 다이아민의 선택을 통해 도입되는 페닐기와 알킬기를 유입하여 구하여진다.

표 10-6 폴리이미드, 폴리에테르이미드 및 폴리(아마이드-이미드)의 물성

물성	폴리이미드[a]	PEI[b]	PAI[c]
밀도(g cm^{-3})	1.42	1.27	1.42
23°C에서 연신율			15
항복점에서		7－8	
파단점에서	70	60	
굴곡 탄성률(GPa)(23°C 탄젠트)		3.31	5.0
연성 강도(MPa)	—	—	241
1.82 MPa(264 psi)에서 열변형 온도	—	200	278
충격 강도, 이조드(J m^{-1})			
노치 있는	—	53.4	144
노치 없는	—	1335	1068
인장 탄성률(GPa)(1% 세칸트)	3.0	3.0	4.8
23°C 항복점 T_g(°C)에서의 인장 강도(MPa)	172	105	192
	385	217	—
40% 상대 습도와 상온 24시간에서 몰흡수율(%)	2.9	0.25	0.33

[a] Kapton H.

[b] Ultem 1000.

[c] Torlon 4203L; contains 3% TiO_2 and 0.5% fluorocarbon.

특히 구조 복합물에 적합한 PI 합성의 또 다른 접근법은 열경화 PI의 사용이다. 열경화 PI는 양쪽 말단에 또 다른 예비중합체와 반응할 수 있는 반응기를 가진 완전히 이민화된 PI-예비중합체를 가열함으로써 얻어진다. 테르미드 수지(Thermid resin)는 열경화 PI의 예로서, 이는 말단기가 아세틸렌인 예비중합체를 사용해 망상 구조를 형성한다. 테르미드의 구조는 다음과 같다.

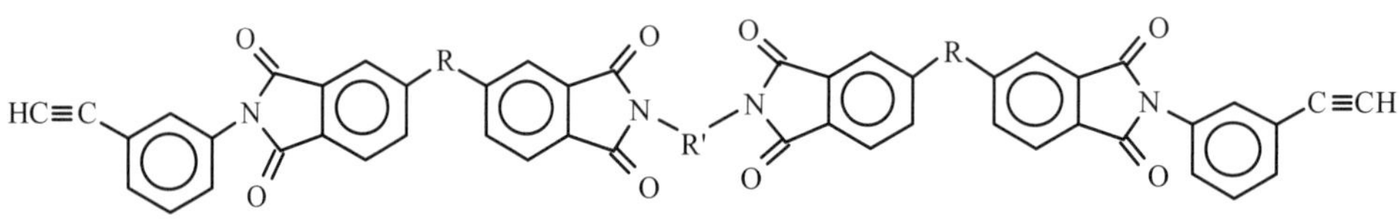

여기에서 R은 카보닐기(C=O) 또는 헥사플루오로프로페인(6F) 작용기, $C(CF_3)_2$이고, R′은 방향족 그룹이다.

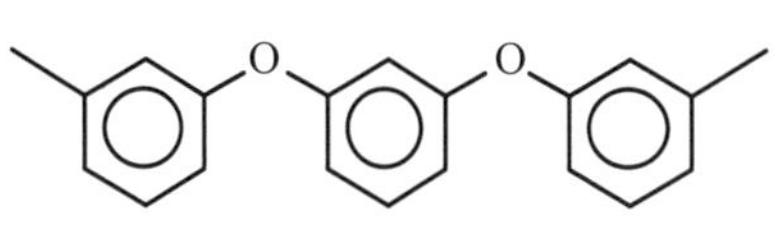

또 다른 열경화 PI 예로 PMR-15가 있으며, 이는 항공용 흑연 복합재의 매트릭스로 널리 사용된다. PMR-15는 망상 구조 형성에 노보넨(norbornene) 말단 반응기를 사용한다.

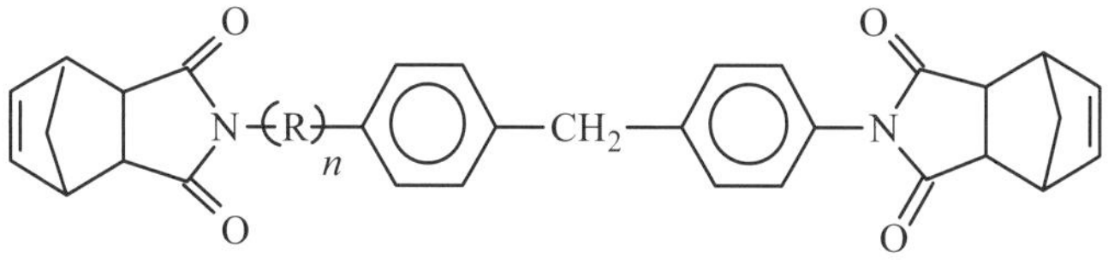

여기에서 R($n \approx 2$)은 방향족 구조를 갖는다.

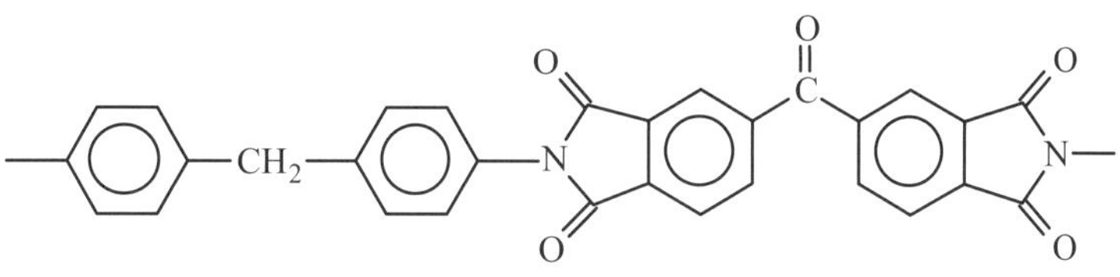

일반적으로, 뛰어난 열적, 열산화적 안정성을 지닌 폴리이미드는 플루오린화 다이안하이드라이드, 특히 6FDA*

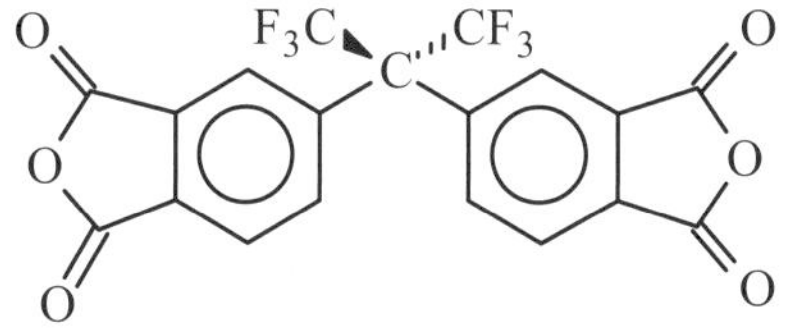

또는 2,2-bis[(4-aminophenoxy)phenyl]hexafluoropropane과 같은 플루오린화된 다이아민으로부터 구하여진다.

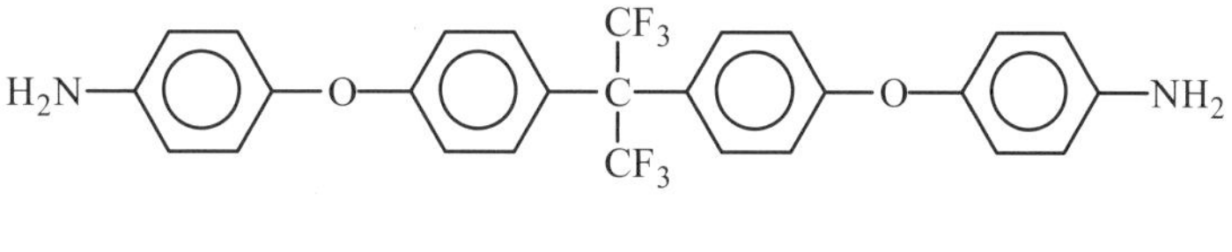

폴리(아마이드-이미드)와 폴리에테르이미드 폴리이미드의 용융 가공성을 개선하기 위해 염기성 이미드 구조를 방향족 에테르나 아마이드와 같은 유연한 방향족과 결합시킬 수 있다. 예를 들어, 폴리(아마이드-이미드)(PAI)(예를 들어, Torlon)

* 5,5′-(2,2,2-trifluoro-1-(trifluoromethyl) ethylidene)-bis(1,3-isobenzofuranedione).

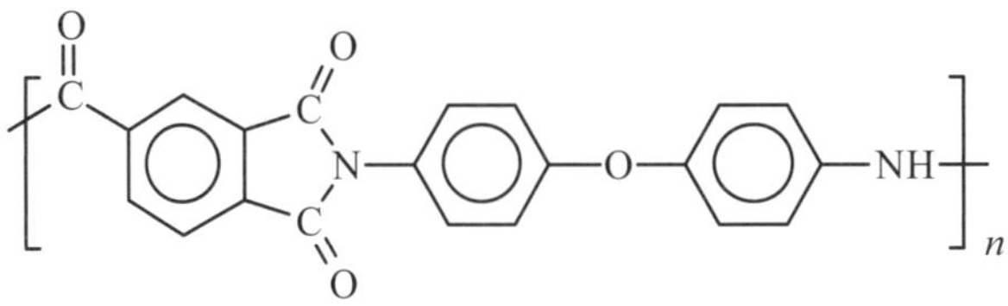

는 트라이멜리틱 무수물(TMA)과 방향성 다이아민(예를 들어, 4,4′-oxydianiline)의 축합으로 얻는다. 또 다른 이미드형 엔지니어링 열가소성 수지로 폴리에테르이미드(PEI, Ultem)가 있다. 이는 비스페놀-A, 4,4-메틸렌-다이아닐린과 3-나이트로프탈릭 무수물을 포함한 나이트로 치환 반응[5]으로 얻어진다.

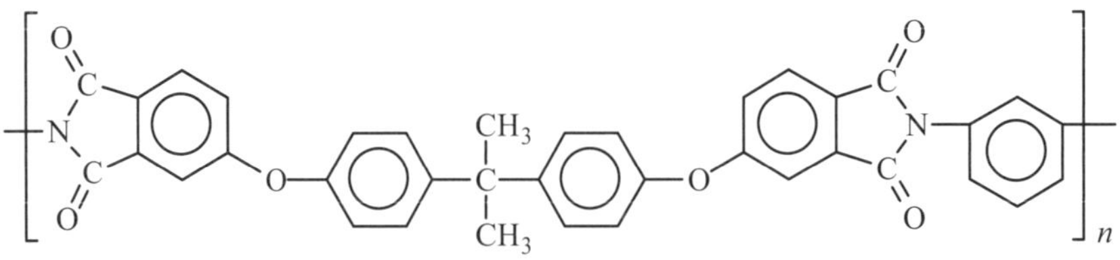

PAI와 PEI 모두 높은 열변형 온도, 인장 강도 및 탄성률을 가진다. 대표적인 폴리이미드(Kapton H)와 두 개의 대표적인 PEI와 PAI의 물성 비교는 표 10-6에서 보는 바와 같다. 일단 이민화된 Kapton은 낮은 연화 온도(T_g 또는 HDT)를 가진 PAI와 PEI와는 달리 더이상 용융 가공이 불가능하다. Kapton은 357°C의 HDT와 약 270°C의 연속 사용 온도를 가지고 있다. Kapton에 대한 PAI와 PEI의 한 가지 장점은 물 흡수도가 낮다는 것이며, 이는 복합 재료의 적용에 중요한 요소이다. PAI와 PEI의 용도로는 고성능 전자 및 전기 부품, 전자레인지 부속품 및 자동차 실내용 부품을 들 수 있다.

폴리비스말레이미드 이미드 계열의 고분자로 폴리비스말레이미드(polybismaleimide)(Kerimid, Kinel)가 있다. 이것의 반복 단위는 다음과 같다.

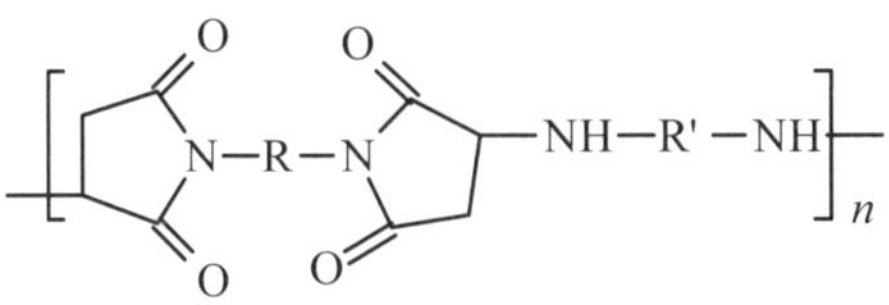

여기에서 R과 R′은 다양한 방향족을 의미한다. 폴리비스말레이미드는 다음의 그림과 유사한 구조를 지니는 비스말레이미드의 끝에 불포화 다이아민의 (Michael) 첨가로 구하여진다.

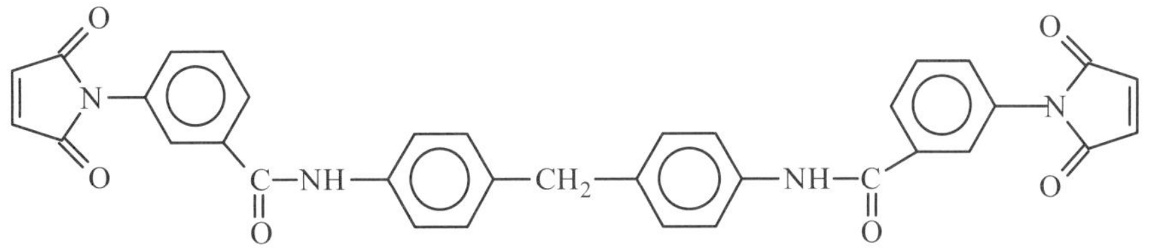

폴리비스말레이미드는 필라멘트 와인딩과 라미네이트용의 복합 재료 수지(7장 참조), 마찰 패드, 기어 및 베어링에 사용된다.

폴리벤즈이미다졸 폴리벤즈이미다졸(PBI)*은 방향족 테트라민과 방향족 다이카복실산이나 유도체의 고분자 축합의 생성물이다[6]. 폴리벤즈이미다졸 합성의 예는 그림 10-11에서 보는 바와 같다. 폴리벤즈이미다졸은 매우 높은 열적, 가수 분해적 안정성을 가지고 있으나, 종종 용해되지 않는다. PBI는 고온 복합체와 다른 응용에 섬유 형태로 사용될 수 있다(10.2.8절 참조). 이것은 12.1.2절에서 언급하는 바와 같이 연료전지 막으로 활발하게 고려되고 있다.

사다리형 고분자 폴리이미다조피롤론(polyimidazopyrrolone)과 같은 융화된(fused) 고리 주사슬을 지닌 고분자는 고온에서 매우 안정하다. 이 고분자는 방향족 테트라카복실산과 방향족 테트라민의 초기 축합 반응을 포함한 두 단계 경화 반응을 통해 얻어진다(그림 10-12). **사다리형 고분자**(ladder polymer)로 알려진 이러한 재료들은 융화된 고리구조가 사다리의 가로대와 유사하므로 인해 500°C 이상의 고온에서도 안정하다(6.1.1절 참조). 첫 번째 사다리형 고분자는 높은 열적 안정성을 가진다는 잠재력으로 인하여 1960

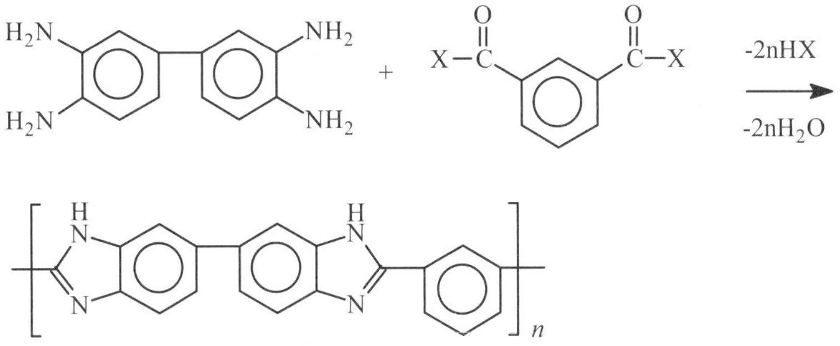

그림 10-11 3,3′-다이아미노벤지딘과 방향족 다이카복실산으로부터 폴리벤즈이미다졸의 합성. X는 OH, Cl, OCH_3 및 OC_6H_5를 포함하는 몇몇 가능성 있는 반응 자리의 하나를 의미한다.

* Poly[2,2′-(*m*-phenylene)-5,5′-bibenzimidazole].

년 중반에 합성되었다. 더 최근에는 공액(conjugated) 사다리형 고분자의 선형 및 비선형 광학적 물성에 대한 연구가 이루어지고 있다(12.4.1절 참조)[7].

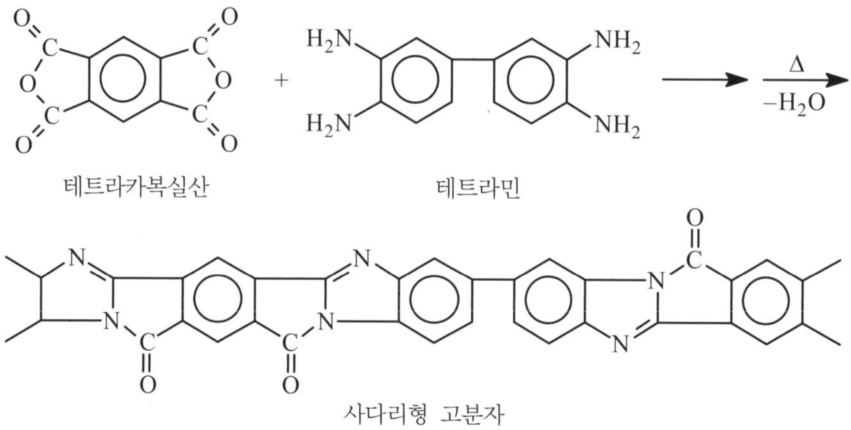

그림 10-12 사다리형 고분자인 폴리이미다조피롤론의 중합

10.2.2 폴리아릴에테르케톤

엔지니어링 열가소성 수지로 주목받는 재료로는 폴리(아릴 에테르 케톤)(PAEK)이 있는데, 그 중 폴리에테르에테르케톤(PEEK, Victrex)이 가장 중요하다[8].

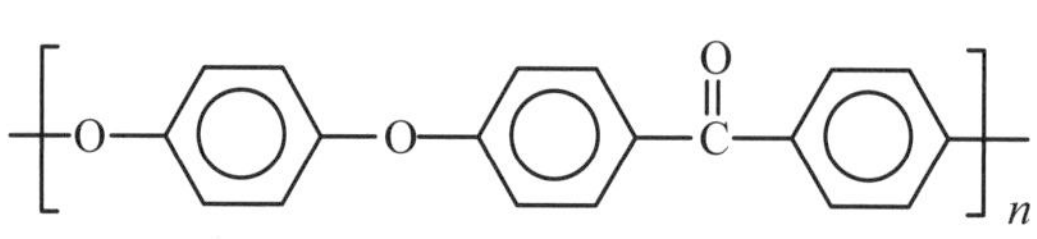

표 10-7에 주어진 데이터에서 보는 바와 같이 PEEK는 반결정성이나 고온에서 용융 가공이 가능하다. PEEK는 높은 마모저항성, 낮은 인화성 및 낮은 연기 및 독성 기체 발생, 낮은 흡습성 그리고 가수 분해, 마모(wear), 방사(radiation) 및 고온 증기에 대한 저항성의 좋은 특성을 가지고 있다. PEEK의 높은 내용매성, 우수한 충격 강도 및 우수한 열적 안정성 (최대 연속 작업 온도 260°C)으로 이 고분자는 흑연 복합체의 열가소성 매트릭스로서 적합한 대상이다(7.3절 참조). 다른 응용으로는 크로마토그래피의 내용매용(solvent-resistant) 튜브, 열악한 환경에서의 전선과 케이블의 절연물질 및 자성 전선코팅이 있다.

높은 분자량의 PEEK는 알칼리 비스페네이트와 활성 방향족 이할로젠화물(일반적으로 difluoride)의 고온에서의 용액 축중합으로 합성된다(그림 10-13). T_g의 범위가 114°C에서 310°C인 여러 종류의 다른 아릴렌 에테르 단일 중합체와 공중합체는 방향족 이할로젠화

표 10-7 PEEK의 전형적인 물성

물성	값
T_g(°C)	143
1.82 MPa(264 psi)에서 열변형 온도(°C)	148
결정화도(%)	
일반	20−35
최고	48
용해열, ΔH_f(J g^{-1})	130−161
밀도(g cm^{-3})	
비결정	1.263
결정	1.400
24시간 동안, 상대 습도 40%에서의 물 흡수율(%)	0.15
용해도 인자(cal/cm^3)$^{1/2}$	9.5
23°C에서 인장 강도(MPa)	91.0
23°C에서 연신율, %	150
23°C에서 굴곡 탄성률, GPa	3.89
충격 강도, Charpy(J m^{-1})	1388

물과 포타슘 비스페네이트(potassium bisphenate)의 친핵성 치환으로 만들어진다[9].

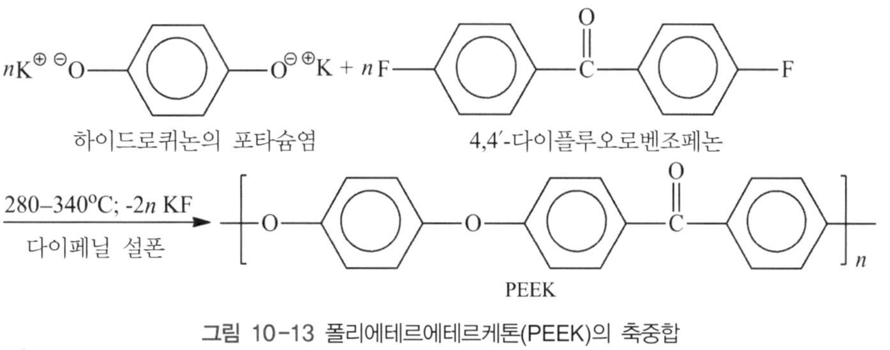

그림 10-13 폴리에테르에테르케톤(PEEK)의 축중합

10.2.3 특수 폴리올레핀

폴리에틸렌은 분자량이 백만에서 오백만 정도(즉, 초분자량 폴리에틸렌 또는 UHMWPE)인 폴리에틸렌은, 훌륭한 충격 강도, 인장 강도, 내찢김성, 내뚫림성, 내마모성, 낮은 마찰 계수, 화학적 안정성 및 피로 저항성을 갖는다. UHMWPE의 응용으로는 정형외과용 임플란트, 전지분리개, 식품용 봉지 및 다른 열가소성 수지의 미끌림과 마모성을 개선하는 첨

가제를 들 수 있다[10]. 이러한 고점도 고분자의 용융 가공성은 중합 시 가지화를 제한하거나 혹은 제어된 양의 저분자 폴리에틸렌과 혼합하여 개선될 수 있는데, 그 결과 분명한 쌍봉 분자량 분포(bimodal molecular-weight distribution)를 나타내게 된다. UHMWPE는 주로 압축 소결(compression sintering)과 램(ram) 압출을 통해 판이나 막대형으로 성형된다. 높은 인장 강도와 낮은 밀도를 갖는 UHMWPE 섬유의 젤 방사에 대한 관심이 또한 모아지고 있다.

또 다른 특수성 폴리올레핀으로는 폴리(4-메틸펜텐-1) 또는 PMP가 있으며, 그 구조는 다음과 같다.

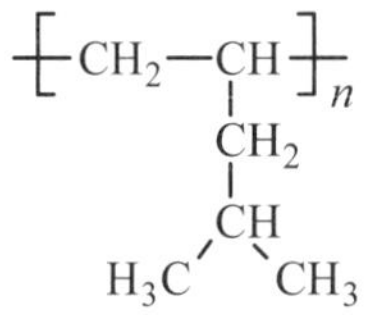

아이소탁틱 PMP는 (40%에서 65%의) 결정화도를 갖는데, *i*-PP를 만들 때 사용되는 것과 같은 단일 Ziegler 촉매를 사용하여 중합된다(2장 참조). *i*-PP와 비교하면 PMP는 높은 T_g(18°C, *i*-PP는 -20°C), 높은 T_m(300°C, *i*-PP는 165°C), 낮은 밀도(0.83, *i*-PP는 0.90) 및 보다 나은 투명성을 나타낸다. 상업용 재료(TPX)는 향상된 내충격성과 투명성을 위해 소량의 선형 올레핀을 함유하는 공중합체이다.

10.2.4 이온성 고분자

이온 자리(ionic sites)성 부분은 공중합이나 화학적 개질을 통해 고분자에 도입할 수 있다. 합성 유기 고분자로부터 유도되고 10에서 15몰 %까지의 이온 함량을 갖는 이온성 고분자를 **이오노머**(ionomer)라고 한다. 보다 높은 이온 함량을 갖는 경우 **고분자 전해질**(polyelectrolyte)이라고 한다. 고분자 전해질은 물에 녹으나 보통 유기 용매에는 녹지 않는다. 이오노머의 응용으로는 이온 교환 수지, 액체와 촉진 가스분리용 막, 초강산 촉매 그리고 가장 중요한 클로르알칼리(chloralkaline) 전해질에서의 분리제를 들 수 있다.

대표적 이온 자리로는 측쇄 카복실산 또는 측쇄 설폰산 그룹으로서 부분적 또는 전체적으로 중화되어 고분자염을 형성한다. 상대 이온으로는 소듐, 아연, 암모늄 또는 할로젠화물(halide)이 있다. 전형적인 비이온성 고분자의 주골격으로는 폴리에틸렌, 폴리스타이렌 및 TFE와 같은 플루오로카본의 공중합체가 있다. 이온성 부분과 비이온성 분절의 일반적인 비상용성으로 인하여 이온성 고분자에서는 이온성 부분의 미시적 분리가 나타난다. 이온성 물질로만 뭉쳐진 작은 집합물은 **멀티플레트**(multiplet)라 하고, 비이온성 물질까지 포함하는 보다 큰 집합물은 **클러스터**(cluster)라고 한다. 수 개의 이온 또는 이온쌍으로 이루어진 멀티플레트는 조금 강하고 일시적인 이온성 가교점으로 작용한다. 보다 큰 클러스터는 기계적 강화제로서 작용한다.

이온성 부분의 도입은 고분자 물성에 중대한 영향을 미치는데, 예를 들어 T_g, 탄성률 및 용융 점도를 증가시킬 수 있다. 물성 개질의 정도는 주사슬의 유전 상수(dielectric constant), 이온성 부분의 위치와 종류, 상대 이온의 종류, 이온 농도 및 중화 정도에 의존한다. 이온 그룹의 농도와 음이온과 양이온 간의 결합 강도는 T_g 증가의 정도를 결정하는데, 그 관계는 다음 식과 같다.

$$T_g = \frac{cq}{a} \tag{10.1}$$

c: 주골격에서 이온성 단위의 농도
q: 상대 이온의 전하량
a: 양이온, 음이온의 전하 중심이 가장 근접했을 때의 거리

여기에서 c는 주사슬의 이온 반복 단위의 농도, q는 역이온의 전하, 그리고 a는 음이온과 양이온 전하의 중심 간의 가장 가까운 접근 거리이다. 일반적으로, T_g는 이온 반복 단위의 몰 %당 2°C에서 10°C 증가하는 것으로 관찰되고 있다.

이오노머 일반 상업용 이오노머로는 Surlyn이 있는데, 이는 에틸렌과 15%의 메타아크릴산의 공중합체이다. 메타아크릴산 공단량체의 33%는 수산화 소듐과 중화 반응을 하여 그림 10-14에서 보는 바와 같이 소듐염을 형성한다. 이온 결합은 종종 거터 퍼처(gutta percha)의 대체물로서의 골프공의 표면, 유해약품을 담는 안전병의 코팅, 자동차 범퍼에 붙이는 스티커 및 안전장치와 같은 강화재료에 이용된다.

또 다른 이오노머로는 PFSI(perfluorosulfonate ionomer)가 있다. 이는 테트라플루오로에틸렌(TFE)과 말단에 설포닐 플루오라이드기(SO_2F)가 있는 퍼플루오린화된 바이닐 에

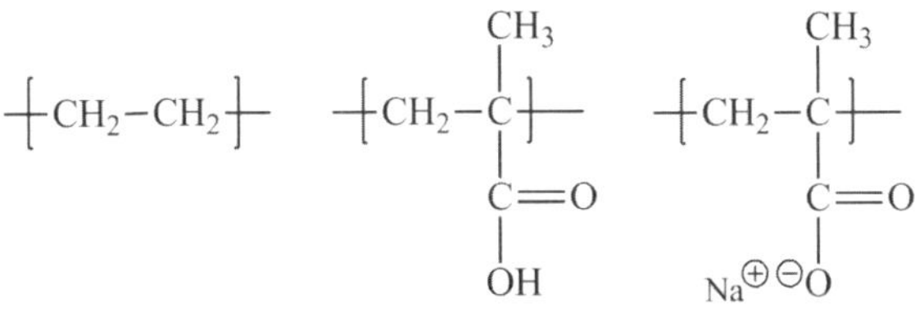

A B C

그림 10-14 Surlin A에서 공단량체 단위. **A**. 에틸렌, **B**. 메타아크릴산, **C**. 메타아크릴산의 소듐염

테르(perfluorinated vinyl ether)의 공중합체이다(그림 10-15). 상업적으로 가장 중요한 PFSI 상품으로는 DuPont 사에서 생산하는 나피온(Nafion)(그림 10-15에서 $y=1$)이 있고, 한편 Dow Chemical 사는 관련된 PFSI($y=0$)를 개발하였다. 상업적인 PFSI 필름은 용융 압출로 만들어지며, 특별한 조건하에서는 용액 캐스팅으로도 만들 수 있다. 필름 제조 후 설포닐 플루오라이드기는 수산화 소듐 또는 수산화 포타슘과의 반응을 통해 설포네이트기로 바뀌며, 더 전환되어 상업용 설폰산(SO_3H) 형태(Nafion-H)로 바뀐다. 다른 이온 형태(예를 들어, Na^+, Li^+, K^+, Ag^+, Ca^{2+}, Al^{3+} 염)는 적절한 염과의 이온 교환 반응으로 구할 수 있다; 나피온은 이온에 대해 선택적 투과성을 지니며, 따라서 염 용액의 전기 분해를 통해 염소와 부식제를 만드는 데 사용될 수 있다; 또한 가스분리막, 유기전기합성, 연료 전지, 전극, 아미노산의 분리, 바이오센서 및 약물 제어 방출(controlled drug release)과 같은 많은 응용 분야에서의 사용이 검토되고 있다(12.1.2절 참조).

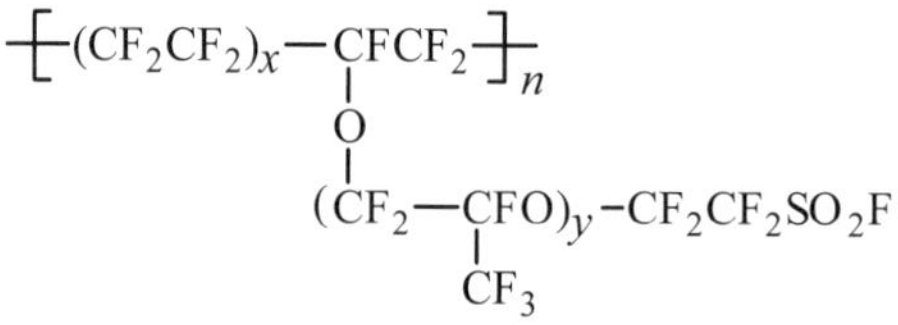

그림 10-15 나피온 퍼플루오린화 이오노머의 구조

10.2.5 무기 고분자

폴리실록세인(9.2.2절) 이외에도 특수 목적용으로 상업적 잠재력을 갖는 무기 주골격으로 이루어진 여러 종류의 고분자가 있다. 그 예로는 폴리(오가노포스파진)과 폴리실라스타이렌(polysilastyrene)이 있다.

폴리(오가노포스파진) R′과 R″ 치환기를 갖는 폴리(오가노포스파진)[poly(organophos phazene)]의 반복 단위 구조는 다음과 같다.

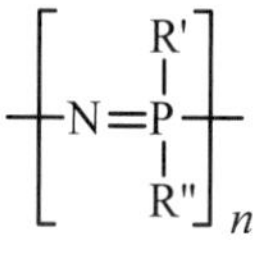

대칭 치환(즉, R′= R″)의 경우에는 결정성 고분자가 되며, 비대칭 구조(R′≠ R″)의 경우에는 탄성체로 응용이 가능한 비결정성 고무상 물질이 된다. 이 고분자의 물성은 높은 내용매성, 저온유동성 탄성체에서 필름이나 섬유 형태로 제조 가능한 유리상 물질까지를 망

라한다. 응용 범위로는 탄성체, 코팅 및 의학용 캡슐화가 있다[11, 12].

폴리(오가노포스파진)은 헥사클로로사이클로트라이포스파진의 광조사 중합 또는 플라스마 중합으로부터 얻어지는 폴리(다이클로로포스파진)의 치환 반응으로 합성된다. 중간체인 폴리(다이클로로포스파진)은 가수 분해 반응에 취약하여 불안정하다. 심지어 대기상의 수분에 의해 이 고분자는 암모늄 포스페이트와 인산으로 분해된다. 다행히, 활성 염소 부분은 알콕사이드, 아릴옥사이드, 아민 등에 의해 친핵체에 의한 치환 반응을 일으켜 화학적, 열적으로 안정한 다양한 고분자가 된다. 폴리(오가노포스파진)을 만드는 다양한 합성 경로는 2.4.1절에서 논하였다.

폴리실레인 폴리실레인(polysilane), 혹은 폴리실리렌(polysilylene)은 실리콘 주사슬로만 이루어지는 무기 고분자이다. 이들은 다이클로로실레인의 Wurtz 형 반응으로 중합될 수 있다.

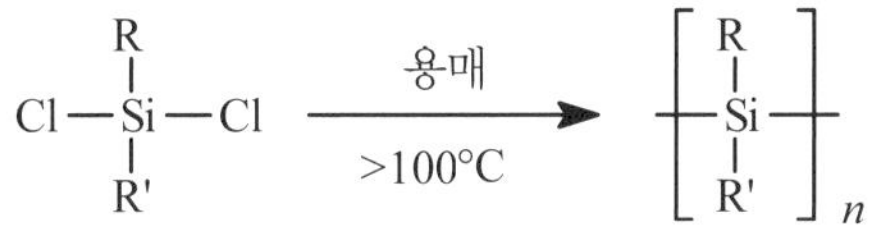

여기에서 R과 R′이 유기 치환기이다[13, 14]. 폴리실레인은 사이드 기의 종류에 따라 무정형 혹은 높은 결정성이 될 수 있다. 유리 전이 온도는 -50°C에서 120°C의 범위를 가지며, 높은 열적 안정성(최고 250°C 이상)을 가지는 폴리실레인은 산소에 대해 불활성이고, 가수 분해에 내성이 있다. 용도로는 자외선 광차단제, 고분자 광개시제, 비선형 광학물질 및 세라믹 전구체로서의 사용을 들 수 있다. 실레인 공중합체인 폴리실라스타이렌은 다이메틸다이클로로실레인과 페닐메틸다이클로로실레인의 용액상의 공중축합으로 합성할 수 있다. 이 물질은 잘 용해되며, 섬유 모양으로 만들어질 수 있는데, 비활성 대기에서 매우 높은 온도로 가열하였을 경우 그림 10-16에서 보는 바와 같이 여러 종류의 가스상 부산물과 β-실리콘 카바이드 필라멘트(silicon carbide filament)로 전환된다. 실리콘 카바이드 섬유는 초고강도를 지니며, 높은 내화학성 및 내열성을 나타내므로 우주항공 분야에 응용이 가능하다.

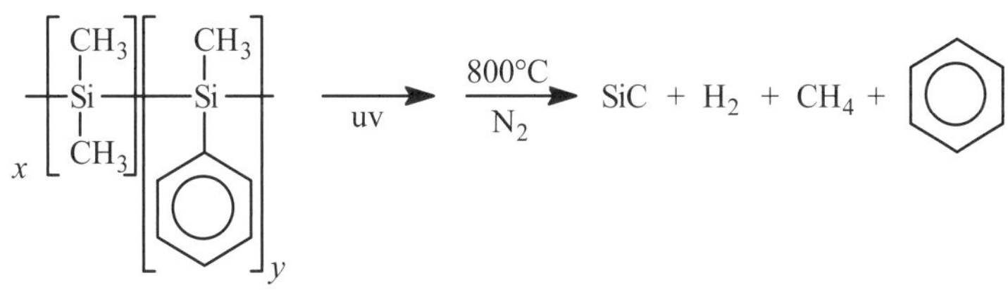

그림 10-16 실리콘 카바이드를 얻기 위한 폴리실라스타이렌의 열분해

10.2.6 액정 고분자

1888년에 콜레스테릴 에스터(cholesteryl ester)를 가열하면 유색, 불투명 상태에서 맑고 투명한 상태로 변한다는 사실이 알려진 이후로 저분자 물질의 액정이 알려지게 되었다. 1956년에 Flory는 길고 강직한(rigid) 단위를 가지는 고분자는 온도와 고분자 사슬의 축비(axial ratio)(길이/직경), x에 따라서 최소 농도 이상에서 비등방성의 질서를 가지는 용액을 형성할 수 있다고 제안하였다[15]. Flory의 격자 이론(lattice theory)에 따르면, 높은 x값에 대한 문턱 부피 분율(threshold volume fraction), ϕ는 다음과 같이 나타낼 수 있다.

$$\phi = \frac{8}{x}\left[1 - \frac{2}{x}\right] \approx \frac{8}{x} \tag{10.2}$$

문턱 부피 분율 이상에서는 막대 모양의 고분자(rod-like polymer)의 용액 및 용융 상태로부터 안정된 비등방성상(anisotropic phase)이 형성된다. 1974년에 최초로 진한 poly(benzyl L-glutamate) 용액 내에서 다양한 유기 용매에서 막대 모양의 α-나선을 형성하는 고분자의 액정 거동이 관찰되었다.

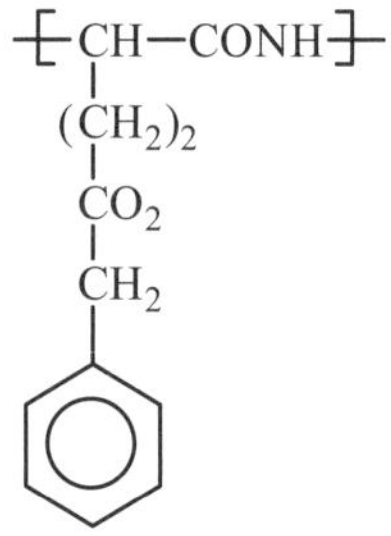

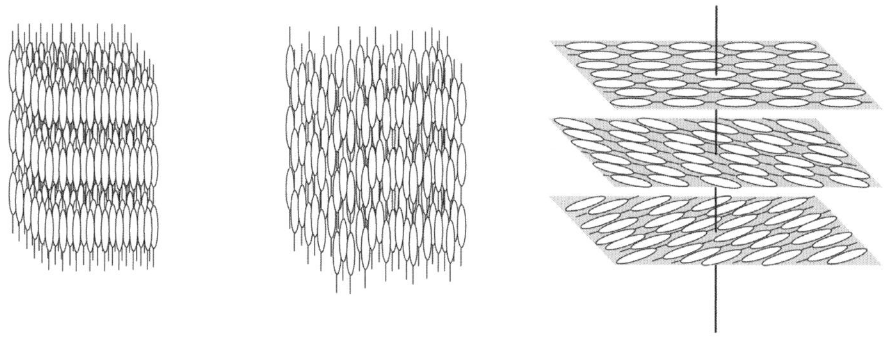

그림 10-17 액정 구조: 스멕틱, 네마틱, 콜레스테릭. From R. W. Lenz and J.-I. Jin, *Liquid Crystal Polymers: A New State of Matter*. Polymer News, 1986. **11**: p. 201 Copyright 1986. Reproduced by permission of Taylor & Francis, Inc. http:www.routledgeny.com.

액정 고분자(Liquid Crystalline Polymer, LCP)의 경질의 단위(rigid unit), 즉 **메소젠**(mesogen)은 고분자의 주사슬을 따라 놓이거나 또는 치환기로서 주사슬에 붙어 있을 수 있다(즉, side-chain LCP)[16]. 용액 상태에서 액정을 이루고 있는 고분자를 **유방성**(lyotropic) 그리고 용융 상태에서 액정을 형성하는 고분자를 **열방성**(thermotropic)이라고 한다. 액정 구조에는 3가지 형태가 알려져 있다. 그림 10-17에 나타낸 대로 가장 규칙적인 **스멕틱**(smectic) 상태는 메소젠들이 수평, 수직으로 평행하게 위치해 있는 것이다. 스멕틱상은 흔하지 않고, 열방성 고분자에서만 나타난다. 가장 일반적인 구조는 메소젠들이 수직 방향으로만 평행한 **네마틱**(nematic) 상태이다. 방향족 폴리아마이드(aramid)는 진한 용액에서 네마틱 액정을 이룬다. 메소젠들이 서로 평행하게 배열하지만 층마다 배열 방향이 다른 구조를 **콜레스테릭**(cholesteric) 구조라고 한다.

액정 폴리에스터와 공폴리에스터는 1965년 초에 알려졌다. 벤젠 고리가 많은 *p*-하이드록시벤조산(HBA), *p,p'*-바이페놀과 테레프탈산에서 축중합된 Vectra(Hoechst Celanese)와

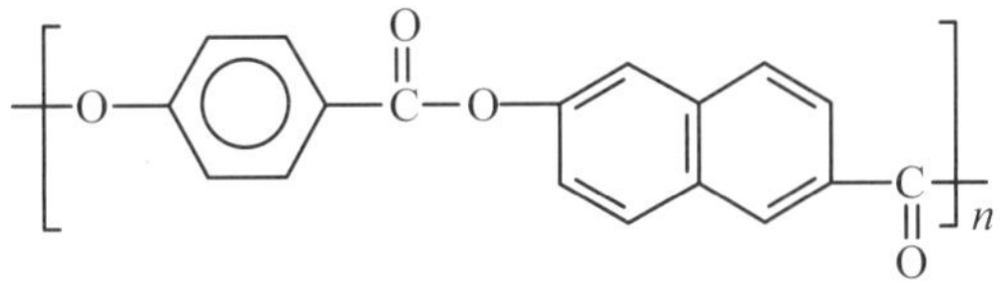

열방성 폴리에스터 Xydar(Amoco)는 벤젠 고리를 많이 가지고 있는 액정 폴리에스터이다.

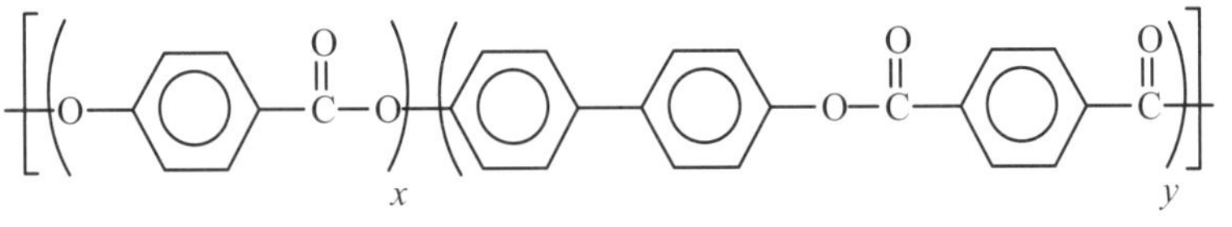

이런 강직한 사슬 구조가 저분자 액정에서처럼 LCP 사슬의 배열에 이르게 한다.

일반적으로 LCP는 회분식이나 연속 공정에 의하여 단계 축중합으로 생산한다. LCP는 여러 첨가제와 섞이고 압출된다. 대부분의 LCP는 섬유와 매트릭스 사이의 강한 계면을 형성하기 위하여 고분자 사이징(polymeric sizing)을 갖는 30~40%의 유리 섬유로 강화되어 판매된다. 강화제가 섞이지 않은 것은 특수 용도를 위해 압출 가공한다.

LCP로부터 성형된 부품의 성능은 공정 조건에 의해 결정되는 부분 형태에 의해 좌우된다. 사출된 부품의 겉부분은 강직한 사슬이 흐름 방향에 따라 배열되어 있다. 그 밑의 중심부는 배열이 덜 되어 있다. 이런 형태적 특징은 흐름 방향으로의 좋은 물성과 치수 안정성을 나타낸다. 또 다른 LCP의 장점으로는 (PETP의 100배에 달하는) 산소 차단성, 열안정성, 높은 강도, 치수 안정성, 내화학성 및 내용제성을 들 수 있다. 표 10-8은 Xydar와 PET의 물성을 비교한 것이다.

표 10-8 액정 폴리에스터를 가진 PET의 물성 비교

성질	PET[a]	LC 폴리에스터[b]
인장 강도(MPa)	81	126
인장 탄성률(GPa)	2.8	8.3
연신 정도(%)	4−70	5
굴곡 강도(MPa)	3.0	131
굴곡 탄성률(MPa)		13.1
아이조드 충격 강도(J m^{-1})		
노치(notch)를 가함		208
노치를 가하지 않음		454
밀도(g cm^{-3})		1.35
T_m(°C)(Vicat 연화점)	235	358
1.8 MPa에서 열변형 온도(°C)	80	337

[a] Arnite

[b] Xydar

현재로서는 액정 폴리에스터의 높은 가격이 활용 범위를 전자부품(예를 들어, computer memory modules), 광파 전도체(light-wave conductor)의 하우징(housing), 항공우주분야 및 아라미드 섬유와 필적하는 필라멘트 등으로 제한해 왔다. 이런 상황은 생산과 공급 증가에 따른 단량체의 가격 하락과 함께 바뀔 수 있다.

10.2.7 전도성 고분자

12.3.1절에서 논하듯이, 몇 종류의 고분자들은 전기 전도성이 있거나 전자 수용체(acceptor)나 공여체(donor)의 도핑(doping)에 의해 전기 전도성을 가질 수 있다. 응용 분야는 경량 배터리의 고분자 전극, 다양한 투과 창문(variable-transmission windows), 전자 발광소자, 센서 및 비선형 광학(NLO) 물질이다. 최초의 전도성 고분자는 폴리아세틸렌이다. 그외에 폴리아닐린, 폴리싸이오펜(polythiophene), 폴리(*p*-페닐렌) 및 폴리피롤이 광범위하게 연구되고 있다.

분자량이 백만에 이르는 폴리아세틸렌은 그림 10-18과 같이 상호 교환(metathesis) 중합(Durham 공정)과 관계된 복잡한 공정으로 합성된다. 폴리아세틸렌의 *cis* 이성질체는 열에 의해 더 안정된 *trans* 이성질체로 다음과 같이 변환될 수 있다.

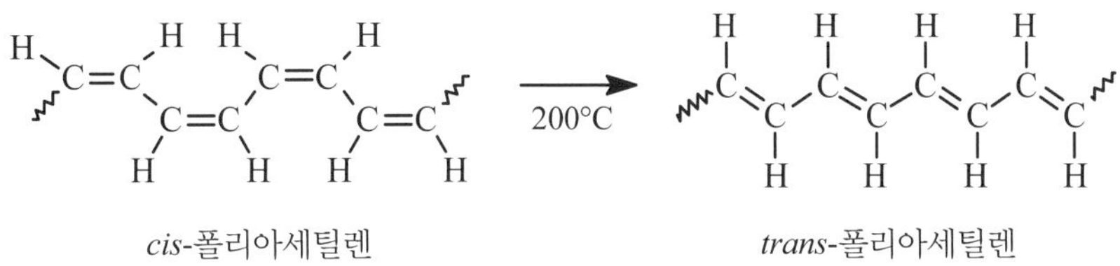

trans 이성질체(4.4×10^{-5} S cm^{-1})는 *cis* 이성질체(1.7×10^{-9} S cm^{-1})보다 높은 전도도를 갖는다. 전도도는 도핑(doping)에 의해 급격히 증가할 수 있다. 예를 들어, AsF_5를 첨가하면 전도도가 400 S cm^{-1}까지 증가한다. 폴리아세틸렌은 -40°C에서 0°C 사이의 T_g를 가지고, 열안정성이 좋다(420°C 이상의 분해 온도). 하지만 폴리아세틸렌은 쉽게 산화된다. 응용 분야로는 태양 전지와 전지를 들 수 있다.

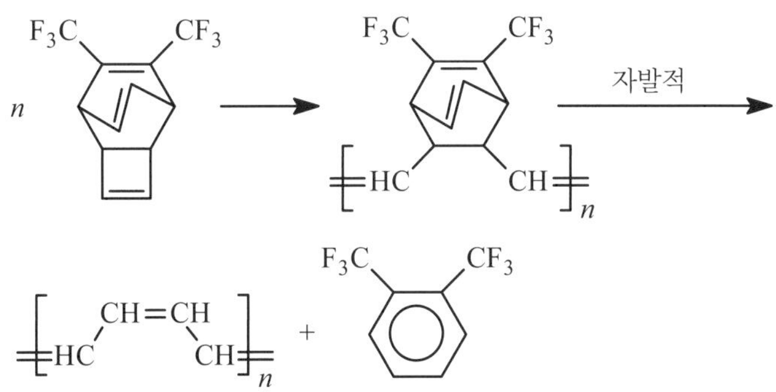

그림 10-18 상호 교환 중합에 의한 *cis*-폴리아세틸렌의 합성

폴리아닐린(PANI)은 암모늄 퍼옥시다이설페이트(ammonium peroxydisulfate)와 같은 산화제를 이용하여 수용액상에서 전기 화학적 또는 화학적 산화에 의해 합성한다. 폴리아닐린은 전도도가 크게 다른 몇 가지의 산화 상태로 존재하는데($10^{-11} \sim 10^{2}$ S cm^{-1}의 범위), 그 중 폴리아닐린의 에머랄딘염(emeraldine salt)만이 전기 전도성이 있다.

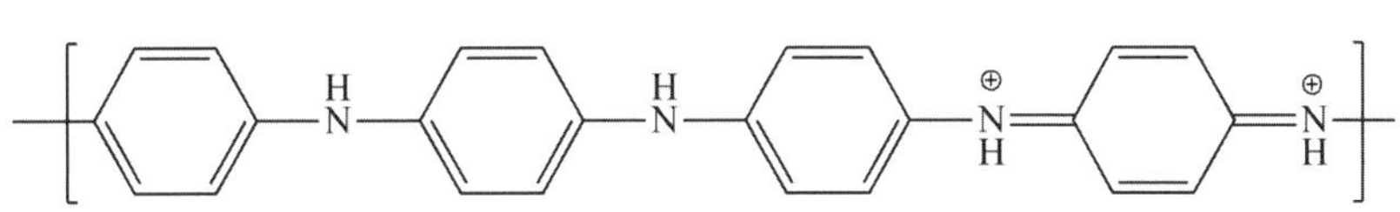

폴리(*p*-페닐렌)(PPP)은 벤젠의 Friedel-Craft 중합으로 합성할 수 있으며

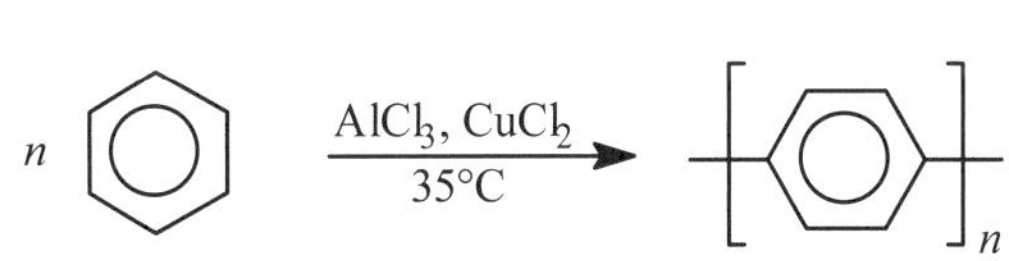

또한 다른 합성 경로를 통하여 높은 강도와 용매 저항성 및 뛰어난 열적 그리고 열산화적 안정성을 갖는 구조적으로 규칙적인 고분자를 낳는다[17]. PPP는 강력한 전자 공여체와 수용체를 가지고 도핑함으로써 전기적 부도체로부터 높은 전도적 전하-이동 복합체(charge-transfer complex)로 변환될 수 있다.

폴리피롤(PPy)

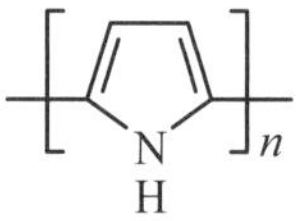

과 폴리싸이오펜(PT)

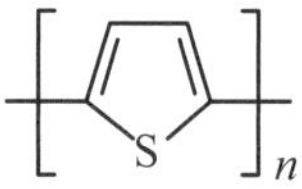

은 구조와 물성에서 관련된다. 폴리피롤은 피롤의 전기 중합에 의해 짙은 색의 전도성 필름이 얻어지고, 폴리싸이오펜은 싸이오펜의 음극 산화에 의해 중합된다. 폴리아세틸렌과 달리 폴리피롤과 폴리싸이오펜은 도핑된 형태로 합성할 수도 있고, 공기 중에서 매우 안정하다. 아깝게도, 이들의 전도도는 폴리아세틸렌에 비하여 낮다(12.3.1절 참조).

광전도성 고분자 어떤 고분자는 빛을 받으면 전도성을 띠게 된다. 광전도성이 될 수 있는 가능성은 복사기, 레이저 프린터 및 복제 산업(duplicator industry)에서 매우 중요한 의미를 갖는다. 가장 중요한 광전도성 고분자는 폴리(*N*-바이닐카바졸)(PVK)이다.

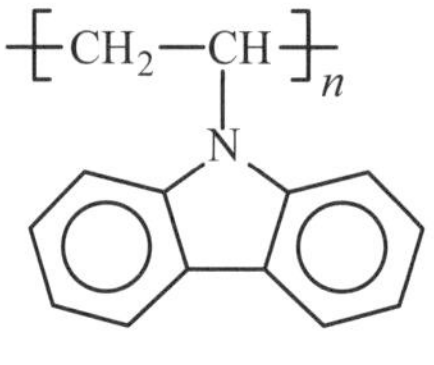

PVK는 자유 라디칼 및 양이온 중합으로 얻어진다. 무정형(자유 라디칼 중합)과 규칙적인 PVK 둘 다 합성할 수 있다. 무정형 PVK는 T_g가 227°C이며, 비중은 1.184 g cm^{-3}이다. 어두운 곳에서는 절연체이지만 자외선 빛에 노출되면 전도성을 띠게 된다. 광민감성 염료(sensitizing dye)나 전자 수용체는 광전도성 반응의 범위를 적외선과 가시광선까지 넓힌다. 일반적으로, 광전도성은 방사의 흡착(adsorption of radiation)과 이어지는 운반체의 전극으로의 이동에 의하여 자유 전자 운반체(electron hole)를 생성할 수 있음에 기인한다.

폴리플루오렌 폴리플루오렌은 광활성과 전기활성 물성을 동시에 갖는 공액 고분자의 한 종류로서, LED, 전계효과 트랜지스터 및 고분자 태양전지와 같이 중요한 분야에 응용된다[18]. 전형적인 폴리플루오렌의 구조는 아래와 같다.

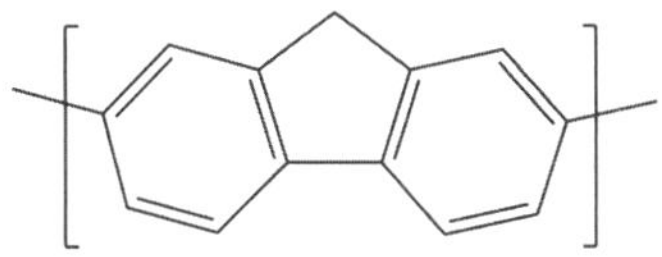

플루오렌은 산화성 짝지음 또는 전기 중합 방법에 의해 중합될 수 있다.

10.2.8 고성능 섬유

아라미드, 케블라 및 노멕스(10.1.1절 참조) 외에 고온용 복합 재료에 사용되는 단단한 막대와 같은 섬유들이 있다. 이들로는 폴리벤즈이미다졸(polybenzimidazole)(PBI), 폴리벤조비스옥사졸(polybenzobisoxazole)(PBO)과 폴리벤조비스싸이아졸(polybenzobisthiazole)(PBT)을 들 수 있다.

10.2.1절에서 논의하였듯이 폴리벤즈이미다졸은 방향족 테트라아민과 방향족 카복실산이나 유도체로부터 합성된다. PBI 중 가장 중요한 것은 그림에서 10-11에서의 poly[2,2′-(*m*-phenylene)-5,5′-bibenzimidazole]이다. 이 고분자는 높은 온도에서 이단계 과정으로 poly(phosphoric acid)에서 4가 아민인 tetraaminobiphenyl과 다이페닐 아이소프탈레이트를 축중합하여 얻는다[19]. 이 섬유는 다이메틸아세트아마이드 용액에서 건식 방사되고, 고온에서 연신되어 높은 인장 강도를 가지는 섬유가 된다. PBI는 높은 열안정성(400°C 이상)과 내화학성을 가지는 무정형 고분자이다. PBI는 고농도 산소 조건에서만(산소 48% 이상) 연소한다. 응용으로는 일반적으로 flue 가스 여과를 포함하여 석면 대체재로서 케블라가 사용되는 재료를 포함한다.

관련 고분자로는 PPA에서 4,6-다이아미노-1,3-벤젠다이올 다이하이드로클로라이드(4,6-diamino-1,3-benzenediol dihydrochloride)와 테레프탈산에서 합성되는 polybenzobisthiazole (PBO)*가 있다.

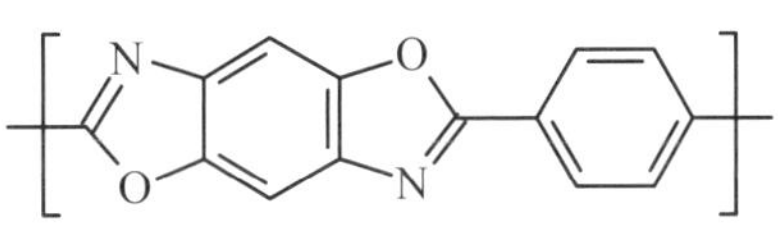

* Poly(*p*-phenylene-2,6-benzoxazole-diyl)

Polybenzobisthiazole(PBT)*는 PPA에서 2,5-다이아미노-1,4-벤젠다이싸이올 다이하이드로클로라이드(2,5-diamino-1,4-benzenedithiol dihydrochloride)와 테레프탈산 축중합으로 합성할 수 있다.

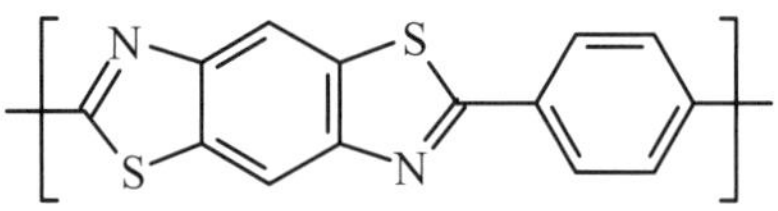

10.2.9 덴드리머형 고분자

덴드리머형 거대분자는 덴드론(dendron), 덴드리머(dendrimer), 그리고 고차 가지형 고분자로 분류된다. 덴드론과 덴드리머는 일반적으로 다단계 반응으로 합성하는 한편으로, 고차 가지형 고분자는 A와 B가 상호 반응 관능기를 갖는 AB_x-형의 다기능 단량체의 한 단계 중합에 의해 합성한다[20]. 고차 가지형 고분자는 화학적 결합의 프랙탈 패턴(fractal pattern)을 가지고 있지만 가지들은 중심 코어에서 나오지 않으며, 빗모양이 그 예일 것이다[21, 22]. 덴드리머란 말은 *dendron*(나무)와 *meros*(부분)란 그리스어에서 어원을 찾을 수 있다. 덴드리머는 중심에서 많은 각각의 가지들이 방사되는 얼음 결정의 형태와 유사한 구형 구조를 가진다. 대표적인 덴드리머 형태는 그림 10-19에서 보는 바와 같다. 몇몇 덴드리머들은 10 nm 이상의 크기를 가지고 그 분자량은 백만을 넘는다. 덴드리머들은 몇몇 재미있는 응용 기회를 제공하는데, 그 예로 생물학적 막을 침투하여 그들의 낮은 밀도의 내부에서부터 다양한 화학물질 또는 약들을 이동시킨다. 이 고분자들은 물에서 오염물질의 제거, 나노 크기의 촉매와 반응 기포로 작용, 약물 방출의 제어 그리고 화학적 반응을 절제하는 용도로 사용된다. 고차 가지형 고분자의 응용은 코팅, 염료분산 및 접착제이다.

---

* Poly(*p*-phenylene-2,6-benzobisthiazolediyl)

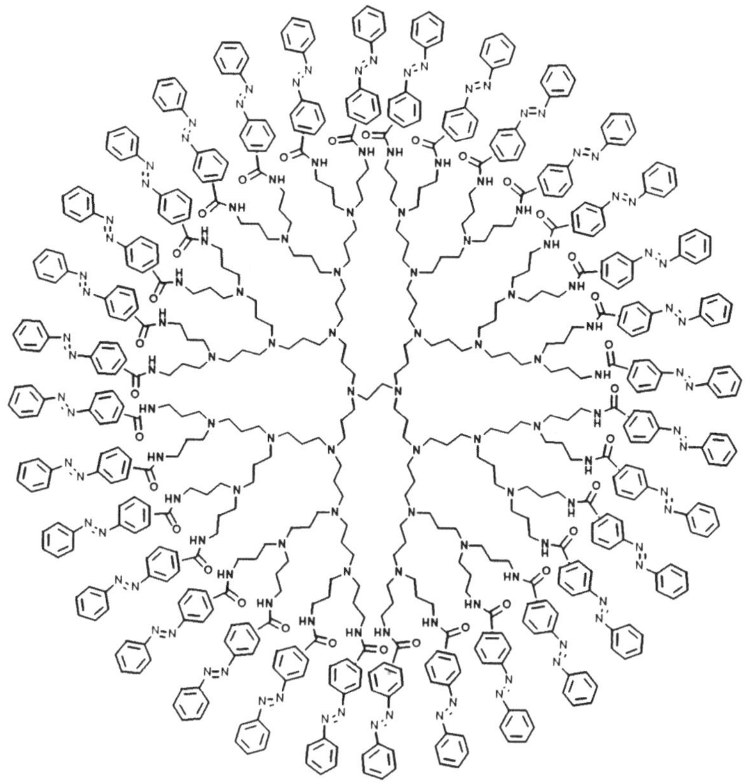

그림 10-19 아조벤젠 덴드리머. Reprinted from F. Vögtle, S. Gestermann, R. Hesse, H. Schwierz, and B. Windisch, *Functional Dendrimers*. Progress in Polymer Science, 2000. **25**: p 987–1041. Copyright 2000, with permission from Elsevier Science.

추천 문헌

ENGINEERING PLASTICS

Cebe, P., *Review of Recent Developments in Poly(phenylene sulphide)*. Polymers and Polymer Composites, 1995. **3**: p. 239.

Clarson, S. J., and J. A. Semlyen, *Siloxane Polymers*. 1993, Englewood Cliffs: Prentice Hall.

Feiring, A. F., J. F. Imbalzano, and D. L. Kerbow, *Developments in Commercial Fluoroplastics*. Trends in Polymer Science, 1994. **2**: p. 26.

LeGrand, D. G., and J. T. Bendler, eds., *Handbook of Polycarbonate Science and Technology*. 2000, New York: Marcel Dekker, Inc.

Lopez, L. C., and G. L. Wilkes, *Poly(p-phenylene sulfide)—An Overview of an Important Engineering Thermoplastic*. Journal of Macromolecular Chemistry—Reviews in Macromolecular Chemistry and Physics, 1989. **C29**: p. 83.

Masamoto, J., *Modern Polyacetals*. Progress in Polymer Science, 1993. **18**: p. 1.

Rao, V. L., *Polyether Sulfones*. Journal of Macromolecular Science, Chemistry and Physics, 1999. **C39**: p. 655.

Rigby, R. B., *Polyetheretherketone PEEK*, Polymer News, 1984. **9**: p. 325.

SPECIALTY PLASTICS

Baziun, C. G., and A. Eisenberg, *Ion-Containing Polymers: Ionomers*. Journal of Chemical Education, 1981. **58**: p. 938.

Brostow, W., *Properties of Polymer Liquid Crystals: Choosing Molecular Structures and Blending*. Polymer. 1990. **31**: p. 979.

Dyson, R. W., ed., *Specialty Polymers*. 1987, New York: Chapman and Hall.

Genies, E. M., A. Boyle, M. Lapkowski, and C. Tsintavis, *Polyaniline: A Historical Survey*, Synthetic Metals, 1990. **36**: p. 139.

Gleria, M., and R. De Jaeger, *Aspects of Phosphazene Research*. Journal of Inorganic Organometallic Polymers, 2001. **11**: p. 1.

Hodd, K., *Trends in High Performance Polymers. Part I—Linear High Performance Polymers*. Trends in Polymer Scence, 1993. **1**(5): 129.

Lopyrev, V. A., G. F. Myachina, O. I. Shevaleyevskii, and M. L. Khidekel, *Polyacetylene Review*. Polymer Science USSR, 1988. **30**(10): p. 2151.

Mittal, K. L., ed., *Polyimides: Synthesis, Characterization, and Applications*, vols. 1–2. 1984, New York: Plenum Press.

Negi, Y. S., and P. V. Adhyapak, *Developments in Polyaniline Conducting Polymers*. Journal of Macromolecular Science—Polymer Reviews, 2002. **C42**: p. 35.

Preston, J., *High-Strength/High-Modulus Fibers from Aromatic Polymers*. Journal of Chemical Education, 1981. **58**: p. 935.

Samuel, J., T. Xavier, and T. Kurian, *Ionomers*, Progress in Rubber and Plastics Technology, 2000. **16**: p. 1.

Scherf, U., and D, Neher, eds., *Polyfluorenes*. Advances in Polymer Science, vol. 212. 2008, Heidelberg: Springer Verlag.

Sroog, C. E., *Polyimides*. Progress in Polymer Science, 1991. **16**: p. 561.

Takekoshi, T., *Polyimides*. Advances in Polymer Science, 1990. **94**: p. 1.

Tomalia, D. A., and J. M. J. Fréchet, *Discovery of Dendrimers and Dendritic Polymers: A Brief Historical Perspective*. Journal of Polymer Science, Polymer Chemistry Education, 2002. **40**: p. 2719.

Vögtle, F., S. Gestermann, R. Hesse, H. Schwierz, and B. Windisch, *Functional Dendrimers*. Progress in Polymer Science, 2000. **25**: p. 987.

문제

10.1 케블라는 어떻게 합성되는가? Nomex가 Kevlar 전에 개발된 이유는 무엇인가?

10.2 이 장에서 개발된 재료들을 활용하여 각각의 응용에 최적의 고분자를 제안하고, 선택한 이유를 설명하시오.

(a) 방탄복

(b) 정밀 플라스틱 기어

(c) 전자레인지 트레이(tray)

(d) 탄산 음료 용기

(e) 내용제성 O-ring

(f) 심해 잠수함의 전망창(Observation window)

(g) 골프공 커버

(h) 고분자 양극(anode)

10.3 PBI는 연료전지 막으로 매력적인 후보 물질인 한편으로 관련된 고분자인 PBO와 PBT는 왜 그렇지 않은가?

참고 문헌

1. Hay, A. S., *Polymerization by Oxidative Coupling. II. Oxidation of 2,6-Disubstituted Phenols.* Journal of Polymer Science, 1962. **58**: p. 581–591.
2. Hay, A. S., *The SPE International Award Address—1975 Polymerization by Oxidative Coupling—an Historical Review.* Polymer Engineering and Science, 1976. **16**(1): p. 1–10.
3. Dickinson, B. L., *UDEL Polysulfone for Medical Applications.* Journal of Biomaterials Applications, 1988. **3**(4): p. 605–634.
4. Tervoort, T., et al., *Melt-Processible Poly(tetrafluoroethylene).* Macromolecules, 2000. **33**(17): p. 6460–6465.
5. Takekoshi, T., *Synthesis of High Performance Aromatic Polymers via Nucleophilic Nitor Displacement Reaction.* Polymer Journal, 1987. **19**(1): p. 1912–02.
6. Vogel, H., and C. S. Marvel, *Polybenzimidazoles, New Thermally Stable Polymers.* Journal of Polymer Science, 1961. **50**: p. 511–539.
7. Wang, C.-S., *Properties of Conjugated Ladder Polymers.* Trends in Polymer Science, 1993. **1**(7): p. 199–205.
8. Nguyen, H. X., and H. Ishida, *Poly(aryl-ether-ketone) and Its Advanced Composites: A Review.* Polymer Composites, 1987. **8**(2): p. 57–73.
9. Hergenrother, P. M., B. J. Jensen, and S. J. Havens, *Poly(arylene ethers).* Polymer, 1988. **29**(2): p. 358–369.
10. Kelley, J. M., *Ultra-High Molecular Weight Polyethylene.* Journal of Macromolecular Science, 2002. **C42**(3): p. 355–371.
11. Singler, R. E., N. S. Schneider, and G. Hagnauer, *Polyphosphazenes:Synthesis Properties—Applications.* Polymer Engineering and Science, 1975. **15**(5): p. 321–338.
12. Allcock, H. R., *Polyphosphazenes.* Journal of Inorganic and Organometallic Polymers, 1992. **2**(2): p. 197–211.
13. West, R., *The Polysilane High Polymers.* Journal of Inorganic and Organometallic Polymers, 1986. **300**: p. 327–346.
14. Miller, R. D., and J. Michl, *Polysilane High Polymers.* Chemical Reviews, 1989. **89**(6): p. 1359–1410.
15. Flory, P. J., *Statistical Thermodynamics of Semi-Flexible Chain Molecules.* Proceedings of the Royal Society of London, Series A, Mathematical and Physical Science, 1956. **234**(1196): p. 73–83.
16. Lenz, R. W., and J.-I. Jin, *Liquid Crystal Polymers: A New State of Matter.* Polymer News, 1986. **11**: p. 200–204.
17. Gin, D. L., and V. P. Conticello, *Poly(p-phenylene): New Directions in Synthesis and Application.* Trends in Polymer Science, 1996. **4**(7): p. 2172–22.
18. Leclerc, M., *Polyfluorenes: Twenty Years of Progress.* Journal of Polymer Science: Part A: Polymer Chemistry, 2001. **39**: p. 2867–2873.
19. Moelter, G. M., R. F. Tetreault, and M.J. Hefferon, *Polybenzimidazole Fiber.* Polymer News, 1983. **9**: p. 134–138.
20. Dvornic, P. R., and D. A. Tomalia, *Starbust Dendrimers: A Conceptual Approach to Nanoscopic Chemistry and Architecture.* Macromolecular Symposium, 1994. **88**(1): p. 123–148.
21. Jikei, J., and M.-A. Kakimoto, *Hyperbranched Polymers: A Promising New Class of Materials.* Progress in Polymer Science, 2001. **26**: p. 1233–1285.
22. Kim, Y. H., and O. Webster, *Hyperbranched Polymers.* Journal of Macromolecular Science—Polymer Reviews, 2002. **C42**(1): p. 55–89.

제 11 장

고분자 가공과 유변학

고분자 용융체와 농축 고분자 용액은 점성과 탄성을 동시에 나타낸다. 고분자 고체의 점탄성은 5장의 주된 논제였다. 이 장에서는 특별히 고분자 가공과 관련지어 고분자 용융체와 농축 고분자 용액의 점탄성에 대해서 논하고 있다. 점성은 속도 형태, 압력 저하의 크기와 압출에서 고분자 재료가 다이(die)를 빠져 나올 때 발생하는 열량(즉, 점도 열(viscous heating))과 같은 가공인자를 결정한다. 탄성 거동은 압출에서의 다이 팽창, 용융 파괴와 0이 아닌(nonzero) 출구압과 같은 압출 현상의 원인이 된다. 본 장에서는 고분자 가공 작업의 기본과 고분자 유변학(rheology)의 기초에 대해서 논하고자 한다.

11.1 기본적인 가공 조작

고분자 가공은 크게 5가지 범주로 나눌 수 있다.–압출(extrusion), 몰딩(molding), 방사(spinning), 캘린더링(calendering) 및 코팅(coating). 이들 중에서 압출은 일반적으로 가장 널리 쓰이는 가공 방법일 것이다. 압출의 예로는 플라스틱 관, 쉬트 및 막대의 연속적인 생산을 들 수 있다. 몰딩은 주로 회분식 공정으로 사출(injection)- 및 압축-성형(compression molding) 작업 형태로 볼펜의 캡과 강화 섬유를 이용한 목욕조와 같은 다양한 플라스틱 부품을 만드는 데 사용된다. 다른 중요한 가공 방법으로는 섬유의 방사(8.2.4절 참조)와 플라스틱 쉬트의 캘린더링 및 플라스틱 쉬트에 유기 코팅의 침전(deposition)을 들 수 있다. 강화 섬유 복합재의 특수화된 제조 방법 – 필라멘트 와인딩과 인발 성형(pultrusion) – 은 7장에서 이미 논하였다.

11.1.1 압출

18세기말 영국에서 접합 부위가 없는 납으로 된 관을 제조하기 위하여 최초로 압출 형태를 사용하였다. 1845년에 램(ram)으로 작용하는 장치를 이용하여 gutta percha 실을 압출하였으며, Shellac과 gutta percha로부터 관을 제조하였다. 1851년에 최초로 영국 해협에 깔린 해저 케이블은 상업적인 와이어 코팅 기술을 최초로 적용하여 생산한 절연 구리 전도체(insulated copper conductor)였다. 19세기 중반에 스크루 구동 압출기(screw-driven extruders)가 개발되었고, 이축 압출기(twin-screw extruders)는 1930년대 후반에 출현하였다.

압출에서 중요한 두 가지 요소는 압출기와 다이이다. 그림 11.1에 나타낸 바와 같이, 압출기는 수지(주로 분말상이거나 펠렛상)가 투입되는 호퍼와 기능적으로 세 부분으로 나눌 수 있는 압출기 배럴이 있다. 이들은 각각 **피드**(feed), **압축**(compression) 및 **계량**(metering) 구역으로 불린다. 피드 구역(section)에서는 고체 상태의 공급물이 회전하는 스크루에 의해서 호퍼로부터 압축 구역으로 이송되며, 압축 구역에서는 수지가 배럴의 벽면에 붙어 있는 전기 히터에 의해서 녹기 시작한다. 수지가 계량 구역에 도달할 때까지 완전히 용융되고, 스크루의 회전력에 의한 전단 작용으로 다이를 통하여 용융 수지가 압출기의 밖으로 빠져나간다. 다이의 모양은 원하는 제품의 단면에 따라 다르다. 예를 들어, 다이의 모양이 환형(즉, 두 개의 동심원을 갖는 실린더) 모양이면 이로부터 관(pipe)을 얻을 수 있고, 모세관 다이로부터는 막대형의 제품을 얻을 수 있으며, 직사각형의 슬릿 다이로부터는 시트 형태의 제품을 얻는다. 특별하게 고안된 모세관 다이를 이용하여 플라스틱 절연층을 갖는 전선을 코팅한다(11.5.2절 참조).

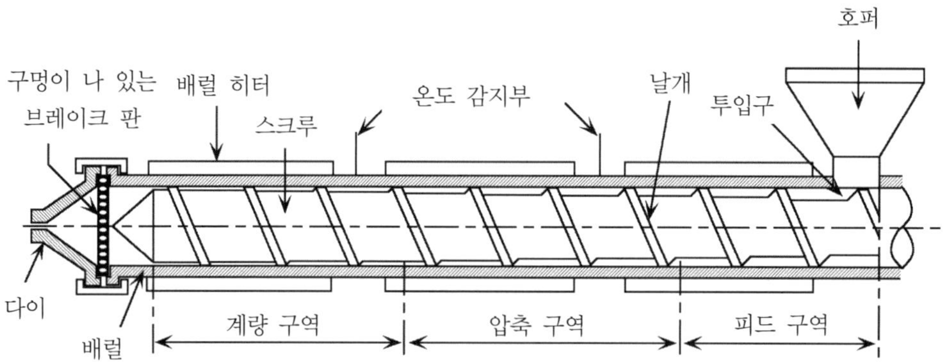

그림 11-1 일축 압출기의 도식. Adapted from N. G. McCrum, C. P. Buckley, and C. B. Bucknall, *Principles of Polymer Engineering*, 1988, Oxford: Oxford University Press.

상업용 고분자 생산에서, 반응조로부터 얻어지는 분말상의 수지는 휘발물질을 빼기 위한 배출관(opening)을 갖춘 압출기로 바로 투입된다.−이와 같은 과정을 **비휘발화**(devolatilization)라고 한다. 휘발성 오염물질로는 미반응 단량체와 중합 중에 사용되었던 용매 등이다. 압출된 용융액은 모세관 다이를 통과하고 냉각되어 펠렛 모양으로 잘라진다. 이와 같은 펠렛상은 분말상보다 취급이 안전하고 용이하며, 건조나 저장 및 선적할 수 있고, 최종적으로 다른 압출기나 사출 성형기의 호퍼로 투입되어 최종 제품을 생산하는 데 사용된다.

그림 11-1에서 보는 바와 같은 끝이 좁아지는 일축 스크루 압출기는 스크루 채널(channel)의 바닥과 배럴의 벽면과의 거리가 계량 영역으로 갈수록 감소한다. 이와 같은 구조는 용융된 수지가 압출기 출구쪽으로 밀려 가면서 전단 속도(shear rate)를 증가시킨다. 이는 11.2.1절에서 논의하는 바와 같이 전단 속도가 증가함에 따라 고분자 용융체이나 농축 고분자 용액의 점도가 감소하므로 유리하다. 온도에 민감한 고점도의 고분자 용융체와 같이 보다 높은 전단 속도가 요구되는 경우, 서로 반대 방향으로 회전하는 이축 압출기(twin-screw extruder)를 사용한다.

11.1.2 성형

성형(molding)은 가장 먼저 개발된 중요한 가공 조작 중 하나이다. 이 절에서는 압축(compression) 성형, 이송(transfer) 성형, 사출(injection) 성형, 반응 사출(reaction injection) 성형, 열 성형(thermoforming), 중공(blow) 성형 및 회전(rotational) 성형에 대하여 논하고자 한다.

압축 성형 많은 방식에서, 압축 성형은 가장 간단하고 비용이 적게 드는 고분자 성형 방법이다. 초창기의 압축 성형의 형태는 고대 중국인들에 의해서 papier-mâché로부터 물품(article)을 형성하는 데 사용되었다. 19세기 초기에 압축 성형은 미국과 다른 나라들에 의해서 고무부품과 gum shellac과 목섬유(woody fibers)로부터 복합체 케이스를 성형하는 데 사용되었다. 1907년에, Leo Baekeland는 압축 성형 가공법을 이용하여 페놀-폼알데하이드(즉, phenolic) 수지를 생산하였다[1].

오늘날에는 압축 성형과 관련된 다른 가공법, 즉 이송 성형은 (페놀 수지, 알키드 및 불포화 폴리에스터와 같은 열경화성 수지를 제조하는 주요한 방법이다(9.3.2절 참조). 다음 절에서 논의될 사출 성형은, 압축 성형에 비하여 이송 성형 혹은 사출 성형의 가격이 지나치게 높은 큰 부품을 성형하는 경우를 제외하고는, 열가소성 수지의 우선적인 성형 방법이다. 압축 성형의 과정은 꽤 단순하다. 먼저, 가열된 두 부분으로 된 몰드를 열어서 아랫부분에 수지를 채운다. 다음으로, 몰드의 윗부분을 닫고 용융 수지가 몰드 내에 완전히 채워져서 과량으로 들어간 수지가 **플래쉬**(flash)로서 몰드 밖으로 밀려 나올 때까지 압력을 가한다. 수동 또는 반자동 작업으로 5에서 4000톤까지의 집게 용량(clamping capacity)을 갖는 프레스를 이용할 수 있다. 그림 11-2는 압축 성형의 직업을 보여 주고 있다.

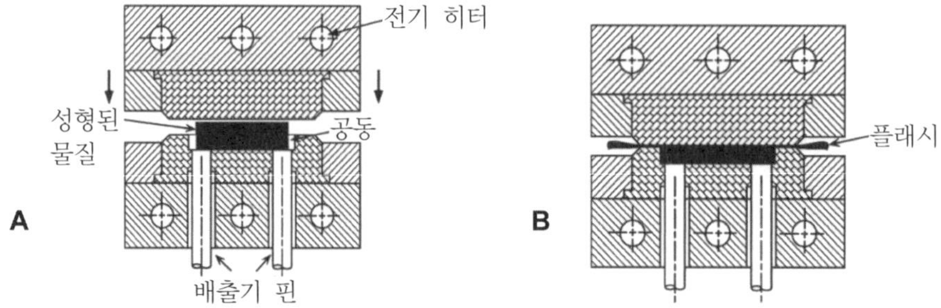

그림 11-2 압축 성형 공정. **A**. 성형할 재료가 판 위에 놓여 있는 열린 성태의 몰드. **B**. 형성된 부품과 과량 수지로부터 형성된 플래쉬를 보여주는 닫힌 상태의 몰드. Adapted from J. L. Hull, compression and Transfer Molding, in *The Concise Encyclopedia of Polymer Science and Engineering*, 1990. J. I. Kroschwitz, ed. Copyright ⓒ 1990 by John Wiley & Sons. This material is used by permission of John Wiley & Sons, Inc.

이송 성형 이송 성형(transfer molding 또는 plunger)의 경우에는 수지가 들어오기 전에 몰드가 닫힌다. 간단한 이송 성형 공정이 그림 11-3에 나타나 있다. 플런저(plunger)는 미리 정해진 양만큼의 용융 수지를 **이송 포트**(transfer pot)로부터 몰드 내의 작은 빈 공간(opening)으로 밀어 넣는다. 몰드가 열리고 난 다음에는(그림 11-3C), 배출기 핀이 몰딩된 부분을 밖으로 밀어낸다. 남은 수지(즉, 사출되지 않은 성형 수지)는 **컬**(cull)이라고 한다. 몰드 온도가 더 높고 미리 용융된 고분자가 일반적으로 낮은 압력 하에서도 좀더 쉽게 몰드를 통하여 흐르므로, 성형 주기(molding cycles)는 압축 성형의 경우보다 더 짧게 나타나는 경향을 보인다. 이러한 이유로 인하여, 이송 성형은 복잡한 구조를 가지는 몰드 부품(mold parts)이나 깨지기 쉬운 부품을 성형하는 데 이용되거나 또는 압축 성형을 하면 성형하는 동안 몰드 내로 삽입되는 과립상 몰딩 물질의 흐름에 손상이나 변화가 우려되는 경우에 사용한다.

열경화성 수지의 몰딩 경우, 먼저 성형 화합물을 압축 몰드 또는 이송 성형 공정의 이송 포트의 공동(cavity)에 채우고 가열하여(150°C) 충분한 흐름성을 부여한다. 그 후에 수지가 경화(즉, 가교)될 수 있도록 충분한 시간 동안 가압(예를 들어, 2000 psi 또는 13.4 MPa)한다.

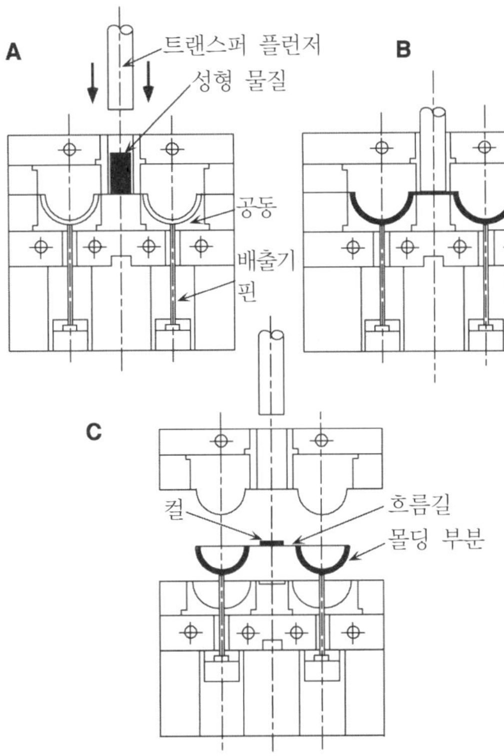

그림 11-3 이송 성형 공정. **A.** 몰드가 닫힌 상태에서 이송 포트가 놓인다. **B.** 플런저가 몰드 내로 성형 물질을 밀어 넣는다. **C.** 몰드가 열리고, 배출기 핀이 몰딩 부품을 몰드 밖으로 밀어낸다. Adapted from J. L. Hull, in *The Concise Encyclopedia of Polymer Science and Engineering*, J. I. Kroschwitz, ed. Copyright©1990 by John Wiley & Sons. This material is used by permission of John Wiley & Sons, Inc.

사출 성형 또 다른 중요한 고분자 가공 방법은 사출 성형이다. 사출 성형의 원리는 미국의 E. Pelouze가 기계적인 방법이나 유체의 힘을 이용한 방법으로, 용융된 금속을 다이 속으로 밀어 넣을 수 있는 주조기계(die-casting)를 개발했던 1856년으로 거슬러 올라간다. 열가소성 수지를 위한 첫 사출 성형 기계의 개발은 남북전쟁으로 인한 상아 품귀현상 때문에 이루어졌다. 1868년 당구공 제조회사인 Phelan and Collender Co.에서 상아 대체 물질을 제조하는 사람에게 주어질 $10,000라는 엄청난 상금을 내걸었다. 1869년에 Boston 출신의 인쇄업자 J. W. Hyatt라는 사람이 상아를 대체할 물질 셀룰로이드(cellulose nitrate)를 발명하였다. 셀룰로이드는 세계 최초의 상업적 합성 수지이고, 당구공이나 의치와 같은 다양한 제품의 생산에 사용되었다. 1872년에는 John과 Isaiah 형제가 셀룰로스 나이트레이트로부터 봉과 튜브를 압출하기 위하여 증기 가열 실린더, 유압식 플런저(hydraulic plunger) 및 배출 노즐로 구성된 압출 장치를 특허 신청하였다.

그림 11-4에서 볼 수 있는 바와 같이, 현대의 사출 성형 공정은 호퍼로부터 투입되는

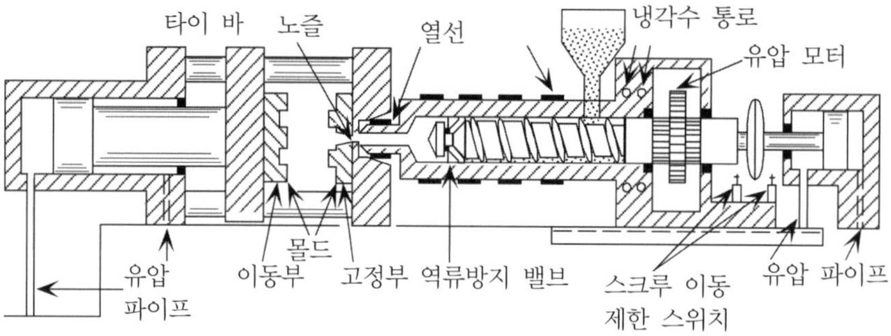

그림 11-4 왕복운동 스크루가 달린 사출 성형기와 몰드. Adapted from N. G. McCrum, C. P. Buckley, and C. B. Bucknall, *Principles of Polymer Engineering*, 1988, Oxford: Oxford University Press.

계량된 양의 재료 공급을 용융시키키 위하여 왕복운동을 하는 스크루를 이용한다. 충분한 시간이 경과하여 균일상의 용융물이 되면 스크루의 회전이 멈추고, 고압에서 유체력으로 스크루를 밀게 되면 용융물이 몰드 내로 들어간다. 성형되는 수지의 양은 사용하는 기계에 따라서 5000톤까지의 집게력(clamping force)으로 수 g에서 수 kg까지 변할 수 있다.

사용되는 몰드에 따라 컴퓨터 키보드와 같은 단일 부품을 생산하거나 여러 종류의 작은 부품을 동시에 생산할 수도 있다(즉, multi-impression molds). 그 예로, 그림 11-5A에 플라스틱 상자들을 생산하는 멀티임프레션 몰드의 단면을 나타내었다. 그리고 몰드로부터 분리된 성형 생성물을 그림 11-5B에 나타내었다. 아마 플라스틱 모형 비행기를 한번이라도 만들어 본 사람이라면, 이러한 모양의 사출 조립 부품이 낯설지 않을 것이다. 사출 성형기의 노즐로부터 용융된 수지가 강제로 몰드에 들어갈 때까지의 두터운 영역을 **주입구**(sprue)라고 한다. 그리고 용융물은 주입구로부터 **흐름길**(runners)을 통해 몰드의 각 공동(cavity)에 균일하게 채워지게 된다. 몰드 공동에 연결된 흐름길의 좁은 부분을 **게이트**(gate)라고 한다. 몰드 안이 완전히 채워진 후, 냉각하고 몰드를 열어서 몰딩된 부품을 회수한다. 몰딩 부품(molded parts)은 입구에서 분리되고, 주입구, 흐름길, 입구의 조각들은 몰딩에 재활용된다. 몰드는 큰 압력과 높은 온도에도 견딜 수 있어야 하며, 수많은 빠른 조작 후에도 허용 오차 내의 부품을 생산할 수 있어야 한다. 따라서 몰드를 디자인하거나 제작할 때는 이러한 이유들을 충분히 고려해야 한다. 이로 인해 상당량의 지출이 필요하고, 이는 몰딩된 부품의 전체 가격에 크게 영향을 미친다.

그림 11-4에 나타낸 왕복운동 스크루 사출 성형기와는 기본 디자인이 약간 변형된 다른 사출 성형기들도 있다. 예를 들어, 열가소성 수지에 자주 사용되는 보다 덜 일반적인 디자인은 스크루 포트(screw pot) 또는 **이단 스크루**(two-stage screw)로 불린다. 이렇게 변형된 사출 성형 공정에서 압출 스크루와 사출 플런저의 조작은 분리된다. 왕복운동을

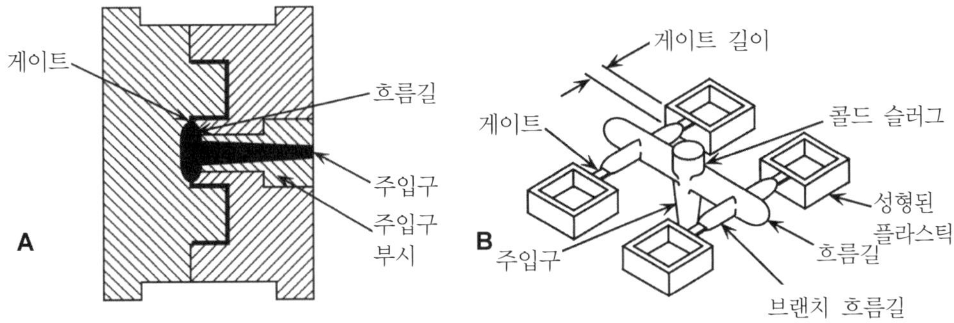

그림 11-5 **A.** 플라스틱 박스들을 생산하기 위한 멀티임프레션 사출 성형의 일반적인 몰드 디자인. **B.** 몰드를 제거한 후의 상자들과 플라스틱 조각(즉, 주입구 및 흐름길). Adapted from N. G. McCrum, C. P. Buckley, and C. B. Bucknall, *Principles of Polymer Engineering*, 1988, Oxford: Oxford University Press.

하지 않는 고정된(즉, 비왕복운동(non-reciprocating)) 스크루를 사용하여 수지를 용융시키고, 이는 분리된 사출 챔버(chamber)와 플런저 조립부(assembly)로 흘러들어 간다. 왕복운동 스크루 설계는 열경화성 수지나 탄성체 그리고 열에 민감한 열가소성 수지의 성형에 선호된다.

반응 사출 성형 반응 사출 성형(reaction injection molding, RIM)은 (1960년대 후반에 독일에서 개발된) 비교적 새로운 공정으로, 여기에서는 고분자의 합성과 몰딩이 동시에 일어나서 최종 제품이 만들어진다. 그림 11-6은 RIM 공정을 나타내고 있다. 공정 초기에 정확한 양의 단량체(촉매나 다른 첨가제들을 포함)가 혼합 단위로 계량되고, 곧바로 몰드 내로 채워진다. 대부분의 중합은 이 몰드 내에서 이루어진다. 사출 성형과는 달리, RIM 공정에서는 온도와 집게력 압력(clamping pressure)이 상대적으로 낮으며, 이 때문에 저렴한 알루미늄 기구(tooling)들을 사용할 수 있다. RIM의 다른 장점으로는 낮은 에너지 소비, 빠른 시작 시간, 그리고 자동차 범퍼와 같은 큰 부품의 제조 적합성을 들 수 있다. 단점으로는 폴리유레테인을 제조할 때 사용하는 다이아이소사이아네이트와 같은 유해하며 높은 증기압의 반응물들에 작업자가 노출되는 위험을 들 수 있다.

조절 가능하고 동시에 빠른 중합 과정의 필요성으로 인하여, RIM은 완만한(favorable) 중합 동력학을 갖는 축합형의 고분자에만 적합하다. 이러한 방식으로 가공할 수 있는 고분자의 예로는 폴리아마이드, 에폭시, 그리고 전체 RIM 제조의 95%를 점하는 폴리유레테인을 들 수 있다. 폴리유레테인은 9.2.2절에서 논한 바와 같이 다이아이소사이아네이트와 다이올, 그리고 사슬 연장제(chain extender)의 반응에 의해서 제조된다. RIM으로 제조된 폴리유레테인의 대부분은 탄성체 응용 부품(예를 들어, 자동차 범퍼 및 계기판)에 사용되고, 나머지는 구조용 발포체(structural foam)에 사용된다. 또한, 성형품을 강화하기 위하여 제분 유리(milled glass)와 짧은 유리 섬유를 RIM 가공 시 첨가하기도 한다. 이러한 공정을 강화 RIM 또는 RRIM이라 하며, 1970년대에 개발되었다.

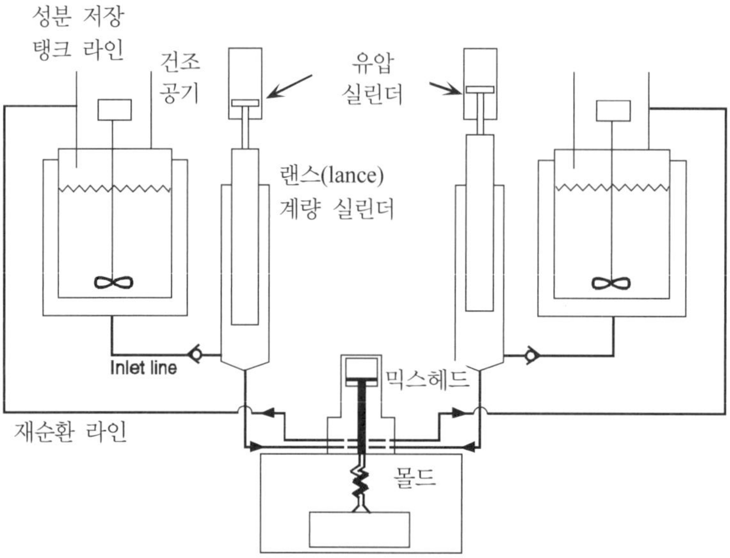

그림 11-6 중합 반응물들이 각각 담긴 탱크를 나타내고 있는 반응 사출-성형 공정. Adapted from L. T. Manzione, Reaction Injection Engineering, in *The Concise Encyclopedia of Polymer Science and Engineering*, 1900. J. I. Kroschwitz, ed. Copyright © 1990 by John Wiley & Sons. This Material is Used by permission of John Wiley & Sons, Inc.

열성형 열성형(thermoforming)은 야금술로부터 발달한 공정이다. 열성형에서는, 그림 11-7에 나타낸 바와 같이, 먼저 플라스틱 쉬트에 열을 주어 연화시킨 후에, 외압을 가하든지, 또는 몰드와 쉬트 사이에 진공을 걸어 몰드 예비성형물을 형성한다. 고대 이집트의 기능공들이 거북의 껍질로 여러 가지 모양을 만든 것이 첫 번째 열성형 가공이었을 수 있으나, 근대 열성형 공업은 1938년이 되어서 셀룰로스 아세테이트 쉬트(sheet)로부터 투명 플라스틱 포장재(blister packaging)를 제조하며 시작하였다. 오늘날 플라스틱 산업에서의 열성형 가공의 응용은 대량생산 플라스틱 컵으로부터 1/2톤 픽업 트럭의 플라스틱 침대 덧쇠(bed liner)까지 다양하게 이루어지고 있다.

중공 성형 중공 성형(blow molding)은 기체(예를 들어, 공기 또는 때때로 질소)를 이용하여 몰드 공동(cavity)의 형태에 대하여 뜨거운 예비성형물 또는 **패리슨**(parison)을 팽창시켜 속이 빈 물체를 생산한다. 1880년에 John Wesley Hyatt가 이러한 방법으로 어린

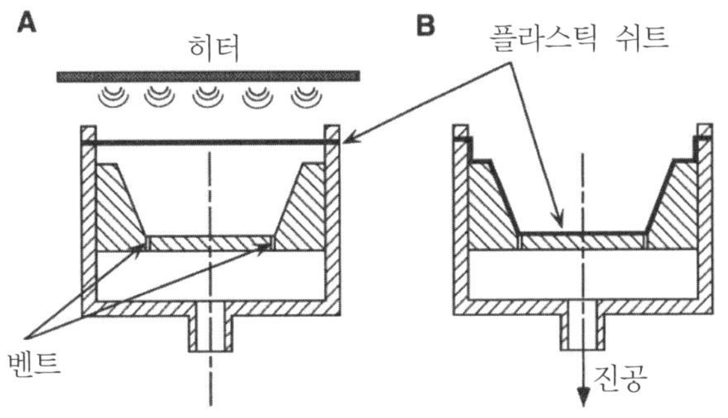

그림 11-7 진공-형성 공정. **A**. 평판 쉬트의 가열. **B**. 쉬트와 몰드 사이의 공간을 제거하여 몰드 윤곽에 연화된 쉬트를 맞춤. Adapted from R. J. Crawford, *Plastics Engineering*, 1990, Danvers, MA: Elsevier Science, p. 200. Copyright 1981, with permission from Elsevier.

이용 딸랑이(baby rattles)를 만든 것이 중공 성형의 기원이라 할 수 있다. 플라스틱병, 자동차 연료 탱크, 장난감 세발자전거, 그리고 다른 소비재들을 이 방법으로 제조한다. 최초의 플라스틱병은 1943년에 폴리에틸렌을 중공 성형하였다. 사출과 압출 두 가지 형태의 공정이 중공 성형에 이용된다.

사출 중공 성형은 주로 작은 병이나 다른 작은 부품들의 제조에 사용된다. 이 방법에서는 먼저 예비성형물 몰드의 중심 막대 주위로 패리슨이 사출 성형된 다음, 병 모양의 중공 몰드 공동으로 이송된다. 공동 내에서 공기가 패리슨을 팽창시켜 병 모양으로 만든다.

큰 병이나 플라스틱 탱크의 제조에는 그림 11-8에 나타낸 것과 같은 압출 중공 성형을 이용한다. 이 방법에서는 플라스틱 수지가 먼저 튜브(즉, 패리슨)로 압출된 후, 두 개의 반쪽 몰드에 연속적으로 잡히게 된다. 중공 핀(blowpin)이 삽입되고, 몰드가 닫히며 그리고 공기가 중공 핀을 통하여 패리슨 내로 주입되어 패리슨을 몰드 공동(mold cavity)의 모양으로 팽창시킨다.

회전 성형 회전 성형(rotational molding 또는 rotomolding)은 용융된 수지에 원심력을 가하여 몰드 내부에 코팅하는 가공법이다. 이 방법은 비교적 간단하며, 조작이 저렴하고, 매우 큰 부품의 성형에 특히 적합하다(보고된 가장 큰 성형물은 85 m^3짜리 탱크이다). 현대적인 회전-성형 공정 이전에는 슬러쉬 성형(slush molding)이라고 불린 이 방법은 고무 산업에서 플라스티솔(plastisols)로부터 장갑, 부츠 그리고 다른 물품들을 생산하기 위하여 개발하였다. 슬러쉬 성형에서는 유체를 먼저 뜨거운 몰드 내로 붓는다. 그리고 고분자층이 고화하면 과량의 유체를 쏟아낸다.

전형적인 회전 성형에서는, 먼저 몰드 공동에 미리 정해진 양의 수지 분말이나 유체가 채워진다. 이어서 몰드가 닫히고, 오븐 내에서 두 개의 축이 회전한다. 마지막으로, 몰드

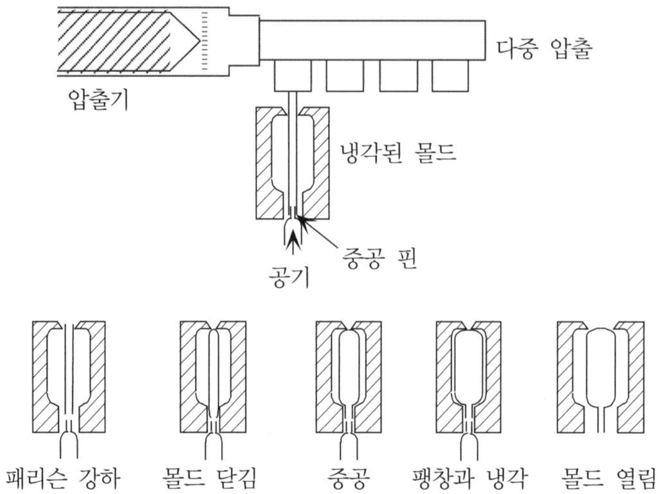

그림 11-8 플라스틱 제조에 사용되는 압축 중공 성형. Adapted from D. H. Morton-Jones Kluwer, *Polymer Processing*. 1989, Kluwer Academic Publishers, Figures 6.1 and 6.2, p.128. Copyright 1989, D. H. Morton-Jones, Kluwer Academic Publishers.

가 제거되고 냉각된다. 회전 성형은 플래쉬가 거의 혹은 전혀 없는 제품을 생산하므로, 다듬(trimming) 작업과 폐수지를 없애준다. 또한, 회전 성형으로는 다른 성형법으로 얻기 힘든 구석 부분이 강하면서 벽면의 두께가 일정한 제품을 생산할 수 있다.

11.1.3 캘린더링

압출에 덧붙여, 캘린더링(calendering)은 플라스틱 쉬트를 생산하기 위하여 사용할 수 있는 또다른 방법이다. 이는 그림 11-9에서 나타낸 것과 같이 용융 고분자가 서로 반대 방향으로 돌고 있는 가열된 실린더 사이의 작은 틈(nip region) 사이에서 압축되어서 성형된다. 6 ft에 이르는 폭과 0.002 inch 정도의 얇은 두께를 갖는 쉬트를 최고 300 ft min^{-1}

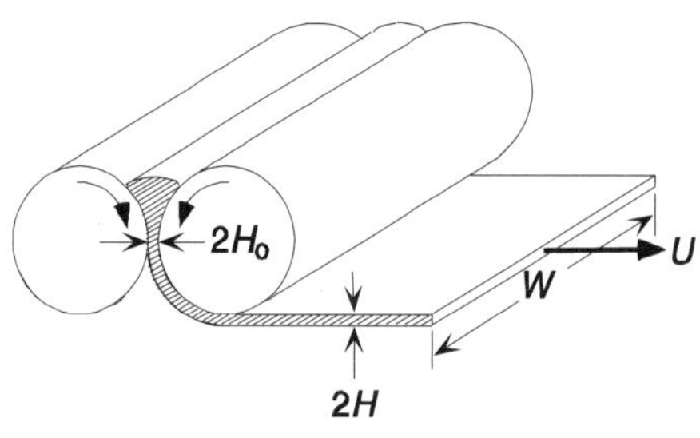

그림 11-9 단순화된 캘린더링 공정의 도식. Adapted from J. M. McKelvey, *Polymer Processing*, 1982, New York: John Wiley & Sons, with permission of the author.

의 속도로 생산할 수 있다. 미국에서 캘린더링 제품의 대부분은 PVC의 유연성 쉬트와 필름 그리고, PVC의 블렌드 및 공중합체이다. 예비성형 플라스틱 쉬트의 면에 마무리 처리(예를 들어, 광택 또는 거친 면) 또는 두 쉬트를 적층하기(laminate) 위하여서도 캘린더링을 사용할 수 있다.

11.1.4 코팅

이동하는 쉬트 위에 액체(예를 들어, 고분자 용융체 또는 용액)의 얇은 층을 코팅하기 위한 많은 다른 형태의 공정들이 있으며, 이를 **웹**(web)이라고 한다. 코팅의 예로서는 다음의 침전(deposition)을 들 수 있다.

- 셀룰로스 웹 위의 사진 유제(photographic emulsion)
- 기록과 컴퓨터 테이프를 위한 폴리(에틸렌 테레프탈레이트) 위의 자기 표면
- 축전기 응용을 위한 금속박(metal foil) 위의 고분자층
- 섬유나 직물 위의 마감재나 백킹(backing)

그림 11-10에 다른 코팅 공정의 예를 나타내었다. **롤 코팅**(roll coating)(그림 11-10A)에

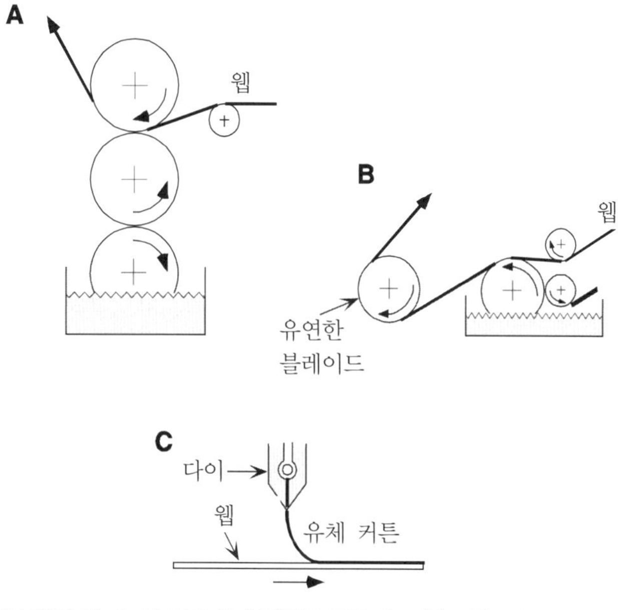

그림 11-10 코팅 공정의 예. **A.** 롤 코팅. **B.** 블레이드 코팅. **C.** 커튼 코팅. After S. Middleman, *Fundamentals of Polymer Processing,* 1977, New York: McGraw-Hill. Reproduced with permission of the author.

서는 아래 롤이 액체조(bath)로부터 유체를 끌어올려 두 번째의 롤 혹은 직접적으로 움직이는 웹으로 바로 전달한다. 코팅의 두께는 유체의 물성(즉, 점도 등)과 웹이 통과하는 롤 사이의 공간에 따라 달라진다. 이 공간은 두 롤 사이의 압력을 조절하여 직접 또는 간접적으로 조절할 수 있다.

또 다른 중요한 코팅 공정은 **블레이드 코팅**(blade coating)이다. 이 공정에서는, 유연한 블레이드가 유체 저장 탱크로부터 이동하는 웹 위로 옮겨가는 코팅 유체를 직접 계량하기 위하여 사용되거나, 또는 그림 11-10B에서 보는 바와 같이 블레이드가 롤 코팅 공정과 결합될 수 있다. 블레이드는 유연하며 블레이드 아래로 생기는 압력은 코팅 두께를 결정한다.

코팅을 적용하는 가장 직접적인 방법은 그림 11-10C에 나타낸 것과 같이 움직이는 웹 위에 직접적으로 압출하는 것이다. 이 공정은 때때로 **커튼 코팅**(curtain coating)으로 불리며, 종종 자외선 경화와 함께 사용된다. 코팅의 두께는 웹의 속도와 압출되는 부피에 의해 결정된다.

11.2 고분자 유변학

뉴톤 유체(Newtonian fluid)의 점성 흐름은 전단 흐름(shear flow)에 대한 **뉴톤의 점도 법칙**(Newton's law of viscosity)으로 나타낼 수 있다.

$$\boxed{\tau = \mu \frac{d\gamma}{dt}} \tag{11.1}$$

이때, τ는 전단 응력(shear stress)이며, μ는 뉴톤 점도 계수 그리고 γ는 전단 변형(shear strain)이다. 전단 변형의 시간에 대한 의존성을 **전단 변형 속도**(shear strain rate) 또는 전단 속도($\dot{\gamma}$)라고 한다.

$$\boxed{\dot{\gamma} \equiv \frac{d\gamma}{dt}} \tag{11.2}$$

단순 흐름(simple flow)은 속력 벡터(u)의 세 성분 중에서 한 성분만 영(zero)이 아닌 흐름으로 정의된다.

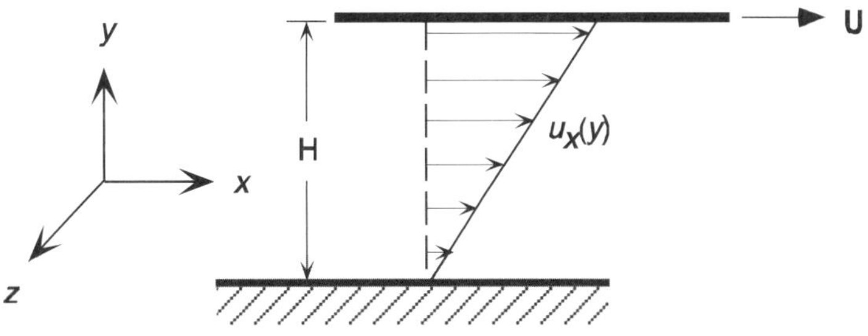

그림 11-11 위판이 일정한 속력(U)으로 움직일 때 두 개의 평행한 판 사이로 흐르는 단순 전단 흐름(평면 Couette 흐름)

$$\mathbf{u} = (u_1, u_2, u_3) \tag{11.3}$$

속력 벡터, u_i의 세 성분을 나타내는 첨자 1, 2, 3은 흐름 공정을 분석할 때 사용되는 특별한 좌표 시스템에서의 축들을 의미한다(즉, 직각 좌표(rectangular coordinates)에서의 x, y, z ; 원통 좌표(cylindrical coordinates)에서의 r, θ, z ; 구좌표(spherical coordinates)에서의 r, θ 및 ϕ).

단순 흐름의 예로 그림 11-11에 나타낸 바와 같이 두 개의 무한히 넓은 평행판 사이로 흐르는 Couette 전단 흐름을 들 수 있다. 이 단순 흐름을 분석하기 위하여 다음과 같은 직각 좌표 시스템을 도입하면 편리한데, 여기에서 x축은 밑판에 고정되어 있으며, 전단 방향으로 배향되어 있고, y축은 판 표면에 대해 수직이다. 이 경우에, 전단 변형, γ는 전단력이 가해지는 동안에 y 방향의 변형(dy)에 대한 x 방향의 미분 요소의 변형(dx)의 비로 정의된다. Couette 흐름의 전단 **속도**는 다음과 같이 속력 구배(velocity gradient)와 동일함을 쉽게 나타낼 수 있다.

$$\dot{\gamma} \equiv \frac{d\gamma}{dt} = \frac{d}{dt}\left(\frac{dx}{dy}\right) = \frac{d}{dy}\left(\frac{dx}{dt}\right) = \frac{du_x}{dy} \tag{11.4}$$

여기에서, u_x는 x 방향에서의 유체의 속력이다. **최대** 전단 속도는 움직이는 판 표면에서 일어나며, U/H로 주어지고, 여기에서 U는 x 방향으로 이동하는 위 판의 일정한(최대) 속력이며, H는 두 판 사이의 거리이다. 판 표면에서 유체층의 **미끄러짐이 없다**고 가정하면, **최소** 전단 속도는 바닥(고정된) 판(즉, $y=0$)에서 나타난다; 따라서, $u_x(0)=0$.

그림 11-11에서 나타낸 바와 같이, 그리고 11.3.2절에서 논하겠지만, 속력 u_x는 y 좌표의 선형 함수이다. 물 및 광물성 기름과 같은 뉴톤 유체의 경우, 점도 μ는 온도와 압력의 함수이나, $\dot{\gamma}$에는 **무관하다**. 반대로 농축 고분자 용액이나 고분자 용융체와 같은 비뉴톤 유체(non-Newtonian fluid)의 점도는 온도, 압력 그리고 전단 속도 $\dot{\gamma}$의 함수이다. 또한 고

분자 용액이나 용융체의 점도는 분자량에 강한 의존성을 나타낸다. 이러한 고분자 유변학의 특이한 일면들은 다음 절에서 논할 것이다.

11.2.1 비뉴톤 흐름

전단 속도 의존성 고분자 용액과 용융체의 비뉴톤 혹은 **겉보기 점도**(apparent viscosity),* η는 다음과 같이 점도의 뉴톤 법칙(식 (11.1))으로 정의된다.

$$\boxed{\tau = \eta(\dot{\gamma})\dot{\gamma}} \tag{11.5}$$

식 11.5를 **일반화된 뉴톤 유체**(generalized Newtonian fluid, GNF) 모델이라고 한다. τ와 $\dot{\gamma}$ 사이의 실제의 분석적인 관계, 따라서 η의 $\dot{\gamma}$에 대한 의존성은 물질의 **구성 방정식**(constitutive equation)으로 주어진다. 높은 분자량의 고분자 용융체나 농축 고분자 용액은, 그림 11-12에 나타낸 바와 같이, 세 가지 특성 영역으로 나타난다. 낮은 전단 속도에서 η는 $\dot{\gamma}$에 무관하며(즉, 뉴톤 거동) 한계 제로 전단 속도 값인 η_0에 근접한다. 높은 $\dot{\gamma}$에서 η는 $\dot{\gamma}$의 증가하면 감소한다. 이러한 거동을 나타내는 유체를 **전단 묽어짐**(shear thinning)이라고 한다. 마지막으로, 아주 높은 $\dot{\gamma}$에서 η는 다시 한 번 한계 뉴톤 플래토우(Newtonian plateau) η_∞에 근접한다.

분자 움직임에 근거한 전단 묽어짐 거동은 그림 11-13에 나타낸 바와 같이 분자의 얽힘(entanglement)에 대한 전단의 영향이다. 낮은 전단 속도에서는 분자의 얽힘이 전단 흐름을 방해하여 결과적으로 점도가 높게 나타난다. 전단 속도가 점점 증가할수록 분자 사슬이 흐름 방향으로 배향되기 시작하며, 다른 분자와의 얽힘이 풀리게 된다(점도가 감소

---

* τ와 $\dot{\gamma}$은 각각 전단 응력과 전단 속도를 나타내므로, 식 (11.5)에 의하여 정의된 점도는 **전단 점도**(shear viscosity)이다.

$$\eta = \frac{\tau}{\dot{\gamma}}$$

신장(extensional) 점도 또는 Trouton 점도는 인장 응력과 인장 변형에 대한 대응관계로 아래와 같이 표현된다.

$$\eta_T = \frac{\sigma}{\dot{\varepsilon}}$$

신장 점도와 이들의 인장 변형 속도에 대한 의존성은 성형 가공 조작에서 중요하며, 여기에서 사출이나 캘린더링 및 중공 성형 동안 흐름길(runner)에서 한 점으로 모이는 현상(converging flow)과 같은 큰 신장 흐름이 일어난다. 신장 점도는 또한 묽은 고분자 용액의 항력 감소 물성에 큰 중요성을 가질 수 있다(11.2.6절 참조).

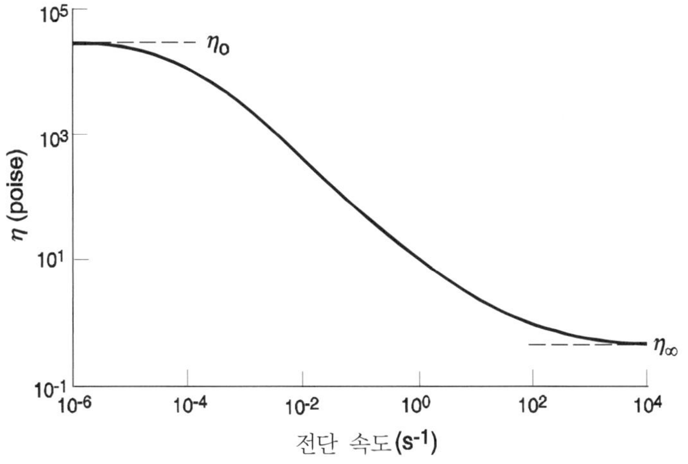

그림 11-12 제로-전단 점도 η_0를 나타내고 있는 전단 속도, $\dot{\gamma}$에 대한 고분자 용융체의 겉보기 점도, η의 전형적인 의존성. Adapted from H. A. Barnes, J. F. Hutton, and K. Walters, *An Introduction to Rheology*. 1989, Elsevier Science. Copyright 1989, Elsevier Science.

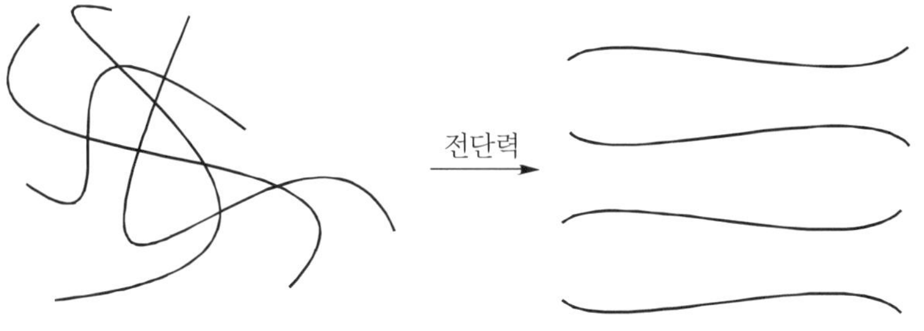

그림 11-13 농축 고분자 용액 및 고분자 용융체의 얽힘에 대한 전단의 영향의 상상도(idealized view)

하기 시작한다). 드디어, 매우 높은 전단 속도에서는 분자들이 완전히 흐름 방향으로 배향하게 된다. 이 시점에서, 안정한 얽힘은 더 이상 불가능하며, 점도는 다시 전단 변형 속도에 대해 무관한 낮은 값에 도달한다. 이 두 번째의 뉴톤 플래토우 부분은 고분자 용액의 경우에는 관찰되었으나, 용융체에 대해서는 좀처럼 관찰되지 않는데, 이는 용융체의 경우 사슬 배향에 필요한 전단 속도가 매우 높아서 실제로는 사슬이 먼저 파괴될 수 있기 때문이다(즉, 전단-유도 분해(shear-induced degradation) 혹은 기계적인 파괴; 6.1.5절 참조). 드물게, 점도는 전단 속도의 증가에 따라 **증가**할 수 있다. 이러한 거동을 나타내는 유체를 전단 진해짐(shear thickening)(또는 팽창(dilatant))이라고 한다. 전단 진해짐 거동의 예는 일반적으로 PVC 페이스트나 전단 유도 결정화가 일어나는 고분자 용융체와 같은 진한 현탁액에 국한된다.

분자량 의존성 전단 묽어짐 흐름에 대한 분자간 얽힘의 중요성은 분자량과 얽힘이 일어나는 임계 분자량, M_c(4.1.1절 참조)이 고분자의 유변학적 물성에 크게 영향을 미칠 수 있음을 제시한다. $\bar{M}_w < M_c$이면 제로 전단 점도, η_0는, 중량 평균 분자량 $\bar{M}_w$에 직접적으로 연관되고, $\bar{M}_w \geq M_c$이면 $\bar{M}_w$의 3.4 제곱에 비례한다. 또한, 그림 11-14에 주어진 폴리스타이렌($M_c = 31{,}200$)의 점도 데이터에서 볼 수 있듯이, 전단 묽어짐 거동은 분자량이 증가할수록 점진적으로 낮은 $\dot{\gamma}$에서 시작된다.

온도 의존성 고분자 용융체의 겉보기 점도의 온도 의존성은 T_g보다 약 100°C 이상의 높은 온도에서는 일반적인 Arrehnius 식(Arrehnius relationship)을 따른다.

$$\boxed{\eta = \eta_r \exp\left[\frac{E}{R}\right]\left(\frac{1}{T} - \frac{1}{T_r}\right)} \tag{11.6}$$

여기에서 η_r은 어떤 기준 온도 T_r에서의 점도이며, E는 활성화 에너지(일반적으로 21에서 210 kJ mol^{-1}), 그리고 R은 이상 기체 상수이다. 이보다 낮은 온도, 즉 유리 전이 온도 근처의 온도, 약 $T_g < T < T_g + 100$°C에서 점도는 Arrehnius 식에서 주어지는 것보다 훨씬 급격히 증가한다. 이 경우에, 용융 점도는 온도의 함수로서 아래의 WLF 식에 의해 다음과 같이 구할 수 있다(5.1.6절 참조).

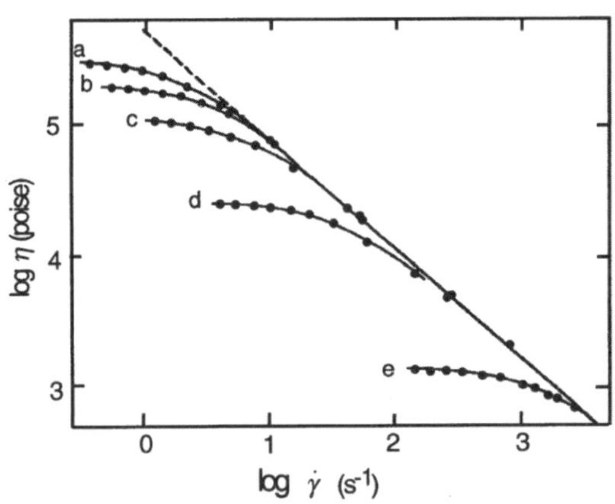

그림 11–14 183°C에서 폴리스타이렌의 분자량 증가가 고분자 점도의 $\dot{\gamma}$에 대한 의존성에 미치는 영향. 분자량: (a) 242,000; (b) 217,000; (c) 179,000; (d) 117,000; 및 (e) 48,500. Adapted from R. A. Stratton, *The Dependence of Non-Newtonian Viscosity on Molecular Weight for"Monodisperse" Polystyrene.* Journal of Colloid and Interface Science, **22**: p. 517–530. Copyright 1966, with permission from Elsevier Science.

$$\log\left[\frac{\eta(T)}{\eta(T_g)}\right] = \log a_T = \frac{-C_1(T - T_g)}{C_2 + T - T_g} \tag{11.7}$$

여기에서 $\eta(T_g)$는 T_g에서의 점도이다. 그림 11-15는 폴리카보네이트에 대한 실험 데이터의 점정(fit)을 보여 주고 있으며, 여기에서 T_g+55°C와 T_g+185°C 사이의 온도 범위에서 실험적인 점도값과 WLF 식으로 예측한 점도값은 아주 잘 일치함을 알 수 있다[2].

4장에서 논의한 바와 같이, 어떤 관점에서 보면 유리 전이 상태란 등점도 상태(isoviscous state), 즉 T_g에서의 점도, $\eta(T_g)$가 대략 10^{12} pa-s(10^{13} poise)인 상태를 말한다[3]. 식 (11.7)을 이용하면 WLF 상수인 C_1, C_2와 자유 부피 V_f, 그리고 이 장의 부록 A.1에 나와 있는 고분자의 열팽창 계수, α와의 관계를 알 수 있다.

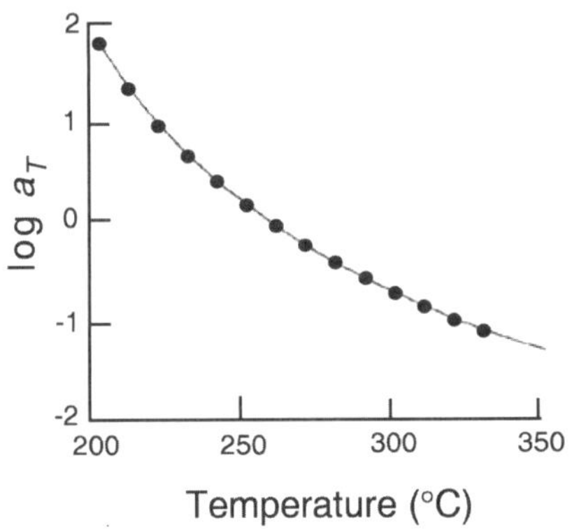

그림 11-15 기준 온도 260°C에서 폴리카보네이트에 대한 이동 인자 $a_T = \eta(T)/\eta(260°C)$의 WLF 점정(곡선). Adapted from P. Lomellini, *Viscosity-Temperature Relationships of a Polycarbonate Melt: Williams-Landel-Ferry versus Arrhenius Behaviour.* Makromolekulaire Chemie, 1992. **193**: p. 6979, with permission of the publisher.

압력 의존성 유리 전이 온도의 경우에서와 달리 점도는 압력에 크게 영향을 받는다. 이러한 압력 의존성은 사출 성형의 경우처럼 매우 높은 압력이 가해지는 가공 조작의 디자인에서 아주 중요하게 고려해야 할 사항이다. 일정한 온도에서 점도에 대한 압력의 영향은 다음 관계식으로 나타낼 수 있다.

$$\ln\left(\frac{\eta}{\eta_r}\right) = \beta(p - p_r) \tag{11.8}$$

여기서 η_r은 어떤 기준 압력 p_r에 대응하는 기준 점도이며, β는 0.87에서 4.93×10^{-8} Pa^{-1} (0.6에서 3.4×10^{-4} $psia^{-1}$) 범위 안의 압력 계수이다. 예를 들어, 250°C에서 폴리스타이렌

용융체의 점도는 압력이 13.8에서 27.6 MPa(2000에서 4000 psi)로 증가함에 따라 거의 두 배가 된다. 종종, 가공 조작의 모델링에서 조절할 수 있는 해석적인 또는 수리적인 해결을 위해 압력의 영향을 무시하는 것이 필요한데, 이 내용은 11.3절에서 논하기로 한다.

시간 의존성 전단 묽어짐(및 전단 진해짐) 거동은 열적 혹은 기계적인 손실이 일어나지 않는 가역적인 거동으로 여겨진다. 어떤 경우에는, 먼저 한번 전단력을 받은 유체의 그 다음번 흐름의 거동은 그 이전의 전단 이력과 복원에 소요되는 시간에 영향을 받을 수 있다. 점도가 이전의 변형에 의해서 감소되거나 또는 일정한 응력이나 전단 속도 하에서 시간에 따라 감소하는 경향을 나타내는 유체를 **흐름 변성**(thixotropic)이라고 한다[4]. 응력이 제거되면 점도는 결국 회복(증가)할 것이다. 흐름 변성 유체의 예로서는 비적하 라텍스 페인트(non-drip latex paint)를 들 수 있다. 마찬가지로, 점도가 이전의 변형 이력에 의해서 증가하거나 또는 일정한 힘이나 변형하에서 시간에 따라 증가하는 경향을 나타내는 유체를 항요변성(antithixotropic)이라고 부른다. 조금 후에 보는 바와 같이, 고분자 가공의 조작에 대한 성공적인 모델링은 시간 의존성 점도(time dependent viscosity) 항을 도입하지 않고서는 매우 어려우며, 여기에서는 이러한 시도는 하지 않는다.

11.2.2 고분자 용액과 현탁액의 점도

용액 점도 묽은 용액에서는 그림 11-16에 나타낸 바와 같이 고분자 코일이 멀리 떨어져 있으며, 서로 겹치지 않는다. 극단적으로 묽은 용액에서 묽은 영역으로 전이하는 점을 나타내는 임계 농도 c^{**}에서는 각 코일의 유체역학적 부피는 간섭하기(touch) 시작한다. 농도

그림 11-16 고분자 코일이 서로 독립적으로 존재하는 극단적으로 묽은 농도($c < c^{**}$) 영역에서 코일끼리의 얽힘이 일어나는 묽은 영역($c > c^{*}$)으로의 변환을 나타내는 임계 농도. Reproduced from A. Dondos and C. Tsitsilianis, *Viscoelastic Study of Extremely Dilute Macromolecular Solutions: Critical Concentration c and the Intrinsic Viscosity of the Polystyrene through Scaling Laws. The Value of the Huggins Constant*, Polymer International, 1992. **28**: p. 151-156. Copyright Society of Chemical Industry. Reproduced with permission. Permission is granted by John Wiley & Sons Ltd. on behalf of the SCI.

가 더욱 짙어지면($c > c^*$), 코일들은 겹치기 시작하여 결국은 분자간 얽힘(entanglement)이 형성되어 점도가 증가한다.

임계 농도, c^*는 상대 점도의 증가량의 급격한 증가로 특징지어진다.*(식 (3.104)). 그림 11-17은 다이메틸설폭사이드(dimethylsulfoxide, DMSO)에서 셀룰로스 아세테이트(CA)의 이러한 변환을 보여 주고 있다. 임계 변환 농도는 3.7 g dL^{-1}이며, 용매에 대해서는 대략 무관하나[5], c^*는 CA의 분자량에 대해서는 의존성을 나타낼 것으로 예상된다.

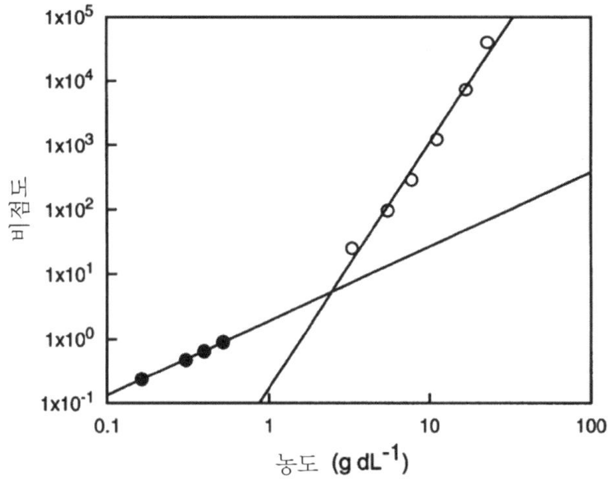

그림 11-17 다이메틸설폭사이드에서의 셀룰로스 아세테이트의 묽은 용액과 적절한 농축 용액에서의 비점도(specific viscosity), η_{sp}의 농도 의존성[5]. 묽은 용액(•)과 농축 용액(o)의 두 직선이 만나는 점은 임계 농도 c^*를 나타낸다(이 경우의 임계 농도는 약 3.7 g dL^{-1}이다).

c^* 이하에서는 점도가 농도에 비례하지만, 그 이상에서는 점도가 농도의 5제곱에 비례한다. 일반적으로, 점도에 대한 분자량과 용액 점도의 영향은 다음과 같이 모델화할 수 있다[6].

$$\eta = K\left(c\rho\right)^{\alpha} M^{\beta} \tag{11.9}$$

여기에서 K는 상수, α와 β는 인자이며, β/α의 비는 보통 0.54에서 0.74 사이의 값을 갖는다.

용매(또는 가소제)는 진한 용액 영역의 고분자 점도에 두 가지 영향을 미친다: 용매는 (1) T_g를 감소시키며 그리고 (2) 얽힘 사이의 분자량, M_e을 다음과 같이 증가시킨다(4.1.1. 절 참조).

* 상대 점도 증가량(increment)은 또한 비점도, η_{sp}로 알려졌다.

$$M_e = \frac{M_e^o}{\phi} \qquad (11.10)$$

여기에서, M_e^o는 희석되지 않은 고분자에서 분자간 얽힘 간의 분자량을 나타내고, ϕ는 용매의 부피 분율을 나타낸다. 고분자의 농도가 증가할수록, 즉 분자간 얽힘수가 증가함에 따라 고분자 용액은 보다 더 비뉴톤 유체가 되는데, 그림 11-18은 *n*-뷰틸 벤젠에서 농축 용액의 폴리스타이렌의 점도 변화를 보여 주고 있다. 이 데이터로부터, 농축 고분자 용액의 점도는 고분자의 농도가 증가함에 따라 급격히 증가함을 알 수 있다. 또한 농도가 증가할수록, 전단 묽어짐 거동이 시작되는 전단 속도가 낮아지고 있음을 알 수 있다.

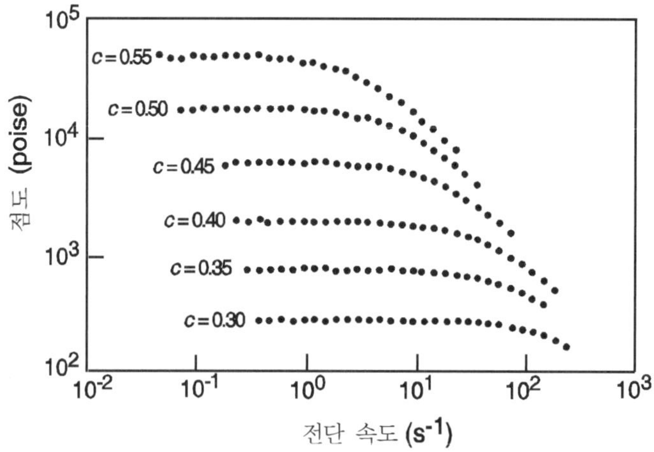

그림 11-18 30°C *n*-뷰틸 벤젠에서의 전단 변형 속도($\dot{\gamma}$)의 변화에 따른, 여러 농도(*c*, 단위 g cm^{-3})의 폴리스타이렌(411,000 분자량) 점도의 변화. Adapted from W. W. Graessley, R. L. Hazelton, and L. R. Lindeman, *The Shear-Rate Dependence of Viscosity in Concentrated Solutions of Narrow-Distribution Polystyrene*, Transactions of the Society of Rheology, 1967. **11**: p. 267-285(1967), with permission of the publisher.

현탁액의 점도 많은 경우에, 농축 고분자 용액과 고분자 용융체는 입자 또는 섬유 충전제를 함유하고 있다. 예를 들어, 상용 고무의 배합은 일반적으로 카본 블랙을 함유하고 있다. 바닥 장식재용 혹은 전선 절연체용 폴리(바이닐 클로라이드)는 일반적으로 탄산 칼슘과 같은 단단한 충전제를 함유하고 있다. **라텍스**(latex)가 물에서 고분자 입자의 현탁인 반면에, **플라스티졸**(plastisol)은 액체 가소제에서 고분자 입자의 현탁이다.

1906년에 Einstein은 뉴톤 액체에서 묽은 현탁액의 점도에 대해 다음과 같은 이론식을 제시하였다.

$$\eta = \eta^o \left(1 + k_E \phi\right) \qquad (11.11)$$

여기에서, $\eta°$는 현탁액의 점도이고, k_E는 Einstein 상수 그리고 ϕ는 현탁되어 있는 입자의 부피 분율을 의미한다. Einstein 상수는 섬유와 다른 비구형의 충전제의 배향뿐만 아니라, 분산된 상의 형태(geometry)에 의존한다. 칼슘 카보네이트와 같은 구형 충전제인 경우의 k_E는 2.5이다. 식 (11.11)은 상대 점도, $\eta/\eta°$가 오직 충전제의 농도에만 의존하고, 입자의 크기나 특성에는 무관함을 나타낸다. 여러 해에 걸쳐 제시된 많은 다른 식들이 다양한 성공도를 보이고 있다. Mooney가 제안한 가장 우수한 식 중의 하나는 다음과 같다.

$$\ln\left(\eta/\eta^{\circ}\right)=\frac{k_{\mathrm{E}}\phi}{1-\phi/\phi_{\mathrm{m}}} \tag{11.12}$$

여기에서 ϕ_m은 최대 충전(부피) 분율로서, 막대형 입자(rod-shaped particle)의 경우 0.065에서, 육각형의 조밀 구(hexagonal close-packed sphere)의 경우 0.7405에 이르기까지 값이 변화한다. 물과 같은 뉴톤 유체도 현탁된 입자의 적절한 농도에서서는 비뉴톤 유체로 변화하는 점은 주목할 필요가 있다. 다음 절에서 논할, 라텍스나 플라스티졸과 같은 몇 가지 현탁액은 항복 거동(yield behavior)(빙햄(Bingham))을 나타낸다.

11.2.3 구성 방정식

압출과 같은 좀 더 복잡한 공정을 다루기 위한 예비 단계로서 단순 흐름 형태(simple-flow geometry)를 모델링하기 위해서는, 전단 응력과 전단 속도 간의 관계에 대해 몇 종류의 합리적인 모델로 시작할 필요가 있다(식 (11.5)). 가장 널리 사용되는 관계식인 **지수법칙**(power-law)(또는 Ostwald-de Waele-Nutting) 모델은 다음과 같다.

$$\boxed{\tau = m\dot{\gamma}^{n}} \tag{11.13}$$

여기에서 m은 **상수**(consistency)이며, n은 **지수법칙**(power-law) **지수**이다. 어떤 주어진 고분자에서 온도의 증가에 따라 m은 감소하나 n은 증가하는데 이는 용융체가 온도의 증가에 따라 보다 뉴톤(즉, 전단 묽어짐이 약해짐)이 됨을 의미한다. 식 (11.5)에 주어진 GNF 모델은 지수법칙 유체(PLF)에서 겉보기 점도, η는 $\dot{\gamma}$에 다음과 같이 의존함을 보여 준다.

$$\boxed{\eta = m\dot{\gamma}^{n-1}} \tag{11.14}$$

식 (11.14)는 $n=1$일 때, η는 $\dot{\gamma}$에 대해 무관함을 나타낸다. 이는 뉴톤의 점도 법칙은 보다 일반적인 PLF 모델의 특수한 경우(즉, $n=1$ 그리고 $m=\mu$)에 해당함을 의미한다.

표 11-1 몇 종류의 대표적인 고분자들의 지수법칙 인자

고분자	온도(℃)	$\dot{\gamma}$ 범위 (s^{-1})	$m(N\ s^n\ m^{-2})$	n
폴리카보네이트	180	100−1000	8.39×10^3	0.64
	200	100−1000	4.31×10^3	0.67
	220	100−1000	1.08×10^3	0.80
폴리프로필렌	180	100−400	6.79×10^3	0.37
	190	100−3500	4.89×10^3	0.41
	200	100−4000	4.35×10^3	0.41
폴리스타이렌	190	100−4500	4.47×10^4	0.22
	210	100−4500	2.38×10^4	0.25
	225	100−5000	1.56×10^4	0.28

전단 묽어짐 거동에서, $n<1$이다. 표 11-1은 몇 가지 상업적으로 중요한 고분자들에 대해 적용 가능한 지수 법칙 인자, m 및 n 그리고 $\dot{\gamma}$의 대표적인 값들을 보여 주고 있다. 일부 비뉴톤 유체들은 일정 크기의 문지방 응력(threshold stress)(또는 항복(yield)), τ_y을 가하면 흐르기 시작한다. 이러한 유체를 **빙햄**(Bingham) 유체라고 하며, 일부 내부 구조가 τ_y에서 무너지는 것으로 보인다. 이러한 유체의 예로서는 일부 현탁액, 슬러리, 펄프 및 케첩을 들 수 있다. 만약, 일단 항복 응력이 가해진 후에는 점도 반응이 뉴톤 거동을 보인다면, 빙햄 유체에 대한 구성 방정식은 다음과 같이 나타낼 수 있다.

$$\tau = \tau_y + \mu\dot{\gamma} \tag{11.15}$$

식 (11.14)는 $\log\eta$와 $\log\dot{\gamma}$의 플롯이 직선관계를 나타내는 영역에서만, 즉 전단 묽어짐 영역에서만, 전단 속도에 대한 점도의 의존성을 나타내는 데 적합하다. 이러한 영역은 압출 성형이나 사출 성형(표 11-2 참조)과 같은 대부분의 중요한 가공 공정에서의 일반적인 $\dot{\gamma}$ 범위이므로, 이러한 제약은 모델의 단순화를 고려하면 그다지 중요하지 않다. Carreau 모델[7]과 같은 다른 구성 방정식은 더 광범위한 $\dot{\gamma}$ 영역에 대하여 데이터를 최적화하는 데 사용할 수 있지만, 가공 문제에 대한 해답을 더 어렵게 만든다.

표 11-2 고분자 가공에서의 일반적인 $\dot{\gamma}$의 범위

가공법	$\dot{\gamma}$ 범위(s^{-1})
압축 성형	1−10
캘린더링	$10-10^2$
압출	10^2-10^3
사출 성형	10^3-10^4

11.2.4 고분자 유체의 탄성

고분자 용융체이나 농축 고분자 용액의 독특하면서도 중요한 특성은 전단 변형 후에 탄성 회복을 한다는 것이다. 고분자 사슬이 흐름 방향으로 배향된다면, 힘이 제거된 후에는 엔트로피적인 유도력에 의해 사슬이 원래의 랜덤 코일 형태로 되돌아가려 하기 때문이다. 예를 들어, 모세관에서 흐르는 동안 전단 변형이 일어났던 사슬이, 전단력이 영(zero)이 되는 모세관의 출구 쪽에서는 원래의 평형 형태로 돌아간다. 이러한 특성 때문에 **다이 팽창**(die swell), 즉 압출된 섬유의 반경이 모세관의 반경보다 더 커지는 현상을 나타내게 된다. 그림 11-19는 모세관 다이를 통과하여 압출되는 폴리에틸렌의 다이 팽창을 보여주고 있다.

정량적으로는 탄성 반응을 **수직 응력**(normal stress)이라는 용어로 표현한다. 힘과 변형은 제2차 텐서(tensor)이며, 9개의 원소를 가지는 3×3 행렬로 표현된다. 예를 들어, 응력 텐서 τ가 1, 2, 3의 축을 가지는 좌표축(직각 좌표에서의 x, y, z; 원통 좌표에서의 r, θ, z; 구형 좌표에서의 r, θ, ϕ)이라면 다음과 같이 주어진다.

$$\boldsymbol{\tau} = \begin{pmatrix} \tau_{11} & \tau_{12} & \tau_{13} \\ \tau_{22} & \tau_{22} & \tau_{23} \\ \tau_{31} & \tau_{32} & \tau_{33} \end{pmatrix} \tag{11.16}$$

행렬 내 각 응력 성분, τ_{ij}의 첫 번째 및 두 번째 아래 첨자는 각각 행(힘 벡터의 방향)과 열(힘이 작용하는 면에 대한 수직 방향)을 나타낸다. 응력 텐서(변형 텐서* 역시 유사한 형태로 나타낼 수 있다)는 대칭적이다. 이는 $\tau_{ij} \equiv \tau_{ji}$를 의미하고, 따라서 9개의 원소 중 6개만이 독립적임을 나타낸다. 수직 응력 성분은 행렬 내에서 $i \equiv j$(즉, τ_{11}, τ_{22}, τ_{33})인 대각선상에 놓인 성분들이다. 단순면 전단에서 3차원적인 유체 요소에 대한 수직 응력의 방향을 그림 11-20에 나타내었다.

수직 응력을 고려하는 경우, 두 **수직 응력 편차**(normal stress difference)는, 겉보기 점도처럼, $\dot{\gamma}$의 함수로 정의하는 것이 편리하다. **제1차(또는 주된) 수직 응력 편차**(first (primary) normal stress difference)는 다음과 같다.

---

* 변형 속도 텐서는 다음과 같이 주어진다.

$$\boldsymbol{\Delta} = \begin{pmatrix} \Delta_{11} & \Delta_{12} & \Delta_{13} \\ \Delta_{21} & \Delta_{22} & \Delta_{23} \\ \Delta_{31} & \Delta_{32} & \Delta_{33} \end{pmatrix}$$

여기에서 텐서의 성분은 대칭적, $\Delta_{ij} \equiv \Delta_{ji}$ 이다.

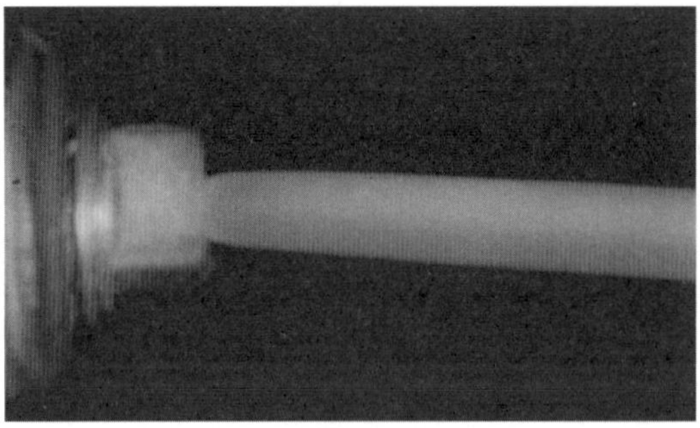

그림 11-19 180°C에서 원형 튜브를 통과하는 고밀도 폴리에틸렌의 다이 팽창 현상. Reprinted from C. D. Han, *Rheology in Polymer Processing*, 1976, New York: Academic Press. p. 3. Copyright 1976 Academic Press.

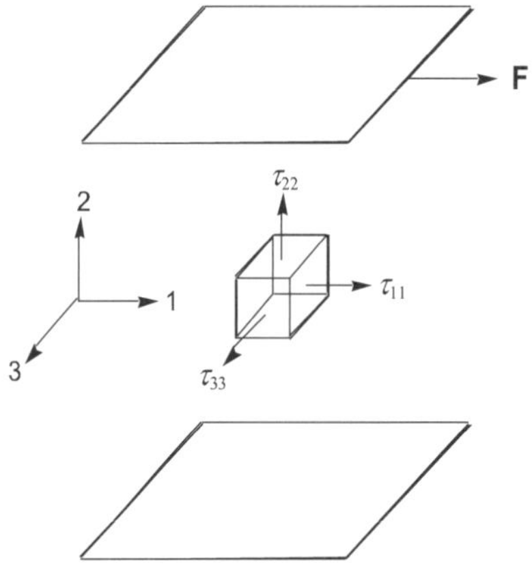

그림 11-20 단순 전단(전단 응력 τ_{12})을 진행하고 있는 유체의 3차원적 요소의 면에서 생성되는 수직 응력

$$\tau_{11} - \tau_{22} = \Psi_1(\dot{\gamma})\dot{\gamma}^2 \tag{11.17}$$

그리고, **제2차 수직 응력 편차**(second normal stress difference)는 다음과 같다.

$$\tau_{22} - \tau_{33} = \Psi_2(\dot{\gamma})\dot{\gamma}^2 \tag{11.18}$$

여기에서 Ψ_1와 Ψ_2는 각각 제1차, 제2차 수직 응력 계수라고 하며, 이들도 또한 $\dot{\gamma}$에 대한 함수이다. 겉보기 점도, η와 두 개의 수직 응력 계수(normal-stress coefficient)는 고분자 유체의 완전한 전단 응답(즉, 점성과 탄성 사이의 응답)을 나타내는 세 개의 **물질 함수**(material function)이다.

고분자 가공의 중요성 면에서, 두 개의 수직 응력 계수 중에서 제1차 수직 응력 계수가 더 중요하다. 이로 인하여 다이(다이 팽창, the Barus effect 또는 puffup)를 나가는 압출물(extrudate)의 팽창과 다이 출구에서의 압력 감소가 영(zero)이 되지 않는다(11.4.1절 참조). 이에 비하여, 제2차 수직 응력 계수는 작으며(제1차 수직 응력 계수의 10 ~ 15% 정도), 음의 부호를 가진다. 두 개의 수직 응력의 차이는 콘-플레이트(cone-and-plate) 및 평행판(parallel-plate) 유변 측정기(rheometer)와 같은 현대적인 유변학적 장비를 이용하여 낮은 $\dot{\gamma}$에서 직접 측정할 수 있으며, 이들 기기들은 전단 면에 대하여 세 직각방향에 설치된 예민한 힘 변환기(sensitive force transducer)가 장착되어 있다. 유변 측정에 대한 기초적인 개념들은 11.4절에서 다루고 있다. 실제 공정 작업에서 접하게 되는 보다 높은 $\dot{\gamma}$에서의 수직 응력 측정을 위해서는, 압출기에 부착된 슬롯 다이(slit die)(rectangular die)와 같은 온라인(online) 유변 측정기를 사용할 수 있을 것이다. 동일면에 장착된(flush-mounted) 압력 변환기를 이용하여 다이의 길이를 따라 압력을 기록하여, 다이 길이에 대해 압력을 플롯하고 외삽하면 출구 압력을 구할 수 있다. 주어진 작업 조건에서 상호관계는 다이 팽창을 출구 압력에 관련시키는 데 사용할 수 있다.

11.2.5 용융 불안정성

튜브, 막대 및 다른 모양의 다양한 형태의 고분자 압출물은 임계 전단 흐름 속도에서 왜곡을 진행할 수 있는 것으로 인식되고 있다. 이러한 왜곡된 압출물의 일반적인 현상을 용융 파괴(melt fracture)라고 한다. 왜곡(distortion)은 그림 11-21에서와 같이 대나무, 나선, 또는 "sharkskin"과 같은 형태로 나타난다. 그러나 sharkskin과 같이 용융 파괴에 의해 나

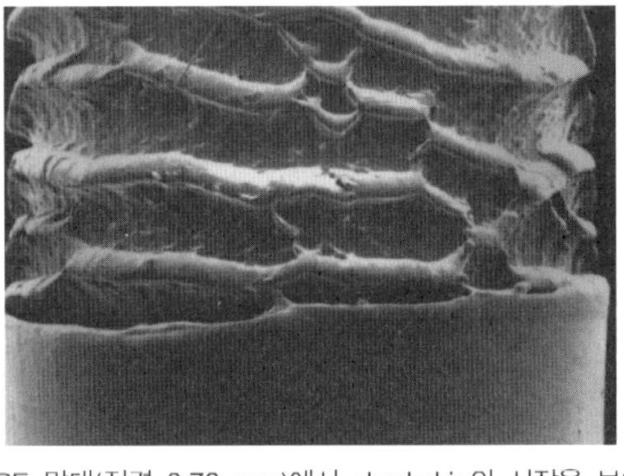

그림 11-21 압출된 LLDPE 막대(직경 0.76 mm)에서 sharkskin의 시작을 보여 주는 주사 전자 현미경(scanning electron micrograph) 사진. Reproduced from M. M. Denn, *Pressure Drop Flow Rate Equation for Adiabatic Capillary Flow with a Pressure- and Temperature-Dependent Viscosity*. Polymer Engineering and Science, 1981. **21**: p. 65–68, by permission of the publisher.

타나는 형태의 원인에 대해서는 아직도 논란이 많다[8]. 최근에는 sharkskin 형성의 원인을 출구 영역의 다이 벽에서 발생하는 사슬 풀림(chain disentanglement) 때문이라고 설명하기도 한다[9]. 이는 계면의 미끄러짐(interfacial slip)과 응집 실패(cohesive failure)의 조합 때문일 것이다.

11.2.6 항력 감소

많은 선형 고분자량(>100,000)의 선형 고분자들의 묽은 용액(1~100 ppm)은 유체 유동에서 난류 마찰(turbulent friction)을 70~80%까지 감소시킬 수 있음이 관찰되었다. 이러한 **항력 감소**(drag reduction)는 원형 파이프 내부 흐름에서 1948년에 처음으로 관찰되었다[10]. 가장 효과적인 항력 감소제는 유연하면서도 높은 분자량의 고분자이다. 폴리(에틸렌 옥사이드)(PEO)는 수용액상에서 항력 감소 고분자로 널리 사용된다. 또 다른 효과적인 항력 감소제로 쓰이는 수용성 고분자로는 폴리아크릴아마이드(polyacrylamide)가 있다. Guar나 xanthan과 같은 천연 고분자들 역시 효과적인 항력 감소제이다. **지용성**(oil-soluble) 고분자인 폴리아이소뷰틸렌(PIB)은 원유의 항력 감소에 효과적이다[11]. 나일론을 포함한 몇 종류의 섬유 현탁액은 난류에서 우수한 항력 감소 효과를 부여할 수 있다.

정확한 항력 감소 메커니즘은 아직 불명확하지만, 항력 감소는 확장 흐름(extensional flow)과 관계가 있다고 할 수 있다. 흐름 시 긴 고분자 사슬들은 사슬이 풀리면서 흐름 방향으로 배향된다. 신장 점도(extensional viscosity)(11.2.1절 참조)는 크게 증가하고, 어떤 형태의 변형 속도 경화(strain-rate hardening)가 일어나는데, 이는 변형 속도의 최댓값 한계에 이르게 한다. 높은 확장 점도가 난류 파동(turbulent fluctuation)을 감소시키고 (아마도 롤파동 운동(roll-wave motion)을 막고 바로 밑의 층에서 와동 연신(vortex stretching)을 통하여), 그리고 이로 인하여 마찰을 감소시킨다.

항력 감소의 응용에서 유체 유동 마찰의 감소는 중요하다. 예를 들어, 소량의 수용성 고분자를 우천 시 하수구에 투입하면 범람을 막을 수 있다. 또한 마찰 감소와 속도 증가를 위하여 항력 감소 고분자를 뱃머리에 투입할 수 있고, 방화 작업 시 수돗물의 압력 강하를 감소시키기 위해서도 사용될 수 있다.

11.3 ▸ 단순 흐름의 분석

압출, 사출, 인발 성형, 롤코팅, 중공 성형 그리고 다른 고분자 가공 조작들은 정밀하게 모델링하기에는 너무 복잡하다. 다행스럽게도, 대부분의 가공 조작은 여러 가지 가정을 이용하여 해석적 또는 수리적인 해답을 얻을 수 있는 조금 더 단순화된 흐름 공정들의 조합으로 나타내어 질 수 있다. 이러한 방법으로, 압출 성형에서 스크루 속도 및 온도와 같은 가공변수들이 제품 생산량과 같은 작업성에 어떻게 영향을 미치는지를 알 수 있다. 고분자 가공의 모델링에 대한 자세한 논의는 이 장의 범위를 벗어나므로 독자들은 이 장의 끝에 있는 추천 문헌에 주어진 Han, McKelvey, Middleman, Tadmor, Gogos의 우수한 교재를 참고하기 바란다. 다음 절에서는, 이 주제의 서론으로 도움이 되는 몇 가지 중요한 결과와 함께 일반적인 내용을 전개한다.

모든 고분자 가공 조작은 압력 구배, 전단 변형 또는 둘 다의 조건 하에서 고분자 용액이나 고분자 용융체를 다룬다. 농축 고분자 용액과 고분자 용융체는 비뉴톤 유체이므로 아무리 간단한 형태(geometry)라고 하더라도 그 구조를 지나는 유체를 분석하기 위해서는 전단 응력과 전단 속도에 대한 구성 방정식을 아는 것이 필요하다. 앞서 언급하였듯이, PLF 모델은 가장 널리 사용되는 모델이다. 모델링하는 데 가장 단순한 형태는 (1) 가장자리 효과(edge effect)가 무시될 수 있고, (2) 흐름이 등온이어야 하며, (3) 속력 벡터 중에 오로지 하나의 영이 아닌(nonzero) 성분을 가지는 좌표(직각 좌표, 원통 좌표, 구형 좌표)를 선택할 수 있다(즉, 점성 흐름이다). 그 예로, 긴 모세관이나 무한대로 펼쳐지는 평행한 판 사이의 압력 흐름을 들 수 있다. 단순 전단 흐름(simple shear flow)*은 원통이 축방향으로 회전하거나 축방향으로 움직이는 긴 동심원의 원통에 의하여 그리고 무한히 평행한 두 개의 판 중에서 한쪽 판이 일정한 속력으로 움직이고 평행할 때 발생한다.

단순 흐름 모델의 해법은 보통 시스템의 좌표 인자의 함수로서의 속도 표현의 형태로

---

* 단순 전단 흐름은 오직 한 방향으로 0이 아닌 속도 성분을 갖는 좌표축계를 선택한 경우의 흐름으로 정의된다.

$$\mathbf{u} = \begin{pmatrix} u_1 & 0 & 0 \end{pmatrix}$$

그리고 텐서 변형 속도는 다음과 같이 주어진다.

$$\mathbf{\Delta} = \dot{\gamma}\begin{pmatrix} 0 & 1 & 0 \\ 1 & 0 & 0 \\ 0 & 0 & 0 \end{pmatrix}$$

여기에서, $\dot{\gamma}$ 는 전단 속도(스칼라 값)이다.

나타난다. 예를 들어, 축(z) 방향(즉, 모세관의 길이 방향)의 속도는 다음 절에서 논하듯이, 중심선으로부터의 반지름, $u_z(r)$의 함수이다. 모세관에서의 압력 흐름의 경우와 유사하게, 흐름이 시스템의 밖으로 향하는 경우, 속도 구배(velocity profile)는 부피 흐름 속도의 식을 구하는 데 사용될 수 있다.

일반적으로, 흐름 문제에 대한 어떠한 해법이라도 운동량 보존(즉, 동적 방정식), 질량 보존(즉, 연속 방정식), 그리고 에너지 보존(즉, 에너지 식)을 모두 만족시켜야 한다. 압력과 전단 흐름에 대한 다음 예에서 주어진 해법은 흐름이 등온이며, 층류이고, 구배가 잘 되어 있고, 안정하며 그리고 비압축성 유체라는 가정 하에서 구하여진다. 또한, 중력과 같은 모든 힘(body force)은 무시할 수 있다고 가정한다. 특히 가공 조작은 거의 비등온이며 점성 고분자 용융체의 흐름은 열을 발생시키므로(즉, 점성 소실(viscous dissipation)) 등온 조건의 부여는 극히 제한된 조건이다. 등온 흐름으로 제한하는 장점은 용액에서 에너지 식을 고려 대상에서 제외시키고, 따라서 작업을 크게 단순화시킨다는 사실이다.†
종합하여 보면, 이들 가정들은 일반적으로 특정 문제에서 단 하나의 동적 방정식만 풀 필요가 있음을 의미한다.

외부 역장(external force field), **f**에서 밀도가 ρ인 비압축 유체(incompressible fluid)의 동적 방정식은 다음과 같이 직교 좌표(Cartesian coordinates)로 나타내어진다.

$$\boxed{\rho\left(\frac{\partial u_i}{\partial t}+u_j\frac{\partial u_i}{\partial x_i}\right)=\frac{\partial T_{ij}}{\partial x_j}+\rho f_i} \tag{11.19}$$

여기에서 u는 속도, t는 시간, f는 중력이며 그리고 합(summation)은 모든 j에 대하여 이루어진다. – 좌표 인자 x, y, z. 이는 각각의 좌표 시스템에서 세 개의 동적 방정식이 있음을 의미한다. 식 (11.19)의 인자 T_{ij}는 총 응력 텐서(total stress tensor)의 성분이며, 다음과 같이 정의된다.

$$T_{ij}=\tau_{ij}-p\delta_{ij} \tag{11.20}$$

---

† 비압축성 유체의 에너지 방정식은 직교(Cartesian) 좌표로 다음과 같이 나타낸다.

$$\rho\hat{C}_{\mathrm{p}}\left(\frac{\partial T}{\partial t}+u_j\frac{\partial T}{\partial x_j}\right)=\frac{\partial}{\partial x_j}\left(k\frac{\partial T}{\partial x_j}\right)+\tau_{ij}\frac{\partial u_i}{\partial x_j}$$

여기에서 $\hat{C}_{\mathrm{p}}$는 단위 질량당 열용량이고, k는 열전도도를 나타낸다. 동적 및 에너지 식들은 보통 속도항을 통해 조합되며, 이는 미분 방정식의 해를 특히 어렵게 만든다. 단열 조건(adiabatic condition)에 대해 수치 해석이 가능하지만, 일반적으로 비뉴톤 유체에 대한 온도의 영향은 다루기가 매우 어렵다.

여기에서 τ_{ij}는 T_{ij}에 대응하는 전단 응력 텐서(식 (11.16) 참조)이며, 때때로 동적(또는 편향(deviatoric)) 응력 텐서라고 불린다; p는 (유체 정역학적(hydrostatic)) 압력이다; 통합 텐서(unity tensor)*의 성분인 δ_{ij}는 Kronecker delta로 불린다(여기에서 $i=j$일 때 $\delta_{ij}=1$이고 $i\neq j$일 때 $\delta_{ij}=0$이다).

비압축 유체에 대한 연속 방정식(continuity equation)은 다음과 같이 직교 좌표 시스템으로 쓰인다.

$$\frac{\partial u_i}{\partial x_i}=0 \tag{11.21}$$

직교 좌표 및 원통 좌표 시스템의 동적 및 연속 방정식에 대한 완전한 표현식은 이 장의 부록 A.2에 주어져 있다.

변형(예를 들어, 식 (11.4))과 응력 τ와 전단 변형 속도†를 연관시키는 구성 방정식(constitutive equation)(식 11.5)의 관계를 통하여 공정-흐름(process-flow) 문제의 해결에 속도를 도입한다. 속도 벡터에서 0이 아닌 원소가 단 하나뿐인 단순 등온 흐름에서, 문제는 동적 방정식에서 나온 단순한 미분 방정식의 풀이로 축소된다.

식 (11.19)에서 왼쪽의 괄호 안의 항은 **관성**(inertial) 항이라 불리며 보통 무시할 수 있다.‡ 이는 내부항의 두 번째 요소가 일련의 편미분 방정식에 비선형성을 도입하므로 특히 다행이다. 우리는 중력(body force)을 무시하므로, 식 (11.19)에서 남은 것은 보다 간단한 식이 된다:

$$\frac{\partial T_{ij}}{\partial x_{ij}}=0 \tag{11.22}$$

또 하나의 매우 적절한 가정은 유체와 흐름 형태(flow geometry)의 표면 사이에 미끄러짐이 없다는 점이다. 이 가정은 미분 방정식의 풀이에서 한두 가지의 경계 조건

---

* 통합 텐서(unity tensor)는 다음과 같이 주어진다.

$$\delta=\begin{pmatrix}1&0&0\\0&1&0\\0&0&1\end{pmatrix}$$

† 잘 알려진 Navier-Stokes 식은 보다 일반적인 동적 방정식의 특수한 경우일 뿐이라는 사실에 주목해야 한다 - 비압축성 유체의 경우 뉴톤성이고, 따라서

$$\tau_{ij}=\mu\dot{\gamma}_{ij}$$

‡ 흐름이 시간에 관계없이 일정하다고 가정하면 시간에 대한 모든 도함수들(예를 들어, 관성항의 첫 번째 항)은 영(zero)이 됨에 주목하라.

(boundary condition)을 제공한다. 다음 절에서 언급할 모세관을 통한 압력 흐름의 예는 유체 흐름 문제를 해결하는 데 대한 이 일반적 접근을 도식화하는 역할을 할 것이다.

11.3.1 압력 흐름

모세관에서의 흐름 11.4.1절에서 논하는 바와 같이, 관(tube)이나 모세관을 통한 간단한 압력 흐름의 분석은 모세관을 통한 압출의 모델링과 모세관 유변 측정기(capillary rheometer)로 용융 점도를 측정할 때에 중요하다. 앞 절에서 논한 바와 같이, 흐름이 등온이고, 완전한 형태를 갖고, 비압축이고, 층류이며 정상 상태라고 가정하는 것은 도움이 된다. 입구 영역에서 완전히 형성되지 않은 흐름이 있고 중력을 무시할 수 있는 무한히 길고 수평인 관에서의 동적 방정식은 단일 미분 방정식이 된다(문제 11.8 참조).

$$\frac{\partial p}{\partial z} = \frac{1}{r}\left[\frac{\partial}{\partial r}\left(r\tau_{rz}\right)\right] \tag{11.23}$$

여기에서 z는 흐름의 방향으로 선택하였다(축방향). 다음 형태의 PLF 구성 방정식(식 (11.13))을 식 (11.23)에 대입하고

$$\tau_{rz} = m\dot{\gamma}_{rz}{}^{n} = m\left(\frac{du_z}{dr}\right)^{n} \tag{11.24}$$

두 번 적분하면 다음과 같이 PLF의 속도식이 구하여진다.

$$u_z\left(r\right) = \left(\frac{nR}{1+n}\right)\left(\frac{R\Delta p}{2mL}\right)^{1/n}\left[1-\left(\frac{r}{R}\right)^{(1+n)/n}\right] \tag{11.25}$$

여기에서 R은 관의 반지름이고, $\Delta p/\mathrm{L}$은 모세관 단위 길이당의 압력 저하이며, 그리고 r은 중심선에서부터의 방사상의 거리(radial distance)이다(문제 11.9 참조). 경계 조건은 모세관 벽면에서(즉, $r = R$)의 속도는 0이며, 미끄러짐이 없으며, 그리고 최대 속도는

$$u_z^{\max} = \left(\frac{nR}{1+n}\right)\left(\frac{R\Delta p}{2mL}\right)^{1/n} \tag{11.26}$$

로, 중심선($r = 0$)에서 일어나고, 따라서, $du_z/dr = 0$(즉, 모세관 중심선에서 $\dot{\gamma} = 0$)이다. 식 (11.25)를 식 (11.26)으로 나누면 다음과 같이 무차원의 속도식(velocity profile)을 구할

수 있다.

$$\frac{u_z}{u_z^{\max}} = 1 - \left(\frac{r}{R}\right)^{(1+n)/n} \tag{11.27}$$

그림 11-22에서 보는 바와 같이, PLF의 속도 구배는 n 값이 감소할수록(즉, 전단 묽어짐 거동이 증가할수록) 더 평평해진다(즉, 더 많은 plug flow).

모세관에서의 부피 흐름 속도, Q는 속도 함수(식 (11.25))를 적분하면 다음과 같이 구할 수 있다.

$$Q = \int_{r=0}^{R} \pi r u_z(r)\,dr = \left(\frac{n\pi R^3}{1+3n}\right)\left(\frac{R\Delta p}{2mL}\right)^{1/n} \tag{11.28}$$

뉴톤 유체에서 $m=\mu$, 그리고 $n=1$인 특별한 경우에, 식 (11.28)은 알려진 Hagen-Poiseuille 식(Hagen-Poiseuille equation)으로 축소된다.

$$\boxed{Q = \frac{\pi R^4 \Delta p}{8\mu L}} \tag{11.29}$$

비슷한 모델들을 고리형이나 무한히 넓은 평평한 판과 같은 단순 흐름 형태에서 등온 압력 흐름에 대해 전개할 수 있다. 이들 각각은 관(tubing)(즉, 고리형 다이(annular die))과 쉬트 다이(sheet die)(즉, 슬릿(slit))을 통하는 흐름과 유사하다. Q와 Δp(압력 감소) 사이의 관계의 정확한 형태를 다이 특성(die characteristic)이라고 한다. 11.5.1절에서 논의할, 압출기의 부피 생산을 압출기 스크루 속도 및 형태와 같은 다른 변수의 함수로 관련

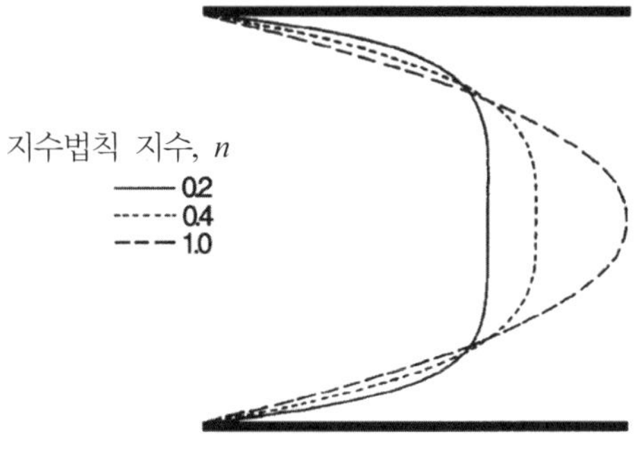

그림 11-22 모세관을 통한 등온 압력 흐름 동안 지수법칙 지수(n)의 함수로 나타낸 지수법칙 유체의 속도 구배. Adapted from *An Introduction to Rheology*, H. A. Barnes, J. F. Hutton, and K. Walters, p. 34, Copyright 1989, with permission from Elsevier.

짓는 스크루 특성(screw characteristic)은 직사각형 관(rectangular duct)에서 압력과 전단 흐름(shear flow)을 연결시켜 모델링함으로써 얻을 수 있을 것이다. 다이와 스크루의 특성에 관한 동시 해결책은 압출기와 다이가 연결된 공정에서의 압력과 흐름 속도에 대한 조작 환경(operating condition)을 제공한다. 마무리로 표 11-3에 다른 종류의 다이 구조에서의 PLF에 대한 다이 특성이 요약되어 있다.

표 11-3 압력 흐름에서 지수법칙 유체의 다이 특성

형태	다이특성
모세관	$Q=\left(\dfrac{n\pi R^3}{1+3n}\right)\left(\dfrac{R\Delta p}{2mL}\right)^{1/n}$
환형 [a]	$Q=\left(\dfrac{n\pi R_o}{1+2n}\right)\left(R_o-R_i\right)^{2+1/n}\left(\dfrac{\Delta p}{2mL}\right)^{1/n}F(n,\kappa)$
평행판 [b]	$\dfrac{Q}{W}=\left[\dfrac{nH^2}{2(1+2n)}\right]\left(\dfrac{H\Delta p}{2mL}\right)^{1/n}$
직사각형의 관 [c]	$Q=WH^2\left(\dfrac{W\Delta p}{2mL}\right)^{1/n}S_p$

[a] R_i: 내부 반지름; R_o: 외부 반지름; F는 n과 환형 고리의 종횡비(aspect ratio)의 함수, $\kappa=R_i/R_o$이다.
[b] 무한하게 넓은 평행한 판. 여기에서 H는 판의 분리, W는 단위 폭을 의미한다.
[c] 비단순 흐름 형태의 한 가지 예; S_p는 n과 종횡비, W/H의 함수인 형태 요소(shape factor)이다.

11.3.2 항력 흐름

평면 Couette 흐름 간단한 전단 흐름의 예는 11.2절의 예와 그림 11-11에서 도식화한 두 개의 무한히 넓고 평행한 판 사이에서의 평면(Couette) 흐름이다. 이 경우, 위 판은 x-방향으로 일정한 속도 U로 움직이는 한편, 아래판은 고정되어 있다. 판이 무한히 넓기 때문에 가장자리 효과(edge effect)는 없고, 따라서 0이 아닌 속도 벡터 성분은 x-방향 성분뿐이다. 단순 압력 흐름의 전번 예처럼 이는 **점성 흐름**(viscometric flow)의 한 예이다. 두 판의 표면에서 유체의 미끄러짐이 없고 두 판 사이의 수직 거리를 H로 가정하면, 유체 요소(fluid element)의 속도, u_x는 윗면(즉, $y = H$)에서는 U이고 아랫면(즉, $y = 0$)에서는 0이다. 이러한 경계 조건 하에서 속도 구배는 선형이며, **유체 형태에 무관하다**(또는 구성 방정식). 구체적으로, (x-성분) 동적 방정식의 해는 각 유체 요소의 속도를 다음과 같이 보여 준다.

$$u_x = \left(\frac{y}{H}\right)U \tag{11.30}$$

단위 폭(width)당 부피 흐름 속도, Q는 속도 방정식으로부터

$$\frac{Q}{W} = \int_0^H u_x dy = \frac{UH}{2} \tag{11.31}$$

과 같이 구하여진다. 속도 구배의 경우와 마찬가지로, 부피 유속은 유체의 구성 방정식에 무관하다 — 이는 유체가 뉴톤성이던 PLF이던 마찬가지이다.

축방향 환형 Couette 흐름 가공 공정(예를 들어, 11.5.2절에 도식화한 전선 코팅)의 모델로 사용할 수 있는 중요한 형태(geometry)는 두 개의 동심 실린더로 이루어지며, 여기에서 안쪽 실린더(예를 들어, 선(wire))는, 그림 11-23에 나타난 것처럼, 일정한 선형 속도, U로 당겨진다.

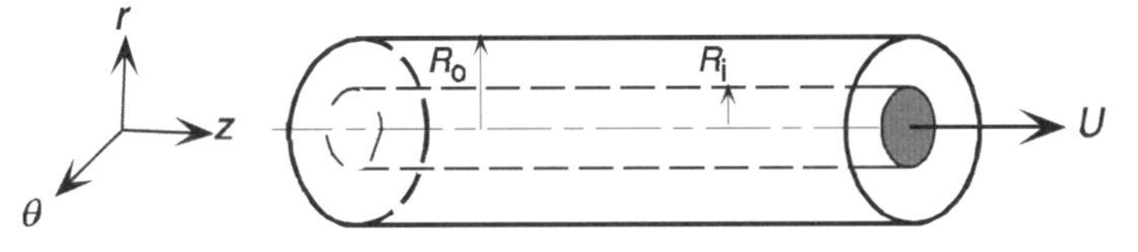

그림 11-23 축방향 환형 Couette 흐름의 도식. 안쪽 실린더는 속도 U로 당겨진다.

뉴톤 흐름에서 이 문제의 풀이는 다음과 같이 쉽게 구하여진다.

$$\frac{u_z}{U} = \frac{\ln(r/R_o)}{\ln\kappa} \tag{11.32}$$

여기에서 $\kappa = R_i/R_o$이다. PLF에서의 풀이는 다음과 같이 주어진다.*

$$\frac{u_z}{U} = \frac{1}{\kappa^q - 1}\left[\left(\frac{r}{R_o}\right)^q - 1\right] \tag{11.33}$$

여기에서

---

* 축방향 환형 Couette 흐름의 경우, 뉴톤 흐름에서의 u_z와 Q의 해는 $n = 1(q = 0)$로 두었을 때의 PLF의 결과로부터 구할 수가 없으므로 독립적으로 구해야 한다.

$$q = 1 - \frac{1}{n} \tag{11.34}$$

이다. 부피 흐름 속도는 다음과 같이 구하여진다.

$$Q = 2\pi \int_{R_i}^{R_o} r u_z(r)\, dr \tag{11.35}$$

식 (11.33)을 이용하여 적분을 하면 축방향 환형 Couette 흐름에서의 지수법칙 유체의 Q (무차원)에 대한 관계식은 다음과 같이 구하여진다.

$$\frac{Q}{2\pi R_o(R_o - R_i)U} = \frac{1}{q+2}\frac{1-\kappa^{q+2}}{(1-\kappa)(\kappa^1 - 1)} - \frac{1+\kappa}{2(\kappa^q - 1)} \tag{11.36}$$

이 경우에, Q는 단위 시간당 선(wire) 상에서 압출된 코팅의 부피라는 일반적 의미를 가진다. 실제 선 코팅 작업의 완전한 분석은 위에 나타낸 것보다 더 복잡한데, 이는 항력 흐름에 압력 흐름의 중첩이 일어나기 때문이다. 압력 흐름은 선 코팅 다이에 압축기를 연결한 결과로서 도입된다.

11.4 유변 측정

응력과 전단 속도의 관계, 따라서 전단 속도에 대한 겉보기 점도의 의존성은, 앞 절에서 논의한 바와 같이 간단한 압력이나 전단 형태(shear geometry)를 이용한 다양한 기술로 넓은 온도 범위에서 결정할 수 있다. 이는 각각 두 개의 회전 실린더에서의 모세관 흐름과 동심 실린더에서의 간단한 전단 흐름에 기초한 모세관 유동 측정과 Couette 유동 측정을 포함한다. 콘-플레이트(cone-and-plate)와 평행판(parallel-plate) 점도 측정을 포함한 다른 일반적 방법들은 전단면에 수직인 방향으로 장착된 힘 변환기의 측정을 통한 수직 응력(normal stress)에 관련된 정보를 줄 수 있다. 직사각형 통로를 지나는 압력 흐름에서의 출구압을 측정하는 데 사용할 수 있는 슬릿 레오미터(slit rheometer)는 일반적인 가공 조건에서의 수직 응력을 측정하는 데도 이용될 수 있다. 이 장에서는 모세관, Couette와 콘-플레이트(con-and-plate) 유변 측정기에 대해 논하기로 한다. 유변 측정(rheometry)의 완전한 논의는 이 장 마지막 부분의 추천 문헌 목록에서 인용된 Nielsen, Middleman과 Walters의 책들과 같은 수많은 우수한 책들에서 찾을 수 있을 것이다.

11.4.1 모세관 유변 측정기

관을 통한 압력 흐름의 이해는 모세관 다이에서의 비뉴톤성 물체의 흐름에 관한 모델을 제공하는 것 외에도, 고분자 용융체의 겉보기 점도를 $\dot{\gamma}$의 함수로 결정하는 데 이용될 수 있다. 이 방법은 모세관 **유변 측정**(capillary rheometry)이라고 불리며, $\dot{\gamma}$의 범위는 대부분의 고분자 가공 조작 범위인 $1 \sim 10^5\ s^{-1}$ 사이이다(표 11-2 참조). 모세관에서의 유체 요소의 간단한 힘의 균형에서 볼 수 있는 바와 같이, 전단 응력($\tau_{rz} \equiv \tau_{zr}$)은

$$\tau = \frac{r\Delta p}{2L} \tag{11.37}$$

와 같이 주어지며, 이 식은 압력 저하와 중심선으로부터의 거리에만 의존하고 — 유체가 뉴톤성인가 아닌가의 여부와는 무관하다(문제 11.6 참조).

실험 과정은 알려진 치수의 모세관을 통과하는 Δp의 함수로 Q를 측정하는 것이 필요하다. 그림 11-24에 나타낸 바와 같이 모세관은 고분자 용액 또는 용융체를 함유하는 저장조(reservoir)에 부착되어 있다. 저장조에 압력을 가하면 모세관을 통하여 유체가 흐르게 된다. Δp의 값으로부터, 관의 벽면에서의 전단 응력, τ_w(모세관 흐름에서의 최대 응력)는 다음과 같이 계산된다.

$$\tau_w = \frac{R\Delta p}{2L} \tag{11.38}$$

모세관-유변 측정 데이터 분석에 사용되는 두 번째 인자는 **겉보기 전단 속도**(apparent shear rate), ϕ로서, 이는 실험적으로 측정된 부피유속, Q로부터 다음과 같이 계산된다.

$$\phi = \frac{4Q}{\pi R^3} \tag{11.39}$$

τ_w에서의 경우처럼, ϕ는 유체의 구성 관계와는 무관하다; 그러나 ϕ와 $\dot{\gamma}$ 사이의 관계식의 정확한 형태는 유체 모델에 의존한다. 예를 들어, 뉴톤 유체에서 $\dot{\gamma}_w \equiv \phi$이다. PLF의 경우, 벽면에서의 전단 속도는 다음과 같이 주어진다.

$$\dot{\gamma}_w = \frac{3n+1}{4n}\phi \tag{11.40}$$

그러면, 어떤 비뉴톤 흐름의 겉보기 점도는 τ_w(식 (11.38))에서 모델과 무관한 식의 값과 모델-의존형 GNF 모델(식 (11.5))을 통하여 $\dot{\gamma}$(예를 들어, 식 (11.40))에 대한 모델-의

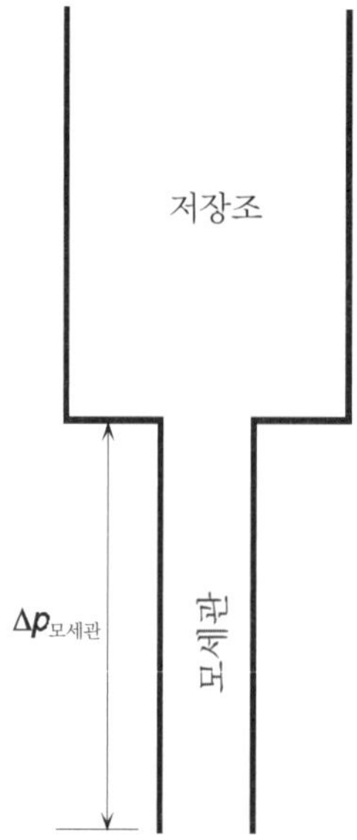

그림 11-24 모세관에 걸쳐 전체 압력 저하(Δp_{cap})를 보여 주는 압력조와 모세관

존식으로부터 다음과 같이 계산된다.

$$\eta = \frac{\tau_w}{\dot{\gamma}_w} \tag{11.41}$$

유체의 거동이 $\dot{\gamma}$의 실험적 범위 전체에서 지수법칙을 따른다면, $\log\phi$에 대해 $\log \tau_w$를 플롯하면 선형이 되고, 기울기 값은 지수법칙 지수, n과 같으며, $\log m'$의 절편은 재현성(consitency), m과 다음과 같이 연관된다.*

$$m = m'\left(\frac{4n}{3n+1}\right)^n \tag{11.42}$$

그러면 각각의 ϕ에 대한 $\dot{\gamma}$의 값은 n의 값과 식 (11.40)으로부터 계산할 수 있다.

모세관 유변 측정을 이용하는 경우의 한 가지 문제점은 위에 주어진 식들이 모델의 일반적 환경을 가정함으로써 얻어진다는 것이다: 모세관에서의 흐름은 등온이고, 완전한 형태를 갖고, 비압축이며, 층류(laminar)이고 그리고 안정하다(steady). 가장 실현하기 어려운(그리고 가장 적용하기 쉬운) 가정은 모세관 전체 길이에 걸쳐서 흐름이 완전한 형태를 취하고 있다는 점이다. 그림 11-25에서 보는 바와 같이, 모세관의 입구 영역에서 현저한 압력 저하가 일어날 수 있는데, 그 이유는 큰 지름의 저장조로부터 좁은 모세관으로 유체

* $\tau_w = m\dot{\gamma}_w{}^n$ 형태의 식 (11.24)와 식 (11.40)으로부터 $\log\tau_w = n\log\phi + \log m'$이다.

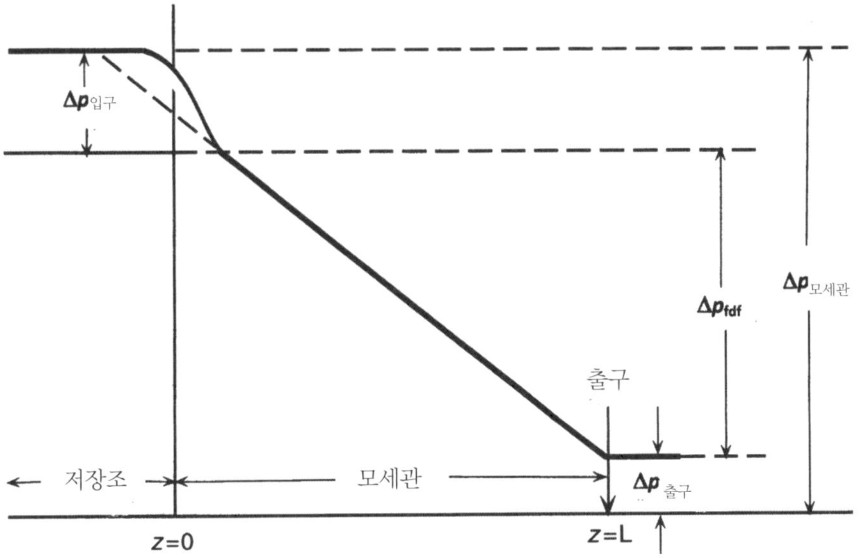

그림 11-25 저장조와 모세관 사이의 입구 영역에서 압력 저하(Δp_{ent})와 모세관을 가로지르는 압력 저하와 출구 압력(p_{exit})을 보여 주는 저장조와 모세관에서의 압력 구배(그림 11-23 참조)

가 흐르는 결과 발생하는 속도 구배의 비축방향 요소를 보조하기 위하여 여분의 응력이 필요하기 때문이다. 이런 이유로 인하여 압력 저하는 모세관 전체에 걸쳐서 비선형이다. 입구 효과(entrance effect)는 모세관이 충분히 길다고 하면 (예를 들어, $L/D > 200$) 무시할 수 있다; 그러나 용융체의 유변 측정에 사용하는 모세관들은 일반적으로 짧으므로, 어떠한 입구 효과에 대해서도 실험 데이터는 수정될 필요가 있다.

Bagley[12]는 입구 효과는 모세관의 **효과적인** 길이가 실제 길이보다 크다는 가정 하에 다루어질 수 있으며, 따라서 벽면에서의 전단 응력은 다음과 같이 수정될 수 있다고 제안하였다.

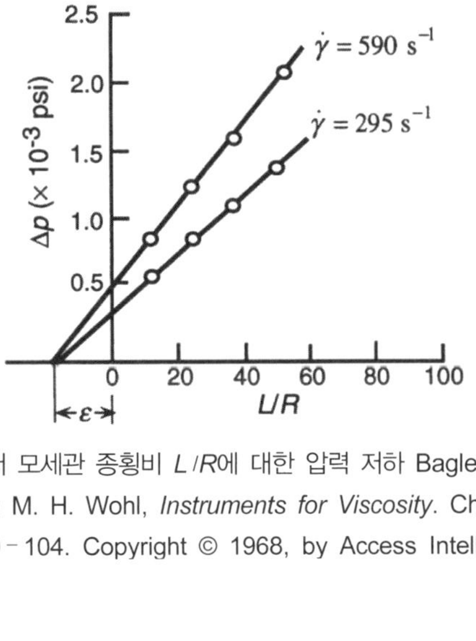

그림 11-26 2개의 다른 $\dot{\gamma}$에서 모세관 종횡비 L/R에 대한 압력 저하 Bagley 플롯. Adapted by special permission from M. H. Wohl, *Instruments for Viscosity*. Chemical Engineering, March 25, 1968. p. 99 - 104. Copyright © 1968, by Access Intelligence, New York 10005.

$$\tau_{\mathrm{W}}^{\mathrm{c}} = \frac{R\Delta p}{2(L + \varepsilon R)} \tag{11.43}$$

여기에서 ε은, 그림 11-26에서 보는 바와 같이 다른 길이의 모세관들에서 모세관의 종횡비 L/R에 대한 Δp의 플롯을 일정한 $\dot{\gamma}$에서 0 압력 저하까지 외삽하여 얻어지는 실험 인자이다. 점성 가열(viscous heating)과 모세관 흐름의 압력을 합치는 절차가 제안되었으나 [13, 14] 일반적으로 취하지는 않고 있다.

11.4.2 Couette 유변 측정기

간단한 전단 흐름의 또 다른 예는 그림 11-27에 나타낸 바와 같이 반지름 R_o인 동심원 바깥쪽의 실린더 내에서 반지름 R_i인 실린더가 일정한 각속도 Ω(일반적으로 rad s^{-1})로 돌아감으로써 생기는 원형(circular) Couette 흐름이다.

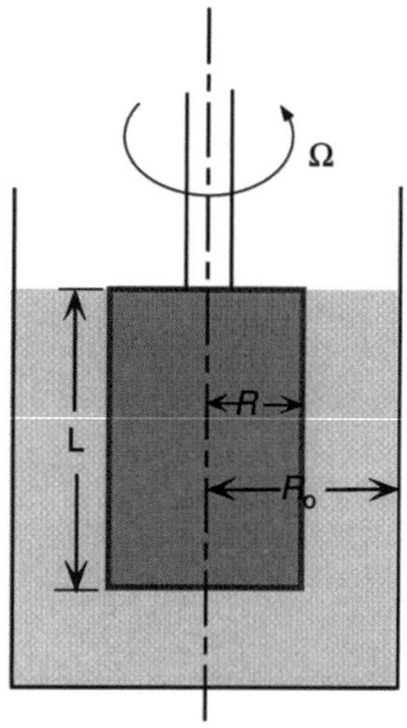

그림 11-27 Couette 유변 측정기

이런 흐름에 대한 해법은 원통형의 좌표를 사용하고, 실린더가 무한히 길어서 가장자리 효과(edge effect)를 무시할 수 있다고 가정함으로써 단순화된다.* 두 실린더의 표면에서 유체가 미끄러지지 않는다는 가정을 이용하면, 경계 조건은

$$u_{\theta}(r = R_{\mathrm{i}}) = R_{\mathrm{i}}\Omega \tag{11.44}$$

* 모세관 데이터의 Bagley 교정(correction)과 비슷한 방식으로 길이가 다른 실린더의 데이터를 취하여 가장자리 효과에 대한 교정이 이루어질 수 있다.

및

$$u_\theta\left(r=R_\mathrm{o}\right)=0 \tag{11.45}$$

이 된다. 평면 Couette 흐름과는 달리 속도 구배는 유체의 유변학적 물성에 의존한다. PLF(식 (11.13))에서 속도 벡터의 θ 성분에 대한 일반적인 해(general solution)는

$$\frac{u_\theta}{R_\mathrm{i}\Omega}=\left(\frac{r}{R_\mathrm{i}}\right)\frac{1-\left(R_\mathrm{o}/r\right)^{2/n}}{1-\kappa^{-2/n}} \tag{11.46}$$

여기에서 $\boldsymbol{\kappa}$는 종횡비 $R_\mathrm{i}/R_\mathrm{o}$이다. 다시 말해서 이는 남아 있는 원소의 속도 벡터의 성분 (즉, u_r과 u_z)이 영(zero)인 점성 흐름의 한 예이다. 물이나 광물 기름과 같은 뉴톤성 흐름 ($n=1$)에서 식 (11.46)은 다음과 같이 축소된다.

$$u_\theta=\frac{\Omega R_\mathrm{i}^2}{R_\mathrm{i}^2-R_\mathrm{o}^2}\left(r-\frac{R_\mathrm{o}^2}{r}\right) \tag{11.47}$$

전단 응력과 전단 속도에 대한 표현식은 다음과 같다.

$$\tau=\frac{M}{2\pi r^2 L} \tag{11.48}$$

및

$$\dot{\gamma}=\frac{2\Omega R_\mathrm{i}^2 R_\mathrm{o}^2}{r^2\left(R_\mathrm{i}^2-R_\mathrm{o}^2\right)} \tag{11.49}$$

여기에서 M은 측정된 토크(torque)이고, L은 안쪽 실린더의 (잠긴 부분의) 길이이다.

11.4.3 콘-플레이트 유변 측정기

고분자 용액과 용융체의 유변학적 물성을 측정하는 또 다른 중요한 방법은 그림 11-28에 나타나 있는 콘-플레이트 유변 측정기이다. 정상 전단(steady-shear)과 동적 점도(dynamic -viscosity)의 데이터 둘 다가 이 방법에 의해 구해질 수 있다. 콘의 각도, β는 일반적으로 매우 작으며(1~3 radians) – 그림 11-28에 나타난 것보다도 훨씬 더 작다. 이들 낮은 각도에서의 전단 속도는

$$\dot{\gamma} = \frac{\Omega}{\beta} \tag{11.50}$$

이며, 여기에서 Ω는 콘의 각속도이다. 동적 점도는 콘에 진동 전단(oscillatory shear)을 가함으로써 얻을 수 있다. 전단 응력, τ는 다음과 같이 나타내어진다.

$$\tau = \frac{3M}{2\pi R_c^3} \tag{11.51}$$

여기에서 M은 반지름 R_c를 가지는 콘에서 측정된 토크이다. 그러면 정상 상태 측정으로부터 겉보기 점도는 다음과 같이 구하여진다.

$$\eta = \frac{\tau}{\dot{\gamma}} \tag{11.52}$$

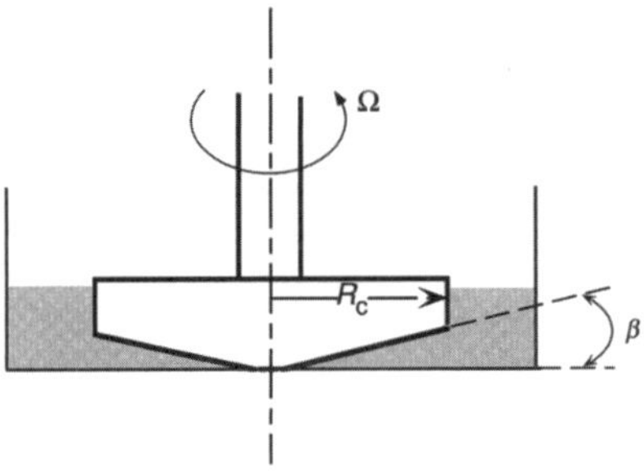

그림 11-28 콘-플레이트 유변 측정기의 도식

11.4.4 고분자 용액과 용융체의 유변 측정

콘-플레이트, Couette 실린더와 평행판 그리고 편심 회전판(eccentric rotating plate) 유변 측정기는 낮은 전단 속도로부터 적절한 수준까지의 전단 속도(예를 들어, $10^{-4} \sim 10^{-3}\ s^{-1}$)의 범위에서 겉보기 점도를 측정할 수 있다. 슬릿과 모세관 유변 측정기는 압출(표 11-2 참조)과 같은 많은 가공 조작에 일반적인 높은 전단 속도에서 사용한다. 다양한 유변 측정기(예를 들어, 콘-플레이트, 슬릿 및 모세관 유변 측정기)에 의한 측정은 그림 11-29에서 볼 수 있는 바와 같이 전단 속도의 전 영역을 망라하는 데 이용할 수 있다.

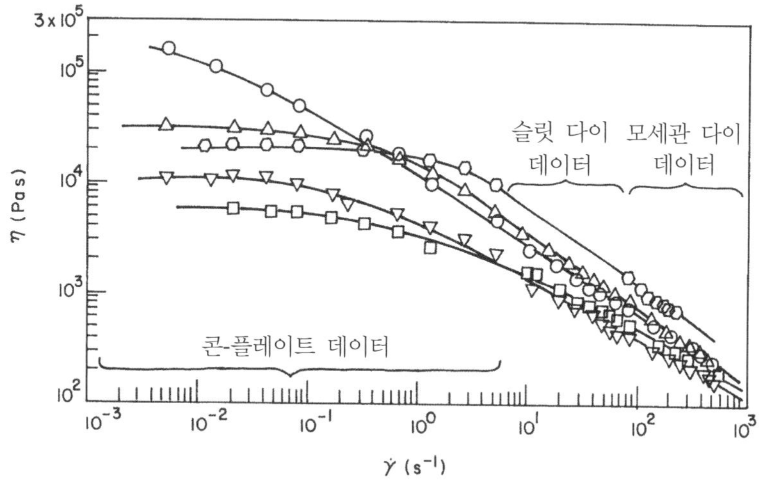

그림 11-29 200℃에서 유변각 측정기(콘-플레이트), 슬릿 다이 및 모세관 리오미터 측정 영역 전반에 걸친 전단 속도에 대한 고분자 용융체의 점도. (○) 고밀도 폴리에틸렌; (△) 폴리스타이렌; (⬡) PMMA; (▽) 저밀도 폴리에틸렌 및 (□) 폴리프로필렌. Reprinted from C. D. Han, *Rheology in Polymer Processing*. 1976, New York: Academic Press. p. 108. Copyright 1976, Academic Press.

11.5 고분자 가공 조작의 모델링

11.5.1 압출

대부분의 복잡한 고분자 가공 조작은 보다 쉽게 풀릴 수 있는 다수의 단순 흐름 조작으로 축소시킬 수 있다(11.3절 참조). 이는 전선 코팅, 중공 성형, 캘린더 가공, 압출 등과 같은 가공 조작에서 이루어진다. 고분자 가공 조작의 자세한 논의는 이 장의 범위를 벗어나므로, 독자는 이 장 끝의 추천 문헌에 인용한 우수한 참고서들을 참고하기를 권한다. 이 절에서는 압출 모델링의 기초를 일반적인 접근법으로서의 도식으로 보여 주고 있다.

11.1.1절에서 논의된 바와 같이, 압출은 세 영역–원료 공급, 압축 및 계량(metering)–으로 이루어져 있다. 압출의 모델링에서 계량 부분은 분석하기가 가장 쉬운데, 이는 공급 부분의 고체 펠렛과 압축 부분의 펠렛과 용융 고분자의 복잡한 혼합물에 비해 스크루는 균일한 용융체를 나르기 때문이다. 분명히, 압출 공정의 완전한 모델링을 위해서는 세 영역 모두를 연결 분석하는 것이 필요하다; 그러나, 계량 영역을 모델링하기 위한 보다 더 단순한 처리는 11.2절 및 11.3절에서 전개한 기초적인 유변학적인 원리를 도식화하는 데 역할을 하고, 이는 보다 복잡한 가공 문제들을 다루는 데 적용될 수 있다.

계량 영역에서의 흐름을 분석하기 위하여 아래에 설명하는 것과 같이 평면 Couette 흐름(11.3.2절)과 비슷한 방식으로 압출기 내의 스크루의 회전이 스크루 채널을 따라 용융체에 전단력이 가해진다는 개산(즉, 윤활 개산(lubrication approximation))을 한다. 압출기에 연결된 다이가 없으면 전단 흐름만이 고려되고, 모델링은 극히 쉬워진다. 이를 **개방적 방출**(open discharge) 조건이라고 부른다. 다이(예를 들어, 모세관, 슬릿 또는 고리형)가 압출기에 붙어 있다면 압력 저하는 다이(압력 흐름) 전체에 걸쳐 일어나고, 압출기를 통한 흐름은 스크루 채널을 따르는 전단 흐름과 압출 방향에 대한 압력 흐름(역흐름(back flow))의 합이다. 따라서, 부피 흐름, Q는 다음과 같이 항력(전단) 흐름과 압력 흐름의 간단한 조합으로 나타낼 수 있다.*

$$Q = Q_d - Q_p \qquad (11.53)$$

식 (11.53)으로부터 개방적 방출(즉, $Q_p = 0$)의 경우 최대 압출 출력이 나온다는 것은 명백하다. 11.3.1절에서 다양한 다이 형태를 통과하는 간단한 압력 흐름을 논하였다. 식들은 뉴톤성과 지수법칙 유체 둘 다에 대한 등온 흐름으로 주어졌다. 이들 경우에, Q는 다이 전체에 걸쳐 압력 저하의 일부 함수들로 주어진다(표 11-3 참조). 이들 관계를 다이 특성이라고 부른다.

스크루 특성(Δp 대비 Q)에 대한 식을 얻기 위하여, 흐름을 평면 Couette 흐름으로 모델링시키는 것을 허용하는 압출기 스크루 형태에 대한 몇 가지 가정이 필요하다. 간단한 스크루 형태에 대한 도식은 그림 11-30에서 보는 바와 같다. 만약, 스크루의 지름, D가 채널의 깊이, B†보다 훨씬 더 크고 스크루가 압출기 배럴(barrel)을 따라 일정한 깊이를

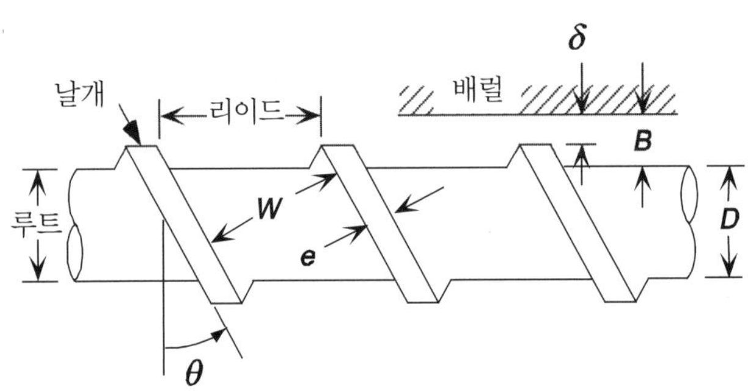

그림 11-30 압출기-스크루 형태의 도식. Adapted from S. Middleman, *Fundamentals of Polymer Processing*. 1977, New York: McGraw-Hill Book Company. Reproduced with permission of Stanley Middleman.

* 스크루 비행(flight)의 꼭대기 부분과 배럴 벽 사이의 누출로 인한 역흐름은 보통 무시된다. 이 표현은 비뉴톤성 흐름에서의 경우와는 달리 두 흐름이 결합되지 않는 뉴톤 흐름에서는 확실히 성립한다.

† 날개 간극(clearance), δ는 일반적으로 B에 대해 사소한 것으로 간주한다.

가진다고 가정하면, 그림 11-31에서와 같이, 스크루 채널은 직각의 긴 채널을 부여하기 위해 스크루 용기로부터 가시적으로 열릴 수가 있다. 그러면 스크루 채널 쪽으로 흐르는 항력 흐름은 채널 내에 용기벽 전단 유체를 가지는 평면 전단 흐름으로 모델링할 수 있게 된다. 채널벽으로 인하여 흐름은 11.3.2절에서 논의된 두 개의 무한히 넓은 평행한 판 사이의 평면 Couette 흐름과 같은 단순 흐름이 아니다. 그러나, 채널의 폭, W가 채널의 높이, B보다 훨씬 더 크다면 더 간단한 평면 Couette 흐름의 경우가 합리적인 가정이 될 수 있을 것이다.

압출 공정의 분석을 단순화시키기 위하여, 흐름은 등온이며 유체는 뉴톤성이라고 가정할 수 있다. 이런 조건하에서 $W >> B$이고 $D >> B$라는 형태 근사치를 이용하면 스크루 특성과 스크루 채널 방향의 항력과 압력 흐름의 결합은 다음과 같이 주어진다.

$$Q = AN - C\frac{\Delta p}{\mu} \tag{11.54}$$

여기에서 N은 스크루 속도(rpm)이고, μ는 뉴톤 점도이다. 인자 A와 C는 다음과 같이 스크루의 형태(그림 11-30 참조)에 따라 결정된다.

$$A = \frac{1}{2}\pi DWB\cos\theta \tag{11.55}$$

및

$$C = \frac{WB^3}{12Z} \tag{11.56}$$

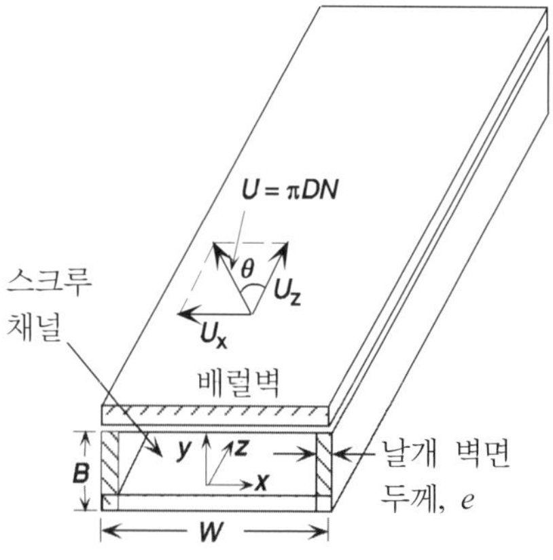

그림 11-31 열려진 스크루 채널의 형태

여기에서 Z는 스크루 채널 길이이며, 이는 압출기 전체 길이 L과 비행 각도 θ에 연관된다.

$$Z = \frac{L}{\sin\theta} \tag{11.57}$$

뉴톤 흐름에서 다이 특성은 다음의 일반식으로 나타낼 수 있다.

$$Q = \frac{k}{\mu}\Delta p \tag{11.58}$$

여기에서 k는 표 11-4에서와 같이 주어진 다이(모세관, 고리 또는 슬릿)에서의 형태의 함수이다. 뉴톤 흐름에서, 다이 특성은 스크루 특성에서처럼 Δp의 선형함수이다. 스크루(식 (11.54))와 다이(식 (11.58))에서 Δp에 대해 Q를 플롯하면 압출기와 다이를 결합시켜 조작하면 Q와 Δp의 **조작 인자**(operating parameter)를 정의하는 점에서 교차할 것이다. 또한, Δp는 뉴톤 흐름의 압출에서 압출기와 다이 사이의 질량 균형을 적용하면 분석적으로 구할 수 있다.

$$Q_{\text{extruder}} = Q_{\text{die}} \tag{11.59}$$

식 (11.54)와 (11.58)을 식 (11.59)에 대입하면 아래와 같이 조작 압력 저하를 나타낸다.

$$\Delta p = \frac{\mu AN}{k + C} \tag{11.60}$$

일단 식 (11.60)으로부터 Δp가 얻어지면, Q는 식 (11.54) 또는 식 (11.58)로부터 계산할 수 있다.

등온 조건하에서 뉴톤 흐름의 압출의 **전력 소비**(power consumption)는

$$P = E\mu N^2 Z + AN\Delta p \tag{11.61}$$

표 11-4 다이 인자, k

다이	k의 표현식
모세관	$\pi R^4/8L$
환형	$\left(\pi R_o^4/8L\right)\left[1-\kappa^4-\dfrac{\left(1-\kappa^2\right)^2}{\ln\left(1/\kappa\right)}\right]$
슬릿[a]	$WH^3F_p/12L$

[a] F_p는 종횡비 W/H의 함수로서 무한수열인 형태 요소(shape factor)이다; W/H가 영(zero)으로 무한히 접근함에 따라 F_p는 1의 극한값을 가진다(무한히 넓은 평행판을 통과하는 압력 흐름과 동일하다).

이다. 여기에서, Δp는 조작 압력이고 E는 스크루 형태로부터 결정되는 인자이다.

$$E = \left(\frac{\pi^3 D^3}{B}\right)\sin\theta\left(1 + 3\sin^2\theta\right) \tag{11.62}$$

또한, 스크루 특성은 변수를 정의함으로써 무차원 형태로 표현할 수 있다.

$$\Pi_Q = \frac{Q}{U_Z BW} \tag{11.63}$$

및

$$\Pi_p = \frac{\Delta p B^2}{\mu U_Z Z} \tag{11.64}$$

여기에서 U_Z는 스크루 채널 방향(z-방향)을 따라 스크루 배럴(screw barrel)의 선형 속도인데, 다음과 같이 주어진다.

$$U_Z = \pi DN\cos\theta \tag{11.65}$$

등온 흐름의 뉴톤 흐름에서, Π_p 대비 Π_Q를 플롯하면 그림 11-32에서와 같이 선형이 된다. 최대 압출기 출력을 제공하는 개방적 방출이 제한된 경우에는, 그림 11-32의 플롯에서와 같이, $\Pi_p = 0$일 때 $\Pi_Q = 1/2$로 된다. 이는 뉴톤성 유체에서 개방적 방출의 Q 값이 다음과 같음을 의미하며,

$$Q = \frac{1}{2}U_z BW \tag{11.66}$$

이는 두 개의 무한히 넓은 평행판 사이의 뉴톤성 유체의 항력 Couette 흐름(식 (11.31))의 표현식과 동일하다. 압출기의 경우, 평행한 두 판은 스크루 채널의 밑바닥과 압출기 배럴(윤활 근사치는 $W >> B$ 및 $D >> B$)의 안쪽 표면으로 주어진다.

또한 등온 뉴톤 흐름의 다이 특성은 다음과 같이 무차원 형태로도 주어질 수 있다.

$$\Pi_Q = \frac{\Pi_p}{12N_1} \tag{11.67}$$

여기에서 N_1은 다음과 같이 주어진다.

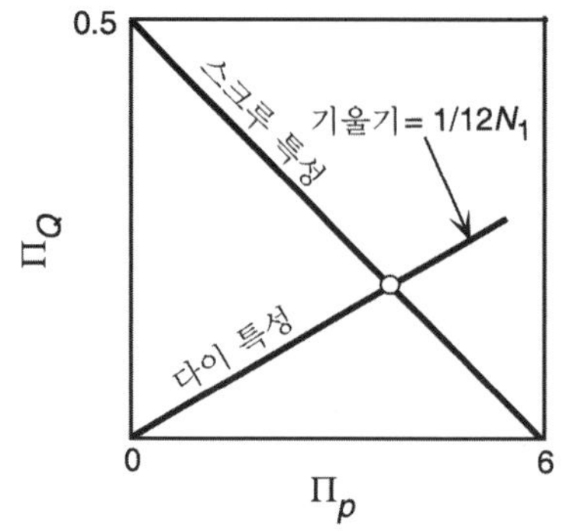

그림 11-32 등온 뉴톤 흐름에서 무차원의 스크루와 다이의 특성. Adapted from S. Middleman, *Fundamentals of Polymer Processing*. 1977, New York: McGraw-Hill Book Company. Reproduced with permission of Stanley Middleman.

$$N_1 = \frac{C}{k} \tag{11.68}$$

식 (11.68)에서 C는 스크루 형태의 함수(식 (11.56))이고, k는 표 11-4에서 주어진 바와 같이 다이 형태의 함수이다. 무차원의 다이 특성은 그림 11-32에서 볼 수 있는 스크루 특성의 플롯에 포함되어 있다. 주어진 다이와 스크루 형태에 대해 뉴톤 점도와 스크루 속도, 무차원의 스크루와 다이 특성의 교차점은 부피 스크루 출력 Q와 압력 저하 Δp의 조작 인자를 정의한다. 그러면 이 정보로부터 식 (11.61)에 주어진 압출기의 전력 요구량을 결정하는 데 이용할 수 있다.

등온 흐름과 뉴톤 흐름의 가정은 비뉴톤 흐름의 모델링으로는 다소 극단적으로 보일 수 있다; 그러나 이들은 정련(refinement)의 기초를 형성한다. 표 11-3에 주어진 바와 같이, 다이 특성은 지수법칙 유체의 등온 흐름에서 구할 수 있다. 채널 안의 PLF의 압력과 항력 흐름의 조합에서 산술적 해법 역시 구할 수 있다. 이 정보로부터 PLF 흐름에서의 스크루 특성은 그림 11-32에 볼 수 있는 바와 같이 무차원의 형태로 구할 수 있다.

보는 바와 같이, Π_Q와 Π_p 간의 관계식은 지수법칙 지수, n이 1(unity)인 경우를 제외하고는 선형이 아니다; 이는 그림 11-33에 도식한 바와 같이 등온 뉴톤 흐름에서의 한계 경우이다. 유사한 비선형은 다이 특성에도 적용되며, 따라서 뉴톤성 유체에 대해 식 (11.60)에서 주어진 Δp의 분석적 해법은 불가능하다. 그래프를 이용한 풀이에서는 압출기와 다이를 결합할 때, 조작 인자, Q와 Δp를 뉴톤성 유체에 대해 도식한 그림 11-32에서와 같이 무차원의 다이와 스크루 특성의 교차점으로 정의한다. 스크루 채널 내의 지수법칙 유체의 단열 흐름을 포함하는 부가적인 정련도 이루어졌으며 이는 실제 압출 조작을 보다 잘 나타낸다.

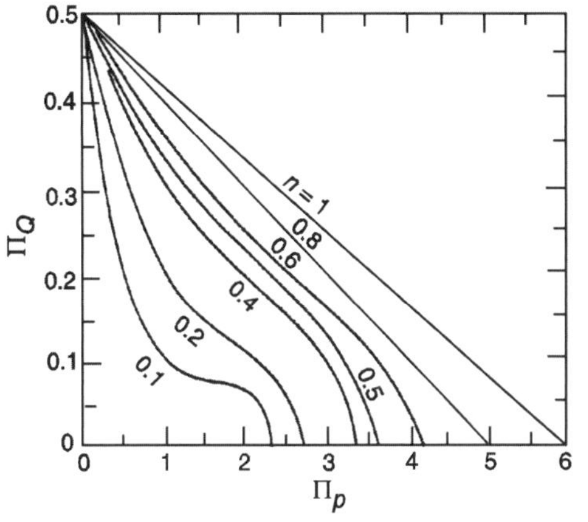

그림 11-33 등온 지수법칙 유체에서 무차원의 스크루 특성. Adapted from S. Middleman, *Fundamentals of Polymer Processing*. 1977, New York: McGraw-Hill Book Company. Reproduced with permission of Stanley Middleman.

11.5.2 전선 코팅

절연성 고분자 코팅재로 전선을 코팅하기 위해서는 압출기에 부착된 모세관 다이로 구리 전선을 밀어 넣어주어야 한다. 먼저 전선 코팅은 그림 11-34에 묘사된 것처럼 축고리 항력 흐름 모델로 접근할 수 있으며, 압력 감소가 나타날 때 또는 나타나지 않을 때의 뉴톤 및 비뉴톤 흐름 두 가지에 대한 해석을 얻을 수 있다. 이 해석의 목적은 외형(즉, 다이 경로의 길이 L과 지름 D), 다이의 조작 인자(예를 들어, 온도 및 전선의 축속도 U) 및 유체의 물성(예를 들어, 특정 온도에서의 점도, 비뉴톤 흐름인 경우의 전단율)에 의해 주어지는 코팅의 두께, h에 대한 식을 구하는 것이다. 또한 이 조작을 해석하면 조작의 차이나 변수의 변화가 절연재의 최종 코팅 두께에 미치는 영향 또는 특정 두께를 얻기 위하여 변수를 고정하는 방법을 예측할 수 있다. 가장 실질적이나 가장 어려운 문제는 압력 감소하에서의 PLF의 고리 항력 흐름(annular drag flow)이다; 그러나, 아래에 나타낸 것처럼

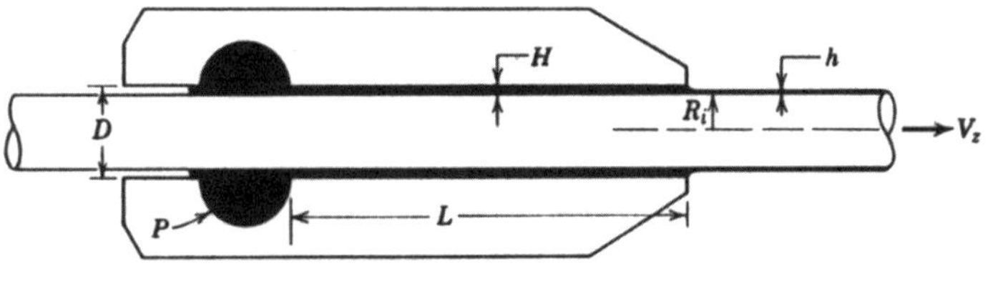

그림 11-34 전선 코팅 조작의 도식. Reproduced from J. M. McKelvey, *Polymer Processing*. 1962, New York: Wiley & Sons, with permission of James M. McKelvey.

개구부(open discharge) 조건하에서 뉴톤성 유체의 고리 항력 흐름을 단순화하면 이 모델링 문제에 대한 일반적인 접근법을 설명하는 데 도움이 된다.

코팅의 흐름 속도의 질량, $\dot{m}_c$는 다음과 같이 구할 수 있다.

$$\dot{m}_c = V_z A_c \rho \tag{11.69}$$

여기에서 V_z는 다이를 통과하는 전선의 축속도, ρ는 다이의 출구 온도에서 코팅의 밀도, 그리고 A_c는 코팅 단면적(cross-sectional area)이다. 전선의 반지름 R_i와 코팅의 두께 h가 주어지면, 식 (11.69)는 다음과 같이 된다.

$$\dot{m}_c = V_z S\left[\left(R_i + h\right)^2 - R_i^2\right]\rho \tag{11.70}$$

질량 균형은 압출된 코팅의 질량 흐름 속도와 다이 내에서의 항력 흐름으로 인한 질량 흐름을 동일시한다.

$$\dot{m}_d = \rho' Q \tag{11.71}$$

여기에서 ρ'는 다이 내부 온도에서 고분자의 밀도, Q는 다이에서 전선의 축고리 항력으로 인한 부피 흐름 속도이다. PLF의 Q에 대한 풀이는 식 (11.36)에 주어져 있다. 11.3.2 절에서 논한 바와 같이 단순히 $n=1$이라고 할 때, 식 (11.36)으로부터 직접 뉴톤성 유체에 대한 Q를 구하는 것은 가능하지 않다. 뉴톤 흐름에 대한 실제 풀이는 다음과 같이 주어진다.

$$Q = -2\pi R\left(R - R_i\right)\frac{2\kappa^2 \ln\kappa - \kappa^2 + 1}{4\left(1-\kappa\right)\ln\kappa} \tag{11.72}$$

여기에서

$$\kappa = \frac{R}{R_i} \tag{11.73}$$

이다. 식 (11.73)을 식 (11.72)에 대입한 후 질량 흐름 속도를 같게 하였을 때($\dot{m}_c = \dot{m}_d$) 주어지는 이차 방정식의 풀이는

$$h' = \frac{h}{R_i} = \left[1 - \frac{2\rho'}{\kappa\rho}\left(\frac{1}{\kappa} - 1\right)F\left(\kappa\right)\right]^{1/2} - 1 \tag{11.74}$$

로 된다. 여기에서 h'는 무차원 코팅의 두께이며 그리고

$$F(\kappa)=\frac{2\kappa^2\ln\kappa-\kappa^2+1}{4(1-\kappa)\ln\kappa} \tag{11.75}$$

이다. 식 (11.74)가 보여 주는 흥미 있는 결과는 뉴톤성 유체에 대한 코팅 두께는 다이와 전선의 직경의 주된 함수이지만, 전선의 속도와 유체의 점도에는 무관하다는 점이다.

PLF에 대해 등온 흐름의 무차원 두께는 다음 식으로 주어진다.

$$h'=\left[1-\frac{2\rho'}{\kappa\rho}\left(\frac{1}{\kappa}-1\right)H(\kappa,q)\right]^{1/2}-1 \tag{11.76}$$

여기에서

$$H(\kappa,q)=\frac{1}{q+2}\frac{1-\kappa^{q+2}}{(1-\kappa)(\kappa^q-1)}-\frac{1+\kappa}{2(\kappa^q-1)} \tag{11.77}$$

및

$$q=1-\frac{1}{n} \tag{11.78}$$

이다. 다시 말하여, 코팅 두께는 전선 속도에는 무관하지만 유체의 지수법칙 지수 n(즉, 점도)에는 의존한다. 온도가 상승하면 n은 증가할(즉, 더 작은 전단 묽어짐) 것이고, 따라서 h'도 증가하여야 한다.

결합된 항력과 압력 감소의 경우, 전체 부피 흐름은 뉴톤 흐름에 대해서만은 더해진다 ($Q=Q_d+Q_p$). 이 문제에 대한 풀이는 다이를 가로지르는 압력 감소의 증가는 코팅 두께를 증가시킴을 보여 준다. PLF에 대한 결과는 u_z에 대한 동적 방정식(부록 A.2 참조)의 풀이를 요구하므로 약간 더 어렵다. 이 장의 마지막 부분의 추천 문헌에 수록된 우수한 도서와 같은 여러 고분자 가공 교과서에서 해법을 구할 수 있다.

부록

A.1 ▶ WLF 인자와 자유 부피 간의 관계식

Doolittle 식[15, 16]은 다음과 같은 점도와 자유 부피 분율 f를 연관시킨다.

$$f = \frac{V_f}{V} \tag{A.1}$$

여기에서 V는 온도 T에서 고분자의 실제 부피이다. Doolittle 식은

$$\ln\eta(T) = \ln A + B\left(\frac{1}{f} - 1\right) \tag{A.2}$$

와 같이 주어지며, 여기에서 A와 B는 상수이다. 그러면 $T = T_g$에 상응하는 식은

$$\ln\eta(T_g) = \ln A + B\left(\frac{1}{f_g} - 1\right) \tag{A.3}$$

이 된다. 여기에서 f_g는 T_g에서의 자유 부피 분율이다. 주어진 온도, T에서 자유 부피 분율, f는 f_g와 다음과 같이 연관된다.

$$f = f_g + \alpha_f\left(T - T_g\right) \tag{A.4}$$

여기에서 α_f는 자유 부피의 열팽창 계수이다.

$$\alpha_f = \left(\frac{\partial V_f}{\partial T}\right)_p \tag{A.5}$$

식 (A.2)에서 식 (A.4)를 식 (11.7)에 대입하면

$$\log a_{\mathrm{T}} = \log \frac{\eta(T)}{\eta(T_{\mathrm{g}})} = -\left(\frac{\mathrm{B}}{2.303 f_{\mathrm{g}}}\right)\left[\frac{T - T_{\mathrm{g}}}{\left(f_{\mathrm{g}}/\alpha_{\mathrm{f}}\right) + T - T}\right] \tag{A.6}$$

이 된다. log a_{T}에 대한 식 (A.6)을 WLF 식(식 (5.127))과 비교하면 WLF 인자에 대해 다음과 같은 관계를 나타낸다.

$$C_1 = \frac{B}{2.303 f_{\mathrm{g}}} \tag{A.7}$$

및

$$C_2 = \frac{f_{\mathrm{g}}}{\alpha_{\mathrm{f}}} \tag{A.8}$$

자유 부피의 열팽창 계수는 일반적으로 구할 수 없으므로,* 팽창법(4.3.2절 참조)으로 쉽게 구할 수 있는 용융체의 열팽창 계수를 이용할 수 있다.

A.2 동적 방정식과 연속 방정식

A.2.1 직교 좌표

x-성분:

$$\rho\left(\frac{\partial u_x}{\partial t} + u_x \frac{\partial u_x}{\partial x} + u_y \frac{\partial u_x}{\partial y} + u_z \frac{\partial u_x}{\partial z}\right) = -\frac{\partial p}{\partial x} + \left(\frac{\partial \tau_{xx}}{\partial x} + \frac{\partial \tau_{yx}}{\partial y} + \frac{\partial \tau_{zx}}{\partial z}\right) + \rho g_x \tag{A.9}$$

y-성분:

$$\rho\left(\frac{\partial u_y}{\partial t} + u_x \frac{\partial u_y}{\partial x} + u_y \frac{\partial u_y}{\partial y} + u_z \frac{\partial u_y}{\partial z}\right) = -\frac{\partial p}{\partial y} + \left(\frac{\partial \tau_{xy}}{\partial x} + \frac{\partial \tau_{yy}}{\partial y} + \frac{\partial \tau_{zy}}{\partial z}\right) + \rho g_y \tag{A.10}$$

---

* 자유 부피의 열팽창 계수는 양전자 소멸 분광기(positron annihilation spectroscopy)나 분자 시뮬레이션(molecular simulation)으로 구할 수 있지만, 현재 그 데이터는 극히 제한적이다.

z-성분:

$$\rho\left(\frac{\partial u_z}{\partial t}+u_x\frac{\partial u_z}{\partial x}+u_y\frac{\partial u_z}{\partial y}+u_z\frac{\partial u_z}{\partial z}\right)=-\frac{\partial p}{\partial z}+\left(\frac{\partial \tau_{xz}}{\partial x}+\frac{\partial \tau_{yz}}{\partial y}+\frac{\partial \tau_{zz}}{\partial z}\right)+\rho g_z \quad \text{(A.11)}$$

연속 방정식:

$$\frac{\partial u_x}{\partial x}+\frac{\partial u_y}{\partial y}+\frac{\partial u_z}{\partial z}=0 \quad \text{(A.12)}$$

A.2.2 원통 좌표

r-성분:

$$\rho\left(\frac{\partial u_r}{\partial t}+u_r\frac{\partial u_r}{\partial r}+\frac{u_\theta}{r}\frac{\partial u_r}{\partial \theta}-u_z\frac{\partial u_r}{\partial z}\right)=-\frac{\partial p}{\partial r} \quad \text{(A.13)}$$

θ-성분:

$$\rho\left(\frac{\partial u_\theta}{\partial t}+u_r\frac{\partial u_\theta}{\partial r}+\frac{u_\theta}{r}\frac{\partial \theta}{\partial u_\theta}-\frac{u_r u_\theta}{r}+u_z\frac{\partial u_\theta}{\partial z}\right)=-\frac{1}{r}\frac{\partial p}{\partial \theta}$$

$$+\left[\frac{1}{r^2}\frac{\partial}{\partial r}\left(r^2\tau_{r\theta}\right)+\frac{1}{r}\frac{\partial \tau_{\theta\theta}}{\partial \theta}+\frac{\partial \tau_{\theta z}}{\partial z}\right]+\rho g_\theta \quad \text{(A.14)}$$

z-성분:

$$\rho\left(\frac{\partial u_z}{\partial t}+u_r\frac{\partial u_z}{\partial r}+\frac{u_\theta}{r}\frac{\partial u_z}{\partial \theta}+u_z\frac{\partial u_z}{\partial z}\right)=-\frac{\partial p}{\partial z}+\left[\frac{1}{r}\frac{\partial}{\partial r}\left(r\tau_{rz}\right)+\frac{1}{r}\frac{\partial \tau}{\partial \theta}+\frac{\partial \tau_{zz}}{\partial z}\right]+\rho g_z \quad \text{(A.15)}$$

연속 방정식:

$$\frac{1}{r}\frac{\partial}{\partial r}\left(ru_r\right)+\frac{1}{r}\frac{\partial u_\theta}{\partial \theta}+\frac{\partial u_z}{\partial z}=0 \quad \text{(A.16)}$$

추천 문헌

Aharoni, S. M., *Critical Concentration for Intermolecular Interpenetration and Entanglements*. Journal of Macromolecular Science: Part B: Physics: 1978. **B15**: p. 347.

Alberino, L. M., *Reaction Injection Molding: Review and Overview*. Polymer News, 1985. **11**: p. 135.

Barnes, H. A., J. F. Hutton, and K. Walters, *An Introduction to Rheology*. 1989, Amsterdam: Elsevier.

Choi, H. J., and M. S. Jhon, *Polymer-Induced Turbulent Drag Reduction*. Industrial and Engineering Chemistry Research, 1996. **35**: p. 2993.

Darby, R. *Taking the Mystery Out of Non-Newtonian Fluids*. Chemical Engineering, March 2001, p. 66.

Denn, M. M., *Extrusion Instabilities and Wall Slip*. Annual Review of Fluid Mechanics, 2001. **33**: p. 265.

Han, C. D., *Rheology in Polymer Processing*. 1976, New York: Academic Press.

McCrum, N. G., C. P. Buckley, and C.B. Bucknall, *Principles of Polymer Engineering*. 1988, New York: Oxford University Press.

McKelvey, J. M., *Polymer Processing*. 1962, New York: John Wiley & Sons.

Middleman, S., *The Flow of High Polymers*. 1968, New York: Interscience Publishers.

Middleman, S., *Fundamentals of Polymer Processing*. 1977, New York: McGraw-Hill Book Company.

Morton-Jones, D. H., *Polymer Processing*. 1989, London: Chapman and Hall.

Nielsen, L. E., *Polymer Rheology*. 1977, New York: Marcel Dekker, Inc.

Tadmor, Z., and C. G. Gogos, *Principles of Polymer Processing*. 1979, New York: John Wiley & Sons.

Walters, K., *Rheometry*. 1975, London: Chapman and Hall.

Wilkes, G. L., *An Overview of the Basic Rheological Behavior of Polymer Fluids*. Journal of Chemical Engineering, 1981. **58**: p. 880.

문제

11.1 폴리(바이닐 아세테이트)(PVAc)를 180°C의 일정한 온도에서 램(ram)(저장조)의 직경이 0.375 in.이며 모세관의 내경이 0.041 in.이고, 길이는 0.622 in.를 갖는 모세관 레오미터를 통하여 압출한다. 아래의 데이터는 램의 하중 변화에 따라 0.0737 $in.^3$를 압출할 때의 유출 시간(efflux time)을 보여 주고 있다. 이들 데이터를 이용하여:

램 하중(ibf)	유출 시간(min)
97.5	5.32
145	1.58
217	0.31
250	0.17

(a) PVAc에 대한 지수법칙 인자 n과 m을 구하고, 결과를 얻는 데 사용된 모든 가정을 기술하시오.

(b) 로그 좌표를 이용하여 벽면에서의 명목(nominal) 전단 속도, $\dot{\gamma}_w(s^{-1})$에 대한 겉보기 점도, η(단위: Pa-s)를 플롯하시오.

11.2 483 K에서 모세관을 흐르는 폴리스타이렌의 무차원 속도 구배를 플롯하시오.

11.3 도식한 바와 같이, 동일한 길이의 두 개의 모세관이 지수법칙 유체를 담고 있는 동일한 액체 저장조에 연결되어 있다. 두 관의 반지름은 2배 차이가 난다. 압력이 저장조에 가해지면, 두 관에서의 부피 흐름 속도가 40배만큼 차이가 난다. n의 값은 얼마인가? 두 경우에 명목 전단 속도는 얼마나 다른가?

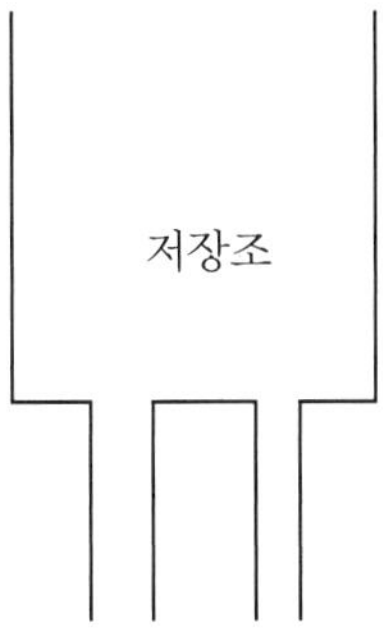

11.4 용융된 폴리스타이렌이 210°C의 원형관을 통과하여 1000 psi의 압력 강하가 생긴다. 관의 내부 지름이 0.25 in.이고 길이가 3 in.일 때, 다음을 계산하시오:

(a) N m^{-2}의 단위로 벽면에서의 (명목) 전단 응력

(b) s^{-1}의 단위로 벽면에서의 (명목) 전단 속도

(c) cm^3 s^{-1}의 단위로 부피 흐름 속도

흐름은 등온이고, 정상 상태이며 완전히 전개된 형태를 갖는다고 가정한다.

11.5 **(a)** 인장(Trouton's) 점도가 다음과 같이 정의되고,

$$\eta_T = \frac{\sigma}{\dot{\varepsilon}}$$

여기에서 σ와 ε은 각각 참인장 응력(true tensile stress)과 참변형(true strain)이며, 점도는 $\dot{\varepsilon}$에 무관하고 시료의 초기 길이가 L_o일 때, 다음 식을 증명하시오.

$$\ln L = \left(\frac{1}{\eta_T}\right)\sigma t + \ln L_o$$

(b) 상온의 조건에서 폴리아이소뷰틸렌(분자량 800,000) 조각(strip)에 인장 방향으로 고정된 하중이 걸려 있다. 초기에, 시편은 0.699 cm×6.0 cm×0.155 cm (폭×길이×두께)이다. 시편은 수직 방향으로 매달려 있고, 시편의 아랫부분에 75 g의 질량이 매달려 있다. 이 시편의 길이를 시간의 함수로 기록하였다:

시간(min)	1	2	3	6	12	15	18	21	24
길이(cm)	6.90	7.00	7.10	7.25	7.48	7.60	7.69	7.79	7.90

σt에 대한 ln L의 형태로 주어진 데이터를 플롯하고, η_T의 값을 SI 단위로 구하시오. 데이터의 직선 부분을 외삽하여 얻은 플롯에서 실제 절편의 가능한 현상학적 중요성에 대해 논하시오.

11.6 모세관을 통과하는 압력 흐름에서의 전단 응력을 정의하는 식 (11.37)이 실린더 요소에서는 압력과 전단력의 균형을 취함으로써 보정된다는 사실을 보이시오.

11.7 2-in.의 용융 압출기가 형태 요소(form factor), F_p가 0.5인, 슬릿 다이를 통해 뉴톤성 유체를 펌프한다. 작업 조건에서의 유체의 점도, μ는 0.2 lb_f-s in^{-2}이다. 슬릿 다이의 규격은 1 in×0.8 in×3 in.(폭×높이×길이)이다. 압출기의 형태학적 인자는 아래 표와 같다.

압출기 형태	
압출기 길이, L_{extr}	14.75 in.
스크루 지름, D	1.982 in.
채널 길이, B	0.166 in.
비행 각, θ	30°
채널 폭, W	11 in.

등온 조건하에서 압출기의 스크루가 60 rpm으로 회전할 때, 다음의 값들을 계산하시오.

(a) psi로 압력 강하 Δp

(b) $in.^3$ min^{-1}로 부피 흐름 속도 Q

(c) hp로(1 hp=500 ft-lb_f s^{-1}) 압출기를 작동시키기 위해 필요한 전력 P

11.8 이 장의 부록 A.2.2에서 주어진 원통 좌표의 동적 방정식을 이용하여, 모세관에서 등온이고, 정상 상태이며, 완전한 형태를 갖는 적층 흐름(laminar flow)을 가진다는 일반적인 가정 하에서 식 (11.23)이 어떻게 구해질 수 있는지 보이시오. 식 (11.23)을 얻는 데 필요한 모든 부가적인 가정들을 기술하시오.

11.9 모세관을 통과하는 압력 흐름에서 지수법칙 유체(power-law fluid)의 속도 구배에 대한 식 (11.25)를 유도하시오.

11.10 Couette 유변 측정기에서 지수법칙 유체의 속도 u_θ에 대한 식 (11.46)을 유도하시오.

11.11 전선 코팅 다이에서 뉴톤성 유체의 축고리(axial annular) Couette 흐름에 대해 식 (11.72)와 식 (11.74)를 유도하시오.

11.12 점도가 15,000 poise인 어떤 뉴톤성 유체가 내부 지름이 0.08 in인 고리 다이를 통과하는 지름 0.06 in.의 전선에 코팅된다. 다이의 길이는 1.25 in.이다. 등온 흐름이라 가정할 때, 전선이 두께 0.06 in.로 일정하게 코팅되게 하기 위해 다이를 지날 때 요구되는 압력 강하(in psi)를 계산하시오. 전선은 100 ft min^{-1}로 이동하고 있다. 다이에서 명목 전단 속도는 얼마인가?

11.13 전선 코팅 조작에서 PLF에 대한 식 (11.76)을 유도하시오.

참고 문헌

1. Baekeland, L. H., *The Synthesis, Constitution, and Uses of Bakelite.* Journal of Industrial and Engineering Chemistry, 1909. **1**: p. 149–161.
2. Lomellini, P., *Viscosity-Temperature Relationships of a Polycarbonate Melt: Williams–Landel–Ferry versus Arrhenius Behaviour.* Makromolekulaire Chemie, 1992. **193**: p. 69–79.
3. Cohen, M. H. and D. Turnbull, *Molecular Transport in Liquids and Glasses.* Journal of Chemical Physics, 1959. **31**(5): p. 1164–1169.
4. Mewis, J., *Thixotropy—A General Review.* Journal of Non-Newtonian Fluid Mechanics, 1979. **6**: p. 1–20.
5. Wang, C. S. and J. R. Fried, *Viscoelastic Properties of Concentrated Cellulose Acetate Solutions.* Journal of Rheology, 1992. **36**(5): p. 929–945.
6. Onogi, S., et al., *Effects of Molecular Weight and Concentration on Flow Properties of Concentrated Polymer Solutions.* Journal of Polymer Science, Polymer Symposium, 1966. **15**(1): p. 381–406.
7. Carreau, P. J., *Rheological Equations from Molecular Network Theories*. PhD Dissertation, Department of Chemical Engineering, University of Wisconsin. 1992.
8. Wang, S.-Q., P. A. Drda, and Y.-W. Inn, *Exploring Molecular Origins of Sharkskin, Partial Slip, and Slope Change in Flow Curves of Linear Low Density Polyethylene.* Journal of Rheology, 1996. **40**(5): p. 875–898.
9. Pudjijanto, S. and M. M. Denn, *A Stable "Island" in the Slip-Stick Region of Linear Low-Density Polyethylene.* Journal of Rheology, 1994. **38**(6): p. 1735–1744.
10. Toms, B. A., *Observations on the Flow of Linear Polymer Solutions through Straight Tubes at Large Reynolds Numbers.* Proceedings of the International Congress on Rheology, 1948. **2:** p. 135–141.
11. Burger, E. D., L. G. Chorn, and T. K. Perkins, *Studies of Drag Reduction Conducted over a Broad Range of Pipeline Conditions When Flowing Prudhoe Bay Crude Oil.* Journal of Rheology, 1980. **24**: p. 603–636.
12. Bagley, E. B., *End Corrections in the Capillary Flow of Polyethylene.* Journal of Applied Physics, 1957. **28**(5): p. 624–627.
13. Kamal, M. R. and H. Nyun, *Capillary Viscometry: A Complete Analysis Including Pressure and Viscous Heating Effects.* Polymer Engineering and Science, 1980. **20**(2): p. 109–119.
14. DeKee, D. and R. F. Wissbrun, *Polymer Rheology*. Physics Today, June 1998. p. 24–29.
15. Doolittle, A. K., *Studies in Newtonian Flow. II. The Dependence of the Viscosity of Liquids on Free Space.* Journal of Applied Physics, 1951. **22**(12): p. 1471–1475.
16. Doolittle, A. K., *Studies in Newtonian Flow. III. The Dependence of the Viscosity of Liquids on Molecular Weight and Free Space (in Homogeneous Series).* Journal of Applied Physics, 1952. **23**(2): p. 236–239.

제 12 장

첨단기술용 고분자

앞 장에서 논의한 바와 같이 플라스틱은 섬유, 타이어, 포장용(필름 및 용기)과 같은 범용 제품(commodity products)으로 중요한 물질이다. 고분자들, 특히 열경화성 플라스틱은 자동차, 해양 및 우주항공용 재료와 같은 복합 재료로 널리 이용되고 있다. 대부분의 시장들은 성숙기에 있고, 장래 성장률은 낮을 것으로 예측된다; 그러나 덜 확실하면서도 잠재성을 가지며 나아가서 새로운 기술과 성장을 향하여 도전하는 고분자들의 응용 분야는 아직도 매우 다양하다. 이들 분야로는 공기 및 물 정화용, 화학 및 생명공학에서의 중요한 분리용 그리고 연료 전지의 양성자 전도(proton conduction)용 고분자 분리막을 들 수 있다. 고분자들은 또한 약물 방출 조절, 인공장기 및 단백질 합성에서의 이용을 포함하여 의학에서도 응용되고 있다. 일부 고분자들은 전기 전도성을 갖게 하여 반도체 산업에서의 가능성을 나타낸다. 다른 특수 용도로서는 태양 에너지 전환용 전지 및 광전지용 경량 전극과 전해질로서의 사용을 들 수 있다. 새로이 개발된 고분자들은 특별한 광학 특성으로 방위산업으로부터 큰 관심을 끌고 있다. 본 장에서는 고분자 과학과 공학에서 이렇게 떠오르는 분야의 청사진을 제시하고자 한다.

12.1 막의 과학과 기술

고분자에서 기체와 액체의 용해도와 확산도는 고분자의 화학 구조, 형태, 결정화도와 사슬의 이동성에 따라 수십에서 수백, 수천 배 이상 차이가 날 수 있다. 이러한 차이는 기체와 액체 혼합물의 분리, 연료 전지용 막을 통한 수소 이온의 전달, 그리고 습기 및/또는 산소에 의한 손상을 방지하기 위한 음식 포장기술과 같은 여러 부분에 고분자를 사용할 수 있는 기회를 제공해 준다.

12.1.1 장벽 고분자

기체와 수증기를 위한 좋은 장벽 물질은 포장용 필름, 플라스틱 음료병 및 전기 부품의 캡슐화에 중요하다(12.3.6절 참조). 어림값으로는 25°C, 0% 습도 조건에서 10^{-11} cm^3-cm / cm^2-s cmHg보다 낮은 투과도 혹은 투과도 계수(permeability coefficient) (P)*를 가진 고분자가 장벽 고분자로 여겨진다. 일반적으로 폴리아크릴로나이트릴(PAN)과 관련된 고분자, 폴리메타크릴로나이트릴(PMAN, 구조 1)과 같은 높은 나이트릴 작용기를 가진 고분자가 높은 기체 장벽 물성(high gas-barrier properties)을 갖는다[1]. 우수한 이산화 탄소의 차단 성질 때문에, 폴리(에틸렌 테레프탈레이트)는 탄산가스로 포화시킨 음료수의 플라스틱 병 재료로 쓰이고 있다. 표 12-1에 나와 있는 데이터에서 볼 수 있듯이, 소수성이 강한 폴리에틸렌이나 폴리프로필렌과 같은 폴리올레핀은 물을 차단하기에 좋은 물질이다. 저밀도 폴리에틸렌 필름은 시리얼박스 제품의 안쪽 포장재료(산소와 습기 차단용)로 쓰이고 있다. 폴리(바이닐 알코올)과 같은 다소 극성인 고분자들은 좋은 기체 차단 성질을 가지고 있으나 습기를 막는 성질은 부족하다. 폴리(바이닐리덴 클로라이드)(Saran)와 같은 고분자들은 기체와 수분 투과도가 낮다. 상당한 수용성 고분자들은 팽창할 것이고,

표 12-1 25°C에서 몇 종류의 고분자들의 투과도 계수[a]

고분자	$P(O_2)$[b]	P(물)[c]
폴리(바이닐 알코올)	~0.0001	~5000
폴리아크릴로나이트릴	~0.002	2.45
폴리(바이닐리덴 클로라이드)	0.012	~0.052
폴리메타크릴로나이트릴	0.012	3.32
폴리(에틸렌 테레프탈레이트)	0.42	3.2
폴리(바이닐 클로라이드)	0.48	2.5
폴리(바이닐 아세테이트)	3.3	107
폴리프로필렌	10.8	0.42
폴리에틸렌(저밀도 폴리에틸렌, LDPE)	2930.0	0.83
폴리아이소뷰틸렌	90.0	9.2
폴리다이메틸실록세인	~3000	80.5

[a] 참고 문헌 [1]의 자료

[b] $P\times10^{11}$ cm^3-cm/cm^2-sec cmHg at 0% humidity

[c] $P\times10^{11}$ g-cm/cm^2 sec cmHg

그 결과 건조할 때보다 습할 때, 더 높은 기체 투과도를 나타낸다(즉, 낮은 기체 차단 물성(lower gas-barrier properties)). Salame[2]은 기체 투과도를 예측하는, 특히 장벽 고분자에 대한 기체 및 액체 투과도를 산출하는 간단한 그룹-기여 기법인 Permachor 방법을 제안하였다.* 이러한 접근 방법에 대한 고찰은 13장(13.1.3절)에서 다루고 있다.

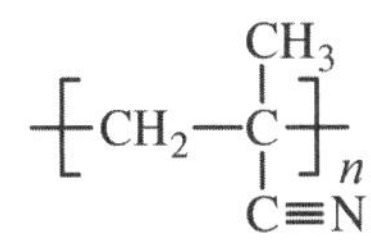

1

12.1.2 막 분리

막의 주된 용도로는 역삼투에 의한 휴대용 음료수의 제조나 산업용 기체 분리막이 있으나, 다른 많은 중요한 분야에도 이용될 수 있다. 여기에는 액체 서스펜션, 공기, 산업용 폐가스로부터의 입자 여과와 에탄올 공비 혼합물의 탈수와 같은 액체 혼합물의 분리가 포함된다. 더 특수화된 용도로는 전기 화학 공정에서의 이온 분리, 혈액 및 소변의 막 투석, 인공 폐 및 인공 피부, 치료 약물의 방출 조절, 생체 분자들의 친화성 분리, 기체와 이온 검출용 막 센서 및 막 반응기를 들 수 있다. 막은 금속, 세라믹 및 미세 다공성 탄소로부터 제조될 수 있으나, 고분자막은 높은 다양성을 나타내며 널리 사용된다. 고분자 분리막들의 용도와 이동 메커니즘을 이 절에서 논하기로 한다.

여과 막의 주된 용도는 먼지, 염, 박테리아, 액체나 공기로부터 일부 큰 바이러스와 같은 고체 입자들의 분리이다. 그림 12-1에 나타낸 대로 전분이나 큰 직경의 박테리아(예를 들어, *Staphylococcus*)와 같은 거대 유기 분자들은 기공 직경이 약 1～10 μm 범위를 갖는 막에 의해 여과될 수 있다. 기공 직경이 0.01～10 μm 범위를 갖는 막들은 **미세 여과막**(microfilter)이라 부르며, 기공 직경이 좀 더 작은 10～1000 Å 범위의 막들은 **한외 여과막**(ultrafilter)이라고 한다. 한외 여과막들은 박테리아, 바이러스 및 설탕과 같은 몇몇 중간 크기의 유기 분자를 포함한 보다 작은 입자들의 여과에 적당하다. 예를 들어, 열민감성 의료용 혈청(serum)은 박테리아 오염을 막기 위해 미세 여과나 한외 여과법으로 **저온 멸균**(cold-sterilized)이 가능하다. 미세 다공성 폴리프로필렌 막은 폐가스로부터 SO_2 제거 및 현탁 고체 제거 그리고 산업용 하수의 정화에 검토되고 있다. 미세 여과와 한외 여과의 다른 산업적 응용은 표 12-2에서 보는 바와 같다.

---

* 투과도는 단위 면적 및 단위 시간당 그리고 단위 압력 차에서 단위 두께의 고분자막을 통과하는 기체의 양으로 정의한다.

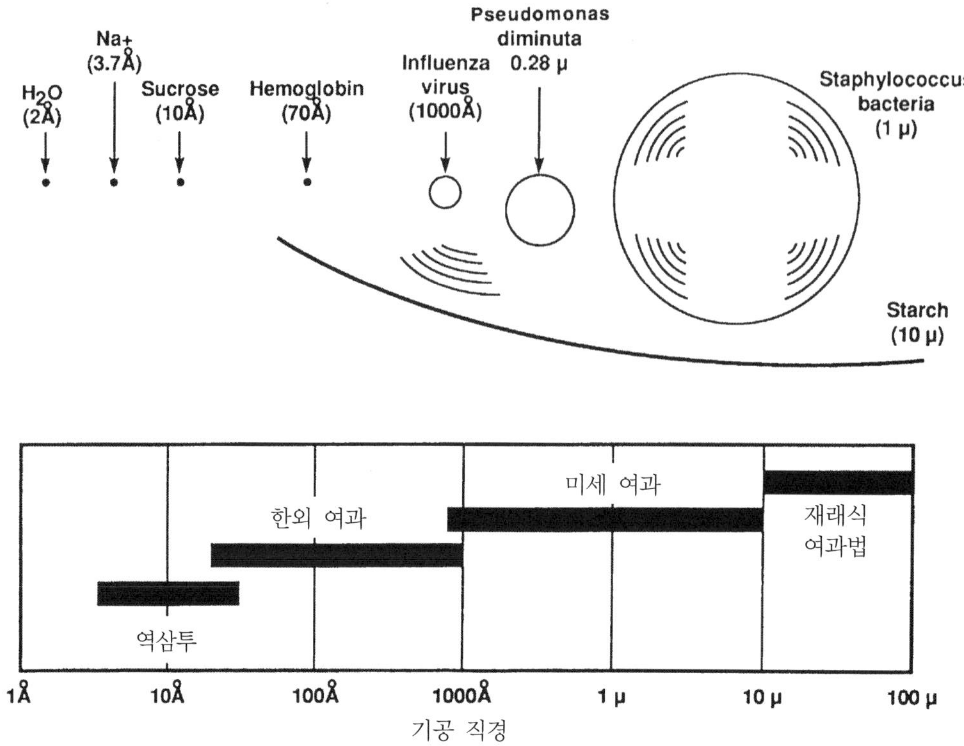

그림 12-1 여과에서 사용되는 기공 크기 및 용어. Courtesy of Membrane Technology and Research, Inc., Menlo Park, CA.

표 12-2 미세 여과막 및 한외 여과막의 산업적 응용

산업분야	예
바이오기술	발효액과 혈액/혈장의 여과에 의한 생산
전기 코팅	전기코팅 페인트 정제
식품	사과주스와 계란 흰자의 정제
제약	수용액으로부터 박테리아와 이스트 세포와 같은 미생물의 제거에 의한 저온 살균
반도체/전자	18 megohm·cm 또는 초순수(ultrapure water)의 제조
쓰레기 처리	오일-물의 분리와 금속의 회수

여과의 극단적인 한계는 해수(brakish water)나 염수로부터 음용수를 얻는 데 사용하는 **역삼투**(reverse osmosis, RO, 초여과)라고 불리는 공정이다. "역삼투" 공정에서는 물이 염의 저농도 측에서 고농도 측으로 반투막을 통해 확산한다. 역삼투 공정에서는 수천 psi의 압력 강하가 순수와 염수 사이의 삼투압차를 상쇄하기 위하여 사용된다. 역삼투(RO) 공

정을 성공적으로 수행하기 위해서는 RO 막의 치밀한 분리층에 존재하는 기공의 직경이 5~20 Å 보다 커서는 안 되는데, 그 이유는 막을 통해 물이 자유롭게 이동하는 반면 염 이온과 같은 용해되어 있는 미세한 용질(microsolutes)들은 한쪽에 머무르게 해야 하기 때문이다. RO 막 제조 시 흔히 쓰이는 고분자는 셀룰로스 트라이아세테이트(cellulose triacetate)이지만, 방향족 폴리아마이드나 설폰화 폴리설폰(sulfonated polysulfone)과 같은 다른 고분자들도 사용된다.

막 여과법 중 성장하는 다른 분야가 나노 여과(nanofiltration, NF)이다. NF 막의 성능은 RO와 UF 사이로서, 기공의 크기는 10 Å 이고, 명목상의 한계(cutoff) 분자량은 100~200 범위이다. 나노 필터는 UF 막 지지체 위에 음이온 전하의 친수성기를 갖는 얇은 분리층으로 구성된 박막형 복합막으로 통상 제조된다. 분리층으로 적당한 고분자들은 셀룰로스 아세테이트, 폴리아마이드, 폴리(바이닐 알코올), 설폰화 폴리설폰 및 폴리(에테르 설폰)이 있다. 그림 12-2에 나타낸 바와 같이 NF 막은 설탕과 일부 다가염(multivalent salts)(예를 들어, $MgSO_4$)을 갖고(retain), 많은 일가염(예를 들어, NaCl)과 비해리산은 통과시킨다. 염 배제율은 이온들과 분리층 사이의 정전기 상호작용 때문에 일어난다. NF 막의 응용으로는 물의 탈광물화(demineralization), 중금속 제거 및 목재펄프 유출물

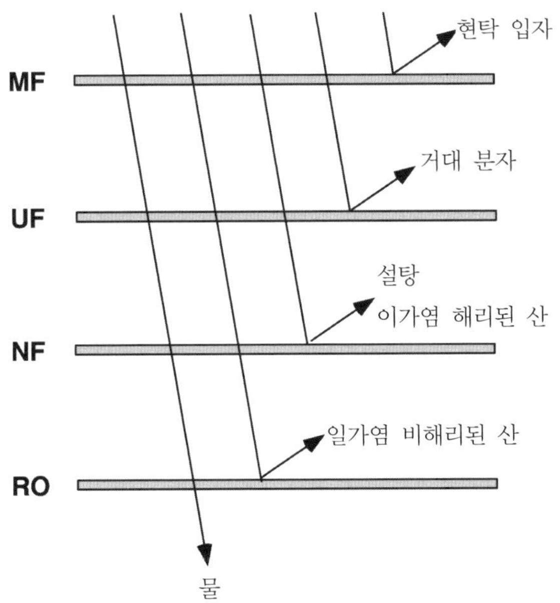

그림 12-2 다른 크기와 전하를 갖는 용질에 대한 미세 여과(MF), 한외 여과(UF), 나노 여과(NF) 및 역삼투(RO) 막의 배제 성능 비교. Adapted from L. P. Raman, M. Cheryan, and N. Rajagopalan, *Chemical Engineering Progress*, March 1994, with permission of the American Institute of Chemical Engineers.

(wood-pulp streams) 중 리그닌과 관련된 불순물 제거를 들 수 있다. RO 막에 비한 NF 막의 장점은 높은 물 투과율과 소수성 콜로이드, 단백질 및 오일에 대해 향상된 오염 저항성이다.

기체 분리 고분자막을 이용하여 기체 혼합물을 분리하는 잠재력에 대해 1866년에 Thomas Graham은 천연 고무막을 통하여 공기 중 산소량을 21%에서 41%로 농축할 수 있다고 보고하였다. 대규모 기체 혼합물 분리에 첫 번째 상업용 막을 사용한 것은 1979년이었다. 표 12-3에 지적한 바와 같이 막분리 공정은 재래식 기체 분리 공정인 극저온 분리(cryogenic separation) 및 pressure-swing adsorption(PSA)과 같은 보다 전통적인 기체 분리법과 경쟁하며 일부 중요한 산업에서 응용되고 있다. 이들로는 공기 중 산소 농축(enrichment), 일산화 탄소 및 다른 기체들로부터 수소 분리, 천연 가스로부터 이산화 탄소 제거 및 공기 중 유기 증기 농도의 감소를 들 수 있다. 다른 작은 규모의 응용으로는 수송 시 저산소공기로 포장해 사과나 바나나와 같은 식품 보존, 안전을 목적으로 하는 비활성 기체의 발생 그리고 기체의 탈수를 들 수 있다.

비록 세라믹 막뿐만 아니라 초다공성(ultraporous) (예를 들어, 분자체(molecular sieve)) 탄소와 일부 금속 막(예를 들어, 팔라듐, 팔라듐-은 합금 및 미세 다공성 알루미늄)들이 기체 분리에 사용되어 왔음에도, 고분자들은 특히 많은 중요한 기체 혼합물에 높은 선택

표 12-3 기체 분리용 고분자막의 응용 예

분리	적용 고분자
산소/질소	실리콘 고무
	폴리실록세인-*block*-폴리카보네이트
	폴리설폰
	에틸셀룰로스
	폴리[(1-트라이메틸실릴)-1-프로파인]
	폴리파이롤론
	폴리트리아졸
	폴리아닐린
일산화 탄소, 메테인, 질소로부터 수소	폴리설폰
탄화수소로부터 산성 가스(예를 들어, 이산화 탄소, 황화 수소)	셀룰로스 아세테이트
	폴리(바이닐 클로라이드)
	폴리설폰
	폴리(에테르 이미드)
공기로부터 탄화수소 증기	실리콘 고무

성을 나타내고, 평막(flat-film), 중공사(hollow-fiber) 및 거대 다공성 지지체(macroporous support) 위에 얇은 고분자막으로 구성된 복합막(composite membranes)과 같은 여러 형태의 막으로도 쉽게 가공할 수 있다. 예를 들어, 폴리설폰 중공사 막은 상업적으로 메탄올 합성의 공정 합성 가스 중의 H_2 / CO 비나 암모니아 정화 가스 중의 H_2 / N_2 비를 조정하는 데 사용한다.

고분자를 특정한 기체 분리용을 위한 고분자의 선택은 다음에 정의하는 투과도(P_A)와 그 기체에 대한 선택 투과도(α_{AB})에 좌우된다. 막을 통한 기체 이동에 대한 추진력(driving force)은 막의 상부 고압 측과 하부의 저압측 사이의 압력 강하(Δp)이다. 압력 강하는 높게는 2000 psi(13.8 MPa)까지 될 수 있다.

투과도(permeability)는 압력 강하에 대한 유량비(ratio of flux, J_A)로 정의된다.

$$\boxed{P_A \equiv \frac{J_A \ell}{\Delta p}} \tag{12.1}$$

여기에서 ℓ은 막 두께이다. 가장 통상적으로 쓰이는 기체 투과도 단위는 barrer로서 10^{-10} cm^3(STP)-cm /(cm^2-s-cmHg)의 값을 갖는다.

한 기체(A)의 다른 기체(B)에로의 고분자막을 통한 **선택 투과도**(permselectivity)는 각 투과도의 비로 주어진다.

$$\boxed{\alpha_{AB} = \frac{P_A}{P_B}} \tag{12.2}$$

투과도들을 순수 기체에 대해 측정할 때 투과도비는 **이상**(ideal) 선택 투과도라고 불린다. 기체 혼합물들은 보통, 특히 고압일 때, 비이상적이므로 혼합물 중 각 기체에 대한 투과도비로 표시되는 실제 선택 투과도는 이상값과 매우 다르다. 그럼에도 불구하고 투과 선택도는 통상 이상적인 값들이 보고되는데, 그 이유는 순수한 기체 투과도들에 관한 자료가 더 자주 구할 수 있기 때문이다.

일반적으로 기체에 대한 고분자의 투과도는 기체의 크기가 감소하거나 기체의 용해도(또는 응축)가 증가할수록 증가한다. 일반적으로 기체의 투과도는 고분자의 구조와는 무관하며, 기체 투과도가 감소하는 순으로 주어진다.

$$H_2 > He > H_2S > CO_2 > O_2 > Ar > CO > CH_4 > N_2$$

표 12-4에 주어진 값에서 보는 바와 같이 투과도 계수의 실제 크기와 투과 선택도는 고분자의 구조 및 물리적 상태(즉, 고무, 유리 또는 결정성)에 따라 크게 다르다.

예외는 있으나, 일반적으로 고무상 고분자가 유리상 고분자보다 투과도는 크고, 투과 선택도는 낮다. 한 가지 예외가 poly[1-(trimethylsilyl)-1-propyne](PTMSP, 구조 2)이다.

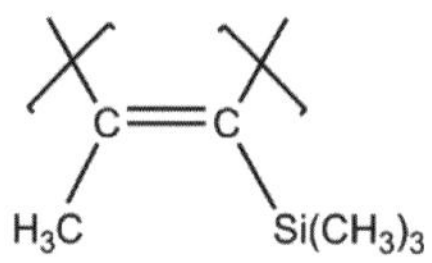

2

PTMSP는 유리상 고분자로서 폴리실록세인이나 다른 고무상 고분자보다 높은 기체 투과도를 갖는다[3]. 이 고분자의 대단히 높은 투과도는 매우 높은 자유 부피로 인한 높은 기체 확산도에 기인한다. 유감스럽게도, 높은 자유 부피는 크기에 기준한 기체 분자의 구분을 불가능하게 하고, 그 결과 투과 선택도는 저하된다. 투과도와 투과 선택도 사이의 역관계 – 투과도가 큰 고분자는 선택적이지 않다 – 모든 고분자에 있어 일반적이다[4]. O_2/N_2와 CO_2/CH_4와 같은 특정한 기체 분리에 특히 관심을 끄는 막은 투과도와 투과 선

표 12-4 대표적인 고분자들의 기체 투과도와 투과 선택도(25~35°C)

고분자	$P(O_2)^a$	$\frac{P(O_2)}{P(N_2)}$	$P(CO_2)^a$	$\frac{P(CO_2)}{P(CH_4)}$
고무상 고분자				
뷰틸 고무	1.3	3.9	5.8	6.6
천연 고무	24	3.0	134	4.7
실리콘 고무	610	2.2	4553	3.4
반결정성 고분자				
저밀도 폴리에틸렌(ρ=0.9164)	2.9	3.0	12.6	4.3
고밀도 폴리에틸렌(ρ=0.964)	0.4	2.9	1.7	4.4
폴리(에틸렌 테레프탈레이트)[b]	0.04	4.5	0.30	—
유리상 고분자				
셀룰로스 아세테이트	0.68	3.4	5.5	28
폴리설폰	1.3	5.2	4.9	23
폴리카보네이트	1.5	5.2	6.0	23
폴리스타이렌	2.6	3.3	10.5	—
폴리(2,6-다이메틸-1,4-페닐렌 옥사이드)	18	5.0	59	15
폴리(4-메틸펜텐-1)	29	4.4	93	—
폴리[1-(트라이메틸실릴-1-프로파인]	7,200	1.7	19,000	4.4

[a] 투과도의 단위는 barrers[$10^{-10}cm^3(STP)\text{-}cm/(cm^2\text{-}s\text{-}cmHg)$]

[b] $X_c = 0.50$

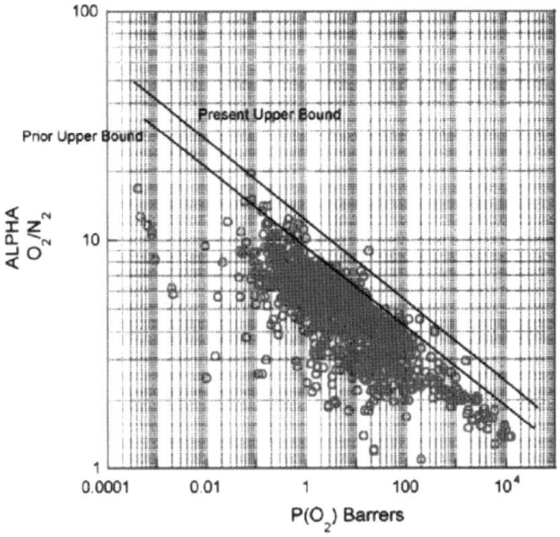

그림 12-3 O_2/N_2에 대한 분리 인자와 산소의 투과 계수의 log-log 플롯. 실선은 현재와 초기의 상부 경계를 의미한다. Reproduced with permission from L. M. Robeson, *The Upper Bound Revisited*. Journal of Membrane Science, 2008. **320**: p.390-400.

택도가 실험 데이터의 상부 영역에 위치하는 고분자들로서, 이는 그림 12-3의 산소 투과도 분리에 대한 O_2/N_2 분리 인자(α)의 log-log 플롯에서 보는 바와 같다.

액체 분리 막들은 재래식 화학 공정들인 증류, 흡착, 액체-액체 추출 및 분별 결정화 등과 같은 방법과 경쟁하며 액체 혼합물(예를 들어, 물-유기물 및 유기물-유기물)을 효과적으로 분리하는 데 사용될 수 있다. 소위 **투과 증발**(pervaporation)이라고 하는 중요한 막 분리 공정은 액체 혼합물로부터 어떤 성분을 분리하는 데 압력 강하(하부의 감압)를 이용하여 기체 분리와 기본적으로는 유사한 방식으로 선택 용해 및 확산에 근거하여 분리한다.

투과 증발에서는 액체 공급 혼합물이 막의 표면을 **통과하여**(across) 공급된다. 그림 12-4에 나타낸 바와 같이, crossflow 공정을 통하여 퇴적 및 농도 분극을 낮추어 주는데, 이것은 막 표면에 빠른 흐름을 보내어 어떠한 오염된 입자들을 흘려 보내고, 막과 액체 계면에서 혼합을 촉진한다.

투과 증발에 대한 대표적인 공정 흐름도를 그림 12-5에 나타내었다. 진공(즉, 진공 투과 증발) 또는 감압(즉, 흐름 기체 투과 증발)이 막의 하부에 가해진다. 분리는 선택적 용해/확산(12.1.3절 참조)과 이어지는 하부에서의 증발에 의하여 일어나며, 액체 공급액과 투과된 증기 사이의 부분압 구배에 의해 견인된다. 투과된 증기상은 농축되고, product stream으로 회수된다. 투과되지 않은 공급액 부분은 **회수액**(retentate)이라고 부른다.

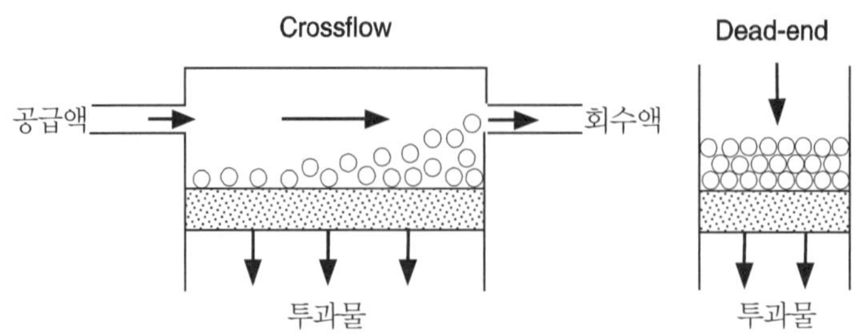

그림 12-4 crossflow 막 공정(좌)과 dead-end 여과(우)의 비교 도해

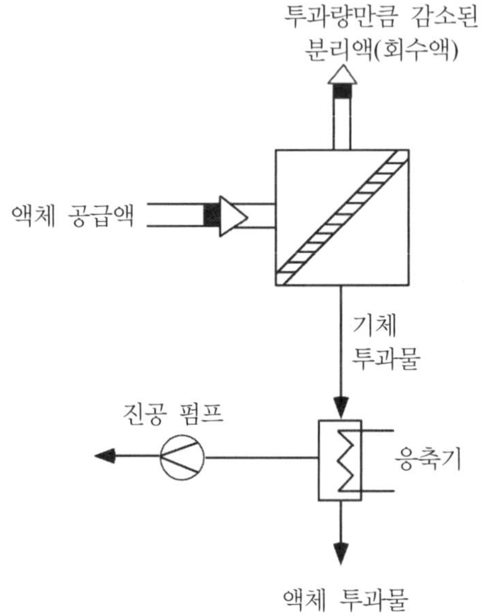

그림 12-5 투과 증발막 공정 개요. 이성분계 액체 혼합물은 고분자막을 crossflow로 통과하고 보다 투과성이 높은 요소가 많은 투과물은 아래쪽(저압부)에서 증발, 응축 및 수집된다. Courtesy of Membrane Technology and Research, Inc., Menlo Park, CA.

관련된 공정으로는 pertraction이 있는데, 이것은 투과액이 증기상이거나 또는 증기 투과 또는 증발 투과(evapomeation)되기보다는 회전하는 운반체 유체 내에 녹아 있는 공정으로, 여기에서 공급액은 증기나 또는 증기-기체 혼합물로서 어떠한 상변화도 공정 중에 일어나지 않는다. 일반적으로, 투과 증발은 구조 이성질체를 분리하고, 공비 증류(azeotropic distillation)와 밀폐 증류 혼합물로부터 성분을 분류하며, 미량 잔존물을 회수하고 화학 반응의 평형을 치환하는 데(displace) 사용한다. 투과 증발 공정은 상업적으로 바이오매스(예를 들어, 전분, 설탕 및 셀룰로스)의 발효에 의해 생산되는 에탄올의 농축, 수원(water supplies)으로부터 미량의 유기물 제거 그리고 혼합 유기 혼합물의 분리에 사용된다. 증기 투과(즉, 증발 투과)는 공기 또는 보다 전통적인 증류 공정에 덧붙여 분리 막 단계를 사용할 수 있는 복합 증류 공정으로부터 미량의 유기물들을 제거하는 데 사용될 수 있다. 투과 증발과 증류와 같은 재래식 공정들 사이의 선택은 에너지 소비성에 의해 크게 좌우된다. 투과 증발에서 주된 에너지 소비는 투과물의 증발열이다. 투과 증발은 에탄올-물과 같은 공비 혼합물의 분리에 특히 경제성이 있다.

투과 증발은 치밀한(균질) 막으로는 비대칭 막 또는 미세 다공성 지지체를 보호하는 얇은 투과 선택성 고분자 층으로 구성된 복합성 막일 수 있다. 알코올-물 분리에서는 셀룰로스 유도체들이 적당한 선택성으로 높은 투과도를 부여한다. 그래프트 공중합체 또는 복합막에서 분리 층으로 사용되는 폴리(바이닐 알코올)은 알코올 또는 다른 유기물들에 비하여 물에 대한 선택적 투과성을 나타내는 한편으로, 실리콘 고무는 물보다는 알코올(또한 알데하이드 및 케톤류)에 더 투과성이 있다.

투과 증발 유량은 확산 계수(D_0)와 침투제(penetrant)의 농도(C_i)와 침투제-막(고분자)의 상호작용(γ)의 함수이고, 막 두께(ℓ)에 다음과 같이 반비례한다.

$$J_i = \frac{D_o}{\gamma \ell}\left[\exp\left(\gamma C_i\right) - 1\right] \tag{12.3}$$

이성분 액체 혼합물에서 성분 B에 대한 성분 A의 선택도는 **분리 인자**(separation factor) (α_{AB})로 나타내거나

$$\alpha_{AB} = \frac{y_A / y_B}{x_A / x_B} \tag{12.4}$$

투과액과 공급액에서 선택적으로 투과되는 성분(A)의 농도비(일반적으로 무게 단위)인 **농축 인자**(enrichment factor)(β_A)로 나타낼 수 있다.

$$\beta_A = \frac{y_A}{x_A} \tag{12.5}$$

여기에서 x_A 및 y_A는 각각 공급액(즉, 액상) 및 투과액(즉, 증기상)의 농도를 의미한다.

기타 분리 주요 막분리 공정–여과, 기체 분리 및 투과 증발–외에도 표 12-5에서와 같은 다른 기본적인 막분리 공정들도 화학 및 생의학(biomedical) 산업에서 중요하다. 이온 용액 중 염을 제거하는 데 사용되는 전기 투석법(electrodialysis)과 같은 공정들은 이온 교환막들을 사용할 수 있는데, 이는 팽윤 젤(swollen gels) 또는 미세 다공성 막(microporous membranes)으로서 고정된 양전하 또는 음전하를 띠고 있다. 예를 들어, 음이온 교환막은

고정된 양전하(전형적인 하전 밀도는 2~4 milliequivalent/g membrane)를 띠는데, 이는 용액으로부터 음이온을 결합(bind)한다. 분리는 공이온(co-ion)(막의 고정된 이온과 같은 전하)의 배제(exclusion)에 근거한다.

막의 중요한 응용은 그림 12-6에서 보는 바와 같이, 가성소다 생산과 같은 전기 화학 공정이다. 이 공정에서는 물이 음극 구획(cathode compartment)으로 들어가게 되고, 포화 소금 용액(NaCl)은 양극(anode) 구획으로 공급된다. 전극들은 Nafion(10.2.4절 참조)과 같은 perfluorosulfonate ionomer 막에 의해 분리되는데, 이는 Cl^-에 대해 낮은 확산 계수를 갖고, Na^+에 대해서는 높은 확산 계수를 갖는다. 물은 음극에서 분해되어 농축된 NaOH와 수소를 제조한다. 양극에서는 염화 이온들이 염소 분자로 환원되는 한편으로, 소듐 이온은 막을 투과하여 음극 구획으로 갈 수 있고 음이온(Cl^-와 OH^-)은 배제된다. Perfluorosulfonate ionomer 막을 통한 투과 메커니즘은 12.1.3절에서 간략히 논의하고 있다.

표 12-5 기타 막 공정

공정	적용 원리	원동력	막 형태	적용 예
투석	무기 이온과 다른 미세 입자로부터 콜로이드와 다른 큰 입자의 분리	농도 구배	친수 한외 여과막	인공 신장; 혈장 정제; 비스코스 공정에서의 가성소다 회수
전기 투석	반대 전하를 갖는 이온의 분리	전기 포텐셜	이온 교환	전해액 농축; 탈염
전기 삼투압	유출물과 폐수 내의 슬러지와 콜로이드 현탁물의 처리	전기 포텐셜	이온 교환	탈수

연료 전지 고분자막들은 전기자동차, 우주항공 및 군사용으로도 사용할 수 있는 효과적이고 저가인 연료 전지의 개발에 매우 큰 가능성을 갖고 있다. 그림 12-7에 양성자-교환 연료 전지의 개략도를 나타내었다. 양극에서 수소가 이온화된다. 이온화에 의해 생산된 전자들은 외부 회로를 통해 이동하며, 음극으로 되돌아와 산소와 결합하여 산소 이온을 생성한다. 이러한 반응들은 백금(platinum) 촉매에 의해 가속화된다. 수소 이온(즉, 양성자)들은 고분자막을 통해 음극으로 이동하고, 산소 이온들과 결합하여 물을 형성한다. 클로르-알칼리 공정의 경우와 마찬가지로 Nafion과 같은 perfluorosulfonate ionomer들은 연료 전지용으로 효율적인 막 고분자 재료이다. 연료 전지용으로 수소를 사용하는 것 외에도, 천연 가스, 탄화수소 및 메탄올을 연료로 사용할 수 있다. 직접 메탄올 연료 전지

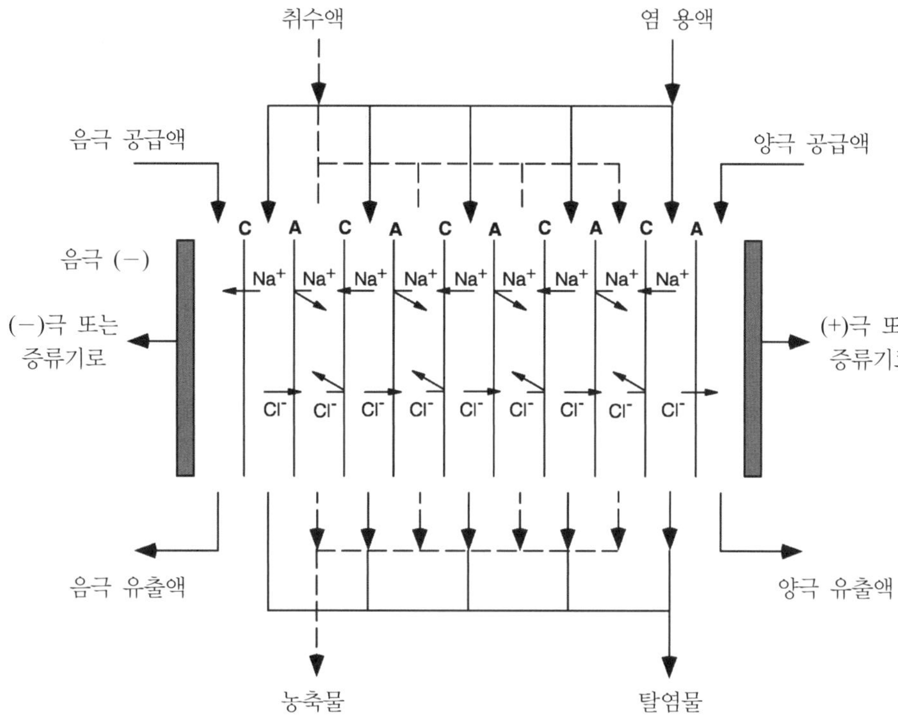

그림 12-6 가성소다 제조에 사용되는 전형적인 클로르-알칼리 전지(chlor-alkali cell). Courtesy of Membrane Technology and Research, Inc., Menlo Park, CA.

(direct methanol fuel-cell)의 경우, 수용액의 메탄올 용액이 양극으로 전달된다(공기는 음극으로). 이산화 탄소와 물은 부산물들이다. 연료 전지용 막의 선택에서의 문제점은 메탄올 크로스 오버(양극에서 음극으로 확산)[5]로서, 이는 메탄올이 쉽게 확산하는 Nafion에 특유한 문제이다. 이 경우에, 약간의 폴리포스파진(polyphosphazenes) (10.2.5절 참조)을 포함하는 다양한 설폰화 고분자가 유망성(promise)을 보여 주고 있다.

12.1.3 이동 메커니즘

막분리 공정에서 일어나는 두 가지 주된 이동 공정은 다공성막의 경우에는 **크기 배제**(size exclusion)이고 비다공성 또는 치밀한 막의 경우에는 **용액-확산**(solution diffusion)이다. 크기 배제는 침투제의 크기와 확산 경로(즉, 기체의 경우 평균 자유 행로(mean free path))에 대한 기공의 직경에 의하여 결정된다. 크기 배제는 크게는 10 μm에 이르는 입자들 또는 기체 분자의 경우 수 angstrom의 작은 입자들을 분리하는 데 사용된다. 몇 종류의 공업적으로 중요한 기체 분자들의 크기 및 (Lennard-Jones)* 충돌 인자는 표 12-6에 주어져 있다.

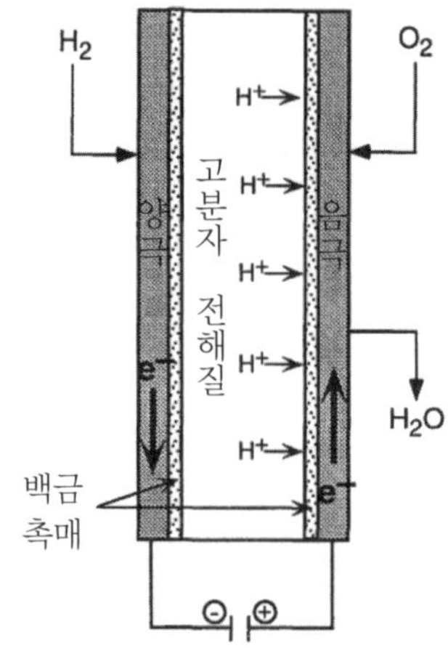

그림 12-7 전형적인 연료 전지의 개략도

비다공성막을 통한 이동은 고분자 매트릭스 내에서 침투제의 용해도와 확산도에 의해 조절된다. 이 점에서 유리상 고분자를 통한 기체의 이동은 고무상 고분자를 통한 기체의 이동과 다르다. 이것은 유리상 고분자에서 가능한 부가적인 수착 모드(sorption mode)의 결과이다. — Langmuir-type 미세 공극과 유리 상태에서 존재하는 부분적인 높은 자유 부피 영역을 채움. 다공성 매체를 통한 확산과 용액-확산 모델에 관한 논의는 또 다른 두 개의 전문화된 막이동 공정-촉진 이동과 perfluorosulfonate ionomer를 통한 이동 — 과 마찬가지로 다음 절에서 논하고 있다.

---

* 포텐셜 에너지 U는 그림과 같이 두 개의 기체 분자를 무한한 거리에서 거리 r까지 가져오는 데 필요한 일을 의미한다.

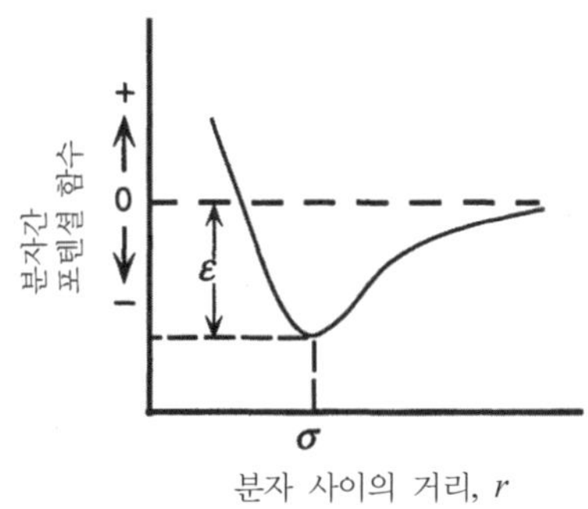

분자 사이의 거리, r

Lennard-Jones 또는 6-12 포텐셜 함수는 다음과 같이 정의된다.

$$U = 4U = 4\varepsilon\left[\left(\frac{\sigma}{r}\right)^{12} - \left(\frac{\sigma}{r}\right)^{6}\right]$$

ε는 포텐셜 골(potential well)의 깊이이며, σ는 포텐셜 에너지가 최소에 이르렀을 때 분리 거리이다.

표 12-6 중요한 기체들의 동역학적 직경 및 Lennard-Jones Potential Well Depth[a]

기체:	He	H_2	CO_2	O_2	N_2	CO	CH_4
동역학적 직경(Å)	2.6	2.89	3.3	3.46	3.64	3.76	3.80
ε/k (K)	10.2	59.7	195	107	71.4	91.7	149
σ(Å)	2.55	2.83	3.94	3.47	3.80	3.69	3.76

[a] Lennard-Jones 계수 ε/k와 σ에 대한 정의는 교재 각주를 참조하시오.

다공성 매체를 통한 이동 그림 12-8에 나타낸 바와 같이 다공성막을 통한 기체 분자들의 흐름 메커니즘은 기체 분자들의 **평균 자유 행로**(mean free path)에 관련되는 기공 크기에 의존한다. 평균 자유 행로는 기체 분자들이 충돌하면서 생기는 평균 거리로 정의될 수 있다. Knudsen number(N_{Kn})는 평균 기공 직경에 대한 평균 자유 행로의 비율로 정의된다. Knudsen number가 작으면 흐름은 유체(기체)의 점도에 반비례한다. 그림 12-8A에 나타낸 바와 같이 이를 **점성 흐름**(viscous flow)이라고 한다. 이와는 대조적으로, Knudsen number가 크면(즉, 작은 기공에 대해) **Knudsen 흐름**(Knudsen flow)이 일어난다. 이 경우에, 기공 안에서 확산되는 분자들은 분자들끼리보다는 기공의 벽과 훨씬 더 자주 충돌한다. Knudsen 확산 계수는 다음의 관계식에서 확산되는 분자량(M)의 **제곱근**(square root)에 반비례한다.

$$D_{\mathrm{Kn}} = \frac{d}{3}\left(\frac{2RT}{M}\right)^{1/2} \tag{12.6}$$

여기에서 d는 기공의 직경이다. 몇몇 분리 공정은 기체 분자의 선택적인 Knudsen 흐름에 의해 이루어질 수 있으나, 분자가 크기 면에서 차이가 크지 않다면 투과 선택도는 낮다. 세 번째 메커니즘은 확산하는 분자들의 분자 직경과 비교하여, 기공 직경이 작은 경우에 일어난다. 이러한 현상을 **분자체**(molecular sieving)라고 한다(그림 12-8C). 작은 분자들도, 다음 절에서 논의되는 용액-확산 메커니즘에 의하여, 고밀도 분자들(그림 12-8D)을 통하여 확산할 수 있다.

용액-확산 이동 산업용 기체나 액체 분리막에 대한 운반의 지배적인 메커니즘은 비다공성 또는 치밀막에 분자들이 용해하고 확산하는 것이다. 일반적으로 투과도는 고분자막의 침투제의 용해도 계수 S와 확산도 계수 D의 곱으로 표시된다.

$$\boxed{P = SD} \tag{12.7}$$

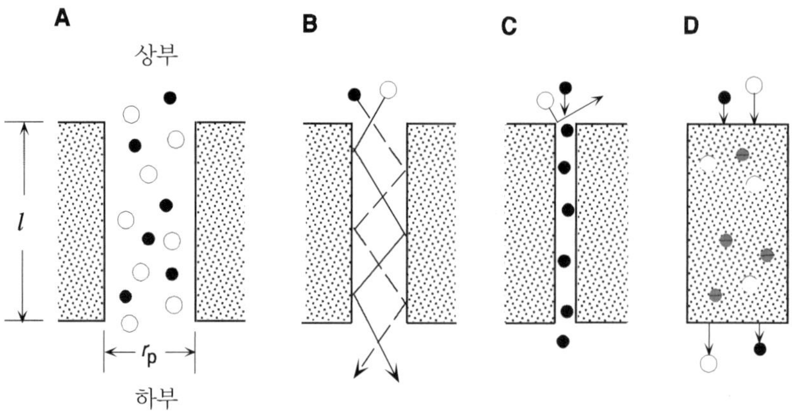

그림 12-8 여러 가지 메커니즘에 의한 두 개의 다른 크기의 분자들이 막을 통과하는 도해. 좌에서 우로:(A) 큰 반지름을 갖는 기공 r_p을 통한 점성 흐름(분리 안 됨); (B) Knudsen 흐름(분자량 차이에 근거한 분리); (C) 상대 확산 속도 및 기공벽에 표면 흡착에 근거한 분리(분자체); (D) 상대 용해도와 확산도에 근거한 분리로 치밀한 막을 통한 용액-확산.

고분자막에서의 침투제의 **용해도**(solubility) 메커니즘은 침투제의 활동도와 고분자가 고무상인지 유리상인지에 의존한다. 매우 낮은 활동도에서 유기 증기와 저압 기체, 중압의 액상 및 고무상 고분자들의 용해도는 **Henry 법칙**(Henry's law)으로 주어진다.

$$\boxed{C = Sp} \tag{12.8}$$

여기에서 C는 흡수된 투과물의 농도이며(일반적인 단위는 STP에서의 기체 cc/고분자 cc) p는 압력이다. 일반적으로 기체의 용해도는 응축도에 따라 증가한다. 더 응축 가능한 기체들은 CO_2와 같은 보다 높은 비점 또는 임계 온도를 갖는 기체들이다. 중압~고압에서의 유기 증기나 CO_2와 같은 고응축 기체의 경우와 같이 침투제의 활동도가 높으면 Henry 법칙은 더 이상 적용되지 않는다. 이 경우에는 Flory-Huggins의 격자 모델(3.2.1절 참조)을 사용하여 고무상 고분자의 경우 압력 상승(예, $T > T_g$)에 따른 용해도 증가를 나타낼 수 있다. 이 거동은 그림 12-9에서와 같으며 여기에서 실리콘 탄성체에서 CO_2의 흡수 농도와 압력과의 관계를 나타내었다. 약 400 psi 이하에서 흡수는 Henry 법칙에 의한 직선관계로 충분히 나타내어진다. 보다 높은 압력에서 수착 농도는 Flory-Huggins 이론에 의한 모델과 같은 증가 속도로 증가한다.

T_g 이하에서와 저압-중압까지의 기체 압력에서, 그림 12-10의 폴리설폰 데이터에 나타낸 바와 같이 수착 등온 곡선은 압력이 증가하며 내려간다. 유리상 고분자들에 대한 성공적인 수착 모델은 **dual-mode** 모델[6]로서 유리상에서는 추가적인 (Langmuir) 수착 양식(mode)이 미세 공극을 채울 수 있다는 가정을 전제하고 있다. 전체 흡수 농도는 Henry

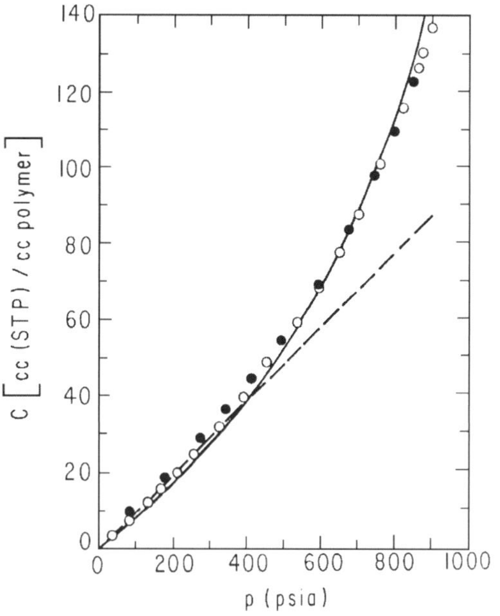

그림 12-9 35°C에서 실리콘 고무의 CO_2 흡수 등온선. 데이터 점들은 수착(○) 및 탈착(●) 시 각각 다른 압력에서 측정한 CO_2의 농도이다. 실선은 Flory-Huggins 식을 나타내고; 점선은 Henry 법칙의 거동을 나타낸다. Reprinted with permission from G. K. Fleming and W. J. Koros, Macromolecules, 1986. **19**: p. 2285. Copyright 1986, American Chemical Society.

법칙에 의한 용해(C_D)와 Langmuir에 의한 hole-filling(C_H) 농도의 합으로 다음과 같이 정의된다.

$$C = C_D + C_H = k_D p + \frac{C_H' bp}{1+bp} \tag{12.9}$$

Dual-mode sorption을 특성 짓는 인자들은 Henry 법칙 계수, k_D와 Langmuir 또는 유리의 기공충전능(hole-filling capacity), C_H' 및 기공 친화 인자(hole-affinity parameter), b이다. 대표적인 고분자들에 대한 dual-mode 인자들은 표 12-7에 주어져 있다.

이전에 논의하였듯이, Henry 법칙 계수, k_D는 기체의 응축률에 강하게 영향을 받는다. 예를 들어, 상당히 응축가능한 기체인 CO_2의 경우 k_D는 매우 크다(표 12-7 참조). 다시 말하면 기체의 응축률은 ε / k와 관련이 있고, 이것은 기체에 대한 Lennard-Jones potential-energy 플롯에서의 골 깊이(well depth)이다. 기체들에 대한 ε / k 값은 표 12-6에 나와 있다. 주어진 고분자에 대해 k_D는 ε / k와 지수적으로 연관된다[7].

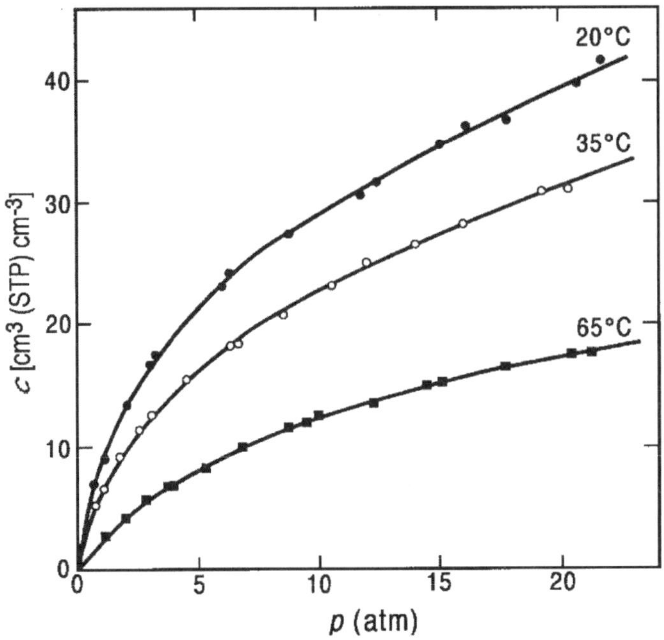

그림 12-10 유리상 고분자인 폴리설폰(T_g = 186°C)의 CO_2 수착 등온선으로 dual mode 거동을 보인다. 온도가 65°C에서 20°C로 감소하면 Langmuir capacity는 T-T_g가 증가함에 따라 증가하므로 등온선은 비선형적으로 증가한다. Adapted from Y. Maeda and D. R. Paul, *Effect of Antiplasticization on Gas Sorption and Transport. I. Polysulfone*. Journal of Polymer Science: Part B: Polymer Physics, 1987. **25**(5): p. 957. Copyright © 1987 John Wiley & Sons. Reprinted by permission of John Wiley & Sons, Inc.

$$\ln k_D = \ln k_D{}^{o} + m\frac{\varepsilon}{k} \tag{12.10}$$

여기에서 $k_D{}^{o}$는 주어진 고분자와 온도에 대하여 상수이며, m은 ln k_D와 ε / k 플롯의 기울기(~0.01 K^{-1})이다. 유리상 고분자에 대한 용해도에 관한 두 번째 기여 요소인 Langmuir capacity C_H'는 미세 공극의 크기와 분포에 따르며, 따라서 유리의 자유 부피와 관련될 수 있다. 자유 부피는 고분자 사슬의 강인성(stiffness)과 분자 차원 그리고 유리의 과냉각(undercooling)의 정도에 따라 결정된다.

평판막을 통한 이동에 대한 기본 법칙은 Fick의 제1법칙(Fick's first law)으로 주어진다.

$$\boxed{J = -D\frac{dC}{dx}} \tag{12.11}$$

여기에서 J는 유량(단위 시간당 질량), D는 확산 계수 그리고 dC/dx는 막을 통한 투과물의 농도 구배이다. C에 대한 Henry 법칙(식 (12.8))과 D가 농도에 무관하다는 가정 하에

표 12-7 35°C에서 중요한 기체 분리용 고분자들의 질소, 메테인 및 이산화 탄소 수착에 대한 대표적인 dual-mode 인자

고분자	k_d (cm³(STP)/cm³ atm)	C_H' (cm³(STP)/cm)	b (atm⁻¹)
셀룰로스 아세테이트			
CO_2	1.43	34.2	0.197
폴리카보네이트			
N_2	0.0909	2.11	0.0564
CO_2	0.685	18.81	0.262
poly(2,6-dimethyl-1,4-phenylene oxide)			
CH_4	0.33	18.1	0.11
CO_2	0.95	27.5	0.25
폴리(메틸 메타크릴레이트)			
N_2	0.020	1.902	0.043
CH_4	0.102	8.507	0.046
CO_2	0.944	19.680	0.158
폴리설폰			
N_2	0.0753	9.98	0.0156
CO_2	0.664	17.8	0.326
폴리(바이닐 클로라이드)			
N_2	0.0169	0.451	0.0448
CO_2	0.587	8.939	0.2094

[a] 30°C에서의 데이터

식 (12.11)을 $x = 0$에서 $x = \ell$까지 적분하면 다음 식이 된다.

$$J = \frac{SD}{\ell}\left(p_2 - p_1\right) \tag{12.12}$$

여기에서 p_1과 p_2는 각각 막의 저압 및 고압부에서의 압력이다. $P = SD$(식 (12.7))를 식 (12.12)에 대입하면

$$J = \frac{P}{\ell}\Delta p \tag{12.13}$$

과 같이 되고 이것은 식 (12.1)과 동일하다.

식 (12.11)과 식 (12.12)는 Henry 법칙이 유효하고 확산 계수가 농도와 무관한 고무상 고분자를 통한 저~중압에서의 기체 확산에 엄격히 적용된다. 유리상 고분자에서 저~중

압에서의 기체의 농도는 더 이상 Henry 법칙으로 주어지지 않고 dual-mode 모델(식 (12.9))로 주어진다. 유리상 고분자들에서 기체 투과도를 예측하는 가장 성공적인 접근법은 **부분 고정화**(partial immobilization) 이론[8]으로서 dual-mode 모델에 근거하고 있는데, 이는 수착 기체 집단(population)에는 Henry 법칙의 용해 성분과 Langmuir site가 있음을 전제한다. 부분 고정화 이론에서는 각 집단은 다른 확산 계수가 주어지며, 여기에서 Fick 제1법칙은 다음과 같이 나타낼 수 있다.

$$J = -D_{\mathrm{D}}\left(\frac{dC_{\mathrm{D}}}{dx}\right) - D_{\mathrm{H}}\left(\frac{dC_{\mathrm{H}}}{dx}\right) \tag{12.14}$$

여기에서 D_{D}와 D_{H}는 각각 Henry 법칙의 용해성과 기공 분포에 대한 확산 계수이다. 일반적으로, Langmuir site 내에 포함되어 있는 기체 분자에 대한 확산 계수는 Henry 법칙 영역에 대한 것보다 작다. 예를 들어, 35°C에서 폴리카보네이트에 대한 $D_{\mathrm{D}} = 5.15 \times 10^{-8}$ $\mathrm{cm^2\ s^{-1}}$이고 $D_{\mathrm{H}} = 5.83 \times 10^{-9}$ $\mathrm{cm^2\ s^{-1}}$이다. 식 (12.14)를 적분하고 C_{D}와 C_{H}에 대한 dual-mode 모델(식 (12.9))을 사용하면 투과도에 대한 식은 다음과 같이 나타낼 수 있다.

$$P = k_{\mathrm{D}} D_{\mathrm{D}}\left(1 + \frac{FK}{1 + bp_2}\right) \tag{12.15}$$

여기에서

$$F = \frac{D_{\mathrm{H}}}{D_{\mathrm{D}}} \tag{12.16}$$

이고

$$K = \frac{C_{\mathrm{H}}'b}{k_{\mathrm{D}}} \tag{12.17}$$

식 (12.15)는 막의 고압부에서는 압력 p_2가 되고, 하부에서는 0이라고 가정하여 구하였다. 위에 인용한 폴리카보네이트의 예에서, 식 (12.16)으로 주어진 확산 계수비 F는 0.113이다. T_{g} 이상으로 온도가 증가하면 고분자는 유리상에서 고무상이 되며(4.3절 참조), Langmuir capacity term C_{H}'과 따라서, K는 0이 되고, $P = k_{\mathrm{D}}D \equiv SD$(식 (12.8))이 됨에 주목한다.

그림 12-11에 나타낸 바와 같이 투과도와 확산 계수 둘 다 어느 시간 t에서 막을 통한 투과물의 양 Q_t를 측정하여 결정할 수 있다. 정상 상태(steady-state)의 이동 속도 $(dQ_t/dt)_{ss}$

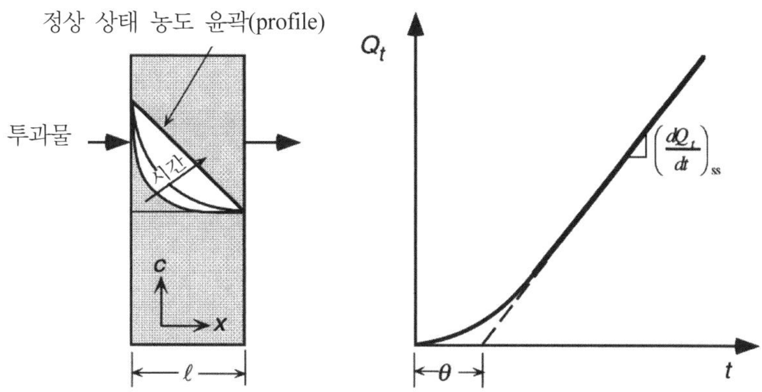

그림 12-11 좌측에 표시한 평판형 필름에 대한 투과물량과 시간과의 관계 플롯. 그림의 직선부분의 기울기는 정상 상태의 투과도를 나타내며, 시간축의 절편은 시차 θ를 나타내어 이로부터 확산 계수가 얻어진다(식 (12.20)). 정상 상태를 얻을 때까지의 필름 내의 투과물 농도 증가는 좌측 그림에 나와 있다.

로부터 투과도는 다음과 같다.

$$P=\left(\frac{\ell}{p_2 A}\right)\left(\frac{dQ_t}{dt}\right)_{ss} \tag{12.18}$$

여기에서 A는 두께 ℓ을 갖는 막의 표면적이다. 확산 계수는 막의 초기 또는 과도 투과 거동(transient permeation behavior)에 따른 투과 거동에 영향을 미치며, 그림 12-11에서 보는 바와 같이 Q_t를 외삽한 값인 **시차**(time lag, θ)를 측정하여 얻을 수 있다. 부분 고정화 모델에서, 확산 계수는 시차와 다음과 같은 관계를 갖는다.

$$\theta=\frac{\ell^2}{6D}\left[1+f\left(K,F,bp_2\right)\right] \tag{12.19}$$

여기에서 $f(K, F, bp_2)$는 dual-mode 인자와 압력의 함수이다. $C_H'=0$인 고무상 고분자들에 대해서 이 항은 0이고, 따라서 확산 계수는 다음과 같이 간단히 구하여진다.

$$\boxed{D=\frac{\ell^2}{6\theta}} \tag{12.20}$$

촉진 이동 및 결합 이동 앞 절에서 기술하였듯이 여과에 의한 분리의 근거는 입자 크기인 한편으로, 기체 분리와 투과 증발에서는 혼합물로부터 한 성분을 분리하는 데 용질의 용해도와 확산도 차이를 이용한다. 반면 두 개의 서로 연결되는 공정들인 촉진 이동(facilitated transport)과 결합 이동(coupled transport)에서는 운반체 메커니즘으로 이동이 일어난다. 두 공정 모두 자유롭게 이동 가능한 운반체를 포함하는 거대 다공성막(macroporous membrane)(예를 들어, Celgard 폴리프로필렌막)이 두 액체상들을 분리한다. 운반체(carrier)는 액상에서 불용성이며, 모세관 흡인(capillary attraction)에 의해 막의 기공에 포함되어 있다. 촉진 이동에서는 운반체가 막-액체 계면에서 투과물과 상호작용한다. 투과물-운반체 복합체는 막으로 확산되며 투과물은 반대편 막-액체의 계면에서 방출된다. 촉진 이동의 예는 그림 12-12A에서와 같이 헤모글로빈에 의한 산소의 이동을 들 수 있다. 결합 이동에서는 화학 반응이 막의 계면과 액상에서 일어나며, 질량 유량은 그림 12-12B에 나타낸 Cu^{2+}/H^{+} 이동에 나와 있듯이 양방향으로 일어난다. 촉진 이동과 결합 이동에서의 한 가지 실제적인 문제점은 막의 불안정성으로 운반체가 시간에 따라 거대 다공성막의 기공 밖으로 확산해 나가는 점이다.

Perfluorosulfonate Inomers를 통한 이동 앞에서 언급하였듯이, 클로르-알칼리 공정, 연료 전지, 촉진 기체 이동 및 액체 분리를 포함하는 다수의 막분리 공정에 자주 사용되는 고분자 계열은 perfluorosulfonate ionomers(PFSI)이다. 10.2.2절에서 논의하였듯이 PFSI는 테트라플루오로에틸렌과 말단기에 sulfonyl fluoride(SO_2F) 기를 갖는 perflouorinated

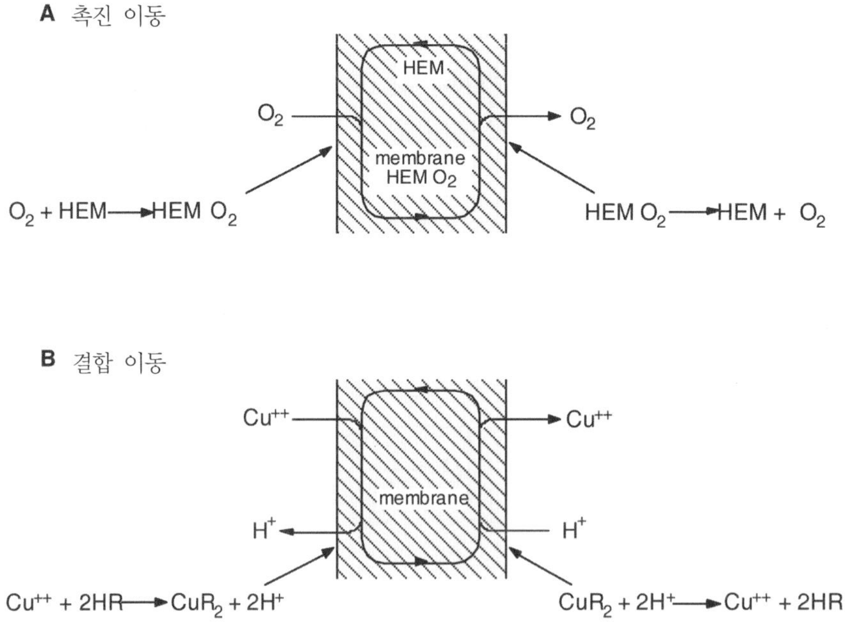

그림 12-12 **A**. 산소의 촉진 이동. **B**. 구리와 수소 이온들의 결합 이동.(Courtesy of Membrane Technology and Research, Inc., Menlo Park, CA).

vinyl ether의 공중합체이다(구조 3).

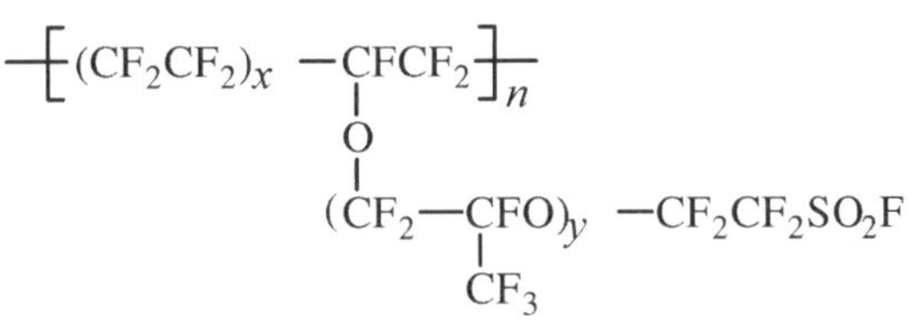

3

가장 중요한 상업용 PFSI 제품은 Nafion($y=1$)으로, 용융 압출 공정에 의하여 필름으로 생산된다. 필름 형성 후에 설포닐 플루오라이드기들은 수산화 소듐이나 수산화 포타슘과 반응하여 설포네이트기로 전환되고, 더 전환하면 상업적으로 가능한 설폰산기(SO_3H)를 갖는 형태(Nafion-H)로 바뀐다. 다른 이온 형태들(예, Na^+, Li^+, K^+, Ag^+, Ca^{2+}, Al^{3+} 염 등)은 적절한 염들과 이온 교환하여 얻을 수 있다. 클로르-알칼리 제조에 Nafion이 중요한 점은 이온들에 대한 선택적 투과성이다. Nafion 막의 형태학에 관해서는 광범위하게 연구되었으며, 이는 이동 현상을 이해하는 데 도움이 된다. 널리 알려진 이론으로는 클러스터-네트워크 모델(cluster-network model)로서 그림 12-13에서 보는 바와 같다 [9]. 이 모델에 의하면 말단의 이온기들(SO_3^-)은 PTFE(polytetrafluoroethylene) 주사슬로부터 상분리되어 직경 약 4 nm(40 Å)의 클러스터를 형성하고, 서로 작은 통로(channel)로 연결된다. 이러한 이온성 통로들은 Na^+와 같은 양이온들에 대해 매우 선택적이며, 비교적 자유로운 확산 경로를 제공하게 된다. 같은 이유로 물이나 지방족 알코올과 같은 작은 극성 분자들은 쉽게 이온성 통로를 통과하는 한편으로 보다 큰 비극성 분자들은 확산이 제한된다.

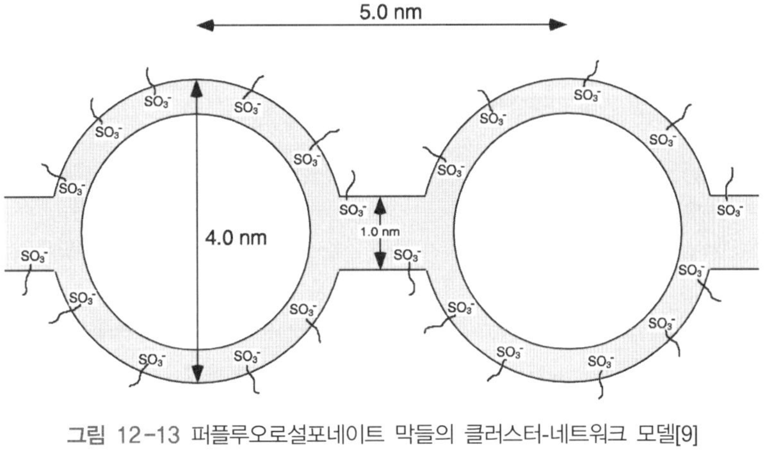

그림 12-13 퍼플루오로설포네이트 막들의 클러스터-네트워크 모델[9]

12.1.4 막제조

치밀 막(dense membrane)은 일반적으로 필름을 제조하는 데 사용하는 어떠한 방법으로도 형성할 수 있다. 이들로는 용융 압출, 압축 성형 및 용액 캐스팅(11장 참조)을 들 수 있다. 다음에 기술하는 바와 같이, 미세 다공성막이나 치밀한 표면층과 미세 다공성 지지체로 이루어진 비대칭막 제조에는 고분자 형태학과 용액 열역학에 관한 기본적인 이해뿐만 아니라 상당한 기술을 필요로 한다.

미세 다공성막 미세 다공성막과 거대 다공성막 제조기술들을 표 12-8에 요약하여 놓았다. 한외 여과나 미세 여과용 미세 다공성막들은 고체상으로 폴리프로필렌(예, Celgard polypropylene)이나 폴리테트라플루오로에틸렌(예를 들어, Gore-Tex)과 같은 반결정성 고분자 필름을 연신하여 제조한다. 연신하면 결정성 라멜라(4.2.1절 참조)의 분리를 일으켜, 일반적으로 0.2 μm 길이와 0.02 μm 너비를 갖는 슬릿(slit)과 같은 기공이 만들어진다. 이러한 미세 다공성막들의 전체 다공도(total porosity)는 40%일 수 있다.

기공 구조는 또한 적절한 추출 용매를 사용하여 고체 물질에 분산된 고형 물질을 침출하여 구할 수 있다. 예를 들어, 다공성("thirsty") 유리(예를 들어, Vicor 유리)는 중공사형 유리 섬유로부터 보론 함유 화합물과 알칼리 금속 산화물을 묽은 염산으로 추출하여 제조할 수 있다. 40 Å 크기의 기공과 40% 틈새 부피(void volume)를 갖는 유리가 이 제조법으로 만들어진다.

미세 다공성막들은 방사선을 조사하여 다양한 열가소성 플라스틱으로부터 제조가능하다. 이 공정은 핵통로 에칭법(nucleation track etching)으로 불린다. 방사성 활성 원소가 붕괴하면 무거운 양이온을 포함하는 핵분열 조각들이 생성된다. 이들은 고분자 깊숙이까지 침투할 수 있다. 예를 들어, ^{252}Cf로부터 나오는 핵분열 조각들은 폴리카보네이트의

표 12-8 미세 다공성 및 거대 다공성막 제조에 사용되는 방법

제조법	개요
침출법(Leaching)	고체 기공 형성제의 추출
상 전환법(Phase inversion)	고분자, 용매 및 비용매의 3성분 혼합물의 상분리
소결법(Sintering)	반결정 고분자 분말의 용해
연신법(Stretching)	압출된 반결정성 필름의 열처리와 연신의 조합
열유도 상분리법(Thermally induced phase separation)	잠재 용매로 고분자 용액을 상분리가 일어나는 온도까지 냉각 후 잠재 용매 상의 추출
트랙 식각법(Track etching)	고분자 필름에 빛을 조사하여 분열 조각 생성 후 부식(caustic etching)

20 μm 깊이까지 침투하는 한편으로 ^{235}U는 10～12 μm까지 침투할 수 있다. 고분자 사슬들과 이들 조각들이 충돌하면 침투 경로를 따라 사슬 절단이 일어난다(6장 참조). 이러한 방사선 분해 고분자들은 산이나 염기성 물질로 처리하면 필름으로부터 에칭된다. 만약 필름들이 침투 깊이에 비하여 충분히 얇으면 통로 형성과 에칭이 조합하여 필름을 관통하며, 좁은 기공 분포를 갖는 원통형 기공을 형성하게 된다. 이들 전형적인 기공의 직경은 0.02～20 μm의 범위이다. 폴리카보네이트 외에 통로 에칭될 수 있는 다른 고분자들로는 폴리(에틸렌 테레프탈레이트), 셀룰로스 아세테이트, 셀룰로스 나이트레이트 및 폴리(메틸 메타크릴레이트)를 들 수 있다.

비대칭성막 형성 막분리 공정이 다른 재래식 분리 공정과 비교하여 양호한 경제성을 발휘하기 위해서는 높은 선택성과 높은 투과 유량을 가져야 한다. 치밀막의 투과도와 선택도가 막재료의 고유 성질인 한편, 유량은 막 두께를 줄이면 증가한다(식 (12.12)). 막들은 상당한 압력 강하(예를 들어, 특정한 응용에는 잠정적으로 2000 psi 압력까지)에 견딜 만큼 강해야 하므로, 어느 정도까지만 얇아야 하며 또한 운전조건에서 필요한 강도를 내야 한다. 이 문제에 관한 중요한 기술적 진보로는 1960년 Loeb와 Sourirajan[10]에 의한 비대칭 역삼투막의 개발을 들 수 있다. 다음에 기술하는 바와 같이, 이러한 막들은 얇고 치밀한 표면층 또는 두껍고 거대 다공성 기질(substrate)을 생성하는 상전환 공정(phase-inversion process)에 의하여 제조된다. 0.1～1 μm의 두께인 표면은, 분리 기능을 부여하는 한편으로 기질은 기계적 강도를 부여한다. 전형적인 비대칭 섬유의 전자현미경

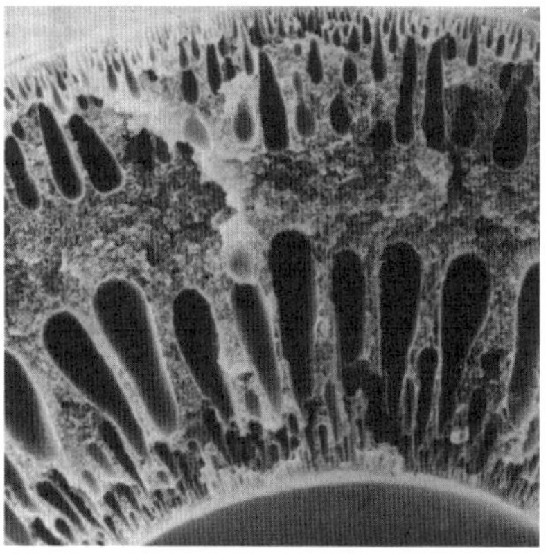

그림 12-14 비대칭 중공사 막의 단면 사진으로, 커다란 다공성 구조가 지지체에 있고, 얇고 치밀한 표면층이 섬유의 안쪽과 바깥쪽 표면에 위치하고 있다. Reprinted with permission from J. M. S. Henis and M. K. Tripodi, *The Developing Technology of Gas Separating Membranes*. Science, 1983. **220**: p. 11. Copyright 1983 American Association for the Advancement of Science.

사진은 그림 12-14에서 보는 바와 같다.

비대칭막 제조에는 네 가지 방법이 있다. — 즉 건식, 습식, 열 및 고분자-보조. 이들 모두 중간 정도 농도의 고분자 용액이 상분리하여 젤을 형성하며, 여기에서 고분자는 연속상이 되고 용매 분자들은 응집하여 주머니(pockets)를 형성한다. 이 주머니로부터 용매를 제거하면 공간(void)이 형성되며, 이는 비대칭성 거대 다공성 구조를 이룬다. 상전환은 물과 같은 비용매의 작용(즉, 화학적 유도)이나 온도 변화(즉, 열 유도)로 유도될 수 있으며, 이는 막용액이 열역학적으로 불안정해지고 결과적으로 상분리가 일어나게 한다(3장 참조).

그림 12-15에서 보는 바와 같이 건식 막형성 공정에서는 고분자, 용매 및 비용매가 섞여서 삼각형 성분도(triangular diagram)의 혼합 영역이나 단성분 영역 내에서 조성을 이룬다. 용액은 증발하며 건조된다. 휘발성 성분(즉, 용매와 비용매)을 잃어버리므로 전체 조성은 혼화도갭(miscibility gap) 내로 이동하며 상분리가 일어난다. 습식 공정에서는 고분자 용액이 부분적으로 증발하고, 이어 비용매, 전형적으로는 물, 내에서 응집된다.

열공정 또는 열유도 상분리(thermally induced phase separation, TIPS)는 "잠재" 용매(latent solvent)를 이용하며, 온도 강하가 상분리를 일으킨다. 잠재 용매는 어떤 높은 온도(예를 들어, 220°C)에서는 고분자에 대하여 고비점, 저분자량의 용매이지만, 낮은 온도에서는 비용매이다. 잠재 용매의 예로는 *N*-tallowdiethanolamine(TDEA), menthol 및 sulfolane을 들 수 있다. 고분자와 잠재 용매를 용융-블렌드하여 필름으로 캐스트하거나 섬유로 압축하고 이어 냉각시켜 상분리를 유도한다. 그림 12-16에 나타낸 바와 같이 온도를 최대 임계 용액 온도(upper critical solution temperature, UCST) 이하로 낮추면 상분리가 일어난다. 상전환(phase inversion) 후 잠재 용매(기공 형성제)는 다른 용매(고분자의 비용매)에 의하여 추출된다. 막의 형태학은 고분자 농도, 용액 온도 및 냉각 속도와 같은 많은 인자들에 의해 결정된다. 스피노달(spinodal) 내에서의 상분리는 **스피노달 상분리**(spinodal decomposition)라고 하는 메커니즘에 의해 일어난다. 스피노달 상분리는 "레이스(lacy)" 모양의 막구조를 초래한다. 스피노달과 바이노달(binodal) 영역 사이에 위치한 준안정 영역 내에서의 상분리는 핵형성(nucleation)과 성장에 의하여 일어나며, 열린 기공 구조를 낳는다. 고밀도 폴리에틸렌, 폴리프로필렌, 폴리스타이렌 및 poly(2,6-dimethyl-1,4-phenylene oxide)들의 미세 다공성막은 이러한 공정으로 제조할 수 있다.

막형성에 있어 고분자-보조 방법은 일반 용매에 녹아 있는 두 개의 물리적으로 혼합 가능하나 섞이지 않는 고분자들의 혼합물을 이용한다. 이는 두 고분자들이 고분자 농도가 저농도에서 중간 농도까지에서는 균일한 용액을 형성하나, 고체상에서는 균일한 혼합물을 형성하지 않음을 의미한다. 용액을 캐스트하고 용매를 증발시키면, 두 고분자들의

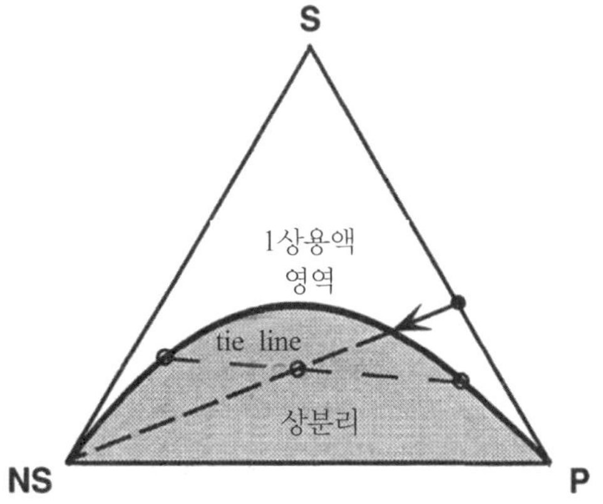

그림 12-15 일정 온도에서 고분자(P), 용매(S), 및 비용매(NS)를 포함하는 삼성분 혼합물의 상도표. S-P 쪽의 ●로 표시되는 부분인 고농도의 고분자 용액에 비용매가 첨가되면 전체 조성이 이 점에서 NS쪽으로 이동한다. 조성이 phase envelope에 접근하면, 상분리(응집)가 일어난다. 두 평형상 조성이 상도의 이 점을 통과하는 tie line이 된다.

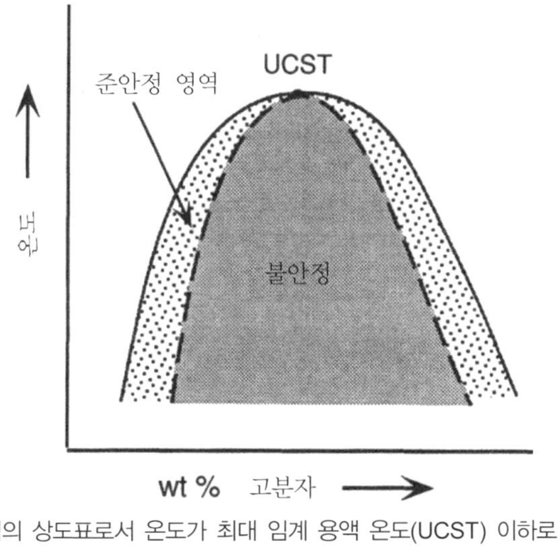

그림 12-16 고분자 용액의 상도표로서 온도가 최대 임계 용액 온도(UCST) 이하로 내려가면 상분리가 일어남을 보여 준다. 바이노달은 실선으로 나타냈으며, 스피노달은 점선으로 나타내었다.

상분리가 일어난다. 블렌드 내에서 보다 낮은 농도의 고분자는 보다 높은 농도로 존재하는 고분자의 연속상 내에서 분산상으로 존재한다. 연속상 고분자에 용매는 아니면서 일부 편리한 용매(일반적으로 물)에서는 용해하는 분산상 고분자를 선택하는 것이 기술이다. 이러한 목적으로 쓰이는 수용성 고분자의 예로는 poly(*N*-vinyl pyrrolidone)(PVP)이 있다. 캐스팅과 건조 후, 분산상은 용매를 이용하여 막으로부터 추출된다. 생성되는 막은 복합막 제조에 기질로서 적합한 표면이 없는 미세 다공성 구조가 된다.

코팅한 비대칭 및 복합막 비대칭막은 기체 분리에 매우 효율적인 막으로서 잠재가능성이 크지만, 작은 결점이나 기공이 제조과정에서 표면층에 생길 수 있다. 이러한 핀홀(pinholes)은 기체 분자들이 막을 자유롭게 통과해 나갈 수 있으므로 분리 효율을 낮추게 된다. 기공들이 약 10Å 또는 그 이상의 직경을 가지면 선택도가 크게 감소한다. 무결점의 표면을 갖는 막을 구하는 문제는 Henis와 Tripodi [11]에 의해 해결되었는데, 이들은 비대칭 섬유를 실리콘 고무와 같은 매우 투과도가 높은 고분자로 얇은 층으로 코팅하여 중공사 내의 열린 기공을 막아 치밀하고 분리 가능한 표면층 영역을 통해 분리가 일어나도록 하였다.

적절한 유량과 투과 선택도를 갖는 막들은 미세 다공성막(예를 들어, 벗겨진 비대칭막(skinned asymmetric membrane))을 지지체로 이용하여 제조 가능한데, 지지체 위에 요구되는 분리 물성을 나타내는 얇은 제 2 성분의 고분자를 캐스팅한다. 이렇게 하여 매우 얇은 분리층을 갖는 복합막을 제조할 수 있다. 또한, 적층법과 플라스마 중합법으로 표면층을 제조할 수 있다. 코팅된 비대칭막이나 복합막의 유량과 투과 선택도는, 그림 12-17에 나타낸 바와 같이 막의 형태학과 전기-저항 네트워크에 비유한 성분들의 개별적인 이동 물성에 연관될 수 있다.

저항 모델에서 투과 유량(permeation flux)은

$$Q_i = \left(\frac{P_i}{\ell}\right) A \Delta p \tag{12.21}$$

전류, I 및 추진력 또는 막을 통한 압력 강하, Δp와 전위(electrical potential), E로 등식화된다. 전기 네트워크에서는 저항, R_e은 Ohm의 법칙에 따라 I 및 E로 다음과 같이 나타낸다.

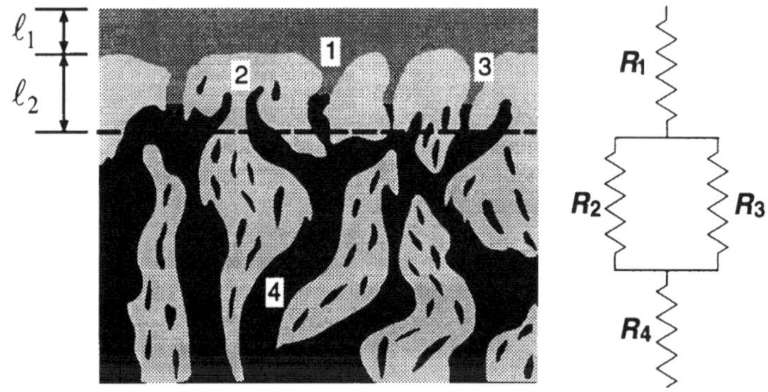

그림 12-17 코팅(1), 치밀층(2), 기공(3) 및 기질(4) 영역을 보여 주는 코팅된 비대칭막의 저항 모델. Adapted from M. S. Henis and M. K. Tripodi, *Composite Hollow Fiber Membranes for Gas Separation: The Resistance Model Approach.* Journal of Membrane Science, 1981. **8**: p.233. Copyright 1981, with permission from Elsevier.

$$R_e = \frac{E}{I} \tag{12.22}$$

이와 유사한 투과 저항, R_p는 다음과 같이 주어진다.

$$R_p = \left(\frac{\ell}{P_i}\right)A \tag{12.23}$$

그림 12-17에 나타낸 코팅막은 저항(치밀한 코팅층 1)이 병렬로 연결된 두 개의 평형 저항(치밀층 2 및 표면의 기공 영역 3) 및 다공성 기질 4와 연결된 형태에 상응한다. 네트워크의 전체 저항은 다음과 같이 주어진다.

$$R_T = R_1 + \frac{R_2 R_3}{R_2 + R_3} + R_4 \tag{12.24}$$

기질은 일반적으로 충분히 다공성이 있어 투과에 큰 저항을 가하지 않으므로(즉, $P_4 A_4$가 매우 큼) R_4는 무시할 수 있다. 보통의 경우 코팅이 효과적이기 위하여 코팅층을 완전히 메꾸어야 할 필요는 없지만, 해석을 간단히 하기 위해 표면의 작은 기공들은 코팅 물질로 표면 두께(ℓ_2)까지 완전히 채운다고 가정한다. 더구나, 기공 면적, A_3은 일반적으로 섬유의 전체 표면적 중에서 매우 작은 부분(즉, $A_2 \gg A_3$)이므로, $A_2 \approx A_1$이다. 이러한 가정들을 사용하여 전체 막유량에 대한 결과 식을 다음과 같이 구할 수 있다[11].

$$\frac{Q_i}{A_2 \Delta p} = \left(\frac{P}{\ell}\right)_i = \left[\frac{\ell_1}{P_{1,i}} + \frac{\ell_2}{P_{2,i} + P_{1,i}\left(A_3/A_2\right)}\right]^{-1} \tag{12.25}$$

코팅 및 지지체 고분자에 대한 값 P/ℓ은 두 물질들의 치밀한 필름의 정상 상태 투과도 측정으로 쉽게 얻을 수 있고, 섬유의 형태학(즉 A_3/A_2, ℓ_1, ℓ_2)은 전자 현미경으로 결정할 수 있다.

모듈 제조 액체나 기체의 공업적 분리, 해수 담수화 및 정수 등에는 매우 큰 단면적을 가진 막($10^3 \sim 10^7$ m^2) 및 높은 면적 대 부피 비(충진 밀도)를 갖는 막이 큰 유량 요구 조건을 맞추기 위하여 필요하다. 그림 12-18에 나타낸 중공사막 모듈은 가장 큰 충전 밀도($10^4 \sim 10^5$ m^2 m^{-3})를 갖는다. 다른 막 모듈 형태로는 나선형, 평판형, 관형 및 모세관형이 있다. 표 12-9는 역삼투(RO), 투과 증발(PV), 기체 투과(GP), 한외 여과(UF), 전기 투석(ED)및 미세 여과(MF)에 쓰이는 전형적인 모듈 디자인을 보여 주고 있다.

중공사 모듈(hollow-fiber modules)은 종종 상업적인 RO와 기체 분리에 사용된다. 전형적인 중공사의 외경은 80에서 200 μm이고, 벽두께는 20 μm 이상이다. 이 섬유들은(용융 방사 혹은 습식 방사) RO 용으로는 폴리아마이드, 셀룰로스 트라이아세테이트 및 설폰화 폴리설폰(sulfonated polysulfone)으로부터 제조되고, 기체 분리용으로는 폴리설폰이 사용된다. 막 다발의 실링은 에폭시를 이용한다. 좀 더 큰 직경의 섬유들로 된 모듈은 **모세관 모듈**(capillary module)이라고 부르며, UF나 MF용으로 쓰인다. UF 모세관 모듈에 사용되는 고분자로는 폴리설폰, 폴리아크릴로나이트릴 및 염소화 폴리올레핀(chlorinated polyolefin)을 들 수 있다. 모든 경우에, 가공 스트림은 기공을 막는 큰 입자들이나 고분자 섬유를 녹이거나 파괴하거나 또는 실링 재료를 팽윤시키거나 새게 하는 화학물질들을 제거하기 위하여 전처리를 반드시 해야 한다.

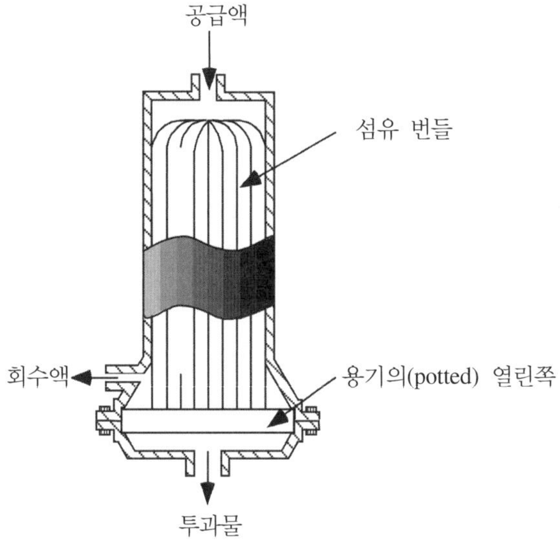

그림 12-18 전형적인 중공사막 모듈의 단면도. Adapted from K. Scott, *Membrane Separation Technology*. 1990, Oxford: STI.

표 12-9 주요 막분리에 사용되는 모듈 디자인

모듈 형태	분리[a]
모세관형	UF, MF
중공사막형	RO, GP, PV
평판형	PV, UF, ED
나선형	RO, PV, GP
관형	UF, MF

[a] 약어: RO, 역삼투; GP, 기체 투과; PV, 투과 증발; UF, 한외 여과; ED, 전기 투석; MF, 정밀 여과.

나선형 막들(spiral-wound membranes)의 주된 응용은 역삼투 공정이다. 그림 12-19에서와 같이, 나선형 모듈은 평판형막과 스페이서 및 다공성 내부 투과물-수집관 주위에 감은 다공성 재료를 교대로 쌓아 제조한다. 공급액은 축방향으로 흘러 약 1.0 mm 깊이의 구멍을 통해 스페이서로 흐르는 한편으로, 투과물은 수집관에 방사상으로(radially) 흐른다. RO 분리용으로 디자인된 전형적인 나선형막 모듈은 길이 1 m, 직경 0.2 m이며 그리고 유속 28 m^3/day와 압력 40 bar까지 감당할 수 있다.

공급액 중에서 오염원을 제거하는 전처리를 하지 못하거나 모듈을 수증기 열소독하지 못하는 경우, 그림 12-20에 나타낸 관형 막 모듈을 때때로 사용한다. Shell-and-tube 열교

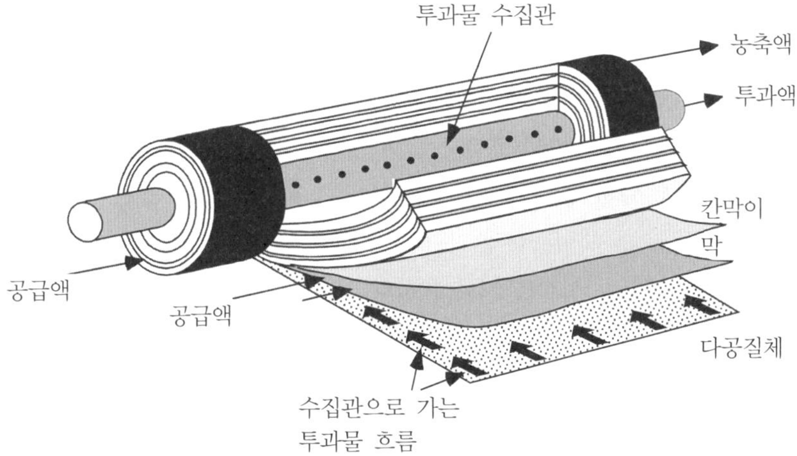

그림 12-19 나선형 막 모듈. Adapted from K. Scott, *Membrane Separation Technology*. 1990, Oxford: STI.

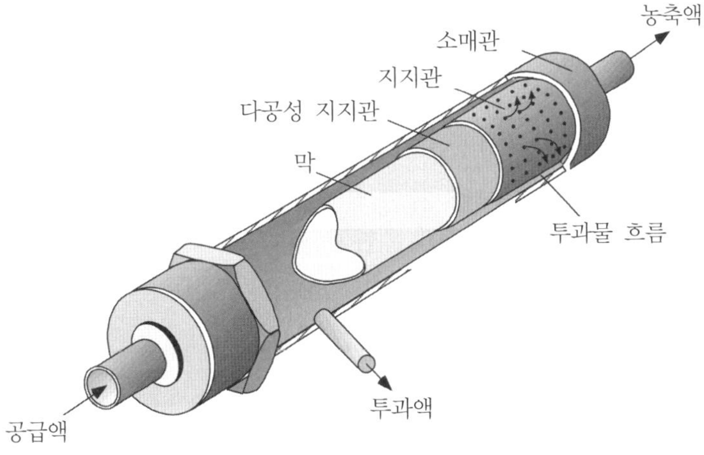

그림 12-20 관형 막 모듈. Adapted from K. Scott, *Membrane Separation Technology*. 1990, Oxford: STI.

환기처럼 생긴 모듈은 다공성 지지 튜브로 둘러싸인 내부만 튜브로 구성되어 있다. 어떤 경우에는 막이 유기질이 아닌 무기질(세라믹)인 경우가 있는데, 이 경우는 좀 더 환경이 까다로운 경우에 쓰인다. 이 모듈은 세척하기 쉽고 수증기 소독도 가능하다; 그러나, 압력 손실이 크고 생산성은 중공사나 나선형보다 낮다. 관형막 모듈(tubular-membrane modules)의 주된 응용은 UF와 MF이다.

12.2 생의학 공학과 약물 전달

고분자는 의료용으로 수술용 봉합사, 혈관 접목(vascular graft), 혈관내 스텐트(intravascular stents), 인공장기, 정형외과용 임플란트(orthopedic implants) 및 인공 의료기기(prosthetic device)로서 널리 사용되고 있다. 고분자는 또한 보다 일반적인 금속 합성물(metal amalgam)의 대체물로서 약물 방출 제어용 재료로도 응용되고 있다. 응용에 따라서는 생체 의료용으로 쓰이는 고분자들은 생체 적합성, 선택 투과성, 생분해성, 높은 강도 및 탄성률 중 하나 이상의 특이한 성질을 지녀야 한다. 고분자 재료의 생체 적합성은 세포의 수용체와 이들 단백질의 상호작용과 플라스마 단백질이 고분자 표면에 흡착되는 정도에 따라 달라진다. 단백질 흡착은 *N*-아릴아크릴아마이드의 방사선 그래프트와 같은 수용성 고분자의 그래프트와 플라스마 필름 증착을 사용한 입체 반발이나 친수성을 증가시켜 줌으로써 줄일 수 있다. 분절된 폴리유레테인과 폴리(유레테인-우레아)는 높은 생체 적합성을 보여 주는 고분자 군에 속한다. 이들은 헤파린(heparin), D-glucosamine polysaccharide의 그래프팅을 통해 생체 적합성을 더 향상시킬 수 있다.

의료용으로 사용되어 온 고분자로는 PVC, 폴리프로필렌, 일부 아크릴류 그리고 폴리스타이렌을 들 수 있다. 새로운 방사선-멸균된, 환경적으로 안전한 등급의 PVC는 의료용 플라스틱 시장에서 상당한 점유율을 차지해 왔다. 폴리프로필렌은 멸균된 의료용 포장제 혹은 약물 전달 고분자로 사용되어 왔다. 최근의 메탈로센 폴리올레핀(2.2.3절 참조)은 뛰어난 광학적 투명도, 낮은 온도에서의 유연성 그리고 촉매 금속 잔류물 등의 의료용 장점들을 보여 주고 있다. 메탈로센 촉매에 의한 신디오탁틱 폴리스타이렌의 눈에 띄는 뛰어난 열적 안정성과 같은 성질(9.1.2절 참조)은 멸균용 접시나 외과용 기기 그리고 치과용 장치에 사용할 수 있는 가능성을 보여 주고 있다.

고분자들은 약물(예를 들어, paclitaxel), 단백질, DNA와 같은 유전 물질(유전자 치료제)의 촉진되고 안전한 전달을 통하여 암[12]을 포함한 질병 치료에 사용될 수 있다. 그림 12-21에 나타낸 바와 같이, 친수성 고분자들은 특정 약물을 연결시키거나(그림 12-21a), 단백질(그림 12-21b) 혹은 재조합 DNA 서열(그림 12-21c)을 에워싸기 위하여, 또는 마이셀(그림 12-21d) 내에서 용해도가 낮은(소수성) 약물이나 덴드리머(그림 12-21e)를 함유시키기 위하여 사용될 수 있다. 이러한 응용을 위하여 평가된 천연 및 합성 고분자와 공중합체들은 폴리에틸렌글라이콜(PEG), *N*-(2-hydroxypropyl) methacrylate 공중합체, poly (vinyl pyrrolidone), poly(ethylene-imine)(PEI, 구조 4), 폴리포스파진, hyaluronic acid, 키토산, 덱스트란(dextran), poly(aspartic acid), poly(L-lysine)(PLL, 구조 5) 및 poly(lactic-*co*-glycolic acid)를 포함한다. 무독성이고 무면역성의 PEG는 그래프트와 블록 공중합체 형태로 사용되는 특히 일반적인 고분자이다. PEG는 다양한 약물, 단백질 및 여러 나노 입자들을 물에 녹이기 위해 종종 사용된다. PEG와 poly(ε-caprolactone)(PCL), PEG-*b*-PCL-*b*-PEG, 그리고 poly(D,L-lactic acid-*co*-glycolic acid), PEG-*b*-PLGA-*b*-PEG로 구성된 삼원블록 공중합체들은 약물을 캡슐화할(encapsulate) 수 있는 고분자 마이셀을 형성할 수 있다. 일반적으로 사용되는 덴드리머는 polyamidoamine(PAMAM)이다. 약물 제어 방출, 유전자 치료, 항균성 섬유와 직물, 조직 공학, 신장 투석 및 인공 장기에서의 고분자의 응용에 대해서는 다음 절에서 논하고자 한다.

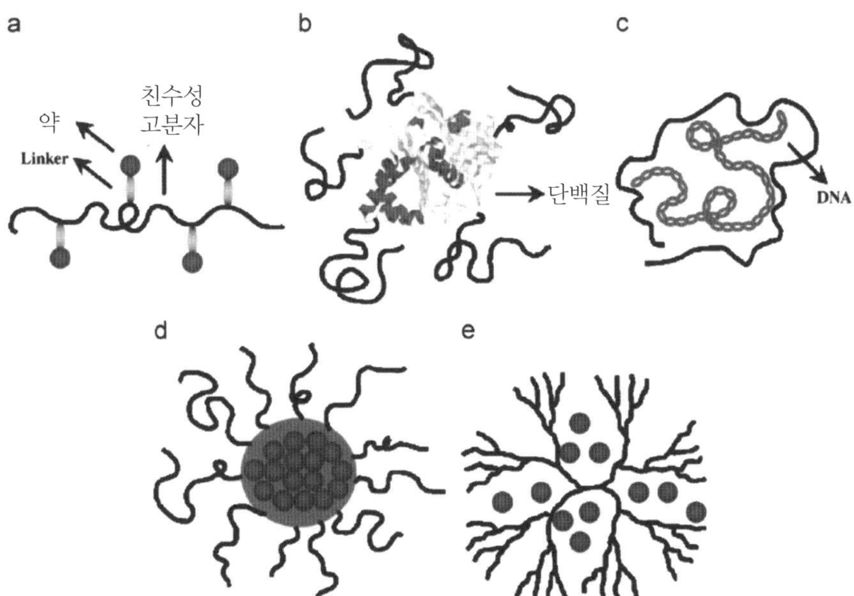

그림 12-21 고분자 나노의학의 도해:(a) 고분자-약물 복합체, (b) 고분자-단백질 복합체, (c) 고분자-DNA 복합체, (d) 고분자-마이셀 복합체 및 (e) 덴드리머. Reproduced from J. H. Park et. al., *Polymeric Nanomedicine for Cancer Therapy*. Progress in Polymer Science, 2008. **33**: p.113-137. Copyright 2008, with permission from Elsevier.

12.2.1. 약물 제어 방출

약물 제어 방출(controlled drug delivery), 또는 조절된 방출은 체내에서 의약품의 유효한 관리에 사용되는 고분자의 두 가지 중요한 잠재적 응용을 제시하고 있다. 첫째는 일정한 약물 치료 농도를 유지하는 **조절된 방출**(controlled release)이다. 현재 약물 제어 방출을 이용하는 예로는 피임약의 전달 그리고 녹내장 치료를 들 수 있다. 다른 응용으로는 고분자가 약물을 체내에서 감염 부위, 발병 장기, 악성 세포의 수집 등과 같은 특정 부위로 이동시키는 전달체로서의 역할을 하는 **국소지향**(site-directed) 약물 전달이 있다.

약물은 정제(tablet), 알약, 캡슐, 액체 및 주사와 같은 다양한 전통적인 형태로 전달된다. 고분자는 종종 지속성을 개질하거나 특정 농도를 함유하기 위하여 바인더로서 사용되는 한편, 약물을 전달하고 약물을 특정 응용에 목표로 하는 데 사용될 수 있다. 이러한 용도를 위한 고분자들은 생분해성을 가져야만 하고, 무독성이고 생체 적합한 최종 산물로 생분해할 수 있어야 한다. 이러한 요구 조건을 충족하는 고분자들은 PLA, PGA 및 이들의 공중합체와 같은 가수 분해되는 폴리에스터 종류를 포함한다. 다른 고분자들은 폴리무수물, 폴리인산에스터(polyphosphoesters), 폴리아미노산 및 키토산을 포함한다. PEG는 약물을 결합시키기 위해 사용되어 왔다. 스타이렌-아이소뷰틸렌 블록 공중합체는 Taxol(paclitaxel) 약물의 제어 방출을 위해 심장 스텐트 코팅(cardiac stent coating)으로 사용되어, 혈관 평활근 세포의 이동이 혈액 흐름을 막을 수 있는 동맥 재협착증을 막는 데 사용한다.

약물 방출 속도는 확산, 반응 또는 용매에 의해 조절될 수 있다. **확산 조절**(diffusion control)에서, 확산에 대한 추진력은 저장소나 매트릭스 시스템과 같은 전달체를 통한 농도 구배이다. 저장 시스템에서 약물 저장소는 미세 다공성 또는 비다공성 고분자막으로 둘러싸여 있다. 만약 약물 중심 부가 포화 상태로 유지되면, 방출은 시간에 대해 일정하다. 매트릭스 시스템에서는 약물이 고분자에 녹아 있거나 분산되어 있다. 약물 저장 시스템과는 달리, 약물이 매트릭스 내에서 이동해야 하는 거리가 증가함에 따라 매트릭스 장치 내에서의 방출 속도는 감소하는데, 이는 장치 표면에서 약물 농도가 소모되기 때문이다. 확산 조절 장치에 쓰이는 고분자들로는 폴리다이메틸실록세인(polydimethylsiloxane)과 폴리(에틸렌-*co*-바이닐 아세테이트)를 들 수 있다.

반응 조절(reaction-controlled) 시스템은 전달 수단으로 생분해성 고분자를 사용한다. 약물은 물리적으로 고분자 내에 분산되어 있는데, 가수 분해나 효소 공격(enzymatic attack)으로 점차 체내에서 분해된다. 대체 방안으로 약물은 생분해성 지점을 제공하는 적당한 스페이서(spacer) 그룹에 의해 고분자 사슬이 화학적으로 연결될 수 있다. 반응 조절 방출

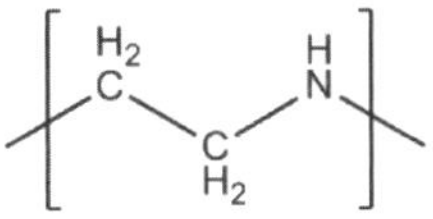

4

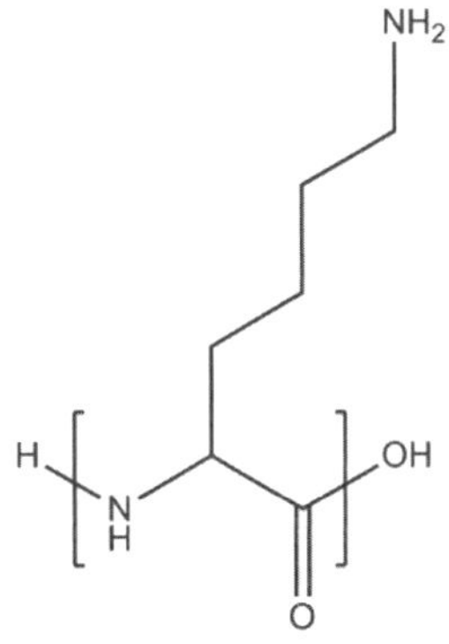

5

에서는 poly(lactide-*co*-glycolide)가 특히 매력적인데, 이는 분해 산물이 락트산(lactic acid)과 글라이콜산(glycolic acid)으로서, 생물학적으로 안전하기 때문이다.

용매 조절(solvent-controlled) 전달에서는 약물 방출이 고분자를 통한 물의 투과에 의해 조절된다. 이는 그림 12-22에 나타내었듯이, 간단한 삼투 펌프에 의하여 가능하다. 여기에서 약물 중심부는 반투과막으로 둘러싸여 있는데, 이 막이 삼투압에 의해 의료기기 내부로 물이 침투하도록 한다. 약물 용액은 물 흡수 속도와 같은 속도로 의료기기의 가는 관을 통해 분산된다.

다른 형태의 약물 전달 조절용 용매 활성 시스템은 고분자 **수화 젤**(hydrogel)을 사용하

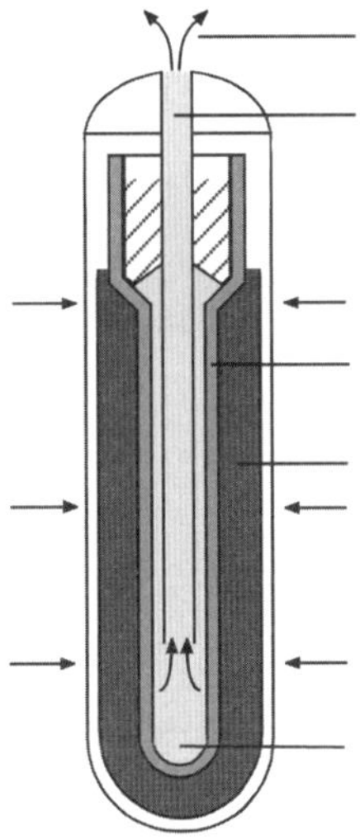

그림 12-22 약물 제어 방출에 사용되는 삼투 펌프의 도해. Reprinted with permission from ASTM Standardization News, October 1986. Copyright ASTM International, 100 Barr Harbor Drive, West Conshohocken, PA 19428.

는데, 이것은 물-팽윤된 가교된 고분자 망상 구조로 되어 있다. 약물을 건조(유리의) 상태의 수화 젤 고분자 내에 유입시킨다. 수용액 상태에 놓으면 고분자는 팽윤하며, 얻어지는 젤은 약물 확산에 좋은 매체가 된다. 일반적으로 사용하는 수화 젤은 poly(2-hydroxyethyl methacrylate)(PHEMA, 구조 6)로부터 제조되는데, 이것은 이작용기 고분자와 공중합하여 가교된다. PHEMA는 수용성이므로, 가교 망상 구조는 팽윤되어 수용액상에서 35% 물 함유 젤을 형성한다. 약물 전달용 이외에도 PHEMA는 소프트 콘택트렌즈 제조에 사용된다.

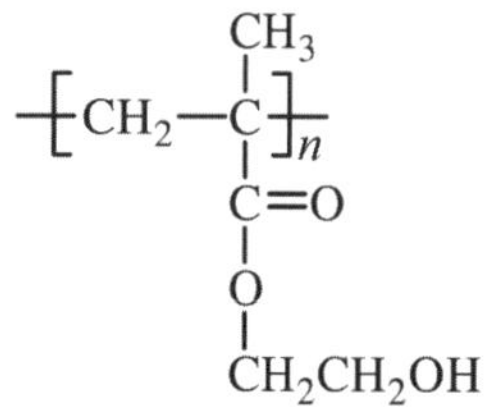

6

국소지향 약물 전달(site-directed drug delivery) 기술은 아직 유아기이지만, 몇 가지 예들은 가능성이 있음을 보여 주고 있다. 한 가지 응용으로는 폴리(에틸렌 글라이콜)(PEG)과 poly(aspartic acid) 블록 공중합체를 약물 전달체로 사용하는 것이다. PEG는 전달체에 용해도를 제공하는 한편으로 폴리아미노산은 항암제(예를 들어, adriamycin)를 결합시키는 데 사용한다.

12.2.2 유전자 치료

유전자 치료는 질병을 치료하는 접근방법으로 손상된 유전자를 개질하거나 사라진 유전자를 대체하기 위하여 유전 물질, 주로 플라스미드(plasmid) DNA를 전달하는 방법을 적용한다. 유전자 전달체는 재조합 바이러스(recombinant virus) 또는 지질(lipid), 폴리라이신(polylysine, 구조 5)과 같은 폴리펩타이드 또는 DNA와 복합체(polyplex)를 형성할 수 있는 합성 벡터가 될 수 있다. 벡터로 사용된 바이러스는 게놈의 일부를 치료 유전자로 대체함으로써 non-replicant(즉, 비병원성(non-pathogenic))로 될 수 있다. 바이러스 벡터는 바이러스 고유의 공학으로 인하여 극도로 효과적인 한편으로, 재조합 바이러스가 야생형 독성 형태로 복귀할 수 있다. 임상적용에서 환자가 죽는 경우도 보도되고 있다. 이러한 이유로, 고분자와 같은 안전한 합성벡터의 개발에 많은 관심이 모아지고 있다. 고분자 벡터들이 보다 적은 위험성을 갖는 반면, 효율성은 바이러스 벡터에 비해 현저히 낮다. 이러한 접근방법에 대한 초기 문제들은 유효성, 독성 및 이해도가 낮은 전달 메커니즘이 포함된다. Pack 등은 이 주제에 대한 뛰어난 고찰을 하고 있다[13].

효과적인 고분자 벡터는 나노 입자를 형성하여 DNA 주사슬을 따라 음전하를 띤 인산기가 양이온 상호작용을 통하여 DNA와 정전기적으로 결합할 수 있어야 한다(8장, 8.1.2절 참조). 이 입자들은 유전 물질을 보호하고, 유전 물질을 목표 세포의 핵에 유전 물질의 이동감염(transfection)을 가능하게 한다. 핵으로의 DNA 전달은 폴리플렉스(polyplex)가 흡착(edocytosis)을 통하여 세포 내부로 주입되고 나서, 세포질을 통하거나 마이크로튜블(microtubles)을 따라서 핵에 이동되는 복잡한 과정을 거친다. 성공적인 전이율은 매우 낮다(약 1%). 유전자 전달로 고려되는 고분자는 폴리라이신, 폴리에틸렌이민(PEI) 및 별 모양의 polyamidoamine 덴드리머, NR_3가 있으며, 여기에서 가지 그룹 R은 구조 7에 나타나 있다. 초기에 평가된 고분자들 중의 하나인 폴리라이신은 매우 낮은 효율을 가지고 있는 한편으로 PEI는 상대적으로 효율은 좋으나 높은 독성을 보인다. Polyamidoamine은 좋은 생체 적합성과 유효성을 제공하고 있다. 낮은 독성을 가지는 작은 분자량의 대사산물(metabolite)로 가수 분해되는 poly(β-amino ester)(PAE)와 같은 생분해성 고분자도 고려되고 있다.

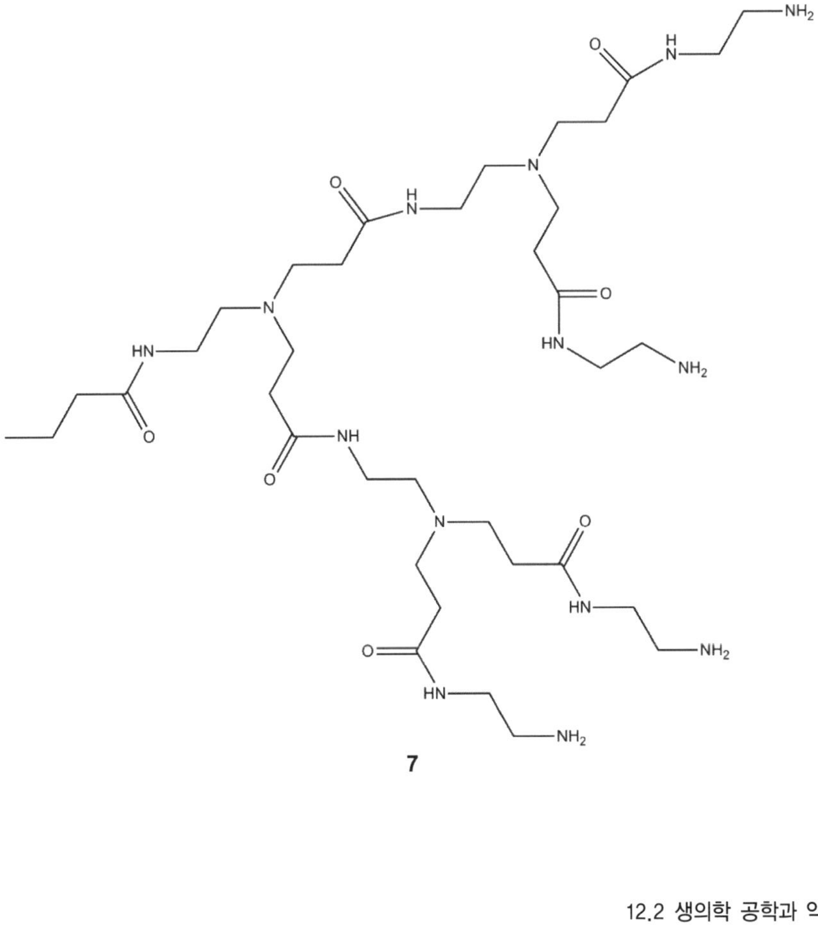

7

12.2.3 항미생물 고분자

때때로 살균성 고분자(biocidal polymers)라고 불리는 항미생물 고분자는 박테리아와 다른 미생물의 성장을 방해할 수 있는 기능성 고분자 그룹을 구성하고 있다. 응용은 살균직물과 필름, 물 위생, 의료와 치과 시술에서의 감염방지 및 식품산업에서의 박테리아 감염방지이다. 이러한 분야에 대한 광범위한 고찰은 Kenaway 등에서 볼 수 있다[14]. 효과적이기 위해서는, 고분자 살균은 박테리아의 음하전을 띤 세포막에 흡착하고, 세포막을 파열하고(disrupt) 그리고 세포 용해(lysis)를 일으켜 세포를 죽일 수 있어야만 한다. 이러한 방식으로, gramicidin 항생제와 magainin 항생제와 같은 특정 단백질의 작용을 모방한다. 살균작용을 가진 고분자는 키토산, 고분자 형태의 4차 암모늄, 할로젠화된 poly(styrene-divinylbenzene sulfonamides) 및 표면 활성의 염화 알킬암모늄 말단기를 가지는 폴리유레테인이다. 최근에는 은 나노 입자를 포함하는 나노복합체 및 몬모릴로나이트(montmorillonite (MMT) 7.5절)와 기능화된 다면체의 올리고 silsesquioxane(POSS) 역시 항미생물 유효성에 대한 가능성을 보여 주고 있다.

12.2.4 조직 공학

조직을 복원 혹은 재생할 수 있는 능력은, 예를 들어, 화상 부위의 복원, 손상된 건(tendon)의 복원 및 줄기세포 성장을 위해 매우 중요하다. 이러한 목적을 위하여, 적당한 **지지체**(scaffold) 구조 위에서 성장하는 세포를 지지하는 것이 필요하다. 지지체는 이동된 세포의 부착과 증식을 유도하는 지점으로 작용하고, 성장 인자, 기타 호르몬 및 자양분의 이동을 통하여 세포 성장을 지시한다. 자연적으로 발생하는 단백질인 콜라겐은 지지체 구조를 위한 훌륭한 생체재료이나[15], 오염과 감염 문제로 인하여 지지체로 사용하는 데 제한을 받고 있다. 다른 대안은 조직 손상 부위를 복원하고 재생할 수 있는 지지체의 제조를 위한 생체 적합성 고분자의 사용이다[16]. 이러한 적용을 위한 고분자에는 많은 요구조건들이 있다. 고분자는 생분해성이고, 비항원성이고, 비발암성이며, 무독성이며, 기형발생이 없어야 하며 그리고 생체 적합성이어야만 한다[17]. 지지체로 평가된 고분자로는 trimethylene polycarbonate, 폴리포스파진, 폴리유레테인, polyfumarate, polyorthoester, poly(glycerol sebacate), polypyrrole, 폴리아크릴레이트, poly(ether ester amide), poly(amido amine) 및 poly(D,L-lactic acid)-*co*-(glycolic acid)](PLGA)를 들 수 있다.

12.2.5 신장 투석과 인공 장기

신장 투석 고분자막의 중요한 의료용 용도 중 하나는 신장 투석으로, 이는 혈액으로부터 저~중 분자량의 화합물을 제거하는 것이다. 이들은 염화 소듐, 염화 포타슘, 우레아, 크레아티닌 및 요산(uric acid)을 포함한다. 동시에, 세포상의 입자들이나 플라스마 단백질과 같이 생명에 필요한 보다 더 큰 분자들은 보존되어야 한다. 투석에 대한 추진력은 농도 구배이다. 신장 투석에 적당한 고분자들로는 셀로판(재생 셀룰로스)이 있는데, 이는 작은 직경(약 200 μm)과 17 cm 정도의 길이를 갖는 중공사(hollow fiber)가 제조된다. 약 10,000개 정도의 섬유들이 일반적인 투석 모듈에 이용된다. 시술 시 접하는 실질적인 문제들로는 플라스마 단백질의 흡착으로 인한 농도 분극과 기공 막힘(clogged pores)을 들 수 있다.

인공 장기 인공 신장, 췌장 및 폐와 같은 인공장기들의 제조에 일부 고분자들을 사용할 수 있다. 인공 건과 근육 또한 개발되고 있다. 고분자와 같은 이물질이 혈액과 접촉할 때, 혈전 형성(thrombus(clot) formation)이 우려되고 있다. 항혈전 특성을 가진 설폰화된 아미노당인 헤파린이 항혈전성을 부여하기 위해 고분자 표면에 그래프트될 수 있다.

12.3 전자 및 에너지 산업에 응용

고분자들은 전기적으로 전도성일 수 있거나, 또는 전도성 충전제로 도프(dope)하여 광전도성으로 만들 수 있다. 이들 물성들은 이 장에서 논할 배터리에서의 고분자 전극, 태양전지에서의 광전지, 전자 차단막, 캡슐화 및 유전체(dielectrics)와 같은 중요한 용도를 나타낸다.

12.3.1 전기 전도성 고분자

일반적으로, 고분자들은 전기 전도성이 매우 낮다. 사실, 폴리테트라플루오로에틸렌과 같은 고분자들은 우수한 전기 절연체이다. 1800년대에 일반적으로 뛰어난 절연체인 천연 고무에 자연적으로 전도성을 갖는 카본 블랙을 첨가하면 전도성이 급격히 증가하는 현상이 관찰되었다. 1930년대에 아세틸렌 블랙으로 채워진 천연 고무는 병원이나 시설물의 내부에서 정전기가 쌓여 스파크를 내는 위험을 감소시키기 위하여 정전기 방지용 장치로 사용되었다.

1973년 이전에는 단 한 가지 고분자, 즉 polysulfurnitride$(SN)_x$만이 우수한 전도도(~10^8 S cm^{-1})를 갖는 것으로 알려져 있었다.* 천연 고무의 경우와 같이, 이러한 전도도는 브로민과 같은 전자 수용체로 도핑하면 크게 증가한다(~10^4 S cm^{-1}).† 안타깝게도 이 고분자는 선구물질(precursor) 단량체인 S_2N_2의 폭발 특성으로 인하여 받아야 할 만큼의 관심을 받지 못하였다.

1970년대 후반까지 미국과 일본의 연구자들은 유기 고분자 특히 폴리아세틸렌(polyacetylene)의 전기 전도성이 전자 공여체인 알칼리 금속 이온이나 전자 수용체인 펜타플루오린화 비소(arsenic pentafluoride, AsF_5) 또는 아이오딘‡으로 도핑하면 10^{12}배(~10^3 S cm^{-1})나 증가할 수 있다는 사실을 보여 주었다. 도핑된 폴리아세틸렌의 전도성은 동일한 중량의 구리에 필적할 만하다. 표 12-10은 몇 종류의 고분자들과 일반 금속 및 탄소의 전기 전도성과 비중을 보여 주고 있다.

표 12-10 고분자와 금속의 전기 전도성

물질	전도도[a](S cm^{-1})	비중
은	10^6	10.5
구리	6×10^5	8.9
알루미늄	4×10^5	2.7
도핑된 폴리아세틸렌	1.5×10^5	1
백금	10^5	21.4
도핑된 polythiophene	10^4	1
수은	10^4	13.5
탄소 섬유	500	1.7–2
카본-블랙-충전 폴리에틸렌	10	1
고분자 전해질[b]	10^{-4}	1
폴리테트라플루오로에틸렌(Teflon)	10^{-18}	2.1–2.3
폴리에틸렌	10^{-22}	0.9–0.97

[a] 단위는 siemens(S)/cm

[b] Ionic conductivity

* 전도도의 기본 단위(저항의 역)는 siemen(S)/cm이다. Siemen은 ohm의 역이다(즉, $S=\Omega^{-1}$). 예증으로, 우수한 절연체인 PTFE의 전도도는 약 10^{-18} S cm^{-1}이다.

† Polysulfurnitride는 절대 온도 영도(~0.3 K)에서 초전도체(~108 S cm^{-1})가 되는 것이 관측되었다.

‡ 2000년에 Alan J. Heeger, Alan C. MacDiarmid와 Hideki Shirakawa는 전도성 고분자의 발견과 개발에 대한 기여로 노벨 화학상을 공동 수상하였다.

더욱 최근에는, poly(*p*-phenylene)(PPP), polypyrrole(PPy), polythiophene(PT) 및 polyaniline (PANI)을 도핑한 물질들의 전도성이 입증되었다. 전도성 고분자의 합성과 물성에 대해서는 10.2.7절에서 논의하고 있다. 이들 고분자들의 대부분은 전기 전도성이 폴리아세틸렌보다는 낮지만, 산소나 습기에 대한 노출에 안정하다. 표 12-11에 이들 고분자들의 반복 단위와 화학 구조를 나타내었다. 이들 고분자들을 전하 이동이 가능한 상태로 만드는 것은 공액 π-전자로서 고분자 주사슬 또는 고리 구조를 따라 교대로 단일과 이중 결합을 만드는 것을 말한다. 도핑은 전자의 불균형을 일으키고 전도성 고분자의 확장된 π-공액 구조는 전하가 걸리면 새로운 전자군들이 사슬을 따라 전자가 움직이도록 허용한다.

표 12-11 몇 가지 전기적 전도성 고분자의 화학 구조와 전도도

전도성 고분자	반복 단위	도핑 물질	전도도[a] (S cm^{-1})
트랜스-폴리아세틸렌	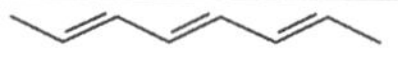	I_2, Br_2, Li, Na, AsF_5	10^4
Poly(3-alkyl-thiophene)	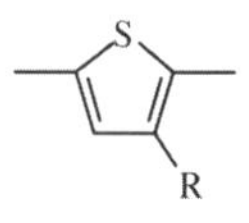	BF_4^-, ClO_4^-, $FeCl_4^-$	10^3-10^4
폴리아닐린[b]	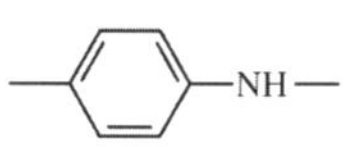	HCl	200
Polyisothianaphthalene	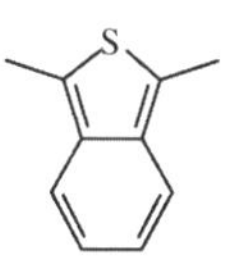	BF_4^-, ClO_4^-	50
폴리(*p*-페닐렌)	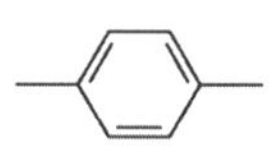	AsF_5, Li, K	10^3
폴리(*p*-페닐렌 바이닐렌)	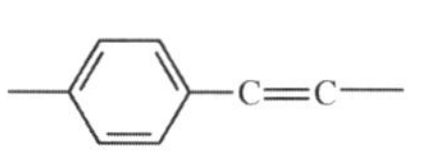	AsF_5	10^4
Polypyrrole	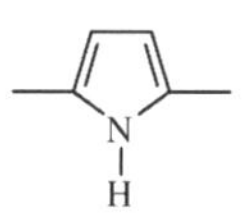	BF_4^-, ClO_4^-, tosylate[c]	500-7500
Polythiophene	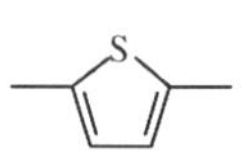	BF_4^-, ClO_4^-, tosylate,[c] $FeCl_4^-$	10^3

[a] 도프된 고분자의 대략적인 최대 전도도.

[b] Polyaniline은 4개의 산화 상태로 존재한다.

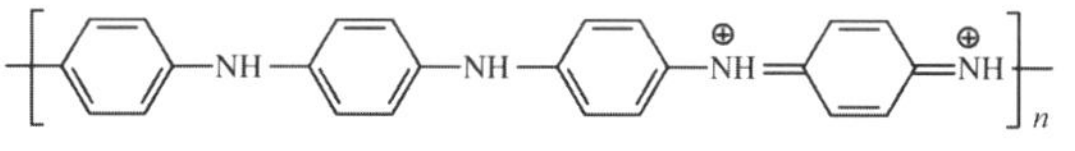

이 중 emeraldine 염만이 보는 바와 같이 imine nitrogen의 protonic doping만을 필요로 하는 우수한 전도체이다.

[c] *p*-Methylphenylsulfonate

일반적으로, 전도도는 최고 점유 분자 오비탈(HOMO)인 원자가 띠(valence band)에서 바로 위의 최저 비점유 분자 오비탈(LOMO)인 빈 띠(empty band)로 전자를 도약시키는 데 필요한 에너지양을 나타내는 **띠간격**(band gap)이 감소할수록 증가한다. 빈 띠는 전도띠(conduction band)이다. 금속은 제로값의 띠간격을 갖는 한편으로, 많은 고분자들과 같은 절연체들은 큰 띠 간격(1.5~4 eV)을 가지는데, 이는 전자 흐름을 방해한다. 고분자 주사슬의 화학 구조를 조심스럽게 디자인하면 띠간격을 0.5~1 eV 이하로 낮게 할 수 있다. 최근 고분자에서 가장 낮은 띠간격은 polyisothianaphthalene에 대하여 보고된 ~1 eV이다(표 12-11 참조).

12.3.2 고분자 전지

전도성 고분자들의 잠재적인 응용은 중요하며, 이는 대체하고자 하는 기존의 물질들보다 경량이며, 보다 유연하고 그리고 가공이 쉽기 때문이다. 중요한 예로는 자동차용 및 다른 용도의 납-산 전지 대신 음극과 고체 전해질 전지로 고분자를 사용하는 것을 들 수 있다. 그림 12-23은 전형적인 리튬-고분자 전지를 보여 주고 있다. 고분자 전지의 잠재적인 장점으로는 내구성, 경량, 전해질 용액의 흐름 방지, 초박막형, 유연성 및 고에너지 밀도(최고 100 W dm^{-3})를 들 수 있다. 폴리아세틸렌, poly(*p*-phenylene), polypyrrole 및 폴리아닐린은 음극 재료로 사용될 수 있고, 알루미늄 포일에 녹아 있는 리튬은 양극으로 작용한다. Lithium-poly(*p*-phenylene) 전지는 50 mA cm^{-2}까지 전류 밀도를 전달할 수 있으며, 91%의 효율을 갖고, 이론적인 에너지 밀도는 320 W-h kg^{-1}이다. 고체 전해질 형태로 사용하는 고분자의 예로는 poly(alkyl sulfide)s, oligo(oxyethylene) side groups을 갖는 폴리포스파진

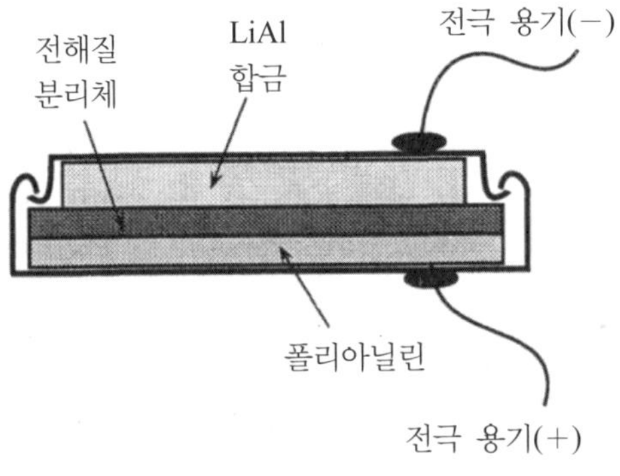

그림 12-23 고분자 음극으로 폴리아닐린을 사용한 재충전용 전지 그림. 양극은 리튬-알루미늄 합금인 한편으로 전해질은 적절한 염이나 고체 고분자 전해질(예를 들어, Li-PEO)의 용액(예를 들어, 프로필렌 카보네이트)이 될 수 있다. Courtesy of M. G. Kanatzidis.

(10.2.5절 참조) 및 특히 poly(phenylene oxide)를 들 수 있다. 전해질 형성에 부가되는 염으로는 저결정 격자 에너지를 갖는 다수의 리튬염을 들 수 있다. 이들의 예로는 lithium tetrafluoroborate($LiBF_4$), lithium hexafluoroarsenate($LiAsF_6$), lithium perchlorate ($LiClO_4$) 및 때로는 lithium triflate라고 부르는 lithium trifluoromethanesulfonate($LiCF_3SO_3$)를 들 수 있다.

전도성 고분자의 다른 가능한 용도로는 센서, 전기 전도성 페인트, 반도체 회로, 저전류선(low-current wires), 전기-기계적 작동기(electromechanical actuators) 및 다음 절에서 설명되는 태양광 전지에 사용되는 광전지(photovoltaic, PV) 소재를 들 수 있다. 비선형 광학 재료, 가변성 전파 윈도우(variable-transmission("smart") windows) 및 전기크롬 디스플레이(electrochromic display, ECD)와 같은 발광 다이오드를 포함하는 광자 응용에 사용되는 전기 전도성 고분자는 12.4절에서 다루고 있다.

12.3.3 유기 광전지 고분자

전기를 발생시키기 위한 빛의 사용 가능성은 Edmond Becquerel이 전해 용액 내에 침전된 염화 은 전극이 백색 빛으로 조명된 상대 금속 전극에 연결되었을 때 전류가 발생될 수 있다는 사실을 발견한 1839년 이후에 알려졌다. 현대의 광전지 기술(photovoltaic(PV) technology)은 1954년부터 시작되었으며, 당시에 벨 연구소[18]의 과학자들은 단결정 실리콘의 *p-n* 결합에 기본을 두는 **태양광 전지**(solar cells)를 사용하여 전류를 발생시킬 수 있음을 보여 주었다. 초기의 무기(inorganic) 광전지 태양광 전지의 효율*은 5-6%였다. 전통적인 응용은 인공위성 전원(satellite power)과 지붕 전력원(roof-top power sources)을 포함한다. 오늘날 상용화된 실리콘 기반의 태양광 전지는 최대 20%의 총 전력 전환 효율(overall power conversion efficiencies)을 가질 수 있다.

또 다른 태양광 전지 소재인 유기 광전지(organic photovoltaics, OPV)는 광전지 고분자(PPVs)를 포함한다. 고분자 태양 전지는 무기 광전지 기구에 비하여 용액 기반 공정, 저중량 및 다양한 지지구조 형태를 수용할 수 있는 유연성을 이용한 제작의 용이함과 같은 장점들을 나타낸다. 응용은 다양하며, 지붕널(roof shingles), 태양광 커튼, 태양광 휴대용 충전기를 포함한다; 그러나, 최대 10%로 보고된 PSC의 전류 효율[19]은 현재 실리콘 기반의 태양광 전지(>20%)보다 훨씬 낮다.

---

* $$\text{Solar cell efficiency }(\%) = \frac{\text{Power out}(\text{W}) \times 100\%}{\text{Area}(\text{m}^2) \times 1000\ \text{W/m}^2}$$

IPV와 OPV 태양광 전지 사이의 광전환 메커니즘 역시 다르다[20]. IPV 태양광 전지의 경우, 빛 흡수는 자유(free) 전자-"홀(hole)" 쌍을 유발한다. 이와는 대조적으로, 엑시톤(exciton)[21]은 OPV 태양광 전지에서 형성된다. 전기적으로 중성의 준입자(quasiparticles)인 엑시톤은 결합된(bound) 전자와 홀로 구성된 이동성의 흥분 상태이다. 엑시톤 반경은 약 0.4~1.0 eV의 결합 에너지를 가진 약 1 nm인 것으로 간주되고 있다. 엑시톤은 순 하전(net charge)을 이동시키지 않고 에너지를 전송할 수 있다. 서로 다른 에너지 친화도를 가진 물질의 계면에서 엑시톤들이 해리될 수 있다. 그림 12-24에서 볼 수 있는 바와 같이, 공액 고분자(conjugated polymer)를 벌크-이종 결합(bulk-heteroconjugation, BHJ) 태양광 전지에서 고전자 친화 분자들과 혼합시키면 빠른 엑시톤 해리(dissociation)를 촉진한다.

전자 수용체는 보통 풀러렌(fullerene)*이나 1-(3-methoxy-carbonyl)propyl-1-phenyl-[6,6]-methanofullerene(PCBM)과 같은 화학적으로 개질된 풀러렌이다. 전자 제공 고분자는 poly(3-hexylthiophene)(P3HT), poly(1,4-phenylenevinylene)(PPV), poly[oxa-1,4-phenylene-(1-cyano-1,2-vinylene)-(2-methoxy-5-(3′,7′-dimethyloctyloxy)-1,4-phenylene-1,2-(2-cyano-vinylene)-1,4-phenylene)](PCNEPV), poly[2-methoxy-5-(3′,7′-dimethyloctyl-oxy)-1,4-phenylenevinylene](MDMO-PPV)과 같은 π-공액을 가진 고분자이다. 분자 수준에서, P3HT와 같은 공액 고분자는 광흥분 상태(photoexcitation)에서 전자들이 반결합 π^* 띠로 전환될 때 전자 공여자가 된다. PCBM, P3HT, PCNEPV, MDMO-PPV 화학 구조들을 구조 8-11에 각각 나타내었다. MDMO-PPV 전자 공여자와 PCBM 전자 수용체를 사용하는 대표적인 BHJ 태양광 전지의 자세한 모습은 그림 12-25에서 보는 바와 같다. 고효율의 BHJ 태양광 전지를

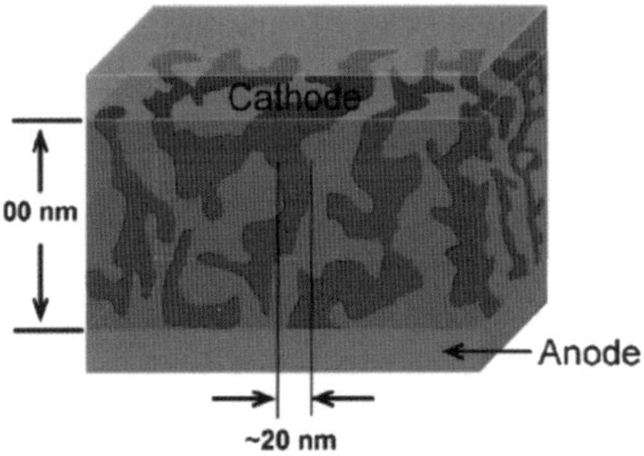

그림 12-24 수여자-공여자 계면 영역을 보여 주는 전형적인 BHJ 형상의 도해. Reproduced with permission from X. Yang and J. Loos, *Toward High Performance Polymer Solar Cells: The Importance of Morphology Control*. Macromolecules, 2007. **40**(5): p. 1353-1362, Copyright 2007 American Chemical Society.

* Fullerenes은 buckminsterfullerene, buckyball 또는 간단히 C_{60}으로도 불린다.

디자인할 때 고려할 중요 사항은 (a) 태양 스펙트럼에서 넓은 흡수 범위와 강력한 흡수 인자, (b) 엑시톤 확산 길이의 2배보다 작은 도메인 길이를 가진 양방향 연속 네트워크 및 (c) 엑시톤 해리와 각각의 전극에 분리된 하전의 이동을 용이하게 할 수 있는 높은 공여자-수용체 계면 면적이다[22].

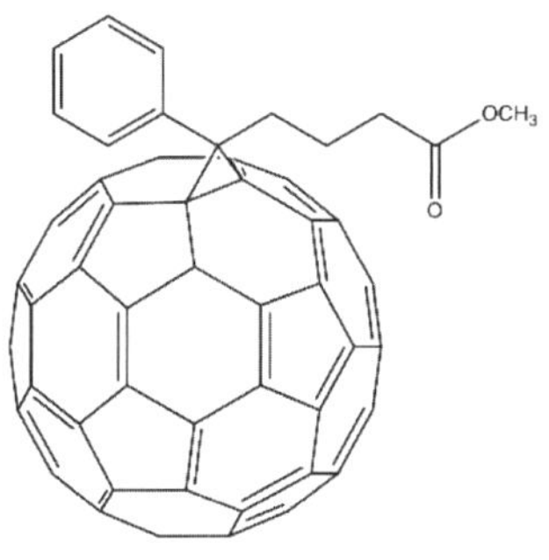

8

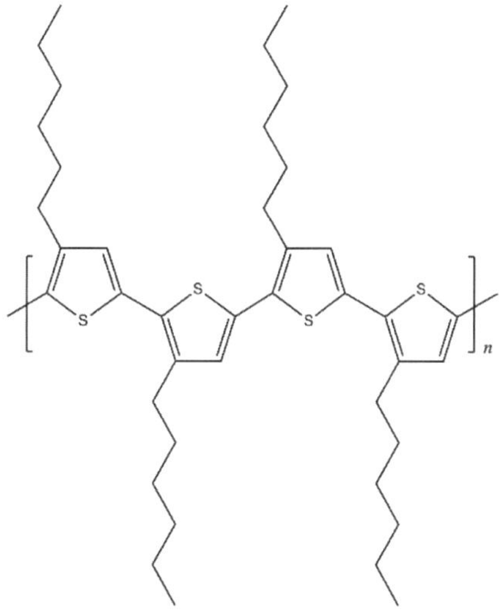

9

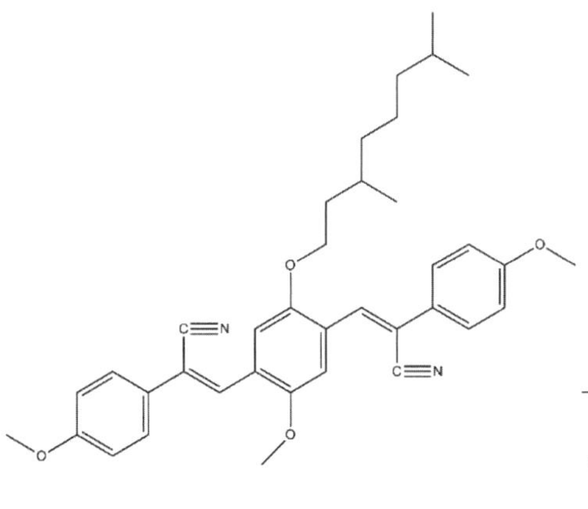

10

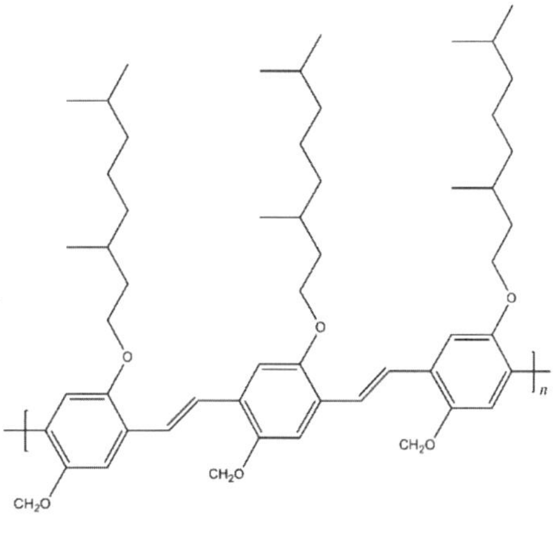

11

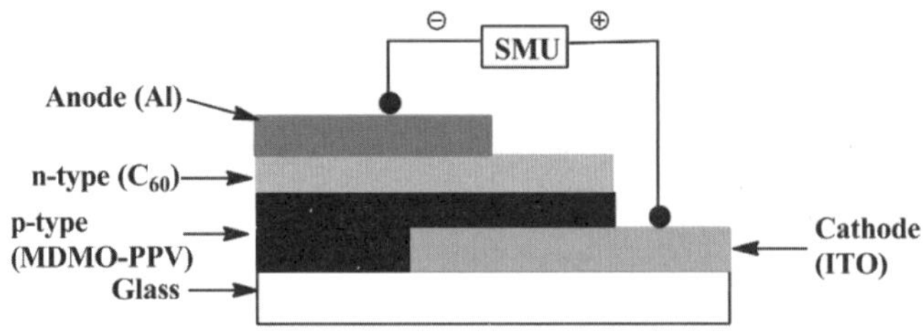

그림 12-25 MDMO-PPV/풀러렌 BHV의 상세한 도해. 이 예에서, 음극은 유리 위에 indium tin oxide의 코팅이며, 양극은 알루미늄, 그리고 SMU는 근원 측정 단위(source measurement unit)의 약자이다. Adapted from C. J. Brabec, N. S. Sariciftci, and J. C. Hummelen, *Plastic Solar Cells*. Advanced Functional Materials, 2001. **11**(1): p. 15-26.

12.3.4 전자파 차폐

컴퓨터와 같은 많은 전자장비에서 나오는 라디오파(RF) 영역의 원치 않는 시그널들은 정상적인 라디오파 수신과 간섭 현상을 일으킨다. 이러한 거동을 전자파 간섭(electromagnetic interference, EMI)이라고 부른다. 미연방통신위원회(federal Communications Commission, FCC)로부터 나온 규제는 컴퓨터나 다른 전자 장치로부터 나오는 RF 투과에 대해 제한을 둔다. 일반적으로 절연재인 비충전 고분자들(unfilled polymers)은 매우 적은 EMI 차폐성을 나타낸다. 플라스틱 동봉물(plastic enclosures)에 EMI 차폐를 하기 위해서는 두 종류의 기본 접근법이 있다. 하나는 플라스틱을 전도성 금속으로 코팅하는 방법이며; 다른 하나는 플라스틱을 전도성 섬유나 입자로 블렌드하는 것이다. 일반적으로 탄소나 금속 충전 복합 재료, 예를 들어, 알루미늄 박편(aluminum flakes)으로 충전한 PVC는 저방출(low-emission) 전자 장비의 케이스로 적당하다.

12.3.5 유전체

재료과학에서 현재의 도전은 SiO_2를 대체할 낮은 유전율 상수 또는 낮은 k 값의 재료를 개발하는 것이다. 이산화 규소($k = 4.2$)는 최신의 반도체 기술의 극미세한 공간의 구리선 사이에서 일어나는 "크로스 토크(cross talk)"를 방지하기에는 부적합한 절연체이다. 차세대의 컴퓨터 칩에서 필요로 하는 0.10-μm 회로 라인을 위해서는 k 값은 2.5 또는 그 이하여야만 한다. 몇몇 고분자들, 특히 다공성 고분자들은 1.9 정도로 낮은 k 값으로 이러한 요구를 충족할 수 있다. 다양한 고분자들이 낮은 k 재료로 제안되었다. 이들로는 폴리이미드(polyimide), 헤테로 방향족 고분자, 폴리(아릴 에테르) 및 플루오로 고분자를 들 수 있다. Kapton(10.2.1절 참조)과 같은 폴리이미드는 1970년대 초반에서 1980년대 후반까지

금속 내부 유전체로 쓰여 왔다. 폴리테트라플루오로에틸렌과 몇 가지 파생물질(10.1.9절 참조)들의 유전율 상수는 모든 고분자 중에서 가장 낮은 값(1.9와 2.1 사이)을 갖는다. 일반적으로, 불소 치환은 폴리이미드를 포함한 고분자들의 유전율 상수를 낮추어 준다. 낮은 *k* 값을 갖는 고분자들은 공백이 없는 구리 증착(void-free copper deposits)을 요하는 단련 과정 동안 400°C에서 450°C의 온도에서 몇 시간을 견뎌야 하기 때문에 가장 큰 문제 중 하나인 열적 안정성을 해결해야 한다. 실질적으로 이는 열분해 온도가 500°C를 훨씬 상회하여야 함을 의미한다. 가공 기술로는 화학 증기 증착(chemical vapor deposition, CVD), 플라스마-강화(plasma-enhanced) CVD, 그리고 스핀 코팅(spin coating)을 들 수 있다.

12.3.6 전자 캡슐화

고분자들은 집적 회로 장치(integrated-circuit devices)의 습도, 방사선 및 이온 오염에 대한 보호재로 사용되고 있다. 열경화성, 열가소성 및 탄성체들이 캡슐제(encapsulant)로 사용된다. 열경화성 중에는 9.3절에 논의하였듯이 열경화성 폴리이미드, 에폭시, 불포화 폴리에스터 및 알키드(alkyd) 수지가 포함된다. 열가소성 캡슐제의 후보로는 PVC, 폴리스타이렌, 폴리에틸렌, 플루오로 고분자 및 아크릴을 들 수 있다. 탄성체로는 실리콘 고무와 폴리유레테인을 들 수 있다. 가장 중요한(critical) 응용에서는 에폭시와 폴리이미드를 선호한다.

12.4 광학 고분자

차세대의 기술혁명으로는 데이터 저장이나 가공용으로 전자장치 대신 광학장치를 널리 이용하게 될 것이다. 광학 기술은 속도와 저장 장소를 더 조밀하게 할 수 있다는 점에서 장점이 있다. 컴퓨터 데이터의 광학적 저장은 벌써 일반화되어 있고(예를 들어, CD-ROM 및 WORM 드라이브), 데이터 처리용 광학 장치를 이용하는 방법들이 연구되고 있다. 광학 기술에 적당한 재료들 중에는 **비선형 광학**(nonlinear optical, NLO) 물성을 나타내는 고분자가 있다. 통상의 유리의 경우 광학 물성이 빛의 강도와 직선적인 관계에 있는 데 비하여 비선형 광학 물성은 빛의 강도에 따라 광학 물성이 변하는 것을 의미한다. 태양광의 강도에 따라 색조가 변하는 광감응(photoresponsive) 선글라스는 비선형 광학재료(NLO)의 예이다.

12.4.1 비선형 광학 고분자

다른 물질들과 달리, 비선형 광학(NLO) 물질의 굴절률은 상수가 아니라, 입사광선의 강도의 함수이다. NLO 효과가 관찰되기 위하여 빛은 레이저에 의한 경우와 같이 균일하고 강하여야만 한다. NLO 거동은 비선형 효과가 1차의 초분극성 텐서항, $\chi^{(2)}$ 또는 벌크 상태의 분극성(P)의 식에서 2차의 초분극성 항, $\chi^{(3)}$에 따라 좌우되는가에 따라 1차 또는 2차가 될 수 있다.

$$P = \chi^{(1)}E + \chi^{(2)}E \cdot E + \chi^{(3)}E \cdot E \cdot E + \cdots \tag{12.26}$$

여기에서, E는 외부 전기장을 의미한다. 3차의 비선형 물질은 광학 신호 처리에서 중요하다. 상당한 3차 NLO 거동을 갖는 물질은 작은 광학대역의 차이, 높은 농도의 편극되기 쉬운 전자와 매우 효과적인 공액 길이를 갖는다. 3차의 비선형성을 보이는 고분자로는 폴리아세틸렌, 폴리(*p*-페닐렌 바이닐렌)(PPV), 폴리싸이오펜(polythiophene, PT) 및 폴리아닐린(PANI)과 같은 표 12-11에 나와 있는 많은 전도성 고분자를 들 수 있다. 다른 예로는 poly(*p*-phenylene benzo-bisthiazole)(PBZT, 구조 12)과 polyquinoline(PPQ, 구조 13)을 들 수 있다. 다른 가능성은 NLO-활성이 있는 측쇄 그룹을 가진 개질된 강인한 막대의 폴리이미드를 포함한다.

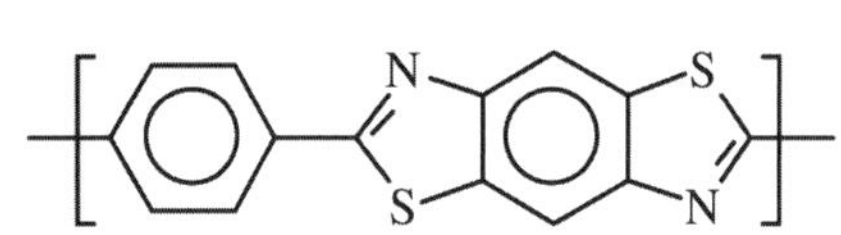

12

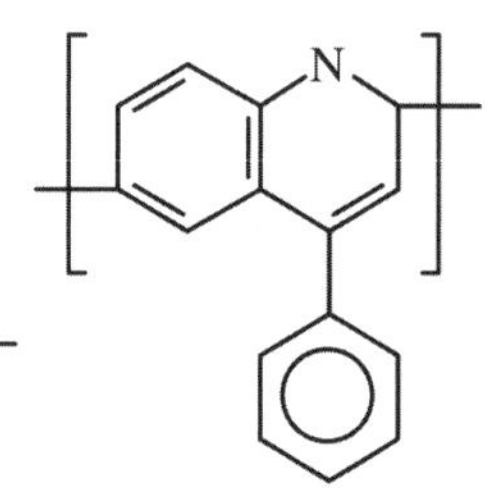

13

일반적으로 π-전자 구조를 갖는 분자들은 이들 전자들이 광학적으로 들뜬 상태로 되면 비선형 광학 효과를 나타낼 수 있다. 고분자들의 경우, 다음의 6F-폴리이미드(구조 14, 10.2.1절 참조)의 경우와 같이 이러한 π-전자 구조가 주사슬의 일부일 수 있다.

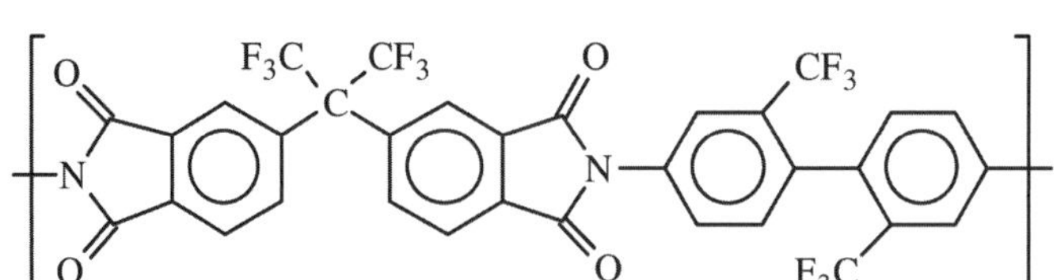

14

비선형 관능기(NLO functionality)는 여섯 개의 탄소 스페이서로 연결된 4-methoxy-4′-nitrostilbene 일부분(구조 16)을 포함하는 치환기(R)를 갖는 아크릴 고분자(구조 15)의 경우에서와 같이 곁사슬(R)로 도입될 수 있다.

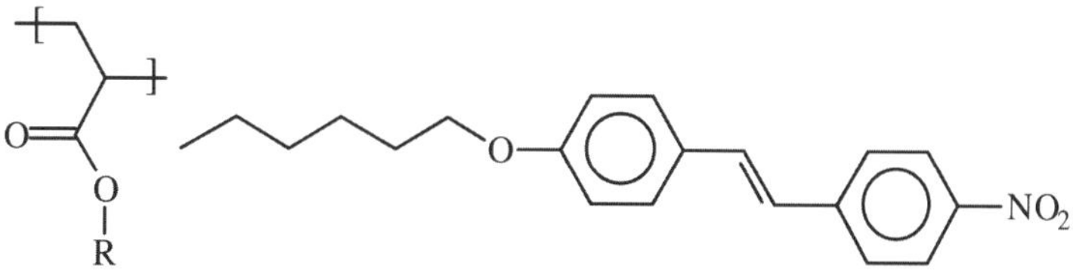

15 16

12.4.2 발광 다이오드

발광 다이오드(light-emitting diode, LED)는 빛을 발하는 결정성 반도체 칩이다. 1960년에 개발된 최초의 LED에서는 빨간색과 녹색만 표현이 가능하였다. 그림 12-26에서 보듯이 유기발광 다이오드(OLED)는 플라스틱과 유사한 고분자 필름 반도체 물질로 되어 있다. 고분자 LED는 1989년 Cambridge 대학의 Richard Friend와 그의 동료들에 의해 개발되었으며, 현재 모든 색깔의 빛을 나타낼 수 있다. 녹색과 노란색의 색을 발산하는 최초의 고분자는 PPV였는데(표 12-11 참조), 이는 낮은 효율과 짧은 수명을 나타내었다. PPV의 페닐렌 고리를 다음 그림과 같이 알콕시기(구조 17)로 치환하면 오렌지색과 빨간색의 대역의 빛을 내는 한편으로 폴리(p-페닐렌)은 파란색 빛을 발광한다. LED는 매우 높은 효율의 빛을 낸다(전기 소모의 75%까지 빛으로 전환한다). 다음 그림과 같이 치환된 polythiophene, poly[3-(4-octylphenyl)-2,2′-bithiophene](구조 18)과 같은 고분자들은 전

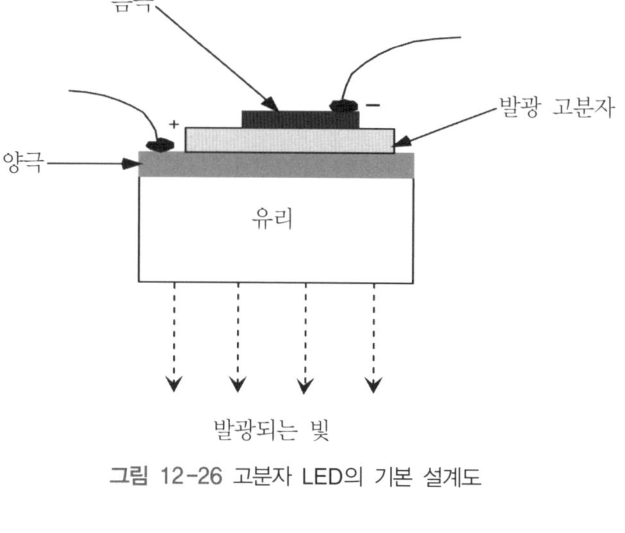

그림 12-26 고분자 LED의 기본 설계도

기를 통해 주면 편광된 빛을 발광한다. 블록 공중합체, 곁사슬 고분자, 그리고 덴드리머(10.2.9절 참조)까지 포함하는 다양한 고분자 형태가 LED용으로서의 가능성을 제공한다.

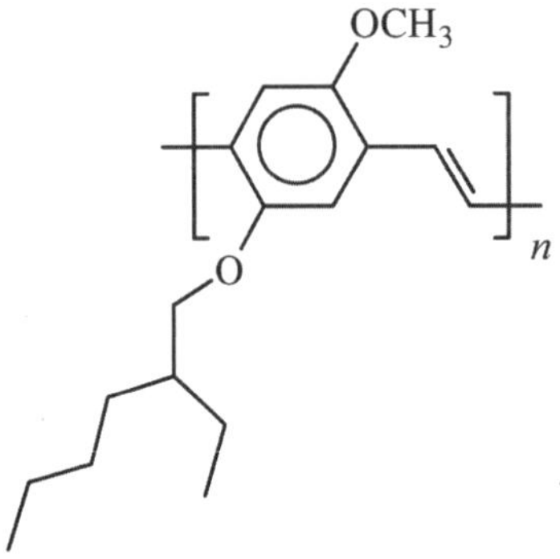

17

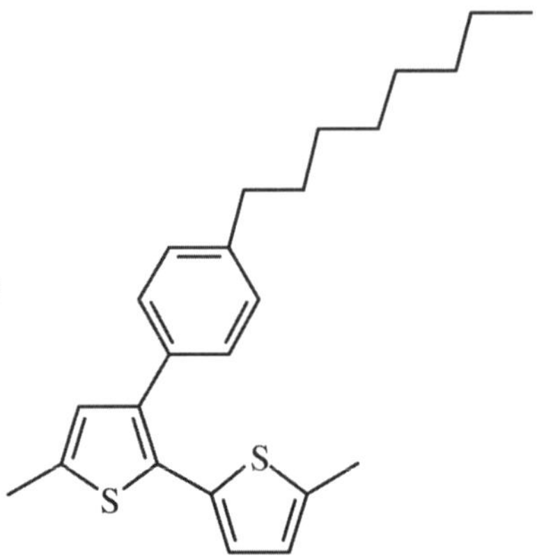

18

12.5 센서 응용

고분자들은 다양한 센서 기기에서 무기 반도체, 금속, 촉매 및 고체 전극과 같은 소재들을 대체하고 있다[23-25]. 이러한 센서들은 pH 측정기기, 가스 센서, 폭발 탐지, 습도 측정 및 바이오센싱(biosensing)과 같은 다양한 응용을 포함한다. 많은 경우에 있어서, 특정 분자, **분석 물질**(analyte)에 대한 반도체 고분자에 대한 물리적 또는 전기적 반응은 감지(sensing)에 대해 기본을 제공한다.

화학 센서 디자인에 있어, 주어진 분석 물질에 대한 분자 인지(molecular recognition)의 중요한 형태를 제공하는 수용체 지점은 신호 단위에 연결되어 있다. 결합이 일어나면, 측정될 수 있는 특성 변화가 발생한다. 화학 센서는 결합 상수와 선택도를 변화시키고, 결합과 이에 따른 신호 사이의 변환 효율의 변화를 통하여 개질된다. 신호는 형광이나 흡수 변화를 통하여 정전용량, 저항 또는 광학의 변화 결과로 나타나는 전기가 될 수 있다. 싸이오펜(thiophene) 고분자 구조로부터 전반적인 화학 센서를 형성하는 데 대한 2가지 접근방법이 그림 12-27에 나타나 있다. 소듐 양이온 검출(detection)을 위해 사용될 수 있는 특정 크라운 에테르(crown ether) 수용체는 그림 12-28에서 보는 바와 같다.
Polythiophene의 형태 전환은 10^5 또는 그 이상의 전기 전도도를 가진 방울을 만들어 낼 수 있다.

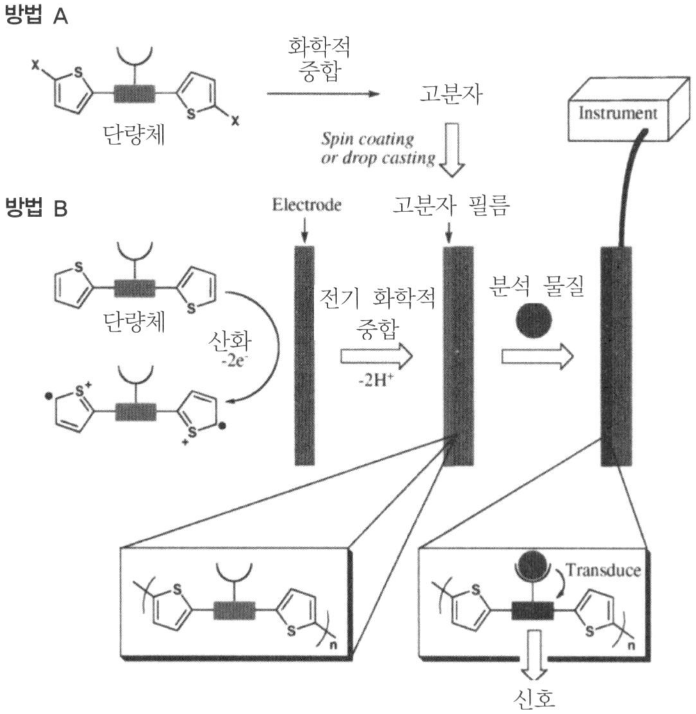

그림 12-27 수용체 지점을 포함하는 반도체 고분자를 사용하는 화학 센서를 개발하기 위한 2가지 관련 접근방법에 대한 도해. 방법 A에서, 싸이오펜 유도체 고분자는 적당한 전극에 스핀 코팅(spin coating) 혹은 드롭 코팅(drop coating)된다. 방법 B에서, 단량체는 양극 전기화학 중합으로 전극에서 중합된다. Reproduced from K. Sugiyasu and T. M. Swager, *Conducting Polymer-Based Chemical Sensors: Transduction Mechanisms.* Bulletin of the Chemical Society of Japan, 2007. **80**(11): p. 2074-2083

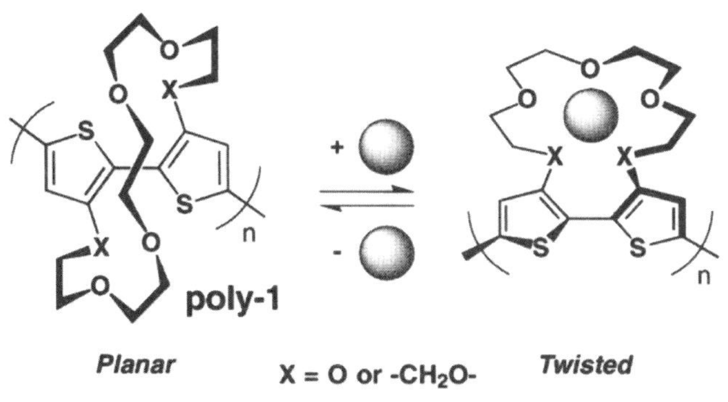

그림 12-28 알칼리 금속 양이온을 크라운-에테르-개질된 폴리싸이오펜 내부에 주입하여 유도된 형태 변화. Reproduced from K. Sugiyasu and T. M. Swager, *Conducting Polymer-Based Chemical Sensors: Transduction Mechanisms.* Bulletin of the Chemical Society of Japan, 2007. **80**(11): p. 2074-2083

폭발 탐지 화학 센서의 중요한 응용은 트라이나이트로톨루엔(trinitrotoluene, TNT, 구조 19)과 같은 나이트로 방향족 폭발물(nitroaromatic explosives)[26]의 검출로서, TNT는 많은 폭발물의 구성 요소이며 또한 환경 보건 위험을 가하고 있다. 나이트로 방향족 화합물은 전자 수용체이며, 공액 고분자는 전자 공여체이다. 이를 기본으로 하여, 나이트로 방향족 화합물 분석 물질은 치환된 폴리아세틸렌, poly(*p*-phenylenevinylenes), poly(*p*-phenyleneethynylenes) 및 고분자 porphyrins과 같은 공액 고분자의 광 흥분 상태 전자들에 대한 전자 수용체로 작용할 수 있다. 나이트로 방향족 화합물의 존재 하에서 poly(3,3,3-trifluoropropylmethylsilane)(PTFPMS, 구조 20)과 같은 고분자는 탐지의 또 다른 방법을 제공하는 광발광 급랭(photoluminescence quenching)을 나타낸다.

가스 센서 폴리아닐린, polypyrrole 및 poly(3,4-ethylenedioxythiophene)(PEDOT, 구조 21)과 같은 공액 고분자들은 할로젠화 탄소(halocarbons), 알코올 및 에테르와 같은 공기 중에 부유하는(airborne) 유기 증기뿐만 아니라 CO, H_2, NH_3(전자 공여체), NO_2(전자 수여체)와 같은 가스에 대한 감지 기기로도 이용될 수 있다.

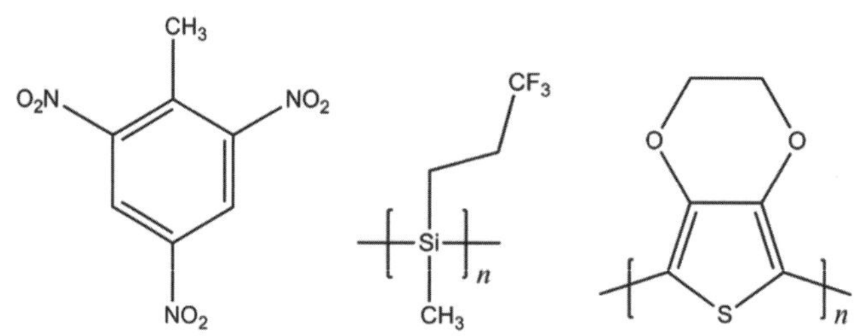

19 20 21

추천 문헌

MEMBRANES

Baker, R.W., J.G. Wijmans, and J.H. Kaschemekat, *The Design of Membrane Vapor–Gas Separation Systems*.Journal of Membrane Science, 1998.**151**: p. 55.

Belfort, G.,*Synthetic Membrane Processes*.1984, Orlando: Academic Press.

Brüschke, H., *Industrial Application of Membrane Separation Processes*.Pure and Applied Chemistry, 1995.**67**: p. 993.

Comyn, J.,*Polymer Permeability*. 1985,London: Elsevier Applied Science Publishers.

Crank, J.,*The Mathematics of Diffusion*. 1975, New York: Oxford University Press.

Crank, J., and G.S. Park, *Diffusion in Polymers*.1968, London: Academic Press.

Feldman, D., *Polymer Barrier Films*.Journal of Polymers and the Environment, 2002.**9**: p. 49.

Feng, X., and R.Y.M. Huang, *Liquid Separation by Membrane Pervaporation: A Review*. Industrial and Engineering Chemistry and Research, 1997.**36**: p. 1048.

Gilron, J., and A. Soffer, *Knudsen Diffusion in Microporous Carbon Membranes with Molecular Sieving Character*. Journal of Membrane Science, 2002.**209**:p. 339.

Henis, J.M.S., and M.K. Tripodi, *The Developing Technology of Gas Separating Membranes*.Science, 1983.**220**:p. 11.

Ho, W.S., and K.K. Sirkar, eds.,*Membrane Handbook*. 1992, New York: Van Nostrand Reinhold.

Huang, R.Y.M., *Pervaporation Membrane Separation Processes*. 1991,Amsterdam: Elsevier.

Kesting, R.E., *Synthetic Polymeric Membranes*.1985, New York: John Wiley & Sons.

Kesting, R.E., and A.K. Fritzsche, *Polymeric Gas Separation Membranes*. 1993,New York: John Wiley &Sons.

Koros, W.J., ed., *Barrier Polymers and Structures*.ACS Symposium Series 423. 1990,Washington, DC: American Chemical Society.

Koros. W.J.,and G.K. Fleming, *Membrane-Based Gas Separation*. Journal of Membrane Science, 1993.**83**:p. 1.

Koros, W.J., *Membranes: Learning a Lesson from Nature*.Chemical Engineering Progress. October 1995,p. 68.

Matsuura, T.,*Synthetic Membranes and Membrane Separation Processes*.1994, Boca Raton: CRC Press.

Mulder, M.,*Basic Principles of Membrane Technology*. 1991, Dordrecht: Kluwer Academic Publishers.

Park, J.H., S. Lee, J.-H. Kim, K. Park, K. Kim, and I. C. Kwon, *Polymeric Nanomedicine for Cancer Therapy*. Progress in Polymer Science, 2008.**33**:p. 113.

Paul, D.R., *Gas Sorption and Transport in Glassy Polymers*. Berichte der Bunsengesellschaftfür PhysikalischeChemie, 1979.**83**:p. 294.

Phair, J.W., and S.P.S. Badwal, *Materials for Separation Membranes in Hydrogen and Oxygen Production and Future Power Generation*.Science and Technology of Advanced MaterialsScience, 2006.**M7**: p. 792–805.

Strathmann, H., *Membrane Separation Processes: Current Relevance and Future Opportunities*.AIChE Journal, 2001.**47**: p. 1077.

Wynn, N., *Pervaporation Comes of Age*. Chemical Engineering Progress.October 2001, p. 66–72.

Biomedical Applications

Bajpai, A.K., S.K. Shukla, S. Nhanu, and S. Kankane, *Responsive Polymers in Controlled Drug Delivery*. Progress in Polymer Science, 2008.**33**:p. 1088.

Dash, M., F. Chiellini, R.M. Ottenbrite, and E. Chiellini, *Chitosan—a Versatile Semi-Synthetic Polymer in Biomedical Applications*. Progress in Polymer Science, 2011.**36**: p. 981.

De Bartolo, L., S. Morelli, A. Bader, and E. Drioli, *Evaluation of Cell Behaviour Related to Physico-Chemical Properties of Polymeric Membranes to Be Used in Bioartificial Organs*. Biomaterials, 2002.**23**:p. 2485.

Graham, N.B, and D.A. Wood, *Hydrogels and the Biodegradable Polymers for the Controlled Delivery of Drugs*.Polymer News, 1982.**8**: p. 230.

Jagur-Grodzinski, J., *Biomedical Application of Functional Polymers*.Reactive and Functional Polymers, 1999.**39**:p. 99.

Jagur-Grodzinski, J., *Polymers for Targeted and/or Sustained Drug Delivery*.Polymers for Advanced Technologies, 2009.**20**: p. 595.

Jeong, J.H.,*Molecular Design of Functional Polymers for Gene Therapy*. Progress in Polymer Science, 2007.**32**: p. 1239.

Kenawy, E.-R., S.D. Worley, and R. Broughton, *The Chemistry and Applications of Antimicrobial Polymers: A State-of-the Art Review*. Biomacromolecules, 2007.**8**(5): p. 1360.

Khandare, J., and T. Minko, *Polymer−Drug Conjugates: Progress in Polymeric Prodrugs*.Progress in Polymer Science, 2006.**31**:p. 359.

Kost, J., *Hydrogels for Controlled Delivery of Bioactive Agents*.Polymer News, 1995.**20**: p. 73.

Langer, R., and N.A. Peppas, *Advances in Biomaterials, Drug Delivery, and Bionanotechnology*. AIChE Journal, 2003. **49**(12): p. 2990.

Langer, R., and J.P. Vacanti, *Tissue Engineering*.Science, 1993. **260**: p. 920.

Martina, M., and D.W. Hutmacher, *Biodegradable Polymers Applied in Tissue Engineering Research: A Review*.Polymer International, 2007. **56**: p. 145.

Mulligan, R.C., *The Basic Science of Gene Therapy*. Science, 1993. **260**: p. 926.

Ottenbrite, R.M., ed., *Polymeric Drugs and Drug Administration*.ACS Symposium Series 545. 1994,Washington, DC: American Chemical Society.

Pack, D.W., A.S. Hoffman, S. Pun, and P.S. Stayton, *Design and Development of Polymers for Gene Delivery*. Nature Reviews: Drug Discovery, 2005.**4**: p. 581.

Park, J.H., S. Lee, J.-H. Kim, K. Park, K. Kim, and I.C. Kwon, *Polymeric Nanomedicine for Cancer Therapy*. Progress in Polymer Science, 2008.**33**:p. 113.

Schaffert, D., and E. Wagner, *Gene Therapy Progress and Prospects: Synthetic Polymer-Based Systems*. Gene Therapy, 2008.**15**: p. 1131.

Stamatialis, D.F., B.J. Papenburg, M. Girones, S. Saiful, S.N.M. Bettahalli, S. Schmitmeier,and M. Wessling, *Medical Applications of Membranes: Drug Delivery, Artificial Organs, and Tissue Engineering*. Journal of Membrane Science, 2008.**308**: p. 1.

Sugibayashi, K., and Y. Morimoto, *Polymers for Transdermal Drug Delivery Systems*.Journal of Controlled Release, 1994.**29**: p. 177.

Suzuki, M., and O. Hirasa, *An Approach to Artificial Muscle Using Polymer Gels Formed by Micro-Phase Separation*.Advances in Polymer Science, 1993.**110**:p. 241.

Wong, S.Y., J.M. Pelet, and D. Putman, *Polymer Systems for Gene Delivery—Past, Present, and Future*.Progress in Polymer Science, 2007.**32**:p. 799.

ELECTRONICS AND ENERGY

Goetzberger, A., C. Hebling, and H.-W.Schock, *Photovoltaic Materials, History, Status, and Outlook*.Materials Science and Engineering,2003.**40**:p. 1.

Hadziioannou, G., and G.G. Malliaras, eds., *Semiconducting Polymers: Chemistry, Physics and Engineering*. 2007,Weinheim:Wiley-VCH.

Heeger, A.J., *Charge Storage in Conducting Polymers: Solitons, Polarons, and Bipolarons*. Polymer Journal, 1985.**17**: p. 201.

Heeger, A.J.,*Semiconducting and Metallic Polymers: The Fourth Generation of Polymeric Materials*. Synthetic Metals, 2002.**125**:p. 23.

Hoppe, H., and N.S. Sariciftci, *Organic Solar Cells: An Overview*. Journal of Materials Research, 2004 **19**(7): p. 1924.

Huang, J.-C.,*EMI Shielding Plastics: A Review*.Advanced Polymer Technology, 1995.**14**: p.137.

Kaner, R.B., and A.G. MacDiarmid, *Plastics That Conduct Electricity*. Scientific American, February 1988, p. 106.

Ku, C.C., and R. Liepins, *Electrical Properties of Polymers*.1987, Munich: Hanser Publications.

MacDiarmid, A.G., *Synthetic Metals: A Novel Role for Organic Polymers*. Synthetic Metals, 2002.**125**: p. 11.

Margolis, J.M., ed., *Conductive Polymers and Plastics*. 1989, New York: Chapman and Hall.

Patel, J.S., *Liquid Crystal: Materials for Displays*. Annual Review of Materials Science.**23**:p. 269.

PHOTONICS

Jacobson, S., P. Landi, T. Findakly, J. Stamatoff, and H. Yoon, *Nonlinear Optical Polymers in Advanced Photonics*. Journal of Applied Polymer Science, 1994.**53**: p. 649.

Lee, K.-S., ed., *Polymers for Photonics ApplicationsI*. Advances in Polymer Science 158.2002, Berlin:Springer-Verlag.

Reinhardt, B.A., *The Status of Third-Order Polymeric Nonlinear Optical Materials: Directions and Philosophy of Polymer Research for Nonlinear Optics in the U.S. Air Force Wright Laboratory*. Trends in Polymer Science, January 1993, p. 4.

문제

12.1 폴리설폰으로 만든 비대칭 중공사는 1.9×10^{-6}의 표면 기공 넓이(A_3/A_2)와 1000 Å의 유효 막 두께를 가지고 있다. 중공사를 1-μm 두께의 실리콘으로 코팅했을 때, 코팅된 막의 CO_2에 대한 P/ℓ 값과 CO_2/CH_4에 대한 투과 선택도를 계산하시오.

12.2 다공성막을 통한 산소와 질소가 Knudsen 흐름을 보이는 데 필요한 기공의 크기는 얼마인가? 막을 투과하는 공기에 대한 확산 계수 $D(O_2)/D(N_2)$의 비는 얼마인가? 폴리설폰 중공사막을 투과하는 공기에 대한 확산 계수비와 비교하면 어떠한가? 이러한 확산 계수비는 폴리설폰막을 투과하는 산소/질소에 대해 보고된 이상적인 투과 선택도, $\alpha(O_2, N_2)$와 비교하면 어떠한가?

12.3 $P=SD$(식 (12.7))를 설명하는 데 따른 한계가 있다면 어떤 것들이 있는지 설명하시오.

12.4 화학산업에서 투과 증발의 주요한 응용 예는 무엇인가? 이들의 경우, 미국과 유럽에서 전통적인 분리 방법과 비교해 볼 때 투과 증발의 경제성은 어떠한가?

12.5 고분자 연료-전지막의 주요한 응용 예는 무엇인가? 다른 양성자-전도막과 비교해 볼 때, 장점과 한계점은 무엇인가?

12.6 인체에 이식하는 의료용 임플란트에 대한 islet 세포의 캡슐화를 위해, 어떠한 고분자가 가장 적합한가? 선택에 대해 토론하시오.

참고 문헌

1. Salame, M., *Transport Properties of Nitrile Polymers.* Journal of Polymer Science, Polymer Symposium, 1973. **41**: p. 1–15.
2. Salame, M., *Prediction of Gas Barrier Properties of High Polymers.* Polymer Engineering and Science, 1986. **26**(22): p. 1543–1546.
3. Nagai, K., et al., *Poly[1-(trimethylsilyl)-1-propyne] and Related Polymers: Synthesis, Properties, and Functions.* Progress in Polymer Science, 2001. **26**: p. 721–798.
4. Robeson, L.M., *The Upper Bound Revisited.* Journal of Membrane Science, 2008. **320**: p. 390–400.
5. Heinzel, A., and V.M. Barragan, *A Review of the State-of-the-Art of the Methanol Crossover in Direct Methanol Fuel Cells.* Journal of Power Sources, 1999. **84**: p. 70–74.
6. Vieth, W.R., J.M. Howell, and J.H. Hsieh, *Dual Sorption Theory.* Journal of Membrane Science, 1976. **1**: p. 177–220.
7. Teplyakov, V., and P. Meares, *Correlation Aspects of the Selective Gas Permeabilities of Polymeric Materials and Membranes.* Gas Separation and Purification, 1990. **4**: p. 66–74.
8. Paul, D.R., and W.J. Koros, *Effect of Partially Immobilizing Sorption on Permeability and the Diffusion Time Lag.* Journal of Polymer Science: Polymer Physics Edition, 1976. **14**: p. 675–685.
9. Gierke, T.D., and W.Y. Hsu, *The Cluster-Network Model of Ion Clustering in Perfluorinated Membranes*, in *ACS Symposium Series*, A. Eisenberg and H.L. Yeager, eds. 1982, Washington DC: American Chemical Society, p. 283–307.
10. Loeb, S., and S. Sourirajan, *Sea Water Determination by Means of a Semiempirical Membrane.*University of California, Los Angeles, Report No. 60-60, 1960.
11. Henis, J.M.S., and M.K. Tripodi, *Composite Hollow Fiber Membranes for Gas Separation: The Resistance Model Approach.* Journal of Membrane Science, 1981. **8**(3): p. 233–246.
12. Park, J.H., et al., *Polymeric Nanomedicine for Cancer Therapy.* Progress in Polymer Science, 2008. **33**: p. 113–137.
13. Pack, D.W., et al., *Design and Development of Polymers for Gene Delivery.*Nature Reviews: Drug Discovery, 2005. **4**: p. 581–593.
14. Kenaway, E.-R., S.D. Worley, and R. Broughton, *The Chemistry and Applications of Antimicrobial Polymers: A State-of-the-Art Review.* Biomacromolecules, 2007. **8**(5): p. 1359–1384.
15. Martino, A.D., M. Sittinger, and M.V. Risbud, *Chitosan: A Versatile Biopolymer for Orthopaedic Tissue-Engineering.* Biomaterials, 2005. **26**: p. 5983–5990.
16. Shoichet, M.S., *Polymer Scaffolds for Biomaterials Applications.* Macromolecules, 2010. **43**: p. 581–591.
17. Martina, M., and D.W. Hutmacher, *Biodegradable Polymers Applied in Tissue Engineering Research: A Review.* Polymer International, 2007. **56**: p. 145–157.
18. Chapin, D.M., C.S. Fuller, and G.L. Pearson, *A New p-n Junction Photocell for Converting Solar Radiation into Electrical Power.* Journal of Applied Physics, 2012. **25**: p. 676–677.
19. Chen, H.-Y., et al., *Polymer Solar Cells with Enhanced Open-Circuit Voltage and Efficiency.* Nature Photonics, 2009. **3**: p. 649–653.
20. Gregg, B.A., and M.C. Hanna, *Comparing Organic to Inorganic Photovoltaic Cells: Theory, Experiment, and Simulation.* Journal of Applied Physics, 2003. **93**(6): p. 3505–3614.
21. Liang, W.Y., *Excitons.* Physics Education, 1970. **5**(4): p. 226–228.
22. Liang, Y., and L. Yu, *A New Class of Semiconducting Polymers for Bulk Heterojunction Solar Cells with Exceptionally High Performance.* Accounts of Chemical Research, 2010. **43**(9): p. 1227–1236.
23. Dai, L., P. Soundarrajan, and T. Kim, *Sensors and Sensor Arrays Based on Conjugated Polymers and Carbon Nanotubes.* Pure and Applied Chemistry, 2002. **74**(9): p. 1753–1772.

24. Adhikari, B., and S. Majumdar, *Polymers in Sensor Applications.* Progress in Polymer Science, 2004. **29**: p. 699–766.
25. Lange, U., N.V. Roznyatovskaya, and V.M. Mirsky, *Conducting Polymers in Chemical Sensors and Arrays.* Analytica Chimica Acta, 2008. **614**: p. 1–26.
26. Toal, S.J., and W.C. Trogler, *Polymer Sensors for Nitroaromatic Explosives Detection.* Journal of Materials and Chemistry, 2006. **16**: p. 2871–2883.
27. Bai, H., and G. Shi, *Gas Sensors Based on Conducting Polymers.* Sensors, 2007. **7**: p. 267–307.

제 13 장

고분자 과학의 상관 및 시뮬레이션

앞서 논한 바와 같이 고분자의 많은 물성들은 비교적 간단한 기기들을 이용하여 쉽게 측정할 수 있다. 표준화된 시험 방법들은 American Society of Testing Methods(ASTM)에 의하여 체계화되었다. 부록 C는 고분자와 고무에 관한 일부 표준들을 보여 주고 있다. 고분자가 아직 합성이 되지 않았거나 구할 수 없거나 또는 충분한 시험을 하기에는 지나치게 소량인 경우 다양한 방법으로 정확하게 고분자의 물성을 예측할 수 있다. 또한 이 방법들을 이용하여 다른 화학 그룹의 치환과 같은 조직적인 구조 변경이 어떻게 고분자의 물성에 영향을 미칠 수 있는가를 조사할 수 있다. 초기의 접근법으로는 작은 분자들의 물성을 예측하는 데 성공적으로 사용한 그룹 기여(group-contribution) 방법이 있다[1]. 이 접근법은 van Krevelen[2, 3]에 의하여 고분자에 적용되었으며 여기에서 반복 단위를 개별 원자 또는 메틸기나 페닐기와 같은 작은 화학기로 분리한 후 각각의 기여도를 합하여 특정 물성을 계산한다. 고분자 물성을 예측하는 또 다른 성공적인 접근법은 위상기하학(topological) 및 기하학적 계수를 이용하는 방법이다[4]. 이 방법은 그룹 기여 방법을 대체할 믿을 만한 방법으로 보다 전형적인 그룹 기여 방법에서 구할 수 없는 특정 화학 그룹에 특히 유용하다. 어떤 경우에는 한 세트의 기술자와 상당한(훈련용) 세트의 실험 자료를 이용하여 물성을 예측하거나 또는 공정작업을 최적화하는 데 인공 신경 조직(artificial neural networks, ANNs)을 이용하고 있다. 네 번째 접근법은 물리적, 기계적 그리고 운반 물성(transport properties)에 관한 정보를 제공할 수 있는 분자 시뮬레이션을 이용하는 방법이다. 시뮬레이션의 정확도는 많은 구성 요소로 이루어진 시스템의 위치 에너지 표면을 나타내는 분자 역학 힘의 장(molecular mechanics force field)의 질에 의존한다. 성공적인 고분자 힘의 장은 확인을 위하여 실험치를 이용한 수많은 분자에 대한 광범위한 인자화(parameterization)를 필요로 하며 다양한 고분자에 적용 가능하다. 이들의 각각에 대해 다음 절에서 논한다.

13.1 그룹 기여 방법

앞의 절에서 논한 바와 같이 van Krevelen[2, 3]은 그룹 기여 방법으로 고분자 물성을 추정하기(estimate) 위하여 광범위한 자료를 수집하였다. 그룹 기여 방법의 중요한 응용으로는 기계적 물성, 표면 에너지, 점도, 밀도, 열팽창 계수, 열용량, 유리 전이 온도, 결정 용융 온도, 투과도, 용해도 인자, 자유 부피 및 화학 포텐셜을 들 수 있다. 이 절에서는 보다 일반적인 그룹 기여 방법 중 몇 가지를 보이고자 한다. 실험값과 예측한 물성의 비교를 포함한 보다 광범위한 그룹 기여 방법의 해석에 대해서는 van Krevelen의 논문[2] 및 다른 자료를 참고하기 바란다.

13.1.1 부피 물성

그룹 기여로부터 구할 수 있는 중요한 물리적 물성은 비부피(specific volume) 및 몰부피(molar volume)로서 이들로부터 고분자의 밀도를 추산할 수 있다. 표 13-1의 선택된 값들에서와 같이 주어진 그룹 기여 증가분으로부터 298 K에서의 유리, 고무 및 결정 상태의 비점도를 알 수 있고 그 결과 예제 13.1에서 예시한 밀도를 계산할 수 있다. 예제 13.2는 van Krevelen에 의한 그룹 기여 방법을 이용하여 고분자의 van der Waals 부피를 계산할 수 있고 이로부터 단편 자유 부피(fractional free volume)를 구할 수 있음을 보여 주고 있다.

표 13-1 298 K에서(이원자가 그룹) 대표적인 몰부피 증가분에 대한 van Krevelen 값[2]

그룹		$V_{a,i}$ [a] (cm^3/mol)	$V_{c,i}$ [a] (cm^3/mol)	V_w (cm^3/mol)
$—CH_2—$		16.37	14.68	10.23
$—CF_2—$		23.7	21	14.8
$—C(CH_3)_2—$		49.0	44.0	30.7
$—Si(CH_3)_2—$		67.5	60.6	42.2
$—CH(CH_3)—$		32.72	29.35	20.45
—CH(CN)—		30.7	27.5	21.5
$—CH(C_6H_5)—$		84.16	75.48	52.6
—CH=CH—		27.0	24.3	16.9
—CH=CCl—		41.0	37.0	25.7
$—CH=C(CH_3)—$	*cis*	43	40	27.2
	trans	43	37	

표 13-1 298 K에서(이원자가 그룹) 대표적인 몰부피 증가분에 대한 van Krevelen 값[2] (계속)

그룹	$V_{a,i}$[a] (cm^3/mol)	$V_{c,i}$[a] (cm^3/mol)	V_w (cm^3/mol)
—O—	al[b] (8.5)	(7.9)	(5.5)
	ar[b] (8.0)	(7.1)	(5.0)
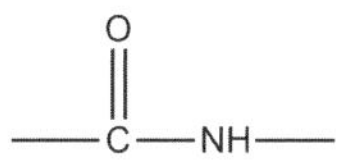			18.9
	(21)	(18.7)	(13)
—COO—	gen[c] 23	21.5	15.2
	acr[c] 20.5	18.4	
—OCOO—	31	27	18.9
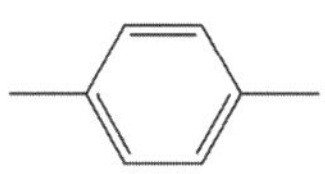	65.5	59	43.3
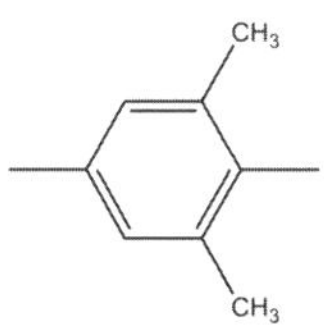	104	94	65.6

[a] $V_{a,i}$ 및 $V_{c,i}$에서의 아래 첨자 a 및 c는 각각 완전한 무정형 및 완전한 결정성 상태를 의미한다; V_w는 van der Waals 몰부피이다.

[b] *al*, 지방족 산소; *ar*, 방향족 산소

[c] *gen*, 일반(general); *acr*, 아크릴릭(acrylic)

예제 13.1

그룹 기여 방법을 이용하여 poly(2,6-dimethyl-1,4-phenylene oxide)의 비밀도(specific density)를 계산하시오.

풀이

Poly(2,6-dimethyl-1,4-phenylene oxide)의 반복 단위는 다음과 같다.

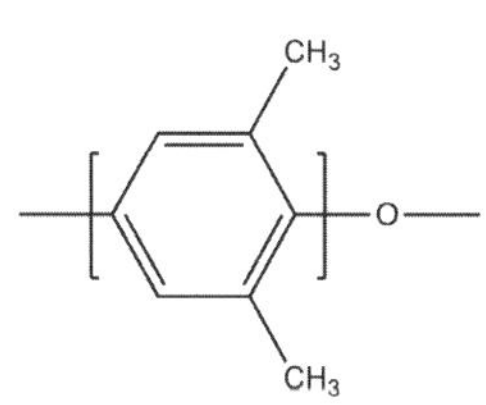

Poly(2,6-dimethyl-1,4-phenylene oxide)는 T_g 214°C의 무정형 고분자이다(10.1.4절 참조). 반복 단위의 분자량은 8(12.011) + 15.9994 + 8(1.00794) = 120.151이다. 표 13-1의 값들을 이용하여 계산한 몰부피는 104 + 8.0 = 112.0 cm^3/mol이다. 이로부터 비부피(specific volume)는

$$V_a = 112\frac{\text{cm}^3}{\text{mol}}\frac{\text{mol}}{120.2\ \text{g}} = 0.9318\frac{\text{cm}^3}{\text{g}}$$

따라서 비밀도는 1/0.9318 = 1.073 cm^3/g로 된다. 이 값은 296 K에서 보고된 실험치인 1.06 g/cm^3와 거의 일치한다[5].

van der Waals 부피 분자의 van der Waals 부피, V_w는 분자가 차지하는 많은 구성 요소로 이루어진 공간의 부피이다. 표 13-1은 선택된 이원자가(bivalent) 그룹(즉, 두 개의 원자가 연결 자리)에 대한 van der Waals 부피 증가분의 값들을 표 13-2는 그 외의 원자가 그룹(즉, 1, 3 또는 4원자가 그룹)에 대한 값들을 보여 주고 있다. V_w의 중요한 용도는 다음과 같이 정의되는 **단편 자유 부피**(fractional free volume, FFV)의 추산이다.

$$\text{FFV} = \frac{V - V_o}{V} \tag{13.1}$$

여기에서 V는 주어진 온도에서 고분자의 비부피이며 V_o는 고분자 사슬이 차지하는 부피이다. FFV는 점도 및 확산도(diffusivity) 또는 투과도(permeability)와 같은 중요한 고분자 물성에 다음의 식과 같이 관련된다.

$$P = A\exp\left(\frac{-B}{\text{FFV}}\right) \tag{13.2}$$

Bondi[6]는 고분자 반복 단위를 구성하는 다양한 그룹의 van der Waals 부피로부터 얻어지는 점유 부피(occupied “volume”), V_o는 다음 식으로부터 구할 수 있다고 제안하였다.

$$V_o = 1.3\sum_{k=1}^{N}(V_w)_k \tag{13.3}$$

여기에서 N은 반복 단위 그룹의 총 개수이다.

표 13-2 298 K에서 van der Waals 부피 증가분(이원자가 그룹 제외)에 대한 대표적인 van Krevelen 값 [2]

그룹		V_w[a] (cm^3/mol)
—H		3.44
—CH_3		27.2
—C≡N		14.7
—OH		8.0
—F		5.7
—Cl	al	11.6
	ar	12.0
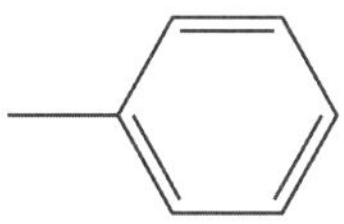		45.85
—C≡		(8)
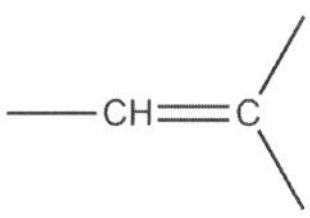		13.5
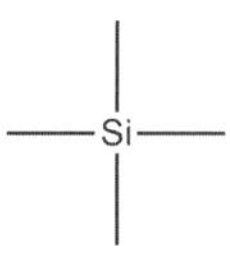		16.6

[a] *al*, 지방족 산소; *ar*, 방향족 산소

예제 13.2

그룹 기여만을 이용하여 아탁틱 폴리스타이렌(aPS)의 단편 자유 부피(FEV)를 계산하시오.

풀이

폴리스타이렌의 반복 단위는

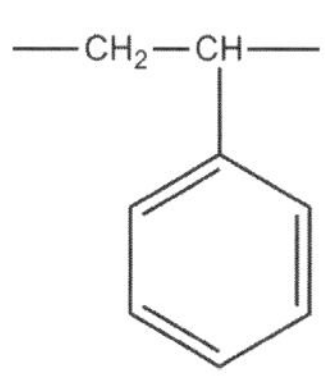

그룹 기여	V_a	V_w
—CH_2—	16.37	10.23
−$CH(C_6H_5)$−	84.16	52.6

과 같다. a-PS의 몰부피 V는 표 13-1로부터 취한 V_a의 그룹 기여분을 더하면 100.53 (16.37 + 84.16) cm^3/mol이다. 마찬가지로 van der Waals 부피는 V_w의 그룹 기여분을 더하면 62.83(10.23 + 52.6) cm^3/mol이다. 식 (13.3)으로부터 고분자 사슬이 차지하는 부피는 $V_o = 1.3 \times 62.8 = 81.7\ cm^3/mol$이다. 마지막으로 식 (13.1)로부터 FFV는 다음과 같다.

$$\mathrm{FFV} = \frac{V - V_o}{V} = \frac{100.5 - 81.7}{100.5} = \frac{18.8}{100.5} = 0.187$$

이 값은 Thran et al.[7]이 보고한 값에 근접한다.

13.1.2 유리 전이 온도

유리 전이 온도(T_g)를 예측하는 상호관계는 Fried에 의하여 이루어졌다[8]. Van Krevelen[2]은 초기의 접근법을 요약하였다. T_g에 대해 van Krevelen이 제시한 간단한 상호관계는 다음과 같다.

$$T_g = \frac{\sum_i Y_{g,i}}{M} = \frac{Y_g}{M} \tag{13.4}$$

여기에서 Y_g는 몰유리 전이 함수(단위는 K · kg/mol), $Y_{g,i}$이며, M은 구조 단위의 분자량(kg/mol)이다. 거의 600개에 이르는 한 세트의 고분자들의 평가에서 Y_g는 구조 단위 내에 존재하는 다른 그룹들의 특성에 의존하는 것으로 관찰되었고, 따라서 분자에서 다른 작용기에 대한 수정항이 추가되어야만 한다. 그림 13-1은 55개의 바이닐 및 방향족 주사슬

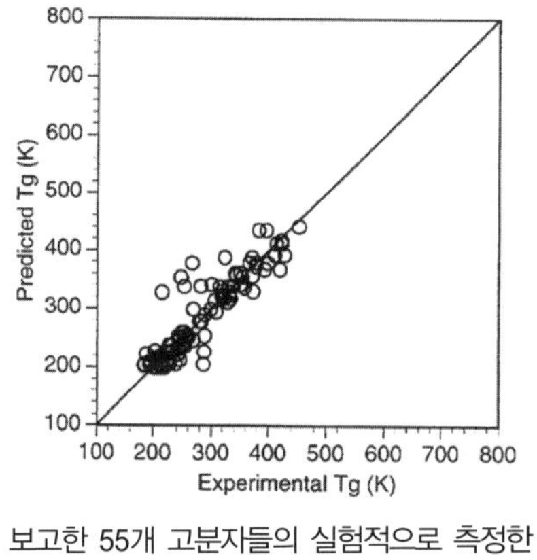

그림 13-1 Van Krevelen[2]이 보고한 55개 고분자들의 실험적으로 측정한 T_g에 대해 예측한 T_g의 플롯(식 (13.4)).

고분자들에 대해 200 K에서 441 K에 이르는 온도 범위 내에서 실험적으로 측정한 T_g에 대해 예측한 T_g의 플롯을 보여 주고 있다. 이 그룹의 고분자들에 대한 두 값의 일치도는 매우 만족할 만하다($R^2 = 0.8177$). 다음의 예제 13.3은 그룹 기여를 이용한 비스페놀-A 폴리카보네이트의 T_g 계산을 보여 주고 있다.

예제 13.3

Van Krevelen 인자를 이용하여 비스페놀-A 폴리카보네이트(PC)의 T_g를 계산하시오. PC의 반복 단위 구조는 아래와 같다.

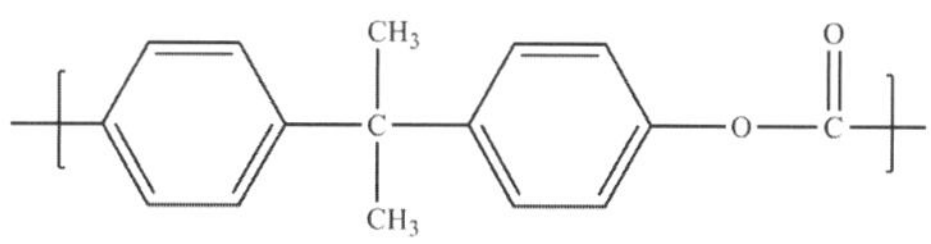

풀이

PC의 구조 그룹과 상응하는 분자량 및 몰유리 전이 함수(van Krevelen[2] 인자)는 아래의 표에서와 같다.

그룹	$Y_{g,i}$[a]	M_i
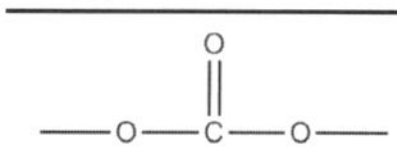	20	60.0
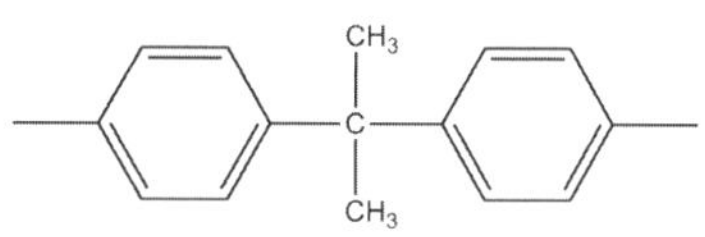	87	194.3
Σ=	107	254.3

[a] $Y_{g,i}$의 단위는 K·kg/mol이다.

반복 단위의 분자량은 60.0 + 194.3 = 254.3이며 상응하는 몰유리 전이 함수의 합은 107이다. 식 (13.4)로부터 T_g를 계산한다.

$$T_g = \frac{\sum_i Y_{g,i}}{M} = \frac{107 \text{ K kg/mol}}{254.3 \text{ kg/kmol}} \times \frac{1000 \text{ mol}}{\text{kmol}} = 421 \text{ K}$$

이 값은 417 K에서 424 K로 보고된 실험치[5]에 근접한다.

13.1.3 투과도

유리 및 고무상 고분자의 투과도는 12.1.2절에서 다루었다. 화학 그룹 기여로부터 투과도를 예측하는 몇 가지 접근법이 제안되었다. 예를 들어, Salame[9,10]은 특히 낮은 투과도(즉, barrier)를 나타내는 고분자에 대한 기체 투과도는 다음의 관계식으로부터 계산할 수 있는 고분자 Permachor, π로부터 예측할 수 있다고 제안하였다.

$$\pi = \frac{1}{N}\sum_i \left(N_i \cdot \Pi_i\right) \tag{13.5}$$

여기에서 N은 구조 단위당 고유 그룹의 수이며, N_i는 구조 단위에서의 i 그룹의 수 그리고 Π_i는 Permachor에 기여하는 그룹 i의 증가분이다. 표 13-3은 증가분 Permachor 값의 대표적인 값들을 보여 주고 있다.

구조로부터 Permachor를 계산하면 298 K에서 질소 및 다른 기체들에 대한 P(298)는 다음 식으로부터 얻어진다.

$$P(298) = P^*(298)\exp(-s\pi) \tag{13.6}$$

여기에서 P^*(298)는 천연 고무에서의 기체 투과도(SI 단위로 cm^3(STP) cm/cm^2-s-Pa)이며 s는 비례 인자(scaling factor)이다(산소, 질소 및 이산화 탄소의 $s = 0.12$). 질소의 경우, log P^*(298)는 -12이다. 일단 질소의 투과도를 계산하면, 산소와 이산화 탄소의 투과도는 질소를 표준 기체로 이용하여 많은 고분자에 대해 평균화한 상대 투과도(예를 들어, $P(N_2):P(O_2):P(CO_2)$::1:3.8:24)로 근삿값을 계산할 수 있다. Permachor 값들은 무정형 고분자에 대해서만 유효하지만, 결정성을 감안한 수정 자료를 접할 수 있다[2]. 그림 13-2에서와 같이 O_2, N_2 및 CO_2에 대한 실험 투과도 값과 Permachor 값으로부터 예측한 투과도는 매우 근접한 값을 나타낸다. 예제 13.4는 polydimethylsiloxane의 산소 투과도를 예측하기 위하여 Permachor 접근법을 이용하는 예를 보여 주고 있다. T_g 또는 다음 절에서 논하는 용해도 계수의 추산과 같은 그룹 기여법인 Permachor 법의 성공은 폴리이미드 및 수백 가지의 화학적 변화를 갖는 폴리포스파진(10.2.5절 참조)과 같은 덜 일반적이면서도 중요한 엔지니어링 및 특수 고분자들의 구조 단위들의 그룹 기여의 유무에 제한을 받는다는 점을 인식할 필요가 있다. 투과도 예측의 몇 가지 대체 접근법이 알려져 있다 [2, 4].

---

* 단위 cm^3(STP)는 표준 온도와 압력에서(즉 273 K, 1 bar)에서 cm^3로 표시한 기체의 양이다.

표 13-3 Molar Permachor[a]에 대한 선택된 그룹 기여

그룹	Π_i
—CH_2—	15
—CF_2—	120
—$CH(CH_3)$—	15
—CH(CN)—	205
—$C(CH_3)_2$—	-20
—$Si(CH_3)_2$—	-116
-CH(*i*-butyl)-	-1
—CH=CH—	-12
—CH=CCl—	33
—$CH=C(CH_3)$—	-30
—O—	70
—C(=O)—NH—	309 (wet 210)

[a] Salame[10]으로부터 얻은 값

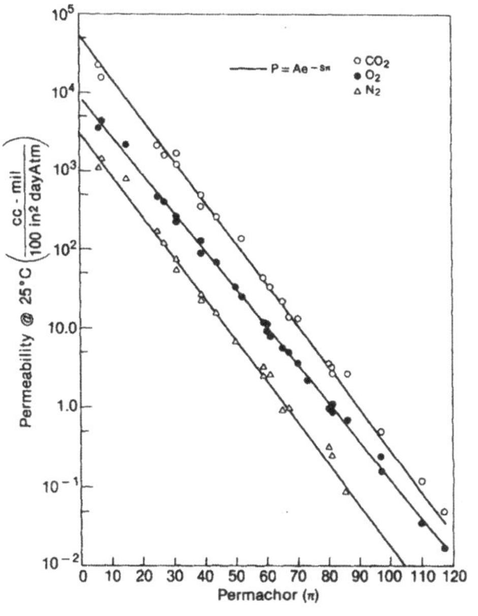

그림 13-2 고분자 Permachor에 대한 기체 투과도의 상호관계. 실험치는 산소(●), 질소(△) 그리고 이산화탄소(○)에 대한 값이다. Reproduced from M. Salame, *Prediction of Gas Barrier Properties of High Polymers*. Polymer Engineering and Science, 1986. **26**(22): p. 1543-1546. Reprinted by permission of John Wiley & Sons, Inc.

예제 13.4

표 13-3에 주어진 몰 Permachor 값을 이용하여 polydimethylsiloxane(PDMS)의 산소 투과도를 계산하시오.

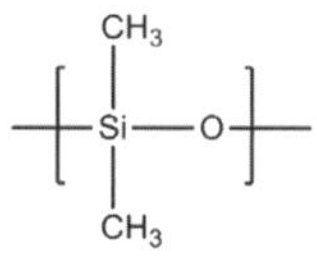

풀이

식 (13.5)를 이용하여 Permachor를 계산할 수 있다.

$$\pi = \frac{1}{2}\left[(1)(-116) + (1)(70)\right] = -23$$

다음으로 질소 투과도는 식 (13.6)으로부터 다음과 같이 구한다.

$$P(298) = \left(10^{-12}\right)\exp\left[(-0.12)(-23)\right] = 1.58 \times 10^{-11}\ \text{cm(STP) cm/cm}^2\text{-s-Pa}$$

마지막으로, N_2에 대한 O_2의 상대 투과도(인자(factor) 3.8)로부터 산소 투과도를 구하면 다음의 투과도 값을 나타낸다.

$$P(298) = 3.8 \times 1.58 \times 10^{-11} = 6.0 \times 10^{-11}\ \text{cm(STP) cm/cm}^2\text{-s-Pa}$$

308 K에서의 PDMS의 산소 투과도의 실험치는 9.33×10^{-8} cm^3(STP) cm/s cm^2 cmHg[11]이다. 압력 단위를 cmHg에서 Pa(부록 D, 표 D-2)로 환산하면 P(298) 값은 7.00×10^{-11} cm^3(STP) cm/cm^2-s-Pa로 되며 이 값은 위에서 인용한 실험치 6.00×10^{-11} cm^3(STP) cm/cm^2-s-Pa와 유사하다.

13.1.4 용해도 인자

용해도 인자의 개념은 3.2.6절에서 논하였다. 고분자의 용해도 인자는 Small[12] 및 Hoy[13]의 방법인 그룹 기여법을 이용하여 추산할 수 있다. 그룹 기여법에 의한 δ의 계산은 각 고분자 단위에서의 각 화학 그룹에 대한 몰 흡인 상수(molar attraction constant), F_i를 필요로 한다. 수많은 유기 화합물에 대한 물성 데이터(physical property data)(예를 들어, Hoy의 경우 640개의 화합물)로부터 회귀분석을 이용하여 F_i 값을 구하였다. Small의 경우 수소 결합이 일어나는 모든 화합물(예를 들어, 수산기 화합물, 아민 및 카복실산)

표 13-4 25°C에서의 몰 흡인 상수

그룹	몰 흡인 상수, F $((MPa)^{1/2}\ cm^3\ mol^{-1})$ Small[12]	Hoy[13]	Van Krevelen[2]
$-CH_3$	438	303	420
$-CH_2-$	272	269	280
>CH-	57	176	140
>C<	-190	65.5	0
$-CH(CH_3)-$	495	(479)	560
$-C(CH_3)_2-$	686	(672)	840
−CH=CH−	454	497	444
>C=CH−	266	422	304
Phenyl	1504	1398	1517
p-Phenylene	1346	1442	1377
−O− (ether)	143	235	256
−OH	–	462	754
−CO− (ketone)	563	538	685
−COO− (ester)	634	668	512
−OCOO− (carbonate)	–	(904)	767
−CN	839	726	982
−N=C=O	–	734	–
−NH−	–	368	–
−S− (sulfide)	460	428	460
−F	(250)	84.5	164
−Cl (primary)	552	420	471
−Br (primary)	696	528	614
$-CF_3$ (*n*-fluorocarbon)	561	–	–
−Si−	-77	–	–

은 배제하였다. 표 13-4는 몇 종류의 중요한 몰 흡인 상수를 보여 주고 있다.

고분자의 용해도 인자는 몰 흡인 상수와 고분자의 몰부피, V(단위 $cm^3\ mol^{-1}$)로부터 다음 식을 이용하여 계산할 수 있다.

$$\delta = \frac{\sum_{i=1} F_i}{V} \tag{13.7}$$

여기에서 합산은 반복 단위의 모든 기들에 대해 실행한다. 앞서 논한 바와 같이(13.1.1절) 몰부피는 그룹 기여로부터도 구할 수 있다. 표 13-4에서 볼 수 있듯이 화학기는 원자, 특히 고분자 반복 단위에서 할로젠 또는 메틸, 메틸렌 및 페닐기와 같이 쉽게 식별할 수 있는 작은 화학적 작용기일 수 있다. 몇 종류의 일반 용매 및 고분자에 대해 계산한 용해도 인자 값은 많은 간행물에 도표화되어 있다[2, 14, 15]. 일부 대표적인 값들은 표 13-5에서와 같다. 다음의 예제 13.5는 Small 방법을 이용한 모의 계산을 보여 주고 있다.

표 13-5 몇 종류의 일반 용매와 고분자의 용해도 인자

	용해도 인자, δ^a	
	$(MPa)^{1/2}$	$(cal\ cm^{-3})^{1/2}$
용매		
n-헥세인	14.9	7.28
사염화 탄소	17.8	8.70
톨루엔	18.2	8.90
벤젠	18.6	9.09
클로로폼	19.0	9.29
테트라하이드로퓨란	19.4	9.48
클로로벤젠	19.6	9.58
메틸렌 클로라이드	20.3	9.92
1,4-다이옥세인	20.5	10.0
N-methyl-2-pyrrolidone	22.9	11.2
다이메틸폼아마이드	24.8	12.1
메탄올	29.7	14.5
물	47.9	23.4
고분자		
폴리아이소뷰틸렌	15.5	7.58
폴리설폰	20.3	9.92
폴리(바이닐 클로라이드)	21.5	10.5
폴리스타이렌	22.5	11.0
폴리(메틸 메타크릴레이트)	22.7	11.1
셀룰로스 아세테이트	25.1	12.3
폴리아크릴로나이트릴	25.3	12.4
폴리(바이닐 아세테이트)	25.7	12.7

[a] 25°C에서 식 (13.7)을 이용하여 Hansen 용해도 인자 계산;
환산: 1 $MPa^{1/2}$= 0.489$(cal\ cm^{-3})^{1/2}$

예제 13.5

Small 법[12]을 이용하여 폴리(메틸 메타크릴레이트)(PMMA)의 용해도 인자를 $(MPa)^{1/2}$로 계산하시오. PMMA의 밀도는 25°C에서 1.188 g cm^{-3}이다.

풀이

PMMA 반복 단위의 구조는

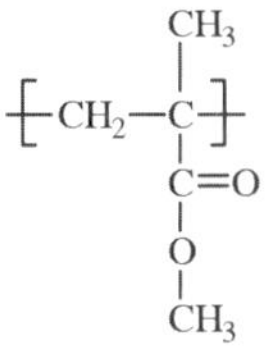

표 13-4에 수록된 화학 그룹으로부터 PMMA 반복 단위의 몰 흡인 상수는 다음과 같이 구할 수 있다:

그룹	F	그룹의 수	$\sum F_i$
$-CH_3$	438	2	876
$-CH_2-$	272	1	272
>C<	-190	1	-190
−COO− (ester)	634	1	634
			1592

PMMA 반복 단위의 화학식량(formular weight)은 원자량(부록 F)으로부터 다음과 같이 계산한다:

$$\begin{aligned} &C: \quad 5 \times 12.01115 &= 60.06 \\ &O: \quad 2 \times 15.9994 &= 32.0 \\ &H: \quad 8 \times 1.00797 &= 8.06 \\ & & \overline{100.12} \end{aligned}$$

예제에서 주어진 PMMA의 밀도를 이용하여 계산한 몰부피는 다음과 같다.

$$\frac{200.12}{1.188} = 84.28 \text{ cm}^3 \text{ mol}^{-1}$$

따라서 용해도 인자는 다음과 같다.

$$\delta_i = \frac{\sum F_i}{V_i} = \frac{1592}{84.28} = 18.9 \text{ MPa}^{1/2}$$

이 값은 PMMA에 대해 표 13-5에서 주어진 22.7 MPa$^{1/2}$ 값의 17% 오차 범위 내에 들어간다. Hoy와 van Krevelen의 식을 이용하여 계산하면 각각 19.1 MPa$^{1/2}$과 19.4 MPa$^{1/2}$의 값을 보이며, 이 값들은 보고된 실험치에 약간 더 근접한다.

13.1.5 활성도 계수

3장에서 논한 바와 같이 상호작용 인자를 알거나 추산할 수 있으면, Flory-Huggins 식을 이용하여 고분자 용액에서의 용매의 활성도를 추산할 수 있다. 한 화학적 그룹 기여법을 이용하여 활성도를 예측하는 것도 가능하다[16]. 이 중 가장 완전히 개발된 방법이 UNIFAC-FV 법이다[17]. UNIFAC는 저분자량 혼합물의 기체-액체 평형(vapor-liquid equlibrium, VLE)의 예측에 널리 이용된 *UNI*QUAC *F*unctional-group Activity Coefficients(작용기 활성도 계수)의 약자로서[18], FV는 Flory의 상태 방정식 이론(3.2.3절)에 근거하는 자유 부피 기여를 의미한다. UNIQUAC는 Universal Quasi-Chemical Equations의 약자로서 비전해질로 이루어지는 이성분 및 다성분계 혼합물의 기체-액체 평형(VLE) 및 액체-액체 평형(LLE) 둘 다를 이성분계 쌍(binary pair) 별로 하나 또는 두 개의(에너지) 조절 가능한 인자를 이용하여 나타낸다[19]. UNIQUAC와 UNIFAC 또는 UNIFAC-FV의 차이점은 UNIFAC는 혼합물 구성분을 이루는 화학 작용기로부터 그룹 기여 인자들을 구하기 위하여 작용기의 용액(solution-of-functional-groups, SOG) 개념[20]을 사용하는데 이는 앞 절에서 논한 바와 같이 Small 또는 Hoy 법으로부터 용해도 인자를 계산하는 방법과 유사하다.

UNIFAC-FV 접근법에서는 용매의 활성도는 세 종류의 출처−조합(엔트로피)항, 잔여(엔탈피) 항 및(Flory 상태 방정식*) 자유 부피항−의 합으로부터 다음과 같이 계산할 수 있다.

$$\ln a_1 = \ln a_1^{\mathrm{C}} + \ln a_1^{\mathrm{R}} + \ln a_1^{\mathrm{FV}} \tag{13.8}$$

조합항은 다음과 같이 주어진다.

$$\ln a_1^{\mathrm{C}} \approx \ln \phi_1' + \left(1 - \phi_1'\right) + \frac{z}{2} M_1 q_1' \left[\ln\left(\frac{\theta_1'}{\phi_1'}\right) - 1 + \frac{\phi_1'}{\theta_1'} \right] \tag{13.9}$$

여기에서 ϕ_1'은 분절 부피 분율(segment volume fraction), θ_1'은 표면적 분율, z는 격자의

* 3장, 3.2.3절 참조

배위수(10으로 선택), 그리고 M_1은 구성분 1(즉, 고분자 용액의 용매)의 분자량이다. 식 (13.9)에서 인자 q_1'은 van der Waals 표면적과 아래와 같이 관련된다.

$$q_1' = \frac{1}{M_1}\sum_{k=1}^{N}\upsilon_k^{(1)}Q_k \tag{13.10}$$

여기에서 $\upsilon_k^{(1)}$은 용매에서 k 형태의 작용기의 수 그리고 Q_k는 (Bondi) van der Waals 표면적, A_{wk}로부터 얻어지는 그룹 표면적 인자로서 다음과 같이 폴리에틸렌의 메틸렌 단위로 표준화된다.

$$Q_k = \frac{A_{wk}}{2.5\times10^9} \tag{13.11}$$

표면적 분율 θ_1'은 q_1'으로부터 다음과 같이 계산한다.

$$\theta_1' = \frac{q_1' w_1}{\sum_{j=1}^{N} q_j' w_j} \tag{13.12}$$

여기에서 식 (13.12)에서의 분모의 합은 혼합물의 모든 N 구성분에 대해 취한다. 유사한 방법으로, 용매의 분절 부피 분율은 무게 분율과 혼합물 r_j'의 각 구성분의 그룹 부피 인자 q_1'로부터 다음과 같이 계산한다.

$$\phi_1' = \frac{r_1' w_1}{\sum_{j=1}^{N} r_j' w_j} \tag{13.13}$$

여기에서 상대 van der Waals 부피는

$$r_1' = \frac{1}{M_1}\sum_{k=1}^{N}\upsilon_k^{(1)}R_k \tag{13.14}$$

로 되며 $\upsilon_k^{(1)}$은 용매에서 k 형태의 그룹의 수(정수)이며 R_k는 표준화된 van der Waals 그룹 부피, V_{wk}로서 다음과 같이 산출된다.

$$R_k = \frac{V_{wk}}{15.17} \tag{13.15}$$

식 (13.11)에 주어진 몰 그룹 면적 인자, Q_k와 몰 그룹 부피 인자, R_k는 물, 이황화 탄소(carbon disulfide) 및 다이메틸폼아마이드(dimethylformamide)와 같은 일반 용매뿐만 아니라 대부분의 구조 그룹에 대해서도 찾아볼 수 있다. 이들 그룹 인자들은 문헌을 통하여 꾸준히 갱신되고 있으며 새로운 값들로 채워지고 있다[21]. 표 13-6은 몇 종류의 대표적인 Q_k 및 R_k의 값을 보여 주고 있다.

식 (13.9)의 오른편의 첫 번째 두 항은, 부피 분율이 아니라 분절을 사용한 사실을 제외하면, 필연적으로 Flory-Huggins(F-H) 식의 조합항임에 주목할 필요가 있다. 남은 두 항은 분자 모양(molecular shape)의 영향을 수정하는 데 작용한다. F-H 식에서 부피 분율 대신에 분절 분율을 사용하면 식 (13.9)에 의하여 주어진 조합 활동성과 F-H 식의 조합

표 13-6 몰 그룹 면적(Q_k)과 부피(R_k) 인자[a]

주그룹	하부 그룹	R_k	Q_k	Sample Group Assignment
CH_2	CH_3	0.9011	0.848	Hexane
	CH_2	0.6744	0.540	*n*-Butane
	CH	0.4469	0.228	2-Methylpropane
	C	0.2195	0.000	Neopentane
C=C	CH_2=CH	1.3454	1.176	Hexene-1
	CH=CH	1.1167	0.867	Hexene-2
	CH_2=C	1.1173	0.988	2-Methyl-1-butene
	CH=C	0.8886	0.676	2-Methyl-2-butene
	C=C	0.6605	0.485	2,3-Dimethylbutene
CH_2CO	CH_3CO	1.6724	1.448	Butanone
	CH_2CO	1.4457	1.180	Pentanone-3
ACH[b]	ACH	0.5313	0.400	Naphthalene
	AC	0.3652	0.120	Styrene
$ACCH_2$	$ACCH_3$	1.2663	0.968	Toluene
	$ACCH_2$	1.0396	0.660	Ethylbenzene
	ACCH	0.8121	0.348	Cumene
SiO		1.1044	0.466	Polysiloxane
OH		1.0000	1.200	Propanol-2
CH_3OH		1.4311	1.432	Methanol
H_2O		0.9200	1.400	Water
$CHCl_3$		2.8700	2.410	Chloroform
$HCON(CH_3)_2$		3.0856	2.736	*N,N*-Dimethylformamide
SiO		1.1044	0.466	Octamethyl cyclotetrasilane

[a] 추가 재료는 참고 문헌 [21] 참조

[b] 접두사 A는 그룹이 방향족 구조에 속하는 것을 나타낸다.

활동성의 차이는 일반적으로 작다.

UNIQUAC에서 용매의 활동성에 대한 잔여 기여(residual contribution)는 다음과 같이 주어진다.

$$\ln a_1^{\mathrm{R}} = M_1 q_1' \left[1 - \ln\left(\sum_{i=1}^{\mathrm{N}} \theta_i' \tau_{i1} \right) - \sum_{i=1}^{\mathrm{N}} \left(\theta_i' \tau_{1i} \middle/ \sum_{j=1}^{N} \theta_j' \tau_{ji} \right) \right] \tag{13.16}$$

여기에서 두 개의 **조절 가능한** 인자, τ_{ij}와 τ_{ji}는 다음과 같이 주어진다.

$$\tau_{ij} = \exp\left[-\left(\frac{u_{ij} - u_{jj}}{RT} \right) \right] \tag{13.17}$$

그리고

$$\tau_{ji} = \exp\left[-\left(\frac{u_{ji} - u_{ii}}{RT} \right) \right] \tag{13.18}$$

인자 u_{ij}는 N i-j 쌍의 위치 에너지이다.

UNIFAC에서 **잔여**(residual) 항을 SOG 개념으로 대체하면

$$\ln a_1^{\mathrm{R}} = \sum_{\text{all groups}} \upsilon_k^{(1)} \left[\ln \Gamma_k - \ln \Gamma_k^{(1)} \right] \tag{13.19}$$

로 되며 여기에서 Γ_k는 그룹 잔여 활성도(또는 활성도 상수)이며 $\Gamma_k^{(1)}$는 용매 분자만을 함유한 기준 용액에서 그룹 k의 그룹 잔여 활성도이다($w_1 \rightarrow 1$이면 $a_1 \rightarrow 1$로 표준화). 그룹 활성항인 Γ_k와 $\Gamma_k^{(1)}$는 다음 식으로부터 구한다.

$$\ln \Gamma_k = M_k Q_k' \left[1 - \ln\left(\sum_{\text{all groups}} \Theta_m' \Psi_{mk} \right) - \sum_{\text{all groups}} \frac{\Theta_m' \Psi_{km}}{\sum_{\text{all groups}} \Theta_n' \Psi_{nm}} \right] \tag{13.20}$$

여기에서 Θ_m'는 그룹 m의 **면적 분율**(area fraction)로서 θ_j'과 동일한 방식으로 계산한다:

$$\Theta_m' = \frac{Q_m' W_m}{\sum_{n=1}^{N} Q_n' W_n} \tag{13.21}$$

식 (13.20)과 (13.21)에서 M_k는 작용기 k의 분자량, Q'_m는 그램당 그룹 면적 인자로서 $Q'_m = Q_m/M_m$이고 W_m는 혼합물에서 그룹 m의 무게 분율(weight fraction)이다. **그룹 상호작용 인자**(group-interaction parameter), Ψ_{mn}는 다음과 같이 주어진다.

$$\Psi_{mn} = \exp\left[-\left(\frac{U_{mn} - U_{nn}}{RT}\right)\right] = \exp\left(\frac{a_{mn}}{T}\right) \tag{13.22}$$

여기에서 U_{mn}은 그룹 m과 n 사이의 상호작용 에너지의 척도이다. 각 쌍의 그룹에 대한 그룹 상호작용 인자, a_{mn}과 $a_{nm}(a_{mn} \neq a_{nm})$은 편집되고(compiled) 그리고 주로 저분자량의 화합물에 대한 실험 VLE 또는 LLE 데이터를 적용하여 계속하여 개정되고 있다. 표 13-7은 VLE 데이터로부터 유도한 대표적인 그룹 상호작용 인자를 보여 주고 있다. 그룹 상호작용 인자 표에서 각 주그룹(major group)은 자체적인 R_k 및 Q_k 값을 갖는 몇 종류의 하부 그룹(subgroups)을 포함하나(표 13-6) **모든 하부 그룹들은 동일한 그룹 상호작용 인자를 갖는다.**

표 13-7 대표적인 그룹 상호작용 인자 값, a_{mn}과 a_{nm}(K)[a]

	CH_2	C=C	ACH	$ACCH_2$	OH	CH_2CO	CH_3OH	SiO
CH_2	0.0	86.02	61.13	76.50	986.5	476.4	697.2	252.7
C=C	-35.36	0.0	38.81	74.15	524.1	182.6	787.6	n.a.
ACH	-11.12	3.446	0.0	167.0	636.1	25.77	637.4	238.9
$ACCH_2$	-69.70	-113.6	-146.8	0.0	803.2	-52.10	603.3	n.a.
OH	156.4	457.0	89.60	25.82	0.0	84.00	-137.1	n.a.
CH_2CO	26.76	42.92	140.1	365.8	164.5	0.0	108.7	n.a.
CH_3OH	16.51	-12.52	-50.00	-44.50	249.1	23.39	0.0	n.a.
SiO	110.2	n.a.	234.4	n.a.	n.a.	n.a.	n.a.	n.a.

[a] Supplementary material to ref. [21].

고분자-용매 시스템에서 Oishi와 Prausnitz[17]는 식 (13.8)에서의 **자유 부피**(free-volume) 기여가 총 활성도에 상당히 **양성으로**(positive) 기여함을 보였고 Flory EOS(여기에서 $X_{12} = 0$)를 이용하여 다음 식을 구하였다.

$$\ln a_1^{FV} = 3c_1 \ln\left[\frac{\left(\tilde{\upsilon}_1^{1/3} - 1\right)}{\left(\tilde{\upsilon}_M^{1/3} - 1\right)}\right] - c_1\left[\left(\frac{\tilde{\upsilon}_1}{\tilde{\upsilon}_M} - 1\right)\left(1 - \frac{1}{\tilde{\upsilon}_1^{1/3}}\right)^{-1}\right] \tag{13.23}$$

이 식에서 $3c_1$은 용매(즉, 구성분 1) 분자(c_1은 일반적으로 1.1로 고정) 당의 외부 자유도

수를, 아래 첨자 M은 혼합물을 의미하고 $\tilde{v}$는 3장(식 (3.47))에서 정의한 환산 부피(reduced volume)이다. Oishi와 Prausnitz는 용매에서의 환산 부피를 계산하는 데 다음 식을 제안하였다.

$$\tilde{v} = \frac{v_1}{15.17 b r_1'} \tag{13.24}$$

여기에서 b는 1단위의 비례 상수이다(흔히 1.28). 혼합물의 환산 부피, v_M는 액체 혼합물의 부피가 더해진다는 가정 하에 계산한다. 용매와 고분자의 이성분계(구성분 2) 혼합물에서, $\tilde{v}_M$은 다음과 같이 주어진다.

$$\tilde{v}_M = \frac{v_1 w_1 + v_2 w_2}{15.17 b\left(r_1' w_1 + r_2' w_2\right)} \tag{13.25}$$

UNIFAC-FV는 그림 13-3의 폴리아이소뷰틸렌/벤젠 시스템에서와 같이 고분자 용액에서 용매의 활성도 예측[16]에 매우 성공적이다. UNIFAC-FV 접근법은 고분자 시스템에서의 활성도 또는 활성도 상수의 예측을 개선하기 위하여 개발되었지만 저분자량의 혼합물에도 상당한 정확도를 보이고 있다. 자유 부피 기여는, 예를 들어, 기체/탄화수소 혼합물에서처럼, 특성 온도(characteristic temperature, T^*)가 크게 다르다면 저분자량의 혼합물에서도 중요할 수 있다. 예제 13.6은 UNIFAC-FV의 실례로서 폴리아이소뷰틸렌에서의 벤젠의 활성도 계산을 보여 주고 있다.

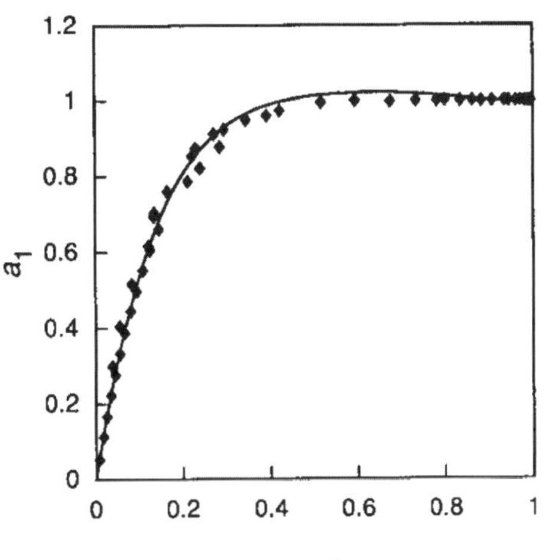

그림 13-3 25°C에서 벤젠의 활성도(a_1)를 폴리아이소뷰틸렌(PIB)에서의 무게 분율(w_1)의 함수로 하는 실험치와 UNIFAC-FV의 예측과의 비교[16]

예제 13.6

UNIFAC-FV를 이용하여 25°C에서 벤젠의 무게 분율이 0.1일 때 폴리아이소뷰틸렌(PIB) 에서의 벤젠의 활성도를 계산하시오.

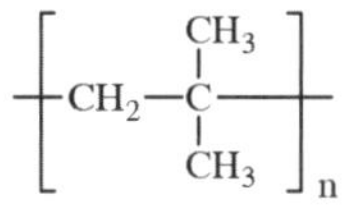

풀이

성분	ρ (g mL^{-3})	M	주그룹	하부 그룹	R_k	Q_k	그룹의 수
Benzene	0.8736	78.11	ACH	ACH	0.5313	0.400	6
PIB	0.9169	56.07	CH_2	C	0.2195	0.0	1
			CH_2	CH_2	0.6744	0.540	1
			CH_2	CH_3	0.9011	0.848	2

조합 기여:

$$q_1' = \frac{1}{78.11}6(0.400) = 0.03073$$

$$r_1' = \frac{1}{78.11}6(0.5313) = 0.04081$$

$$q_2' = \frac{1}{56.07}\left[1(0) + 1(0.540) + 2(0.848)\right] = 0.03987$$

$$r_2' = \frac{1}{56.07}\left[1(0.2195) + 1(0.6744) + 2(0.9011)\right] = 0.04808$$

$$\theta_1' = \frac{0.03073(0.1)}{0.0307(0.1) + 0.03987(0.9)} = 0.07888$$

$$\phi_1' = \frac{0.04081(0.1)}{0.04081(0.1) + 0.04808(0.9)} = 0.08618$$

$$\ln a_1^c = \ln(0.08618) + (1 - 0.08618) + \frac{10}{2}(78.11)(0.03073)\left[\ln\left(\frac{0.07888}{0.08618}\right) - 1 + \frac{0.08618}{0.07888}\right]$$
$$= -1.4831$$

잔여 기여:

$$W_{ACH} = 0.1$$

$$W_{\text{CH3}} = 0.9\frac{15.025(2)}{56.07} = 0.4823$$

$$W_{\text{CH2}} = 0.9\frac{14.0169}{56.07} = 0.2250$$

$$W_{\text{C}} = 0.9\frac{12.001}{56.07} = 0.1926$$

$$Q'_{\text{ACH}} = \frac{Q_{\text{ACH}}}{13.0089} = \frac{0.4}{13.0089} = 0.03075$$

$$Q'_{\text{CH3}} = \frac{Q_{\text{CH3}}}{15.025} = \frac{0.848}{15.025} = 0.05644$$

$$Q'_{\text{CH2}} = \frac{Q_{\text{CH2}}}{14.0169} = \frac{0.540}{14.0169} = 0.03853$$

$$Q'_{\text{C}} = \frac{Q_{\text{C}}}{12.001} = \frac{0}{12.001} = 0$$

$$\Theta'_{\text{ACH}} = \frac{Q'_{\text{ACH}}W_{\text{ACH}}}{Q'_{\text{ACH}}W_{\text{ACH}} + Q'_{\text{CH3}}W_{\text{CH3}} + Q'_{\text{CH2}}W_{\text{CH2}} + Q'_{\text{C}}W_{\text{C}}} = \frac{0.003075}{0.03897} = 0.07892$$

$$\Theta'_{\text{CH3}} = \frac{Q'_{\text{CH3}}W_{\text{CH3}}}{Q'_{\text{ACH}}W_{\text{ACH}} + Q'_{\text{CH3}}W_{\text{CH3}} + Q'_{\text{CH2}}W_{\text{CH2}} + Q'_{\text{C}}W_{\text{C}}} = \frac{0.02722}{0.03897} = 0.6986$$

$$\Theta'_{\text{CH2}} = \frac{Q'_{\text{CH2}}W_{\text{CH2}}}{Q'_{\text{ACH}}W_{\text{ACH}} + Q'_{\text{CH3}}W_{\text{CH3}} + Q'_{\text{CH2}}W_{\text{CH2}} + Q'_{\text{C}}W_{\text{C}}} = \frac{0.008669}{0.03897} = 0.2225$$

$$\Theta'_{\text{C}} = \frac{Q'_{\text{C}}W_{\text{C}}}{Q'_{\text{ACH}}W_{\text{ACH}} + Q'_{\text{CH3}}W_{\text{CH3}} + Q'_{\text{CH2}}W_{\text{CH2}} + Q'_{\text{C}}W_{\text{C}}} = 0$$

상호작용 인자는 주그룹 사이에만 있으며, 이 경우 PIB에서는 두 개의 주그룹이 있다– ACH(벤젠) 및 CH_2(C, CH_2 및 CH_3 하부 그룹). 이는 벤젠의 활성도에 미치는 잔여 기여의 계산의 수를 크게 감소시킨다.

$$\Psi_{\text{ACH,CH2}} = \exp\left(-\frac{a_{\text{ACH,CH2}}}{T}\right) = \exp\left(\frac{11.12}{298}\right) = 1.0380 = \Psi_{\text{ACH,CH3}} = \Psi_{\text{ACH,C}}$$

$$\Psi_{\text{CH2,ACH}} = \exp\left(-\frac{a_{\text{CH2,ACH}}}{T}\right) = \exp\left(-\frac{61.13}{298}\right) = 0.8145 = \Psi_{\text{CH3,ACH}} = \Psi_{\text{C,ACH}}$$

$$\ln\Gamma_{\text{ACH}} = M_{\text{ACH}}Q'_{\text{ACH}}\Big[1 - \ln\big(\Theta'_{\text{ACH}}\Psi_{\text{ACH,ACH}} + \Theta'_{\text{CH3}}\Psi_{\text{CH3,ACH}} + \Theta'_{\text{CH2}}\Psi_{\text{CH2,ACH}} +$$

$$\Theta'_{\text{C}}\Psi_{\text{C,ACH}}\big) - \frac{\Theta'_{\text{ACH}}\Psi_{\text{ACH,ACH}}}{\Theta'_{\text{ACH}}\Psi_{\text{ACH,ACH}} + \Theta'_{\text{CH3}}\Psi_{\text{CH3,ACH}} + \Theta'_{\text{CH2}}\Psi_{\text{CH2,ACH}} + \Theta'_{\text{C}}\Psi_{\text{C,ACH}}} -$$

$$\frac{\Theta'_{CH3}\Psi_{ACH,CH3}}{\Theta'_{ACH}\Psi_{ACH,CH3}+\Theta'_{CH3}\Psi_{CH3,CH3}+\Theta'_{CH2}\Psi_{CH2,CH3}+\Theta'_{C}\Psi_{C,CH3}}-$$

$$\frac{\Theta'_{CH2}\Psi_{ACH,CH2}}{\Theta'_{ACH}\Psi_{ACH,CH2}+\Theta'_{CH3}\Psi_{CH3,CH2}+\Theta'_{CH2}\Psi_{CH2,CH2}+\Theta'_{C}\Psi_{C,CH2}}-$$

$$\frac{\Theta'_{C}\Psi_{ACH,C}}{\Theta'_{ACH}\Psi_{ACH,C}+\Theta'_{CH3}\Psi_{CH3,C}+\Theta'_{CH2}\Psi_{CH2,C}+\Theta'_{C}\Psi_{C,C}}]=$$

$$0.400[1-\ln\left(0+0.2225\cdot 0.8145+0.6986\cdot 0.8145+0.07892\right)-$$

$$\frac{0.07892(1)}{0.07892(1)+0.6986(0.8145)+0.2225(0.8145)+0}-$$

$$\frac{(0.6986+0.2225)(1.0380)}{0.0789(1.0380)+0.6986(1)+0.2225+0}]=0.4\left[1-\ln\left(0.8292\right)-1.0615\right]=0.05036$$

$$\ln\Gamma_{ACH}{}^{(1)}=0$$

$$\ln a_1{}^{R}=6\left(0.05036-0\right)=0.3022$$

자유 부피 기여:

$$\tilde{\upsilon}_1=\frac{1.145}{15.17(1.28)0.04081}=1.445$$

$$\tilde{\upsilon}_M=\frac{1.1447(0.1)+1.0906(0.9)}{15.17(1.28)\left[0.04081(0.1)+0.04808(0.9)\right]}=1.1920$$

$$\ln a_1{}^{FV}=3(1.1)\ln\left[\frac{1.445^{1/3}-1}{1.1920^{1/3}-1}\right]-1.1\left[\left(\frac{1.445}{1.1920}-1\right)\left(1-\frac{1}{1.445^{1/3}}\right)^{-1}\right]=0.528$$

벤젠의 총 활성도:

$$\ln a_1=-1.483+0.302+0.528=-0.653;\ a_1=0.520$$

이 결과들은 활성도에 대한 잔여 또는 엔탈피 기여가 조합 기여에 비하여 상대적으로 작은 사실을 보여 준다. 이는 PIB와 벤젠이 비극성인 관계로 예상되는 결과이다. 그림 13-3의 실험치와 예상치의 비교에서 볼 수 있듯이, UNIFAC-FV는 많은 화합물에 대한 UNIFAC의 광범위한 인자화에 힘입어 PIB에서 벤젠의 활성도를 매우 정확하게 예측한다.

13.2 ▶ 위상기하학 지수

고분자 물성을 예측하는 또 다른 방법으로는 Bicerano[4, 22]가 개발한 위상기하학(topological) 접근법이 있다. 이 접근법은 간단한 연결 지수와 다른 구조 기술자(structural descriptor)를 이용하는 데 이 방법에서는 화학 그룹이 아니라 개개의 원자와 결합의 부가기여(additive contribution)를 이용한다. 이 방법은 9개 원자들(즉, C, H, O, N, F, Si, S, Cl 및 Br) 중의 어느 원자를 함유하는 무정형, 비가교, 등방성 고분자에 제한된다. 요구되는 사항은 반복 단위의 구조와 분자량이다. 요구되는 절차에 대한 상세한 내용은 Bicerano의 책에 자세히 기술되어 있으며[4] 상업적인 소프트웨어 프로그램인 Synthia*에 들어가 있다. 계산할 수 있는 물성으로는 van der Waals 부피(V_w), 몰부피, 용해도 인자, 유리 전이 온도, 부피 열팽창 계수, 온도의 함수인 몰부피, 정압에서의 몰열용량, 투과도(O_2, N_2, CO_2), 몰 반자성 민감도(molar diamagnetic susceptibility), 몰굴절(molar refraction), 유전 상수(dielectric constant), 열전도도, 점도, 점성 액체의 활성화 에너지, 특성비(characteristic ratio), 얽힘 임계 분자량(critical molecular weight for entanglement), 기계적 물성(Young 탄성률(Young's modulus), 부피 저항도(volume resistivity), 취약 파괴 응력, 벌크 탄성률, 전단 항복 응력(shear yield stress), 전단 탄성률), 굴절률(refractive index) 그리고 표면 장력이 있다. 수동 계산은 Bicerano의 참고문헌[22]에 주어진 폴리스타이렌의 예에서 보듯이 길어지나 컴퓨터를 적용하면 간단히 처리할 수 있다.

일반적으로, 요구되는 가장 기초적인 정보는 반복 단위의 분자량을 계산할 수 있는 고분자 사슬의 반복 단위의 구조이다. 그림 13-4에서 볼 수 있는 폴리스타이렌의 반복 단위 구조로부터 반복 단위당의 분자량은 104.15 g/mol이다. 첫 번째 단계에서는 고분자 반복 단위의 회전 자유도의 총 개수를 계산한다. 회전 단위를 정의하기 위한 특정 규칙을 이용하여 주사슬 자유도의 총수와 곁사슬 그룹의 자유도의 총수로부터 총 개수를 구한다. PS의 경우 그림 13-4에서 보듯이 주사슬에 두 개의 회전 가능한 주사슬 결합과 하나의 회전 가능한 곁사슬 그룹 결합(즉, 주사슬과 페닐기를 연결하는 결합)이 있으므로 총 3개의 회전 자유도를 갖게 된다. 다음 단계에서는 그림 13-4에서 보듯이 충분히 확장된 형태(즉, PS의 경우 평면상에서 지그재그 형태)에서 고분자의 반복 단위의 길이를 계산한다. 이는 109.5°로 연결된 C-C 결합 1과 2(길이 1.54 Å)가 형성하는 두 면으로 이루어지는 삼각형의 빗변 길이를 계산하여 구하여진다. PS의 경우 이 값은 2.54 Å 이다.

* Available through Materials Studio (Accelrys).

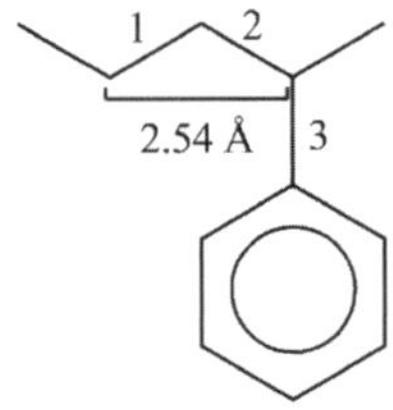

그림 13-4 두 개의 회전 가능한 주사슬 결합(1 및 2)과 하나의 회전 가능한 곁사슬 그룹 결합(3)을 나타내는 폴리스타이렌의 반복 단위 구조의 도식화. 탄소와 수소 원자는 표시하지 않았다. 주사슬의 평면 상에서 지그재그 형태에 근거한 반복 단위의 길이는 2.54 Å 이다.

다음 단계는 연결 지수의 계산이다. 연결 지수로는 **원자** 기술자(atom descriptor)로 정의되는 두 개의 0차 지수인 ${}^0\chi$ 및 ${}^0\chi^\nu$ 그리고 **결합** 기술자(bond descriptor)로 정의되는 두 개의 1차 지수(first-order indices)인 ${}^1\chi$과 ${}^1\chi^\nu$가 있다. 0차 지수는 원자 지수, δ와 원자가 원자 지수(valence atomic indices), δ^ν로부터 다음과 같이 계산한다.

$$ {}^0\chi \equiv \sum\left(1/\sqrt{\delta}\right) \tag{13.26} $$

그리고

$$ {}^0\chi^v \equiv \sum\left(1/\sqrt{\delta^v}\right) \tag{13.27} $$

여기에서 더하기는 수소를 갖는 반복 단위의 모든 꼭짓점에 대해 이루어진다. 결합 지수는 원자 지수로부터 다음과 같이 계산된다.

$$ \beta_{ij} \equiv \delta_i \delta_j \tag{13.28} $$

그리고

$$ \beta_{ij}^v = \delta_i^v \delta_j^v \tag{13.29} $$

1차(결합) 연결 지수는 결합 지수로부터 다음과 같이 구한다.

$$ {}^1\chi \equiv \sum\left(1/\sqrt{\beta}\right) \tag{13.30} $$

그리고

$$ {}^1\chi^v \equiv \sum\left(1/\sqrt{\beta^v}\right) \tag{13.31} $$

원자 지수, δ와 원자가 원자 지수, δ^{ν}는 꼭짓점들에서의 원자의 형태와 혼성(hybridization)(Hyb) 그리고 이들 자리에서의 총 수소 원자수(N_H)에 의존하는 값들의 표로부터 구한다. 표 13-8은 몇 종류의 대표적인 값들을 보여 주고 있다. 그림 13-5의 반복 단위에 표시한 값들은 이들 규칙을 PS의 예에 적용한 경우를 보여 주고 있다. 이 값들을 이용하면 식 (13.26)에서 식 (13.31)로부터 0차 지수인 ${}^{0}\chi$ 및 ${}^{0}\chi^{\nu}$과 1차 지수인 ${}^{1}\chi$과 ${}^{1}\chi^{\nu}$의 값들을 구할 수 있다. 계산한 값들은 ${}^{0}\chi = 5.40$, ${}^{0}\chi^{\nu} = 4.67$, ${}^{1}\chi = 3.97$, ${}^{1}\chi^{\nu} = 3.02$이다. 이 값들이 주어지면 Bicerano[4]가 제안한 적절한 식을 이용하여 다양한 물리적, 열적 그리고 기계적 물성을 계산할 수 있다. 예로서, 298 K에서의 밀도는 반복 분자량, M과 무정형 몰부피, $V(298)$로부터 다음과 같이 구한다.

$$\rho = \frac{M}{V(298)} \tag{13.32}$$

표 13-8 일부 원소의 원자 및 원자가 원자 지수[22]

원자	Hyb	N_H	δ	δ^{ν}
C	sp^3	3	1	1
		2	2	2
		1	3	3
		0	4	4
	sp^2	2	1	2
		1	2	3
		0	3	4
	sp	1	1	3
		0	2	4
N	sp^3	2	1	4
		1	2	4
		0	3	5
	sp^2	1	1	4
		0	2	5
	sp	0	1	5
O	sp^3	1	1	5
		0	2	6
	sp^2	0	1	6
Si	sp^3	1	3	1/3
		0	4	4/9
Cl	—	0	1	7/9

여기에서

$$V(298) = 3.642770\,{}^0\chi + 9.798697\,{}^0\chi^v - 8.542819\,{}^1\chi + 21.693912\,{}^1\chi^v + 0.978655N_{MV} \quad (13.33)$$

그리고 N_{MV}는 반복 단위의 전체적인 화학 조성으로부터 계산한다. 표 13-9는 Bicerano 방법으로 계산한 PS의 물리적, 열적 예상치와 실험치를 비교하고 있다. 대체로 두 값은 근접하고 있다.

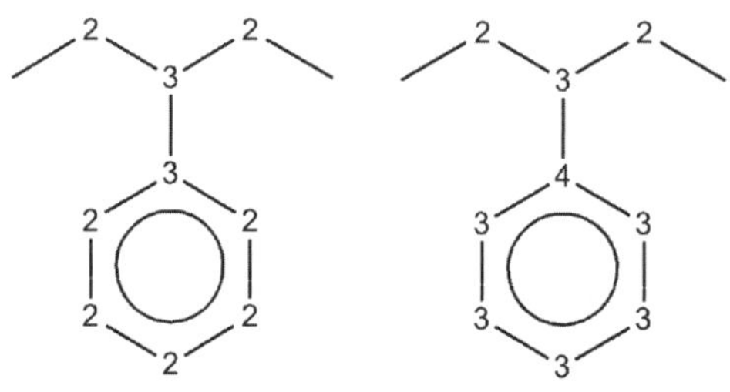

A B

그림 13-5 PS 반복 단위의 꼭짓점에 표시한 원자(**A**) 및 원자가 원자(**B**) 연결 지수. 값들은 표 13-8로부터 발췌

표 13-9 실험적으로 구한 물리적, 열적 물성과 Bicerano 방법[22]에 의하여 추산한 물성의 비교

물성	예측치	실험치
ρ, g cm^{-3}	1.07	1.05
δ, (J cm^{-3})$^{0.5}$	19.5, 20.1	17.4-19.0
T_g, K	382	373
C_p^g, (298), J/(mole K)	133.5	126.5
$\Delta C_p(T_g)$	26.8	30.8
γ, dyn cm^{-1} at 298 K	39.4, 41.0, 43.6	40.7

13.3 인공 신경 망상 구조

인공 신경 망상 구조(artificial neural network, ANN)는 뇌신경 세포의 기능과 거의 유사한 방법으로 입력 데이터를 처리하고 특정 출력 데이터를 예측하는 수없이 많이 연결된 공정 요소 또는 마디로 이루어지는 계산 시스템이다. 각 신경 망상 구조는 일반적으로 출

력이 알려진 한 세트의 훈련 데이터를 포함하는 교육 과정이다. 그림 13-6은 간단한 ANN을 도식화하여 보여 주고 있다. 이 신경 망상 구조는 다섯 개의 입력 마디(X_1, X_2, X_3, X_4 및 X_5), 하나의 출력 마디(Y_1) 및 네 개의 회색 원으로 표시되는 숨겨진 마디로 이루어진다. ANN의 작동에서 각 입력 변수에는 무게, W_i의 값이 주어진다. 보는 바와 같이, 각 입력 마디는 다른 마디에 신호를 제공할 수 있다. 모든 신호를 더한 합은 특정 함수로 변환시킨다. 각 마디에 무게를 조정하여 출력 변수를 변화시킬 수 있다.

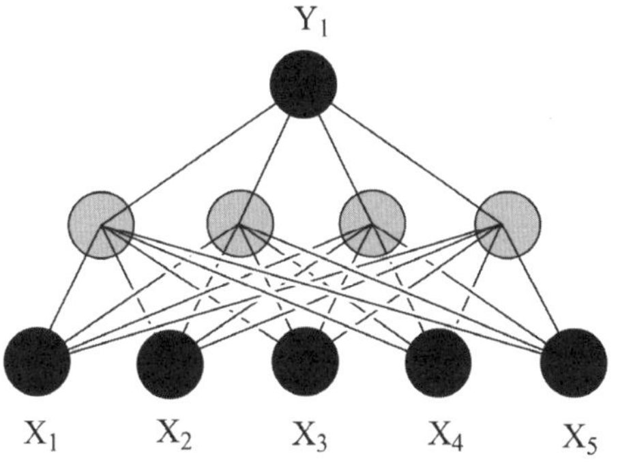

그림 13-6 다섯 개의 입력 마디(X_1에서 X_5), 네 개의 숨겨진 마디(회색 원) 및 하나의 출력 마디(Y_1)로 이루어지는 간단한 신경 망상 구조의 도식화

입력층(input layer)을 초과하는 각 마디는 출력의 선형 결합을 입력으로 취한다. 예를 들어, 숨겨진 층의 어떠한 i번째 마디, I_i는 다음과 같이 나타낼 수 있다.

$$I_i = \sum_j w_{ij} X_j + \theta_i \tag{13.34}$$

여기에서 X_j는 j번째 마디의 출력, θ_i는 바이어스(bias)로 불리는 인자, w_{ij}는 마디 사이의 연결 무게 그리고 합은 전 층(previous layer)의 모든 마디에 걸쳐 이루어진다. 무게는 양 또는 음의 값을 가질 수 있다. 계산한 입력은 마디의 출력을 계산하기 위하여 변환시킨다. 일반적인 변환함수(transform function)는 다음과 같은 S자 형의 sigmoid function이다.

$$y(x) = -\frac{a}{c\left[1-\exp(-bx)\right]} \tag{13.35}$$

방사상(radial) 및 한계(threshold) 전달 함수 역시 이용되고 있다. 훈련 세트에서 구한 출력과 목표치 사이의 차이에 비례하여 반복하여 무게를 변화시킨다. 한 세트의 입력치와 알려진 출력치는 망상 구조의 훈련 세트를 구성하며 이를 이용하여 연결 무게와 바이어스를 조정하여 예측 오차를 최소화한다. 몇 종류의 신경 망상 구조 배열이 가능한 한편, 일반적으로 사용하는 접근법은 역성장(back-propagation) 신경 망상 구조(BPNN)이다. 그림 13-6에서와 같이 BPNN에는 적어도 세 개의 신경 마디로 이루어지는 조직층(hierarchial layer)이 있다–입력층, 중간 혹은 숨겨진 층(middle or hidden layer) 및 출력층이다. 이 배열에서 각 층은 다음 층과 완전히 연결되어 있다. 숨겨진 층의 마디의 수는 문제의 복잡성과 입력 정보의 크기에 따라 조정할 수 있다.

ANN의 전형적인 응용은 대화 인식과 합성, 패턴 인식, 시장 예측, 공정 모델화 및 물성 예측이다. 이 중 마지막 두 분야는 고분자 과학과 기술에서 크게 응용되고 있으며 이들 예로는 압축 성형의 설계, 중공 성형(blow molding) 및 사출 성형, 그리고 밀도, 투과도, 용매 활성도, 압축 요소, 상평형, 유전 소실 인자(dielectric dissipation factor), 저임계 용액 온도와 같은 다양한 물성의 예측, 그리고 메탈로센 중합에서의 동역학 속도 상수 및 복합체의 파손 예측(failure prediction)의 추산을 들 수 있다. ANN은 또한 위상기하학 지수와 결합하여 고분자 물성을 예측하는 데에도 사용할 수 있다[23]. 고분자 T_g를 예측하는 ANN의 응용의 예[24]는 다음에 논하기로 한다.

T_g 예측 앞서 논한 바와 같이 그룹 기여 방법은 성공적으로 사용할 수 있으나 목표 화합물의 특정 화학 그룹을 구할 수 있어야만 한다. 다른 고분자 기술자(descriptor)를 이용하는 수많은 접근법이 있으며 이들은 일반적으로 계산 화학 기법으로 구한다. 최근의 예[24]로는 밀도 함수 이론 계산으로부터 분자 기술자를 이용하여 T_g를 예측하는 경우를 들 수 있다. 기술자로는 전체 에너지, C_v, 몰 평균 편극도, 최고 점유 몰 궤도 에너지(energy of the highest occupied orbital) 및 엔트로피가 있다. 조사를 위하여 총 113개의 폴리아크릴레이트 및 폴리스타이렌의 실험 T_g 값을 이용하였다. 이 중 58개의 폴리아크릴레이트를 교육용 3층(three layer) BPNN으로 선택하였다. 23개의 폴리아크릴레이트와 32개의 폴리스타이렌을 이용하여 신경 망상 구조의 거동을 추산하였다. 그림 13-7은 T_g의 실험치 대비 계산치를 플롯한 결과를 보여 주고 있다. 구체적으로, 예측 세트의 자승 평균 평방근(root mean square) 오차는 17 K이다.

표 13-10은 폴리아크릴레이트와 폴리스타이렌의 T_g의 예측에 사용한 몇 종류의 다른 방법인 그룹 기여법[2], 그래프 이론(graph theory)[4] 및 ANN[24] 방법의 비교를 보여 주고 있다. 여기에서 보듯이, poly(nonyl acrylate)의 경우 그래프 이론이 가장 실험치와 근접하였고, poly(4-*sec*-butylstyrene)의 경우 ANN의 예측이 실험치와 가장 가까운 값을 나타내었듯이, 어느 방법이 일률적으로 최고라고는 할 수 없다. ANN은 사전 인자화(prior parameterization)가 필요 없는 이점이 있으나 반복 단위의 계산 데이터를 구하는

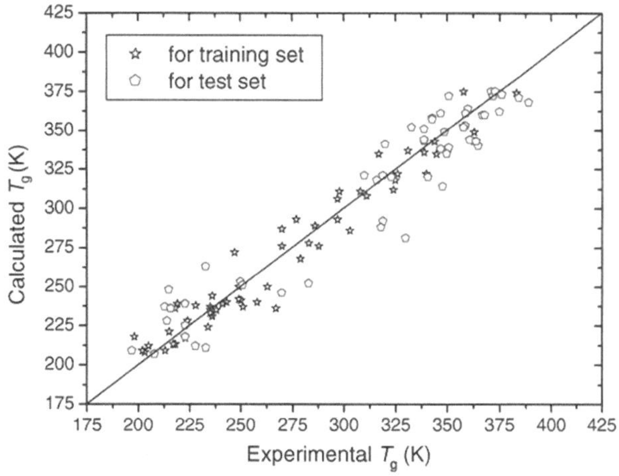

그림 13-7 화학 기술자의 ANN을 이용한 T_g의 실험치 대비 계산치 플롯. Reproduced from W. Liu and C. Cao, *Artificial Neural Network Prediction of the Glass Transition Temperature of Polymers*. Colloid and Polymer Science, 2009. **287**: p. 811–818. Copyright 2009 Springer-Verlag.

과정에 시간이 필요하다. T_g는 또한 13.4.3절에서 논한 바와 같이 분자 역학 시뮬레이션으로부터도 구할 수 있다; 그러나 이 방법은 매우 많은 시간을 요구하며 조사하고자 하는 고분자의 작용기를 인자화한(parameterized) 확고한 분자 중력장(force field)을 필요로 한다.

표 13-10 ANN, 그래프 이론 및 그룹 기여 방법으로 예측한 T_g와 실험치 T_g의 비교

고분자	Exp. T_g (K)	ANN [24]	그래프 이론 [4]	그룹 기여 [2]
Poly(nonyl acrylate)	215	248	220	204
Poly(4-*sec*-butylstyrene)	359	361	352	344

13.4 분자 시뮬레이션

전산(양자) 화학을 이용하여 분자 기하학과 에너지로부터 얻어지는 Schrödinger 파동 방정식(wave equation)에 대한 대략적인 해답을 구할 수 있다. 이들을 ab initio 방법이라고 부른다. 관련된 접근법으로는 밀도 함수 이론(density functional theory, DFT)이 있다. 두 방법은 상당한 전산 시간을 필요로 하며 저분자와 분자 덩어리의 연구에 유용하다. 생체

고분자 또는 고분자와 같은 큰 분자의 경우 분자 역학(molecular dynamics, MD)을 이용하여 밀도, 자체 확산 상수, 탄성률, 상평형 거동, X-ray 및 중성자 회절 스펙트럼 및 유리전이 온도를 포함하는 물리적, 기계적 그리고 운반 물성을 측정할 수 있다. 또 다른 접근법은 거동을 개연적으로 묘사(probabilistic description)하는 Monte Carlo(MC) 시뮬레이션과 같은 추측통계학적 방법이다. 통계학적인 표본추출 과정을 대표하는 Monte Carlo 기법은 매우 많은 개수의 입자 시스템 또는 오랜 시간에 걸친 분자 구조의 조사(explore) 또는 커다란 전산 공간 지역의 표본추출에 적용할 수 있다. MC 계산은 상평형과 수착 등온선(sorption isotherms)을 결정하는 데 이용한다. 다음 절에서 논할 고분자로 인자화한 확고한 분자 중력장을 이용하면, MD 또는 MC 시뮬레이션으로 높은 정확성과 신뢰도를 갖는 고분자 물성을 구할 수 있다.

초기의 MD 응용은 많은 구성 요소로 이루어진 시뮬레이션 및 하나로 된 원자(united-atom, UA) 시뮬레이션 둘 다를 이용하였다. 그림 13-8에서와 같이, 많은 구성 요소로 이루어진 시뮬레이션에서의 인자화와 역학 계산에서 각 원자는 개별적으로 다루어진다. UA 시뮬레이션(그림 13-8)에서 수소 원자는 탄소 원자와 같은 “무거운” 원자와 결합하여 단일 종(single species)을 형성하며 이를 분리하여 인자화한다. 13.4.1절에서 논한 단순 중력장과 결합하여 UA 도식은 결과의 질은 약간 낮아지나 시뮬레이션(CPU) 시간을 단축시킨다. UA 도식은 단백질과 같은 큰 생물학적 시스템의 시뮬레이션에 이용되고 있다. 생물학적 시스템 및 고분자 시스템 둘 다의 시뮬레이션에서 중요한 도구로 자리잡고 있는 관련 접근법은 분자 시스템의 coarse-grained(CG)[25, 26] 도식으로, 여기에서는 메틸렌 연결 또는 방향족 고리와 같은 화학 묶음을 그림 13-9에서와 같이 하나 혹은 그 이상의 “구슬(beads)”로 나타낸다. CG 시스템의 중력장 인자화는 많은 구성 요소로 이루어진(atomistic) 시뮬레이션 및 UA 시뮬레이션에 비하여 보다 복잡하고 특정한 단백질이나 고분자에 한정되지만 역학 시간을 가속화시키고 따라서 연구 대상의 시간과 공간의

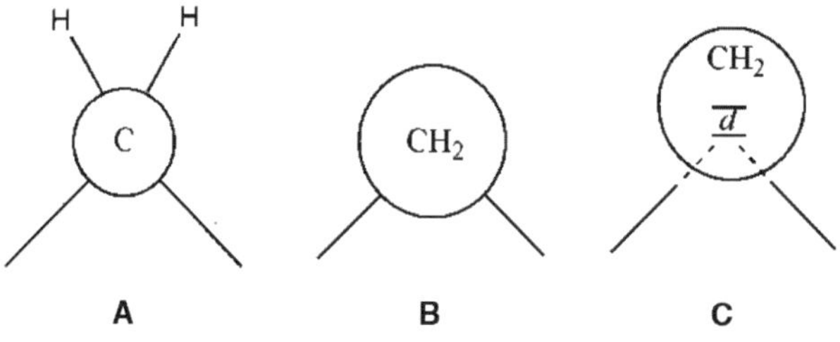

그림 13-8 메틸렌 반복 단위의 원자 도식화의 예: (**A**) Atomistic atom;(**B**) united atom(UA); 및 (**C**) anisotropic atom(AUA). AUA의 경우 *d* 인자는 탄소 원자의 원자 중심으로부터 효과적인 비결합 중심의 상쇄를 나타낸다. 이 조정 가능한 상쇄를 이용한 UA 도식은 UA 시뮬레이션의 질 향상에 사용되었다.

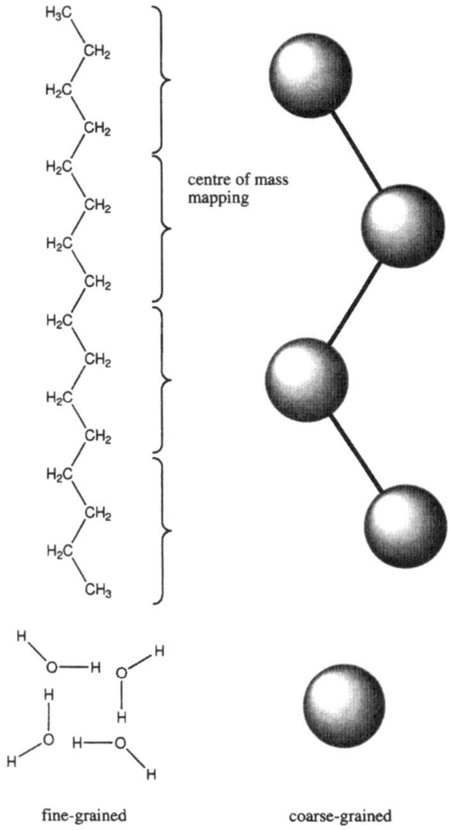

그림 13-9 폴리에틸렌과 물의 atomistic 도식(왼편)과 CG 도식(오른편)의 비교. PE의 경우, 세 개의 메틸렌 그룹이 하나의 CG 구슬로 대체되는 한편, 세 개의 물 분자 덩어리는 하나의 CG 구슬로 표시된다. Reproduced from M. Christen, and W. F. van Gunsteren, *Multigraining: An Algorithm for Simultaneous Fine-Grained and Coarse-Grained Simulation of Molecular Systems*. Journal of Chemical Physics, 2006, **124**(15): p.154106.

범위를 크게 확장시킬 수 있다. CG 시뮬레이션이 유용한 특정 응용 분야로는 계면 활성제의 자체 조합 및 블록 공중합체의 시뮬레이션을 들 수 있다. CG 시뮬레이션은 이 장에서 언급한 분자 시뮬레이션의 서론 내용의 범위를 벗어나므로 관심이 있는 독자는 이 분야의 우수한 논문과 책을 참고하기 바란다[27]. 중요한 CG 중력장에 대해서는 13.4.1절의 마지막 부분에서 논하고 있다.

Monte Carlo 시뮬레이션 Monte Carlo 시뮬레이션 방법은 1940년대에 디지털 컴퓨터의 개발에 힘입어 큰 전기를 만나게 된다. Monte Carlo 시뮬레이션 기법의 가장 중요한 응용은 통계학적인 표본추출 과정을 이용하며, 주로 Metropolis 또는 Monte Carlo Markov chain(MCMC) 방법을 활용한다. 고분자 과학에서 Monte Carlo 시뮬레이션 방법의 중요한 응용으로는 13.5.8절에서 논하는 상평형 시뮬레이션과 수착 등온선을 들 수 있다.

13.4.1 분자 역학 중력장

MD와 MC 방법의 성공은 분자 시스템의 위치 에너지, U를 결합항(U^{B}) 및 비결합항(U^{NB})의 합으로 나타내는 중력장의 질에 좌우된다.

$$U(\mathbf{r}) = U^{\mathrm{B}}(\mathbf{r}) + U^{\mathrm{NB}}(\mathbf{r}) \tag{13.36}$$

결합항(bonded terms)으로는 결합 신장(bond-stretching), 각굽힘(angle-bending) 및 이면각(dihedral)(또는 비틀림(torsional)) 기여와 같은 위치 에너지 기여를 들 수 있다.

$$V^{\mathrm{B}}(r) = \sum_{\mathrm{bonds}} V^{\mathrm{bond}}(r_{ij}) + \sum_{\mathrm{bends}} V^{\mathrm{bend}}(\theta_{ijk}) + \sum_{\mathrm{dihedral}} V^{\mathrm{tors}}(\phi_{ijkl}) \tag{13.37}$$

여기에서 r_{ij}는 연속하여 결합된 두 원자 i와 j 사이의 거리, θ_{ijk}는 연이은 세 원자 i, j, k의 원자가각(valence angle) 그리고 ϕ_{ijkl}은 연이은 네 원자 i, j, k, l의 비틀림각(이면각)

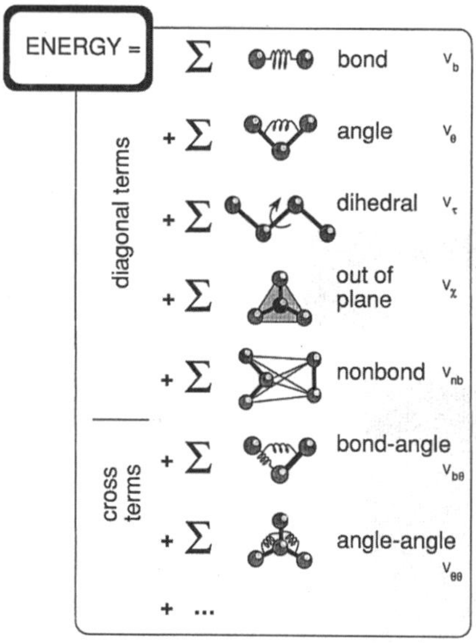

그림 13-10 일반적인 분자 중력장에서 포텐셜 항에 참여하는 원자의 도식. 대각선 항은 결합 신장 또는 각굽힘과 같은 하나의 내부 좌표의 함수로 나타낼 수 있는 상호작용을 가리킨다. 교차 항은 결합 신장과 각굽힘에 동시에 참여하는 원자들 사이의 상호작용과 같은 둘 또는 그 이상의 좌표를 포함하는 짝지어진 상호작용을 나타낸다. Reproduced from U. Dinur and A. T. Hagler, *New Approaches to Empirical Force Field*, in Reviews in Computational Chemistry, K. B. Lipkowitz and B. D. Boyd, eds. 1991, New York: VCH Publishers, Inc., p.99-164. Reprinted by permission of John Wiley & Sons.

(torsional angle)이다. 각 합은 시스템에서 결합(즉, 2개체 상호작용), 각(즉, 3개체 상호작용) 및 비틀림(즉, 4개체 상호작용)을 구성하는 모든 인접 원자에 대해 이루어진다. 일반적으로 비결합항에는 입체항(즉, Lennard-Jones 또는 LJ) 및 정전기항(즉, Coulombic 항)이 있다. 그림 13-10은 분자 시스템의 위치 에너지에 대한 결합항(즉, 결합 신장, 각굽힘 및 비틀림 또는 이면각)과 비결합항(즉, LJ 및 Coulombic)의 기여를 도식화하여 보여 주고 있다.

결합 또는 비결합항 각각에 대한 중력장 인자는 위치 에너지 항을 ab initio 또는 DFT 방법으로 계산한 작은 분자의 포텐셜에 맞추거나 저분자량 화합물의 결정 구조 및 증발열(heat of vaporization, ΔH_v)과 같은 실험치에 맞추어 구한다. **결합** 기여의 예로는 결합 신장을 나타내는 단순한 조화 함수를 들 수 있다.

$$U^{\text{bond}}\left(r_{ij}\right)=\frac{1}{2}\sum_{\text{bonds}}k_{ij}^{\text{bond}}\left(r_{ij}-r_{ij}^{\text{o}}\right)^2 \tag{13.38}$$

여기에서 k_{ij}^{bond} 는 결합 신장 인자이며 r_{ij}^{o} 는 평형 결합 거리(위치 에너지 기여가 0)이다. 결합 신장 항의 대체 형태 중에는 중력장에서 사용되는 **4차식**(quartic expression)이 있다.

$$U^{\text{bond}}\left(r_{ij}\right)=\frac{1}{2}\sum_{\text{bonds}}\left[k_2\left(r_{ij}-r_{ij}^{\text{o}}\right)^2+k_3\left(r_{ij}-r_{ij}^{\text{o}}\right)^3+k_4\left(r_{ij}-r_{ij}^{\text{o}}\right)^4\right] \tag{13.39}$$

여기에서 k_2, k_3 및 k_4는 공유 결합을 형성하는 각각의 i-j 원자 쌍의 인자이다. 유사한 조화 항(harmonic terms) 및 4차 항(quartic terms)은 각굽힘에 사용된다. 결합 포텐셜에 대한 비틀림 기여는 다음과 같다.

$$U^{\text{tors}}\left(\phi_{ijkl}\right)=\frac{1}{2}\sum_{\text{dihedrals}}\sum_{n=1,2,\ldots}k_{ijkl}^{\text{tors}}\left(n\right)\left[1-\cos\left(n\phi_{ijkl}\right)\right] \tag{13.40}$$

여기에서 n은 비틀림 동작의 주기이며 합은 각 주기에 모든 비틀림각에 대해 이루어진다. 다른 형태의 비틀림 항들은 그림 13-10에서와 같이 동일면(co-planar) 구조에서 면을 벗어난 굽힘에 대한 항들을 포함하여 이용가능하다.

많은 중력장에서 결합 신장과 비틀림 회전 그리고 결합 신장과 각굽힘 사이와 같은 한 형태의 변형(deformation)과 다른 형태의 변형 간의 상호관계를 나타내기 위하여 다음의 정량화한 식과 같이 **교차 짝지음**(cross-coupling)을 사용한다.

$$U^{\text{b,b}}\left(r_{ij},\theta_{ijk}\right)=\frac{1}{2}\sum_{\text{bonds}}\sum_{\text{bends}}k^{\text{b,b}}\left(r_{ij}-r_{ij}^{\text{o}}\right)^2\left(\theta_{ijk}-\theta_{ijk}^{\text{o}}\right)^2 \tag{13.41}$$

비결합 항(non-bonded terms)으로는 셋 혹은 그 이상의 결합으로 분리된 원자쌍들 간의 분자내 상호작용(intramolecular interaction)과 다른 분자들에 속하는 상호작용(즉, 분자간 상호작용(intermolecular interaction))이 있다. 하나 또는 두 개의 결합으로 분리된 원자쌍 사이의 상호작용은 각각 결합-신장(bond-stretch)과 각굽힘-항(angle-bending terms)의 결합 에너지 항에 포함된다. 시뮬레이션 시스템에서의 모든 상호작용을 포함시키거나(즉, Ewald[31] 합) 또는 거리 차단(일반적으로 8~12 Å 의 범위)을 이용하기도 한다. 비결합 항의 예로는 Lennard-Jones 포텐셜(즉, LJ 6-12) 또는 다음의 LJ 6-9 포텐셜이 있다.

$$U^{\mathrm{LJ}} = \sum_{i \neq j} \varepsilon_{ij} \left[2\left(\frac{r_{ij}^{\mathrm{o}}}{r_{ij}}\right)^9 - 3\left(\frac{r_{ij}^{\mathrm{o}}}{r_{ij}}\right)^6 \right] \tag{13.42}$$

이 경우에 6차 항은 분산(즉, 장거리) 상호작용과 9차(또는 12차) 항은 단거리 반발작용을 나타낸다. 그림 13-11에 나타난 바와 같이, 식 (13.42)의 인자 ε_{ij} 와 r_{ij}^{o} 는 각각 LJ 위치 에너지 함수의 최소 에너지 점에서의 깊이와 거리이다.

다른 비결합 기여로는 다음과 같은 쿨롱 식(Coulombic expression)으로 대표되는 정전기 포텐셜이다.

$$U^{\mathrm{es}} = \sum_{i \neq j} \frac{f q_i q_j}{r_{ij}} \tag{13.43}$$

여기에서 q_i는 원자쌍 i-j에서 원자 i의 전하, 그리고 r_{ij}는 원자 i와 j 사이의 거리 그리고

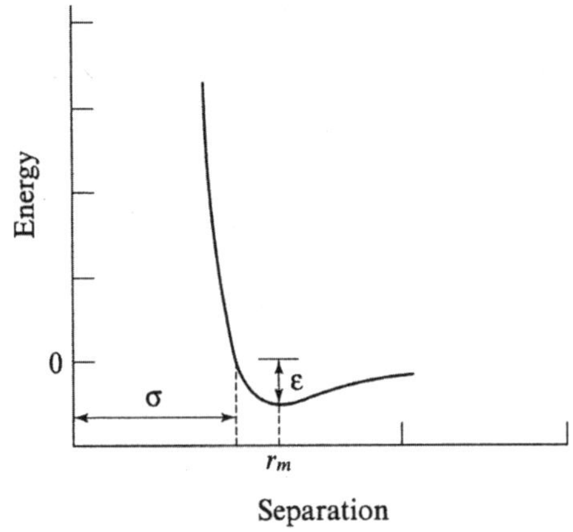

그림 13-11 위치 에너지 공간(well)의 깊이, ε를 나타내는 Lennard-Jones 포텐셜. Reproduced from A. R. Leach, *Molecular Modeling: Principles and Applications*. 2nd ed. 2001, Upper Saddle River: Prentice Hall.

$f = 1/\pi\varepsilon_o$를 의미하며, 여기에서 ε_o는 매체의 유전 상수(dielectric constant)이다.

중력장은 수많은 다른 분자 구조에 적합한 인자화(parameterization)로 비교적 간단하게 할 수 있다. 보다 완전한 중력장만큼 확고하지는 않지만 이들 범용 중력장을 인자화하면 특정 고분자에 대해 쉽게 적용할 수 있다. DREIDING 중력장[32]은 그 예로서 많은 다른 종류의 고분자의 분자 시뮬레이션에 사용되고 있다[33]. DREIDING은 간단한 조화 결합-신장 항인 식 (13.38)과 식 (13.44)로 주어지는 각굽힘 항의 조화 코사인 형태를 이용한다.

$$U^{\text{bend}}\left(\theta_{ijk}\right) = \frac{1}{2}\sum_{\text{bends}} k_{ijk}^{\text{bend}}\left(\cos\theta_{ijk} - \cos\theta_{ijk}^{\text{o}}\right)^2 \tag{13.44}$$

다른 문헌[33]에서 상세히 고찰한 바와 같이, 고분자의 분자 시뮬레이션에 이용된 추가 중력장에는 GROMOS*[34], CVFF†[35], PCFF‡ 및 COMPASS§[36]가 있다. COMPASS는 PCFF에 근거하는 확고한 "Claas II" 중력장으로 비조화 및 교차 짝지음 항을 광범위하게 사용한다. 인자화는 작은 분자와 앞서의 CVFF와 PCFF의 경우에서처럼 응축상 실험 물성의 ab initio 계산의 결과를 사용한다. COMPASS의 함수 형태는 결합 신장 및 각굽힘 항, 네 개의 교차 짝지음 항 그리고 LJ 9-6 포텐셜의 4차식이다. COMPASS의 고분자의 인자화는 특히 다양한 종류의 고분자 구조에 적합하다[37].

반응 중력장 MD 시뮬레이션을 위한 초기(traditional)의 중력장은 결합 파괴와 형성을 조정할 수 없기 때문에 화학 반응을 모델화할 수 없다. 전형적인 분자 역학 중력장을 화학적 경우로 확장하기 위하여 몇 종류의 반응 중력장이 개발되었다. 반응 위치 에너지 표면을 개질하기 위하여 부분 결합 순서를 사용한다. 이 중 하나가 고분자의 열분해를 모델화하는 데 사용하는 MD_REACT이다[38, 39]. 보다 최근의 접근법은 ReaxFF[40]로서 예로서 poly(dimethylsiloxane)[41]의 열분해를 모델화하는 데 사용된다.

CG 중력장 CG 시뮬레이션에는 몇 종류의 중력장이 사용되고 있다. 예로는 계면 활성제의 자체 조합(self-assembly)−수많은 구성 요소로 이루어진 전산상으로 고가의 시뮬레이션−을 시뮬레이션하기 위하여 개발된 범용 MARTINI[42-44] 및 Shinoda[45] 중력장이 있다. MARTINI 중력장의 경우 4:1 할당을 적용하며 이에 의하여 4개의 중심 원자(무거운 원자)(수소 제외)를 하나의 상호작용 중심으로 나타내는데, 예외적으로 고리 분자의

* *GRO*ningen *MO*lecular *S*imulation.

† *C*onsistent *V*alence *F*orce *F*ield.

‡ *P*olymer *C*onsistent *F*orce *F*ield.

§ *C*ondensed-phase *O*ptimized *M*olecular *P*otentials for *A*tomistic *S*imulation *S*tudies.

경우 2:1로 할당한다(예를 들어, 벤젠은 6개의 구슬로 표시한다). 물의 경우 4개의 분자를 하나의 구슬로 표시한다. CG 중력장은 인자화될 수 있고 13.5.4절에서 논하는 수많은 구성 요소로 이루어진 시뮬레이션 및 쌍-상관(pair-correlation) 함수와 같은 실험 데이터로 검증할 수 있다. MARTINI 중력장의 경우, 연결된 CG 자리들 사이에서의 위치 에너지에 대한 결합 기여에는 조화 결합 및 이면각 항이 있는데 가장 단순한 형태로는 다음과 같다.

$$U^{\mathrm{B}} = \frac{1}{2}K_{\mathrm{bond}}\left(R - R_{\mathrm{bond}}\right)^2 + \frac{1}{2}K_{\mathrm{angle}}\left[\cos(\theta) - \cos(\theta_{\mathrm{o}})\right]^2 \tag{13.45}$$

여기에서 K_{bond}와 K_{angle}은 중력 상수(각각, 1250 kJ mol^{-1} nm^{-2} 및 25 kJ mol^{-1} rad^{-2})이며, R_{bond}는 평형 거리(0.47 nm) 그리고 θ_{o}는 평형 결합각(180°)이다. 비결합 기여는 LJ 6-12 입체 포텐셜(steric potential)과 쿨롱(Coulombic) 정전기 포텐셜 함수를 포함한다.

13.4.2 분자 역학 및 Monte Carlo 방법

앞에서 언급한 바와 같이 분자 시뮬레이션에 사용되는 두 종류의 주된 접근법은 분자 역학(molecular dynamics, MD)과 Monte Carlo(MC) 방법이다. MD 방법은 1970년대에 단백질의 분자 시뮬레이션에 처음으로 사용되었다. MD 시뮬레이션에서는 각 원자에 초기 위치와 속도가 주어진다. 각 원자에 작용하는 힘은 앞 절에서 논한 바와 같이 분자 중력장에 의하여 주어지는 위치 에너지의 함수로부터 계산하고, 새 위치와 속도는 매우 작은 시간 단계, 일반적으로 펨토초(10^{-15} s)로 계산한다.

MD 시뮬레이션의 경우, 시간 단계는 시스템에서의 최단 주기 동작보다 적어도 크기의 한 차수는 작아야 한다. 예를 들어, 최단 주기 동작은 진동수가 약 10^{-14} s^{-1}의 차수에 속하는 수소 결합(예를 들어, C−H 및 N−H 신축)의 신축 진동(stretching vibration)이다. 이 작은 시간 단계는, 1000시간 단계의 계산은 1 ps의 시뮬레이션 시간을, 그리고 백만 시간 단계는 단지 1 ns!이므로, 실제 분자 처리에서 요구되는 전산 시간의 측면에서 중요한 결과를 가져온다. 하나의 동적인 단계를 계산하는 데 1초가 걸린다면 1-ns 시뮬레이션은 278 시간(약 12일)의 CPU 시간이 걸릴 것이다. 비교적 “큰” 시간 단위의 유체 유동(fluid flow), 상분리, 거대 분자의 확산 및 매우 작은 단백질의 형태 접힘과 같은 자연 현상은 밀리초까지 확대할 수 있으나, 이는 가장 큰 컴퓨터 기준에서도 많은 구성 요소로 이루어진 이런 경우의 시뮬레이션을 비실질적으로 만든다. 시뮬레이션 시스템의 크기가 증가할수록 단순한 MD 단계는 N^2 규칙에 따라 더많은 CPU 시간을 필요로 하며, 여기에서 N은 시뮬레이션 시스템에서의 원자의 수를 의미한다. 100,000 혹은 백만의 원자를 포함하는 시뮬레이션 시스템도 흔하다. 이러한 “큰” 또는 긴 시간을 요하는(예를 들어, >10 ns) 시뮬레이션에서 조잡하며 소멸성 입자 역학(coarese-grained and dissipative particle dynamics)과 같은 적은 요소로 이루어진 접근법을 이용하면 전산 시간을 줄일 수 있으나, 분자 상세정보를 대가로 하여 시뮬레이션 시간-크기 규모의 확대를 얻을 수 있다.

Cartesian 좌표 시스템 내에서의 위치는 간단하게 다음의 Newton 운동 법칙에서의 분자 역학 위치 에너지 함수(13.4.1절 참조)로부터 시간의 함수로 결정할 수 있다.

$$F = \frac{dp}{dt}(= ma) \tag{13.46}$$

여기에서 F는 힘, p는 운동량($p = mv$), m은 질량 그리고 α는 가속도이다. F는 위치 에너지, U의 음의 미분(negative derivative)(즉, 기울기*)이고 한편으로 α는 시간에 대한 원자 위치(x_i)의 2차 미분으로 구하여지므로, Cartesian 좌표는 다음 식 (13.47)과 같이 나타낼 수 있다.

$$m\ddot{x}_i = -\nabla U_i \tag{13.47}$$

식 (13.47)을 시간에 대해 적분하면 시스템에서 시간의 함수로 각 원자의 궤도(즉, x_i)를 찾을 수 있다. 힘은 일부 작은 시간 간격(time interval) 또는 **시간 단계**(time step)에 걸쳐 분석 미분(analytical derivative)을 구하면 계산할 수 있다. 이 간격의 마지막에 새로운 세트의 좌표와 속도가 얻어진다. 알고리즘에는 standard Verlet derivation[46] 및 leapfrog 알고리즘이 있다[47]. 특정한 결합 길이와 각을 고정하는 것과 같은 내부 제한을 갖는 운동식을 적분하는 데 주로 사용하는 두 종류의 알고리즘은 SHAKE[48]와 RATTLE[49]이다. 이들은 단백질이나 고분자와 같은 거대 분자를 함유하는 시스템의 MD 시뮬레이션을 실행할 때, 보다 큰 시간 단계(예를 들어, 2 fs)를 허용하여 전산 시간을 절약하는 장점이 있다.

주기 경계조건 액체, 용액 및 고체의 시뮬레이션에서 주기 경계조건은 작은 시뮬레이션 셀(종종 한 면이 겨우 30~40 Å)과 연관된 경계 효과를 최소화하기 위하여 사용한다. 셀의 크기는 주어진 역학 주기에 필요한 전산 시간에 큰 영향을 미친다. 실제로, 시뮬레이션 시간은, 차단을 사용하지 않는다면, 시스템에서 원자수의 제곱으로 직접적인 관련을

---

* 위치 에너지의 기울기는 다음과 같이 주어진다.

$$\nabla V_i = \frac{\partial V}{\partial x_1} + \frac{\partial V}{\partial x_2} + \frac{\partial V}{\partial x_3}$$

나타낸다. 주기 조건에서 일반적으로 정육면체 또는 사방정계인 시뮬레이션 상자는 실질적으로 그림 13-12에서와 같이 무수한 동일 셀에 둘러싸여 있다. 용액 또는 결정 고체와 같은 거시 시스템은 주기 경계 조건으로 단위 셀을 구성하여 시뮬레이션할 수 있다. 시뮬레이션으로부터 구해질 수 있는 물성으로는 확산 상수와 같은 운반 물성(transport property)이 있다. 규칙적이고 주기적인 구조를 갖는 결정 시스템의 경우에 주기 조건의 사용은 가장 적절하다. 용액이나 액체와 같은 무정형 시스템의 경우, 주기성은 주기 상자 크기의 세부사항에 충분한 주의를 기울이지 않으면 시뮬레이션 결과에 인위적인 영향을 미치는 인위적인 산물(artifact)이 될 수 있다.

앙상블 분자 시뮬레이션에서 입자수, 온도, 압력, 에너지 또는 부피를 상수로 할 수 있다. 어느 변수를 상수로 하는가 또는 변화하는가에 따라 앙상블(ensemble)은 정의된다. 시뮬레이션의 목표인 물성이 입자 앙상블의 선택을 규정한다. Microcanonical 또는 NVE 앙상블은 그 예로서, 여기에서 N은 부피 및 전체 에너지와 마찬가지로 원자의 수가 상수로 고정됨을 나타낸다. Canonical 또는 NVT 앙상블의 경우, 일정 부피에서 일정(열역학적) 온도를 유지하기 위하여 에너지를 열 용기로 바꾼다. 이 앙상블은 확산 상수를 계산할 뿐만 아니라 회전 장벽(rotational barrier)을 극복하기 위하여 열 용기로부터 에너지를 취할 수 있으므로 형태 공간을 표본화하는 데 유용하다. 일반적인 온도 조절용 항온기에는 Nosé [50], Hoover [51], Andersen [52] 및 Berendsen [53] 방법이 있다. 세 번째로 일반적으로 사용되는 앙상블은 압력과 온도를 고정한 등온-등압 또는 NPT 앙상블이다. Berendsen [53] 또는 Andersen [52] 항압기(barostats)는 NPT 역학에 종종 사용된다. 이들은 또한 고정

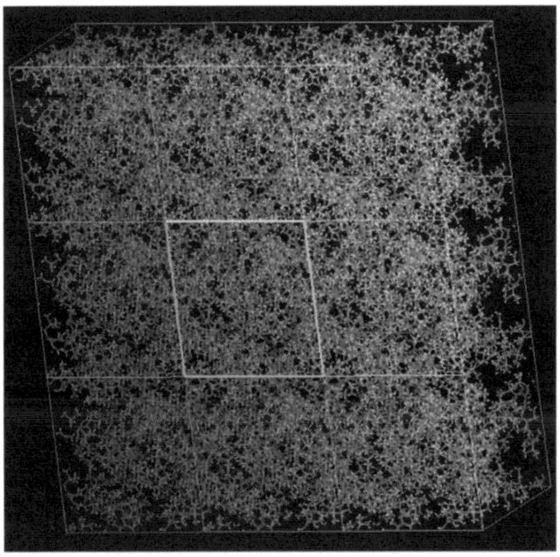

그림 13-12 주기 구조에서 8개의 동일한 셀로 둘러싸인 고분자 사슬을 함유한 무정형 주기 셀의 도식

온도 또는 압력에서 밀도를 구하는 데에도 사용한다. 네 번째 앙상블은 grand canonical (μVT)로서 여기에서 화학 포텐셜(μ), 부피 및 온도는 시뮬레이션에서 상수로 고정된다. Grand canonical Monte Carlo(GCMC) 시뮬레이션은 13.5.8절에서 논하는 바와 같이 제올라이트 및 고분자에서 수착 등온의 시뮬레이션에 사용한다.

13.5 분자 시뮬레이션의 응용

일반적으로 일련의 NVT 또는 NPT 역학으로 완전한 평형의 셀이 구해지면 시뮬레이션 셀을 분석하여 수많은 중요한 물성을 얻을 수 있다. 다음 절에서 설명하듯이, 밀도 및 열팽창 계수와 같은 PVT 데이터, X-ray 및 중성자 산란 스펙트럼, 열전환 온도, 투과성, 탄성률, 상 거동, 흡착 등온, 용해도 인자 및 쌍-상관 함수(pair-correlation function, PCF)를 들 수 있으며, 이들은 폴리아마이드의 수소 결합과 같은 고분자 상호작용을 확인하는 데 사용할 수 있다. 실험 데이터가 있으면 이들을 이용하여 특정 계열의 고분자의 사용을 위한 특정 중력장을 확인할 수 있다.

13.5.1 PVT 시뮬레이션

PVT 데이터는 NPT 역학으로부터 구할 수 있으며 여기에서 압력과 온도는 상수로 고정하고 셀의 최종 부피는 평형 이후에 구한다. 이러한 목적으로 온도와 압력을 각각 조절하기 위하여 우수한 성능의 항온기(예를 들어, Andersen[52])와 항압기(예를 들어, Berendsen[53])를 필요로 한다. 압력 조절은 특히 주기 셀이 작은 경우에 정밀하게 조절하기가 더 어렵다. 다행히 압력은 축합상 물성(condensed-phase property)에 미치는 영향이 매우 작다. 예제 13.7은 아탁틱 폴리스타이렌의 무정형 셀의 NPT 역학 분석을 보여주고 있다.*

예제 13.7

MD solutions을 이용하여 298 K에서의 폴리스타이렌(PS)의 용해도 인자 및 밀도를 구하시오.

---

* 이 절의 예제는 다른 중력장과 많은 프리웨어(freeware) 및 Materials Studio(Accelrys, San Diego, CA)와 같은 상업용 프로그램을 이용하여 풀 수 있다.

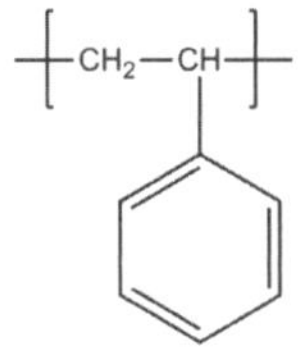

풀이

이 시뮬레이션에서 COMPASS 중력장을 선택하였다. 두 개의 무정형 PS 셀을 작성하였다. 한 셀은 80개의 반복 단위(RUs)를 갖는 단일 PS 사슬을 함유하며 다른 셀은 각각 80개의 RUs를 갖는 두 개의 PS 사슬을 함유한다. 셀은 298 K에서 25-ps NVT 역학에 이어 순차적으로 25 ps, 225 ps 및 250 ps로 합계 500-ps NPT 역학을 이용하여 평형을 시켰다. Andersen 항온기[52]와 Berendsen 항압기[53]를 사용하여 온도와 압력을 조절하였다. 모든 비결합 상호작용에는 Ewald[53] 합을 사용하였다.

그림 13-3은 보다 작은 무정형 셀(하나의 80-RU 사슬)의 공-막대 및 공간 채움(CPK) 도식을 보여 주고 있다. 두 개의 크기를 달리하는 무정형 셀의 밀도를 시뮬레이션한 값들은 표 13-11에서와 같다. 여기에서 보듯이, 밀도의 평형값은 250-ps 역학 내에서 얻어지는 것으로 보인다. 작은 셀(한 면이 23.9 Å)과 큰 셀(한 면이 30.0 Å)의 밀도 차이는 단지 2%에 불과한 한편, 큰 셀의 전산 시간은 작은 셀의 약 2배에 이른다. NPT 역학의 최종 250 ps에 걸쳐 평균한 큰 셀의 밀도는 1.023 g/cm^3(s.d.=0.007)이다. 이 값은 무정형 PS를 이용하여 보고된 실험치인 1.04~1.065 g/cm^{3}의 값[5]에 합리적인 범위에서 근접한다. 보다 더 큰 셀을 이용하면 전산 시간은 증가하겠지만 보다 실험치에 근접한 값을 얻게 될 수 있을 것이다.

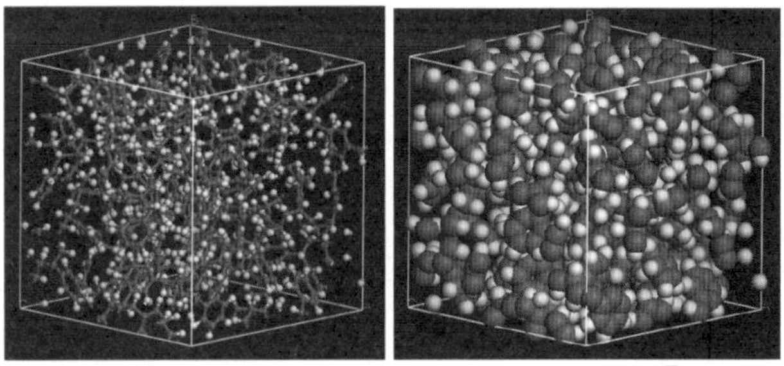

그림 13-13 500-ps NPT 역학 후의 단일 PS 사슬의 무정형 셀. A. 공-막대 모형 도식; B. CPK(공간 채움 모형) 도식(탄소 원자는 어두운 회색 구로 나타냄).

표 13-11 25°C에서 PS 무정형 셀의 NPT 역학으로부터 얻어지는 평균 밀도

평균 밀도 (g cm^{-3})	25-ps NPT	250-ps NPT	500-ps NPT
Avg. (s.d.), one chain (80-RU)	0.985 (0.008)	1.001 (0.009)	1.001 (0.009)[a]
Avg. (s.d.), two chains (80-RU)	0.974 (0.007)	1.015 (0.018)	1.023 (0.007)[b]

13.5.2 응집 에너지 밀도 및 용해도 인자

응집 에너지 밀도(CED)는 MD 시뮬레이션으로부터 구할 수 있는 또 다른 물성으로서 단순 액체 또는 고분자의 용해도 인자(3.2.6절 및 13.1.4절 참조) 계산에 이용한다. 구체적으로, CED는 무정형 셀에서의 각 분자들의 평균(즉, 분자 내) 에너지를 전체 셀의 평균 에너지로부터 뺀 후 이를 셀 부피로 나누어 구한다. 주기 셀의 에너지, E_{cell}와 각 분자의 에너지의 합, E_i의 에너지 차이로부터 셀에서의 증발열(heat of vaporization, ΔH_{vap})은 다음 식으로 표현된다.

$$\Delta H_{vap} = \left\langle E_{cell} - \sum_{i=1}^{n} E_i \right\rangle_P + RT \tag{13.48}$$

여기에서 R은 이상 기체 상수이다. 에너지는 시스템, n에서 모든 분자수에 대해 합한 값이다. 괄호는 일정 압력에서 E_{cell}과 E_i의 차이를 모든 앙상블에 대해 평균한 값임을 나타낸다. 이 평균이 **응집 에너지**(cohesive energy, E^{coh})이다. 식 (13.48)에 근거한 시뮬레이션으로부터 얻어지는 ΔH_{vap}를 중력장을 확인하는 방법으로 작은 분자에 대한 실험치와 비교할 수 있다.

용해도 인자, δ는 다음 식을 이용하여 E^{coh}로부터 계산할 수 있다:

$$\delta = \sqrt{E^{coh}} = \sqrt{\frac{E}{V}} \tag{13.49}$$

이런 식으로 시뮬레이션은 (1) 실험치를 구할 수 없는 경우와 (2) 필요한 그룹 기여 인자의 부재(absence)로 그룹 기여를 이용할 수 없는 경우에 고분자의 용해도 인자를 구할 수 있게 해 준다. 중력장의 또 다른 확인 방법으로는 분자 시뮬레이션으로부터 구한 용해도 인자를 실험치(3.2.6절) 및/또는 그룹 기여법(13.1.4절) 혹은 위상기하학 지수(13.2절)로부터 구한 값과 비교할 수 있다. 예증으로서, 예제 13.7의 폴리스타이렌의 더 큰 무정형 셀로부터 구한 용해도 인자는 시뮬레이션으로부터 13.6 $(J/cm^3)^{1/2}$ (s.d. = 0.035) 또는 13.6 $MPa^{1/2}$(NPT 역학의 최종 250 ps에 대해 평균한) 값으로 계산된다. 실험치는 15.6~21.1 $(MPa)^{1/2}$[5]의 사이에 위치한다.

13.5.3 유리 전이 온도

밀도는 앞 절에서 논한 NPT 역학에 의하여 구할 수 있으므로, 일정한 압력에서 온도를 달리하며 구한 밀도를 온도의 함수로 플롯하면, 팽창법을 이용한 실험 방법(4.3.2절)과 유사하게, 유리 전이 온도(T_g)를 구할 수 있다. 그림 13-14는 폴리포스파진(polyphosphazene)(2.4.2절)을 이용하여 구한 NPT 밀도로부터 계산한 비부피(specific volume)($1/\rho$) 값을 온도에 대해 플롯한 결과를 보여 주고 있다. 이 예에서 시뮬레이션 데이터를 T_g의 상하로 최소제곱법을 이용하여 구한 교차선에 상응하는 T_g는 212 K이며 참고로 DSC 측정으로부터 구한 T_g는 198 K이다. 다양한 중력장과 시뮬레이션을 이용하여 폴리포스파진[54], 폴리실레인[55], 폴리에틸렌[56], 폴리프로필렌[56], 폴리아이소뷰틸렌[56], 폴리다이메틸실록세인[56], 폴리옥시메틸렌[56] 및 poly(L-lactide)[57]와 같은 다양한 고분자에 대한 T_g를 측정한 결과가 보고되고 있다. 전반적으로 NPT 역학으로부터 구한 T_g 값은 표 13-12에서와 같이 DSC 측정값과 매우 유사하다.

팽창법과 마찬가지로 NPT 역학은 통계적으로 충분한 수의 데이터 점을 구하는 데 많은 시간이 걸린다. 이 접근법의 이점으로는 T_g 이하의 온도에서 분해하는 합성 고분자와 아직 합성하지 않은 고분자에 대해 T_g를 구할 수 있다는 점이다. 추가적인 이점으로 이 플롯으로부터 T_g 상하로 열팽창 계수(α)를 구할 수 있다. 또한, T_g의 시뮬레이션 값과 실험치를 비교하여 시뮬레이션으로 선택한 분자 중력장의 확인에 사용할 수 있다.

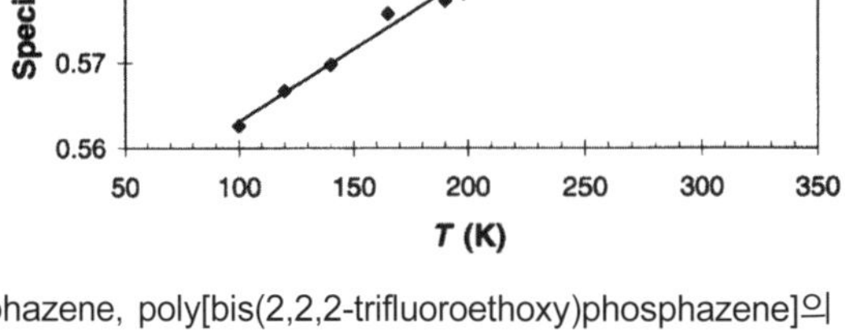

그림 13-14 Polyphosphazene, poly[bis(2,2,2-trifluoroethoxy)phosphazene]의 비부피를 온도에 대해 플롯. DSC 결과로부터 구한 198 K에 대해 두 선의 교차로부터 T_g는 212 K. Reproduced from J. R. Fried and P. Ren, *Molecular Simulation of Polyphosphazenes*. Computational and Theoretical Polymer Science, 1999, **9**: p. 111-166

표 13-12 다양한 고분자에 대해 실험으로 구한 밀도와 T_g를 NPT 역학으로부터 구한 값과 비교.

고분자	밀도 (g cm^{-3})		T_g (K)		
	Exp.	Sim.	Exp.	Sim.	Ref.
Poly[bis(*n*-butoxy)phosphazene]	1.047	1.005	165	162	[54]
Poly[bis(*iso*-butoxy)phosphazene]	1.055	1.016	178	178	[54]
Poly[bis(*sec*-butoxy)phosphazene]	1.104	1.077	182	159	[54]
Poly[bis(2,2,2-trifluoroethoxy)phosphazene]	1.71[a]	1.633[b]	198	212[b]	[54]
Poly(di-*n*-hexylsilane)	0.971	0.955	221	213	[55]
Poly(propylmethylsilane)	1.047	1.051	245	223−273	[55]
Poly(trifluoropropylmethylsilane)	0.913	0.917	270	266−290	[55]
Polyethylene	0.85	0.868	155, 252	178[b]	[56]
Polyisobutylene	0.88	0.872	200	192	[56]
Polypropylene	0.85	0.767	259	248[b]	[56]
Polydimethysiloxane	0.98	0.995	150, 146	181	[56]
Polyoxymethylene	1.25	1.312	190	191[b]	[56]

[a] 60% 결정성

[b] 무정형

13.5.4 쌍 상관

쌍 상관 함수(pair-correlation function, PCF) 또는 방사상 분포함수(radial distribution function, RDF), *g(r)*는 구조 분석에 매우 유용한 도구로서 분자 충전(molecular packing), 질서 거동, 압축성 및 상전이에 대한 중요한 정보를 제공할 수 있다. PCF는 실험 조사로부터도 구할 수 있으며(예를 들어, 중성자 산란) MD 시뮬레이션으로부터도 쉽게 구할 수 있다. 물에서 산소 원자와 수소 원자 사이의 분자내 및 분자간 PCF에 대해 시뮬레이션으로부터 구한 원자 거리와 같은 특정 PCF의 플롯은 실험 데이터로부터 구한 플롯과 직접 비교할 수 있다. 이러한 비교는 특정 시스템에서 중력장을 확인하는 뛰어난 근거를 제공한다.

쌍 상관 함수는 분자간 벡터 길이의 구 평균 분포를 제공한다. PCF의 3차원 Fourier 변환은 **구조 요소**(structure factor)를 줄 것이고 이로부터 X-ray, 중성자 및 전자 회절 분포(electron diffraction distribution)를 예측할 수 있고 실험치와 비교할 수 있다. X-ray 회절 형태(pattern)에서 골격 원자들 간의 PCF의 분자간 부분에서의 첫 번째 피크(peak)로부터 무정형 벌크에서의 주사슬 간의 평균 거리를 직접 측정한다.

계산은 모델 내에서의 모든 원자를 포함할 수도 있고 또는 두 개의 선택한 그룹에서 원자 사이의 비교에 제한될 수도 있다. 계산에 포함되는 원자쌍은 특정 원소 또는 중력장 형태에 맞추어 재구성할 수 있다. 이로부터 모델에서의 각 원자에 대한 구조 요소를 계산할 수 있다; 각 구성 요소는 적절하게 계량된 후 X-ray 회절 데이터와 비교한다. 계산은 궤도 파일 데이터를 이용하거나 현재 모델의 좌표를 이용하여 실시할 수 있다; 그러나 궤도 파일 데이터는 통계적으로 보다 신뢰도가 높은 결과를 제공하는 다수의 프레임에 대한 평균치를 허용한다.

PCF 계산이 제공할 수 있는 가능성의 응용의 예는 CO_2와 플루오린화 고분자의 상호 작용의 특성이다. 이는 CO_2 막 분리의 높은 선택성을 가능하게 한다. 이 응용으로 고려된 고분자는 앞 절에서 언급한 poly[bis(2,2,2-trifluoroethoxy)phosphazene](PTFEP)로서 반복 단위 구조는 그림 13-15에서와 같다. CO_2와 주사슬 원자인 P, N과 PTFEP의 trifluoroethoxy -치환 그룹의 O, CH_2 및 CF_3 사이의 PCF는 포스파진에 대해 인자화한 COMPASS 중력장을 이용하여 결정하였다[37]. 이 조사에서[58], PCF는 이산화 탄소 분자를 함유하는 무정형 셀과 120개의 반복 단위를 갖는 단일 사슬로부터 계산하였고 2-ns NVT 역학과 이어지는 1.5-ns NPT 역학으로 평형을 맞추었다. PCF는 다음 식으로부터 계산하였다.

$$g_i(r) = \frac{N_i(r)}{\rho_i N_{CO_2} N_S 4\pi r^2 dr} \tag{13.50}$$

여기에서 $N_i(r)$은 r과 $r+dr$ 사이에 포함된 구형 셀의 i 형태의 원자수, ρ_i는 PTFEP에서의 i 형태 원자의 벌크 밀도, N_S는 분석에 사용한 모든 프레임의 수 그리고 N_{CO_2}는 CO_2

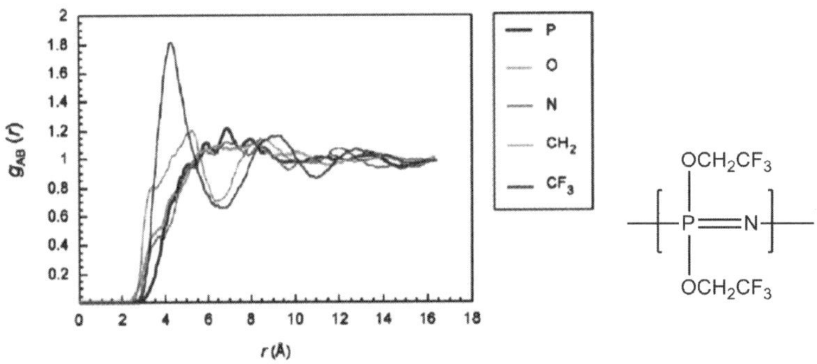

그림 13-15 Poly[bis(2,2,2-trifluoroethoxy)phosphazene](PTFEP)에서 주사슬에서의 이산화 탄소와 인(P)과 질소 원자 간의 분리 거리, r(Å), 그리고 poly[bis(2,2,2-trifluoroethoxy) phosphazene](PTFEP)의 및 이산화 탄소와 산소 원자 trifluoroethoxy 곁사슬 메틸렌 그룹 간의 거리에 대한 쌍 상관 함수, $g_{AB}(r)$의 플롯. Reproduced from J. R. Fried and N. Hu, *The Molecular Basis of CO_2 Interaction with Polymers Containing Fluorinated Groups; Computational Chemistry of Model Compounds and Molecular Simulation of Poly [bis(2,2,2-trifluoroethoxy) phosphazene].* Polymer, 2003, **44**: p.4363-4372.

분자의 수를 의미한다. 그림에서 볼 수 있는 바와 같이, CO_2와 CF_3 사이의 상호작용을 의미하는 강한 피크가 4.3 Å 근처에서 나타난다. 더 떨어진 곳에서 PCF는 한계값인 1(unity)에 이르게 된다. 이 결과는 trifluoroethane을 모델 화합물로 하는 CO_2의 **최초**(ab initio) 전산화학 계산으로부터 얻은 결론과 매우 유사하다. 이 비교로 분자 시뮬레이션 방법을 충분히 확인하게 된다.

13.5.5 시간-상관 상수

Monte Carlo 방법에 비교한 분자 역학의 장점 중의 하나는 시간-상관 상수의 형태로 시간-의존 물성을 계산할 수 있다는 점이다. 중요한 예는 속도 **자동상관 함수**(velocity autocorrelation function)(VACF)로서 다음과 같이 정의된다.

$$C(m) = \frac{1}{n}\sum_{i=1}^{N} v(m+1)v(i) \tag{13.51}$$

여기에서 m은 VACF 계산에 허용되는 최대 점의 수, n은 평균에 사용되는 데이터 점의 수 그리고 i는 단계 카운터(counter)(즉, 증가)이다. VACF의 Fourier 전환은 IR 또는 Raman 스펙트럼에 미치는 열적 영향과 같은 진동 물성의 예측에 유용한 파워(power) 스펙트럼을 제공한다. 또한 VAC는 13.5.5절에서 본 바와 같이 자체 확산 **상수**(self-diffusion coefficient)의 결정에도 사용할 수 있다.

또 다른 시간-상관 함수는 다음의 **벡터**(vectorial) 또는 방향 자동상관 함수가 있다[59].

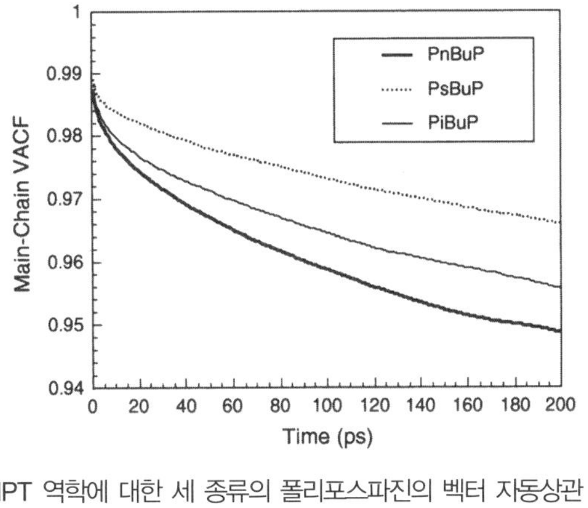

그림 13-16 200 ps의 NPT 역학에 대한 세 종류의 폴리포스파진의 벡터 자동상관 함수의 플롯. Reproduced from J. R. Fried, *Gas Diffusion and Solubility in Poly(organophosphazenes): Results of Molecular Simulation Studies*. Journal of Inorganic and Organometallic Polymers and Materials, 2006, **16**(4): p. 407-418. Copyright 2006 Springer-Verlag.

$$m(t) = \langle \mathbf{u}(0) + \mathbf{u}(t) \rangle \tag{13.52}$$

여기에서 $\mathbf{u}(t)$는 주어진 시간 t에서 고분자 주사슬 또는 곁사슬의 방향을 특징짓는 벡터이다. 폴리포스파진을 또 하나의 예로 사용하여, 주사슬 벡터를 인접하는 질소 원자, P(i)-N(i)-P(i+1)-N(i+1)의 배열에서 N(i+1)에 주사슬을 따라 위치 i에서의 인 P(i) 원자로부터 기원하는 것으로 정의한다.

그림 13-16에서는 세 종류의 폴리포스파진−poly[bis(n-butoxy)phosphazene](PnBuP), poly[bis(iso-butoxy)phosphazene](PiBuP) 및 poly[bis(sec-butoxy)phosphazene](PsBuP)−에 대해 주사슬 벡터 자동상관 함수를 시간에 대해 플롯하고 있다. 벡터 자동상관 함수에서 1(unity)의 값은 완전히 경질의 주사슬을 나타내는 한편, 감소하는 값들은 유연성이 증가함을 나타낸다. 보는 바와 같이, 경직도가 감소하는 순서를 따라(PiBuP > PsBuP > PnBuP) 가장 입체 장애가 심한 곁사슬들이 가장 높은 주사슬 경직성을 보인다.

시간-상관 함수의 추가적인 예로는 시간-의존 **쌍극자 모멘트**(dipole moment)가 있다.

$$\mu_{\text{tot}}(t) = \sum_{i=1}^{N} \mu_i(t) \tag{13.53}$$

여기에서 $\mu_i(t)$는 시간 t에서 분자 i의 쌍극자 모멘트이다. 총 쌍극자 상관 함수(total dipolar correlation function)는 다음과 같다.

$$C_{\text{dipole}}(t) = \frac{\langle \mu_{\text{tot}}(t) \cdot \mu_{\text{tot}}(0) \rangle}{\langle \mu_{\text{tot}}(0) \cdot \mu_{\text{tot}}(0) \rangle} \tag{13.54}$$

이 적외선 스펙트럼은 쌍극자 상관 함수의 Fourier 전환을 이용하여 분자 역학으로부터 구할 수 있다.

13.5.6 산란 함수

분자 역학 시뮬레이션은 X-ray와 중성자 산란 스펙트럼의 재생에 사용할 수 있으며, 이는 조사 대상인 고분자에 대해 선택한 중력장의 확인시험으로 실험 데이터와 비교할 수 있다. 무정형 고분자에서 자유 부피의 대강의 척도인 분절간(intersegmental) 또는 d-spacing은 Bragg 식을 이용하여 시뮬레이션한 회절 패턴으로부터 구할 수 있다.

$$d = \frac{\lambda}{2\sin\theta} \tag{13.55}$$

여기에서 λ는 파장(CuKα 방사선에서 1.5418Å)이며 θ는 산란각, 2θ에 대한 강도의 플롯에서 주된 피크의 최고값에 해당하는 산란각이다. 그림 13-17은 큰 자유 부피를 갖는 고분자인 poly[1-(trimethylsilyl)-1-propyne](PTMSP)의 X-ray 회절 패턴을 보여 주고 있다. 다른 문헌[61]에서 논한 바와 같이, 시뮬레이션한 X-ray 회절 패턴과 계산한 9.31Å의 *d*-spacing은 발표된 실험치와 잘 일치한다.

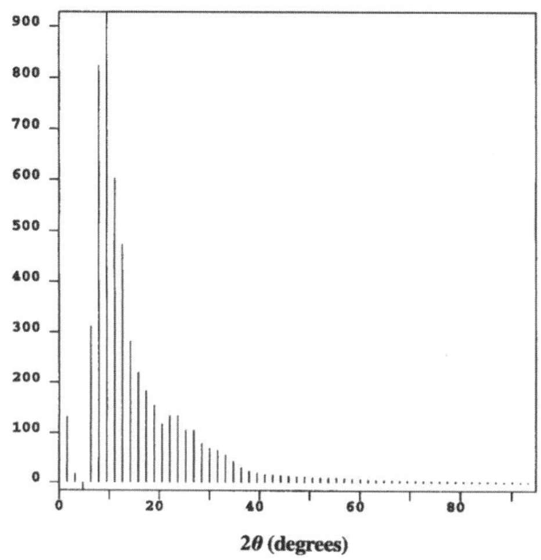

그림 13-17 PTMSP의 시뮬레이션한 X-ray 회절 패턴. Reproduced from J. R. Fried and D. K. Goyal, *Molecular Simulation of Gas Transport in Poly[1-(trimethylsilyl)-1-Propyne].* Journal of Polymer Science: Part B: Polymer Physics, 1998, **36**: p. 519-536.

13.5.7 기계적 물성

많은 그룹들이 기계적 물성을 결정하기 위한 많은 구성 요소로 이루어진 모델링의 사용 초기의 발전을 보고하고 있다[62-64]. 외부 응력을 가하여 무정형 셀의 시뮬레이션을 하는 동안, Parrinello-Rahman 알고리즘[65]을 이용하여 압력과 응력을 조절할 수 있으며, 이는 셀의 형태와 부피를 변화시킬 수 있도록 허락하고 이에 따라 시스템의 내부 응력이 외부에서 가해지는 응력에 필적(match)할 수 있도록 한다.

응력(τ)과 변형(ε) 텐서(strain tensor)의 기본 관계는 일반화된 Hooke 법칙(Hooke's law)에 의하여 다음 형태로 주어진다.

$$\boldsymbol{\tau} = \mathbf{C}\boldsymbol{\varepsilon} \tag{13.56}$$

두 텐서는 대칭이므로 식 (13.56)은 벡터 표기로 다음과 같이 쓸 수 있다.

$$\tau_i = C_{ij}\varepsilon_j \tag{13.57}$$

여기에서 τ_i와 ε_i는 각각 응력과 변형의 6개 구성분이며, C_{ij}는 대칭의 6×6 경직된 매트릭스이다. 응력-변형을 표현하기 위하여 전부 21개의 계수(coefficient)가 있다. 완전히 등방성 재료의 경우, 단지 두 개의 독립 계수−Lamé 상수, λ와 n−만으로 응력-변형 거동을 완전히 나타낼 수 있다. 이들 상수는 등방성 재료, C_{ij}에서 강성도 매트릭스(stiffness matrix) 내의 구성분으로 다음과 같이 포함된다.

$$\mathbf{C}_{\text{isotropic}} = \begin{pmatrix} \lambda+2\mu & \lambda & \lambda & 0 & 0 & 0 \\ \lambda & \lambda+2\mu & \lambda & 0 & 0 & 0 \\ \lambda & \lambda & \lambda+2\mu & 0 & 0 & 0 \\ 0 & 0 & 0 & \mu & 0 & 0 \\ 0 & 0 & 0 & 0 & \mu & 0 \\ 0 & 0 & 0 & 0 & 0 & \mu \end{pmatrix} \tag{13.58}$$

내부 응력(internal stress)은 위치 에너지를 변형에 대해 1차 미분하여 구하며 강성도 매트릭스의 대각선과 대각선에서 벗어난 구성분은 다음과 같이 위치 에너지의 2차 미분으로부터 구한다.

$$C_{ii} = \frac{1}{V}\frac{\partial^2 U}{\partial \varepsilon_i^{\ 2}} \tag{13.59}$$

그리고

$$C_{ij} = \frac{1}{V}\frac{\partial^2 U}{\partial \varepsilon_i \partial \varepsilon_j} = \frac{\partial \sigma_i}{\partial \varepsilon_j} \tag{13.60}$$

Lamé 상수를 이용하여 Young 탄성률(E), 벌크 탄성률(B), 전단 탄성률(G) 및 포아송비(Poisson's ratio)(ν)를 다음 관계식으로부터 구할 수 있다.

$$E = \frac{3\lambda+2\mu}{\lambda/\mu+1} \tag{13.61}$$

$$\nu = \frac{\lambda}{2(\gamma+\mu)} \tag{13.62}$$

$$B = \lambda + \frac{2\mu}{3} \tag{13.63}$$

그리고

$$G = \mu \tag{13.64}$$

결정과 같은 비등방성(anisotropic) 재료의 경우, 강성도 매트릭스의 모든 계수를 필요로 한다.

13.5.8 수착 등온선

고분자에서 용질의 수착 등온선(sorption isotherm)은 Grand Canonical Monte Carlo(GCMC) 시뮬레이션(μ, T, p)을 포함하는 다양한 방법으로 다른 압력에서 구할 수 있다. 이 접근법은 소빈산염(sorbate molecule)의 삽입과 제거뿐만 아니라 배열 운동(즉, 소빈산염의 회전 또는 병진)의 수용 또는 거부에 Metropolis 알고리즘[28]을 사용한다. GCMC 시뮬레이션은 제올라이트에서 기체 흡착을 예측하는 데 사용[66]할 뿐만 아니라 고분자의 수착 등온선을 구하는 데에도 편리하게 이용할 수 있다. CH_4 및 CO_2와 같은 보다 더 큰 기체를 수용하고 통계적으로 자유 부피를 대표하는 분포를 구하기 위해서는 적어도 40Å의 무정형 셀을 추천한다[67].

GCMC 시뮬레이션에서 첫 번째 단계는 시뮬레이션 상자 내로 소빈산염 분자의 불규칙적인 선택 및 삽입이다. 소빈산염 분자의 병진 또는 재배향의 결정은 새로운 배열의 위치 에너지에 근거한다. 특히, 운동의 수용 또는 거부 혹은 원래의 배열로의 복귀의 결정은 다음의 확률에 근거한다.

$$p_{\text{move}} = \min\left[\exp\left(-\Delta U/kT\right);1\right] \tag{13.65}$$

여기에서 ΔU는 이전 배열과 새로운 배열의 위치 에너지의 차이이다. 새로운 배열을 수용하는가 거부하는가의 결정은 p_{move}를 0과 1 사이의 불규칙 수와 비교하는 데 근거한다. 가감의 결정은 유사한 확률 계산에 근거한다. 예를 들어, 부가 확률(probability for addition)은 다음과 같이 나타낼 수 있다.

$$p_{\text{add}} = \min\left[\frac{1}{(N+1)}\frac{pV}{kT}\exp\left(-\Delta U/kT\right);1\right] \tag{13.66}$$

여기에서 N은 부가하기 전의 분자의 수, p는 벌크 기체의 압력 그리고 V는 셀의 부피이다. 이러한 계산은 각 압력에서 평형 상태(즉, 수착 등온선에서의 한 점)에 도달하기 전에 천만 번 실행되어질 수 있다.

용해도 계수는 저압에서 각 기체에 대해 GCMC 수착 등온선의 극한 기울기로부터 다음과 같이 구할 수 있다.

$$S = \lim_{p \to \infty} \left(C/p \right) \tag{13.67}$$

여기에서 C는 흡착된 기체의 농도 그리고 p는 압력이다. 시뮬레이션에서 농도는 주어진 압력(또는 퓨가시티)에서 시뮬레이션 셀의 부피(Å^3)당 흡착되는 소빈산염 분자(sorbate molecule)의 수로 기록된다. 실험 용해도 계수의 일반적인 단위는 cm^3(STP)/cm^3 polymer 이며, 따라서 실험 데이터와 비교하기 위하여 단위 환산을 하여야 한다. 예로서, PTMSP에서 네 종류의 온도에서의 메테인의 수착 등온선은 그림 13-18에서와 같다. 식 (13.67)을 이용하여 용해도 계수를 구하고 van't Hoff 식으로부터 수착열(heat of sorption), ΔH_S을 계산하는 데 사용한다.

$$S = S_o \exp\left(-\Delta H_s / RT \right) \tag{13.68}$$

시뮬레이션 값은 -3.08 kcal mol^{-1}으로서 실험치인 -3.3 kcal mol^{-1}과 매우 잘 일치한다. 예제 13.8

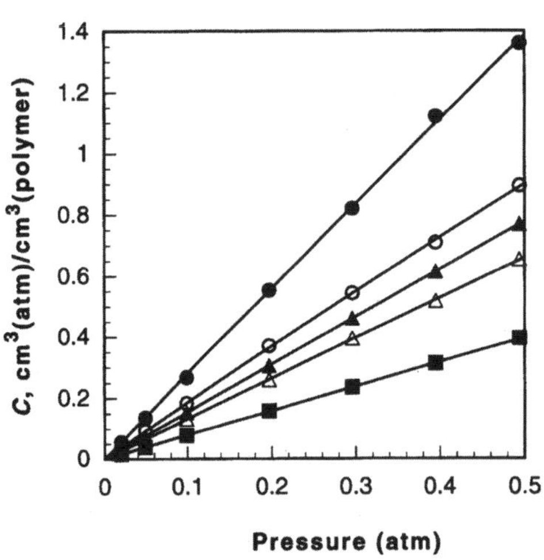

그림 13-18 308 K(●), 320 K(▲), 360 K(△) 및 400 K(■)에서 얻어진 PTMSP에서 CH_4의 수착 등온선. 곡선은 시뮬레이션 데이터의 이중 마디 모델 조화(dual-mode model fit)를 나타낸다 (12.1.3절 참조). Reproduced from T. Zheng and J. R. Fried, *Monte Carlo Simulation of the Sorption of Pure and Mixed Alkanes in Poly[1-(trimethylsilyl)-1-Propyne]*, Separation Science and Technology, 2001, **36**(5&6), 959-973

은 GCMC 계산을 이용하여 고무상 고분자인 폴리다이메틸실록세인(polydimethylsiloxane)에서 O_2의 수착 등온선을 구하는 예를 보여 주고 있다.

예제 13.8

GCMC 시뮬레이션을 이용하여 298 K에서 폴리다이메틸실록세인(PDMS)의 O_2의 수착 등온선을 계산하시오.

풀이

이 시뮬레이션에서는 COMPASS[36] 중력장을 선택하였다. 298 K에서 각 80개의 반복 단위(RUs)를 함유하는 네 개의 PDMS 사슬과 초기 밀도 0.8 g cm^{-3}을 이용하여 무정형 셀을 만들었다. 셀은 298 K에서 25-ps NVT 역학(Andersen[52] 항온조)와 이어서 순차적인 250-ps NPT 역학(Andersen 항온기 및 Berendsen[53] 항압기)를 이용하여 평형을 맞추었다. 250-ps NPT에 걸친 평균 온도는 298.0 K이었다. NPT 역학의 최종 50 ps에 걸친 온도와 밀도는 각각 297.8(s.d.=2.8) K와 1.0170 g cm^{-3}(s.d. = 0.0063)이었다. 250-ps NPT 역학 마지막에 최종 무정형 셀은 한 면이 36.5 Å 이었다. 이 구조는 298 K에서 GCMC (configurational bias*)를 이용하여 10에서 1000 총 퓨가시티(total fugacity)에 대해 O_2 수착 측정에 사용하였다. PDMS는 고무상의 고분자이므로(T_g = 120 K) 수착 등온선은 그림 13-19에서와 같이 직선(R^2 = 0.9993)이다.

실험적으로 구한 실리콘 고무의 밀도는 0.97에서 0.98 g cm^{-3} 사이에 위치한다. 실리콘 고무는 순수한 PDMS는 아니며 약하게 가교되어 있고 일부 충전제 또는 첨가제를 함유할 수 있다; 그러나 1.0170 g cm^{-3}의 시뮬레이션 밀도는 실험치에 비해 5% 이상으로 높지 않다. O_2에 대해 식 (13.67)을 이용하여 O_2 등온선으로부터 구한 용해도 계수의 실험치는 35°C에서 0.18(±0.01) cm^3(STP)/cm^3 polymer atm으로 보고되고 있다[68]. 보고된 시뮬레이션 값은 0.22~0.25 cm^3(STP)/cm^3 polymer atm으로 이 예에서의 GCMC 결과와 상당히 유사하다. 용해도 단위는 표준 온도와 압력(즉, 273 K, 1 bar)에서 기체(O_2)의 부피(cm^3)를 나타내는 한편, cm^3 polymer는 수착 측정에서 사용하는 실험 고분자 시료의 부피 단위이다.

그림 13-19에서 볼 수 있는 시뮬레이션 등온선의 기울기는 1.859×10^{-3} molecules per cell/kPa이다. 실험치와 비교하기 위하여 molecules per cell/kPa를 실험 단위인 cm^3(STP)/cm^3 polymer atm으로 전환할 필요가 있다. 이를 위해서는 몇 단계가 필요하다. 첫째, STP

* Configurational bias에서 용질은 다른 방향을 이용하여 무정형 셀로 삽입된다. 이는 에탄올과 같은 비대칭 분자의 수착의 정확한 시뮬레이션에 중요하다.

에서의 이상 기체의 몰부피는 0.02245 m^3이거나 2.242×10^4 cm^3이다. 둘째로, 무정형 셀의 부피는 $(36.5\,Å)^3 = 48{,}630\,Å^3 = 4.87 \times 10^{-20}\ cm^3$로 계산되었다. 최종 환산은 다음과 같이 주어진다.

$$\frac{1.86\times10^{-3}\ \text{molecules}}{\text{kPa}}\ \frac{\text{kPa}}{9.87\times10^{-3}\ \text{atm}}\ \frac{}{4.87\times10^{-20}\ \text{cm}^3\ \text{polymer}}\ \frac{2.24\times10^{4}\ \text{cm}^3(\text{STP})}{\text{mol}}\times$$
$$\frac{\text{mol}}{6.02\times10^{23}\ \text{molecules}}=\frac{41.7}{289.4}=0.144\frac{\text{cm}^3\left(\text{STP}\right)}{\text{cm}^3\ \text{polymer atm}}$$

298 K에서 구한 0.144 cm^3(STP)/cm^3 polymer atm의 값은 보고된 실험치인 0.18 및 0.224 cm^3(STP)/cm^3 polymer atm과 다른 시뮬레이션 값인 0.22 및 0.25 cm^3(STP)/cm^3 polymer atm에 상당히 근접한다.

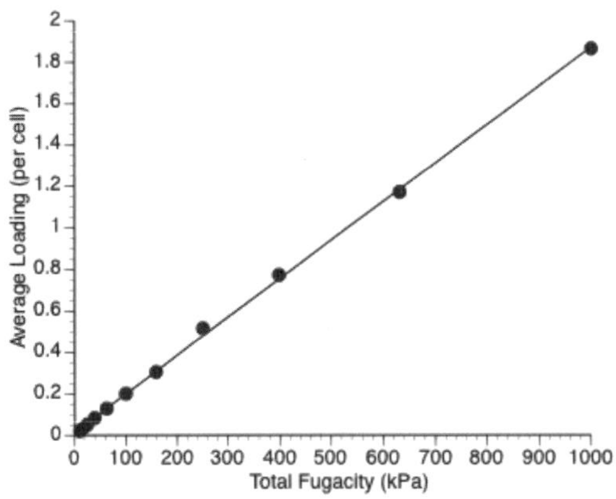

그림 13-19 298 K에서 GCMC 시뮬레이션으로 구한 PDMS에서 O_2의 수착 등온선. 선은 데이터 점의 최소 제곱을 나타낸다.

13.5.9 투과도

투과도 계수(P)는 확산 계수(D)와 용해도 계수(S)의 곱이다. 이 둘은 다음 절에서 논하는 MD 및 MC 시뮬레이션 이용을 포함한 분자 시뮬레이션으로 구할 수 있다.

확산 계수 자기 치환 계수(self-displacement coefficient), D는 MD 시뮬레이션, 일반적으로 NVT 또는 NVE 역학으로부터 두 접근법을 통하여 구할 수 있다. 가장 빈번하게 사용하는 식은 다음의 Einstein 관계식이다.

$$D_\alpha = \frac{1}{6N_\alpha} \lim_{t\to\infty} \frac{d}{dt} \left\langle \sum_i^N \left| \mathbf{r}_i(t) - \mathbf{r}_i(0) \right|^2 \right\rangle \tag{13.69}$$

여기에서 N_α는 확산종(diffusing species)의 수이다. 괄호 안의 항은 평균 제곱 치환(mean-square displacement, MSD)이며 여기에서 $\mathbf{r}_i(t)$는 입자 i의(원자 또는 분자) 시간 t에서의 최종 위치를, $\mathbf{r}_i(0)$는 역학 초기의 최초 위치를 의미한다. 식 (13.69)는 Einstein 확산의 영역에서 적용되며 여기에서 MSD와 시간 사이의 다음 관계로부터 $n = 1$이다.

$$\left\langle \left| \mathbf{r}_i(t) - \mathbf{r}_i(0) \right|^2 \right\rangle \propto t^n \tag{13.70}$$

매우 짧은 시간에서 MSD는 미세 구멍 또는 바구니 공간에서 일어날 수 있는 "free flight"의 특징인 시간에 대해 2차(즉, $n = 2$)이다. 시뮬레이션 데이터의 처리 과정에서 MSD를 경과 시간의 함수로 플롯하고 D는 최적 선(best-fit line) 기울기의 1/6로 계산된다. 일반적으로, $n = 2$인 최초 궤도는 D 계산에 사용하는 데이터에서 제외한다. 나아가서, 시간에 대한 MSD의 플롯은 일반적으로 궤도를 평균하는 방법으로 인하여 시뮬레이션의 마지막 부근에서 불안정을 나타내므로 D를 계산할 때 이 데이터 점들 역시 제외한다.

그림 13-20은 큰 자유 부피를 갖는 유리 고분자인 poly[1-(trimethylsilyl)-1-propyne] (PTMSP)(12.1.2절 참조)의 무정형 셀에서 확산하는 O_2 및 CO_2에 대해 시간 대비 MSD의 log-log 플롯의 예를 보여 주고 있다. 이 플롯은 이 경우에 32 ps가 Einstein 확산에 도달하는 것을 보여 준다. Einstein 영역에서 맞추어진 DREIDING[32] 중력장과 MSD 데이터를 이용하여 구한 300 K에서의 확산 계수는 산소에 대해 2.38×10^{-5} cm^2 s^{-1}로 구하여 졌으며 이 값은 실험치와 잘 일치한다. 투과도가 큰 고무상 고분자인 폴리다이메틸실록세인(PDMS)에서의 O_2 확산을 계산하는 과정은 예제 13.9에서와 같다.

대체 접근법은 Green-Kubo 관계에 의하여 주어지는 다음의 속도 자동상관 함수(velocity autocorreration function, VACF)를 이용하는 방법이다.

$$D = \frac{1}{3} \int \mathbf{v}(t) \cdot \mathbf{v}(0)\, dt \tag{13.71}$$

여기에서 $\mathbf{v}_i(t)$는 시간 t에서 단일 분자의 무게 중심 속도 벡터이다. 일반적으로 MD 시뮬레이션은 빠른 확산(즉, >10^{-8}에서 10^{-7} cm s^{-1})에서 확산 계수를 의미 있게 추산할 수 있도록 도와준다. 장벽 고분자에서 확산의 조사와 같은 보다 느린 확산의 경우, 많은 구성 요소로 이루어진 시뮬레이션을 이용하는 대체방법으로는 Suter 및 Gusev의 전이 상태 이론(transition state theory, TST)이 있다[69].

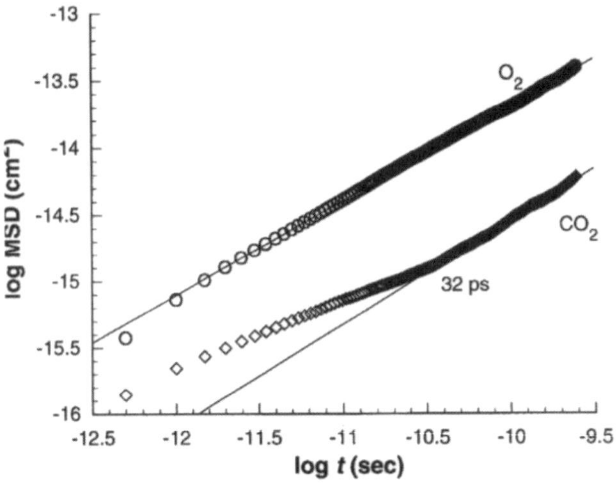

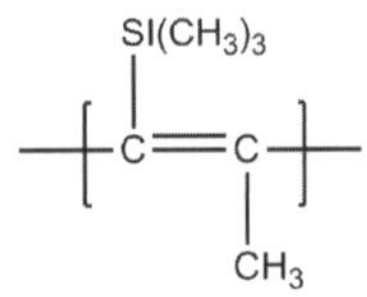

그림 13-20 Poly[1-(trimethylsilyl)-1-propyne](PTMSP)에서 산소와 이산화 탄소의 NVT 시뮬레이션 시간에 대한 MSD의 log-log 플롯. Reproduced from J. R. Fried and D. K. Goyal, *Molecular Simulation of Gas Transport in Poly[1-(trimethylsilyl)-1-propyne]*. Journal of Polymer Science: Part B: Polymer Physics, 1998. **36**: p. 519-536. Reprinted by permission of John Wiley, Inc.

예제 13.9

MD 용액을 이용하여 298 K에서 폴리다이메틸실록세인(PDMS)에서의 O_2(O = O)의 확산 계수를 계산하시오.

풀이

COMPASS 중력장을 이용하여, 4개의 산소 분자가 셀 안으로 들어간 것을 제외하고는 예제 13.8에서 사용한 과정과 동일하게 무정형 셀을 구성하였다. 전과 마찬가지로 25-ps NVT 및 250-ps NPT 역학을 이용하여 평형을 맞추었다. 250-ps NPT 역학의 마지막에서의 최종 밀도는 292.8 K에서 1.026 g cm^{-3}이었다. 그림 13-21에서와 같이 무정형 셀은 한 면이 36.4 Å(밀도 1.026 g cm^{-3})이었다. 그림 13-21은 선으로 표시한 PDMS 사슬을 함유하는 상자 내에서 4개의 산소 분자(공간-채움 도식(space-filling representation))를 보여 주고 있다. 다음으로, 1.0-ns NVT 역학을 이용하여 확산 계수를 결정하는 궤도를 구하였다. 1.0-ns NVT 역학 동안의 평균 온도는 298.4 K(s.d. = 3.2)이었으며 평균 기압은 0.017 GPa(s.d. = 0.084 GPa)이었다.

그림 13-22는 MSD 플롯을 보여 주고 있다. 그림 13-23에서와 같이 시간에 대한 MSD의 log-log 플롯은 125와 625 ps 사이에서 직선에 근접한다(기울기 = 0.95, R^2 = 0.9988).

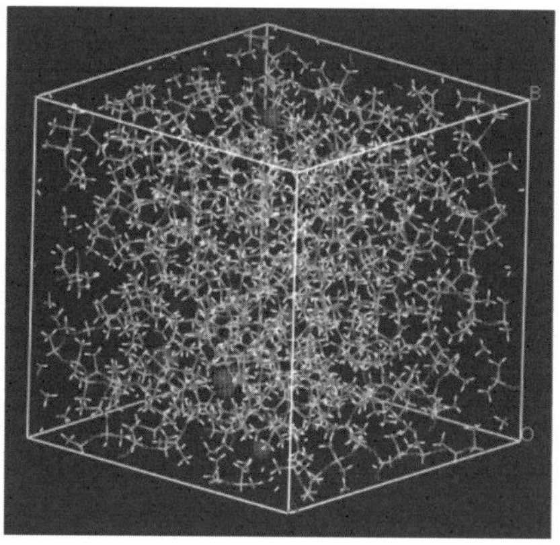

그림 13-21 네 개의 산소 분자를 함유하는 PDMS의 무정형 셀(CPK 공간 채움 도식).

Log-log 플롯에서 기울기가 거의 1에 근접한 직선은 확산이 Einstein 영역 내에 있음을 나타낸다. 이 시간 영역에서 시간(ps)에 대한 MSD 플롯의 기울기는 0.7065 Å^2/ps(R^2 = 0.9974)이다. 298 K에서의 확산 계수를 식 (13.69)로부터 다음과 같이 계산한다.

$$D = \frac{\text{slope}}{6} = \frac{0.7065}{6}\frac{\text{Å}^2}{\text{ps}}\frac{(10^{-8})\ \text{cm}^2}{\text{Å}^2}\frac{\text{ps}}{10^{-12}\ \text{s}} = 0.1178\times10^{-4}\ \frac{\text{cm}^2}{\text{s}} = 11.8\times10^{-6}\ \frac{\text{cm}^2}{\text{s}}$$

여기에서 구한 11.8×10^{-6} cm^2 s^{-1}의 값은 온도가 308 K에 이르기까지 16×10^{-6} cm^2 s^{-1}에서 41×10^{-6} cm^2 s^{-1} 사이의 값으로 보고된 실험치와 비교된다. 문헌에서의 다른 시뮬레이션 연구들은 O_2의 확산 계수를 4.5×10^{-6} cm^2 s^{-1}에서 35×10^{-6} cm^2 s^{-1} 영역으로 보고하고 있다.

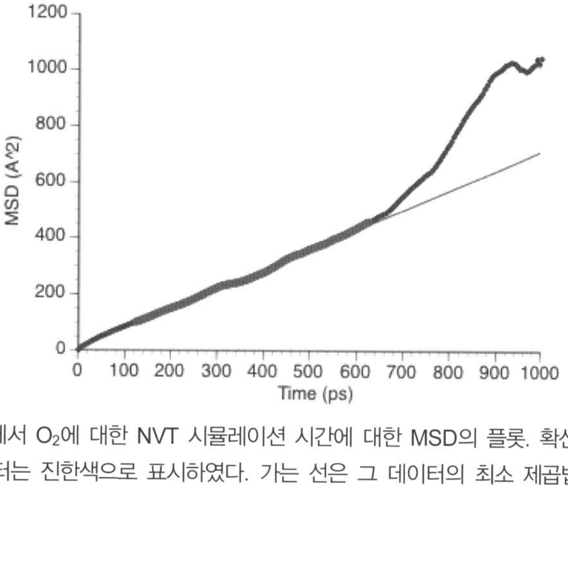

그림 13-22 PDMS에서 O_2에 대한 NVT 시뮬레이션 시간에 대한 MSD의 플롯. 확산 계수의 계산에 사용한 데이터는 진한색으로 표시하였다. 가는 선은 그 데이터의 최소 제곱법으로 나타낸 것이다.

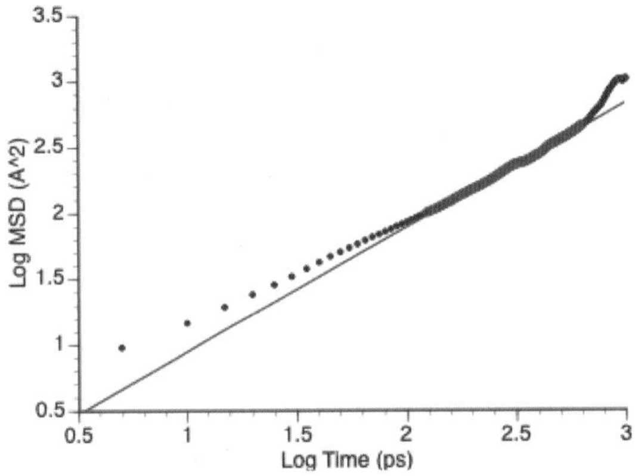

그림 13-23 PDMS에서 O_2에 대한 NVT 시뮬레이션 시간에 대한 MSD의 log-log 플롯

용해도 계수 용해도 계수, S는 과잉 화학 포텐셜(excess chemical potential), μ_{ex}의 계산과 같은 몇 종류의 접근법으로부터 다음과 같이 구할 수 있다.

$$S = \exp\left(-\mu_{ex}/RT\right) \tag{13.72}$$

여기에서 μ_{ex}는 Widom insertion method(1963)에서의 상호작용 에너지, E로부터 얻어진다. 대안으로, 용해도 계수는 또한 식 (13.67)의 GCMC 시뮬레이션(13.5.8절)을 이용하여 수착 등온선으로부터도 구할 수 있다.

투과도 계수 확산 계수와 용해도 계수를 시뮬레이션으로부터 일단 구하면 투과도 계수는 다음과 같이 추산할 수 있다.

$$P = DS \tag{13.73}$$

PDMS에서 O_2에 대한 S와 D의 값을 이용하여(예제 13.7 및 13.8) 투과도 계수를 다음과 같이 추산할 수 있다.*

$$\begin{aligned} P(O_2) &= \left(11.8\times10^{-6}\frac{\text{cm}^2}{\text{s}}\right)0.144\frac{\text{cm}^3(\text{STP})}{\text{cm}^3(\text{polymer})\ \text{atm}} = \\ &1.70\times10^{-6}\frac{\text{cm}^3(\text{STP})}{\text{cm}(\text{polymer})\ \text{atm s}}\frac{1\ \text{atm}}{76\ \text{cm Hg}} = \\ &2.24\times10^{-8}\frac{\text{cm}^3(\text{STP})\ \text{cm}}{\text{cm}^2(\text{polymer})\ \text{s cm Hg}} = 224\ \text{Barrer} \end{aligned} \tag{13.74}$$

* $1\ \text{Barrer} = \dfrac{10^{-10}\ \text{cm}^3(\text{STP})\ \text{cm}}{\text{cm}^2\ \text{s cmHg}}$

확산의 시뮬레이션에 연관되는 오차(errors)와 특히 작고 많은 구성 요소로 이루어진 셀을 이용한 용해도의 시뮬레이션과 연관된 오차(errors)를 고려할 때, 시뮬레이션만으로부터 얻어진 224 Barrer이란 값은 PDMS[70]의 O_2 투과도로 인용된 약 933 Barrer의 값과 합리적인 범위에서 필적한다.

13.5.10 자유 부피

자유 부피와 자유 부피 분포는 앞서 논한 기체 확산과 같은 중요한 물성을 조절한다. 자유 부피는 Voronoi 및 Delaunay tessellations of space[71, 72]와 같은 기하학적 방법, 자유 부피를 구하기 위하여 고분자 사슬의 van der Waals 표면을 활용하는 Voorintholt 방법[73], 앞 절에서 논한 TST 방법, phantom bubble 방법[74] 그리고 Sanchez[75]에 의한 보다 최근의 접근법과 같은 기하학적 방법을 포함하는 다양한 방법에 의한 시뮬레이션으로부터 구할 수 있다.

Voronoi tesselation은 한 원자에서 다른 원자들을 연결하는 벡터를 벡터에 수직인 면으로 양분하는 과정을 이용하여 다면체의 분포를 구한다. 관련되는 tesselation 방법은 Delaunay tesselation으로 불리며 여기에서 모든 인접하는 원자쌍들은 (즉, 다면체의 원자쌍들은 공통면을 갖는다) 합쳐진다. 그림 13-24는 Voronoi 및 Delaunay tesselation을 2차원으로 보여 주고 있다.

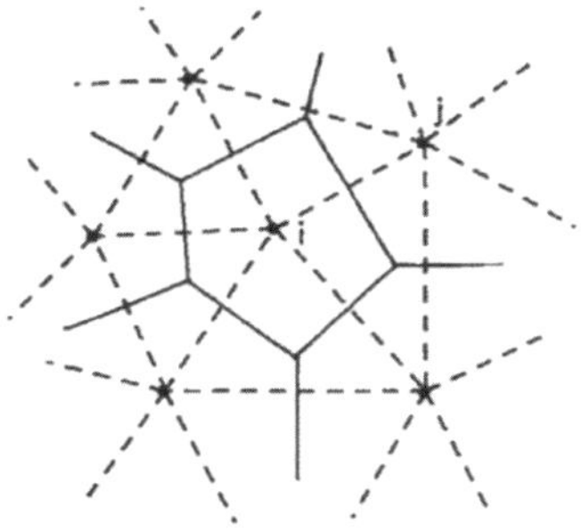

그림 13-24 원자 i를 중심으로 하는 Voronoi 다면체의 2차원 도식. 점선으로 형성된 망상 구조는 Delaunay tesselation의 결과이다. Reproduced from S. Arizzi, P. H. Mott, and U. W. Suter, *Space Available to Small Diffusants in Polymeric Glasses: Analysis of Unoccupied Space and Its Connectivity.* Journal of Polymer Science: Part B: Polymer Physics, 1992. **30**: 415-426. Reprinted by permission of John Wiley & Sons, Inc.

추천 문헌

Bicerano, J., *Prediction of Polymer Properties*. 3rd ed. 2002, New York: Marcel Dekker, Inc.

Binder, K., *Monte Carlo and Molecular Dynamics Simulations in Polymer Science*. 1995, New York: Oxford University Press.

Fried, J. R., *Molecular Simulation of Gas and Vapor Transport in Highly Permeable Polymers*, in *Materials Science of Membranes for Gas and Vapor Separation*, B. D. Freeman, I. Pinnau, and Y. Yampolskii, eds. 2006, London: John Wiley & Sons. p. 94.

Fried, J. R., *Computational Chemistry and Molecular Simulations*. 2014, New York: John Wiley & Sons.

Kremer, K., *Computer Simulations for Macromolecular Science.* Macromolecular Chemistry and Physics, 2003. **204**: p. 247.

Müller-Plathé, F., *Permeation of Polymer–A Computational Approach.* Acta Polymerica, 1994. **45**: p. 259–293.

Rigby, D., and B. E. Eichinger, *Polymer Modeling.* Current Opinion in Solid State Material Science, 2001. **5**: p. 445.

Sumpter, B. G., D. W. Noid, and B. Wunderlich, *Computer Simulation and Modeling of Polymer Crystal.* Trends of Polymer Science, 1993. **1**(6): p. 160.

Theodorou, D. N., *Principles of Molecular Simulation of Gas Transport in Polymers*, in *Materials Science of Membranes for Gas and Vapor Separation*, B. D. Freeman, I. Pinnau, and Y. Yampolskii, eds. 2006, London: John Wiley & Sons, p. 49.

van Krevelen, D. W., *Group Contribution Techniques for Correlating Polymer Properties and Chemical Structure*, in *Computational Modeling of Polymers*, J. Bicerano, ed. 1992, New York: Marcel Dekker, Inc., p. 55.

Voth, G. A., ed. *Coarse-Graining of Condensed Phase and Biomolecular Systems*. 2009, CRC Press: Boca Raton.

문제

13.1 Poly(2,6-dimethyl-1,4-phenylene oxide)(PDMPO)는 용액에서 부분적으로 결정화할 수 있다(즉, 용매 유도 결정화(solvent-induced crystallization)). **(a)** 표 13-1에서 주어진 그룹 기여 인자를 이용하여 100% 결정 PDMPO의 밀도를 계산하시오. **(b)** 만일 PDMPO의 반결정 시료의 결정도가 8%라면, 다음의 관계식을 이용하여 결정도를 추산하시오.

$$V_{sc} = x_c V_c + (1 - x_c) V_a$$

여기에서 x_c는 결정화도, V_c는 100% 결정성 고분자의 몰 비부피(molar specific volume), V_a는 완전한 무정형 고분자의 몰 비부피이다.

13.2 표 13-2에 van Krevelen에 의하여 주어진 몰 흡인 상수(molar attraction constant)의 값을 이용하여 25°C에서 괄호 안에 주어진 밀도를 갖는 다음 고분자들의 용해도 인자를 $(MPa)^{1/2}$의 단위로 계산하시오.

(a) 폴리아이소뷰틸렌 ($\rho = 0.924$ g cm^{-3})

(b) 폴리스타이렌 ($\rho = 1.04$ g cm^{-3})

(c) 폴리카보네이트 ($\rho = 1.20$ g cm^{-3})

13.3 UNIFAC-FV를 이용하여 298 K에서 50% 폴리다이메틸실록세인-톨루엔 용액에서의 톨루엔의 활성도를 추산하시오.

13.4 계산된 Permachor 값들에 근거하여 다음의 고분자들을 산소 장벽으로서 예상되는 성능의 순서로 나열하시오. **(a)** 무정형 테플론(Teflon), **(b)** 폴리아이소뷰틸렌, **(c)** 폴리클로로프렌, **(d)** 폴리뷰타다이엔, **(e)** 나이트릴 고무, **(f)** 실리콘 고무, **(g)** 뷰틸 고무. 투과도의 실험치에 근거하여 여러분의 답은 올바른가?

참고 문헌

1. Poling, B. E., J. M. Prausnitz, and J. P. O'Connell, *The Properties of Gases and Liquids*. 5th ed. 2001, New York: McGraw-Hill Book Company.
2. van Krevelen, D. W., *Properties of Polymers*. 3rd ed. 1990, Amsterdam: Elsevier.
3. van Krevelen, D. W., *Group Contribution Techniques for Correlating Polymer Properties and Chemical Structure*, in *Computational Modeling of Polymers*, J. Bicerano, ed. 1992, New York: Marcel Dekker, Inc. p. 55–123.
4. Bicerano, J., *Prediction of Polymer Properties*. 3rd ed. 2002, New York: Marcel Dekker, Inc.
5. Mark, J. E., ed., *Polymer Data Handbook*. 2nd ed. 2009, Oxford: Oxford University Press.
6. Bondi, A., *Physical Properties of Molecular Crystals*. 1968, New York: John Wiley & Sons.
7. Thran, A., G. Kroll, and F. Faupel, *Correlation Between Fractional Free Volume and Diffusivity of Gas Molecules in Glassy Polymers.* Journal of Polymer Science: Part B: Polymer Physics, 1999. **37**: p. 3344–3358.
8. Fried, J. R., *Correlative Techniques for the Estimation of the Glass-Transition Temperature.* Computational Polymer Science, 1993. **3**: p. 47–58.
9. Salame, M., *Transport Properties of Nitrile Polymers.* Journal of Polymer Science, Polymer Symposium, 1973. **41**: p. 1–15.
10. Salame, M., *Prediction of Gas Barrier Properties of High Polymers.* Polymer Engineering and Science, 1986. **26**(22): p. 1543–1546.
11. Stern, S. A., V. M. Shah, and B. J. Hardy, *Structure-Permeability Relationships in Silicone Polymers.* Journal of Polymer Science: Part B: Polymer Physics, 1987. **25**: p. 1263–1298.
12. Small, P. A., *Some Factors Affecting the Solubility of Polymers.* Journal of Applied Chemistry, 1953. **3**: p. 71–80.
13. Hoy, K. L., *New Values of the Solubility Parameters from Vapor Pressure Data.* Journal of Paint Technology, 1970. **42**: p. 76–118.
14. Barton, A. F. M., *CRC Handbook of Polymer-Liquid Parameters and Solubility Parameters.* 1990, Boca Raton: CRC Press.
15. Brandrup, J., E. H. Immergut, and E. A. Grulke, eds. *Polymer Handbook.* 4th ed. 1999, New York: John Wiley & Sons..
16. Fried, J. R., J. S. Jiang, and E. Yeh, *Group-Contribution Methods in Polymer Thermo-dynamics.* Computational Polymer Science, 1992. **2**: p. 95–113.
17. Oishi, T., and J. M. Prausnitz, *Estimation of Solvent Activities in Polymer Solutions Using a Group-Contribution Method.* Industrial Engineering Chemical Process Design and Development, 1978. **17**: p. 333–339.
18. Fredenslund, A., R. L. Jones, and J. M. Prausnitz, *Group-Contribution Estimation of Activity Coefficients in Nonideal Liquid Mixtures.* AIChE Journal, 1975. **21**(6): p. 1086–1592.
19. Abrams, D. S. and J. M. Prausnitz, *Statistical Thermodynamics of Liquid Mixtures: A New Expression for the Excess Gibbs Energy of Partly or Completely Miscible Systems.* AIChE Journal, 1975. **21**(1): p. 116-128.
20. Derr, E. L.. and C. H. Deal, *Predicted Compositions during Mixed Solvent Evaporation from Resin Solutions Using the Analytical Solution of Groups Method*, in Advances in Chemistry Series, R. W. Tess, ed., 1973, ACS:Washington DC, vol 124, p. 11–30.
21. Hansen, H. K., et al., *Vapor-Liquid Equilibria by UNIFAC Group Contributions. 5. Revision and Extension.* Industrial and Engineering Chemistry and Research, 1991. **30**: p. 2352–2355.
22. Bicerano, J., *Prediction of the Properties of Polymers from Their Structures.* Journal of Macromolecular Science—Reviews in Macromolecular Chemistry and Physics, 1996. **C36**(1): p. 161–196.
23. Sumpter, B. G., and D. W. Noid, *Neural Networks and Graph Theory as Computational Tools for Predicting Polymer Properties.* Macromolecular Theory and Simulation, 1994. **3**: p. 363–378.

24. Liu, W., and C. Cao, *Artificial Neural Network Prediction of Glass Transition Temperature of Polymers.* Colloid and Polymer Science, 2009. **287**: p. 811–818.
25. Nielsen, S. O., et al., *Coarse Grain Models and the Computer Simulation of Soft Material.* Journal of Physics: Condensed Matter, 2004. **16**: p. R481–R512.
26. Girard, S., and F. Müller-Plathe, *Coarse-Graining in Polymer Simulations.* Lecture Notes in Physics, 2004. **640**: p. 327–356.
27. Voth, G. A., ed., *Coarse-Graining of Condensed Phase and Biomolecular Systems*. 2009, Boca Raton: CRC Press.
28. Metropolis, N., et al., *Equation of State Calculations by Fast Computing Machines.* Journal of Chemical Physics, 1953. **21**(6): p. 1087–1092.
29. Christen, M., and W. F. van Gunsteren, *Multigraining: An Algorithm for Simultaneous Fine-Grained and Coarse-Grained Simulation of Molecular Systems.* Journal of Chemical Physics, 2006. **124**: p. 1541061.
30. Dinur, U., and A. T. Hagler, *New Approaches to Empirical Force Fields*, in *Reviews in Computational Chemistry*, K. B. Lipkowitz and B. D. Boyd, eds. 1991, New York: VCH Publishers, Inc. p. 99–164.
31. Ewald, P., *Die Berechnung Optischer und Elektrostatisher Gitterpotentiale.* Annals of Physics, 1921. **64**: p. 253–287.
32. Mayo, S. L., B. D. Olafson, and W. A. Goddard III, *DREIDING: A Generic Force Field for Molecular Simulations.* Journal of Physical Chemistry, 1990. **94**: p. 8897–8909.
33. Fried, J. R., *Computational Parameters*, in *Physical Properties of Polymers Handbook*, J. E. Mark, ed. 2007, Springer. p. 59–65.
34. Scott, W. R. P., et al., *The GROMOS Biomolecular Simulation Program Package.* Journal of Physical Chemistry, 1999. **103**: p. 3596–3607.
35. Hwang, M. J., T. P. Stockfisch, and A. T. Hagler, *Derivation of Class II Force Fields. 2. Derivation and Characterization of a Class II Force Field, CFF03, for the Alkyl Functional Groups and Alkane Molecules.* Journal of the American Chemical Society, 1994. **117**: p. 2515–2525.
36. Sun, H., *COMPASS: An Ab Initio Force-Field Optimized for Condensed-Phase Applications—Overview with Details on Alkane and Benzene Compounds.* Journal of Physical Chemistry B, 1998. **102**: p. 7338–7364.
37. Sun, H., P. Ren, and J. R. Fried, *The COMPASS Force Field: Parameterization and Validation for Phosphazenes.* Computational and Theoretical Polymer Science, 1998. **8**(1/2): p. 229–246.
38. Blaisten-Barojas, E., and M. R. Nyden, *Molecular Dynamics Study of the Depolymerization Reactions in Simple Polymers.* Chemical Physics Letters, 1990. **A205**: p. 499–505.
39. Nyden, M. R., and D. W. Noid, *Molecular Dynamics of Initial Events in the Thermal Degradation of Polymers.* Journal of Physical Chemistry, 1991. **95**(2): p. 940–945.
40. van Duin, A. C. T., et al., *ReaxFF: A Reactive Force Field for Hydrocarbons.* Journal of Physical Chemistry A, 2001. **105**: p. 9396–9409.
41. Chenoweth, K., et al., *Simulations on the Thermal Decomposition of a Poly(dimethyl-siloxane) Polymer Using the ReaxFF Reactive Force Field.* Journal of the American Chemical Society, 2005. **127**: p. 7192–7202.
42. Marrink, S. J., et al., *The MARTINI Force Field*, in *Coarse-Graining of Condensed Phase and Biomolecular Systems*, G. A. Voth, ed. 2009, Boca Raton: CRC Press, p. 5–39.
43. Marrink, S. J., et al., *The MARTINI Force Field: Coarse Grained Model for Biomolecular Simulations.* Journal of Physical Chemistry B, 2007. **111**: p. 7812–7824.
44. Marrink, S. J., A. H. de Vries, and A. E. Mark, *Coarse Grained Model for Semiquantitative Lipid Simulations.* Journal of Physical Chemistry B, 2004. **108**: p. 750–760.
45. Shinoda, W., R. Devane, and N.L. Klein, *Multi-Property Fitting and Parameterization of a Coarse-Grained Model for Aqueous Surfactants.* Molecular Simulation, 2007. **33**: p. 27–36.
46. Verlet, L., *Computer "Experiments" on Classical Fluids. I. Thermodynamical Properties of Lennard-Jones Molecules.* Physical Review, 1967. **159**: p. 98-103.
47. Hockney, R. W., and J. W. Eastwood, *Computer Simulations Using Particles*. 1981, New York: McGraw-Hill.

48. Ryckaert, J.-P., G. Ciccotti, and H. J. C. Berendsen, *Numerical Integration of the Cartesian Equations of Motion of a System with Constraints: Molecular Dynamics of n-Alkanes.* Journal of Computational Physics, 1977. **23**: p. 327–341.
49. Anderson, H. C., *A "Velocity" Version of the Shake Algorithm for Molecular Dynamics Calculations.* Journal of Computational Physics, 1983. **52**: p. 24–34.
50. Nosé, S., *A Unified Formulation of the Constant Temperature Molecular Dynamics Methods.* Journal of Chemical Physics, 1984. **81**(1): p. 511–519.
51. Hoover, W. G., *Canonical Dynamics: Equilibrium Phase-Space Distributions.* Molecular Physics, 1985. **31**(3): p. 1695-1697.
52. Andersen, H. C., *Molecular Dynamics Simulations at Constant Pressure and/or Temperature.* Journal of Chemical Physics, 1980. **72**(4): p. 2384–2383.
53. Berendsen, H. J. C., *Molecular Dynamics with Coupling to an External Bath.* Journal of Chemical Physics, 1984. **81**(8): p. 3684–3690.
54. Fried, J. R., and P. Ren, *Molecular Simulation of the Glass Transition of Polyphosphazenes.* Computational and Theoretical Polymer Science, 1999. **9**: p. 111–116.
55. Fried, J. R., and B. Li, *Atomistic Simulation of the Glass Transition of Di-Substituted Polysilanes.* Computational and Theoretical Polymer Science, 2001. **11**: p. 273–281.
56. Yu, K.-Q., Z.-S. Li, and J. Sun, *Polymer Structures and Glass Transition: A Molecular Dynamics Simulation Study.* Macromolecular Theory and Simulation, 2001. **10**(6): p. 624–653.
57. Zhang, J., et al., *Study of the Molecular Weight Dependence of Glass Transition Temperature for Amorphous Poly(L-lactide) by Molecular Dynamics Simulation.* Polymer, 2007. **48**: p. 4900–4905.
58. Fried, J. R. and N. Hu, *The Molecular Basis of CO_2 Interaction with Polymers Containing Fuorinated Groups; Computational Chemistry of Model Compounds and Molecular Simulation of Poly[bis(2,2,2-trifluoroethoxy)phosphazene].* Polymer, 2003. **44**: p. 4363–4372.
59. Müller-Plathé, F., *Permeation of Polymer—-A Computational Approach.* Acta Polymerica, 1994. **45**: p. 259–293.
60. Fried, J. R., *Gas Diffusion and Solubility in Poly(organophosphaznes): Results of Molecular Simulation Studies.* Journal of Inorganic and Organometallic Polymers and Materials, 2006. **16**(4): p. 407–418.
61. Fried, J. R., and D. K. Goyal, *Molecular Simulation of Gas Transport in Poly[1-(trimethylsilyl)-1-Propyne].* Journal of Polymer Science: Part B: Polymer Physics, 1998. **36**: p. 519–536.
62. Theodorou, D. H., and U. W. Suter, *Atomistic Modeling of Mechanical Properties of Polymeric Glasses.* Macromolecules, 1986. **19**: p. 139–154.
63. Brown, D., and J. H. R. Clarke, *Molecular Dynamics Simulation of an Amorphous Polymer under Tension. 1. Phenomenology.* Macromolecules, 1991. **24**: p. 2075–2082.
64. Rutledge, G. C., and U. W. Suter, *Calculation of Mechanical Properties of Poly(p-Phenylene terephthalamide) by Atomistic Modelling.* Polymer, 1991. **32**(12): p. 2179–2189.
65. Parrinello, M., and A. Rahman, *Strain Fluctuations and Elastic Constants.* Journal of Chemical Physics, 1982. **76**: p. 2662–2666.
66. Razmus, D. M., and C. K. Hall, *Prediction of Gas Adsorption in 5A Zeolites Using Monte Carlo Simulation.* AIChE Journal, 1991. **37**(5): p. 769–779.
67. Cuthbert, T. R., N. J. Wagner, and M.E. Paulaitis, *Molecular Simulation of Glassy Polystyrene: Size Effects on Gas Solubilities.* Macromolecules, 1997. **30**: p. 3058–3065.
68. Merkel, T. C., et al., *Gas Sorption, Diffusion, and Permeation in Poly(dimethylsiloxane).* Journal of Polymer Science: Part B: Polymer Physics, 2000. **38**: p. 415–434.
69. Gusev, A. A., and U. W. Suter, *Dynamics of Small Molecules in Dense Polymer Subject to Thermal Motion.* Journal of Chemical Physics, 1993. **99**: p. 2228–2234.
70. Stern, A. A., V. M. Shah, and B. J. Hardy, *Structure-Permeability Relationships in Silicone Polymers.* Journal of Polymer Science: Polymer Physics Edition, 1987. **25**: p. 1263–1298.
71. Brostow, W., J.-P. Dussault, and B. L. Fox, *Construction of Voronoi Polyhedra.* Journal of Computational Chemistry, 1978. **29**: p. 81–92.

72. Tanemura, M., T. Ogawa, and N. Ogita, *A New Algorithm for Three-Dimensional Voronoi Tesselation.* Journal of Computational Physics, 1983. **51**: p. 191–207.
73. Voorintholt, R., et al., *A Very Fast Program for Visualizing Protein Surfaces, Channels and Cavities.* Journal of Molecular Graphics, 1989. **7**: p. 243–245.
74. Lee, S., and W. L. Mattice, *A Phantom Bubble Model for the Distribution of Free Volume in Polymers.* Computational and Theoretical Polymer Science, 1999. **9**: p. 57–61.
75. in't Veld, P. J., et al., *Liquid Structure via Cavity Size Distributions.* Journal of Physical Chemistry B, 2000. **104**: p. 12028–12034.
76. Arizzi, S., P. H. Mott, and U. W. Suter, *Space Available to Small Diffusants in Polymeric Glasses: Analysis of Unoccupied Space and Its Connectivity.* Journal of Polymer Science: Part B: Polymer Physics, 1992. **30**: p. 415–426.

부록 A
고분자 약어

ABS	acrylonitrile-butadiene-styrene resin
CA	cellulose acetate
CAB	cellulose acetate butyrate
CAP	cellulose acetate propionate
CF	cresol-formaldehyde
CMC	carboxymethylcellulose
CN	cellulose nitrate
CP	cellulose propionate
CPE	chlorinated polyethylene
CTA	cellulose triacetate
CTFE	poly(chlorotrifluoroethylene)
EC	ethylcellulose
EP	epoxy resin
E/P	ethylene-propylene copolymer
EPDM	elastomeric terpolymer of ethylene, propylene, and a nonconjugated diene
EPS	expanded polystyrene (foam)
ETFE	ethylene-tetrafluoroethylene copolymer
EVA	ethylene-vinyl acetate copolymer
FEP	elastomeric copolymer of tetrafluoroethylene and hexafluoroethylene
FF	furan-formaldehyde resin
GP	gutta percha
HDPE	high-density polyethylene
HEC	hydroxyethylcellulose
HIPS	high-impact polystyrene
HMWPE	high-molecular-weight polyethylene
LDPE	low-density polyethylene
LLDPE	linear low-density polyethylene
MBS	methyl methacrylate-butadiene-styrene copolymer
MC	methylcellulose
MDPE	medium-density polyethylene

MF	melamine-formaldehyde resin
MPF	melamine/phenol-formaldehyde resin
NBR	nitrile rubber (elastomeric copolymer of butadiene and acrylonitrile)
NR	natural rubber
PA	polyamide, polyacetylene
PAA	poly(acrylic acid)
PAI	poly(amide-imide)
PAMS	poly(α-methylstyrene)
PAN	polyacrylonitrile
PANI	polyaniline
PAR	polyarylate
PB	polybutene-1
PBA	poly(butyl acrylate)
PBI	polybenzimidazole
PBO	polybenzoxazole
PBT	poly(butylene terephthalate)
PC	polycarbonate
PCTFE	poly(chlorotrifluoroethylene)
PDAP	poly(diallyl phthalate)
PDMS	polydimethylsiloxane
PE	polyethylene
PEEK	poly(aryl ether ether ketone)
PEN	poly(ethylene-2,6-naphthalate)
PEO	poly(ethylene oxide)
PES	polyethersulfone
PET	poly(ethylene terephthalate)
PF	phenol-formaldehyde resin
PHEMA	poly(2-hydroxyethyl methacrylate)
PI	polyimide
PIB	polyisobutylene
PMMA	poly(methyl methacrylate)
PMP	poly(4-methyl-1-pentene)
POM	poly(oxymethylene); polyformaldehyde
POP	poly(phenylene oxide)
PP	polypropylene
PPBT	poly(*p*-phenylene benzobisthiazole)
PPP	poly(*p*-phenylene)
PPS	poly(*p*-phenylene sulfide)
PPSU	poly(phenylene sulfone)
PPV	poly(*p*-phenylene vinylene)
PPy	polypyrrole
PS	polystyrene
PSF	polysulfone

PT	polythiophene
PTFE	polytetrafluoroethylene
PUR	polyurethane
PVAC	poly(vinyl acetate)
PVAL	poly(vinyl alcohol)
PVB	poly(vinyl butyral)
PVC	poly(vinyl chloride)
PVF	poly(vinyl fluoride)
PVDC	poly(vinylidene dichloride)
PVDF	poly(vinylidene difluoride)
PVFM	poly(vinyl formal)
PVK	poly(*N*-vinylcarbazole)
PVP	poly(*N*-vinylpyrrolidone)
S/B	styrene-butadiene copolymer
SIN	simultaneous interpenetrating network
SMC	sheet molding compound
UF	urea-formaldehyde resin
UHMW-PE	ultrahigh-molecular-weight polyethylene
UP	unsaturated polyester

부록 B

중요 상업용 고분자의 대표적인 성질

표 B-1 물리 및 열적 성질★

고분자	ρ(g cm^{-3})[a]	T_g (℃)	T_m (℃)[b]
셀룰로스 아세테이트	1.27 − 1.34	(49)	−
나일론-6	1.08 − 1.23	46 − 60	223
나일론-6,6	1.07 − 1.24	45 − 57	265
폴리카보네이트	1.20 − 1.31	141 − 150	227
폴리에틸렌(모든 종류)	0.91 − 1.00	(-120)	98 − 135
폴리(에틸렌 테레프탈레이트)	1.33 − 1.48	69 − 77	267
폴리(메틸 메타크릴레이트)	1.17 − 1.23	105 − 126	160
폴리옥시메틸렌	1.43 − 1.54	-85 to -30	187
폴리프로필렌	0.9 − 0.95	-10 to -18	177
폴리설폰	1.24	190	−
폴리스타이렌	1.05 − 1.13	100	240
폴리테트라플루오로에틸렌	2.1 − 2.35	-73	327 − 332
폴리(바이닐 아세테이트)	1.19 − 1.34	28 − 31	−
폴리(바이닐 클로라이드)	1.39 − 1.52	81	273
실리콘 고무	1.07	-123	-43

[a] 숫자는 일반적인 결정화도, 함수량, 분자량 등의 차이에 따라 보고된 값들의 범위를 나타낸다. 괄호 안에 주어진 숫자는 이론적이거나 확실하지 않은 값을 나타낸다.

[b] 대부분의 경우 이들 값은 비결정성 고분자와 완벽한 결정을 형성하는 고분자 사이의 밀도의 범위를 나타낸다. 이때 완벽한 결정을 형성하는 고분자의 밀도는 결정 부분의 X-선 데이터를 이용하여 계산한 값이다.

표 B-2 기계적 성질

고분자	E[a] (GPa)	σ[b](σ_y)[b] (MPa)	ε_b(ε_y)[c] %	Izod 충격[d] 강도 (J/m)
셀룰로스 아세테이트	2	30 (60)	30 (6)	6 − 133
나일론-6	1.9	75 (50)	300 (30)	(25)
나일론-6,6	2.0	80 (57)	200 (25)	110
폴리카보네이트	2.5	60 (65)	125 (30)	800
폴리에틸렌(모든 종류)	0.2 − 1	10 − 30 (8 − 30)	600 − 800 (9 − 20)	130 − 700
폴리(에틸렌 테레프탈레이트)	3.0	54	275 (6)	70
폴리(메틸 메타크릴레이트)	3.2	65	10	27
폴리 옥시메틸렌	2.7	65	40	80
폴리프로필렌	1.4	33 (32)	400 (12)	80
폴리설폰	3.4	50	2.5	28
폴리스타이렌	2.5	65	75	85
폴리테트라플루오로에틸렌	0.5	25 (13)	200 (63)	160
폴리(바이닐 아세테이트)	0.6	29 − 49	10 − 20	160
폴리(바이닐 클로라이드)	2.6	50 (48)	30 (3)	43
실리콘 고무	−	4.8 − 7.0	100 − 400	−

[a] 인장 탄성률: GPa를 psi 단위로 바꾸려면 1.45×10^5을 곱한다.
[b] 파괴(항복)점 응력: MPa를 psi 단위로 바꾸려면 145를 곱한다.
[c] 파괴(항복)점 신장률
[d] J m^{-1}을 ft-lb_f in^{-1} 단위로 바꾸려면 53.38로 나눈다.

부록 C

플라스틱과 고무에 대한 주요 ASTM 규격

표 C-1 플라스틱(권. 8.01, 8.02, 8.03)

ASTM	규격
D 256	플라스틱과 전기 절연 재료의 충격 저항
D 412	인장 시 고무의 성질
D 542	투명한 유기 플라스틱의 굴절률
D 543	플라스틱의 내화학약품성
D 568	수직 상태에서 유연한 플라스틱의 연소 시간과 연소 속도 및 연소량
D 569	열가소성 성형 재료의 흐름 성질 측정
D 570	플라스틱 흡수율
D 618	시험용 플라스틱과 전기 절연 재료의 상태
D 621	하중하에서 플라스틱의 변형
D 635	수평 상태에서 자기지지 플라스틱(self-supporting plastics)의 연소 시간과 연소 속도 및 연소량
D 638	플라스틱의 인장 성질
D 647	플라스틱 성형물의 시편용 금형의 설계
D 648	굴곡 하중하에서 플라스틱의 변형 온도
D 671	일정 하중하에서 플라스틱의 굴곡 피로
D 695	경질 플라스틱의 압축 성질
D 696	플라스틱의 선열팽창 계수
D 746	플라스틱의 선열팽창의 취화 온도
D 785	플라스틱과 전기 절연 재료의 로크웰 경도
D 790	비강화 플라스틱, 강화 플라스틱 및 전기 절연 재료의 굴곡 성질
D 792	변위에 의한 플라스틱의 비중과 밀도
D 882	엷은 플라스틱판의 인장 성질
D 1238	압출 가소도계에 의한 열가소성 수지의 흐름
D 1434	플라스틱 필름과 시트의 기체 투과 특성 측정
D 1435	플라스틱의 옥외 내후성

표 C-1 플라스틱(권. 8.01, 8.02, 8.03) (계속)

ASTM	규격
D 1505	밀도 구배법에 의한 플라스틱의 밀도
D 1525	플라스틱의 vicat 연화 온도
D 1637	플라스틱판의 인장 상태 열변형 온도
D 1708	마이크로 인장 시편을 이용한 플라스틱의 인장 성질
D 1746	플라스틱판의 투명도
D 1790	충격에 의한 얇은 플라스틱판의 취화 온도
D 1822	플라스틱과 전기 절연 재료의 파단 시 인장-충격 에너지
D 1870	관형 오븐을 이용한 온도 상승에 따른 노화
D 1894	플라스틱 필름과 얇은 판의 정적 및 동적 마찰 계수
D 1895	플라스틱 재료의 겉보기 밀도, 벌크 인자 및 주입성
D 1896	열경화성 화합물의 이송 성형 시험판
D 1897	열가소성 성형 및 압출 재료의 사출 성형 시험판
D 1898	플라스틱의 샘플링(sampling)
D 1925	플라스틱의 황변도
D 1929	플라스틱의 점화 성질
D 1938	single-tear 법에 의한 플라스틱 필름과 얇은 판의 인열 성장 저항
D 2117	hot stage 현미경법에 의한 반결정성 고분자의 용융점
D 2126	열과 수분 노화에 대한 경질 발포 플라스틱의 응답
D 2134	플라스틱 성분에 의한 유기 코팅제의 연화
D 2236	뒤틀림 진자(torsional pendulum)에 의한 플라스틱의 동역학 기계적 성질
D 2240	고무 성질—durometer 경도
D 2288	열에 의한 가소제의 무게 감소
D 2471	반응성 열경화 수지의 젤화 시간과 최대 발열 온도
D 2566	열경화성 주형 수지의 경화 시 선 수축
D 2582	플라스틱 필름과 얇은 판의 구멍에 의해 전도되는 인열 저항
D 2684	플라스틱 용기의 투과도 결정
D 2732	제어되지 않은 상태에서 플라스틱 필름과 판의 선열 추측
D 2734	플라스틱 연소 혹은 분해 시 연기의 밀도
D 2856	공기 비중 용기에 의한 경질 발포 플라스틱 연소 기포율
D 2857	고분자의 희박 용액 점도
D 2863	촛불 형태로 지지된 플라스틱의 연소 시 최소 산소 농도의 측정(산소 지수)
D 2990	플라스틱 인장, 압축, 굴곡 크리프와 크리프 파열
D 3029	tub(떨어지는 추)에 의한 경질 플라스틱 판의 충격 저항
D 3420	플라스틱 필름의 역학적 공(ball) 파괴(진자) 충격 시험
D 3533	universal calibration을 이용하는 액체 크기 배제 크로마토그래피(젤투과 크로마토그래피, GPC)에 의한 고분자의 평균 분자량과 분자량 분포 시험법

표 C-1 플라스틱(권. 8.01, 8.02, 8.03) (계속)

ASTM	규격
D 3750	막 삼투법에 의한 고분자의 수평균 분자량의 측정
D 3763	하중과 변위 센서에 의한 고분자의 고속 천공성 시험
D 3795	토크 레오미터에 의한 열경화성 수지의 열흐름과 경화 성질 시험법
D 3845	모세관 레오미터에 의한 열가소성 수지의 유변학적 성질 시험법
D 3846	강화 플라스틱의 면내(in-plane) 전단 응력 시험법
D 4000	플라스틱 재료의 세분화(specifying)
D 4001	광산란에 의한 고분자의 중량 평균 분자량 결정
D 4065	플라스틱 동역학 기계적 성질의 결정
D 4093	투명 혹은 반투명 플라스틱 재료의 복굴절과 잔류 변형의 광탄성 측정 시험법
D 4272	instumental dart drop에 의한 플라스틱 필름의 충격 저항 시험
D 4440	동역학적 방법에 의한 고분자 용융물의 유변학적 측정
D 4473	동역학적 방법에 의한 열경화성 수지의 경화 거동 측정
D 4526	headspace 크로마토그래피에 의한 고분자내 휘발 성분 측정
D 6108	플라스틱 목재의 압축 성질 표준 시험 방법
D 6109	강화 및 비강화 플라스틱 목재의 굴곡 성질 표준 시험 방법
D 6111	변화에 의한 플라스틱 목재의 겉보기 밀도 및 비중 표준 시험 방법
D 6662	폴리올레핀 플라스틱 목재판용 표준 규격

표 C-2 고무(권. 9.01, 9.02)

ASTM	규격
D 297	고무 제품의 화학적 분석 방법
D 395	고무의 성질 시험법-압축
D 412	인장 시 고무의 성질 시험법
D 471	고무 성질 시험법-액체 효과
D 624	고무 성질 시험법-인열 저항
D 797	고무 성질 시험법-상온 및 상온 이하에서 Young의 탄성률
D 814	고무 성질 시험법-휘발성 액체의 증기 투과
D 1349	고무의 권장 사항-시험과 검사를 위한 표준 온도와 대기
D 1630	고무 성질 시험법-마모 저항(NBS 연마기)
D 2084	고무 성질 시험법-oscillating disk 경화 시험기를 이용한 가황 특성
D 2228	고무 성질 시험법-마모 저항(Pico 연마기)
D 2240	고무 성질 시험법-경도계 굳기
D 3137	고무 성질 시험법-가수 분해 안정성(hydrolytic stability)
D 3452	고무 시험-열분해 기체 크로마토크래피에 의한 확인
D 3677	고무 성질 시험법-적외선 분광법에 의한 확인

부록 D

SI 단위와 물리 상수

표 D-1 단위와 부호

물리량	단위	부호	CGS 단위
부피	리터	L	10^{-3} m^3
전기 용량	패러데이	F	A s V^{-1}
전류	암페어	A	ampere
에너지, 일, 열	줄	J	N m
힘	뉴턴	N	m kg s^{-2}
주파수	헤르츠	Hz	s^{-1}
질량	킬로그램	kg	kg
평면각	라디안	rad	rad
전력	와트	W	J s^{-1}
압력, 응력	파스칼	Pa	N m^{-2}
점도(동적)	파스칼 세컨드	Pa s	N s m^{-2}

표 D-2 환산 인자

	환산
밀도	$1\ g\ cm^{-3} = 0.0361\ lb\ in.^{-3}$
에너지	$1\ J = 0.2387\ cal$
힘	$1\ N = 10^5\ dynes = 0.102\ kg_f = 0.2248\ lb_f$
압력, 응력	$1\ Pa = 10\ dyne\ cm^{-2} = 7.5\times10^{-3}\ mm\ Hg = 7.5\times10^{-4}\ cm\ Hg = 10^{-5}\ bar$
	$= 1\ kg\ m^{-1}\ s^{-2} = 1.45\times10^{-4}\ psi = 9.869\times10^{-6}\ atm$
용해도 인자	$1\ (MPa)^{1/2} = 0.489\ (cal\ cm^{-3})^{1/2}$
온도	$°R = (9/5)K$
	$°C = (5/9)(°F - 32) = K + 273.15$
열전도율	$J\ s^{-1}\ cm^{-1}\ K^{-1} = 1\times10^{-2}\ W\ m^{-1}\ K^{-1}$
점도	$1\ Pa\ s = 10\ poise$

표 D-3 SI 접두어

접두어	부호	크기
피코	p	10^{-12}
나노	n	10^{-9}
마이크로	μ	10^{-6}
밀리	m	10^{-3}
센티	c	10^{-2}
데시	d	10^{-1}
킬로	k	10^{3}
메가	M	10^{6}
기가	G	10^{9}

표 D-4 물리 상수

	기호	단위	값
Avogadro 수	N_A	mol^{-1}	6.0220×10^{23}
Boltzmann 상수, R/N_A	k	$J\ K^{-1}$	1.3807×10^{-23}
기체 상수	R	$J(mol\ K)^{-1}$	8.3144
		$bar\ cm^3(mol\ K)^{-1}$	83.144
		$psia\ ft^2(lb\ mol\ °R)$	10.732
		$atm\ cm^3(mol\ K)^{-1}$	82.057
중력 가속도	g	$m\ s^{-2}$	9.80665
Planck 상수	h	$J\ s$	6.6262×10^{-34}
진공 투과율	μ_o	$N\ A^{-2}$	12.566×10^{-7}
진공 유전율, $1/\mu_0 c^2$	ε_o	$F\ m^{-1}$	8.85419×10^{-12}
진공에서 빛의 속도	c	$m\ s^{-1}$	2.9979×10^{8}

부록 E

수학적 관계식

삼각함수

$$\sin^2\theta = \frac{1}{2} - \frac{1}{2}\cos 2\theta$$
$$\sin^2\theta + \cos^2\theta = 1$$
$$\sin(\theta \pm \phi) = \sin\theta\cos\phi \pm \cos\theta\sin\phi$$
$$\sin 2\theta = 2\sin\theta\cos\theta$$
$$\cos 2\theta = \cos^2\theta - \sin^2\theta$$

Euler 항등식

$$e^{i\theta} = \cos\theta + i\sin\theta$$
$$e^{-i\theta} = \cos\theta - i\sin\theta$$

이차 방정식

$$ax^2 + bx + c = 0$$
$$x = \frac{-b \pm \sqrt{b^2 - 4ac}}{2a}$$

미분

$$\frac{d}{dx}\left(u^n\right) = nu^{n-1}\frac{du}{dx}$$

$$\frac{d}{dx}(uv) = u\frac{dv}{dx} + v\frac{du}{dx}$$

$$\frac{d}{dx}\left(\frac{u}{v}\right) = \frac{v(du/dx) - u(dv/dx)}{v^2}$$

$$\frac{d}{dx}\sin\theta = \cos\theta\frac{d\theta}{dx}$$

$$\frac{d}{dx}\cos\theta = -\sin\theta\frac{d\theta}{dx}$$

$$\frac{d}{dx}\ln u = \frac{1}{u}\frac{du}{dx}$$

$$\frac{d}{dx}e^u = e^u\frac{du}{dx}$$

부정적분

$$\int u^n du = \frac{u^{n+1}}{n+1} \quad (n \neq -1)$$

$$\int a^u du = \frac{a^u}{\ln a}$$

$$\int u dv = uv - \int v du \quad (\text{integration by parts})$$

$$\int e^u du = e^u$$

$$\int \frac{du}{u} = \ln u$$

$$\int \ln x dx = x\ln x - x$$

$$\int \sin u du = -\cos u$$

$$\int \cos u du = \sin u$$

$$\int \sin ax \cos ax dx = \frac{\sin^2 ax}{2a}$$

$$\int \sin ax \cos ax dx = \frac{\sin^2 ax}{2a}$$

$$\int \cos^2 u du = \frac{u}{2} + \frac{\sin 2u}{4} = \frac{1}{2}(u + \sin u \cos u)$$

정적분

$$\int_0^\pi \sin mx \cos nx dx = \begin{Bmatrix} 0 & m \text{ and } n, \text{ integers} & m+n, \text{ odd} \\ 2m/(m^2 - n^2) & m \text{ and } n, \text{ integers} & m+n, \text{ even} \end{Bmatrix}$$

등비급수

$$a+ar+ar^2+ar^3\cdots+ar^{n-1}=\frac{a(1-rn)}{1-r}\frac{a-rl}{1-r}$$

where $l=ar^{n-1}$ is the last term and $r\neq 1$

$$a+ar+ar^2+ar^3+\cdots=\frac{a}{1-r}\quad(-1<r<1)$$

Taylor 급수

$$e^x=1+x+\frac{x^2}{2!}+\frac{x^3}{3!}+\cdots\quad(-\infty<x<\infty)$$

$$\ln(1+x)=x-\frac{x^2}{2!}+\frac{x^3}{3!}+\cdots\quad(-1<r\leq 1)$$

$$\ln(1-x)=-x-\frac{x^2}{2}-\frac{x^3}{3}-\cdots$$

$$\ln x=2\left\{\left(\frac{x-1}{x+1}\right)+\frac{1}{3}\left(\frac{x-1}{x+1}\right)^3+\frac{1}{5}\left(\frac{x-1}{x+1}\right)^5+\cdots\right\}\quad(x>0)$$

$$\ln x=\left(\frac{x-1}{x}\right)+\frac{1}{2}\left(\frac{x-1}{x}\right)^2+\frac{1}{3}\left(\frac{x-1}{x}\right)^3+\cdots\quad\left(x\geq\frac{1}{2}\right)$$

$$\sin x=x-\frac{x^3}{3!}+\frac{x^5}{5!}-\frac{x^7}{7!}+\cdots\quad(-\infty<x<\infty)$$

$$\cos x=1-\frac{x^2}{2!}+\frac{x^4}{4!}-\frac{x^4}{6!}+\cdots\quad(-\infty<x<\infty)$$

감마함수

$$\Gamma(n)=\int_0^\infty t^{n-1}e^{-t}dt\quad n>0$$

$$\Gamma(n+1)=\int_0^\infty t^n e^{-t}dt=n\Gamma(n)=n!\quad(n\text{은 양의 정수})$$

Laplace 변환

$$L[F(t)]=\int_0^\infty e^{-pt}F(t)dt=f(p)$$

$$F(t)=L^{-1}\{f(p)\}$$

표 E-1 유용한 Laplace 변환표

$F(t)$	$f(p)$
a	$\frac{a}{p}$
t	$\frac{1}{p^2}$
at	$\frac{a}{p^2}$
e^{at}	$\frac{1}{p-a}$
e^{-at}	$\frac{1}{p+a}$
$\cos at$	$\frac{p}{p^2+a^2}$
$\frac{\sin at}{a}$	$\frac{1}{s^2+a^2}$
$F(t-a)$	$e^{-ap}L[F(t)]$
$F'(t)$	$pf(p)-F(0)$
$F''(t)$	$p^2f(p)-pF(0)-F'(0)$
$\int_0^t F(u)G(t-u)du$	$f(p)g(p)$

Fourier Sine 변환

$$F_S(\alpha)=\int_0^\infty f(x)\sin\alpha x dx$$

표 E-2 Fourier Sine 변환

$f(x)$	$F_S(\alpha)$
$\begin{Bmatrix} 1, & 0<x<b \\ 0, & x>b \end{Bmatrix}$	$\frac{1-\cos b\alpha}{\alpha}$
x^{-1}	$\pi/2$
$\frac{x}{x^2+b^2}$	$(\pi/2)e^{-b\alpha}$
e^{-bx}	$\frac{\alpha}{\alpha^2+b^2}$

Fourier Cosine 변환

$$F_C(\alpha)=\int_0^\infty f(x)\cos\alpha x dx$$

표 E-3 Fourier Cosine 변환

$f(x)$	$F_C(\alpha)$
$\begin{cases} 1, & 0<x<b \\ 0, & x>b \end{cases}$	$\dfrac{\sin b\alpha}{\alpha}$
$\dfrac{1}{x^2+b^2}$	$\dfrac{\pi e^{-b\alpha}}{2b}$
e^{-bx}	$\dfrac{b}{\alpha^2+b^2}$

부록 F

주요 원소

표 F-1 원소

원소	기호	원자 번호	원자량
알루미늄	Al	13	26.98154
아르곤	Ar	18	39.948
비소	As	33	74.9216
바륨	Ba	56	137.33
붕소	B	5	10.81
브로민	Br	35	79.904
칼슘	Ca	20	40.08
탄소	C	6	12.011
염소	Cl	17	35.453
크로뮴	Cr	24	51.996
코발트	Co	27	51.9332
구리	Cu	29	63.546
플루오린	F	9	18.998404
저마늄	Ge	32	72.59
금	Au	79	196.9665
헬륨	He	2	4.00260
수소	H	1	1.00794
아이오딘	I	53	126.9045
철	Fe	26	55.847
납	Pb	82	207.2
리튬	Li	3	6.941
마그네슘	Mg	12	24.305
수은	Hg	80	200.59
네온	Ne	10	20.1179

표 F-1 원소 (계속)

원소	기호	원자 번호	원자량
니켈	Ni	28	58.69
질소	N	7	14.0067
오스뮴	Os	76	190.2
산소	O	8	15.9994
팔라듐	Pd	46	106.42
인	P	15	30.97376
백금	Pt	78	195.08
포타슘	K	19	39.0983
라돈	Rn	86	(222)
로듐	Rh	45	102.9055
규소	Si	14	28.0855
은	Ag	47	107.8682
소듐	Na	11	22.98977
황	S	16	32.06
주석	Sn	50	118.69
타이타늄	Ti	22	47.88
텅스텐	W	74	183.85
바나듐	V	23	50.9415
아연	Zn	30	65.38

찾아보기

Q

R

S

ㄴ

ㄷ

ㄹ

ㅅ

ㅇ

ㅈ

ㅊ

ㅋ

ㅌ

ㅍ

ㅎ

| 역자 |

김대수(dskim@chungbuk.ac.kr)
충북대학교 화학공학과 교수

노인섭(insup@seoultech.ac.kr)
서울과학기술대학교 화공생명공학과 교수

박문수(amparks@suwon.ac.kr)
수원대학교 신소재공학과 교수

이명천(leemc@dongguk.edu)
동국대학교 화공생물공학과 교수

장정식(jsjang@plaza.snu.ac.kr)
서울대학교 화학생물공학부 교수

고분자공학개론 제3판

Polymer Science & Technology Third Edition

저 자	Joel R. Fried
역 자	김대수 · 노인섭 · 박문수 · 이명천 · 장정식
발 행 인	김지영
발 행 처	자유아카데미
주 소	경기도 파주시 회동길 37-42 파주출판도시
전 화	031-955-1321
팩 스	031-955-1322
전자우편	main@freeaca.com(대표) editor@freeaca.com(편집) crm@freeaca.com(영업)
홈페이지	www.freeaca.com
등 록	제406-2003-017호, 1980. 7. 12
제3판1쇄	2015년 8월 25일 발행
제3판6쇄	2022년 2월 10일 발행
정 가	38,000원

역자와의 협의하에 인지생략

PEARSON www.pearsonhighered.com

Printed in Korea
ISBN 979-11-5808-030-3 93430